兽医微生物学

(原书第二版)

〔美〕D.C.赫什　N.J.麦克劳克伦　R.L.沃克　编著

王凤阳　范泉水　主译

科 学 出 版 社

北　京

图字:01-2005-3478

内 容 简 介

本书是经典著作《兽医微生物学》的第二版（第一版于 1999 年出版），阐述了兽医微生物学的基本理论，详细介绍了细菌和真菌、病毒的病原、流行病学、致病机制、诊断、治疗等各个方面。全书分为导言、细菌和真菌、病毒和临床应用 4 部分，共 74 章。本书注重经典理论与新的进展、实际应用的有机结合，内容翔实、实用性强。

本书可供从事预防医学、临床医学、公共卫生学、微生物学、免疫学等学科及相关领域的科研技术人员、教学人员及高年级本科生、研究生参考。

Translated from Dwight C. Hirsh N. James MacLachlan Richard L. Walker
Veterinary Microbiology, Second Edition

图书在版编目(CIP)数据

兽医微生物学/（美）赫什（Hirsh，D. C.）等编著；王凤阳，范泉水主译. —北京：科学出版社，2007
ISBN 978-7-03-019020-8

Ⅰ. 兽…　Ⅱ. ①赫…②王…③范…　Ⅲ. 兽医学：微生物学　Ⅳ. S852.6

中国版本图书馆 CIP 数据核字(2007)第 073667 号

责任编辑：李秀伟　王　静　莫结胜　彭克里　席　慧/责任校对：刘亚琦
责任印制：赵　博/封面设计：陈　敬

科学出版社出版
北京东黄城根北街 16 号
邮政编码：100717
http://www.sciencep.com
北京厚诚则铭印刷科技有限公司印刷
科学出版社发行　各地新华书店经销
*
2007 年 6 月第 一 版　开本：787×1092　1/16
2025 年 2 月第五次印刷　印张：49 3/4
字数：1 114 000

定价：180.00元

（如有印装质量问题，我社负责调换）

《兽医微生物学》译者名单

主　译

王凤阳　范泉水

副主译

张茂林　崔玉东　杜　丽　高志强　刘思伽　孟庆文

张莉娜　祁　超　图　雅　刁晓平　吴科榜　胡日查

郑　颖　邱　薇　黄雪英　林杰材　何洪彬　马　勋

李布勇　陈兴生　满初日嘎　邓灵福

审　校

范泉水　黄青云　王凤阳

译　者　序

无论是曾经来势汹汹的大肠杆菌 O157，还是使我们惊觉健康犹如梦幻泡影、引发“非典型性肺炎”的冠状病毒，抑或是引发禽流感及口蹄疫，不仅给我国的饲养业造成巨大打击，同时严重威胁我国人民健康的正粘病毒和口蹄疫病毒，还是至今仍如幽灵般存在于美洲大陆的西尼罗病毒，许许多多种寄生于人与动物的病原微生物无所不在。“我们无法预测下一次出现的致命病毒会是什么样子，唯一的希望就是通过严格的监控系统，紧密地监控可能会出现的猛兽。”（在追忆 1918 年流感病毒时，陶宾博格如是说。）

是的，面对着威胁着动物及人类自身健康的病原微生物，整个微生物学领域在理论与实践等诸多方面取得了进展。但是，随着多种细菌、病毒核酸的物理图谱的绘制完成，包括微生物学研究的生命科学研究进入后基因组时代，如何在完善、提高传统的微生物学的理论及实验手段的基础上，运用最前沿的生命科学研究成果，来解决微生物学领域的诸多重大问题，以降低病原微生物给畜牧业造成的巨大损失，更主动地控制动物性病原微生物对人类的危害，提高人类自身健康水平仍然是所有微生物学家面临的重大命题。

Veterinary Microbiology（第二版）立足于传统的兽医微生物学（其中包括多种能感染人和动物的病原微生物），在第一版的基础上，引入大量微生物学领域（包括病原微生物的基因组学、基于最新的分子生物学手段的实验室诊断手段）的最新进展，强调理论进展与实践应用相结合，代表了兽医微生物学领域当今世界最前沿的研究水准，可作为高等院校有关专业的研究生和本科生的教学参考书，也可供从事兽医微生物学研究的科研工作者及医学和兽医学临床、动物检疫等执法部门的技术人员参考。

本书从酝酿到定稿，历时两载，其间得到了多位兽医界前辈、同行的鼓励和支持；从选题到文稿的校对，科学出版社的莫结胜编辑、王静编辑和李秀伟编辑的敬业精神功不可没。值此付梓之日，我们深知，由于学识有限，译著中难免存在瑕疵，还希望广大读者给予批评和建议，以期在再版时更正完善。

本书的出版，得到了国家自然科学基金项目（No. 30660139）和热带生物资源教育部重点实验室（海南大学）的支持。

译　者

2007 年 5 月

前　　言

本书旨在帮助兽医专业的高年级本科生与研究生完成并补充病原性细菌学、真菌学与病毒学（第1篇至第3篇）的知识，以及随后有关传染病的知识（第4篇）。重点包括传染病病原的致病机制和诊断方法。普通微生物学的知识是必需的。

除了服务于高年级本科生与研究生以外，本书也可用作微生物学领域以外的兽医与兽医科学家的便捷的参考书。

全书分为4篇。

第1篇介绍了传染病宿主-寄生关系的一般特性，传染病的实验室诊断，治疗和预防。

第2篇与第3篇介绍了具有兽医学意义的传染性微生物。这两篇包括主要根据形态学、革兰氏染色特性分类的细菌，通过形态学特征对酵母与真菌进行了分类，还根据分类理由对病毒进行了分类。

第4篇按照宿主的次序介绍了传染性微生物，按照器官系统对该部分内容进行了组织。首先，对作为微生物寄居者的每一种器官系统进行了讨论，之后，对主要侵袭该特定系统的相关传染性微生物进行了讨论。

本书的内容和结构与1999年版的《兽医微生物学》有所不同。最值得注意的是在第2篇“细菌和真菌”对传染性病原的讨论，不是依据主要的器官系统，而是按照更为传统的理由（如细菌的形态学与革兰氏染色反应，真菌的酵母和霉）本版内容的主要改变是添加了第4篇，此篇包括了更具临床实用性的传染性微生物。另外，还删除了每章结尾处的参考文献。一方面是为了节省版面，另一方面，几乎普遍存在的互联网及实际的图书馆资源使这些参考文献信息变得多余。

非常感谢 Natalie Karst 的帮助。也对为使本书得以出版而付出了耐心与帮助的 Blackwell 出版公司的 Dede Andersen 和 Tad Ringo 表示深深的谢意。

目　录

第 2 篇　细菌和真菌

第3篇 病 毒

第 4 篇 临床应用

第 1 篇　导　　言

第1章 寄生病和致病性

Ernst L. Biberstein

兽医微生物学是研究侵袭动物的微生物因素的科学。可以根据其生态学排列，对这些因素进行定义：寄生物与动物宿主永久地生活在一起，并且以之为代价；腐生菌通常生活在无生命的环境中；没有引起其宿主出现可以观察到的损害的寄生物，被称为共生物，共生的概念通常指生物体之间互利的关系，这种关系也称为互利共生。

病原微生物是引起疾病的寄生物或腐生菌，其在宿主体内生长的过程为感染，但感染后不一定会发生临床疾病，毒力的概念有时意味着致病性，但有时则表示致病性的程度。

1.1 宿主-寄生关系的一些特征

由于只寄居于一种或很少几种动物，许多病原微生物具有明显的宿主特异性。例如，马腺疫的病原——马腺疫链球菌，宿主基本仅限于马。也有一些病原微生物，如某些类型的沙门氏菌，则具有广泛的宿主范围。这种宿主特异性的差别在原理上尚未被完全阐明，但部分原因可能和对于宿主（受体）和寄生物（黏附素）之间特定的黏附装置的需要有关。

一些病原微生物可以感染几种宿主动物，但效果不同，如鼠疫耶尔森氏菌，与部分小的啮齿类动物共生寄生，但会引起大鼠和人的致死性疾病。进化压力可能造成了其中的一些差异，但其他差异则不然。球孢子菌，一种要求非活宿主的腐生真菌，以同种程度感染牛和狗，牛不出现临床症状，却经常引起狗的进行性致死性疾病。

对于相同宿主的不同组织，潜在的病原具有不同的效应，在肠道共生的大肠杆菌，能引起尿道和腹膜腔内的严重疾病。

一些在某种生存环境共生的微生物，在改变的病理性环境中或当生存环境转变时，可能会具有致病性。因此，偶尔进入血流的口腔链球菌，可能定居于受损的心脏瓣膜，并且诱发细菌性心内膜炎。然而，如果心脏瓣膜没有这样的损伤，通过巨噬系统的作用，这些微生物将被太平无事地清除。与之相似，经常进入血管的肠道细菌，通常会被体液和细胞的防卫机制所清除。但在免疫缺陷的宿主中，进入血管的肠道细菌，可能会引发致死性的败血病。

转移到新的宿主或组织，或者宿主抗性的改变，是共生性寄生物转变为活化病原的普遍方式。作为寄生物存在的稳定形式，共生确保了微生物的生存。通过直接杀死宿主细胞，或者导致宿主的免疫反应，活化的病原直接或间接地对宿主产生危害。这两种效应都会使病原丧失其赖以生存的环境。进化选择压力趋于消除共生关系中威胁到其中成员生存的宿主-寄生关系，通过以温和株代替更具致病力的菌株的方式，允许宿主较长时间的生存，并有利于其自身传播，这样一来，通过筛除高度易感群，保留抗性宿主群，病原和宿主之间逐渐趋于共生。引起严重疾病的大部分微生物，多具有不同的生存模式，如作为不易导致疾病（瘟疫）的组织或宿主的共生物，或无生命环境（球孢子菌病）的共生物。其他则引起持续数月甚至数年的慢性感染（如肺结核、梅毒），其间，向其他宿主的传播，保证了这些微生物自身的生存。

1.2 致病性的标准——Koch 原理

微生物存在于患病个体，并不证明其具有病原学意义。为了说明某种微生物在疾病中作用的偶然性，致病性应该满足 Robert Koch（1843～1910）制定的下列“资格”或“基本条件”：

（1）被怀疑的微生物存在于疾病的所有病例。

（2）从该疾病分离到的微生物，不仅能够在其自然宿主中，而且能够在纯培养物中连续传代。

（3）一旦将分离物接种到实验性宿主，能够引起最初的疾病。

（4）可以从实验性感染中分离到这种病原微生物。

这些条件是理想的，并非满足传染病的所有病例。在疾病发生时，往往很难分离到一些微生物，尤其是在感染的组织（如破伤风、波特淋菌中毒）。一些微生物（如钩端螺旋体），即使被分离到，也会迅速失去毒力。还有一些，尽管为发病机制所必需，但需要有未确定的辅助因子（如巴氏杆菌相关的肺炎）的协同作用。对于人的一些病毒性病原（如巨细胞病毒），目前还没有已知的实验性宿主，而且现在尚未发现一些微生物（如麻风分枝杆菌）能够在其自然宿主之外生长。

1.3 感染性疾病发生的要素

通过食入、吸入、黏膜、皮下或伤口污染，会发生通过间接接触途径的有效传播。空气传播的感染大部分通过直径为 0.1～5nm 的微粒发生，如此大小的微粒可以悬浮在空气中并被吸入。较大的粒子沉积下来，并且可以重悬于也可能携带非呼吸来源的感染性因素（皮肤鳞片、粪便、唾液）的灰尘中。节肢动物可能充当病原（志贺氏菌、嗜皮菌属）的机械载体，或在致病微生物（瘟疫、埃利希氏体病、病毒性脑炎）的生命周期中扮演着不可或缺的角色。

病原向宿主表面的吸附，要求通常是蛋白质的微生物黏附素与通常是糖基的宿主受体之间的相互作用，细菌黏附素的例子是菌毛蛋白（大肠杆菌、沙门氏菌）、肺炎支原体的 P-1 蛋白和非纤毛表面蛋白（链球菌）。宿主受体物质的例子包括一些链球菌和葡萄球菌的纤维结合蛋白、许多大肠杆菌菌株的甘露糖和肺炎支原体的硅酸。

通过占据或封闭可以利用的受体位点，或通过排泄有毒的代谢产物（细菌素、小菌素），以阻碍病原定居的方式，定居的共生菌群可以抑制吸附。这种“定居抗性”是一种重要的防卫机制，而且黏膜抗体和其他抗菌物质（防卫素、溶菌酶、乳铁蛋白、有机酸）可能有助于这种作用。

不同的病原进入宿主表面的程度不同。一些微生物（产肠毒素的大肠杆菌）达到主要的靶细胞群后，不再进一步进入。其他一些（如沙门氏菌、耶尔森氏鼠疫杆菌），在导致细胞骨架重组后，穿越表面膜，导致捕捉吸附细菌的“皱褶”的形成，或在上皮细胞间穿越。单分枝结核杆菌等吸入的兼性细胞间寄生物被肺巨噬细胞所吸收，它们可能扩增，并且经淋巴到达淋巴结及其他组织。经由皮肤的进入大多通过包括节肢动物的叮咬在内的损伤而出现。

许多病原产生的细菌酶，如胶原酶和水解酶等，可能对通过扩散发生的传播作用具有辅助作用。微生物也可通过淋巴、血管、胆管、神经节和移动的吞噬细胞传播。

除了少数在食入前产生毒素的病原微生物外，在宿主组织的生长，是大多数病原微生物导致疾病发生的前提。为了扩增到病原水平，它们必须能够中和宿主防卫机制。各种细菌的相关适应机制包括：牢固吸附以阻止机械性的清除；排斥或者不吸附噬菌细胞；通过荚膜和细胞壁，淋巴毒活性，以及预防细胞的吞噬性消化，细菌可以影响细胞的吞噬功能。一些细菌消化或转化抗体，使补体衰竭。一些细菌摧毁组织的血液供应，排除防卫资源，并且迟缓感染区域的抗微生物活性。

如果营养供应足够，pH、温度、氧化-还原电位（Eh）合适，被宿主防卫系统中和的微生物可以生长。铁经常是一种限制性营养。微生物利用来自铁结合宿主蛋白（铁传递蛋白、乳铁蛋白）的合适形式的铁的能力，是毒力的一个因素。尽管处于静止期的细菌选择性表达 σ 因子，但会导致转录的基因产物有助于病原抵抗酸性环境的 RNA 聚合酶的表达（如沙门氏菌、大肠杆菌），胃的酸度仍然说明了胃对于大多数病原的抗性。鸟类的高体温，可能可以解释其对于一些疾病的抗性（如炭疽热、网状内皮细胞真菌病），而低的 Eh 要求，则解释了早衰组织厌氧性生长的限制，或刺激性需氧生长的组织 Eh 的降低。

1.4 致病作用

微生物性疾病，或者通过外毒素或病毒对宿主结构和功能造成直接损伤，或者通过诸如由内毒素或免疫反应引发的宿主反应造成损伤，来证明其自身的存在。

1.4.1 直接损伤

外毒素是细菌性蛋白，经常被自由地排泄到外部环境中。内、外毒素的区别见表 1.1。

存在有两种形式的外毒素。一种形式的外毒素，通过酶或去污剂样的机制，在细胞外或细胞膜上发挥作用，攻击细胞间物质或细胞表面。这包括可能在感染中发挥辅助性作用的外毒素，如细菌性溶红血球素、杀白细胞素、胶原酶、透明质酸酶。

另一种形式的外毒素，包括蛋白质，进入细胞并且酶解细胞过程的多肽。这些通常包括具有酶活力的 A 片段，负责将毒素结合到其靶细胞的 B 片段。外毒素由染色体、质粒或噬菌体编码。迄今尚未阐明毒素服务于细菌的功能。

表 1.1　外毒素和内毒素的比较

外毒素	内毒素
经常自发性的扩散	作为细胞壁的部分，呈细胞性结合
蛋白质或多肽	脂多糖（脂质 A 是毒力成分）
由革兰氏阳性细菌或者革兰氏阴性细菌产生	局限于革兰氏阴性细菌
产生一种单一的、特定的药理学效应	产生广泛的效应，主要是由于源于宿主的媒介
根据起源，每一种细菌在结构上和反应性方面截然不同	细菌不管其起源，在结构上全部相似
微量致死（小鼠为纳克水平）	大量致死（小鼠为毫克水平）
对于热、化学药品，储存不稳定	对于热、化学药品，储存非常稳定
可转变为类毒素（无毒，免疫原性毒素衍生物），引起抗毒素的产生	不可转变为类毒素

通过摧毁为其复制提供环境的细胞，或通过改变细胞功能、外形和生长特性，病毒造成细胞的损伤。

内毒素是作为革兰氏阴性菌细胞壁的一部分的脂多糖。它们可能是由毒力因子和 O 抗原的多糖表面链、一种核多糖及存留毒性的脂质 A 组成。

脂多糖与脂多糖结合蛋白（一种血清蛋白）结合，脂多糖结合蛋白将脂多糖转移到 CD14 的血相。CD14-LPS 复合物结合到导致前炎性细胞因子释放的巨噬细胞表面的 Toll-样受体蛋白。这些物质引起内毒素血症的表现，包括发热、头痛、低血压、白血球减少、血小板减少、血管内凝结、炎症、内皮损伤、出血、液体溢出、循环的崩解。其中很多表现源于：①补体级联反应的激活；②花生四烯酸代谢物（前列腺素、类脂化合物、凝血噁烷）的产生。内毒素引起的症状与革兰氏阴性败血病的表现非常相似，但其大多数可以被革兰氏阳性菌的肽聚糖所复制。

1.4.2　免疫介导的损伤

免疫反应导致的组织损伤将在第 2 章讨论。对内毒素，或者对没有前述的致敏（感）作用做出反应时，会出现补体介导的反应（如炎症）和与速发型过敏现象相类似的反应。

特异的免疫反应，参与了许多感染的发病机制，尤其是如结核的慢性肉芽肿感染。损伤是由于在感染早期周龄确定的细胞介导的超敏反应。随后，一旦与微生物或其蛋白相遇，通过释放 T 细胞效应物质（如细胞因子、穿孔素），细胞介导的反应强化了炎症反应和组织破坏。

对于边虫病和亲血霉形体贫血，免疫机制发挥着显著的作用。对于血液寄生虫的抗体反应，不能区分寄生物和宿主红细胞之间的差别，二者都可被细胞吞噬作用所清除。

第 2 章　对于传染性微生物的免疫反应

Laurel J. Gershwin

一系列的先天性和获得性机制互相协同以预防感染，组成了对于传染性微生物的免疫反应。如果可能，这些机制可以控制能够逃避最初的先天性免疫屏障的生物体的病原效应。近年来，对于几种迄今未被充分认识的先天性防卫机制的理解，已经取得了显著的进展。对于通过免疫调节细胞因子和合适的抗原呈递机制的合适的抗病原免疫反应，已经给予了很好的定义。本章主要讨论目前免疫系统如何基于所遇到的病原类型做出相应反应的有关知识。

2.1　先天性免疫

2.1.1　解剖特征、生理过程和正常菌群

传统理论认为，先天性免疫由解剖特征、生理功能、微生物屏障（正常菌群）、液相成分和细胞成分组成。例如，由黏膜覆盖的鼻甲骨形成了清除来自吸入空气的较大颗粒物质的最初“黏性”屏障。进入呼吸道的较小的颗粒，会遇到能够有效产生黏膜纤毛装置的纤毛上皮和黏膜覆盖层，这可以在较低的水平清除呼吸道内的吸入物质。对于清除胃肠道内不受欢迎的物质方面，蠕动和呕吐反射具有相似的作用。对于预防会引起细菌感染的尿液淤积，膀胱的冲洗作用，发挥了重要的作用。

在防止更具毒力的微生物定居时，正常菌群发挥了重要作用。这些细菌和真菌与宿主之间建立了一种独特的关系，这种关系始于无菌胎儿在生殖道内的下行。随着包括黏膜（食道、上呼吸道和远端泌尿生殖道）的所有表面暴露（定居）于生殖道和母畜紧靠的环境的微生物，胎儿马上开始接触细菌和真菌。微生物和宿主的关系并非偶然，而是一种相关，这种相关是基于：①受体（通常以作为宿主细胞表面的糖蛋白一部分的碳氢化合物形式存在）；②在微生物-宿主相互作用环境的化学物质，部分是竞争性微生物分泌的产物（如小菌素、细菌素和挥发性脂肪酸），部分是宿主分泌的产物（如胃内的酸环境、Paneth 细胞分泌的防卫素、小肠上部的胆汁内容物、皮肤的皮脂内容物）；③营养物质的可利用性。

正常菌群的建立是一个动态的过程，在各种被暴露的位点，以前的菌群被更适于在特定位点（小生境）生存的微生物所替代。另外，正常菌群的成员在其宿主具有很弱的免疫原性表明，免疫系统似乎发挥着一定的作用。从而提示，对于试图定居在一个特定部位的微生物的免疫反应，将阻断黏附素（微生物）和受体（宿主）之间的联系，如果一种微生物不能发生这种联系，将被能够发生联系的另外一种所替代。这种情况将一直发生，直到遇到与其前者相比，与宿主更相适合的微生物株系，这些微生物随后被“接

受”，成为那种特定动物的正常菌群的一部分。结果，与丰富的“小生境”相联系的大量细菌和真菌种系构成一个生态系统，这些“小生境”均被最适于在那个部位生活的微生物株系所占据。这种“占据”导致了对于非正常菌群成员的微生物定居（感染）的一种屏障的形成，称为“定居抗性”。

2.1.2 先天性防卫的细胞反应

免疫反应的先天阶段被描述为病原的“速度泵”。参与先天性免疫的细胞类型有几种。在防御细菌病原时，吞噬细胞尤其重要，哺乳动物主要有两种类型的吞噬细胞：多态核白细胞（嗜中性粒细胞）和巨噬细胞。嗜中性粒细胞的主要作用是清除外源物质以及杀死并清除细菌，巨噬细胞通过充当抗原呈递细胞并启动获得性免疫反应而发挥双重作用。在抵抗病毒的先天性反应中发挥重要作用的第三种细胞类型是自然杀伤细胞。

2.1.2.1 嗜中性粒细胞

嗜中性粒细胞是一种骨髓起源的终末细胞。通常占各种动物全部外周血白细胞的30％～70％。嗜中性粒细胞是一种颗粒型白细胞，包括两种类型的颗粒：初级或嗜苯胺蓝颗粒和次级或者特定颗粒。嗜中性粒细胞只在循环中存在 12h，然后进入组织，另外生存 2～3 天。骨髓内具有一个大的嗜中性粒细胞储存室。体内的细菌感染引起储存室迅速做出动员，嗜中性粒细胞在感染过程发生位置积聚。它们被随着补体系统的激活而产生的趋化因子 C3a、C5a 所吸引。嗜中性粒细胞的积聚过程开始于从循环中的嗜中性粒细胞在管状内皮（边缘化）的吸附，溢出到组织空间，向损伤病灶细胞趋化。在一个被称为细胞吞噬的过程中，入侵的微生物被嗜中性粒细胞吞食(图 2.1和图 2.2)。

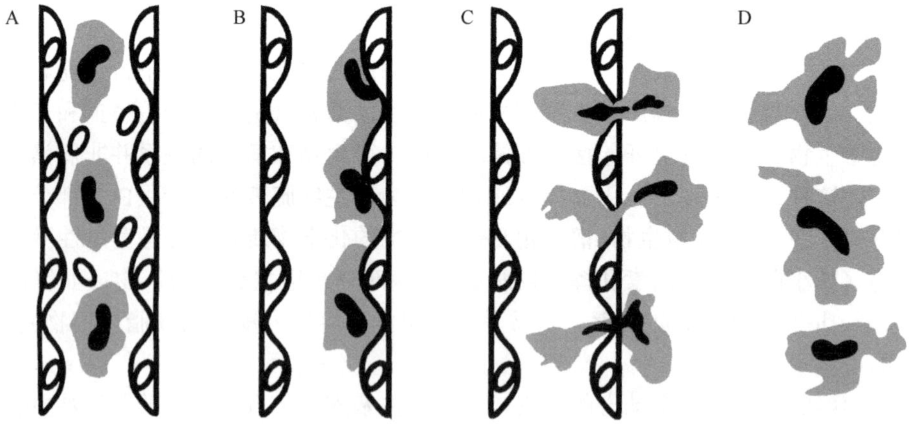

图 2.1 对于感染性微生物的嗜中性粒细胞反应。A. 嗜中性粒细胞存在于循环中；B. 嗜中性粒细胞表达黏附素分子（CD18）并且黏附到血管的内皮细胞，此过程称为附着；C. 嗜中性粒细胞通过血细胞渗出穿过内皮细胞；D. 嗜中性粒细胞在血管外，发生反应并且沿趋化梯度移动。

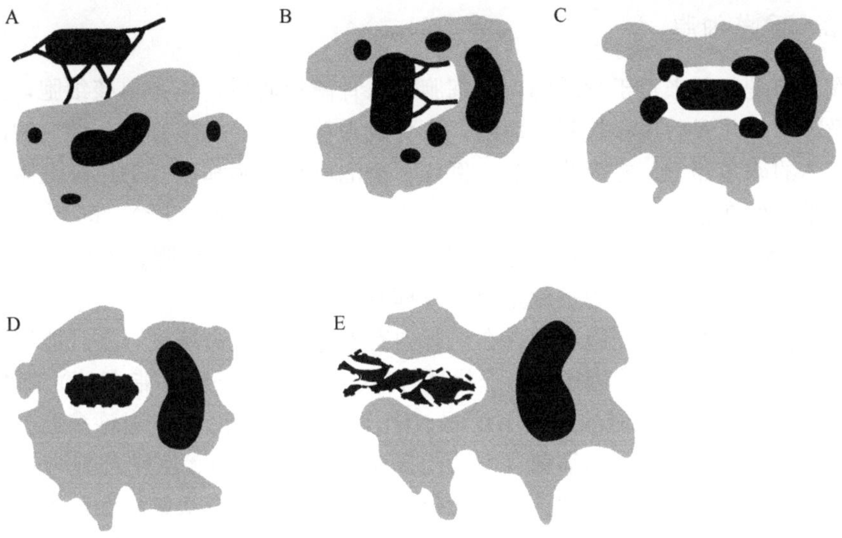

图 2.2 细胞吞噬的过程。A. 细菌被抗体调理，抗体结合到噬菌细胞的 Fc 受体；B. 噬菌细胞开始吞噬吸附的细菌；C. 含有细菌的吞噬小体与噬菌细胞质内的溶酶体融合，形成吞噬溶酶体；D. 细菌被杀死和消化；E. 细菌裂解产物从细胞中释放出来，细菌的一些部分将保留在巨噬细胞膜，与用于向 T 细胞抗原呈递的 MHCII 类分子相关。

细菌被嗜中性粒细胞吞噬的过程包括几个步骤：首先，发生最初的识别和结合，由于免疫球蛋白和（或）补体成分组成的调理素的存在，使这一过程变得更加有效。调理素作用包被粒子的表面，中和静负电荷，否则会引起嗜中性粒细胞和细菌细胞的互相排斥。另外，在嗜中性粒细胞的细胞膜，存在抗体（Fc 受体）和补体（CR），这些受体加速了受调理素作用的细菌向嗜中性粒细胞的牢固吸附。其次，在微生物周围形成伪足，并且融合形成含有微生物的噬菌空泡。某些微生物相对更容易被吞噬。例如，多糖囊膜的存在引起微生物对于细菌吞噬的抗性。吞噬之后，溶菌酶颗粒与噬菌体膜相融合，形成吞噬溶酶体，在这一结构中，被吞噬的微生物最终被消除。

细菌的杀死伴随着一系列的代谢和酶的事件，在细胞吞噬过程中，嗜中性粒细胞的代谢活性增加，氧消耗增加，并且释放光能（化学发光）。这种代谢或呼吸暴发，包括通过磷酸己糖逃避机制导致的葡萄糖的氧化，产生杀菌性产物。产生的过氧化物基团，在过氧化物歧化酶的作用下，转变成 H_2O_2。H_2O_2 对于缺乏过氧化氢酶的细菌有毒。存在于嗜苯胺蓝颗粒的髓过氧物酶，催化卤化物离子的氧化，成为也对微生物有毒的次卤酸盐。这样，髓过氧物酶-氢-过氧化物-卤化物系统有效地杀死细菌。易感的微生物可以在几分钟内被杀死。嗜中性粒细胞内的初级颗粒，在作用于蛋白质、脂类、糖类和核酸以降解杀死的细菌细胞的脱粒过程中释放酶。其中一些为胶原酶、弹性蛋白酶、酸性磷酸酶、磷脂酶、溶菌酶、透明质酸酶、酸性核糖核酸酶和脱氧核糖核酸酶。溶菌酶能够裂解细菌细胞壁的糖基键，使细胞容易裂解。溶菌酶也含有能够在细菌及真菌细胞壁形成致死孔的阳离子肽（防卫素）。

2.1.2.2 巨噬细胞

巨噬细胞是一种来自于骨髓的单核细胞。从骨髓释放后，作为单核细胞，游离存在于血液循环中，几天后再移行到组织内，发育成为功能性的巨噬细胞。游离的巨噬细胞存在于机体的许多部位，并因此得名。例如，小泡巨噬细胞和腹膜的巨噬细胞，固定的巨噬细胞系排列在过滤血液的窦腔，这些包括 Kupffer 细胞（肝）、郎罕氏细胞（皮肤）、组织细胞（结缔组织）、肾小球膜细胞（肾）、脾的窦线细胞、淋巴结和骨髓，某些巨噬细胞在诱导免疫反应的抗原呈递中发挥着重要作用。

巨噬细胞与嗜中性粒细胞不同，在组织内有着更长的生命跨度，并且能够重新利用吞噬溶酶体。另外，被细胞因子（γ 干扰素）或者微生物产物（脂多糖）刺激的巨噬细胞，导致了催化由 L-精氨酸生成 NO 的 NO 合成酶的激活。NO 对许多细菌有毒，尤其是那些定居在巨噬细胞内的细菌（如沙门氏菌、李氏杆菌）。巨噬细胞与嗜中性粒细胞相似，也会产生毒力氧代谢物，用以杀死细菌，溶酶体含有水解酶和阳离子肽（防卫素）。嗜中性粒细胞对刺激迅速做出反应，而巨噬细胞直到传染过程的晚期才出现，通常为 8～12h 之后。在一些情况下，嗜中性粒细胞可能在巨噬细胞达到一定数量前清除微生物。作为炎症反应的结果，组织破坏出现时，巨噬细胞被来自于垂死的嗜中性粒细胞和细菌产物吸引到这一区域，它们吞噬碎片并且清除之。某些情况下，巨噬细胞可能吞噬它们不能消化的颗粒物质。当这种情况发生时，为了从体内清除这些颗粒，巨噬细胞可能迁移到如呼吸道或胃肠道的黏膜表面。

一些微生物相对更容易被噬菌细胞杀死。与没有荚膜的同类物相比，有多糖荚膜的细菌更难被吞噬。在被噬菌细胞吞噬前（如前所述），受调理素作用的抗体或补体成分必须存在，以包被这些微生物。一些微生物容易被吞噬，但能够在细胞内生长。例如，李氏杆菌、结核分枝杆菌被巨噬细胞吞噬后未被杀死。微生物可能产生抑制吞噬溶酶体融合的因子，或者从吞噬溶酶体逃逸到胞浆，以阻止对于酶降解的暴露。这些微生物需要通过 γ 干扰素、NK 细胞和激活的辅助性 T 细胞的一种产物导致巨噬细胞的激活。

2.1.2.3 自然杀伤（NK）细胞

自然杀伤细胞是对于病毒和一些细菌的先天性免疫反应的重要组成部分。不同于 T 细胞和 B 细胞，NK 细胞是一种独特的淋巴细胞系，不具备针对抗原的特定受体，即不重排编码膜受体的基因。然而，这种细胞可以识别并且靶定要摧毁的细胞。NK 细胞占外周血淋巴细胞的 5%～20%，占胎盘内淋巴细胞的 90%多。其功能包括细胞介导的免疫，抗体依赖的细胞毒性，感染早期产生的 γ 干扰素和其他多种细胞因子的分泌。在成年哺乳动物的骨髓内，NK 细胞由造血细胞前体发育成熟。NK 细胞对几种细胞因子做出反应，并且它们可以分泌包括 γ 干扰素、肿瘤坏死因子 α（TNFα）在内的细胞因子。NK 细胞的反应被 α 干扰素和 β 干扰素以及白细胞介素 2、12、15、18 所调节。最近，存在于 NK 细胞的多种受体已经得到鉴定。这些受体允许 NK 细胞或者杀死靶细胞，或者关闭潜在的杀伤机制。表达在 NK 细胞上的抑制性受体，包括杀伤性免疫球蛋白样受体（KIR）。这种受体结合到机体细胞的 MHC Ⅰ型分子上，并且通过细胞间酪氨酸抑制模体的激活，促进抑制性反应。这种功能抑制 NK 细胞对于正常体细胞的有力杀伤。反之，如果某种细胞缺乏 MHC I型分子，NK 细胞能够识别这种缺乏，启动杀伤过程。

NK 细胞在肿瘤细胞和感染一些病毒的细胞的清除过程中尤其有效。大量病毒（和一些肿瘤细胞）下调细胞 MHC I型分子的合成，通过移动，这些病毒向细胞毒性 T 细胞呈递抗原的 MHC I型分子，有效躲避获得性 T 细胞毒性细胞（CD8）反应。然而，NK 细胞靶向这些展示"失去自我"外观的细胞。NK 细胞在清除疱疹病毒的过程中发挥重要作用。例如，缺乏 NK 细胞的人，水痘病和巨细胞病毒感染（疱疹病毒）经常是致命的，而正常的个体能够成功地从这些感染中恢复过来。NK 细胞杀死靶细胞的机制，包括分泌能够在细胞膜上打孔的穿孔素分子，允许腐蚀性的颗粒酶进入细胞质。

NK 细胞 γ 干扰素的早期产生，有助于启动巨噬细胞的激活，以便更有效地杀死一些细菌的辅助型 T 细胞 I 型反应。其他的杀伤机制包括抗体依赖的细胞的细胞毒性（ADCC）。NK 细胞展示了细胞膜受体 CD16，一种低亲和力的 IgG 受体。通过应用这种受体结合 IgG，NK 细胞能够参与 ADCC，杀死能够被吸附的免疫球蛋白识别的细胞。通过这种方式，NK 细胞与获得性免疫系统相互合作，以清除感染细胞。

2.1.2.4　γ-δT 细胞

在非反刍动物中，展示称为 γδ 链的膜受体的 T 细胞（γ-δT 细胞），组成了淋巴细胞的循环池的一小部分。然而，在反刍动物中，γ-δT 细胞可能占循环淋巴细胞池的 30%，在大多数物种中，γ-δT 细胞存在于黏膜上皮的肠道黏膜固有层。从战略上讲，对于参与宿主防卫机制的细胞，这是有利的位点。

小鼠模型的功能研究和来自于人的数据，已经显示了这些细胞在防卫分枝杆菌病原中的作用。γ-δT 细胞在抵抗结核分枝杆菌的先天性免疫方面的作用，在感染的早期非常重要。这些细胞被结核分枝杆菌抗原的激活，依赖于如肺泡的巨噬细胞等提供共刺激分子的辅助细胞。刺激 γ-δT 细胞的分枝杆菌的配体，最近被证明是含有小磷酸盐的分子。γ-δT 淋巴细胞在抵抗结核分枝杆菌中的主要效应在于细胞因子的分泌和细胞毒效应的细胞功能。这些细胞产生 γ 干扰素、肿瘤坏死因子（TNFα）和少量的 IL-2。

在一些病毒性疾病中，γ-δT 细胞具有限制病毒复制的作用。在流感病毒感染的小鼠模型，这些细胞在肺的聚集可假定为决定了肺炎过程。在小鼠模型和人类患者中，已经证明了 γ-δT 细胞在单纯疱疹病毒感染中的作用。

2.1.2.5　Toll-样受体

Toll-样受体（TLR）是先天性免疫的一种原始的机制。它们被定义为方式-识别受体，并且存在于免疫和其他多种类型的细胞。最初在果蝇中被描述，对于发现果蝇、哺乳动物和植物的入侵病原，这些分子及其信号途径具有重要作用。在哺乳动物中，有 10 种已知的 TLR。每一种 TLR 识别一种病原的一种特定组成部分。例如，TLR1、TLR2 和 TLR6 识别各种微生物成分，TLR2 识别来自于革兰氏阳性菌的脂蛋白、脂磷壁酸和来自于分枝杆菌的脂阿拉伯甘露糖。TLR3 因其识别双链 RNA，故在病毒识别中发挥重要作用。TLR4 具有转导来自于革兰氏阳性菌脂多糖信号的作用。TLR5 被其特定的配体——鞭毛蛋白激活，因此，TLR5 在对于鞭毛细菌做出的反应中扮演重要角色，但对其他非鞭毛细菌则不发生反应。当肠道上皮的基底外侧表面暴露给鞭毛蛋白后，会发生炎症反应，这是 TLR5 表达的位点。TLR7 被一定的具有抗病毒活性的合成化合物所激活。TLR9 识别细菌的 DNA 的 CpG 岛，这些 CpG 岛最近被鉴定为重要的免疫调节剂（刺激 Th1 反应）。

一些病毒被 TLR 识别。TLR4 是结合于儿童和牛犊的重要病原——呼吸合胞体病毒（RSV）的一种主要的表面蛋白。与具有正常 TLR4 的小鼠相比，缺失 TLR4 的实验小鼠，不能有效地清除 RSV。已经表明，TLR4 可以结合其他病毒，如小鼠乳腺瘤病毒（MMTV）的囊膜蛋白。另外，已经表明，通过 TLR3 和 TLR7 的信号会导致 α 和 β 干扰素的合成。

对于 TLR 缺失小鼠的研究已经表明，对于抵抗细菌的感染，这些受体发挥重要作用。TLR4 缺失小鼠对伤寒沙门氏菌等革兰氏阴性菌高度易感。而 TLR2 缺失小鼠对于革兰氏阳性菌的感染具有较高的敏感性。

2.2 获得性免疫

2.2.1 免疫反应的产生

启动获得性免疫反应所要求的最初步骤是向 T 细胞呈递抗原。

2.2.2 抗原呈递

能够进行抗原呈递的细胞有几种类型：星型细胞、巨噬细胞、B 淋巴细胞、皮肤内称为郎罕氏细胞的特定细胞。在这些细胞类型中，星型细胞被称作“职业性的抗原呈递细胞”，并且在抗原呈递中最为有效。现在相信，参与最初抗原呈递的星型细胞，在对抗原做出反应的过程中决定了所产生免疫反应的类型。星型细胞的亚类对不同的细胞因子做出反应，它们依次产生影响体液（T_{h2}）和细胞（T_{h1}反应）的细胞因子。例如，星型细胞产生的白细胞介素 12（IL-12）为 T 淋巴细胞的 T_{h1}反应的启动所必需。通过呈递抗原的星型细胞和吞噬细胞的 TLR 的结合，影响所导致反应的类型，因此，这对于侵入宿主的病原类型是合适的。

抗原呈递过程的出现，或者通过细胞外（噬菌细胞）途径，或者通过细胞内（胞浆）途径。失活和被杀死的微生物，一旦被消化并且在吞噬小体内被加工，就会结合 MHC II 型分子，并且被带到细胞表面，用以呈递到 CD4（辅助型）T 淋巴细胞。

具有相同的 MHC II 类分子的 T 细胞对抗原/MHC II 类分子复合物的识别，指的是 MHC 限制，并且是获得性免疫反应的一个特点。抗原肽和共刺激分子结合后，T 细胞分泌 IL-2。IL-2 是一种促进 T 细胞克隆扩增的 T 细胞生长因子。这些细胞表型为 CD4，而功能性的被称为辅助型 T 淋巴细胞，产生影响 B 细胞发育的另外的细胞因子，B 细胞对于抗原是特定的。在 T 细胞产生的 IL-4 的影响下，B 细胞发育成熟为分泌抗体的浆细胞，辅助型 T 淋巴细胞（T_{h2}）主要产生促进 IgG_1 和 IgE 生成的 IL-4。

另一种辅助型 T 淋巴细胞亚类，通过产生其他的细胞因子，对呈递的抗原做出反应。这些细胞因子对于杀死兼性寄生的细胞间细菌的巨噬细胞的激活，以及支持其他相关细胞介导的反应都非常重要。辅助型 T 淋巴细胞 I 型，除了产生 IL-12，还可以产生 γ 干扰素和 IL-2。如上所述，星型细胞或 NK 细胞最初产生的 IL-12，能够损害对于 T_{h1} 的辅助型 T 淋巴细胞反应。通过 TLR 结合到星型细胞，可能会启动这种反应。

细胞内病原的抗原呈递通过胞浆（细胞）内吞的途径发生。当一种病毒在胞浆内复制，关键的病毒蛋白被加工，并且与 MHC II 类分子联合，这些肽-MHC 复合物然后被送到与 CD8 细胞毒性 T 细胞结合的细胞的表面。

2.2.3 效应功能

抗原呈递到 CD4 T 淋巴细胞的最终结果是发生一种重要的免疫反应。如前所述，生成细胞因子的环境类型介导了这种反应，如果 T_{h2} 细胞因子存在，对于大多数病原，这样一些细胞因子是存在的，将发生体液（抗体）反应。当病原已经为 T_{h1} 细胞因子的产生倾向于辅助型 T 淋巴细胞反应（这出现于兼性寄生的细胞内细菌和病毒病原）时，产生细胞因子，并激活成为更有效杀手的巨噬细胞和 CD8 淋巴细胞。

2.2.4 体液免疫（抗体反应）

抗原向宿主最初的进入，伴随着抗原肽向 CD4T 细胞的呈递，导致这些细胞被刺激成为 II 型辅助型 T 淋巴细胞，II 型辅助型 T 淋巴细胞能够分泌帮助 B 细胞分化成为产生抗体的浆细胞的细胞因子。这些 T_{h2} 细胞产生的 IL-4，导致 B 细胞克隆特定地向抗原的不同表位扩充。B 细胞也可以识别微生物的抗原表位，并且另外发生与 T 细胞的共刺激分子的结合。然后在 T 细胞细胞因子的影响下，这些 B 细胞分化成为产生抗体的浆细胞（图 2.3）。

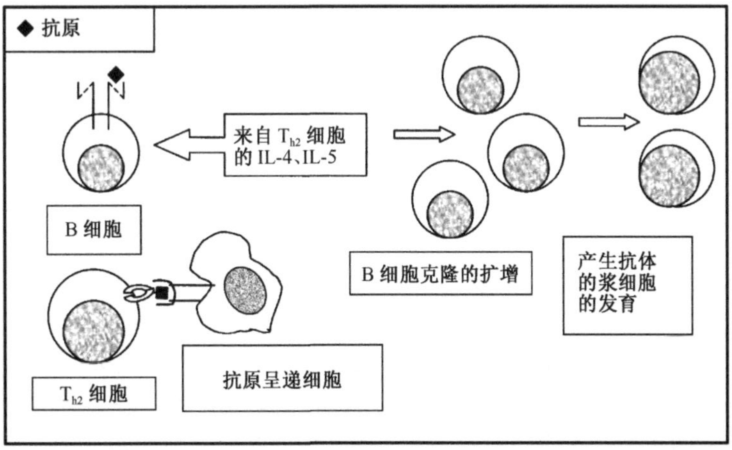

图 2.3 抗原呈递细胞、辅助型 T 细胞和 B 细胞在抗体产生中的相互作用。

产生的第一种抗体 IgM，在免疫反应启动后的 7～10 天，在循环中出现。之后出现 IgG，但在这种初级免疫反应中没有达到很高的滴度，之后遇到的抗原导致了二级或抗体再生的反应。在二级反应中循环中抗体出现得更迅速，并且生成的抗体数量更多。更为重要的是，二级反应的主要抗体亚型是 IgG。IgG 较长的半衰期促进了较高的抗体滴度持续更长的时间。对于疾病因素免疫反应的经常性估价（IgG/IgM ）能够产生关于暴露长期性的重要信息。获得敏感期和康复期血清以估价抗体滴度和亚型，是普遍认可的诊断程序。通常，当疾病微生物与病症相关时，在临床症状出现后最初的 2～3 周，如果微生物参与了感染过程，滴度将增加至少 4 倍。在对于疾病微生物最初的暴露中，IgM 是主要的亚型，而在二级或三级暴露（或者免疫）中，则主要产生 IgG。

2.2.5 抗体的效应功能

抗体可以中和病毒，细菌与可溶性毒素，抗体（IgG、IgM）的一些亚型在激活补体级联反应后可以裂解靶细胞。通过充当帮助噬菌细胞黏附到微生物的调理素，抗体可以促进噬菌作用。在抵抗细菌性疾病中发挥重要作用的抗体反应，依赖于所涉及的致病机制、感染过程的位点以及所产生的抗体亚型（表 2.1）。在由胞外毒素引起的疾病，如破伤风，结合到细胞的一定部位并启动临床症状之前，抗毒素抗体对于中和并结合抗体是非常重要的。这种作用机制在如破伤风、炭疽、波特淋菌中毒——所有毒素介导的疾病中是重要的。在一些情况下，当非免疫宿主存在发生毒素介导的疾病的风险时，紧急注射抗毒素（一种含有针对毒素的抗体的溶液），是预防这种疾病所必需的。为了清除传染性介质，抗体充当调理素，并启动补体级联反应（通过经典途径的激活）。调理素导致被吞噬细胞吸收的增加，而补体激活导致炎症的启动和对于传染性微生物（如膜侵袭复合物）有害化合物的生成。除非存在调理素，否则具有荚膜的细菌对于吞噬细胞的吞噬尤其具有抗性。

表 2.1 抗体的效应功能

亚型	作用位点	效应功能
IgM	血管内	补体固定，凝集
IgG	血管内	补体固定，中和
IgA	组织间隙	调理作用，ADCC[a]
	分泌：呼吸道，GI，唾液	黏膜表面的中和作用
IgE	皮下	乳突细胞致敏作用
	黏膜下	ADCC

a. 抗体依赖的细胞性细胞毒性。

通常，IgE 反应局限于寄生虫感染和对于如花粉和草等各种环境过敏原的超敏反应。偶尔，在抵抗一些细菌和病毒病原的免疫接种时，会产生 IgE。当这种情况发生时，会导致很严重的过敏应激等副反应发生。IgE 的产生，经常具有遗传倾向性，并且这些个体发生这类疫苗反应的风险增大。对于寄生虫感染的免疫，IgE 可能有助于“自救”现象，柱状细胞介导剂导致的平滑肌收缩，可以从内脏清除大量的线虫。或者，ADCC 会控制一些滋生物，IgE 会通过低亲和力 Fc 受体结合到嗜曙红细胞，并且加速主要碱性蛋白和其他位于寄生虫表面的腐蚀性酶的释放。

对于侵袭黏膜表面的感染性因素，IgA 是一种非常必要的反应。由于分泌型成分保护分泌型 IgA（SIgA）在内脏中免受蛋白水解酶的消化，使其成为胃肠道内腔环境中被激活的最为有效的抗体。它可以中和病毒和细菌，以阻止其分别向细胞受体的吸附。与之相类似，SIgA 在呼吸道内的分泌非常有效。在一种病毒或细菌能够感染细胞之前，它必须首先结合到充当传染性微生物受体的细胞表面蛋白。这样，抗体结合传染性微生物就能够抑制其向受体的结合，并且因此降低其感染性。例如，流感病毒表达能够结合到呼吸道上皮细胞的血凝素。抗体和血凝素的结合阻止了病毒进入这些细胞，使疾病得到了预防。

当细胞外环境中存在有大量的病毒粒子时，在抵抗病毒血症期的病毒时，抗体最为有效。如流感病毒等，被针对其主要表面抗原（血凝素和神经氨酸酶）的特定抗体所中和。其他病毒，如疱疹病毒，与细胞仍然保持着紧密的联系，并且对于抗体介导的失活不表现更多的机会。IgA 亚型在黏膜表面尤其有效，并且在病毒进入机体前发挥中和作用。分泌型 IgA 对于抵抗呼吸和胃肠道病毒，以及引起全身性疾病，但是通过口腔途径进入的病毒非常有效。这是由于抗体结合到病毒的表面决定簇，并且阻止病毒结合到其必须吸附以启动感染过程的细胞受体，从而发生病毒中和。

抗体和细胞介导的免疫反应的相对重要性，依赖于疾病的发病机制。例如，产生潜在外毒素的细菌，如破伤风梭菌等，要求中和毒素的抗体。如克雷伯肺炎等囊化的细菌，要求受调理素作用的抗体来有效地清除细菌，并且最终被吞噬细胞杀死。反之，能够在吞噬细胞内生存的细菌，如李氏单核杆菌，未被抗体有效地杀死，并且要求 T_{h1} 反应以有效清除。与之相类似，与细胞相关并且要求细胞介导的免疫反应进行有效控制的疱疹病毒相比，产生病毒血症的流感病毒被合适的抗体反应更好地处理。

2.2.6 细胞介导的免疫

由 T 细胞介导的细胞介导的免疫反应包括两种不同的机制：巨噬细胞激活和细胞毒性 T 细胞活性（表 2.2）。

表 2.2 细胞介导免疫反应的效应功能

效应细胞	靶	机制
CD8	具有肽的 MHC I类	穿孔素、颗粒酶、fas-fas 配体、TNFα
CD4/T_{h1}	具有细胞内微生物的巨噬细胞	γ 干扰素介导的巨噬细胞的激活
NK 细胞	缺乏 MHC I类的细胞	穿孔素介导

2.2.7 激活的巨噬细胞杀死兼性寄生的细胞间细菌

许多细菌具有阻止吞噬小体融合的能力。属于这一类的细菌包括布氏杆菌、分枝杆菌、李氏杆菌、沙门氏菌、红球菌等。当这种现象发生时，巨噬细胞经常被细菌杀死，而不是所希望的相反作用。在产生所谓的辅助型 T 细胞细胞因子的 CD4T 淋巴细胞存在的情况下，巨噬细胞被武装，并且能够包围并杀死细菌。细胞因子导致溶菌酶融合，并且增强巨噬细胞细菌素的活性。随着来自 T_{h1} 细胞的干扰素的产生，巨噬细胞被激活。感染的巨噬细胞和 NK 细胞生成的 IL-12 随后刺激辅助型 T 细胞的亚单位。因此，巨噬细胞的武装，导致其以前不能摧毁的传染性微生物的破坏（图 2.4）。

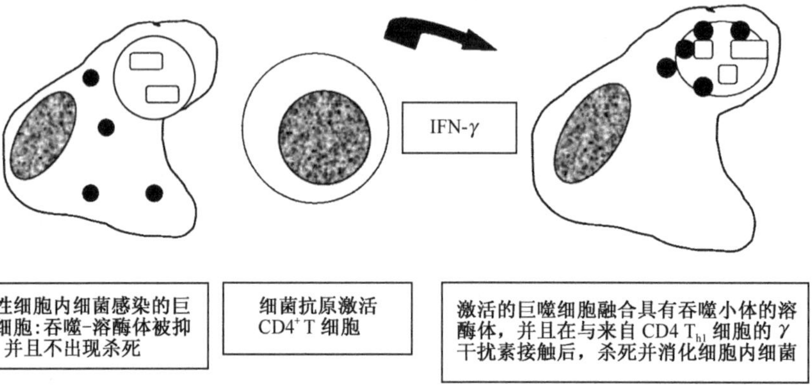

图 2.4　由辅助型 T 细胞刺激的激活的巨噬细胞的细胞间感染的破坏。

2.2.8　细胞毒性 T 细胞杀死病毒感染的细胞

生长在细胞内的病原，如病毒，通过被细胞释放，被最好的容纳。产生于细胞质内的病毒蛋白，能够与用以呈递到 T 细胞的细胞表面分子发生联系。细胞毒性 T 细胞（CD8），识别存在于由细胞表面的 MHC I 类分子的链形成的沟内的抗原肽。所有有核细胞的表面，都具有 MHC I 类分子，并且因此能够以这种方式结合并且呈递细胞内的抗原。MHC I 类和抗原决定簇通过细胞毒性 T 细胞结合（通过特定 T 细胞受体的方式）的识别，导致了在细胞膜上产生小孔的穿孔素的释放。这允许被称为颗粒酶的破坏（性）酶进入细胞质。另外，产生肿瘤坏死因子 α（TNFα）。Fas-Fas 配体系统加剧了细

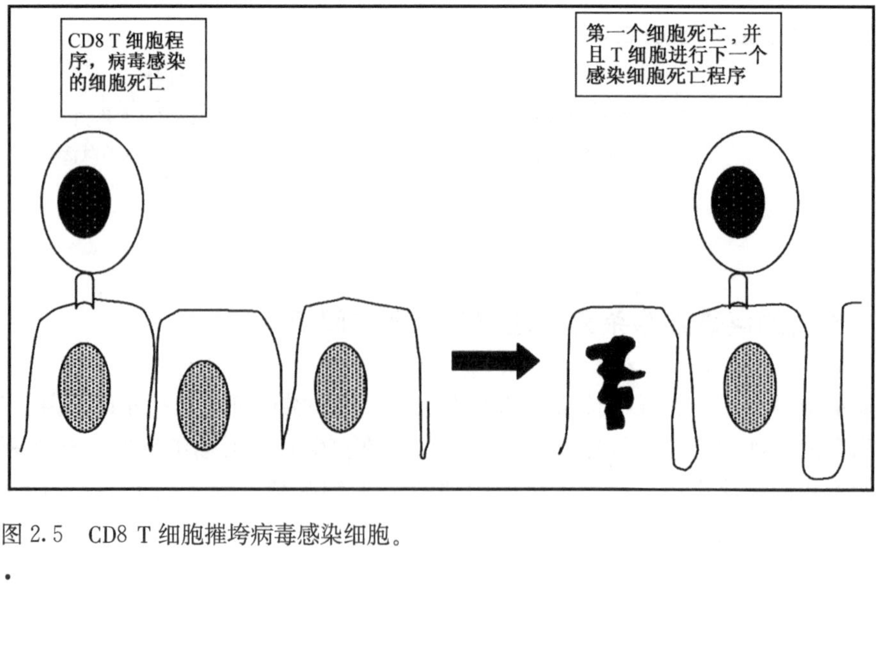

图 2.5　CD8 T 细胞摧垮病毒感染细胞。

胞的死亡，刺激凋亡。一个 CD8T 细胞，能够重复杀死感染的靶细胞，使之程序化直至死亡，并且转移到下一个要杀死的细胞（图 2.5）。在感染的宿主中，细胞毒性 T 细胞是一种减少病毒后代的有效方式。

2.2.9 效应细胞能够应用抗体结合靶细胞

当抗体结合到具有 IgG、IgE 的 Fc 部分的受体的细胞时，出现抗体依赖性的 ADCC。γ 链的 Fc 受体是 CD21，而低亲和力的 IgE 受体是 CD23。这些分子存在于几种类型的效应细胞，包括嗜中性粒细胞、巨噬细胞、NK 细胞和嗜曙红细胞。抗体向之前没有抗原受体的细胞的吸附，使之呈现抗原特异性并且能够结合抗原。除了 NK 细胞，嗜曙红细胞和巨噬细胞也能够参与 ADCC。ADCC 是一种杀死感染病毒、细菌或真菌等微生物及寄生虫的有效方式。在寄生虫感染的情况下，嗜曙红细胞释放含有致使寄生虫表皮可通透的主要碱性蛋白的颗粒。

2.3 对于传染性微生物的免疫反应的估价

应用血清学实验对于细菌或病毒的暴露或感染进行估价，已经成为传染病控制的主流。另外，分枝杆菌等感染，使细胞介导反应的体内皮肤检测得到了更大的应用。对于最近感染状态的确定，血清学样品在急性期后 2～3 周获得。运用表 2.3 所述的方法之一对这些急性期和康复期的样本进行抗体滴度测定。当滴度已经增加了至少 4 倍（二次稀释）时，血清转化出现，并且滴度特异的疾病病原被确认已经刺激了最近的反应。表 2.3 列举了免疫诊断测试的普遍类型和已经或正在被使用该方法的一些例子。

表 2.3 传染性疾病的分析方法

分析类型	应用/例子
胶沉淀	针对猪传染性贫血病毒的抗体的 Coggin 测试
补体固定	针对流产布鲁氏菌的抗体滴度
凝集	针对细菌/沙门氏菌的抗体滴度
间接免疫荧光	针对犬瘟热病毒的抗体滴度(CDV)
直接间接免疫荧光	细胞内的抗原发现：CDV，猿的白血病病毒(FeLV)
病毒中和	阻止病毒感染的抗体的功能性滴度；马流感，牛的呼吸性合胞体病毒
ELISA	抗原(FeLV，细小病毒)或者针对病毒、细菌、真菌和原虫抗原的抗体的发现

2.3.1 基于抗体的血清学

目前免疫诊断的趋势是利用如酶联免疫吸附实验（ELISA）进行固相结合分析。与基于沉淀形成或补体固定的分析相比，这些分析一般更敏感。依赖于被诊断的疾病，能够设计 ELISA 以检测抗原（驴的白血病病毒和狗的细小病毒感染）或抗体。ELISA 具有形式易于迅速读出（阳性或阴性）并决定滴度的优点。

2.3.2 基于细胞介导免疫的诊断

对于那些导致强烈的辅助型 T 细胞免疫反应，并产生相关的细胞因子（如 γ 干扰素）的病原，应用来自于病原的抗原进行皮下测试能够显示暴露或感染的程度。最近，体外相互联系已经被用于一些疾病。用结核菌素进行皮下感染能够诊断分枝杆菌感染。在抗原注射后的 48～72h 内，在感染位点，出现明显的红斑和硬化。应用患者淋巴细胞与抗原的体外孵育，以及随后对培养上清中 γ 干扰素水平进行分析的方法，能够发现分枝杆菌亚型假结核病（Johnes 病微生物）的感染。运用相似的测试策略，能够发现一组被称为兼性细胞内病原的其他微生物的感染。

第3章 实验室诊断

Dwight C. Hirsh Yuan Chung Zee Anthony E. Castro

3.1 细菌和真菌

在诊断检查中较早做出的关键决定，是判断患者是否具有传染性病源。例如，应用皮质类固醇处理传染性病源，经常是不当的，对于传染性病源的处理，抗生素是合适的。因此，这一决定非常重要。

微生物实验室的主要目的之一，就是从感染位点分离具有临床意义的微生物，如果存在超过一种类型的微生物，与体内出现的同样比例进行分离。一种分离物是否具有“临床意义”，取决于分离的环境。例如，在炎性细胞存在的无菌位点分离到的大量特定微生物，将被解释为意义显著。

必须对培养位点及获得用于培养的样本的方法非常注意。如果从通常无菌的位点获得样本，更容易做出显著意义的决定。除非正在寻找一种如沙门氏菌或者弧状杆菌的特定微生物是否存在，否则，从食道获得样本，并希望得到有意义的答案，可能是不现实的。

3.1.1 样本采集

必须非常小心地收集样本，否则，结果的解释可能非常困难。随着被大多数也是出现在邻近黏膜表面菌群的一部分微生物所感染的表面或位点的污染，会出现大部分的感染过程。换句话说，从感染位点分离到的微生物，经常与那些作为患者正常菌群的一部分、被发现的微生物相似（如果不相同）。

3.1.2 样本运输

样本在微生物实验室的处理越快越好。现实操作中，样本采集和处理之间的时间从几分钟到几小时不等。样本干燥（对于所有微生物而言）和向有毒气体（氧对于厌氧菌而言）的暴露，是及时分析样本的主要威胁。由于这一原因，样本保存在湿润的条件下非常重要（对于装满分泌物的注射器，这显然不用考虑）。如果条件允许，要排出空气。通过将样本放置于由通常存在于胶质基质的平衡盐溶液构成的透明（支援）培养基上，可以维持湿度。因为这种培养基不含有任何营养物质，样本中的微生物很少或根本不扩增（相对数量和比例得以保持），但在一段时间内保持存活，至少过夜（准确时间取决于含有的微生物，如β溶血链球菌不能和大肠杆菌存活同样的时间）。无论处理和采集之间有多长时间，拭子应该被放置于透明的培养基中。可能包含厌氧菌的液体（如从排泄管排除的排泄物、腹膜和胸膜渗出物、脓肿物质）应该被马上培养。如果这种物质保存在注射器中，应该排出空气，并且将无菌塞子放在针头上。如果用拭子来收集样本，它应该被放于厌氧性的透明培养基中。如果装满样本的注射器不能被及时处理，注射器应该被排空到厌氧性的透明培养基，并且在室温下保存。可以用同种方式对相似放置的拭子进行处理。由于一些菌种不能耐受低温，所以不要将怀疑含有微生物的样本冷藏。

3.1.3 传染性微生物的实证

通过对来自临床样本的一部分染色涂片、培养技术、分子/免疫学方法，或这些方法的组合进行检查，可以验证传染性微生物的存在。

3.1.3.1 直接涂片

从染色涂片检查获得的信息，因为可能是传染性微生物存在的第一个证据（并且有时是唯一的），所以是有价值的。观察到的结果，将有助于在培养结果可以利用前的24h内选择治疗方案。为了便于进行显微镜观察，必须每毫升或每克材料中至少含有10^4个微生物。

从通常的无菌位点获得样本的情况，在膀胱尿液中存在的细菌是一个明显的发现。然而，来自于通过输尿管或者“接受器”获得的尿液样本的分析结果解释，因其从远端尿道冲刷的菌群的混淆而变得非常困难。通过从膀胱尿液经由皮肤吸出获得的浓缩（优先）或者非浓缩的尿液的直接拭子发现细菌，是意义明显的发现。在一滴未浓缩的尿液（已经允许干燥，然后染色）内，每油视野1个细菌，表示每毫升尿液中含有10^5～10^6个细菌。

可以利用两种染色方法进行染色，革兰氏染色和Romanovsky染色（如瑞氏或吉姆萨染色）。每种染色各有其优缺点，革兰氏染色在微生物的形态观察和染色特性方面具有应用价值。革兰氏染色的缺点是不容易发现样本中的细胞内容物。另一方面，Romanovsky染色能够告诉观察者样本的细胞性质，以及是否存在传染性微生物。在评定观察到的及随后生长的微生物的意义方面，样本的细胞学评价具有重要意义。

3.1.3.2 培养技术

将样品的一部分以半定量的方式接种到培养基（尤其是通过输尿管或者接受器获得的膀胱尿液样本）。

决定样本中微生物的相对数量，非常有助于显著意义的解释。生长在一个培养皿的4个分区的微生物克隆的生长，显示了在样本中具有大量的微生物。如果在培养皿生长了一两个克隆，这些克隆的意义及条件的感染性病源问题，将值得怀疑。因为一种微生物能够在相对较短的时间内生长到成千上万的数量，所以不应该对从通常无菌位点获得的样本进行涂板前的“富集”。显然，与只分离到一种微生物的样本相比，应更多地相信分离到数千种微生物的样本。对于这一通用“规则”的一种重要例外，是一种特定微生物的存在是否显著，如样本中的沙门氏菌。从临床的观点来看，富集肉汤的使用，除了决定一种特定细菌的存在与否，较其所值，会更为麻烦。培养物富集的结果经常会导致不必要的工作，以及污染微生物的处理问题。

来自感染位点样本的细胞学观察，有助于显著性的决定。对于分离到的没有炎性细胞存在的无菌位点的大量微生物，应该持怀疑的眼光，对于这一规则的例外是隐球菌感染，其中样本可能含有大量的酵母细胞，但炎性细胞（隐球菌囊膜是免疫抑制的）很少。没有炎症反应证据的无菌位点的“显著数量”微生物的分离或显示，可以通过下列情况予以解释：污染的收集设置，来自连续、通常无菌位点的收集装置的污染，微生物实验室培养基接种设施的污染，接种前培养基的污染。由液体消毒剂进行无菌处理的收集装置，经常被能在这种液体中生存的微生物所污染（假单胞菌因为这点而出名）。

接种后，只要能生成单个菌落，可以以任何方式在培养皿上划线。判定相对数量是相当主观的，并且每一个实验室以自己的方式这样做。通过记录在培养皿表面有多少微生物生长，可以报告微生物的相对数量。显然，一个克隆的生长（一个细菌的后代）及在整个培养皿上的菌落的生长，将给予其临床意义以不同的注意。决定存在细菌的实际数量，只有当在尿道远端样本被细菌污染时，通过“接受器”或者导尿管获得尿液进行分析时，才是重要的。这种情况下，含有 0.001ml 或 0.01ml 尿样的遗弃的标准化环，用于接种合适的培养基（如血液、麦康凯），通过导尿管和“接受器”获得大于每毫升尿液 10^5 个细菌的细菌浓度被认为具有意义（与远端尿道相比，细菌更容易来自于膀胱）。

1. 需氧菌

用于兼性微生物分离的标准接种培养基是血琼脂板。许多实验室拥有麦康凯琼脂板（或一半为血琼脂，另一半为麦康凯琼脂分开的划线板），麦康凯琼脂因肠道微生物（肠道菌的成员，如埃希氏大肠杆菌、克雷伯氏菌、肠细菌）以及假单胞菌生长良好而非常有用。大多数其他的非肠道革兰氏阴性杆菌和所有的革兰氏阳性细菌不能在这种培养基上良好地生长。博德特氏菌在 24h 后长成一个微小克隆；孵育 48h 后，克隆将长得相当大。对于细菌在麦康凯琼脂上的生长的判定，将非常有助于决定肠道微生物（治疗上非常难以对付的一组细菌）的存在与否。

2. 厌氧菌

厌氧菌在通过尽可能地排出了氧及其生成物的特殊制备的血琼脂上生长，平板来自于生产商提供的经特殊设计以排出空气的密封袋。接种厌氧平板后，它们应当被放置在流动的无氧的 CO_2 的容器内，或者直接放在厌氧环境（注意：已经从密封袋拿出来的厌氧血平板，应当被储存在流动无氧的 CO_2 或厌氧环境中）。

何时接种用于厌氧菌孵育的培养基，取决于样本的来源。对于厌氧菌样本的处理是昂贵和费时的。含有厌氧菌最普遍的位点或条件是排尿管、脓液、胸膜、心包、腹膜渗出物、子宫积脓、骨髓炎和肺。含有作为正常菌群一部分的厌氧菌位点的厌氧培养是废弃的（即粪、阴道、尿道远端、口腔）。一个例外是用于细菌过度生长判定的十二指肠吸出物的培养。在这种情况下，发现的相对数量正是被寻找的（当厌氧菌和需氧菌的细菌总数，超过 10^8 个/ml 内容物时，通常认为存在过度生长）。因为来自于尿道的微生物相当少，不是例行公事地进行厌氧菌培养。

3.1.3.3 分子/免疫学方法

一些时候为了采取适当的措施处理问题，在尽可能短的时间内决定一种特定微生物的存在与否是非常重要的。当传染性微生物（如沙门氏菌、钩端螺旋体）可能造成对其他动物及包括看护的人的威胁时，这更是一个实际问题。同样，一些传染微生物（如一些真菌、分枝杆菌）需要如此长的时间在培养物中生长，以至于制定一种合理的治疗策略是困难的。也有一些微生物是难以发现的，因为它们是难以培养的（如钩端螺旋体、立克次氏），或者还没有在人工培养基得到培养（如毛状梭菌、胞内劳森氏菌）。在这些情况下，可以利用多种技术。

以免疫学为基础的技术，利用了抗可疑微生物的特异抗体。这些抗体一般固定化在固体支持物上，并且用于捕捉介质。应用以某种方式标记（通常用染色试剂）的特定抗体，可以发现被捕捉的微生物的存在。一些利用这些技术的试剂盒已经被商品化（如沙门氏菌）。

利用针对特异 DNA 片段的特异 DNA 探针的分子技术，对于怀疑的微生物是独特的，应用特定 DNA 引物的 PCR 反应，已经被应用于微生物。

3.2 病毒

3.2.1 一般性考虑

传统的病毒病诊断方法是枯燥和费时的，但应用如 PCR 反应等现代技术，病毒病的诊断逐渐加快。因此，对于疾病的诊断和预测的有效过程，快速而精确的病毒病诊断是基本的。

收集和处理临床样本的合适方法以及完整的记载，对于病毒的成功分离很关键。由于大多数病毒对于有害环境条件的易感性，广泛的自体溶解或不良储存的组织，通常不会产生传染性病毒。病毒的分离和（或）鉴定，应该在以下条件下进行尝试：

（1）在家畜的小泡性疾病的暴发过程中（牛、猪、绵羊或者山羊的口蹄疫）。

（2）在如饲育场、禽舍或者养猫的处所，大动物群的疾病暴发期间，许多动物处于风险期，而及时准确的诊断对于控制方法的制度化是关键的。

（3）在如狂犬病、西尼罗河病毒病、马的脑脊髓炎等潜在的动物传染性疾病情况下，尤其是发生人的暴露时。

（4）在决定新疾病的病原，或确定现存疾病的无特征性的表现时。

每当可能，应该从最近死亡的动物收集可能用于病毒分离的组织（表 3.1 和表 3.2）。在疾病的急性期收集合适的样本，并包括来自相似感染动物的额外提交物。在选择临床样本时，应该考虑以下因素：

（1）疾病的类型（呼吸道-肺或气管，囊泡-泡或者皮肤活组织）；

（2）宿主的年龄和品系；

（3）感染动物损伤的性质；

（4）尸体的大小（能否在冰上运输）。

表 3.1 用于病毒分离和鉴定的建议的哺乳动物样本

疾病或者感染的类型	普通的名字或者相关的病毒	其他感染	收集的临床样本	诊断鉴定测试
呼吸道	腺病毒(牛、猪、犬)		鼻和眼分泌物、粪、肺、脑、扁桃体	VI(CPE)、HA、CF、FA、VN
	感染性犬肝炎病毒(腺病毒)		脾、肝、淋巴结、肾、血液	VI(CPE)、HA、FA、VN
	牛病毒性腹泻(黏膜病,瘟病毒属)	生殖器、流产、肠	鼻分泌、口腔损伤、肺脾血液、肠系膜淋巴结、肠黏膜、阴道分泌、胎儿组织未凝的血液	VI(CPE 和病毒干扰)、FA、VN
	感染性牛鼻气管炎病毒(疱疹病毒)	中枢性神经系统(CNS)、生殖道流产	鼻、口腔分泌物、肺、气管拭子气管片段、脑、阴道分泌物、血清、流产胎儿、肝、脾、肾	VI(CPE)、FA、VN
	猫感染性鼻气管炎(疱疹病毒)		鼻和咽分泌物、结膜、肝、肺、脾、肾、唾液腺、脑	VI(CPE 和包含体)、FA
	马鼻气管炎病毒(疱疹病毒)	生殖器、流产	胎盘、胎儿、肺、鼻分泌物、淋巴结	FA、VI(ECE 和 CPE)、VN
	流感(马、猪)(正粘病毒)		鼻和眼分泌物、肺、气管拭子	VI(ECE)、HA、HI
	副流感(牛、马、猪、羊、犬)(副粘病毒)		鼻和眼分泌物、肺、气管拭子	VI(ECE)、HA、HI、VN
	牛呼吸合胞体病毒(肺炎病毒)		气管、肺、鼻分泌物、凝固血液	VI(CPE)、FA、ELISA
	牛疱疹病毒 4 型[Movar, DN599]	流产(?)	气管、肺、鼻分泌物、胎儿、凝固血液	VI(CPE)、FA、VN
	呼肠孤病毒(牛、马、犬、猫)		粪、肠黏膜、鼻和咽分泌物	VI、HA、HI
	非洲马瘟病毒(环状病毒属)[a]		抗凝剂中的全血、淋巴结、脾、肺	VI(CPE 和小鼠)、VN
	恶性卡他热[a](疱疹病毒)		抗凝剂中的全血、淋巴结、脾、肺	VI(CPE)、ELISA、FA、VN、EM
	伪狂犬病毒[a](疱疹病毒)	中枢性神经系统、生殖道、流产	鼻分泌物、扁桃腺、肺、脑(中脑、脑桥、延髓)、脊髓(绵羊和牛)、脾(猪)、阴道分泌物	VI(CPE 和兔)、VN、FA、ELISA
	犬疱疹病毒		肾、肺、肝、脾、鼻、口咽、阴道分泌物	VI(CPE 和包含体)FA、VN
	猪包含体鼻炎(巨细胞病毒)		鼻甲骨、鼻黏膜	EM、VI(CPE)、FA、VN
	马的鼻病毒		鼻分泌物、粪	VI(CPE)、VN
	梅迪-维斯纳、羊的进行性肺炎(反转录病毒、慢病毒)	中枢神经系统	CSF、全血、唾液腺、肺、纵隔淋巴结、脉络丛、脾	VI(CPE、绵羊)VN、CF
	牛的鼻病毒		鼻分泌物	VI(CPE)、VN
	里夫特峡谷热病毒[a](牛、羊)(白蛉病毒)		抗凝剂中的全血、胎儿、肝、脾、肾、脑	VI(CPE、小鼠)、VN、CF、FA
肠道	牛的肠病毒		粪、口咽拭子	VI(CPE)、VN
	可传播的胃肠炎(冠状病毒)		粪、鼻分泌物、空肠、回肠	VI(新生猪)FA、EM

续表

疾病或者感染的类型	普通的名字或者相关的病毒	其他感染	收集的临床样本	诊断鉴定测试
肠道	新生儿腹泻			
	1. 轮状病毒		粪、小肠	ELISA、FA、EM VI(CPE、胰酶)
	2. 细小病毒	流产	粪、肠黏膜、局部淋巴结、脑、心	VI(CPE)、FA、EM、HA、HI、VN
	3. 冠状病毒		粪、小肠	VI(CPE、胰酶) FA、EM
	小核糖核酸病毒 SMEDI(肠病毒)		粪、小肠、脑、扁桃腺、肝	VI(CPE)、VN、EM
	脑灰质炎(Teschen, Talfan)(肠病毒)	中枢神经系统	脑、肠、粪	VI(CPE)、VN
	牛瘟病毒[a](麻疹病毒)		抗凝剂中的全血、脾、肠系膜淋巴结	VI(CPE、牛)、AGID、CF、VN
	反刍动物 Peste des petits[a](麻疹病毒)		抗凝剂中的全血、脾、肠系膜淋巴结	VI(CPE、羊)、CF、VN
中枢神经系统	狂犬病(狂犬病毒)		脑、唾液腺	VI(小鼠、包含体)、FA、VN
	马脑脊髓炎(VEE[a]、EEE、WEE)[b](α 病毒)		全血、脑、脊髓液、鼻和咽分泌物、胰腺	VI(ECE、小鼠)、HA、HI、VN、CF
	Louping 病脑脊髓炎(黄病毒)		全血、脑、脊髓液	VI(ECE、CPE)、FA、VN、HI
	血凝脑脊髓炎病毒(冠状病毒)		脑、脊髓、扁桃腺、血液	VI(CPE)、HA、HAD、VN、FA
	羊关节炎脑脊髓炎(反转录病毒、PENTI 病毒)	关节炎	血、脊髓	VI(CPE)、AGID、ELISA
	日本乙型脑炎病毒[a](黄病毒)		脑、CSF	VI(ECE、小鼠)、IgM VN、CF、HI、FA、ELISA
	Borna 病(未分类)		脑、脊髓	VI(ECE、兔)、FA、CF
	Prion 病[a]		脑	VI(绵羊、小鼠)、MI?
黏膜和皮肤	痘病毒		损伤碎屑、损伤、水疱液、痂皮、肝、脾	VI(ECE、CPE、兔)、HA、HI、VN、FA、EM
	1. 猪痘(猪痘病毒)			
	2. 痘苗(正痘病毒)			
	3. 牛痘(正痘病毒)			
	4. 绵羊和山羊痘[a](痘病毒)			
	口蹄疫[a](Aphthovirus)	肠道	损伤物、扁桃腺、水疱液、蹄损伤、食道-咽液体、所有组织	VI(CPE、新生小鼠)、CF、VN、FA、AGID、ELISA
	牛乳头瘤(疱疹病毒)		损伤碎屑、损伤、奶头拭子，来自损伤的液体流出物	VI(CPE)、VN

续表

疾病或者感染的类型	普通的名字或者相关的病毒	其他感染	收集的临床样本	诊断鉴定测试
黏膜和皮肤	水疱口腔炎[a]（水疱病毒）		水疱液，损伤的上皮覆盖物，全血、局部淋巴结、舌拭子	VI(CPE)、VN、CF
	猪的水疱疹[a]（杯状病毒）		水疱液，蹄损伤的上皮覆盖物，扁桃腺淋巴结，血清，口和鼻损伤	VI（CPE）、VN、CF、AGID
	猪的水疱病[a]（肠道病毒）		水疱液，损伤的上皮覆盖物，口和鼻损伤	VI（CPE）、VN、FA、AGID
	乳头瘤病毒	瘤形成	损伤物质、疣、皮肤碎屑	EM、细胞转化、FA
	传染性深脓包 ORF（副痘病毒）		痂、唇损伤	VI(ECE、CPE)、VN AGID、FA、EM
	牛丘疹性口炎		损伤活组织切片，破损的鼻口，奶头	VI(ECE、CPE)、EM
生殖和（或）流产	肠道病毒	中枢神经系统呼吸道	阴道分泌物、母羊或母猪的血清鼻拭子、扁桃腺、脑（猪）、粪（牛和猪）	VI(CPE)、VN
	细小病毒（猪）		阴道切片、母羊或母猪的血清、肺（成木乃伊的胎儿）	VI(CPE)、FA、HA
	蓝舌病，鹿的流行性出血热，Ibraki（环状病毒）	出血综合征（病毒血症）呼吸道	母羊的血清、胎儿的心、肝素化的血液、脾、骨髓、淋巴结、肺、精液	VI（ECE、CPE）、CF、AGID、FA、VN、EM
	马的病毒性动肺炎（瘟病毒）		全血、鼻和咽分泌物、胎盘、胎儿、脾、鼻孔淋巴结、结膜囊、精液	VI（CPE）、CF、AGID、FA
	边界病（Hairy shaker）（瘟病毒）	中枢神经系统	脑、脾、血、骨髓	VI(CPE 和干扰)、FA、VN
	Akabane（布尼病毒）		胎盘、胎儿肌肉、神经组织	VI(CPE 和 SUCKLING 小鼠）FA、VN、HI、HA
出血综合征（病毒血症）	猪瘟[a]（瘟病毒）		扁桃腺、脾、肝、脑淋巴结	VI(猪)、FA、VN
	马的传染性贫血（反转录病毒、PENTI 病毒）			VI（CPE 和马）、FA、VN、CF、ELISA、AGID
	非洲猪瘟[a]（彩虹病毒）		抗凝剂中的全血、脾、肝、扁桃腺、淋巴结	VI（CPE 和猪）、HAD、HA CF、FA、RIA、ELISA、IEOP
	内罗毕绵羊病[a]（内罗病毒）		脾、血、纵隔淋巴结	VI、FA
	里夫特峡谷热[a]（白蛉病毒）		胎儿、抗凝剂中的全血、肝、脾、肾、脑、血清	VI(CPE 和 SUCKLING 猴或小鼠）VN、CF、AGID、HI、FA
瘤形成	反转录病毒（牛、猫）（瘤病毒）	免疫缺陷、白血病、贫血	淋巴结、瘤生长、血清抗凝剂中的全血	VI、反转录酶、EM、ELISA、FA、蛋白质印迹

a. 报道过的疾病或者是美国的一种外来动物疾病。

b. VEE＝委内瑞拉马脑炎；EEE＝东方马脑炎；WEE＝西方马脑炎。

表 3.2 用于从禽类分离和鉴定病毒的建议样本

疾病或感染的类型	名称和相关病毒	其他感染	收集的临床样本	诊断鉴定测试
呼吸道	新城疫[a](副粘病毒)	中枢神经系统	气管、泄殖腔、骨髓肾、肺、肝、脾气管、肺、气囊	VI(ECE、CPE) VN、HA、HI
	禽流感[a] (鸡瘟病毒) (正粘病毒)	产蛋降低	窦分泌液、肝、脾血、泄殖腔拭子肺、气管、泄殖腔拭子	VI(ECE)、HA、HI、AGP、VN
	传染性支气管炎(冠状病毒)	肾病,产蛋下降	肺、气管、 气管拭子	VI(ECE、气管环培养物)、VN、HA、HI、EM
	疱疹病毒			
	1. 鹦鹉(Pacheco 病)		肝、脾、肠	VI(ECE、鸟)、VN、HA、HI、EM
	2. 鹤			
	3. 鸽			
	4. 猫头鹰			
	5. 猎鹰			
	喉气管炎(疱疹病毒)		气管或气管排泄物、肺	VI(ECE、CPE) AGP、VN、FA
	禽腺病毒	产蛋下降综合征、肝炎、肠炎	气管、肺、气囊、肠、粪	VI(ECE、CPE)、AGP、VN、FA
肠道	火鸡冠状病毒肠炎		肠、法氏囊、盲肠、粪	VI(ETE)FA、VN
	呼肠孤病毒		肠、粪	EM、VI
中枢神经系统	禽脑脊髓炎(肠道病毒)		脑	VI(ECE、鸡)、VN、FA
	α病毒感染(东马脑炎病毒和西马脑炎病毒)		血清、脑、心、脾、肝	VI(ECE、小鼠、CPE)、VN、CF、HI
	火鸡脑膜脑炎(黄病毒)		脑、脾、血清	VI(ECE、小鼠、CPE)、VN、HI
黏膜和皮肤	禽痘病毒		小结皮肤损伤、痂	VI(ECE、CPE)、AGP、HA、VN、FA
	1. 鸽痘			免疫过氧化物酶
	2. 金丝雀痘			
	3. 禽痘			
	4. 火鸡痘			
出血综合征(病毒血症)	病毒性关节炎		胫附的滑液或胫腿节,脾拭子	VI(ECE、CPE)、AGP、VN、FA
	鸭疫(鸭病毒性肠炎)(疱疹病毒)		肝、脾、血	VI(EDE、CPE)、VN
	火鸡的出血性肠炎或野鸡大理石脾(2 型腺病毒)		肠内容物、脾	VI(禽、CPE)、AGP、EM
	火鸡的病毒性肝炎(未分类)		肝	VI(ECE)
	传染性法氏囊炎(Birnavirus)	免疫抑制	脾、法氏囊	VI(ECE)、VN、AGP

续表

疾病或感染的类型	名称和相关病毒	其他感染	收集的临床样本	诊断鉴定测试
出血综合征（病毒血征）	雏鸟病（乳多空病毒）		骨髓、肾、心、脾	VI（CPE）、VN、EM、FA
	禽的贫血因子（细小病毒）	免疫抑制、全血细胞减少症	脾、法氏囊、胸腺、血	VI（鸡）、EM、VN、ELISA
瘤形成	白血球组织增生和瘤（反转录病毒、致癌病毒）		全血、血浆、泄殖腔拭子、胎尿、白蛋白、胚胎、肿瘤	RT、VI(CPE、细胞转化、ECE) ELISA、FA、COFAL
	网状内皮组织病（反转录病毒、致癌病毒）	免疫抑制、淋巴瘤	脾、肿瘤组织、肝素化血液	VI(ETE、CPE)、FA、RT、AGP、VN
	马立克氏病（疱疹病毒）		血液、肿瘤、肾、脾、羽毛	VI（ECE、CPE）、AGP、VN、FA

a. VVND＝速发型嗜内脏型新城疫。

AGID＝琼脂胶免疫扩散；AGP＝琼脂胶沉淀；CF＝补体固定；COFAL＝禽造白细胞组织增生的补体固定实验；CPE＝细胞病变效应；ECE＝鸡胚；EDE＝鸭胚；EM＝电镜；ETE＝火鸡胚；FA＝免疫荧光；HA＝血凝；HAD＝血液吸附试验；HI＝血凝抑制；RIA＝放射免疫试验；RT＝反转录；VI＝病毒分离；VN＝病毒中和；VVND＝嗜内脏型新城疫。

下面是系统用于病毒引起的动物疾病的快速实验室诊断手段：

（1）患病动物/组织检查（全面和组织学）作为病毒病原的假定诊断。

（2）在临床疾病期间，病毒特异性抗体（急性期和康复期血清）发展的测定。

（3）运用病毒特异性抗体检测组织中的单个病毒抗原的组织切片技术的免疫组化染色。

（4）应用发现特异的病毒抗原的免疫学方法，对粪、尿或血清进行检查（粪中的轮状病毒，血清中猫的白血病病毒，肺的牛合胞体病毒）。

（5）通过电镜检查阳性或阴性样本，以确定病毒形态。用于检测的病毒粒子的浓度（$>10^5$ 个/ml）限制了诊断程序。

（6）细胞培养物中感染性病毒的分离和扩增，以及来自于临床的、繁殖的病毒的鉴定。

许多病毒不杀死宿主，但宿主可能充当病毒的储存库，并且可以将病毒传播给其他动物。有时，可以用血清学实验决定哪些动物携带了特定的病毒，哪些动物易于感染。

必须强调，仅仅从动物分离到病毒，并不必然意味着病毒会成为出现疾病动物的病因。在同种或有关动物确定分离的病毒引起了一种相似的疾病，可能甚至包括易感或非免疫动物的接种，是非常重要的。当从样本中分离到两种或更多种病毒时，疾病过程中每一种分离物的作用的清楚解释也是必要的。最终，必须记住，从免疫动物也能够分离出病毒的疫苗株，并且会和真正的田间株相混淆。

3.2.2 从临床样本分离病毒

3.2.2.1 组织培养物的培养

通过接种易感的、来自于宿主或有关动物的原代或者连续传代细胞培养物，鸡胚或者试验动物，可以从临床样本中分离病毒。提交的用于病毒分离的样本，应该放在病毒的运输培养基（含有抗生素的平衡盐溶液）内，置于密封的容器内，用以安全处理。应该用合适的标记对其进行清楚的标识，并且在 4℃或－20℃条件下提交。

应该从疾病急性期的动物活体收集样本。基于特定的疾病过程，排泄物或分泌物，体孔或液体（淋巴或血液）的拭子，以及通过活组织检查收集的组织，都是适于病毒分离的样本。在实验室内，在含有抗生素的平衡盐溶液中，以 10%和 20%的比例（重量/体积）对组织样本进行匀浆处理。通过过滤的方法，可能除去严重污染样本内的其他微生物。应该在不含有如不引起细胞病变的牛病毒性腹泻病毒或霉形体的细胞培养物中进行病毒的分离。

为了分离病毒，组织匀浆被放在细胞单层上，并且在 35～37℃ 吸附 1h 或更长的时间，弃掉或移走接种物，加入新鲜的培养基。对接种及未感染的细胞培养物观察 7～10 天。对于大部分引起细胞病变的病毒，通常在 24～72h 内呈现明显的病毒性细胞病变效应（CPE）（图 3.1）。然而，对于大多数含有低浓度病毒的临床材料而言，几代的细胞盲传是值得推荐的。

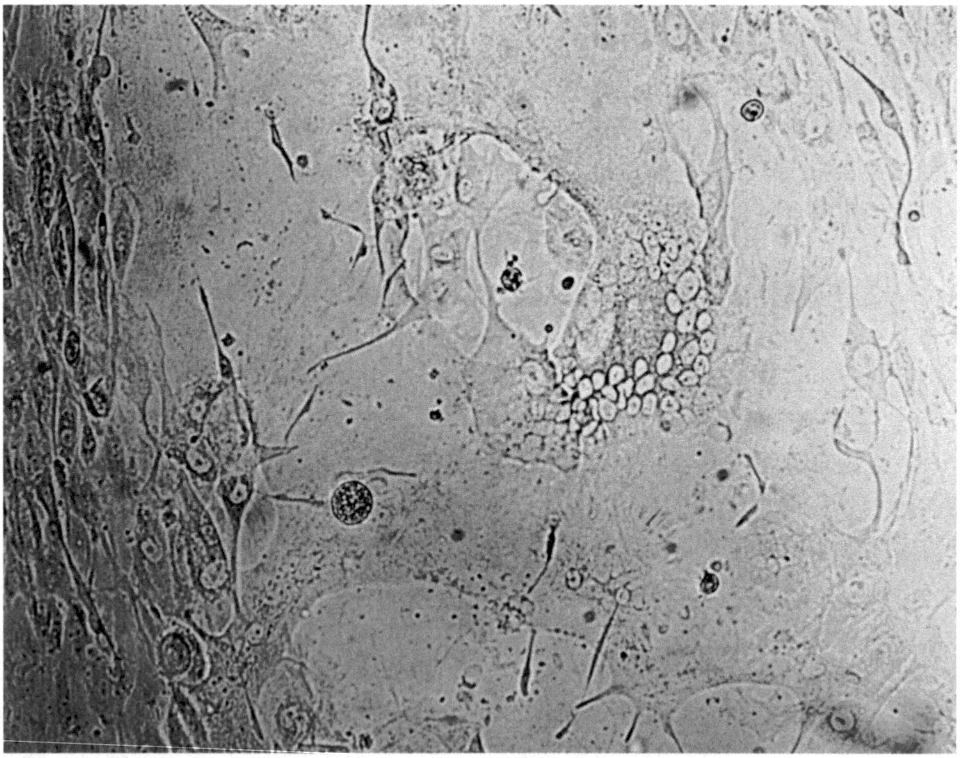

图 3.1　恶性卡他热的疱疹病毒的在牛胎肾细胞的细胞病变效应。(200×)

应用有限稀释法，通过 CPE 或其他参数，在细胞内进行复制，病毒可以被显示出来，通过 3 轮冻融或超声波裂解，病毒从细胞中释放出来，随后的离心及储存可以维持其最大的感染力。应该对分离的每一种病毒的起源种类、形态类型、传代标准、用于扩增的宿主细胞等进行认定。

3.2.2.2 鸡胚

大量的哺乳动物病毒以及禽的病毒性病原能够在鸡胚（ECE）中得到分离。成功地从 ECE 中分离病毒的关键是接种途径（图 3.2）。接种后 24h 内对光检查，死亡的 ECE 被判定为是创伤性死亡。在液体收集或胚和蛋膜的视觉检查前，将随后死亡的接种的 ECE 在 4℃ 放置几个小时。生长迟滞，变形，半透明，或凝血的胚胎和含有损伤的膜，应该在 10%悬液的无菌平衡盐溶液中匀浆，并且在 ECE 或者细胞培养物中重新传代。为了避免毒性，可以对接种物进行稀释。

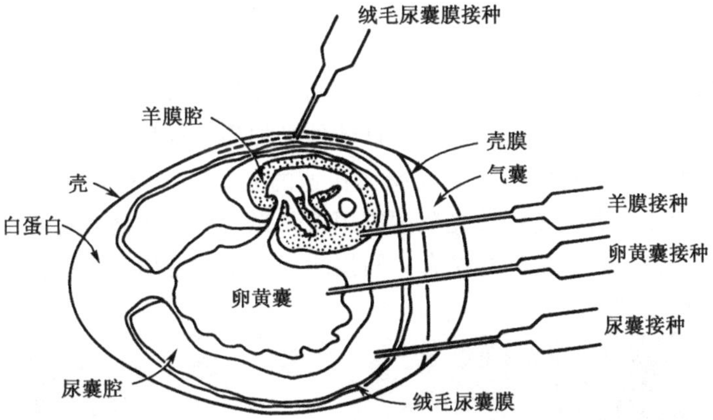

图 3.2 鸡胚（10～12 日龄）和到达各种细胞类型（如指示）的接种途径对于绒（毛）膜尿囊接种。首先通过蛋壳和壳膜钻开一个洞，然后覆盖气囊的壳被钻开，空气进入壳膜和绒（毛）膜尿囊膜之间，创造了一个人工气囊。注入样本，样本与绒（毛）膜上皮接触，通常在较小的胚（6 日龄）完成卵黄囊接种，卵黄囊较大。（经 Davis BD 等允许引用，Microbiology，2nd ed. Hagerstown，MD：Harper and Row，1977）

3.2.2.3 动物接种

易感实验动物的接种，仍然是用于一些病毒病原鉴定的一种有用程式，尤其是那些营养要求苛刻，并且在其他系统很难繁殖的病毒。

3.2.3 临床样本的病毒或病毒抗原的鉴定

3.2.3.1 电镜

电镜能够用来迅速识别存在于一种样本中，或从细胞培养物或鸡胚分离到的病毒的形态和大小。在感染组织或临床样本的无细胞匀浆的超薄切片上，能够运用电镜对病毒病进行实验性的诊断。然而，电镜用于诊断是有局限性的，因为方法不是非常敏感（为了在 200 网格看到一个单个的病毒粒子，每毫升 10^5 个病毒粒子是必需的），并且来源于不同动物的病毒会具有相似的形态和大小。

3.2.3.2 免疫电镜

通过特定的免疫血清与病毒的反应，免疫电镜可以迅速发现组织、细胞或粪便样本中的病毒。免疫电镜对于病毒的特异多克隆抗体更为适宜，与病毒混合 1h，产生抗原-抗体复合物。这些免疫复合物在 1000*g* 的条件下离心到 Formvar 包被的栅格，然后用 pH7.0，4%的磷钨酸染色，透射电镜观察，电镜观察病毒悬液与特定的急性期和康复期血清的反应，决定一种病毒与一种特定的疾病是否有联系。这一程序已经被成功地用于感染性腹泻相关的病毒。

3.2.3.3 免疫荧光

免疫荧光是一种可见的荧光，当一种特定的抗体与结合有固定抗原的荧光染料（如荧光异硫氰酸盐、罗丹明）共价结合时，被紫外光加强。这种技术提供了一种发现和鉴定组织或细胞培养物中的特定病毒的敏感而快速的方法（图 3.3）。可以通过直接或间接程序发现免疫荧光。直接免疫荧光测试应用以荧光素标记的病毒特异的抗体，抗体与位于细胞或组织的特定病毒抗原相结合。间接测试，要求使用荧光标记的对于病毒特异的免疫球蛋白的抗血清。

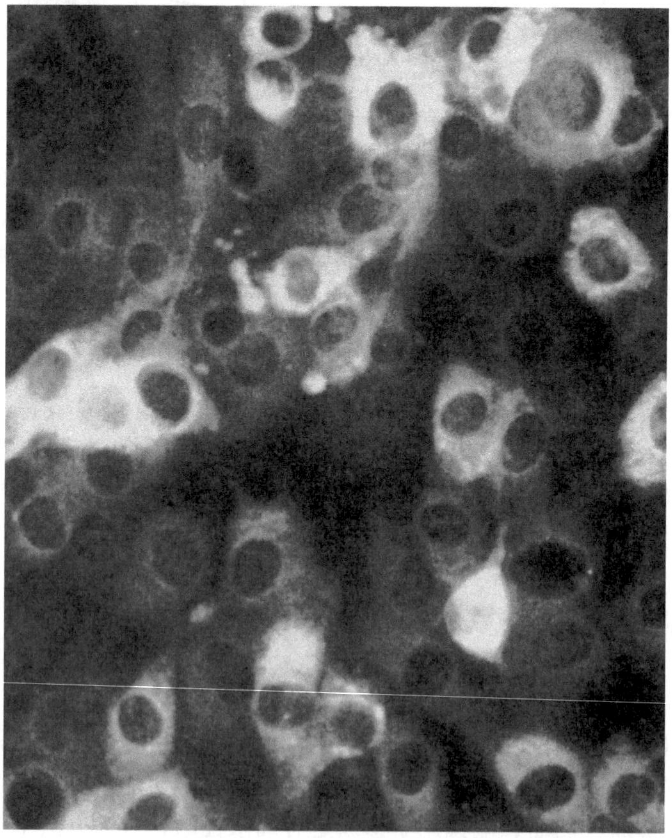

图 3.3 由牛病毒性腹泻病毒产生的胎牛肺细胞的免疫荧光。(200×)（经 Castro AE 允许引用，Bov Pract 1984；19：61）

除了直接或间接的用酶标记病毒特异的抗体，免疫组化染色应用同样的方法，通过显色反应发现添加的底物，决定酶的存在。与免疫荧光相比，免疫组化的优点是不需要荧光显微镜，并且酶增强剂的使用极大地增加了程序的敏感性。

3.2.3.4 核酸杂交

分子杂交技术已经导致了对于单个病毒高度敏感的病毒 DNA 探针的合成。各种对存在于组织或其提取物中单个病毒进行鉴定的检测系统对这些探针进行了标记。

3.2.3.5 PCR 反应

最近发展的 PCR 反应已经使许多病毒性疾病的快速诊断发生了革命。过程的重要性，在于其能够从污染的样本中扩增少量的病毒 DNA 或 RNA，及其能够大规模进行，因此大量的样本能够被同时评价。而且，实时 PCR 等技术的发展，能够对样本中反映病毒量的模板进行定量。基于 DNA 片段的循环合成的 PCR 反应，被一对用于扩增病毒基因组的特定部分的多聚核苷酸作为引物所限制。尽管病毒核酸的鉴定并不证明感染性病毒的存在，但如果适当使用，PCR 反应是敏感和特异的，因此，PCR 阳性的样本经常进行传统的病毒分离程序。

3.2.3.6 酶联免疫吸附实验（ELISA）

ELISA 是一种快捷、高敏感的测定病毒抗原或抗体的免疫测试（第 2 章）。已经建立了多种用于大量禽病毒病原的 ELISA（如传喉病毒、禽脑脊髓炎病毒、新城疫病毒、传支病毒、呼肠孤病毒），更多的用于发现感染其他家畜的病毒的方法也得以建立。

3.2.4 病毒的血清学检查

大多数病毒激发宿主的免疫反应，因此，体液（抗体）或细胞反应的发现，经常被用于决定带有病毒病原的动物以前的感染。血清学反应测定了动物的体液免疫，而对于病毒细胞免疫的测定不是经常被用于兽医诊断的。

病毒具有一定的型和群特异的抗原，并且部分决定了所应用的血清学实验。病毒感染的血清学诊断典型要求成对样本的收集：急性期（正在发生临床症状或之前）和康复期血清（10～28 天后）。抗体滴度（血清滴度的倒数）4 倍或更多的增加，显示最近或正在进行的感染。尽管抗体的存在是以前暴露的显示（或者幼龄动物被动接受的母源抗体），但单份血清样本的抗体水平更难以解释，在解释牛的白血病病毒、猪的传染性贫血病毒和种马的马动脉炎病毒感染等慢性病的带毒状态时尤其重要。

当病毒分离结果为阴性时，血清学有助于迅速建立诊断。血清学也能够用于肯定地排除在一定疾病暴发时特定病毒的存在，而阴性病毒分离物则不能。

3.2.4.1 血清病毒中和（SN）实验

大多数病毒产生一种在细胞培养物中可见的细胞病变效应（CPE）。CPE用于决定血清中保护性的存在或病毒中和抗体的存在。为了对中和抗体进行定量，通过2倍稀释法系列稀释动物血清，并且与已知数量的病毒（一般为50～300 $TCID_{50}$感染头份）混合，在接种一定体积的混合物给动物、鸡胚或细胞培养物之前，37℃孵育1h。SN实验是非常特异并且是高度敏感的，但是耗时而且昂贵，如果评价成对的血清，可以用SN实验确定动物最近的感染。

3.2.4.2 血凝抑制（HI）实验

具有血凝素蛋白（HA）的病毒将凝集红细胞，这一原理已经被用于对存在于样本中的病毒进行定量（滴定），通过病毒特异的抗血清的血凝抑制，可以应用HI实验对病毒进行鉴定或分型。

3.2.4.3 血吸附-抑制（HAD-I）实验

HAD-I实验，是基于一定病毒感染的细胞（单层）具有吸引特定的红细胞到其表面能力的原理。细胞单层上血液吸附红细胞簇的存在，显示了病毒蛋白（血凝素蛋白）已经积聚在细胞膜表面。通常，在合适的温度下，用抗血清2倍稀释之后添加0.05%或0.5%红细胞，对于病毒感染的细胞进行30min预处理，可以抑制血液吸附现象。通过对观察到的、洗掉的含有在细胞（抗体阳性）表面的具有黏附成簇的红细胞的细胞单层，与含有自由漂浮的红细胞（抗体阴性）的细胞单层进行比较，可以量化抗体。

3.2.4.4 补体固定（CF）

补体固定（CF）实验，应用固定补体（通常为几内亚猪）的病毒抗原与抗体结合时的补体级联反应。尽管CF实验已经被用于发现病毒（如白血病病毒），但由于实验的复杂性及其耗时，病毒感染的细胞或病毒特异抗体的早期试管测试，已经被简单的程序所取代。

3.2.4.5 免疫扩散（ID）

免疫扩散（ID）程序，是日常被用作监测存在于各种动物疾病（如蓝舌病、马的贫血症、牛的白细胞组织增生、公山羊的关节炎、脑脊髓炎、传染性法氏囊炎）的特定病毒抗原传播的诊断工具。实验的基础是一定的可溶性病毒抗原在半固体介质（琼脂）扩散，并且和特异的抗血清形成沉淀线的能力。

免疫电泳结合了扩散方法和电场中带电的蛋白质分子移动的原理。由于大多数的病毒抗原假定为带负电，电流的作用将病毒粒子移向阳极。随着电流的移动，通过向阴极移动的阳性抗血清的应用，抗原得以证明。这一技术已经被用于非洲猪瘟病毒的检测。

3.2.4.6 放射免疫（RIA）实验

当抗原和抗体中的一种成分被放射性标记时，放射免疫实验是一种对其进行定量的精细而敏感的方法。尽管 RIA 具有发现微量抗体物质的优点，但需要测量放射活性的闪烁计数仪及高纯度的试剂，使这种实验局限在具有合适设备的诊断实验室。

3.2.4.7 酶联免疫吸附实验（ELISA）

ELISA 是高度特异和敏感的免疫实验，可以通过提高所使用抗原或抗体的纯化水平，增强反应的特异性。ELISA 反应可以发现纳克水平的 IgG、IgM、IgA 型抗体。如果绘制了合适的标准曲线，ELISA 可以用来定量。大量商业化的、用于禽和哺乳动物病毒的测试，提供了对于针对各种病毒的抗体的定量资讯，而其他一些则发现了临床样本中的病毒本身。阻断 ELISA 评价了测试血清代替病毒蛋白特异的抗体对抗原的结合能力。

3.2.4.8 Western 免疫印迹反应

通过电泳，在一条硝酸纤维素膜上显示不同的条带，Western 免疫印迹反应能够发现对于全谱病毒蛋白的抗体，当血清样本应用于硝酸纤维素膜时，来自于感染了特定病毒的动物的抗体与特定的病毒蛋白在合适的位置结合。当用一定试剂处理硝酸纤维素膜时，这些带变黑且变得明显（图 3.4）。因为它提供了血清样本的全病毒抗体谱，这一测试是目前所使用的最为特异的病毒诊断测试。

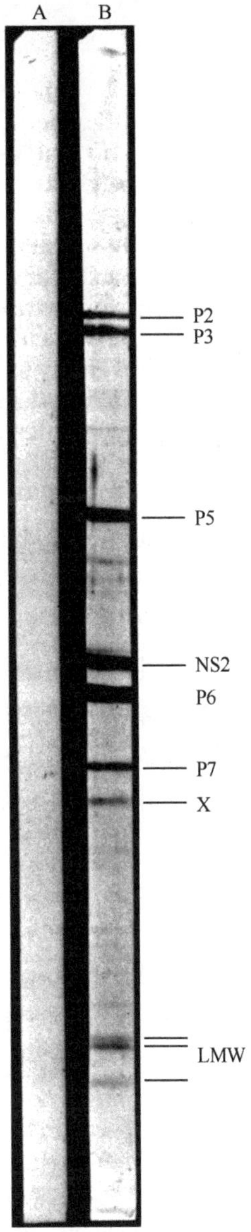

图 3.4　应用 BTV 血清型 17 的自然感染之前或之后获得的血清的蓝舌病病毒蛋白的 Western 印迹。鉴定的病毒蛋白在右边被提供，LMW 代表 3 种以前没有被确定的低分子质量病毒蛋白；X 代表一种另外的未定义的病毒蛋白；P 代表特异的 BTV 蛋白；NS 是非结构性病毒蛋白；A 带和 B 带分别代表感染前和感染后的血清。应用生物素-抗生物素蛋白-酶探针发现的免疫复合物（B 带），即生物素标记的兔抗羊 IgG 和过氧化物酶标记的抗生物素蛋白。（经 Adkison MA 和 Stott JL 允许引用）

第4章 抗微生物化学治疗

John F. Prescott

抗微生物药物利用宿主和寄生物结构和生化功能的区别发挥作用。现代化学治疗可以追溯到Paul Ehrlich的工作，Paul Ehrlich终生从事发现具有选择性毒性药物的工作。第一种成功应用于临床的广谱抗细菌药物，是1935年Paul Ehrlich在进行合成染料方面的工作时的研究成果——磺胺药物。然而，Fleming发现的青霉素，以及随后的Chain和Florey在第二次世界大战中对其研究的进一步发展，带动了更多的由微生物产生的、在低浓度可以抑制或杀死其他微生物的化学物质——抗生素的发现。对于许多发现于抗生素革命早期的药物的化学修饰，已经引起了新的、有作用的、特性明显不同于其上一代的抗微生物药物的发展。作为抗微生物制剂，与数量较少的合成的抗细菌药物相比，抗生素及其衍生物更为重要。反之，抗病毒类药物全部为化学合成。抗微生物药物的概念包括了抗生素和合成的抗微生物药物。

抗微生物药物发展的重要里程碑见图4.1。由于其开发的高成本，在兽医领域，抗微生物药物的治疗应用一直是跟随着人医领域的应用而发展的。

4.1 抗微生物药物的分类

可以通过多种方式对抗微生物类药物进行分类：

1）*抵抗微生物种类的活性谱系* 因其只能抑制细菌，青霉素的谱系较窄；因其可以抑制细菌和原虫，磺胺药物、甲氧苄氨嘧啶和林可霉素的谱系较宽；多烯只能抑制真菌。

2）*抗菌活性* 因为只能抑制革兰氏阳性菌，一些抗生素（杆菌肽、万可霉素）的谱系较窄，或主要抑制革兰氏阴性菌（如多黏菌素），而四环素等广谱药物，可以抑制革兰氏阳性菌和阴性菌。青霉素G和林可霉素等药物，抗革兰氏阳性菌是最活跃的，但也可以抑制一些革兰氏阴性菌。

3）*抑菌或者杀菌* 这是一种依赖于所涉及的微生物和药物浓度的近似的区别。例如，青霉素在高浓度时为杀菌，而在低浓度时为抑菌。在一定的环境下，如在治疗脑膜炎或嗜中性白血球减少症患者败血病时，抑菌和杀菌之间的区别是关键的。

4）*药物动力学活性* 抗菌行为是浓度和时间依赖的（相协调的）（见下面的剂量考虑）。

5）*作用机制* 像药物动力学一样，作用机制依赖于药物分类（将在下面讨论）。因其决定了以前的4种分类手段，这可能是抗微生物药物分类中最有用的一个方面。

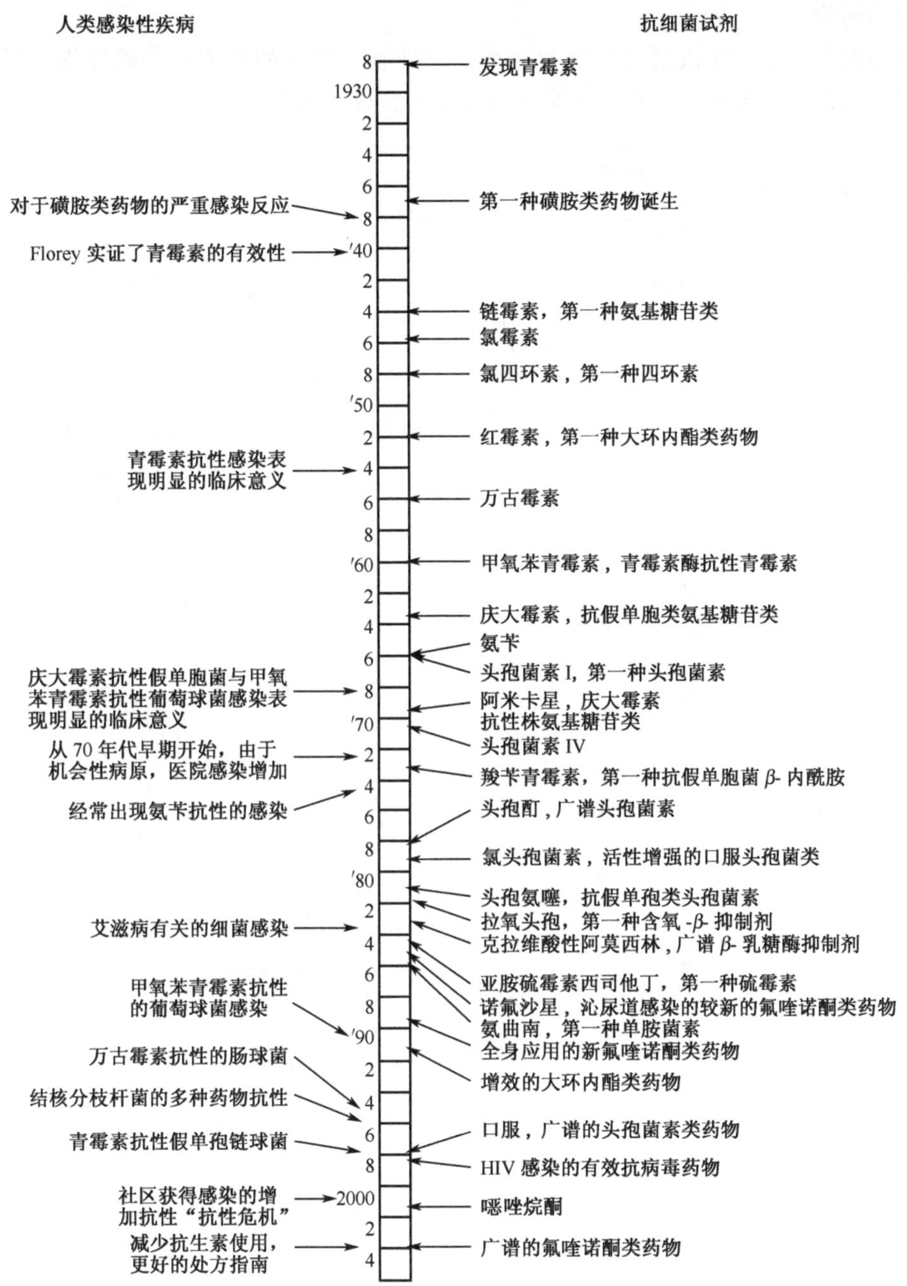

图 4.1 抗微生物治疗的里程碑。

4.2 抗微生物药物的作用机制

因为真菌同哺乳动物细胞一样，是真核的，与真菌相比，真核和原核细胞的明显结构和生化区别，为抗细菌药物的选择毒性提供了更大的机会。由于病毒复制主要依赖于宿主细胞的代谢途径，发展具有选择毒性的抗真菌和抗病毒药物尤其困难。本章主要讨论抗细菌药物。

抗细菌药物的作用机制可以分为 4 类：①抑制细胞壁的合成；②破坏细胞膜的功能；③抑制核酸的合成或功能；④抑制蛋白质的合成（图 4.2）。

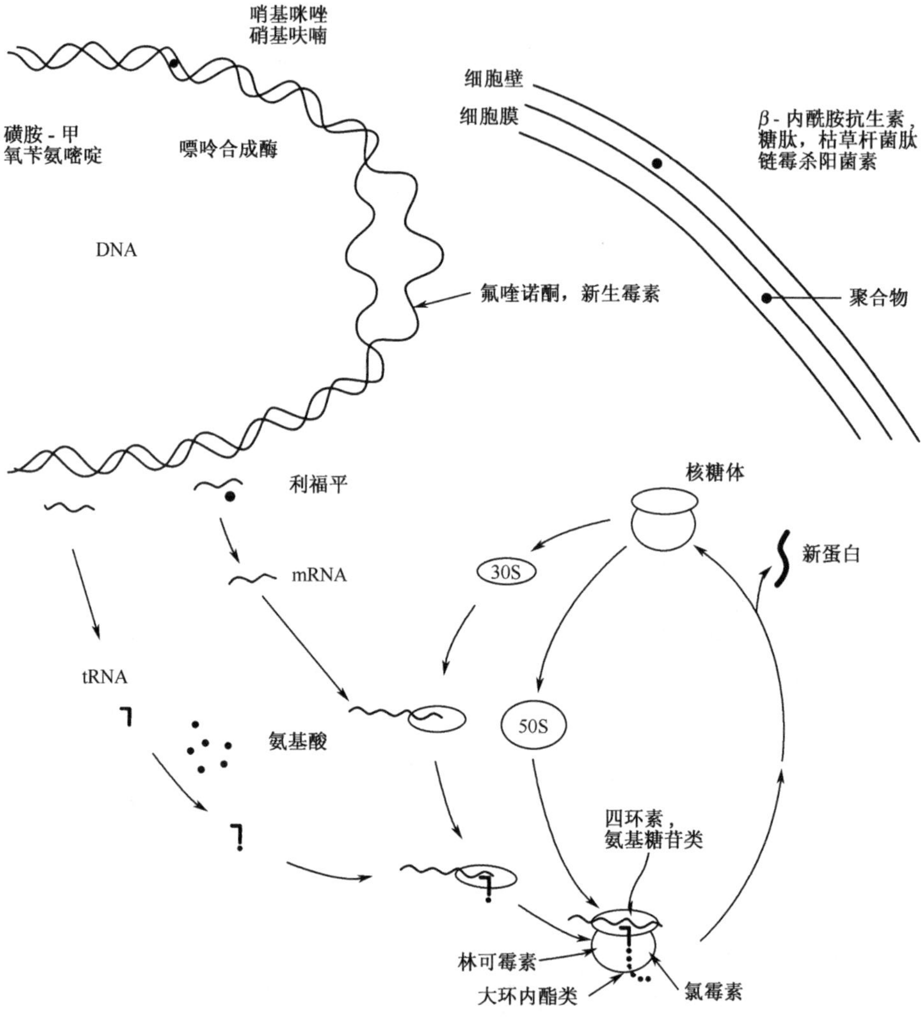

图 4.2　抗细菌药物的作用机制。

4.2.1　抑制细胞壁的合成

干扰细胞壁合成的抗生素，包括青霉素和头孢菌素（β-内酰胺抗生素）、环丝氨酸、杆菌肽和万可霉素。细菌的细胞壁是为细胞提供形状的厚囊膜。这种存在于细胞膜外面的硬壁是细菌与哺乳动物细胞的主要区别。在革兰氏阳性细菌中，它主要由使细胞坚固，并且维持大约 20 个大气压的内部渗透压的肽聚糖厚层组成。在革兰氏阳性菌中，这一层较薄，并且内部渗透压相对较低。肽聚糖由重复的二糖骨架，β-1,4-联-*N*-乙酰氨基葡萄糖-*N*-乙酰胞壁酸，一个黏附在 *N*-乙酰胞壁酸的四肽，从一个四肽到另一个四肽的肽桥组成，因此，二糖骨架在层内和层间是交互联结的。跨膜肽的交互联结使细胞壁明显坚固。几种酶参与了跨膜肽的反应。

β-内酰胺抗生素（青霉素和头孢菌素）的效应是阻止细胞壁的最终交联，抑制分裂并且创造不牢固的点。在这些药物的靶点中，有青霉素结合蛋白（PBP），在细菌中有3～8种青霉素结合蛋白；许多青霉素结合蛋白是转肽酶。它们负责生长和分裂过程中细胞壁的形成和改变。不同的青霉素结合蛋白对于药物的亲和性不同，这解释了不同的β-内酰胺抗生素作用谱系的变化。降解机制也参与了细胞壁的生成。这些是通过自溶素来完成的，并且一些青霉素通过降低自溶素的正常抑制而发挥部分功能。

因此，β-内酰胺抗生素的作用是抑制肽聚糖合成，（使）细胞壁严重变弱，促进裂解细胞自溶素的作用。β-内酰胺只有在抵抗活性生长细胞时，才是活化的。一些β-内酰胺对抗革兰氏阳性细菌的较强活性，是因为革兰氏阳性菌具有更多的杆菌肽和更高的内部渗透压，因为一些革兰氏阴性菌脂多糖和脂外层的不可通透性，以及存在于许多革兰氏阴性菌的β-内酰胺酶的结果。最新的青霉素和头孢菌素对抗革兰氏阳性菌的明显活性，不仅是因为其进入革兰氏阳性菌并且结合青霉素结合蛋白的能力增强，也是由于其具有抵抗发现于革兰氏阴性细菌的外周胞质空间的多种β-内酰胺酶的能力。最近，无内在抗菌活性的β-内酰胺酶抑制药物，如克拉维酸和青霉烷砜，已经和羟氨苄青霉素、羧噻吩青霉素结合，通过中和可能使其降解的酶，以扩展这些较晚的化合物的抗菌谱系。

杆菌肽和万可霉素抑制杆菌肽合成的早期阶段。它们只在对抗革兰氏阳性菌时才发挥作用。

4.2.1.1 青霉素

Alexander Fleming先生对于在被青霉菌污染的培养皿上裂解的葡萄球菌菌落的观察，带动了抗生素的发现。1940年，Chain、Florey及其合作者从青霉菌中成功地生产了治疗数量的青霉素。十多年后，青霉素G被广泛应用于临床。之后的一些年里，这种抗生素被发现具有一定的局限性：对于胃酸的相对不稳定性，易于被青霉素酶失活，对于大多数革兰氏阴性菌的相对无活性。从青霉素分子中分离到的活性部分——6-氨基青霉烷酸，已经带动了能够克服这些局限性的、半合成的青霉素的设计和发现。

同青霉素一样具有β-内酰胺环的头孢菌素科的发展，已经带动了进入不同种类的革兰氏阴性菌的能力增强，及抵抗β-内酰胺酶作用的大量药物的发现。最近几年，已经被报道其他自然出现的，缺乏经典β-内酰胺酶青霉素和头孢菌素的双环的β-内酰胺酶的抗生素。这些新药中的许多具有潜在的抗菌活性，并且对β-内酰胺酶高度抗性。

临床上重要的青霉素可以分为6组：

(1) 苄基青霉素及其长效形式，可注射的青霉素，抗革兰氏阳性细菌的活性最高，但易于被酸水解，并被β-内酰胺酶失活。

(2) 口服吸收的青霉素，其谱系与苄基青霉素相似（如青霉素V)。

(3) 抗葡萄球菌的异唑基青霉素，对葡萄球菌β-内酰胺酶具有相对抗性（如邻氯青霉素、甲氧苯青霉素)。

(4) 扩展谱的青霉素：氨基青霉素（阿莫西林、青霉素)。

(5) 抗假单胞菌青霉素：羧基或酰脲-青霉素（羧苄青霉素、哔哌青霉素、羧噻吩青霉素)。

（6）β-内酰胺酶抗性青霉素：替莫西林。

1. 抗微生物活性

在青霉素类药物中，青霉素 G 是抵抗如不产生 β-内酰胺酶的凝固酶阳性葡萄球菌、β-溶血链球菌、炭疽杆菌和其他革兰氏阳性杆菌、棒状杆菌、丹毒丝菌、李氏杆菌和大部分厌氧菌的最有活性的一种。青霉素 G 具有抵抗如嗜血杆菌、巴氏杆菌和一些放线杆菌等需要复杂营养的革兰氏阴性菌的中等活性，但不具有抵抗肠杆菌、博尔德氏杆菌和假单胞菌的活性。青霉素酶抗性异唑基青霉素类［苯甲异噁唑青霉素、邻氯青霉素、甲氧苯青霉素、乙氧萘（胺）青霉素］对于凝固酶阳性葡萄球菌青霉素酶具有抗性，但与青霉素 G 相比，抵抗对其他青霉素敏感的革兰氏阳性菌的活性较弱，大部分革兰氏阴性菌对其具有抗性。与青霉素 G 相比，氨苄和阿莫西林抵抗革兰氏阳性和厌氧菌的活性略弱，并且也会被凝固酶阳性葡萄球菌产生的青霉素酶失活。它们在抵抗革兰氏阴性菌时活性较强，在抵抗铜绿假单孢菌时没有效果，羧苄青霉素和羧噻吩青霉素与氨苄的活性谱系相似，但抵抗铜绿假单孢菌时的活性明显不同。替莫西林对于 β-内酰胺酶具有高度抗性，包括头孢菌素，并且具有抵抗肠杆菌科成员的广泛活性，包括另外的抗性分离株，霉形体和分枝杆菌对青霉素类具有抗性。

2. 抗性

对于革兰氏阳性杆菌（尤其是凝固酶阳性葡萄球菌），主要通过产生断裂大部分青霉素 β-内酰胺环的细胞外 β-内酰胺酶（青霉素酶）产生抗性。革兰氏阴性菌的抗性源于多种 β-内酰胺酶，并且也源于低细菌渗透性，或者青霉素结合蛋白受体的缺乏。大多数或者所有的革兰氏阴性菌在胞质表达低水平的，物种特异性的，染色体介导的 β-内酰胺酶，并且这些会有助于抗性的产生。

在普通的革兰氏阴性菌中，质粒介导的 β-内酰胺酶类的产生广泛传播。这类酶持续表达并引起高水平的抗性，大部分是青霉素酶，而不是头孢菌素酶。最为广泛传播的是容易水解青霉素 G 和氨苄，而不是水解甲氧苯青霉素、邻氯青霉素或者羧苄青霉素的 TEM 型 β-内酰胺酶。传播较少的 OXA 型 β-内酰胺酶水解异噁唑基青霉素酶（苯唑青霉素、邻氯青霉素和有关的化合物）。SHV 型 β-内酰胺酶主要发现于肺炎克雷博氏菌，但也可能发现于肠杆菌科的其他成员。

最近一个主要的进展是 β-内酰胺酶广谱抑制剂的发现（棒酸、青霉烷砜）。这些药物抗菌活性弱，但当其与青霉素 G、氨苄、阿莫西林或者羧噻吩青霉素一起注射时，由于它们不可逆地结合了抗性菌的 β-内酰胺酶，表现了极强的协同作用。

3. 吸收、分布和排泄

青霉素类是一般可以以游离酸的钠或者钾盐的形式利用的有机酸。除了异噁唑基青霉素酶和青霉素 V，酸水解限制大部分青霉素口腔制备物的全身性应用。氨苄和阿莫西林在酸中都相当稳定。

青霉素类主要在血浆中离子化，具有相当小的明显的分布体积，在所有家养动物中具有短的半衰期（0.5～1.2h）。在吸收后，青霉素类广泛分布在体液中。因其高度的离子化和在脂类中的低溶解性，这些药物只能达到低的细胞内浓度，并且不能很好地进入穿过细胞的液体。青霉素类穿越细胞较差的扩散性在其奶/血浆浓度比（0.3）得到反映。然而，由于易感细菌对于青霉素类的高敏感性和其杀菌功能，相对低的组织水平可能在临床上是有效的。与青霉素 G 相比，氨苄和阿莫西林，除了具有广谱的抗菌活性外更容易进入细胞屏障。

这些药物有时较长的半衰期可能归于肠肝循环。进入到脑脊髓液（CSF）通常较弱，但炎症对其会起到增强作用。另外，炎症会降低青霉素从 CSF 中的活性的清除。肾脏的排泄几乎完全清除了青霉素，导致了其在尿中的高水平。肾排泄的机制包括肾小球滤过和主要的近端管分泌。

4. 副作用

青霉素类不具有明显的毒性效应，即使在超出推荐剂量很多的情况下。主要的副作用是急性过敏性反应；温和的超敏感反应（风疹、发热、血管神经性水肿）更为普遍。所有的青霉素类为交叉光敏处理并且有交叉反应。与注射用药物相比，口服青霉素的过敏反应较为少见。报道于动物的许多急性毒性是钾或者普鲁卡因青霉素联合使用所致。几内亚猪应用青霉素总是引起致命性的艰难梭菌肠炎，并且氨苄应用于兔，也会引起致命性的艰难梭菌肠炎。

4.2.1.2 头孢菌素类

头孢菌素类是真菌头孢菌的自然或者半合成产物，有关的头霉素源于细菌的放射菌型。半合成的头孢菌素类的核，7-氨基头孢菌素酸和青霉素类具有相似的结构，这解释了这两类药物共同拥有的作用机制和其他特性，它们是杀菌的。像青霉素类一样，头孢菌素类的半衰期短，并且大部分不经改变的排泄到尿中。不同的 R 群附着到头孢菌素酸核，已经导致了毒性低和治疗活性高的化合物的发现。尽管不是一个理想的描述，但由于进入细胞的作用增强，以及对于革兰氏阴性菌 β-内酰胺酶的进行性抗性，属于不同代次的头孢菌素类的分类，与其增加的抗革兰氏阴性菌的活性谱有关。

1. 抗微生物活性

第一代头孢菌素类（如先锋霉素、头孢菌素 IV、先锋霉素 II 和羟氨苄头孢菌素）与氨苄具有相似的活性谱，因产 β-内酰胺酶葡萄球菌易感而明显不同。它们具有抵抗如凝固酶阳性葡萄球菌、许多链球菌（除了肠道球菌）、棒状杆菌等多种革兰氏阴性菌和革兰氏阳性厌氧菌（梭菌）的活性。在革兰氏阴性菌中，如一些大肠杆菌、克雷伯氏菌、变形杆菌和沙门氏菌、嗜血杆菌和巴氏杆菌是易感的。肠杆菌和铜绿假单孢菌具有抗性。除了脆弱拟杆菌群的成员，许多厌氧菌是易感的。第二代头孢菌素类（如头孢羟唑、头孢西丁、头孢唑肟）对于革兰氏阴性 β-内酰胺酶抗性增强，因此能广泛抵抗革兰氏阴性菌，并抵抗对第一代药物易感的细菌。它们具有抵抗肠杆菌的一些株和先锋霉素抗性的大肠杆菌、克雷伯氏菌和变形杆菌的活性。一些脆弱拟杆菌是易感的。如第一代头孢菌素类，这些药物不具有抵抗铜绿假单孢菌或者沙雷氏菌属的能力。第三代头孢菌素类（头孢氨噻、羟羧氧酰胺菌素、头孢哌酮）以抵抗革兰氏阳性菌的活性降低，抵抗铜绿假单孢菌的中等活性，以及抵抗肠杆菌科成员的明显活性为特点。一些第三代头孢菌素类（头孢噻甲羧肟）在损害抵抗肠杆菌科成员活性的情况下，对抵抗铜绿假单孢菌的活性高。第四代头孢菌素类（如头孢哔、头孢匹罗）具有很广谱的活性，并且对于 β-内酰胺酶的水解作用表现稳定。

2. 抗性

甲氧苯青霉素抗性的凝固酶阳性葡萄球菌对于所有代次的头孢菌素类均具有抗性。对于第一、二、三代药物的质粒介导的抗性已经在革兰氏阴性菌得到描述，在应用第三代药物治疗期间，对于肠杆菌、沙雷氏菌、铜绿假单孢菌的抗性的出现，源于可诱导的染色体 β-内酰胺酶，依次导致对于 β-内酰胺酶抗生素的广泛抗性。另外，有关对于第三代头孢菌素类质粒介导的抗性报道增加。这可能包括 TEM、SHV-β-内酰胺酶，或者包括水解头孢氨噻的 CTX-M1 的其他 β-内酰胺酶科，棒酸抑制了这些 β-内酰胺酶。最近，广谱头孢菌素酶，CMY-2 β-内酰胺酶，已经在大肠杆菌和沙门氏菌的质粒上被识别，不被棒酸所抑制。

3. 吸收、分布和排泄

头孢菌素类是水溶性药物。在第一代头孢菌素类药物中，先锋菌素 IV 和头孢氨苄相对于酸稳定，并且狗和猫口服可以很好地从肠道吸收。尽管在肌间注射时表现为疼痛，静脉用药表现为刺激作用，其他第一代头孢菌素类药物必须经注射给药。第二、三代头孢菌素类药物有时可以口服应用，并且通过这种途径而不是注射途径用于狗和猫。伴随着从注射位点的吸收，头孢菌素类药物广泛分布到组织和体液。第三代头孢菌素类药物适度地进入脑脊髓液，并且因为其抵抗革兰氏阴性菌的高活性，在脑膜炎的治疗中尤其具有潜在的作用。

4. 副作用

对于人来说，头孢菌素类药物是相对无毒的抗生素。在对于青霉素超敏的人患者中，过敏反应出现的比例为 5%～10%。静脉和肌间注射一些药物是具有刺激性的。

4.2.1.3 其他 β-内酰胺酶抗生素

在过去的 20 年中，已经发现了其他自然出现的 β-内酰胺酶抗生素，包括头孢霉素、克拉维酸、硫霉素、单酰胺菌素（如亚胺硫霉素）、碳（杂）青霉烯（如亚胺培南）、PS 化合物和毯霉素。所有化合物都具有碱性 β-内酰胺环，但不具有经典 β-内酰胺的双环结构。全部对 β-内酰胺酶高度易感，并且许多具有潜在的抗菌特性，或者因其潜在的 β-内酰胺酶抑制效应（克拉维酸、青霉烷砜），而与较早的 β-内酰胺（氨苄、阿莫西林、羧噻吩青霉素）组合使用。碳青霉烯类（比阿培南、亚胺硫霉素、美洛培南）具有抵抗临床重要的需氧和厌氧菌的异常活性，所有抗微生物药物具有抵抗革兰氏阴性菌的最大活性。

4.2.2 细胞膜功能的损伤

损伤细胞膜功能的抗生素包括多链丝霉素，多烯类（两性霉素 B、制霉菌素），咪唑类（双氯苯咪唑、酮康唑、伊曲康唑、氟康唑和克霉唑）和莫能霉素。细胞膜存在于细胞壁下，包裹细胞质，能够控制物质进出细胞。如果其功能被损伤，细胞内容物（蛋白质、核酸、离子）会从细胞泄漏出来，并导致细胞的损伤与死亡。

4.2.2.1 多链丝霉素

多链丝霉素的结构具有明确的、单独的亲水与疏水部分。多链丝霉素通过结合细胞膜的磷脂而发挥作用，会导致结构的破坏、渗透性损伤和细胞裂解。因为细胞膜上一定磷脂的存在，并且由于革兰氏阴性菌外膜的外表面主要由脂多糖构成，多链丝霉素对革兰氏阴性菌具有选择毒性。非肠道使用与肾脏毒性，神经毒和神经-肌肉阻断效应有关。主要的临床应用局限于革兰氏阴性菌感染的口服治疗。

4.2.2.2 多烯类

因其只影响含有麦角固醇的膜，多烯类在抵抗真菌时具有选择活性。多烯类抑制膜脂的构成，从而形成失去细胞浆关键内容物的孔（见抗真菌治疗部分）。

4.2.2.3 咪唑类

咪唑类影响固醇的生物合成，并且结合细胞膜磷脂，从而引起细胞内容物的外泄。它们在对抗真菌细胞膜时是活化的。

4.2.3 核酸功能的抑制

抑制核酸功能药物的例子是硝基咪唑、呋喃西林、萘啶酸、氟喹诺酮类（环丙氟沙星、达诺氟沙星、双氟沙星、恩诺沙星、奥比沙星、沙拉沙星）、新生霉素、利福平、磺胺药物、甲氧苄氨嘧啶和5-氟胞嘧啶。因为核酸合成的复制、转录机制在所有的细胞中都是相似的，影响核酸功能的药物具有较差的选择毒性。大部分通过结合到DNA以抑制复制或转录而发挥其作用。选择毒性较强的药物是抑制叶酸合成的磺胺药物和甲氧苄氨嘧啶。

4.2.3.1 硝基咪唑类

硝基咪唑，如甲硝哒唑和双镁曲哒唑，具有抗原虫和抗细菌的活性。由于在细菌内的活性尚未被确定，药物降解的产物只见于厌氧性或微需氧菌。硝基咪唑类通过抑制DNA修复酶DNase I，或者通过与酶不识别的碱基构成复合物，引起广泛的DNA链断裂。硝基咪唑类对厌氧性革兰氏阴性菌和许多革兰氏阳性菌有杀菌作用，并且具有抵抗如三毛滴虫、蓝氏贾第虫、火鸡组织滴虫等原虫的活性。染色体抗性可能引起最小抑制浓度（MIC）的轻微增加，但对于呋喃西林的情况，质粒编码的抗性很少见。口服注射后，硝基咪唑类一般能很好吸收，非肠道注射具有高度刺激性。它们被很好地分布在包括脑与脑脊髓液的整个机体组织与液体中，并通过尿液排泄。最严重的、潜在的危害是实验动物的致瘤性的矛盾性报道。由于这一原因，这些药物没有被用于食品动物。

4.2.3.2 呋喃西林

像硝基咪唑类药物一样，呋喃西林是抗原虫的，但具有广泛的抗细菌活性，它们在厌氧条件下最活跃。在进入细胞后，细菌性的硝基还原酶产生因呋喃西林类型不同而不同的无特征的不稳定降解产物。这些产物引起细菌DNA链的断裂。呋喃西林是具有广谱抗细菌活性的合成的5-脱水呋喃西林的衍生物。毒性和低组织浓度限制了感染的局部治疗和其在尿道感染中的应用。

4.2.3.3 氟喹诺酮类

氟喹诺酮类（环丙氟沙星、达诺氟沙星、双氟沙星、恩诺沙星、奥比沙星、沙拉沙星）具有抵抗革兰氏阴性菌的活性。它们通过抑制 DNA 解旋酶（拓扑异构酶 II）和拓扑异构酶 IV 的作用，选择性地抑制细菌 DNA 的合成。DNA 解旋酶参与将 DNA 包装（超螺旋）进细菌，而拓扑异构酶 IV 参与松弛超螺旋 DNA 的过程，氟喹诺酮类是杀菌性药物。萘啶酸（一种因其毒性而很少使用的喹诺酮）在抵抗除了铜绿假单胞菌的革兰氏阴性菌时最为活跃，但较新的氟喹诺酮类衍生物抗菌谱更广，并且抵抗一些革兰氏阳性菌，包括分枝杆菌。抵抗霉形体和立克次氏体的活性也是较新的氟喹诺酮类的一个重要性质。氟喹诺酮类药物在口服后迅速被吸收，并且具有从 4～12h 不等的半衰期。它们广泛分布于组织，并且可能被浓缩，如在前列腺。进入脑脊髓液的浓度大约是血清中浓度的一半，这一特性使这些药物在治疗脑膜炎时得到应用。它们正在被快速地应用于兽医，尤其是应用于抵抗革兰氏阴性菌和霉形体。一个不足是染色体介导的抗性的快速发展，在弯曲杆菌和铜绿假单胞菌中，单核苷酸突变后，能导致高水平的抗性，但是在其他细菌中却更渐进，高水平的抗性通常是积累的结果而不是单核苷酸突变的结果。抗性也可能来自于细胞壁降低的可渗透性，以及来自细胞活性运输氟喹诺酮类的流出泵的获得及其活性的增强。

4.2.3.4 利福平

尤其具有抗革兰氏阴性和分枝杆菌活性的利福平，具有依赖于细菌性 DNA 的核酸（RNA）聚合酶的明显的选择性抑制作用，利福平阻止转录的启动。由于染色体突变的结果，抗性迅速产生，因此，这种药物很少被单独应用，而是与其他抗微生物药物组合使用。

4.2.3.5 磺胺类和甲氧苄氨嘧啶

磺胺类是广谱抗细菌和抗原虫特性的合成药物。它们影响叶酸的生物合成，并且阻止嘌呤核苷的形成。磺胺类是对氨基苯酸的功能类似物，并且与其竞争同一种酶——四氢叶酸合成酶，形成无功能的叶酸类似物，并且抑制细菌生长。由于哺乳动物细胞已经失去了合成叶酸的能力，而从细菌合成叶酸的肠道吸收它，从而出现了磺胺类的选择毒性。在细菌内，发挥作用的叶酸被几次细菌分裂进行性耗尽。

其他药物通过干扰二氢叶酸还原酶而影响叶酸的合成。一个例子是甲氧苄氨嘧啶，由于对于细菌性酶的更大亲和力，甲氧苄氨嘧啶对于细菌而不是对于哺乳动物细胞具有选择毒性。酶抑制二氢叶酸向四氢叶酸的转化，产生连续的阻止叶酸合成的磺胺药物。

4.2.3.6 磺胺类

磺胺类药物组成了一系列进入大多数组织和体液的弱有机酸。离子化的程度和大量单独的磺胺类药物的脂溶性影响了吸收，决定了进入细胞膜的能力，并且能够影响排除的比率。磺胺类药物产生抗革兰氏阳性和革兰氏阴性细菌的细菌抑制效应，并且也能抑制其他微生物（一些原虫）。它们可以以多种剂型用于口服或者注射。由于广泛传播的抗性而难以使用，以及由于更好衍生物的存在，它们很多已经被废弃了。一定的单独的磺胺类药物与甲氧苄氨嘧啶以固定的比率（5∶1）组合使用，具有增效的杀菌效应。

单一的磺胺类药物是含有抗菌活性的结构先决条件的氨苯磺胺的衍生物。各种衍生物在物理化学和药物动力学特性方面以及在抗微生物活性的程度上存在不同。磺胺类药物的钠盐易溶于水，注射剂型可用于静脉内注射。一定的磺胺分子被设计为低溶解性(如酞磺胺噻唑)，因此它们被缓慢吸收，这些可以被用于肠道感染的治疗。

1. 抗微生物活性

磺胺类药物是广谱的抗微生物药物。它们具有抵抗需氧革兰氏阳性球菌、一些杆菌以及包括肠杆菌科成员在内的一些革兰氏阴性菌的活性。许多厌氧菌是敏感的。

2. 抗性

从动物分离到的病原和非病原菌对于磺胺类药物的抗性是广泛传播的。这种情况反映了多年来磺胺类药物在人医和兽医的广泛应用。磺胺类药物的抗性可能是引起对氨基苯酸产生的过度突变的结果，或者以对磺胺类药物具有低亲和力的二氢叶酸合成酶的结构改变的结果而出现。磺胺类药物的抗性经常是质粒介导的。

3. 吸收、分布和排泄

大多数磺胺类药物在胃肠道被迅速吸收，并且被广泛分布到包括滑液和脑脊髓液的所有的组织和体液。它们以不同程度结合到血浆蛋白。除了存在于磺胺类药物间结合程度的不同，在物种间存在着单独的磺胺类药物结合的区别。广泛的（80%）蛋白质结合使半衰期增加。这些药物能很好地进入脑脊髓液。

通过肾排泄和肝中的生物转化过程的结合，磺胺类药物被排除掉。这种排除过程的组合导致单独的磺胺类药物半衰期的物种间差异。尽管大量的磺胺类药物制剂应用于兽医，但其中许多是不同的剂量形式。这种磺胺类药物被最广泛应用于食用动物，并且当口服或者注射用药时能够达到有效的血浆浓度（50～150μg/ml）。由于其碱性，大多数注射剂型只应该通过静脉注射的方式给药。磺胺甲嘧啶延长释放的口服剂型是可以利用的。

4. 副作用

磺胺类药物能够产生广泛的副作用，其中一些可能具有一种过敏基础，而其他一些则是由于直接的毒性。更普遍的副作用是尿道障碍（晶尿症、血尿症或者是阻塞）和造血失调（血小板减少和白血球减少症）。一些副作用和特定的磺胺类药物相关。长期给狗服用磺胺嘧啶和柳氮磺胺吡啶以控制慢性出血性大肠炎，却会引起角膜结膜炎。

4.2.3.7 甲氧苄氨嘧啶-磺胺类组合

甲氧苄氨嘧啶以固定的比例与多种磺胺类药物组合使用。组合产生了抵抗多种细菌的杀菌效应，有一些重要的例外，并且也抑制了一定的其他微生物。兽医制剂含有以1∶5比例与磺胺嘧啶或者磺胺多辛组合的甲氧苄氨嘧啶。其他与多种磺胺类药物组合用于动物的抗细菌氨基嘧啶类包括巴喹普林和奥美普林。

1. 抗微生物活性

甲氧苄氨嘧啶-磺胺类组合具有广泛的谱系，并且具有抵抗许多革兰氏阳性和包括肠杆菌科成员在内的革兰氏阴性需氧菌的杀菌功能。至少在体外条件下，这种组合具有抵抗大量厌氧菌的活性。霉形体和铜绿假单孢菌具有抗性。

当微生物对组合中的两种药物都敏感时，会出现协同作用。当细菌对磺胺类药物具有抗性时，在达到40％的病例中可能获得协同作用，即使当细菌只是对甲氧苄氨嘧啶中等易感。由于存在于甲氧苄氨嘧啶和磺胺类药物之间的分布方式和排除过程的不同，组织和尿中两种药物的浓度比例将与血浆中的明显不同。由于协同性的相互作用出现在两种药物广泛的浓度比例，这种区别并不重要。

2. 抗性

对于磺胺类药物的抗性是由于二氢叶酸合成酶的结构改变，而对于甲氧苄氨嘧啶的抗性则通常源于质粒编码的抗性二氢叶酸还原酶的合成。随着这些剂型在动物上的应用，对于这种组合的细菌抗性已经得到发展。

3. 吸收、分布和排泄

甲氧苄氨嘧啶是一种大约60％结合到血浆蛋白，并且60％在血浆中离子化的脂溶性的有机碱。这种组合的物理化学特性使这种药广泛分布，通过非离子扩散进入细胞屏障，并且在大部分体液和组织达到有效浓度，包括脑和脑脊髓液。肝代谢是排除甲氧苄氨嘧啶的主要过程。在不同物种间，被不改变地排泄到尿中的药剂的半衰期和成分区别很大。随着狗、猫和马口服或者在这些动物的注射，药物吸收很好。

4. 副作用

严重的副作用是不普遍的，那些确实出现副作用的药物通常归因于磺胺类药物成分。与其他口服抗微生物药物相比，口服甲氧苄氨嘧啶-磺胺类组合具有很少引起正常肠道厌氧微生物菌群失调的优点。

4.2.4 蛋白质合成的抑制

抑制蛋白质合成的药物包括四环素、氨基糖苷类（丁胺卡那霉素、庆大霉素、卡那霉素、新霉素、链霉素、妥布霉素及其他）、氨基环多醇类（壮观霉素）、氯霉素、林肯胺（氯林可霉素、林可霉素）和大环内酯类（氮红霉素、甲红霉素、红霉素、泰乐菌素、铁木林）。因为真核细胞和原核细胞的核糖体结构、构成和功能的明显不同，许多重要的抗细菌药物选择性地抑制细菌蛋白质合成。影响蛋白质合成的抗生素可以分为影响30S核糖体的抗生素（四环素、氨基糖苷类、氨基环多醇类）和影响50S核糖体的抗生素（氯霉素、大环内酯类、林肯胺）。

4.2.4.1 四环素

四环素通过抑制氨酰基tRNA与识别位点的结合，从而影响蛋白质的合成。各种四环素具有相似的抗微生物活性，但在药物学特性方面存在区别。

1. 抗微生物活性

四环素是抵抗包括立克次氏体和衣原体、一些霉形体、泰勒尔梨浆虫等原虫、革兰氏阳性和革兰氏阴性菌的广谱药物。四环素具有抵抗许多革兰氏阳性菌的活性，以及需要复杂营养的非肠道细菌，如放线杆菌、博德特氏菌、布氏杆菌、嗜血杆菌、一些巴氏杆菌和许多厌氧细菌，但获得性抗性限制了其抵抗这些细菌和抵抗肠杆菌科成员的活性。绿脓杆菌是抗性的，除了在尿道感染外，因其高浓度，四环素可能是选择的药物。

2. 抗性

四环素广泛传播的抗性，在一定程度上减少了其使用。这类抗性是高水平的，并且通常是质粒和转座子介导的。四环素之间的交叉抗性是完全的。

3. 副作用

四环素通常是具有相当高治疗指数的安全的抗生素。其主要的副作用与其严重的腐蚀性质、胃肠道的菌群分布、其结合钙（心血管效应、牙或骨的沉积）的能力、在肝和肾细胞降解产物的毒性作用等相关。因为产生对于正常肠道菌群和沙门氏菌和梭菌的致命的超感染的广谱抑制的趋势，已经很大程度上停止了四环素在马中的应用。

4.2.4.2 氯霉素和氟甲砜霉素

氯霉素和氟甲砜霉素是广谱的，通常结合50S核糖体的抑菌药物，干扰这一区域并且抑制肽基转移酶反应。它们是稳定的、脂溶的、中性的化合物。

1. 抗微生物活性

氯霉素和氟甲砜霉素具有抵抗衣原体和立克次氏体、一些霉形体、革兰氏阴性和革兰氏阳性菌的活性。尽管肠杆菌科许多成员的抗性正在增加，大多数革兰氏阴性和许多革兰氏阳性厌氧和需氧病原菌是易感的。氟甲砜霉素在抵抗肠杆菌科成员时活性较差，但是抵抗嗜血杆菌、溶血曼氏杆菌、巴氏杆菌则具有较高的活性。这些药物通常是抑菌的。

2. 抗性

大多数抗性是质粒编码的乙酰基转移酶的结果。

3. 吸收、分布和排泄

对于狗、猫和前反刍动物，氯霉素在其肠道可以被很好地吸收，反刍动物口服后，药物失活。因其低分子质量、脂溶性和适度的结合血浆蛋白，药物很好地分布在大部分组织和体液内，包括脑脊髓液和水相体液。氯霉素的半衰期在各种动物中存在广泛不同，低的如马，为1h，高的如猫，为5～6h。在新生动物中，其半衰期相当长。药物主要通过与肝内的葡（萄）糖苷酸结合被释放。

4. 副作用

尽管长时间的高剂量可能引起可逆地骨髓活性异常，但在人类中出现的1/25 000～1/40 000的由氯霉素处理导致的致命的贫血，不会出现在动物中。因为对于肉食品中药物残留的恐惧，在大多数国家，人的非剂量相关的致死性贫血的潜力，已经导致了其在食品动物的禁用。氟甲砜霉素不具有这种效应，因此被有选择地用于食品动物。

4.2.4.3 氨基糖苷类抗生素

氨基糖苷类抗生素具有杀菌作用。链霉素的作用方式是最容易理解的。链霉素在细菌细胞内具有多种复合效应：①它会结合到30S核糖体亚单位的特定受体蛋白上，在识别位点改变密码子-反密码子的相互作用，并且引起遗传密码的错读，因此产生有缺陷的蛋白质；②它会结合到“起始”核糖体上以阻止70S核糖体的形成；③抑制蛋白质合成的延伸反应。尽管程度和类型有所不同，在引起遗传密码的错误翻译和起始的不可逆抑制方面，其他氨基糖苷类与链霉素发挥着相似的作用。它们在核糖体上具有多个结合位点，而链霉素只有一个，并且也能够抑制蛋白质合成的易位步骤。壮观霉素是一种被认为在易位步骤抑制多肽链延伸的抑菌性氨基糖苷类抗生素。

氨基糖苷类抗生素是极性有机碱，在很大程度上，其极性解释了这一族药物的所有成员都拥有的相似的药物动力学特性。在化学性质方面，由氨基糖通过糖苷键结合的己糖核组成，全部具有潜在的耳毒性，并对肾脏有害。较新的氨基糖苷类对质粒介导的酶降解更具抗性，并且比较早的化合物毒性更低。在药力上，活性谱系和对于质粒介导的抗性的稳定性方面，氨基羟丁基卡那霉素 A＞托普霉素＞庆大霉素＞新霉素＝卡那霉素＞链霉素。这种活性反映了药物被采用的年表，链霉素是氨基糖苷类抗生素中最古老的药物。

1. 抗微生物活性

氨基糖苷类在抵抗革兰氏阴性菌以及抵抗分枝杆菌和一些霉形体时尤其具有活性。厌氧菌通常具有抗性。一般来说，革兰氏阳性细菌对较老的药物（链霉素、新霉素）具有抗性，但可能被较新的药物（庆大霉素、氨基羟丁基卡那霉素 A）所抑制。一种尤其有用的特性是较新的氨基糖苷类药物抵抗铜绿假单孢菌的活性。pH 明显影响其对于需氧革兰氏阴性杆菌的杀菌作用，它们在碱性环境最活跃。继发组织损伤的局部酸过多，可能解释了为什么在感染位点或脓腔内氨基糖苷类药物不能杀死通常易感的微生物。氨基糖苷类和青霉素组合通常是协同的；同时注射 β-内酰胺酶抗生素和庆大霉素或托普霉素，已经被用于治疗严重的革兰氏阴性菌感染，如铜绿假单孢菌引起的感染。

2. 抗性

位于细胞质周围空间的多种 R 质粒特异的降解酶引起了多种重要的临床抗性。这些酶中的有一些失活较早的氨基糖苷类（链霉素、新霉素和卡那霉素），但其他则谱系较宽。氨基羟丁基卡那霉素 A 明显的特性是其对于失活其他氨基糖苷类药物的多种酶的抗性。质粒介导的对于链霉素的抗性传播广泛，并且与磺胺类、四环素和氨苄普遍联系。在治疗中，相当容易出现对于链霉素，而不是其他氨基糖苷类药物的抗性。

3. 吸收、分布和排泄

氨基糖苷类药物在胃肠道中的吸收很差，以很低的程度结合到血浆蛋白上，并且具有有限进入细胞和穿透细胞屏障的能力。在穿过细胞的液体，尤其是脑脊髓液和眼睛的液体时，它们不容易达到治疗剂量。很差的扩散性可以归因于其低程度的脂溶性。其分布体积相当小，并且在家养动物中半衰期短（2h）。即使这些药物具有很小的分布体积，也会选择性地结合肾组织（肾皮质）。完全通过肾排泄（肾小球滤过）排除，并且未改变的药物在尿中被迅速排泄。受损的肾功能降低了其排泄的比例，并且发展为预防伴随的毒性积聚的维持剂量的调整。

主要改变发生在关于氨基糖苷类肌间剂量的建议，即从每天三次改为每天一次。由于抗菌活性依赖于峰浓度，总浓度和降低的毒性，对肾脏有害处的效应依赖于起始效应，更高的浓度没有进一步的作用，这具有增加治疗功效的作用。对于氨基糖苷类剂量的迅速改变的理解可能增加了毒性较低的成员的应用。

4. 副作用

所有氨基糖苷类药物都能引起不同程度的耳毒性和肾脏毒性。产生前庭或者耳蜗损伤的趋势因药物而不同。新霉素最可能引起耳蜗损伤，而链霉素最可能引起前庭损伤。肾脏毒性（急性管坏死）与延长的治疗和血浆中过低的氨基糖苷类（尤其是庆大霉素）浓度相关。氨基糖苷类能够产生非去极化类型的神经肌肉障碍，引起软弱的麻痹和呼吸暂停，这最可能与麻醉相关。

4.2.4.4 氨基环醇类

壮观霉素是一种活性谱和作用机制与卡那霉素相似的氨基环醇类抗生素，但没有氨基糖苷类抗生素的毒性作用。通常具有抑菌作用，并基于重量基础，不是特别活跃。因为自然抗性菌株的存在，其抗革兰氏阴性菌的活性是不可预测的。容易产生染色体抗性，但不和氨基糖苷类抗生素发生交叉反应。质粒抗性是不普遍的，但经常扩展到链霉素。这种药物具有氨基糖苷类抗生素的大部分药物动力学活性，但表现出更好地进入脑脊髓液的特性。已经被用于治疗沙门氏菌和霉形体感染的农业实践。

4.2.4.5 大环内酯类

大环内酯类抗生素具有抵抗革兰氏阳性菌和霉形体活性的抑菌作用。它们与氯霉素竞争结合50S核糖体，并且抑制蛋白质合成的移位步骤。精确的作用机制未知。大环内酯类抗生素（氮红霉素、甲红霉素、红霉素、泰乐菌素、铁木林、螺旋霉素）具有与林可霉素相似的作用和药物动力学特性。同林可霉素一样，它们是脂溶性的，与血清相比，在组织中的碱性药物被浓缩，并且进入细胞壁。

1. 抗微生物活性

红霉素具有和青霉素G相似的抗菌谱，但其包括抵抗产生青霉素酶的凝固酶阳性葡萄球菌、弯曲杆菌、钩端螺旋体、博尔德氏杆菌、立克次氏体、衣原体，一些霉形体和非典型的分枝杆菌的活性。浓度高，它可能是杀菌的。与红霉素相比，泰乐菌素和螺旋霉素抵抗细菌的活性较差，但更活跃地抵抗广泛的霉形体。与其他的大环内酯类抗生素相比，铁木林具有更好的抗厌氧性生物活性，包括猪痢疾蛇形螺旋体，并且因其明显的抗霉形体活性而有所区别。氮红霉素和甲红霉素在抵抗非结核分枝杆菌时尤其具有活性。这两种药物抵抗多种细胞间细菌的活性，不仅依赖于其内在的活性，而且依赖于包括巨噬细胞的细胞内经常值得注意的药物浓度。与血清浓度相比，氮红霉素在巨噬细胞内的浓度可能要高出200～500倍。

2. 抗性

即使在治疗期间，相当容易产生对红霉素的一步染色体抗性，但通常是不稳定的。质粒介导的抗性是普遍的，红霉素、林可霉素和其他大环内酯类抗生素之间的交叉抗性普遍存在。有关兽医病原对泰乐菌素抗性的资料较少。对于泰乐菌素抗性的产生显得相当不普遍。抗泰乐菌素的微生物与其他大环内酯类抗生素表现出单向的交叉抗性。

3. 吸附、分布和排泄

口服后，红霉素硬脂酸盐和无味红霉素被很好地吸收，但碱则不能。肌肉间注射红霉素具有极大的腐蚀性，从小肠吸收的泰乐菌素因剂型不同而异，铁木林的吸收很好。这些药物很好地分布于除了脑脊髓液以外的机体组织和体液。对于氮红霉素和甲红霉素，组织浓度经常明显的超出血清浓度，因此，经常每天一次或更少次数的用药。对于螺旋霉素，这样的组织浓度是极端的，并且与组织结合相关联。这些药中的大部分在体内降解，但有一些则通过肾和肝排泄掉。

4. 副作用

尽管注射时疼痛，但大环内酯类抗生素通常是安全的药物。其在马引起的不可逆的腹泻潜力，意味着应避免对马使用这种药物。牛静脉注射泰乐菌素和铁木林可能产生严重的神经抑制。因其扰乱反刍菌群，反刍动物应避免口服这些药物。

4.2.4.6　林肯氨

林可霉素和氯林可霉素主要具有抵抗革兰氏阳性需氧菌和厌氧菌的活性。在与氯霉素和大环内酯类抗生素重叠的结合位点，药物结合 50S 核糖体亚单位，它们抑制肽转移酶反应。林肯氨、林可霉素和氯林可霉素，是具有和大环内酯类抗生素相似的活性和作用机制的放射菌类的产物。尽管与氯林可霉素相比，在重量基础上更不敏感，但林可霉素更普遍地应用于兽医。林可霉素具有抗革兰氏阳性需氧菌和所有的厌氧菌以及霉形体的活性，但大多数革兰氏阴性菌则具有抗性。与林可霉素相比，氯林可霉素对厌氧菌更具有活性，并且可能是杀菌的，相当容易发生染色体步移的抗性，并且质粒介导的抗性是普遍的。林可霉素之间的交叉抗性是完全的，并且一般也会和大环内酯类抗生素发生交叉。在口服和肌肉间注射后，林可霉素非常容易被吸收。会延迟和降低食物的吸收。不同的氯林可霉素化合物的吸收是不定的。林可霉素广泛分布在机体组织和体液，包括前列腺和奶，但脑脊髓液的含量低。因其亲脂特性，它们进入细胞间，大部分通过肝排泄。林可霉素的主要副作用是引起马、兔、几内亚猪、仓鼠的致死性腹泻。对于兔，致死性腹泻源于螺状梭菌或艰难梭菌的扩增。低剂量口服林可霉素会引起成年反刍动物严重的反刍失调。

4.3　抗微生物易感性和药物剂量预测

应用抗微生物药物治疗感染，依赖于微生物的定量易感性与药物组织浓度的关系。许多兽医病原的抗微生物易感性是可以预测的，并且临床经验已经建立了由这些微生物引起感染的有效剂量。然而，许多细菌存在着获得性抗性的各种机制，意味着需要测试对于一种特定抗菌药物的易感性。

4.3.1　抗微生物易感性测试

在体外条件下，用于抗微生物易感性测试的方法有两种：稀释法和扩散法。稀释法给出关于药物易感性的定量信息，而扩散法则给出定性信息（或者最好为半定量法）。测试必须在标准条件下完成。细菌对于抗微生物药物的易感或抗性的描述，最终取决于临床治疗的成功或失败。有关易感性定量的信息，在难以考虑宿主防卫的因素，药物降解的动力学，或者在宿主环境下不同药物浓度和细菌的相互作用的动力学等因素的实验室内的人工环境下获得。然而，除了在特殊的环境下，在易感性测试中根据抗性分类的细菌引起的感染，很少能成功地对治疗做出反应。以敏感性分类的细菌引起的感染，也可以基于临床环境、感染的性质、合适的剂量，以及许多其他因素进行预测。

4.3.1.1 稀释抗微生物活性测试

潜力已知的抗微生物药物，按照和其在给予通常药物剂量的患者组织达到的相似的浓度的双倍稀释制备。接种和孵育后，没有可见细菌生长的最高稀释倍数是最效抑制浓度（MIC），该浓度通常低于药物的最小杀菌含量（MBC）（表 4.1）。

表 4.1 对于挑选的兽医病原的四环素抑制的最小浓度

	最小抑制浓度/(μg/ml)	
	MIC_{50} *	MIC_{90} *
支气管炎博德特氏菌	2	2
犬布鲁氏菌	0.25	0.25
假结核棒杆菌	0.25	0.25
大肠杆菌	4.0	64.0
肺炎克雷伯氏菌	2.0	64.0
犬霉形体	4.0	8.0
多杀巴氏杆菌	0.5	0.5

* 测试的分离物的 50%的最高 MIC_{50}，测试的分离物的 90%的最高 MIC_{90}。MIC 因株和种的不同而不同。

决定一种微生物的定量易感性的好处，是这种信息与在药物剂量的预测中了解特定组织的药物浓度有关。在治疗实践中，MIC 的结果通常由美国国家临床实验室标准委员会（NCCLS）建议的分类系统解释。这些解释方针考虑了微生物对每种药物固有的易感性，特定药物的药物动力学和药效特性、剂量、感染位点、药物毒性等因素。这些种类是：①易感性，意味着感染生物通常可以被达到组织的通常剂量的特定抗生素所抑制；②中等易感，意味着感染生物通常可以被达到血液和组织的最大剂量的特定抗生素所抑制；③抗性，意味着其对于正常可达到的可以耐受的抗微生物药物浓度具有抗性；④灵活。该分类最近已经被 NCCLS 兽医抗微生物易感性测试委员会所采用（1999）。这显示了美国食品和药物管理局（FDA）灵活标准的利用，即允许兽医基于病原的 MIC 在指定范围内调整剂量。

4.3.1.2 扩散抗微生物测试

标准含量病原的纯培养物，放置于合适的琼脂。含有已知浓度的单种抗生素的单个滤纸片放置于琼脂上，35℃孵育 18h。测量每个纸片周围的抑制环，并且测量要参考根据在每个培养皿内将微生物分为对于特定抗生素的易感、抗性、中等易感绘制的图表。用于进行这些测试的标准是详细说明的，在标准条件下，生长抑制区的直径和 MIC 之间存在着线性的倒数关系。

圈直径的解释为易感、抗性或中等，与标准剂量下不同动物品种普遍达到的抗生素的血清药物浓度有关。根据这些药物浓度，在提供标准时，MIC 断裂点已经被选择并且圈的直径被推断。一种专门的修改的扩散系统是 E 检测，这是一种给出定量结果的、修改的扩散浓度梯度带系统。

4.3.2 药物剂量的设计和药物动力学特性

对不同动物品种的药物降解的药物动力学描述，当与定量易感性（MIC）数据及抗微生物药物的药效特性相结合，可以对动物的合理药物剂量进行预测。

药物动力学特性包括给药途径、吸收率、分布率、分布体积、排除的途径和比例。药效学特性包括药物存在于组织和其他体液的浓度和时间的关系，以及感染位点、毒力效应和在感染位点的抗微生物活性。感染位点的药效学效应包括 MIC、MBC、浓度依赖的杀菌效应、抗菌后效应、亚 MIC 效应、抗生素后白细胞增强效应（PALE），以及首次暴露效应。对于一些（“浓度依赖”）抗微生物药物（氨基糖苷、氟喹诺酮类），杀死是一种与 MIC 相关的抗微生物浓度的功能，一种在药物含量低于 MIC 的情况下，可能持续较长时间的功能。对于这些药物，高于 MIC 的药物总量（“曲线下部区”）也是重要的。对于其他一些（“时间依赖”）抗微生物药物（β-内酰胺抗生素、氯霉素、林可霉素、大环内酯类、四环素、甲氧苄氨嘧啶-磺胺药物），细菌的抑制是药物组织浓度超出 MIC 的时间的功能；因此，必须确定这些药物的剂量并在感染位点维持高于 MIC 的浓度。对于这些药物，因为随着浓度的增加，没有出现额外的杀伤（并且，的确对于一些药物来说，在高浓度时，实际杀死作用可能会降低），所以高于 MIC 的总的药物数量并不重要。药物剂量的最大间隔应该排除细菌增长的重新开始。

4.3.3 影响药物组织浓度的因素

4.3.3.1 剂量

剂量用药法，由药物毒性所限制的剂量的大小和药物半衰期所决定的剂量间隔组成。通过静脉内定量给药以维持治疗性组织浓度为这些剂量间隔所必需，对于大多数抗生素来说，不应该超出其半衰期的 2 倍，但通过其他的给药途径则延长了药物间隔。

4.3.3.2 给药途径

抗细菌药物能够通过广泛的途径给药，如静脉内、肌间、口服、皮下、乳间、子宫内或呼吸。

（1）药物的静脉注射给出了迅速的高血清药物浓度，药物分布后迅速降低。静脉内定量注射可能是超过一些病原 MIC 的唯一方式，但在兽医实践中，通过这种途径进行经常的定量注射一般是不实际的。

（2）因为在注射后 1～2h 会达到很好的血清浓度，所以肌肉间注射在兽医上得到普遍应用。其主要的优点是，除了静脉注射，尽管皮下注射是一种合理的选择，在所有途径中，肌肉间注射提供了最高的血清浓度。制备的药物剂型能够在肌肉间注射后提供缓慢的药物释放，并因此延长剂量间隔以减少动物的处理。

（3）抗微生物药物的口服局限于单胃前反刍动物以及幼驹。因为药物不能被很好的吸收，口服剂量一般要比注射用药物的剂量高出几倍。尽管口服途径经常是服用药物最容易的方式，但它并不总是可以依赖的。一些药物（氨基糖苷、多链丝霉素）不是从肠道吸收，其他一些（苄基青霉素）被胃酸破坏，并且食物可能削弱其吸收（如青霉素、四环素、林可霉素）。然而，水中抗生素的服用对于家畜是尤其简单、方便和便宜的方式，因为其涉及了很少的动物处理，并且避免在食物中混合抗生素的花费。

(4) 一般通过抗生素的局部应用对（牛、羊等的）乳房、雌性生殖道、外耳道和皮肤进行处理。在没有全身毒性效应的条件下，可以获得高的药物浓度。因为药物通过毛细管内皮的孔进入机体的大部分组织的空隙液，血清中游离药物的浓度极大地决定了组织液中的含量。

4.3.3.3 药物的理化特性

这些特性极大地决定了药物在机体的分布程度。大多数抗微生物药物分布在血管外组织液体，主要是空隙液。它们通过容许分子质量低于 1000 的分子进入的孔进入毛细血管内皮。进入组织细胞或通过没有孔的毛细血管内皮生物膜的通道，依赖于药物离子化、脂溶性、分子质量，以及存在的游离药物的数量。脂溶性和非离子药物，如大环内酯类和氯霉素，分布很好，并且均匀地在组织浓缩，而离子化的和弱脂溶性的药物，如青霉素和氨基糖苷，分布很差。这些理化特性的区别极大地决定了药物动力学特性。因此，氨基糖苷和青霉素在静脉注射后，具有小的明显分布的体积和短的半衰期，并且通过尿道释放，而大环内酯类和四环素具有大的明显分布的体积和更长的半衰期，并且部分通过肝释放。例如，中枢神经系统、眼和前列腺（在其他区别中，缺乏毛细管孔）等机体特定位点的进入，只有通过低分子质量、脂溶性和非离子化药物。

4.3.3.4 药物的蛋白结合

一般来讲，血清蛋白结合高达 90%的药物，具有很小的临床重要性。氨基糖苷和多链丝霉素广泛地结合细胞间成分，并且因此被脓汁失活。

4.3.3.5 排泄机制

排泄机制决定了药物在排泄器官的浓度。在尿或胆汁内，可能达到明显的高浓度。

4.3.3.6 生理屏障

脑和脑脊髓液、眼、乳腺的解剖-生理屏障降低了来自于血液的药物的进入。炎症削弱但并不消除这些屏障。

4.3.3.7 治疗的持续时间

尽管药物必须在感染位点存在足够的时间是不言自明的，但治疗的不同效应时间还没有定义。不同类型的感染对于抗生素的反应各异，并且不同类型感染的临床经验对于判断治疗的反应非常重要。通常，如果两天后没有观察到对于治疗的反应，就应该重新评价诊断和治疗。在症状已经被解决后，基于感染的严重性，治疗应该持续 48h。对于严重感染，治疗应该持续 7～10 天。例如，雌性的囊肿等一些简单的感染，已经被单剂量的抗生素成功治疗。

4.4 抗细菌药物组合的应用

有时候，当单个药物失败后，药物组合会取得戏剧性的成功。早期一个突出的例子是青霉素-链霉素组合应用于人的肠球菌性心内膜炎。然而，肺炎球菌脑膜炎的组合治疗结果的早期研究表明：混合的抑菌和杀菌药物具有显著的临床效应。药物之间的拮抗作用的重要性，在那些免疫防御低下的患者（脑膜炎、心内膜炎、慢性骨髓炎）或免疫缺陷存在的感染，以及在需要杀菌作用的情况下是更大的。如果一种抑菌药物与杀菌药物混合，前者可能中和后者，而这种中和作用，对于从一定位点清除感染或感染（脑膜炎、心内膜炎、慢性骨髓炎）可能是至关重要的。由于宿主-细菌-抗微生物相互作用的复杂性，在其他患者或疾病中发现临床上的协同或拮抗效应是很难的，并且药物的拮抗效应可能是没有临床意义的“实验室人造”。

如果几种药物的组合效应是其分别测定的独立活性的总和，这种药物的组合是“附加”；如果组合效应明显高于其独立的效应，则为“协同”；如果组合效应明显低于其独立的效应，则为“拮抗”。协同与拮抗不是绝对的特性，这些相互作用经常是难以预测的，因不同的细菌的种和株而不同，并且可能只在一个窄的浓度范围内出现。没有一种体外方法可以发现所有的这些相互作用。用于决定体外相互作用的方法通常是费时的，并且不是经常在实验室内应用。

如果包括如下机制，抗微生物药物组合经常是具有协同作用的：①对代谢中连续步骤的连续抑制（如甲氧苄氨嘧啶-磺胺药物组合）；②连续抑制细胞壁的合成（如万可霉素-青霉素、美西林-氨苄青霉素）；③一种抗生素促进另一种的进入（β-内酰胺酶抗生素-氨基糖苷类、多链丝霉素-磺胺药物）；④抑制酶的失活（青霉素-克拉维酸）；⑤阻止抗性群的出现（红霉素-利福平抗红球菌）。

较早提出的，一定程度上抗生素组合的拮抗作用是一种依赖于实验方法的实验室假象，并且除了一些例外，在临床上是不重要的。然而，一些组合的拮抗效应，临床上是可以发现的。如果抗微生物组合包括下列机制，可能出现拮抗作用：①抑制杀菌活性（抑菌和杀菌药物用于治疗脑膜炎，依赖于时间-剂量关系，杀菌效应被阻止）；②竞争药物结合位点（临床意义尚不清楚的大环内酯类和氯霉素的组合）；③抑制细胞渗透性机制（临床意义尚不清楚的氯霉素或四环素和氨基糖苷的组合）；④抑制抗性酶（新的第三代头孢菌素抗生素与较老β-内酰胺酶抗生素药物的组合）。

4.5 对抗细菌药物的抗性

突变潜力，以及存在于所有细菌类型之间的遗传交换，与短的细菌代数时间相结合，对于限制应用抗微生物药物控制动物和人的感染时，至关重要。抗微生物药物的使用不会导致细菌的抗性，但会消除易感细菌，并允许已经存在于菌群中的抗性细菌的存在。动物暴露于抗菌药物是抗性基因和抗性细菌的进化与传播的选择基础。参与细菌抗性发生的遗传过程，正好是那些通常参与细菌进化的过程。令人惊奇的是，许多细菌病原抗性出现的速度和规模，近年来似乎有所增加。

抗菌药物的抗性可以分为组成性和获得性两类。

4.5.1 组成性抗性

因为在细胞内缺少抗生素易感性所必需的细胞机制，所以微生物可能对一定的抗生素具有抗性。例如，因为缺乏细胞壁，霉形体对苄基青霉素有抗性。

4.5.2 获得性抗性

以遗传为基础的获得性抗性，能够因为染色体的突变，或者更重要的，通过遗传物质的获得而出现。染色体突变趋于导致细菌细胞结构的改变，而质粒介导的抗性趋于编码修改抗生素的酶的合成。染色体抗性经常是一种逐步的过程，而质粒抗性经常是高水平的，全或无的抗性。抗性的重要机制的例子：①抗生素的酶失活；②细菌渗透性的故障；③靶受体的改造；④代谢途径旁路机制的发展；⑤具有低药物亲和性的酶的发展；⑥通过流出泵从细胞移出抗菌药物。

抗性的染色体变异

抗性的染色体变异通常是一个小问题。抗生素抗性的突变包括不受抗生素影响的染色体 DNA 序列改变的自发性事件。这样的突变可能导致其他的使细胞处于不利状态的改变，因此，在抗生素选择不存在的条件下，这些抗性可能逐步失去。对于抗生素抗性的突变是迅速的，如 MIC 增加了 1000 倍的，对于链霉素抗性的一步突变，或者是逐步的，如对于青霉素的染色体抗性，一系列的突变事件逐渐增加了微生物的 MIC。当抗生素影响一个靶位点而出现这些区别时，染色体突变是一个单步骤的过程，而当几个靶点被影响时，对于抗性的突变是一个多步骤的过程。

突变的比率会因每一种抗生素而不同，并表现其特性。有时，运用抗生素组合以克服对于抗性的突变的可能性，对于两种抗生素抗性的突变机会，是对每种抗生素单独的突变机会的产物。在兽医实践中，突变抗性已经限制了链霉素、新生霉素、利福平和在更小的程度上的红霉素的使用，并逐渐限制氟喹诺酮类的应用。有趣的是，在氟喹诺酮类的抗性发生的过程中，单步骤突变的重要性在种间存在差异。对于空肠弯曲杆菌和铜氯假单胞菌，gyrADNA 旋转酶基因的特定位点的一个单突变能导致临床抗性，而对于大肠杆菌，一个单突变可能导致易感性方面的轻微降低。

导致多种抗性的染色体突变，已经在临床相关细菌得到描述。这些区域包括，多种抗生素抗性-MAR 位点，控制导致对多种没有改变的药物的抗性流出系统。

4.5.2.1 可转移的药物抗性

作为抗生素抗性原因的遗传交换，在兽医上非常重要。不像出现在单个细菌的染色体抗性，经常在同一时间对几种抗生素，并且甚至在抗生素不存在的情况下，遗传物质的转移也可以产生流行性和感染性的极少抗性。负责抗生素抗性的染色体外 DNA 分子通常是质粒，在本文有时称为 R 因子（或 R 质粒）。负责抗性的质粒 DNA 能够在细胞内复制其自身，并且通过转导、转位或整合传播到其他细胞：

1）转导　指的是质粒 DNA 通过与细菌性病毒结合并且之后转移到另一细菌的过程。一个例子是半乳糖苷酶基因从青霉素抗性向易感的葡萄球菌的转移。在抗微生物抗性传播的过程中，转导的重要性可能已经被低估了，但抗生素狭窄的特异性可能已经限制了其在抗性转移中的作用。

2）结合　这一过程指的是质粒介导的抗性转移。在这个基因转移的共同过程中，一个供体细菌合成了性菌毛，在交配过程中，性菌毛吸附到受体细菌，并且将质粒基因的拷贝转移到受体菌。供体菌保留了质粒基因的拷贝，但受体菌现已成为一种潜在的供体。结合不仅能够出现在同一属之间，而且交叉存在于不同的属和科，因此，能够在无关的细菌内发现相似的质粒。转座子和整合子经常部分构建质粒。

3）转位　已知为转座子（“跳跃基因”）的短 DNA 序列能够从质粒到质粒，质粒到染色体，或染色体到质粒转移。一种转座子拷贝通常保留在最初的位点，转位的频率是特定转座子和细菌的特性。转位作为抗性转移的关键因素的重要意义是转位独立于细菌细胞的重组过程——不需要与相互作用的 DNA 同源。因为转座，来自于不同来源的质粒经常拥有相同的抗生素失活基因。存在着多种类型的携带抗性基因的转座子，一些转座子可能甚至引起接合；一些转座子可能包含整合子（见下面）。转座子的简单形式是两翼为插入序列（最小的移动遗传元件的形式）的一个抗性基因。由于插入序列在细菌间的广泛传播，所以在细菌基因组上，具有能够移动，并且以转座子的形式转移到其他细菌基因组的基因。

4）整合　整合子越来越多的被看成是与革兰氏阴性肠道菌的多种药物抗性基因相关的遗传元件。一个整合子包括一个整合酶基因和一个整合酶可以将抗微生物药物抗性盒插入其间的位点特异性整合位点。在革兰氏阴性肠道细菌中，已经鉴定了超过 9 种类型的整合子和超过 60 种不同的基因盒，一些整合子在其盒上具有多达 7 种的不同抗性基因。另外，一些细菌可能在其基因组上携带未结合到整合子上，但具备结合能力的基因盒。整合子（具有或不具有抗性基因盒）可能发现于染色体或质粒。

4.5.3　抗微生物药物抗性的临床重要性

获得性药物抗性已经成为兽医领域病原微生物的一个主要问题。普遍存在于许多菌种，尽管一些细菌，尤其是革兰氏阳性细菌（如许多链球菌和棒状杆菌），对于普遍应用的药物保持着高度的易感性。在许多情况下，由这些细菌导致的疾病在重要性方面已经降低，并被具有更容易进化的细菌导致的疾病所代替。对于青霉素的获得性抗性经常存在于凝固酶阳性的葡萄球菌，并且对许多常用抗生素的获得性抗性，严重限制了其在如沙门氏菌和大肠杆菌等肠杆菌科成员的应用。在如巴氏杆菌、布氏杆菌和嗜血杆菌的非肠道菌，更多的观察到细菌获得性抗性，并且已经在每一种病原细菌种以及正常菌群内得到鉴定。

在一定程度上，抗微生物药物使用和抗性的发生之间存在一定的因果关系，但其重要性随着不同的病原而不同，并且基本反映了其适应变化的环境（即进化）的能力。在兽医上，抗性的发展已经在肠道细菌间多有记载。肠道是抗生素抗性转移的一个主要部位，这不仅是因为肠道内存在大量的细菌及口服抗微生物药物的使用，而且是因为在不卫生的条件下这些细菌在与粪便密切接触的密集饲养动物之间的传播概率。在单个的伴侣动物，如马和狗，没有药物抗性传播的记载，农场情况的推测有助于理解传播如何发生。

在一个质粒或一个整合子上编码多种药物抗性，任何抗性由其中的一种基因编码的抗生素的应用，将有助于维持收集全部的基因。

4.5.3.1 肠道大肠杆菌

对于动物肠道大肠杆菌抗菌性的广泛研究，已经提供了关于机制和抗菌抗性的生态学信息。这些研究已经表明了抗性的程度和抗菌药物使用之间的关系。例如，来自于牧场的成年反刍动物的大肠杆菌抗性是轻微的，而在抗生素使用非常普遍的动物密集饲养的地方，则是显著的。作为质粒编码抗性的结果，这些大肠杆菌可能对用于临床多达10种的药物产生抗性。在来自于田间动物的产肠毒素大肠杆菌之间，质粒介导的，对于四环素、磺胺类药物、链霉素的抗性在目前的实际应用中已不普遍，而对于氨苄青霉素和新霉素的抗性普遍增加。存在于猪和牛的产肠毒素大肠杆菌的抗生素抗性编码的质粒，可能也包括如产生毒素或者黏附的毒力决定簇的基因。尽管作为一个未被探索的领域，抗生素的使用可能因此会潜在促进细菌间毒力基因的转移。

在肠道内，R 质粒发现于大肠杆菌并且存在于占统治地位的大肠厌氧菌群。在应用抗生素处理动物的短时间内，大肠杆菌和很多的厌氧菌群，主要因为抗性株的选择，也因为 R 质粒转移的增强，对所应用的抗生素产生抗性。在抗菌药物不存在的情况下，大肠内的条件似乎阻止了 R 因子的转移。短期口服抗菌药物，伴随着高水平的大肠杆菌抗性，因为绝大多数带有 R 质粒的大肠杆菌不是好的肠道定居者，一旦抗菌药物被移去，这种抗性会降低。然而，抗菌药物持续存在，由于很好的肠道定居者的抗性大肠杆菌已经被选择，与广泛的抗性相联系，所以在抗菌药物被移去之后，抗性仍会持续较长时间。

4.5.3.2 伤寒沙门氏菌

多种抗菌药物抗性是伤寒沙门氏菌的一个主要问题，并且经常是染色体结合有整合子的结果。伤寒沙门氏菌菌株间，一定噬菌体型的克隆通过多种抗菌药物抗性整合子的存在而表现其特点。牛的一些饲养方式，因为抗菌药物的广泛应用和牛沙门氏菌的性质，明显为抗性沙门氏菌提供了发展和传播的机会，抗性的程度在牛分离株中最为明显。最近，伤寒沙门氏菌的 DT104（一种特定的噬菌体型）的多种抗性和高毒力克隆，已经通过全球范围的牛得到广泛传播，并且已经从这一动物传播到其他动物和人。这一分离株含有氟甲砜霉素和四环素抗性编码的基因，侧翼为两个携带半乳糖苷酶和链霉素抗性基因的整合子。这一簇基因构成了一个大的、明显的称为沙门氏菌基因组岛 1 的一部分，也可能是一个已经整合到染色体上的质粒，这已经在包括阿贡纳型在内的其他沙门氏血清型中得到鉴定。

4.5.4 宿主获得性抗性感染

医院细菌的获得性抗菌药物抗性感染，是医院的一个主要问题，并且越来越多地在兽医诊所中得到认可。在医院内，抗菌药物的应用和细菌抗性的发展之间存在着一种因果关系。因为共有的空气和环境，器皿和兽医人员很难预防抗性细菌在患病动物体内的定居。另外，具有严重疾病的患者，可能被广谱抗生素类药物治疗，从而移除包括大的肠道在内的机体内的，被这些药物摧毁的，由正常微生物菌群提供的正常的定居抗性。疾病或者免疫抑制性药物的治疗会引起这些患病动物的免疫抑制。在如此的环境下，这些患病动物能够很容易地被内在的对许多抗生素药物（不动杆菌、枸橼酸杆菌、肠球菌）产生抗性，或者被具有获得性抗性的细菌定居。

4.6 动物病原的抗菌药物抗性的公共卫生方面

抗菌药物在动物，尤其是在集约化饲养的家畜的应用，能够导致抗性细菌通过多种途径到达人群。还没有确定这些途径所发挥的作用，而实际上，由于细菌病原抗性的复杂性，将很难得到精确的确定。

大部分人类病原的抗菌药物抗性，来自于抗菌药物在人医上的应用。然而，动物起源的抗菌药物抗性细菌，如肠球菌和大肠杆菌，能够定居在人类的肠道。与普通人群相比，严重暴露人群（如应用含有抗菌药物食品的农民和屠宰工人、厨师和其他食品处理者）的粪便中，出现抗性大肠杆菌的机会更高。在屠宰厂，由肠道细菌引起的肉的污染是广泛的，并且是抗性细菌到达人类的重要途径。其中许多细菌是非病原性的，许多来自于动物肠道的病原细菌引起人畜共患病的感染（如沙门氏菌、空肠弯曲杆菌），并且因为获得抗性，这些感染可能更难处理。人获得的动物非病原性细菌，是除了动物传染病细菌之外，人类病原菌的抗性基因的一个潜在来源。这些细菌可能不仅通过食物链，而且会通过被动物来源的抗性细菌污染的水到达人类。

应用抗菌药物促进食品动物生长，预防人类病原性疾病，是重复多年的话题。但在过去的 7 年中，这一问题经历了最强烈的详细审查。对于谨慎使用，以促进食品动物的生长和预防疾病为目的的抗菌药物的重新争论的主要动力是人类病原药物抗性的惊人增加，尤其是那些引起“群体获得”（肺炎链球菌）的感染，而不是医院获得性感染。这已经导致了在所有环境下，对于抗菌药物使用的重新评价。另一种驱动这种改变的因素，是来自于欧洲的万可霉素抗性的屎肠球菌（VRE），一种严重的、基本不可治疗的免疫低下患者的医院获得性病原，通过阿伏霉素，一种用于促进生长和预防疾病的糖肽类抗菌药物的使用，正在被密集饲养的农场动物所选择。这些 VRE 几乎普遍存在于治疗动物的肠道，并被发现于一小部分欧洲健康人群体内。相反，它们不存在于未使用药物的美国的健康人群。这些发现是能够被清楚测定的抗性细菌从动物向人移动的规模的一种实证。另一个驱动因素是 1999 年瑞典加入欧洲联盟。由于瑞典禁止所有作为促进生长和疾病治疗的抗菌类药物的使用已经有许多年，为了使其惯例与其他的欧洲联盟国家相一致，要么改变其自身的条例，要么改变欧洲其他国家的条例。瑞典运用 VRE 证据说服欧洲联盟改变其关于抗菌药物促进生长的有关政策。1999 年，其中的大多数(阿伏霉素、杆菌肽、螺旋霉素、泰乐菌素）在欧洲被禁止。这种禁令已经经受了法庭的挑战，并且似乎一定会保持下来。一种相似的禁令已经出现在澳大利亚，并且似乎有可能出现在加拿大和日本。

在美国，应用于动物的抗菌药物广泛的重新检查已经出现。一个著名的决定是，因为氟喹诺酮类抗性在空肠弯曲杆菌的迅速发展，推翻了用于鸡大肠杆菌败血病治疗的氟喹诺酮类的批准。据估计，因为感染了来自于氟喹诺酮类治疗的鸡的抗性细菌，每年有多达14 000人的空肠弯曲杆菌治疗受到影响。另外，美国食品和医药管理局兽医医药中心最近已经颁布了一个将估价抗性的影响作为新的抗菌药物批准条例的一部分的指导性文件。基于建议使用的药物，文件考虑了不同抗败血病药物类别在人类医药的相对重要性，并且分析了抗性的产生及其人类获得的风险。兽医中心倾向于基于提议新药批准的风险分析类型，按一种优先次序的方式，重新评价了用于食品动物的抗菌类药物的安全性。

在全世界范围内的人医，抗微生物类药物将不再用于促进生长或长期的疾病治疗似乎是可能的，这与只有当其优点是清晰和持续时，应用抗微生物药物的重要谨慎使用原则是一致的。

4.6.1 抗菌药物抗性的控制

避免使用药物是控制抗菌药物抗性的最好方式。大多数主要的国家级兽医学会已经在其网站公布了容易得到的关于抗菌药物优化使用的谨慎使用指南。谨慎的使用被定义为优化抗菌药物的使用效率，而最小化抗性的发生和传播。尽管这些指南在范围上是概括的，但它们正逐渐被不同的种类和有时为病例特异性的兽医实践型指南所补充。未来将出现对于这些指南的进一步细化。

4.7 抗真菌化学治疗

真菌对不同药物的易感性是常见的，但并不总是可以预测的。真菌药物的易感性测试在技术上是复杂的，并且一般不能利用类似于平皿扩散抗菌测试的简单方法。

4.7.1 局部使用的抗真菌试剂

许多化学品具有抗真菌特性，并且用于皮肤或有时用于黏膜表面真菌感染的局部治疗。这些化学品包括六氯酚、碘化物、四氨杀菌剂、8-羟基喹啉、水杨酰胺、丙酸、水杨酸、十一烷酸、石炭酸杀菌剂。其中最为有效的局部广谱抗真菌药物是游霉素（多烯抗菌药物)、克霉唑（咪唑化合物)、制霉菌素（多烯抗菌药物)、酮康唑和咪康唑（见下面)。

4.7.2 全身应用的抗真菌试剂

因其口服应用，所以具有较低的毒力和有效性，最近，咪唑类的发展，已经成为全身真菌治疗的主要进展。较早用于全身治疗的主要抗真菌药物两性霉素 B，具有毒性和要求静脉注射的缺点，但其确实具有杀真菌活性。

4.7.2.1 灰黄霉素

灰黄霉素是一种抑制有丝分裂，并且只有在抗皮肤真菌（癣菌病真菌）时具有活性的抑真菌抗菌药物。在治疗过程中产生的一些皮肤真菌的抗性已经被报道。只有通过口服用药，灰黄霉素才能有效地抵抗皮肤真菌。药物在上皮的基质细胞结合到角蛋白，并且通过基质细胞的进行性成熟，到达表面的寄生的死角质化上皮。

4.7.2.2 两性霉素

与制霉菌素类似，两性霉素 B 是一种多烯类抗菌药物，结合真菌膜的主要固醇——麦角固醇，引起细胞内容物的泄露。它是一种广谱、常用的杀真菌性抗菌药物。它在抗皮炎芽生菌、组织胞浆菌属、隐球菌属新型细球菌、念珠菌属、申克氏孢子丝菌属、假丝酵母时具有活性。细丝状真菌的株系，尽管普遍易感，但具有从极端易感到抗性的不同。两性霉素 B 必须通过静脉注射。肾脏毒性是如此治疗所不可避免的副作用，并且必须进行监测；如果停止用药，效果是可以逆转的。两性霉素 B 是可以利用的治疗由二态的真菌和酵母引起的全身性霉菌病最为重要的药物。其第一流的地位正逐渐受到毒性更小，使用更容易的咪唑的挑战。通过缓慢的静脉注射给药，通常每隔一天，持续 6～10 周。含有两性霉素 B 的脂剂型，尽管价格昂贵，因其较低的肾脏毒性，显示了巨大的临床前景。

4.7.2.3 氟胞嘧啶

在真菌细胞内，5-氟胞嘧啶脱去氨基，便成为可以与 mRNA 结合，以产生混淆的密码子和不完善的蛋白质的 5-氟尿嘧啶。它具有一个窄的活性谱系，包括大多数隐球菌新型细球菌和许多念珠菌属的成员，大多数细丝状真菌是有抗性的。在治疗过程中，很容易发生抗性。因此，氟胞嘧啶经常只有与其他药物（通常为两性霉素）联合使用时，才被应用于治疗。

4.7.2.4 咪唑类：酮康唑、咪康唑、伊曲康唑、氟康唑

咪唑类影响麦角固醇的生物合成，并且与真菌细胞膜磷脂结合，引起细胞内容物的泄露。酮康唑、咪康唑、伊曲康唑和氟康唑是抑制真菌的，抵抗广泛的酵母和皮肤真菌；它们也具有一些抗细菌和抗原虫活性。酮康唑、伊曲康唑、氟康唑比咪康唑表现得更具有活性，并且因为其可以口服用药，而不是静脉注射，更被适用于全身。酮康唑、伊曲康唑和氟康唑在人和动物产生更少的不显著的副作用，但肝损伤已经在给予酮康唑的患者中被报道。它们表现为对许多狗和猫的全身性真菌感染的有效治疗，但在其他动物应用的经验很少。并且它们具有抑制真菌的不利，延长治疗可能对于阻止已经出现的复发来说是必需的，但这样又是昂贵的。

4.8 抗病毒化学治疗

4.8.1 抗病毒药物

用于病毒性疾病治疗的无毒性化学药物的发展，远比抗生素的发展更困难，但动物的抗病毒化学治疗的长远前景是令人鼓舞的。人的免疫缺陷病毒（HIV）的感染，已经导致了有效抗反转录病毒药物的发展和应用。病毒复制主要依赖于宿主细胞代谢途径的积极参与，阻止病毒复制和破坏细胞代谢之间的平衡是精细的，迄今只有相当少的有价值的药物被报道，并且其抗病毒谱系常常是相当窄的。人们的研究工作集中于应用病毒编码的酶作为抑制的特异靶点，或者在病毒感染的细胞内激活药物。最近，这些研究已经包括了许多被病毒特异的胸苷激酶优先磷酸化，并且进一步被细胞酶磷酸化的药物。导致这些第二代抗病毒药物的三磷酸盐抑制了病毒的 DNA 聚合酶，充当这种酶的伪造的底物。

基本的抗病毒靶点如下：

(1) 病毒吸附到细胞的抑制（免疫球蛋白，受体同源物）。

(2) 病毒脱壳的抑制［金刚（烷）胺，金刚乙胺］。

(3) 抑制 DNA 或者 RNA 的合成。

(4) 核苷类似物（疱疹净、阿糖腺苷、三氟胸苷、阿昔洛韦、更昔洛韦、病毒唑、膦甲酸）。

(5) 反转录酶的抑制（叠氮胸苷）。

(6) mRNA 翻译的抑制（反义多核苷酸，干扰素）。

(7) 翻译后修饰的抑制（蛋白酶抑制剂，糖基化抑制剂）。

一般情况下，只有在病毒复制发生的疾病早期，抗病毒药物才具有有效的治疗作用。因此，迅速的诊断是必要的。尽管没有抗病毒药物被批准用于兽医，表 4.2 总结了目前应用于动物的全身和局部治疗的抗病毒化合物。兽医抗病毒化合物的理想特点是广谱、价廉、易于服用、缺乏药物残留。尽管某些免疫调节剂具有这些特点，但现有的抗病毒药物很少具有这些特点。

表 4.2　抗病毒药物在兽医上的潜在的局部和全身应用

药物	局部	全身	可能的兽医上的应用
阿昔洛韦	+	+	疱疹感染
金刚烷胺		+	马流感的预防
2-脱氧-D-葡糖	+		疱疹感染
膦甲酸	+		疱疹感染
更昔洛韦		+	巨细胞病毒感染
疱疹净	+		疱疹感染
干扰素		+	猫疱疹、猫白血病、猫传染性腹膜炎
甲红硫脲	+		牛痘或伪牛痘
病毒唑	+	+	流感、副流感、牛疱疹、犬瘟热、猫传染性腹膜炎
阿糖腺苷	+	+	犬疱疹
叠氮胸苷		+	猫白血病病毒、马传贫、猫免疫缺陷病毒

第 5 章　抗微生物药物：合理使用的策略和滥用的分支

Dwight C. Hirsh

抗微生物药物用于治疗或者预防由传染性细菌引起的疾病。随后的大多数讨论将涉及这些药物的治疗性应用，适当的时候，将对有关的治疗应用做出评论。而且，将只对细菌做出讨论。

5.1　合理使用的策略

应用治疗性抗微生物药物的决定，包括决定是否存在传染性微生物。对感染过程中使用这些药物的风险是否对实际造成威胁给予一些考虑（尽管很少发生），并且在没有应用的状态下，传染性过程是否将得到解决。将对治疗性应用做出评价：应该对伴随着一定程序的抗菌药物的合理使用，是否出现无法接受的感染性并发症的高流行予以考虑。

决定应用抗微生物药物的中心，是一种感染性微生物是所考虑的疾病过程中的组成部分的实证。当然，做出这种决定的黄金标准是微生物学培养的结果。然而，由于应用抗微生物药物的决定是在培养数据可以利用的前几天做出的，这一标准的严格应用是不现实的。因此，应用一定的线索，对于决定某一特定的过程是否具有感染性成分具有帮助。加州大学兽医教学医院感染控制委员会，已经制定了对于决策过程有帮助的指南（表 5.1）。

表 5.1　合理使用抗微生物药物指南

1. 传染性微生物的显示
2. 临床数据（至少为下列的两种）
   a. 发热
   b. 白细胞增多
   c. 局部炎症
   d. 样本的组成
   e. 放射图像证据
   f. 升高的血清纤维蛋白原

在看到患畜（禽）的第一天，可以用下面的方案进行抗微生物药物的治疗性应用。练习的全部目的是回答下列问题：是否存在传染性微生物？所使用的最好的抗微生物药物是什么？

5.1.1　是否存在传染性微生物？

除了所掌握的细菌培养结果，这个问题可以通过经验（所有相似的例子都具有感染性成分）或微生物学方法来回答。微生物方面的决定过程将是这里讨论的焦点。除非特别注明，后面所有的评论将集中于包括正常无菌（或接近无菌）位点的感染过程。

用于决定一种传染性微生物是否存在的最有益的方法之一是直接涂片。直接涂片检查回答了两个非常重要的问题，是否存在传染性微生物？如果存在，传染性微生物可能是什么？这两个问题的回答，有助于抗微生物药物的使用，并且，同样重要的是，有助于决定哪一种抗微生物药物可能是有效的。

在证实了一种传染性微生物的存在之后，即通过直接涂片看到了微生物，那么下一步是对其身份做出训练有素的推测。这是在合理应用抗微生物药物的整个过程中最重要的一步——牢记你将治疗什么。经验和回溯性数据是这种决定的关键，并且允许临床医师以合适的层次阐明“微生物差异表”。通过注明在直接涂片上所观察到的微生物的形状，不同列表的一定成员被考虑或被排除。通常，细菌具有两种形状：杆状和球形。线状（放线菌、诺卡氏菌）被认为是不同的种类。当然，如果除了其他感染过程有关的线索，没有观察到感染性微生物，仍然可以建立一个不同微生物的列表，但是，因为可视线索的缺乏，考虑或排除一定的微生物或微生物的群，将会更加困难。

更复杂的方法包括在正常无菌位点发现原核（细菌）DNA。应用针对原核（细菌）DNA 设计的通用引物的 PCR 反应可以使我们做出这种决定。这样一种决定的不利之处是缺乏要鉴定的“分离株”和对于抗微生物药物易感性的测试。

直接涂片的细菌观察，可能会导致无休止可能性的不同的微生物列表的形成。经验和回溯性数据可以有助于列表的简化，以合适的层次顺序只保留最为共同的。例如，在来自狗的样本中，除了来自于呼吸道，几乎从未发现博德特氏菌，并且发现来自于具有肺炎患者的较低端气管的样本并不普遍。同样，在来自于狗的样本中，几乎不能在外耳或较低端尿道之外的部位发现假单胞菌。博德特氏菌和假单胞菌，几乎不可能成为来自于犬外周腔的排泄物样本的杆状细菌的候选者。除了“普遍的微生物感觉”，还有其他有帮助的线索，如奇形怪状的或长得细长的杆菌几乎总是厌氧菌群的成员（尤其是在由正常无菌位点获得的有恶臭的液体中看到）。

5.1.1.1 消化道——一种特定的情况

在正常无菌的位点观察到微生物，并不会在决定是否存在一种感染性过程时形成问题。然而，正常污染位点（口、阴道、胃肠道）的传染病会形成特殊的问题。消化道是直接涂片有助于决定是否有传染性疾病的唯一污染位点。在三种条件下，直接涂片能帮助诊断和治疗：①弯曲杆菌属相关的腹泻；②胃和肠道螺杆菌相关的疾病；③短螺旋菌相关的疾病。在第一种情况下，从染色涂片会观察到（瑞氏-吉姆萨）弯曲的杆菌；在第二种情况下，从染色涂片会观察到螺旋状杆菌；在第三种情况下观察到的螺旋体形状细菌，提示一种传染性微生物可能与观察到的异常症状相关。在三种情况下，具有特点的微生物的存在，为做出关于异常症状的病因学的训练有素的推测提供了必要的可见的线索。PCR 等更为复杂的技术，已经在确定其他病原微生物或编码其毒素的基因的存在时显示作用。

5.1.2 所使用的最好的抗微生物药物是什么？

如果直接涂片时观察到一种传染性微生物，就已经回答了前面提出的第一个问题。如果没有观察到，而存在有关传染过程的其他线索（表 5.1），也可以肯定地回答第一个问题。做出决定过程中的下一步是“应该使用何种抗菌药物”。为了回答这一问题，牢记“微生物靶”是重要的。基于获取样本的位点，以及直接涂片的观察结果，对于微生物的身份能够做出一种训练有素的推测。应用回溯性数据可以建议哪种抗菌药物对于微生物不同列表上的微生物有效。然后，依赖分布、毒性及花费，做出最终的选择。

第二天，微生物实验室应该能够提供在第一天决定选择抗菌药物适用性的有用的信息。例如，实验室能够告诉你直接涂片观察到的杆形杆菌是否是肠道细菌科的成员，因为关于这一科的成员的易感方式是不可预测的，这就成为一部分极其重要的信息（由于这一组微生物拥有抗性编码基因的倾向，见第 4 章和下文），如果其可能存在，将会使用更为昂贵和更具有毒性的抗菌药物。

兼性厌氧菌造成了一种特定的挑战。由于对其进行确定的方法所需时间较长，怀疑其早期的存在是重要的，大多数实验室并不进行易感性测试。即使他们做了，在样本提交后的至少一周，结果才会被利用。然而，存在一些有助于决定这一群成员是否存在的其他线索。一个主要的线索是气味，如果一种排泄物或液体味道是有恶臭的，很可能存在兼性厌氧菌。没有气味，依赖于取样的位点和微生物的形状（奇形怪状、细杆状），也可以做出训练有素的判断。

5.2 抗菌药物滥用的分支

除了来自抗菌药物的明显优点，在其应用中也存在着风险。这些风险包括患者以及其他相同环境下的人，包括我们自己。风险是关于抗菌药物的抗性。

5.2.1 抗性

通常有两种机制使细菌表现抗性：①突变和编码抗性表型基因的获得；②突变随机出现（与药物的存在无关）。如果一个突变事件包括一个编码特定抗菌药物的 DNA 靶点，然后，可能产生对于那种药物的抗性。然而，其他突变事件可能具有更多的全面效应。例如，存在于 MAR（多种抗生素抗性）位点，编码转录激活剂的染色体基因导致多种药物抗性。这种现象的机制是对于负责控制药物通过细菌细胞壁流入的染色体基因调控的失调。因此，“多种药物抗性”表型是由于细胞壁运输系统的改变，导致了一些临床上所应用的抗生素（β-内酰胺、四环素、氯霉素）的抗性。在药物达到有用的治疗浓度之前，被泵出细胞壁。这种表型已经被描述于大肠杆菌、沙门氏菌、铜绿假单胞菌，普通变形杆菌、克雷博氏杆菌、弯曲杆菌。

然而，细菌产生抗性的主要方式是通过获得编码抗菌药物抗性的 DNA。这些基因可能包括多方面的信息，通过乙酰化或磷酸化作用失活一定的抗菌的酶，通过键的断裂使酶失活（氨基糖苷类和氯霉素改造的酶），或参与一种抗菌药物（ 四环素 ）运输的蛋白质，或它们可能编码一种与天然状态（易感）不同的靶蛋白（负责甲氧苄氨嘧啶抗性的不同的四氢叶酸还原酶）等。

细菌可以通过几种方式获得编码这些酶的 DNA：①它们可以从环境中获取 DNA（称为转化）；②它们可能被病毒感染，这些病毒含有从以前的抗性细菌宿主获得的抗性基因；③它们可以通过性过程从其他细菌获得（结合）。尽管在自然界中存在每一种情况的例子，获得 DNA 的最普遍方法是通过接合，至少对于细菌从含有抗菌药物的环境中获取抗性基因的方式是这样。

获得的 DNA 可能独立地存在于细菌染色体（染色体外）。这种染色体外 DNA 称为质粒。如果质粒含有编码抗菌药物抗性的基因，则这些质粒称为 R 质粒。R 质粒可能编码用于接合的信息，如果这样，质粒是可传递的，因此具有从一种细菌到另一种细菌或者在科内传递的能力（大肠杆菌到大肠杆菌，或大肠杆菌到沙门氏菌），或在科之外传递（如大肠杆菌到巴氏杆菌），这种传递已经在革兰氏阳性和革兰氏阴性需氧菌，及兼性和专性厌氧菌得到证明，在肠细菌科成员（如大肠杆菌、沙门氏菌、克雷博氏杆菌）之间，最具有临床意义。

一种特定的细菌可能含有大量不同的质粒，其中几个可能是 R 质粒。质粒上编码的抗性基因数量是可变的，从两个（似乎是最少的）到超过 7 个。在质粒 DNA 上发现了几乎所有普遍应用的抗菌药物的抗性基因。例外的是对于氟喹诺酮类、多链丝霉素、甲硝哒唑的抗性。结果，在接合之后，细菌的易感株可能获得大量抗菌药物的抗性，并且具有将抗性基因传递给另一种的潜力，而其自身则保留一个拷贝。

除了通过接合的方式保持移动，抗性基因会以其自身的方式移动，移动的基因从 DNA 的一部分移到另一部分，称为可转移的遗传元件或转座子。最常见的是编码对特定抗菌药物抗性的信息存在于转座子上。这样做的重要性在于，当细菌暴露于大量不同的抗菌药物的医院环境时（依据定义，它们将获得与每一种抗菌药物打交道所必需的基因），抗性基因的遗传库是非常大的，并且因为基因本身是可以移动的，它们具有将其自身插入到任何数目质粒的趋势，从而形成具有多种不同抗性基因的质粒。如果含有这样 R 质粒的细菌（包括革兰氏阳性和革兰氏阴性菌）介入了疾病过程，将非常难以杀死，或者难以被抗菌药物所抑制。

另一种细菌可能产生抗性的机制，是通过存在于染色体上、质粒或在一个转座子内的 DNA 片段（整合子）“诱捕”抗性编码的片段（称为盒）。整合子含有为盒插入所必需的 DNA（整合酶），被这一盒所识别的识别单位和一个启动子（不总是含有盒）。有许多类型的盒，但最多出现的是那些抗性编码的基因。含有几种抗性编码基因的盒，这些盒能够和细菌可能具有的很多的一种特定整合子发生关联。在革兰氏阴性菌中，整合子是非常普遍的，在革兰氏阳性菌中，也已得到报道。

整合子含有编码抗菌药物抗性基因，并且 R 质粒似乎在肠细菌科成员间相当普遍。因此，预测哪一种抗性基因存在，尤其是如果在医院环境下，在抗性基因库中“构建”R 质粒非常困难。由于这一原因，对于特定位点和条件应该尽力“排除”或者“吸纳”在微生物列表上这一群的成员。

在抗菌治疗开始后的 24～48h，患者的主要宿主防卫系统之一——正常菌群，发生了剧烈的变化，这些变化通过正常菌群被对正在应用的抗菌药物具有抗性的细菌的替代而予以反映。为了理解为何这是一个风险，理解作为宿主防卫屏障的正常菌群的作用是重要的。

5.2.2 风险

定居抗性是描述宿主通过其正常菌群所承担的先天性免疫作用的一个概念。正常菌群和正常菌群之所以得以维持的机制，保护宿主免于被外来微生物定居。因为预防具有病原潜力的因子（如沙门氏菌）的定居，或者预防微生物抗性株的定居，是降低生活在被微生物污染的环境中的我们和我们的患者所承担的风险的关键，这是一个重要的概念。

大量的外部影响，尤其是应激和抗菌药物，会降低定居抗性，如果其被明显的降低，然后将会发生替代（一个表面不会被空置）。

抗菌药物降低定居抗性（家养的狗如果第一次服用抗生素，其获得抗性沙门氏菌的可能性高出 38 倍），在使用抗菌药物后的 24～48h，由于那些替代了正常菌群的微生物将对所服用的抗菌药物产生抗性，正常菌群被抑制到抗性株开始重新定居的程度。这些抗性株可能是正常菌群的一部分（即正常的、未经治疗的狗在其含有大肠杆菌的粪便中定期排出大量的 R 质粒——原因未知），或者来自于动物环境。在每一种情况下，替代株将对正在使用的抗菌药物产生抗性。抗性菌占据表面本身是无害的，除非抗性株具有侵入其所接触的宿主细胞的能力。但像上面所提到的，如果与重新定居表面邻近的一个正常无菌位点受到威胁，细菌（现在的抗性菌）将被污染，并且导致的疾病将更难以治疗。这种重新定居效应是存在于抗菌药物后面的，推荐不超过 24～48h 的治疗性应用的原因。

疾病的应激和新的环境（社会）经验的应激会降低定居抗性，这些改变次于正常菌群的改变而出现。表现出来发生的是负责维持稳定的、正常菌群的元素的改变。尽管这些改变已经在口腔被精确定义，但有数据显示它们也可以出现在肠道。在口腔内，上皮细胞被纤维结合素，一种糖蛋白所覆盖。纤维结合素发现于口腔、舌和齿龈表面的最丰富链球菌的受体。链球菌排斥其他的、潜在的、更危险的口腔相关的微生物（属于如大肠杆菌或克雷伯氏菌的肠道菌的微生物）。在应激动物覆盖这些细胞的纤维结合素的数量减少，纤维结合素可以利用其下面的吸附位点（ 革兰氏阴性微生物），或者在细胞自身，或者在其离开后覆盖细胞的糖蛋白。因为口腔链球菌对于大多数抗菌药物非常易感，如果用抗菌药物处理动物时，这应该予以注意，链球菌将被移去。最近的证据表明：一些革兰氏阴性肠道菌拥有纤维结合素受体的黏附素，保持正常菌群未受影响的重要性得到强调。如果损害发生于正常无菌位点的邻近部位（如肺），则由相对无毒的细菌（非溶血链球菌 ）和具有疾病潜力的（肠道菌群的成员）构成菌群所导致的变化，将成为一个主要的问题。

5.2.3 对于其他因素的风险

抗菌药物选择含有编码对特定药物抗性的基因的细菌。因为编码抗性的基因几乎总是发现于 R 质粒 DNA，抗微生物应用选择对于其他抗生素的抗性基因。在使用抗菌药物的医院环境，含有编码对多种抗菌药物抗性的移动遗传物质的微生物会污染环境。因此，我们作为环境的一部分，也参与了这一基因库。即使具有一种未动的定居抗性，我们也会被来自于看护下的动物的细菌所暂时定居。短暂的定居足以接合并且将抗性基因传到我们的正常定居菌群。如果意外的宿主——人也被抗菌药物治疗，则像 R 质粒传递的可能性一样，被抗性动物株定居的机会将增多。

5.3 总结

对于强调抗菌药物的合理应用，本章强调两个重要问题：对于正在被考虑的疾病过程，是否存在传染性微生物？如果存在，何种抗菌药物有效？直接涂片是一种确定传染性成分是否存在的有用工具，一旦合理确立感染性微生物的存在，一种“不同微生物的列表”（按照等级次序）被建立，并且依赖于从直接涂片获得的可视线索进行进一步的定性。经验和回溯易感性数据，可以决定何种抗菌药物对最为可能的“不同微生物的列表”的组成成分有效。在考虑分布、毒性和花费后，做出最终的选择。

抗菌药物应该被考虑为一种环境污染物，它们对于我们都参与的基因库产生了很强的选择压力。除了作为潜在的选择剂，抗菌药物对于那些通过降低宿主防卫屏障接受它们的患者来说是一种风险。

第6章 疫　　苗

N. James MacLachlan　Dwight C. Hirsh

6.1 引言

疫苗是用于激发预防和减轻传染性微生物引起的疾病的免疫反应的物质。疫苗可以由传染性微生物本身（活的或灭活的）、引起保护性免疫反应的微生物的一部分（亚单位疫苗）或者这种微生物的产物组成。含有灭活细菌的产物称为菌苗更合适，具有毒力活性的产物称为毒素，被失活的毒素称为类毒素。

为了有效，疫苗必须激发与传染性微生物的“生命周期”相互作用的免疫反应。

6.1.1 体液免疫

通过与位于传染性微生物和（或）其产物表面的表位的结合，抗体发挥其免疫学功能。通过结合到传染性微生物的表面，抗体通过硬脂酸的相互作用和（或）通过改变微生物表面的电荷或疏水性，影响其与宿主靶细胞的吸附作用，并且导致对具有表面膜的产物有破坏作用的补体级联反应产物的产生。结合到传染性微生物的产物的抗体，能够阻断产物向细胞靶受体的吸附和（或）使结合亲和力发生变化的产物构象的改变。

6.1.2 细胞介导的免疫

细胞介导的免疫是一种导致产生“活化的”巨噬细胞和（或）特定的细胞毒性 T 淋巴细胞的免疫反应。免疫反应的状态与生活在细胞内的因子有关，细胞因此会保护其与全身的体液成分相互作用。

激活的巨噬细胞是与 IL-1 和 IFN-γ 接触的单核噬菌细胞。这样的细胞具有增加的噬菌和酶活性，含有增加数量的 NO，并且使如肿瘤坏死因子和 IL-1 等细胞因子的产生增加，并且增加 MHC Ⅰ类分子（MHC Ⅰ）的表达。一般认为，这种活性的增加对于吞入后非激活的单核细胞不能摧垮的传染性微生物的破坏起作用。一些概念描述这一状态（即巨噬细胞的激活）为细胞超敏感性。

细胞毒性 T 淋巴细胞识别被感染的宿主细胞（被细菌或病毒感染的细胞）后，会分泌导致感染的宿主细胞死亡的物质。如果被感染的宿主细胞含有传染性微生物，那种微生物将会被释放，并且与其他宿主免疫参与物质相互接触（即抗体、补体、激活的巨噬细胞）。

6.1.3 免疫反应的产生

经外生的途径被抗原处理细胞处理的抗原激发抗体的产生。因此，细胞外细菌（活的或灭活的)、失活的病毒粒子、病毒的部分（亚单位）通过外生的途径被加工。表位分泌 IL-1 和少量 IL-12（如果有）的抗原呈递细胞呈递到 MHC II 类分子的免疫系统。辅助性 T 细胞（CD4 淋巴细胞的 T_{h2} 亚单位）通过分泌诱发抗体反应的细胞因子(IL-4、IL-5、IL-13）对这种刺激做出反应。

一些传染性因子在细胞内复制。如果因子在单核吞噬细胞内复制，然后抗原通过外源和（或）内源途径被加工。如上面描述的胞外抗原、细胞内抗原被呈递到 MHC II 类分子，而抗原呈递细胞分泌 IL-1 和 IL-12。当关闭 T_{h2} 亚单位的细胞时，IL-12 刺激辅助性 T 细胞（T_{h1} 亚单位）。T_{h1} 细胞分泌导致单核吞噬细胞激活的 INF-γ。一些“细胞内”微生物（某些病毒、细菌、真菌）在单核吞噬细胞的胞质内复制。像非吞噬细胞释放的抗原，来自这些微生物的抗原也通过内生途径被处理，因此，表位呈递到免疫系统的 MHC I 类分子。以这种方式呈递的表位被 CD8 细胞毒性 T 淋巴细胞识别。这些淋巴细胞通过裂解表达表位 MHC I 复合物的感染靶细胞而发挥功能。

6.2 DNA 疫苗

DNA 疫苗，是编码被怀疑抗原的基因插入具有导致靶基因表达的强启动子（巨细胞病毒直接的/早期启动子，SV40 早期启动子）、终止序列（polyA 尾）、大量 CpG 岛的质粒载体的重组质粒。CpG 岛（普遍存在于细菌基因组的基序）的功能是指导抗原呈递细胞分泌有利于 T_{h1} 的淋巴因子。质粒以多种方式被使用（肌间、皮下、黏膜表面），其中肌间方式最为普遍。被转染的肌细胞充当抗原呈递细胞，并且表达抗原（开启 CD8T 淋巴细胞）。可能性包括 MHC II 抗原呈递细胞（巨噬细胞/星形细胞/B 淋巴细胞）被转染，或者转染的肌细胞传递质粒到 MHC II 抗原呈递细胞。

DNA 疫苗已经成功激发多种病毒和细菌，原虫性微生物的保护性免疫反应（体液和细胞），然而，在兽医领域，尚未有商业化的 DNA 疫苗可以利用。

6.3 佐剂

佐剂用于影响由抗原激发的免疫反应的性质。依赖于佐剂，反应在各种阶段受影响。一些佐剂以仓库的形式发挥功能，因此在延长的时间阶段内抗原被缓慢释放，使免疫反应最大化。例子包括水/油乳状液、矿物质/盐（斑脱土、铝），以及惰性粒子（微球）。其他佐剂指导对于免疫反应启动的加工步骤的活性，例子包括由含有免疫原的胆固醇-磷脂结构和脂质体（脂囊膜）组成的“免疫刺激复合物”（ISCOM）。通过运用各种细胞因子作为佐剂，“靶向”各种成分能够影响免疫反应。例如，IL-1 激活 T 淋巴细胞，IL-12 和 INF-γ 影响辅助性 T 淋巴细胞亚类的选择，并且粒性白细胞巨噬细胞集落刺激因子激活巨噬细胞，并且增加抗原呈递的效率。

6.4 病毒疫苗

用病毒疫苗对动物进行免疫，对许多病毒疾病的预防来说是关键的。一种有效疫苗的基础是激发免疫反应，或激发随后病原性病毒的田间暴露的保护能力。产生的多种疫苗制剂，已经以不同程度的成功使用多年。潜在疫苗成功的关键在于其安全性和效率，然而，经济也继续成为指导疫苗设计、发展和最终商业生产的基础。

接种疫苗的各种手段已经被应用了许多年。这些手段包括：①在解剖学位点注射活的有毒力的病毒，因此靶组织或组织不被感染；②在对疾病表达具有相对抗性的时间段，向动物注射活的、有毒力的病毒；③由于多种原因，共同注射活病毒和免疫血清已经不被接受；④使用活的无毒力株（致弱或“改造的活的”病毒）；⑤使用灭活的病毒。近年来，已经可以利用其他疫苗发展的手段，包括亚单位、合成肽、重组产物。不管疫苗的类型如何，理想的结果是产生表达于病毒表面，或感染细胞表面的病毒抗原的特异的免疫反应，因此，当暴露于有毒力的病毒时，被免疫的宿主呈免疫状态。有效的病毒疫苗的合理发展，要求对于病毒致病机制，感染后导致的保护性免疫反应和其蛋白质特异性的理解。后一点对于发展重组和合成肽疫苗是非常重要的。

关于致病机制，一般存在如下三种病毒感染的类型：

(1) 局限于呼吸道和胃肠道的黏膜表面的感染。在这些情况下，分泌型抗体（IgA）形式的局部免疫是重要的。细胞介导的免疫（CMI）的作用在这样的感染很少有特点。

(2) 在黏膜表面开始，但之后引起病毒血症的全身感染，随后的远端靶组织的感染。在这些感染条件下，在黏膜表面、全身感染的免疫，以及全身免疫是重要的。

(3) 通过昆虫叮咬（节足动物携带的病毒）、疏忽的接种、上皮表面外伤的破裂，直接有机会进入宿主循环系统的感染。在这样的感染条件下，全身免疫是主要的防卫屏障。

在疫苗发展中，必须对这些病毒感染及随后的分布机制予以考虑，改造的活疫苗（弱化）和灭活苗（死苗）主导着兽医疫苗市场（表 6.1）。

表 6.1　病毒疫苗的类型

I. 病毒疫苗
- A. 引起自然性疾病的病毒的毒力降低
- B. 宿主范围的突变体——应用病毒感染与在最初的宿主产生自然性疾病的病毒抗原相关的不同宿主
- C. 重组异源性病毒载体疫苗——表达产生自然性疾病的另一种病毒的保护性抗原的传染性病毒重组子的构建，具有已知抗病毒活性或已知免疫调控功能的插入基因的重组病毒的构建
- D. 通过编码产生自然性疾病的毒力因子基因的缺失突变，弱化重组的同源病毒株
- E. 能够在体外复制到高滴度，但不能在体内有效生长的非复制性重组病毒载体疫苗

II. 灭活的病毒疫苗
- A. 通过化学方法灭活的病毒疫苗
- B. 通过物理方法灭活的病毒疫苗
- C. 应用单克隆抗体免疫吸附层析纯化病毒抗原
- D. 通过重组 DNA 技术在真核和原核细胞产生克隆的病毒蛋白亚单位
- E. 表现病毒表面抗原的免疫-功能域的合成病毒性多肽疫苗
- F. 直接将编码病毒保护性抗原的质粒 DNA 注射到体内的组织
- G. 应用抗独特性抗体作为抗原，诱发抗病毒抗体反应

6.4.1 活的致弱病毒疫苗

致弱病毒疫苗，包括病毒的人工致弱病毒株（改造的活病毒)，或者具有对宿主的毒力降低的自然病毒株。这些自然致弱分离株的起源可能是自然宿主，或者是分离于不同宿主的关系较近的病毒。例如，牛痘病毒最初用于免疫人以抵抗小痘。这样一种手段的主要要求是它会导致足够的免疫，并且致弱株稳定。目前用于兽医的疫苗主要是致弱病毒。病毒致弱最为普遍的手段是发展宿主-范围的突变株。其他手段包括发展温敏和冷适应突变株（错义突变株)，缺失株和重组病毒株。

通过在不同于被免疫接种的自然宿主的宿主系统，通常为实验室动物、鸡胚或者越来越多的细胞培养物的连续传代，可以产生宿主-范围的突变株。宿主-范围的突变株一旦在这些系统连续传代，由于在病毒基因组上导致病毒-特异蛋白改变的突变积累，病毒经常失去其毒力。许多变化的活病毒弱化的基础是很少具有特点的，并且在自然宿主生长后返毒的可能性总是值得关注的。

这些病毒将在宿主内有限复制，并且因此已经产生充当疫苗的条件性致死突变株。通过产生变异，并且在温度的基础上进行表型性选择，产生典型的温敏突变株。通过在连续的低温下繁殖而产生的冷适应性突变株，最终产物不能在正常温度复制。冷适应性突变株典型的获得编码毒力基因的多种突变，并且比温敏突变株更为稳定。克隆的病毒基因表达的独特手段是使用异源病毒表达载体。因其广泛用作人的疫苗的病毒，及其至少 2kb 的牛痘病毒基因组可以在不失去感染力的情况下被缺失，牛痘病毒已经被广泛用作传染性疫苗表达载体。后一种特性，为研究者提供了足够的可以插入外源克隆基因的空间，并且有潜力允许以设计多价和多病毒疫苗为目的的多种病毒基因的插入。这样的传染性疫苗载体的主要潜在优点是通过插入表达的病毒蛋白到宿主细胞膜-组织相容性抗原，导致细胞免疫。

缺失突变株的构建是病毒致弱的另一种潜在机制，因此，表达毒力因子基因的选择性缺失，持续性或免疫抑制，经常在没有影响病毒复制的前提下完成。这一方法要求对于病毒和由其引起的疾病的致病机制的全面理解，缺失疫苗已经被用于预防猪伪狂犬病。胸腺激酶基因，可以在没有引起疾病的前提下，导致免疫反应的伪狂犬疫苗株被缺失。而且，编码病毒糖蛋白 gpI、gpII 或者 gpX 的基因在疫苗株缺失。针对这些特定病毒抗原的抗体的存在，能够用于区分免疫动物和野毒株感染的动物，这是一种在定义流行病学和控制这种疾病方面的重要进展。

不能在体内复制，但是能够在流产感染期间表达外源蛋白的非复制性重组病毒载体，能够在免疫的宿主导致体液和细胞免疫。实验研究表明：接种禽痘-狂犬糖蛋白重组病毒的犬和猫，能抵抗野生型狂犬病毒的攻击。这种类型的病毒疫苗，具有在免疫抑制宿主安全的明显优点。

致弱的病毒疫苗具有其优点和不足。表 6.2 列举了活的弱毒疫苗与灭活的病毒疫苗相比的一般特性。活病毒疫苗的主要优点是其在宿主内复制的能力，并且因此激发体液和细胞免疫反应。在主要吸附呼吸道和胃肠道黏膜表面的病毒感染的情况下，通过鼻腔和口腔途径使用致弱病毒会刺激局部免疫。由于生产的低成本，不需要佐剂、免疫增效剂及多次免疫，经济方面的考虑也倾向于弱毒疫苗。

表 6.2 活的和灭活的病毒疫苗的相对优缺点

标准	活的病毒疫苗	灭活的病毒疫苗
免疫	长	短
佐剂	否	是
安全性	不一定	通常很安全
并发症	毒力恢复,传播到易感动物	感受性增强
潜在的污染	可能	小
干扰	可能	小
成本	小	显著
免疫调节	不要求	要求
疫苗标记物	可能的遗传标记	血清标记
稳定性	差	好
导致 CMI	是	否
局部分泌性免疫	是	否
重组	可能	否
持续性	是	否

尽管致弱病毒疫苗继续成为兽医疫苗的主流，但其应用存在着的多种潜在的严重不足。显然，只有好的界线能区分改造和免疫原性的损失。因此，由于被致弱的许多病毒展现出降低的免疫原性，改造的病毒活疫苗株，要求在病毒的毒力丧失和免疫原性丢失之间达成平衡。而且，因为某种病毒的临床疾病的持续的实验复制经常是非常困难的，所以准确判定病毒致弱也是困难的。在这种情况下，被认为致弱的疫苗病毒，可能在包括应激、生理性失衡或与其他微生物并发感染等特殊情况下，产生临床疾病。展示广泛宿主范围的病毒也是有问题的，对于一种动物致弱的病毒，可能保留了对于更易感动物的毒力，并且由于弱化的病毒会引起激活感染，也可能发生向其他动物的传播。

使用致弱病毒主要关注的问题是毒力的回复。很多年来，这一现象一直困扰着疫苗的发展和审批。对于具有广泛宿主或者可以通过节肢动物载体进行生物学传播的病毒，毒力回复的可能性更大。尽管病毒可能在疫苗所使用的宿主上表现稳定，但毒力的回复可能出现在载体或者其他动物中。因为致弱病毒可能对发育中的胎儿呈现病原性，必须对怀孕动物的疫苗接种进行关注。接种免疫反应性降低的动物会导致临床疾病的表现。

另外的致弱病毒疫苗的阴性特征包括：①重组的潜力（具有嵌段基因组的病毒），在病毒株间的重组，或者与野生型病毒的重组以创造新病毒的潜力；②缺乏对疫苗和野生型病毒暴露进行血清学区别的病毒标记；③持续感染的发展；④较差的疫苗病毒稳定性，尤其是在热带赤道地区；⑤存在于多价疫苗的病毒之间的复制冲突。因为新的分离株必须继续弱化并且测试其安全和效力，展现持续的抗原飘移的病毒会表现另一种困境。

6.4.2 灭活的病毒疫苗

许多灭活的疫苗已经发展并用于兽医。病毒灭活最为普遍应用的是福尔马林、β-丙炔、乙酰乙烯亚胺或者双乙烯亚胺。其他的方法还包括紫外光、γ射线、补骨脂素化合物和臭氧。灭活的病毒疫苗的主要优点是安全——因为没有发生病毒复制，许多活病毒疫苗的潜在缺点被消除。用于灭活的病毒已经在实验室动物、鸡胚和目前最为普遍的细胞培养物中产生。从经济学观点来看，在细胞培养物生长成高滴度并且展现一级失活动力学的病毒，提供了疫苗制备的最好候选者。佐剂为导致灭活的病毒产物的很好免疫力所必需，并且一般要求高剂量。随着更好的佐剂和免疫复合物（ISCOM）的持续发展，灭活的疫苗将被证明更为有效。与弱化苗相比，灭活疫苗在不利的条件下也是相当稳定的。在多价苗制备物中，株系冲突的潜力得到降低。

然而，灭活病毒疫苗的使用具有一定的缺点。大多数灭活剂是有毒的，并且有一些是致癌的。与活的病毒不同，灭活的疫苗病毒不是定量扩增，因此需要佐剂和多次接种。而且，因为诱导这样的反应要求抗原被呈递到细胞表面的组织相容性抗原（通过内源性途径处理），这样的制剂不会激发强的细胞免疫。由于疫苗接种途径通常为注射，这种疫苗也不会与局部分泌型免疫相关。

病毒灭活的成功依赖于灭活和病毒的特性。尽管大部分病毒能够被成功灭活，关键的抗原完整性的保留是可变的。必须保留负责导致保护性免疫的抗原。使用灭活疫苗的可能的复杂性是动物致敏的潜力，以至于在暴露于病毒野毒株后，临床疾病加剧。这种致敏性不能很好地被理解，但不平衡的免疫反应，如体液（细胞）免疫、非中和表位的免疫反应或IgE的优先刺激，会使其免疫性加强。

目前，亚单位疫苗的发展是一个广阔的研究领域；它包括病毒亚单位的纯化、重组技术和合成肽技术。亚单位疫苗的基础是一种免疫原性蛋白（或者肽序列）能够激发保护性免疫。能够在病毒表面发现这样的典型蛋白质，并且含有能够导致中和抗体的表位。可以通过病毒裂解和随后的蛋白质纯化制备疫苗。如此制备物的潜在成本已经排除了其商业发展的可能性，但最近的生物学进展已经提供了通过重组DNA和合成肽技术进行替代的选择。

研制重组疫苗的手段，包括将含有目的基因组编码序列插入到合适的表达载体。伴随着如大肠杆菌等原核细胞、酵母细胞或哺乳动物细胞的感染，病毒或者cDNA被插入到质粒或噬菌体。多种策略已经被用于构建疫苗表达载体，并且大多数包括一个强的启动子（持续或者可诱导的）。在细胞被质粒转染后，能够表达克隆的cDNA，并且要得到的基因产物用于疫苗使用的纯化。最近研究的注意力也已经被集中于直接将编码病毒抗原的质粒DNA接种于动物。如此的DNA疫苗提供具有表达于转染细胞表面的糖蛋白的假设性优点，并且导致没有来自于被动性获得性病毒抗体干扰的免疫。

合成肽疫苗也已经得到发展。克隆的病毒疫苗和合成肽疫苗的成功发展需要掌握参与激发保护性免疫的病毒蛋白的广泛知识。用于决定关键的肽序列有的两种基本手段：①间接地，来源于克隆的病毒基因的核酸序列；②直接地，通过对纯化的肽进行测序，决定参与保护性免疫区域的以免疫学为基础的肽和表位作图，加速了后一种手段的发展。另一种决定关键肽序列的手段是基于病毒蛋白的投影三维结构，充当候选序列的具有亲水特性的区域。合成肽疫苗的一个主要不足是通过三维结构构成的关键表位（一种由两种分别的肽序列并列形成的表位）。这种表位打乱了推论肽序列的尝试以及在合成产物中了解如此复杂的构象。

使用抗独特性抗体作为免疫原，以刺激病毒中和抗体的产生，也已经得到探索。这种类型免疫原的优点是可能通过诱导广泛的中和抗体解决病毒的变异问题。然而，这种类型的疫苗只诱导抗体反应，而不是细胞介导的反应。

6.5 类毒素、菌苗和细菌疫苗

像病毒疫苗一样，有效的类毒素、菌苗和细菌疫苗的基础，是诱导免疫反应或者能够激发病原微生物的田间暴露的保护反应的能力。上面描述的关于病毒疫苗的大多数原则应用于设计诱导细菌因素的保护性免疫的产物。一种有效产物的发展，依赖于对所预防的细菌疾病的致病机制的理解。

一般概念上，由细菌引起的疾病被分为三类：①由相关的细菌毒素导致的疾病；②由细菌因子的细胞外扩增的后遗症导致的疾病；③由细胞内扩增的后遗症导致的疾病。

6.5.1 类毒素

细菌毒素有两类：外毒素和内毒素。外毒素被严格定义为革兰氏阴性菌细胞壁的脂多糖部分（脂质 A 特异性地负责“毒力”机制）。存在与革兰氏阳性菌和范围很小的革兰氏阴性菌的细胞壁的胞壁酰二肽也具有“毒力”特性。我们用引号标记“毒力”特性，是因为内毒素和胞壁酰二肽都通过诱导宿主细胞产生多种细胞因子释放毒性。宿主反应的活力程度限定了毒性。外毒素是与宿主细胞相互作用的蛋白质（通常在与特定的受体结合之后），没有对细胞造成不适当伤害，宿主细胞的正常生理学的影响或宿主细胞的死亡，导致了宿主细胞功能的失调。

针对毒素的各种表位导致中和反应的抗体，有时被称为抗毒素。像前面提到的那样，一种抗体可能阻断在毒素和其细胞受体间的相互作用，或者改变毒素的构象，使其不再对宿主细胞具有作用。已经表明抗外毒素的抗体，在预防疾病时具有效果，对于内毒素的抗体在预防疾病时具有混合效果。

类毒素是能够激发免疫反应，即抗体，没有毒性的毒素。类毒素可以通过天然毒素的化学失活，或者通过编码毒素的基因操作使毒素失活而产生。例如，在 A-B 毒素的情况下，A 亚单位负责毒素的毒力活性，而 B 亚单位负责毒素结合到细胞，编码 A 亚单位的基因能够被删除，并且产生由 B 亚单位组成的类毒素。通过用产生很少的脂多糖 *O*-重复亚单位的突变体（称为“粗糙型”突变体）免疫，可以激发对于脂多糖（内毒素）的抗体。

类毒素的主要优点是其安全性。注射使用的类毒素，激发影响未在黏膜表面的毒素-宿主细胞相互作用的抗体（IgM、IgE）。另一方面，在黏膜表面使用类毒素，激发影响在黏膜表面的毒素-宿主细胞相互作用的抗体（sIgM 和 sIgA）。通过黏膜表面的方式，用于免疫接种的类毒素的主要不足是其半衰期相当短。

6.5.2 菌苗

菌苗是灭活的病原细菌。通常，它们通过旨在保留激发保护性免疫反应中起重要作用的表达表位的细菌结构的感染因子的化学灭活而产生。免疫反应几乎总是抗体（见上面的解释）。

菌苗的优点是其安全性。如果注射使用，菌苗由具有一种细胞外生活周期的病原产生，激发的抗体（IgM、IgE）将是有效的。如果通过黏膜表面的方式使用细菌，激发的抗体（IgM、IgE）将影响病原和宿主细胞的相互作用。菌苗的缺点是由于主要免疫反应是抗体，因此将只有抗体介导的反应发生。因此，注射使用的菌苗不能有效抵抗细胞内的病原。置于黏膜表面的菌苗具有一个严重的缺点，即半衰期极短。另一个缺点是病原通常在体外生长，却在体内表达，这样可能导致具有不合适的特异性抗体产物的表位不表达。

6.5.3 细菌疫苗

细菌疫苗由病原的弱化株组成，即它们是活的，但毒力降低。可能通过多种方式完成弱化：选择自然出现的弱化株；在人工培养基上重复传代；通过编码特性基因的突变消除毒力特征。

细菌疫苗的主要优点与其存活直接相关。活的疫苗不仅比死的同类物有着更长的半衰期，而且它们将表达可能仅仅在体内表达的表位，因此，激发针对感染后病原将表达的表位的抗体。另一个优点是活疫苗将激发抗体和细胞超敏感性（见前面解释）。一个主要的缺点是活疫苗可能产生疾病，如通过毒力表型回复的现象。如果接种的宿主抗性降低，则疫苗更容易引起疾病。

第 2 篇　细菌和真菌

第7章　肠杆菌科

Dwight C. Hirsh

肠杆菌科的某些成员能够导致肉用动物疾病（如新生动物腹泻和沙门氏菌病）和伴侣动物疾病（如尿道感染、脓肿）。这一科约由35个属组成，但只有少数是动物疾病的常见病原（表7.1）。

表7.1　在兽医学上重要的肠杆菌科的一些成员

柠檬酸杆菌属	普罗威登斯菌属
肠杆菌属	沙门氏菌属
埃希氏菌属	沙雷氏菌属
克雷伯氏菌属	志贺氏菌属
摩根菌属	耶尔森氏菌属
变形杆菌属	

7.1　特征描述

7.1.1　形态与染色

本科成员在形态学与染色特性上彼此相似，是多形态的革兰氏阴性无芽孢杆菌，$(2\sim3)\mu m \times (0.4\sim0.6)\mu m$（如图74.2A革兰氏阴性杆菌）。难以通过形态学观察区分不同种属成员间的差别。

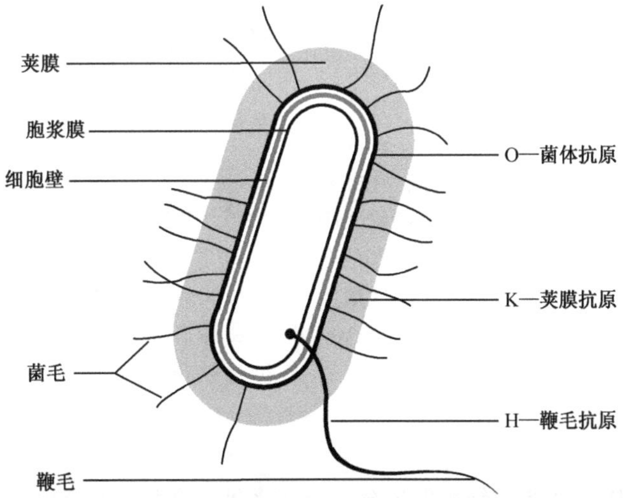

图7.1　埃希氏大肠杆菌细胞壁的组成显示了埃希氏大肠杆菌表面的抗原定位，仅显示了众多周毛中的一根。（经Barnum DA等允许引用，大肠杆菌病，CIBA兽医专题论文系列1967；2：8）

7.1.2 细胞结构和组成

本科成员具有典型的革兰氏阴性菌细胞壁，由被肽聚糖分隔的内膜和外膜组成。在内、外膜上，发现多种蛋白质，其中部分蛋白质为穿膜蛋白。有时存在荚膜、鞭毛和各种黏附素。

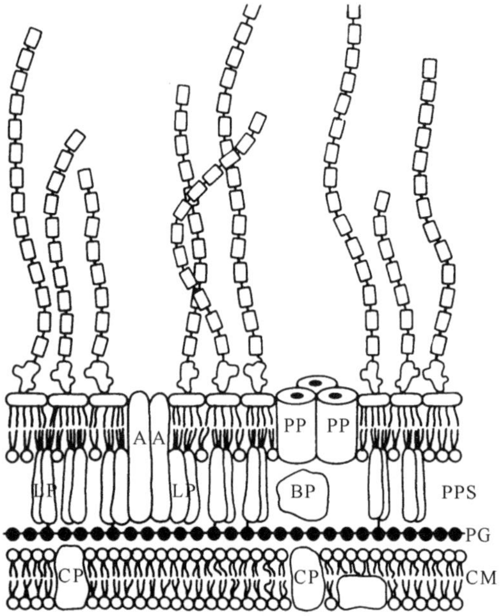

图 7.2 革兰氏阴性菌外膜的分子组成。长方形链代表了决定 O 抗原特异性的 O 重复单位。它们被黏附到脂多糖的核心（无规则形面积组成的边），而核心又黏附在脂质 A（长椭圆组成的边）上。这三种成分组成了革兰氏阴性菌细胞壁的脂多糖。从磷脂下（圆组成的边）起始，脂多糖（LPS）组成了外膜。非对称的脂质双层结构中同时含有蛋白质 A：外膜蛋白 A；PP：孔蛋白；BP：营养结合蛋白。外膜的内部存在原生质外围空间（PPS）、肽聚糖层（PG）和具有载体蛋白（CP）的胞浆膜（CM）。（经 Lugentberg B，Van Alphen L 等的允许引用，埃希氏大肠杆菌和其他革兰氏阴性细菌外膜蛋白的分子结构和功能。Biochem Biophys Acta 1983；737：94）

荚膜（K 抗原）是细菌细胞最外面的结构成分。肠道细菌的荚膜由碳水化合物组成，碳水化合物的多样性与糖分子间的连接类型共同构成了荚膜的抗原决定簇。被荚膜包裹的细菌具有一定的亲水性，这种特性是由荚膜所赋予的。

菌体抗原（O 抗原）由糖的构象多样性以及发现于脂多糖 O 重复部分的糖之间的连接共同构成的抗原决定簇组成（图 7.1和图 7.2）。

鞭毛由蛋白亚单位（鞭毛蛋白）组成，是用于运动的细菌细胞器。不同的鞭毛蛋白类型构成了不同的抗原决定簇。这些抗原决定簇组成了 H 抗原。对于绝大多数的沙门氏杆菌和其他一些细菌来说，抗原决定簇可能存在一相或两相性。在培养物中，会发生自发的相位变异，即从相 1 到相 2 的飘变，反之亦然。如果存在两种相位的抗原，会有助于血清型的确定。

普通菌毛或菌毛由不同的亚单位——菌毛蛋白组成。

7.1.3 具有医学意义的细胞产物

对于该科的全部或大多数成员而言，具有普遍医学意义的细胞产物是内毒素和各种嗜铁蛋白。

7.1.3.1 内毒素

内毒素是革兰氏阴性菌的细胞壁成分——脂多糖的名称，部分由外膜向外突出（图 7.2）。其脂质部分镶嵌在外膜上，具有与内毒素相关的毒性。研究结果表明，LPS 分子中的脂质部分是最重要的毒力相关成分，称为脂类 A。LPS 结合到脂多糖结合蛋白，由脂多糖结合蛋白将其转移给血液中的 CD14（一种血清蛋白）。CD14-LPS 复合物结合到巨噬细胞表面的 Toll 样受体蛋白，启动前炎性细胞因子的释放。在一定程度上，这些细胞因子的释放负责与内毒素相关的异常症状。

7.1.3.2 嗜铁蛋白（siderophore，希腊语“铁携带”）

嗜铁蛋白是细菌源的铁运输分子。它们以可溶性形式发挥着运输铁离子的作用。在宿主体内的游离铁离子很少，几乎所有的铁离子均与其结合蛋白（铁蛋白、铁传递蛋白、乳铁蛋白）相结合。由于铁离子对于几乎所有的细菌是绝对必需的，寄生菌，尤其是侵袭性的寄生菌，对铁离子的竞争是绝对的。大多数会利用嗜铁蛋白从宿主铁结合蛋白上转移铁离子。

7.1.4 生长特性

肠杆菌科成员兼性厌氧。它们利用各种简单物质用于生存。在厌氧条件下，它们依赖于可发酵碳水化合物的存在。在有氧条件下，适合的底物范围包括有机酸、氨基酸和碳水化合物。

在进行鉴定时，糖发酵终产物是有用的。几乎所有的该科成员都通过 Embden-Meyerhof 途径将葡萄糖发酵成丙酮酸。大肠杆菌、沙门氏菌等通过混合酸发酵途径产生琥珀酸、乙酸、蚁酸和乙醇。克雷伯氏菌和肠杆菌科的其他成员，将丙酮酸发酵成丁二醇，降低了酸性副产物的相对数量。

肠杆菌科所有成员的一个具有诊断价值的重要生物化学特性是由于缺乏细胞色素 c，氧化酶呈阴性。

7.1.5 抗性

光照、干燥、巴氏消毒法和普通消毒剂，可以杀死肠杆菌科的成员。在牧场、肥料、垃圾和草垫等潮湿、阴暗的环境中，它们能够存活数月。尽管许多细菌对于广谱抗菌剂敏感，但不能精确预测其敏感性，并且通过获得 R 质粒或编码抗性的 DNA 盒（大量插入可能位于基因组或质粒的整合子），其敏感性迅速发生改变。

7.1.6 变异

与同种或同属的其他菌株相比，肠分离株的变异依赖于遗传基础决定的特征。荚膜、菌体或鞭毛抗原的不同，构成了同种或同属分离株间的变异。质粒或基因编码的表型特征，构成了同种或同属成员间，以及同科不同种属成员间的变异。抗生素抗性成分、毒素产物，以及溶血素等由质粒编码的特征变化，取决于是否存在相关质粒。

该科的所有成员都可出现由平滑型向粗糙型的表型转变。同样，随着特定噬菌体作用产生的溶原现象（溶原转化），会发生 O 抗原的改变。

对于各种噬菌体（噬菌体定型）的不同易感性，有时在鉴别同种或同属不同分离株间的差别是有用的。噬菌体分型是一种有用的流行病学研究手段。

7.2 实验室诊断

该科由大量互相类似的革兰氏阴性杆菌组成，它们兼性厌氧，氧化酶阴性，并降解硝酸盐。属间没有明显的差别。通过培养，用生化和血清学试验对科内成员进行鉴别。

有一系列的手册专门用于鉴定这一科细菌，由于这些微生物的重要临床意义及其普遍性，可供使用的程序化的或计算机处理的鉴别方法，不断地被商品化。

7.2.1 形态和染色

该科成员均为革兰氏阴性杆菌。革兰氏染色的涂片看起来都很相似。

7.2.2 培养特性

依据样本来源于肠道或肠外，用于分离肠道病原的方法各有不同。当来源为肠外时，在常规无菌条件下分离，对于本科成员的意义是显著的。常使用增菌培养基。用于这一目的的培养基是含有红细胞（通常为绵羊或牛）的琼脂培养基，在 35～37℃ 条件下孵育。

当样品来源于肠道时，沙门氏菌和志贺氏菌是可能存于在粪样中的两种常见病原。尽管可能存在大肠杆菌病原株，与其他常在大肠杆菌致病株及大肠杆菌的非病原株相区别是困难的。

所有肠道菌培养基的设计，有利于沙门氏菌、志贺氏菌，或者二者的鉴定。培养基的基础构成如下：

（1）一种抑制物质，通常为胆盐或一种染料。这些物质抑制革兰氏阳性菌的生长。

（2）一种能被沙门氏菌、志贺氏菌，却很少被其他细菌利用或不能被利用的底物。

（3）一种显示底物是否被改变的 pH 指示剂。

下面是用于分离肠道病原的选择性培养基。

1. 麦康凯琼脂

抑制剂：胆盐和结晶紫（抑制革兰氏阳性菌）。

底物：乳糖——沙门氏菌、志贺氏菌、变形杆菌不发酵乳糖。

中性红：如果发酵乳糖（酸），菌落将为红色；如果不发酵乳糖，（被消化的肽-碱性）菌落将为无色。

用途：非常适用的培养基，在这种培养基上，沙门氏菌和志贺氏菌很容易生长（如同大多数肠道菌和假单胞菌）。

2. XLD（木糖-赖氨酸-脱氧胆酸）**琼脂**

抑制剂：胆盐。

底物：（1）木糖——志贺氏菌不发酵（沙门氏菌发酵木糖）。

（2）赖氨酸——分离株发酵木糖，不发酵乳糖和蔗糖，并且为赖氨酸脱羧酶阴性（奇异变形菌），产生的菌落为琥珀橙色。沙门氏菌将赖氨酸脱羧。

在碱性 pH 条件下，木糖转化为赖氨酸的比率占优势（脱羧作用增强）。志贺氏菌不能将赖氨酸脱羧。

(3) 乳糖和蔗糖——沙门氏菌和志贺氏菌不迅速发酵这些糖。

(4) 铁盐——产生 H_2S 的菌落（沙门氏菌、变形杆菌）具有黑色中心（硫化铁）。

酚红：酸性菌落（非沙门氏菌或者非志贺氏菌）为黄色。碱性菌落（可能为沙门氏菌或志贺氏菌）为红色。

用途：非常适用于沙门氏菌和志贺氏菌的通用培养基。

3. HE（Hektoen Enteric）琼脂

抑制剂：胆盐。

底物：乳糖和水杨苷——沙门氏菌、志贺氏菌、一些假单胞菌和普罗威登斯菌属，为乳糖和水杨苷阴性。

铁盐：产生的 H_2S 来自有黑心的菌落。

溴麝香草酚蓝：发酵水杨苷和（或）乳糖菌落为黄色到橙色；不发酵这些糖的菌落为绿色或蓝绿色。

用途：非常适用于沙门氏菌和志贺氏菌的培养基。

4. 亮绿琼脂

抑制剂：亮绿染料（除沙门氏菌之外，抑制这一科中绝大多数成员的生长）。

底物：乳糖和蔗糖——沙门氏菌（和变形杆菌的一些株）不发酵这些糖。志贺氏菌也不发酵，志贺氏菌可能在这种培养基上生长，但生长较差。

酚红：如果不发酵糖（碱性），菌落为红色；如果发酵糖（酸性），菌落将为黄绿色（染料的背景色造成的）。

用途：分离沙门氏菌非常好。

5. 富集培养基

有时，可能由于粪样中沙门氏菌或志贺氏菌的数量太少（$<10^4$ 个/g 粪样），以至于利用前面讨论过的平板培养基检测不到。因此，除了直接接种选择性培养基外，粪样也可以接种于增菌培养基。通过增菌的方法检测沙门氏菌及志贺氏菌，至少需要沙门氏菌 100 个/g 粪样。

对于沙门氏菌，可以将粪样接种于亚硒酸盐 F 肉汤，孵育 12～18h 进行增菌。在这段时间内，沙门氏菌以外细菌的生长被抑制，而沙门氏菌的生长则不受抑制。12～18h 后，蘸取肉汤的液体部分在选择培养基（如亮绿琼脂）平板上划线。

由于对亚硒酸盐 F 肉汤和四硫酸盐肉汤的抑制物敏感，志贺氏菌不容易进行增菌。如同用亚硒酸盐对沙门氏菌进行增菌培养一样，用一种称为革兰氏阴性（或 GN 肉汤）的增菌肉汤，对志贺氏菌进行增菌培养。

粪样中，可能发现假单胞菌属的一些成员（尤其是铜绿假单胞菌），但通常不可能是大量的。假单胞菌（不是肠杆菌科的成员）可以在肠道菌培养基上生长。除了肽和蛋白胨，这种微生物对其他底物很少有作用，因此，与沙门氏菌和志贺氏菌在选择培养基的特性相似。假单胞菌呈氧化酶阳性，也是一种可以利用的特征。

第8章 肠杆菌：埃希氏菌属

Dwight C. Hirsh

埃希氏菌属是肠杆菌科的一个成员，由一些种组成。在埃希氏菌属中，只有埃希氏大肠杆菌是重要的动物病原，是构成胃肠道正常菌群的主要革兰氏阴性兼性厌氧菌，是驹、犊牛、仔猪、小狗、羔羊败血性疾病，新生生产动物腹泻以及仔猪水肿病的病原。它也是所有动物的条件致病菌（如泌尿道感染、脓肿和肺炎）。

8.1 特征描述

8.1.1 细胞结构和组成

埃希氏菌属的成员具有典型的肠杆菌科结构。它们可能拥有荚膜（K抗原）、鞭毛（H抗原）或黏附素（普通菌毛或菌毛），全部具有典型的革兰氏阴性菌细胞壁，细胞壁由脂多糖（O抗原）和蛋白质构成。

8.1.2 具有医学意义的细胞产物

8.1.2.1 黏附素

黏附素（也称作菌毛或纤毛）是在胃肠道内介导细菌与靶细胞结合的蛋白质，并且黏附到适合该细菌细胞株的生境。由于具有一定的疏水性，黏附素也可能促使其与巨噬细胞膜的结合。当细菌处于黏膜表面时，黏附素是重要的毒力因子。大肠杆菌可产生许多不同类型的黏附素，绝大多数与各种疾病相关联，几乎所有的黏附素均会促进细菌向肠上皮细胞表面糖蛋白的黏附：

(1) F4、F5、F6、F41。菌毛黏附素F4（以前为K88）、F5（K99）、F6（987P）、F17和F41介导产肠毒素大肠杆菌在小肠内向靶细胞的黏附。F4、F5和F6通常由质粒编码，而F41由染色体编码。

(2) F17。蛋白质F17（与CS31A类似）是一种质粒编码的黏附素，介导引起败血病的大肠杆菌（侵袭）株向小肠靶细胞的黏附。

(3) CS31A。蛋白质CS31A（与F17类似）是一种质粒编码的黏附素，介导引起败血病的大肠杆菌（侵袭）株向小肠靶细胞的黏附。

(4) AAF。黏附素AAF（集合黏附菌毛）介导肠集聚性大肠杆菌向小肠上皮靶细胞的黏附。

(5) Bf。Bf黏附素（电镜观察，呈现缠在一起的倾向，形成一束菌毛）介导致肠病大肠杆菌向小肠上皮靶细胞的黏附。

(6) Curli。Curli 是促进纤维状表面蛋白质向胞外基质蛋白黏附的黏附素。

(7) OmpA。OmpA（外膜蛋白 A）是公认假定的介导溶血性大肠杆菌向大肠上皮靶细胞黏附的黏附素。

8.1.2.2 荚膜

荚膜多糖（K 抗原）在介导一些大肠杆菌（如侵袭性大肠杆菌之类）与宿主先天性免疫系统成分的互作中发挥重要作用。荚膜成分保护细菌外膜，避免其受到补体级联的膜攻击复合物的作用，抑制噬菌宿主细胞对细菌细胞的吸附和吞噬。在一定程度上，荚膜提高了吞噬细胞的膜亲水性。正如吞噬细胞膜带负电一样，大部分荚膜也带负电。

8.1.2.3 细胞壁

该属细菌具有典型的革兰氏阴性菌细胞壁。外膜的脂多糖是一种重要的毒力决定簇。不仅脂质 A 是毒性成分，而且 O 重复单位侧链的长度阻碍了补体系统的膜攻击复合物对其外膜的吸附。LPS 结合了血液中的脂多糖结合蛋白 CD14（一种血清蛋白）。CD14-LPS 复合物结合巨噬细胞表面的 Toll 样受体蛋白，导致前炎性细胞因子的释放。

8.1.2.4 肠毒素

肠毒素通常是质粒编码的蛋白质。埃希氏大肠杆菌至少合成三种肠毒素：趋化毒素（LT）、稳定毒素（ST）和集聚性黏附大肠杆菌热稳定内毒素 1（EAST1）。这些蛋白质肠毒素影响“靶细胞”内环核苷活性的控制，由此导致感染宿主细胞脱水及电解质失衡。

1）趋化毒素（LT）　LT 影响腺苷酰环化酶系统。LT 由亚单位 A 和亚单位 B 组成，亚单位 B 是一种多聚体，亚单位 A 在穿越宿主细胞膜转位后，亚单位 B 结合宿主肠细胞表面神经节苷。亚单位 A 激活后，从烟碱腺嘌呤二核苷酸（NAD）上剪切烟碱，将二磷酸腺嘌呤核糖偶联到腺苷酰环化酶系统的 G 调节蛋白上。伴随着隐窝细胞氯通道（所谓的囊性纤维跨膜降低调控氯通道）的开启，引起 cAMP 的过度产生和 NaCl 在端部顶体细胞吸收的阻碍。结果，水和电解液（氯、钠和碳酸氢钠）流失到肠腔。这些事件导致腹泻、血容量减少、代谢性酸中毒，并且，如果酸中毒严重，则血钾过多。有两种血清型不同的 LT 亚类。LTI 为质粒编码，并且被抗霍乱毒素抗体中和；LTII 则否。现已从感染人的大肠杆菌（LTh-1）和感染猪的大肠杆菌（LTp-1）中分离到 LTI；从牛、水牛、人和食物中分离到 LTII。

2）稳定毒素（ST）　有两种类型的 ST：STa 和 STb。编码 STa 的基因位于转座元件内，编码 STb 的基因则不然。STa 引起乳鼠和猪肠道内液体积聚；STb 只引起小猪和断奶猪液体积聚，毒素不表现抗原相关性。通过 cGMP 合成失调，STa 影响鸟苷酰环化酶系统，随后，导致钠离子、氯离子吸收被阻断和氯离子流失。STa 的受体是一种膜结合的鸟苷酰环化酶，当这种受体结合配体后，开始合成 cGMP。细胞内 cGMP 增加，氯通道开启，氯离子和水流入肠腔。STa 的受体通常为由杯细胞产生的鸟苷酸（一种 15 个氨基酸旁分泌调控剂）的靶。

杯细胞也分泌黏液，鸟苷酸与黏液的水合作用相关。STa 和鸟苷酸具有共同的C端。STb 结合硫脂（类）受体后，合成 cAMP，激活 G 调节蛋白，钙离子内流。细胞内钙浓度的增加，激活蛋白激酶 C。磷酸化的蛋白激酶 C 组成的氯离子通道，以及膜相关离子转运蛋白磷酸化所产生 NaCl 的吸收阻断，是氯离子和水流入肠腔的根本原因。肠毒素大肠杆菌的野生株普遍存在 STa。

3）EAST1　是一种功能和作用与鸟苷酸相似的大肠杆菌热稳定内毒素。

8.1.2.5　其他肠毒素

大肠杆菌可产生影响肠道细胞的其他蛋白质。尽管这些产物具有“肠毒素”活性，如前所述，“肠毒素”概念主要是针对 LT、ST、EAST1 等而言的。其他的肠道毒素还包括 shiga 和 shiga 样毒素、细胞毒性坏死因子、一种质粒编码的毒素和致死性细胞扩张毒素。

1）SLT（*shiga 和 shiga 样毒素*）　志贺氏杆菌产生 shiga 毒素。SLT（因其 Vero 细胞产生的典型毒性作用，也称作 Vero 细胞毒素）是与 shiga 毒素相似的多种毒性蛋白质。这些毒素由亚单位 A 和亚单位 B 组成。亚单位 B 介导毒素与内皮细胞的结合。通过与 60S 核糖体亚单位互作，亚单位 A 抑制靶细胞（一种内皮细胞）蛋白质的合成。shiga 样毒素有两种类型：SLT-I 和 SLT-II。shiga 毒素的中和抗体可中和 SLT-I，SLT-II 则不被中和。SLT-I 可能与 shiga 毒素相同，而 SLT-II 可能由变异产生。已经证明，一个噬菌体科编码 shiga 和 shiga 样毒素。一个称为 SLT-IIe 的 SLT-II 变异株，与猪水肿病时的血管损伤相关，编码 SLT-IIe 的基因似乎与噬菌体不相关。

2）CNF（*细胞毒性坏死因子*）　CNF 是与上皮细胞小 GTP 结合蛋白 Rho 互作的蛋白质家族，引发细胞膜的“褶皱”。CNF 有两种类型：CNF1 和 CNF2，它们大小相近，产生相似的免疫学反应。编码 CNF1 的基因位于染色体上的毒力岛内（一簇编码毒力决定簇的基因、一种整联蛋白、一个特定的插入位点，以及移动性）。毒力岛含有编码 CNF1 的基因的同时，也编码大量其他毒力基因，如溶血素，产生血清抗性；黏附蛋白 Pap，为某些致尿道感染的大肠杆菌菌株所必需，介导感染前细菌与尿道上皮细胞的黏附。CNF2 是质粒编码的。

3）Pet（*质粒编码的毒素*）　Pet 作用于肠道被感染的上皮细胞的细胞骨架，导致细胞损伤并激发炎症反应。腹泻是 PMN 趋化和感染的上皮细胞刺激产生前列腺素作用的结果，同时也是宿主被感染细胞内各种肌糖信号途径的激活所致，结果是单纯的氯离子和水的外分泌。

4）Cdt（*致死性细胞扩张毒素*）　Cdt 是影响哺乳动物细胞周期的毒素。其致病机制尚不清楚。

8.1.2.6　溶血素

大肠杆菌至少有三种溶血素：α 溶血素、肠溶血素（Ehx 肠溶血大肠杆菌毒素）和溶细胞素 A（Cly）。

1）*α 溶血素*　α 溶血素（Hly）以及肠溶血素同属 RTX 家族（因其基序内普遍富

含甘氨酸重复序列而得名）（见第 12 章曼氏杆菌的白细胞毒素，第 13 章放线菌的溶血素，第 15 章波氏杆菌属的腺苷酸环化酶，以及第 19 章摩拉菌属的细胞毒素）。许多大肠杆菌毒力株都可分泌 Hly。通过遗传改变得失 Hly，都可相应改变大肠杆菌株的毒力。利用体外培养红细胞，检测其生长时发现，Hly 可损伤细胞膜。

2）*肠溶血素* 肠溶血素（Ehx）以及 Hly 同属于 RTX 家族（因其基序内普遍富含甘氨酸重复序列而得名）。有证据表明，Ehx 可能是 Hly 分泌系统缺陷基因的产物。许多大肠杆菌株都分泌 Ehx（尤其是那些产生 SLT 的大肠杆菌），在添加钙的条件下，体外培养红细胞，可检测出 Ehx。

3）*溶细胞素 A* 大肠杆菌一般编码溶细胞素 A。溶细胞素 A 的表达随着温和噬菌体 Ehy1 和 Ehy2（不正确的命名为“肠溶血素 1 和肠溶血素 2”）而出现。

8.1.2.7 铁摄取

铁是细菌生长所必需的成分。如果细菌有侵袭力，必须利用转铁蛋白从宿主的铁结合蛋白转移铁离子。

8.1.3 多种产物

包括下列多种产物：

1）*酸耐受* 含有 Rpos（与静态期相关的 ε 因子）的 RNA 聚合酶优先转录酸耐受基因（在 pH5 的条件下存活），保证细菌安全通过胃内的酸性环境。

2）*内膜素* 内膜素是一种整联蛋白，由 *eae*（大肠杆菌去黏附基因 E）编码，*eae* 位于 LEE 毒力岛内（由一簇编码毒力决定簇的基因组成，具有特异性插入位点及可移动性）。内膜素与细菌分泌的另一种蛋白 Tir 相吸附，插入到宿主细胞膜。

3）*III 型分泌系统* 编码 III 型分泌系统（通过由超过 20 种蛋白质形成的空管样结构，效应蛋白被“注入”宿主“靶”细胞）的基因也位于 LEE 内。

4）Esp 编码 Esp（EPEC 信号蛋白也位于 LEE 内）的基因激活感染细胞内的酪氨酸磷酸激酶，发生细胞骨架重组，导致微绒毛“崩溃”。细胞内钙离子增加和蛋白激酶 C 被激活后，出现腹泻。蛋白激酶 C 介导氯通道蛋白磷酸化，形成氯通道，以及膜相关离子运输蛋白酸化导致的 NaCl 吸收阻断，是氯离子和水流失到肠腔的根本原因。

8.1.4 变异

大肠杆菌的变异源于 O 重复单位的抗原组成（糖亚单位类型、键结构以及链长度），鞭毛蛋白及荚膜成分。至少有 80 种 K 抗原，O 抗原有大约 165 种血清型，H 抗原有 50 种血清型。O、H、K 抗原用于特定菌株的血清学分型。例如，O141∶K85∶H3说明分离株为 141 血清群，荚膜抗原 85 型和鞭毛抗原 3 型。

8.2 生态学

8.2.1 细菌贮存和传播

能够引起疾病的大肠杆菌株系位于胃肠道后段，并且在动物居住的环境中大量存在，通过粪-口途径传播。

8.2.2 致病机制

8.2.2.1 机制和病型

因为不具备编码所需蛋白质的基因，大多数大肠杆菌不致病。如果获得相应基因（通过转导、接合和转化），非毒力株可能转变为具有致病潜力的菌株，致病型的产生依赖于获取的基因。

8.2.2.2 产肠毒素性腹泻

这种疾病出现在新生仔猪、犊牛、羔羊以及断奶仔猪，也已有狗和马发病的报道。

产肠毒素性腹泻由可产生黏附素的大肠杆菌菌株引起，其黏附素促进细菌吸附空肠和回肠上皮细胞表面糖蛋白，并且影响上皮细胞（大肠杆菌的产肠毒素株黏附），引发液体分泌和腹泻。两个特性对于致病都是必要的，因为除非细菌黏附到黏附素作用的细胞，蠕动会将其移入大肠内。空肠和回肠的细胞对内毒素易感，大肠细胞则不然。

已经发现，产肠毒素大肠杆菌至少有 4 种黏附素：F4、F5、F6、F41。某些菌株有宿主特异性，F4 与 F6 总是与来自猪的分离株相关，F5 与来自牛、羊和猪的分离株相关；而 F41 与来自牛的分离株相关。这些上皮细胞黏附素的受体与感染动物的年龄相关。在犊牛和羔羊，受体在第一周左右瞬时出现。在前 6 周，都存在猪的类似受体。可能有许多种未被鉴定的黏附素发挥着作用。

除如上所述的黏附素外，一些大肠杆菌产肠毒素株表达纤维状表面蛋白。因此，除了黏附到上皮细胞表面的糖蛋白，一些株系黏附到胞外基质蛋白。纤维状表面蛋白的存在可能解释了继发感染轮状病毒或隐孢子虫，两种病原导致细胞外组织损伤，造成基质蛋白暴露，使易感动物感染产肠毒素大肠杆菌的机会增加。

除了黏附到小肠靶细胞，产肠毒素株具有合成内毒素的遗传特征。只产生 ST 的株系最为普遍，分泌 ST 和 LT 的株系次之，而那些只分泌 LT 的株系更次。

一些黏附素和内毒素在质粒 DNA 上编码。因此，预测哪些大肠杆菌株系具备致病所必需的遗传信息是困难的。一些黏附素倾向于一定的血清型相关性。在大肠杆菌 O9、O101 血清群中，总能发现编码 F41 蛋白的基因的存在。有可能像所期待的那样，编码 F41 黏附素蛋白的基因位于染色体 DNA 上。

在被宿主摄入后，大肠杆菌产肠毒素株黏附靶细胞，扩增并且分泌内毒素。液体和电解质在肠腔积聚，导致腹泻、脱水和电解质失衡。有时，繁殖株与靶细胞分离，疾病过程从而停止，可能是因为随着小肠内菌株的爆炸性扩增，可获得的底物量降低，黏附素的表达不断减少，最后终止。除非采取措施调节失衡的电解质，否则，疾病具有高致死率。

腹泻发生是水样的而非含血液的。如果有炎性变化，即使非常轻微，组织学观察可发现细菌已包被在小肠中段到后段部分。

8.2.2.3 肠集聚性腹泻性疾病

肠集聚性大肠杆菌（EAggEC）与断奶幼猪和犊牛发生的腹泻相关。EAggEC 通过 AAF 黏附到小肠上皮细胞。黏附之后，EAggEC 分泌蛋白（编码基因 *agg*），形成一种促进细菌间互相黏附的微生物层（普遍称为“生物膜”），因此而得名为“集聚性”，EAggEC分泌 EAST1 和 Pet，二者皆为腹泻的潜在致病因素。

腹泻通常为水样（尽管在一些情况下，可能观察到血液和白细胞）。组织学检查可检测到小肠上皮覆盖着细菌的片层（包裹在黏液中）。

8.2.2.4 侵袭性疾病

易感动物可能通过结膜、处理不充分的脐带或者摄入的方式（通常因为新生动物初乳不足或初乳质量差）感染大肠杆菌侵袭株。如果侵袭株通过摄取的方式，它首先黏附远端肠道靶细胞。黏附可能与任何黏附素的表达都不相关，但 CS31A 与侵袭性大肠杆菌普遍相关。同样，最初认为，Vir（由于侵袭性大肠杆菌相关）质粒编码的黏附素 F17，普遍存在于侵袭大肠杆菌。在黏附之后，侵袭株“诱导”其自身 CNF1 或 CNF2 的表达上调，导致上皮细胞形成“皱褶”，诱捕黏附细菌，并将其“拉”进肠道，进入淋巴，随后进入血流。在肠道上皮细胞可能不会发生全面增殖。侵袭株被上皮细胞摄入后，如何进入淋巴，其机制还不清楚。同样，在结膜和脐带感染后，进入淋巴和血液的机制也不清楚。一旦细菌穿越上皮表面，黏附素的表达受到抑制（否则，表达黏附素的细菌可能黏附到宿主吞噬细胞，这对于细菌是灾难性的后果）。

感染菌株在淋巴和血流中繁殖，进而引发内毒素血症（图 8.1）。如果应用抗生素，免疫系统，或者二者都不能清除细菌，患病动物将死亡。

侵袭株必须具备抵抗吞噬、补体介导的裂解以及有获取铁离子的机制等特性。荚膜和各种外膜蛋白抵抗补体介导的裂解作用（血清抗性）。尚不知荚膜如何保护外膜不受膜攻击复合物的作用机制。由于它们主要由硅酸组成，一些荚膜（如 K1）在化学成分上与宿主细胞表面相似。由硅酸构成的表面相关的补体成分是降解逃逸途径，而不是扩增和形成膜攻击复合物的方式。

荚膜和一些外膜蛋白也与逃逸吞噬作用相关。作为抗吞噬作用因子，外膜蛋白如何发挥功能是未知的。

编码黏附素（如 CS31A、F17）和嗜铁蛋白的基因存在于质粒上。如上所述，编码 F17 的基因与含有编码 CNF2 的基因的质粒 Vir 相关。编码嗜铁蛋白的基因与质粒 pColV 相关。在后一种情况下，编码嗜铁蛋白的基因与表达 colicine 的基因相邻。嗜铁蛋白，aerobactin，对于铁具有高度的亲和力。

除了来自幼畜的，许多具有侵袭力的菌株可产生溶血素，在血琼脂上溶血。在组织病理学方面，肝、脾、关节和脑膜发生炎性反应。在心包膜，腹膜表面和肾上腺皮质，可能有出血。

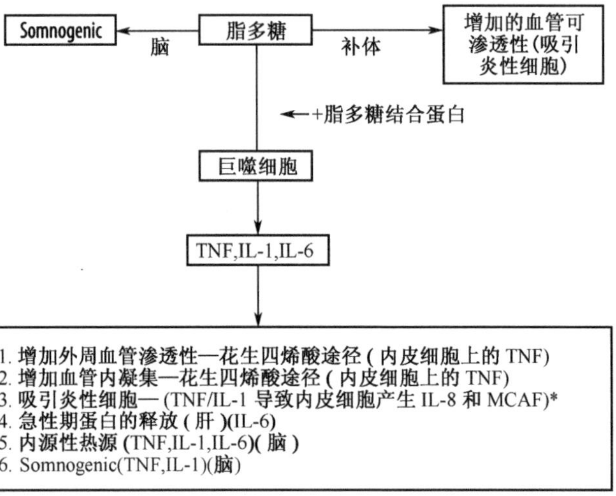

图 8.1　伴随着脂多糖（LPS）和机体的相互作用，产生生物活性介导物的级联放大作用。当革兰氏阴性细菌在体内繁殖，LPS 被释放（细菌制造的部分脂多糖逃逸，而不是有目的的释放）。如果 LPS 被释放入血（内毒素血症），产生的细胞因子“风暴”以及一些酶级联反应（补体是其中之一）的激活导致血管内凝血，血管通透性增加，组织液回流不畅，多脏器衰竭以及严重的 pH 紊乱。这种“状态”被称为“腐败性休克”。如果在局部组织存在 LPS，同样也出现局灶性反应（当革兰氏阴性菌在组织中生长时会出现）[IL-8 趋化 PMN，同时 MCAF（巨噬趋化因子）趋化巨噬细胞]。

8.2.2.5　非产肠毒素性腹泻

大肠杆菌致肠病株（EPEC）引起所有动物（包括人）的腹泻。EPEC 不产生 ST、LT 或者任何其他腹泻相关毒素。然而，它们引起肠管损伤，损伤被描述为黏附和脱落的特征性。特征性损伤因为呈现“脱落”产生病理组织学外观的原因是感染细胞的微绒毛骨架“崩溃”（图 8.2）。在肠管的定位是小肠远端和大肠的前端。

EPEC 具有多种致病机制。首先是黏附素 Bfp 的产生，Bfp 介导细菌“靶向”肠道上皮细胞，使被黏附的细胞参与感染过程。通过内膜素与插入到“靶”细胞的蛋白 Tir 相结合，细菌与靶细胞进一步紧密接触。通过 III 型分泌系统“注入”的方式，Esp 蛋白在产生后进入靶细胞。Esp 蛋白诱导产生脱落损伤和腹泻。许多 EPEC 也产生肠溶血素（Ehx）。Ehx 的肠致病机制尚未明了。

编码 shiga 样毒素 SLT-I 和（或）SLT-II 的噬菌体，溶原化一些有黏附和脱落等致病作用的大肠杆菌。这些菌株除产生黏附和脱落损伤外，还引起出血性腹泻，因而被命名为出血性大肠杆菌（EHEC）。由于靶细胞是大肠细胞，因此，Bfp 黏附素没有介导细胞黏附，事实表明，这是 OmpA 的黏附作用。EHEC 原型的血清型是 O157∶H7，可引起人类疾病，实验证明，这一大肠杆菌株对牛有致病性。在黏附之后（在大肠内为 OmpA），产生黏附和脱落损伤（产生内膜素 EHEC 株与 EPEC 所产生的略有不同，其

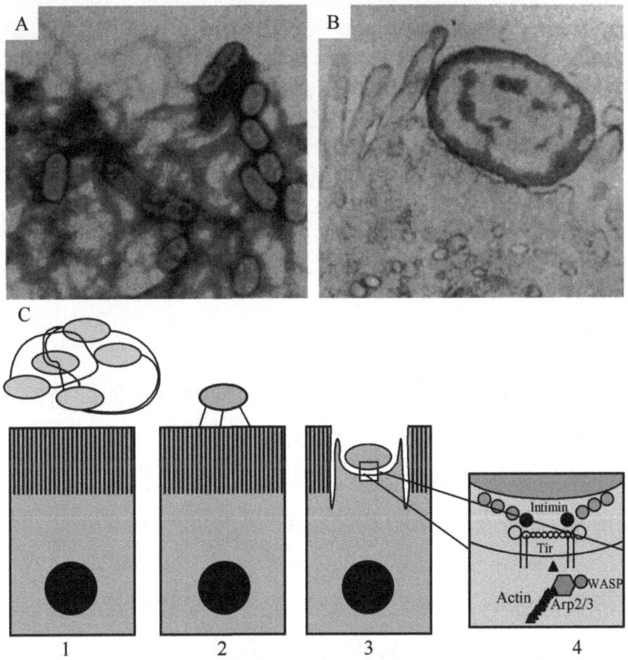

图 8.2 埃希氏大肠杆菌肠致病株（EPEC）的电镜照片显示。A. 形成成束的菌毛；B. 菌株的黏附和脱落；C. 图片显示了这一株细菌的损伤作用。Tir 和内膜素的解释见书中所述。WASP：Wiskett-Aldrich 综合征蛋白；Arp2/3：集结位点蛋白。（经 Donnenberg MS，Whittam TS 等允许引用，肠致病性大肠杆菌和肠溶血大肠杆菌——毒力的致病性和进化，Journal of Clinical Investigation 2001；107：539）

靶细胞定向不同），也产生 SLT。SLT 影响内皮细胞，导致其损伤和完整性丧失。SLT 的效应包括局灶性的和全身性的，局灶性的为 EHEC 吸附的细胞下内皮细胞，全身性的为机体其他部位的内皮细胞，主要在肾和脑。局灶性效应是出血，SLT 的全身效应，至少在人，可引发微血管溶血性贫血、血管球性肾炎、血小板减少症为特点的溶血尿毒综合征（HUS），尚未阐明 SLT 如何在局部或全身吸收。在人以外的动物，EHEC 引发的后遗症——HUS 不明显。5%～10%感染 EHEC（几乎全部为 O157：H7）的人类患者将发生 HUS。实际上，所有的 O157：H7 株系均产生 Ehx。

动物都是通过食入而感染 EPEC/EHEC。尚不清楚 EPEC 是否具有人畜互传的能力，但动物（包括人）可能通过粪-口途径被 EPEC/EHEC 感染。特别是牛，O157：H7 属于动物正常菌群的一部分。人类在吞食了被污染的食物（主要是牛肉）后被感染。在屠宰场，（屠宰后）畜体表面被粪微生物污染。通过煮的方式，很容易杀灭来自于被污染肉的表面细菌。当肉被绞（碎）后，尽管可轻易杀死包括 O157：H7 的表面微生物，但表面微生物与肉完全混合，不当的烹调不能杀死那些内部的微生物。

与 EPEC 相关的腹泻应是水样的，通常不含血液和炎性细胞。特征性的组织损伤是感染的小肠细胞“黏附和脱落”。黏附是局部的。与 EHEC 相关的腹泻是出血性的。特征性的组织损伤是“黏附和脱落”，但感染大肠。

8.2.2.6 水肿病

水肿病是断奶幼猪急性、致死性的“肠毒血病”。这种疾病以皮下和浆膜下水肿为特点，吸收了一些大肠杆菌血清型（即 O141∶K85、O138∶K81 和 O139∶K82）产生的 SLT-IIe 所引起。毒素在猪的全身吸附并影响内皮细胞，导致广泛性水肿。毒力株栖息于正常猪的大肠。在发生营养、社会或物理应激时，这些株系数量增加。

典型的损伤是各种器官和组织（头、颈、结肠、胃、肠道、脑）的广泛性水肿。

8.2.2.7 禽的大肠杆菌病

禽的大肠杆菌病是由大肠杆菌侵袭株引起的一种具有重要经济意义的疾病。这种疾病根据宿主的年龄和感染的方式不同，表现形式多样。

在孵化时，条件致病株污染蛋的表面。细菌渗透进入蛋壳，并且感染卵黄囊。如果细菌繁殖，通常在孵化晚期发生胚胎死亡。存活的胚胎可能在出雏后的最迟 3 周内死亡。

禽也可能通过呼吸道感染，表现为呼吸系统感染或败血性疾病。感染过程可能是急性致死性的或慢性的，表现为衰弱、腹泻或呼吸衰竭。

大肠杆菌引起的其他临床症状似乎包括：蜂窝织炎、滑膜炎、心包炎、输卵管炎和全眼球炎。

已经发现，引起这种疾病的大肠杆菌与那些从哺乳动物分离的菌株具有同样的毒力决定簇，最明显的是黏附素，趋氧素的产生及铁离子调控的相关外膜蛋白。

8.3 免疫学

由致病性大肠杆菌引起的免疫防御表现在两个层面：在吸附靶细胞的位点，破坏细菌或中和细菌产物。

1. 产肠毒素性腹泻

初乳和奶中发现的特异性抗黏附素抗体（sIgA 和 sIgM），阻止细菌与“靶细胞”的黏附。同样，特异性 LT 肠毒素中和抗体。

2. 肠集聚性腹泻

初乳和奶中发现了特定的抗-AAF（黏附素）抗体，它阻止细菌与“靶细胞”的黏附。

3. 侵袭性疾病

新生动物从母畜获得免疫，保护力基于免疫球蛋白（IgA、IgG 或 IgM）的同分异构体型的不同而不同。在最初的 36h 左右，摄入的 IgG 和 IgM 黏附在小肠上皮细胞表面的受体上。在吸附后，穿越细胞进入全身循环。如果抗体对毒力决定簇具有特异性，同时，新生动物所感染菌株表达毒力决定簇与抗体所作用的毒力株相一致，则不发生感染性疾病。例如，从母畜获得的大肠杆菌荚膜抗体与其特异性荚膜相一致，则可保护新生动物免受侵袭株引发的致命性感染。

4. 非产肠毒素性腹泻

发现于初乳和奶中的特定抗 Bfp 抗体（sIgA 和 sIgM），阻止细菌与“靶细胞”的黏附。特异性 SLT 抗体中和毒素，阻止了其对内皮细胞的活性。

5. 水肿病

特异性 SLTIIe 抗体可以预防与这种状态相关的水肿发生。

因此，初乳和奶中的抗体的产生的必要因素是母畜在分娩前被自然或人为地暴露于细菌及其毒力决定簇，由此产生的抗体被分泌到初乳和乳汁中。

8.4 实验室诊断

8.4.1 大肠杆菌产肠毒素株的鉴别

肠内容物中，产肠毒素株增殖量接近 10^8～10^9 个/ml。如果动物幸免于液体和电解质失衡引起的死亡，大量细菌被排到环境中。诊断是基于产肠毒素大肠杆菌病的怀疑。最简单和非损伤性的（同时也是可靠性最差）诊断，是证实粪样中存在大量特异表达的大肠杆菌黏附素。通过将一部分粪样铺在选择性培养基上（如麦康凯琼脂）来完成鉴别。因为黏附素在选择培养基上表达很少，在促进黏附素表达的培养基上，进一步培养大量菌落，而表达各种黏附素：用 E 培养基鉴别 F4；用 Minca 培养基鉴别 F5 和 F6；用 E 或 Minca 培养基鉴别 F41，用对各种凝集素特异的抗血清进行每一个菌落的平板凝集试验。已建立了一种 ELISA，直接检测粪样中表达黏附素 F4 和 F5 的细菌。这一方法消除了分析粪样中有菌毛细菌的许多问题。已设计的基因特异性引物，通过 PCR 反应显示所分离菌落的相关基因。

检测产肠毒素大肠杆菌引起的腹泻的更为可信的方法是对小肠内大肠杆菌的定量分析。通常情况下，在这些位置（尤其是在空肠），大肠杆菌数量很少，大量细菌的出现很大程度提示为产肠毒素大肠杆菌性疾病。样本涂布于不同培养基，来促进各种黏附素的表达，挑出菌落，用特异性黏附素单抗进行血清学检测。另一种方法以小肠内容物产肠毒素大肠杆菌数量增加为基础，涂片染色检测这一位置的肠内容物。每个油镜视野发现大于 100 个大肠杆菌意味着$>10^6$ 个/ml 内容物。尽管这一方法缺乏特异性，却增加了诊断的可信度。

除了毒素检测外，荧光标记抗体技术可能是最简便、最可靠的方法。用含各种黏附素特异的抗血清覆盖从小肠刮取的肠内容物涂片。在用荧光标记的二抗处理后，检测制备物中黏附到上皮细胞的标记细菌。

最好通过特异的 ELISA 检测 ST 和 LT 实验，检测大肠杆菌产生的内毒素。这一测试效果好，可以发现 140pg/ml 的 ST（比乳鼠实验敏感度高出 100 多倍）和 290pg/ml 的 LT。

大肠杆菌含有编码各种黏附素以及内毒素的基因，能够运用 DNA 探针或针对编码特异性特征的相应碱基序列（如内毒素、黏附素）设计的 PCR 引物来检测。这样的探针或引物已用于检测粪样及培养物的特异性基因（细菌内）。

8.4.2 引起肠集聚性疾病的株系的实证

怀疑引起肠集聚性黏附大肠杆菌腹泻病的分离株，可用 HEp-2 细胞的相关凝集性实验进行检测（"黄金标准"）。然而，实证是否存在编码 EAST1 和（或）AAF 的相关基因，在一定程度上，更容易也更经济。在组织病理学上，肠道上皮相关细菌片层的存在可以确诊为肠集聚性疾病。

8.4.3 引起侵袭性疾病的菌株

侵袭性疾病的微生物学诊断是基于在正常无菌组织或特定区域（关节、骨髓、脾、血）鉴别是否存在大肠杆菌。禽类大肠杆菌侵袭性疾病的鉴定，是在同一组织以及对那些常感染的脏器（肺、气囊）进行分离培养或进行死胚培养。即使枯否氏细胞吞噬了血液中的细菌，也应避免肝培养。因为在濒死期，细菌运动会引起肠道微生物分布的复杂化。

8.4.4 EPEC/EHEC 株的实证

可以通过特异的 DNA 探针或 PCR 来检测是否存在 shiga 样毒素基因。组织培养细胞（vero 细胞）的细胞毒性检测更为复杂。

引起活体动物疾病的黏附脱落菌株的实证更为困难。除了肠黏膜的活组织检查和黏附脱落损伤的发现，采用特异性 DNA 探针，特异性引物的 PCR 反应已经用于检测 EPEC/EHEC、*eaeA*、*bfp*、*slt* 相关基因，以及采用组织细胞培养物对 SLT 活性功能进行检测。能够用从选择培养基（如麦康凯培养基）获得的粪样分离株来检测基因，或者检测组织细胞培养上清中的 shiga 样毒素对细胞的毒性作用。大部分分离株产生尿素酶，除大肠杆菌 O157∶H7 不发酵山梨醇外，大肠杆菌普遍发酵山梨醇。含山梨醇而不是乳糖的麦康凯琼脂用于检测粪样山梨醇阴性分离株。然后检测 O157 和（或）H7 的抗血清。因为相当数量的大肠杆菌 SLT 株都产生 Ehx，可以用添加钙的血琼脂平板鉴别这些菌株。

8.4.5 水肿病菌株的鉴定

对已知水肿病相关血清型的分离和鉴定是水肿病的微生物学诊断基础。与微生物学诊断相比，切片多样性及病原特征综合体现在病理学组织诊断中，因此更容易些。

8.5 治疗、控制和预防

由感染引起腹泻的治疗，着重调节体液和电解质失衡。如果动物心脏血管崩溃，则静脉给予液体和电解质（碳酸氢钠、KCl）；如果不是，则口服电解液。因为动物内环境的酸化，给药应包括碳酸氢钠。口服液中添加葡萄糖，可增强因电解质失衡而分泌的钠离子吸收，对抗生素的使用存在争议。因为在肠腔内抗生素的有效浓度是未知的，体外实验结果用于治疗指导的可信性是值得怀疑的。非吸收抗菌剂（新霉素）的使用，有效降低了小肠前段大肠杆菌的数量，从而校正了液体和电解质失衡。即使体外检测显示大肠杆菌菌株普遍对新霉素具有“抗性”，也会出现细菌量的降低。体外检测毫克级微生物与等量相关部位微生物的易感性差异解释了这一现象。

抗生素成分、体液及电解质的增加，对于成功治疗由大肠杆菌侵袭株引起的败血性疾病是必需的。侵袭性疾病导致内毒素血症，继发局部组织因灌注减少引起的血压过低和弥散性血管内凝血，而引发乳酸性酸中毒。当选择了需要补充的电解质，应当考虑上述因素。应当根据在实践领域的易感性趋势选择抗菌剂。通常，从饲养场动物分离的大肠杆菌对庆大霉素、氨基羟丁基卡那霉素 A、甲氧苄氨嘧啶-磺胺药物、头孢噻呋易感。它们通常对四环素、链霉素、磺胺药物、氨苄青霉素、卡那霉素具有抗性。实验证实，通过服用 LPS 脂质 A 抗体，可以减轻内毒素血症的症状。

预防和控制大肠杆菌致病株引起的肠道性疾病的方法只有一种，关键是健全的饲养管理方式。母畜暴露于致病株产生或表达的各种毒力因子环境对于免疫是关键的。母畜暴露在即将分娩的环境以自然提供免疫源，或者用可能对新生动物产生威胁的潜在抗原决定簇制备的疫苗免疫母畜。可以给予新生动物口服商品化的黏附素（对于 ETEC）单克隆抗体制备物。尽管这种方法不能明显降低腹泻的发生，但可以在很大程度上减轻症状并降低死亡率。

第 9 章　肠杆菌：沙门氏菌

Dwight C. Hirsh

沙门氏菌属是肠杆菌科的一个成员，由乍得沙门氏菌（*S. bongori*）和肠炎沙门氏菌（*S. enterica*）两个种组成。肠炎沙门氏菌有 6 个亚种：肠炎沙门氏菌（有时定义为亚种 I）、萨拉姆沙门氏菌（有时定义为亚种 II）、亚利桑那沙门氏菌（有时定义为亚种 IIIa）、双亚利桑那沙门氏菌（有时定义为亚种 IIIb）、毫顿沙门氏菌（有时定义为亚种 IV 和亚种 VII）和印地沙门氏菌（*indica*，亚种 VI）（那些属于亚种 V 的被放在乍得沙门氏菌种）。在乍得沙门氏菌种和肠炎沙门氏菌亚种内，血清型数量超过 2000 种，大部分血清型中的命名被冠以大写的罗马体。其余的仅仅用抗原类型来注释。肠炎沙门氏菌 II～VII 各亚种主要与冷血脊椎动物相关，在哺乳动物和鸟类，而那些 I 亚种的成员更普遍。然而，每一种血清型都能够引起疾病，没有宿主特异性。

除了有必要讨论，本章将不提及亚种的定义。例如，鼠伤寒沙门氏菌首先被注释为肠炎沙门氏菌肠亚种，然后是它的血清型——伤寒，最后简称为鼠伤寒沙门氏菌。

9.1　特征描述

9.1.1　细胞结构和组成

尽管该属的绝大部分成员不产生荚膜，其荚膜毒力类型为 Vi，细胞壁由脂多糖（LPS）和蛋白质组成，具有典型的革兰氏阴性菌细胞壁。在一定程度上，分离株 LPS 的多糖含量决定了血清型。糖的种类、数量及其连接方式构成了 O 抗原的抗原决定簇。由于大部分沙门氏菌具有 O 抗原与鞭毛表面的抗原决定簇（H 抗原），因此，可以利用这两种抗原辅助进行分离株的血清型鉴定。这有助于根据血清型确定分离物（表 9.1）。这种分类方法被称为 Kauffman-White 方案。

表 9.1　沙门氏菌的代表性抗原式

O 群	血清型多样性	抗原式
B	鼠伤寒沙门氏菌	1,4,5,12：I：1,2
B	沙门氏菌	4,12：f,g,s：—
D	都柏林沙门氏菌	1,9,12：g,p：—
E	沙门氏菌	3,10：e,h：1,6
G	沙门氏菌	1,13,23：z：1,w

9.1.2　具有医学意义的细胞产物

9.1.2.1　黏附素

黏附素（也被认为是菌毛或纤毛）介导细菌与消化道内靶细胞及构成该菌株生境细

胞的黏附。因为其相对的疏水性，黏附素也可能促进细菌与吞噬细胞膜的互作。只有当细菌位于黏膜表面时，黏附素才是其重要的毒力因子。沙门氏菌和宿主的靶细胞（M细胞、肠上皮细胞）之间的相互作用表明，至少有三种不同的黏附素介入，即 Pef、Agf 和 Lpf。

（1）Pef 为质粒编码的菌毛，参与介导与小肠上皮细胞的黏附。

（2）Agf 为细菌丛毛，或者丛。参与介导与小肠上皮细胞的黏附。

（3）Lpf 为长的两极的菌毛，参与介导与 M 细胞的黏附。

9.1.2.2 荚膜

荚膜（Vi）的作用机制还不清楚。因为沙门氏菌主要在细胞内寄生，荚膜这种结构对于沙门氏菌与其他细菌（如荚膜这种结构拥有抗吞噬作用）所起的作用似乎并不一致。然而，Vi 有效地保护外膜蛋白免受补体系统的膜攻击复合物的作用。

9.1.2.3 细胞壁

外膜的脂多糖是一种重要的毒力决定簇。不仅脂质 A 成分具有毒力（内毒素），O-重复单位的长侧链也阻碍了补体系统的膜攻击复合物与外膜的黏附，有效地保护了细胞外的细菌细胞。LPS 与脂多糖结合蛋白（一种血清蛋白）结合，然后转移给血相 CD14。CD14-LPS 复合物结合到巨噬细胞表面的 Toll 样受体蛋白，导致前炎性细胞因子的释放。

9.1.2.4 效应蛋白（毒素）

几种沙门氏菌毒力基因成簇存在，即所谓的毒力岛（一簇编码毒力决定簇、一种整合酶蛋白、一个特异插入位点和移动性的基因）。至少具有 5 种沙门氏菌的毒力岛（SPI）。两种沙门氏菌都含有 SPI-1，而仅发现肠炎沙门氏菌具有 SPI-2（可能包括 SPI-3～SPI-5）。5 种 SPI 都有编码 III 型分泌系统所必需蛋白质的基因（尽管每个毒力岛具有不同的基因及其产物），效应蛋白也不是必需的基因产物（这些蛋白质与宿主“靶细胞”互作）。III 型分泌系统由 20 多个蛋白质分子组成，构成一种空管样结构。通过这种空管样结构，效应蛋白被“注入”宿主“靶”细胞。

SPI-1 相关效应蛋白包括 Ssp（沙门氏菌分泌蛋白，由大量位于 SPI-1 的 *ssp* 基因编码）和 Sop（沙门氏菌外蛋白，由位于 SPI-1 外部的大量 *sop* 基因编码）。Ssp 和 Sop 通过诱导激活小 G 偶联蛋白结合蛋白 CDC42 和 Ras，导致细胞膜骨架肌动蛋白的重排，从而引起细胞膜的波动，参与介导靶细胞吞噬沙门氏菌。另外，Ssp 也与凋亡蛋白 Caspase-1 相互作用，诱导巨噬细胞的凋亡。

SPI-2 相关效应蛋白包括 Sse（分泌系统效应物，由大量位于 SPI-2 的 *sse* 基因编码）和 Ssa（分泌系统结构蛋白，由大量位于 SPI-2 内的 *ssa* 基因编码）。低 pH 诱导 Sse 和 Ssa（胃、吞噬小体）产生，干扰巨噬细胞的功能。

SPI-3 相关效应蛋白包括 Mgt（镁运输系统，由大量位于 SPI-3 内的 *mgt* 基因编码）。这些基因的转录（与巨噬细胞内的现象类似）及其编码的蛋白质对细菌在巨噬细胞内的生存起重要作用。

SPI-4 和 SPI-5 相关的效应蛋白与细菌在靶细胞内的生存相关，但尚未明确界定。

9.1.2.5 肠毒素

沙门氏菌的成员分泌一种内毒素，Stn（沙门氏菌肠毒素）与宿主靶细胞分泌水、电解质相关。因为 Stn 由一种肽而不是亚单位组成，所以与霍乱毒素和大肠杆菌的 LT 不同。Stn 在腹泻发生中的作用尚不清楚。

9.1.2.6 铁摄取

当生长环境缺乏铁离子时，沙门氏菌制造嗜铁蛋白。

9.1.2.7 应激蛋白

当微生物处于应激条件下（即热、冷、低 pH、高 pH），所产生的蛋白质被定义为应激蛋白，含有 RpoS 的 RNA 聚合酶优先转录产生酸耐受蛋白的基因（在 pH5 的条件下存活），并且调控在 Spv 质粒上发现的一些基因。含有 RpoE 的 RNA 聚合酶参与细菌在吞噬细胞内的存活。

9.1.2.8 毒力质粒

沙门氏菌具有各种大小的质粒，部分质粒与毒力相关。最值得注意的是被定义为“沙门氏菌毒力质粒”（Spv 质粒）的大质粒家族（接近 50～100kb），具有引起传播性疾病潜力。这些质粒携带的一些基因，为细菌在细胞内生长所必需，并且部分受到 RNA 聚合酶的调控，聚合酶含静态相 sigma 因子和 RpoS。这些质粒上的其他基因与血清抗性相关，并且可能参与黏附、侵入靶细胞。

9.1.2.9 多种产物

在巨噬细胞内，转录调节因子 *SlyA*（沙门氏菌溶血素）与沙门氏菌存活部分相关，保护其免受由氧依赖途径产生的毒性产物的影响。*phoP*/*phoQ* 操纵子产物具有与吞噬细胞内发现的防御蛋白——溶菌体颗粒相关的抗性（通过介导沙门氏菌外膜蛋白的重塑），*shdA* 基因产物（分泌）介导被感染的宿主通过粪便排出沙门氏菌。这一基因存在于肠炎沙门氏菌亚种的部分血清型中。Arc（aerobic regulation control，控制需氧调控）是一种参与细胞内生存的双成分全面调控系统。

9.2 生态学

9.2.1 贮存

恒温动物和冷血动物的胃肠道是沙门氏菌属成员的生境。传染源包括污染的土壤、蔬菜、水和动物的成分（如骨、肉和鱼粉），尤其是那些污染的奶、肉或蛋的成分，以及感染个体的粪便。蜥蜴和蛇（通常为无症状）普遍感染，有时是几种血清型同时感染。沙门氏菌肠亚种似乎只感染恒温哺乳动物和鸟类（有证据表明，*shdA* 基因产物与其相关)。

9.2.2 传播

在摄入沙门氏菌后，感染出现。宿主和沙门氏菌相互作用的结果依赖于宿主的定殖抗性状态（一种由正常菌群产生的“屏障”的测量）、感染剂量及菌种。摄入沙门氏菌并不一定产生症状。如果出现症状，可能非常迅速，或出现在晚期。后一种情况，最初的相互作用结果导致细菌在宿主的定殖（没有症状），但随着应激或抗生素（影响正常菌群的活性）引发的肠道环境变化，可能出现症状。

9.2.3 致病性

9.2.3.1 机制

沙门氏菌病最普遍的临床表现是腹泻。腹泻由宿主因素、沙门氏菌株和剂量所决定，在特定情况下，会发生败血病。宿主因素包括年龄、免疫状态、并发症和正常菌群的“平衡程度”(定殖抗性)。

静态期沙门氏菌最适于疾病初期，因为在此条件下，RNA 聚合酶含有选择性sigma因子、RpoS，启动酸耐受基因的转录，随后使之顺利通过胃的酸性环境而存活下来。选择性 sigma 因子及 RpoS 的 RNA 聚合酶是 Spv 质粒上的正调控基因。

沙门氏菌的靶细胞是淋巴结表面的 M 细胞、远端小肠和大肠上端的上皮细胞。如果靶细胞相对于沙门氏菌是“闲置”的（定殖抗性），则可能诱发疾病。靶细胞的“闲置”依赖于正常菌群的状态。如果菌群平衡被破坏（应激、抗生素），感染剂量不必像进入靶细胞的数量一样高。优先侵袭的靶细胞是 M 细胞，并且也是被首先感染的细胞。黏附是疾病过程的第一步，由 Agf、Pef、Lpf 等一种或多种黏附素介导，或者被其他未知的黏附素介导。随着黏附，由 Ssp、Sop 引发靶细胞的膜皱褶，紧随着被 III 型分泌系统“注入”，沙门氏菌被内化。这种相互作用不可逆地损伤了靶细胞，靶细胞发生凋亡。在淋巴结、黏膜下组织的靶细胞内，可以发现沙门氏菌。来自感染宿主细胞的各种趋化因子以及伴随着宿主与细菌细胞壁 LPS 相互作用引发的前炎性因子的释放，导致分叶核嗜中性粒细胞（PMN）和巨噬细胞的趋化。PMN 的趋化启动了炎症反应，可能表现为瞬时外周嗜中性白细胞减少症。PMN 可高度有效地吞噬和摧毁沙门氏菌，巨噬细胞则较弱。如果宿主的免疫状态和沙门氏菌处于此状态下，感染过程在这一时期被终止。腹泻的产生，是由趋化了的 PMN 促进前列腺素合成，以及被感染的宿主细胞激活了各种肌糖信号转导途径的结果引起的，也可能是被感染的宿主细胞引发的。主要作用是氯离子和水的分泌。而 Stn 在腹泻产生中的作用机制尚不清楚。

如果沙门氏菌的感染株具有传染性（拥有允许在巨噬细胞内生长的 SPI-2、SPI-3、SPI-4、SPI-5 相关基因产物；Spv 质粒编码细胞内生长和血清抗性的能力；PhoQ/PhoP 系统对防卫素的抗性；SlyA 对氧依赖途径的副产物抗性；arcA)，可能导致败血病。如果宿主的免疫状态降低，出现败血症的可能性将增加。沙门氏菌感染，并在吞噬细胞内增殖（主要为巨噬细胞)。侵袭株不仅能够经受溶菌酶内容物的作用，一些“菌株”的吞噬小体也不与溶酶体融合。通常出现的症状是败血症和休克，但并不总是这样（图 8.1）。产生这类疾病的一些菌株逃脱了宿主杀灭的命运，在肝和脾的巨噬细胞内增殖的同时，也在血管内皮细胞内增殖。在扩散过程中，沙门氏菌偶尔出现在细胞外，因此，在其表面，存在形成补体膜攻击复合物的风险。至少两种机制阻碍了上述作用机制的产生：Spv 质粒的产物和 LPS O 重复单位的长度（在 O 重复单位，长度和毒力之间有直接的相关性）。

侵袭性沙门氏菌能够分泌一种转铁蛋白，这种肠菌素能够从宿主铁结合蛋白转移铁，其在被感染的宿主细胞内的必要性尚值得怀疑。

细菌增殖产生的内毒素血症，是发病过程和主要症状的病因。

9.2.3.2 病理学

如果感染局限于肠道，损伤则主要表现为远端小肠和大肠的出血性炎症。可能出现表面坏死。在败血症时，肝、脾和肠道组织发生炎性变化。在心包膜、腹膜表面和肾上腺皮质，可能有出血。

9.2.4 病型

9.2.4.1 反刍动物

沙门氏菌是反刍动物（主要是牛）的一种重要病原。可使犊牛（通常为 4～6 周龄）和成年牛发病。饲养场的动物普遍感染沙门氏菌，症状可能表现为败血病或仅局限于肠道。肠炎沙门氏菌的柏林血清型，引起犊牛普遍发生出血性肺炎型的败血病。血源性获得的肺炎，肠炎沙门氏菌伤寒血清型、肠炎沙门氏菌都柏林血清型和肠炎沙门氏菌纽波特血清型引起的败血病可伴发流产。纽波特血清型主要是从牛分离的血清型，沙门氏菌伤寒血清型分离自羊。

9.2.4.2 猪

猪的沙门氏菌病表现为急性、暴发性败血病或慢性消耗性肠道疾病两种形式。感染的形式依赖于沙门氏菌株、感染剂量和被感染动物的定殖抗性。症状主要出现在应激状态的猪。老龄哺乳猪的沙门氏菌病病原主要是肠炎沙门氏菌伤寒血清型和猪霍乱血清型。

9.2.4.3 马

沙门氏菌普遍感染成年马，尽管偶尔见到败血病，主要症状表现为腹泻。疝痛、胃肠道外科和抗菌素是马表现临床症状的诱因。无论正常携带（大约有 3%的马不表现临床症状），还是从其他传染源（兽医院）获得的病原，肠炎沙门氏菌伤寒血清型和鸭肠炎沙门氏菌是最普遍的分离株。

9.2.4.4 狗和猫

尽管在圈养狗中无症状携带者比率高达 35%，但狗和猫的沙门氏菌病却很少发生。当出现暴发时，它们通常与共同的传染源相关，如污染的狗食物或者“激励物”（干燥的猪耳）。在猫败血病症的微生物感染谱中，沙门氏菌病应该占有重要地位。

9.2.4.5 禽

见下文9.6“禽沙门氏菌病”。

9.2.5 流行病学

沙门氏菌各菌株，呈现广泛的地域分布，并具有广泛的动物感染谱。一些血清型具有一定程度的宿主特异性（都柏林沙门氏菌——牛源；肠炎沙门氏菌霍乱血清型——猪源；鸡沙门氏菌——禽源），而其他菌株，霍乱、鸭沙门氏菌、纽波特等血清型呈现广泛的宿主感染谱，野生鸟和啮齿动物在物种间的传播中发挥了重要作用。长期无症状及康复期动物的排泄物是该病原广泛存在、无法限制其分布的传染源。

临床暴发与低下的免疫机能、新生动物（牛，驹）、应激的成年人、临产的牛和马、外科患者和全身性病毒感染的猪等相关。如果正常菌群平衡被打乱（应激、抗生素），动物发生沙门氏菌病的风险将增加。这些环境条件诱使动物易于感染外来病原，或者从无症状状态进入发病状态。

人对所有血清型沙门氏菌易感，最重要的传染源来自动物及其副产品。禽和禽产品（蛋）是人沙门氏菌病的重要传染源。肠炎沙门氏菌肠炎血清型尤其适于通过蛋传播。是否发生沙门氏菌病取决于从环境食入沙门氏菌的数量、血清型以及被感染个体的定殖抗性。霍乱沙门氏菌是常见病原，主要引起肠胃炎。一些血清型具有强的侵袭潜力，如猪霍乱沙门氏菌（猪源）和都柏林沙门氏菌（感染的奶）。尽管难以用实验证明，来自牛的霍乱沙门氏菌DT104（特定菌种定义特定的噬菌体型），更易于出现全身性感染。无症状的爬行类已经成为一种人沙门氏菌病的重要传染源。

9.3 免疫学

免疫保护依赖于特异和非特异性免疫因子和微生物的防卫机制。在靶细胞水平，可以通过完全定殖抗性来预防疾病（见第2章）。是否可以预防感染是未知的。

沙门氏菌表面结构的特异抗体针对的可能是黏附素，预防其对靶细胞的黏附。通过摄入特定的sIgA和IgG_1（牛），新生动物受到被动保护。在感染位置，具有成熟免疫系统的动物，通过分泌免疫球蛋白进行防御。

另一种更全新的手段是给动物喂食微生物来竞争在胃肠道内小生境定殖的沙门氏菌。竞争性排除，这种现象如同其称谓，从理论上讲，可能相当有用，因为只要竞争株系和沙门氏菌的任何血清型拥有相同的小生境，沙门氏菌将被排斥。

作为调理素，循环抗体促进对微生物的吞噬作用。尽管多种沙门氏菌都可损伤或杀灭激活的巨噬细胞，巨噬细胞受到淋巴细胞（T细胞）刺激，其免疫机能被激活，对沙门氏菌的吞噬作用可杀灭沙门氏菌。NK细胞可裂解被沙门氏菌感染的细胞。

通过巨噬细胞的激活，发生如下的获得性免疫。沙门氏菌和巨噬细胞通过最初的相互作用，被感染的巨噬细胞释放IL-12。IL-12激活辅助性T细胞的T_{h1}亚群（见第2

章）。在这一亚群分泌的细胞因子中，有可激活巨噬细胞的 γ 干扰素。被激活的巨噬细胞可有效地杀灭细胞内的沙门氏菌。

人工免疫沙门氏菌病非常困难。菌苗可产生部分保护作用。即使有抗体产生，它们显然不能刺激产生有效的细胞免疫。这个局部产生的或通过初乳和奶的抗体吸附靶细胞，并且保护了该部位组织不出现感染。致弱活疫苗可活化巨噬细胞，并且可刺激产生抗体。如果口服，疫苗刺激局部黏膜免疫，并产生细胞介导的吞噬细胞活性。作为致弱活疫苗，芳香化合物依赖的沙门氏菌突变株有一定的前景，对牛尤其有效。因为脊椎动物组织不含有合成芳香酸的前体，沙门氏菌的芳香化合物依赖突变株不能在宿主内扩增。

9.4 实验室诊断

肠道感染时，采集粪样；全身感染时，可采集血样作为标准血液培养物。死后诊断全身感染的沙门氏菌，可用脾和骨髓进行培养。

将新鲜粪样置于一种或更多种选择培养基，包括麦康凯琼脂、XLD 琼脂、Hektoen 肠培养基和亮绿琼脂。推荐用于富集沙门氏菌的培养基有亚硒酸盐 F 肉汤、连四硫酸盐或革兰氏阴性肉汤。

在含有乳糖的培养基上，沙门氏菌表现为非乳糖发酵菌落（据报道，沙门氏菌有乳糖发酵株，但很少遇见这样的情况）。在含铁培养基上，大多数沙门氏菌血清型可产生 H_2S 的克隆（即 XLD 琼脂），菌落中心会呈黑色。可直接用抗沙门氏菌多价血清对可疑菌落进行检测，或者接种不同培养基，然后用抗血清检测。

可用血琼脂培养组织源沙门氏菌。

最终鉴定包括确定菌毛抗原和菌体抗原（可能的话，包括噬菌体型）。

各种用于诊断的沙门氏菌特异 DNA 探针和 PCR 反应引物已经用于检测含有其他微生物的样本（食物、粪、水）。

用设计的多对引物进行多重 PCR，已用于检测猪常见的腹泻相关微生物（肠道螺旋体、细胞内罗森氏菌及沙门氏菌群）。

9.5 治疗、控制和预防

护理是肠型沙门氏菌病的主要治疗方法。应用抗微生物制剂治疗是有争议的。一些研究表明，抗生素并不改变疾病过程。此外，有证据显示，使用抗生素可出现带菌动物，同时，选择性地保留抗生素抗性株。推荐使用氟喹诺酮类的抗生素药物（如恩诺沙星或环丙氟哌酸）。

全身感染性沙门氏菌病的治疗，包括护理和使用抗生素。抗生素治疗是利用沙门氏菌敏感的抗生素，这种抗生素经敏感性试验获得。由于沙门氏菌可在巨噬细胞内存活，抗生素应该穿透细胞。以这种形式分布的例子包括氨苄西林、恩诺沙星、甲氧苄氨嘧啶-磺胺药物和氯霉素/氟甲砜霉素。由于细菌获得了 R 质粒或者编码对于多种抗生素抗性，治疗可能变得无效。非常严重的是伤寒沙门氏菌 DT104 在全球范围内的广泛流行（特定菌种定义特定的噬菌体型），它是影响人和其他动物的沙门氏菌，染色体含有编码“一簇”抗生素抗性的基因。这“簇”基因称为“沙门氏菌基因组岛 1”（SGI1），含有由两个整合子组成的青霉素、氯霉素/氟甲砜霉素、链霉素、磺胺及四环素抗性的编码基因，SGI1 已经导入肠炎沙门氏菌 Albany 血清型（东南亚的鱼）和肠炎沙门氏菌副伤寒 B 血清型（新加坡的赤道鱼）。

通过切断污染——粪等一切感染性媒介的传播途径的严密防控，以减少易感动物发生沙门氏菌病。通过致弱苗进行人工免疫是有效的（即 AROA 突变体）。已试图用含有 LPS 抗体的血清来治疗和预防全身感染性沙门氏菌病引起的内毒素血症。同样，用大肠杆菌的粗糙型变异株 J5，能刺激产生针对 LPS 的抗体。两种方法主要用于预防和控制由全身感染沙门氏菌产生的症状。

9.6 禽沙门氏菌病

9.6.1 副伤寒

任何沙门氏菌（肠炎沙门氏菌鸡瘟血清型和肠炎沙门氏菌鸡血清型除外）都可引起“副伤寒”。在初生后两周内，败血症造成的损失最大，存活动物成为无症状带菌者而向外界排泄病原。

沙门氏菌通过消化道感染。传染源通常为粪或者粪污染的材料（垃圾、羽毛、水）。

通过对有临床症状的病鸡进行诊断，对分离组织（脾、关节）中的沙门氏菌进行培养。检测无症状携带尤为困难，因为它们只是通过粪，周期性地排出沙门氏菌。一些研究显示，培养羽毛和垃圾，能够发现无症状携带沙门氏菌的鸡。

虽然的确能控制死亡率，但治疗并不能消除带菌动物。治疗原则包括阿伏帕星（avoparcin）、林可霉素（lincomycin）、福拉唑东（furazolindone）、链霉素和庆大霉素。通过正常菌群的“鸡尾”治疗方法戒除携带者排泄沙门氏菌已经成功。

9.6.2 鸡白痢沙门氏菌病

由鸡白痢沙门氏菌引起的鸡瘟沙门氏菌病，除北美少见外，广泛分布于全球其他地区。通过育种禽类的检测计划，美国几乎已经消灭了这种疾病。

沙门氏菌感染火鸡和鸡的卵巢。因此，孵化期的胚胎已经被感染。孵化器也因孵化污染的蛋而被污染，从而导致其他鸟和禽类的感染。由于败血症，初生后 2～3 周，动物致死率达到最高。康复鸡携菌并且可能将其传递给后代。通过细菌学方法检测感染的育种母鸡是困难的，在感染后 3～10 天产生的凝集滴度，用于发现带菌母鸡。

通过血清学检测，消灭感染的育种鸡可以控制疾病的发生。采用抗生素（磺胺类）治疗可控制发病动物的死亡率。

9.6.3 禽伤寒

禽伤寒是由禽沙门氏菌引起的成年家禽的急性败血性或慢性疾病。主要感染鸡。由于防控计划的实施，美国很少发生。

通过从肝和脾疾病分离培养，来诊断沙门氏菌病。抗生素治疗，主要是用磺胺（磺胺喹噁啉）和硝基呋喃类。通过管理和消除感染鸟，控制禽伤寒，利用禽沙门氏菌粗糙型突变株 9R 制备的菌苗免疫，可降低死亡率。

9.6.4 禽亚利桑那病

虽然在各种动物中，都可分离到肠炎沙门氏菌亚利桑那亚种和肠炎沙门氏菌双亚利桑那亚种，但在爬行动物和禽类，最为常见。火鸡感染最为普遍，有 55 种血清型可感染禽，在美国，7：1，7，8 型最常见。

在火鸡群中，通过摄入被污染的蛋，母鸡感染肠炎沙门氏菌亚利桑那亚种和双亚利桑那亚种，这两种细菌也可以通过粪污染外界环境。

从肝脏、脾脏、血液、肺脏或肾脏或死亡的幼鸟及孵化后遗留的垃圾中分离细菌，可诊断鸟类的沙门氏菌病。

可以通过从感染鸟类的肝、脾、血液、肺肾或死禽和孵化碎片培养沙门氏菌，来完成诊断。

大多数沙门氏菌亚利桑那亚种和双亚利桑那亚种血清型拥有 R 质粒，使预防和治疗沙门氏菌病更为困难。将呋喃唑酮和磺胺嘧啶等各种抗微生物制剂掺入饲料，可显著降低死亡率。给一日龄幼鸟注射庆大霉素或大观霉素降低了死亡率，但康复动物带菌。

因为血清型的多价性，无有效疫苗可以利用，防重于治应该是有效的控制措施。

第 10 章　肠杆菌：耶尔森氏菌属

Dwight C. Hirsh

耶尔森氏菌属属于肠细菌科。有 11 个种，其中之一——鲁氏耶尔森氏菌只感染鱼。小肠结肠炎耶尔森氏菌和假结核耶尔森氏菌与肠系膜淋巴腺炎、末端回肠炎、急性肠胃炎和败血症相关。小肠结肠炎耶尔森氏菌主要感染家养动物和灵长类，假结核耶尔森氏菌大多感染鸟和啮齿类动物，并且只是偶尔和家养动物和灵长类相关。由鼠疫耶尔森氏菌引起的瘟疫是以啮齿类为基础的人兽共患病。小肠结肠炎耶尔森氏菌、中间耶尔森氏菌、弗氏耶尔森氏菌和克氏耶尔森氏菌的人兽共患特性不确定，阿氏耶尔森氏菌、罗氏耶尔森氏菌、莫氏耶尔森氏菌和伯氏耶尔森氏菌没有已知的病原潜力。

10.1　特征描述

10.1.1　形态和染色

耶尔森氏菌属的成员是革兰氏阴性球杆菌。组织涂片观察，通常可以看到两极。在合适的温度条件下，大多数种有鞭毛。

10.1.2　生长特性

尽管比肠细菌的大多数其他成员生长慢，但耶尔森氏菌可以在普通的实验室培养基（包括麦康凯琼脂）生长。菌落直径从不到 1mm（鼠疫耶尔森氏菌）到大多数其他耶尔森氏菌的 1.5mm 之间。当在血琼脂上生长时，不溶血。

耶尔森氏菌与肠细菌科其他成员的生化活性和抗性相似。

10.2　鼠疫耶尔森氏菌（鼠疫杆菌）

鼠疫耶尔森氏菌是称为瘟疫的啮齿类动物传染性疾病的起因。在人和易感的家养动物（主要是猫）中，瘟疫表现为局部淋巴腺炎（腹股沟腺炎瘟疫）、肺炎（肺炎瘟疫）和败血症（败血瘟疫），编码 16S rRNA 的 DNA 序列分析表明，鼠疫耶尔森氏菌是假结核耶尔森氏菌的亚种。

10.2.1　特征描述

10.2.1.1　细胞组成和具有重要医学意义的产物

鼠疫耶尔森氏菌含有质粒 pYV（编码 III 型分泌系统，Yops 和 LcrV）、pMT1（编码荚膜和 Ymt）和 pPCP1（编码鼠疫巴氏杆菌素、凝固酶和纤溶酶原激活剂）。称为高毒力岛的染色体位点，含有编码铁摄取的基因和 Hms（血晶素储存）表型。编码蛋白质 Gsr 的基因也位于染色体上。

1. 荚膜

荚膜发挥许多作用，其中最重要的功能是对于噬菌作用的影响（抗噬菌作用），并且保护外膜蛋白免受补体系统激活所产生的膜攻击复合物的沉积作用。鼠疫耶尔森氏菌的荚膜称为 Caf1（荚膜抗原片段 1），并且由存在于质粒 pMT1 的基因（也携带编码毒素 Ymt 的基因）编码。

2. 细胞壁

鼠疫耶尔森氏菌的细胞壁没有 O 抗原（粗糙表型）。外膜蛋白的脂多糖（LPS）是一种重要的毒力决定簇，LPS 结合到随后将其转移到 CD14 血象的脂多糖结合蛋白（一种血清蛋白）。CD14-LPS 复合物结合到导致前炎性细胞因子释放的巨噬细胞表面的 Toll 样受体蛋白。

3. 高毒力岛（HPI）

之所以这样称呼，是因为与不含有高毒力岛的株系相比，高毒力岛的存在与毒力增加相关，是一簇参与铁摄取的染色体基因。

4. Hms 表型

Hms 表型与铁摄取和跳蚤的定居相关。

5. 铁摄取

铁是一种生长所绝对必需的物质，并且必须从宿主的铁结合蛋白获得。编码参与铁摄取产物的基因位于染色体毒力岛（一簇编码毒力决定簇的基因，一种整合酶，一种特异的插入位点和移动性）。鼠疫耶尔森氏菌的 HPI 编码嗜铁蛋白和 Hms 表型的基因。生长在 Hms 表型的血琼脂板表面的菌落，由于结合了血色素（或者刚果红存在），表现为有颜色。用结合的血色素作铁的来源是可能的。Pgm 位点编码负责的基因，除了在铁摄取中发挥作用，Hms 表型有时参与跳蚤在前胃的定居和阻碍作用。

6. III 型分泌系统

超过 20 种蛋白质形成的空管样结构形成了 III 型分泌系统，通过这种结构，效应蛋白（Yops、LcrV）被“注入”宿主“靶”细胞。编码 III 型分泌系统所需蛋白质的基因存在于质粒 pYV（编码 Yops 和 LcrV 的基因）。

7. 毒素

鼠疫耶尔森氏菌产生大量通过 III 型分泌系统途径分泌的毒素。

1）Yop　随着其“注入”巨噬细胞，Yop（耶尔森氏菌属外蛋白），影响肌动蛋白细胞骨架，阻断其噬菌作用，并且通过抑制 NF-κB，下调炎症反应。“注入”嗜中性粒细胞，导致内皮细胞黏附蛋白表达的降低，从而降低有效的免疫反应。编码 Yop 的基因存在于质粒 pYV（也认作 pCD1）。存在于这一质粒的基因编码 Yop、LcrV 和 III 型分泌系统。在 26℃的条件下，它们被下调；在 37℃和低钙条件下，它们被上调。

2）LcrV　LcrV（低钙反应毒力，也被认作因子 V）是一种位于鼠疫耶尔森氏菌表面的蛋白质。LcrV 具有几种作用，如帮助“效应”蛋白（如 Yop）注入靶细胞；在“注入”噬菌细胞后，降低前炎性细胞因子的排泄，并且抑制嗜中性粒细胞的趋化作用。编码 LcrV 的基因存在于质粒 pYV（也认作 pCD1）。存在于这一质粒的基因编码 Yop、LcrV 和 III 型分泌系统。在 26℃的条件下，它们被下调；在 37℃和低钙条件下，它们被上调。

3）Ymt　编码 Ymt（耶尔森氏菌属鼠毒素）的基因存在于质粒 pMT（也含有荚膜的基因）。Ymt 是在 25℃表达的磷脂酶 D（在 37℃表达较差），并且在保护鼠疫耶尔森氏菌免受跳蚤中肠消化性酶的作用。

4）鼠疫巴氏杆菌素　鼠疫巴氏杆菌素是由耶尔森氏菌属产生的细菌素，在疾病发生中发挥不确定的作用。在质粒 pPCP1 上的基因编码鼠疫巴氏杆菌素（与纤溶酶原激活剂）。

5）纤溶酶原激活剂　纤溶酶原激活剂负责鼠疫耶尔森氏菌在 37℃凝固酶、纤维蛋白溶解和 C3 降解活性。在质粒 pPCP1 上的基因编码纤溶酶原激活剂。

6）凝固酶　见“纤溶酶原激活剂”。

7）Gsr　当鼠疫耶尔森氏菌在巨噬细胞吞噬溶酶体时，Gsr（全面应激要求）在 37℃表达，Gsr 蛋白负责鼠疫耶尔森氏菌在这种环境内的存活。

10.2.1.2　变异

鼠疫耶尔森氏菌血清型相同。基于糖发酵和降解硝酸盐的能力，可分为三种生物型：古老型（Antiqua）、中世纪型（Medievalis）和东方型（Orientalis）。

10.2.2　生态学

10.2.2.1　贮存

在流行地区内，耐受的啮齿类动物构成了很少发展成致命性疾病瘟疫的贮存宿主，被称为维持或地方性动物病的宿主。在北美加利福尼亚沿海地区，牧场鼠——加州田鼠就是这样一种宿主。

10.2.2.2　传播

跳蚤可能携带鼠疫耶尔森氏菌，并将其传播到更易感的扩增宿主，如地松鼠或大鼠。当它们死掉后，仍会侵袭其他宿主，如人。感染的哺乳动物可能会通过空气携带的途径传播瘟疫。通过掠夺行为，嗜食同类和以腐肉为食，可以从口腔途径获得。

10.2.2.3　致病机制

跳蚤在感染的宿主采食。鼠疫耶尔森氏菌在跳蚤体内扩增直至其阻断了 proventriculus（Ymt 和 Hms 的功能）。受到“限制”的跳蚤寄生于新的宿主，并且当其采食时，污染采食位点。在跳蚤的温度条件下，不会产生 III 型分泌系统、Yop、LcrV、Caf1 和 Gsr。细菌因此进入脊椎动物宿主，缺乏抵抗宿主先天性免疫系统的防卫，当其被嗜中性粒细胞吞噬时被杀死（一种在鼠疫耶尔森氏菌的革兰氏阴性菌的细胞壁以外，由于跳蚤叮咬的产物产生的炎性反应）。在单核噬菌细胞、哺乳动物体温和低钙离子浓度的条件下，并且受到 Gsr 的保护时，鼠疫耶尔森氏菌激活 III 型分泌系统，随着凋亡的启动，从噬菌细胞中释放出来。耶尔森氏菌属获得对于进一步细胞和细胞内吞噬作用的抗性（LcrV 降低前炎症细胞因子的排泄，并且抑制嗜中性粒细胞趋化作用；“注入”的阻止 Yop 的细胞吞噬作用；Caf1 阻止细胞吞噬作用并且促进血清抗性）。因此，在疾病过程的早期，鼠疫耶尔森氏菌为细胞内寄生，而在晚期，则为细胞外寄生。

铁摄取系统使细胞外扩增成为可能，荚膜的产生引起失血性损伤，继而引起局部淋巴结的参与，这种形式称为鼠疫。

感染通常发展为败血，如果不加以治疗，最终致命（一种由加速散播的血管内凝结启动的凝血酶原激活剂作用帮助下的内毒素血症，图 8.1）。一些个体发展为瘟疫性肺炎，并且由痰排出鼠疫耶尔森氏菌。从这种来源被感染，并且通过同样的途径传播出去。在流行的条件下，这种形式几乎总是致命的。

通常，家养猫通过摄食被感染的动物出现自然性的临床感染。症状包括局部性（尤其是颚）淋巴腺炎、发热、沉郁、厌食、打喷嚏、咳嗽，以及偶尔的中枢神经系统干扰，大部分病例死亡转归。损伤，主要存在于呼吸道和消化道，包括淋巴腺炎、扁桃腺炎、头盖和颈部水肿，以及肺炎。

人的瘟疫已经被追溯到猫的感染。怀疑的接种途径是切口、咬伤、擦伤以及空气和跳蚤携带的途径。尽管由于不能阻断猫跳蚤，后一种情况是不可能的。

10.2.2.4 流行病学

瘟疫集中在南亚和东南亚，非洲南部和西中部，北美洲西部，南美洲的北中部。地方特性主要与地方性动物病和家畜流行病的啮齿类宿主的存在相对应。来自于流行区船只的感染大鼠的输入促成了人的瘟疫流行。今天，大部分的人病例源于接触感染的田间野生动物（森林瘟疫）。

瘟疫是啮齿类动物的一种疾病。微生物存在于本地宿主（田鼠和鹿鼠的一定种，即田鼠和草地鼠），被感染跳蚤的叮咬导致地方性宿主的感染。尽管本地宿主对于严重疾病的发展具有相当的抵抗力，但当其群体数量迅速增加并且鼠疫耶尔森氏菌的增加也很迅速时，本地宿主相继死去，直至死光。感染的跳蚤，缺乏优先宿主，以流行的，诸如牧羊犬、大鼠、小鼠和松鼠为食。由于在二者之间存在一定的重叠，何种动物组成了本地宿主和流行宿主尚不清楚。

在流行地区温暖的月份里，感染成群出现。“淡季”瘟疫则主要影响处理感染兔和美洲野猫的人，偶尔见于处理家猫的人，食肉动物，如犬科动物（野生或家养）。随着感染（吞食、跳蚤叮咬），熊、浣熊、臭鼬以及肉食鸟，会出现血清转化，但很少发展为临床疾病。猫跳蚤和狗跳蚤，猫栉首蚤指名亚种和猫栉首蚤犬亚种，由于二者都不会被“限制”，所以都不能有效地传播鼠疫耶尔森氏菌。因此，源自感染猫（很少是狗）的人的感染，来自擦伤的感染或是被感染唾液的叮咬，或者是吸入了感染的小滴。

10.2.3 免疫学

对于瘟疫的特异抵抗力可能需要抗体和细胞介导的反应。荚膜抗原（F1 抗原）引起调理素的形成。针对 LcrV 抗原的抗体具有保护性，细胞内微生物的处理依赖激活的巨噬细胞。恢复后具有免疫力，但是暂时的。在具有抵抗力的动物种类（如犬科动物），确定对于鼠疫耶尔森氏菌的抗体是确定这种微生物在特定环境中存在的一种方式。

10.2.4 实验室诊断

应该在有资格的公共卫生人员的监督下进行诊断尝试。从感染位点（如水肿组织、淋巴结和鼻咽）、气管内抽吸物、脑脊髓液和血液中收集样本。

直接涂片后，进行免疫荧光、Wayson 染色和革兰氏染色检查。在血液或浸液琼脂进行培养。免疫荧光或细菌噬菌体易感性分析对鉴定进行确定。皮下注射鼠疫耶尔森氏菌的小鼠或几内亚猪在 3～8 天内死亡。也可以运用分子探针或通过 PCR 反应扩增特异的 DNA 序列，进行诊断。

可以应用血清学测试（血凝、血凝抑制、ELISA）进行回溯性研究。

10.2.5 治疗和控制

如果怀疑家养的猫患有瘟疫，要应用来自疾病控制中心的推荐措施：

(1) 立刻安排来自当地或州公共卫生官员的实验室诊断的帮助，并且采取一系列措施，预防其传播和污染。

(2) 严格隔离所有可疑的猫。

(3) 当接触这些猫时，穿白大褂，戴面具和手套。

(4) 处理跳蚤接触过的可疑物（5% 西维因喷）。

在处理啮齿类动物之前，清除跳蚤。

氨基糖苷类、氯霉素、氟喹诺酮类和四环素是有效的抗生素。

尚没有动物用的疫苗，菌苗对人的保护只是暂时的。

10.3 假结核耶尔森氏菌

假结核耶尔森氏菌与肠系膜淋巴腺炎、末端回肠炎、急性肠胃炎、败血病相关。主要侵袭鸟类和啮齿类动物，只是偶尔侵袭驯养动物和灵长类。假结核耶尔森氏菌与鼠疫耶尔森氏菌有关，许多人认为鼠疫耶尔森氏菌是假结核耶尔森氏菌的一个亚种。

10.3.1 特征描述

10.3.1.1 细胞组成和具有重要医学意义的产物

假结核耶尔森氏菌含有质粒 pYV（编码 III 型分泌系统、Yop、LcrV）。一种称为高毒力岛的染色体位点含有摄取铁的基因。编码蛋白 Ail、Inv、Yad、Gsr 的基因也位于染色体上。

1. 黏附素

假结核耶尔森氏菌产生负责黏附到 M 细胞内腔表面的 β 整合蛋白和回肠上皮细胞底外侧表面的三种黏附素：Ail、Inv、Yad。

(1) Ail（吸附侵入位点）吸附到 M 细胞表面的受体。Ail 也会保护外膜免于被补体系统激活产生的膜攻击复合物的插入。

(2) Inv（侵袭素）黏附到 M 细胞表面的受体和回肠上皮细胞底外侧表面。

(3) Yad（耶尔森氏菌属黏附素）黏附到 M 细胞表面的受体和回肠上皮细胞底外侧表面。Yad 也会保护外膜免于被补体系统激活产生的膜攻击复合物的插入。

2. 细胞壁

假结核耶尔森氏菌的细胞壁具有 O 抗原（平滑型）。本科成员的细胞壁是革兰氏阴性菌的一种典型。外膜蛋白的脂多糖（LPS）是一种重要的毒力决定簇，不仅是脂质 A 成分有毒性（内毒素），而且 O 重复单位的侧链长度阻碍了补体系统的膜攻击复合物向外膜的吸附。LPS 结合到随后将其转移到 CD14 血象的脂多糖结合蛋白（一种血清蛋白）。CD14-LPS 复合物结合到导致前炎性细胞因子释放的巨噬细胞表面的 Toll 样受体蛋白。

3. 毒力岛

见上文 10.2.1.1 的描述。

4. 铁摄取

铁是一种生长所绝对必需的物质，并且必须从宿主的铁结合蛋白获得。编码参与铁摄取产物的基因位于染色体毒力岛。假结核耶尔森氏菌的高毒力岛编码铁摄取的噬铁蛋白耶尔森杆菌素。

5. III 型分泌系统

见上文 10.2.1.1 的描述。

6. GSR

见上文 10.2.1.1 的描述。

7. 毒素

假结核耶尔森氏菌产生大量涉及毒力的毒素。

(1) Yop，见上文 10.2.1.1 的描述。

(2) LcrV，见上文 10.2.1.1 的描述。

10.3.1.2 变异性

基于菌体抗原（O 抗原）的变异，大约有 21 种血清型。

10.3.2 生态学

10.3.2.1 贮存宿主和传播

假结核耶尔森氏菌是野生啮齿类动物、兔类动物和鸟类的一种寄生菌，但也会感染其他哺乳动物和爬行动物，并且在环境中持续存在。猫是最主要被感染的家养动物。较小的流行出现于绵羊、猪、非人灵长类、家禽、宠物鸟。

10.3.2.2 传播

主要通过吞食暴露。

10.3.2.3 致病机制

在细胞表面蛋白 Ail、Inv、Yad 表达后，假结核耶尔森氏菌吸附到远端小肠淋巴结的 M 细胞。吸附导致肌动蛋白细胞骨架的改变，导致可以引起在吸附的耶尔森氏菌周围的细胞膜关闭的“拉链”现象，导致其内在化。内在化的微生物穿越到达淋巴结，在淋巴结内，它们被巨噬细胞吞噬。Gsr 的表达允许其在细胞内生存，在巨噬细胞内(37℃，低钙)，III 型分泌装置被激活，生成 Yop 和 LcrV。在巨噬细胞的凋亡启动后，摄入的耶尔森氏菌被释放。这时在细胞外，耶尔森氏菌与进一步的吞噬作用相互作用。随着 Inv、YadA 的吸附，出现回肠上皮细胞底外侧表面的侵入，并且伴随内部化。由细胞外耶尔森氏菌导致的炎性，与自然杀伤细胞的干扰素分泌和感染的上皮细胞（以及脂多糖）的 γ-δT 细胞识别一起，导致分叶核嗜中性白细胞的流入。细胞外耶尔森氏菌逃避细胞吞噬作用，并且通过输入补体抗性的 Ail 和 YadA 的表达，被补体介导的机制摧毁。假结核耶尔森氏菌随着耶尔森杆菌素（在 HPI 内编码）的分泌，从宿主的铁结合蛋白获得铁。补充 PMN（并且也许是被感染的宿主细胞）合成的前列腺素，以及在被感染的宿主细胞内各种肌糖信号途径的激活导致腹泻。结果是氯离子和水的分泌。败血病源于宿主从感染位点（血清抗性、抗吞噬特征和净化铁）“清除”耶尔森氏菌的不稳定性，结果是肠炎和败血病。

假结核耶尔森氏菌会引起在肠壁、腹部淋巴结、内脏，尤其是肝和脾形成坏死灶的肠感染。可能出现呕吐、腹泻、便秘、失重、苍白到轻黄疸黏膜，以及精神沉郁等症状。发热是不连续的。在尸检前被临床确诊的病例很少。乳房炎见于牛和反刍动物，而流产见于猴子。在具有免疫活性的人，疾病通常为自身限制或对于治疗做出反应的肠炎和腹部淋巴腺炎。

10.3.2.4 流行病学

伪结核在世界范围内出现。在寒冷的月份，病例趋于集中。对于猫，流行偏向于成年的、乡下的、流浪的猫。

10.3.3 免疫学

自然感染使存活的个体具有免疫力。无毒力的活疫苗对于同源攻毒具有保护力。但尚未商品化。

10.3.4 实验室诊断

诊断包括从粪样或淋巴结抽吸物分离即将死掉的微生物。“冷富集”可以增强分离效果，尤其是从混合来源进行的分离，即在 4℃条件下，10%的接种物在最小限度的培养基孵育几周。可以应用分子探针的 DNA 技术，或者通过 PCR 扩增特定的 DNA 序列。

10.3.5 治疗和控制

假结核耶尔森氏菌对与瘟疫同样的抗菌药物做出反应。

10.4 小肠结肠炎耶尔森氏菌

小肠结肠炎耶尔森氏菌与驯养动物和灵长类的肠系膜淋巴腺炎、末端回肠炎、急性肠胃炎、败血病相关。

10.4.1 特征描述

10.4.1.1 细胞组成和具有重要医学意义的产物

小肠结肠炎耶尔森氏菌含有质粒 pYV（编码 III 型分泌系统、Yop、LcrV）、一种含有摄取铁的基因、称为高毒力岛的染色体位点。编码蛋白 Ail、Inv、Yad、Gsr 的基因也位于染色体上。

1. 黏附素

见上文 10.3.1.1 的描述。

2. 细胞壁

见上文 10.3.1.1 的描述。

3. GSR

见上文 10.3.1.1 的描述。

4. 高毒力岛

见上文 10.3.1.1 的描述。

5. 铁摄取

见上文 10.3.1.1 的描述。

6. III 型分泌系统

见上文 10.3.1.1 的描述。

7. 毒素

小肠结肠炎耶尔森氏菌产生大量涉及毒力的毒素。

（1）Yop，见上文 10.2.1.1 的描述。

（2）LcrV，见上文 10.2.1.1 的描述。

（3）Yst 是一种为小肠结肠炎耶尔森氏菌所独有的，染色体编码的内毒素。Yst 通过 cGMP 的合成失调影响鸟苷酰环化酶系统（细胞内 cGMP 的增加导致氯离子通道的开启，氯离子和水流入肠腔），导致钠和氯离子（和水）吸收（顶细胞）阻断后的液体和电解液的积聚，以及氯离子（细胞）的损失。

10.4.1.2　变异性

大约有 34 种 O 抗原和 20 种 H 抗原血清群，O 群 3、5、27、8 和 9 与胃肠道的经典疾病相关，有 5 种生物型。

10.4.2　生态学

10.4.2.1　贮存宿主和传播

水、食品、土壤、水果、蔬菜和从人到软体动物的无症状个体，一直被看作小肠结肠炎耶尔森氏菌的贮毒宿主。在 22～25℃，一定毒力决定簇的表达，表明哺乳动物从“冷”来源（如水、食物），而不是温血动物，获取小肠结肠炎耶尔森氏菌。随着吞食表达黏附素的微生物，感染出现。

10.4.2.2　传播

主要通过吞食暴露。

10.4.2.3　致病机制

小肠结肠炎耶尔森氏菌与假结核耶尔森氏菌的致病机制相同。除了上皮细胞侵入相关的腹泻和炎症（同假结核耶尔森氏菌），小肠结肠炎耶尔森氏菌产生 Yst。

10.4.2.4　流行病学

一定的血清型是具有地理局限性的。O∶8 只存在于美国，而不是世界的其他地方。直到最近，在美国，仍很少分离到 O∶3，而在世界的其他地方，则非常普遍，但在美国，存在增多的趋势。O∶9 还尚未见到发生于欧洲之外的报道。

对于动物耶尔森氏鼠疫杆菌肠道病的主要兴趣，源于其和人耶尔森氏菌属感染之间可能的流行病学关系。与动物和动物产品相关的暴发一直很少。血清型和生物型表明，在动物和人疾病分离物之间没有什么关联。

10.4.3　免疫学

小肠结肠炎耶尔森氏菌是一种细胞外微生物。即使微生物产生影响这一过程的蛋白质（Yop），噬菌细胞也很容易摧毁它。更为常见的是，由于先天性免疫反应（噬菌作用、裂解感染的上皮细胞、铁隔离和补体蛋白），小肠结肠炎耶尔森氏菌疾病是自身限制性的。O∶9 血清型和布氏杆菌之间的血清学关系，普遍存在于猪中并已经被列入到复杂的猪布氏杆菌根除计划中。

10.4.4　实验室诊断

可以对粪样、淋巴结活组织切片和来自感染组织的切片进行微生物学检查。含有胆盐的选择培养基，有时抑制小肠结肠炎耶尔森氏菌，尤其是在37℃。麦康凯琼脂是抑制作用最弱的培养基。有几种为了分离小肠结肠炎耶尔森氏菌而设计的特殊培养基（如CIN培养基）。样本在4℃的冷富集，有助于尝试着从污染的环境中分离少量的小肠结肠炎耶尔森氏菌。从组织中分离小肠结肠炎耶尔森氏菌，使应用在37℃孵育的血琼脂平板成为必要。可以应用分子探针的DNA技术，或者通过PCR扩增特定的DNA序列。

10.4.5 治疗和控制

对于治疗小肠结肠炎耶尔森氏菌引起的疾病，有用的抗微生物药物是氟喹诺酮类、四环素、甲氧苄氨嘧啶-磺胺和氯霉素。R质粒普遍存在于小肠结肠炎耶尔森氏菌，编码四环素和链霉素抗性的基因被普遍发现。

10.5 鲁氏耶尔森氏菌

“红口石鲈肠炎”是一种淡水鱼口周皮下的出血性炎症，尤其是彩虹鳟。感染是全身性的，在北美、澳大利亚和欧洲的孵卵所，引起明显的致死率。微生物通过无症状带菌鱼进行传播，并且可能是河边的哺乳动物（麝鼠）。暴发表现为与大量的暴露于细菌有关。

疾病的致病机制尚未被描述。一种蛋白酶Yrp（鲁氏耶尔森氏菌蛋白酶），因为明显降低了毒力编码基因的失活，而发挥了重要作用。

抗微生物药物（磺胺、四环素、甲氧苄氨嘧啶-磺胺）的使用，使暴发得到控制，而且在降低死亡率方面，菌苗已经取得成功。

第 11 章 肠杆菌：志贺氏菌属

Dwight C. Hirsh

志贺氏菌属的成员属于肠杆菌科，并且引起灵长类动物的杆状细菌性痢疾。下面的讨论局限于非人灵长类。疾病几乎只出现于笼养灵长类，其发生与应激（如运输、拥挤）或者免疫功能紊乱（如猿的获得性免疫缺陷综合征）相关。志贺氏菌属的 4 个成员（痢疾志贺氏杆菌、福氏痢疾志贺氏杆菌、鲍氏志贺氏杆菌和宋内志贺氏杆菌）可以感染人，其中福氏痢疾志贺氏杆菌、鲍氏志贺氏杆菌和宋内志贺氏杆菌可感染非人灵长类。

11.1 特征描述

11.1.1 细胞结构及组成

志贺氏菌属成员的解剖结构属于典型的肠细菌科。然而，它们既没有荚膜（K 抗原），也没有鞭毛（H 抗原）。所有菌种都表达黏附素（IpaD），以及典型的，由脂多糖（O 抗原）和蛋白质构成的革兰氏阴性细胞壁。

4 种血清型的鉴定依赖于脂多糖（LPS）O 重复单位的组成。每一种血清型都有特定的名称，每个志贺氏杆菌菌种都包括大量的血清型（表 11.1）。一种血清型向另一种血清型的转变是在调控基因操纵下进行的，调控基因位于毒力岛（志贺氏杆菌 Shi-O）内，毒力岛编码毒力决定簇，包括一种整合酶蛋白、一个特异插入位点和迁移性的一个基因群。Shi-O 基因在缺陷型（稳定）溶原噬菌体内，因此，血清学特征是稳定的。

表 11.1 志贺氏菌属成员

种	群(类型)
痢疾志贺氏杆菌	A(1～10)
福氏痢疾志贺氏杆菌	B(1～6)
鲍氏志贺氏杆菌	C(1～15)
宋内志贺氏杆菌	D(1)

11.1.2 具有医学意义的细胞产物

1. 黏附素

作为一种表面蛋白，IpaD（侵袭蛋白抗原）介导志贺氏杆菌向 M 细胞表面上的 β 整联蛋白以及大肠上皮细胞基侧表面的黏附。

2. 细胞壁

这一属成员的细胞壁具有典型的革兰氏阴性菌细胞壁。外膜蛋白的脂多糖是一种重要的毒力决定簇。不仅脂质 A 是有毒成分（内毒素），而且 O 重复单位侧链的长度阻碍了补体系统的膜攻击蛋白质与细菌外膜的黏附。LPS 结合到随后将其转移到血相 CD14 上的脂多糖结合蛋白（一种血清蛋白）。CD14-LPS 复合物结合到导致前炎性细胞因子释放的巨噬细胞表面的 Toll 样受体蛋白。

3. “侵袭”蛋白

由这一属成员产生的毒力因子（侵袭蛋白），主要由大质粒（命名为侵袭性质粒）编码。至少有 6 种染色体基因调控上述的绝大部分基因。质粒基因产物介导 III 型分泌系统蛋白，一些侵袭蛋白通过 III 型分泌系统被“注入”宿主细胞，如 IpabB、IpabC。效应蛋白通过一种空管样结构的 III 型分泌系统“注入”宿主“靶”细胞，III 型分泌系统由超过 20 种蛋白质组装而成。

1）IpaB　IpaB（同 IpaC）被“注入”宿主靶细胞，激活小 GTP-结合蛋白 Rho 家族，介导细胞骨架变化和“皱褶”的形成。IpaB 同时介导裂解含志贺氏菌的吞噬小体包膜 IpaB，激活 Caspase-1，产生细胞凋亡。

2）IpaC　IpaC（同 IpaB）被“注入”宿主靶细胞，激活小 GTP-结合蛋白 Rho 家族，介导细胞骨架变化和“皱褶”的形成。

3）IcsA　表面蛋白 IcsA（细胞内散播）介导细胞内散播。当志贺氏菌在宿主上皮细胞内时，IcsA 是肌动蛋白沉积作用和运动性的充分必要条件。

4）IcsB　表面蛋白 IcsB（细胞内散播）介导细胞内的散播。

4. 肠毒素

已经讲述过两种内毒素，ShET1 [志贺氏菌内毒素，在染色体毒力岛内编码，Shi-1——包含一簇编码毒力决定簇的基因（整联蛋白，一个特异插入位点和运动性）] 和 63kDa 产物的 *sen* 基因（志贺氏菌内毒素，在侵袭质粒上编码）。这些蛋白质激发液体分泌的机制是未知的。

5. 外毒素

痢疾志贺氏菌是志贺氏菌群中唯一具有编码 shiga 毒素所需基因的成员。shiga 毒素由染色体编码。shiga 毒素是由一个 A 亚单位（32 000MW）和 5 个相同的 B 亚单位（7700MW）组成的 70 000MW 的蛋白质。该毒素的靶细胞是血管内皮细胞。B 亚单位识别靶细胞上的受体。通过影响延伸因子 1 依赖的延长过程，A 亚单位在核糖体水平上抑制肽链延伸，这一活性导致细胞死亡。铁离子调控毒素的产生（通过 Fur，机制如下所述），低浓度铁离子使有毒产物的量增加。特定菌株或分离株的毒力与毒素产物量呈正相关。

6. 其他外毒素

在理论上，志贺氏菌至少产生两种其他外毒素，产生致病作用。这两种蛋白质是 SigA 和 Pic。

1）SigA（志贺氏菌 IgA 蛋白酶）　假设 SigA 使肠道志贺氏菌特异的 IgA 作用失活，从而启动疾病过程。染色体毒力岛 Shi-1 编码 SigA。

2）Pic（介导肠道定殖的蛋白质）　Pic 是一种丝氨酸蛋白酶，通过消化覆盖在肠道上皮细胞上的黏液，使志贺氏菌接近“靶”细胞。染色体毒力岛 Shi-1 编码 Pic。

7. 调控基因

志贺氏菌拥有一定数量依赖环境条件而被激活的基因。这些基因包括Fur和含有RpoS的RNA聚合酶。

1) Fur（三价铁的利用反应—铁水平） Fur系统“感受”可利用的铁离子浓度，并且当铁离子浓度降低（宿主的大部分铁离子与铁结合蛋白结合）时，转铁蛋白，分泌蛋白趋氧素，shiga毒素的合成和分泌被激活。毒力岛Shi-2编码基因Fur。

2) RNA聚合酶 含有RpoS的RNA聚合酶优先转录介导酸耐受（在pH5的条件下存活）基因，以保证安全地通过胃的酸性环境。

11.1.3 变异

基于O抗原（种特异性）的组成，对志贺氏菌进行“分型”。每一个菌种有大量的血清型。

11.2 生态学

11.2.1 贮存宿主

志贺氏菌属成员的生境包括出现临床症状、恢复期或者无症状的灵长目动物的大肠。

11.2.2 传播

疾病通过粪-口途径传播，感染剂量小，以至于其污染物也可传播病原。在很大程度上，志贺氏菌属成员受大肠内定殖抗性（正常菌群在肠道内排斥“外源”微生物的“屏障”效应量）的影响。通过降低定殖抗性、抗生素、应激或者食物的改变提高了感染的风险（通过降低正常菌群的数量，导致“屏障”效应降低），导致病原携带动物或低口服感染剂量就可发病，或产生继发感染。

与非人灵长类的周期性疾病相关的福氏痢疾志贺氏杆菌4型传播模式未知，但粪可能是传播媒介。

11.2.3 致病机制

环境因素激活毒力蛋白的表达和分泌。摄入的志贺氏菌安全地穿过胃（RpoS介导酸耐受反应），通过IpaD消化靶细胞上覆盖的黏膜层的方式，吸附到大肠M细胞的顶端表面。随着IpaB、IpaC通过III型分泌系统的方式的“注入”，细胞相关的细菌被诱捕到细胞膜的“皱褶”内。一些空泡内的志贺氏菌被转运到淋巴小结，在淋巴小结内，再次激活巨噬细胞的吞噬作用。被吞噬的志贺氏菌可能诱导巨噬细胞凋亡（IpaB），并且（或者）反映为在细胞内 ATP 浓度的非正常降低，这些反应均可导致巨噬细胞死亡。释放的志贺氏菌黏附到结肠上皮细胞的基底层表面（IpaD），并且诱导类似的细胞对其自身的吞噬。通过分泌 IpaB，志贺氏菌逃避液泡，导致细菌在上皮细胞胞浆内的沉积。Ics 的表达和在细菌的极端肌动蛋白的形成引发细菌在细胞内的运动。运动表现在沿肌动蛋白“应激纤维”聚集，有肌动蛋白“尾”的志贺氏菌向标记细胞内桥的钙调蛋白运动。因此，志贺氏菌横（向）运动。IcsB 裂解双层细胞膜，致使细菌在细胞间运动。被感染的宿主细胞，与死亡的和将死亡的巨噬细胞，分泌各种趋化因子（包括 IL-1 和 IL-18），导致剧烈的炎性反应。同样，细胞外志贺氏菌也启动炎症（通过其 LPS）。LPS 刺激 PMN 跨上皮游走。自然杀伤细胞裂解被感染的上皮细胞，这也是诱发炎症的过程。大量 PMN 引起的组织损伤是志贺氏菌引起痢疾的标志。由志贺氏菌非 shiga 毒素引起出血的机制是未知的，包括内皮细胞损伤的组织损伤可能是出血的主要原因。PMN 对志贺氏菌的吞噬、杀灭局限在肠道内。

磷脂酶 C 的激活，导致细胞内钙离子的增加，产生腹泻（也许由于“皱褶”的形成）。蛋白激酶 C 激活，随后，氯离子通道蛋白和那些参与 NaCl 吸收的膜相关离子运输蛋白磷酸化，引起腹泻。

在这种疾病中，内毒素的作用机制尚不清楚。有时，水样腹泻可能是内毒素和小肠上皮细胞相互作用的结果，并且部分是由于炎症过程侵袭/炎性过程导致的结肠上皮的改变。

痢疾志贺氏菌产生 shiga 毒素。这种毒素损伤黏膜下内皮细胞（出血），并且可能引起溶血性尿毒症综合征（HUS）的发生。

曾发现患牙周疾病的猴感染福氏志贺氏菌 4 型，这可能是一种偶然的结果，但并不确定。

11.2.4 流行病学

该病几乎只见于被捕捉到的灵长类。

11.3 免疫学

肠腔内特异的分泌型免疫球蛋白可以保护杆菌引起的腹泻。这些抗体阻止细菌的黏附和随后的吞噬。志贺氏菌是血清敏感的（补体膜攻击蛋白可以迅速摧毁细菌），并且 PMN 有效杀灭细菌。组织液中补体蛋白和炎症分泌成分（补体蛋白和 PMN）可有效杀灭细胞外志贺氏菌（那些在 M 细胞、巨噬细胞和结肠上皮细胞外的）。

非人灵长类在感染和疾病后对再次感染（加重）是否具有免疫性尚不清楚。在战俘营应激条件下的人类会出现再次感染或者加重。已经证明口服或者母源抗体无效。应用非毒力株，免疫后可在一定程度上起到保护作用，这些疫苗并没有被普遍利用。

11.4 实验室诊断

用肛门拭子或者直肠粪样进行实验室诊断。粪样的染色涂片直观地显示了炎性细胞、细胞碎片和红细胞（RBC）。然而，因为由弯曲杆菌引起的肠炎导致同样的症状，这样的发现不具有诊断价值。存在的弧菌也是导致腹泻的病原。

将样本涂布在沙门氏菌的分离培养基上，合适的培养基包括麦康凯琼脂、XLD 琼脂和 HE 培养基。对于志贺氏菌的一些菌株，SS 琼脂具有较强的抑制作用，亮绿琼脂则不起作用。GN 肉汤用于富集细菌更合适，亚硒酸盐或者连四硫酸盐肉汤不能富集志贺氏菌。

在含乳糖培养基中，志贺氏菌表现为非乳糖发酵菌落。尽管一些菌株（宋内和福氏）发酵这种糖，但在 24～48h 的孵育期内不能完成发酵。因而并不影响菌落的进一步检测。用志贺氏菌特异的抗血清检测可疑菌落，或者接种在不同的培养基，然后用抗血清检测。

已设计志贺氏菌特异的 DNA 扩增引物（进行 PCR 反应），这一方法已经被用来检测和鉴定这一属的成员。

11.5 治疗、控制和预防

志贺氏菌病的治疗包括护理和辅助性治疗。由于抗生素在动物饲养场的应用，导致了抗生素抗性菌株的出现，因此，在病情严重时使用抗生素，但不经常使用。

磺胺甲氧苄氨嘧啶或者氟喹诺酮类，对大多数菌株是有效的，并且与其他药物不同，这些药物对正常菌群（定殖抗性）的影响不是很大。研究表明，通过影响向宿主靶细胞的吸附，酵母（保拉迪酵母）可以降低实验动物对福氏志贺氏菌的易感性。

第12章　巴氏杆菌科：巴氏杆菌属和曼氏杆菌属

Dwight C. Hirsh　Ernst L. Biberstein

巴氏杆菌科包括放线杆菌属（*Actinobacillus*）、嗜血菌属（*Haemophilus*）、嗜组织菌属（*Histophilus*）、格里菌属（*Gallibacterium*）、隆派恩菌属（*Lonepinella*）、曼氏杆菌属（*Mannheimia*）、巴氏杆菌属（*Pasteurella*）和福克菌属（*Phocoenobacter*）。除了隆派恩菌属（从正常树袋熊粪样分离的降解丹宁酸细菌）和格里菌属［从正常鸭的肠道中分离的埃氏格里菌（*Gallibacterium anatis*）］以外，都具有医学意义。

巴氏杆菌科的所有成员都是革兰氏阴性球杆菌。兼性厌氧，并且是典型的氧化酶阳性（将其与肠细菌的成员相区分），大部分与动物共生寄生。

巴氏杆菌科，尤其是溶血巴氏杆菌，在过去的几年中，已经经历了广泛的分类学变化。在一段时间内，溶血巴氏杆菌含有17个荚膜型，2个生物型（A-发酵树胶醛醣和T-发酵海藻糖）。因此，溶血巴氏杆菌的每一种株系生物型被命名为一个字母（A或T），并且荚膜型被命名为一个数字（1～17）。例如，拥有1型荚膜的A生物型溶血巴氏杆菌被定义为A1溶血巴氏杆菌。遗传分析表明，所有的A生物型溶血巴氏杆菌组成了一个新的和单独的种——曼氏杆菌属。因此，几乎全部A生物型溶血巴氏杆菌成为溶血曼氏杆菌属。一个例外是溶血巴氏杆菌A11，成为了一个不同的种——葡萄糖苷曼氏杆菌属。所有的T生物型被放在一个新的种——海藻巴氏杆菌中。这样，“溶血巴氏杆菌”是过时的。

本章讨论的是其成员在几种动物的疾病中发挥重要作用的巴氏杆菌属和曼氏杆菌属（表12.1）。将简单讨论戴氏福克菌属（*Photobacterium damsela*）（以前称为皮氏巴氏杆菌），安氏日耳曼菌属（*Riemerella anatipestfer*）（以前称为安氏巴氏杆菌），以及生长旺盛的发酵剂4（EF-4），一种与巴氏杆菌相似的细菌。

表12.1　巴氏杆菌属、曼氏杆菌属、格里菌属和福克菌属的成员及其来源和相关状态

种	通常的来源或相关状态
产气巴氏杆菌	猪的胃肠炎相关；猪，禽的流产
禽巴氏杆菌	禽的呼吸道
贝氏巴氏杆菌（CDC群 HB-5）	人的巴氏腺脓肿；免疫损害患者的败血症；婴儿围产败血症
马巴氏杆菌	肺炎和马的相关症状
犬巴氏杆菌	狗的肺炎；狗的其他“口”相关的症状
达可马巴氏杆菌	狗的呼吸道；禽的呼吸道
鸡巴氏杆菌	禽的呼吸道
兰氏巴氏杆菌	禽的呼吸道
淋巴管巴氏杆菌	牛淋巴管炎
麦氏巴氏杆菌	猪的流产；仔猪败血症
多杀巴氏杆菌	反刍动物、猪、狗和猫的肺炎和呼吸症状；狗和猫其他“口”相关的症状；反刍动物败血症；禽的败血症；兔的脓肿和肺炎
侵肺巴氏杆菌	啮齿动物的肺炎

续表

种	通常的来源或相关状态
口巴氏杆菌	狗的肺炎;狗其他"口"相关的症状
希氏巴氏杆菌(*Pasteurella skyensis*)	养殖大西洋鲑的败血症
龟巴氏杆菌	沙漠龟和闭壳龟的呼吸道
海藻巴氏杆菌	反刍动物的肺炎和败血症
飞禽巴氏杆菌	禽的 wattles
溶血性曼氏杆菌(溶血性巴氏杆菌)	反刍动物的肺炎和呼吸道症状
肉芽肿曼氏杆菌	
格氏曼氏杆菌(*Mannheimia glucoside*)	反刍动物的呼吸道症状
罗氏曼氏杆菌(*Mannheimia ruminalis*)	瘤胃的正常菌群
弗氏曼氏杆菌(*Mannheimia varigena*)	反刍动物和猪的呼吸道症状;反刍动物和猪的败血症;牛的乳房炎
埃氏格里菌	正常鸭的肠内容物
子宫福克菌(*Phocoenobacter uteri*)	寄居在海豚的子宫

12.1 特征描述

12.1.1 形态和染色

巴氏杆菌属和曼氏杆菌属的成员是革兰氏阴性球杆菌，0.2～2.0μm。只在顶端着色的两极染色，可以用多色染色（如瑞氏染色）显示。

12.1.2 结构和组成

荚膜含有酸性多糖。多杀巴氏杆菌 A 型荚膜由透明质酸组成，D 型荚膜由肝磷脂组成，并且 F 型荚膜由软骨素组成（见下文 12.1.6，多杀巴氏杆菌荚膜命名的讨论）。多杀巴氏杆菌和溶血曼氏杆菌的一些株系表达黏附素。

细胞壁是典型的革兰氏阴性菌细胞壁，主要由脂多糖和蛋白质组成。后者的一些受到铁的调控（如在铁贫乏的条件下，它们得到表达）。

12.1.3 具有医学意义的细胞产物

1. 黏附素

巴氏杆菌属的一些或所有成员都产生黏附素（并且可能多于 1 类）。A 型 4 菌毛（“黏附素”）已经被描述于多杀巴氏杆菌的禽株，并且溶血性曼氏杆菌表达一种黏附素（定义为 Adh1）。同其他微生物一样，黏附素的表达可能依赖于环境因素。当微生物居住在上皮表面时，黏附素表达，但在宿主内部，当微生物被抑制时，向吞噬细胞的黏附是灾难性的。溶血性曼氏杆菌和海藻巴氏杆菌产生纤维蛋白原结合蛋白，目前，这些蛋白质的作用机制尚不清楚，但是在链球菌，纤维蛋白原结合蛋白通过“包被”细菌，向链球菌输入抗噬菌特性，因此，“覆盖”补体激活，以及那些被调理外源颗粒的血清蛋白（胶凝素）所识别的位点（并且因此降低调理作用和功能性膜攻击复合物的产生）。多杀巴氏杆菌 A 型的透明质酸荚膜充当一种黏附素，可能和由溶血性链球菌包被的透明质酸相似，通过一种透明质酸结合糖蛋白——CD44，与人的上皮细胞结合。

2. 荚膜

荚膜发挥许多作用，其中最重要的是对于噬菌作用的影响（抗噬菌），并且保护外膜免受通过补体系统激活产生的膜攻击复合物的攻击。产生的荚膜数量与可利用铁的数量呈负相关。在体内，可利用铁的数量是低的，形成荚膜的数量是少的（但足以保护微生物免受细菌吞噬和补体介导的裂解）。多杀巴氏杆菌 A 型荚膜由透明质酸组成，D 型荚膜由肝磷脂组成，F 型荚膜由软骨素组成（见下文 12.1.6，多杀巴氏杆菌荚膜命名的讨论）。这些物质与宿主组织的组成是相似的，并且具有较弱的抗原性，以及较弱的结合补体组成物的能力（因此，具有抗噬菌作用）。类似于多杀巴氏杆菌 A 型荚膜的情况，透明质酸荚膜也充当呼吸道上皮细胞的黏附素。

3. 细胞壁

LPS 结合到随后将其转移到 CD14 血象的脂多糖结合蛋白（一种血清蛋白），脂多糖会激发一种炎性反应。CD14-LPS 复合物结合到导致前炎性细胞因子释放的巨噬细胞表面的 Toll 样受体蛋白。另外，LPS 不仅对呼吸道上皮细胞有毒，而且与影响小泡的巨噬细胞白细胞毒素协同作用。

4. 毒素

曼氏杆菌和巴氏杆菌产生大量具有毒力活性的蛋白质。其中至少有两种在疾病的致病机制中非常重要（即毒力的降低源于不能产生这些毒素）：RTX 和一种 Rho 激活毒素。

1）*RTX 毒素*　毒素的 RTX（因为在蛋白质中甘氨酸序列重复的普遍特征而得名）型是一种由溶血性曼氏杆菌、海藻巴氏杆菌和多杀巴氏杆菌（产气巴氏杆菌、麦氏巴氏杆菌、维式曼氏杆菌）产生的白细胞毒素。尽管在氨基酸序列上与 RTX 家族的其他成员相似［见第 8 章，埃希氏菌溶血素；第 13 章，放线杆菌溶血素；第 15 章，博德特（氏）菌腺苷酰环化酶毒素；第 19 章，摩拉菌细胞毒素］，Lkt 特异性的影响牛的白细胞和红细胞。在体内，对于红细胞的效应的重要性可能很小，但是负责当溶血性曼氏杆菌和海藻巴氏杆菌在血琼脂平板上生长时所观察到的溶血。Lkt 结合到在牛白细胞（嗜中性粒细胞、巨噬细胞、血小板和淋巴细胞）表面上表达的 CD18（一种 β_2 整联蛋白）。在低浓度的条件下，Lkt 引起靶细胞活化，在较高浓度的条件下，凋亡被启动，并且在很高的浓度下，发生坏死（由于跨膜孔的产生）。一旦与 Lkt 接触，嗜中性粒细胞脱粒释放，产生加重炎症的潜在的酶，巨噬细胞释放前炎症细胞因子（在 LPS 存在的条件下放大），淋巴细胞经历凋亡和坏死，并且血小板通过增加的黏附素做出反应。另外，组织柱状细胞脱粒释放作用于血管的氨基酸。总之，Lkt 驱动一个摧垮组织的炎症反应。

2）*Rho 活化毒素*　Rho 活化毒素由与猪的萎缩性鼻黏膜炎相关的 D 型荚膜所产生（见下文 12.1.6，多杀巴氏杆菌荚膜命名的讨论）。毒素 Pmt（多杀巴氏杆菌毒素）刺激两种不同的信号蛋白：小 GTPase Rho 和异源二聚体 G 蛋白。不像其他类似的毒素（大肠杆菌产生的 CNF，见第 8 章，由支气管败血波氏杆菌产生的皮肤坏死毒素，见第 15 章），Pmt 不以酶活性影响这些调控蛋白的任何一种。然而，Pmt 与其中任何一种的相互作用，导致细胞间钙增加，介导的毒性。另外，Pmt 结合波形蛋白，一种负责提供细胞的机械力的细胞内中间丝。

3）*多种毒素*　多杀巴氏杆菌的一些种产生透明质酸酶和神经氨（糖）酸苷酶。这些酶在疾病的致病机制中所发挥的作用尚不清楚。预测透明质酸酶在体内激活，并且可能负责微生物通过“组织”传播的能力是具有吸引力的。神经氨（糖）酸苷酶已经被假设通过从黏液素清除末端硅酸残基，在上皮表面的定居中发挥作用。从而改造正常的宿主先天性免疫。

5. 铁摄取

因为铁是一种生长必需物质，如果要在宿主内生存，微生物必须获得这种物质。多杀巴氏杆菌的一些禽株产生一种嗜铁蛋白，multicidin，既不是酚盐也不是碱式硝酸盐型嗜铁蛋白。嗜铁蛋白没有被来自其他来源和株系的巴氏杆菌和曼氏杆菌展示。然而，通过在缺铁条件下表达的铁调控的外膜蛋白，巴氏杆菌属和曼氏杆菌属结合铁传递蛋白复合物（所谓的铁传递蛋白结合蛋白，或者 Tbp），从结合到微生物表面的铁传递蛋白复合物获得铁。多杀巴氏杆菌也结合可能是铁的其他来源的亚铁血红素和血色素。

6. 多种产物

多杀巴氏杆菌的一些禽株表达一种对噬菌细胞有毒的外膜蛋白。这种蛋白质在疾病的致病机制中发挥何种作用尚不清楚。如果由于可以利用的铁浓度低，在体内，荚膜形成被下调，然后，有毒的外膜蛋白可能发挥保护微生物免受吞噬的作用。

12.1.4　生长特性

在血清或血液存在的情况下，巴氏杆菌属和曼氏杆菌属生长良好。在过夜培养后（35～37℃），菌落直径约为 1mm，清亮，平滑并且呈黏液样。溶血曼氏杆菌、海藻巴氏杆菌和葡萄糖巴氏杆菌在反刍动物血琼脂上产生溶血。全部为革兰氏阴性，不运动的球杆菌。兼性厌氧，典型的氧化酶阳性，还原硝酸盐，并且发酵性的袭击糖。

12.1.5　抗性

在 1～2 周内，培养物死亡。灭菌、加热（50℃，30min）和紫外线可以迅速致死培养物。在鸟的尸体中，多杀巴氏杆菌可以存活几个月。

巴氏杆菌属和曼氏杆菌属，尤其是来自食品动物的，已经具有对于最初易感的青霉素、四环素和磺胺类药物增加的抗性。对于巴氏杆菌属和曼氏杆菌属，编码四环素抗性的基因是独特的，抗性编码的基因经常与 R 质粒相关。

12.1.6　变异

多杀巴氏杆菌有 5 种荚膜（A、B、C、D、E）和 11 种菌体血清型，以出现的 20

种不同的组合组成。血清型经常与宿主特异性和病原致病性相关。血清型用一个定义荚膜型的字母和定义菌体型的数字来定义，如 A∶1。

溶血曼氏杆菌由 12 种荚膜型（1、2、5～9、12～14、16、17）组成，海藻巴氏杆菌有 4 种荚膜型（3、4、10、15）。

12.2 生态学

12.2.1 贮存

巴氏杆菌属和曼氏杆菌属由易感宿主（由于黏附素黏附到其表面）的黏膜（最普遍在口咽区）携带。带菌者可能广泛传播，像食肉类，或者出现例外，像鸟的禽霍乱产生株或者反刍动物的出血性败血症产生株。对于禽霍乱，一种宿主种类可能充当另一种细菌的贮存宿主。

12.2.2 传播

通过吸入、吞食或者叮咬和搔抓伤口，许多感染可能是内源性的。在牛出败和禽霍乱的感染中，环境污染导致了间接传播。

12.2.3 致病机制

12.2.3.1 机制

通常，巴氏杆菌属和曼氏杆菌属导致的疾病有三种表现：呼吸道症状、败血症和损伤相关的状态。

（1）通过呼吸道症状或者是肺炎，或者是上呼吸道疾病（猪的萎缩的鼻黏膜炎）。肺炎最常见于反刍动物，并且通常与溶血曼氏杆菌、多杀巴氏杆菌或者海藻巴氏杆菌相关。环境应激（如运输、断奶）、病毒感染，或者其他细菌感染（如支原体），通常先于肺炎，并且通过减弱允许共生细菌在上部（最普遍的是溶血曼氏杆菌）生存的宿主防卫以感染肺。来自上呼吸道的溶血曼氏杆菌/海藻巴氏杆菌在肺积聚，并且分泌 Lkt，与来自其细胞壁的 LPS，启动一种伴随纤维蛋白沉积的强烈炎症反应。尽管多杀巴氏杆菌没有表现为产生 Lkt，其在肺内的沉积通过 LPS 启动了一种炎症反应。荚膜，铁清除能力，或者可能是纤维蛋白原的结合，增强了细菌在损伤中的生存。

管道上部疾病局限于猪的萎缩性鼻炎。这种疾病的严重（或进行性）形式是一种首先黏附在鼻腔黏膜，并且分泌一种轻度损伤上皮的毒素，这种毒素被称为皮肤坏死毒素。多杀巴氏杆菌的 D 型荚膜株黏附到这种被温和损伤的上皮，并且分泌 Pmt（这些株不容易黏附到正常上皮）。Pmt 负责鼻甲骨的破坏。没有多杀巴氏杆菌参与，单独支气管败血波氏杆菌毒素的作用导致温和的，非进行性的鼻甲骨发育不全。

(2) 巴氏杆菌科成员引起的败血性疾病几乎专门由反刍动物的巴氏杆菌（牛的出败、绵羊的败血症）或者禽巴氏杆菌（禽霍乱）引起。这些株系如何引起败血症尚未阐明。然而，荚膜或者铁清除能力对于微生物在宿主内的生存是关键的。巴氏杆菌禽株的外膜蛋白通过降低噬菌作用发挥一些作用。这种疾病的症状和结果归于内毒素（图 8.1）。

(3) 损伤相关的状态是那些“口腔”微生物（最普遍的是巴氏杆菌）被接种在感染位点。例子包括咬伤，舔所危及的位点（如外科伤）。

12.2.3.2 病理学

因感染的位点、株的毒性和宿主的抗性的不同，损伤有所不同。对于败血症，脉管损伤导致出血和液体的损失，但细胞炎症反应很少。可能发生实质器官的坏死或者黏膜溃疡，哺乳动物发生普遍的出血淋巴结病。

在大多数肺炎，炎症细胞是显著的，出现红细胞、中性粒细胞和单核细胞，并且依次占有优势。组织外观从红、黑色、红、粉和灰色依次改变。形成坏死、脓肿、纤维蛋白沉积的严重性有所不同。对于慢性禽霍乱，在关节、中耳、卵巢或者肉垂会出现 caseopurulent 炎症。

猪的萎缩性鼻炎（见第 15 章支气管败血波氏杆菌）是一种伴随着邻近炎症区的骨生成的紊乱。破骨的增加和成骨活性的降低摧毁了鼻甲骨和猪嘴的骨，导致面部的变形(图 73.1)。在组织学上，含纤维的组织代替了骨组织。骨萎缩症伴随着不同敏感度的炎症。

12.2.4 病型

12.2.4.1 牛

1. 肺炎

涉及溶血曼氏杆菌、多杀巴氏杆菌或者海藻巴氏杆菌的牛“巴氏杆菌病”的最普遍形式是运输热，在应激条件下，被运输、聚集、处理的牛非常常见，尤其是小牛的纤维蛋白胸膜肺炎或支气管肺炎（图 73.6 和图 73.7）。尽管最终的起因尚不确定(表 12.2)，引起严重疾病和死亡的微生物是细菌，最普遍和最急性的是溶血曼氏杆菌荚膜 1 型。

表 12.2 牛的运输热的病因和可能的影响因素（C. A. Hjerpe)[c]

细菌[a]	霉形体	病毒[b]	环境应激
溶血曼氏杆菌	牛霉形体	传染性牛鼻气管炎病毒	疲劳、饥饿、脱水、断奶、日粮改变、拥挤、寒冷、过热、过量或不规律高能饲料、通风不良、过度潮湿、非呼吸疾病、去势、去角、不良的群体调控
多杀巴氏杆菌	不对称霉形体	副流感-3	
睡眠嗜组织菌	脲霉形体	呼吸道合胞病毒	

a. 其他不普遍相关的细菌：沙门氏菌、链球菌、金黄色葡萄球菌、大肠杆菌、化脓隐秘杆菌、专性厌氧菌、衣原体；

b. 其他不普遍相关的病毒：牛病毒性腹泻病毒、腺病毒、鼻病毒、杯状病毒和冠状病毒；

c. C. A. Hjerpe：Bovine respiratory complex. Curr Vet Ther 1986；2：670。

在应激后的1～2周，发热、食欲不振、精神沉郁。呼吸症状（流鼻液、咳嗽）很少并且各不相同。在最年老的阶段，发热可能减轻，但呼吸应激可能是明显的。可以发现异常听诊音，尤其是在最早和最严重侵袭的顶端背板叶。

2. 出血性败血病

出血性败血病是一种出现于热带地区，由多杀巴氏杆菌B∶2型（南亚和东南亚）或E∶2（非洲）型引起的高致病率和高死亡率的季节性流行病，症状包括高热、精神沉郁、皮下水肿、多涎、腹泻或者猝死。所有的排泄物和分泌物具有高度的感染性。

3. 乳房炎

溶血曼氏杆菌可能引起更多的组织破坏，出血和经常致命的全身性毒性并发症；多杀巴氏杆菌会引起一些轻微的形式。

12.2.4.2 绵羊和山羊

1. 败血病

败血性巴氏杆菌病，通常是由于喂奶羔羊中的海藻巴氏杆菌和看护羔羊的溶血曼氏杆菌感染，不涉及肠道，而且发病率更低，与牛的败血病相似。

2. 流行性肺炎

绵羊的流行性肺炎是与牛的运输热类似的疾病。最普遍涉及的是溶血曼氏杆菌。

3. 乳房炎

在哺乳期的晚期，当大的羔羊擦伤乳房，并且提供口咽菌群的接种体时，会出现溶血曼氏杆菌引起的腐败性乳房炎。伴随着乳房疾病，出现急性全身性反应，其中部分经历坏死（“蓝袋病”）和腐烂。

12.2.4.3 猪

1. 萎缩性鼻炎

青年猪（3周龄～7个月）的萎缩性鼻炎导致鼻甲骨破坏，源于增强的多杀巴氏杆菌（通常为荚膜D型）和支气管败血波氏杆菌引起的鼻感染的继发性并发症。另外，氨（有时发现于饲养舍）与Pmt协同作用。

症状包括打喷嚏、鼻出血和由于泪管阻塞导致的玷污。骨骼异常引起猪嘴侧部背离，或者由于rostrocaudal压缩，起皱。一定程度上，继发性肺炎是由于充当呼吸道防卫的鼻甲骨功能的丧失而造成的（图73.1）。

2. 肺炎

随着病毒性感染，经常发生多杀巴氏杆菌相关的纤维蛋白性肺炎。

12.2.4.4 兔

1. 呼吸道症状

“鼻塞”是一种在怀孕、哺乳或管理不当的应激下发生的，由多杀巴氏杆菌引起的兔的黏脓性鼻窦炎。并发症包括支气管肺炎、中耳和内耳感染、结膜炎和败血病。

2. 生殖道疾病

在生殖道内多杀巴氏杆菌可能引起睾丸炎、阴茎头包皮炎和子宫积脓。

12.2.4.5 禽类

禽霍乱

禽霍乱是一种通过吞食和吸入多杀巴氏杆菌导致的全身性感染，并且主要侵袭火鸡、水禽和鸡。在没有疾病前期症状的情况下，特急性禽霍乱杀死 60%的感染鸡。急性型表现为精神沉郁、食欲减退、腹泻、流鼻液和眼泪，可能持续几天，并且大约 30% 死亡。亚急性型大部分呈现呼吸症状、罗音、流黏脓性鼻液。而慢性禽霍乱有局部化的干酪样损伤。有时可以从慢性病例中分离到格氏巴氏杆菌（*Pasteurellae gallinarum*）。

12.2.4.6 狗和猫

口相关症状

在伤口感染部位占主要成分的厌氧菌群的旁边，会发现多杀巴氏杆菌（猫）和犬巴氏杆菌（狗），serositide（如猫的脓胸）和体外损伤。

12.2.4.7 马

呼吸道症状

马巴氏杆菌出现于马的呼吸道疾病，通常与兽疫亚种相关。

12.2.4.8 实验啮齿类

侵肺巴氏杆菌是一种普遍共生菌，可能引起肺炎等机会性感染。其他宿主表型相似的微生物可能属于不同的种（如达可马巴氏杆菌）。

12.2.4.9 人

多杀巴氏杆菌引起源于动物咬伤和擦伤的伤口感染。第二种形式，尤其在呼吸道，通常不直接起源于动物。

12.2.5 流行病学

表 12.3 列出了外生的贮存宿主、分布及巴氏杆菌和曼氏杆菌属相关的各种状态下的应激。禽霍乱有时会涉及野生动物来源。

表 12.3 在各种类型的巴氏杆菌感染中，应激、引入微生物和微生物传播的相对作用

	重要性		
	微生物引入群	群内微生物的传播	环境或个体应激或损伤
禽霍乱	+++	++++	?
牛出败	+++	++++	+

续表

	重要性		
	微生物引入群	群内微生物的传播	环境或个体应激或损伤
牛运输热、牛流行性肺炎、牛出血性巴氏杆菌病、兔巴氏杆菌病	+	++	+++
人巴氏杆菌病	+?	—	++++
反刍动物散发性肺炎、狗和猫的巴氏杆菌感染		—	++++

— = 无关；+ = 有影响；++= 显著；+++ = 关键；++++ = 最重要的。

12.3 免疫学

12.3.1 免疫学基础

在抵抗出败和禽霍乱中，循环抗体起显著的保护作用。在出败中，型特异的特异荚膜抗原是基本的免疫原。对于与巴氏杆菌属和曼氏杆菌属相关的其他形式疾病的描述尚不清楚。抗毒素和抗细菌抗体在保护中的作用是重要的。

12.3.2 人工免疫

巴氏杆菌佐剂菌苗能有效地预防牛出败，可以提供长达 2 年的保护。抗血清具有短期的保护作用。

一种有效禽霍乱疫苗的基本特性是未知的，即使是自家制备，菌苗的田间表现一直是矛盾的。最具前景的是含有减毒微生物（如 CU 或 M-9）的活疫苗，弱化与免疫原性呈负相关。

大多数运输热疫苗是溶血曼氏杆菌、多杀巴氏杆菌或者海藻巴氏杆菌与其他牛细菌性病原混合物的疫苗，各有其优缺点，对牛接种由溶血曼氏杆菌制备的菌苗，降低了这种微生物在上呼吸道定居的程度。改进活疫苗的有效性有待进一步田间实验的确定。单独的重组 Lkt 不能保护牛免于溶血曼氏杆菌引起的肺炎。编码 Lkt 的基因已经被克隆到白色三叶草的基因组中，并且得到表达，策略是通过饲喂进行免疫。关于这种方法的使用，尚没有可以利用的数据。

含有类毒素的多杀巴氏杆菌和支气管败血波氏杆菌菌苗，对于萎缩性鼻炎的控制具有价值。

12.4 实验室诊断

12.4.1 直接检查

可以对分泌液和组织压片、气管吸入物的沉淀，以及鸟的血液涂片进行染色（如吉姆萨、瑞氏、Wayson），并且用于有两极着色微生物的检查，其存在具有提示作用，但对于巴氏杆菌属/曼氏杆菌属不是唯一的。应用革兰氏染色进行镜检，巴氏杆菌属/曼氏杆菌属形态不明显。

12.4.2 分离和鉴定

在牛或绵羊血液琼脂上过夜生长（35～37℃），巴氏杆菌属/曼氏杆菌属可以用不同的方法进行鉴定，在参考实验室确定荚膜和菌体的型。设计扩增细菌染色体特异的DNA片段的引物，通过PCR显示和鉴定巴氏杆菌属/曼氏杆菌属的存在。

12.5 治疗和控制

巴氏杆菌属/曼氏杆菌属引起的疾病，可以对及时的抗生素治疗做出反应。来自食肉动物和人的菌种对于几乎所有的抗生素易感。对于氨基糖苷类，大多数巴氏杆菌属/曼氏杆菌属表现出中等抗性，在临床上可能不明显。那些来自生产动物的则各不相同。对于这些细菌，屠宰前的成本和收回的必需品需要额外予以考虑。因此，磺胺药物、青霉素、头孢噻呋、替米考星和四环素优先考虑。应该通过易感性测试确定最适药物。可以应用磺胺药物、青霉素、氟甲砜霉素和四环素治疗禽霍乱。

对于猪和禽，磺胺药物、青霉素、四环素适于经饲料或水治疗或预防性的集中用药。

对于预防家畜巴氏杆菌属/曼氏杆菌属的相关疾病，旨在降低应激的管理惯例是非常重要的。

只有在牛出败和萎缩性鼻炎的控制中，免疫才是可以依赖的。

12.6 鸭瘟立默氏菌

鸭瘟立默氏菌是“新鸭病”的病原微生物，是引起小鸭的一种非常严重的多发性浆膜炎疾病（鸭败血病，鸭的感染性浆膜炎）。在过去，这种微生物一直被称为鸭瘟巴氏杆菌或鸭瘟摩拉氏菌。

12.6.1 特征描述

鸭瘟立默氏菌是革兰氏阴性，不运动，有荚膜，偶尔有两极的球杆菌。在血液和巧克力琼脂（见第14章有关描述）上，在CO_2浓度增加的条件下，生长良好。菌落不溶血，透明，并且在24h的孵育后直径超过1mm。微生物为氧化酶和催化酶阳性、proteolytic、不发酵糖且在垫料中可以存活数周。共有21种血清型（1～21），并以几种组合出现。

12.6.2 生态学

12.6.2.1 贮毒宿主

微生物出现于鸭和其他鸟类。带菌鸟类组成了贮毒宿主。

12.6.2.2 传播

感染经呼吸、皮肤和其他可能的途径发生。

12.6.2.3 致病机制

鸭瘟立默氏败血病引起突然死亡，或者在亚急性的情况下，出现咳嗽、流鼻液和流眼泪等呼吸症状。涉及中枢神经系统时，出现头震颤、斜颈和运动失调，也可见到腹泻。在急性病例中，可以观察到纤维蛋白多发性浆膜炎，分泌液大多为单核。在拖延的病例中，可以观察到成纤维细胞和巨细胞。

致死率为5%～75%；持续时间从1天到几周。

12.6.2.4 流行病学

只有鸭长期存在被感染的风险。应激因素发挥一种明显的增强作用，青年鸟类最易感。

12.6.3 免疫方面

恢复的鸟类对于再次暴露于这种细菌时具有抗性。免疫是血清特异的，并且由菌苗诱导。

12.6.4 实验室诊断

对于诊断，分离和鉴定是必需的。通过革兰氏染色或免疫荧光，可以显示微生物。

在 CO_2 浓度增加的条件下，孵育培养平板。

12.6.5 治疗和控制

可以在饲料和水中预防性地投喂磺胺药物（磺胺二甲基嘧啶、磺胺二甲氧嘧啶、磺胺喹二噁啉、甲基嘧啶）。治疗性的应用青霉素、红霉素、新生霉素。皮质类固醇与抗生素（青霉素）联合使用，不会影响损伤的消退。

接种适当血清型的灭活或活的无毒力细菌是有益的。

12.7 美人鱼发光杆菌

美人鱼发光杆菌包括两个亚种：鲨鱼亚种和美人鱼亚种。美人鱼发光杆菌鲨鱼亚种

（以前被分为海鱼弧菌）是鱼巴氏杆菌病的病原微生物。二者都可以引起多种海水鱼的败血病。美人鱼发光杆菌能够引起哺乳动物（海豚和人）的败血病。

美人鱼发光杆菌是一种革兰氏阴性，氧化酶阳性的嗜盐杆菌。通过传统的生化测试，或者通过确定编码 16S rRNA（可以利用亚种特异的引物进行 PCR）的 DNA 序列，可以区分其亚种。

两个亚种对于多种抗菌药物（包括四环素和 β-内酰胺）易感。在一些病例中，R 质粒介导的抗性已经使治疗更加困难。

12.8 EF-4 群（繁殖良好的发酵罐）

革兰氏阴性，不运动的细菌，表面上与巴氏杆菌亚种相似，在食肉动物的嘴内出现，零星引起明显的内源性、致死性的、急性局灶性 pyogranulomatous 肺炎。对于人，可见于动物的咬伤感染。

这种细菌为氧化酶、过氧化氢酶、硝酸盐反应阳性。缓慢发酵乳糖，并且没有其他在诊断上可以依赖的特征。

对于来自动物咬伤的人填塞物的分离物进行分析，结果表明，其对于大环内酯类药物（红霉素、甲红霉素、阿奇霉素）、头孢菌素、氨苄、四环素、氨基苷类和氟喹诺酮类易感。

第13章　巴氏杆菌科：放线杆菌属

Dwight C. Hirsh　Ernst L. Biberstein

巴氏杆菌科包括放线杆菌属（*Actinobacillus*）、格里菌属（*Gallibacterium*）、嗜血菌属（*Haemophilus*）、嗜组织菌属（*Histophilus*）、隆派恩菌属（*Lonepinella*）、曼氏杆菌属（*Mannheimia*）、巴氏杆菌属（*Pasteurella*）和福克菌属（*Phocoenobacter*）。除了隆派恩菌属（从正常树袋熊粪便中分离的降解丹宁酸细菌）和格里菌属［从正常鸭的粪便中分离的埃氏格里菌（*Gallibacterium anatis*）］以外，都具有医学意义。

尽管它们的遗传特性不同，放线杆菌属和巴氏杆菌属表型重叠。同巴氏杆菌属的情况一样，放线杆菌属正经历着很大的分类学改变。在本书中，放线杆菌属含有20个种，其中许多种与几种动物的疾病相关（表13.1）。在本章中讨论的是马驹放线杆菌马驹亚种（以前的马驹放线杆菌，驹的新生败血症的起因）、马驹放线杆菌溶血亚种（以前的溶血放线杆菌，主要出现在马的呼吸道疾病）、李氏放线杆菌（pyogranulomatous过程的微生物，主要存在于反刍动物）、猪放线杆菌（与猪的呼吸道、败血症和局部感染相关）和胸膜肺炎放线杆菌（猪胸膜肺炎的病因）。

表13.1　放线杆菌属成员和其通常的来源或者相关症状

种	通常的来源或者相关症状
伴放线杆菌	口腔、灵长类的牙周病；心内膜炎
关节炎放线杆菌	Foal和马的败血病；马口腔的正常菌群
荚膜放线杆菌	兔的关节炎
海豚放线杆菌	海兽的败血病
马驹放线杆菌马驹亚种	新生Foal的败血病
马驹放线杆菌溶血亚种	马的呼吸道疾病
人放线杆菌	人的呼吸道疾病
吲哚放线杆菌	猪的胸膜肺炎和肺炎
李氏放线杆菌	反刍动物的慢性肉芽肿
小放线杆菌	猪的胸膜肺炎和肺炎
小鼠放线杆菌	啮齿类动物的呼吸道疾病
胸膜肺炎放线杆菌	猪的胸膜肺炎
小猪放线杆菌	猪的胸膜肺炎和肺炎
罗氏放线杆菌	母猪的繁殖道
输卵管炎放线杆菌	雏鸡的呼吸道和繁殖道疾病
苏格兰放线杆菌	寄居海豚的败血病
种子放线杆菌	绵羊的繁殖道症状（羔羊附睾炎）；绵羊生殖道的正常菌群
苏氏放线杆菌（*Actinobacillus succinogenes*）	牛瘤胃
猪放线杆菌	呼吸道症状和猪的败血病
脲放线杆菌	人的呼吸道疾病

巴氏杆菌科的所有成员是革兰氏阴性球杆菌。为兼性厌氧菌，典型的氧化酶阳性(利用该特性，可以将其与肠细菌科区分开来)。大多数与动物为共生寄生。

13.1 特征描述

13.1.1 形态与染色

放线杆菌属的成员是革兰氏阴性球杆菌，大约 0.5μm 宽，长度各异。

13.1.2 结构与组成

荚膜为多糖。细胞壁是革兰氏阴性菌的典型细胞壁，主要含有脂多糖和蛋白质。后者中的一些是受铁调控的（即它们在缺铁的条件下表达)。

13.1.3 具有医学意义的细胞产物

13.1.3.1 黏附素

同其他微生物一样，黏附素的作用是允许细菌表达它们，黏附到排列在特定小生境的细胞，以及在疾病启动前的所谓的“靶细胞”的表面（在一些情况下，小生境和靶细胞可能是相同的)。黏附素的表达依赖于各种环境线索，其中一些，并且可能是所有的巴氏杆菌科成员都表达黏附素（并且可能超过一种)。

除了胸膜肺炎放线杆菌，实际上，对于其他具有兽医学意义的动物疾病相关的放线杆菌黏附素一无所知。胸膜肺炎放线杆菌黏附到两种不同的细胞类型，排列在鼻腔和扁桃腺（类似于带菌动物的情况)，以及末段气管和气泡的细胞（疾病的前奏)。胸膜肺炎放线杆菌产生两种具有黏附素功能的结构。第一种是经典意义上的黏附素，即一种结合到宿主表面的蛋白质亚单位发挥其主要功能。这些黏附素是 4 型菌毛，并且，它们吸附到哪种类性的细胞上是未知的。细胞壁脂多糖，不总是被作为一种黏附素。然而，胸膜肺炎放线杆菌的脂多糖（尤其是核心部分）负责这种微生物向猪的低端呼吸道细胞的黏附。

13.1.3.2 荚膜

荚膜发挥多种作用，其中最重要的作用是影响噬菌作用（抗吞噬）和保护外膜免受通过补体系统的激活产生的膜攻击复合物的沉积。荚膜产生的数量与可以利用的铁的数量呈负相关。在体内，可以利用的铁的数量低的地方，形成荚膜的数量少（但足够保护微生物免受吞噬和补体介导的裂解)。使荚膜的表达和在胸膜肺炎放线杆菌的黏附作用中充当一种黏附素的脂多糖二者之间的协调是困难的。

13.1.3.3 细胞壁

随着与 LPS 结合到随后将其转移到 CD14 血象的脂多糖结合蛋白（一种血清蛋

白)，脂多糖激发一种炎性反应。CD14-LPS 复合物结合到导致前炎性细胞因子释放的巨噬细胞表面的 Toll 样受体蛋白。

13.1.3.4 毒素

放线杆菌属的成员至少产生两种具有毒力活性的产物。最重要的是毒素的 RTX 型，另一种是尿素酶。

1. RTX 型毒素

毒素的 RTX 型［因为在蛋白质中甘氨酸序列重复的普遍特征而得名，也见第 8 章大肠杆菌的溶血素，第 12 章曼氏杆菌的白细胞毒素，第 15 章博德特氏菌的腺苷酰(基）环化酶毒素，第 19 章摩拉氏菌的细胞毒素］是一种由胸膜肺炎放线杆菌、猪放线杆菌和罗氏放线杆菌产生的毒素。毒素被命名为 Apx（胸膜肺炎放线杆菌毒素）。马驹放线杆菌和溶血放线杆菌产生一种非常相似的毒素，Aqx（溶血放线杆菌毒素）。即使李氏放线杆菌含有编码 Apx 的基因，也不表达（缺乏一种功能性启动子）。像其他 RTX 型毒素一样，存在一种剂量效应。在低浓度的条件下，这些毒素通过导致脱粒，影响巨噬细胞和中性粒细胞的功能，在较高浓度的条件下，它们对巨噬细胞、中性粒细胞和小泡的上皮细胞具有溶细胞作用。另外，RTX 型毒素裂解红细胞（解释了当生长在血琼脂上时，表达它们的放线杆菌的溶血表型)，并且当与葡萄球菌 β 毒素产生株交叉划线时，导致 cAMP 反应（见第 28 章)。如果在疾病发生中扮演角色，作用于红细胞上的效应很少。有 4 种类型的 Apx 毒素（ApxI、ApxII、ApxIII、ApxIV)，每一种都具有不同程度的细胞毒性（其中 ApxI 最为有效，其次是 ApxIII，然后是 ApxII，ApxIV 的作用是未知的)。放线杆菌可能含有编码这 4 种毒素任意组合的基因。在胸膜肺炎放线杆菌的情况下，血清型 1、5、9、10 和 11 产生 ApxI，所有的血清型（除了血清型 10）都产生 ApxII，血清型 2、3、4、6、8 产生 ApxIII，而且，所有的血清型都产生 ApxIV。罗氏放线杆菌产生 ApxII 和 ApxIII，而猪放线杆菌产生 ApxI 和 ApxII。

2. 尿素酶

已经表明，在由胸膜肺炎放线杆菌引起的疾病中，胸膜肺炎放线杆菌产生的尿素酶非常重要（在由其他的放线杆菌阳性种引起的疾病中，这种酶是否发挥作用是未知的)。尿素酶负责从尿中释放氨（考虑到与发现于血液和组织液内很低的尿浓度相关，胸膜肺炎放线杆菌尿素酶是相当高的)，除了吸引和激活中性粒细胞和巨噬细胞，氨抑制吞噬溶酶体融合，并且使吞噬溶酶体内的 pH 升高，因此，降低各种酸水解酶的有效性。这些效应降低了宿主从肺内清除微生物的能力，而且确保上呼吸道的有效定居，因此，促进带菌状态（从呼吸道迅速清除不能产生尿素酶的突变体)。

13.1.3.5 铁摄取

因为铁是一种生长所绝对需要的物质，如果要在宿主内生存，微生物必须获得这种物质，通过在缺铁条件下表达的铁调控外膜蛋白，放线杆菌结合铁传递蛋白复合物（所谓的铁传递蛋白结合蛋白，或者 Tbp)。从结合到微生物表面的铁传递蛋白复合物获得铁。除了通过 Tbp 获得铁以外，即使其自身不产生，胸膜肺炎放线杆菌也可利用由细菌的其他种所产生的嗜铁蛋白（氧肟酸和儿茶酚)。

13.1.3.6 多种产物

其他由放线杆菌产生的，可能在疾病发生中发挥作用的产物（特异的胸膜肺炎放线杆菌），包括 IgA 和 IgG 蛋白酶（分别预防黏附和调理作用），以及外周胞质过氧化物歧化酶（通过使过氧化物酶分子失活，在吞噬溶酶体内预防消化的策略）。

13.1.4 生长特性

在 20～42℃的条件下，放线杆菌在血液或含有血清的培养基生长。在 24h 内，菌落达到 1～2mm。一些放线杆菌（吲哚放线杆菌、小放线杆菌、胸膜肺炎放线杆菌生物型 1 型和小猪放线杆菌）要求烟碱腺嘌呤二核苷酸（NAD）用于生长，而胸膜肺炎放线杆菌生物型 2 型则不用。溶血依赖于 ApxI、ApxII 或者 Aqx 的表达（具有溶血活性的毒素）。

在没有气体产生的条件下发酵糖。尿素酶、邻硝基苯-β-D-半乳糖酶（ONPGase，β-半乳糖酶）和硝酸还原酶典型存在。不产生吲哚，并且大部分菌株在麦康凯琼脂生长(但很差)。培养物在一周内死亡，兼性厌氧，并且为典型的氧化酶阳性。

13.1.5 抗性

胸膜肺炎放线杆菌含有编码磺胺、四环素和青霉素 G 抗性的 R 质粒。

13.1.6 变异

李氏放线杆菌和马驹放线杆菌的抗原性不同。李氏放线杆菌的 6 种菌体型具有一些对于地理和宿主特异性偏好的特点。胸膜肺炎放线杆菌有 15 种菌体血清型（1～15）和两种生物型（生物 1 型要求 NAD 用于生长 ，而 2 型则不用）。猪放线杆菌具有至少两种菌体血清型（O1 和 O2）。

13.2 生态学

13.2.1 贮存宿主

放线杆菌（可能除了荚膜放线杆菌）在黏膜营共生寄生。胸膜肺炎放线杆菌与患病或恢复动物紧密相关。

13.2.2 传播

除了新生动物，大多数放线杆菌可能是内源性感染。在其母畜出生后不久，新生驹一般通过脐获得马驹放线杆菌马驹亚种。

13.2.3 致病机制

13.2.3.1 机制

由放线杆菌属成员引起的大部分疾病，来自正常无菌但被生活在邻近位点（小生境）细菌危及的位点。普通的损害是病毒感染、外伤或者应激。有时决定先兆事件的性质是困难的（尤其是对于具有败血症的新生动物）。由于细胞壁上的脂多糖和尿素酶（如果感染株产生这种酶），沉积到正常无菌位点的放线杆菌会启动炎症反应。荚膜与噬菌作用相互作用，并且保护外膜免于补体系统的激活产生的膜攻击复合物的沉积。铁传递蛋白结合蛋白参与铁摄取。通过激活和损伤中性粒细胞和巨噬细胞，RTX 毒素（Apx、Aqx）强化炎症反应。如果感染过程包括肺，小泡上皮细胞也被损伤。被吞噬的、产生尿素酶的放线杆菌抵抗氨，及可能的过氧化物歧化酶的破坏。通过 IgG 蛋白酶的产生，调理作用降低。

在新生动物败血症的情况下（尤其是马驹放线杆菌马驹亚种），放线杆菌进入全身循环。荚膜和 Tbp 允许在血流内的扩增，导致内毒血症。

13.2.3.2 病理学

肺损伤（通常由马驹放线杆菌溶血亚种、胸膜肺炎放线杆菌和猪放线杆菌引起）是化脓性的。炎性细胞是突出的，具有依次出现的占支配地位的红细胞、中性粒细胞和单核细胞。组织因此呈现从微红-黑-红-粉和灰色的改变。

由李氏放线杆菌引起的一个主要的软组织过程是反刍动物舌部的慢性肉芽肿。在其中心是一个李氏放线杆菌菌落，被嗜曙红细胞环绕，棍棒样过程形成了“玫瑰环”。复合物被中性粒细胞和含有巨噬细胞、血浆细胞、淋巴细胞、巨细胞和成纤维细胞的表面有粒的组织所包围。植物纤维经常存在，通过接合，可能形成大的肉芽肿（直径 1cm 或更大）。感染扩散到淋巴结，沿线产生肉芽肿。扩增的组织反应引起舌从口腔伸出，可能会涉及邻近的淋巴结，邻近部位的其他组织，并且偶尔涉及胃肠道。表面的损伤经常溃烂，绵羊的头颈部、皮肤和乳腺出现化脓性感染。舌的参与是不典型的。

13.2.4 病型

13.2.4.1 反刍动物

涉及李氏放线杆菌的“放线杆菌病”或“木舌”出现于反刍动物，狗和马很少。在反刍动物中，微生物（通常为鼻咽的定居者）可能通过外伤（植物纤维）接种，启动所描述的过程，过程延长并且治愈缓慢。对食物摄入的影响引起失重和脱水。

13.2.4.2 猪

1. 肺炎

胸膜肺炎放线杆菌（血清 1 型和 5 型在北美更普遍，血清 2 型在欧洲更普遍）主要引起猪肺炎，尤其是 2～6 月的年轻猪。拥挤和通风不良会加剧传播。早期症状包括感冒和食欲降低，伴随着一天内的急性呼吸困难，动物可能在24h内死亡。发病率可能达到40%，死亡率高达24%。幸存猪表现间歇性的咳嗽和不理想的增重。经常没有前驱事件的慢性感染是持续性牧群问题的来源。损伤构成了纤维蛋白性肺炎和胸膜炎。作为复杂症状出现的关节炎、脑膜炎和流产。猪放线杆菌可能引起老龄动物的肺炎。

2. 败血病

青年猪的败血病、关节炎和心内膜炎有时与猪放线杆菌相关。

13.2.4.3 马

1. 肺炎

马（任何年龄）的细菌性肺炎通常与β-溶血链球菌（通常是马驹放线杆菌的亚种 *zooepidemicus*）和革兰氏阴性菌（通常是马驹放线杆菌溶血亚种）的混合相关。

2. 败血病

由于马驹放线杆菌溶血亚种，在马驹出生后几天内，会引起驹败血病，并且明显呈现发热、食欲不振、俯卧和腹泻。由于关节炎，经历了第一天的动物典型发展成跛。一些驹发展为这种微生物的脐带感染。

13.2.5 流行病学

放线杆菌是机会性病原，当其宿主的完整性被如损伤、不成熟或其他应激破坏时，会引发疾病。由于粗糙食物引起的反刍动物黏膜损伤可能引起畜群暴发，从而表明，其是可传播的疾病。

在猪胸膜肺炎的情况下，慢性无症状带菌者是明显的贮存宿主。当非免疫动物暴露于亚临床感染的个体时，疾病发生。在寒冷的月份，流行最高。与气候因素相比，可以发现，感染的发生可能更多的是由于管理的不利（即具有不同暴露历史的个体的混合）。

13.3 免疫学

“木舌”的病理学提示了一种细胞介导的超敏感反应。在感染中，没有出现已知保护性功能的抗体，尚没有确定菌苗的好处。抗胸膜肺炎放线杆菌的抗体具有调理作用，并且初乳可以保护猪。抗RTX毒素的抗体具有保护作用。

13.4 实验室诊断

能够经常在革兰氏染色的分泌液中发现放线杆菌。在浓度增加的CO_2（35～37℃）的条件下，它们在血琼脂上生长良好。菌落经常呈黏性，通过培养和生化测试完成种的确定。已经通过设计DNA引物进行PCR反应的鉴定。

13.5 治疗和控制

通过综合性的管理措施，接种免疫和抗微生物治疗来控制和治疗猪的胸膜肺炎。管理措施包括减少猪与成熟（携带者）动物的接触［例如，“全进全出”的饲养习惯；通过血清学实验、培养和（或）应用发现编码 Apx 的基因之一——*apx*IV 的 PCR 反应等方法鉴定和清除大母猪，因为 PCR 方法在所有血清型中是独特的，所以表现为最具价值］。疫苗策略包括菌苗（血清型特异，并且不预防带菌状态）和改造的活疫苗（具有 Apx 和尿素酶缺失突变体的胸膜肺炎放线杆菌］。潜在的有用的抗生素包括青霉素 G、四环素、庆大霉素、卡那霉素、头孢菌素、替米考星、铁木林、氟甲砜霉素、头孢噻夫、恩诺沙星和甲氧苄氨嘧啶。

对于“木舌”，口服或静注碘化物及时减轻了可能是主要临床问题的炎性肿胀。避免饲喂粗糙的干燥食物，可以降低这种状态的可能性。

包括肚脐消毒的良好的驹卫生，降低了驹败血症的可能性。对于由放线杆菌引起的败血症的治疗，潜在的有效抗生素包括青霉素 G、头孢噻呋、庆大霉素。

马驹放线杆菌溶血亚种对大部分抗菌药物有反应。

第14章 巴氏杆菌科：嗜血菌属和嗜组织菌属

Dwight C. Hirsh　Ernst L. Biberstein

巴氏杆菌科含有放线杆菌属（*Actinobacillus*）、格里菌属（*Gallibacterium*）、嗜血菌属（*Haemophilus*）、嗜组织菌属（*Histophilus*）、隆派恩菌属（*Lonepinella*）、曼氏杆菌属（*Mannheimia*）、巴氏杆菌属（*Pasteurella*）和福克菌属（*Phocoenobacter*）。除了隆派恩菌属和格里菌属以外，都具有医学意义。

嗜血菌属的成员，除了具有巴氏杆菌科的特性，还要求一种或两种生长因子用于繁殖。最初，卟啉（亚铁血红素）或烟碱腺嘌呤二核苷酸（NAD，NADP）分别被称为X（热稳定）和V（热不稳定）因子。表现这些需要的巴氏杆菌科的一些成员和流感嗜血杆菌（*H. influenzae*）在遗传上无关（与口咽、中耳和人患者的呼吸道状态相关）。

本章讨论的是副鸡嗜血杆菌（鸡的传染性鼻炎的起因）、副猪嗜血杆菌［Glässer氏病与多（发性）浆膜炎的败血病的起因，猪的继发性呼吸道病］和索氏嗜血杆菌（*Histophilus somni*；败血病、牛和绵羊呼吸道、生殖道疾病的起因），以前命名为"睡眠嗜血杆菌"、"羔羊嗜血杆菌"和"绵羊嗜血杆菌"。本章还对鼻气管鸟杆菌进行了简要的讨论，这是一种不是巴氏杆菌科成员的微生物，但表型（临床）与副鸡嗜血杆菌的一些株系相似。

巴氏杆菌科的所有成员都是革兰氏阴性球杆菌，兼性厌氧，并且为典型的氧化酶阳性（这一特性使其可以与肠细菌科的成员相区分）。大部分和动物之间表现共生寄生的关系。

14.1 特征描述

14.1.1 形态和染色

嗜血菌属和嗜组织菌属的成员是革兰氏阴性杆菌，不足1μm宽，1～3μm长，但有时可以形成较长的丝。一些种（副鸡嗜血杆菌、流感嗜血杆菌）有荚膜。

14.1.2 细胞组成和产物

荚膜为多糖。细胞壁是革兰氏阴性微生物的典型，主要由脂多糖和蛋白质组成。后者中的一些为铁调控（即它们在缺铁的条件下表达）。

14.1.3 具有医学意义的细胞产物

14.1.3.1 黏附素

同其他微生物一样，黏附素的作用是允许表达其的微生物黏附到排列在一种特定小生境的细胞，以及在启动疾病之前（在一些情况下，小生境和靶细胞可能相同），黏附到所谓的“靶细胞”表面。黏附素的表达依赖于各种环境因素，一些，并且可能是巴氏杆菌科的所有成员，都表达黏附素（而且可能超过一种）。

索氏嗜血杆菌也产生一种特定的表面蛋白，当用电镜观察时，呈纤丝状。这些结构负责微生物结合到内皮细胞（随后的纤丝沉积导致凋亡）。构成这种纤丝网络的蛋白质是由索氏嗜血杆菌产生的两种免疫球蛋白结合蛋白（IgBP）中的一种，尤其是所谓的高分子质量 IgBP。

除了产生几种（也称为菌毛或者 pili）负责黏附到人上呼吸道上皮的人类病原，对于嗜血菌属和嗜组织菌属的黏附素的其他方面了解甚少。

14.1.3.2　荚膜

荚膜发挥许多作用，其中最重要的是与噬菌作用相互作用（抗吞噬）和保护外膜免受由补体系统的激活产生的膜攻击复合物的沉积作用。副鸡嗜血杆菌和流感嗜血杆菌产生荚膜。

14.1.3.3　细胞壁

随着脂多糖（LPS）结合到随后将其转移到 CD14 血象的脂多糖结合蛋白（一种血清蛋白）上，LPS 激发一种炎性反应。CD14-LPS 复合物结合到导致前炎性细胞因子的释放的巨噬细胞表面的 Toll 样受体蛋白。

索氏嗜血杆菌的细胞壁脂多糖被命名为脂寡糖（LOS）。在基因 *lob*（LOS 的生物合成）的指导下，LOS 经历了导致随着 LOS 的糖部分改变的不同表位表达的时相变化。时相不同的索氏嗜血杆菌更具毒力，解释是包括免疫侵入，以及与那些不存在相改变的相比，相变分离物更具血清抗性（对补体介导的裂解抗性的一种体外测量）。临床分离物（来自中枢神经系统、关节和流产胎儿）时相不同，大部分来自带菌位点的分离物（阴茎包皮、阴道）则反之。

在索氏嗜血杆菌表面，表达两种不同的免疫球蛋白——结合蛋白（IgBP），一种为 41kDa 蛋白质，另一种为高分子质量的蛋白质（100～350kDa），二者并不都结合免疫球蛋白，但高分子质量的蛋白质优先结合 IgG_2。免疫球蛋白分子通过 Fc 部分结合 IgBP，使抗体在调理作用中无效，或者导致补体激活。另外，高分子质量 IgBP 会充当一种黏附素。

14.1.3.4　铁摄取

因为铁对于几乎所有细菌都是绝对必需的，如果微生物要在宿主内生存，就必须获得这种物质。通过在缺铁条件下表达的铁调控的外膜蛋白，嗜血菌属和嗜组织菌属结合铁传递蛋白-铁复合物（所谓的铁传递蛋白结合蛋白），从结合到微生物表面的铁传递蛋白-铁复合物获得铁。

14.1.4　生长特性

嗜血菌属和嗜组织菌属的成员呈兼性厌氧，典型的氧化酶阳性，并且发酵糖。CO_2

会增强一些种的生长。在合适的培养基内，24～48h内，这一属的成员使肉汤混浊，并且在琼脂（35～37℃）上产生直径为1mm的菌落。血晶素（X因子）和NAD（V因子）可能会成为生长因子。自然含有这些物质的培养基是巧克力琼脂，一种在75～80℃（而不是制备通常的血琼脂的50℃）融化，向琼脂中添加血液的培养基。这一程序从细胞内释放了NAD，并且失活了对NAD的酶。

或者，在一划线的培养皿上，可能接种一种“饲料”细菌，在其他不适当的培养基内，只在“饲料”细菌划线附近出现生长，呈现一种称为“卫星”的现象（图14.1）。这可能通过将商业制备的X和V因子饱和滤纸放在接种区进行复制（图14.2）。对于X和V因子的要求，见表14.1。

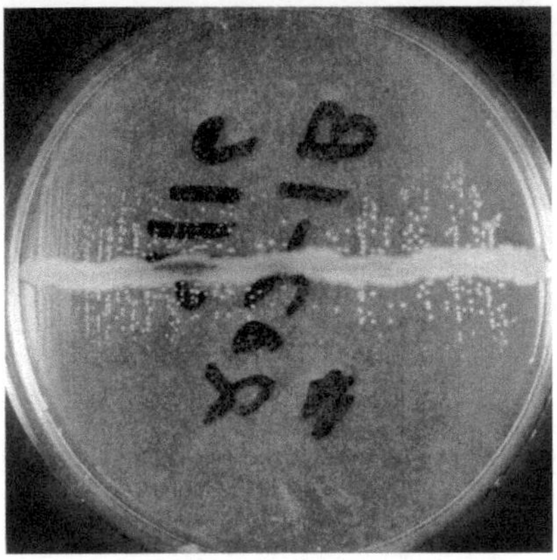

图14.1 嗜血菌在葡萄球菌“饲料”划线的周围呈“卫星”状生长。在整个表面，均匀地接种嗜血菌，然后以单一划线的方式接种葡萄球菌。

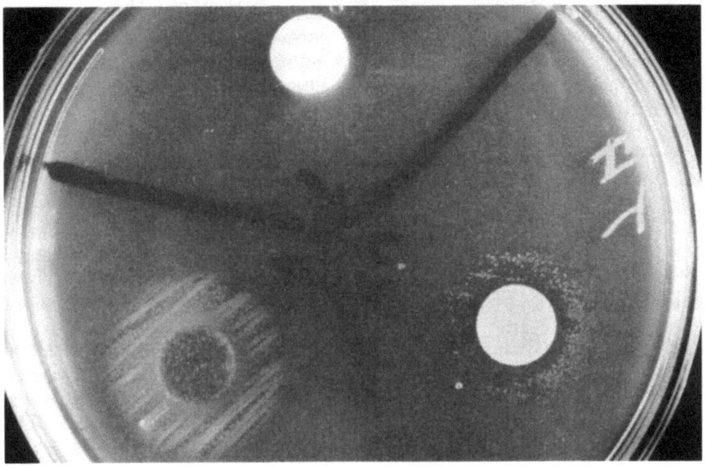

图14.2 应用浸渍XV、X和V因子（从左到右）的滤纸决定对于辅助因子的需要，在XV和X盘周围（下左和右），而不是V盘（顶部中心）出现生长。因此，微生物被鉴定为要求X，而不是V因子的嗜血红素嗜血菌。

表14.1 嗜血菌属和嗜组织菌属的致病和常见的种

	X	V	宿主	临床意义
流感嗜血菌	+	+	人	脑膜炎、败血病、中耳炎、会厌炎、结膜炎、支气管肺炎
副鸡嗜血杆菌	−	+	禽	禽的传染性鼻炎
副猪嗜血菌	−	+	猪	继发性肺炎、Glässer氏病
索氏嗜血菌	−*	−*	牛、绵羊	败血病、肺炎、流产、附睾炎、脑膜脑炎
猫胃螺杆菌	−	+	猫	猫的结膜炎
嗜血红素嗜血菌	+	−	狗	无(机会性)

* 需要半胱氨酸，被硫胺焦磷酸刺激。

14.1.5 生化活性

动物的嗜血菌属和嗜组织菌属呈氧化酶和硝酸还原酶阳性，并且发酵糖。

14.1.6 抗性

嗜血菌属和嗜组织菌属的成员容易被热杀死，并且在培养和贮存时会迅速死亡，除非冻干或在－70℃储存。在低温条件下，副鸡嗜血杆菌在分泌物中可以存活几天。

14.1.7 变异

血清型可能因不同的病原和地理流行而不同，并且决定了细菌导致的免疫特异性。副鸡嗜血杆菌有三种血清型（所谓的 Page 方案的 A～C 型和 Kume 方案的 I～III 型），而副猪嗜血杆菌至少有 7 种血清型。已经从南非分离到 NAD 的非依赖株，因为 NAD 依赖性用于感染性鼻炎的培养诊断，这已经成为一个严重的问题。

14.2 生态学

14.2.1 贮存

嗜血菌属和嗜组织菌属的成员生活在上呼吸道或下生殖道。副猪嗜血杆菌生活在正常猪的鼻咽，而副鸡嗜血杆菌更紧密地与患病或恢复禽类的呼吸道相关。在正常牛的下生殖道（阴茎包皮和阴道）和上呼吸道发现了索氏嗜血杆菌。非常奇怪的是，来自这些位点的分离物似乎时相不同于其 LOS（并且是相对无毒力的）。索氏嗜血杆菌也定居在正常绵羊的下生殖道。

14.2.2 传播

嗜血菌属和嗜组织菌属细菌可能通过空气传播或通过亲密接触传播。在流行过程中，间接传播是可能的。

14.2.3 致病机制

14.2.3.1 机制

通常，在发现嗜血菌属和嗜组织菌属细菌通向正常无菌位点（一个可能的例外是副鸡嗜血杆菌）的路径发生疾病。一些未确定的事件（如索氏嗜血杆菌败血症）是否导致了侵入表型，或者是否这是以前受到危害位点的偶然性“污染”事件（如随着应激的副鸡嗜血杆菌肺炎），或者二者皆有，尚不清楚。

由索氏嗜血杆菌引起的败血性疾病，微生物对补体介导的裂解（LOS相变）有抗性，并且通过一种未知的方式在噬菌细胞内生存。可以通过从宿主移除铁传递蛋白获得铁。也可以通过外表面的相改变逃避有效地免疫反应。另外，抗体（尤其是那些属于IgG_2亚型的）通过Fc部分结合到IgBP（以这种方式结合的抗体不导致补体激活，也不充当调理素）。索氏嗜血杆菌通过高分子质量IgBP黏附到内皮细胞，并且导致这种细胞的凋亡。在受损内皮细胞的表面出现血栓症。血管内的扩增造成了内毒素血症（图8.1）。

沉积到下呼吸道的索氏嗜血杆菌和副鸡嗜血杆菌，通过其细胞壁脂多糖（脂寡糖，LOS)，激发一种炎性反应。从铁传递蛋白获得铁，因为LOS相的改变，以及IgBP次要抗体介导的调理作用和补体激活，出现免疫侵入索氏嗜血杆菌在噬菌细胞内的生存(副猪嗜血杆菌不具有这种特性)。

因为荚膜，副鸡嗜血杆菌对补体介导的裂解和噬菌作用有抗性。尽管对这种微生物所引起的疾病所知甚少，但细胞壁的脂多糖成分可以引起一种炎症反应。

14.2.3.2 病理学

所有感染都具有由革兰氏阴性细胞壁的化学成分造成的，引起巨噬细胞的前炎性细胞因子释放的脓性成分。肺、体腔和关节的感染由浆液纤维素性趋于纤维素性及脓性。脑膜管的细菌定居产生了导致脑炎和脑膜炎的血管的脉管炎。索氏嗜血杆菌会引起出血性坏死过程。

禽鼻炎以异嗜性分泌物的鼻黏膜炎症为标志。

14.2.4 病型

14.2.4.1 牛

1. 血栓栓塞脑膜脑炎（TEME）

TEME是由索氏嗜血杆菌引起的败血病的结果，导致脑和小脑血栓栓塞脑膜脑炎和梗塞。脑炎前期阶段以高热为特征，随着中枢神经系统的参与，发生运动和行为异常。

2. 肺炎

索氏嗜血杆菌出现于肺炎过程中，尤其是和其他微生物一起，例如，巴氏杆菌属/曼氏杆菌属是运输热复合体的一部分。

3. 败血病

索氏嗜血杆菌可能引发败血病（表现为内部血毒症)，有时导致关节炎、mycoarditis或流产。

4. 流产

有时会出现由索氏嗜血杆菌引起的流产。而这是否是败血病或生殖道疾病的继发症状，尚不清楚。

14.2.4.2 猪

1. 肺炎

副猪嗜血杆菌能够引起继发病毒感染（如猪流感）的支气管肺炎。其他细菌（如巴氏杆菌亚种和支原体）也可能参与。

2. 败血病

副猪嗜血杆菌能够引起断奶仔猪的 Glässer 氏病 [多（发性）浆膜炎]，一种影响胸膜、腹膜、纵隔、心包膜、关节和脑膜的急性炎症。断奶、运输和管理应激是诱病因素。在应激事件中，疾病零星发生。由于广泛传播获得的抗性，发病率和死亡率通常较低，但在以前没有暴露的群，则可能较高（如 SPF 群）。疾病表现为发热和不适，呼吸和腹部应激，跛、瘫痪或抽搐，1～2 周开始恢复。相似的症状由索氏嗜血杆菌引起。

14.2.4.3 禽

传染性鼻炎

传染性鼻炎（副鸡嗜血杆菌引起）是鸡的一种急性传染性上呼吸道疾病。感染各个月龄的禽类。症状包括流鼻液、鼻窦肿胀、面部水肿和结膜炎。如果涉及气囊和肺，可以检测到罗音。如果没有并发症感染，则死亡率低。生产损失是该病最严重的后果。支原体或寄生虫的双重感染使症状加剧，并且延长病程。对于其他鸟类，只有日本鹦鹉高度易感。

14.2.4.4 绵羊

索氏嗜血杆菌引起呼吸道和乳腺感染，不成熟公羊的附睾炎，偶尔可引发败血病（图 74.6）。

14.2.4.5 狗和猫

1. 狗

嗜血红素嗜血杆菌，一种犬低端生殖道的共生物，有时会引起膀胱炎和新生犬感染。尽管在阴茎头包皮和阴道经常发现嗜血红素嗜血杆菌，但其在阴茎头包皮炎和阴道炎中所发挥的作用尚不清楚。

2. 猫

猫嗜血杆菌与结膜炎相关（随着猫衣原体和支原体的流行）。

14.2.5 流行病学

除了副鸡嗜血杆菌，所有命名的微生物，都定居在呼吸道和生殖道的正常黏膜。因此，对于群体或者个体而言，感染经常是内源性的。当动物受到母体免疫的保护，也可能出现定居副猪嗜血杆菌的猪，在以前未出现副猪嗜血杆菌的应激猪群，各种年龄的猪都会出现多（发性）浆膜炎。

由于其对于饲育场的偏好，以及秋冬月份的提示，索氏嗜血杆菌引起的呼吸和败血性疾病，同样和应激因素相关。

嗜血菌属和嗜组织菌属细菌一般呈宿主特异。

14.3 免疫学

感染个体会产生循环抗体，并且，至少对于哺乳动物具有保护功能。血清抗体的存在与对于索氏嗜血杆菌感染的抗性密切相关。细胞介导免疫的作用尚不清楚。

感染后产生免疫。在传染性鼻炎之后，病原扩展到异源性血清型。

可以应用免疫接种控制传染性鼻炎、多发性浆膜炎和血栓栓塞脑膜脑炎。菌苗可以预防严重的疾病，但不能预防由异源性血清型引起的感染。

14.4 实验室诊断

尽管发现属和种特异的 DNA 使诊断相当容易（然而，由于这种方式的诊断没有分离到细菌，而使型和易感性测试变得困难），但对于诊断的成立，从感染组织或者液体中分离到微生物通常是必需的。培养前，在样本中观察到的革兰氏阴性杆菌可能提示嗜血菌属和嗜组织菌属细菌的感染。分离这样一种微生物需伴随着生长因子需求的实证。

需要 X 因子的微生物，不能将 δ-氨基乙酰丙酸转化为尿胆素原和卟啉。卟啉测试最为可信地决定了这种能力和对 X 因子的需要。对于一个种的确定性认定，通常还需要其他的测试。

通过培养和血清学方法（凝集、琼扩、血凝抑制）诊断传染性鼻炎。与经典的培养技术（NAD 依赖和 NAD 非依赖的株系在该测试中以相似的方式发生反应）测试相比，副鸡嗜血杆菌特异引物的 PCR 更快捷，更便宜。鼻腔鸟杆菌是一种模仿鼻气管鸟杆菌（和巴氏杆菌科的其他成员）的革兰氏阴性杆菌，并且经常可以从鸟的呼吸道分离到。然而，它不是 NAD 非依赖的（同副鸡嗜血杆菌的经典株一样，见上文 14.1.7）的。除了 HP-2 测试，很难将鼻腔鸟杆菌和副鸡嗜血杆菌区分开来。

14.5 治疗和控制

大多数的动物性嗜血菌属细菌，对青霉素、头孢噻呋、四环素易感。嗜组织菌属细菌对氟苯尼考、青霉素、替米考星、四环素易感。对于败血症脑膜脑炎形式，治疗的及时和维持非常关键。

对于禽的传染性鼻炎，可以在水和饲料中投喂红霉素和磺胺类药物，也可能通过消除带菌动物和免疫受到威胁的动物的方法加以控制。禽业生产者可能会灭杀感染鸡群。当必须保留育种群时，新增鸡群要在 16 周（即在与感染群混合前的 4 周）进行免疫接种。

菌苗在预防 TEME 时具有一定效果，但对于其他索氏嗜血杆菌的感染，效果较差。

14.6 鼻腔鸟杆菌

鼻腔鸟杆菌是与巴氏杆菌科的一些成员相似的革兰氏阴性杆菌。专性厌氧，CO_2会增强其生长，氧化酶阳性，发酵糖，不能在麦康凯琼脂上生长。既不需要卟啉化合物/血红素（X因子），也不需要（NAD，NADP；因子V）。然而，特别需要注意的是，鼻腔鸟杆菌不是巴氏杆菌科的成员，事实上也不是任何识别的微生物群的成员。基于编码16S核糖体RNA的序列，鼻腔鸟杆菌与里默氏菌和二氧化碳嗜纤维菌的亲缘关系更近。该菌具有12种血清型（A～L)，其中A型最为普遍。

鼻腔鸟杆菌引发（通过未知的机制）鸟类（家养和野生类）的呼吸道疾病（窦炎、气囊病、肺炎)。火鸡和鸡的呼吸道病可能相当温和，症状不明显，或者呈现死亡率的增加，水平（空气，污染的杂菌）或垂直（是否经卵巢或经蛋的盲肠污染尚不清楚）传播。

由于副鸡嗜血杆菌NAD非依赖株的出现，应用经典方法区分副鸡嗜血杆菌和鼻腔鸟杆菌是困难的。基于PCR的测试（HP-2，见上文)，可以快速并容易的区分两种微生物。

鼻腔鸟杆菌的大部分分离株对氨苄、红霉素、青霉素、大观霉素、四环素、泰乐菌素易感。接种自家苗可以降低死亡率。

第15章　博德特氏菌属

Dwight C. Hirsh　Ernst L. Biberstein

博德特氏菌属的成员是属于产碱杆菌科的革兰氏阴性球杆菌。包括8个种，其中一些是人和动物的重要病原（表15.1）。只有派氏博德特氏菌（*B. petrii*）是寄生于纤毛呼吸上皮的需氧菌。派氏博德特氏菌是生存在环境中的兼性需氧菌，并且尚没有发现其与疾病相关。百日咳博德特氏菌、副百日咳博德特氏菌、支气管炎博德特氏菌三者的亲缘关系很近，并且可能属于同一个种。百日咳博德特氏菌（很少情况下，副百日咳博德特氏菌）会引发人的百日咳。具有兽医学意义，本章重点讨论的主要是支气管炎博德特氏菌。支气管炎博德特氏菌涉及猪的萎缩性鼻炎、犬的犬窝咳和许多动物的支气管肺炎；而禽博德特氏菌，则是鸟鼻气管炎的起因。

表15.1　博德特氏菌属和其通常的来源或者相关疾病

种	通常的来源或者相关疾病
百日咳博德特氏菌	人的喘息性咳嗽
副百日咳博德特氏菌	人的喘息性咳嗽样疾病；绵羊肺炎的不普遍起因（绵羊株与人株不同）
支气管炎博德特氏菌	与猪的萎缩性鼻炎相关；多种动物的呼吸道疾病
禽博德特氏菌	禽鼻气管炎（尤其是火鸡）
欣氏博德特氏菌	禽的正常菌群
霍氏博德特氏菌	与上呼吸道疾病相关，人的败血病
创口博德特氏菌	与人的耳和伤口感染相关
派氏博德特氏菌	环境

15.1　特征描述

15.1.1　形态与染色

博德特氏菌是多形性革兰氏阴性球杆菌，大约0.5μm宽，最长2μm。

15.1.2　结构与组成

细胞壁是革兰氏阴性微生物的典型，主要由脂多糖和蛋白质组成。支气管炎博德特氏菌有荚膜。这一属的大部分成员产生菌毛黏附素。支气管炎博德特氏菌和禽博德特氏菌通过缘毛目鞭毛运动。

15.1.3 具有医学意义的细胞产物

例外很少，百日咳博德特氏菌、副百日咳博德特氏菌、支气管炎博德特氏菌、禽博德特氏菌产生很多在疾病的发生中发挥重要作用的相同物质（表 15.2）。

表 15.2 挑选的博德特氏菌属成员具有医学意义的细胞产物的分布

产物	百日咳博德特氏菌	副百日咳博德特氏菌	支气管炎博德特氏菌	禽博德特氏菌
腺苷酰环化酶	+	+	+	+
Brk	+	+	+	−
荚膜	−	−	+	−
DNT	+	+	+	+
Fha	+	+	+	−
菌毛	+	+	+	+
铁清除	+	+	+	+
LPS	+	+	+	+
Pertactin	+	+	+	?
Ptx	+	−[a]	−[a]	−
Tcf	+	−	−	?
气管毒素	+	+	+	+
III 型分泌系统	+	+	+	+

a. 编码 Ptx 的基因存在，但不产生毒素。

15.1.3.1 黏附素

同其他微生物一样，黏附素的作用是允许细菌表达它们，并黏附到排列在特定小生境的细胞，以及在疾病启动前的所谓的“靶细胞”的表面（在一些情况下，小生境和靶细胞可能是相同的）。黏附素的表达依赖于各种环境因素。

博德特氏菌产生许多负责黏附到宿主细胞的结构。这些黏附素包括菌毛、丝状血凝素、pertactin、细胞壁脂多糖、气管定居因子和百日咳毒素。全部受到 BvgAS 的正调控。

1）菌毛 菌毛是部分由负责黏附到宿主细胞受体亚单位组成的蛋白质结构，博德特氏菌菌毛黏附到呼吸道有纤毛的上皮细胞，它们由导致至少 4 种血清型的 4 种结构基因 *fim2*、*fim3*、*fimX*、*fimA* 编码。

2）丝状血细胞凝素 Fha（丝状血细胞凝集素）是一种蛋白黏附素，至少具有 3 种与蛋白质内的各种结构域相关的活性，黏附到呼吸道有纤毛的上皮细胞和巨噬细胞（靶向到宿主细胞补体受体的“Arg-Gly-Asp”或 RGD 序列）；黏附到呼吸道有纤毛的上皮细胞和噬菌细胞（通过“糖识别结构域”的方式）和一种血凝素。

3）pertactin Prn 是一种发挥黏附素功能的外膜蛋白。同 Fha 一样，Prn 含有“Arg-Gly-Asp”或 RGD 序列。尽管尚没有鉴定 Prn 的特定宿主靶细胞，呼吸道有纤毛的上皮细胞以及噬菌细胞，可能是这种黏附素的靶点。

4) *细胞壁脂多糖*　禽博德特氏菌（以及通过推论的百日咳博德特氏菌、副百日咳博德特氏菌和支气管炎博德特氏菌）的细胞壁脂多糖充当结合到呼吸道有纤毛上皮细胞的黏附素，并且充当覆盖外膜的“盾牌”，使其免受由补体系统产生的膜攻击复合物的作用。

5) *气管定居因子*　气管定居因子是一种结合到呼吸道有纤毛上皮细胞的蛋白黏附素。

6) *百日咳毒素*　Ptx 既是一种 ADP-核糖基化毒素，也是一种黏附素。合成后，一部分 Ptx 从细菌中排泄出来，一部分保留下来，黏附到其表面。表面相关部分充当黏附素，Ptx 黏附的宿主细胞类型是呼吸道有纤毛上皮细胞和噬菌细胞。

15.1.3.2　荚膜

荚膜发挥多种作用，其中最重要的作用是对于噬菌作用的影响（抗吞噬）和保护外膜免受激活的补体系统产生的膜攻击复合物的沉积作用。

15.1.3.3　细胞壁

这一种成员的细胞壁是革兰氏阴性菌的典型，由糖、脂类和蛋白质组成。博德特氏菌具有作为重要毒力决定簇的脂多糖和外膜蛋白。

1) *脂多糖*　外膜的脂多糖是一种重要的毒力决定簇。脂质 A 不仅是毒性成分，而且 O 重复单位的侧链长度阻碍了补体系统的膜侵袭复合物向外膜的吸附。LPS 结合到将其转移到 CD14 血象的脂多糖结合蛋白（一种血清蛋白）。CD14-LPS 复合物结合到导致前炎性细胞因子释放的巨噬细胞表面的 Toll 样受体蛋白，LPS 的组成（是否存在 O 重复单位，其长度和电荷）影响了抵抗补体系统和抗菌肽的保护作用的程度。BvgAS 调控 LPS 的组成。

2) *外膜蛋白*　Brk（博德特氏菌对于杀死的抗性）是一种外膜蛋白。Brk 给予细菌对于来自补体系统损伤的抗性（提供血清抗性表型）。BvgAS 调节子调控 Brk。

15.1.3.4　外毒素

博德特氏菌产生 4 种在与这一种细菌相关的疾病中发挥重要作用的外毒素：气管毒素、（引起）皮肤坏死的毒素、腺苷酰（基）环化酶毒素、百日咳毒素。除了是细胞壁一部分的气管毒素，其他毒素全部受到 BvgAS 调节子的调控。

1) *气管毒素*　气管毒素通过影响 DNA 的合成，损伤有纤毛的上皮细胞。它也会结合到导致前炎性细胞因子释放的巨噬细胞上。

2) *皮肤坏死毒素*　DNT（皮肤坏死毒素）是具有相似结构和生物活性的一个毒素科的一个成员。其他的“皮肤坏死毒素”包括多杀巴氏杆菌产生的 Pmt（见第 12 章），大肠杆菌产生的 CNF1 和 CNF2（见第 8 章）。这些毒素之所以这样命名，是因为随着它们被注入皮肤，会发生自然情况下不会出现的皮肤坏死。DNT 使小 GTP 结合蛋白 Rho 脱去氨基并且转谷氨酸，阻断其 GTPase 的活性（即 GTPase 活性蛋白不能正确结合改变的 Rho）。这些改变导致感染细胞肌动蛋白细胞骨架的改变，并且抑制骨组织中造骨细胞的分化。

3）腺苷酰环化酶毒素　腺苷酰环化酶毒素是一种具有腺苷酰环化酶和溶血活性的双功能蛋白质。腺苷酰环化酶毒素进入宿主细胞，随着被钙调蛋白“激活”，细胞内 cAMP 浓度升高。由于被侵袭的靶细胞失去对于细胞内 cAMP 水平的控制，导致调控离子和液体出入靶细胞（呼吸道上皮细胞）的能力丧失。在吞噬细胞内，对于 cAMP 水平的控制能力的丧失，导致了这种细胞吞噬和杀细胞能力的降低。溶血活性和 RTX MOTIF 相关（毒素的重复，之所以这样称呼，是因为在该蛋白质内的富含甘氨酸序列重复的普遍特征，也见第 8 章的大肠杆菌溶血素，第 12 章曼氏杆菌/巴氏杆菌白细胞毒素，第 13 章放线杆菌溶血素，第 19 章摩拉氏菌的细胞毒素），通过 RTX 类型的毒素活性，腺苷酰环化酶毒素也是一种靶向嗜中性粒细胞、巨噬细胞和淋巴细胞的孔形成蛋白质。

4）百日咳毒素　百日咳毒素（Ptx）是一种 ADP-核糖基化毒素，核糖基化“激活的”异源三聚体 G 蛋白（GTP 结合），使其不能恢复到活化状态（GDP 结合）。“激活的”G 蛋白刺激腺苷酰环化酶，导致细胞内 cAMP 水平升高。异常的 cAMP 高浓度导致液体和出入靶细胞离子的损失，并且如果细胞具有吞噬功能，则会影响吞入和细胞内的杀死作用。作为一种黏附素的 Ptx 的作用，已在前面进行了讨论。

15.1.3.5　铁摄取

因为铁是一种生长所绝对必需的物质，如果要在宿主内生存，微生物必须获得这种物质。博德特氏菌通过分泌嗜铁蛋白，以及利用其他种微生物产生的嗜铁蛋白获得铁。另外，它们也会利用发现于亚铁血红素和血红素蛋白的铁。

在缺铁的条件下，博德特氏菌分泌一称为 alcaligin 的氧肟酸型的嗜铁蛋白。博德特氏菌也具有利用肠菌蛋白（enterobactin；一种由肠杆菌科产生的嗜铁蛋白）的能力。这些嗜铁蛋白（alcaligin 和肠菌蛋白）从宿主的铁结合蛋白（铁传递蛋白和乳铁蛋白）获取铁，使其可以被细菌利用。

亚铁血红素和血红素蛋白（白蛋白和运血红素蛋白）是另外的铁来源。通过胞浆外 sigma 因子 Rhu（原血红素吸收的调节子）和 Fur（见第 8 章大肠杆菌），可利用的铁水平对结合这些物质的外膜蛋白——BhuR，进行调控。

15.1.3.6　III 型分泌系统

在博德特氏菌中，III 型分泌系统已经得到鉴定（在 BvgAS 调控子的调控下）。III 型分泌系统由蛋白质（超过 20 种）形成的空管样结构组装而成，通过这种结构，效应蛋白被“注入”宿主“靶”细胞。迄今为止，博德特氏菌效应蛋白尚没有被鉴定，但作为导致上皮完整性丧失和宿主免疫系统的被入侵（噬菌作用降低，导致降低的免疫反应的降低的抗原处理）的效应蛋白“注入”的结果，宿主“靶”细胞发生凋亡。

15.1.3.7　具有医学意义细胞产物的调控

博德特氏菌转录调控编码参与疾病发生的产物的基因。这些产物包括编码所有黏附素（菌毛、丝状血凝素、pertactin、细胞壁脂多糖、气管定居因子、百日咳毒素）的基因、Brk、毒素类（腺苷酰环化酶毒素、DNT、百日咳毒素）、alcaligin 和 III 型分泌系统。在 BvgA 和 BvgS（博德特氏菌毒力基因）内基因编码的产物对这些物质进行调控，同提到的 BvgAS 调节子一样。BvgS 是一种充当导致其组氨酸残基之一自身磷酸化的环境线索的“传感器”的组氨酸激酶。这种磷酸盐连续地转换为天门冬氨酸残基，然后在被用作磷酸化的 BvgA 之前，转换为另一个组氨酸。磷酸化的 BvgA 是编码上面提到的产物的基因的转录激活剂。博德特氏菌所“感受”的环境线索尚不非常清楚。在 37℃、低浓度 $MgSO_4$ 和烟碱酸条件下生长，可以激活调节子。尽管在 37℃条件下生长相当于寄生状态，在体内，$MgSO_4$ 和烟碱酸浓度发挥何种作用尚不清楚。

15.1.4 生长特性

博德特氏菌是从氨基酸氧化获取能量的严格需氧菌，派氏博德特氏菌是专性厌氧菌。空气条件下，支气管炎博德特氏菌和禽博德特氏菌可以在普通的实验室培养基（包括麦康凯琼脂）生长（35～37℃）；前者在血琼脂上不一致地溶血。

15.1.5 生化活性

禽博德特氏菌和支气管炎博德特氏菌为过氧化氢酶和氧化酶阳性，不发酵糖，并且利用柠檬酸盐作为有机碳的来源，但只有支气管炎博德特氏菌还原硝酸盐并降解尿素。

15.1.6 抗性

加热和消毒剂可以杀死博德特氏菌亚种。它们对广谱的抗生素和多黏菌素易感，但对青霉素不易感。在流行病学上，它们的环境生存是显著的。

15.1.7 变异

主要出于流行病学研究的目的，已经产生了型分类的方案。

基于 Fim 蛋白，已经描述了至少 4 种血清型的博德特氏菌。

支气管炎博德特氏菌分为菌落特性、溶血活性、在盐中的悬浮稳定性、定居容易程度，毒力不同的 4 种时相。一些种系表现为宿主特异性。

对于禽博德特氏菌，基于表面凝集素，已经识别了三种血清型。

存在大约 20 种热不稳定（K）和热稳定（O；120℃，60min）抗原。许多抗原对于几个种都是普遍的，其他则是种和型特异。

来自猪的支气管炎博德特氏菌与来自狗和马的株系（彼此之间也不同）不同。

15.2 生态学

15.2.1 贮存宿主

博德特氏菌亚种主要寄生在呼吸道有纤毛的上皮组织。支气管炎博德特氏菌出现于野生和驯养的食肉动物、野生和实验类啮齿动物、猪、兔，偶尔出现于马、其他的草食动物、灵长类动物和火鸡。尽管可能不是定居菌群的一部分，却可以在健康动物的鼻咽部发现支气管炎博德特氏菌。

禽博德特氏菌定居在感染鸟的呼吸道，主要是火鸡。

15.2.2 传播

哺乳动物感染主要经空气传播，而火鸡普遍经水和垃圾间接传播。

15.2.3 致病机制

15.2.3.1 机制

博德特氏菌"感受"导致 BvgAS 调节子激活的各种环境因素，BvgAS 调节子具有上调编码上面提到的各种产物的基因表达的作用（见上文 15.1.3.7）。随着黏附素（菌毛、丝状血凝素、pertactin 、细胞壁脂多糖、气管定居因子、百日咳毒素；见表 15.2）的表达，博德特氏菌黏附到有纤毛的上皮细胞。出现繁殖（从宿主铁结合蛋白-乳铁传递蛋白和铁传递蛋白，以及亚铁血红素和血红素蛋白中，铁被提取出来；通过荚膜、LPS、Brk，保护博德特氏菌外膜蛋白免受补体产生的膜攻击复合物的作用），启动炎症（LPS；由于"注入"效应蛋白的死亡；气管毒素）。炎症和控制液体和离子出入气管上皮细胞能力的丧失（腺苷酰环化酶活性的增加导致 cAMP 水平升高）导致了上呼吸道黏液和液体的积聚。有纤毛的上皮细胞在清除分泌物方面失效（由于 cAMP 水平升高和 DNT 作用引起的细胞骨架改变，纤毛麻痹；由于气管毒素的作用，以及通过 III 型分泌系统的方式，未鉴定的效应蛋白被"注入"，有纤毛的细胞死亡）。无荚膜的博德特氏菌黏附到炎症细胞（通过丝状血凝素、Prn），百日咳毒素释放腺苷酰环化酶（影响噬菌作用和杀死作用）和百日咳毒素（影响噬菌作用和杀死作用），并且"注入"效应蛋白（影响噬菌作用）。如果出现噬菌作用，博德特氏菌在吞噬小体（LPS 的本质）内存活，并且也会逃逸到不导致溶菌酶融合的内吞小室。

在呼吸道有纤毛的部分，博德特氏菌导致改变的结果是不同的，抑制呼吸道的清除机制，加剧并发症（如肺炎）；对于猪，支气管炎博德特氏菌刺激鼻，使鼻甲骨对于多杀巴氏杆菌 Pmt 的作用易感，多杀巴氏杆菌是萎缩性鼻炎的主要病原微生物。如果不涉及多杀巴氏杆菌，DNT 以及上面提到的产物将产生一种温和的、可逆的鼻甲骨发育不全（"非进行性萎缩性鼻炎"）。如果出现肺炎，是由于炎症反应和宿主噬菌细胞和容易清除博德特氏菌的补体系统功能的丧失。

15.2.3.2 病理学

有纤毛的呼吸上皮破坏是博德特氏菌引发疾病的特点。过程是化脓性的，感染呼吸道的各个部分（鼻炎、窦炎、气管炎）。上呼吸道清除机制的妥协可能导致化脓性肺炎或博德特氏菌或其他微生物的气囊病。

15.2.4 病型

15.2.4.1 猪

胸膜肺炎放线杆菌（血清 1 和血清 5 型在北美更普遍，血清 2 型在欧洲更普遍）主要引起猪肺炎，尤其是 2～6 个月的年轻猪，拥挤和通风不良将加剧传播。早期的症状包括感冒和食欲降低，伴随着一天内的急性呼吸困难，动物可能在 24h 内死亡。发病率可能达到 40％，死亡率高达 24％。幸存者表现间歇的咳嗽和不理想的增重。慢性感染经常没有前驱事件，这是持续性牧群问题的来源。损伤构成了纤维蛋白性肺炎和胸膜炎。关节炎、脑膜炎和流产作为复杂症状出现。老龄动物的肺炎可能由猪放线杆菌引起。

15.2.4.2 狗和猫

1. 犬的感染性 tracheobronchitis（肯尼咳嗽）

肯尼咳嗽与支气管炎博德特氏菌相关，自然性疾病经常伴发犬的副流感病毒、犬的 1 型和 2 型腺病毒和犬的疱疹病毒感染。大多数能够在几周内恢复，细菌能够持续几个月。已经发现向易感猫的转移。

2. 肺炎

有时从发生肺炎的肺采集的病料中，可以分离到支气管炎博德特氏菌，经常来自患犬瘟热的狗。

3. 猫

支气管炎博德特氏菌引起猫温和的上呼吸道感染，主要是那些群居的猫（猫的上呼吸道感染也和疱疹病毒、杯状病毒、霉形体、衣原体相关）。同狗一样，恢复后，呈无症状带菌状态（至 19 周）。已经发现向易感狗的转移。

15.2.4.3 禽

1. 火鸡鼻炎

感染禽博德特氏菌的火鸡发生气管支气管炎、鼻窦炎、气囊痛。症状包括流鼻液、结膜炎、tracheal rale、气急。发病率高，除了继发感染，病死率普遍较低（＜5％）。2 周后开始恢复，尽管一些疾病可能持续 6 周。

2. 实验动物

兔的博德特氏菌病。兔的支气管炎博德特氏菌感染通常是没有症状的，然而，如果与其他感染性微生物相联系（如多杀巴氏杆菌），可能导致支气管肺炎。

15.2.5 流行病学

萎缩性鼻炎侵袭 6 周龄以下的猪，在这个时期，成骨和骨重塑最为活跃。被侵袭的猪传播支气管炎博德特氏菌，终极来源是带菌母猪，带菌率随年龄增加而降低。

通常，犬肯尼咳嗽感染从临床感染个体和恢复的带菌者获得菌的年轻的非免疫的狗。禽博德特氏菌主要引起青年禽的疾病。对于维持感染，污染的环境非常重要。

15.3 免疫学

15.3.1 病原因素

在实验性禽博德特氏菌感染中，已经观察到了细胞介导免疫反应的抑制。它们和自然感染之间的关系尚未确定。支气管炎博德特氏菌寄生于树突状细胞，由于无效的抗原加工，导致了免疫反应的降低。

15.3.2 保护性作用

局部抗体可以预防支气管炎博德特氏菌在狗的定居。没有其他的免疫反应表现为具有保护性。

禽博德特氏菌抗血清不能够保护火鸡，但母源免疫降低了被攻毒雏鸡的损失。抗黏附素的抗体阻止了其向气管上皮的吸附。

15.3.3 免疫程序

用于怀孕母猪的疫苗为小猪提供了一些初乳免疫，尤其是包括产毒素多杀巴氏杆菌。疫苗-类毒素制备物对小猪具有保护作用。

在犬肯尼咳嗽的控制中，气管内注射活的弱化苗已经发挥了作用。

对于禽博德特氏菌疫苗，气管内注射活的弱化苗最为有效。

15.4 实验室诊断

在血琼脂和麦康凯琼脂培养鼻拭子（萎缩性鼻炎）、气管内洗液沉淀物（犬气管、支气管炎）和气管内拭子（火鸡鼻炎）。用常规的实验室检测进行鉴定。利用扩增种特异 DNA 片段的引物，进行以 PCR 为基础的反应，确定博德特氏菌的存在，并用于鉴定。

15.5 治疗和控制

进行性萎缩性鼻炎是不可治愈的。预防措施包括维持低带菌率的老龄猪群；在每次使用后，彻底的清扫和消毒产房与仔猪保育室；免疫接种；在饲料和水中预防性的投喂磺胺类药物；基于鼻拭子培养的结果，筛除带菌母猪。

犬气管、支气管炎对于抗生素的反应不稳定。免疫接种、畜舍熏蒸、足够的通风、被侵袭犬的隔离是有用的预防手段。四环素仍是可以选择的药物。

禽博德特氏菌对四环素、红霉素、呋喃妥因易感，但对于青霉素 G、链霉素和磺胺类药物有抗性。大规模的药物治疗和免疫接种可能预防暴发，但不能消除感染。

第 16 章　布鲁氏菌属

Richard L. Walker

布鲁氏菌病是一种由布鲁氏菌属成员引起的感染性细菌性疾病，这是一种在世界范围内感染大量动物种类的重要疾病。布鲁氏菌为专性寄生，需要动物宿主以维持其自身。感染趋于定位在网状内皮组织系统和生殖管，伴随着最普遍临床表现的母畜流产和公畜附睾炎和睾丸炎，慢性感染普遍存在。

DNA-DNA 杂交分析表明，布鲁氏菌是一种基于全面同源水平的单一（特异性）种。除了种特异标记的存在，对于不同布鲁氏菌传统的种的命名继续适用于基于宿主范围的生物种的概念系统。经典的命名用于这一章。在海洋哺乳动物，另外的布鲁氏菌“种”已经得到描述。不同的布鲁氏菌种展现了一定的宿主优先性，并且引起不同程度的疾病。可以用染色和噬菌体易感性、生化、培养和血清学特性分辨种。6 种传统的布鲁氏菌种是流产布鲁氏菌、犬布鲁氏菌、马耳他布鲁氏菌、木鼠布鲁氏菌、羊布鲁氏菌和猪布鲁氏菌。

布鲁氏菌的许多种能够引起人的疾病，感染呈慢性和进行性衰弱。人的布鲁氏菌病的症状非常不具有特异性，并且因为模糊表现的临床症状，患布鲁氏菌病的个体有时被判定为疑似。

16.1　特征描述

16.1.1　形态与染色

布鲁氏菌属的成员是小的革兰氏阴性球杆菌，大小为(0.6～1.5)μm ×(0.5～0.7)μm。细胞相当一致，并且容易被错认为球菌。它们以典型的单个存在，但也成对或成簇出现。没有荚膜、鞭毛、不产生芽孢；然而，在流产布鲁氏菌、马耳他布鲁氏菌、猪布鲁氏菌中，电镜观察已看到外周的囊膜，用 Macchiavello 和改进的尼氏染色，可将布鲁氏菌染为红色。

16.1.2　细胞结构和组成

布鲁氏菌拥有一种典型的革兰氏阴性菌细胞壁，主要的表面抗原位于脂多糖。特异性的，以各种浓度在不同的平滑型布鲁氏菌种发现 A 和 M 抗原。外膜含有其他主要表面抗原。肽聚糖层（3～5nm）比大肠杆菌更突出，胞浆边缘空间为 3～30nm。细胞浆膜是一种典型的三层脂蛋白膜。可以发现 L 型变异体，并且可能在持续感染中发挥作用。

DNA 的 G+C 摩尔百分比为 58%～59%。大部分布鲁氏菌种有两个环形染色体，质粒 DNA 没有显示。猪布鲁氏菌和马耳他布鲁氏菌的全基因组已经被测序，并且可能有助于持续了解有关毒力和致病机制的因素。为了进行鉴定和分类，全面的脂肪酸构成是足够独特的。

16.1.3 具有医学意义的细胞产物

16.1.3.1 细胞壁

这一属成员的细胞壁是典型的革兰氏阴性菌细胞壁，外膜的脂多糖是一种重要的毒力决定簇。不仅是脂质 A 成分有毒性（内毒素），而且 O 重复单位的侧链长度阻碍了补体系统的膜攻击复合物向外膜的吸附。LPS 结合到随后将其转移到 CD14 血象的脂多糖结合蛋白（一种血清蛋白）。CD14-LPS 复合物结合到导致前炎性细胞因子释放的巨噬细胞表面的 Toll 样受体蛋白（见第 2 章），另外，布鲁氏菌的细胞壁脂多糖有助于其在巨噬细胞内的存活。

16.1.3.2 赤藻糖醇

赤藻糖醇（一种四碳酒精）是发现于妊娠子宫的几种“尿囊内的液体因子”中的一种，并且表现为负责优先定位于怀孕动物的繁殖道。“尿囊内的液体因子”刺激布鲁氏菌的生长。

16.1.3.3 外膜蛋白

外膜的多孔蛋白被认为可以刺激迟发型超敏感，并且解释了对于不同种类观察染料的不同易感性。

16.1.3.4 多种产物

由布鲁氏菌产生的腺嘌呤和鸟嘌呤抑制了吞噬溶酶体融合和髓过氧物酶——卤化物系统的激活。布鲁氏菌能够抑制感染的巨噬细胞的凋亡，因此，可以阻止宿主细胞的清除。可溶性蛋白产物抑制 TNF-α 的产生。Vir（毒力）操纵子编码一种表现为参与巨噬细胞内生存的 IV 型分泌系统。

16.1.4 生长特性

最初的分离物直到孵育后 3～5 天才出现明显菌落。10～14 天发现大多数菌落，但在一些情况下，需要长达 21 天的孵育。在 37℃有氧环境下生长最佳，但在 20～40℃出现。优化的 pH 为 6.6～7.4。羊布鲁氏菌和流产布鲁氏菌的一些型要求 CO_2 浓度的增加。具有 5%血清的富集培养基为流产布鲁氏菌 2 型和羊布鲁氏菌所必需。

当用斜发射光检查时，布鲁氏菌菌落呈现特征性的蓝色。通过是否存在脂多糖的多糖侧链可以决定菌落具有平滑或非平滑形态。这些形态变异是自发突变的结果，并且受特定的生长因子影响。平滑的菌落为白色，整个边缘凸起，并且具有奶油样坚固性。非平滑菌落具有中间的粗糙或黏液样形状。粗糙型菌落为暗黄色，透明并且易碎。它们很难在溶液中悬浮，并自发凝集。除了具有黏性的质地，黏液样菌落与粗糙型菌落相似。

16.1.5 抗性

布鲁氏菌耐受冻融。在合适的环境条件下，在奶、尿、水和潮湿的土壤中，它们存活长达 4 个月。大部分针对其他革兰氏阴性菌的消毒剂可杀死布鲁氏菌。巴氏消毒法能有效杀死牛奶中的布鲁氏菌。

16.1.6 差异性

布鲁氏菌的基因组表现非常稳定。与特定的动物宿主相关的种系具有一种独特的基因组结构。

布鲁氏菌的菌落形态从粗糙型到平滑型各异（见上文 16.1.4）。典型的流产布鲁氏菌、马耳他布鲁氏菌、猪布鲁氏菌、木鼠布鲁氏菌分离于平滑型，但是能够在随后的实验室传代中发展为粗糙型。羊布鲁氏菌常为粗糙型，犬布鲁氏菌的分离株具有黏液样表现。通常，布鲁氏菌的平滑株比粗糙株更具毒力。

需要 CO_2，产生 H_2S，产生尿素酶，对于不同浓度的一定染料（硫堇，碱性品红）的易感性，和对于自然或突变起源的细菌噬菌体的易感性，解释了在种间和种内生物型的不同。在宿主的优先性和在动物种内的毒力程度方面，布鲁氏菌的不同种存在不同。

16.2 生态学

16.2.1 动物性的和地理性的贮存宿主

作为专性寄生，布鲁氏菌要求一种动物宿主。不同的布鲁氏菌种展示不同的宿主优先性；然而，一些种已经显示了广谱的宿主范围；在宿主外的存活时间是可变的，并且依赖于温度与湿度。冷气候会延长其存活时间。

牛是流产布鲁氏菌的优先宿主，普遍感染其他动物（包括野牛、骆驼和牦牛）。布鲁氏菌的不同生物型具有不同的地理分布。生物型 1 和生物型 2 在世界范围内分布，而生物型 3 主要发现于印度、埃及和非洲。

猪是布鲁氏菌生物型 1 的优先宿主，这种生物型分布广泛。布鲁氏菌生物型 2 发现于猪和野兔（*Lepus timidus*），主要在西欧和中欧。布鲁氏菌生物型 3 主要在美国的中西北部被发现。布鲁氏菌生物型 4 主要影响阿拉斯加、加拿大、西伯利亚的驯鹿和北美的驯鹿。

除了北美、澳大利亚、新西兰以外，马耳他布鲁氏菌在世界范围内感染山羊和绵羊，也可感染骆驼、羊驼。

羊布鲁氏菌感染仅局限于羊，而犬布鲁氏菌感染局限于犬，二者都呈世界性分布。木鼠布鲁氏菌仅发现于地理分布局限于犹他州盐湖沙漠的小巧林鼠（*Neotoma lepida*）。最近，已经在一些中东和南美国家的牛中发现了马耳他布鲁氏菌和猪布鲁氏菌。

与其他布鲁氏菌种相似，发现于海洋哺乳动物的新识别的布鲁氏菌种也表现了宿主优先性。已经在大量的海洋哺乳动物中发现了海洋布鲁氏菌（*B. pinnipediae* 和 *B. cetaceae*)，并且被认为呈宿主适应，在这些动物的大群为地方性动物病。病理学变化的程度最小，目前，海洋布鲁氏菌种被认为是机会性或二级病原。

16.2.2 传播

布鲁氏菌通过和感染动物的直接或间接接触传播。吞食是最主要的进入途径，尽管通过结膜和生殖黏膜也会出现皮肤和呼吸道的暴露。牛的流产布鲁氏菌和羊的马耳他布鲁氏菌的主要暴露来源是通过流产的胎儿、胎盘和流产后的子宫液。流产的组织和液体是猪布鲁氏菌和犬布鲁氏菌普遍的传播方式。对于小牛和母牛，在不被认为具有感染性后 30 天，排除牛的生殖道感染。在一些情况下，与牛相比，猪的生殖道感染的持续时间更长。

吞食感染牛和山羊的奶，是小牛和儿童感染的另一种来源。已经有直接在子宫传播的记载。

雄性附属性腺的感染允许微生物通过体液进行传播，感染能够出现在没有睾丸或者附睾损伤的附属性腺器官。羊布鲁氏菌、猪布鲁氏菌、犬布鲁氏菌分别在其性交过程中传播。尿是另一种传播犬布鲁氏菌的载体。

在群中传播和维持感染中，昆虫可能发挥一种次要作用。已经表明，苍蝇在其粪中吸收并且排出布鲁氏菌。

16.2.3 致病机制

16.2.3.1 机制

随着暴露，布鲁氏菌进入完整的黏膜表面。食道内覆盖回肠的 Peyer 结的上皮是优先进入的位点。在进入黏膜屏障后，微生物可能被噬菌细胞吞噬。通过普遍的膜皱褶和巨胞饮，在巨噬细胞内，布鲁氏菌被内在化。布鲁氏菌使用各种机制使其能够在噬菌细胞内生存。一些用于细胞间生存的基因，实际上与植物病原和内共生体共同拥有。通过改变吞噬小体的成熟过程，并且创造一种适于扩增的细胞间环境，布鲁氏菌能够在巨噬细胞内生存和扩增。吞噬小体的酸化诱导 VirB 复合物（一种重要的毒力因子）的 vir 促进者。VirB 操纵子编码一种 IV 型分泌系统，并且可能参与细胞内运输和巨胞饮。在酸化和吞噬溶酶体融合过程之间，吞噬小体的成熟被阻止。

在很小程度上，通过抑制髓过氧物酶-H_2O_2-卤化物系统，增强中性粒细胞在巨噬细胞内的生存。过氧化物歧化酶和过氧化氢酶的产生可能在抵抗氧化的杀死的防卫中发挥作用。应激蛋白已经在布鲁氏菌出现，然而，其在毒力中的作用已被边缘化。这些蛋白质在保护微生物免受水解酶、氧自由基和吞噬小体内髓过氧物酶杀死系统的作用方面发挥作用。布鲁氏菌的脂多糖直接与毒力相关，并且在增强细胞内的生存中发挥作用。布鲁氏菌产生的腺嘌呤和鸟嘌呤抑制吞噬小体融合和髓过氧物酶卤化物系统的激活。布鲁氏菌能够抑制感染的巨噬细胞的凋亡，因此，阻止宿主细胞消除。可溶性蛋白产物抑制 TNF-α 的产生。在布鲁氏菌种间观察到的毒力变异，可能在一定程度上，与一些种避免宿主防卫的更大能力有关。

随着进入宿主，布鲁氏菌或者在细胞外环境游离，或者在噬菌细胞内定位到局部淋巴结。它们或者扩增并且感染其他细胞，或者被杀死并终止感染。一些牛对感染具有天生的抵抗力，这种抗性与巨噬细胞包含微生物的能力有关。在局部淋巴结，布鲁氏菌呈造血性散布，并且定位于网状内皮组织系统和生殖道。

优先定居于怀孕动物的生殖道，在妊娠子宫的未知因子，指的是尿囊内的液体因子，刺激布鲁氏菌的生长。赤藻糖醇是这些因子中的一种。

实验感染的研究表明，在细胞水平上，布鲁氏菌定位在胎盘及其附属物滋养层的粗糙型内质网的内胞浆网槽。随后，感染扩散到胎儿。流产的精确机制尚不清楚，然而，流产可能源于：①由于现存的胎盘炎对于胎儿循环的影响；②内毒素的直接效应；③来自于胎儿组织的炎症反应的胎儿应激。

尽管对于参与布鲁氏菌在雄性生殖道定居的因子所知甚少，生长刺激复合物的存在可能是一个因子。观察到的布鲁氏菌种延长的菌血症解释了动物生殖道外感染这些菌种的较大可能性。

16.2.3.2 病理学

与布鲁氏菌流产相关的胎盘有可见的损伤。存在 intercotyledonary 加厚，具有一种黄色凝胶状的液体。子叶经常坏死，呈黄灰色，并且覆盖一层厚的棕色分泌液。在布鲁氏菌种间，坏死的程度各不相同，山羊的感染最为严重。流产的胎儿经常水肿，皱胃内容物可能混浊，并且呈柠檬黄色。胎儿最普遍的组织学发现主要是单核细胞渗透性支气管炎和支气管肺炎。通常，布鲁氏菌导致肉芽肿病型炎症反应。

雄性可触知的附睾（尤其是包括尾部）增大是普遍的；附睾损伤以管状上皮增生和

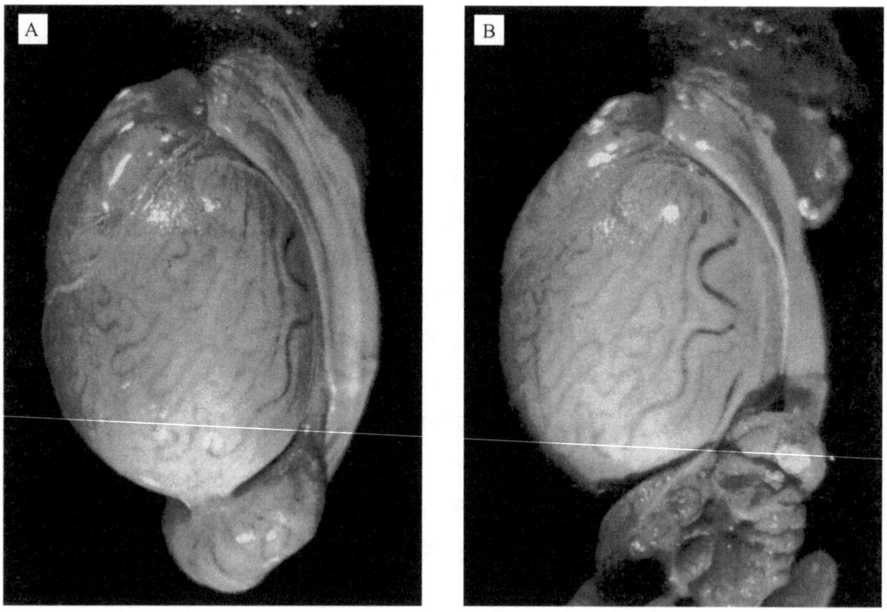

图 16.1　A. 感染绵羊布鲁氏菌公羊的附睾尾部的肿胀和不规则形态；B. 附睾尾部的横切片表现有源于精液外漏的浓缩物的囊。

水肿恶化为特点。引起的精子溢出导致精巢肉芽肿的形成（图 16.1）。患睾丸炎的公牛阴囊肿胀，主要是由于被膜的炎性和阴道膜的纤维素性及脓性渗出物，双丸软组织坏死，并且有时被脓汁代替。附属性器官的病理学变化包括狗的前列腺炎和公牛的纤维素性及脓性精囊炎。

外生殖器官病理学变化包括狗的淋巴细胞性眼内炎，猪的脓性或者纤维素性及脓性关节膜炎，狗和猪的骨髓炎，马的坏死和脓性黏液囊炎和牛的水囊瘤。

16.2.3.3 病型

布鲁氏菌的主要临床表现与生殖道相关，一般情况下，动物不表现明显的全身性疾病。在雌性动物，流产是最普遍的表现，没有预兆的症状通常是明显的。牛的流产普遍出现在妊娠的第五个月或更晚，保留胎盘是一种可能的后遗症，主要是由于获得性免疫，雌性通常只流产一次。除了在感染了马耳他布鲁氏菌的山羊发生急性乳房炎，山羊和绵羊的马耳他布鲁氏菌感染与牛的流产布鲁氏菌相似。山羊的乳房炎表现为乳房可触摸的结节和凝块和水样的奶。猪的流产出现在妊娠的任何时候，并且与暴露的时间相关。感染犬布鲁氏菌的狗的流产出现在妊娠 50 天左右，绵羊的羊布鲁氏菌感染很少导致母羊的流产。

对于公畜，附睾炎和睾丸炎是最普遍的症状，损伤通常是单侧的，但也可能是双侧。体液检查显示，在急性期，中性粒细胞数量增加，在更多的慢性感染中，中性粒细胞数量很少，公羊的羊布鲁氏菌感染主要影响睾丸损伤不普遍的附睾炎。成熟公羊附睾炎的可触见的损伤经常为羊布鲁氏菌感染的结果。而一岁家畜和公羊的附睾炎通常由各种其他的微生物引起。在公牛，流产布鲁氏菌的感染经常包括睾丸。感染犬布鲁氏菌的狗，被膜液体积聚的结果，发展为阴囊肿胀，并可能因为舔食阴囊而发生阴囊皮炎。公畜生殖道的感染导致生育降低，在一些情况下，导致不育。

生殖道外症状表现在许多动物种类。感染猪布鲁氏菌的猪可能发展为关节炎，尤其在肢体的大关节或者腰部脊椎炎。腰部脊椎的损伤导致在脊髓加压的组织坏死，并且导致后来的瘫痪。感染了犬布鲁氏菌的狗能够发生脑膜炎、骨髓炎和前面的眼色素层炎。狗视觉的表现，可能是犬布鲁氏菌的最初症状。牛布鲁氏菌的慢性感染能够导致水囊瘤，感染了流产布鲁氏菌的马发展为分别源于寰椎或者棘上囊漏管的“pollevil”或“管状死亡”。马的感染通常源于和感染牛的接触。

人的布鲁氏菌病主要是一种网状内皮系统疾病。可能发现一种温和的淋巴结病，脾（肿）大和肝肿大，在暴露后的 2～3 周，开始出现症状。临床症状是非特异的，并且包括间歇性发热和盗汗的寒战，疲劳、肌肉和关节痛、背痛，压抑和失眠是普遍的。感染的特异性临床表现包括关节炎、骨髓炎和心内膜炎。

16.2.4 流行病学

人通过处理含有布鲁氏菌的组织被感染。对人最有毒力的株系是马耳他布鲁氏菌，之后依次为流产布鲁氏菌和犬布鲁氏菌，羊布鲁氏菌和木鼠布鲁氏菌不感染人。感染的一般来源是流产的胎儿、胎盘和流产后的子宫液，全部都含有大量的微生物。兽医、农场工人和屠宰工人尤其存在获得感染的风险。

对处理感染组织的屠宰工人，猪感染猪布鲁氏菌的延长期有着特有的风险。参与猎杀野生猪的人也存在感染猪布鲁氏菌的风险。人感染了犬布鲁氏菌的报道极少。存在风险的个体是狗屋工人和与源自感染狗的污染液体有接触的育种人员。

感染动物的奶中也存在微生物。牛或母山羊的未加工的奶，或未加工的奶产品是人感染的现成来源。海洋哺乳布鲁氏菌已经引起了人的大脑内肉芽肿。

偶尔的活布鲁氏菌疫苗株的自身接种能够导致疾病，人-人间的传播很少。

16.2.5 动物群体感染的特性

对于感染的易感性依赖于年龄、性别、品种或妊娠状态。尽管会出现迟发性感染，较年轻的动物趋向于更具抗性，并且经常能清除感染。低于3%的动物在初生时感染，当成年时仍保持感染状态。无论性别如何，性成熟的动物更容易被感染。大部分成年时感染的动物终生保持感染。

群的大小和动物的密度和疾病的流行与在群内控制感染的困难直接相关。小牛饲养的惯例也在布鲁氏菌的传播中发挥重要的作用，单独的小牛饲养围栏允许未感染动物的最小化暴露。是否培育一个群自身的替代动物或者购买的动物替代会影响其进入畜群的潜力。

与公牛发挥相当次要的作用相反，公猪更可能是将布鲁氏菌引入猪群的来源。对于维持群内的感染，性交传播和暴露于流产的胎儿和胎儿的膜是非常重要的。育种母猪在普通的围栏或者划分出的区分娩提供了散播感染的理想条件。指导消除感染公猪的管理惯例和对于流产组织的暴露的降低，极大地降低了疾病在商业猪生产中出现。野生的猪充当布鲁氏菌的贮毒宿主，并且比一些国家的商业猪更普遍地被感染。在一些猪布鲁氏菌生物型2型被发现的欧洲国家，欧洲兔充当了猪感染的来源。

羊布鲁氏菌在绵羊的传播出现于配种季节，较老的公羊比一岁家畜更可能被感染。在配种季节引入感染公羊，能够导致感染在群内的迅速传播。当一个未感染公羊和一头感染的母羊产的母羊交配时，表现传播。母羊主要充当传播感染的机械性载体，公羊的同性活动是在公羊间传播疾病的另一种方式。

在郊区的狗最不可能被犬布鲁氏菌感染。在经济落后的地区，感染的流行最为严重。如狗窝等紧密地限制，增加了传播感染的可能性。

16.3 免疫学

16.3.1 致病性的免疫机制

有证据表明，抗布鲁氏菌的抗体发挥保护和有害的作用。在感染后最初表现的IgM抗体和低水平的IgG将引起补体介导的布鲁氏菌裂解。然而，升高的IgG抗体水平，表现为充当阻断调控补体膜攻击复合物裂解细胞能力的抗体。高特异性抗体水平和在保护和高抗体滴度的相关性缺乏，可能解释了对于补体介导的裂解的抗性。阻断的抗体具有调理作用，并且布鲁氏菌已经发展了存活和扩增的机制时，会促进被噬菌细胞的吸入。

不能消除噬菌细胞的布鲁氏菌，在微生物向机体的其他部分的传播中，以及在感染的持续作用中发挥作用。

感染布鲁氏菌的狗，已经显示 IgA 自体抗体，并且可能解释了在多产中观察到的一些效应。

16.3.2 抗性和恢复的机制

在本质上，有效的免疫是细胞性的。特异性的敏感的 T 淋巴细胞释放细胞因子，这些细胞因子依次通过活性氧的介入，激活巨噬细胞，控制布鲁氏菌。通过诱导抗原呈递细胞分泌 IL-12，布鲁氏菌能够激活 NK 细胞，然后，NK 细胞能够杀死感染的靶细胞。动物在性成熟前被感染，免疫更有效。

16.3.3 人工免疫

牛被死的（流产布鲁氏菌 45/20）或弱化的活疫苗（流产布鲁氏菌 19 株和 RB51）所免疫，这些产物提供了主要的传播方式——流产，但不是来自于感染的保护。在 3～7 和 4～12 月，分别接种单剂量的流产布鲁氏菌 19 株和 RB51 是必需的。对大于 6 月龄的动物，以 6 周间隔双剂量接种流产布鲁氏菌 45/20。有时将免疫成年牛作为控制群感染的措施。流产布鲁氏菌 19 株偶尔在奶中存在并引起流产，免疫 RB51 的成年牛只是很少引起流产。由于会发生睾丸炎，不应该免疫公牛。使用疫苗的类型，通常由负责布鲁氏菌控制的特定国家机构规定。最近，因为其不影响血清学评价，在许多调控计划中，流产布鲁氏菌 RB51 已经代替 19 株，作为批准的幼犊期疫苗。

马耳他布鲁氏菌，一种部分弱化的疫苗，用于控制由马耳他布鲁氏菌引起的山羊和绵羊的布鲁氏菌病。也可以使用灭活的产品（如马耳他布鲁氏菌 H38)。

可以利用菌苗控制羊布鲁氏菌，但其功效是有限的。已经用马耳他布鲁氏菌抵抗绵羊的羊布鲁氏菌感染；然而，由于抗体滴度会影响马耳他布鲁氏菌感染的血清学评价，它不能被用于没有马耳他布鲁氏菌的国家。

对于由流产布鲁氏菌和狗流产布鲁氏菌引起的疾病，免疫是不可行的。

16.4 实验室诊断

16.4.1 样本

在实验室内操作感染的组织和培养物时，应该非常小心。由于潜在的实验室感染，所以应该遵守生物安全 3 级的标准操作所有的布鲁氏菌培养物。应该以一种预防材料雾状散开的方式进行所有实验室程序，并且应该在生物安全柜内进行所有的工作。

用于布鲁氏菌诊断的合适样本，依赖于感染的动物种类、参与的布鲁氏菌种类和临床表现。对于临死前的微生物分离，脓肿材料，体液和最近流产相关的阴道液体有价值。来自于牛和山羊的奶样本用于临死前的分离尝试，并且用于免疫评价。对于狗，因为出现的细菌，血液培养物对于犬布鲁氏菌的分离是有用的，可以用血清进行血清学评价。

在验尸时，采集的样本应该包括脾、肝、乳房和多种淋巴结（包括乳房上部，咽后和回肠，腰部和肠系膜的淋巴结）。为了从奶牛中分离布鲁氏菌，乳房上部淋巴结比其他淋巴结更好。流产胎儿的皱胃液体、肺和胎盘是流产病例更偏好的样本。应该检查公畜附睾、睾丸和附属性器官。

16.4.2 直接检查

来自流产胎儿的胃内容物和胎盘的革兰氏染色显示了大量的革兰氏阴性球杆菌。应用石炭酸品红，而不是盐基性红色染料作为革兰氏染色的复染，使微生物更容易被发现。改进的 Ziehl-Neelsen 和 Macchiavello 染色也用于显示布鲁氏菌。能够在体液发现微生物，但通常数量很少。对于其他样本，尤其呈慢性感染的动物，直接检查难以发现布鲁氏菌。

16.4.3 分离

直接在固体培养基上培养组织。通过在 5900～7700*g*，15min 的条件下离心奶，或者通过过夜，出现重力奶油分离层，进行奶培养。如果使用离心技术，奶油层和沉淀应该被置于固体培养基上。普遍使用的培养基包括血清葡萄糖、胰蛋白和布鲁氏菌琼脂。

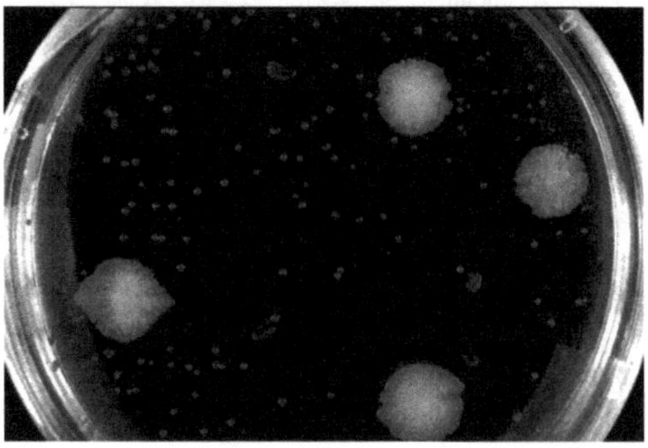

图 16.2　流产布鲁氏菌的血清抗体反应阳性母牛的乳房上的淋巴结的培养平皿。在具有乙烷基紫的选择性布鲁氏菌培养基上生长出大量的菌落，同时存在 4 个其他细菌的大菌落。

如果污染可能是一个问题，则应该用含有放线菌酮（30mg/L）、杆菌肽（7500 U/L）和多链丝霉素（1800U/L）的培养基尝试分离。应用含有或不含有乙烷基紫（1∶800 000）的选择性培养基（图 16.2）。对于高度疑似病例，培养物应该在 37℃，10% CO_2 的条件下最少孵育 10 天，直到 21 天。

动物接种是用于发现布鲁氏菌最敏感的方法，并且有时当存在很少数量的微生物时，此方法是必要的。几内亚猪是用于这一目的的最敏感的实验动物。接种两头几内亚猪，并且在接种后 3 周和 6 周各杀死一头动物。血清用于抗体的检查，组织用于微生物的培养。

16.4.4 鉴定

假定布鲁氏菌种的鉴定要求显示不溶血、过氧化氢酶阳性、氧化酶阳性的革兰氏阴性球杆菌菌落（除了羊布鲁氏菌和流产布鲁氏菌的一些株）。大多数种，除了羊布鲁氏菌以外，为尿素酶强阳性，葡萄糖和乳糖不被任何种发酵。在未吸附的抗平滑型血清的凝集有助于假定平滑株的鉴定。

通常，在一个布鲁氏菌参考实验室进行确定性鉴定。用荧光抗体测试进行快速鉴定，产生尿素酶，需要 CO_2，产生 H_2S，氧化代谢底物，凝集非特异抗血清，在不同含量的劳氏紫存在的条件下生长。碱性品红和噬菌体分型的使用，被用于决定种和种内的型（图 16.3）。通过用于其生长的 CO_2 的缺乏和被 5mg/ml 青霉素或者 1mg/ml 赤藻糖醇的抑制，能够从流产布鲁氏菌田间株分辨出 19 株。通过对于利福平（200mg/ml）的抗性，结晶紫染色，凝集吖啶黄，能够从流产布鲁氏菌 19 株和田间株中分辨出来 RB51。

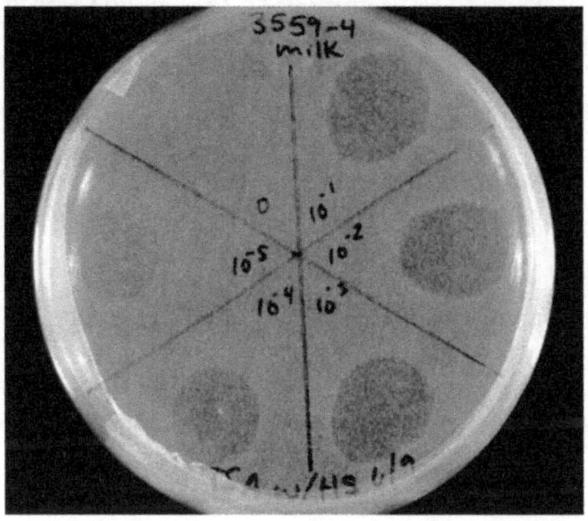

图 16.3　增加的 10 倍稀释的 Tbilisi 噬菌体（流产布鲁氏菌特异噬菌体）裂解融合性的 lawn 流产布鲁氏菌。应用的“常规测试稀释”是表明被应用的噬菌体的融合性裂解最高倍数稀释，在 10^{-5} 稀释倍数，出现明显的单个菌落。

已经应用 PCR 方法，对于布鲁氏菌进行分辨。已经证明，PCR 限制多态性分析（特别是 *omp2*），尤其有用。能够用 *ery* 的缺失，分辨田间株和 19 株，编码糖基转移酶的 *wboA* 基因的插入序列的存在，能够用于从田间株分辨 RB51 株。

16.4.5　免疫诊断

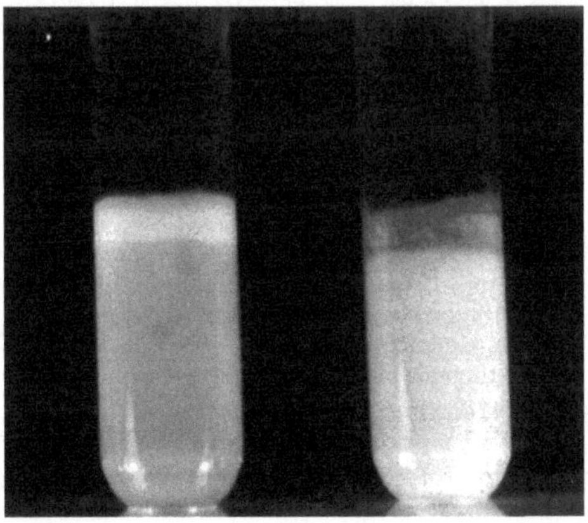

图 16.4　用于发现奶中抗体的布鲁氏菌奶环测试。在阴性样本中，填加的、染色的布鲁氏菌抗原在奶部分保持分散，并且乳脂层为白色（左侧）；在阳性样本中，抗体和染色的抗原发生反应，复合物升到乳脂层的顶部，乳脂层表现为紫色（右侧）。

抗体检测普遍用于布鲁氏菌的诊断和控制计划。测试的样本包括血、奶，偶尔使用体液。已经发展了大量的用于牛的免疫测试，这些测试发现不同的抗体种类和类型，并且在敏感性和特异性方面存在不同。可以通过试管凝集、平板凝集、玫瑰红平板或者卡片测试分析单个血样。其他测试包括缓冲的平板凝集测试、利凡诺凝集、补体固定、酶联免疫吸附实验。

经常使用的高敏感但低特异性测试用于筛选，随后进行更特异，用于确定目的的测试。当测试山羊和绵羊马耳他布鲁氏菌时，应用一种与牛相似的手段。如用玫瑰红测试筛选血清，并且用更特异的测试确定结果。

用布鲁氏菌奶环测试筛选奶，鉴定奶中

的特异性抗体。作为一种筛选奶牛群的方式，测试被应用于大批罐装奶样。将染色的布鲁氏菌抗原添加到奶中，如果抗体存在，凝集抗原被升高的奶油漂浮到试管顶部，并且产生紫环（图 16.4）。

普遍应用血清学测试对感染的猪群进行鉴定，并且检测群的状态。因为一些感染猪不具有可发现的抗体滴度，当测试单个猪时，这些测试是不精确的。可以通过布鲁氏菌卡片测试筛选群。例如，用利凡诺凝集和 2-巯基乙醇凝集测试进行确定。

运用补体固定或者 ELISA 测试公羊对于羊布鲁氏菌的抗体。

对于犬布鲁氏菌，应用一种快速的平板凝集试验（RAST）进行筛选。RAST 是敏感的，但不是很特异，因此，应该用另外的更特异的测试确定阳性结果。应用细胞质抗原的琼脂凝胶免疫扩散实验更为特异，但不如 RSAT 敏感，并且被用作确定实验。

16.4.6 非培养检查方法

大量的非培养方法（包括 PCR、免疫过氧化物酶染色、DNA 探针和同族凝集），已经用于发现组织和液体中的布鲁氏菌。

16.5 治疗

由于治疗失败率高，花费昂贵，以及面对正在进行的根除计划时，维持感染动物所存在的潜在问题，作为一种通用的规则，不尝试治疗感染的家畜。已经用四环素和二双氢链霉素治疗公羊的羊布鲁氏菌感染，治疗结果不同。一旦出现可触见的附睾损伤，抗生素治疗将失去价值。附属性器官的组织脓肿和纤维化的存在，使抗生素难以进入这些区域。

布鲁氏菌病狗的治疗，要求一种延长的抗生素治疗过程。普遍应用 2～4 周的二双氢链霉素和四环素或者二双氢链霉素和二甲胺四环素的结合。氟喹诺酮类可能是有效果的；然而，关于其可以利用的有效性的信息非常有限，治疗失败现象非常普遍。治疗应该包括感染的阉割动物。不推荐在狗的育种群体进行治疗，在这种情况下，应该精选感染的狗。

16.6 控制和预防

布鲁氏菌病的控制和预防手段依赖于所涉及的动物种、布鲁氏菌种、管理习惯、疫苗的利用和有效性。用于控制布鲁氏菌病的手段包括：①仅仅免疫；②应用免疫程序，检测和清除感染动物；③检测和清除没有免疫的动物。

16.6.1 只是通过免疫进行控制

免疫本身降低了流产的数量，从而降低了暴露的潜力。仅仅通过其本身，免疫不能消除群中的感染，只能是控制疾病水平的一种方式。

16.6.2 伴随免疫的检测和屠宰

正常使用母畜免疫结合检测及屠宰程序控制牛布鲁氏菌病。牛在年轻时被免疫，并且当其达到性成熟和免疫滴度已经变小时，用免疫诊断检测进行估价。在个体基础上，用19株免疫，接近70%有效，以群为基础进行评价时，会更为有效。在实验性攻毒中，用RB51株免疫提供了和用19株免疫相似的保护。将任何被鉴定为感染的动物从群中精选出来，并且屠宰。通过奶牛的奶环测试，或者测试屠宰牛的血样进行日常的检测。一个相似的程序用于绵羊和山羊的马耳他布鲁氏菌感染。

16.6.3 没有免疫的检测和屠宰

免疫控制程序不被用于猪的布鲁氏菌病。最成功的控制方法是整群扑杀，并且用未感染的替代动物重新建群。除了扑杀，只清除成年家畜而保留刚断奶家畜的方法，则很少成功。只清除血清学阳性家畜的办法将不能控制群中的感染。

分娩操作和封闭群使建立和维持一个没有布鲁氏菌病的猪群的目标容易达到。在一些情况下，整群扑杀山羊和绵羊的马耳他布鲁氏菌感染是可行的。

16.6.4 羊布鲁氏菌的控制方法

剔除感染的公羊和预防新的公羊感染，是在群体水平控制羊布鲁氏菌感染的主要方法。应该避免允许感染公羊进入养群，如借用公羊，应该从成熟的公羊中隔离出断奶的公羊。在交配季节之前，应该一年至少两次触诊所有公羊的附睾，并且精选出附睾损伤的公羊。用血清学测试（ELISA，CF）鉴定没有损伤的感染公羊。在公羊与母羊交配之前，最少应该进行两次血清学测试。可以使用疫苗，但其效果有限，并且会影响血清学结果的解释。尚没有做出控制母羊感染的努力。尽管母羊在育种时的感染传播中发挥作用，但它们仅仅被短暂感染并且通过下一个育种季节可以自然消除感染。

16.6.5 犬布鲁氏菌病的控制方法

预防犬布鲁氏菌病包括在繁殖前的血清学检测。触摸附睾和睾丸损伤也被用于评价公犬。在布鲁氏菌病的育种群中，通过血清学检测并清除感染的动物。进行重复的血清学检测，鉴定以前未被发现的感染动物。在获得至少三个阴性结果之前，一个狗舍不应该被认为没有布鲁氏菌病。应该用四铵化合物或者碘载体彻底消毒狗舍。

第17章　鼻疽伯克霍尔德氏菌和类鼻疽伯克霍尔德氏菌

Dwight C. Hirsh　Ernst L. Biberstein

伯氏菌属的成员是革兰氏阴性需氧杆菌。截至目前，该属包括24个种。其中大多数生活在土壤中并（或）引起植物的疾病。伯氏菌属的成员引起受威胁的人患者的疾病（如囊肿性纤维化慢性肉芽肿病）。这个属的两个成员，鼻疽杆菌（主要是马科动物“鼻疽病”的病因）和类鼻疽杆菌（多种动物类鼻疽的病因）在兽医上的地位是重要的，这也是本章讨论的主题。二者都能引起化脓性肉芽肿。

17.1　鼻疽伯克霍尔德氏菌

鼻疽伯克霍尔德氏菌是一种革兰氏阴性需氧杆菌，它引起的“鼻疽病”，曾经是马科动物广泛传播的疾病，现仅在亚洲（蒙古和中国）保持着重要性。在印度、伊拉克、土耳其和菲律宾具有潜在的重要性。鼻疽病是一种在剧烈性和严重性上存在差异的全身性化脓性肉芽肿病。此菌也影响猫科动物的成员，偶尔也感染狗、山羊、骆驼、绵羊和人。

17.1.1　特征描述

17.1.1.1　形态和染色

鼻疽伯克霍尔德氏菌是革兰氏阴性杆菌，宽0.5μm，长度各异。

17.1.1.2　结构和组成

鼻疽伯克霍尔德氏菌产生一种糖荚膜。细胞壁是典型的革兰氏阴性细菌的细胞壁，由脂多糖和蛋白质组成，不运动，不产生鞭毛（与运动的类鼻疽伯克霍尔德氏菌不同）。

17.1.1.3　具有医学意义的细胞产物

1. 荚膜

荚膜在鼻疽伯氏菌引起的疾病中，唯一能证明的功能是保护外膜蛋白免受由补体系统（作为一种抗血清表型）激活所产生的膜攻击复合物的攻击。通过插入使编码荚膜的基因失活，产生的突变体是无毒力的。

2. 细胞壁

鼻疽伯克霍尔德氏菌的细胞壁是革兰氏阴性细菌细胞壁的典型。外膜的脂多糖（LPS）是一种重要的毒力决定簇。不仅脂质A是毒性成分（内毒素），而且O重复单位侧链的长度也阻碍了补体系统的膜攻击复合物向外膜的吸附。LPS结合在将其转移到 CD14 血象的脂多糖结合蛋白（一种血清蛋白）上，随后，CD14-LPS 复合物结合到导致前炎性细胞因子释放的巨噬细胞表面的 Toll 样受体蛋白（见第 2 章）上。

3. 多种产物

鼻疽伯克霍尔德氏菌拥有一簇编码 III 型分泌系统（一种超过 20 种蛋白质的组装系统，能形成一种空管样结构，通过这种管样结构，效应蛋白被“注入”宿主“靶”细胞）的基因。然而，仍然没有鉴定效应蛋白和“靶”细胞。

4. 蛋白酶

脂肪酶和磷脂酶 C 已经被证明存在于鼻疽伯克霍尔德氏菌的培养液中。然而，这些产物都没有显示出在疾病中发挥重要的作用。

17.1.1.4 生长特性

在含有甘油或血液的培养基上，该微生物生长良好。在 20～41℃，非溶血性菌落生长 48h 或更长时间。它们具有从黏液样到粗糙型的 4 种可能的菌落形态。汇合的生长是普遍的，在麦康凯琼脂上或在 42℃条件下，鼻疽伯克霍尔德氏菌不生长。

17.1.1.5 生化特性

鼻疽伯克霍尔德氏菌是需氧性细菌，氧化酶和过氧化氢酶试验阳性；还原硝酸盐、水解尿素和氧化葡萄糖。

17.1.1.6 抵抗力

抵抗力是不显著的，尽管在黑暗、潮湿和寒冷的环境下，该微生物也能够存活几个月。氨基糖、氯霉素、氟苯尼考、大环内酯类、磺胺和四环素在体外均能抑制鼻疽伯氏菌的生长。

17.1.2 生态学

17.1.2.1 贮存

存在于感染的马科动物体内。

17.1.2.2 传播途径

通过污染的食物、水和污染物，以及有时经吸入和创伤发生感染。感染性物质大多起源于呼吸道和皮肤损伤。

17.1.2.3 致病机制

1. 病理学

基本的结节性损伤最初由中性粒细胞、纤维蛋白和红细胞组成。中性粒细胞退化，中心坏死区被上皮状细胞和巨细胞包围，并且被镶嵌在粗糙组织的淋巴细胞包围。上皮表面的附近，溃疡非常普遍。菌株的变异决定了损伤主要是化脓性的还是肉芽肿性的。

2. 机制

尽管毒素在致病机制中受到怀疑，但其机制是不确定的。在咽的进入位点，形成主要的损伤。感染沿淋巴和血流传播，在经过散布病原的淋巴结和血流的路径时，产生结节性损伤。在肺或其他器官（如脾、肝和皮肤），形成动态性损伤，产生皮肤性鼻疽病（“皮疽病”）。对鼻镜的损伤是主要的，造血的，在肺部的病灶是次要的。

17.1.2.4 病型

鼻疽病

急性感染以发热、流鼻液和头颈淋巴腺炎为特征，上呼吸道肿胀。在大约 2 周内，感染者最终趋于死亡，并且主要发生于猴子和猫科动物，骡子很少发生死亡。

在马，拖延的慢性和亚临床感染是典型的症状，如果存在，包括偶尔的发热，持续的呼吸道问题，皮肤脓肿（“皮疽囊”）和头盖淋巴结的结节性硬化。

人发生鼻疽病可以追溯到急性感染的病马，并且可能导致急性和慢性感染，在有效的抗微生物试剂出现之前，所有的急性感染和 50%的慢性感染都是致命的。

17.1.2.5 流行病学

鼻疽病的持续取决于感染的马群。易感非马科动物的马鼻疽病源自感染的马和马肉感染，并且表现为终末宿主。

17.1.3 免疫学

出现体液免疫和细胞介导的免疫，在自然条件下，已经观察到从鼻疽病明显的恢复，包括皮肤超敏感性的丧失，却没有增强对于再次感染的抵抗力。

目前还没有已知的免疫学方法。

17.1.4 实验室诊断

在血液或甘油琼脂上培养结节内容物，可用于检查革兰氏阴性杆菌，并且通过免疫荧光试验进行诊断。

几内亚猪和大颊鼠对鼻疽伯氏菌高度易感，其毒力株的感染是致死性的。

任何可疑的分离物，应该被提交到合格的参考实验室进行诊断。与类鼻疽伯克霍尔德氏菌的区分是重要的。

血清学上，用水相细菌提取物作为抗原，通过补体固定试验检测鼻疽病。皮内眼睑的鼻疽菌素试验发现了细胞介导的超敏性反应，表明已感染了鼻疽病，并且鼻疽菌素还充当鼻疽病消灭的基础。鼻疽菌素是一种旧的鼻疽伯氏菌肉汤培养物的热提取物。

利用针对鼻疽伯氏菌设计的特异性引物进行 PCR，可以对鼻疽伯氏菌进行检测和鉴定。

17.1.5 治疗与控制

尽管应用许多抗微生物试剂可以治疗鼻疽病，但在承诺消除鼻疽病的国家，治疗是不合适的。从流行地区引进的马要做鼻疽菌素试验，剔除阳性马。

17.2 类鼻疽伯克霍尔德氏菌

类鼻疽伯克霍尔德氏菌是需氧的，革兰氏阴性专性细胞内杆菌。它能引起化脓性肉芽肿病，称为“类鼻疽病”，是一种表面上与鼻疽相似的疾病。重要的区别是：①类鼻疽影响广泛的宿主；②该病原是一种其流行性不受感染动物的消除影响的腐生物（一种与生活在环境中的阿米巴原虫有内共生关系的微生物）。

17.2.1 特征描述

17.2.1.1 形态和染色

类鼻疽伯氏菌是革兰氏阴性杆菌，宽 0.5μm，长度各异。

17.2.1.2 结构和组成

类鼻疽伯氏菌产生一种糖荚膜。细胞壁是典型的革兰氏阴性细菌的细胞壁，由脂多糖和蛋白质组成。能运动，产生鞭毛（与不运动的鼻疽伯克霍尔德氏菌不同）。

17.2.1.3 具有医学意义的细胞产物

1. 黏附素

在吸入机体之前（并且吸附到噬菌细胞上），类鼻疽伯氏菌黏附到阿米巴原虫上，黏附是通过鞭毛蛋白（Fli）完成的。

2. 荚膜

在类鼻疽伯氏菌引起的疾病中，荚膜唯一可以被证明的功能为保护外膜免受补体系统（作为一种抗血清表型）激活产生的膜攻击复合物的攻击。通过插入，使编码荚膜的基因失活，产生的突变体没有毒力。

3. 细胞壁

类鼻疽伯氏菌的细胞壁是革兰氏阴性细菌的典型。存在于外膜的脂多糖（LPS）是一种重要的毒力决定簇。不仅脂质 A 是毒性成分（内毒素），而且 O 重复单位侧链的长度也阻碍了补体系统的膜攻击复合物向外膜的吸附。LPS 结合在将其转移到 CD14 血象的脂多糖结合蛋白（一种血清蛋白）上，CD14-LPS 复合物结合到巨噬细胞表面导致前炎性细胞因子的释放的 Toll 样受体蛋白上。

4. 多种产物

类鼻疽伯氏菌的染色体至少具有 1 个毒力岛（一簇编码毒力决定簇的基因，一种整联蛋白，一个特定的插入位点，并具有运动性），编码一种 III 型分泌系统（是一种超过20种蛋白质组装的系统，形成一种空管样结构，效应蛋白通过其被“注入”宿主“靶”细胞)。然而，效应蛋白还没有鉴定，其“效应”也没有描述。“靶”细胞也没有被鉴定。

蛋白酶、脂肪酶和磷脂酶C存在于体外的类鼻疽伯氏菌的培养液中。在疾病中，这些产物都没有发挥显著的作用。

17.2.1.4 生长特性

与鼻疽伯氏菌不同，类鼻疽伯氏菌能在含有2%氯化钠的麦康凯琼脂上生长，并且在42℃条件下也能生长。

17.2.1.5 抵抗力

类鼻疽伯氏菌能被消毒剂杀死，并且在生物样本中不耐冷冻。在体外，对氟苯尼考、四环素、氯霉素、甲氧苄氨嘧啶、磺胺噻唑和新生霉素敏感性高。

17.2.2 生态学

17.2.2.1 贮存

类鼻疽伯氏菌被认为是一种土壤和水的居住者（最可能是一种阿米巴原虫的内共生物)。尽管在北纬20°和南纬20°之间最流行，但也确实存在于热带以外，如法国、伊朗、中国和北美。

17.2.2.2 传播途径

吞食、创伤以及可能的节肢动物叮咬都能引起感染。在人，消费感染的动物产品和空气流动引起的感染是显著的。

17.2.2.3 致病机制

1. 机制

作为一种阿米巴的内共生物，类鼻疽伯氏菌适合在宿主的噬菌细胞内生存。微生物通过“卷绕”细胞吞噬的过程被吸收，并且通过对溶菌酶内容物（如防御素）有抵抗力并通过逃避吞噬小体和吞噬溶酶体在细胞内生存。已经在噬菌细胞内观察到肌动蛋白为基础的运动性（见第11章和第33章)，并且从被侵袭到非侵袭细胞出现肌动蛋白相关的“发芽”。被类鼻疽伯氏菌感染的宿主细胞释放前炎性细胞因子，最终发生凋亡。

2. 病理学

损伤主要是化脓性肉芽肿，小的脓肿趋于融合，逐渐发展为更大的化脓灶或肉芽肿。

17.2.2.4 病型

类鼻疽病

这是一种典型的全身性疾病，临床症状取决于损伤的程度和分布范围。马类鼻疽病与马鼻疽病类似，在牛，急性和慢性感染可能定居在肺、关节和子宫，在绵羊，可导致关节炎和淋巴腺炎，山羊遭受条件性失重，呼吸系统、中枢神经系统紊乱以及关节炎和乳腺炎。类似的症状还见于猪，伴随着流产和腹泻。狗的类鼻疽病发展为一种局部化脓性的发热性疾病。

17.2.2.5 流行病学

临床疾病通常为散发，哺乳动物的宿主范围实际上是没有限制的，已经报道了禽类感染的病例。人的感染表现为迅速致命性到亚临床性，该病的暴发与潮湿环境（如沼泽地区或稻谷区）有关。

17.2.3 免疫学

在感染期间，能产生补体固定和间接血凝抗体。已经在感染的山羊中证明了细胞介导的超敏感性反应。已经有马和动物园动物免疫成功的相关报道。

17.2.4 实验室诊断

分离和鉴定鼻疽伯氏菌的方法适用于类鼻疽伯氏菌，应避免样本的急剧冷却和冰冻。运动性、在柠檬酸盐环境中生长、在 42℃下生长，以及将硝酸盐还原为亚硝酸盐的特性，可将类鼻疽伯氏菌和鼻疽伯氏菌区别开来。可以利用对类鼻疽伯克霍尔德氏菌设计的特异性引物进行 PCR，对类鼻疽伯氏菌进行检测和鉴定。

17.2.5 治疗和控制

通过实验室试验，应该确定抗微生物的易感性，苯二酚化氟和四环素被认为是首选的药物。疫苗不作为商业性应用。

第 18 章　土拉热弗朗西斯杆菌

Dwight C. Hirsh　Ernst L. Biberstein

弗朗西斯杆菌是革兰氏阴性需氧杆菌。有两个种：土拉热弗朗西斯杆菌和蜃楼弗朗西斯杆菌。土拉热弗朗西斯杆菌包括 4 个亚种：土拉热亚种［以前认为是生物 A 型，或者作为尼氏（*nearctlca*）亚种］、全北区亚种［以前认为是生物 B 型，或者作为派勒（*palaearctica*）亚种］、新凶手亚种和中亚细亚亚种。土拉热亚种和全北区亚种是人的细胞内病原，在有限的流行条件下，偶尔感染家养动物（绵羊、马、猪、食肉动物），引起土拉热弗氏杆菌病。蜃楼弗朗西斯杆菌和土拉热弗朗西斯杆菌亚种、全北区亚种、中亚细亚亚种具有不确定的致病性。

18.1　特征描述

18.1.1　形态与染色

土拉热弗朗西斯杆菌是革兰氏阴性球杆菌，直径小于 1μm，能够通过 600nm 的滤膜。老龄培养物形态多变，吉姆萨染色效果较好。

18.1.2　细胞结构和组成

土拉热弗朗西斯杆菌产生一种由脂质（50%～70%）、氨基酸和糖组成的荚膜。它拥有一种革兰氏阴性细胞壁，与发现于其他革兰氏阴性微生物细胞壁的脂多糖相比，其脂多糖（内毒素）具有持续较低的毒性。

18.1.3　具有医学意义的细胞产物

18.1.3.1　荚膜

因为其他微生物的荚膜抑制其向吞噬细菌宿主细胞的吸附，以及被其吸收。荚膜保护外膜蛋白免受补体级联反应的膜攻击复合物的攻击。荚膜对于土拉热弗朗西斯杆菌（胞内寄生菌）的作用（除了保护外膜免受补体组成物的攻击），尚不清楚。

18.1.3.2　细胞壁

本科细菌成员的细胞壁是典型的革兰氏阴性细菌细胞壁，外膜的脂多糖（LPS）是一种重要的毒力决定簇。脂质 A 不仅是毒性成分，而且 O 重复单位的侧链的长度阻碍了补体系统的膜攻击复合物向外膜的吸附。LPS 可与能将其转移到 CD14 血象的脂多糖结合蛋白（一种血清蛋白）结合。CD14-LPS复合物再结合到激发炎性细胞因子释放的巨噬细胞表面的 Toll 样受体蛋白，如前面提到（见上文 18.1.2），与其他革兰氏阴性细菌相比，土拉热弗朗西斯杆菌脂多糖的比率是很低的。其原因和作用都是未知的。

18.1.3.3 酸性磷酸（酯）酶（Acp）

土拉热弗朗西斯杆菌的 Acp 抑制吞噬细胞呼吸的暴发，尤其是中性粒细胞。

18.1.3.4 胞内定点生长产物（Igl）

Igl 为细胞内定点生长的 23kDa 的蛋白质，与预防吞噬小体吞噬（包括土拉热弗朗西斯杆菌）和溶菌酶的融合相关。但是，仍然出现吞噬小体的酸化，加快了从细胞内获取铁的速度，这些现象的机制尚不清楚。Igl 还可抑制感染的巨噬细胞的前炎性细胞因子的分泌。

18.1.3.5 巨噬细胞生长物（Mgl）

Mgl 蛋白与预防吞噬小体吞噬（含有土拉热弗朗西斯杆菌）和溶菌酶的融合相关。然而，仍然出现吞噬小体的酸化，加速了从细胞内获取储存的铁。这些现象的机制尚不清楚。

18.1.4 生长特性

土拉热弗朗西斯杆菌是一种专性需氧菌，在葡萄糖-半胱氨酸-血液-琼脂培养基上生长良好。35～37℃培养 2～4 天，产生浅灰色、黏性、氧化酶阴性的菌落，直径 1～4mm。一定的糖酸化试验和瓜氨酸活性实验可将其分为 A 型（土拉热亚种）和 B 型（全北区亚种），在地理分布、宿主特异性和对于人的毒力等方面各有不同（见下文 18.2.4）。

在水、土壤和动物组织中，在低温条件下，土拉热弗朗西斯杆菌可存活数月。

18.2 生态学

18.2.1 贮存

土拉热弗朗西斯杆菌的保菌宿主是兔类（野兔、兔和土拉热亚种）和啮齿类动物（亚种）。一些资料表明，土拉热弗朗西斯杆菌是体内自由生活的变形虫（阿米巴）的共生物。

18.2.2 传播

土拉热亚种是毒力较强的亚种（主要在北美），主要通过舔食和患血友病的昆虫传播。被啮齿类动物污染的水是较低毒力的全北区亚种（主要在欧亚）的传染源。感染动物通过捕食食肉动物传播土拉热弗朗西斯杆菌。在北美西部山脉，绵羊通过舔食的途径被感染。通过动物咬食的传播已有记录。人通过相互接触（经由皮肤、结膜、吸入、吞入等方式）被普遍感染。

18.2.3 致病机制

感染（咬食、吸入、吞入）后，伴随着炎性反应的启动（细胞壁的化学），土拉热弗朗西斯杆菌与组织液接触（补体蛋白），由于荚膜的存在，补体蛋白（尤其是膜攻击复合物）不发挥作用。由于 Acp 抑制呼吸暴发，在这一阶段，荚膜是否发挥作用尚不清楚，早期到达的中性粒细胞不容易消除微生物。随着被巨噬细胞吞噬，Acp 抑制吞噬细胞呼吸暴发、吞噬小体和溶酶体被 Igl 和 Mgl 蛋白所融合和在酸性条件下，吞噬小体内从铁结合蛋白获取铁，使土拉热弗朗西斯杆菌能够在细胞内生长存活，并导致巨噬细胞凋亡。菌体释放的同时，又被其他吞噬细胞吞噬。如果感染过程发展到散布阶段，内毒素将发挥作用。

18.2.4 流行病学

土拉菌病是一种北方疾病，在南方，仅局限于墨西哥和中非。季节性高峰反映了传播载体的活性和与保菌宿主的接触，水源感染主要是在秋冬季。土拉热弗朗西斯杆菌土拉热亚种主要存在于北美，而全北区亚种主要存在于欧洲和亚洲。

18.3 免疫学

随着恢复，人获得可靠的主要是细胞介导的免疫。流行地区的动物携带抗体，与免疫无关。弱化苗（LSV）用于人时，存在一定的风险。

18.4 实验室诊断

在分泌液中，可用 Romanovsky 型染色（瑞氏或吉姆萨）、免疫荧光和培养等方法检测到微生物。通过注射小鼠或几内亚猪，可以快速分离到疑似物质。

当血清试管凝集滴度大于 1∶80 时，证明已被感染。

PCR 反应可以用于土拉热弗朗西斯杆菌的诊断和鉴定。

用于分离的培养基，见 18.1.4。

18.5 治疗和控制

氨基糖苷类药物（尤其是链霉素）是治疗人土拉菌病的有效药物，但由于此类药毒性强，更多的使用其他抗微生物药。已经成功使用氟喹诺酮类，并且成为糖苷类药物一种安全的替代品。动物实验结果表明，四环素有效，其他抗菌剂（大环内酯类、β-内酰胺和氯霉素）效果较差。防御措施主要是限制舔食暴露和接近污染的食物和水。

第19章 摩拉菌属

Dwight C. Hirsh　Ernst L. Biberstein

摩拉菌属的成员是革兰氏阴性杆菌和球菌。摩拉菌属被分为两个亚种，摩拉菌亚属（杆状）和布兰汉菌亚属（球形）。摩拉菌属包括14个菌种（表19.1），这些菌种大部分与人类疾病有关。从兽医学意义上来看，摩拉菌属亚种中的牛摩拉菌是最重要的一个菌种，它是传染性牛角膜结膜炎（IBK）的主要病原菌和牛眼科疾病的主要原因。

表19.1　摩拉菌属成员和其来源或相关的状态

种	通常的来源或者相关疾病
亚特兰大摩拉菌	人的败血病
鲍氏摩拉菌	正常山羊的呼吸道
牛摩拉菌	牛的传染性角膜结膜炎（IBK）
兔摩拉菌	兔的呼吸道
犬摩拉菌	正常狗和猫的呼吸道
山羊摩拉菌	正常绵羊和山羊的呼吸道
黏膜炎摩拉菌	儿童的中耳感染；人的上呼吸道感染
豚鼠摩拉菌	几内亚猪的呼吸道
豚鼠摩拉菌	人的角膜结膜炎
林氏摩拉菌	人的呼吸道
不液化摩拉菌	正常人的呼吸道、血液、脑脊髓液和人的肺损伤
羊摩拉菌	绵羊的角膜结膜炎
奥斯陆摩拉菌	线虫，人的各种疾病
苯丙酮酸摩拉菌	正常人的呼吸道，被危害人的血流

19.1　特征描述

19.1.1　形态与染色

摩拉菌属菌体是短而胖圆的革兰氏阴性杆菌，11.5μm×（1.5～2.5)mm，通常成双或短链状存在（图19.1）。

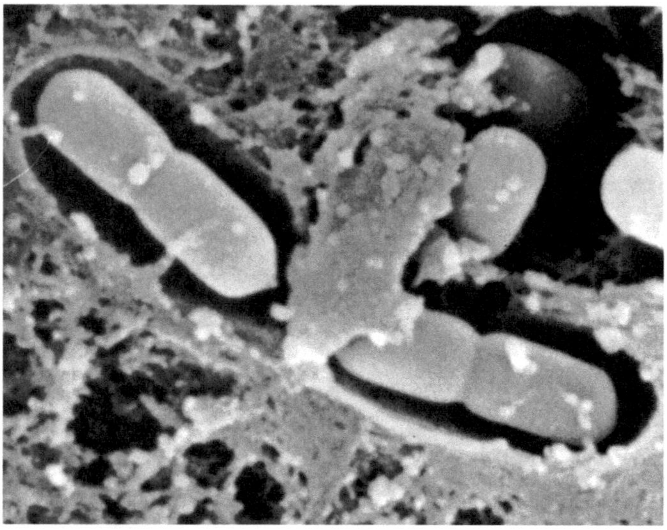

图 19.1 实验性感染小牛角膜的牛摩拉菌。在细菌周围角膜物质的消化。扫描电镜。(22 000×)(G. Kagonyera 博士惠赠)

19.1.2 结构和组成

细胞壁是革兰氏阴性菌细胞壁的典型，主要含有脂多糖和蛋白质。与许多其他革兰氏阴性菌（如埃希氏菌属中菌体）相比，摩拉菌的脂多糖不含有 O 重复单位。

牛摩拉菌菌毛黏附素是主要的毒力因子，并且能够在培养中丢失。在初次分离物中，可能出现荚膜。

19.1.3 具有医学意义的细胞产物

19.1.3.1 黏附素

与其他微生物一样，在疾病起始阶段，细菌表达的黏附素黏附在细胞上，形成特定的小环境，或黏附在靶细胞的表面（在一些病例中，小环境和靶细胞可能是相同的）。牛摩拉菌产生 4 种菌毛，黏附在结膜和角膜上皮细胞上。这种菌毛与假单胞铜绿菌、淋病奈瑟氏球菌、节瘤偶蹄形菌、多杀巴氏杆菌和霍乱弧菌的菌毛相似。不能产生这种黏附素的突变株是无毒的。

19.1.3.2 荚膜

荚膜发挥多种作用，其中最重要的是抵抗噬菌作用（抗噬菌作用）和保护外膜免受通过补体系统的激活产生的膜攻击复合物的沉积作用。

19.1.3.3 细胞壁

摩拉菌属的细胞壁是革兰氏阴性细菌细胞壁的典型（除了不存在 O 重复单位）。外膜的脂多糖（LPS）是一种重要的毒力决定簇。LPS 结合到将其转移到 CD14 血象的脂多糖结合蛋白（一种血清蛋白）上之后，CD14-LPS 复合物结合到导致前炎性细胞因子释放的巨噬细胞表面的 Toll 样受体蛋白上（见第 2 章）。

19.1.3.4 外毒素

牛摩拉菌产生的最值得注意的毒素是 RTX 型（之所以这样称呼，是因为在蛋白质内部富含甘氨酸重复序列的普遍特征）细胞毒素［见第 8 章，大肠埃希氏菌溶血素；第 12 章，巴氏杆菌白细胞毒素；第 13 章，放线杆菌溶血素；第 15 章，博德特氏菌腺苷酰（基）环化酶毒素］。这种细胞毒素，由于其在血琼脂平板上的溶血作用，有时也称“溶血素”。这种细胞毒素已经被命名为 Mbx（牛摩拉菌毒素）。Mbx 是一种有孔结构的毒素，对结膜和角膜上皮细胞及嗜中性粒细胞有特异性。不能产生 Mbx 的突变体没有毒力。

19.1.3.5 铁摄取

铁为细菌生长所必需。如果细菌在宿主内生存，必须能够获得铁。摩拉菌从宿主的铁结合蛋白获取铁，通过其表面的 Tbp 和 Lbp（分别是铁传递蛋白和乳铁传递蛋白结合蛋白）的表达，Tbp 和 Lbp 结合其各自的蛋白质，为摩拉菌提供接近铁的通路。

19.1.3.6 其他产物

牛摩拉菌向菌体外分泌大量具有毒力活性的蛋白质。这些蛋白质包括降解补体的蛋白酶、脂肪酶、磷酰胺酶、肽酶和蛋白酶。这些物质如何在体内发挥作用尚无文献参考。

19.1.4 生长特性

在 35℃、添加血清和血液的条件下，牛摩拉菌生长良好；在麦康凯琼脂或者厌氧条件下不生长。在 48h 内，初级分离物产生平的、溶血、易碎的菌落，约 1mm 大小，侵蚀琼脂，并且在盐中悬浮，自身凝集。

19.1.5 生化活性

牛摩拉菌为氧化酶阳性，不发酵，过氧化氢酶各异。硝酸盐和尿素试验阴性，但消化蛋白质。

19.1.6 抵抗力

牛摩拉菌对物理条件和化学试剂的抵抗力强，通常对普遍使用的抗生素敏感。

19.1.7　变异

在培养物中，牛摩拉菌经历由平滑型黄油状菌落到菌落分裂（变异）的变化，缺乏纤毛蛋白（由于纤毛蛋白编码基因的倒置）和感染性，很少发生自身凝集。纤毛蛋白免疫原性不同，对于基于血清学相似性的分类，这种特性有一定的作用。无溶血性变异株是不致病的。

19.2　生态学

19.2.1　分布

在世界范围发生的牛摩拉菌病，感染牛（眼球）结膜和上呼吸道黏膜，通常没有临床症状。

19.2.2　传播

通过直接和间接接触（包括昆虫传播和其他空气携带物）传播。

19.2.3　致病机制

机制

由牛摩拉菌引起的疾病与细胞毒素（Mbx）和纤毛蛋白紧密相关。结膜上皮吸附（pili）后，结膜和角膜细胞被破坏。在结膜和角膜损伤部位，牛摩拉菌繁殖，导致炎症发生（革兰氏阴性菌细胞壁）。Mbx介导的中性粒细胞的裂解增强了炎症和组织破坏。

环境因素包括紫外照射、蝇、灰尘和多树木的牧场植物，对于损伤的靶组织有一定的作用。病毒的同时感染，如牛1型疱疹病毒（感染性牛鼻气管炎病毒）和腺病毒、支原体（牛支原体）、细菌（产单核细胞李氏杆菌）和线虫，可能使疾病变得复杂。

19.2.4　病型和病理学

传染性牛角膜结膜炎（IBK）是牛摩拉菌侵入结膜和角膜后，导致水肿和占主要地位的中性粒细胞的炎症反应。这是一个从温和型泪溢和角膜暗晦发展为严重水肿、角膜不透明、血管化、溃疡和导致眼色素层脱垂和全眼球炎破裂的一个过程（图19.1）。溃疡的治愈从外周开始，并且要求几周的时间。中间的疤痕可能持续数月。尽管是一种自身单一性的疾病，但因为视觉损伤的动物不能吃草料，并且失重，可能造成经济损失。

19.2.5 流行病学

IBK是高度传染性疾病，主要在育肥牛。可能是由于获得性免疫的缺乏，幼龄动物被优先感染。与维生素A缺乏症类似，眼睑色素沉着的缺乏和眼睛显著的位置，是明显的致病症状。

在夏季和早秋，当环境胁迫最大时，流行最为严重。

19.3 免疫学

在感染中，会产生所有亚型的抗体（以局部分泌型IgA为主）。对于再次感染，具有短暂的抵抗力。在免疫和恢复过程中的作用是全身还是局部反应，是体液免疫还是细胞介导的反应，还有待探讨。

实验性菌苗和菌毛抗原免疫机体，可以产生抵抗力，尤其是对于同源株的攻毒效果最佳。显然，菌毛抗原蛋白、Mbx和蛋白水解酶具有保护活性。菌毛疫苗可以开发商品苗。

19.4 实验室诊断

可以通过免疫荧光检验确诊（通过应用牛摩拉菌抗原特异的抗体）分泌液涂片中的疑似菌。分泌液被接种在血琼脂，通过菌落特性、氧化酶活性、溶血性、蛋白质水解和发酵糖实验鉴定摩拉菌。特异的荧光抗体被直接连接于平板上疑似的菌落，用于鉴定菌落。应用牛摩拉菌的特异引物进行PCR，也可以检查和鉴定这种菌。

19.5 治疗和控制

感染的动物应该被关在没有灰尘和苍蝇的黑暗畜舍。局部皮质类固醇可能缓解这种炎症，而局部或全身应用抗微生物类药物，也有一定的效果。可以长期使用四环素或者氟甲砜霉素。

菌毛疫苗是最有前景的特异性预防手段。

第 20 章　假单胞菌属

Dwight C. Hirsh

假单胞菌属为革兰氏阴性需氧杆菌。在假单胞菌种内，只有绿脓杆菌具有兽医学意义。曾命名的具有重要兽医学意义的鼻疽假单胞菌和伪鼻疽假单胞菌，现已被划分为伯氏菌（见第 17 章）。

尽管在临床医学上，绿脓杆菌极其重要，但不是主要的致病菌。对于普遍使用的抗生素，大部分株系具有抗性，因此，当它们污染了一个位点后，清除起来非常困难。

20.1　特征描述

20.1.1　形态与染色

革兰氏阴性杆菌，长 1.5～5.0μm，宽 0.5～1.0μm。

20.1.2　结构与组成

假单胞菌具有典型的革兰氏阴性菌的细胞壁，由含糖的荚膜包围。此属的所有细菌通过端毛运动。并产生菌毛黏附素。

20.1.3　具有医学意义的细胞产物

1. 黏附素

绿脓杆菌可以分泌几种类似黏附素的产物，其中一种菌毛黏附素对于一定的上皮细胞的糖蛋白具有亲和力。另外，还有非菌毛黏附素，一种是对黏液素具有亲和力的外膜蛋白，另一种是对氯通道蛋白具有亲和力的细胞壁脂多糖。

2. 荚膜

荚膜保护外膜蛋白免受补体级联反应的膜攻击复合物的攻击。此外荚膜还可抑制细菌向噬菌细胞黏附和被其吞噬。

3. 细胞壁

该属细菌具有典型的革兰氏阴性细菌细胞壁，外膜的脂多糖（LPS）是一种重要的毒力决定簇。脂质 A 不仅是内毒素的成分，而且 O 重复单位侧链的长度可以阻碍补体系统的膜攻击复合物对外膜的吸附。LPS 与能将其转移到 CD14 血象的脂多糖结合蛋白（一种血清蛋白）结合。CD14-LPS 复合物再结合到激发炎性细胞因子释放的巨噬细胞表面的 Toll 样受体蛋白上（见第 2 章）。

4. 铁摄取

铁是所有生命物质生长所必需的。绿脓杆菌能够分泌摄取铁的 pyochelin 和 pyoverdin 含铁细胞产物，同时运用由环境中的其他细菌产生的嗜铁蛋白（肠菌素和 aerobactin）。这些产物用于从宿主铁结合蛋白获取铁。

5. 外毒素

绿脓杆菌可以分泌多种蛋白外毒素：外毒素 A、外毒素 S、外毒素 T、外毒素 U、外毒素 Y、弹性蛋白酶和多种其他具有生物学活性的蛋白质（蛋白酶、磷脂酶）。外毒素 S、T、U 和 Y 通过 III 型分泌装置（一种超过 20 种蛋白质组装的管样结构），效应蛋白通过这一途径被“注入”宿主“靶”细胞。

1）外毒素 A　随着受体介导的（细胞）内吞作用，外毒素 A 通过延伸因子-2（EF-2）的核糖基化抑制蛋白质合成。

2）外毒素 S 和 T　外毒素 S 和 T 核糖基化宿主细胞 GTP-结合蛋白，阻断肌动蛋白细胞骨架的细胞功能，即细胞吞噬。

3）外毒素 U　外毒素 U 具有细胞毒性，但机制不确定。

4）外毒素 Y　外毒素 Y 是一种腺苷酰环化酶，作用是将细胞间 cAMP 的数量增加到损伤水平。

6. 多种产物

绿脓杆菌能产生细菌素（脓菌素）和色素（绿脓素），脓菌素是细菌在宿主环境内循环流行的有用因素。绿脓素具有毒力活性，并且用于绿脓杆菌的实验室辅助鉴定。绿脓素与氧反应，形成活性氧，对真核和原核生物产生毒性作用。通过增加过氧化氢酶和过氧化物歧化酶的合成，绿脓杆菌保护其自身免受绿脓素的毒力作用。

7. 产物调控

绿脓杆菌产生的致病产物的表达和排泄的调控是复杂的。随着细菌-宿主细胞的相互作用，通过 III 型分泌装置（外毒素 S、T 和 Y），启动分泌产物的途径。绿脓杆菌的“定量感觉”系统控制残余的菌体细胞产物。当菌体产生的高丝氨酸内酯达到一定阈值时，编码这些产物的基因被表达。所有绿脓杆菌细胞，均能分泌这种高丝氨酸内酯，但只有细菌细胞达到一定数量时，才能诱导毒力基因的表达。最终，吡啶酮的水平调控外毒素 A 和一种内蛋白酶。当铁离子含量低（如体内的情况）时，这两种蛋白质被表达和分泌。

20.1.4　生长特性

绿脓杆菌是一种专性需氧菌，从有机物质的氧化获得能量，并且应用氧作为一种终端电子受体。在普通的培养基上，4～41℃均能生长。

20.2　生态学

20.2.1　贮存

多数绿脓杆菌生活在土壤和水中，也存在于正常动物的粪便中，但不是作为一个正常菌群存在，即它们是暂时的。

20.2.2 传播

环境或者内源性的暴露是经常性的，而且在宿主的抵抗力下降时，大多数感染发生。

20.2.3 致病机制

绿脓杆菌感染的区域能够降低正常菌群的数目。正常菌群的破坏一般是由于抗生素的使用。由于绿脓杆菌对于常用的抗生素具有抗性，它将代替正常菌群。在感染的位点或邻近的区域，存在被感染的风险。随着细胞壁炎症反应的启动，组织被破坏，释放外毒素和绿脓素。

也可以从无抗生素治疗历史动物的一定位点分离到绿脓杆菌。

20.2.4 病型

1. 狗（猫）

绿脓杆菌的感染类型包括耳炎、下部尿道感染和脓皮病。

2. 马

绿脓杆菌的感染类型包括长期使用抗生素治疗的子宫炎（阴道炎）、结膜炎和用类固醇-抗生素处理的角膜溃疡。

3. 牛

绿脓杆菌的感染类型包括乳腺炎（不普遍）。

4. 其他动物

绿脓杆菌并不引起所有免疫力低下动物的败血病，但在人灼伤、白血病或囊肿性纤维化病时，常引起菌血症。

20.2.5 流行病学

微生物广泛存在于环境中，疾病的发生主要取决于宿主和其所在的环境。然而，在兽医院，多种环境有利于这种微生物的选择。绿脓杆菌易于在医院内潮湿、通风不良的环境中繁殖，尤其是在外科区域，如在没有充分干燥的支持袋，在没有清洁和干燥的麻醉机的软管内，或者在没有经常更换的消毒液内。在受威胁动物的环境中，这些情况导致绿脓杆菌数目的增加，因此增加了感染（污染）的风险。

20.3 免疫学

虽然给动物人工免疫微生物的提取物或者外毒素 A 可以获得保护，但在致病机制或抵抗力方面，特异性的免疫反应似乎不起作用。降低患者周围环境中的细菌数量是最重要的预防感染措施，如清洗和干燥感染的耳朵。

20.4 实验室诊断

在血琼脂培养基上，绿脓杆菌生长良好。菌落较大，直径大于 1mm，呈灰色（青铜色），粗糙，通常有溶血带。绿脓杆菌生长的平板具有特殊的过期玉米饼味。氧化酶阳性使其与其他肠道细菌区分开来，在三糖铁培养基上呈轻微的碱性（不产气），可以利用氧化的葡萄糖，在 42℃生长，并且形成一种可溶于氯仿的蓝绿色色素，即绿脓。由于绿脓杆菌细胞壁的可渗透性屏障和质粒编码基因（R 质粒）产物的失活，使绿脓杆菌对于一些抗生素具有抗性。

20.5 治疗和控制

治疗包括提高患者抵抗力，必要时，要使用抗生素。通常，绿脓杆菌对于庆大霉素、托普霉素、氨基羟丁基卡那霉素 A、羧苄青霉素、环丙沙星和替卡西林/克拉维酸易感，这些制剂常用于软组织感染的治疗。在狗的尿管内，达到一定浓度的四环素可杀死大部分细菌。在耳内，大部分绿脓杆菌对达到一定水平的抗生素敏感（包括恩诺沙星、新霉素、多黏菌素、氯霉素和庆大霉素）。值得注意的是，这些药物没有进行体外试验，应主要检测来自治疗感染过程的分离物的敏感性/抗性。

第21章 马生殖道泰勒氏菌

Ernst L. Biberstein　Dwight C. Hirsh

泰勒菌属细菌是革兰氏阴性兼性厌氧杆菌。本属包括两个种：马生殖道泰勒氏菌，引起接触性马子宫炎（CEM）；驴生殖道泰勒菌，定居于患病公驴的生殖道内。由于临床和经济意义，本章将详细讨论马生殖道泰勒氏菌。因为驴生殖道泰勒菌和马生殖道泰勒氏菌的表型相似，将简要描述。

21.1 马生殖道泰勒氏菌

马生殖道泰勒氏菌引起母马子宫的一种急性、化脓性、接触性马子宫炎（CEM）。疾病导致暂时不育，高度传染，不表现症状但可以长期带菌。种马表现为无症状，但也可鉴定出带菌。该病具有地域局限性。

21.1.1 特征描述

21.1.1.1 形态与染色

马生殖道泰勒氏菌是革兰氏阴性球杆菌，大小为 0.8μm×（5～6)μm。

21.1.1.2 结构与组成

马生殖道泰勒氏菌可产生一种糖类荚膜，细胞壁由脂多糖和蛋白质组成，是典型革兰氏阴性细菌细胞壁。这种菌有菌毛。它与嗜血杆菌、巴氏杆菌、布鲁氏菌有交叉抗原。

21.1.1.3 医学意义的细胞产物

1. 荚膜

荚膜具有保护外膜蛋白免受补体级联反应的膜攻击复合物的攻击。荚膜也抑制宿主吞噬细胞的黏附和摄取。

2. 细胞壁

马生殖道泰勒氏菌具有典型的革兰氏阴性细菌细胞壁。外膜的脂多糖（LPS）是一种重要的毒力决定簇。脂质A不仅是毒性成分，而且O重复单位侧链的长度阻碍补体系统的膜攻击复合物对外膜的吸附。LPS连接到脂多糖结合蛋白（一种血清蛋白）上，将其转移到CD14的血象。CD14-LPS复合物结合到导致促炎性细胞因子释放的巨噬细胞表面的Toll样受体蛋白上（见第2章）。

21.1.1.4 生长特性

马生殖道泰勒氏菌是在37℃含5%～10% CO_2巧克力琼脂生长的一种兼性厌氧菌。48h培养后，菌落具有1mm的直径，并且可在较长培养期内进一步增大。菌落有光泽、平滑、灰白色、蜡状，有时呈晶体状。

氧化酶、过氧化氢酶和磷脂酶阳性，并且利用糖，不产酸。

马生殖道泰勒氏菌与其他革兰氏阴性细菌无相关性。

21.1.1.5 抵抗力

马生殖道泰勒氏菌的抵抗力较弱。拭子样本在冷藏条件下48h内送检，能够成功培养。

尽管马生殖道泰勒氏菌因菌株不同对抗生素的易感性不同，但是除链霉素的大多数抗生素都能抑制马生殖道泰勒氏菌。马生殖道泰勒氏菌对甲氧苄氨嘧啶-磺胺甲嘧啶、林可霉素、氯林可霉素有很好的耐受性，这些药物已经包括在选择分离培养基中。

21.1.1.6 变异

除了链霉素易感变异株外，其他株表现为抗原同源性，体外细胞实验结果表明，某些株（通过DNA分析确定）比其他株系表现的更具毒力。

例如，随机扩增多态性DNA（RAPD）和限制性内切核酸酶消化DNA的凝胶电泳等分子生物学方法已经鉴定了马生殖道泰勒氏菌的不同株。

21.1.2 生态学

21.1.2.1 贮存

马生殖道泰勒氏菌是一种专门寄生于马生殖道的寄生菌。没有在牛和人中检测到对于这个菌的抗体。

该病最初发生于欧洲，但现已从日本、澳大利亚和北美的CEM的动物中检测到。

21.1.2.2 传播

尽管其在新生和未配种动物中的出现提示有其他的传播方式，但马生殖道泰勒氏菌主要通过性传播。

21.1.2.3 致病机制

发病的几天内，含脓子宫内膜炎分泌液的量在变化，主要危害的是被中性粒细胞覆盖的子宫上皮细胞（腺体排外）。子宫内膜的基质细胞主要为单核细胞，上皮细胞被侵蚀或者经历严重的退化变化。子宫的感染通常在几周内自发减弱，子宫内膜的修复完成后，没有持续损伤。已经在胎盘和新生驹发现感染，但流产很少。

没有发热或其他疾病症状，唯一的可能就是精神沉郁。发病几天后，可能有不同数量的黏液样到黏脓性的物质从阴门流出；内部检查显示为子宫源性的子宫颈阴道分泌液。疾病的外部症状在 2 周内消失。

21.1.2.4 流行病学

在流行地区，痊愈母马和种马经常持续带菌。母马在阴蒂的凹处携带；种马在阴茎包皮、尿道和尿道沟携带。

饲养员或兽医使用的污染器械亦可成为传播媒介。

21.1.3 免疫学

痊愈动物在几个月内抵抗力增强，当再次感染后，出现温和的症状并带有数目较少的细菌。具有抵抗力的机制尚不明确。

实验证实，在第一周不出现补体结合血清抗体，3 周后增加。母马抗体滴度的持续时间各异，但在感染后 3～7 周，实验表明是持续阳性的。抗体滴度和携带状态明显无关，抗体存在于阴道黏液，但其和感染的关系未知。

菌苗不能预防感染，但可降低其发病严重程度。

21.1.4 实验室诊断

CEM 的诊断和携带者的鉴定要求马生殖道泰勒氏菌在生殖道存在。在临床情况下，可以通过对分泌液进行革兰氏染色检出马生殖道泰勒氏菌。

感染动物的确诊要求在添加或不添加链霉素的巧克力琼脂（用马血液制备）上反复培养合适的病料（见下文 21.1.5）。在添加氯林可霉素和甲氧苄氨嘧啶的第三种培养基上，所有种都能生长。在平板培养的 3～7 天，从第 2 天到第 7 天每天检查（见上文 21.1.1.4）。来自怀疑菌落的革兰氏阴性、氧化酶阳性、过氧化氢酶阳性微生物，必须进行血清学确定。应该假设性考虑任何马生殖道泰勒氏菌的鉴定，直到被有能力的参考实验室确诊。

已经建立了 PCR 的实验诊断技术，与传统培养方法相比，在鉴定感染动物和分离菌方面此技术更为敏感。

应用血清学实验（CF）鉴定配种后 15～40 天的疑似母马。

21.1.5 治疗和控制

尝试应用消毒剂和抗生素的子宫灌输和全身的抗生素治疗，降低疾病的严重性和持续性，并且也许能结束带菌状态。目前，这种方法已受到质疑。

感染母马的局部治疗包括，用 2%双氯苯双胍已烷清洗阴蒂沟，随后用硝基呋喃类药膏（0.2%）。从已知存在 CEM 的国家进口到美国的种马，阴茎包皮、尿道窦和腺体沟都要培养。种马然后与未感染的母马交配后，三次取阴蒂窦和阴蒂沟进行培养。进口的母马，在整个发情期，重复培养这些位点。

一些国家要求进口母马通过外科手术去除阴蒂窦。

在 CEM 流行的国家，控制的方法包括强制性的兽医检查、所有饲养动物的阴性培养和对马流动的监督。

21.2 驴生殖道泰勒菌

驴生殖道泰勒菌是一种和马生殖道泰勒氏菌相似的革兰氏阴性兼性厌氧杆菌。现在唯一区分这两种微生物的方法，就是通过利用特异性引物进行 PCR。

驴生殖道泰勒菌定居于雄性驴的生殖道。通过交配，传播给母驴，人工方式不能传播。对于已经诊断的几株驴生殖道泰勒菌，感染的母驴与 CEM 有相似的临床症状。然而，补体结合实验检测感染的母马阳性，母驴检测也是阳性。结合马生殖道泰勒氏菌和驴生殖道泰勒菌分离物表型相似的特性，使马生殖道泰勒氏菌的鉴定更加困难。现在，对于驴生殖道泰勒菌的意义（除了使 CEM 的控制更困难），还需做进一步的探讨。

第22章　螺旋-弯曲的微生物Ⅰ：疏螺旋体属

Rance B. LeFebvre

疏螺旋体属是主要通过蜱虱传播的螺旋体，引起的感染引起血象变化，会伴随全身和局部性的感染。包括三种动物病原：感染禽的鹅疏螺旋体、引起牛温和性感染的色勒氏疏螺旋体和引起狗、马、牛、人莱姆病的伯氏疏螺旋体。引起人回归热的蜱源性螺旋体（赫氏蜱疏螺旋体、扁虱疏螺旋体、特里蜱疏螺旋体），野生哺乳动物、鸟和爬行动物感染后不表现症状。

22.1　特征描述

22.1.1　形态与染色

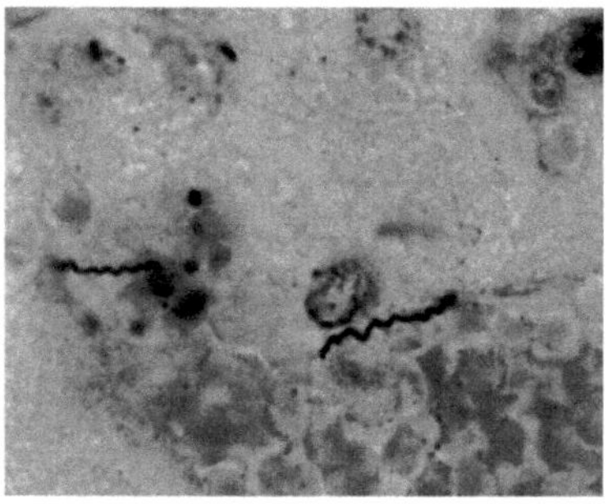

图22.1　马肝脏切片显示色勒氏疏螺旋体的存在。银染（1000×）

疏螺旋体为革兰氏阴性，但着色不佳，银染、吉姆萨染色、瑞氏染色效果最好（图22.1），暗视野检查显示螺旋形和运动性。

22.1.2　细胞结构与组成

疏螺旋体属，因种的不同，具有由15～20根内鞭毛组成的轴丝，被外鞘所包围。

螺旋体属成员的独特之处在于，除具有一种接近900kb的线形双链染色体以外，还有可能组成其基因组的环状和线状质粒。

22.1.3　具有医学意义的细胞产物

22.1.3.1　细胞壁

疏螺旋体属的成员具有革兰氏阴性细菌的细胞壁。外膜的脂多糖（LPS）是一种重要的毒力决定簇，其中脂质A是毒性成分，同时，多糖侧链的长度可以阻碍补体系统膜攻击复合物对外膜的吸附。LPS可以与脂多糖结合蛋白（一种血清蛋白）结合，将其转移到CD14的血象，CD14-LPS复合物与导致前炎性细胞因子释放的巨噬细胞表面的Toll样受体蛋白结合。

22.1.3.2 溶血素

溶血素活性与伯氏疏螺旋体相关。

22.1.4 生长特性

动物疏螺旋体病原，鹅疏螺旋体可以在鸡胚中繁殖传代。而伯氏疏螺旋体可在33℃条件下，在含有卡那霉素和5′-氟尿嘧啶，富含血清的改良Kelly选择性培养基（BSK）上培养。

疏螺旋体生长缓慢，发酵葡萄糖，也可能发酵其他糖。

室温条件下，在血凝块中，螺旋体可以存活大约一周，在4℃为几个月，低于20℃，则不确定。

22.1.5 变异

在几种疏螺旋体中，确定了大量编码外表面蛋白的基因，回归热疏螺旋体的抗原变异可以导致免疫逃逸。莱姆病螺旋体可以表达广泛的外表面蛋白，但并不引起免疫逃逸，可能参与其维持和表达。

22.2 生态学

22.2.1 贮存和传播

动物的病原性螺旋体以蜱为传播媒介。蜱通过吸吮感染动物的血液而感染，当感染的蜱叮咬动物时，动物得以感染。其他节肢动物也可能充当短期带菌动物。此外，该病原体能通过皮肤伤口感染。也可发生垂直传播（经卵传播，经母体传播）。感染动物可以通过胎盘、乳和尿向体外排菌。

对于鸟，可能通过吃粪和嗜食同类发生感染。

22.2.2 致病机制

在回归热疏螺旋体和其他螺旋体的致病机制中，外毒素发挥重要作用。在莱姆病螺旋体的致病机制中，溶血素发挥重要作用。

22.3 动物螺旋体病

22.3.1 鹅疏螺旋体

鹅疏螺旋体可感染鸡、火鸡、鹅、鸭、孔雀、鸽、金丝雀和野生鸟类，感染禽发病突然，以发热、沉郁、厌食和腹泻为特征。感染的鸟类发绀，排绿色腹泻。晚期症状可能包括瘫痪和贫血。死亡率为10%～100%。剖解变化为脾肿大，全身广泛性出血，肝增大，有坏死灶，外周血无菌检出。

禽螺旋体病存在于所有大洲，可感染任何年龄的鸟类。青年禽死亡率高，死于败血症，随着疾病的暴发，一般在30天内，螺旋体从鸡群消失。

波氏软蜱是最主要的传播媒介，能够保持感染状态超过1年，并且能够经卵传播。随着疾病的恢复，出现明显的抗体介导的暂时性免疫，抗血清的保护可达几周。用从感染动物血液或鸡胚繁殖中得到的鹅疏螺旋体制备的灭活苗，可以提高机体的主动免疫。

暗视野显微镜，染色涂片或者免疫荧光，可以观察到血液中的螺旋体。可疑病料、血、脾或肝悬液，卵黄囊接种5～6天鸡胚，2～3天内出现鹅疏螺旋体。另外，还可以通过琼脂扩散实验检测抗原或抗体。

鹅疏螺旋体对青霉素G、四环素、氯霉素、链霉素、卡那霉素和泰乐菌素易感，免疫血清具有保护潜力，菌苗可产生长期的免疫。

22.3.2 色勒氏疏螺旋体

色勒氏疏螺旋体引起一种温和性发热的贫血症状，主要感染非洲和澳大利亚牛，偶尔感染绵羊和马，传播媒介为几种硬蜱。致病机制不明，田间感染要与其他蜱源性疾病相区别。一般无治疗方法，动物对四环素有反应。关键在于控制蜱。

22.4 莱姆螺旋体病

莱姆病由伯氏疏螺旋体引起，分为三种基因型群：伯氏疏螺旋体、埃氏疏螺旋体和伽氏疏螺旋体，其中伯氏疏螺旋体是北美主要的病原体。

22.4.1 分布和传播

流行地区包括北美亚特兰大州、明尼苏达州和威斯康星州，北美南部和远西部的部分地区；欧洲的大部分地区和英国；俄国；亚洲；日本；澳大利亚新南威尔士的部分地区。5～10月是流行的高峰期，由于进入农区的鹿群增加，人的活动增加，感染蜱随着鸟的迁徙传播，导致疾病的增加。螺旋体贮存在于几种硬蜱中，主要是北美的肩板硬蜱（*Ixodes scapularis*）和太平洋硬蜱（*Ixodespacificus*）。鹿鼠、白脚鼠和其他小的啮齿类动物充当螺旋体的贮存宿主。可以从狗和牛的尿，以及感染母牛的乳中排出病原体，并作为传染源。

人的莱姆螺旋体病由伯氏疏螺旋体引起，皮肤游走性红斑是早期莱姆病的特征性症状。几周或几个月后，伴随着神经系统、心脏和关节并发症。内毒素、溶血素、免疫复合物和免疫抑制剂，可能与疾病的发生有关。

其他动物中，狗最常感染，具有多发性关节炎、发热和厌食等最普遍的症状。同时观察到狗的不舒服，淋巴结病和肾脏疾病。尽管猫科的螺旋体病很少，但已经在家养猫报道了相似的症状。

螺旋体病也出现在马和牛，马主要表现为多发性关节炎、视觉和神经症状，已有可导致马驹死亡的报道。

22.4.2 诊断

诊断包括用暗视野显微镜和免疫荧光显微镜观察组织和液体中的螺旋体，利用间接免疫荧光实验，ELISA 检测血清或其他液体内的抗体，或者应用属特异的 DNA 引物对组织和液体样本进行 PCR 反应。

培养费时，而且常没有结果。但是，已经证明，取感染狗和鼠的耳打孔，取活组织进行培养是可靠的，取感染动物的关节液进行培养也是可能的。BSK 是一种很好的分离培养基，在 33℃，螺旋体生长良好。

22.5 治疗和控制

尽管抗生素治疗效果不一，但四环素、强力霉素、恩诺沙星、红霉素和青霉素 G 普遍有效，控制蜱是关键。

22.6 免疫学

体液免疫对伯氏疏螺旋体的感染具有保护作用，随着对于螺旋体的暴露，大多数动物表现为没有明显临床症状的自身免疫。

22.7 人工免疫

已经证明，对伯氏疏螺旋体免疫反应所产生的抗体，可以有效预防实验动物的感染。因此，应用于犬的全菌苗，已得到了商业性的开发。另外，还有由外表面蛋白 A（OspA）组成的亚单位疫苗，但这种疫苗不能提供 100%的保护，而且保护性免疫持续时间短、范围有限，这可能是由于 OspA 抗原的异质性。研究结果表明，只有在蜱的内脏中部，螺旋体合成 OspA 抗原，在血餐前 24h，OspA 抗原合成被关闭。蜱吸吮动物时，螺旋体向蜱的嘴移动，并且随后接种于哺乳动物的毛细血管。因此，在两个过程中，OspA 亚单位疫苗发挥功能。免疫的哺乳动物可以充当 OspA 的抗体工厂，抗体随血液进入蜱的内脏中部，中和该部位存在的螺旋体。

第 23 章　螺旋-弯曲的微生物 II：短螺旋体属（蛇形螺旋体）

Dwight C. Hirsh

短螺旋体属的成员是革兰氏阴性，属于螺旋体科的螺旋状专性厌氧菌。猪痢疾短螺旋体是猪痢疾（一种发生于快速生长猪的疾病）的致病因子。多毛结肠短螺旋体与断乳期仔猪、狗、鸟和人（通常那些免疫机能不全的个体）的肠道螺旋体病相关。人螺旋体很少引起人的螺旋体病。具有不确切致病潜力的螺旋体包括中间短螺旋体和莫氏螺旋体（*B. murdochii*）（在猫和猪中分离到的一个种，一般认为是不致病的，1999 年，有人从患关节炎的病猪分离到这种菌，表明可能是一种致病菌）。发现于有症状以及无症状猪粪便中的无害短螺旋体，几乎没有或具有很低的病原潜力。“犬短螺旋体”常见于有症状以及无症状狗的肠道内容物中。

23.1　特征描述

23.1.1　形态与染色

猪痢疾短螺旋体和多毛结肠短螺旋体是松散的卷曲螺旋体，长 6～11μm，宽 0.25～0.35μm（图 23.1）。另一种很相似的短螺旋体——无害短螺旋体（也称为小螺旋体），经常被发现于有痢疾症状和正常猪的粪便中，(5～7)μm×0.2μm，紧密卷曲。

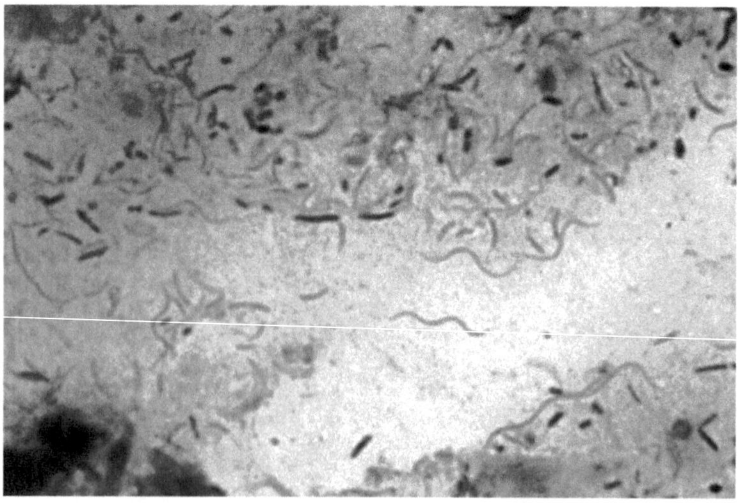

图 23.1　患有猪痢疾的猪的结肠刮片中的猪痢疾短螺旋体。维多利亚蓝 4R 染色。(1000×)

短螺旋体为革兰氏阴性，但这一特性不常被用于其鉴定或检测。Romanovsky 型染色（即瑞氏、吉姆萨）在显示涂片中的这些微生物时，更为有用。

23.1.2 细胞结构与组成

胞体为典型的螺旋体。猪痢疾短螺旋体的轴丝由任意末端插入的 8～12 根鞭毛组成；无害短螺旋体的轴丝为 10～13 根鞭毛，多毛结肠短螺旋体为 4～6 根鞭毛。

23.1.3 具有医学意义的细胞产物

23.1.3.1 细胞壁

短螺旋体具有革兰氏阴性细菌的细胞壁。外膜中的脂多糖（LPS）是一种重要的毒力决定簇。不仅脂质 A 本身具有毒性（内毒素），而且侧链中 O 重复单位的长度还可以阻止补体系统的膜攻击复合物向外膜的吸附。LPS 可以与脂多糖结合蛋白（一种血清蛋白）结合，将其转移到 CD14 的血象，CD14-LPS 复合物与导致前炎性细胞因子释放的巨噬细胞表面的 Toll 样受体蛋白结合。

23.1.3.2 细胞毒素/溶血素

Tly 蛋白（细胞毒素/溶血素）负责体外由猪痢疾短螺旋体引起的强 β 型溶血（在体外，溶血的程度常被用于区分引起强 β 溶血的蛇形螺旋体、猪痢疾短螺旋体和多毛结肠短螺旋体）。在体内，这种蛋白质也是一种毒力决定簇，不能产生 Tly 的突变株几乎无毒。Tly 是一种影响宿主靶细胞的孔形成的细胞毒素（杯状细胞和结肠的上皮细胞）。

23.1.3.3 溶血素

另一种溶血素，Hly，已被述及，但其与毒力的关系还不明确。

23.1.3.4 鞭毛

尽管鞭毛存在于有毒力以及非毒力的短螺旋体，但似乎为表现毒力所必需。这种特性与在小肠内穿过小肠黏液，到达靶细胞的过程相关。已经发现，毒力株对小肠道黏液具有亲嗜性。

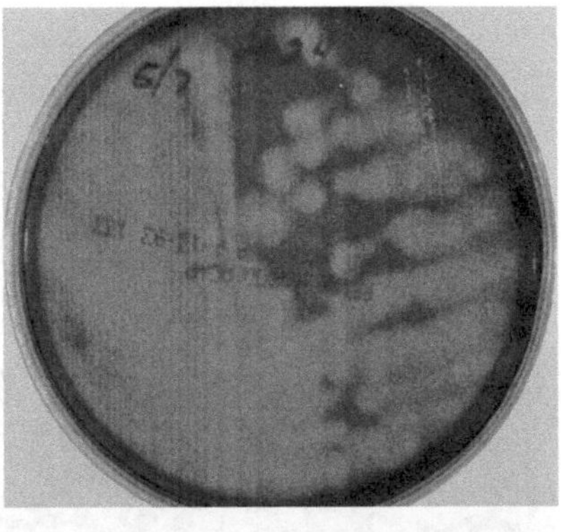

图 23.2 生长在血琼脂平板上的猪痢疾短螺旋体。

23.1.4 生长特性

短螺旋体属的所有成员皆为专性厌氧细菌。

猪痢疾短螺旋体是一种强 β 型溶血螺旋体，这一特性已被用来区分引起弱 β 型溶血的无毒短螺旋体和多毛结肠短螺旋体（图 23.2）。

对于高浓度的壮观霉素，猪痢疾短螺旋体和多毛结肠短螺旋体具有抗性，这是一种从粪便中分离这些微生物的有用特性。在 5～25℃温度条件下，如果在有机物内密封猪痢疾短螺旋体和多毛结肠短螺旋体，可长时间保持感染性。这两者都不能耐受干燥和太阳光的直射。

23.1.5 变异

猪痢疾短螺旋体至少具有 12 种血清型。通过全细胞 DNA 的限制性长度多态性的指纹分析、DNA 编码的核糖体 RNA、DNA 编码的特定基因（即鞭毛素）和多位点限制酶酶切电泳，已经显示该种成员间以及与其他种的成员间的异质性。

23.2 生态学

23.2.1 贮存和传播

猪痢疾短螺旋体贮存于猪的胃肠道，尤其是病原的无症状携带者（从该病中康复的动物）。从生活在有疾病存在的农场的狗、猫、兔和鼠的粪便中，已经分离到该病原，通过粪-口腔途径传播。

已经从狗、鸟和人分离到多毛结肠短螺旋体。有证据表明，人可以通过已感染的狗染上该病。

23.2.2 致病机制

猪痢疾短螺旋体在大肠繁殖并致病（猪痢疾）。仅猪痢疾短螺旋体，似乎不引起发病。通常，在猪的结肠中发现的其他细菌（如普通类杆菌和脆弱类杆菌、厌氧坏死梭杆菌、大肠弯曲菌、嗜热厌氧细菌、李氏脱氮硫杆菌等），已经表现支持这种作用。也已观察到伴有上皮细胞侵蚀的表面凝结坏死。也观察到波及黏膜和黏膜下层的水肿、充血、出血和多核嗜中性白细胞浸润，出现结肠吸收障碍。由细胞毒素介导的结肠靶细胞（起初为杯状细胞，然后为肠上皮细胞）的炎症，可能导致分泌性腹泻。在猪痢疾短螺旋体，还没有发现编码已知内毒素的 DNA 序列。

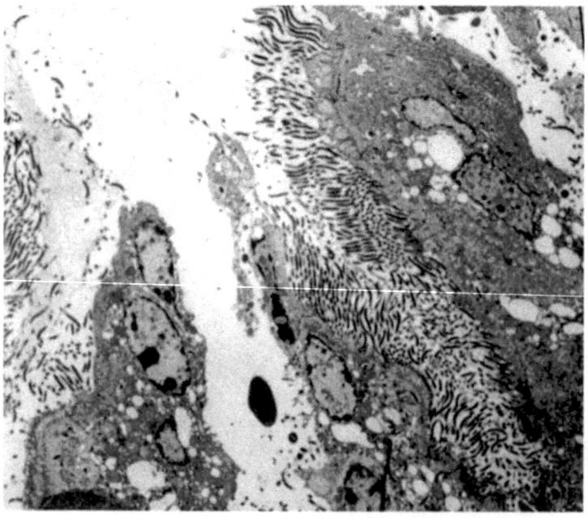

图 23.3 患有小肠痢疾的肠管中的多毛结肠短螺旋体。透射电镜。(约 40 000×)

疾病的外观表现相当典型。感染猪会排出灰色到樱桃色的粪便，然后脱水，出现酸血症和高血钾。通常，温度保持正常。易感猪的发病率接近 90%，在未治疗猪群，死亡率为 20%～40%。疾病的持续时间从几天到几周不等，幸存者可能变为永久发育迟缓并且保持无症状排菌状态。尚没有发现检测这些动物的简易方法。

猪（断奶后期）、狗、鸟和人的肠道螺旋体病与多毛结肠短螺旋体相关。这种疾病以温和、持续腹泻和低死亡率为特征。

感染结肠的活组织检查表明，存在黏附到肠道上皮的“一端向前”的大量螺旋体簇（图 23.3）。

23.3 免疫学

对和这些疾病有关的免疫学因素所知甚少。对于再次感染，猪痢疾康复猪具有抗性。在降低感染猪病的严重性方面，菌苗已经取得一些成功。

23.4 实验室诊断

23.4.1 样本收集

表现该病症状的感染动物粪便用于猪痢疾短螺旋体和多毛结肠短螺旋体的检测。

23.4.2 直接检查

用 Romanovsky 型（即瑞氏、吉姆萨）或者碳品红对粪便材料的涂片进行染色，如果在腹泻粪便中观察到大量的松散的缠绕螺旋体，即被假定为猪痢疾短螺旋体（猪痢疾）和多毛结肠短螺旋体（肠道螺旋体）感染。无害短螺旋体可能出现于患有猪痢疾的猪的样本，但它们相对较小，并且螺旋更紧，有时出现一种很难辨别出来的差别。

23.4.3 分离/检测

通过接种到含有壮观霉素（400μg/ml）的血琼脂平板，可以从粪便样本中分离到猪痢疾短螺旋体和多毛结肠短螺旋体。平板在含有 10% CO_2 的厌氧环境孵育 24～48h，猪痢疾短螺旋体的菌落小，出现强 β 溶血；而多毛结肠短螺旋体则不出现那么强的 β 溶血。

已经应用所设计的引物进行多联 PCR 试验，检测常见腹泻相关的微生物 DNA。

23.4.4 鉴定

最好通过挥发性脂肪酸的气相色谱或通过 DNA 探针，对猪痢疾短螺旋体和无害短螺旋体进行区分。不幸的是，这些技术不适用于繁忙的实验室检测。因此，观察 β 溶血的程度、果糖发酵（无害短螺旋体呈阳性）和吲哚生成（猪痢疾短螺旋体呈阳性）等实验用于鉴别。虽然溶血试验似乎相对稳定，但其他试验在某些条件下易变，可能出现错误鉴别。多毛结肠短螺旋体可水解马尿酸，而无害短螺旋体则不能。可通过分子手段（编码 16S rRNA 的序列和多位点酶切电泳）区分多毛结肠短螺旋体与犬螺旋体。

23.5 治疗、控制和预防

在治疗猪痢疾和肠螺旋体病时，有机砷、泰乐菌素、庆大霉素、呋喃西林、维吉尼亚霉素和林可霉菌等显示有效。这些药物已用于低水平的预防，但必须注意，用于预防该病的常规药物将极大地丧失其有效性。甲硝唑被推荐用于犬肠螺旋体病的治疗。

第 24 章　螺旋-弯曲的微生物 III：弯曲杆菌属、弓形菌属、内劳森菌属

Dwight C. Hirsh

弯曲杆菌属、弓形菌属和内劳森菌属的成员是革兰氏阴性卷曲的杆状菌。它们与呼吸道和肠道疾病有关。在分类上，弯曲杆菌属和弓形菌属（以前被划归在弯曲杆菌属）是弯曲杆菌科的成员。内劳森菌与具有致病性的其他种间似乎没有系统发育相关性。

24.1　特征描述

24.1.1　形态与染色

弯曲杆菌属、弓形菌属和内劳森菌属的成员是革兰氏阴性细小的弯曲形杆菌，(0.2～0.5)μm×(0.5～5)μm。当两个或更多的细菌放在一起，它们会形成 S 形或者鸥形翼式，可能表现为“螺旋形”(图 24.1)。

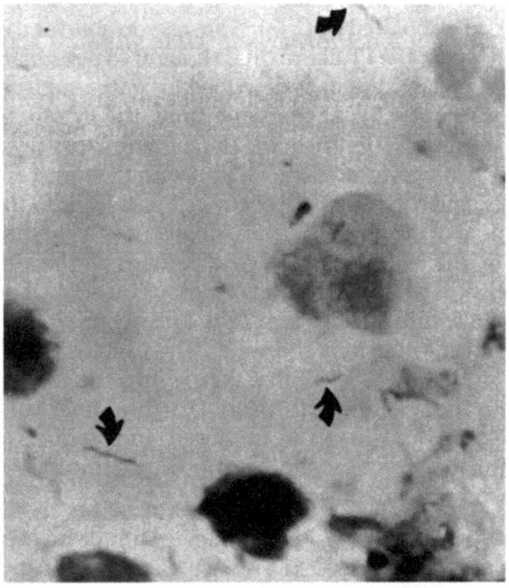

图 24.1　流产羔羊的胃液中空肠弯曲杆菌胎儿亚种。革兰氏染色。(1000×)

24.1.2　细胞结构和组成

弯曲杆菌属、弓形菌属和内劳森菌属的成员具有典型的革兰氏阴性菌的细胞壁、荚膜和鞭毛。

24.2　弯曲杆菌属

弯曲杆菌属的成员参与动物的肠道和生殖道疾病，尽管该属含有 15 个种，但只有几种致病。这些致病菌包括胚胎弯曲杆菌、空肠弯曲杆菌、大肠弯曲杆菌、简明弯曲菌、畸形弯曲菌、豚肠弯曲杆菌、黏膜弯曲杆菌、红嘴鸥弯曲杆菌和乌普萨拉弯曲杆菌。

弯曲杆菌的两个种在生殖道和繁殖中的表现非常重要：胎儿弯曲杆菌和空肠弯曲杆菌。胎儿弯曲杆菌有两个亚种：性病亚种和胎儿亚种。因为曾一度被归为弧菌属的成员，所以这些微生物引起的疾病有时被认为是弧菌病，但事实并非如此。

空肠弯曲杆菌和大肠弯曲杆菌是人和非人灵长类动物肠胃炎的主要病原，并且已发现于来自腹泻的狗和猫的粪样，空肠弯曲杆菌最常分离于这两种动物。然而，在猪痢

疾，大量出现大肠弯曲杆菌，并且曾经认为该菌是猪痢疾的致病因子，实际上，猪痢疾是由猪痢疾螺旋体引起的（见第 23 章）。空肠弯曲杆菌和大肠弯曲杆菌也可出现于正常动物的粪便中。

简明弯曲杆菌和人的胃肠疾病相关。

已经从患腹泻的狗和猫的粪样中分离到畸形弯曲杆菌。

豚肠弯曲杆菌和黏膜弯曲杆菌曾经被认为是猪的生长、复合性肠炎的参与者。这种疾病由细胞内劳森氏菌引起（见后文），对纯种的传统猪致病，此时的致病微生物既不是豚肠弯曲杆菌，也不是黏膜弯曲杆菌。

红嘴鸥弯曲杆菌是从无症状鸥的粪样中分离到的病原菌，并因此得名。已从多种宿主（包括狗、鸟和马）的粪样中分离到该菌，其在疾病中的作用还不确定。

有时，从公牛的阴茎包皮或母牛的阴道中分离到生殖道弯曲杆菌，但还不确定其病原学意义。

已经从腹泻狗和猫的粪样中分离出乌普萨拉弯曲杆菌。这种微生物与人的肠道疾病和流产有关。

24.2.1 特征描述

24.2.1.1 具有医学意义的细胞成分

1. 黏附素

参与肠疾病的空肠弯曲杆菌产生一种甘露糖抗性的黏附素，并结合到含岩藻糖受体的靶细胞（小肠的上皮细胞）上。

2. 荚膜

糖蛋白荚膜可保护外膜蛋白免受补体级联反应产生的膜攻击复合物的攻击，荚膜也抑制被宿主吞噬细胞的吸附和消化。

3. 细胞壁

该属成员的细胞壁是典型的革兰氏阴性细菌细胞壁。外膜的脂多糖（LPS）是一种重要的毒力决定簇。脂质 A 不仅是毒性成分，而且由 O 重复单位构成的侧链长度可阻碍补体系统的膜攻击复合物向外膜的吸附。LPS 与将其转移到 CD14 血象的脂多糖结合蛋白（一种血清蛋白）结合。CD14-LPS 复合物结合到激发前体炎性细胞因子释放的巨噬细胞表面的 Toll 样受体蛋白上。

4. 肠毒素

空肠弯曲杆菌对肠道的致病性表现在：分泌一种与霍乱毒素和大肠杆菌热不稳定毒素（LT）具有相似活性的毒素，通过提高细胞内 cAMP 的水平和细胞骨架的重排而发挥作用。这两种毒素具有免疫学相关性，可以结合到具有相同神经节苷脂（GM1）的靶细胞表面。大肠弯曲杆菌和红嘴鸥弯曲杆菌产生具有细胞紧张性和细胞毒活性的非特征性物质。

5. 细胞毒素

空肠弯曲杆菌通过产生大量具有细胞毒活性的蛋白质，参与肠道疾病。这些细胞毒素包括：①一种 70kDa 的热和胰酶不稳定性蛋白质，该蛋白质可被抗志贺氏菌样毒素的抗体所中和（见第 11 章）；②一种 73kDa 的蛋白质，命名为 Cia（弯曲杆菌侵染性抗原），插入到靶上皮细胞后，介导随后对细胞的侵入（可能涉及 III 型分泌系统，见下文）；③一种对 Vero 细胞有活性的蛋白质和一种伴随着细胞死亡，增加细胞内 cAMP 的蛋白质（细胞致死扩张毒素）；④一种具有溶血活性（溶血素）的蛋白质和一种表现为导致小鼠肝炎的蛋白质（肝毒素）。所有这些毒素复合物与人和其他动物的疾病过程有着千丝万缕的联系。

6. 多产物复合物

空肠弯曲杆菌拥有一个 III 型分泌系统（一种由超过 20 种蛋白质组合形成的一种管样结构，通过这一结构，效应蛋白被"注入"宿主"靶"细胞）。许多蛋白质参与到这一系统中，Cia（弯曲杆菌侵染性抗原）负责激活被吸附到肠道上皮细胞的空肠弯曲杆菌的摄入。

24.2.1.2 生长特性

空肠弯曲杆菌是需氧微生物（人弯曲杆菌为专性厌氧菌为例外），生长要求含有 3%～15% O_2 和 3%～5% CO_2。某些菌（如空肠弯曲杆菌）在 42℃生长，这一特性对于小肠来源的空肠弯曲杆菌的选择性分离非常有用。与肠杆菌科的成员不同，它们是氧化酶阳性。它们不发酵和氧化糖，通过呼吸途径，从氨基酸或者三羧酸中间体的氧化产生能量。尽管它们拥有过氧化氢酶和过氧化物歧化酶，但当它们生长在高浓度氧的大气环境时，这些酶被过多的过氧化物和超氧阴离子所淹没。

24.2.1.3 变异

基于热稳定性表面抗原，胎儿弯曲杆菌胎儿亚种包含两个血清变异株：A-2 和 B，常常出现具有两种抗原的株系。胎儿弯曲杆菌性病亚种也含有 A-1 和 A-亚 1 两个血清变异株。这些血清亚种不仅热稳定性表面抗原不同，而且在培养和生化特性方面也存在差别。基于一种热稳定性表面抗原，空肠弯曲杆菌只有一个血清变异株 C。空肠弯曲杆菌通过抽提的热不稳定抗原分析，可分为 22 种血清变异株（Lior 方案），利用可提取的热稳定抗原，可分为 23 种血清变异株（Penner 方案）。

24.2.2 生态学

24.2.2.1 贮存

1. 胎儿弯曲杆菌性病亚种

胎儿弯曲杆菌性病亚种的宿主为公牛的阴囊（主要）和带菌动物的阴道（经过 1～2 繁殖季节，没有重复暴露的情况却很少）。

2. 胎儿弯曲杆菌胎儿亚种

该亚种的宿主是感染（康复）绵羊的小肠（也许通过从所定居的胆囊感染）。

3. 空肠弯曲杆菌

空肠弯曲杆菌的宿主为正常动物的小肠（尤其是青年反刍动物、各种鸟类、无症状的狗和猫），或者患有这种疾病的动物。

4. 其他弯曲杆菌

红嘴鸥弯曲杆菌、畸形弯曲菌和乌普萨拉弯曲杆菌还未被大众所熟悉。据推测，存在于感染个体的肠道。已经证实，取自健康小狗和小猫的粪样含有乌普萨拉弯曲杆菌。

24.2.2.2 传播

1. 生殖性疾病

通过性接触（牛胎儿弯曲杆菌性病亚种），或通过食入（胎儿弯曲杆菌胎儿亚种和空肠弯曲杆菌，常见于绵羊和山羊，牛很少见），感染侵害生殖道的弯曲杆菌。

2. 肠道疾病

通过直接或间接粪-口腔途径获得与肠道疾病相关的弯曲杆菌（空肠弯曲杆菌、大肠弯曲杆菌），并且这可能是主要的传播方式。

24.2.2.3 致病机制

1. 牛生殖性疾病

通过感染的公牛，空肠弯曲杆菌性病亚种被传播到易感的母畜。直到发情周期的结束，该病原微生物一直被保留在子宫颈阴道的连接处。在这段时间内，这可能是生殖道血液供应增加和有活化的多核嗜中性白细胞存在的结果。该微生物在此处增殖，而且当条件适宜时，迁移到子宫。进一步的增殖和强有力的侵袭，导致发生子宫内膜炎和妊娠的终止。该动物将再次进入发情期，继续上述过程，直到母畜产生足以消除子宫内微生物的免疫反应。随后，子宫内膜炎消退，该动物怀孕并且妊娠期满，有时出现零星的流产。

临床上，表现为反复的繁殖和间隙循环（10～60 天循环；21 天正常），感染畜群最为明显，表现为产仔间隔延迟和产仔期的延长。另外，公牛群表现为体重减轻。如果该畜群保持封闭，可产生免疫，产仔间隔逐渐恢复到正常。这一过程需要几年的时间，然而，这种疾病造成的经济后果是灾难性的。

2. 生殖性疾病（绵羊和山羊）

随着胎儿弯曲杆菌胎儿亚种或者空肠弯曲杆菌的摄入，这些动物被感染。食入后，微生物以某种方式侵入血流并且定居到妊娠的子宫，尤其是妊娠晚期。孵育可能长达两个月，发生胎盘炎并伴有胎儿的感染（羊水）和流产。胎盘、液体和胎儿含有大量的病原菌，并且充当易感动物的传染源。当流产出现时，通常会随着少量零散的流产，然后突然以“暴风雨”式大量出现。牛很少被胎儿弯曲杆菌胎儿亚种感染，然而，当其被感染时，可以观察到零星发生的流产。

3. 肠道疾病

空肠弯曲杆菌黏附到小肠细胞，尤其是远端小肠。病原微生物增殖并侵入上皮靶细胞（Cia），并发生炎症。还不确定由空肠弯曲杆菌产生的毒素是否导致疾病。然而，同肠毒素大肠杆菌相似（见第 8 章），LT 样毒素使腺苷酰环化酶系统失调。同时，细胞毒素摧毁黏膜上皮。由弯曲杆菌和上皮靶细胞相互作用激发的炎症反应，以及细胞壁的化学物质导致腹泻的产生。伴随着由通过补充的多核嗜中性白细胞（和可能通过感染的宿主细胞）的前列腺素合成以及感染宿主细胞内的肌醇信号途径的激活而发生腹泻。最终结果是分泌氯离子和水，血清杀伤细菌的效应破坏了隐藏在淋巴腺和全身循环系统中的空肠弯曲杆菌。通过直接涂片，可以观察到腹泻的粪样中含有细胞碎片和黏液，以及炎症反应的产物。有时，可以看到大量的黏液和血液。

24.2.2.4 流行病学

1. 生殖性疾病（牛）

该疾病主要见于肉用牛，这是因为在奶牛业中，制备和贮存精液的授精技术已经能有效杀死该病原因子。

2. 生殖性疾病（绵羊和山羊）

绵羊（很可能还有山羊）的胆囊，可能被弯曲杆菌定居。如果出现这种情况，这些动物会成为易感群的感染性微生物的来源。

3. 肠疾病

除了引起动物繁殖道的疾病，弯曲杆菌属的成员还是人类疾病的一种重要原因。空肠弯曲杆菌是人肠胃炎的一种主要病原。在发达国家，人经无症状或者有症状伴侣动物（狗和猫）及未加工的奶、水和禽产品感染空肠弯曲杆菌。大部分零星的病例可能源于食用处理不当的禽肉，或者接触感染的宠物，而大规模的暴发最经常是由于接触粗制奶或者污染的水。发现近10%的无症状狗和约5%的无症状猫携带空肠弯曲杆菌，从动物避难所获得的动物中，这一比例可能更高。接近50%的鸡的盲肠中含有空肠弯曲杆菌。在屠宰场，这些微生物会污染环境，并造成商店中销售的大多数鸡肉可能被污染。2%～100%的牛可能是空肠弯曲杆菌的健康排菌者，这种境况可以解释了为什么食入未消毒的牛奶会导致弯曲杆菌诱导性腹泻的暴发。

24.2.3 免疫学

24.2.3.1 生殖性疾病（牛）

主动免疫反应，可清除子宫内的这种微生物。特异性的血清IgG和IgM，通过激活补体级联反应（IgG和IgM）和作为调理素（IgG）发挥作用。在后一种情况下，这些抗体结合到构成荚膜抗原的抗原决定簇上，引起吞噬作用和随后的微生物破坏。针对病原体表面结构的特异性分泌型IgA、IgG和IgM，与抗原结合后，可阻止微生物向上皮表面的黏附。所有抗体的同种型，如果对鞭毛抗原特异，能阻止大量微生物从阴道的转移。如果它们不再次感染，动物清除全部腔道中的微生物很少会超过1年。负责清除的机制还不清楚，但可能是由于弯曲杆菌必须应对免疫反应以及阴道内的正常菌群。

可用菌苗免疫小母牛或母牛，或者通过清除带菌动物（包括公牛）控制该病。公牛在5岁前，不会高效地携带该微生物。最普遍而且合理的解释是，与成年公牛更深的阴囊隐窝相比，较年轻的公牛更适于该微生物的定居。

24.2.3.2 生殖性疾病（绵羊和山羊）

绵羊和山羊在流产后产生免疫。这种免疫的基础是IgG和IgM型的主要抗体。当结合到病原表面的抗体进入血流后，清除肝和脾中的吞噬细胞。抗体与病原体的表面结合，也可以启动补体级联反应，导致该病原体裂解。免疫反应也可有效杀伤已经到达胎盘的微生物，但还不足以产生可终止妊娠的损伤。

24.2.3.3 肠道疾病

循环抗体的产生也是感染的结果。由于分泌抗体和正常菌群的联合效应，使该病具有自限性。

24.2.4 实验室诊断

24.2.4.1 样本采集

1. 生殖性疾病（牛）

用于培养和观察的样本最好取自公牛的阴茎包皮。通过吸引作用，将包皮垢收集到受精管。如果培养母畜样本，应从阴道前面采集样本。不考虑性别，全群的10%或20个动物（或更多）用于诊断检测的采样。

2. 生殖疾病（绵羊和山羊）

来自肝和流产胎儿皱胃的样本是最佳的。胎盘和流产胎儿的体液通常也大量感染。

3. 肠道疾病

粪便样品常被用于空肠弯曲杆菌感染的诊断。

24.2.4.2 直接检查

1. 生殖性疾病（牛）

少量的弯曲杆菌与大量的正常菌群混在一起时，在染色（革兰氏或Romanovsky染色）的涂片中，很难观察到弯曲杆菌（细小的弯曲形杆状）。已经证实，在检测方面，荧光抗体染色的标本是有价值的。观察感染材料的湿片，弯曲杆菌呈特征性的“歪斜状”运动。

2. 生殖性疾病（绵羊和山羊）

对来自流产胎儿的胃内容物进行革兰氏（碳品红负染）或Romanovsky染色，在样品中，常可见到该微生物（图24.1）。这一发现，与有时在肝发现的油炸圈饼形坏死相结合，有助于做出诊断（图74.5）。检查感染材料的湿标本，有时也是有用的。

3. 肠道疾病

大多数是由空肠弯曲杆菌引起的腹泻，在革兰氏结合碳品红负染的粪涂片中，可以观察到大量柔嫩的弯曲杆菌。

24.2.4.3 分离

1. 生殖性疾病（牛）

将包皮垢、阴道分泌物或者胃内容物放在含有抗菌剂的培养基上（通常加入万古霉素、多黏霉素B或C、甲氧苄氨嘧啶，以减少非弯曲杆菌的生长；在某些抑制真菌生长的配方中，加入两性霉素B）。平皿被放在含6% O_2、5%～10% CO_2的环境中，37℃培养，48h内进行检查。

2. 生殖性疾病（绵羊和山羊）

将皱胃内容物和肝（取自流产胎儿）放在血琼脂板上（依据被污染的程度，决定加入或者不加入抗生素）。平皿被放在含 6% O_2、5%～10% CO_2 的环境中，37℃培养，在 48h 内进行检查。

3. 肠道疾病

最好用含有抗生素的选择培养基，从感染的肠道样本中，分离空肠弯曲杆菌和大肠弯曲杆菌（弯曲杆菌-CVA 含有头孢哌酮、万古霉素、两性霉素 B）。平皿放在 37℃或 42℃孵育，当试图分离空肠弯曲杆菌和大肠弯曲杆菌时，还需要含 6% O_2、5%～10% CO_2 的环境。

24.2.4.4 鉴定

氧化酶阳性、革兰氏阴性的弯曲形杆菌是分离到弯曲杆菌属或弧菌的证据。尽管已有几种发酵反应可用于弯曲杆菌的鉴定，但这些方法冗长而费时。以检测特定 DNA 序列为基础的方法可被用于鉴定（如通过 PCR 反应，扩增特定 DNA 序列，产生一定大小的片段，或者确定编码 rRNA 的基因序列）。同样，细胞壁脂肪酸的分析也很有用。

24.2.4.5 血清学诊断

有时，用血清学的方法对牛的与弯曲杆菌相关的生殖性疾病进行诊断。尤其是当子宫颈阴道黏液中含有针对弯曲杆菌抗原的抗体时，即可确诊该病。将一个棉球放在子宫颈附近的阴道，用于采集样本。取出后，收集黏液并进行系列稀释。感染的 3～80 天，在子宫颈阴道黏液中，出现凝集素（抗体），大约持续 7 个月。发情期 4～5 天后或此前的 1～2 天，收集样本。在发情期，由于分泌黏液过多，此时采集的样本过度稀释，血液的存在使检测失效。也可通过 ELISA 检测抗空肠弯曲杆菌的抗体。据报道，可在发情期间进行该试验，并且将在感染后 18～40 天内呈现阳性。

24.2.5 治疗

24.2.5.1 生殖性疾病（牛）

可用链霉素非肠道注射治疗公牛。将青霉素和链霉素溶液滴入阴茎包皮，进行局部治疗。已经报道，免疫公牛可以清除带菌状态。

最好通过预防来防止该病，健全的饲养管理降低了该微生物侵入畜群的机会。使用测试结果为阴性的青年公牛与处女小母牛杂交，剔除来源背景不清牛群的后备小母牛或者母牛，是消除弯曲杆菌的有效方式。一旦该病原存在于种群，也有几种可以替代的方法。对于生产者，可以使牛群休息一个繁殖季节，并且精选公牛。这一方法消除了来自母畜的微生物，并且当重新交配时，又排除了传染源。人工授精是从种群中控制和消除疾病的一种非常有效的方法。母畜的抗生素治疗不值得提倡，但在该病呈地方性流行的种群中，常使用菌苗防止该病，每年进行一次疫苗接种。

24.2.5.2 生殖性疾病（绵羊和山羊）

注射抗生素可以阻止流产的大规模发生，青霉素 G 最为有效。应该将流产母羊与那些明显未被感染的牛分离开来。

在交配前，注射菌苗能够预防疾病。

24.2.5.3 肠道疾病

由空肠弯曲杆菌引起的肠炎经常具有自限性。大环内酯类抗生素（克拉霉素、红霉素、泰乐菌素）仍然是治疗空肠弯曲杆菌性腹泻的选择药物。当不能使用大环内酯类药物时，尽管有四环素抗性株（R质粒为基础）存在，四环素仍是有效的。大部分来自动物的弯曲杆菌对氟化喹啉酮类抗生素敏感。然而，由于对这类抗生素的突变抗性弯曲杆菌的存在比例高，当动物被治疗时，有时会出现抗性，此时，氟化喹啉酮类抗生素不是可选择的药物。另外，由于在幼龄动物最常出现空肠弯曲杆菌性腹泻，大部分动物太小，以至于不能用这组药物安全治疗。

兽医院和狗窝的控制要求执行谨慎的卫生措施（如洗手、清洁和消毒方案）。

尚没有控制空肠弯曲杆菌性肠炎的免疫制品。

24.3 弓形菌属

弓形菌属的成员和条件性腹泻（犊牛）、牛乳腺炎和家畜尤其是猪的繁殖性疾病有关。弓形菌属（在一个时期内，被称为弯曲杆菌样微生物）包含三个对人和其他动物具有病原潜力的种：嗜低温弓形菌、布氏弓形菌和斯氏弓形菌。

24.3.1 特征描述

24.3.1.1 具有医学意义的细胞产物

实际上，除了典型的细胞壁，对于弓形菌属的细胞产物一无所知。

24.3.1.2 生长特性

弓形菌属的成员是耐氧的，这是一种将其从弯曲杆菌属区别出来的特征。它们可在一个宽的温度范围内生长，并且布氏弓形菌的一些株系可以在42℃生长。

24.3.2 生态学

24.3.2.1 贮存

弓形菌属的宿主可能是肠道和感染动物（腹泻的犊牛、乳房炎牛、流产猪胎）周围的环境。无症状的猪、牛和禽可能作为人的重要传染源。

24.3.2.2 传播

动物是如何感染弓形菌的还不确定，但通过其他黏膜表面进入或者吞食是可能的。

24.3.2.3 致病机制

对于弓形菌和宿主的相互作用机制，所知甚少。

24.3.2.4 流行病学

对于和弓形菌感染有关疾病的流行病学所知甚少。该微生物可能定居在无症状猪、牛和禽的肠道。

24.3.3 免疫学

感染动物对于弓形菌属的免疫反应尚没有得到证实。

24.3.4 实验室诊断

24.3.4.1 样本采集

已经从胃内容物、肾和流产猪胎儿的胎盘中分离到弓形菌。粪样被用于弓形菌属相关腹泻的诊断。

24.3.4.2 直接检查

来自流产胎儿的胃内容物、肾压片或者感染猪胎儿的胎盘液，经革兰氏（碳品红作为负染）或 Romanovsky 染色（如瑞氏、吉姆萨氏），经常可在标本中见到弓形菌。对于弓形菌相关腹泻的诊断，直接涂片的价值所知甚少。荧光标记抗体是一种将弓形菌从弯曲杆菌中分辨出来的重要方法，但困难的是没有特异的抗体。

24.3.4.3 分离

用于分离弯曲杆菌的同样的培养基，对于弓形菌的分离也是成功的。弓形菌不需要与弯曲杆菌同样的空气环境。然而，它们可生长在含少量空气的环境中。

24.3.4.4 鉴定

革兰氏阴性、氧化酶阳性的弯杆形分离物是已经分离到弯曲杆菌或者弓形菌的成员的假定证据。尽管已有大量的描述发酵反应可用于弓形菌的鉴定，但这些过程费力费时。已经证明，对于基于检测特定 DNA 序列的鉴定方法是有用的（即通过 PCR，扩增特定 DNA 序列，产生一定大小的片段，或者确定编码 rRNA 的基因序列）。同样，细胞壁脂肪酸的分析也是实用的。

24.3.5 治疗

弓形菌属、嗜低温弓形菌和布氏弓形菌对大环内酯抗生素具有抗性，但对于四环素和氟化喹啉酮类抗生素敏感。这些微生物是否存在与弯曲杆菌同样的抗性问题尚不清楚。

对猪弓形菌相关状态的治疗少有记载。自家菌苗的使用已经表现出成功的征兆。

24.4 内劳森氏菌属

内劳森氏菌属只包括一个种——细胞内劳森氏菌，以前被当作回肠细胞内共生菌。

这是一种引起猪增生性肠炎的专性细胞内微生物。该微生物也引起鸟（鸸鹋和鸵鸟）、蓝狐狸、鹿、狗、马、兔和啮齿动物（仓鼠的“湿尾”）相似的症状。

24.4.1 特征描述

24.4.1.1 具有医学意义的细胞产物

1. 黏附素

细胞内劳森氏菌表达一种表面蛋白——LsaA（细胞内劳森氏菌表面抗原），负责黏附和进入靶细胞（不成熟肠道上皮细胞的上表面）。

2. 细胞壁

该属细菌的细胞壁是典型的革兰氏阴性细菌的细胞壁，外膜的脂多糖（LPS）是一种重要的毒力决定簇。不仅脂质 A 是毒性成分（内毒素），而且侧链中 O 重复单位的长度可以阻止补体系统的膜攻击复合物向外膜的吸附。LPS 结合到可将其转移到 CD14 血象的脂多糖结合蛋白（一种血清蛋白）。CD14-LPS 复合物结合到导致前炎性细胞因子释放的巨噬细胞表面的 Toll 样受体蛋白上。

24.4.1.2 生长特性

细胞内劳森氏菌尚没有在无生命的培养基上培养。

24.4.2 生态学

24.4.2.1 宿主

细胞内劳森氏菌的宿主是肠道和感染动物存在的环境。

24.4.2.2 传播

随着食入被感染的粪便污染的动物产品，出现感染。

24.4.2.3 致病机制

食入之后，细胞内劳森氏菌与远端小肠（部分由于 Lsa）上未成熟（小囊）细胞结合并内化（涉及肌动蛋白聚合的内吞作用）。内化之后，该微生物逃离液泡，进入胞浆，在胞浆复制后，扩散到邻近的细胞。还没有证据表明细胞内劳森氏菌利用肌动蛋白聚合作为一种在胞浆内推进和扩散的方法。感染的细胞增生，导致与这种疾病有关的特征性损伤。在大多数情况下，炎症反应轻微。猪增生扩散性肠炎是一种包括大量肠道异常的复合症：肠腺瘤病、坏死性肠炎、区域性回肠炎和扩增性出血性肠下垂。回肠壁增厚，但偶尔出现在一侧肠段，是这种疾病的特征。

24.4.2.4 流行病学

细胞内劳森氏菌广泛分布在世界范围内的猪群（据估计，高达 50％的猪群被感染）。该病最常见的表现为生产性能差。在哺育或其后不久，猪（刚“断奶的”和生长的猪）

被感染，增重减少。该病的典型症状（腹泻，常伴有血液）并不普遍显现，而且经常是由环境应激所致。然而，成熟猪的感染常出现临床症状。

24.4.3 免疫学

易感种群感染后，产生体液和细胞免疫反应。有一些症状表明，免疫抑制可能影响了疾病的进程。通常，可观察到的炎症反应减轻支持了这一论断。

24.4.4 实验室诊断

24.4.4.1 样本采集

感染肠道的刮片已被用于增生性肠炎的诊断。同样，从感染部位采集的组织，经福尔马林固定也被用于诊断。

24.4.4.2 直接检查

在该区域所排列的细胞中，观察患增生性肠炎猪的肠道压片，可以发现细小的弯杆形菌。银染［如 Warthin-Starry，或者改进的酸性快速染色（使用 0.5%乙酸，30s 后脱色）］，有时在该部位也可见到微生物。免疫组化方法常用于检测固定组织中的微生物。

24.4.4.3 分离

细胞内劳森氏菌尚没有在无生命的培养基上生长。然而，DNA 方法（DNA 探针或者通过 PCR 反应，使用 DNA 引物扩增细胞内劳森氏菌的特定基因序列）已被用于检测组织或粪样中的微生物。

24.4.4.4 鉴定

损伤的性质，结合直接涂片的检查结果，可以作为细胞内劳森氏菌参与感染的推断。利用 DNA 分析的方法具有快速、简便和特异等特点。

检测感染猪常见腹泻相关微生物（猪痢疾杆菌、细胞内劳森氏菌和沙门氏菌）的多重 PCR 试验已有报道。

24.4.5 治疗

临床试验已经表明，在治疗由细胞内劳森氏菌引起的疾病时，四环素最为有效。替代药物包括泰妙菌素和泰乐菌素。

从猪群清除该种微生物是当前最需要的控制方法。在猪群的大小和疾病发生之间，存在一定的关系（猪群越小，疾病越少）。因此，一种小的“全进，全出”式的管理体制似乎是预防这种疾病的最有效方式。

第25章　螺旋-弯曲的微生物IV：螺旋杆菌——胃肠道和肝的螺旋状微生物

James G. Fox

有关人和其他动物胃螺旋状微生物的记载已超过了一个世纪。自从1982年，在胃肠病患者的胃肠组织中发现幽门螺杆菌之后，已经从雪貂、非人猿、狗、猫、仓鼠、印度豹、海豚、鲸和格陵兰海豹的胃中培养到螺杆菌。在过去的20年间，从人和其他动物的胃黏液中分离到的这些革兰氏阴性、微需氧的弧形到螺旋形细菌，因其在胃肠疾病中的致病作用，已引起了人们的广泛关注。代表种幽门螺杆菌定居在世界范围内20%～95%成年人的胃中，引起人的持续性的急性或慢性胃炎和胃溃疡，并且也和胃腺瘤和胃黏膜相关淋巴瘤的产生有关。除了胃螺旋杆菌外，已经从哺乳动物和鸟的胃肠道上部分离到数量越来越多的螺旋杆菌。螺旋杆菌属中，至少已鉴定和命名了27个成员（表25.1）。在分类学上，螺旋杆菌属的成员与弯曲杆菌属明显不同，呈螺旋状，在微需氧环境中生长，也定居在胃肠道。幽门螺杆菌和肝螺杆菌的完整基因组已经被测序。

表25.1　螺旋杆菌的定居部位

螺杆菌分类	来源	主要部位	次要部位
人			
毕氏螺杆菌[a]	人、猫、犬、印度豹、猿和野生大鼠	胃	
犬螺杆菌	人、猫、犬	小肠	肝(犬)
卡氏螺杆菌(*Helicobacter canadensis*)	人和野鹅	小肠	
同性恋螺杆菌	人、仓鼠、黑猩猩和犬	小肠	血液、脑和关节(人)
芬纳尔螺杆菌	人	小肠	
幼禽螺杆菌	人和鸡	小肠	肝(鸡)
幽门螺杆菌	人、黑猩猩和猫	胃	
弗氏螺杆菌(*Helicobacter flexispira*) Taxon 8[b]	人、犬、绵羊和小鼠	小肠	胎盘/胎儿(绵羊)血液(人)
吴氏螺杆菌(*Helicobacter winghamensis*)	人	小肠	
非人			
奥氏螺杆菌(*Helicobacter aurati*)	仓鼠	胃和小肠	
埃氏螺杆菌(*Helicobacter acinonychis*)	印度豹	胃	
胆汁螺杆菌	小鼠、犬、大鼠和猫	小肠	肝(小鼠)
塞氏螺杆菌(*Helicobacter cetorum*)	海豚和鲸	胃	
胆囊螺杆菌	仓鼠	胆囊	
猫螺杆菌	猫和犬	胃	
甘氏螺杆菌(*Helicobacter ganmani*)	小鼠	小肠	

续表

螺杆菌分类	来源	主要部位	次要部位
肝螺杆菌	小鼠	小肠	
马氏螺杆菌(*Helicobacter marmotae*)	猫和美洲旱獭	小肠	肝(美洲旱獭)
莫氏螺杆菌(*Helicobacter mesocricetorum*)	仓鼠	小肠	
鼷鼠螺杆菌	小鼠和大鼠	小肠	
鼬鼠螺杆菌	雪貂和貂	胃	
帕氏螺杆菌(*Helicobacter pametensis*)	鸟和猪	小肠	
啮齿螺杆菌	小鼠	小肠	
扎氏螺杆菌	犬	胃	
猪嗜血螺杆菌	猪	胃	
泰氏螺杆菌(*Helicobacter typhlonius*)	小鼠	小肠	
啮齿螺杆菌	大鼠	小肠	

a. 与海氏螺旋杆菌(*Helicobacter heilmannii*)(以前为胃螺旋菌)相同，与表中所列的毕氏螺杆菌(*Helicobacter bizzozeronii*)具有相同的表型。只有唯一一株海氏螺旋杆菌通过培养分离到，因此其没有列入表中。b. 以前认为是 *Flexispira rappini*，现在被分成 10 类。

25.1 特征描述

25.1.1 形态和染色

螺杆菌属的成员具有大量不同的形态排列，从螺旋形［幽门螺杆菌，(0.5～1.0)μm×(2.5～5)μm］到轻微弯曲的杆菌（鼬鼠螺杆菌，0.5μm×2μm）。它们全部表达鞭毛，但数量和分布不同（表 25.2），只有幼禽螺杆菌和小鼠螺杆菌的鞭毛是收缩的。

表 25.2 可用于区分螺杆菌的特性[a]

螺杆菌分类	过氧化氢酶	硝酸盐	碱性磷酸酶	尿酶	吲哚醋酸水解酶	γ-谷氨酰转移酶	生长		抗性[b]		鞭毛
							42℃	加 4% 甘氨酸	萘啶酸	头孢菌素	
人											
毕氏螺杆菌[c]	+	+	+	+	+	+	+	−	R	S	两极
犬螺杆菌	−	−	+	−	+	+	+	−	S	I	两极
卡氏螺杆菌	+	+/−	−	−	+	−	+	+	R	R	单/两极
同性恋螺杆菌	+	+	−	−	−	−	−	+	S	I	两极
芬纳尔螺杆菌	+	−	+	−	+	−	−	+	S	S	两极
幼禽螺杆菌	+	+	−	−	−	ND[d]	+	−	R	S	单极
幽门螺杆菌	+	−	+	+	−	+	−	−	R	S	单极
弗氏螺杆菌 Taxon 8[e]	+/−	−	−	+	−	+	+	−	R	R	两极

续表

螺杆菌分类	过氧化氢酶	硝酸盐	碱性磷酸酶	尿酶	吲哚醋酸水解酶	γ-谷氨酰转移酶	生长		抗性[b]		鞭毛
							42℃	加4%甘氨酸	萘啶酸	头孢菌素	
吴氏螺杆菌	−	−	−	−	+	ND	−	+	R	R	两极
非人											
奥氏螺杆菌	+	−	−	+	+	+	+	−	S	R	两极
埃氏螺杆菌	+	−	+	+	−	+	−	−	R	S	两极
胆汁螺杆菌	+	+	−	+	−	+	+	+	R	R	两极
胆囊螺杆菌	+	+	+	−	−	−	+	+	I	R	单极
猫螺杆菌	+	+	+	+	−	+	+	−	R	S	两极
肝螺杆菌	+	+	−	+	+	−	−	+	R	R	两极
马氏螺杆菌	+	−	+	+	−	−	−	+	R	R	两极
莫氏螺杆菌	+	+	+	−	ND	−	+	−	S	R	两极
鼹鼠螺杆菌	+	−	+	+	+	+	−	−	R	R	两极
鼬鼠螺杆菌	+	+	+	+	+	+	+	−	S	R	周毛
帕氏螺杆菌	+	+	+	−	−	−	+	+	S	S	两极
啮齿螺杆菌	+	+	−	−	−	−	+	+	R	R	两极
扎氏螺杆菌	+	+	+	+	+	+	−	ND	R	S	两极
啮齿螺杆菌	+	+	−	+	−	+	+	ND	R	R	两极

a. 所有的螺杆菌均为过氧化物酶阳性，在常规反应中，缺乏氧化或发酵碳水化合物的能力。b. 通过圈扩散试验确定抗性。在含血培养基上分离，添加含 30μg 的抗生素纸片，37℃孵育数天。常常在微氧环境，确切的温育时间因种而异。抵抗（R）被定义为完全没有抑制环，而中度（I，圈直径通常＜15mm），敏感（S，圈直径通常＞20mm）。分离物上有不同大小的抑制环。c. 与海氏螺旋杆菌相同，海氏螺旋杆菌（以前为胃螺旋菌）与表中所列的毕氏螺杆菌具有相同的表型。通过培养，只分离到唯一一株海氏螺旋杆菌，因此，表中没有列出。d. ND，没有进行。e. 以前被认为是“*Flexispira rappini*”现在被进一步分成 10 类。

25.1.2 具有医学意义的细胞产物

除非特别提及，下面列出的具有医学意义的细胞产物均来自幽门螺杆菌（被最多研究的螺杆菌）。因此，假定其他螺杆菌也具有相似的外形和特征。

1. 黏附素

黏附素是一种介导黏附到胃肠道上皮靶细胞并且具有该功能毒株的蛋白质。幽门螺杆菌至少表达两种胃上皮特异的黏附素。

1）唾液酸结合黏附素（SabA）　SabA 结合到胃上皮细胞表面的唾液酸化糖蛋白。

2）血型抗原结合黏附素（BabA）　BabA 结合到胃管上皮细胞的岩藻糖化血型抗原（路易斯血型）。

2. 细胞壁

外膜上的脂多糖（LPS）是一种重要的毒力决定簇。不仅脂质 A 是毒性成分（内毒素)，而且阻碍补体系统的膜攻击复合物向外膜的吸附，侧链 O 重复单位也是毒性成分。LPS 结合到可将其转移到 CD14 血象的脂多糖结合蛋白（一种血清蛋白）上。CD14-LPS 复合物结合到导致前炎性细胞因子释放的巨噬细胞表面的 Toll 样受体蛋白上。

3. Cag 致病性岛

Cag（细胞毒相关的基因产物）致病性岛（一簇编码毒力决定簇的基因，一种整联蛋白，一个特异性的插入位点和移动性）编码 Cag 蛋白（见下文）和一种介导 Cag 向宿主细胞转位的 IV 型分泌系统。

4. 细胞致死扩张毒素

细胞致死扩张毒素由肝螺杆菌、胆汁螺杆菌、马氏螺杆菌、幼禽螺杆菌及同性恋螺杆菌产生。在体外细胞系，这种蛋白质引起显著的细胞病变效应，并且引起细胞周期抑制。这种细胞毒素的体内效应还不清楚。

5. 细胞毒相关基因产物（Cag）

Cag 是一种由 Cag 致病性岛所编码的蛋白质。分泌 Cag，随后被胃上皮细胞磷酸化。磷酸化产物导致肌动蛋白的多聚化，造成细胞功能的破坏。

6. 鞭毛

移动性是幽门螺杆菌通过黏膜，黏附到胃上皮细胞的关键。

7. 尿素酶

尿素酶水解形成铵离子的尿素（胃上皮细胞分泌）。铵离子中和胃酸，因此允许微生物生活在胃环境中，尿素酶也刺激炎症的产生。

8. 液泡化的细胞毒素（Vac）

Vac 负责刺激一种可影响上皮细胞屏障的炎症反应。

9. 多种产物

胃螺杆菌定居在黏膜，并诱导炎症反应。活性氧种类的需求数量随之增加。通过产生过氧化物歧化酶和过氧化氢酶，幽门螺杆菌减轻氧化物的损伤。在 DNA 损伤的修复中，*recA* 基因产物发挥作用。

25.1.3 生长特性

由于螺杆菌需要复杂的营养，选择性培养基被用于分离。商品化的培养基包括由10%马血以及万古霉素（10mg/L)、多黏菌素 B（2500U/L）和甲氧苄氨嘧啶（5mg/L）组成的布鲁氏菌琼脂。新鲜培养基被推荐用于优化生长。特定品种的螺杆菌也可能具有不同的抗生素易感性，因此，培养基中抗生素的选择可能决定着分离的成功率。微生物确实不能在有氧或者厌氧条件下生长，要达到最佳的生长，需要高湿度的，并有少量的气体的环境（10% CO_2、80% N_2、10% H_2）。

25.1.4 变异

由于不同株间的核酸替代，幽门螺杆菌表现为高度的基因组异质性。然而，幽门螺杆菌缺乏 SOS 突变发生途径，大量核酸的替代可能是由诸如复制忠实性缺损或者错配修复缺陷等机制引起。

25.2 生态学

25.2.1 贮存

胃螺杆菌定居在多种哺乳动物的胃黏液层。肠肝螺杆菌的生存环境是结肠和盲肠的隐窝，在某些情况下，该微生物也定居在肝的胆小管。维持在封闭群动物（如饲养在围栏或窝中的动物）的胃螺杆菌感染率经常达到 100%。某些螺杆菌定居于特定的宿主，然而，其他的螺杆菌能够感染大量不同种类的动物。哺乳动物和在某些情况下的鸟类，可能是人兽共患传播到人类的宿主（见下文 25.2.6）。

自从 20 世纪 90 年代观察到小鼠螺杆菌以来，现在知道，在全球范围内，螺杆菌流行于许多商品化和专业化的啮齿动物群落中。从人、其他哺乳动物和鸟类的小肠中，越来越多地分离到螺杆菌。尽管这些肠道感染的动物流行病学尚不清楚，但该细菌明显持续存在于小鼠和其他啮齿动物的终生，而且其他动物可能也是如此。

25.2.2 传播

口-口和粪-口途径传播可能是胃螺杆菌传播的可行方式。小肠螺杆菌通过粪-口途径传播。存在持续的争论在于是否该菌是可生存的，但非可以培养的，如果呈球菌形状的螺杆菌确实存在于环境中，它们是否在向易感宿主传播中发挥重要作用。

25.2.3 致病机制

尽管现在已经知道，尿素酶和鞭毛对于维持螺杆菌在胃黏液中的定居是必需的。但人们仍在积极地探索某些螺杆菌引起的慢性炎症的机制。其中包括几种公认的细菌毒力因子（黏附素、Cag、LPS、Vac 和尿素酶，以及位于 Cag 致病岛内的基因表达的一定的蛋白质），它们持续存在于感染的宿主，激发炎症细胞因子前体的持续性产生。

25.2.4 病理学

已经证实，猫螺杆菌和毕氏螺杆菌（“海尔曼螺杆菌”）与实验室饲养的比格犬的胃组织病理学变化有关。当观察到的细菌数量低时，如存在于胃的基底部，这些微生物是无害的；然而，一旦数量增加，如在胃的贲门和幽门基部结观察到，这些微生物可导致淋巴网状内皮增生，并且可能引起未成熟的腔壁细胞的衰老。胃螺杆菌样微生物(GHLO)的存在，经常伴有上皮表面黏液量的减少，偶尔可以观察到内皮白细胞和一些退化的腺体。其中的腺上皮细胞，只有腔壁细胞被明显改变。异常的发现包括形成空泡(或液泡)，体积变大和由核溶解和核固缩组成的核变性。商业化饲养的猫，大量幽门螺杆菌存在于胃黏膜时，与淋巴滤泡型胃炎相关，其特征为淋巴组织的聚集和黏膜深部和固有层的弥散性炎症。

用幽门螺杆菌对无特定病原体的犬口服攻毒，这种微生物定居到胃肠道。在这些狗胃的所有被检查部位，均有幽门螺杆菌的定居（贲门、基底、窦和幽门窦），以基底部的定居最为严重。在胃固有层，可观察到局灶性到弥散性淋巴浆细胞浸润，并伴有滤泡形成和嗜中性及嗜酸性的局灶性浸润。对无特定病原体的犬口服猫螺杆菌，也可从胃的大部分区域回收到该病原，其中以全身和窦的定居最为严重。偶尔在胃壁细胞的小管中，可以观察到猫螺杆菌。

通过动物实验，毕氏螺杆菌（“海尔曼螺杆菌”）可引起小鼠黏膜相关的淋巴瘤，而且也引起人同样的疾病。

胃的组织病理学改变的发生，在解剖位置上，与鼬螺杆菌的存在部位紧密相关。在身体出现的浅表性胃炎表明，鼬螺杆菌位于黏膜表面，而非隐窝。在远端的窦，炎症波及整个黏膜层，人就是所谓的弥漫性胃窦炎。呈这种分布的鼬螺杆菌见于表面、凹陷以及腺体的表面部分。在窦的附近和向黏膜过渡的部位，可能存在癌症的早期损伤，局灶性腺体萎缩和再生，另外，在窦的远端，也可观察到这些损伤。

自然感染肝螺杆菌小鼠的肝损伤的严重性逐步加重。这是一种炎性和坏死性损伤，播及肝实质、肝三联，以及小叶内肝小静脉。广泛传播的多灶性肝炎和单细胞到联合的肝细胞坏死似乎呈广泛而随机分布。在肝实质血管损伤的周围和肝三联，普遍存在不同程度的椭圆形，星状细胞和 Kupffer 细胞增生。感染动物细胞增生具有年龄相关性，在未感染的对照小鼠，没有观察到这一现象。公鼠肝细胞增生比年龄相当的母鼠更显著。肝螺杆菌感染的公鼠，肝细胞的持续性增生水平与肝螺杆菌感染的 A/JCr 公鼠观察到的持续性肝细胞瘤和肝细胞肉癌相一致。最近的研究已经表明，B6C3F1 和 B6AF1 杂交系小鼠对于导致肝肿瘤的肝螺杆菌更易感，表明肝肿瘤形成易感性是一种显性特征。已经在患有多灶性肝炎、患肝炎的恒河猴和土拨鼠肝内观察到犬螺杆菌。肝螺杆菌和胆汁螺杆菌感染与免疫缺陷鼠的肠炎相关，但很少发生于肝螺杆菌感染的免疫机能不全小鼠。因为脾细胞产生大量的干扰素（当用肝螺杆菌抗原刺激时），对于肝螺杆菌感染的免疫反应表现为辅助性 T 细胞介导。正常情况下，对于其自身的肠菌群，人和其他动物保持低反应或者耐受。当患者出现肠道炎症时，耐受被打破，此时表现为内源性肠道抗原的“过度反应”。IL-10 是具有抗炎和对 T_{h1} 细胞具有抑制效应的 T_{h2} 细胞的细胞因子，缺乏 IL-10 表现为一种不对称的 T_{h1} 细胞反应。正常饲养的 IL-$10^{-/-}$ 小鼠表现为小肠结肠炎，随后，在无特定病原（SPF）设施内饲养，则炎症限制在结肠，在无菌环境下，IL-$10^{-/-}$ 小鼠不表现低端肠道的炎症。因此，包括肝螺杆菌在内的肠道细菌，诱发结肠炎。最近还发现可以诱发 RAG 小鼠和 TGF1 缺失小鼠的结肠癌。

25.2.5 疾病特征

25.2.5.1 雪貂

鼬鼠螺杆菌通常存在于患胃炎和胃溃疡的雪貂。鼬鼠螺杆菌感染雪貂，临床表现为呕吐、黑便、体重缓慢下降和红细胞压积降低。急性病例偶尔能见到胃出血。也已经在患幽门腺癌和胃黏膜相关的淋巴瘤的雪貂的幽门部黏膜观察到鼬鼠螺杆菌。

25.2.5.2 猪

患胃病的猪的猪螺杆菌（与“海尔曼螺杆菌”Ⅰ型紧密相关）感染率相当高，与位于胃腺部的溃疡有关。

25.2.5.3 非人猿

已从非人猿，特别是短尾猿分离到幽门螺杆菌。感染猴的胃黏膜幽门螺杆菌的存在常伴有持续性的漆树淋巴细胞、浆细胞性胃炎。还没有记载其临床表现。猴同时也定居有大量胃螺旋形“海尔曼螺杆菌”样微生物。最近，已从患先天性结肠炎的短尾猴和绵顶绢毛猴中分离到螺杆菌。

25.2.5.4 犬和猫

对于宠物，螺杆菌相关性胃炎可能或不可能表现有临床症状。检查从销售商获得的一组无特定病原、无症状的猫，100%猫的胃中均鉴定到存在有幽门螺杆菌。

已从正常和腹泻犬及正常猫的粪便中分离到犬螺杆菌。已从被诊断为活动性、多灶性肝炎的仔犬肝中分离到这种微生物。还从患有胃肠炎的成人和儿童的粪便中培养出来犬螺杆菌。

旱獭螺杆菌，最初分离于患肝病土拨鼠的肝，也已从猫的粪便中分离和鉴定，胆汁螺杆菌也是如此。

同性恋螺杆菌和芬纳尔螺杆菌引起免疫功能不全人的直肠炎及盲肠炎，引起不到一个月新生儿的败血症。有趣的是，根据脂肪酸分析，从犬、猫和恒河猴的粪便中分离到了同性恋螺杆菌。也已在犬和短尾猴的粪便中鉴定出来芬纳尔螺杆菌。

25.2.5.5 绵羊

从患有腹泻的成人分离到“*Flexispira rappini*”。在同一房子，还从幼龄的无症状犬的粪便中首先分离到该细菌。也从流产胎牛中分离到相似的细菌，因此，被冠以一个暂时的名字“*Flexispira rappini*”。显然，“*Flexispira rappini*”可穿过妊娠母羊的胎盘，导致流产和胎儿的急性肝坏死。动物实验表明，“*Flexispira rappini*”可引发豚鼠的流产和坏死性肝炎。编码 16S rRNA 的 DNA 分析显示，该微生物属于螺杆菌属。

25.2.5.6 啮齿动物螺杆菌

到目前为止，已从啮齿动物的肠道和（或）肝中分离出来螺杆菌的 12 个种。也已从小鼠的盲肠、结肠和肝中，分离到其中两个种，肝螺杆菌和胆汁螺杆菌。

鼷鼠螺杆菌定居在大鼠或小鼠的小肠下段，在某些条件下，定居于小鼠的胃并引起胃炎。“*Flexispira rappini*”定居在结肠和盲肠。

同性恋螺杆菌和 *mesocricetorum* 螺杆菌定居在无症状仓鼠的小肠。

从患严重胃炎的仓鼠分离到 *auratii* 螺杆菌。

已从大鼠的结肠 *trogontumi* 分离到螺杆菌和胆型螺杆菌；从小鼠的结肠和盲肠分

离到鼠螺杆菌、*typhlonius* 螺杆菌和 *ganmani* 螺杆菌；从患胆囊病的仓鼠分离到胆囊螺杆菌。没有仓鼠被感染的临床症状记载，肝螺杆菌和胆汁螺杆菌感染的免疫机能不全小鼠可表现为腹泻和脱肛。

25.2.5.7 鸟螺杆菌

帕美特螺杆菌是从野鸟和猪粪中分离的一种尿酶阴性肠道螺杆菌。

已从无症状雏鸡的盲肠、患肝炎雏鸡的小肠内容物及患胃肠炎的人粪便中分离到雏螺杆菌。据估计，雏螺杆菌可能是引起雏鸡和火鸡禽弧菌性肝炎的微生物。然而，空肠弯曲杆菌已被推测为该病的致病因子，但确定来源于人或雏鸡的空肠弯曲杆菌造成肝病变的努力尚未成功。最近，野鹅被鉴定为 *canadensis* 螺杆菌的贮存宿主，该螺杆菌首先在腹泻患者中得到鉴定，并被错误地分为雏螺杆菌。

25.2.6 人兽共患的可能性

可通过培养和 PCR 检测唾液腺分泌物、胃液、胃组织和粪便，对幽门螺杆菌感染猫进行筛查。已从 12 只猫中的 6 只（50%）的唾液和 11 只（90%）的胃液中分离出来幽门螺杆菌。由于猫会暴露于动物园中幽门螺杆菌感染猫的饲养人员，从这些猫的黏膜分泌物中分离到幽门螺杆菌，提示存在人兽共患的风险。然而，直到现在，基于流行病学研究结果，还没有迹象表明，宠物造成幽门螺杆菌传播给人的危险正在日益严重。

由于“海尔曼螺杆菌”（“毕氏螺杆菌”）和极少量的猫螺杆菌定居于小比例的胃炎患者，还没有这些细菌确切的环境来源。在已发表的报道中，宠物已被暗示是这些微生物的人兽共患传染源。在德国，最近对 125 名 GHLO 感染者进行调查，问卷提供的信息认为是动物接触。这些患者中，70%的感染者与动物有一次或多次接触（与 37%的表面正常人群比较）。被记录的男性患者是女性患者的 3 倍多。

自从从人和仓鼠肠道的正常菌群中分离到同性恋螺杆菌以来，已有数据表明，宠物仓鼠充当了人感染的宿主。已从动物和腹泻的人中分离到犬螺杆菌、*Flexispira*（螺杆菌）*rappini*、雏鸡螺杆菌和 *H. canadensis*。事实说明，这些螺杆菌也有人兽共患的可能。

25.3 免疫学

对患有不同类型胃炎、十二指肠炎或胃溃疡的患者，已经应用多种血清学试验测量逐步升高的、针对幽门螺杆菌的特异性 IgG 和 IgA 抗体。最常用的试验是应用甘氨酸抽提抗原或该菌的全细胞超声物进行的 ELISA。胃炎反应的严重性与抗体的水平不相关。针对胃螺杆菌特异性的动物血清 IgG 抗体，也已用于螺杆菌的自然和实验性感染的诊断。幽门螺杆菌自然感染猫，用 ELISA 对血清和黏膜液的分析结果表明，存在幽门螺杆菌特异性的 IgG 反应，在唾液和局部胃分泌液中，抗幽门螺杆菌特异性 IgA 上升。与人相似，这些抗体具有诊断意义，但无论是分泌抗体，还是血清抗体，均不具有保护作用。

肝螺杆菌已明显产生与胃螺杆菌类似的以逃避宿主免疫反应的机制。患肝炎的肝螺杆菌感染 A/JCr 小鼠产生针对这种微生物的持续性 IgG 反应，但不具有保护作用。肝螺杆菌定居幼龄小鼠的小肠隐窝，但不出现可感知的肝炎，没有针对肝螺杆菌上升的 IgG 抗体。

25.4 实验室诊断

25.4.1 直接检查

除了使用革兰氏染色对匀浆的胃组织进行快速的假定诊断外，这些胃螺菌的尿素酶活性也被采用。商品化的尿酶诊断试剂，于 15min～3h 内，通过检测胃组织中的尿素酶活性进行诊断。胃的活体组织被捣碎后，直接放在尿酶培养基中，在 1h 内，出现阳性反应。

用常规的内窥镜检测胃刷取细胞。黏附到刷上的细胞和黏液被涂布到玻璃切片上，空气干燥后，吉姆氏染色。需用 100× 的油镜观察胃螺杆菌。在建立尝试性诊断时，相差显微镜也是有益的。

25.4.2 分离和鉴定

目前，通常从感染人、雪貂、非人猿的胃组织中分离螺杆菌，而且也从其他家养和野生实验动物中越来越多地分离出来。很难从犬和猫中分离到犬螺杆菌，直到最近，“毕氏螺杆菌(“海尔曼螺杆菌”)，即较大的胃螺旋形微生物，还不能人工培养，但现在，可从犬和人中分离到这种微生物，也可从犬胃中分离扎氏螺杆菌。当试图生长犬螺杆菌、毕氏螺杆菌和扎氏螺杆菌时，使用孵育在最上层的潮湿平板相当关键。尽管这些品种还不能形成明显不同的克隆，但螺杆菌宁愿生长在有质地良好的扩散膜（该膜像水滴一样通过扩散成膜）的培养基上。分离人和动物来源的胃螺杆菌新种的另一个制约因素是胃活体组织的获得。通常，不能从胃液或粪便中培养该微生物。可从用于分离胃螺杆菌的选择性抗生素培养基分离肠肝螺杆菌。同样，用 0.45μm 或 0.65μm 滤膜的选择性过滤粪便，有助于减少初次培养时在选择性琼脂上其他胃源性微生物的污染。在气体混合物中，更高的氢气水平（如 10%），提高了胃肝螺杆菌的回收率。现在已经认识到，在动物和人来源的粪便中，螺杆菌和弯曲杆菌存在混合感染并被分离了出来。因此，在鉴别同一宿主中是否存在混合感染时，可能需要以 PCR 为基础的试验。

图 25.1 和表 25.2 列出了用于分离和鉴定来自胃活体组织的各种螺杆菌的表型特征。

25.4.3 分子生物学方法

针对编码各种螺杆菌特异性蛋白质基因以及编码 16S rRNA 的 DNA 片段设计特异性引物，已被记述并用于经 PCR 进行的分类和鉴定。

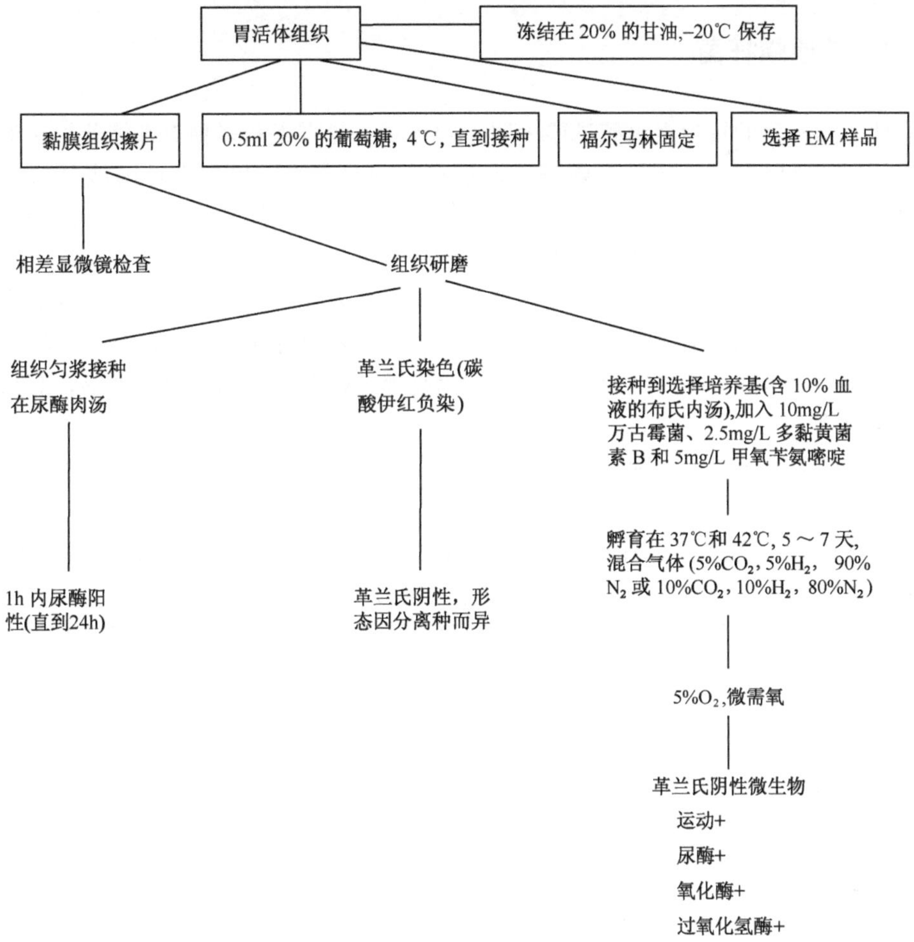

图 25.1 胃活体组织中螺杆菌的分离。

25.5 治疗与控制

25.5.1 幽门螺杆菌

对于幽门螺杆菌的消灭，应用 2～3 周一种由阿莫西林、甲硝哒唑或四环素和甲硝哒唑，结合碱式水杨酸铋的三合剂证实有效。事实上，在治疗溃疡患者的实践中，这一抗菌合剂加上雷尼替丁，已经获得成功。在这一治疗方案与单独使用雷尼替丁的比较研究表明，不仅溃疡愈合快，而且溃疡复发率明显低于幽门螺杆菌已被消除的抗生素治疗组。最近，使用质子泵抑制剂（如奥美拉唑）结合其他抗生素的治疗相当有效地清除了幽门螺杆菌。对患胃炎的家犬和猫用抗生素治疗的报告，说明这一治疗方案不能从感染动物的胃中清除大量的胃螺旋形微生物。

25.5.2 其他螺杆菌

同性恋螺杆菌的抗生素敏感试验表明，四环素、氯霉素和多种氨基糖苷类在治疗这一微生物的感染时有效。同性恋螺杆菌菌血症的明显复发，出现在环丙沙星治疗的人群，尽管这一人群以前成功地治疗了同性恋螺杆菌的感染。同性恋螺杆菌分离株对环丙沙星的体外抗性提示，应该慎用氯喹诺仑。

已经从免疫机能不完善和无免疫能力（X偶联性丙种球蛋白血症）的儿童中分离到“*Flexispira*（螺杆菌）*rappini*”样微生物。这些分离物对数种抗生素呈不同程度的敏感性。然而，大多数分离物对亚胺培南、甲硝哒唑、阿莫西林和利福平敏感，对强力霉素呈中度敏感。

对雪貂的研究表明，由阿莫西林（30mg/kg）、甲硝哒唑（20mg/kg）和碱式水杨酸铋（17.5mg/kg）组成的三合剂，每日3次，连续3～4周，已成功地清除了鼬鼠螺杆菌。甲红霉素、雷尼替丁柠檬酸铋成功清除鼬鼠螺杆菌的剂量分别为每千克体重12.5mg和24mg，每日3次，8h 1次，相应间隔为14天。

肝螺杆菌感染小鼠接受的三合剂包括阿莫西林、甲硝哒唑和铋，每日3次，2周为一个疗程，通过胃插管（法）服用，可清除该微生物。灌注含抗生素的饮食并没有成功消灭该微生物。

第 26 章　螺旋-弯曲的微生物 V：钩端螺旋体

Rance B. LeFebvre

钩端螺旋体是在形态和生理学上一致，但血清学和流行病学特征不同的螺旋菌。最普遍感染的家养动物是狗、牛、猪和马。犬钩端螺旋体病表现为败血病、肝炎和肾病。对于牛和猪，很大程度上，败血症局限于幼年动物，而流产是成年动物的主要表现。流产和周期性发生的眼色素层炎（夜盲或者周期性眼炎）是马最普遍的特点。加利福尼亚海狮对于急性败血钩端螺旋体易感。其他宿主种类，尽管对于感染敏感，但临床症状较少，人的钩端螺旋体病是一种典型的急性发热性疾病。

基于 DNA 分析的分类研究，已经将钩端螺旋体分为 8 个种：博氏钩端螺旋体、稻田氏钩端螺旋体、狭义问号钩端螺旋体、科氏钩端螺旋体、迈氏钩端螺旋体、野口氏钩端螺旋体、圣他罗西亚钩端螺旋体和韦氏钩端螺旋体。尽管以抗原组成作为参考，钩端螺旋体分类并且归于 23 种血清群。划归到这些血清群的钩端螺旋体分离物，在抗原学上进一步定性，并鉴定为唯一的血清变异株，成员已超过 200 种。通常，根据属和临床血清变异特性，确定这些微生物的分类标准（如犬钩端螺旋体型是发现于北美并得到最普遍认可的犬的病原）。在北美，其他重要的血清变异型和其主要宿主和临床宿主为（圆括号内）：

出血黄疸钩端螺旋体：啮齿类（狗、马、牛、猪）

流感伤寒钩端螺旋体：啮齿类（狗、牛、猪）

犬钩端螺旋体：狗（猪、牛）

波摩那钩端螺旋体：猪、牛（马、羊、海狮）

哈德焦钩端螺旋体：牛

布拉迪斯拉发钩端螺旋体：猪（马、海狮）

26.1　特征描述

26.1.1　形态和染色

钩端螺旋体（来自希腊语“*leptos*”，意思为“细小”）是一类紧密缠绕的螺旋状微生物。因为着色不好，观察要求处于暗场或者使用相差显微镜。最好通过电镜观察该螺旋状微生物。典型的细菌在其每一个末端有一个钩，使其呈 S 形或者 C 形。在湿培养基中，它们是可移动的。

钩端螺旋体呈革兰氏阴性，但着色不良，因此，在常规法固定的染色涂片中，不能被识别。能够通过荧光抗体或者银染将它们显示出来（图 26.1）。

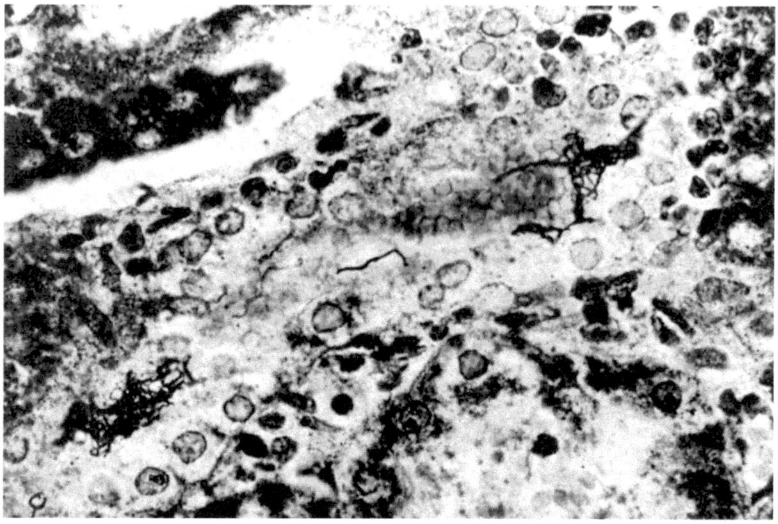

图 26.1 在猪肾小球中的狭义问号钩端螺旋体波摩那血清型。Levaditi 银染。(1000×)

26.1.2 细胞结构和组成

钩端螺旋体菌体由外壳、轴丝（“内鞭毛”）和圆柱状细胞浆组成。外壳具有荚膜和外膜的特征。细胞膜和细胞壁的肽聚糖层覆盖着圆柱状细胞浆。

26.1.3 具有医学意义的细胞产物

1. 细胞壁

钩端螺旋体属具有典型的革兰氏阴性细菌的细胞壁。外膜的脂多糖（LPS）是一种重要的毒力决定簇。脂质 A 不仅是毒性成分，而且由 O 重复单位组成的侧链的长度阻碍了补体系统的膜攻击复合物向外膜的吸附，LPS 结合到可将其转移到 CD14 血象的脂多糖结合蛋白（一种血清蛋白）。CD14-LPS 复合物结合到可导致前体炎性细胞因子释放的巨噬细胞表面的 Toll 样受体蛋白。

2. 溶血素

由某些血清变异型的钩端螺旋体产生的溶血素（细胞毒素）为神经鞘磷脂酶 C。

26.1.4 生长特性

钩端螺旋体是专性需氧微生物，在 29～30℃最适生长。平均 12h 可增殖一代。在血琼脂或者其他常规培养基不生长。传统培养基主要含有兔血清（10%）、蛋白胨、维生素、电解质和缓冲物。一些较新的培养基已经取代了聚山梨醇酯，并且用牛血清白蛋白替代了兔血清。与大多数原核生物不同，钩端螺旋体不能合成嘧啶，因此，作为一种细菌和真菌性污染的抑制剂，5-氟尿嘧啶被添加到生长培养基中。

大多数培养基是液体或者半固体（0.1%琼脂)。在液体培养基中，很少出现浑浊。在半固体培养基，大约在表层 0.5cm 下的一个圆盘集中生长，称为“Dinger 区”。

26.1.5 生化反应

钩端螺旋体为氧化酶和过氧化氢酶阳性，许多种类具有脂酶活性，某些产生尿酶。应用血清学进行属间鉴别，结合种特异性 DNA 引物的 PCR 反应也已经被发展成为一种更精确的病原性钩端螺旋体的定性方法。

26.1.6 抗性

干燥、冷冻、加热（50℃，10min)、肥皂、胆盐、去污剂、酸环境和腐败物可以杀死钩端螺旋体。它们在中性到微碱性的湿性和温度环境下可以存活(“流行病学”见 26.2.5)。

26.1.7 变异

有超过 200 种的寄生性钩端螺旋体血清型。它们在宿主、地理分布及致病性上存在差别。

26.2 生态学

26.2.1 贮存

钩端螺旋体属的成员定居在哺乳动物的肾小管。已经从鸟、爬行动物、两栖动物和无脊椎动物中分离到，但没有形成其相关的流行病学意义。

啮齿类是最常见的钩端螺旋体携带者，野生型食肉动物排第二。没有哺乳动物能够被排除在一种可能的宿主之外。通常，如果有疾病症状，贮存宿主则表现很轻。

26.2.2 传播

传播通过黏膜的接触或者皮肤，尿污染的水，污染物或者食物暴露。其他来源是被感染的牛奶和来自任一性别的猪和牛的生殖道分泌物。

26.2.3 致病机制

临床和病理表现表明，存在毒力机制。来自实验性感染动物的组织渗出液，含有可产生血管损伤的细胞毒素因子，这些与那些见于钩端螺旋体病的相似。

接种黏膜或者生殖道后，钩端螺旋体进入血流，主要定居在肝和肾，在此产生变性变化。其他涉及的器官，可能还有肌肉、眼睛和脑膜，可能发生非化脓性的脑膜脑炎。出血来自损伤的血管内皮。所有血清型造成这些不同程度的变化。波摩那钩端螺旋体由于产生溶血性外毒素，引起牛发生血管内溶血。这种条件下，还可能发生自身免疫现象。继发变化包括，由肝损伤和血细胞破坏引起的黄疸和急性、亚急性肾炎或者由于肾小球损伤引起的慢性肾炎。细胞性渗出液主要含有淋巴细胞和血细胞。在存活的动物中，随着抗体的出现，从循环中排除钩端螺旋体，但可能在肾中持续许多周。

26.2.4 病型

可能由于动物不一定被宿主适应的血清型感染，大多数钩端螺旋体感染以一种不明显的过程进行。主要由于非宿主适应的血清型感染，临床感染展示明显不同的症状。这主要发生在狗、牛和猪，海狮有所增加；偶尔发生在马、山羊和绵羊，但猫在感染之外。

26.2.4.1 犬

涉及的最主要的血清型是出血黄疸钩端螺旋体和犬钩端螺旋体，后者更为普遍。由于流感伤寒钩端螺旋体、波摩那钩端螺旋体和布拉迪斯拉发钩端螺旋体感染，急性肾衰犬越来越多。

最急性型主要感染幼龄犬，发热，但没有局部症状，通常在几天内死亡。在临死前，黏膜和皮肤出血最为明显，或者出现鼻出血、血染粪样和呕吐物，而不出现黄疸。

黄疸型经历一种缓慢的过程，出血极不明显。黄疸占主导，肾局部产生氮潴留。在尿液中，出现肾脏脱落物和白细胞。

尿毒症型，集中在肾，随后出现上面描述的感染，也有可能不出现。这可能是一种急性，迅速致死性感染，伴有胃肠道不适，尿毒症性呼吸和食道前部溃疡；或者可能经历一种缓慢的过程，并迟缓发作。钩端螺旋体病与导致尿毒症性死亡的慢性空质性肾炎的关系还存在争议。

26.2.4.2 牛

牛钩端螺旋体病的主要表现是流产，通常在晚期，但也可能发生在感染后的任何阶段。流产主要是由于胎儿死亡而不是胎盘感染引起，常见具有进行性自溶的胎儿滞留。由于牛宿主适应性的血清型哈德焦钩端螺旋体所致的流产，鉴于肉用牛和奶牛间不同的管理规范，是奶牛场小母牛的一个主要问题。哈德焦钩端螺旋体感染子宫中的犊牛，导致流产或“弱犊综合征”。这些感染经常是亚临床或者可能带有明显的“产奶下降综合征”性繁殖失败和不育症。常见肾脏的慢性感染和尿中分泌钩端螺旋体。

波摩那钩端螺旋体的急性钩端螺旋体病主要侵害小牛，有时为成年牛。其标志为发热、血红素尿、黄疸、贫血，致死率为5%～15%。

26.2.4.3 猪

牵涉到猪钩端螺旋体病的血清型包括波摩那钩端螺旋体、出血黄疸钩端螺旋体、犬钩端螺旋体、carassovi 钩端螺旋体、布拉迪斯拉发钩端螺旋体和慕尼黑钩端螺旋体。与牛的钩端螺旋体病相类似，发生伴有黄疸和出血的败血症，尤其在仔猪。母猪表现为流产和不育。

26.2.4.4 马

马钩端螺旋体病经常是由波摩那钩端螺旋体、流感伤寒钩端螺旋体和出血黄疸钩端螺旋体引起。自然感染的症状是发热、轻度黄疸和流产。钩端螺旋体参与马的周期性发生的眼色素层炎（周期性眼炎，夜盲）。已经从患有这种疾病的马的（眼球的）玻璃体中培养出来波摩那钩端螺旋体和一种未被鉴定的钩端螺旋体。

26.2.4.5 多种动物

对于小型反刍动物，钩端螺旋体病通常由波摩那钩端螺旋体引起，与在牛见到的情况相似。哈德焦钩端螺旋体和流感伤寒钩端螺旋体的感染也有发生。由于波摩那钩端螺旋体的流行，自从 1940 年起，已经造成了加利福尼亚海狮周期性的大量死亡。

26.2.4.6 人

对所有鉴定的没有宿主适应性的血清型，人均易感。感染引起发热、黄疸、肌肉疼痛、皮疹和非化脓性脑膜脑炎，其症状随所涉及的血清型而发生变化。一种恶性型，通常与出血黄疸钩端螺旋体有关，可引起致死性肝病或肾病。

26.2.5 流行病学

许多耐受性的宿主和拖延的排菌状态使钩端螺旋体病长期存在。间接暴露依赖于有利钩端螺旋体生存的环境的温度和湿度。通过奶牛畜舍的尿雾，牛向外排菌或者通过狗的求偶习惯，发生更直接的转移，这可能解释了犬钩端螺旋体病的雄性导向性。

尸体洗染的水是家畜、水生哺乳动物和人感染的重要来源。动物处理者、缝纫工、农业工人、矿工和兽医被暴露的风险越来越高。

26.3 免疫学

26.3.1 免疫机制

免疫机制可能与钩端螺旋体病的一些特征相关。

（1）反刍动物的波摩那钩端螺旋体的溶血性贫血特性与冷血凝素的存在相关，提示该病具有一种自动免疫过程。该特性和菌体溶血素的相对作用尚不确定。

（2）多数人认为，犬的慢性间质性肾炎是钩端螺旋体后继性损伤。钩端螺旋体病因是经常性钩端螺旋体病史和钩端螺旋体抗体的存在，尤其是在尿液中。因为已经在感染的狗中证实了一种抗肾脏的抗体，这种以免疫为基础的病因学是有吸引力的。

(3) 对于钩端螺旋体引起马周期性发生的眼色素层炎（定期的眼炎、夜盲）的证据，部分是基于钩端螺旋体抗体和其在血清和（眼球的）玻璃体中的相对滴度。通过运用钩端螺旋体抗原，已经在实验性马和狗中复制了该状态。

26.3.2 抵抗和恢复的机制

急性钩端螺旋体病的恢复与败血症的停止和循环抗体的出现是一致的，通常，在感染的第2周出现。保护性抗体为IgM和IgG同种型，并且主要针对外壳抗原。

在恢复后持续的凝集抗体，既不是免疫也不是带菌状态的一种指示，在带菌状态时，可能有抗体或没有抗体。

伴随着免疫的恢复，通常坚实并具有血清型特异性。已经对母牛报道了哈德焦钩端螺旋体所致的反复性流产，可能是由于这种母牛适应血清型刺激弱的免疫反应。

26.3.3 人工免疫

常应用菌苗（含有出血黄疸钩端螺旋体和犬钩端螺旋体的双价苗）免疫狗。一种含有波摩那钩端螺旋体和流感伤寒钩端螺旋体的双价菌苗，也已商业化。这些菌苗由灭活的，全细胞钩端螺旋体组成。这些产品的毒力成分（如内毒素），可能引起狗的副作用。

在北美，用含有最普通的北美血清型（哈德焦钩端螺旋体、流感伤寒钩端螺旋体、波摩那钩端螺旋体、出血黄疸钩端螺旋体和犬钩端螺旋体）五价的菌苗免疫牛和猪。在某些菌苗中，添加布拉迪斯拉发钩端螺旋体和哈德焦钩端螺旋体的组分。处于危险的人可选择疫苗接种，这种保护具有血清型特异性和暂时性，每年至少加强一次。疫苗预防明显的疾病，但不是全部。

26.4 实验室诊断

必须通过实验室检测对钩端螺旋体病进行确诊。

26.4.1 样本采集

来自活体、血液、尿液、脑脊髓液体、子宫液和胎盘子叶的样本均是被检对象。在首次发热期后，血液通常呈钩端螺旋体阴性。乳汁对钩端螺旋体具有破坏性，不是分离病原的理想来源，尿应该是被检对象。

尸体（包括流产胎儿的肾脏）是最可能携带钩端螺旋体的器官。在败血病死亡（包括流产）的许多器官（尤其是肝、脾、肺、脑和眼睛）中，均可能含有钩端螺旋体。样本采集后，应该迅速进行培养。

26.4.2 直接检查

通过暗视野（或相差）显微镜、免疫荧光染色和固定组织的银染，直接观察湿样本。

常规的暗视野显微镜检限于尿液。其他的体液含有与钩端螺旋体相似的表面形态。低速离心，清除样本中的干扰颗粒，但不能使钩端螺旋体沉淀。尿液的福尔马林固定法已被描述，但其破坏了有助于钩端螺旋体鉴定的移动性。直接检查的阴性结果，并不排除钩端螺旋体病。

荧光抗体已经被用于体液、组织切片、（组织）匀浆、器官压片和最有效的流产的牛胎儿，此时，对肾的检查最值得提倡。因为银易染性组织纤维可模仿钩端螺旋体着色，必须慎重解释银染切片。

应用 PCR 进行特异性引物的 DNA 扩增，已经成为一种用于发现动物组织和体液内钩端螺旋体存在的很好的诊断工具。

26.4.3 分离和鉴定

Ellinghausen、McCullough、Johnson 和 Harris 培养基（EMJH 培养基）是一种好的分离培养基，尤其适用于哈德焦钩端螺旋体（常见血清型中生长最慢的血清型）。复制接种时，将其接到 EMJH 培养基，加入或者不加入选择性抑制剂［5-氟尿嘧啶、新霉素、放线（菌）酮］。在长达几个月的孵育期内，对培养物进行间断性的显微镜检。

腹膜内注射，进行动物接种（仓鼠或者豚鼠），可消除来自最初接种物的少量污染。从接种后几天开始，定期抽出血液，用于培养。3～4 周后，动物被处死，用肾进行钩端螺旋体的检查和培养。如果用钩端螺旋体感染，它们将产生抗体。任何通过这种方法获得的分离物，均可通过形态学被鉴定为钩端螺旋体属的成员，由参考实验室完成确切的鉴定。

26.4.4 血清学

直接检查通常并不可靠，而且培养费力，投入大并且缓慢。血清学是最普遍的诊断方法。广泛应用活抗原的显微镜凝集试验。其他方法包括肉眼可见的平板和试管凝集试验、补体结合试验和酶联抗体试验。优先选择成对的样本，第 1 个样品在第一次送样时收集，另一个在 2 周之后收集。如果钩端螺旋体病是核心问题，在一定间隔期后，应该出现 4 倍或者更高的滴度升高。对于牛的流产，这些关系可能并不发生。可能是由于哈德焦钩端螺旋体对于牛的适应，其感染只激发很弱的免疫反应。

26.5 治疗和控制

钩端螺旋体对青霉素 G、氟化喹诺酸、四环素、氯霉素、链霉素和红霉素易感。出于效益的考虑，必须尽早开始治疗，甚至在已知暴露的情况下，即可治疗。强力霉素用于人的预防性治疗。然而，在抗生素治疗之后，普遍存在牛肾和生殖道钩端螺旋体感染的事实。

疫苗通常可防止疾病。尽管它确实降低了其流行程度，可是它既不能杜绝感染，也不能防止排菌。

第 27 章　葡萄球菌属

Dwight C. Hirsh　Ernst L. Biberstein

葡萄球菌是可以在多个平面上分裂，并形成不规则簇的球形革兰氏阳性细菌。它们存在于所有温血动物的上呼吸道和其他上皮表面。在 20 个葡萄球菌种中，具有兽医学意义的约有 4 种：金黄色葡萄球菌、中间葡萄球菌、猪葡萄球菌和施氏葡萄球菌凝结亚种。金黄色葡萄球菌是一种常见的人和几种动物的化脓性微生物；中间葡萄球菌是一种狗的主要化脓性细菌；已在几个物种发现了猪葡萄球菌，引起猪渗出性上皮炎，有时，引起牛的乳腺炎；施氏葡萄球菌凝血亚种（和中间葡萄球菌），有时与狗的外耳炎相关。松鼠葡萄球菌和木糖葡萄球菌（和极少情况下的表皮葡萄球菌）普遍存在于皮肤和某些黏膜，但很少具有致病性。通常，致病性葡萄球菌产生凝固酶。

27.1　特征描述

27.1.1　形态与染色

葡萄球菌直径为 0.5～1.5μm，并且一般为强革兰氏阳性。在渗出液中，它们会形成簇，成对或者形成短链（图 27.1）。无芽孢和鞭毛，菌团形态不定。

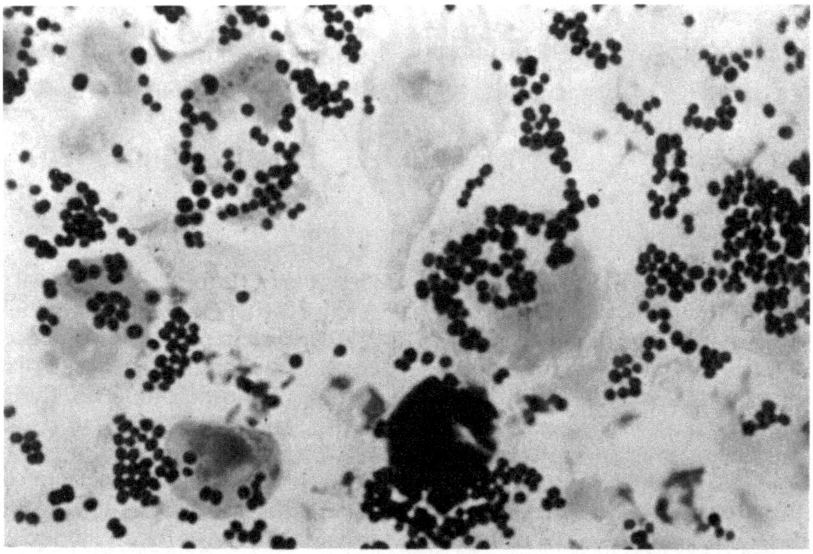

图 27.1　来自猫尿沉淀物的金黄色葡萄球菌。革兰氏染色。(1000×)

27.1.2 结构和组成

细胞壁由蛋白质和多糖组成，一种蛋白质（“聚集因子”、“凝固酶”）通常存在于金黄色葡萄球菌和中间葡萄球菌。在体外，聚集因子和纤维蛋白原相互作用，产生一种凝集样反应。另外，蛋白质 A，通过与免疫球蛋白的 Fc 片段结合，发生凝集。主要的多糖是连接到肽聚糖的磷壁酸，其醇基部分在金黄色葡萄球菌为核糖醇，在表皮葡萄球菌和中间葡萄球菌是甘油。细胞膜的类胡萝卜素能够给予菌落一种“金”（拉丁语：*aureus*）色。金黄色葡萄球菌有时产生荚膜，并且通常为“假荚膜”（一种松散连接的糖结构），由引起牛乳腺炎的菌株产生。

27.1.3 具有医学意义的细胞产物

后面大部分资料来自于金黄色葡萄球菌，该种是最集中研究的葡萄球菌种。据推测，其他种类具有与此相似的特性，使它们具有潜在的病原性。

27.1.3.1 黏附素

葡萄球菌产生几种表面蛋白，可结合到宿主的细胞外基质蛋白（纤维连接蛋白、纤维蛋白原、胶原、胎盘组织外连素和层粘连蛋白）。这些“黏附素”已经被定义为 MSCRAMM（黏附性基质分子识别的微生物表面成分）。葡萄球菌产生大量不同的黏附素，使一些株系对于一定组织类型（骨、肾和膀胱）具有黏附性。

27.1.3.2 荚膜

金黄色葡萄球菌产生 11 种血清型不同的多糖荚膜。编码荚膜产物的基因位于葡萄球菌染色体遗传元件（SCCcap）。SCC 满足适用于定义一种重要的病原岛特性：一簇编码毒力决定簇的基因，一种整联蛋白，一个特定的插入位点和移动性。在防止吞噬作用中，荚膜发挥作用。

27.1.3.3 细胞壁

该属成员的细胞壁具有革兰氏阳性细菌的特性。革兰氏阳性细菌细胞壁的脂质磷壁酸和肽聚糖与巨噬细胞相互作用，导致前炎性因子的释放。

27.1.3.4 肠毒素/化脓性毒素超抗原

凝固酶阳性的葡萄球菌产生一组大小和三维形状相似的外毒素。这些包括 11 种从 A 到 M（没有 F 和 J）的肠毒素（SE，葡萄球菌肠毒素）和毒性休克综合征毒素（TSST-1）。编码这些毒素的基因位于病原岛（SEB、SEC、SEK-M 和 TSST-1）、原噬菌体（SEA，SEE）或者质粒（SED）。全部为小蛋白质（分子质量为 20 000～30 000Da），在一级结构的氨基酸序列上并不相似，但在形状上明显相似，它们对热和消化酶有抵抗性。SE 通常被消化为预制成的毒素，通过结合到肠管壁上未定义的受体，激发呕吐中枢的反射刺激而发挥作用。SE 和 TSST-1 都是超抗原，全身性症状学部分可能与来自 T 淋巴细胞受体、巨噬细胞和在体内释放的这些毒素的相互作用产生的细胞因子“风暴”有关（TSST-1 能穿越黏膜，SE 则不能）。

27.1.3.5 剥脱性毒素

金黄色葡萄球菌产生两种剥脱性毒素（sETA 和 sETB），猪葡萄球菌产生三种抗原性不同的剥脱性毒素（shETA～shETC）。编码金黄色葡萄球菌 ET 的基因位于原噬菌体或质粒。剥脱性毒素是非典型的谷氨酸盐特异性丝氨酸蛋白酶，它们靶向到细胞间黏附蛋白，桥粒芯糖蛋白（一种钙黏素），只发现于上皮。该剥脱性毒素是否为超抗原，还没有定论。

27.1.3.6 溶血毒素

有 4 种溶血毒素（α、β、γ 和 δ），这样称呼是根据其在体外对于红细胞的作用命名的。溶血不是在疾病过程中被观察到的特性。溶血毒素被单独表达，结合或一点也不表达。它们在抗原性、生化特性及对多个品种红细胞的效应方面存在差异。编码溶血毒素的基因位于染色体上。

1) *α 毒素*　α 毒素作用于膜脂，在体外具有溶血、促有丝分裂的活性。兔静脉注射后，具有致死性，皮内注射可引起坏死。主要体内效应的表达与其插入到膜中有关。以单体形式排泄该毒素，到达宿主细胞膜上聚集到一起，形成一种允许离子流穿越的圆筒。在多种细胞上，膜的完整性的丧失，导致对宿主不利的效应。在高浓度时，α 毒素通过坏死，启动靶细胞的死亡（离子和 ATP 枯竭）。在较低浓度时，可以诱导凋亡。在某些情况下，凝固酶阳性的葡萄球菌通过内在化非专职的吞噬细胞（内皮细胞，某些上皮细胞），但逃出核内体后，在细胞浆内扩增。核内体的逃离与 α 溶血介导的内含体膜的裂解有关。

2) *β 毒素*　β 毒素，一种在动物株系的葡萄球菌中流行的磷脂酶 C。β 毒素在 37℃条件下在绵羊和牛的血琼脂上产生大范围的“热-冷溶解”区，出现一种在低温下可发生进一步孵育并完成外观类似(“水-染”) 的部分溶血。其在体内的作用还不清楚，但对宿主细胞膜的损伤是一种合理的推断（图 27.2）。

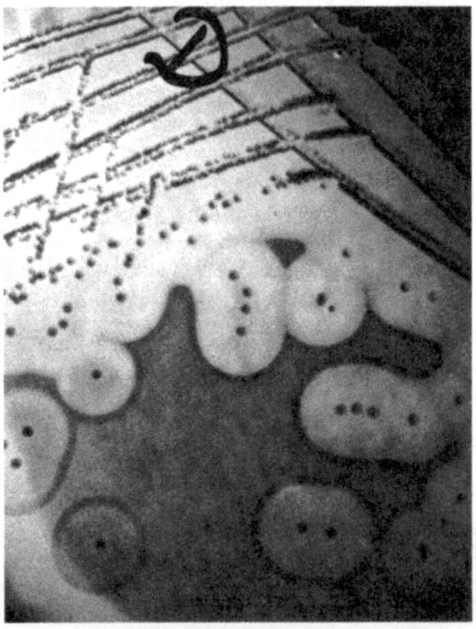

图 27.2　葡萄球菌 β 毒素在牛血液琼脂上的活性。解释见正文。

3) *γ 毒素*　γ 毒素是一种双组分毒素，由两种蛋白质结合，形成其活性部分。毒素刺激吞噬细胞脱颗粒，因此加强了炎症反应和组织损伤。由于其被琼脂抑制，在生长在血琼脂板的菌落，观察不到 γ 毒素，但实际上，所有凝固酶阳性的葡萄球菌株系均产生这种毒素。

4) *δ 毒素*　δ 毒素类似去垢剂的作用，裂解多种细胞，但可被血清抑制。与γ毒素相似，几乎所有凝固酶阳性株均产生这种毒素，然而，其在疾病中的作用还不确定。

27.1.3.7 铁摄取

与那些几乎没有致病力的葡萄球菌相比（即凝固酶阴性菌株），具有病原潜力的葡萄球菌（即凝固酶阳性菌株）在铁限制性条件下生长较好（类似发生在体内）。在铁限制性条件下，凝固酶阳性株产生嗜铁蛋白、aurochelin和葡萄糖转铁载体，它们负责从细胞外获得铁（铁传递蛋白，乳铁传递蛋白）。葡萄球菌也利用其他细菌产生的铁质运载体，特别是来自革兰氏阴性微生物特异的肠菌铁素和aerobactin。

27.1.3.8 杀白细胞素

同γ溶血素一样，杀白细胞素也被称为Panton-Valentine毒素，是一种两种成分的毒素。事实上，在含有γ溶血素基因座编码的某些蛋白质上形成了部分杀白细胞素。杀白细胞素刺激吞噬细胞脱颗粒，因此加强了炎症反应和组织损伤。

27.1.3.9 MprF（多种肽抗性因子）

通过凝固酶阳性葡萄球菌细胞膜的磷脂的赖氨酸化，MprF获得对机体防卫素的抵抗性。这样，不仅允许其在含防卫素的吞噬溶酶体内的生存（然而，这不保护氧依赖的杀伤），而且允许其在存在防卫素内的小环境中存在（上呼吸道、肠道和生殖道）。

27.1.3.10 多种产物

葡萄球菌产生一种在疾病产生过程中其他产物可能存在或者不存在的多血症。这些产物包括脂肪酶、丝氨酸蛋白酶、硫醇蛋白酶、金属蛋白酶（金黄色溶解素）、酯酶、脱氧核糖核酸酶、葡萄激酶（一种血纤维蛋白溶酶原激活剂）、透明质酸酶和磷脂酶。尿素酶是一种由凝固酶阳性葡萄球菌产生的酶，与犬膀胱内的尿（结）石的产生相关。凝固酶是一种引起血浆在体外凝结的酶，辅助鉴定病原体的种类：金黄色葡萄球菌、中间葡萄球菌、施氏葡萄球菌凝结亚种和某些猪葡萄球菌，如果在体内有作用，可能很小。

27.1.3.11 具有医学意义的细胞产物的调控

涉及葡萄球菌病致病机制的产物中，可以通过关键敏感和全面调控系统的方式调节许多种产物。除了铁的调控产物，如果不是全部，大部分产物由*agr-sar*（分别为附属基因调控子和葡萄球菌附属基因调控剂）系统调控。这个系统由一系列基因（*agrA*～*agrD*和*sarA*）组成，其产物“感受”并可对含信息素的硫内酯（自诱导性信息素肽或AIP，为由*agrD*编码的修饰性产物）做出反应。该信息素由周围环境中的其他葡萄球菌产生。每种葡萄球菌细胞产生一种基础水平的AIP，当环境中AIP达到一定的浓度，将产生更多信息素。AIP调控许多参与葡萄球菌疾病（全面调控）的基因转录的RNAIII（不是其被翻译的产物）的形成。这样，当葡萄球菌的数量增加到一定程度时，AIP数量的稳步升高，直接指导特定基因（那些编码溶血素、肠毒素、剥脱性毒素、白细胞毒素、脂酶、丝氨酸酯酶、脱氧核糖核酸酶、透明质酸酶、磷脂酶和荚膜产物）表达的上调（以 RNAIII 方式），同时下调那些当 AIP 在较低数量（黏附素）时表达的基因。

27.1.4 生长特性

在一个较宽的温度范围内，葡萄球菌在普通实验室培养基上生长过夜即可，并且在通气条件下，琼脂上可产生平滑透明、直径超过 1mm 的菌落。

27.1.5 生化特性

葡萄球菌是过氧化氢酶阳性，氧化和发酵糖的厌氧性微生物。

27.1.6 抗性

葡萄球菌能耐受干燥（尤其在渗出液）长达几周。加热到 60℃，30min，pH4.0～9.5 间波动和 7.5%的盐浓度，这些条件可被用于分离葡萄球菌的选择培养基中。

抑制细菌的染料（结晶紫）、胆盐、类似洗必太的去污剂和许多抗微生物药物可以抑制葡萄球菌。

27.1.7 变异

菌落从平滑型（S）到粗糙型（R）各异。G（“藻”）和 L（几乎无壁）变异株反映了由不利的环境条件（如抗生素治疗）造成的进行性细胞壁丢失。

能够通过其对于噬菌体裂解的易感性，对分离物进行“分型”。已经应用噬菌体分型试验对人、牛和禽金黄色葡萄球菌进行分型。

对于 β-内酰胺抗菌素的抗性是由于拥有质粒编码的青霉素酶（β-内酰胺酶），或者存在葡萄球菌染色体遗传元件，该元件含有编码青霉素抗性的青霉素结合蛋白（SCC-mec）基因。耐受型是一种更少见的青霉素抗性型，归因于自溶性细胞壁酶的失效。固有的青霉素抗性可能是由于青霉素结合蛋白的改变（负责细胞合成的酶，见第 4 章）。

对于其他抗菌素的抗性也普遍存在。

27.2 生态学

27.2.1 贮存

凝固酶阳性的金黄色葡萄球菌和中间葡萄球菌定居于鼻的通道远端、外部鼻孔和皮肤，尤其是近黏膜与皮肤的边缘（如会阴、外生殖器和牛乳房），它们也在胃肠道短暂出现。

凝固酶阴性葡萄球菌，尤其松鼠葡萄球菌和木糖葡萄球菌（和极少情况下的表皮葡萄球菌)，是主要的皮肤常驻菌群，但也定居在上呼吸道。这一概括适用于猪葡萄球菌，一种潜在致病菌，特别是针对仔猪。

葡萄球菌见于世界范围内的温血动物。种间传播（如人到牛、狗到人）似乎受到了限制。

27.2.2 传播

葡萄球菌通过直接和间接接触传播。许多动物感染可能是内源性的，即由定居菌株引起。

27.2.3 致病机制

27.2.3.1 机制

葡萄球菌细胞沉着到一个正常无菌部位，这是感染过程的第一步。推测起来，在这一阶段，葡萄球菌的数目可能很少，并且 AIP 的数量低。这样，表达的黏附素（MSCRAMM）吸附到细胞外基质蛋白。细胞壁成分（肽聚糖和磷脂酸），细菌细胞表面补体蛋白的沉着，导致趋化因子和过敏毒素裂解产物的生成，并启动炎症。在这一阶段，依赖于细菌性因素（接种物的大小，株系的毒力）和宿主因素（先天性免疫力，潜在的疾病或诸如组织损伤程度等缺陷），感染株可能被消除或仍然存在。如果感染株没有被控制和消除，其数量的增加，会引起 AIP 的含量上升，导致黏附素的下调及荚膜和毒素的上调。铁载体产物帮助铁摄取，荚膜可阻止进一步的吞噬作用。通过摧毁补充的炎症细胞（膜活化毒素，并促使脱颗粒），毒素使组织损伤加剧。葡萄球菌致病性的主导方式是化脓和形成脓肿，全身反应可能是超抗原活性的结果。

一些葡萄球菌感染，细胞介导的免疫现象加剧了炎症反应，同时部分制约了这种免疫。可能导致犬的某些形式的脓皮病（青少年脓皮病、毛囊炎），细胞和抗体介导的超敏感性。

内毒素导致性疾病（食物中毒）在动物中并不占优势（尽管葡萄球菌内毒素可能引起狗的所谓的“垃圾性犬肠炎”）。对具有兽医临床意义的种来说，毒素休克性综合征不普遍发生（即使存在，数量极少）。

剥脱性毒素可能在猪的渗出（性）皮炎中发挥一定作用。在狗，已经描述过一种与葡萄球菌性鳞状斑点皮肤综合征相似的情况。

27.2.3.2 病理学

典型的损伤是脓肿，一种细菌和炎症细胞活性的整合效应摧毁参与细胞的炎症灶。在白细胞和微生物之间的对抗产生脓，一种宿主细胞碎片和活的或死的细菌的混合物。完好的白细胞和纤维蛋白带包围脓肿。除非脓被引流，否则将缓慢形成一种含纤维的痂。在慢性溃疡性葡萄球菌伤口感染（葡萄状菌病）处，纤维性成分占主导，化脓灶散布存在。

27.2.4 病型

尽管凝固酶阳性葡萄球菌能够侵害所有的温血动物，但这样相互作用的流行和形式在宿主间不同。最普遍的表现被列了出来，并且应该记住，葡萄球菌可以感染任何器官和组织。

27.2.4.1 狗和猫

犬脓皮病的称谓包括了许多临床表现，其中包括与细菌感染有关的不同程度的化脓性皮肤炎症。中间葡萄球菌是所涉及的主要细菌，其作用和化脓的程度多变。在慢性和复发型，有细胞介导的超敏感反应和免疫复合物的参与。宿主方面的遗传，内分泌和免疫因素，可能发挥着重要作用。

骨髓炎（尤其是蝶形脊椎炎）和关节炎，经常和中间葡萄球菌相关。

乳腺炎经常和中间葡萄球菌相关。

外耳炎通常由一种酵母（灭磷斑真菌，见第 45 章）和细菌的混合物引起。经常与这种条件相关的细菌是中间葡萄球菌和施氏葡萄球菌凝结亚种。

三磷酸（鸟粪石、磷灰石）尿石病几乎总是具有传染性的，并以中间葡萄球菌作为病原因子。其他经常被发现的细菌，包括假单胞菌（见第 20 章）、变形杆菌（见第 7 章）和肠球菌（见第 28 章）。

27.2.4.2 反刍动物

金黄色葡萄球菌，作为牛乳腺炎的一种主导病因，与链球菌相对应。感染出现在奶导管，并且感染的过程从亚临床到急性化脓性、坏疽性或者慢性等，因感染株、感染的剂量和宿主的抗性的不同而不同。有时，凝固酶阴性葡萄球菌引起牛乳腺炎。表皮葡萄球菌、猪葡萄球菌、松鼠葡萄球菌和木糖葡萄球菌也值得注意。

羔羊蜱脓血症，通过蜱叮咬，导致本地的皮肤葡萄球菌的感染，可能呈急性血毒症并死亡，或者形成慢性散布性脓肿。其经常与蜱传热（由立克次氏体引起引起）相联系。

绵羊的脓肿疾病，与干酪样的淋巴腺炎（由伪结核棒状杆菌引起）类似，由金黄色葡萄球菌厌氧亚种引起。

27.2.4.3 马

母马的乳腺炎经常与金黄色葡萄球菌相关。

胸脓肿有时与金黄色葡萄球菌相关（然而，伪结核棒状杆菌远没有金黄色葡萄球菌普遍）。阉割马的精索脓肿有时和金黄色葡萄球菌相关。

27.2.4.4 猪

猪葡萄球菌引起的渗出（性）的表皮炎（猪油脂病）感染青年猪（7 周）。通常为全身性并迅速致死，侵害肺、淋巴结、肾和脑。皮肤损伤以一种增厚的灰棕色渗出物为特征（图 27.3），集中于面部和耳周围。

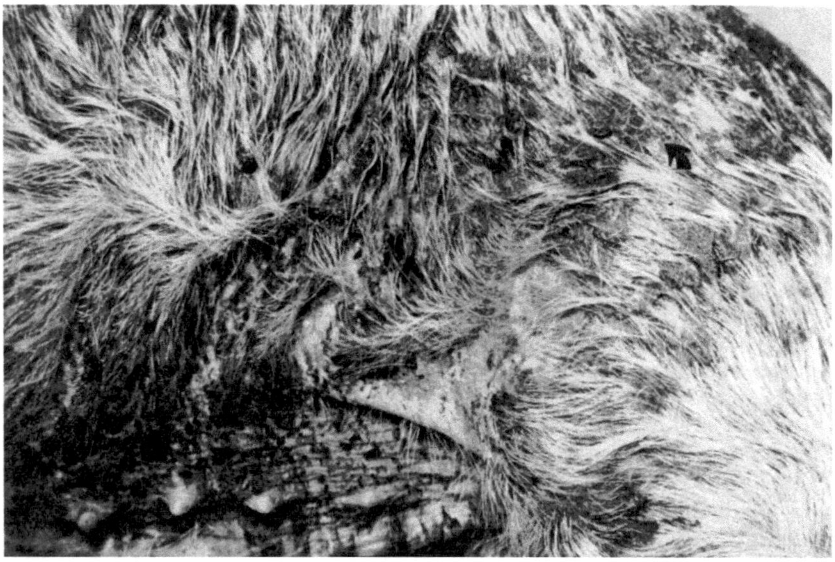

图 27.3　猪渗出性表皮炎（猪油脂病）。皮肤被覆盖，且鬃毛由表皮碎片和炎性成分组成的大量棕色渗出物缠结。（Harvey Olander 博士惠赠）

27.2.4.5　禽

鹑鸡类的“禽掌炎”是一种脚部皮下组织的慢性化脓性肉芽肿过程，导致一个或多个关节壁增厚性肿胀。这种情况与外伤和金黄色葡萄球菌感染有关。

火鸡的葡萄球菌病是一种局限于关节和腱鞘的菌血症，经常由金黄色葡萄球菌引起。

27.2.5　流行病学

葡萄球菌病（如化脓性皮炎、外耳炎、尿道和伤口感染）经常由内源性葡萄球菌引起。研究表明，在出生后几小时内，葡萄球菌广泛定居。临床感染似乎由宿主因素决定。

在泌乳期间，牛的乳腺炎是由于球菌可能进入腺体引起。管理和泌乳卫生对抑制其流行有明显作用。

金黄色葡萄球菌不经常在动物和人之间传播。

环境中葡萄球菌存活期的延长可以促进其间接传播。

27.3　免疫学

在致病性方面，已经述及了可能的免疫机制。

27.3.1 恢复和抗性

清除葡萄球菌主要依赖于吞噬作用。因为丙种球蛋白血症的个体常常遭受感染，表明体液因素相当重要。细胞介导的因素引起损伤的局限化和消退。

从葡萄球菌感染中的恢复，不能产生持久的免疫力。

27.3.2 人工免疫

疫苗的好处值得怀疑。商业化或者自家全细胞制备物，类毒素加菌苗，用于奶牛场中对该病的预防，有时还被用于治疗持续性感染的小动物皮肤病。尽管已有成功的报道，但尚缺乏对控制效果的评价。

在非反应脓皮病中，使用葡萄球菌的噬菌体裂解物和细胞介导免疫的非特异刺激物，已经得到了相当的临床和实验证据支持。

27.4 实验室诊断

27.4.1 样本采集

从未暴露于外界的损伤部位吸取样品，并放到无菌注射器或者无菌容器中，是优先的选择。将拭子放在运输培养基也是可以接受的。在无菌措施下，将乳汁收集到容器。血液和尿液的常规培养物，对于分离葡萄球菌也是适宜的。

27.4.2 直接检查

在革兰氏染色玻片上，葡萄球菌表现为成对、成簇或短链状的革兰氏阳性球菌。在来自皮肤脓疱的样本中，它们可能呈零星分布。

27.4.3 分离和鉴定

对于凝固酶阳性葡萄球菌（金黄色葡萄球菌、中间葡萄球菌和施氏葡萄球菌凝结亚种）β毒素（“水染”表现）的检测，牛血琼脂是最佳的，菌落外观已有记载。生化试验常用于鉴定葡萄球菌分离物，已有商业化的试剂盒。

27.5 治疗和控制

脓肿可进行脓汁引流。对于大多数的表皮脓肿，局部应用温和防腐剂（3%六氯酚）即可。

广泛的、不可到达的和已扩散的病程要求全身治疗。对于青霉素 G、链霉素和四环素、葡萄球菌普遍具有抗性。通常有效的抗生素包括青霉素酶抗性青霉素、氟化喹啉酮、氯霉素、头孢菌素（第一代)、万古霉素、林可霉素（氯洁霉素)、大环内酯类（红霉素、阿奇霉素、克拉霉素）和磺胺甲氧苄氨嘧啶。克拉维酸灭活由金黄色葡萄球菌和中间葡萄球菌产生的 β-内酰胺酶，因此，含有这种物质的细胞壁抗生素具有保护作用(如克拉维酸/阿莫西林)。在治疗葡萄球菌乳腺炎，尤其对于不产乳的母牛，青霉素酶抗性的氯唑青霉素是有效的。

因为在尿中具有高浓度，因此，青霉素对于葡萄球菌性膀胱炎是有效的。在猪葡萄球菌引起的渗出（性）表皮炎，常局部和全身性使用氯唑青霉素。

利用“细菌性干涉”防止婴儿葡萄球菌感染的方法还存在争议，即为了排除定居的毒力株，将非毒力株植入。对于控制火鸡葡萄球菌病，这种方法已显现出前景。

第 28 章　链球菌属和肠球菌属

Dwight C. Hirsh　Ernst L. Biberstein

28.1　链球菌

链球菌是革兰氏阳性球菌，成对、成链出现。它们表现一定的生态、生理、血清学和遗传学差异。本属包括 55 个被识别的种，但通常只有少数几个种与兽医临床相关。表 28.1 列出了这些和以往重要的主要侵害灵长类的链球菌。

表 28.1　具有兽医学意义的链球菌

种	Lancefield 分组	侵害的宿主[a]	主要疾病	标志
化脓性链球菌	A	人、啮齿动物(奶牛)	咽喉扁桃腺炎、脓皮病、丹毒、产褥热、风湿热、肾小球性肾炎、乳腺炎	链球菌免疫后遗症。超过50种血清(β)[b]
无乳链球菌	B	奶牛[c](绵羊、山羊)	乳腺炎	5种血清型(α、β、γ)
		人[c](猫、狗)	新生感染	
无乳链球菌类马亚种	C	猪、马(人、狗)	多发性脓疱	8种血清型(β)
无乳链球菌无乳亚种	C	奶牛	乳腺炎	3种血清型(α、γ)
马链球菌马亚种	C	马	“窒息”	1种血清型(β)
马链球菌兽疫亚种	C	马(禽、狗、反刍动物、实验动物、人)	继发性肺炎、多发性脓疱、生殖和新生感染	15种血清型(β)
肠链球菌[d]	D	所有品种动物	许多机会性感染,犬尿路感染,雏鸡败血症	正常内脏菌群(α、γ)
豕链球菌	E	猪	颚骨脓肿	6种血清型(β)
犬链球菌	G	犬科	猫淋巴腺炎、犬、猫和人[e]的多灶性化脓	(β)
猪链球菌	R(=2型)	猪(人-R)	新生感染,败血症,肺炎	与D群反应
	S(=1型)		(人——败血症、关节炎、脑膜炎)	抗血清(α、γ)
	RS			
	T			
	未分组的			
乳房链球菌	—	牛	乳房炎	(α、γ)
肺炎链球菌	—	灵长类(实验动物、牛)	肺炎,败血症(乳房炎、败血症、脑膜炎)	超过80种血清型

a. 括号内显示的种虽可被感染，但只偶尔发生；b. 在绵羊血琼脂上的溶血类型；c. 牛和人的菌株不同；d. 该属的分型依据核酸研究结果，并非所有 D 型链球菌均属于该属；e. 犬和人的菌株不同。

根据其在血琼脂板上的生长，链球菌被粗略地“分类”。根据其在绵羊或者牛血琼脂上的效应，将链球菌分为三种类型：

α-溶血链球菌不裂解红细胞，但在菌落周围产生一个绿色的圈（将血色素变为高铁血红蛋白）。大部分共生的动物链球菌是 α-溶血型。有时，具有这种作用的链球菌被认为是“草绿色链球菌”。从真正意义上讲，它们并不具有溶血性。

β-溶血链球菌裂解红细胞，并且在菌落周围产生一个“清晰的”区带，大部分病原型为 β-溶血。

γ-溶血链球菌是非溶血的，大部分不具有致病性。

28.1.1 特征描述

28.1.1.1 形态与染色

链球菌从半球形到短杆状变化，直径大约 1μm。分化发生在一个平面上，形成成对或链状结构。尽管一些种（尤其是马链球菌马亚种）是持续性的链产生者，但链的形成是可变的（图 28.1 和图 28.2）。

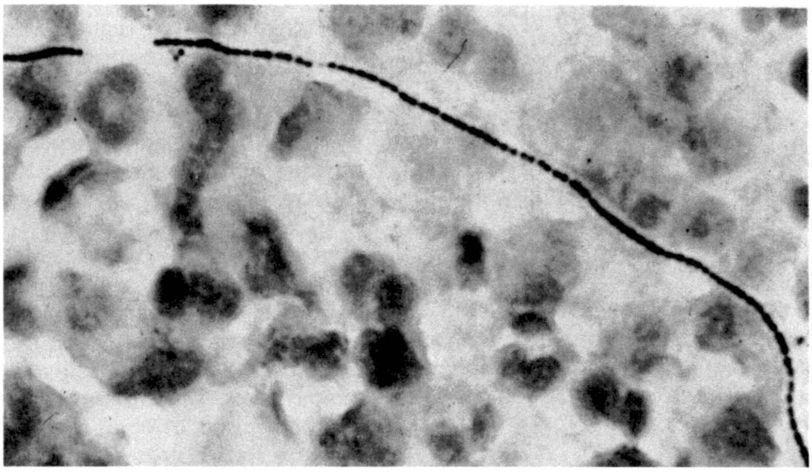

图 28.1 马子宫颈淋巴结的脓汁中的马链球菌马亚种。革兰氏染色。(1000×)

新鲜培养物为革兰氏阳性。在分泌液和陈旧培养物（>18h）中，微生物常被染为革兰氏阴性。

28.1.1.2 结构和组成

链球菌具有典型的，由蛋白质和多糖组成的革兰氏阳性细胞壁。某些种产生荚膜，细胞壁多糖（C 物质）有时被用于链球菌的鉴定。

28.1.1.3 具有医学意义的细胞产物及其活性

1. 黏附素

链球菌产生大量可结合到宿主的不同胞外基质蛋白的表面蛋白（纤维连接蛋白、纤

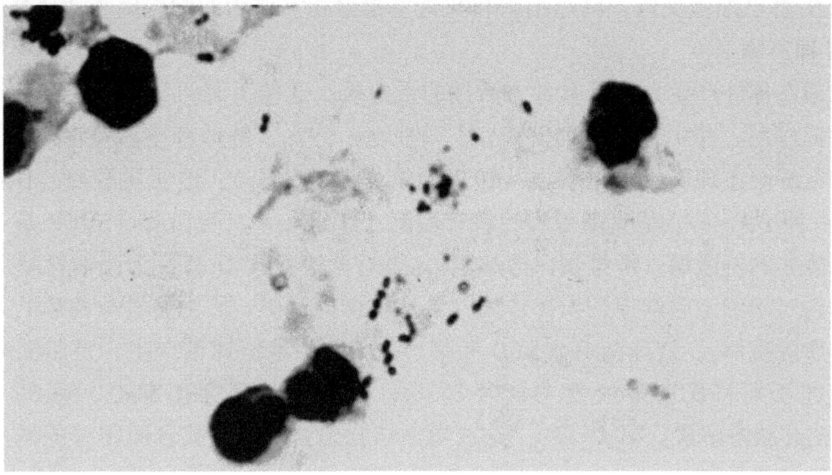

图 28.2 母马子宫颈渗出液汁中的马链球菌兽疫亚种。革兰氏染色。(1000×)

维蛋白原、胶原、玻璃体结合蛋白和层粘连蛋白)。这些“黏附素”已经被命名为MSCRAMM(微生物表面成分识别的黏附基质分子)。一些MSCRAMM,尤其是那些结合纤维蛋白原的(M蛋白,其他见后面的“细胞壁”),赋予链球菌颗粒抗吞噬特性。以这种宿主蛋白“包被”的链球菌被认为导致补体激活的“覆盖”(因此降低调理作用)和被血清蛋白识别的那些调理外源颗粒的蛋白质(胶原样凝集素)的“覆盖”。产脓链球菌的透明质酸荚膜是一种黏附素(也给予抗吞噬菌效应),通过CD44,对于人上皮细胞具有亲和力,CD44是一种透明质酸结合糖蛋白。具有兽医学意义的链球菌的透明质酸荚膜是否也起黏附素作用还不清楚。其他黏附素负责链球菌与宿主细胞的结合。PSA(肺炎球菌的表面黏附素)是一种发现于肺炎球菌、马链球菌马亚种和马链球菌兽疫亚种的脂蛋白,并且负责黏附到排列在气道上部和下部的细胞上。

2. 荚膜

链球菌的一些种产生一种由透明质酸组成的荚膜。透明质酸,也是哺乳动物结缔组织的组成部分,呈弱抗原性并且不容易结合到补体成分(因此,具有抗吞噬作用)。透明质酸荚膜也可能充当一种黏附素。

3. 细胞壁

革兰氏阳性细菌细胞壁包括具有医学意义的蛋白质和多糖。革兰氏阳性细菌细胞壁的磷壁酸和肽聚糖与巨噬细胞相互作用,导致前炎症因子的释放。纤丝状的表面蛋白,命名为M蛋白(MSCRAMM),通过结合纤维蛋白原,赋予抗吞噬特性。

4. 化脓性毒素超抗原

大多数已知的化脓性链球菌外毒素(SPE)由化脓性链球菌(A群,侵染人的β-溶血链球菌,见表28.1和之后的“变异”)产生,包括那些化脓链球菌产生的链球菌化脓外毒素。化脓性链球菌产生几种SPE:SPEA、C、G-I、J和Z(SPEF已经被证明是一种DNase)。一些具有兽医学意义的链球菌,如马链球菌马亚种,也已经被表明能够产生SPE。编码SPE的基因位于染色体上。SPE为超抗原,并且全身性症状的部分可能与来自于T淋巴细胞受体、巨噬细胞和与这些毒素相互作用的细胞因子“风暴”相关。

5. 多种产物

链球菌在体外产生大量具有毒力活性的蛋白质。这些所谓的毒素可能或者不可能在疾病中发挥作用，其中包括可能降解C5a的肽酶（Scp，链球菌半胱氨酸蛋白酶）、溶血素负责在绵羊血琼脂板的β-溶血（链球菌溶血素O和S）、透明质酸酶、DNase（如SPEF是一种DNase）、尼克酰腺嘌呤核苷酸酶（NADase）、蛋白酶（SPEB是一种半胱氨酸蛋白酶）和链激酶（纤维蛋白溶解素）。链球菌溶血素O和S为膜活性物质，并且可能在体内对于细胞膜的损伤发挥作用（它们在体内产生，因为患链球菌病的人产生针对这些物质的抗体）。链球菌溶血素O和猪溶素O（由猪链球菌产生）是胆固醇结合溶细胞素（如李斯特氏菌溶血素O，第33章；棱状杆菌膜穿孔素O，第36章和arcanobacterial脓溶解素，第29章）。这些毒素结合到真核细胞膜含胆固醇的域，形成一个孔，导致细胞的死亡。

6. 具有医学意义的细胞产物的调控

化脓链球菌的毒力相关基因的表达，被至少三种全局系统调控（是否这些系统也出现在其他链球菌是未知的）。第一种是未被确定的“生长阶段相关信号”，但某些基因（包括编码链球菌溶血素S和DNase的基因）在静止期被上调，而其他（包括那些编码荚膜，链激酶，链球菌溶血素O和在A群链球菌称为多基因调节剂的蛋白，或Mga的基因）在对数生长后期被上调。第二种系统涉及通过Mga的调控，Mga本身被生长阶段以及其他未确定的环境因素调控。Mga上调编码M蛋白的基因和Scp。最后，第三种系统涉及蛋白质Cov（毒力的控制）。除了Mga外，Cov下调在生长期上调的所有基因。这些基因编码Cov，与Mga一样，对未确定的环境因素做出反应。

28.1.1.4 生长特性

链球菌的生长条件相当严格，需要含有血液和血清的培养基。

在37℃过夜孵育后，链球菌产生清晰的菌落，直径通常小于1mm。有荚膜，如马链球菌马亚种，产生大的、黏液样的菌落。

致病性种在37℃生长良好。

28.1.1.5 生化活性

链球菌为过氧化氢酶阴性的营厌氧型微生物，从发酵中吸取能量。

28.1.1.6 抵抗性

β-溶血链球菌能够在干燥脓汁生存几周。55～60℃，30min被杀死，并且可被6.5%氯化钠、40%胆汁、0.1%甲基蓝、低温（10℃）和高温（45℃）所抑制。肠球菌属的成员可耐受这些条件，草绿色链球菌对热和胆汁有抗性，只有肺炎链球菌具有胆汁可溶性。链球菌可耐受0.02%叠氮钠，其用于链球菌分离培养基中。

致病性链球菌通常对青霉素、头孢菌素、大环内酯类、氯霉素和磺胺甲氧苄氨嘧啶易感；它们常对氨基糖苷类、氟化喹啉酮和四环素有抗性。

28.1.1.7 变异

Rebecca Lancefield 发展了以细胞壁多糖的血清学相似性为基础的链球菌分组的血清学方法。这种方法被称为 Lancefield 血清学分组法。群以大写字母命名（A～V），血清学进一步分类存在于除了马链球菌马亚种之外的大部分链球菌种（表 28.1）。基于 M 和其他蛋白质，化脓链球菌约有 70 种免疫型，而肺炎链球菌有超过 80 种荚膜型。在化脓链球菌，从粗糙型向平滑性的改变伴随着 M 蛋白和毒力的丧失。也出现细胞壁缺乏型（L 型）。

28.1.2 生态学

28.1.2.1 贮存

大多数具有兽医学意义的链球菌共生在上呼吸道、食道和下生殖道。

28.1.2.2 传播

那些具有传染性的链球菌（马链球菌马亚种、豕链球菌和无乳链球菌），通过吸入或者吞食，在两性之间，先天或者经手和污染物间接传播。

28.1.2.3 致病机制

1. 机制

链球菌产物和致病机制的关系大多是推测出来的，只有以下几种例外。肺炎链球菌的荚膜是一种已证明的毒力因子，M 蛋白是一种重要的毒力决定簇，针对其的抗体具有保护作用。链球菌的其他抗吞噬细胞成分和细胞毒素可能是毒力因子。

链球菌导致引起化脓和脓肿形成的炎症反应过程。

2. 病理学

基础病理学过程和链球菌感染相似，即典型的损伤是脓肿，通过细菌和炎性细胞活性的联合效应，炎症灶中的参与细胞已被摧毁。这种在白细胞和微生物间的对抗产生了脓汁（由宿主细胞碎片和活的和死的细菌的混合物）。在脓肿部位，脓汁被完整的白细胞和纤维蛋白带所包围，除非脓汁被引流，否则将慢慢形成纤维化包膜。

28.1.2.4 病型

1. 马

腺疫是由马链球菌马亚种引起的一种高度传染性的鼻咽炎（从那时以后，被称为马链球菌）。在沉着到上呼吸道黏膜之后，马链球菌通过 MSCRAMM（M 蛋白、纤维连接蛋白结合蛋白、纤维蛋白原结合蛋白和 Psa）和透明质酸荚膜黏附到上皮细胞，黏附致使内化和随后在上皮下空间的定居。细胞壁成分以及致高热性的外毒素（SPEH 和 SPEI）启动一种急性炎症反应。荚膜、M 蛋白和 Scp，保护马链球菌抵抗调理作用和吞噬作用。链球菌溶血素可能通过损伤细胞膜，摧毁靶细胞发挥作用。全身症状可能缘于致高热性外毒素（SPEH 和 SPEI）的超抗原效应。其他“外毒素”可能通过消化

DNA（DNase）、纤维蛋白（链激酶）和透明质酸（透明质酸酶），对这一过程起促进作用。疾病以浆液（性）的或者脓性鼻液分泌物、双相热、局部疼痛、咳嗽和厌食为标志。在局部淋巴结产生脓肿，通常在两周内破溃并流出，随后恢复，总体致死率低于2%。并发症包括脓血症扩散到脑膜、肺、心包膜和腹部的内脏，或延伸到咽喉囊。紫癜性出血，一种 III 型超敏反应，表现为皮下肿胀、黏膜出血和发热，可能伴随着大约三周的急性病症。

马的细菌性肺炎/脓胸几乎总是和一种最常被分离到的 β-溶血链球菌（马链球菌兽疫亚种，从此称为马兽疫链球菌）相关。另外，一种革兰氏阴性微生物（以放线杆菌最为常见）常与马兽疫链球菌一起被发现，感染过程是内源性的。涉及的微生物部分是上呼吸道的正常菌群，其感染受到损害肺（如病毒性肺炎之后的一个事件）。兽疫链球菌（还有其他）被沉着在肺，可启动或者扩大先前已存在的炎症过程（细胞壁成分，致高热性外毒素）。炎症反应的强度既不像由马链球菌启动的反应一样激烈，产生的症状也没有那么严重。然而，有人认为这两者的致病机制相似。脓胸可能是刚才提及的肺炎过程的延伸，类似肺炎，一种严格的厌氧性生物（类杆菌或梭形杆菌最为普遍，见第 35 章）经常被发现。

马的生殖道疾病与马兽疫链球菌相关，此菌常引起子宫颈炎和子宫炎。新生驹的感染，经常为脐带感染（脐病、化脓性败血症、关节病和多发性关节炎）经血流散播到关节和肾脏皮质。微生物最初源于母畜的生殖道（它们为正常菌群的一部分）。

β-溶血链球菌（以兽疫链球菌最为普遍）和马的多种疾病相关，包括骨髓炎、关节炎、脓肿和伤口，它们全部是内源性的，感染株来自正常菌群。

2. 猪

猪的子宫颈的淋巴腺炎（颚骨脓肿）是一种侵害猪的传染性疾病。这种状态和豕链球菌相关（以前认作“E 群链球菌”）。疾病与腺疫相似，但临床上极不明显，而且常不能被诊断，直到屠宰时才被诊断。其最严重的损失是（屠宰后）胴体报废。

猪的继发性肺炎有时与无乳链球菌类马亚种有关。

猪链球菌，无乳链球菌类马亚种和链球菌属于 L 群和 U 群，引起新生动物败血症、肺炎、关节炎和脑膜炎。外毒素、猪溶血素和一种胆固醇结合溶细胞素（见上文 28.1.1.3）由猪链球菌产生。据推测，这种细胞毒素的体内活性，可能与这种疾病造成的组织损伤相关。

3. 反刍动物

链球菌性乳腺炎的主要病原为无乳链球菌，极少为无乳链球菌无乳亚种（此后称作无乳链球菌）和乳房链球菌。

4. 狗和猫

感染狗和猫的继发性肺炎有时和犬链球菌有关。

在偶尔经历子宫颈淋巴腺炎的实验室猫体内，可以分离到犬链球菌（图 67.5）。这种情况可能发自内源性感染，并有未知因素参与。

犬链球菌与新生仔犬的败血症相关。

犬链球菌已经和毒性休克样综合征相关，并且引起狗的坏死性筋膜炎。鉴于其与感染人的化脓性链球菌表现相似，还没有确定与毒力相关的特征。

5. 灵长类

肺炎链球菌是灵长类的一种肺炎、败血症和脑膜炎的主要病原。猴的肺炎球菌肺炎经历一种高致死率的急性过程。它们的损伤为纤维性胸膜肺炎。最近的运输事件和病毒感染有共同的来源。

6. 多种动物

豚鼠的子宫颈淋巴腺炎由兽疫链球菌兽疫亚种引起。

来自淡水水产养殖厂和来自海水环境的鱼的败血症和鱼链球菌（一种没有被Lancefield命名的β-溶血型链球菌）相关。处理（清洁/剖检）鱼的人存在发生蜂窝组织炎、心内膜炎或者关节炎的风险，推测可能是由于自身感染所致。

海豹的败血症与海豹链球菌（一种与Lancefield群抗血清C和F反应的β-溶血链球菌）有关。

负鼠的败血症和皮炎与负鼠链球菌（一种与已知Lancefield群没有联系的β-溶血链球菌）有关。

28.1.2.5 流行病学

健康的个体可能携带所有被讨论的链球菌，而且许多感染可能是内源的并和应激相关，新生个体感染源自母体。

腺疫和猪淋巴腺炎是优先感染青年动物（幼年之后）的传染性疾病。马链球菌和猪链球菌通过污染的食物、饮水、器皿或恢复的动物传播。这些动物可能表现为临床健康，但保持排菌数月。挤奶设备，在乳腺内不熟练的尝试性药物治疗及不卫生的挤奶操作时，常造成无乳链球菌在奶牛间的散播。

动物链球菌具有有限的公众健康意义。引起婴儿疾病的B群链球菌和牛的株系明显不同，但兽疫链球菌的感染可被追溯到感染的奶，猪链球菌（2型）已经引起猪管理者的严重感染。感染狗的G群链球菌（犬链球菌）与人感染患者的G群链球菌明显不同。

28.1.3 免疫学

28.1.3.1 疾病的免疫机制

人链球菌后疾病（风湿热、急性肾小球肾炎）归咎于免疫病理学机制。与此相似，伴随腺疫的马紫癜性出血可能由免疫复合物介导。

28.1.3.2 恢复和抵抗性

抵抗链球菌感染的主要防御是细胞吞噬，并且抗细胞吞噬的M蛋白激发保护性抗体。从腺疫和子宫颈淋巴腺炎恢复的动物至少对再次感染具有暂时性免疫。

无乳链球菌和肺炎链球菌的多糖荚膜刺激调理作用抗体的形成。链球菌肺炎表现决定了从感染中的恢复。对牛乳腺炎，无有用的免疫产生，除非被治疗母牛保持被感染状态。实验室证据提示，抗荚膜的IgG_2型抗体具有保护作用。

所有的免疫都是血清型特异性的。

28.1.3.3 人工免疫

一种全细胞菌苗和一种 M 蛋白疫苗均可用于抵抗腺疫的免疫。既不是普遍地有效，而且常在感染位点激发局部反应。一种主要刺激局部抗体反应的，经鼻内接种的无毒活疫苗似乎具有前景。饲喂活的无毒培养物已经产生了针对猪颌脓肿的免疫。

28.1.4 实验室诊断

28.1.4.1 样本采集

从未打开的损伤部位吸取样本到无菌注射器或者无菌容器是优先的选择。将采样拭子置于运输培养基中是可以接受的，在无菌措施下，将奶收集到容器中。

28.1.4.2 直接检查

渗出物或可疑液体沉淀物的涂片，被固定并且进行革兰氏染色。链球菌表现为革兰氏阳性球菌，成对，短链，并且在某些情况下有很长的链（通常在来自感染了马链球菌的马的子宫颈淋巴结的脓汁中可看到，图 28.1）。链球菌具有一种失去其革兰氏阳性特性的趋势，有时染色为弱革兰氏阳性或者革兰氏阴性。

28.1.4.3 培养

渗出物、奶、组织、尿、气管的吸出物和脑脊髓液，被直接培养在牛或者绵羊血琼脂上，37℃，3%～5%的 CO_2 环境为优选。将在 18～48h 内出现平滑或者黏液样的链球菌菌落，有时区分 α-溶血和 β-溶血是困难的。完整的红细胞保持在 α-溶血型菌落邻近，而非 β-溶血型。在血液肉汤中，β-溶血株持续性裂解红细胞，动物来源的 α-溶血菌株通常不能。

鉴定依赖于传统技术（Lancefield 分群和生化测试）和分子技术（即编码 16S 核糖体 DNA 序列的决定，或者在 PCR 反应中应用种特异性引物）的结合。已有上述两种用途的商业试剂盒。其他可用的诊断检测包括：

(1) CAMP 现象（命名来自 Christie、Atkins 和 Munch-Petersen）反映了链球菌 β 毒素和无乳链球菌毒素间的协同作用（CAMP 蛋白有时被认为是协同细胞溶血素）。一种产生 β 毒素链球菌被接种穿过绵羊或者牛血液琼脂平板的中线。距该线适当的角度，大约距其 0.5cm 处，接种另一种可疑的无乳链球菌。孵育后，CAMP 阳性细菌的溶血将在 β 毒素区（图 28.3）被增强。在绵羊或者牛血液琼脂上，两种毒素的联合作用，产生比单独的一种试剂更大和更清晰的溶血区（图 28.3）。这一反应具有诊断价值。

(2) 杆菌肽敏感性。杆菌肽药片（0.04 单位）抑制化脓性链球菌在血液琼脂上生长。这种作用是非完全一致或特异的。

(3) 胆汁七叶灵琼脂检验 40%胆盐耐受菌水解七叶灵的能力，是一种属于 Lancefield D 群菌的特性。

(4) 奥普托欣敏感性。肺炎链球菌的生长，而非其他 α-溶血链球菌，在注入奥普托欣（盐酸乙基氢化羟基奎宁）的药片周围被抑制。

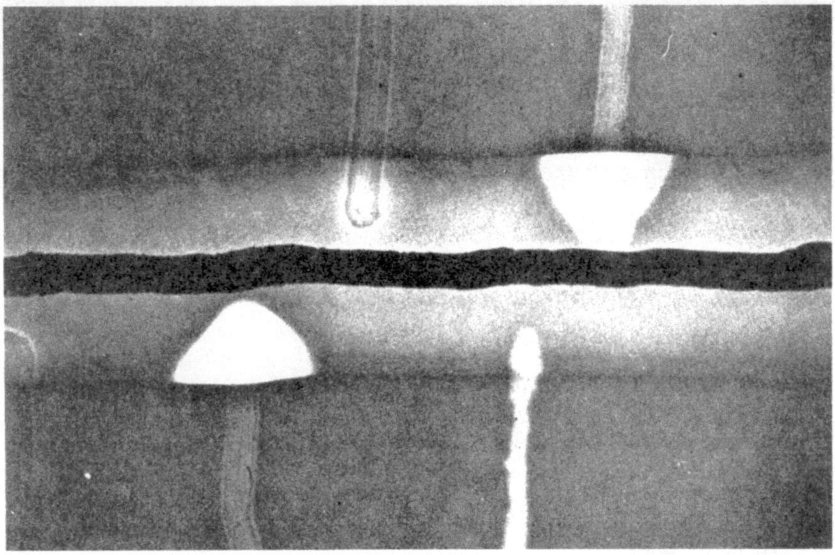

图 28.3　牛血琼脂的 CAMP 现象。穿过视野的暗线具有 β 毒素活性的区带包围的金黄色葡萄球菌的生长。在线的适当角度生长，从左到右依次为：viridan 链球菌、无乳链球菌、另一种 viridan 链球菌、马链球菌兽疫亚种和无乳链球菌，见正文中讨论的 CAMP 现象。(Richard Walker 博士惠赠)

28.1.5　治疗和控制

在局部性化脓的条件下，引流脓汁。

对于全身性治疗，青霉素 G 和氨苄对大部分 β-溶血链球菌和绿色链球菌有效。头孢菌素、氯霉素、磺胺甲氧苄氨嘧啶可相互替代。应用青霉素和庆大霉素组合治疗链球菌性心内膜炎，对于氯化噻啉酮的易感性是不可预测的。可用青霉素 G 和氯林可霉素治疗链球菌毒性休克和坏死性筋膜炎（氯林可霉素减少毒素产生，青霉素 G 是杀菌的）。

青霉素（乳房内）对于由于无乳链球菌和大多数链球菌性乳腺炎的治疗是有效的。众多其他可供利用的选择，应参考专业性文献。乳腺炎控制的重要方面在于卫生和畜群管理。

在腺疫脓肿形成之前，对于已暴露和感染的动物治疗是最有益的，并持续治疗到发烧期过后。腺疫的不适当或不完备的治疗被认为拖延疾病并引起“假的腺疫”（形成具有全身症状的广泛性脓肿）。应该免疫存在风险的畜群，应该严格隔离感染或者可疑的马。

28.2　肠球菌

肠球菌曾经被分类为 D 群链球菌。与大多数链球菌属的真正成员不同，这些微生物拥有可用于区分它们的表型特征（对于盐、胆汁和亚甲基蓝具有抗性，并且在逐步升高的温度下生长)。分子遗传分析表明：它们是独特的，并促使了一个新属的建立——肠球菌。该属有 28 个种，大部分生长在哺乳动物和鸟类的肠道。它们主要通过机会性感染损伤部位而致病。一些（耐久肠球菌、肠肪球菌、威氏肠球菌）与新生动物（猪、驹、小牛、小狗和小猫），以及成年狗和猫（尽管只有来自猪的分离物已被定性地决定分离物遗传分析）的肠道疾病有关。肠球菌在含有牛或绵羊红细胞的血琼脂板上为 α-溶血或 γ-溶血（见上文 28.1）。

28.2.1 特征描述

28.2.1.1 形态与染色

肠球菌从球形到短杆形变化，直径大约 1μm。分裂发生在一个平面上，产生成对或者链状。

28.2.1.2 结构和组成

肠球菌具有典型的由蛋白质和多糖组成的革兰氏阳性菌细胞壁。一些种产生多糖荚膜，大部分肠球菌具有 Lancefield D 群碳水化合物。

28.2.1.3 具有医学意义的细胞产物及其活性

大多数已知的、具有医学意义的细胞产物和其活性来自对粪肠球菌和屎肠球菌的研究，最常见的是人致病肠球菌。推测某些（如果不是全部）关于这两个种的已知特性，也应用于该属的其他成员。

1. 聚合物质

聚合物质是一种促进肠球菌互相之间（形成聚合）和向上皮表面（一种黏附素）吸附的表面蛋白。

2. 荚膜

一些肠球菌产生多糖荚膜。通过干涉补体沉着和赋予微生物表面的相对亲水性，荚膜阻碍噬菌细胞间的联合作用。当肠球菌与肠道细胞相互作用时，不可能产生荚膜。

3. 细胞壁

肠球菌具有典型的革兰氏阳性菌细胞壁。随着其与巨噬细胞的相互作用，细胞壁肽聚糖和脂壁酸启动炎症反应。

4. 溶细胞素

溶细胞素是一种其细胞破坏机制未被理解的细胞毒素。它也是一种溶血性毒素，可裂解人和马的红细胞（但不是绵羊或者牛的红细胞，这些红细胞最常用于血琼脂平板）。溶细胞素的产生受到重要感受系统的控制。

5. 细胞外过氧化物

一些肠球菌分泌一种似乎对吞噬细胞的杀伤具有保护作用的超氧化物。

6. 明胶酶

一些肠球菌产生与毒力显著相关的明胶酶。

7. 铁摄取

肠球菌产生一种可对低水平的铁做出反应的羟氨基化的铁质运载体。

28.2.1.4 生长特性

虽然它们将在 10～45℃生长，但在 37℃过夜培养后，肠球菌产生清亮到灰色的、直径 1～2mm（α-或 γ-溶血）的菌落。肠球菌可在 6.5%氯化钠、40%胆汁和 0.1%亚甲基蓝条件下生长。

28.2.1.5 生化活性

肠球菌是过氧化氢酶阴性兼性厌氧性微生物，从发酵中获取能量。

28.2.1.6 抵抗性

肠球菌是能够在环境中较长时间存活的、抵抗力极强的微生物。它们能够在 6.5%氯化钠、40%胆汁和 0.1%亚甲基蓝，低温（10℃）和高温（45℃）条件下生长。它们对 β-内酰胺抗生素（包括头孢菌素和青霉素酶抗性青霉素）、氨基糖苷、氯林可霉素、氟化喹啉酮和甲氧苄氨嘧啶磺胺具有先天性抗性。由于其是发现于渗出物的胸苷（腺嘧啶脱氧核）的有效捕捉者，因此越过了甲氧苄氨嘧啶磺胺的效应。它们能够获得对于高水平的 β-内酰胺、高水平的氨基糖苷、糖肽类（万古霉素）、四环素、红霉素、氟化喹啉酮、利福平和氯霉素的抗性。促进生长的阿伏霉素和万可霉素抗性株的筛选将在下面讨论（见下文 28.2.2.5）。

28.2.2 生态学

28.2.2.1 贮存

作为哺乳动物和鸟类的正常菌群的一部分，肠球菌生活在这些动物的肠道。肠球菌是否与“主要”疾病相关，以及是否与耐久肠球菌、肠肪球菌、威氏肠球菌（*Enterococcus villorum*）等正常菌群的成员引起的机会性疾病相对应，还不清楚。

28.2.2.2 传播

肠球菌是宿主正常菌群的一部分，与机会性疾病有关。对于耐久肠球菌、肠肪球菌和威氏肠球菌是否也是如此，还不能确定。

28.2.2.3 致病机制

除了耐久肠球菌、肠肪球菌和威氏肠球菌相关的疾病外，内源性肠球菌感染受到损伤的部位（如膀胱、潮湿的外耳道和尿路）。细胞壁肽聚糖和脂壁酸启动一种炎症反应，荚膜、溶细胞素和过氧化物控制着炎症过程。

耐久肠球菌和肠肪球菌与威氏肠球菌感染动物的小肠绒毛（从顶到隐窝）有关。相关的腹泻似乎不是由内毒素或者上皮细胞损伤引起的。

28.2.2.4 病型

1. 狗和猫

外耳炎通常是损伤的外耳道感染（细菌和一种酵母，马拉色菌，见第 45 章）的结果。参与的细菌通常为环境菌种（即假单胞菌和变形杆菌，分别见第 20 章和第 7 章），或者患者的正常菌群的一个成员（即肠球菌、中间葡萄球菌）。

通常从下部尿道感染的狗中分离到肠球菌（图 74.2B）。

肠球菌新种（耐久肠球菌、肠肪球菌与威氏肠球菌）与小狗、小猫、成年狗和猫的腹泻有关。

几乎任何损伤部位均可能被一种肠球菌所感染。

2. 马

肠球菌新种（耐久肠球菌、肠肪球菌与威氏肠球菌）与驹腹泻有关。

肠球菌新种，在来自粪便材料（如蹄钉/脚底脓肿，伤口）污染的条件下，应该有望被观察到。

3. 牛

肠球菌新种（耐久肠球菌、肠肪球菌与威氏肠球菌）与犊牛腹泻有关。

肠球菌新种，在来自粪便材料（如伤口）污染的条件下，应该有望被观察到。

4. 猪

肠球菌新种（耐久肠球菌、肠肪球菌与威氏肠球菌）与仔猪腹泻有关。

肠球菌新种，在来自粪便材料（如伤口）污染的条件下，应该有望被观察到。

5. 多种动物

肠球菌新种（耐久肠球菌、肠肪球菌与威氏肠球菌）与初生大鼠的腹泻相关。

28.2.2.5 流行病学

大多数从感染过程中分离到的肠球菌，源于被正常菌群成员的污染。医院环境（如污染物、看护者的手和鞋底）向损伤部位的传播是一个重要问题。腹泻相关肠球菌（耐久肠球菌、肠肪球菌与威氏肠球菌）的流行病学仍是未知的。

肠球菌的万可霉素抗性株是人医临床上的一个重要问题，因为该属的成员（尤其是粪肠球菌和屎肠球菌）是医院内获得性感染的主要来源。肠球菌是一群对抗微生物因子具有很强抗性的微生物。万古霉素（一种糖肽类抗生素）是少数几种对这样的感染过程的治疗有效的药物之一。肠球菌的万古霉素抗性株出现于欧洲，起始于用另一种糖肽类阿伏霉素（生长促进剂）饲喂食源性动物。尽管最初的万古霉素抗性株局限于饲喂这种抗生素动物的肠道，但它们很快传播开来，类似于获得人的肠道中编码万古霉素抗性的基因（*vanA*）。在美国（不允许使用阿伏霉素），万古霉素在人类医院的不加判断地使用导致了同样的效应。例如，一种选择性压力的增加导致了万古霉素抗性肠球菌（尤其是在医院）集落的增加。

28.2.3 实验室诊断

28.2.3.1 样本采集

从未打开的损伤部位吸取样品到无菌注射器或无菌容器是优先选择。将采集的样本拭子置于运输培养基中，也是可以接受的。尿样由耻骨前穿刺（膀胱栓），用导尿管或者中流钩收集。

28.2.3.2 直接检查

对渗出物进行染色涂片（革兰氏或 Romanovsky 型，如瑞氏或者吉姆萨）检查。尿可以通过染色（革兰氏或 Romanovsky 型）检查或者不染色检查。通过患肠球菌相关性肠炎动物获得的小肠组织病理学切片显示绒毛上球菌的特征性黏附。

28.2.3.3 培养

样本被划线到血琼脂平板的表面，并且在 37℃空气中孵育过夜（因为肠球菌是兼性厌氧菌 ，一点空气就足够了）。肠球菌产生直径 1～2mm 的清晰到灰色的菌落（α-或γ-溶血）。初步的鉴定需要测定过氧化氢酶的产生（阴性）和在 6.5％ 氯化钠、40％胆汁生长的能力。可以通过市售的试剂盒，对编码 16S 核糖体 RNA 的基因进行测序，或者二者的结合确定大多数分离物。

28.2.4 治疗和控制

潜在状态的改善是治疗肠球菌来源的大多数疾病的最重要的方面。在一些情况下，病原的清除足以启动肠球菌的宿主消除（由于肠球菌不具有潜在的毒力决定簇）。因为肠球菌对于抗菌素具有相当的抗性，这一概念相当重要。同样，在那些具有多种微生物病因的感染过程中，可以通过纠正和旨在针对其他微生物（通常更易感）的治疗，达到治疗的成功。

从狗的低端尿道分离的肠球菌通常对于阿莫西林-克拉维酸、氯霉素和四环素在尿中的浓度易感。即使肠球菌的尿液分离株对于甲氧苄啶-磺胺易感，但由于这群微生物的胸腺嘧啶 Savage 能力，应该非常小心地解释体外测试结果。

通过改善潜在的损伤，以及使用含有抗菌药物的耳用制剂处理与狗的外耳道炎相关的肠球菌（大部分的抗菌药物的外用浓度，远远超过抑制肠球菌生长所必需的最小抑制浓度）。

与耐久肠球菌、小肠肠球菌和 *E. villorum* 相关的腹泻病的治疗选择尚未确定。

28.3 营养缺陷菌属和颗粒链球菌属（营养变异链球菌）

当从正常人黏膜表面（眼、生殖道、口和呼吸道）获得的样本被接种在血液琼脂平板上时，营养缺陷菌属和颗粒链球菌属的成员作为在其他菌落周围的卫星菌落而被发现。构成这些菌落的细菌为革兰氏阴性、过氧化氢酶阴性球菌，需要维生素 B_6 维持生长（在培养基中加入0.002%的盐酸吡哆醛）。这些微生物被临时命名为“营养变异链球菌”，但后来基于编码 16S rRNA 的基因序列，被归到营养缺陷菌属和颗粒链球菌属。

临床上，已经从血液、脓肿、牙菌斑、关节、角膜溃疡和人的心瓣膜赘生物分离到这些属的成员。从马和反刍动物的生殖道、呼吸道、脓肿和眼，也已经分离到这些微生物。

第 29 章　隐秘杆菌属

Dwight C. Hirsh　Ernst L. Biberstein

隐秘杆菌属的成员是多形态的，不动的革兰氏阳性杆菌，不形成芽孢。在形态上，该属成员为“白喉菌状”（见第 31 章），其中许多成员一度被归入棒状杆菌属（如化脓棒状杆菌）和放线菌属（如化脓放线菌）。根据这些微生物 16S rRNA 基因序列的分析结果表明，将其归入隐秘杆菌属更为恰当。

在该属的 5 个成员中，化脓隐秘杆菌是具有兽医学意义的主要种，参与引起反刍动物和猪的化脓过程。其他较为重要的隐秘杆菌包括分别从海豹的呼吸道、海豚的脾脏/鹿的肺脏，以及马的阴道渗出物分离到的海豹隐秘杆菌、普氏隐秘杆菌（*A. pluranimalium*）和希氏隐秘杆菌（*A. hippocoleae*）。

29.1　化脓隐秘杆菌

29.1.1　特征描述

29.1.1.1　形态与染色

化脓隐秘杆菌是一种小的，多形态的革兰氏阳性杆菌（宽 0.5μm，长可达 2μm；图 29.1），无荚膜和异染颗粒。革兰氏染色时，着色不稳定，这一点和链球菌相似。

29.1.1.2　结构和组成

菌体细胞壁的肽聚糖中包含赖氨酸、鼠李糖和葡萄糖。与棒状杆菌属和红球菌属成员所不同的是，菌体细胞壁的肽聚糖中不含有黏液酸。

29.1.1.3　具有医学意义的菌体产物

1. 细胞壁

革兰氏阳性菌细胞壁中的脂磷壁酸和肽聚糖可与感染宿主的巨噬细胞相互作用，从而导致促炎性细胞因子的释放。

2. 外毒素

化脓隐秘杆菌可产生大量具有毒性的蛋白质。

1）pyolysin O　化脓隐秘杆菌的所有菌株都能产生 PLO（pyolysin O 的缩写，参见第 28 章链球菌的链球菌溶血素 O；第 33 章李氏杆菌的李氏杆菌溶血素 O 以及第 36 章的产气荚膜梭菌溶血素 O）。它是一种成孔的胆固醇依赖性的细胞溶素，是该菌的主要毒力因子（此毒素缺陷性突变株毒力降低；其抗体对宿主具有保护性）。PLO 可结合于真核细胞膜上含胆固醇的脂筏，使细胞表面形成孔

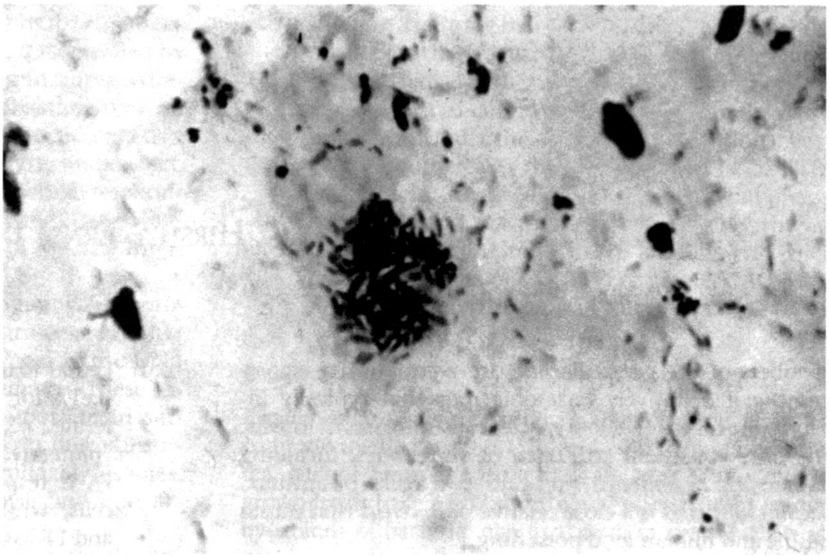

图 29.1 来自绵羊肺部脓汁中的化脓性隐秘杆菌。革兰氏染色。(1000×)

道，从而导致细胞的死亡。化脓隐秘杆菌在含有血液的培养基上增殖时，可发生溶血，这主要是由 PLO 引起的。至于 PLO 是如何在体内发挥作用的，目前尚不清楚，据推测，可能是由于其可以损伤宿主细胞膜。

2）*神经氨（糖）酸苷酶* 化脓隐秘杆菌至少产生两种神经氨（糖）酸苷酶和 Nans（*N*-acetylneuraminyl 水解酶）。有关 Nans 在体内发挥作用的机制尚不清楚，但它们似乎参与了此病原微生物与宿主细胞的吸附。

3）*其他各种产物* 体外试验表明，此微生物可产生几种具有蛋白水解活性的蛋白质，还可产生 DNA 酶。或许这些“毒素”与此微生物的致病性有关，但不清楚其如何发挥作用。

29.1.1.4 生长特征

化脓隐秘杆菌是一种兼性厌氧菌，生长增殖需要营养较为丰富的培养基。在血琼脂上培养 40h 以上，才能产生肉眼可见的菌落。最适生长温度为 37℃。产生的菌落透明，周围有溶血，大小为 1mm。

29.1.1.5 生化特性

化脓隐秘杆菌为过氧化氢酶阴性，可发酵乳糖，能消化蛋白质（凝胶、酪蛋白和凝结的血清）。

29.1.1.6 抵抗力

化脓隐秘杆菌对干燥、热（60℃）、消毒剂和 β-内酰胺抗生素敏感。对于磺胺药物具有抗性，而且对四环素的抗性逐渐增加。

29.1.2 生态学

29.1.2.1 贮存

化脓隐秘杆菌主要见于易感动物的黏膜（包括瘤胃和胃）和皮肤。

29.1.2.2 传播

大多数的感染可能是内源的。可引起“夏季乳腺炎”，而且在蝇的协助下，会发生“牛-牛”传播。

29.1.2.3 发病机制

1. 机制

化脓隐秘杆菌可引起化脓性病理过程，通常还可伴发潜在的病原性共生物的感染，特别见于不形成芽孢的厌氧菌（拟杆菌属、梭杆菌、卟啉菌、普氏菌和消化链球菌，见第 35 章）。PLO 是主要的毒力因子（PLO 的抗体具有保护性，并且缺失 PLO 的突变株是无毒力的）。在正常情况下，化脓隐秘杆菌（来自一个邻近表面或者来自一种直接的环境）进入宿主的无菌位点后，可发生聚集，进而启动一种炎症反应（在 Nans，细胞壁成分以及 PLO 的作用下黏附）。渗出物（脓汁）由细菌、中性粒细胞（活的或者死的）和宿主细胞碎片组成。

2. 病理学

肉眼病变为脓肿、积脓或者化脓性肉芽肿增生，化脓灶常被密实地包裹起来。继发感染的厌氧菌使病灶产生难闻的气味。

29.1.2.4 病型

1. 牛

化脓隐秘杆菌参与大多数创伤感染或者机会性感染，可能是局部的，区域的或者是全身性的。常定殖在肺、心包膜、心内膜、肝、关节、子宫、肾皮质、脑、骨和皮下组织。在其他种的易感动物（绵羊、山羊、野生反刍动物和猪）中，也可能发现类似的病变。

化脓隐秘杆菌可引起牛的流产和乳腺炎，“夏季乳腺炎”是一种发生于牧场枯奶期奶牛的传染性疾病。经常引起破坏（性）的病理过程，引起脓肿和腐烂。病灶中作为病因的细菌包括化脓隐秘杆菌、停乳链球菌停乳亚种（见第 28 章）和不形成芽孢的厌氧菌（见第 35 章）。

29.1.2.5 流行病学

由于化脓隐秘杆菌可持续性的存在于易感动物体内，因此，该病常呈散发，而且该病的发生常与应激因素和创伤有关。

在北欧，“夏季乳腺炎”最为常见，发生创伤的奶头可吸引蝇类，进而引起该病原的传播。

29.1.3 免疫学

对于化脓隐秘杆菌的免疫应答，目前还没有很好的阐释。感染或者免疫接种不能产生免疫保护。采用 pyolysin 作为疫苗，有待进一步的论证，但 PLO 产生的类毒素对于实验室动物具有保护性。

29.1.4 实验室诊断

在来自组织或者渗出物的革兰氏染色涂片上，经常会观察到与其他细菌相混合的革兰氏阳性多形态杆菌（图 29.1）。怀疑含有化脓隐秘杆菌的材料，可进一步在血琼脂上培养。常规方法可用于这种微生物的鉴定。应用 PCR 反应扩增化脓隐秘杆菌的特异性 DNA 已有报道。

29.1.5 治疗和控制

切除病灶和脓汁引流非常必要。尽管许多抗生素（包括所有的青霉素）在体外有活性，但由于药物不能充分到达病灶，所以仅仅采用药物治疗疗效常常令人失望。

第30章　芽孢杆菌属

Dwight C. Hirsh　Ernst L. Biberstein

芽孢杆菌属的成员是革兰氏阳性，形成芽孢，主要存在于土壤和水中的兼性厌氧杆菌。该属的一些成员可引起昆虫的疾病。该属中唯一能稳定感染脊椎动物（包括人）的病原是炭疽芽孢杆菌（炭疽的病原）。炭疽芽孢杆菌与引起犬和人食物中毒的蜡样芽孢杆菌的遗传关系很近。

30.1　炭疽芽孢杆菌

30.1.1　特征描述

30.1.1.1　形态与染色

炭疽芽孢杆菌为革兰氏阳性，不能移动的杆状菌，菌体中部呈矩形，但末端呈正方形[1μm×(3～5)μm]。该菌常呈链状排列，菌体中含有芽孢的部分不膨胀。在宿主体内，或者在合适的体外条件下，可形成荚膜。

30.1.1.2　菌体组成

荚膜由D-谷氨酰多肽组成。细胞壁主要成分是多糖。覆盖细胞壁的是一层蛋白质的类晶体结构（S层）。炭疽芽孢杆菌产生荚膜后，S层存在于荚膜和细胞壁其余部分之间。目前没有有关S层或者其蛋白毒力特性的报道。

30.1.1.3　具有医学意义的菌体产物

1. 荚膜

炭疽芽孢杆菌的繁殖体可产生一种由D-谷氨酰多肽组成的荚膜。编码这种结构的基因存在于被称为pXO2的质粒。荚膜基因的表达，受到两种基因产物，AtxA和AcpA（分别是炭疽毒素激活剂，炭疽荚膜激活剂）的调控，荚膜可使繁殖体避免被细胞吞噬。编码AtxA和AcpA的基因分别存在于质粒pXO1和pXO2上。

2. 毒素

炭疽芽孢杆菌产生大量的毒素。其中在疾病发生过程中最重要的是致死毒素和水肿毒素。

1）致死毒素　编码致死毒素的基因发现于命名为pXO1的质粒上（LeTx为致死毒素）。LeTx是一种由“保护性抗原”（PA）和“致死因素”（LF）组成的二元毒素。PA负责LeTx与“靶细胞”的结合，而LF决定其毒力活性。PA只有在“靶细胞”表面被寡聚后，才和LF相关。LF是一种锌金属蛋白酶，可使有丝分裂原激活的蛋白激酶激酶（MAPK 激酶）失活，导致在感染细胞内信号转导途径的破坏（尽管其可进入多种细胞，但巨噬细胞是受 LT 影响的主要细胞）。PA 结合到多种细胞类型的细胞表面受体，在细胞表面被激活，并发生多聚化，之后，LT（以及水肿因子）内源化。在低浓度时，LeTx -巨噬细胞的相互作用导致引起与在内血毒症过程中出现的相似的多种器官功能紊乱的细胞因子“风暴”。在 LeTx 的影响下，巨噬细胞可发生过度应答，并且产生可导致血管通透性增加的大量的肿瘤坏死因子（TNF）、白细胞介素 1（IL-1）和白细胞介素 6（IL-6）（TNF 作用于内皮细胞），增加血管内血液的凝固（TNF 作用于内皮细胞），吸引炎性细胞（TNF/IL-1 信号转导到内皮细胞，产生 IL-8 和巨噬趋化因子），释放急性期蛋白（肝的 IL-6），内源性热原（质）（脑的 TNF、IL-1 和 IL-6）。在高浓度下，LeTx 使感染性细胞发生凋亡。调控型基因产物，对未知的环境因素做出反应的 AtxA，控制 LeTx 的产生。AtxA 也在 pXO1 上编码。

2）*水肿毒素*　编码水肿毒素（EdTx）的基因发现于命名为 pXO1 的质粒。EdTx 是一种由“保护性抗原”（PA）和“水肿因子”（EF）组成的二元毒素。PA 负责 EdTx 向靶细胞的结合，而 EF 负责其毒力活性。只有在“靶细胞”表面被寡聚后，PA 才和 EF 相关。EF 是一种钙调蛋白依赖的腺苷酰（基）环化酶，引起感染细胞 cAMP 水平增加，表面电解质和液体的流失。PA 结合到多种细胞类型的表面受体，在细胞表面，furin 的激活导致多聚化，之后，EF（以及致死因子）内源化。调控型基因产物，对未知的环境因素做出反应的 AtxA，控制 EdTx 的产生。AtxA 也在 pXO1 上编码。

3）*其他多种“毒素”*　已经在炭疽芽孢杆菌基因组的 DNA 序列中发现了在其他微生物的毒力中表现非常重要蛋白质的几种同源物。这些同源物包括编码在吞噬溶酶体和黏膜表面中生存的重要蛋白质的基因（Inh 和 MprF），编码从吞噬溶酶体和吞噬细胞逃逸的蛋白（Anthrolysin）和铁摄取物（Dlp）。

（1）Inh 和 MprF。炭疽芽孢杆菌的基因组含有在塞氏炭疽杆菌（*Bacillus cereus*）编码 Inh（免疫抑制蛋白）同源物的基因，和葡萄状球菌的 MprF（多种肽抗性因素），通过对细菌细胞膜的磷脂的溶解作用，给予针对防御素（发现在吞噬溶酶体和黏膜表面的分泌物内）的抗性。

（2）Anthrolysin。炭疽芽孢杆菌的基因组含有编码 Anthrolysin 的基因，作为在其他病原细菌的几种磷脂酶 C 和胆固醇结合溶细胞素的同源物。磷脂酶是孔形成溶细胞素，并且 Anthrolysin O，也是一种孔形成毒素，与真核细胞膜上含有筏的胆固醇结合。尽管已经确定其作用，足够的证据表明，Anthrolysin 负责含有炭疽芽孢杆菌吞噬溶酶体的裂解，之后，微生物释放进入感染细胞内的细胞浆，导致释放到细胞外环境的细胞膜的裂解。应该注意，Anthrolysin 具有溶血活性。在未被用于炭疽芽孢杆菌分离和鉴定的临床实验室条件下，是可以观察到这种活性的。

（3）Dls。炭疽芽孢杆菌的基因组含有编码 Dlp（Dps 样蛋白）的基因，这是一种铁结合蛋白，与发现于大肠杆菌，称为 Dps（在饥饿条件下的 DNA 保护蛋白）

的蛋白质同源。

(4) 具有医学意义菌体产物的调控。对环境因素做出反应时，产生两种蛋白质，AtxA 和 AcpA。这些线索在体内是未知的，然而，在合适的条件下，AtxA 增加 LeTx、EdTx 和参与从吞噬溶酶体和巨噬细胞“逃逸”的蛋白质的生成。在 CO_2 浓度增加的条件下，AcpA 生成增加（5%或更多）。AtxA 与 AcpA 协同作用。

30.1.1.4 生长特征

炭疽芽孢杆菌是一种兼性厌氧菌，可在 15～40℃的普通培养基上生长。在 37℃，24h 内，菌落直径可达 2mm，或者更大。菌落在空气中生长，具有一个阴暗的表面和由细菌链形成的波状边缘（“水母”）。菌体细胞不形成荚膜。菌落在高于 5% CO_2 的含有 0.7%重碳酸盐的血琼脂上生长，菌落呈黏液样，并且由形成荚膜的细菌组成（图 30.1）。

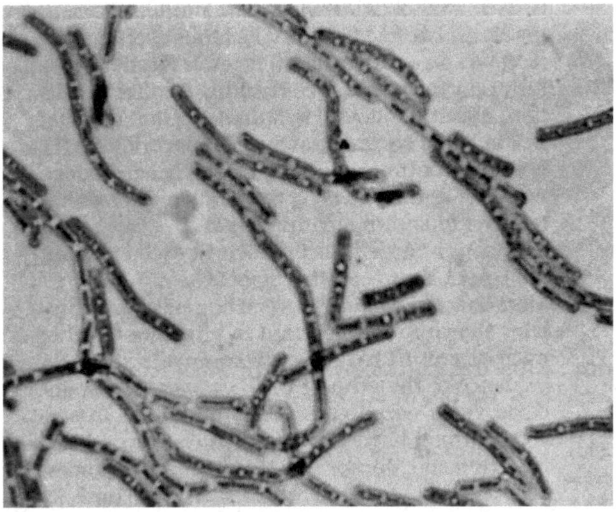

图 30.1 生长在碳酸钙琼脂上的炭疽芽孢杆菌，在 20% CO_2 条件下形成荚膜。

芽孢在富氧条件下形成，但在动物内并不形成芽孢。在感染组织或者液体中的微生物，暴露在空气中几小时后，可形成芽孢。

30.1.1.5 生化活性

生化反应可鉴别炭疽芽孢杆菌和蜡样芽孢杆菌。蜡样芽孢杆菌是与炭疽关系最近的微生物，而且是一种常见的污染菌（表 30.1）。

表 30.1 炭疽芽孢杆菌和蜡样芽孢杆菌[a]的鉴别

	炭疽芽孢杆菌	蜡样芽孢杆菌
是否可动	−	d+[b]
溶血性（绵羊血琼脂）	±	+++
亚甲基蓝还原试验	±	+++

续表

	炭疽芽孢杆菌	蜡样芽孢杆菌
发酵水杨酸	−	+
在 45℃生长	−	+
在 20% CO_2 生长	+	−
对于 γ 噬菌体易感性	+	−

a. 引用自 Burdon K L。炭疽芽孢杆菌的快速分离和鉴定。人炭疽的讨论会，费城，1954 年 10 月；b. 存在不同的株，大多数具有运动性。

30.1.1.6 抗性

在未打开的尸体中，繁殖体细胞可能生存长达 1～2 周，但芽孢可以在稳定干燥的环境内持续存在多年。芽孢被高压灭菌（121℃，15min）和干热（150℃，60min）杀死，但短于 10min 的煮沸（100℃）不能杀死。它们不对酚、乙醇和四铵消毒剂高度易感。乙醛、氧化和氯化消毒剂、β-丙内酯和乙烯氧化物是最有用的。涂片的热固定不杀死芽孢。

30.1.1.7 变异

环境操作或自发性突变可能引起菌落和致病性的变异。在自然条件下，细菌抗原性是一致的。

30.1.2 生态学

30.1.2.1 贮存

土壤是草食动物炭疽感染的来源。其他动物（包括人）通过感染的动物和动物产品暴露于病原。

30.1.2.2 传播

内生芽孢是"感染性单位"，通过吞食污染的食物或者水，或者经伤口和节肢动物叮咬发生感染。

人的感染经皮肤伤口（恶性痈）吸入（"羊毛-分拣者"病），以及摄食（偶然情况下）发生。

30.1.2.3 致病机制

1. 机制

芽孢由环境（如土壤、动物产品，见上文 30.1.2.2）获得。它们被巨噬细胞吞噬（在疾病过程中，分叶核嗜中性白细胞似乎不起作用）。芽孢在吞噬溶酶体小室内发育。繁殖体细菌对提示做出反应，产生调控蛋白 AtxA 和 AcpA，依次上调 Letx、EdTx、荚膜和其他被公认的毒素（Anthrolysin、铁摄取产物和防卫素抗性因子）的产生。Inh

和 MprF 有助于炭疽芽孢杆菌在吞噬溶酶体中的生存。Anthrolysin 允许其首先从吞噬溶酶体逃脱，其后是巨噬细胞本身。Letx 的产生，引起多种器官的功能紊乱，应激和凝固因子的损耗，以及过量产生导致感染巨噬细胞凋亡的细胞因子。EdTx 引起几种液体和电解液的失衡，导致局部水肿和全身应激。荚膜阻碍有生长力的细菌与吞噬细胞的进一步联系。

2. 病理学

在组织中，芽孢发酵为繁殖体并进行增殖，引起胶冻样水肿。在病灶中，炎症反应最轻，感染可扩散到网状内皮组织的位点。当循环中出现大量的细菌并达到饱和时，出现末端菌血症。尸检发现广泛性出血；黑色、充血、易碎的脾；煤焦油样，血液不凝；且尸僵不全。体孔出血是普遍的。

30.1.2.4 病型

1. 反刍动物

以上描述的过程是最易感动物——牛和绵羊的典型反应。病程通常包括 1～5 天的潜伏期（潜伏期从几小时到 2 天不等）。一些动物没有明显的临床症状而死掉。其他发展为高热、缺乳和可能的流产。还可发生黏膜充血、出血性腹泻和经常性的局部水肿。这些病型通常是致命的，但偶然情况下，动物仅表现局部水肿或者一种溃疡性皮肤性损伤，并且可以康复。

2. 马

马发生疝痛和腹泻，也会出现水肿，尤其是在依附的部分和在感染位点（肠或者喉），可能因窒息引起死亡。作为替代，反刍动物可能是败血病。

3. 猪

在猪中，在咽组织的定位是典型的。在进入的入口，一种溃疡性损伤与局部淋巴腺炎相关。引起阻塞的水肿可能导致死亡，有时会出现溃疡性出血肠炎和肠系膜的淋巴腺炎。

4. 食肉动物

很少感染食肉动物（包括貂），当其被感染时，病型和猪的相似，尽管通过感染肉的大量暴露，可能导致败血病。

5. 人

由人皮肤的芽孢引起“恶性的痈”（脓疱），一种被黑痂覆盖（焦痂）的局部溃疡性炎症损伤。可能的并发症是皮下水肿和败血病，致死率是 10%～20%。应激样状态先于死亡。吸入性炭疽（“羊毛-分拣者”病）出现肺部水肿，出血性肺炎，并且有时为脑膜炎。致死率达到 100%。

30.1.2.5 流行病学

富含钙和氮的土壤，pH5.0～8.0 有利于在温度高于 15.5℃（60 ℉）时形成孢子和细菌扩增，尤其是在洪水泛滥后，暴发的地理和季节性反映了这样的环境。在牛、绵羊和可能的马中，暴发开始于少数从土壤中感染的病例。在排泄物和尸检流注的地区，出现继发病例。洪水和来自于炼油业、制革厂、地毯工厂、毛刷工厂的污水或者其他

(屠宰后)畜体被利用废物时可能造成的污染。骨粉，一种动物性食品添加剂，是非流行地区的普遍载体。食肉动物(包括貂)通常经感染的肉被暴露。

人的暴露源于处理动物和动物起源的材料(如进口的兽皮、羊毛和骨的职业)。在工业条件下，炭疽的出现经常是空气携带的致命形式。

30.1.3 免疫学

高免血清能够预防和缓解疾病。抗菌和抗毒素因素参与其间。在大多数种中，免疫是针对保护性抗原的，荚膜多肽不能刺激保护性抗体。

已经更多的利用活芽孢疫苗人工免疫家畜，现在这些都是来自无毒力的突变株。最广泛使用的是 Stern 疫苗(缺乏 pXO2 质粒的一株炭疽芽孢杆菌)。由浓缩的细胞培养滤出液组成的无细胞疫苗已经被用在暴露于工业性炭疽的人，它会产生抵抗皮肤感染的暂时性保护。已经将编码基因放在微生物内，以产生保护性抗原，并表现出应用前景，编码 PA 的基因已经被克隆到植物。

30.1.4 实验室诊断

30.1.4.1 样本采集

在样本采集过程中，预防环境污染的措施非常重要。血液可能从一个浅的容器中吸入。远离早期尸检污染物的来源，水汁液具有另外的优点。为了直接检查，可以将体孔流出的血作为样本。

如果打开尸体，可采集脾脏。

30.1.4.2 直接检查

用革兰氏染色和如 McFadyean 甲基蓝的荚膜染色观察血液和器官涂片。有荚膜的链，革兰氏阳性，不形成芽孢的杆菌，提示炭疽芽孢杆菌的存在。污染的芽孢杆菌亚种，通常没有荚膜，并且缺乏炭疽芽孢杆菌省略的一部分外型。荧光抗体有助于鉴别。

30.1.4.3 分离和鉴定

炭疽芽孢杆菌在所有的普通培养基上生长。应用表 30.1 列出的特性和“珍珠线”测试可以进行推测鉴定(当炭疽芽孢杆菌接触青霉素时，出现特征性的泡)。通过特异性的噬菌体(γ 噬菌体)，可以进行确定性鉴定。荧光抗体和合适特征的植物凝血素是有帮助的。蜡状芽孢杆菌是一种与炭疽芽孢杆菌在外形上相似的普遍遇到的污染。可以使用各种测试对两种微生物进行分辨(表 30.1)。

用可疑的病料皮下注射实验动物(小鼠、几内亚猪)。在 24h 后，出现源于炭疽的死亡。损伤包括出血、接种位点附近的凝胶状的渗出、脾充血。在血液和组织中，可以观察到荚膜。

30.1.4.4 免疫诊断

通过应用高滴度抗血清的沉淀试验，可以在污染产物的提取物中显示炭疽芽孢杆菌抗原。

30.1.4.5 分子技术

应用 PCR，设计扩增 DNA 片段的引物，已经定位各种基因序列。包括编码 16S rRNA 的基因，以及 pOX1 和 pOX2 部分。

30.1.5 治疗、预防和控制

炭疽芽孢杆菌对青霉素、氯霉素、链霉素、四环素、氟喹诺酮和红霉素易感。治疗应该至少持续 5 天。在一些情况下，同时给以抗血清。在美国，抗血清是不可以利用的。对于急性炭疽，抗生素治疗经常是不成功的。

每年，对存在风险的群进行免疫接种。

当炭疽暴发或者病例已经出现时，通报动物卫生监督机构，并采取控制措施。尸体处理包括焚化（优先）或者深埋［＞6.5ft（1ft＝0.3048m）］在一层生石灰（无水的氧化钙）下。隔离和治疗存活的发病动物，免疫易感群，最后确定病例，假定感染的动物被隔离 3 周。在合适的措施下，丢弃来自感染动物的奶。畜舍和围栏用碱液（10% NaOH）灭菌。30min 煮沸将杀死器皿上的芽孢。以 3%高酸溶液，每平方米 8L（2gal）的用量处理表面土壤，清除芽孢。可以用乙烯氧蒸气灭菌一些其他物质。

预防从流行地区输入的动物产品的炭疽暴露，要求通过甲醛消毒头发和羊毛等材料。干热（150℃，3h）或者蒸汽（115℃，15min）消毒骨粉。

30.2 蜡样芽孢杆菌

蜡样芽孢杆菌能够引起机会性感染，最值得注意的是流产和牛的乳腺炎。这经常是急性坏疽性的，并且是迅速致命的，或者对于整个部位具有破坏（性）。经常是由于进行乳房外科手术和乳间药物治疗被感染。

蜡样芽孢杆菌也可引起人的食物中毒，表现为多种形式，主要临床表现是腹泻和呕吐，前者和各种食物相关，后者最可能的是稻米。毒素也参与了中毒反应，是一种催吐毒素（cereulide）和三种分泌型肠毒素（HBL、NHE 和 T）。

第 31 章　棒状杆菌属

Dwight C. Hirsh　Ernst L. Biberstein

棒状杆菌属的成员是具有多种形态，不能运动的革兰氏阳性杆菌，不形成芽孢。呈聚集状态的棒状杆菌可呈平行的包囊形态存在（“木栅样”），也可呈十字形存在（“汉字形”），其中的单个细菌可呈球状、杆状、棒状和细丝状。目前，棒状杆菌的这种形态模式被称为“类白喉型”，其原因是引起人白喉的病原被命名为白喉棒状杆菌（图 31.1）。

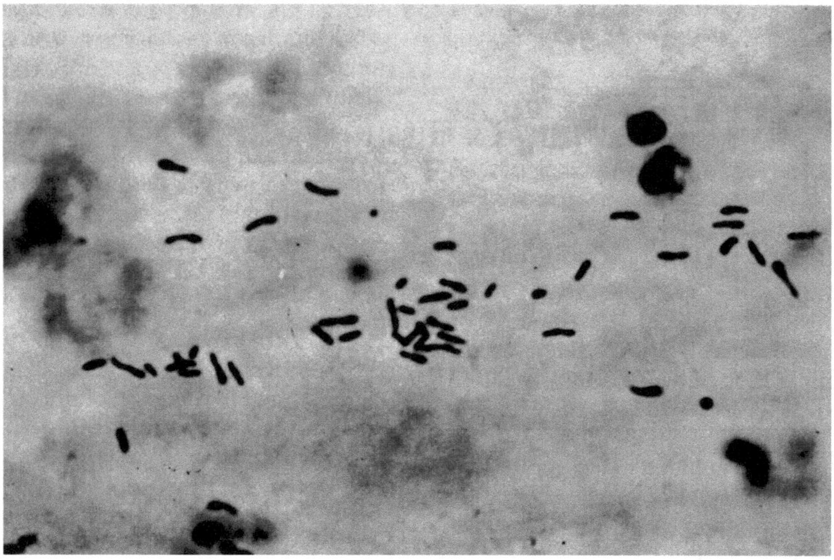

图 31.1　来自马胸腔脓肿的伪结核棒状杆菌。菌体形态呈棒状、木栅状和汉字状。革兰氏染色。(1000×)

该属包括 30 多个种，其中的两个种与两种重要的动物疾病密切相关：兼性胞内寄生菌伪结核棒状杆菌（可引起反刍动物和马的脓肿）和牛肾盂炎棒状杆菌（可引起反刍动物泌尿生殖道感染）。本章还会简单提及猪放线杆菌（一度曾被命名为猪棒状杆菌和猪真杆菌，可引起母猪的尿道感染）和奥氏棒状杆菌（*C. auricanis*）（与犬的外耳炎和皮炎相关）。

31.1　伪结核棒状杆菌

31.1.1　特征描述

31.1.1.1　形态与染色

伪结核棒状杆菌是一种典型的类白喉菌。菌体细胞从球状到细丝状各异，宽

0.5μm，长可达 3.0μm，为非抗酸菌，无荚膜，菌体中常含有颗粒。

31.1.1.2 结构和组成

从细胞壁组成来看，是典型的革兰氏阳性细菌，具有内消旋二氨基庚二酸（DAP）、阿拉伯半乳聚糖和霉菌酸（棒状杆菌属成员的细胞壁中，分支脂肪酸碳链长度为C_{22}～C_{38}）。此外，细胞壁中脂质含量很高。

31.1.1.3 具有医学意义的菌体细胞产物

1. 细胞壁

革兰氏阳性细胞壁中的多糖和脂质具有医学意义。革兰氏阳性菌细胞壁中的磷壁酸和肽聚糖与巨噬细胞的相互作用，导致促炎性细胞因子的释放。高含量的脂质有助于该菌在吞噬细胞内的存活和淋巴毒性作用的发挥。

2. 外毒素

伪结核棒状杆菌至少能产生两种外毒素：磷脂酶 D 和丝氨酸蛋白酶。

1）磷脂酶 D（PLD） PLD（是与棕色隐蜘蛛毒素相关的神经磷脂酶）是一种作用于内皮细胞的膜激活毒素，通过激活补体，裂解红细胞，引起皮肤坏死，并且可致死多种实验动物。在体外，PLD 可裂解绵羊和牛的红细胞，抑制金黄色葡萄球菌（图 31.2）的β毒素和产气荚膜梭菌的α毒素（见第 36 章），能够加强“*R. equi* 因子”的溶血活性（见第 34 章）（图 31.3）。

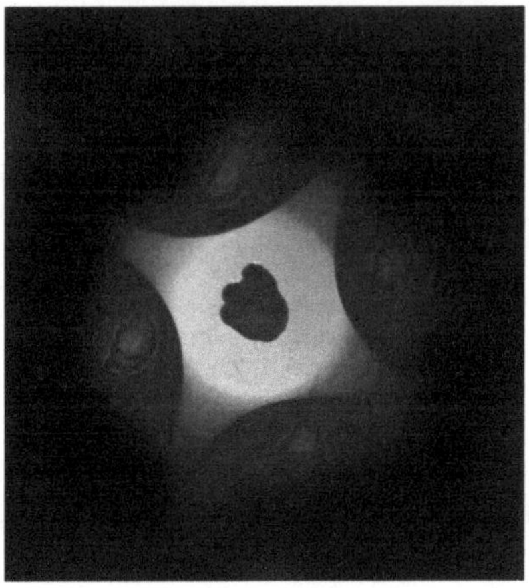

图 31.2 在牛血琼脂培养基上，伪结核棒状杆菌外毒素（磷脂酶 D）可抑制葡萄球菌β毒素（磷脂酶 C）的活性。

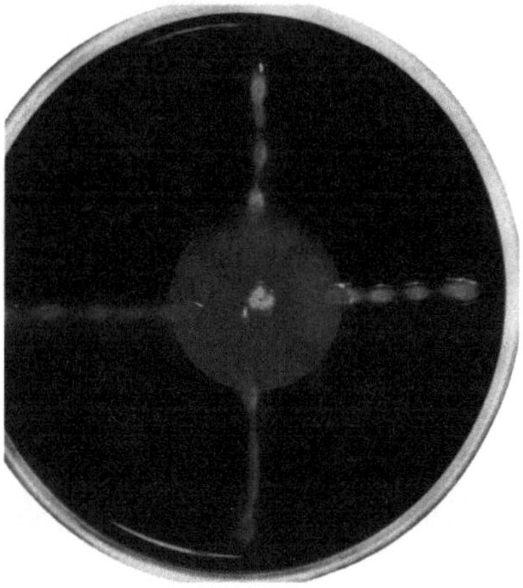

图 31.3 伪结核棒状杆菌（中心）和马彩虹球菌（外周）的协同溶血作用。在两种微生物重叠生长处，溶血最为明显。

2）丝氨酸蛋白酶 这种丝氨酸蛋白酶发挥的作用是未知的，但针对其的抗体为保护性抗体。

3. 铁摄取

伪结核棒状杆菌拥有的 4 个基因 *fagA*～*fagD*（铁摄取基因），编码参与铁摄取的蛋白质。这种摄取系统与肠菌素（发现于肠细菌科成员的嗜铁蛋白的儿茶酚型）相似。这一基因的缺失可导致该菌的毒力降低。

31.1.1.4 生长特性

伪结核棒状杆菌是一种兼性厌氧菌，在含有血液和血清的培养基上生长良好。在血琼脂上培养 48h（35～37℃），可形成白色阴暗，微弱溶血的菌落，直径大约为 1mm。它们能够不分裂，且延伸出琼脂之外（一些人称此现象为“ hockey puck”），并且菌落在液体中分散较差。

31.1.1.5 生化活性

为过氧化氢酶阳性，可发酵一些糖类。

31.1.1.6 抗性

消毒剂和加热（60℃）可杀死伪结核棒状杆菌，但微生物在潮湿和有机物质丰富的条件下生存良好。在体外，青霉素（包括头孢噻呋）、红霉素、氯霉素、林可霉素、四环素、恩诺福星（enrofloxicin）和甲氧苄氨嘧啶-磺胺可抑制该菌生长。对于氨基糖苷类抗生素，该微生物具有抗性。

31.1.1.7 变异

在生化、血清学和流行病学方面，存在两种不同的生物型：从马和大部分牛分离的“马型”伪结核棒状杆菌可将硝酸盐还原为亚硝酸盐（硝酸盐阳性）；从绵羊、公山羊和一些牛分离的“绵羊型”伪结核棒状杆菌不能还原硝酸盐（硝酸盐阴性）。

31.1.2 生态学

31.1.2.1 贮存

在正常绵羊的病变部位、胃肠道和绵羊围栏内的土壤中，可以观察到绵羊型伪结核棒状杆菌。

31.1.2.2 传播

通过皮肤的破裂（在剪毛期间的外伤），绵羊被感染；通过抵撞引起的损伤，山羊可能被感染；通过皮肤的损伤，马被感染。

31.1.2.3 致病机制

1. 机制

伪结核棒状杆菌为细胞内寄生，其对吞噬溶酶体的抗性与其表面脂类相关。

毒力可归因于 PLD（也许是丝氨酸蛋白酶）和细胞壁脂类。细胞壁和外毒素启动并且扩增一种炎症反应。PLD损伤嗜中性粒细胞、巨噬细胞和内皮细胞。

伴随着感染形成脓肿，但当外毒素和（或）蛋白酶缺少或者被中和时，一般病变仅为局灶性。

2. 病理学

嗜中性粒细胞的渗透和内皮损伤是早期变化的特征，损伤是脓肿。分布、进程和表现因种和接种的途径的不同而不同，但淋巴的参与是持续的。脓汁的性质随损伤的阶段而不同，一般表现为乳脂状到干燥和易碎（"干酪质的"）。老的脓肿由具有外周的嗜中性粒细胞、巨细胞和纤维性组织的死的巨噬细胞组成。损伤几乎总是含有假白喉棒杆菌。

31.1.2.4 病型

1. 马

马（牛很少）的溃疡性淋巴管炎，从（马蹄后上部的）丛毛开始，通常上升到后肢的淋巴。肿胀和脓肿标志着其向腹股沟区的进展，其破裂沿其路线引起溃疡。血性的传播很少，除了手足的其他区域，偶尔会被感染。传染性痤疮（加拿大马痘）是一种由于假白喉棒杆菌感染的不普遍的马毛囊炎。

胸脓肿也称为"鸽热"和"胸骨热"。通常，假白喉棒杆菌引起在胸部肌肉和马的尾部的腹部区的感染。感染的机制尚未被理解，但季节性高发（秋季）和地理性局限（主要在加利福尼亚）提示了节肢动物载体。由于角蝇（*Haematobius irritans*）的活动，皮肤腹侧的丽线虫病和正中腹侧的皮炎损伤成为侵入的可能入口。肿胀、疼痛和跛行等症状依赖于脓肿的位置和大小。很少出现败血病，但可能导致流产、肾脓肿、衰弱和死亡。在清除后，表面损伤缓慢解决。

2. 绵羊和山羊

通常，绵羊和山羊的干酪样的淋巴腺炎可归咎于皮肤的损伤。在侵入后，微生物激发弥漫性的炎症，伴随着接合和具有包囊的脓肿的形成。炎症细胞穿过外周的荚膜，加了一层脓和新的荚膜。几次这样的循环，造成了损伤，尤其是在绵羊中出现一种"洋葱环"表现（图31.4）。旧的损伤要求厚的纤维状的荚膜。除非是传播到其他淋巴结、内脏或中枢神经系统，从而引起进行性衰弱（瘦母羊综合征），否则，是不会影响全面健康的，大多数感染呈慢性。

3. 牛

牛偶尔发生具有淋巴结参与的皮肤感染，这样的情况经常是急性的，并且能够流行。最经常的位点是侧部体壁，提示外伤通过制造皮肤破裂启动疾病。

4. 人

相对良性的淋巴腺炎可能导致人的继发感染，这些感染一般伴随着动物的接触（剪羊毛者）。

31.1.2.5 流行病学

现在的观点是假结核棒杆菌为动物寄生，只是偶尔定居在土壤中。对于绵羊，剪羊毛、去尾和急压触诊是感染传播的显著原因。对于山羊，必须对直接的接触、吞食和节肢动物媒介给予考虑。感染的流行随着年龄而增加，干酪样的淋巴腺炎是小的反刍动物

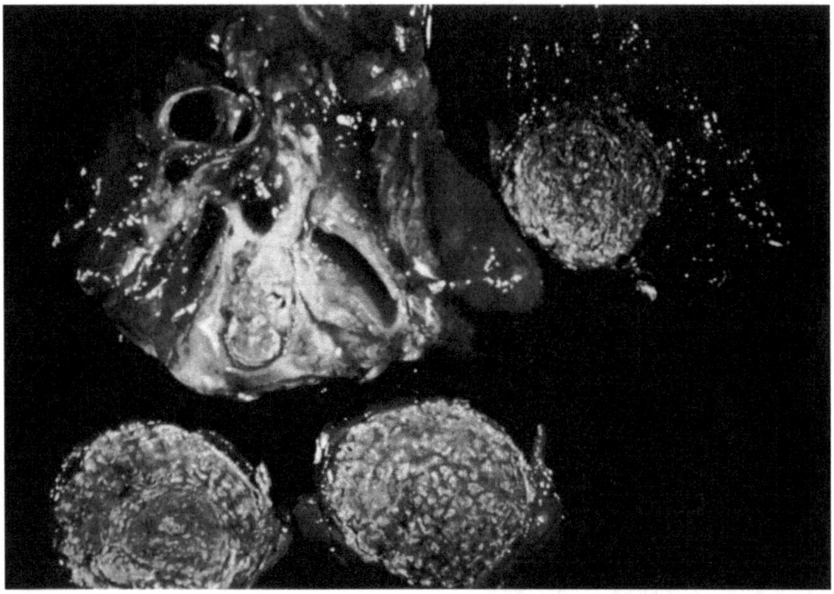

图 31.4 绵羊的干酪样淋巴结炎病变。淋巴结、肺和脾。注意圆环样脓肿，尤其是在淋巴结，图右上。(Corrie Brown 博士惠赠)

的重要细菌性感染之一。

已经对有关马暴露的假设予以考虑，要注意没有年龄的偏好。溃疡性淋巴腺炎反映了较差的管理，并且在今天是不普遍的。"鸽热"局限于美国西部，每年的流行各不相同，似乎在一个潮湿的冬季后最高。

31.1.3 免疫学

在感染过程中出现的抗体和细胞介导反应的作用尚不清楚，抗毒素限制了脓肿的传播。干酪样的淋巴腺炎是进行性的，并且猪的脓肿会复发。

菌苗-类毒素组合至少能够预防绵羊的传播一年，并且引起山羊和马的保护性反应。在佐剂中，纯化的丝氨酸蛋白酶激发绵羊的一种保护性反应。通过构建敲除编码与毒力相关的特定基因的突变体，可以产生一种改造的激发抗体和细胞介导免疫反应的活性产物。这些改造的活疫苗是有效的免疫产物。

31.1.4 实验室诊断

对来自损伤材料的直接涂片进行染色，可以观察到细胞内和细胞外似白喉状的微生物。

将脓肿材料接种血琼脂平板，孵育 24～48h (35～37℃)，产生小的白色弱溶血菌落，这些菌落能够突出于琼脂表面。

葡萄球菌 β 毒素的抑制 (图 31.2) 和与马红球菌协同溶血 (图 31.3) 确定了假结

核棒杆菌的鉴定。抗体对于这些反应的抑制（由感染动物的血清供应）形成了血清学诊断的基础（协同溶血抑制试验）。

其他测试利用凝集、补体固定、间接血凝、溶血抑制、胶扩散和毒素中和反应进行。细胞的脂肪酸分析（这种方法可以分析这一属内的种）能够鉴定该属的成员。运用PCR反应，已经扩增出了属和种的特异性DNA。

31.1.5 治疗和控制

对于绵羊和山羊，抗生素治疗是无效的。通过隔离，精选感染动物和在像剪毛、浸泡和外科手术的活动中谨慎的清洁卫生来限制暴露。菌苗-类毒素组合可能有助于限制感染。改造的活产物展示了一定的应用前景。可以通过外科手术处理马脓肿，可以长期应用青霉素预防或者治疗扩散型疾病。

31.2 肾群棒状杆菌

类白喉细菌，传统的名称是肾棒状杆菌，但实际上包括三个种，定居在牛的下端生殖道，有时也定居在绵羊的下端生殖道，相关疾病是牛的肾盂肾炎和绵羊的包皮炎（“阴茎腐烂”）。有一段时间内，肾棒状杆菌被认为由三种血清型构成（I、II和III型）。随后的DNA分析表明，每一种血清型组成了一个单独的种：肾棒状杆菌（I型）、膀胱炎棒状杆菌（II型）和多毛棒状杆菌（III型），一起作为肾群棒状杆菌。

31.2.1 特征描述

31.2.1.1 形态与染色

该群的成员是典型的类白喉菌。细菌从球菌状到细丝状，非抗酸，无荚膜，并且经常含有颗粒。

31.2.1.2 结构和组成

从细胞壁组成来看，是典型的革兰氏阳性细菌，具有内消旋二氨基庚二酸(DAP)、阿拉伯半乳聚糖和霉菌酸（在棒状杆菌属成员的细胞壁中，分支脂肪酸碳链长度为 C_{22}～C_{38}）。另外，细胞壁中脂质含量很高。

31.2.1.3 具有医学意义的菌体产物

1. 黏附素

肾群的成员在其表面表达一种纤丝状的蛋白黏附素。

2. 细胞壁

革兰氏阳性细胞壁含有多糖和具有医学意义的脂类。革兰氏阳性菌细胞壁的脂磷壁酸和肽聚糖与巨噬细胞相互作用，导致前炎性因子的释放。

3. 尿素酶

肾群成员产生的尿素酶与这一群细菌的毒力相关。

31.2.1.4 生长特性

肾群的成员是能够在大多数的普通实验室培养基上非溶血生长的兼性厌氧菌，37℃条件下，48h，在血琼脂上，能够生长为透明的黄白色菌落。

31.2.1.5 生化活性

肾群成员具有的尿素酶活性在与其底物接触后的几分钟内，就可以在大部分种系观察到。缓慢酸化葡萄糖，其他糖则各异。所有种系为过氧化氢酶阳性，肾群成员产生的一种蛋白质，renalin，可以导致 CAMP 测试阳性（见第 28 章，无乳链球菌）。

31.2.1.6 抗性

微生物对热、消毒剂或者抗生素的抗性不显著。

31.2.2 生态学

31.2.2.1 贮存

肾棒状杆菌群的成员定居在牛的下端生殖道，有时是其他反刍动物。偶尔，它们会参与绵羊、马、狗和非人类的反刍动物的尿道疾病，没有人感染的报道。该菌呈全球性分布。

31.2.2.2 传播

通过直接和间接接触，微生物在动物间传播。人的临床病例可能是内源性的。

31.2.2.3 致病机制

在致病机制中，黏附素介导的向尿道上皮的吸附和尿素水解是关键的。产生氨的尿素分解启动了炎症过程，尿中的高碱（pH9.0）和抗细菌防卫的抑制，可能通过氨的补体失活。

病理学

慢性的炎症过程涉及膀胱、输尿管、肾脏的骨盆以及牛的肾实质肾盂肾炎。在小的反刍动物中，出现一种相似的炎症过程，但通常定居在尿道远端。

31.2.2.4 病型

1. 牛

牛的肾盂肾炎是一种上行的尿道感染，开始于膀胱炎，发展为输尿管炎和肾盂肾炎。直肠触诊显示了增厚的膀胱和输尿管壁，扩张的输尿管和具有暗的，由小叶片组成的增大的肾。早期的病例表现尿频、血尿和程度加剧的腹痛。慢性感染发展为衰弱和由于尿毒症的死亡。

2. 小的反刍动物

绵羊包皮炎(“阴茎腐烂”)是绵羊感染更为普遍的形式，是一种发生于阉羊和公羊，引起阴茎包皮和邻近组织坏死的炎症。不断被尿液侵蚀，发生疾病，并且有溶脲微生物存在的部位，在潮湿的区域。氨启动了炎症过程，在山羊中会出现相似的状态。只有在绵羊包皮炎中，会发现肾棒状杆菌和多毛肾棒状杆菌。

31.2.2.5 流行病学

在分娩附近的牛，发现牛肾盂肾炎，表现为共生微生物的机会性感染。公牛很少被感染，却是所有三种型的共同宿主，并且是膀胱炎棒状杆菌的共生来源。

“阴茎腐烂”典型地出现于富含高蛋白质含量豆类牧草的牧场，尿排泄和雌激素增加，引起壳内的阴茎肿胀和尿潴留。

31.2.3 免疫学

在感染的过程中，没有出现保护性免疫力。存在血清抗体，而且在牛肾盂肾炎（不是膀胱炎）的尿中，出现覆盖细菌的抗体（大部分是IgG）。

目前尚无免疫学制剂。

31.2.4 实验室诊断

尿的全面检查可能观察到红细胞和高碱性的存在（pH9.0）。显微镜观察可以观察到革兰氏阳性似白喉杆菌的多态性（图31.5）。容易从沉淀中培养微生物。在Christensen尿琼脂斜面的一个点的足够接种，在接种的几分钟内，将产生一种碱性变化，

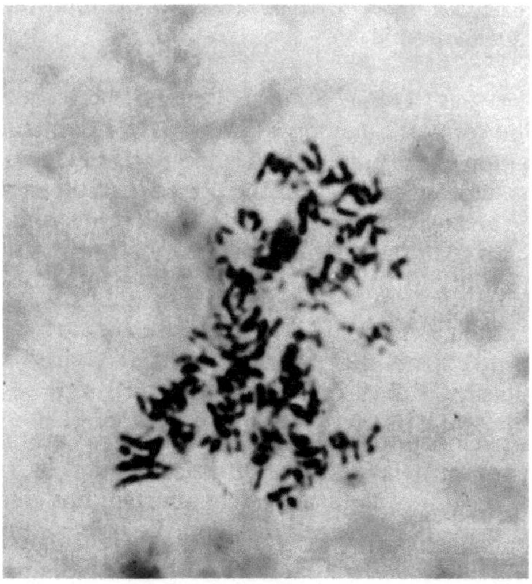

图31.5 肾盂肾炎母牛的尿液沉淀物内的肾群棒状杆菌。注意“似白喉”样形态，包括栅栏和“汉字状”。革兰氏染色。(3000×)

显示尿发生水解。如果来自尿的似白喉分离物能够产生这种反应，并且发酵葡萄糖，则可能属于肾群。

31.2.5 治疗和控制

肾群的成员对于青霉素易感，但抗微生物治疗只适用于感染的早期阶段。

对损伤的外科护理，应用抗生素、限制饮食和睾丸激素的局部注射可以治疗绵羊包皮炎。

31.3 猪放线杆菌（真杆菌、棒状杆菌）

猪放线杆菌是一种厌氧性的类白喉，首先被描述为猪棒状杆菌。与大母猪的尿道感染相关（图 74.3）。类似于牛的肾盂肾炎，该疾病是一种通过溶脲类白喉菌上行的明显感染，局限于母畜，并且经常与饲养、怀孕和分娩相关。公猪是经常的载体，疾病主要发现于英国和欧洲，但也存在于北美、澳大利亚和中国香港。治疗很少成功。

31.4 奥氏棒状杆菌

奥氏棒状杆菌是一种典型的类白喉分离物，分离于狗的各种疾病过程，主要是外耳炎和脓皮病。已经从正常犬的阴道中分离出来。

第 32 章　丹毒丝菌属

Richard L. Walker

猪丹毒丝菌是该属的代表种，也是该属中最重要的种。第二个重要的种是扁桃体丹毒丝菌，以前被认为是猪丹毒丝菌的其他血清型。在生化和形态学方面，扁桃体丹毒丝菌和猪丹毒丝菌极为相似，但 DNA-DNA 同源性分析结果表明，二者在遗传上明显不同。扁桃体丹毒丝菌只是偶尔参与某些临床疾病，并且对于猪是非致病性的。此外，该属中的另外一个种——伊氏丹毒丝菌（*E. inopinata*），最近也有报道。

从广泛的环境中，以及从食道和健康动物的淋巴组织中，能够分离到猪丹毒丝菌。导致疾病——丹毒，见于各种动物，其中，猪最为常见，而且侵害程度严重。其他易感动物包括火鸡和绵羊。临床表现包括败血病、广泛性皮肤病变、关节炎和繁殖体性心内膜炎。在人，感染的最普遍病理变化是类丹毒，一种皮肤的自身限制性感染，通常包括手。

32.1　特征描述

32.1.1　形态与染色

猪丹毒丝菌是一种革兰氏阳性，不移动，非抗酸，不形成芽孢的杆状细菌，(0.2～0.4)μm× (0.8～2.5)μm。传代培养时，可能产生粗糙的菌落，并产生 60μm 或者更长的细丝状的形式。

32.1.2　结构和组成

猪丹毒丝菌具有典型的革兰氏阳性菌的细胞壁。含有 B1δ 型胞壁质。细胞壁肽聚糖的二（元）胺酸是赖氨酸。DNA 碱基组成中 G+C 摩尔百分比为 36%～40%。有报道表明，多糖荚膜与毒力相关。对于丹毒丝菌的表面蛋白，知之甚少。一种保护性蛋白，SpaA，与肺炎链球菌的胆碱结合蛋白具有相似的 C 端。

32.1.3　具有医学意义的细胞产物

1. 黏附素

见下文的“神经氨酸酶”。

2. 荚膜

猪丹毒丝菌产生一种多糖荚膜，保护微生物免受细胞的吞噬。

3. 细胞壁

猪丹毒丝菌具有典型的革兰氏阳性菌的细胞壁。革兰氏阳性菌细胞壁的脂磷壁酸和肽聚糖可与巨噬细胞相互作用，导致促炎症因子的释放。

4. 神经氨酸酶

神经氨酸酶的产生与猪丹毒丝菌的毒力直接相关，内皮细胞的硅酸残基的裂解可导致血栓的形成，神经氨酸酶也负责向细胞表面的黏附。

5. 其他多种产物

猪丹毒丝菌的大部分株系产生透明质酸酶和凝固酶，但毒力和这些酶之间似乎不具有相关性。

32.1.4 生长特性

猪丹毒丝菌在添加有葡萄糖的培养基上生长最好。它是一种兼性厌氧菌，在含有5%～10% CO_2的环境中优先生长。在30～37℃，pH7.2～7.6时生长最佳，然而，能够在5～42℃，pH6.7～9.2之间生长。

32.1.5 抗性

猪丹毒丝菌对干燥具有抗性，并且能耐受盐、浸酸和烟熏。在低温条件下，在猪粪和鱼黏液中，可以生存长达6个月。湿热（55℃），15min可以杀死，但在亚碲酸钾（0.05%）、结晶紫（0.001%）、酚（0.2%）和叠氮钠（0.1%）存在的条件下，可以生长。猪丹毒丝菌对青霉素、头孢菌素、氯林可霉素、盐酸克林霉素和氟喹诺酮类易感，但对于新生霉素、磺胺药物和氨基苷类有抗性。目前已经发现该菌对红霉素、竹桃霉素、土霉素和二双氢链霉素具有抗性。显然，该菌的抗性不是质粒介导的。

32.1.6 变异

共有的热不稳定抗原解释了种系之间的交叉反应。热稳定体抗原解释了至少23种血清型的存在，宿主种类和血清型之间的关系没有得到认可。与扁桃体丹毒丝菌相比，血清型3、7、10、14、20、22和23表现出更高度的DNA-DNA同源性，突起状的环状具有整个平滑边缘的菌落到波浪形边缘的粗糙菌落的传代，培养物发生分裂。已经有L型的报道。

32.2 生态学

32.2.1 贮存

从污水道、屠宰场、淡水或者海水鱼的表面黏液和土壤中，经常可以获得猪丹毒丝菌。已经从超过50种的哺乳动物和30种的野生鸟类中获得，并且能够从健康猪的扁桃腺中分离出来。扁桃体是最为显著的病原贮存库。

32.2.2 传播

在动物之间的传播大部分是通过吞食污染物质（表面水、鱼粉）进行的。伤口感染和节肢动物的叮咬是其他的可能途径。

32.2.3 致病机制

32.2.3.1 机制

猪丹毒丝菌的种系在毒力上存在不同。毒力株产生高水平的神经氨酸酶，是一种在急性败血病感染中重要的毒力因素。神经氨酸酶裂开细胞表面的硅酸，导致血管损伤和透明血栓的形成。神经氨酸酶在细菌吸附和侵入细胞中发挥作用。神经氨酸酶的抗体对于小鼠的实验性感染具有保护作用。已经描述了荚膜的存在，并且表现为在抵抗分叶核白细胞的吞噬中发挥作用。在专门的细胞吞噬中的生存，对于致病性是重要的。在正常血清存在的条件下，无荚膜的突变体不在噬菌细胞内生存，而有荚膜的微生物内存活和扩增。在免疫血清存在的情况下，微生物容易被杀死。

宿主的部分免疫和株系的低毒力解释了在猪定位的皮肤形式。

猪丹毒丝菌在猪关节的定位，导致纤维蛋白的渗出和关节翳的形成。随后，损伤关节软骨并发生负责对于含有滑液的组织和软骨细胞的持续性细菌抗原免疫反应的慢性关节改变。

细菌性栓塞和血管的炎症启动有瓣膜的心内膜炎，导致心瓣膜的慢性改变和损伤。

32.2.3.2 病理学

死于急性丹毒感染的猪，可出现胃浆膜、骨骼肌和心肌、肾皮质的出血。肺、肝、脾、皮肤和膀胱充血是经常性的。显微镜下，可以观察到血管和极微小的血栓症损伤。在大多数病例中，一种单核渗透成为主流。增加的粉色到紫色的皮肤损伤来自脉管炎、血栓症和局部缺血。

在关节中，急性关节膜炎经常持续下去，并发生更多的关节改变。滑液膜增生，覆有一层绒毛并且单核细胞渗透。可能发生颗粒组织在关节表面的散布和动脉软骨的侵蚀，关节僵硬可能是最终结果。定位到椎（骨）间盘，会导致破坏（性）的椎间盘脊椎炎。

在有瓣膜的心内膜炎中，二尖瓣最常参与大的赘生物的发展，由于纤维蛋白的沉积和结缔组织的扩增。在脾和肾，栓子可能产生梗塞。

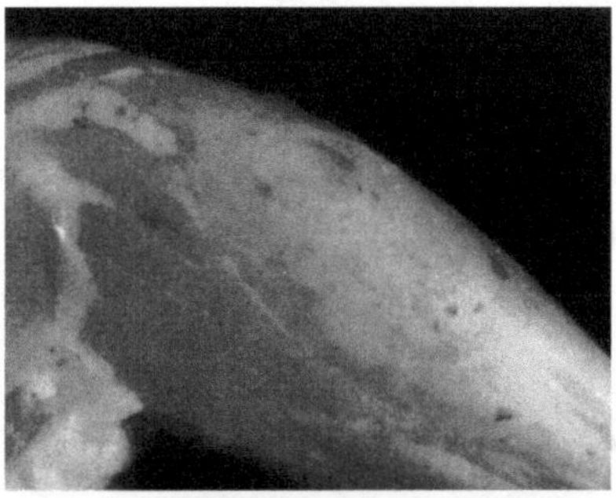

图 32.1　丹毒性败血症火鸡的肌肉表面的多种斑点性出血。

在火鸡中，与丹毒感染相关的病理变化普遍以充血、肌肉和胸膜下的出血为标志（图 32.1）。肝和脾经常肿胀，并且腹部脂肪是有於斑的。皮肤的肿胀、发绀和弥漫性变红是经常性的。

32.2.4 病型

32.2.4.1 猪

具有败血症形式的猪表现为发热、厌食、衰弱、呕吐，步态僵硬和行走困难。在成为可见之前，皮肤的荨麻疹损伤可能是可以触摸到的。它们可能是粉色的，在几种情况下是紫色的，尤其在腹部、大腿、耳和尾。对于严重的病例，其皮肤坏死如果不加以治疗会发生蜕皮。这种形式具有很高的致死率。

在猪丹毒的温和损伤局限于皮肤，但可能伴随很温和的发烧。皮肤损伤是红色的到紫色的长斜方形的“钻石皮肤病”。损伤可能发展为坏死或者溶解，引起皮肤轻微的不洁。死亡很少和这种形式相关。

定位到一定的组织，则会出现导致可能作为急性期的结局，或者没有以前疾病的慢性型。有生长力的心内膜炎，表现心机能不全或者突然死亡。关节炎是见于猪的另一种慢性型，症状包括跛行、步态僵硬和感染关节增大。由于丹毒感染造成的大母猪流产不经常出现。

32.2.4.2 禽鸟

禽鸟的丹毒，尤其是火鸡，通常是一种败血症。火鸡发展为一种发绀的皮肤，下垂，随后可能死亡。如果存在一种肿胀的发绀的 snood，几乎是能确诊的。致死率为2％～25％。慢性表现包括心内膜炎和关节炎。具有心内膜炎的火鸡表现为虚弱和瘦弱，或者没有前兆的突然死亡。其他感染的禽类包括鸡、欧石鸡、鸭、鹇鹋、孔雀和野鸡。

32.2.4.3 绵羊

多发性关节炎是绵羊感染猪丹毒丝菌的最普遍形式。病原通过脐或者阉割、牲畜去尾、剪毛相关的伤口侵入。感染动物步态僵硬，经常出现关节肿胀。它们可能在起卧时出现麻烦，一种随着浸渍的皮肤感染的也出现在绵羊。肺炎已经出现于母羊。

32.2.4.4 其他动物

猪丹毒丝菌引起狗的关节炎和心内膜炎。扁桃体丹毒丝菌也可能是犬的病原，并且已经从患心内膜炎的狗中分离出来。在海豚，已经报道了由于猪丹毒丝菌引起的败血症和风疹。人的皮肤和皮下组织感染被称为类丹毒，并且最多的见于动物和渔业从业人员。败血症、心内膜炎和多发性关节炎是少见的，而人的“丹毒”是一种链球菌感染。

32.2.5 流行病学

小于 3 个月和超过 3 岁的猪是易感的。不同的被动或主动免疫可能解释了年龄相关的易感性。诱病因素包括环境应激、饮食改变、疲劳和亚临床黄曲霉毒素中毒。

可能通过斗伤感染雄性火鸡。用污染的精液给母鸡受精是感染的一种重要的来源。

32.3 免疫学

32.3.1 致病的免疫机制

在关节组织，抗原持续充当了免疫反应和关节炎发生的慢性刺激物。另外，一种次于丹毒感染的自身免疫过程，可能负责一些慢性的关节改变。

32.3.2 抗性和恢复的机制

针对神经氨酸酶，保护性表面蛋白和其他细胞壁成分，会出现细胞介导的反应和体液反应。血清调理素发挥一种明显的决定性作用，主要通过单核细胞的吞噬来完成细胞吞噬。

32.3.3 人工免疫

弱化疫苗和菌苗已经被用于猪的免疫。尽管有效抵抗急性型，但每一种类型都表现为对慢性丹毒的高度保护。口服、注射或者通过气雾（在一些国家）使用弱化疫苗。皮下或者肌肉间给予全细胞菌苗和可溶性抗原。大多数用血清型 2 型制备，疫苗导致的免疫难以控制一定的株系。福尔马林失活，氢氧化铝吸收的菌苗对于火鸡有效。

32.4 实验室诊断

32.4.1 样本

根据症状，从合适的位点采集样本，用来自几种感染动物的血液培养物诊断样本。剖检的样本包括肝、脾、肾、心和含有滑液的组织。从皮肤损伤获得的微生物也是可能的。对于更慢性型，来自于关节或者心脏瓣膜的培养物较少成功。

32.4.2 直接检查

用革兰氏染色检查样本，用于检测革兰氏阳性杆菌的存在。阴性结果并不排除感染。

32.4.3 培养

样本在血琼脂上铺板，并且在 37℃，10％CO_2孵育。24h 的孵育期后，菌落经常是非溶血和极微小的。48h 后，可能出现一种绿色的溶血。丹毒丝菌为过氧化氢酶和氧化酶阴性，非移动。三角糖铁琼脂斜面将表现一种酸反应，沿着刺线产生 H_2S（图 32.2）。在室温条件下，培养 3～5 天，表现一种“烟斗通条”型的生长，出现粗糙型菌落的凝胶刺线培养物。猪丹毒丝菌不水解七叶灵或者尿素，还原硝酸钾或者产生吲哚。可发酵的活性是弱的。可发酵的糖包括葡萄糖、乳糖、果糖和糊精。扁桃体丹毒丝菌通常发酵蔗糖，而猪红斑丹毒丝菌则不然。

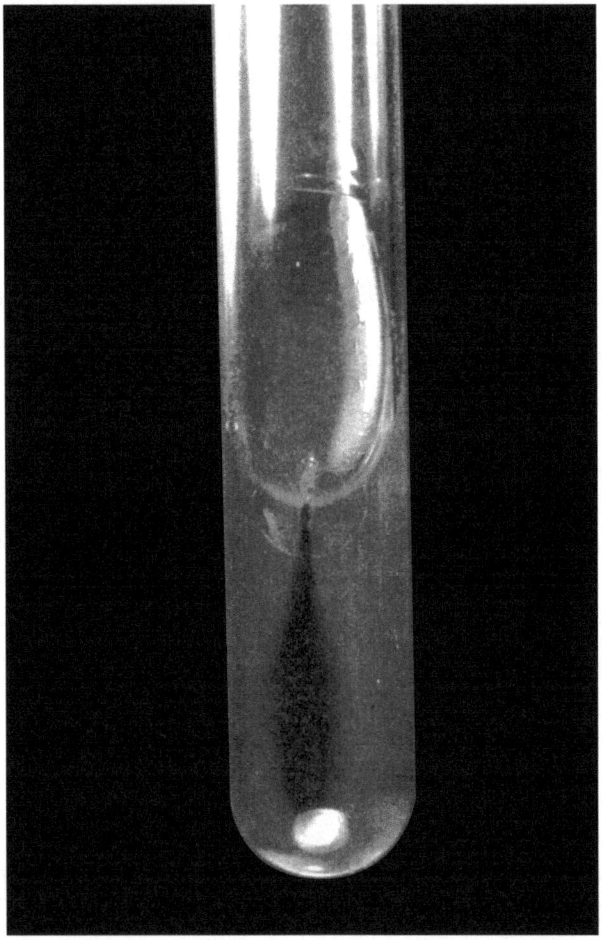

图 32.2　在三角糖铁琼脂斜面上，猪丹毒丝菌沿接种线产生硫化氢。

选择性培养基包括各种氨基糖苷类，万可霉素可能被用于从污染的组织中分离猪红斑丹毒丝菌。其他选择性培养基含有叠氮钠（0.1%）和结晶紫（0.001%）。

在丹毒感染中，血清学的诊断价值很小。已经应用 PCR 进行诊断。

32.5　治疗、控制和预防

对于抵抗猪丹毒的急性形式，应用至少 5 天的青霉素进行治疗是有效的。四环素和泰乐菌素是替代，尽管已经报道了对于土霉素和一些大环内酯类的抗性。抗血清（猪起源的）有时被用于抗生素的联合治疗。慢性型的治疗很少成功。

在预防暴发时，好的卫生和营养条件是有利的。应该以合适的方式处理感染的畜体，并且在替代动物进群之前，隔离30天。在以前有丹毒历史的地区，推荐进行疫苗接种。

对于火鸡，青霉素是值得选择的药物。推荐青霉素的皮下注射和丹毒菌苗的免疫，如果可行，青霉素饮水4～5天，已经在控制一些暴发时有效。可注射的红霉素是推荐的一种替代治疗。

好的管理惯例包括预防雄性动物之间的打斗，确保母火鸡合适的受精习惯，从污染地区轮换火鸡，并且在有污染丹毒历史的地区进行免疫接种，这些均是有用的预防和控制措施。

第33章　李氏杆菌属

Richard L. Walker

李氏杆菌病是一种影响人、许多动物和鸟类的感染性疾病。有6种公认的种：无害李氏杆菌、伊氏李氏杆菌、格氏李氏杆菌、单核细胞增多性李氏杆菌、斯氏李氏杆菌和威氏李氏杆菌。单核细胞增多性李氏杆菌和伊氏李氏杆菌是重要的病原，已经鉴别出来伊氏李氏杆菌的两个亚种，即伊氏亚种和伦敦亚种。

反刍动物是最经常被感染的驯养动物。李氏杆菌病的基本形式包括败血症、脑炎和流产。在绵羊和牛中，流产通常是伊氏李氏杆菌感染的表现。李氏杆菌病在世界范围内出现，尤其是在温和的气候条件下。

33.1　特征描述

33.1.1　形态与染色

李氏杆菌是革兰氏阳性，非抗酸，不形成芽孢，无荚膜的杆菌，大小为（0.5～2）μm×（0.4～0.5）μm。

33.1.2　结构和组成

李氏杆菌具有典型的革兰氏阳性菌的细胞壁。内消旋二氨基庚二酸是一种主要的双元氨基酸，细胞壁多糖决定了其O抗原。在22℃培养时产生周生鞭毛和运动性；在37℃时，运动性较差。

33.1.3　具有医学意义的细胞产物

1. ActA

通过肌动蛋白多聚化，ActA蛋白在细胞间的移动非常重要，在细胞营养作用（黏附）和侵入中，也发挥重要作用。

2. 黏附素

见下文的“内化素”和上文的“ActA”。

3. 细胞壁

这一属成员的细胞壁是革兰氏阳性细菌的典型。革兰氏阳性细胞壁的脂磷壁酸和肽聚糖与巨噬细胞相互作用，导致前炎症因子的释放。

4. 溶血素

见下文的“李氏溶血素O”。

5. 内化素

内化素是负责黏附和进入靶细胞的表面蛋白。

6. 李氏溶血素 O

李氏溶血素 O（listeriolysin O，LLO）是一种孔形成，胆固醇依赖的溶细胞素，是该种的主要毒力决定簇（缺失这种蛋白质的突变体毒力降低，针对其的抗体具有保护性）。LLO 的主要作用是随着吞噬小体酸化，单核细胞增多性李氏杆菌从吞噬小体释放入胞浆，在这种条件下，LLO 是最活跃的。其他作用包括铁蛋白液泡的裂解和在单核细胞增多性李氏杆菌从细胞移到细胞过程中，形成的次级囊泡的效应。LLO 也导致肝（实质）细胞的凋亡。Ivanolysin，另一种胆固醇依赖的溶细胞素，是伊氏李氏杆菌的配对物（链球菌溶素 O，见第 28 章；产气荚膜梭菌溶血素 O，见第 36 章；隐秘杆菌 Pyolysin O，见第 29 章）。

7. 磷脂酶 C

在介导膜裂解中，磷脂酰肌醇特异的磷脂酶 C 和卵磷脂酶是重要的。

8. 其他多种产物

一种胆盐水解酶可能促进李氏杆菌在小肠腔中的生存和持续存在。一种命名为 p60 的蛋白质，在细菌向靶细胞的黏附中，可能发挥作用。

33.1.4 生长特性

在 O_2 浓度降低和 CO_2 浓度增加的条件下，李氏杆菌是生长最好的兼性厌氧菌。在 4～45℃出现生长，在 30～37℃最为合适。简单的实验室培养基支持生长，更适宜在碱性或者中性 pH 下生长。在羊血液琼脂中，大部分李氏杆菌株产生一种溶血的窄带。菌落直径通常为 1～2mm，并且在如胰蛋白琼脂的固体培养基，斜发射光下，表现为蓝绿色。伊氏李氏杆菌的菌落，产生一个较大和更强烈溶血的区。

李氏杆菌耐受培养基中含有 0.04%的亚碲酸钾、0.025%的铊酸、3.75%硫氰酸钾、10%NaCl 和 40%的胆汁。大部分株系在 pH5.5～9.6 区间生长。与其他不形成荚膜的细菌相比，它具有更大的热耐受；然而，短时间的高温巴氏消毒可以杀死李氏杆菌。

33.1.5 变异

基于菌体（O）抗原和鞭毛（H）抗原，李氏杆菌具有 16 种被认可的血清型。在血清型和种之间，没有关联，除了李氏杆菌的血清型 5 是伊氏李氏杆菌以外，在血清型和被识别的宿主特异性之间没有关系。各种以核酸为基础的方法，已经被用于以流行病学分析和株系跟踪为目的的进一步区分。属内的全基因组测序，已经鉴定了大量发现于毒性种，但不存在于无毒种的基因。

出现光滑型和粗糙型菌落变异。在粗糙型菌落中，可能观察到 20μm 或者更长的细丝。L 型在含有青霉素的培养基生长，并且已经从人的临床病例中分离到。

33.2 生态学

33.2.1 贮存

李氏杆菌在世界范围广泛分布，已经从土壤、储藏的饲料、污水、溪水和包括反刍动物、猪、马、狗、猫在内的50多种动物和各种鸟类中分离到。在一些地区，70%的人被报道是亚临床粪便携带者。许多来自环境样本的分离物，以前称为单核细胞增多性李氏杆菌，基于现在的分类标准，可以被鉴定为非病原种之一。

33.2.2 传播

土壤污染和摄取污染食物是李氏杆菌传播的主要方式。pH＞5.5的质量差的储藏饲料被普遍涉及，所以李氏杆菌病经常被认为是“储藏饲料的疾病”，一种亚临床带菌能够成为环境进一步污染的来源，成为一种感染的间接来源。

33.2.3 致病机制

33.2.3.1 机制

李氏杆菌的暴露经口腔途径出现，胃酸破坏大多数李氏杆菌。抗酸剂和 H_2 阻断剂的使用增加了生存率，并且成为发生李氏杆菌病的风险因子。肠内的迁移表现为一种能够包括肠道上皮细胞和覆盖 Peyer 结的 M 细胞的被动过程。内化素，一种表面蛋白，与宿主细胞受体的相互作用，介导了进入。通过小肠屏障后，在 propria 层内的噬菌细胞能够观察到李氏杆菌，经血流出现进一步的传播。已经鉴定了用于吸附的各种细菌配体，并且包括多种基因内化素家族的蛋白，ActA 和 p60。通过拉链型机制，非噬菌细胞能够内在化李氏杆菌。内吞后，李氏杆菌从吞噬小体逃逸，与细胞浆内的肌动蛋白细丝相关，并且通过肌动蛋白细丝两极的组装，将其自身推到胞浆膜。以这种方式，它能够从胞浆膜突出传入到邻近细胞，并且因此逃避宿主的防卫机制。

已经提出了一种侵入的替代途径，通过损伤的口腔、鼻腔或者眼睛的黏膜表面，经过外周神经，尤其是三叉神经末端的神经鞘，引起中枢神经系统的感染。假定沿头盖神经的向心性游走引起中枢神经系统的感染，在三叉神经的有髓鞘的轴突和髓质神经元的细胞浆，已经观察到了微生物。缺乏内脏参与支持了除了造血以外的一种途径，尽管不能忽视一种主要的造血途径。

33.2.3.2 病理学

随着涉及中枢神经系统，脑脊髓液可能是浑浊的，并且脑膜导管阻塞。偶尔可以观察到骨髓的软化区。组织学上，淋巴细胞支配着血管周的套管，并且可以普遍观察到组织细胞（图 33.1）。病灶坏死及小胶质细胞和嗜中性粒细胞的渗透见于实质性组织。导致的微脓疮以神经毡液化为特征。最普遍涉及的脑的是菱形脑区。

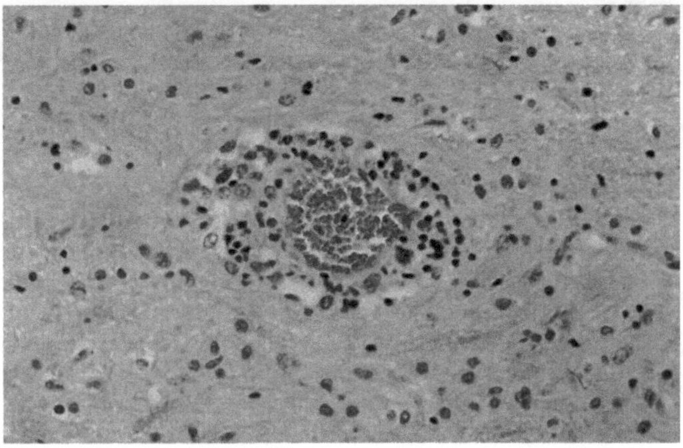

图 33.1 来自脑炎型李氏杆菌病的牛的脑切片。可观察到血管外周的套管。H&E 染色。从此样品中分离到了单核细胞增多性李氏杆菌。

败血症形式，肝呈多病灶弥漫性坏死（图 33.2），可能不经常注意到脾。

图 33.2 死于单核细胞增多性李氏杆菌败血症的 5 周龄驹的肝脏切片。可观察到严重的扩散型坏死性肝炎病变。

反刍动物流产胎儿的全面损伤是最小限度的。自溶通常表现为胎儿死亡的结果，在排出之前，会维持一段时间。

33.2.4 病型

临床结果依赖于宿主摄入的病原数量、李氏杆菌株的病原特性以及宿主的免疫状态。败血症、脑炎和流产是主要的疾病形式。

1. 单胃和新生家畜

在单胃动物和新生家畜中，以抑郁、厌食、发热和死亡为标志的败血症形式最为普遍。

2. 南美栗鼠

南美栗鼠对于败血症性李氏杆菌尤其易感。

3. 马

新生驹的败血症在马最为普遍。

4. 反刍动物

1）脑炎　脑炎形式，有时称为旋转病，是反刍动物最为普遍的形式。在牛，从亚急性到慢性。症状包括消沉、厌食和向一个方向转圈的趋势，压迫头或者将头转向一侧，单侧面部麻痹和双侧角膜结膜炎。相似的症状见于绵羊和山羊，但过程是更急性的，并且经常致命。

2）流产　在反刍动物，流产是普遍的，但也出现在其他动物。通常，晚期出现流产，在牛为 7 周之后，绵羊为 12 周之后。胎儿可能被浸软，或者产下虚弱或者多病胎儿，也可能导致残留的胎盘和子宫炎。母牛的全身症状很少见，除非胎儿被残留，并且导致一种致命败血症。尽管流产通常是零散的，但已经有高达 10%流产率的报道。出现脑炎形式和在单一暴发中出现流产是不普遍的。

3）结膜炎　没有流产相关的反刍动物结膜炎和采食升高的食物料仓中的污染饲料相关。

5. 人

对于人来说，李氏杆菌病的三种主要形式中，脑膜炎最为普遍。仍然有其他疾病出现，包括感染性心内膜炎、眼腺疾病和皮炎。

33.2.5　流行病学

环境和动物相关的李氏杆菌呈广泛分布，使定位特定暴发的来源非常困难。污染的饲料是感染的经典来源。其他来源包括特定的有机垃圾（如禽垃圾）。诱发临床疾病的应激因素包括营养缺乏、环境条件（包括升高的铁浓度）、潜在的疾病和怀孕。病例通常是零散的，并且可能牵涉牛群的 5%或者绵羊群的 10%，超过两个月。通常，动物的李氏杆菌病出现在冬春季。

在夏季的市内环境，出现大部分人的病例。在兽医和其他人处理来自李氏杆菌流产组织后，偶尔有发生李氏杆菌病皮炎的报道。动物不可能是人感染的直接来源。人的流行已经被追溯到动物起源的食物来源（包括奶、拉丁风格的奶酪和热狗）。从具有最近绵羊李氏杆菌病史的农场的卷心菜制造的凉拌卷心菜，成为一起暴发的来源。在许多情况下，加工污染是李氏杆菌污染的来源。在长期的冰箱保存中，经常会出现单核细胞增生的李氏杆菌选择性生长。

33.3　免疫学

大部分人的李氏杆菌病病例与免疫抑制的个体（老年人、非常年轻的人和怀孕妇女）相关。同样，新生和怀孕动物是有倾向的；然而，在一些情况下，诱病的免疫抑制因素是不明显的。

作为兼性细胞内寄生菌，李氏杆菌主要由细胞介导的反应所抑制。在宿主防卫中，体液因素可能发挥一些有限的作用。

没有取得明显成功的免疫制备物。灭活的制备物是无效的。对于绵羊，活的弱化疫苗起到一些保护作用。

33.4 实验室诊断

33.4.1 样本

基于微生物的分离，进行实验室诊断。培养脊髓液、血液、脑组织、脾、肝、胎便和（或）胎尿、胎粪。依赖于症状、损伤和可利用的组织，可以做出实验室诊断。

33.4.2 直接检查

在败血症和流产，感染组织的直接涂片显示了大量的革兰氏阳性杆菌。然而，观察到的脑炎形式的微生物数量很少（图 33.3）。阴性结果是非决定性的结论。在诊断脑炎李氏杆菌时，应用特异抗原的免疫组化染色也是有用的。

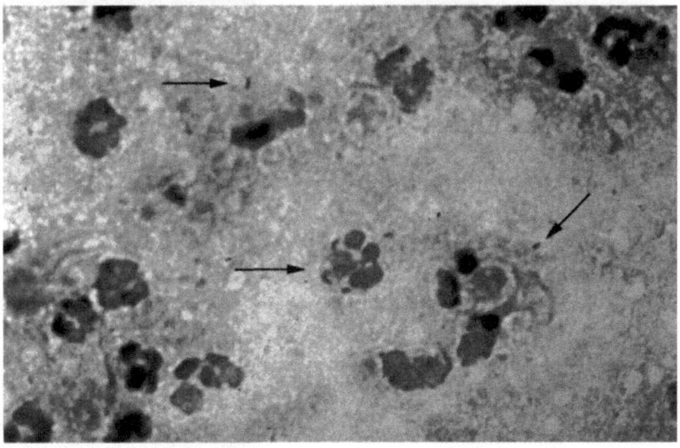

图 33.3 来自发生李氏杆菌病的山羊脑干的革兰氏染色涂片。存在稀少至少数量的数量不等的革兰氏阳性，形态规则的杆菌（箭头）。

33.4.3 分离

样本被铺在绵羊血液琼脂，并且在 10% CO_2，35℃条件下孵育，注板方法可能提高从脑组织中分离到的单核细胞增多性李氏杆菌的数量。在最初的分离尝试之后，保留的组织被贮存在 4℃进行“冷富集”。每周传代培养，直到 12 周。对于从李氏杆菌性流产和败血症样本中分离细菌，“冷富集”是不必要的。

对于可能污染的样本，建议使用富集和选择性培养基（氯化锂苯基乙醇-培养基、牛津培养基或者 PALCAM 李氏杆菌选择培养基）。各种用于发现李氏杆菌的以 DNA 为基础的检测和抗原捕捉方法已经得到描述，尤其是对于食品产物的发现。

33.4.4 鉴定

由规则的革兰氏阳性杆菌形成的典型菌落具有提示意义。李氏杆菌是过氧化氢酶阳性，在 25℃移动，并且水解七叶灵。与在洗过的 5%绵羊血液琼脂上产β毒素的交叉划线时，单核细胞增多李氏杆菌为 CAMP 阳性。当伊氏李氏杆菌与马红球菌交叉划线时，可以观察到一种相似的现象。有时，在单核细胞增多李氏杆菌和马红球菌之间，可以观察到一种弱的 CAMP 样反应（图 33.4）。在半固体活动性培养基，在室温下孵育，在表面下 3～4mm 发生一种特征性的活动性的伞方式（图 33.5）。由于李氏杆菌的微嗜氧

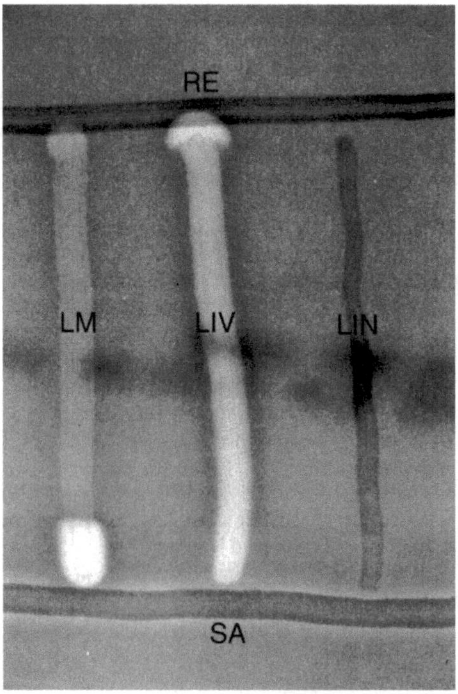

图 33.4 单核细胞增多性李氏杆菌（LM）和金黄色葡萄球菌（SA）以及绵羊李氏杆菌（LIV）和马红球菌（RE）的阳性 CAMP 反应。单核细胞增多性李氏杆菌和马红球菌之间出现弱反应。英偌克李氏杆菌（LIN）没有反应。与绵羊李氏杆菌相比，单核细胞增多性李氏杆菌溶血强度的变化是明显的，英偌克李氏杆菌不溶血。

图 33.5 室温条件下，在半固体移动检测培养基上，单核细胞增多性李氏杆菌成伞形运动。

性质，在一滴培养物中，可以看到断断续续的静止期的歪斜状的移动性。单核细胞增多李氏杆菌可以使葡萄糖和 L-鼠李糖产酸，但不是 D-甘露醇或者 D-木糖。伊氏李氏杆菌因发酵 D-木糖，但不发酵 L-鼠李糖而有所不同。荧光抗体染色或者与特异抗血清的凝集是有帮助的。

接种小鼠在 5 天内死亡，在肝上出现坏死灶。这一程序可以将单核细胞增多李氏杆菌从李氏杆菌的非病原种区分出来；然而，这对于确定的鉴定是不太必要的。

33.5 免疫诊断

对于正常动物，由于流行的阳性滴度与金黄色葡萄球菌、粪链球菌、化脓隐秘杆菌存在交叉反应，对于诊断血清学明显没有价值。

33.6 治疗、控制和预防

在体外，单核细胞增多性李氏杆菌对青霉素、氨苄、红霉素、四环素和利福平易感。在脑膜脑炎牛的定期治疗中，氯四环素和青霉素可能是有效的。绵羊的治疗很少成功。对于人患者，氨苄和氨基糖苷类（庆大霉素）的结合是主要的治疗手段。

控制措施包括降低或者消除饲喂污染的饲料，尤其是质量差的饲料。应该最小化所有形式的应激。应该隔离感染的动物，并且适当地处理感染的物质。

疫苗接种没有被证明非常成功，并且由于疾病的零星性质，可能还没有被批准。

第 34 章　红 球 菌 属

Dwight C. Hirsh　Ernst L. Biberstein

红球菌属的成员是多形态的，不运动，兼性厌氧的革兰氏阳性杆菌，不形成芽孢。红球菌属有 15 个成员，但只有马红球菌与动物的疾病（尤其是马驹）相关，可以引起肺炎。马红球菌在巨噬细胞内营兼性细胞内寄生。

34.1　马红球菌

34.1.1　特征描述

34.1.1.1　形态与染色

马红球菌大小约 1μm×5μm。在涂片上，可以观察到强革兰氏阳性杆菌和球菌（一些歪曲，表现为“西瓜籽”样）。它们是有荚膜的，并且有时出现微弱的抗酸性。

34.1.1.2　结构和组成

细胞壁含有内消旋二氨基庚二酸（DAP）、阿拉伯半乳聚糖和霉菌酸（红球菌具有 C_{30}～C_{54} 链长的枝状链脂肪酸）。荚膜是多糖，并且形成了这一种内的型特异性的基础。

34.1.1.3　具有医学意义的菌体细胞产物

1. 荚膜

对于大多数革兰氏阳性细菌，荚膜的作用是抑制向噬菌宿主细胞的吸附和消化。马红球菌是巨噬细胞的一种兼性细胞内寄生菌，这意味着其在体内荚膜或者不表达，或者具有与上面提到的不同的作用。

2. 细胞壁

革兰氏阳性菌细胞壁含有具有医学意义的多糖和脂类。脂磷壁酸和革兰氏阳性菌细胞壁的肽聚糖相互作用，导致前炎症因子的释放。

3. 毒力相关蛋白（Vap）

马红球菌的毒力株拥有一个含有 64 个可读框的大质粒（85～90kb）。在这个质粒内有一个毒力岛（一簇编码毒力决定簇的基因，一种整合酶蛋白，一个特定的插入位点和移动性）。含有 7 个已知的 Vap（A～G）。Vap 负责微生物在巨噬细胞的吞噬溶酶体内生存的能力（对于酸和活性氧中间体的抗性）。Vap 是否也可能负责与吞噬溶酶体融合的相互作用，尚未得到证实。另外，Vap 通过驹的（不是成年马）CD4 和 CD8 淋巴细胞，下调 γ 干扰素的表达。随着年龄的增加，为了积累一种有效的免疫反应水平，CD4 和 CD8 淋巴细胞反应的能力和分泌有效水平的 γ 干扰素的能力逐渐增加。γ 干扰素负责激活巨噬细胞，对于摧垮吞噬的马红球菌，这是必需的。

4. 其他多种产物

马红球菌产生可传播的，与伪结核棒状杆菌的磷脂酶 D 协同裂解红细胞的“马红球菌因子”（一种磷脂酶 C 和胆固醇氧化酶）。在疾病的致病机制中，如果有一些作用，这些因素可能发挥的很少。

34.1.1.4 生长特性

在大多数培养基中，马红球菌在较宽的温度范围内（在 10℃开始）生长。在大约 48h 内，产生黏液样的菌落(“唾液样”)，可能形成大菌落（>70mm），并且可能出现一种粉色的色素沉着。

34.1.1.5 生化活性

该菌为过氧化氢酶、尿素酶和硝酸盐阳性，但不酸化正常的发酵培养基。

34.1.1.6 抗性

该菌可分别耐受 2.5%的草酸和 5%的硫磺酸，长达 60min 和 45min，这是一种尝试从土壤和粪样中分离该菌时所利用的特征。在 60℃，1h 内被杀死。

马红球菌对利福平、红霉素、庆大霉素，并且经常对氯霉素、四环素和甲氧苄啶-磺胺易感，但对 β-内酰胺抗生素不易感。在体外，利福平-红霉素组合具有协同作用，形成了用这种组合处理感染动物的基础。

34.1.1.7 变异

27 种荚膜型被描述。因地理分布，其流行稍微有些不同。

34.1.2 生态学

34.1.2.1 贮存

马红球菌出现在土壤和动物肥料中，哺乳动物和鸟类的肠道也许是次要的。

被看到的疾病最常见于马，较少的见于猪，并且很少见于牛、绵羊、山羊、猫、人、鳄鱼、考拉、水牛和骆驼。

34.1.2.2 传播

通过吸入、消化或者经脐带或者黏膜暴露的先天途径发生感染。

34.1.2.3 致病机制

1. 机制

感染后，由旁路途径产生的补体成分（C3b）调理马红球菌。通过 Mac-1 补体受体的途径，调理的马红球菌与巨噬细胞发生相关，并且被吞噬。马红球菌为兼性细胞内寄生，通过抑制吞噬溶酶体融合，在巨噬细胞内生存，并且如果出现融合，也可以在吞噬溶酶体（Vap 指导）内生存。在成年马中，对于 Vap 的抗体（来自于不断的亚临床暴露），大概“阻断”这些蛋白质与其靶（CD4 和 CD8 淋巴细胞）的相互作用，随同分泌有效水平 γ 干扰素的 CD4 和 CD8 淋巴细胞一起，激活清除巨噬细胞的微生物。在易感期，驹不仅对于 Vap 抗体的水平低，而且下调（被 Vap）γ 干扰素的分泌。驹的预后与循环的抗-Vap 抗体的数量相关（从母畜获得），到达肺的马红球菌数量与环境中微生物的浓度以及损害肺的防卫的程度相关。

2. 病理学

微生物寄生于巨噬细胞。马红球菌感染的损伤是脓肿和肉芽肿。肉芽肿炎症的元素包括巨噬细胞和巨细胞，中性粒细胞在干酪状化脓部分占主要。

34.1.2.4　病型

1. 马

马红球菌感染的最显著表现是马驹的肺炎。微生物主要影响 1～6 个月的驹，并且引起化脓性的支气管肺炎，在肺和脐的淋巴结产生大的脓肿。偶尔定位在关节、皮肤和脾。溃疡性肠道损伤（经覆盖淋巴结的 M 细胞进入），肠系膜淋巴结的脓肿是普遍的。

因开始的驹的年龄不同，所以间接的引起预后效果各异。对于小于 2 个月的驹，感染致死率超过 50%。

肺外疾病出现在驹和较大的马中。很少出现母马子宫的感染可能与驹的围产期的暴露相关。

2. 猪

从猪的颈淋巴结肺结核样损伤和正常结节，可以获得马红球菌。其病原作用是有争议的。

3. 人

马红球菌肺炎见于免疫抑制个体。对于人，感染的驹不是一种普遍的来源。

4. 其他动物

在不同的哺乳动物中，已经发现零星的化脓性疾病。它们普遍定位于淋巴结肺和子宫。在鳄鱼和短吻鳄，可以观察到暴发性的菌血症。

34.1.2.5　流行病学

马红球菌存在于马的生存环境中。其数量因马舍使用的历史而各有不同。在有问题的牧场，产驹和饲养区最高。易感性与母源传播的免疫衰退相一致，并且先于亚临床暴露引起的自然免疫。来自青年驹的，由 CD4 和 CD8 淋巴细胞产生的 γ 干扰素一旦与 Vap 接触，则被抑制。

夏天的季节性高峰归因于：①易感驹；②对呼吸道防卫施加了额外负担的热和灰尘。

人的感染不是一律地与动物接触相联系。

34.1.3　免疫学

通过 γ 干扰素途径“激活”巨噬细胞，功能性 CD4（T_{h1}）和 CD8 淋巴细胞（见第 2

章）对于保护性免疫是必要的。因为母源抗体以及被动抗体表现为具有保护性，抗体也许是毒力相关的蛋白质（Vap）所需要的。因此，细胞介导的免疫和体液免疫是重要的。

对于马红球菌的暴露，青年马表现症状，导致体液和细胞介导的反应。二者都使巨噬细胞杀死感染的微生物。在5个月时表现，通过ELISA可以发现的抗体，通过初乳从母马向驹传递。到6～12周，基本是疾病最高流行的时间，这样被动获得的抗体降低。

没有可以商业利用的免疫产品。以Vap进行的免疫尝试是令人失望的。

34.1.4 实验室诊断

显示来自肺炎驹呼吸道的马红球菌样本，可以诊断马红球菌肺炎。在涂片上，微生物表现为革兰氏阳性球菌或杆菌的细胞内和细胞外簇（图34.1）。通过形态学和生化活性，并且通过协同溶血，确定在血液琼脂上的典型生长（35～37℃），通过PCR的方式，可以利用特定的引物扩增DNA。已经表明，这些技术在诊断以及发现环境中的微生物时有应用价值。

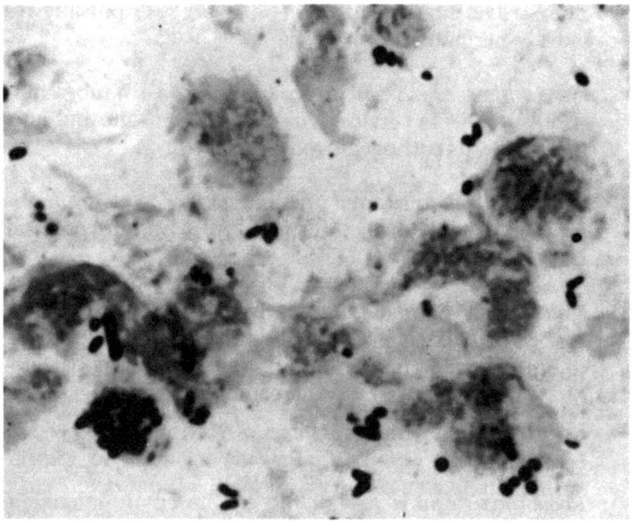

图34.1 来自发生肺炎驹的气管吸出物中的马红球菌。注意球形和杆形的菌体，下方左侧的成簇菌可能定殖在气管细胞内。革兰氏染色。(1000×)

34.1.5 治疗和控制

总是要对马红球菌驹肺炎的预后进行监测。胸部X光照片提供了有价值的预后诊断线索。与扩散性肺泡或者组织间隙的反应相比，具有结节或胸肺方式和脐淋巴结增大的动物，对于治疗的反应较少。红霉素结合利福平是优先的处理。

预防措施包括吸入初乳、控制灰尘和从污染场所移走驹。在流行状态下，预防性抗微生物处理是合适的。

第 35 章　不形成芽孢的专性厌氧菌

Dwight C. Hirsh

通常，不形成芽孢的专性厌氧菌存在于从动物无菌位点获得的脓性坏死材料中，在接近 33%的细菌阳性样本中，含有不形成芽孢的专性厌氧菌。在这样的病料中，平均有两种专性厌氧菌与一些兼性厌氧菌混合存在。

革兰氏阴性，不形成芽孢的专性厌氧菌和节瘤偶蹄形菌，是引起小的反刍动物“腐蹄病”的重要病原，下面将对其分别讨论。

35.1　概述

35.1.1　特征描述

35.1.1.1　形态与染色

不形成芽孢的专性厌氧菌由广泛的革兰氏阳性和革兰氏阴性细菌组成，并且包括杆菌、球菌、丝状菌和螺旋状微生物。

35.1.1.2　细胞结构和组成

其中的一些菌可产生荚膜、鞭毛和黏附素（也被认为是毛缘、菌毛）。细胞壁组成与一些相类似的兼性和需氧菌相同。

35.1.1.3　具有医学意义的细胞产物

1. 荚膜

对于那些宿主细胞和产物相互接触的微生物，荚膜多糖的产生是重要的。荚膜物质保护外膜免于补体级联反应的膜攻击复合物的攻击（在革兰氏阴性厌氧的情况下），并且抑制其被噬菌宿主细胞吸附、消化。相对于噬菌细胞的膜，荚膜被赋予了一定程度的亲水性，与噬菌细胞的膜一样，大多数荚膜带负电。革兰氏阴性厌氧菌的脆弱拟杆菌，产生色素的普氏菌属和卟啉单胞菌属荚膜激发一种强烈的炎症反应。

2. 细胞壁

专性厌氧菌的细胞壁与兼性同类物相同。革兰氏阴性厌氧菌产生一种由脂多糖（LPS）和蛋白质组成的典型的细胞壁。外膜的 LPS 是一种重要的毒力决定簇。脂质 A 不仅是毒性成分，而且 O 重复单位侧链的长度阻碍了补体系统的膜攻击复合物向外膜的吸附，LPS 结合到将其转移到 CD14 血象的脂多糖结合蛋白（一种血清蛋白）上。CD14-LPS 复合物结合到导致前炎性细胞因子释放的巨噬细胞表面的 Toll 样受体蛋白上。革兰氏阳性厌氧菌产生一种含有脂磷壁酸和肽聚糖的细胞壁，与巨噬细胞相互作用，导致前炎症因子的释放。

3. 其他多种产物

已经发现，被显示毒素和具有毒力活性的代谢副产品（包括一种由坏死梭杆菌产生的细胞毒素，一种由脆弱拟杆菌分泌的内毒素样实体和琥珀酸），对于分叶核中性粒性白细胞（PMN）具有抑制作用。许多能够产生预防性的和可能在其病原活性中发挥作用的酶。

35.1.1.4　生长特性

专性厌氧菌不用氧作为最终的电子受体。事实上，对于这一群微生物，分子氧是有毒的。当暴露于分子氧时，专性厌氧菌形成过氧化氢和阴离子。在细菌细胞内，从氧与各种黄素蛋白的相互作用中形成这些毒性分子。不像耐氧的细菌，专性厌氧菌不产生过氧化物歧化酶，通常，它们也不产生分解过氧化物到氧和过氧化氢，或者分解过氧化氢到氧和水的过氧化氢酶。

35.1.2　生态学

35.1.2.1　贮存

脓性坏死过程所涉及的不形成芽孢的专性厌氧菌，通常是正常菌群的一部分，但它们有时通过啃咬或者其他包含污染物的损伤传播。

35.1.2.2　致病机制

从正常菌群（专性和兼性厌氧微生物）范围到一个被威胁位点的过程可以导致疾病，或者通过一个附近有正常菌群污染的伤口，或者从污染的仪器或者牙齿接种到组织。在如此材料的样本中，发现的微生物种类，反映了伤害的位点或者接种中介的微生物群。厌氧微生物的扩增依赖于厌氧条件的建立，通过外伤、血管裂解或者由（兼性）需氧同时发生的感染。

因为不能在有氧条件下生存，厌氧细菌不能在健康组织内生存。在受威胁的组织中，炎性细胞和共接种的兼性微生物使细菌厌氧生长所必需的 EH（一种氧浓度的测量）降低。

由于其细胞壁的组成（脂多糖，革兰氏阴性；肽聚糖，革兰氏阳性和阴性），厌氧细菌能激发炎症反应。一些厌氧细菌产生荚膜，其化学性质潜在诱导脓肿的形成。存在一些共接种兼性微生物引起由厌氧细菌产生荚膜的证据。

在兼性需氧和厌氧微生物之间，可以出现协同作用。除了导致荚膜的形成外，兼性种利用氧，减少厌氧成分的噬菌作用，而且可能产生酶（如 β-内酰胺酶），可能保护青霉素易感的兼性或者专性厌氧伴侣（反之亦然）。

专性厌氧最普遍的分离种见表 35.1。最普遍的位点或者含有专性厌氧的过程见表 35.2。

已经有关于脆弱拟杆菌-内毒素分泌株与牛、羔羊、猪和婴儿兔的腹泻相关的描述。

表 35.1 最普遍分离的专性厌氧菌

革兰氏阴性杆菌	革兰氏阳性球菌	革兰氏阳性杆菌
类杆菌	消化链球菌	梭菌属
普里沃菌		
卟啉单胞菌		
梭杆菌		
拟杆菌		

表 35.2 与疾病过程有关的专性厌氧菌出现的相对频率

过程	厌氧菌的百分比/%
窦道	40～50
脓肿	30～40
胸膜渗出	30～40
心包渗出	30～40
腹膜渗出	20～30

35.1.3 免疫学

在溶解包括专性厌氧的脓性坏死过程中，免疫反应发挥一种次要作用。

35.1.4 实验室诊断

35.1.4.1 样本采集

厌氧培养是费时和昂贵的，而且只有当其可能提供有用的信息时，才应该应用。从拥有一种正常厌氧菌群的位点（粪、口腔和阴道）获取的材料通常不进行厌氧培养。尿样或者耳，结膜或者鼻腔拭子的常规厌氧培养很少是合理的。化脓性和坏死过程是具有临床意义的厌氧细菌最有可能的来源。

在含有分子氧很少的容器中，收集用于厌氧培养的液体样本。最容易的方式是直接将样本收集到注射器，并且排出空气。必须马上培养收集到拭子的材料或者支气管刷，或者放在厌氧环境（厌氧运输培养基）。对于厌氧细菌，冰箱是有害的；因此，不应该将样本放在4℃以下。然而，大部分含有专性厌氧的样本含有兼性种。在25℃以下，大部分兼性微生物的样本生长良好，但在15℃较差（一种对专性厌氧无害的温度）。

35.1.4.2 直接检查

收集材料染色涂片的直接检查可能提供关于专性厌氧细菌存在的有价值线索。许多专性厌氧细菌具有典型，独特的形态：杆型通常是细的和线状外观；一些具有尖状末端或者膨胀。大部分革兰氏阴性种的革兰氏染色较弱（因此，在革兰氏染色涂片中为灰色）。材料可能具有特殊的气味，如果存在厌氧细菌，则没有厌氧细菌的材料通常没有恶臭。

35.1.4.3 分离

成功的分离依赖于实验室采取的细心的屏蔽氧。如果样本在收集后不被马上处理，它必须被保存在无氧容器［通常是一个无氧气体输入的容器（即无氧的 CO_2）］中。样本被铺在新鲜制备的，并且贮存在无氧环境、含有血液的培养基（通常是一种具有布鲁氏菌琼脂碱的培养基；一种用于从含有多链丝霉素、tricholosan、新生霉素和萘啶酸粪样中分离脆弱拟杆菌的特殊的选择培养基）中。接种在平板后，放在无氧的环境，于37℃孵育。在无氧的广口瓶或者带套的盒子等封闭的容器中，并在钯催化剂存在的条件下，通过含氢的气体和发现于空气中氧的相互作用来建立无氧的环境。具有内置孵化器的无氧的带套盒子的主要优点是能够在没有暴露于氧的任何时候，检查孵育的平板。

大部分专性厌氧细菌生长缓慢，尤其是在早期阶段，除非能够在无氧的环境下检查（即在无氧的带套的盒子中），在前48h内，不检查平板，因为兼性菌将厌氧生长，生长在厌氧环境的菌落，必须进行耐氧测试。

35.1.4.4 鉴定

在一种分离物已经表现为专性厌氧之后，根据其形状、革兰氏染色特性、在各种抗生素存在下的生长和分类底物的代谢副产物，以及液气色谱来决定其所属的种。含有不同底物的厌氧无菌培养基的预还原反应有助于决定种。小型化的鉴定系统是商业上可以利用的。有时，细胞脂肪酸的气色谱分析可用于一种分离物的鉴定。

35.1.5 治疗、控制和预防

对于含有厌氧成分的感染过程的治疗，最重要的包括排泄和使用抗生素。

在收集样本后的48～72h，通常不可以利用易感数据。在这段时间之前，如果临床表现提示有专性厌氧菌的存在，直接涂片和其他环境（气味）所提示，能够使用下列药物之一：青霉素（氨苄，阿莫西林）、氯霉素、四环素、甲硝哒唑和氯林可霉素。尽管在体外，将测试大部分厌氧菌对甲氧苄啶-磺胺的“易感性”，但由于在坏死材料中存在胸（腺嘧啶脱氧核）苷，在体内这种组合具有不可预测的活性。专性厌氧菌对于所有的氨基糖苷类以及大多数的氟喹诺酮类药物（曲伐沙星例外）具有抗性。10%～20%的分离物，通常是脆弱拟杆菌群的成员，由于产生头孢菌素酶，将对青霉素（青霉素G、氨苄和阿莫西林）和第一代、第二代头孢菌素以及四环素有抗性。抗性分离物对于阿莫西林、氯林可霉素、甲硝哒唑和氯霉素易感。抗微生物治疗应该旨在杀死兼性和专性厌氧菌。70%～80%含有专性厌氧菌的脓性坏死过程将含有兼性厌氧菌。最普遍的见表35.3。

表35.3 在含有专性厌氧菌的感染性疾病过程中发现的兼性厌氧菌

动物	兼性厌氧微生物
狗/猫	巴氏杆菌，肠道菌[a]
马	β-溶血性链球菌，肠道菌[a]
反刍动物	化脓性隐秘杆菌，肠道菌[a]

a. 最为常见的分离物是大肠埃希氏菌。

35.2 节瘤偶蹄形菌

35.2.1 特征描述

35.2.1.1 结构

腐蹄病是一种影响绵羊和山羊的蹄的表皮部分的传染性疾病，全面损伤的发生引起跛行。主要有两种革兰氏阴性，不形成芽孢的专性厌氧菌参与其间：节瘤偶蹄形菌和坏死梭杆菌。

节瘤偶蹄形菌

为（2～10)μm×（0.5～1.0)μm 的运动杆菌。来自损伤的涂片，其末端通常是肿胀的（图 35.1)。菌毛（4 型，牛摩拉氏菌、奈瑟菌、多杀巴氏杆菌和铜绿假单胞菌）充当黏附素，并且赋予颤搐运动性。

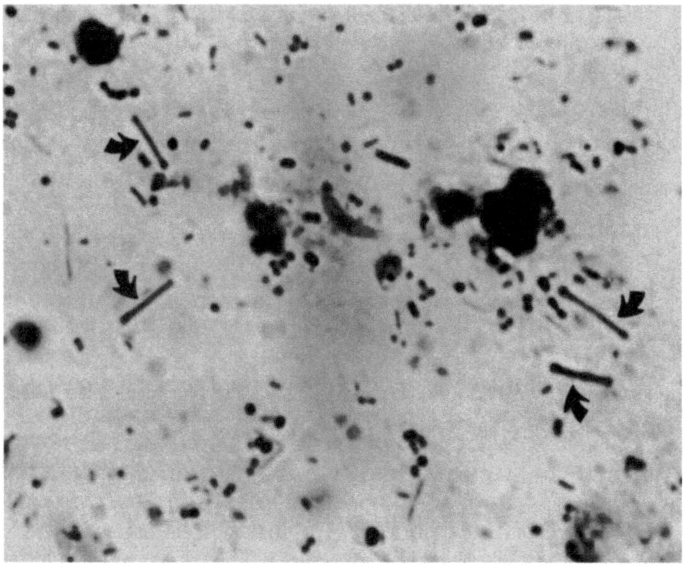

图 35.1 绵羊腐蹄病的渗出物，是细菌的混合，节瘤拟杆菌具有“哑铃”（箭头）状——肿胀末端的大杆菌的革兰氏染色。(1000×)

35.2.1.2 具有医学意义的细胞产物

1. 黏附素（菌毛，纤毛）

黏附素（菌毛，纤毛）参与节瘤偶蹄形菌向已经被由坏死梭杆菌分泌的蛋白酶损伤的趾（指）间相连上皮的黏附。

2. 细胞壁

该属成员的细胞壁是革兰氏阴性菌的典型细胞壁。外膜的脂多糖（LPS）是一种重要的毒力决定簇。脂质 A 不仅是毒性成分，而且 O 重复单位侧链的长度阻碍了补体系统的膜攻击复合物向外膜的吸附，LPS 结合到将其转移到 CD14 血象的脂多糖结合蛋白（一种血清蛋白）上。CD14-LPS 复合物结合到导致前炎性细胞因子释放的巨噬细胞表面的 Toll 样受体蛋白上。

3. 蛋白酶

节瘤偶蹄形菌分泌几种蛋白水解的酶（丝氨酸和碱性蛋白酶）。两种毒力岛（一簇编码毒力决定簇的基因，一种整联蛋白，一个特定的插入位点和移动性）的产物调控蛋白酶，Vap（毒力相关蛋白质）和 Vrl（毒力相关的基因座）。

35.2.1.3　生长特性

节瘤偶蹄形菌是一种严格的厌氧菌，需要加入 CO_2 和一种丰富培养基，含有蛋白质则更好。几天后，会出现直径为 1mm 的平滑菌落。

35.2.1.4　抗性

在环境中，节瘤偶蹄形菌可以生存 2～3 天，并且可以被消毒剂和许多抗生素杀死。

35.2.1.5　变异

菌落变异和毒力与菌毛的丰度相关。毒力也随着株的蛋白水解活性不同而不同。基于菌毛黏附素抗原构成的区别，可以识别 10 种主要的血清群（A～I，M）。与那些编码属于血清群 D、H 的黏附素相比，编码这些黏附素基因的组织检查结果表明，与编码那些属于血清群 D、H 的黏附素基因相比，属于血清群 A、B、C、E、F、G、I 和 M 的黏附素被不同的归类。表达前者的黏附素被命名为“I 群”，而后者为“II 群”。

35.2.2　生态学

35.2.2.1　贮存

显著的病原贮存宿主是绵羊和山羊感染的蹄。牛和猪株的毒力较低。

35.2.2.2　传播

通过直接和间接接触传播。微生物的简要环境生存时间要求促进在新宿主的定居。

35.2.2.3　致病机制

致病机制包括菌毛介导的向宿主细胞的吸附、水解蛋白的活性，以及与坏死梭杆菌的协同作用，节瘤偶蹄形菌向其提供生长因子。

35.2.2.4　病型

事件发生的典型顺序如下：

(1) 损伤趾（指）间相连的上皮，最普遍的是由于持续浸湿的泡软。

(2) 坏死梭杆菌，是一种粪样菌群的组成部分，感染泡软的皮肤并且产生表面炎症，角化过度（症），角化不全和坏死［绵羊趾（指）间相连的上皮（OLD)］。

(3) 来自腐蹄损伤的节瘤偶蹄形菌定居（在其菌毛的帮助下）并且在由坏死梭杆菌引起的损伤部位繁殖，产生趾（指）间肿胀。在爪的中间外表开始，侵入上皮结构，可能在细菌蛋白酶的帮助下，发展到蹄的基质，最终，从下面的真皮组织分离。

次级侵入有助于维持或者使过程恶化。结果是极端的跛行，当两个或者更多的蹄参与时，发展为固定不动。感染的动物可能饿死。

35.2.2.5 流行病学

腐蹄出现在所有的大洲。在气候温和的地区和降雨量丰富［>20in（500mm）］时期最为严重。在低于50 ℉（10℃）的适宜温度，节瘤偶蹄形菌的传播基本停止，并且在不干旱的地区出现腐蹄，在流行地区的干燥阶段增强。除了养育期的动物，所有年龄的动物是易感的，但易感性存在遗传差异。好的羊毛品种的感染最严重，在两周内，微生物从污染牧场中被清除。

35.2.3 免疫学

抗性与循环系统中的抗菌毛抗体相关；它是血清群特异的。自然感染不产生免疫，但合适的特异性的油佐剂疫苗可以诱导短暂的保护，并且改善现有的病例。

35.2.4 实验室诊断

诊断通常是临床性的。在损伤的直接涂片可以观察到末端肿胀的矮粗杆菌（图35.1）。通常其他微生物是存在的，其中一些小的革兰氏阴性杆菌经常聚集在节瘤偶蹄形菌周围。免疫荧光可以确定鉴定。

培养（在选择性培养基）不是日常使用的。

利用PCR反应和针对节瘤偶蹄形菌DNA的特异引物（如编码菌毛黏附素的基因），已经用于对从感染的蹄部获得样本进行描述，以及鉴定在人工培养基上生长的分离物。

35.2.5 治疗和控制

修剪蹄部去除和暴露疾病组织之后，局部应用消毒剂或者抗生素，如用5%～10%福尔马林，5%硫酸铜，10%～20%硫酸锌，或者5%四环素酊剂的重复治疗。在美国，使用氯霉素（10%）是被禁止的。用福尔马林、硫酸铜、硫酸锌进行蹄浴。已经证明，每周间隔地使用20%的硫酸锌，1h三次浸泡没有削下的皮，是有效的。

在不进行局部治疗的情况下，应用大剂量青霉素和链霉素的全身治疗已经取得了成功。

通过重复的检查、免疫、治疗活性病例，并从健康群分离活性病例，进行控制。必须非常小心，不要将感染动物添加到群中。土地污染后的2周内，不应该再次使用。在干燥的气候条件下，应该制定控制程序。

35.3 牛的腐蹄（感染性蹄皮炎：fouls）

节瘤偶蹄形菌与坏死梭杆菌结合，能够引起牛的冠状的和趾（指）间皮炎。

牛腐蹄病与绵羊疾病的病因不同，也涉及其他细菌，尤其是有颜色的厌氧杆菌（普氏菌属）。过程包括皮炎和皮下组织，可能延伸到关节或者呈血性扩散，在蹄部形成窦管。

伤害、疼痛和软化是可能的诱病因素。它们的存在而不是传播，可能决定了疾病的流行。

通过局部处理和剪蹄治疗，全身性的磺胺药物或者四环素治疗不复杂的病例。

第36章 梭 菌 属

Dwight C. Hirsh Ernst L. Biberstein

梭菌属（*Clostridium*）的成员均为革兰氏阳性厌氧杆菌，产生芽孢。在本章中，将对该属成员（表36.1）引起的疾病分为两类，分别进行叙述讨论：一类是由产气荚膜梭菌、诺维梭菌、溶血梭菌、腐败梭菌、气肿疽梭菌、艰难梭菌和发状梭菌引起的侵入性疾病（包括肠毒血症和腹泻）；另一类是由肉毒梭菌和破伤风梭菌引起的非侵入性疾病。此外，本章也将简要讨论索氏梭菌、鹌鹑梭菌和螺状梭菌。

表36.1 梭菌属的一些成员及其通常的来源或相关疾病

种	通常来源或相关疾病
肉毒梭菌	肉毒症
气肿疽梭菌	反刍动物和猪的黑腿病
鹌鹑梭菌	鸟类的肠炎和肝炎
艰难梭菌	马、犬和猫的抗生素/应激性腹泻
溶血梭菌	反刍动物的细菌性血红素尿
诺维梭菌	气性坏疽、公羊大头症、反刍动物黑疫
产气荚膜梭菌	气性坏疽，反刍动物、猪和马的肠毒血症，鸡坏死性肠炎，羔羊痢疾，绵羊猝狙，反刍动物软肾病，犬、猫和人的腹泻
发状梭菌	Tyzzer病
腐败梭菌	反刍动物和猪的恶性水肿、绵羊快疫、鸡坏死性肠炎
索氏梭菌	反刍动物和马的肌炎、肝炎
螺状梭菌	兔黏液性肠炎，兔、豚鼠及驹抗生素性肠炎，驹小肠结肠炎
破伤风梭菌	破伤风

36.1 特征描述

36.1.1 形态与染色

梭菌属的成员均为革兰氏阳性杆菌，宽0.2～4μm，长可达20μm。在同一种内，芽孢的位置和形状是固定不变的。

36.1.2 结构和组成

目前，对梭菌的超微结构、组成与医学的相关性还知之甚少。在艰难梭菌细胞壁表面，可以发现一种由次晶态蛋白质规则排列的表面结构（S 层），但 S 层蛋白质的作用尚不清楚。某些梭菌（如艰难梭菌）可以产生菌毛，另一些梭菌表面具有黏性结构，可能是细胞壁上的蛋白质。梭菌属种内存在大量的菌体抗原差异和交叉反应，毒素的血清学特性更具有临床意义（分别详见以下各个种的梭菌）。能运动的梭菌都具有周鞭毛；在致病性梭菌中，产气荚膜梭菌和艰难梭菌能形成荚膜。

36.1.3 生长特性

各种梭菌厌氧的严格程度存在差异。梭菌培养除需要厌氧条件外，在 2%～10% CO_2 条件下，生长更好。

大多数致病性梭菌需要在含有多种氨基酸、糖和维生素的复合培养基上生长，在培养基中加入全血或血清有助于其生长，适于在近中性的 pH 环境和 37℃的培养温度下生长。

通常，培养 1～2 天，即可观察到生长，菌落的外形和轮廓常常是不规则的。在湿润的琼脂培养基上，个别几种梭菌呈聚集性生长却不形成菌落。大多数梭菌在血琼脂平板上生长时会出现溶血。

使用液体培养基时，当空气中产生还原剂时，梭菌常可以生长（如培养基中存在煮熟的肉片或是巯基乙酸盐时），但生长只发生在培养基被还原的部分。

36.1.4 生化活性

由于肽的分解代谢，梭菌的培养物常散发一种特殊的腐臭气味，这种代谢方式是梭菌属成员一种普遍的能量代谢方式。

大多数梭菌可分解碳水化合物、蛋白质、脂质或核酸。生化反应及其终产物的鉴别分析是进行菌种鉴定的基础。

36.1.5 抵抗力

同其他细菌一样，繁殖体对不良环境和消毒剂敏感。但内生的芽孢对干燥、热、辐射和消毒剂具有抵抗力。

36.2 侵入性梭菌

36.2.1 产气荚膜梭菌

36.2.1.1 特征描述

产气荚膜梭菌为革兰氏阳性，形成芽孢，不能运动，产生荚膜的专性厌氧杆菌，能产生多种毒素（见下文“具有医学意义的菌体产物”）。其中的 4 种毒素被用于此菌的分型，由此可将此菌分为 5 个型，命名为 A、B、C、D 和 E（表 36.2）。

表 36.2　与动物疾病相关的产气荚膜梭菌分型

型	主要毒素			
	α	β	ε	ζ
A	+	−	−	-
B	+	+	+	−
C	+	+	−	−
D	+	−	+	−
E	+	−	−	+

E 型菌株经常存在于正常牛、羊的肠道中，很少引起肠毒血症。

产气荚膜梭菌可引起创伤感染（气性坏疽），反刍动物的肠毒血症和多种动物的腹泻。

具有医学意义的菌体产物

1）*黏附素*　产气荚膜梭菌许多染色体基因序列与其他类细菌编码黏附素的基因序列相似，其中包括编码两个纤连蛋白结合蛋白的基因和一个胶原质结合相关蛋白质基因。这些基因是否真正编码功能性黏附素，目前仍在探讨之中。

2）*荚膜*　目前，在致病过程中，产气荚膜梭菌所产生的荚膜所发挥的作用尚未明确，可能具有抵抗宿主吞噬的作用。虽然荚膜形成是此菌在创伤感染过程中产生毒力的重要决定因素之一，但在肠道感染中，可能并不起重要作用（如肠毒血症和腹泻）。

3）*毒素*　产气荚膜梭菌可产生多种毒素蛋白质，绝大多数受到综合调控系统的调控。

（1）α 毒素（Cpa 或 Plc 或磷脂酶 C）。所有的产气荚膜梭菌均可产生 α 毒素。它是一种磷脂酶 C（即卵磷脂酶），可以水解卵磷脂和鞘磷脂，这两种磷脂均为宿主细胞膜的固有成分。α 毒素也具有“热-冷”溶解现象（详见第 27 章葡萄球菌 β 毒素）。

（2）β 毒素（Cpb）。编码 β 毒素的基因位于质粒上。β 毒素是一种穿孔毒素，可以损伤宿主细胞（如肠上皮细胞、内皮细胞）。此外，通过影响钙离子在神经细胞膜内的分布，β 毒素可以影响神经组织的功能，破坏正常的神经传导。该毒素对于胰酶的蛋白水解活性敏感。

（3）β_2 毒素（Cpb2）。β_2 毒素是一种新近报道的毒素，在相关疾病中所起的作用尚不清楚。编码该毒素的基因有时位于质粒，作用机制不明。从患有坏死性肠炎的猪、小肠结肠炎的马及腹泻犬的肠内容物分离到的产气荚膜梭菌，可以产生 β_2 毒素（有时从临床正常的动物体内，也可分离到产 β_2 毒素的菌株，但不常见）。

（4）ε 毒素（Etx）。编码 ε 毒素的基因位于质粒上。该毒素集中于脑和肾，主要作用于真核细胞膜上的脂筏（胆固醇和鞘脂）。它是一种通透酶，通过影响细胞骨架的功能而发挥作用，造成上皮细胞和内皮细胞的通透性增加（特别是作用于脑的微脉管系统，导致毒素渗入该器官）。Etx 以一种前体毒素的形式分泌，经蛋白水解酶作用后激活。

(5) ζ毒素（Itx)。ζ毒素是一种二元毒素，由一个能将毒素结合于上皮靶细胞的结合部分（Ib）和一个酶激活部分（Ia）组成。毒素结合于细胞表面的特异性受体后，Ia部分进入细胞浆。尽管毒素如何进入胞浆的具体过程不很清楚，但似乎是在细胞膜表面形成一个孔道（由Ib形成）后，Ia得以进入。Ia是一个ADP-核糖基化毒素，可以造成宿主细胞内肌动蛋白的核糖基化，从而造成细胞骨架的破坏和感染细胞的死亡。

(6) κ毒素（Col)。κ毒素是一种胶原酶。Col有助于菌体细胞在组织中的扩散。

(7) μ毒素（Nag，*N*-乙酰半乳糖胺酶)。μ毒素是一种透明质酸酶，Nag有助于菌体细胞在组织中的扩散。

(8) θ毒素。见下文的“产气荚膜梭菌溶血素O”。

(9) 唾液酸酶。唾液酸酶（即神经氨酸酶或Nan）可以移走真核细胞壁上糖复合物的唾液酸残基，从而造成细胞间基质的破坏。

(10) 溶血素。产气荚膜梭菌可以产生大量的溶血素，它们在疾病过程中的作用还是未知的。

(11) 肠毒素（Cpe)。编码产气荚膜梭菌肠毒素的基因，有的位于染色体上（来自于人的食物相关性胃肠疾病病例的分离株)，有的位于质粒上（来自腹泻犬的分离株和来自人的非食物相关性胃肠疾病病例的分离株)。在形成芽孢的过程中，产肠毒素产气荚膜梭菌产生肠毒素（只有不到10%的A型菌株产生Cpe)。菌体在释放芽孢时，肠毒素也随之释放到周围环境中。肠毒素具有双重功能，功能之一是在小肠上皮细胞的顶部形成一个小孔，从而造成宿主的体液和电解质失衡；功能之二是提供紧密连接蛋白（特别是claudins和occuldins）通过的入口。Cpe和紧密连接蛋白相互作用，可造成宿主进一步失去对体液和电解质平衡的调控。

(12) 产气荚膜梭菌溶血素O（Pfo，也称作θ毒素)。产气荚膜梭菌溶血素O是一种胆固醇结合溶细胞素（也见于下文的“诺维梭菌溶血素”和“气肿疽梭菌溶血素”；第28章链球菌的链球菌溶血素O；第33章李氏杆菌的李氏杆菌溶血素O；第29章化脓隐秘杆菌pyolosin)。Pfo结合于真核细胞膜上含胆固醇的脂筏，并在膜表面形成一个小孔，造成细胞的死亡。此外，产气荚膜梭菌被吞噬细胞吞噬形成吞噬溶酶体后，Pfo可溶解吞噬溶酶体的膜，从而使该菌逃逸到吞噬细胞的细胞浆内。

4) *毒素基因的调控* 产气荚膜梭菌的毒素产生受到一种综合调控系统的调控，此调控系统由两种成分组成，即VirR/VirS。VirS是一种组氨酸激酶，起“传感器”的作用，感受环境中的信号后，其中一个组氨酸残基发生自我磷酸化。此磷酸基团顺次转到天冬氨酸残基上，最后转到另一个组氨酸残基上，使调控因子VirR发生磷酸化。磷酸化的VirR是上面提到的毒素基因编码产物的转录激活物。至于产气荚膜梭菌如何感知环境中的信号，目前还不清楚。在肠毒血症的发生过程中，肠内容物的组分似乎发挥着重要作用（见下文的“流行病学”)。

36.2.1.2 生态学

1. 贮存

A 型产气荚膜梭菌存在于人和其他动物的肠道内，以及许多土壤中。B、C、D 和 E 型产气荚膜梭菌大多存在于动物的肠道中，它们在土壤中的存活情况存在差异。

2. 传播

感染通过摄入和创伤传播。

3. 发病机制和病型

产气荚膜梭菌有下列几种病型：

1）*创伤感染（气性坏疽）* 在正常消毒的组织位点，单独或与其他细菌一起接种 A 型产气荚膜梭菌，均可引起厌氧性蜂窝织炎和气性坏疽。具有膜活性的毒素（α 毒素和产气荚膜梭菌溶血素 O）可破坏组织。胶原酶（κ 毒素或 Col）、唾液酸酶（Nan）和透明质酸酶（Mu 毒素或 Nag）则有助于病变的进一步扩散。形成荚膜的产气荚膜梭菌可以抵抗宿主细胞的吞噬作用。被吞噬的细菌分泌的产气荚膜梭菌溶血素 O 有助其逃出吞噬溶酶体。该病理过程可引起坏死性蜂窝织炎或坏死性肌炎，并伴有水肿、出血、气肿和发热，常导致动物死亡和毒血症。发生这种类型的动物产气荚膜梭菌感染比较罕见，一旦发生，常常与肌肉深部注射有关（主要是马）。

2）*肠毒血症* 大多数由产气荚膜梭菌引起的动物疾病是肠型的，主要由 A、B、C 和 D 型梭菌引起（E 型引起的动物疾病罕见）。

（1）A 型产气荚膜梭菌感染引起的肠毒血症可表现为反刍动物的暴发性胃炎和溶血病（肠毒血性黄疸，黄羔病）；牛、马和幼驼的出血性肠炎；禽的坏死性肠炎；人的食物中毒；人的抗生素相关性腹泻；犬和猫的腹泻（见后文）。膜活性的毒素（α 毒素和产气荚膜梭菌溶血素 O）可能引起组织破坏，并且毒素可损害结缔组织（胶原酶、透明质酸酶和唾液酸酶）。人、犬及猫的腹泻与具有 Cpe（肠毒素）编码基因的 A 型菌株感染相关。

（2）B 型产气荚膜梭菌感染引起的肠毒血症是一种“旧世界”的疾病。B 型产气荚膜梭菌可引起新生羔羊的“羔羊痢疾”，在个别情况下，驹、小牛、成年绵羊和山羊可以感染。β 毒素是引起感染动物小肠出血性肠炎的主要因子，它对胰酶的敏感性部分解释了新生羔羊容易发生肠毒血症的原因（初乳中含有抗胰酶活性的物质）。临床症状包括精神沉郁、厌食、腹痛和腹泻。病程短，死亡率接近 100%。慢性病例见于年龄较大的动物。特征性的肠道病变为出血性肠炎，肠外病变包括充血、水肿、浆膜渗出和多种器官的出血。该病相关的临床表现和病理学变化均由膜活性毒素（α 毒素、β 毒素、ε 毒素和产气荚膜梭菌溶血素 O）的作用引起，这些菌体产物造成了宿主结缔组织成分的破坏。ε 毒素作为一种通透酶，能增加肠的通透性，从而使其容易吸收入血，进而损害脉管的内皮细胞，造成循环液的丢失，引起水肿；而且造成肾脏功能的损害。β 毒素和 ε 毒素也能损害神经系统，从而使其表现严重的精神沉郁，对矫正治疗没有应答，高死亡率或许与此有关。由于 ε 毒素需要蛋白水解酶的激活，因此，在B型菌株引起的疾病中，没有β毒素的毒性作用大。

(3) 在世界范围内，C型产气荚膜梭菌感染可引起新生小牛、驹、仔猪和羔羊的肠毒血症，表现为出血性肠炎。此型菌株与人和鸟类的坏死性肠炎有关，常常引起较大年龄绵羊快速的致死性的菌毒血症，称为羊猝狙。β毒素是引起感染动物小肠出血性肠炎的主要因子，它对胰酶的敏感性部分解释了新生动物容易发生的原因（初乳中含有抗胰酶活性的物质）。临床症状包括精神沉郁、厌食、腹痛和腹泻。病程短，死亡率接近100%。该病相关的临床表现和病理学变化均由膜活性毒素（α毒素、β毒素和产气荚膜梭菌溶血素O）的作用引起，这些菌体产物造成了宿主结缔组织成分的破坏。

(4) D型产气荚膜梭菌感染可引起年龄相对较大羔羊（小于1年）的肠毒血症（“过食症”和“软肾病”），山羊和小牛偶有发生。该菌分泌的关键毒素——ε毒素是一种前体毒素，需要肠道内蛋白酶的激活（之所以年龄较大的动物好发生，是因为初乳中含有抗胰酶活性的物质）。ε毒素能增加肠的通透性，从而使其容易吸收入血，进而损害脉管的内皮细胞，造成循环液的丢失，引起动物水肿。当体内毒素含量较高时，可损害脑内毛细血管的内皮细胞，引发的水肿可使颅内压大大增加。当体内毒素水平较低时（或许由于动物恰巧被免疫过或者肠道内毒素产量较低时），毒素对脑内毛细血管内皮细胞的损害引起脑组织内毒素水平的升高，从而造成动物的局灶性对称性脑软化（图71.1）。除了这些与毒素剂量相关的病理改变外，ε毒素还可触发儿茶酚胺的分泌，从而激活腺苷酸环化酶，出现cAMP相关性的高血糖和糖尿，在发生肠毒血症的动物中，常可查出这些指标的变化。

发病动物或许看不到任何肉眼病变，但动物死后，往往迅速发生自溶。有时可观察到浆膜下、心内膜下的出血和体腔积液。通常，很少在急性病例观察到脑组织的出血和退行性变化。组织学变化以肠炎为特征。

羔羊或许看不到任何预兆突然死亡。通常，病程稍长的动物发生腹泻和因疼痛而引起的抽搐。牛和年龄较大的绵羊可出现神经症状，而山羊的腹泻比较常见。羔羊的死亡率高，对于小牛和山羊，通常出现非致死性的亚急性和慢性病例。

(5) 尽管E型产气荚膜梭菌能引起小牛、羔羊和兔的肠毒血症，但非常罕见。膜活性毒素（α毒素、ζ毒素和产气荚膜梭菌溶血素O）与破坏结缔组织的毒素协同作用，导致动物发病。病理变化特征为出血性肠炎和溃疡性胃炎。

3) *非肠毒血型腹泻* 在肠道环境中，梭菌形成芽孢之后，肠毒素（Cpe）与小肠上皮细胞相互作用，引起非肠毒血型腹泻。尽管每一型产气荚膜梭菌都具有编码Cpe的基因，但A型梭菌引发的非肠毒血型腹泻最为常见。该病症最常见于人的饮食相关性疾病，狗和猫也可发生。临床上，从水样腹泻到出血性腹泻都有发生。除了上皮细胞中体液和电解质的失衡外，Cpe还可损伤上皮细胞及细胞间的紧密连接，从而引起肠壁细胞的脱落和炎症反应。

4. 流行病学

某些人，特别是成年人，肠道中常常携带产气荚膜梭菌。腹泻暴发时，存活于土壤中的致病菌株足以引起其他动物的感染。

发生肠毒血症的决定性因素是肠道内环境的状况，而肠道内环境的状况受到动物饮食和年龄的影响。动物过量饲喂，特别是饲喂蛋白质和能量丰富饲料（奶、豆类、草料和谷物），几乎是疾病发生的先决条件。对于幼龄动物，过量饲喂的饲料常常未能充分消化就通过了肠道，给摄入和常在细菌的增殖及毒素产生（通过 VirR/VirS 系统的上调，见上文的内容）提供了丰富的培养介质。肠道内的过量内容物使肠道蠕动变慢，由此延长了细菌停留和肠道吸收毒素的时间。

幼龄动物好发生该病是由于饲料和未成熟消化道常缺乏灭活毒素的酶的原因，初乳的抗胰酶活性使这种情况更为严重。在正常情况下，瘤胃可以灭活产气荚膜梭菌，但反刍动物在出生时，瘤胃尚未发育完全。在较大年龄动物体内，D 型梭菌的增殖似乎是由于摄入了大量的碳水化合物。

该病的季节性与在易发季节易感动物群数量较多和草料充足有关。

条件相关性 A 型产气荚膜梭菌病呈世界性分布。B 型产气荚膜梭菌引起的羔羊痢疾发生于欧洲和南非，而由该菌引起的绵羊或山羊的肠炎在伊朗有报道。C 型也呈世界性分布，而且还可以引起人的过饱性肠毒血症（“pig bel”）。D 型流行于养羊的地区。E 型见于英国、美国和澳大利亚，表现为肠毒血症。螺状梭菌和艰难梭菌也可以产生一种类似于 ζ 毒素的毒素。

36.2.1.3 免疫学

产气荚膜梭菌的免疫是抗体介导的免疫，而且免疫保护同抗毒素的水平相关，通常，菌体成分也参与了产气荚膜梭菌的免疫。

被动免疫和主动免疫对该病的控制都很重要（见下文 36.2.1.5）。

36.2.1.4 实验室诊断

相对来说，产气荚膜梭菌能够耐氧，不能运动，在组织中可以产生多糖荚膜。在正常无菌部位的分泌液中，很少能发现芽孢。

细菌分离包括接种血琼脂培养基和随后的厌氧环境培养。如欲从存在污染的环境中（如肠内容物）分离产气荚膜梭菌，可首先将样品加热到 80℃，持续 15min（芽孢可以抵抗这种条件的处理，而繁殖体不能），然后再接种培养基，进行细菌分离。诊断要点包括：①α 毒素引起的溶血活性（热-冷溶解）；②引起牛奶的凝固，并产生大量气体（暴烈发酵）；③在含特异性 α 毒素抗体的蛋黄琼脂上进行 α 毒素的中和试验（Nagler 反应）。

对于发生肠毒血症的病例，对小肠内容物进行染色（革兰氏、瑞氏和吉姆萨染色），常可观察到大量类似产气荚膜梭菌的革兰氏阳性杆菌。但这种检测方法的意义有限，因为动物死后，肠道细菌的增殖很快。

针对编码毒素的各个基因，设计特异性的 DNA 引物，对粪便和培养物进行 PCR 扩增的方法（多重 PCR）也已经得到建立。

检测小肠内容物中的毒素，可以对这类疾病进行确诊。将少量（<0.5ml）澄清的小肠内容物上清液通过尾静脉注射到小鼠体内，注射后，如果小鼠在几分钟后死亡，可

初步诊断为肠毒血症，更好的方法是将三份被检液体与一份已知的针对各种产气荚膜梭菌的抗毒素混合后，注射小鼠。

通过皮内试验，用豚鼠来检测坏死活性是更为特异的方法。如果采用肉汤培养物，必须分别对胰蛋白酶处理和非胰蛋白酶处理的上清进行试验，因为胰蛋白酶能够灭活一些毒素，而胰酶可以激活另一些毒素。样品必须新鲜，或在试验前一直冰冻保存。

只有成熟绵羊发生猝狙时（C 型肠毒血症），临死前，在组织中会侵入细菌。而对于其他形式的肠毒血症，细菌分离和定型只能作为参考手段，很少能做出确诊。

发生 D 型肠毒血症的羔羊，检查时通常为尿糖阳性。

对于感染的猫和狗，可以通过 ELISA 来检测粪便中的 Cpe。尽管芽孢形成和 Cpe 的产生相关，但通过用粪便涂片染色来检查芽孢的结果，常与 Cpe 的检查结果不一致。

36.2.1.5 治疗和控制

由于发病太急，大多数肠毒血症的治疗常难以奏效。对于发病和受威胁动物，可以考虑给予针对相应型的抗毒素，保护可以持续 2～3 周。预防时，可通过皮下注射 2 倍量的抗毒素，治疗时采用静脉注射。

分娩前，将菌苗和类毒素混合，对母畜注射两次，进行主动免疫，以确保新生动物在出生后的一周内能获得被动免疫保护。

该病暴发时，通常要一起使用抗毒素和类毒素，而且几周后要再次注射类毒素。对于 D 型肠毒血症，羔羊需要免疫接种两次（中间间隔一个月），才能获得保护。在全饲前两周，羔羊应完成两次免疫接种。

商品化的免疫制剂一般只有 C 型和 D 型。

防止动物过饱，是预防该病的一个有效措施。饲喂广谱抗生素能防止羔羊肠毒血症的流行，但也会产生其他的一些问题（见第 4 章）。由 A 型产气荚膜梭菌所致禽类坏死性肠炎引起的死亡，可通过给禽类饲喂抗生素来降低死亡率。

对于犬、猫腹泻相关的产 Cpe 的 A 型产气荚膜梭菌对甲硝哒唑，大环内酯类抗生素（泰乐菌素）及氨苄青霉素敏感。

36.2.2 诺维梭菌

36.2.2.1 特征描述

诺维梭菌是一类不形成荚膜，不运动，革兰氏阳性的专性厌氧杆菌，能产生大的，卵圆形的，具有强耐热性的芽孢。分为三种型（A、B、C），在生化反应、流行病学及致病性方面均有差异。一些学者将溶血梭菌列为 D 型诺维梭菌（见下文）。

诺维梭菌能引起动物的气性坏疽、“大头病”和反刍动物的“黑疫”。

具有医学意义的菌体产物

毒素 诺维梭菌能产生大量的外毒素，而且这些毒素与其所致的疾病密切相关。已经证明，α 毒素和 β 毒素以及结合胆固醇的溶细胞素——诺维梭菌溶血素同该菌的致病有关。但 C 型诺维梭菌的致病性与毒素无关。

（1）α 毒素。α 毒素由 A 型和 B 型诺维梭菌产生。它是一种糖基转移酶，能够使

Rho GTP 酶糖基化，从而丧失催化底物的作用（也就是说，失去了生物学活性）。此外，糖基化阻碍了 Rho GDP 与鸟嘌呤交换因子以及 Rho GTP 与 GTP 酶的相互作用，因此阻碍了膜循环，最终造成几种信号转导途径的破坏，进而造成感染细胞骨架成分的降解，最后导致细胞的死亡。

(2) β 毒素。β 毒素由 B 型诺维梭菌产生。它是一种磷脂酶（卵磷脂酶），能够水解卵磷脂和鞘磷脂（均为宿主细胞膜的组成成分），造成细胞的死亡。此毒素也可引起溶血。

(3) θ 毒素（诺维梭菌溶血素）。θ 毒素或诺维梭菌溶血素由 A 型诺维梭菌产生，是一种结合胆固醇的溶细胞素（也见前文的产气荚膜梭菌溶血素 O；后文的气肿疽梭菌溶血素；第 28 章链球菌的链球菌溶血素 O；第 33 章李氏杆菌的李氏杆菌溶血素 O；第 29 章隐秘杆菌属 pyolosin）。诺维梭菌溶血素可结合于真核细胞膜上含胆固醇的脂筏，一旦结合，能在膜表面形成一个小孔，造成细胞的死亡。

(4) 其他各种毒素。诺维梭菌能够产生大量其他的蛋白质“外毒素”，在致病方面的作用目前尚不确定。这些毒素包括由 A 型菌株产生的卵磷脂酶（γ 毒素）和脂肪酶（ε 毒素），B 型菌株产生的溶血素（δ 毒素）和肌球蛋白酶（ζ 毒素）。

36.2.2.2 生态学

1. 病原贮存和传播

通常，A 型菌株存在于土壤中。在正常草食动物的肠道和肝脏中，常存在 A 型和 B 型菌株。通过摄入或伤口感染途径，诺维梭菌进入宿主体内。

2. 发病机制

诺维梭菌产生的 α 毒素、β 毒素以及诺维梭菌溶血素，可引起动物的死亡和组织坏死，在致病性方面具有重要意义。其他毒素（卵磷脂酶、溶血素、脂肪酶和肌球蛋白酶）的致病作用还不确定。

1) A 型诺维梭菌　A 型诺维梭菌可引起人的气性坏疽和动物的伤口感染。其中公羊的“大头病”，起因为斗殴导致的头部创伤，毒素（α 毒素和诺维梭菌溶血素）进而损伤血管内皮，造成头部、颈部和头胸部的水肿，可在两天内死亡。死后变化包括水肿液黄色、澄清、呈胶冻样，并伴有轻微的出血。

2) B 型诺维梭菌　B 型诺维梭菌可引起牛和羊的传染性坏死性肝炎（“黑疫”），马和猪很少发病。肠道内产生的芽孢到达肝脏后，潜伏于枯否氏（Kupffer）细胞内。当肝片吸虫游走使细胞受损伤后，芽孢转移至厌氧条件下，发育为繁殖体，繁殖体进而产生毒素（α 毒素和 β 毒素）并发生传播。感染动物可能突然死亡，或在出现临床症状后的两天内死亡。临床症状包括精神沉郁、厌食和体温降低。尸检时可见水肿、浆膜渗出、单病灶或多灶性的肝坏死，而且病灶内含菌。皮下的静脉淤血和心包积水使皮肤呈现暗黑色，故被称为“黑疫”。

3) C 型诺维梭菌　据文献报道，C 型诺维梭菌是东南亚地区水牛骨髓炎的病原，不产生毒素，也不引起实验动物发病。

3. 流行病学

病原呈世界性分布，其中“大头病”已见于澳大利亚、南非和北美。“黑疫”的分布与肝片吸虫（*Fasciola hepatica*）的分布密切相关。这两种病多发于成年绵羊，常发于夏季和秋季。“黑疫”优先感染营养良好的动物。

36.2.2.3 免疫学

循环系统中产生的抗毒素（针对α毒素、β毒素以及诺维梭菌溶血素）和针对菌体成分的抗体可能是诺维梭菌感染的免疫基础。

用培养的全菌苗和类毒素免疫动物，可起到预防效果。

36.2.2.4 实验室诊断

在损伤的肝脏内，含有大的革兰氏阳性（或革兰氏染色存在可变性）杆菌，菌体末端有卵圆形的大芽孢，进一步鉴定需要进行抗诺维梭菌的荧光抗体染色镜检。

分离培养需要非常严格的厌氧条件，特别是B型诺维梭菌，而且营养需求很苛刻。动物死亡数小时后，有时可从正常草食动物的肝脏内检查到诺维梭菌。

动物实验表明，浆膜渗出液中存在毒素（见上文36.2.1），但采用抗毒素进行动物保护试验的结果往往不稳定。

进行组织检查或培养物鉴定时，可采用分子技术。通过设计引物，扩增种特异性的部分鞭毛蛋白基因，可成功鉴定出诺维梭菌A、B、C型，溶血梭菌，气肿疽梭菌和腐败梭菌。

36.2.2.5 治疗和控制

没有有效的治疗方法。可通过消除吸虫和其他一些肝病病原来控制该病。用菌苗和类毒素的联苗进行预防接种一般是有效的（两次接种，间隔一月）。

36.2.3 溶血梭菌

溶血梭菌是一类不形成荚膜，不运动，严格厌氧的杆菌，能产生大的，卵圆形的，具有强耐热性的芽孢。溶血梭菌（又称D型诺维梭菌）与B型诺维梭菌类似，特别是表型特征完全相同。该菌产生的毒素是磷脂酶C，与B型诺维梭菌的β毒素相同（见上文），但产生的量更大。研究发现，溶血梭菌具有血清学和产毒突变体。

溶血梭菌能引起反刍动物的杆菌性血红素尿，或称为“红水病”。

36.2.3.1 生态学

1. 病原贮存和传播

溶血梭菌存在于反刍动物的消化道、肝脏和土壤中。该病可发生于新的相对隔离的地区，从而表明，在该病的传播上，牛的活动起一定作用。通过摄入途径，溶血梭菌发生传播。

2. 发病机制

杆菌性血红素尿的发生包括芽孢摄入、肝脏内定殖、肝脏损伤、芽孢发育和毒素产生这样一个过程（见 B 型诺维梭菌引起的“黑疫”）。该菌产生的毒素为磷脂酶 C（β 毒素），能在数小时或数天内引起动物的重症溶血和死亡，还可引起动物的浆膜渗出和广泛性出血。可见的病变仅表现为由 β 毒素引起的肝脏坏死（梗死）。临床症状包括发热，可视黏膜苍白并出现发黄的黏液性薄膜，厌食，无乳，腹痛，血红素尿（“红水病”）和喘息。怀孕母牛可发生流产。

3. 流行病学

杆菌性血红素尿可见于北美落基山脉地区，太平洋东海岸国家，墨西哥湾，拉丁美洲，欧洲部分地区及新西兰。在多沼泽的低洼地区，该病往往呈地方流行，而且该病的感染扩散往往与某地区的洪水泛滥相关。有关该病原能否在土壤中持续存在的问题，目前还知之甚少。在该病的传播上，脱毛动物或许起一定作用。

一般每年下半年的病例较多，特别是一岁或几岁的营养良好的动物更容易发病。该病与吸虫感染的相关性不如“黑疫”（见上文的“B 型诺维梭菌”）与吸虫感染的相关性那么明显。

36.2.3.2 免疫学

抗毒素的产生可以使动物产生免疫。地方流行地区的动物一般具有一定的免疫力。用培养的全菌苗和类毒素免疫动物，可起到预防效果。

36.2.3.3 实验室诊断

进行革兰氏染色镜检和免疫荧光试验时，最好选择肝脏的病变部位进行涂片。需使用新鲜配制的血琼脂培养基进行细菌分离培养，在严格厌氧条件下进行培养。

进行组织检查或培养物鉴定时，可采用分子技术。通过设计引物扩增种特异性的部分鞭毛蛋白基因，可成功鉴定出诺维梭菌 A、B、C 型，溶血梭菌，气肿疽梭菌和腐败梭菌。

36.2.3.4 治疗和控制

应用广谱抗生素（如四环素）、抗毒素、输血疗法对发病动物进行早期治疗，可取得良好效果。在呈地方性流行的地区，动物应至少每隔 6 个月进行一次免疫接种，而且最好在接种 3～4 周后，再与可能的感染源接触。

36.2.4 腐败梭菌

腐败梭菌是一类短粗，多形态的，革兰氏阳性，能运动，能产生芽孢的专性厌氧杆菌。在动物某些分泌液中，可看到菌体上长的鞭毛丝。

腐败梭菌主要引起养殖动物的伤口感染（恶性水肿）。

36.2.4.1 特征描述

具有医学意义的菌体产物

毒素 腐败梭菌能产生大量的，据称可能与所致疾病有关的蛋白质外毒素。然而，α毒素是唯一经过证实具有毒力的因子。

(1) α毒素。腐败梭菌产生的α毒素是一种成孔和致死性毒素。毒素分泌后，可与真核细胞表面的糖基磷脂酰肌醇（GPI）锚定蛋白结合（主要是内皮细胞表面，但不是唯一的）。被带有蛋白水解酶（弗林酶）的细胞水解切割后，插入片段在细胞膜表面形成小孔，导致细胞死亡。

(2) β毒素。腐败梭菌产生的β毒素有 DNA 酶活性和白细胞毒性，在致病性方面，此毒素所起的作用还不确定。

(3) γ毒素。腐败梭菌产生的γ毒素具有透明质酸酶活性，在致病性方面，此毒素所起的作用也不确定。

(4) θ毒素（腐败梭菌溶血素 O）。腐败梭菌产生的θ毒素又称腐败梭菌溶血素 O，是一种结合胆固醇的溶细胞素（也见上文的产气荚膜梭菌溶血素 O，诺维梭菌溶血素以及下文的气肿疽梭菌溶血素；第 28 章链球菌的链球菌溶血素 O；第 33 章李氏杆菌的李氏杆菌溶血素 O；第 29 章隐秘杆菌属 pyolosin）。腐败梭菌溶血素 O 可结合于真核细胞膜上含胆固醇的脂筏，一旦结合，能在膜表面形成一个小孔，进而造成细胞的死亡。在腐败梭菌的致病性方面，此毒素所起的作用还不确定。

(5) 其他各种产物。腐败梭菌能够产生大量其他的产物（几丁质酶、神经氨酸酶、脂肪酶及血凝素），它们在致病方面的作用目前还不确定。

36.2.4.2 生态学

1. 病原贮存和传播

腐败梭菌广泛存在于土壤中，呈世界性分布，也存在于人和动物的肠道中。通过伤口感染和摄入途径，腐败梭菌进入宿主体内。

2. 发病机制

腐败梭菌引起的伤口感染称为“恶性水肿”。上文提到的毒性产物可能均参与了致病过程，但在致病过程中，只有α毒素起的作用得到了明确证实。全身的病理反应和局部水肿是全身性内皮系统受损造成（体液和电解质失衡）的。可能是膜活性毒素（α和θ毒素）的作用、结缔组织的溶解（γ毒素）、多形核白细胞的破坏及其消化酶的释放（β毒素）协同作用，破坏了可见的机体组织。

在数小时到数天内，感染过程可从感染点向周围辐射蔓延。在通常情况下，出血性、水肿性、坏死性过程沿着筋膜平面扩散，致使邻近的肌肉变黑。

随着肌肉病变和气肿的发生，使该病的病变很像“黑腿病”（下文提到的，由气肿疽梭菌引起的）和气性坏疽（上文提到的，由产气荚膜梭菌引起）。

病变组织肿胀，有捻发音，而且由苍白发热逐渐变冷，并失去知觉。其他症状包括发热、心动过速、厌食和精神沉郁。病程快，或许可在一天内致死动物。

气候变冷时，腐败梭菌可引起绵羊的致死性疾病，称为“羊快疫”。除前面提到的皮下损伤外，该菌还可引起皱胃壁的损伤。临床大多表现为毒血症和胃肠功能紊乱。

由腐败梭菌引起人的伤口感染，或许可发展为蜂窝织炎或气性坏疽。

3. 流行病学

对动物实施去势、断尾、剪毛、标号和注射后，或许会引起动物的恶性水肿；动物难产时，人工助产不熟练也可引发产后的生殖感染。

羊快疫多见于苏格兰和斯堪的纳维亚地区。

36.2.4.3 免疫学

免疫可能依赖于抗毒素的产生。

36.2.4.4 实验室诊断

通过革兰氏染色或免疫荧光染色，或许可从动物分泌液中发现带有芽孢的杆菌。

在良好的厌氧条件下，在含反刍动物血液的琼脂上，腐败梭菌可以生长，并在48h内产生溶血菌落，直径可达5mm，带有根状的轮廓，倾向于聚集性生长。

尽管病原的分离鉴定并不困难，但结果的解释应该慎重。动物死后，腐败梭菌侵入增殖很快。该菌的存在或许与动物的发病无关，却很可能影响更有临床意义病原的查找（如溶血梭菌和气肿疽梭菌）。

检测组织中病原或对分离的菌株进行鉴定时，可以针对编码α毒素的基因设计DNA引物，进行PCR扩增。所有的腐败梭菌菌株均含有编码该毒素的基因。此外，也可以通过设计引物扩增具有种特异性的部分鞭毛蛋白基因，该方法已成功用于诺维梭菌A、B、C型，气肿疽梭菌，溶血梭菌和腐败梭菌的鉴定。同样，可以设计引物扩增16S-23S rRNA的间隔区片段，来鉴别腐败梭菌和气肿疽梭菌。

36.2.4.5 治疗与控制

预后应谨慎，可以采取的治疗方法包括全身给药（青霉素和四环素），开创排脓，并用消毒剂清洗疮口。

对于犊牛，在3～4月龄时，进行免疫接种。绵羊和山羊在断奶时接种，建议每年都要接种一次。在可能接触到病原的情况下，加强平时的卫生预防措施，有助于控制疾病。

36.2.5 气肿疽梭菌

气肿疽梭菌是一类革兰氏阳性，能运动，专性厌氧的杆菌，能在菌体近末端或中央产生芽孢。

气肿疽梭菌能引起牛的气肿性坏死性肌炎（黑腿病）。

36.2.5.1 特征描述

具有医学意义的菌体产物

气肿疽梭菌能产生大量的，据称可能与所致疾病有关的蛋白质外毒素：

1）*α毒素* 气肿疽梭菌产生的α毒素是一种氧稳定的溶血素，可与成孔和致死性的腐败梭菌α毒素相比拟。

2）*β毒素* 气肿疽梭菌产生的β毒素具有DNA酶活性，在致病性方面，此毒素所起的作用还不确定。

3）*γ毒素* 气肿疽梭菌产生的γ毒素具有透明质酸酶活性，在致病性方面，此毒素所起的作用也不确定。

4）*θ毒素（气肿疽梭菌溶血素）* 气肿疽梭菌产生的θ毒素又称为气肿疽梭菌溶血素，是一种结合胆固醇的溶细胞素（也见上文的产气荚膜梭菌溶血素O，腐败梭菌溶血素O以及诺维梭菌溶血素；第28章链球菌的链球菌溶血素O；第33章李氏杆菌的李氏杆菌溶血素O；第29章隐秘杆菌属pyolosin）。气肿疽梭菌溶血素可结合于真核细胞膜上含胆固醇的脂筏，一旦结合，能在膜表面形成一个小孔，进而造成细胞的死亡。在气肿疽梭菌的致病性方面，此毒素所起的作用还不确定。

5）*神经氨酸酶（唾液酸酶）* 气肿疽梭菌产生的神经氨酸酶能移走真核细胞壁上糖复合物的唾液酸残基，从而造成细胞间基质的破坏。在气肿疽梭菌的致病性方面，此毒素所起的作用还不确定。

36.2.5.2 生态学

1. 病原贮存和传播

气肿疽梭菌寄生于易感和能耐受该菌动物的肠道，肝脏和其他一些组织。有证据表明，在一定情况下，土壤能传播“黑腿病”（见下文的“流行病学”）。

该菌的传播途径尚不清楚，据推测，可能的传播途径包括内源性途径和经摄入或伤口侵入的土壤获得性感染途径。

2. 发病机制

一般认为，α毒素（引起坏死）、γ毒素（透明质酸酶）、θ毒素（气肿疽梭菌溶血素）及神经氨酸酶引起组织的最初损伤，而细菌的代谢和发酵产气则进一步加剧了组织损伤。

发病之前，首先，来自肠道的芽孢进入组织（特别是骨骼肌）。之后，在适宜的条件下，芽孢萌发为细菌，细菌进一步增殖，并产生毒素，造成局部组织的水肿、出血和肌原纤维的坏死。细菌的发酵进一步造成受损组织中心变干、变黑，形成气肿，而外周表现为水肿和出血，并发出特征性腐臭的油脂气味。

显微变化表现为由水肿、气肿和出血引起的肌纤维变性，白细胞浸润轻微。

临床症状可表现为高热、厌食及精神沉郁。动物也常出现跛行。体表损伤表现为肿胀，触摸时发出捻发音。通常情况下，病变全部发生在体内（膈、心肌和舌）。发病时，有些动物会突然死亡，而其他动物则在1～2天内死亡。

3. 流行病学

“黑腿病”呈世界性分布，但在不同的地理区域或同一区域的不同地点，发病率也不相同，表明土壤中的病原贮存、气候或季节因素与疫病发生有关。3 岁以下，营养良好的牛容易发病。

劳累、皮肤擦伤及急性消化不良或许能诱发该病。

气肿疽梭菌可引起羊和其他种动物的创伤感染，病变类似于恶性水肿或气性坏疽，病灶中还可能存在其他一些梭菌（腐败梭菌、诺维梭菌及索氏梭菌）的混合感染。

36.2.5.3 免疫学

循环系统中是否存在针对毒素和菌体成分的抗体决定了动物对气肿疽梭菌的抵抗力。商品化的甲醛佐剂疫苗可包含 6 种其他的梭菌成分。

36.2.5.4 实验室诊断

在感染组织的涂片中，可发现带有芽孢的革兰氏阳性杆菌，可通过免疫荧光染色进行进一步的鉴定（图 70.4）。

气肿疽梭菌需要严格的厌氧条件和富含半胱氨酸和水溶性维生素的培养基。病原类似于腐败梭菌，而且常常与腐败梭菌一起被分离出来。与腐败梭菌不同的是，它发酵蔗糖，但不发酵水杨苷，不能在 44℃生长。可以设计引物扩增 16S-23S **rRNA** 的间隔区片段，鉴别腐败梭菌和气肿疽梭菌，该方法可用于检测组织中的病原。

检测组织中的病原和鉴定培养物时，也可以通过设计引物扩增具有种特异性的部分鞭毛蛋白基因，该方法已成功用于诺维梭菌 A、B、C 型，气肿疽梭菌，溶血梭菌和腐败梭菌的鉴定。

36.2.5.5 治疗和控制

治疗的效果常不尽如人意，发病时可首先经静脉注射青霉素，此后再以缓释的方式进行肌肉注射。

对于牛，在 3～6 月龄时进行免疫接种，以后每年接种一次。至少在接种 2 周后，再与可能的感染源接触。出现暴发时，对所有的牛进行紧急免疫接种，并给予长效青霉素。

在常发生该菌感染的地区，在妊娠母羊分娩前 3 周，进行免疫接种。对于羔羊，在其出生后的第一年内，进行免疫接种。

如果是首次发现该病例，建议更换牧场。

36.2.6 艰难梭菌

艰难梭菌是一类革兰氏阳性，能运动，形成荚膜，并能产生芽孢的厌氧杆菌。该菌能产生黏附素（菌毛）。通过电子显微镜，可以观察到细胞壁具有次晶态排列的表面结构（S 层）。

艰难梭菌是引起人腹泻的重要病原（抗生素相关性腹泻，或许会进一步发展为伪膜性大肠炎），但其对其他动物的致病意义目前还不甚明了。从发病和不发病的犬、猫体内都可以分离到该菌。据推测，可能与其他的诱因（如使用抗菌剂）协同作用，才能引起发病，但尚未得到证实。从正常的马体内也可分离到该菌，然而从患有腹泻病和蛋白质丢失性肠道疾病的马体内分离到该菌的机会更多，表明它们之间似乎存在着一定关系。对体内能分离到艰难梭菌的马进行病理学研究，结果表明，这样的马的病理变化包括出血性坏死性小肠结肠炎、盲肠结肠炎和伪膜性大肠炎。尽管以前有报道表明，正常的未使用药物治疗的马驹可以发生艰难梭菌相关性疾病，但对于狗和猫，一些研究表明，发生该病与使用抗生素有关。

36.2.6.1 特征描述

1. 具有医学意义的菌体产物

1）黏附素　艰难梭菌能产生菌毛黏附素，在菌体内，该产物可能在与大肠中靶细胞的附着过程中发挥作用。艰难梭菌还能产生一种与肠上皮细胞有亲和力的细胞壁蛋白（Cwp66，即66kDa的细胞壁蛋白）。

2）荚膜　艰难梭菌能产生碳水化合物荚膜以保护菌体免于被吞噬细胞吞噬。

3）毒素　艰难梭菌能产生三种毒素，在该菌引起肠炎的过程中，这三种毒素起一定作用。这三种毒素分别为毒素A（“肠毒素”）、毒素B（“溶细胞素”）和ADP-核糖转移酶。

（1）毒素A。艰难梭菌毒素A（ToxA或TcdA）是一种糖基转移酶，可以使Rho GTP酶发生糖基化，从而丧失催化底物的作用（也就是说，失去了生物学活性）。此外，糖基化阻碍了Rho GDP与鸟嘌呤交换因子以及Rho GTP与GTP酶活化因子的相互作用，因此阻碍了膜循环，最终造成几种信号转导途径的破坏，进而造成靶细胞骨架成分的降解，以及肠上皮细胞间紧密连接的破坏，最后导致细胞的死亡。ToxA除了上面提到的细胞毒性外，它还有刺激PMN经肠神经系统内流的能力（通过释放物质P，使肥大细胞脱粒）。经PMN的富集，至前列腺素的合成（可能是被感染的宿主细胞），并且在感染宿主细胞内激活了多种肌醇信号转导途径，从而造成氯离子和水的分泌（腹泻）。

（2）毒素B。艰难梭菌毒素B（ToxB或TcdB）同毒素A相似，也是一种糖基转移酶，可以使Rho GTP酶发生糖基化（见上文），但毒素B的肠毒素活性很低。

（3）ADP-核糖转移酶。艰难梭菌能产生ADP-核糖转移酶（Cdt）。Cdt毒素是一种二元毒素（见前文产气荚膜梭菌的ξ毒素，以及后文的发状梭菌）。由一个能将毒素结合于上皮靶细胞的结合部分（Cdtb）和一个酶活性部分（Cdta）组成。毒素结合于细胞表面的特异性受体后，Cdta部分进入细胞浆。尽管毒素如何进入胞浆的具体过程不很清楚，但似乎是在细胞膜表面形成一个孔道（由Cdtb形成）后，Cdta得以进入。Cdta是一个ADP-核糖基化毒素，可以造成宿主细胞内肌动蛋白的核糖基化，从而造成细胞骨架的破坏和感染细胞的死亡。

2. 变异

艰难梭菌易于变异，有12个血清群（A～I、K、X和S），而且，编码鞭毛蛋白的基因存在着明显的变异（可分为9个不同的基因群）。通过随机扩增的多态性DNA分析（RAPD），该菌可分为许多型。

在进行流行病学分析时，这些变异非常有用。

36.2.6.2 生态学

1. 病原贮存和传播

艰难梭菌可存在于正常动物和感染动物的肠道内。芽孢对许多不良的环境因素具有抵抗力，因此可以广泛分布于动物的圈舍内。致人发病的菌株和致动物发病的菌株似乎不存在相关性。

2. 发病机制

通过菌毛和表面蛋白Cwp66，艰难梭菌黏附于大肠的黏液或上皮细胞上。通常，在其他一些诱因的作用下（如使用抗生素、非类固醇药物及化疗制剂）引发疾病，这些诱因影响了正常菌群对艰难梭菌数量的控制。毒素（ToxA、ToxB及Cdt）的产生，破坏肌动蛋白构成的细胞骨架和紧密连接，造成细胞的死亡。强烈的炎症反应（ToxA）导致肌醇途径产物的产生，这些产物与前列腺素共同造成机体体液和电解质的分泌，从而出现带血或不带血的腹泻。

3. 流行病学

艰难梭菌相关性腹泻似乎与使用抗生素，应激反应，应用化疗制剂或非固醇类抗炎药物有关。但新生驹能在没有发现任何诱因的情况下发病。该菌是否能在就医的患者间传播，是否能随着患者在医院间传播，目前还不明确。

36.2.6.3 免疫学

免疫保护可能是抗毒素产生的，但菌体抗体的作用还不清楚。患者口服抗毒素（用牛制备的）可以产生保护作用。

36.2.6.4 实验室诊断

采用PCR方法，可从粪便中检测到编码毒素的基因。已经建立了检查粪便中毒素（ToxA）的方法。使用选择培养基CCFA（环丝氨酸、头孢噻吩和果糖琼脂），可从粪便中分离到艰难梭菌。

36.2.6.5 治疗和控制

使用甲硝哒唑，可以很快控制艰难梭菌相关性腹泻，但存在对甲硝哒唑有抗性的菌株。替代抗生素为万古霉素，目前没有疫苗。研究表明，在预防人的相应疾病时，口服酵母菌保拉迪酵母（*Saccharomyces boulardii*）有效果。在医院里，加强医护人员的手的清洗对于防止该菌传播非常有效。消毒剂不能有效杀灭芽孢。

36.2.7 发状梭菌（发状芽孢杆菌）

发状梭菌可产生芽孢，能引起试验小鼠的急性致死性腹泻，病变特征为局灶性肝坏死（Tyzzer 病），在肝细胞内，该菌呈束状存在，不能在无细胞的培养基中生长。该菌也可引起家兔、野兔、沙鼠、家鼠、仓鼠、麝鼠、狗、猫、雪豹、驹和恒河猴的相同疾病。据报道，感染人免疫缺陷病毒的人可发生 Tyzzer 病，但免疫功能健全的人不会发生此病。

36.2.7.1 特征描述

发状梭菌为大的，革兰氏染色具有可变性，能形成芽孢的杆菌。具有周鞭毛，能运动。吉姆萨染色和银染效果要优于 H&E 染色和革兰氏染色。

该菌可以在鸡胚和鼠肝细胞上培养生长。

冻融或冻干就可以引起繁殖体的死亡，适度的加热、冰冻和融化不能致死芽孢。在废弃物中可存活数月，而且仍具有感染性。在致病性和形态学方面，该菌是比较固定的。

36.2.7.2 生态学

1. 病原贮存和传播

病原的来源是感染动物，病原可经肛-口途径和胎盘传播。许多感染是在应激诱因作用下发生的内源性感染。

2. 发病机制

该菌从肠道经淋巴管和血管侵入肝脏，造成病理损伤。发生凝固性坏死的病灶位于门管周围，病菌或许可进一步扩散到心肌。感染的细胞一般包括肝细胞、心肌细胞、肠道的平滑肌细胞和上皮细胞，感染动物或许表现为痢疾样的病症。驹表现为淋巴腺炎，特别易见于肝淋巴结。

通常，病程不到 3 天。

3. 流行病学

暴发通常与应激有关（拥挤、照射及类固醇药物的使用）。实验动物群的发病率较高，致死率可达 50%～100%，特别是年幼动物群，死亡率很高。常可通过血清学方法鉴别群体中存在的亚临床感染的个体。

36.2.7.3 实验室诊断

主要通过观察细胞内成束状存在的典型杆菌［0.5μm×（8～10）μm］，进行实验室诊断，特别是在发生病变周围的肝细胞内（图 68.5）。荧光抗体方法有助于进一步的诊断。

用感染鼠的肝脏提取物作为抗原，进行补体结合反应，可用来监测鼠群的感染情况。

36.2.7.4 治疗和控制

治疗常不能成功。预防有效的抗生素包括红霉素和四环素。

36.2.8　其他具有兽医学意义的侵入性梭菌

索氏梭菌同反刍动物和马的致死性肌炎和肝病有关，但确切的病理过程还不清楚。该菌可产生大量的毒素，通过试验感染可使多种动物致病。菌苗-类毒素联苗中，常包括索氏梭菌的相应成分。

鹌鹑梭菌主要引起鹌鹑发病，可引起几种禽类的溃疡性肠炎和坏死性肝炎（图68.6）。该菌对营养要求苛刻，产生芽孢的能力有限。该菌的生长周期不清楚，未发现任何一种毒素。禽发病后，不治疗往往会死亡，用链霉素治疗有效。

通常，可从患有肠炎（“黏液性肠炎”）的幼兔体内分离到的螺状梭菌，可能是引起幼兔发病的微生物之一。该菌产生的外毒素同E型产气荚膜梭菌的ζ毒素和艰难梭菌产生的ADP-核糖转移酶相同，通过使细胞内肌动蛋白的ADP核糖基化发挥作用。

36.3　非侵入性梭菌

肉毒梭菌（引起肉毒中毒症）和破伤风梭菌（引起破伤风）仅通过产生神经毒素（肉毒毒素和破伤风毒素）致病。尽管肉毒毒素和破伤风毒素的致病机制相同，但它们引起的疾病和临床表现不同，原因是这两种毒素作用于神经系统的不同位点。

肉毒毒素和破伤风毒素能阻碍神经递质的释放，这两种毒素均为锌结合的肽链内切酶，能干扰含神经递质的小泡与突触前膜的融合。作用机制是在含神经递质的小囊与突触前膜融合之前，“停泊”相关蛋白质发生了水解，这些蛋白质的水解导致神经突触变性和神经传递的抑制，而神经突触的复性需要数周到数月的时间。

36.3.1　肉毒梭菌

肉毒梭菌为革兰氏阳性，能产生芽孢的专性厌氧杆菌。可以引起肉毒中毒症，是一种以软弱、麻痹为特征的神经性麻痹中毒。该菌产生的7种蛋白质神经毒素（A～G）中，其中任何一种都可引起中毒。这7种类型毒素的作用机制相同，但毒性的强度、抗原性和分布不同。根据产生毒素的不同，可将肉毒梭菌分为若干不同的群/型（其中G群/型肉毒梭菌已被重新命名为阿根廷梭菌），其中某些型的毒素（C和D）是由噬菌体编码的。

肉毒梭菌感染主要见于反刍动物、马、貂和禽类，而水禽、猪、肉食动物和鱼很罕见。

36.3.1.1　特征描述

1. 形态学

肉毒梭菌为革兰氏阳性，能产生芽孢的专性厌氧杆菌。在pH近中性和偏碱性的条件下，在菌体末端可产生卵圆形的芽孢。

2. 具有医学意义的菌体产物

毒素　肉毒梭菌能产生几种具有毒素活性的蛋白质（肉毒毒素、C2 毒素和 C3 外酶），在引起肉毒中毒症时，肉毒毒素起主要作用。

（1）肉毒毒素。共有 7 种抗原性不同的肉毒毒素，用字母 A～G 命名这 7 个型的毒素，由于肉毒梭菌产生的神经毒素的型即为该菌株的特征（BoNT 代表肉毒神经毒素），因此，就将产生 A 型 BoNT 的肉毒梭菌命名为 A 型肉毒梭菌，并以此类推。

这 7 种 BoNT 均为锌结合的肽链内切酶，生物学活性相同，即通过水解为含神经递质的小泡与突触前膜的融合所需的停泊蛋白而发挥作用。尽管造成的后果相同（阻止了神经递质的释放），但各种型的 BoNT 水解不同的停泊蛋白。其中 A 型和 E 型水解 SNAP（突触体维系蛋白），B 型、D 型、F 型和 G 型水解 VAMP（囊泡膜缔合蛋白），C 型水解 SNAP 和囊泡锚定蛋白。这些蛋白质一旦水解，即导致神经突触变性，而神经突触的复性需要数周到数月的时间。

BoNT 是双链分子，由一个轻链（具有锌结合的肽链内切酶活性）和一个重链组成，重链由一个易位域（可以在膜表面形成孔道，以便轻链进入）和一个结合域（可以结合到神经细胞表面）组成。BoNT 分泌时，还伴随着几种辅助性蛋白的分泌，辅助蛋白有助于 BoNT 在胃肠道内的存活。

BoNT 可结合到胆碱能神经细胞上，不同型 BoNT 结合到细胞表面不同的受体上。结合后，通过受体介导的内吞作用进入细胞内，含 BoNT 的小囊留在神经肌肉接头处，经水解切割后，轻链（锌结合的肽链内切酶）通过易位穿膜进入神经细胞的细胞液，并在此水解停泊蛋白。

（2）C2 毒素和 C3 外酶。C2 毒素和 C3 外酶均为 ADP-核糖基转移酶。C2 毒素和 C3 外酶能分别使 G-肌动蛋白和 Rho 核糖基化，从而造成细胞骨架的破坏。但它们在致病过程中似乎均不起作用。

3. 抵抗力

尽管不同代谢群的肉毒梭菌芽孢对热的敏感性存在差异（见下文的“变异”），但各毒素型、菌株在 120℃，湿热下，5min 一般都会致死。但也存在例外情况，低 pH 和高盐能增强热灭菌效果，80℃加热 20min 可灭活毒素。

食盐、硝酸盐和亚硝酸盐能抑制食物中芽孢的萌发。

4. 变异

7 个型毒素的抗原性，热敏感性以及对不同动物的致死性（可能与运动神经元表面的受体密度有关）都不同。目前，已鉴定出 4 个代谢群（表 36.3）。

表 36.3　各型肉毒毒素的分布、来源和致病性

型	代谢型	发生地域	来源	感染动物种类	存在的毒素
A	I	美国西部、加拿大、前苏联	蔬菜、水果（肉、鱼）[a]	人（鸡、貂）	A
B	I，II	美国东部、加拿大、欧洲、前苏联	肉、猪肉产品（蔬菜、鱼）	人（马、牛）	B
Cα	III	新西兰、日本、欧洲	植物、无脊椎动物、腐肉	水禽	C 1（C 2）[b]

续表

型	代谢型	发生地域	来源	感染动物种类	存在的毒素
Cβ	III	澳大利亚、南非、欧洲、美国	变质的饲料、腐肉	马、牛、貂，狗(人)	C 2，D(C 1)
D	III	南非、前苏联、美国西南部、法国	腐肉	牛、绵羊(马、人)	C 2，D
E	II	北美、北欧、日本、前苏联	生鱼、海洋哺乳动物	人(鱼)	E
F	I，II	美国、北欧、前苏联	肉、鱼	人	F
G[c]	IV	阿根廷	土壤	人	G

a.圆括号表示罕见或具有可变性。b. C2不是神经毒素，而是 ADP-核糖基化毒素，能引起体液的跨膜转运。影响心肺和肠的功能，在动物肉毒中毒症中所起的作用不明。c. 部分阿根廷梭菌菌株产生此毒素。

36.3.1.2 生态学

1. 病原贮存

肉毒梭菌的贮存库是土壤和水的沉积物，引起中毒的媒介是被污染的动植物原料。动物死亡后，存在于内脏和组织中的肉毒梭菌芽孢萌发，并产生毒素，这样的死肉可能被食用或污染环境。在腐败的植物中，也可发生类似的情况。

2. 传播

除了摄入毒素，摄入芽孢或经伤口感染或许也可导致肉毒中毒症。

芽孢摄入是婴儿（人）发生肉毒中毒症的重要原因，因伤口感染引起的人和马的肉毒症很罕见。

3. 发病机制

摄入的 BoNT 经胃腺和小肠前段吸收入血后，随血流分布。在与受体结合后，经受体介导的细胞内吞作用进入神经细胞。至于 BoNT 如何在血液中到达神经细胞表面还不清楚。含 BoNT 的小囊留在神经肌肉接头处，通过易位穿膜，毒素的一个片段（轻链）进入神经细胞的细胞液，随后开始水解停泊蛋白（所水解的蛋白质取决于肉毒毒素的种类）。神经递质（乙酰胆碱）的缺乏导致突触变性和机体软弱麻痹。如果呼吸肌受到影响，动物会因呼吸衰竭而死亡，发病动物无原发性病理变化。

临床表现包括因肌肉活动不协调而出现的肢体歪斜，舌外伸，食物的取用、咀嚼和吞咽出现困难（图 71.5）。意识正常，如果没出现继发感染（如吸入性肺炎），体温仍保持正常。对于非致死的病例，恢复较慢，症状或许会持续数月之久。马草病，通常是一种致死性的家族性自主神经异常，其肠道神经系统受损与摄入 C 型肉毒梭菌分泌的 BoNT 有关，该梭菌可生存于草的叶片上（以一种生物膜的形式存在）。

鸟类的肉毒中毒症已被命名为软颈病，表现为头颈下垂，常引起水禽的溺水。

4. 流行病学

A 型和 B 型可发现于几乎所有的土壤（包括未开垦的土地）之中；C 型、D 型、E 型和 F 型主要见于潮湿的环境中，即多泥的土壤和水的沉积物中。动物疾病主要由 C 型和 D 型引起。C 型可以以一种生物膜的形式存活于草本植物叶片的表面，是发生马草病时的 BoNT 来源。

饲料中的死猫及啮齿动物可引起疾病的暴发，将鸡的粪肥添加于牛饲料中时，也可引起暴发。貂场暴发该病往往是由于饲喂了腐肉。鱼的孵卵处及鱼饲料中常含有 E 型肉毒梭菌的芽孢，可在鱼塘底的淤泥中萌发。腐败的植物可引起水禽的疾病暴发。夏季湖水退潮时，出现多泥的湖滨和浅滩，这样，腐烂的植物就可能引发该病。动物摄入肉毒梭菌及其毒素，引起动物中毒死亡后，梭菌及毒素可到达畜体体表，进而被苍蝇的幼虫摄食，水禽食用这样的幼虫后，往往可发生中毒。

D 型肉毒梭菌引起的疾病常见于磷缺乏的地区，食草动物食用了含有毒素的畜肉和骨之后引起中毒。在南非，牛出现这种情况时称为“lamziekte”（非洲牛的肉毒中毒）。

B 型肉毒梭菌见于牛和骡，在驹和成年马的“毒素感染肉毒中毒症”（对于驹，又称“驹震颤综合征”），并不能发现毒素，但却总能从组织中分离到病原。

通常，人的肉毒中毒症是由于食用了加工不当的肉品、海产品或罐装蔬菜。婴儿的肉毒中毒症是由于肠道内梭菌的增殖和毒素的产生，导致了“软婴综合征”。伤口感染型的肉毒中毒症是由外伤污染引起的。

36.3.1.3 免疫学

机体对肉毒中毒症的抵抗力，主要取决于循环系统中抗毒素的产生。某些动物，如土耳其秃鹰，显然可以通过反复的亚致死量接种获得免疫力。

36.3.1.4 实验室诊断

诊断肉毒中毒症，需要在动物死前或刚死时，检查血浆或组织中的毒素。病原分离（特别是从肠内容物中）或死后的毒素检查不能确诊该病。如果在饲料，新鲜的胃内容物或呕吐物中检查到毒素，可做出诊断。

从可疑材料（如不是液体）中提取毒素时，需要用盐过夜处理，将混合物离心，取澄清的部分过滤除菌后，用胰蛋白酶处理（1%，37℃，45min）。用提取物、提取物与抗毒素的混合物接种豚鼠或小鼠，而且提取物要在 100℃加热 10min。若发生肉毒中毒症，在 10h～3 周内发生（平均 4 天），死亡前表现肌肉无力、肢体麻痹和呼吸困难。如存在毒素，必定可被其中的一种肉毒梭菌抗毒素所中和。

从可疑饲料或组织中分离肉毒梭菌时，首先将可疑材料在 65～80℃条件下加热 30min，以促使芽孢萌发。对于 E 型菌的芽孢，还需要用溶菌酶处理（按 5mg/ml 加入培养基），用血琼脂平板在厌氧条件下培养。根据生化反应和毒素的产生进行鉴定，可采用免疫荧光方法鉴定某些代谢群的菌株。根据编码各种毒素的基因设计引物进行 PCR 扩增，可对分离到的肉毒梭菌进行鉴定。

36.3.1.5 治疗和控制

如果最近摄食了可疑的饲料或食物，应对胃进行清洗和使其下泻，有助于进一步治疗。出现症状后马上给予抗毒素有时会有效果，特别是对于貂和鸭。貂和其他动物如果有感染风险，应用类毒素进行免疫接种（A、B、C 和 D 型）。

将受到影响的水禽移到干燥的地方，可以防止其接触病菌毒素和溺水，在干燥地方喂食，可引诱禽鸟离开污染的区域。

胍类和氨基吡啶可刺激乙酰胆碱的释放，胚芽碱能加强神经冲动。临床上有关这些药物应用的报道很少，而且使用混杂。

36.3.2 破伤风梭菌

破伤风梭菌为革兰氏阳性，能产生芽孢的专性厌氧杆菌。可以引起破伤风。破伤风是一种以强直、阵挛为特征的神经性麻痹中毒。中毒由一种蛋白性神经毒素引起。

所有的哺乳动物都不同程度的对该病易感，马、反刍动物、猪的易感性高于食肉动物和禽。所有发病动物的死亡率都很高。

36.3.2.1 特征描述

1. 形态学

破伤风梭菌为革兰氏阳性，能产生芽孢的专性厌氧杆菌。该菌具有可鉴别的形态学特征，即该菌具有球形的芽孢，位于菌体一端（“鼓槌形”或“球拍形”；图 36.1）

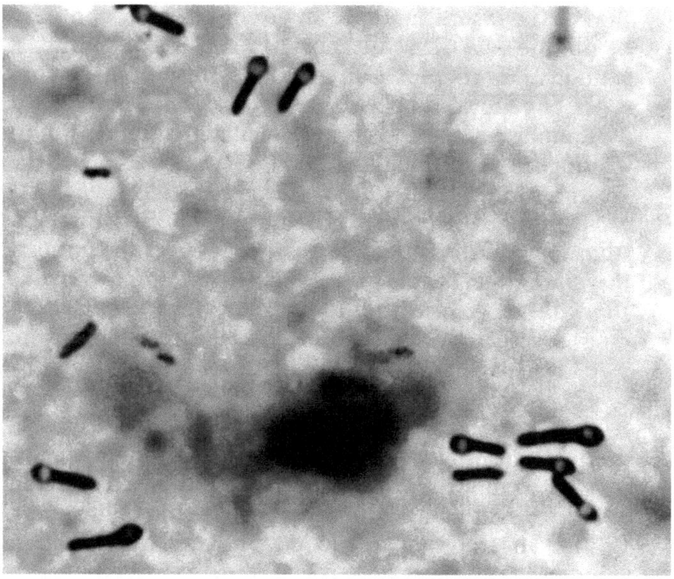

图 36.1 最近用“橡皮带”方法对羔羊去势后，感染组织中的破伤风梭菌阴囊压片，革兰氏染色。(1000×)

2. 具有医学意义的菌体产物

毒素 破伤风梭菌能产生两种毒素（破伤风溶血素和破伤风毒素），但只有破伤风毒素具有临床意义。

(1) 破伤风毒素（破伤风痉挛毒素）。破伤风毒素基因位于一个大质粒上（TeNT 代表破伤风神经毒素），TeNT 随菌体的裂解而释放。

TeNT 只有一个型，是锌结合的肽链内切酶，能水解含神经递质的小泡与突触前膜的融合所需的停泊蛋白。TeNT 水解停泊蛋白 VAMP（囊泡膜缔合蛋白），该蛋白质一旦水解，即导致神经突触变性，而神经突触的复性需要数周到数月的时间。

TeNT 是双链分子，由一个轻链（具有锌结合的肽链内切酶活性）和一个重链组成，重链由一个易位域（可以在膜表面形成孔道，以便轻链进入）和一个结合域（可以结合到神经细胞表面）组成。

TeNT 与胆碱能神经细胞的结合需要细胞表面的受体，该受体不同于 BoNT 所识别的受体。该受体由含有卵筏的脂质和糖基磷脂酰肌醇（GPI）锚定蛋白组成。与受体结合后，经受体介导的内吞作用进入细胞内，含 TeNT 的小囊经轴突运输逆行至位于脊髓腹角的抑制性中间神经元。经水解切割后，轻链（锌结合的肽链内切酶）通过易位穿膜，进入神经细胞的细胞液，并水解停泊蛋白，从而干扰了该停泊蛋白与含有神经递质 γ 氨基丁酸（GABA）和甘氨酸的小囊的相互作用。

(2) 破伤风溶血素。破伤风溶血素是一种胆固醇结合溶细胞素（也见于上文梭菌属的产气荚膜梭菌溶血素 O，腐败梭菌溶血素 O，诺维梭菌溶血素和气肿疽梭菌溶血素；第 28 章链球菌的链球菌溶血素 O；第 33 章李氏杆菌的李氏杆菌溶血素 O；第 29 章隐秘杆菌属 pyolosin）。破伤风溶血素能结合于真核细胞膜上含胆固醇的脂筏，一旦结合，即在膜表面形成一个小孔，进而造成细胞的死亡。目前，破伤风溶血素对于破伤风梭菌的致病意义还是未知的。

3. 生长特性

在常规的厌氧条件下，破伤风梭菌可在血琼脂上生长，可呈聚集性生长。用于鉴定的生化试验结果（糖发酵试验、蛋白水解试验及吲哚试验）可随所用的培养基不同而有所改变。

芽孢抵抗煮沸灭活的时间可达 1.5h，但高压灭菌（121℃，10min）可将其灭活。用卤素类消毒剂（3%碘酒）作用几个小时，可起到消毒效果，但用平常浓度的石炭酸、来苏儿及福尔马林消毒是无效的。

4. 变异

依据鞭毛抗原的抗原性，可将破伤风梭菌分为 10 个血清型，不同型的菌株同菌株的地域起源有一定的相关性。各型菌株产生的 TeNT 的抗原性是相同的。

36.3.2.2 生态学

1. 病原贮存和传播

破伤风梭菌广泛存在于土壤中，在人和动物的肠道中，可暂时性存在。芽孢可通过伤口侵入机体。

2. 发病机制

芽孢的萌发需要厌氧环境，而由于压伤、烧伤、撕裂伤、供血中止（如断脐后的残余部分或胎盘的残留物）及细菌感染而造成的组织坏死部位可以形成厌氧环境。在这样的环境下，破伤风梭菌发生增殖，其毒素可经脉管或外周神经干扩散。毒素结合于最近的胆碱能神经细胞表面的受体上，经内化作用，进入细胞的小囊内，沿轴突逆行至位于脊髓腹角的神经细胞体，毒素的轻链跨膜进入细胞液，并水解停泊蛋白，从而抑制了传入的抑制性信使物质的释放（甘氨酸和 γ-氨基丁酸），引起神经所支配肌肉的持续阵挛和强直痉挛。毒素还可在脊髓内扩散，在其他层次上影响其他肌群的功能。停泊蛋白水解即导致神经突触变性，而神经突触的复性需要数周到数月的时间。

以上描述的病理过程（“上行性破伤风”）一般发生于对破伤风毒素并非高度敏感的动物（如猫和犬）。只有在距毒素产生位点较近的神经干吸收了足够的毒素后，才会产生明显的症状。

“下行性破伤风”一般发生于对破伤风毒素高度敏感的动物和人（马、人），有效量的毒素可经脉管系统散布到距毒素产生位点较远的神经末梢。不同程度进入中枢神经系统的毒素都可引起明显的破伤风症状，通常颅部先出现症状。这种顺序性反映出不同神经元的敏感性不同。

病型　随着几天至几周的潜伏期，出现的早期症状是僵硬、肌肉颤抖，对刺激的反应性增强。

(1) 对于马、反刍动物和猪，通常为下行性破伤风，可观察到第三眼睑回缩，耳朵直立，磨牙及尾巴僵硬等症状；反刍动物通常可出现瘤胃膨胀，不能进食（“牙关紧闭”）。极度的僵直以至动物出现“木马”姿势，但最终出现横卧。最初，动物在受到刺激后出现僵直性痉挛，但随后即转为持续性痉挛。动物还表现粪尿潴留，出汗和高热，但意识持续存在。动物可因呼吸停止而死亡，羔羊和仔猪常在发病一周内死亡，成年动物在1～2周内死亡。未死亡动物的完全恢复需要数周到数月的时间。

(2) 对于食肉动物，潜伏期相对较长，通常，在原发伤口附近出现局部的（上行性）破伤风症状（僵直、震颤），病情发展比有蹄动物慢，但临床表现和病程经过相似。死亡率至少可达到50%，但年幼动物的死亡率更高。

3. 流行病学

破伤风的发生与破伤风梭菌的芽孢进入创伤组织有关（见上文的“发病机制”）：如足发生刺入性钉伤、简陋空场地实施手术、使用橡皮带进行去势术、绵羊断尾、打耳号、注射、剪伤、产后子宫内感染、围产期脐带感染、小动物斗殴致伤及被捕捉器夹伤等。

36.3.2.3　免疫学

机体对破伤风的抵抗力主要取决于循环系统中抗毒素的产生。对于正常的反刍动物，抗毒素对少量毒素的抵抗力已经证实了这一点。破伤风康复动物对于再次感染仍然敏感（犬、猫可能存在例外）。大量的毒素才可以使犬、猫发生破伤风，但有时候大量的毒素会引起犬、猫产生抗毒素免疫应答。

分别用抗毒素、类毒素接种或免疫动物，可使动物获得被动和主动保护（见下文36.3.2.5）。

36.3.2.4　实验室诊断

对可疑病例的伤口进行涂片和革兰氏染色镜检或许能观察到鼓槌形的细菌（图36.1）。如果没有发现这种形态的细菌，也不能排除破伤风的可能；如果发现这种形态的细菌，也不能说明具有这种形态的细菌是唯一的。

可将伤口渗出物接种于血琼脂平皿上，进行厌氧培养。提高琼脂的浓度（4%）可抑制其扩散生长。平皿上某处加一滴抗毒素，可以抑制该处细菌的溶血。

用反复煮沸过的庖肉肉汤培养基温育培养，有些情况，需要在 80℃加热一定时间(加热时间是可变的，最长 20min)。在 37℃培养 4 天，在此时间内，定时取培养物到血琼脂培养基上进行次培养。传代培养前，前面未做加热处理的，要加热处理。用生化反应鉴定可疑的分离物，并通过肌肉注射，将 48h 的肉汤培养物接种两只小鼠，其中一只小鼠要预先给予抗毒素，以此检测分离物是否产生破伤风毒素，从而做出确诊。

根据编码破伤风毒素的基因设计引物进行扩增（PCR)，由此可进一步鉴定分离的破伤风梭菌。

36.3.2.5 治疗和控制

治疗的目标：①中和循环系统中的毒素；②抑制毒素的产生；③挽救生命和对症治疗。

第一个目标可通过给予足够量的抗毒素来实现，对于马，给予 10 000～300 000 单位抗毒素。有人建议采用鞘内用药。

对伤口进行护理并注射大剂量的青霉素或甲硝哒唑可抑制毒素的产生。支持疗法包括使用镇静剂和肌肉弛缓药，并排除外界刺激。在感觉过敏阶段之后，往往需要通过胃管人工饲喂或经静脉注射补充营养物质，而且护理是最重要的。

36.3.2.6 预防

伤口要及时恰当的清洗和包扎。在手术过程中，特别是在农场进行大规模手术时，要采取恰当的卫生预防措施。对于马，如果没有进行主动免疫，在遭受损伤或手术完成之后，要给予抗毒素和青霉素。

主动免疫用甲醛灭活的类毒素，注射两次，中间间隔 1～2 个月，此后每年一次。

免疫母马，保育驹可获得被动免疫，而且免疫保护可维持 10 周，之后再用类毒素进行免疫。

第 37 章　丝状细菌：放线菌属、奴卡菌属、嗜皮菌属和链杆菌属

Ernst L. Biberstein　Dwight C. Hirsh

放线菌属、奴卡菌属、嗜皮菌属和链杆菌属的成员在其生长周期的某些阶段均能产生丝状体。

37.1　放线菌属和奴卡菌属

放线菌属和奴卡菌属的成员均为革兰氏阳性菌，并能形成分枝状菌丝。除此之外，这两个属的细菌很少有共同之处。然而，它们在形态和所致疾病的病型（脓性肉芽肿炎和瘘管）方面，也存在相似性，因此将它们置于同一标题之下。表 37.1 总结了它们的不同特征。

表 37.1　放线菌与常见致病性奴卡菌的特征比较

特征	放线菌	奴卡菌
来源	内源性	外源性
气体需求	厌氧/微需氧	需氧
过氧化氢酶试验	－或＋	＋
在沙氏琼脂上的生长情况	－	＋
抗酸性	－	＋
青霉素	敏感	有抗性[a]
细胞壁是否含内消旋 DAP[b]	－	＋
赖氨酸试验	＋	－
分枝菌酸试验	－	＋
淋巴结病变	罕见	常见
渗出液中的颗粒(硫磺样颗粒)	常见	罕见

a.“新奴卡菌”对青霉素敏感；b. 二氨基庚二酸。

37.1.1　放线菌属

37.1.1.1　特征描述

1. 形态与染色

放线菌属的成员均为革兰氏阳性的类白喉菌或丝状的杆菌，宽约 0.5μm。由于染色不均匀，分枝状菌丝常常呈串珠状，在病理样本中很容易发现（图 37.1）。在培养物中，多数菌体的形态类似白喉菌（见第 31 章有关此形态型的讨论）。到目前为止，放线菌属约有 25 个种，绝大多数与人的疾病有关。少数与动物疾病有关的种见表 37.2。

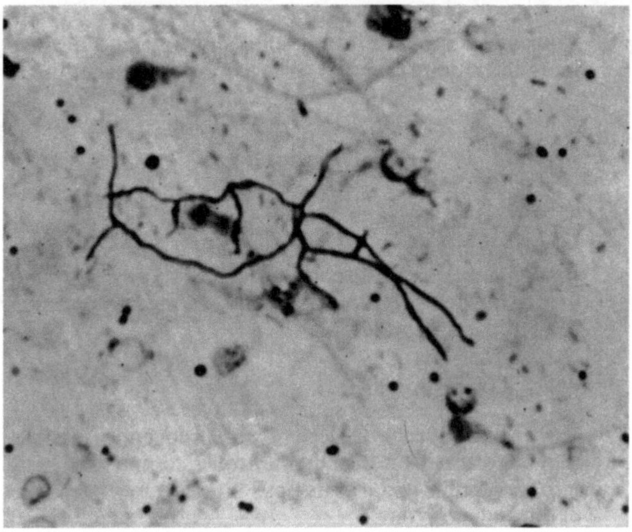

图 37.1　马眼球后脓肿吸出物中的放线菌。革兰氏染色。(1000×)

表 37.2　可感染动物的放线菌及其通常的来源或相关疾病

种	通常的来源或相关疾病
牛放线菌	反刍动物的颌部“大颌病”
犬放线菌	犬组织的化脓性坏死，犬的阴道
凯氏放线菌(*A. catuli*)	犬组织的化脓性坏死
犬阴道放线菌	正常犬的阴道
受损大麦放线菌	犬和猫组织的植物芒相关性化脓性坏死
猪阴道放线菌	猪流产，猪肺炎
衣氏放线菌	反刍动物颌部“大颌病”(罕见)，犬组织的化脓性坏死(罕见)
海洋哺乳动物放线菌	海洋哺乳动物的传播性疾病
内氏放线菌	猪流产(罕见)
猪乳腺炎放线菌	猪的乳腺炎
威氏放线菌(*A. vaccimaxillae*)	反刍动物的颌部(“大颌病”)(罕见)
黏性放线菌	犬和猫组织的化脓性坏死

2. 结构与组成

放线菌属成员的细胞壁组成具有明显的特征（表 37.1）。黏放线菌的表面纤维或许是一种黏附素，可黏附宿主细胞或其他细菌（共聚集）。菌体的表面抗原同细菌的趋化性和促有丝分裂作用有关。

放线菌属中每一个已命名的种都具有群特异抗原和若干血清亚型。

3. 生长特性

动物放线菌为嗜二氧化碳或兼性厌氧菌，都需要营养丰富的培养基，在含血清或全血的培养基上优先生长。在沙氏琼脂或在室温条件下不生长。在 37℃培养数天或许才能长出肉眼可见的菌落。在不同种间甚至同一种内，菌落的形态存在差异，很少发生溶血。

4. 生化反应

放线菌为过氧化氢酶阴性，但存在例外情况（如黏放线菌和犬放线菌）。

5. 抵抗力

放线菌很容易被热和消毒剂灭活，需要在培养基上频繁传代才能维持生存。

37.1.1.2 生态学

1. 病原贮存

放线菌属的成员可发现于口腔黏膜、牙齿表面以及泌尿生殖道，其次（据推测）可见于胃肠道。

2. 传播

放线菌感染大多为内源性感染，也就是说，由与机体共生的菌株侵入宿主易感组织引起。此外，昆虫叮咬也可传播，但比较罕见。

3. 发病机制

病理学。放线菌属的成员可经一种未知的机制引起机体的脓性肉芽肿炎。细菌在组织定殖后，即可引起邻近组织的化脓性反应，在其周围出现肉芽增生、单核细胞浸润和组织纤维化，进而可发展为肉芽肿，窦道可排出渗出液，渗出液中常含有淡黄色的“硫磺样颗粒”，显微镜下，这些“硫磺样颗粒”为条纹状的边框包裹的定殖物，由矿物质和一些可能的抗原抗体复合物组成。这样的颗粒也称作花纹样体（图 37.2 和图 69.2）。另一种情况是在发生脓肿，积脓症或化脓性浆膜炎时，通常经混合培养可发现放线菌。

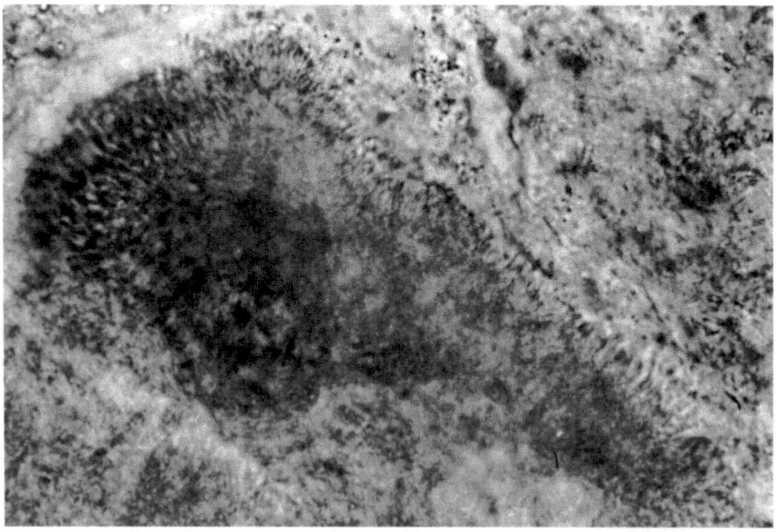

图 37.2 牛胸膜液中的“硫磺样颗粒”，图中显示的颗粒中心无确定形状，具有条纹状的边框。未染色，湿固定。(400×)

4. 病型

1）*反刍动物* 又称“大颌病”，在牛的大颌病（偶见于其他反刍动物）中，由于口腔创伤（饲喂劣质饲料），致使寄生于口腔中的黏性放线菌（*A. bovis*）和衣氏放线菌（*A. israelii*）侵入颌部的牙槽或牙槽侧区，引起慢性疏松型骨髓炎，最后导致正常的骨变为多孔骨，这种改变没有规律性，形成的蜂窝状骨具有含脓汁的窦道。或许还可引起牙的缺损、咀嚼困难和颌骨骨折。病变可进一步扩展，但少有向脉管扩散的趋势。人和有袋（目）动物也可发生类似的感染。

2）马

（1）“项韧带炎”和“鬐甲瘘”。在发生寰椎上滑囊炎（“项韧带炎”）与棘上滑囊炎（“鬐甲瘘”）时，有时病灶含有放线菌，但通常也包含其他细菌（如流产布鲁氏菌）。

（2）颈淋巴结炎。用马链球菌马亚种进行模拟感染试验时，有时，可从颈部脓肿的病灶中分离到未定种的放线菌。

3）犬和猫　通常，可从患有化脓性浆膜炎的小型食肉动物的病灶中分离到放线菌。犬的放线菌病或许与接触某些外界物（如舔某些外界物）有关，特别是接触那些能移动的草芒（如大麦属植物“狐尾草”），有时，这些外界物会滞留于椎骨附近，从而引起放线菌性椎间盘脊椎炎。犬的皮肤放线菌病是一种罕见的结节性溃疡性淋巴管炎。

4）猪

（1）乳腺炎。有时，母猪的乳腺炎与放线菌感染有关。

（2）肺炎。有时，可从猪的肺病变组织中分离到放线菌和其他一些细菌。

（3）流产。有时，可从流产的胎儿体内分离到放线菌。

5. 流行病学

除被昆虫叮咬外（罕见的传播方式），在其他情况下，放线菌病是不会传染的。黏液囊或体腔的污染可能是血源性的，也可能由消化道或体壁穿孔引起。在半干旱地区，户外犬发生放线菌病往往与接触植物芒刺有关。

山羊、绵羊、野生反刍动物、猴、兔、松鼠、仓鼠、有袋动物及鸟类都可发生放线菌病。除了偶然可从犬和牛分离到衣氏放线菌外，几乎没有任何报道表明，放线菌可在种间传播。

37.1.1.3　免疫学

人感染后，可以产生细胞免疫和体液免疫。

感染后，体内的循环抗体不能提供保护。细胞免疫可使机体获得一定的特异性抵抗力，巨噬细胞可杀死放线菌。目前还没有可靠的人工免疫方法。

37.1.1.4　实验室诊断

1. 样品采集

可以从未被打开的病灶或组织中吸取样品，吸取的样品最好包含硫磺样颗粒。

2. 直接检查

对于可疑的渗出液，可以检查是否存在“硫磺样颗粒”——为淡黄色颗粒，坚固程度具有可变性，直径可达几个毫米。将颗粒清洗到盐水中，滴一滴到玻片上，将盖玻片轻压到上面，在暗视野下观察（图 37.2）。如果发现玫瑰花样的花纹样体，特别是在发现菌体大小的鞭毛丝延伸出条纹状的边框时，可初步诊断为放线菌病。

对压碎的颗粒滴片、渗出液涂片或组织压片进行革兰氏染色和抗酸染色（Kinyoun），如观察到分枝状、革兰氏阳性、成串珠状、抗酸染色为阴性的菌丝时，表明样品中存在放线菌（图 37.1）。

3. 分离鉴定

来源于动物的大多数菌株不要求厌氧条件，但是培养时提高 CO_2 浓度，生长会更好。存在混合菌群时，通常，从硫磺样颗粒中分离到该菌的可能性最大。一般在 35～37℃培养 48h 或更长时间，可形成菌落，可通过进一步形态学特征、染色特征以及触酶试验对分离的细菌进行鉴定。有时，在对血琼脂上分离的细菌进行触酶试验时，可出现假阳性。

对该菌的精确鉴定方法包括细胞壁成分分析（表 37.1）和生化试验。许多动物分离株目前还不能归入任何已有的种。根据编码 16S rRNA 基因序列设计引物进行 PCR（聚合酶链反应）扩增，可对该属的成员进行进化分析。

37.1.1.5 治疗与控制

对于牛放线菌病，可每天口服（4～8mg）或每周静脉注射（75mg/kg）碘化合物。出现中毒症状时，必须停止治疗（流涎、厌食和呕吐），但在数周后，可恢复给药。对于可以触及的软组织病灶，可进行液体排除或切除。

目前，常联合使用青霉素和氨基糖苷类抗生素，用于牛放线菌病的治疗，但氨基糖苷类抗生素在治疗中的作用尚不明确，目前也提倡口服异烟肼进行治疗。细菌学疗法在治疗大颌病时，最终并不能使骨结构恢复正常，但通过全身性给药结合对病灶的液体排除、灌洗（碘制剂）和清创可阻止病理过程。

对于犬和猫，除了需要采取一般的外科疗法（液体排除、灌洗和清创）外，还需要长期的抗生素治疗。可选择青霉素衍生抗生素（如氨苄西林），其他替代的抗生素有红霉素、利福平、先锋霉素 II 和二甲胺四环素，但氨基糖苷类抗生素和氟喹诺酮类抗生素无效。由于植物麦芒残留物的作用以及该菌本身的内在趋向，因而可形成细胞壁缺陷突变体（L 型），从而给药物治疗带来困难。

在植物麦芒（狐尾草）普遍存在的地区，对这类植物的认真充分修剪是预防该病的关键步骤。

37.1.2 奴卡菌属（*Nocardia*）

奴卡菌为需氧、腐生、革兰氏阳性，具有部分抗酸特性的丝状菌，存在于大多数的环境当中。该属成员可引起哺乳动物、鱼类、软体动物和鸟类（罕见）发病。一般来说，化脓性和化脓性肉芽肿性病理过程见于发生免疫抑制和大量接触病原的个体。目前，该属有 30 个种。据文献报道，在动物疾病中，最为常见的是星形奴卡菌感染，其实，往往也包含有其他几种奴卡菌——脓肿奴卡菌、皮疽奴卡菌、新奴卡菌及南非奴卡菌。因此，在以下的叙述中，如果目前还没有采用认可的技术（大多数是基于 DNA 分析）对各种奴卡菌相关疾病病原的种做出鉴定，那么就不归因于某个种的奴卡菌，而只说明是由奴卡菌属的成员引起。

37.1.2.1 特征描述

1. 形态与染色

革兰氏染色不能区分奴卡菌和放线菌（图 37.3）。在形态上，奴卡菌在球杆状（休眠期）和丝状（活跃生长）之间交替变化。

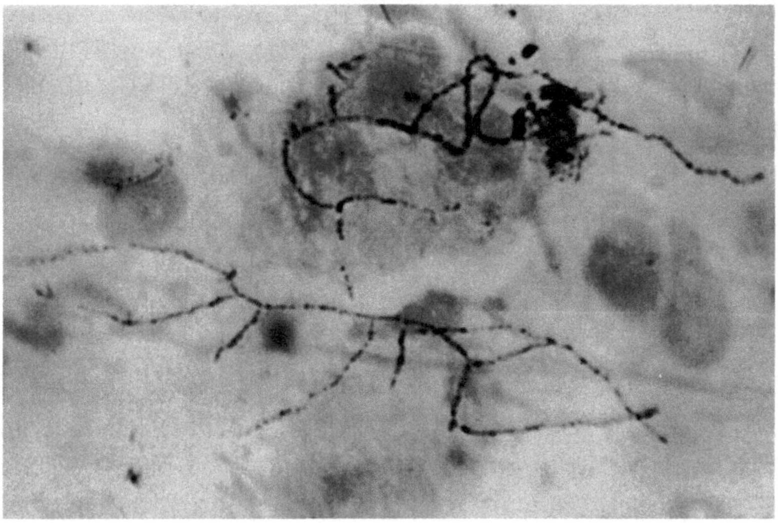

图 37.3 犬胸膜渗出液中的奴卡菌。抗酸染色为阴性，不能排除其中含有放线菌的可能性。革兰氏染色。(1000×)

2. 结构与组成

从细胞壁结构看，奴卡菌属是典型的革兰氏阳性细菌，此外，细胞壁中还含有内消旋二氨基庚二酸（DAP）、阿拉伯半乳糖和分枝菌酸（带有侧链的脂肪酸，对于奴卡菌，侧链长度为 C_{46}～C_{60}）；而且细胞壁含有较高浓度的脂质。不产生外毒素，但其产生的过氧化物歧化酶是该菌的一种毒力因子。可溶性抗原（主要是蛋白质）具有型特异性。

3. 生长特性

致病性奴卡菌为专性需氧菌，可在简单培养基上生长（如 Sabouraud 培养基），培养要求的温度范围宽（10～50℃），数天后，才能长出菌落，菌落不透明，且呈现多种不同的颜色。根据培养环境中气体充足情况的不同，菌落表面可呈现蜡样、丝绒样或布满粉状物，并随着培养时间的延长，表面出现皱褶，菌落的直径或许可达几个厘米。在肉汤中培养时，肉汤表面可产生薄膜，有时还可产生沉淀，但肉汤很少会发生混浊。

该菌的生化活性包括触酶阳性，可发酵多种糖产酸，而且通常可水解尿素。

4. 抵抗力

在环境中，奴卡菌大量存在。所有的奴卡菌对氯消毒剂（每 5min 100μg/g）和氯化苯（每 10min 100μg/g）敏感。

5. 变异

单个的菌株可发生分离变异。依据细菌的可溶性抗原进行血清分型。

37.1.2.2 生态学

1. 病原贮存

致病性奴卡菌为腐生菌，在多种气候条件下的水和土壤中都可发现。也可存在于自然菌群或污染物中。

2. 传播

感染该菌的三个主要途径为吸入、食入或外伤感染。灰尘、土壤以及植物性材料都可能成为传播媒介。可引起牛乳房炎的奴卡菌往往是通过器械或人员引入并散播。

3. 发病机制

1）机制　致病性奴卡菌可阻止吞噬溶酶体的形成，因而可在吞噬细胞内存活，这是通过细胞表面的脂质发挥作用的，脂质还可以引起肉芽肿的形成。细菌不同菌株之间以及处于不同生长阶段的细菌，细胞壁的组成可出现变异，这些变异可引起细菌毒力和感染性的变化。菌体内的过氧化物歧化酶及细菌对吞噬溶酶体的抑制作用可保护细菌免于被吞噬细胞杀死。

2）病理学　奴卡菌病主要表现为一种化脓性的病理过程，伴随出现或不出现肉芽肿。通常，淋巴结会出现病变，散播到造血器官，可造成骨髓炎和机体广泛性的脓肿形成。对于动物，中枢神经系统很少出现病变（但在人很普遍）。在犬，常表现为胸积脓症，并伴有肉芽肿性浆膜炎。渗出物常含有脓血，有时包含有小的（直径＜1mm），柔软的颗粒，其中含有细菌、嗜中性粒细胞及细胞碎片（“硫磺样颗粒”），这些颗粒通常缺乏超微结构，但有时可观察到放线菌感染出现的颗粒的超微结构（见上文 37.1.1）。

4. 病型

感染可能是局灶性的，也可继续扩散。局部的伤口感染或许可扩散到邻近组织或局部的淋巴结。

1）反刍动物

（1）乳房炎。牛的奴卡菌乳房炎常由于舍内的乳房感染引起（污染了奴卡菌）。开始表现为突然发热、厌食和产奶异常。感染的乳腺肿胀、发热、疼痛，或许可进一步形成瘘管。通常还可出现淋巴结肿大，有时还可继续扩散，感染的乳腺通常会丧失功能。急性感染期或乳房破裂时可导致死亡（5%～10%）。

（2）牛的“皮疽病”。牛皮疽病是牛的一种慢性化脓性感染，通常开始于低位肢体，发生部位包括肢体末端或头部的淋巴管及相关的淋巴结。溃疡和瘘管进而可形成感染路径。如果感染没有进一步扩散到内部器官，感染动物会仍然保持健康状态。该病只发生于热带地区，由皮疽奴卡菌或鼻疽分枝杆菌引起（见第 38 章）。

（3）其他杂症。有时，奴卡菌还与反刍动物的肺炎、流产和淋巴结炎有关（罕见）。

2）马　对于马，奴卡菌的局部感染或一般性感染很少见，该菌引起的继发感染可造成马的精神沉郁（马的库兴氏病，发生于免疫缺陷的驹）。

奴卡菌性胎盘炎。奴卡菌性胎盘炎是一种比较罕见的马病，该病的病原为革兰氏阳性的，具有分枝的丝状菌，可引起马的胎盘炎和流产。尽管该病原在形态上与奴卡菌属的成员相似，但此病原为 *Crossiella equi*，与奴卡菌属无关。

3）犬和猫　犬和猫感染后，可表现为虚弱和发热，并常可发现积脓性肺炎和化脓性胸膜炎。感染可进一步扩散到肝、肾、骨和关节，但很少扩散到中枢神经系统。致死率可超过 50%。新奴卡菌是犬、猫奴卡菌病最为常见的病原。

足分枝菌病。据报道，犬、猫可发生奴卡菌性足分枝菌病（见第 47 章“放线菌性足分枝菌病”）。

4）猪　感染奴卡菌后，有时可引起猪的肺炎、流产和淋巴结炎（比较罕见）。

5）其他动物　鸟类（罕见）、鲸及海豚也可发生奴卡菌病，大多数经呼吸道传播感染，并表现为呼吸道症状。

5. 流行病学

致病性奴卡菌呈世界性分布，人和动物通常都可接触到该病菌。人的奴卡菌病大多与免疫缺陷有关，马的奴卡菌病同样也与免疫缺陷有关。犬发生奴卡菌病或许是由于感染病毒造成免疫抑制的后果（如犬瘟热），犬奴卡菌病通常发生于幼犬。

牛的奴卡菌性乳房炎常起因于不良的卫生条件，典型感染是由于在“无奶期”采用乳房内治疗时引起，泌乳期开始时，乳汁将该菌从局限的病灶冲刷过泌乳管道，从而引起急性乳房炎。另外，奴卡菌病似乎可在个别动物自然发生，并且在挤奶过程中发生传播。

37.1.2.3　免疫学

奴卡菌感染期间，机体会产生抗体应答和细胞介导的免疫应答（包括超敏反应）。然而，一些动物发生严重的奴卡菌病与免疫抑制有关，特别是发生细胞介导的免疫抑制。

特异性抵抗力主要由细胞免疫产生，抗体几乎不能提供免疫保护。

目前，没有可行的免疫方法用于该病的预防。

37.1.2.4　实验室诊断

由奴卡菌感染样本制备的涂片、压片和切片中，可观察到有分枝的、革兰氏阳性的、抗酸染色阳性的串珠状菌丝和短的球杆状菌体，有时可观察到颗粒。

用于培养的样本不能冷藏或冷冻。在血琼脂上，37℃条件下培养，奴卡菌可形成晦暗不透明的菌落，表面光滑柔软，难以用接菌环或接菌针从培养基上挑下。染色镜检，可确认奴卡菌的特征性形态，但培养后，该菌的抗酸特性或许会消失，触酶试验为阳性，在厌氧条件下，该菌不能在培养基上连续增殖。

对于牛和犬的奴卡菌感染，血清学试验（免疫扩散试验、补体结合反应、酶联免疫吸附试验）和用胞外抗原进行皮肤超敏反应不能进行确诊，因此一般不采用。

对分离株的鉴定包括细胞壁组成成分分析和对编码热休克蛋白 GroEL DNA 的限制性片段长度多态性分析（RFLP）。RFLP 的分析结果结合一套抗生素药敏试验结果（包括哌拉西林、氨苄青霉素、红霉素、亚胺培南、环丙沙星、头孢噻肟及妥布霉素）有助于鉴定分离株。此外，测定分析编码 16S rRNA 的 DNA 序列也同样有助于分离株的鉴定。

37.1.2.5 治疗与控制

用抗生素治疗奴卡菌性乳房炎，可暂时控制病情，并能终止病菌的排出，但不能永久治愈。控制方案包括排除感染动物，对环境和各种设备彻底消毒，严格制定和执行畜舍卫生和挤奶卫生措施。

对于其他形式的奴卡菌病，甲氧苄氨嘧啶和磺胺类药物治疗，可产生明显的疗效，结合外科疗法更为有效。

其他可供选择的药物包括二甲胺四环素和强力霉素。奴卡菌对氟喹诺酮类抗生素具有较强的抵抗力。新奴卡菌对青霉素、大环内酯类抗生素（红霉素和克拉霉素）和四环素（强力霉素和二甲胺四环素）敏感。

可通过排脓和冲洗对脓肿、积脓症和浆膜性渗出进行治疗。对于肉芽肿性增生，需要进行切除。

37.2 刚果嗜皮菌

嗜皮菌病或链丝菌病（牛和其他动物）是由感染刚果嗜皮菌引起的，刚果嗜皮菌是革兰氏阳性丝状菌。在温和的气候条件下，嗜皮菌病常常只是影响动物的外在形象，可通过改善管理措施加以控制。对于羊和牛，特别是在热带地区，嗜皮菌可严重影响动物的生产性能。

37.2.1 特征描述

37.2.1.1 形态与组成

刚果嗜皮菌的繁殖单位是能运动的球形游动孢子，直径约 2μm。萌发时，游动孢子可发育为萌发管，萌发管约 1μm 粗，而且可进一步延长变粗，可进行横向和纵向分裂，形成几个细胞单层厚的一个节段，外包有一个胶质的鞘。当组成细胞分化为多鞭毛的游走孢子后，细菌成为球形，节段分裂时，可释放游走孢子，从而完成其生命周期。

嗜皮菌的细胞壁含有内消旋二氨基庚二酸，但缺乏甘氨酸和阿拉伯半乳聚糖。

37.2.1.2 生长特征

刚果嗜皮菌可在血和浸汁培养基上生长，但不能在 Sabouraud 琼脂上生长。刚果嗜皮菌为需氧菌，而且其生长依赖于 CO_2。可在 48h 内形成溶血性菌落，菌落呈黏液状，灰白色或黄色，表面柔软，光滑或有皱纹。可以以非酵解的方式分解葡萄糖和其他一些糖类。触酶、脲酶和蛋白酶阳性。在土壤和被污染的各种载体中，该菌可良好存活。

不同菌株的菌落形态和抗原性或许存在变异，但所有菌株都存在共同抗原。

37.2.2 生态学

37.2.2.1 病原贮存

刚果嗜皮菌不能在腐生条件下繁殖，贮存库为感染动物，通常的动物宿主为牛、绵羊、山羊和马，但猪、犬、猫、火鸡、灵长类动物（包括人）、野生哺乳动物（包括海洋哺乳动物）都可感染。刚果嗜皮菌呈世界性分布，但其对热带非洲的经济影响最大。

37.2.2.2 传播

可通过直接接触和间接接触进行传播。会飞及不会飞的，叮咬和不叮咬的节肢动物都可传播该菌。带刺植物刺伤及剪毛划伤造成的伤口，可成为该菌的侵入门户，或许还可将病原带入伤口引起感染。

37.2.2.3 发病机制

该菌引起的疾病是一种渗出性表皮炎。原发部位主要局限于表皮，动物的毛发、皮脂分泌物、皮肤角质层可限制其进一步扩散，渗出物浸泡并破坏了这些皮肤表层结构或在皮肤出现创伤时，可引起进一步的感染。休眠状态的游动孢子，可对 CO_2 组分产生应答，从而进入更深的细胞层。孢子萌发时，萌发管和菌丝在表皮内分叉生长，并定殖于毛囊之中。感染的表皮下，可出现一层炎性细胞（主要为嗜中性粒细胞），并出现角质化（图 69.1）。在嗜中性粒细胞层下，形成新的表皮层，可再次被侵入感染。最终形成由渗出的嗜中性粒细胞和感染的角质化表皮组成的疮痂。形成的疮痂很容易被毛发顶起，突出于皮肤和毛发表面。

原发损伤部位不痛不痒。但潮湿可使病变进一步扩散。能叮咬的节肢动物则能感染不被雨水浸湿的部位（腋部、腰部和躯干腹部）。雨水浸湿是背部（马的“雨癣”）、足部和腿部（绵羊的“草莓腐蹄病”，马的“油踵病”）出现病理变化的前提条件。病变程度可以是几个毛发粗硬的结痂区域（或“羊毛硬结病”），也可发展为广泛性的表皮损伤，进而继发感染其他病原或寄生虫，最终导致动物死亡，这种渐进的病理过程主要发生于非洲的牛。对于容易被忽视的“羊毛硬结病”病例，羊毛或许会完全发生固化。

据报道，猫的非表皮组织——舌、膀胱、淋巴结及皮下组织也可发生嗜皮菌病。

37.2.2.4 流行病学

嗜皮菌病的流行取决于以下三个方面：①感染动物；②传播途径（如通过节肢动物或带刺的植物）；③易感动物的表皮因创伤或浸湿而形成感染门户。

37.2.3 免疫学

在该病呈地方性流行的区域，抗体普遍存在。抗体的抗感染作用以及相对于细胞免疫的抗感染作用目前还没有定论。

在人工免疫方面的尝试研究，目前尚未有结论。

37.2.4 实验室诊断

将疮痂碾碎后，进行革兰氏染色或吉姆萨染色，可观察到前面描述的该菌生活周期中的各个典型阶段（图 37.4）。在亚急性和慢性病例中，细菌成分非常罕见，甚至缺乏，如多细胞的分枝菌丝。游动孢子与大型球菌相似，通过荧光抗体技术，可鉴别皮肤碎片中的游动孢子和其他嗜皮菌成分。

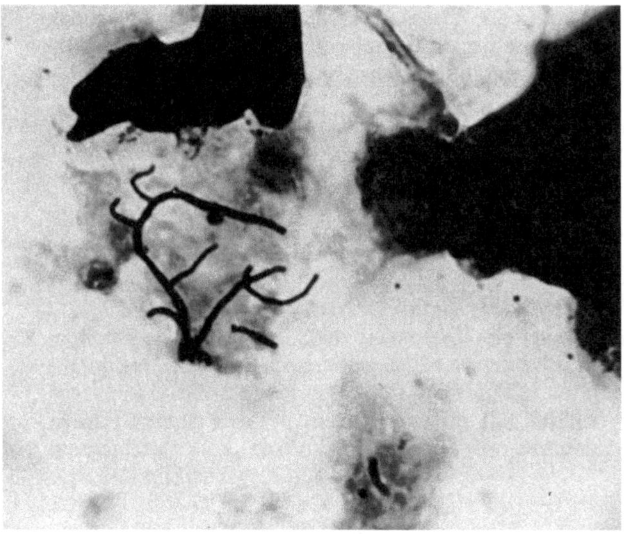

图 37.4 马“雨癣病”病变部位涂片中的刚果嗜皮菌。革兰氏染色。(1000×)

在 35～37℃及存在 5%～10% CO_2 的条件下，刚果嗜皮菌可在血琼脂上生长，并在 48h 内形成菌落，革兰氏染色镜检，可以观察到分枝菌丝和游动孢子。在湿片上，可以观察到能运动的游动孢子。

37.2.5 治疗和控制

急性病例常常是自限性的。对于温和病例，通过给动物刷毛清洁，并将动物转移至能够避雨的环境，病情可以好转。严重的病例可使用青霉素 G、四环素、氯霉素或螺旋霉素进行注射给药。

该病的控制原则：尽可能减少动物皮肤发生创伤的机会，防止动物淋雨，防止动物与节肢动物的接触。

37.3 念珠链杆菌

念珠链杆菌是鼠咬热的病原，目前其分类地位还没有确定。念珠链杆菌不仅引起啮齿动物的呼吸道感染，还可引起啮齿动物、火鸡和人的全身性感染（但通常只局限于关节部位）。

37.3.1 特征描述

念珠链杆菌是不能运动，革兰氏阴性的多形态杆菌，生长时，常常形成较长的串珠状菌丝，并具有不规则的分节。对于致病性和地域来源不同的菌株，其菌体蛋白质存在差异。需要含全血或血清丰富的培养基进行分离培养，在 35～37℃条件下，培养 48h 或更长一些时间，可形成肉眼可见的灰白色黏性菌落。在分裂增殖过程中，该菌可产生出细胞壁缺陷的 L 型细菌，可以从普通的非缺陷型菌落中识别出菌落形态类似于支原体的菌落。念珠链杆菌为兼性厌氧菌，氧化酶和触酶试验为阴性，可发酵葡萄糖和其他一些碳水化合物，对外界环境的抵抗力不是很强。

37.3.2 生态学

念珠链杆菌的贮存库是啮齿动物的咽部，尤其是大鼠的咽部，一些小型食肉动物和猪也可能带菌。动物被咬伤或接触其他一些被污染的材料可能被感染，通过摄食也可感染，如人摄入被污染的牛奶可发生感染，称为“哈佛山热”。

病理变化主要为炎性反应，并常常出现化脓性和坏死性变化。大鼠和小鼠感染后，可引起支气管肺炎；豚鼠感染后，可引起颈部淋巴结炎。火鸡和小鼠可发生败血性感染，进而可引起多发性关节炎和滑膜炎，常导致死亡。

人感染后，表现虚弱无力，发热，身体末梢部位出现皮疹，病变主要局限于关节、淋巴结、肺或心脏瓣膜。如不加治疗，致死率约为 10%。

37.3.3 免疫学

目前，该菌的免疫还知之甚少，感染后，机体可产生特异性抗体。

37.3.4 实验室诊断

进行确诊时，要求检测到病原。可通过免疫荧光染色进行直接观察，也可用巯基乙酸肉汤培养基及全血琼脂培养基，或其他营养丰富的培养基在湿盒内进行细菌分离培养。可通过形态观察和生化反应进行进一步的鉴定。在该病原细胞壁中，具有独特排列的脂肪酸，可通过层析的方法进行鉴定。在特定的培养基中（如 Rogosa 培养基），该菌能形成 L 型细菌菌落，这一点也有助于该菌的鉴定。

37.3.5 治疗和控制

很显然，预防措施是防止人和动物与可能的传播媒介发生直接或间接的接触。治疗有效的抗生素包括青霉素 G 和四环素。

第 38 章　分枝杆菌属

Dwight C. Hirsh　Ernst L. Biberstein

分枝杆菌属（*Mycobacterium*）的成员是厌氧、抗酸染色阳性的杆菌。该属成员约有 100 种，尽管该属中的大多数成员是环境中的腐生菌，但其中一些成员只严格寄生在特定的宿主黏膜内。各种分枝杆菌可引起正常或有缺陷的哺乳动物、禽鸟、爬行动物和鱼类的结核病，麻风病（人）以及肉芽肿病。

38.1　特征描述

38.1.1　形态和染色

分枝杆菌主要呈杆状，宽约 0.5μm，长短不一。不形成芽孢、鞭毛和荚膜。

尽管分枝杆菌为革兰氏阳性，但进行革兰氏染色时常不易着染。该菌最具特征性的染色是抗酸染色阳性，即染色后，能抵抗含有 3%盐酸的乙醇的脱色作用。分枝杆菌也可用荧光染料进行染色（如奥黄-罗丹明）。

38.1.2　结构和组成

分枝杆菌菌体中富含脂质，尤其是在细胞壁中，脂质含量更为丰富。正是这些丰富的脂质使分枝杆菌具有抗酸特性及某些致病和免疫特性。

菌体表面的分枝菌酸苷酯（大多数为糖脂和肽糖脂）决定了该菌的菌落特征，血清学特征和对噬菌体的敏感性。

菌体细胞壁中的脂质由多层长链，有分枝的分枝菌酸及其形成的酯构成，菌体细胞壁的这些组分似乎以一定的方式决定了细菌的抗酸特性。分枝菌酸通过阿拉伯半乳聚糖与细胞壁最内层的肽聚糖相交联（见第 31 章的棒状杆菌属和第 37 章的奴卡菌属）。

对于非结核性分枝杆菌，可根据菌体内是否含有类胡萝卜素类色素（“产色菌”与“非产色菌”）及其产色与光照的关系（“光照产色菌”和“黑暗产色菌”）进行分类。

38.1.3　具有医学意义的细胞产物

1）烷基氢过氧化物酶还原酶（Ahp）　菌体中具有 Ahp，因而使分枝杆菌对过氧化物和反应性氮中间体（在巨噬细胞中的吞噬溶酶体中，常可发现这些物质）具有抵抗力。

2）Dimycolyl 海藻糖（索状因子）　Dimycolyl 海藻糖的其他一些作用包括：限制

嗜中性粒细胞的游动，作为辅助因子刺激机体形成肉芽肿，还可破坏细胞的线粒体，从而使细胞的呼吸作用发生障碍。但它与分枝杆菌的“索状”生长模式是否有关，还未得到证实。

3）铁摄取　见下文的“分枝杆菌生长素和铁外螯合素”。

4）分枝杆菌生长素和铁外螯合素　分枝杆菌生长素和铁外螯合素是菌体细胞壁（膜）中与铁摄取作用相关的胺类物质。铁外螯合素是一种可移走铁蛋白中铁离子的蛋白质；分枝杆菌生长素是存在于菌体细胞膜中的一种脂类复合物，可将铁-铁外螯合素复合物中的铁转运到菌体内。

5）硫酸脂（或称脑硫脂）和磷脂酰肌醇甘露糖苷（PIM）　被巨噬细胞吞噬后，硫酸脂（或称脑硫脂）和磷脂酰肌醇甘露糖苷（一种磷脂）有助于阻止细胞的呼吸暴发及菌体与吞噬溶酶体的融合，并能干扰反应性氮中间体的功能。

6）表面的分枝菌酸苷酯　表面的分枝菌酸苷酯（大多数为糖脂和肽糖脂）有助于该菌在巨噬细胞内的存活。

7）蜡质　菌体细胞内具有多种蜡质，蜡质具有佐剂作用，可激活巨噬细胞，从而导致肉芽肿的形成。

38.2　分枝杆菌属成员的免疫——总论

分枝杆菌表面具有多种蛋白质、糖类和脂质。这些表面物质（甘露糖残基；脂阿拉伯甘露糖）或与这些表面物质的结合物（如调理素、补体蛋白等）可与巨噬细胞表面的受体（如甘露糖受体、补体受体、Toll样受体）相互作用。

分枝杆菌结合到巨噬细胞表面之后，可引起大量的生化反应发生，其中最重要的两个反应结果是：①直接活化；②吞噬作用导致的活化。直接活化是菌体成分（主要是脂阿拉伯甘露糖）结合到巨噬细胞表面的受体（如CD14/Toll样受体复合物）之后的直接结果。吞噬作用发生后，吞噬体表面的Toll样受体与细胞壁相关脂蛋白结合，从而造成巨噬细胞的活化。

活化的巨噬细胞可分泌多种促炎性细胞因子，其中最重要的是白细胞介素12（IL-12）。IL-12可引起γ干扰素（INF-γ）、粒细胞、单核细胞集落刺激因子（GM-CSF）和游走抑制因子（MIF）的产生，这些因子可吸附和活化巨噬细胞，活化的巨噬细胞具有杀灭分枝杆菌的能力。INF-γ上调巨噬细胞内反应性氧（过氧化物酶，过氧化物）和氮（一氧化氮）中间体的表达，而这些物质有助于杀灭被吞噬的分枝杆菌。活化的巨噬细胞除了可产生IL-12，还可产生IL-8（一种可吸引PMN的趋化因子），可吸引单核细胞/巨噬细胞趋化蛋白（MCP），以及单核细胞抑制蛋白（MIP），MIP可将被吸附到感染部位的单核细胞/巨噬细胞“留住”（形成肉芽肿）。

除了反应性氧和氮中间体可以杀灭吞噬的分枝杆菌，被吞噬的分枝杆菌还是活化的T_{h1}细胞、γ-δT细胞及CD8T细胞作用的靶目标。这些活化的T细胞可将巨噬细胞及其内的分枝杆菌一起杀灭（颗粒溶解素是在应答中发挥具体作用的物质）。这些T细胞似乎能够识别含分枝杆菌的巨噬细胞所表达的应激蛋白。

分枝杆菌感染引起的细胞介导的免疫应答具有特征性，而且在感染的消退中，细胞免疫发挥主要作用。

38.3 动物结核病病原

动物结核病是由结核分枝杆菌（引起灵长类动物结核病的病原）、牛分枝杆菌（其他哺乳动物）和禽分枝杆菌禽亚种（禽鸟，以下称为禽分枝杆菌）引起的慢性肉芽肿性疾病。

38.3.1 特征描述

38.3.1.1 生长特征

结核杆菌是严格的需氧菌，在复合有机培养基上生长最好，如罗-杰氏培养基，该类培养基含有其他一些成分（包括全蛋和马铃薯粉）。培养基中加入染料孔雀石绿可抑制污染物的增殖。油酸，白蛋白培养基（如 Middle brook 7H10 琼脂）也可用于结核杆菌的分离，该培养基常和罗-杰氏培养基联合使用。含铵盐、天冬氨酸、柠檬酸盐、甘油、矿物质和维生素的简单合成培养基不适合结核杆菌的分离，但可支持含大量该菌接种物的增殖。

含甘油的培养基能支持结核分枝杆菌和禽分枝杆菌的增殖（生长旺盛），但不支持牛分枝杆菌的增殖（生长不良）。

结核杆菌繁殖一代的时间在 12h 以上，因此，或许需要几周时间才能形成菌落。润湿剂 Tween 80 可加快结核杆菌在液体培养基中的增殖，使用透明的油酸白蛋白琼脂培养基有利于较早观察到菌落的形成。禽分枝杆菌比哺乳动物源性分枝杆菌生长更快。

哺乳动物源性分枝杆菌在 33～39℃条件下增殖。禽源及其相关分枝杆菌（见下文）在 25～45℃条件下增殖，而且其最适的生长温度接近此温度范围的上限。

哺乳动物源性分枝杆菌菌落干燥易碎，而禽分枝杆菌菌落呈圆屋顶形。

38.3.1.2 抵抗力

结核杆菌在 1mol/L 的 NaOH 或 HCl 中可存活 15～30min，因此，可用于去除样品中污染的杂菌。分枝杆菌对许多抗生素、抑菌染料和消毒剂有抵抗力。苯酚消毒剂最为有效。

结核杆菌对干燥有抵抗力，可在土壤中长期存活。日光、紫外线照射和巴氏消毒法可杀灭结核杆菌。

38.3.1.3 变异

一般来说，哺乳动物结核杆菌是同一种（结核分枝杆菌：人、牛和鼠科动物）的不同突变体。疫苗株 BCG（卡介苗）是一种致弱修饰的牛分枝杆菌。

禽结核杆菌是腐生分枝杆菌中胞内分枝杆菌群的一个种，胞内分枝杆菌约有 20 个血清型，其中的 1～3 型为禽结核杆菌。

38.3.2 生态学

38.3.2.1 病原贮存

结核杆菌的传染源为患有结核病的人和动物。结核分枝杆菌在人体内，牛分枝杆菌在牛体内，禽分枝杆菌在鸡体内可持续性存在，后二者可分别感染野生哺乳动物和其他种的禽鸟，偶尔也可成为家畜的传染源。

38.3.2.2 传播

结核杆菌可经呼吸道和食物途径传播，具体可通过污染的飞沫核、粪便、尿和生殖道排泄物，感染动物的奶及污染的食物和水发生传播。通常经皮肤、胎盘和卵（禽鸟）发生感染。在牛结核杆菌病普遍存在的情况下，可发生子宫内感染。

38.3.2.3 发病机制

发病机制和病理学

感染过程开始于结核杆菌在肺、咽或肠黏膜的定殖，对于未接触过传染源的动物，或许有结核杆菌在某局部组织内部增殖。由于结核杆菌对巨噬细胞的杀灭作用有抵抗力（细胞壁的化学作用可使菌体避开内含体的小室，从而不与溶酶体发生融合），因此，可在细胞内或细胞外持续增殖。感染部位出现炎性反应（由巨噬细胞的活化和分枝杆菌细胞壁的刺激作用引起），大量的单核细胞（也存在一些 PMN）在其周围聚集。被感染的宿主细胞和结核杆菌到达输出淋巴结后，可进一步发生增殖，并引起炎性应答。

感染一周后，机体产生细胞介导的免疫应答，这样，宿主应答由对外来物的非特异性反应（由分枝杆菌细胞壁成分的刺激产生）转变为特征性的感染性肉芽肿反应。活化的巨噬细胞获得杀灭分枝杆菌的能力，杀灭能力取决于免疫反应的强度和分枝杆菌的毒力。

上皮样细胞似乎也属于巨噬细胞，它们具有椭圆形的核和颜色较浅的难以描述其形态的胞浆，而且在病灶中，该种细胞常常数量最多。病灶中出现的第三种细胞为郎罕氏巨细胞，该种细胞数量相对较少，这可能是细胞融合的结果，该种细胞具有丰富的、颜色较浅的胞浆，而且其中具有多个椭圆形的细胞核（图 38.1）。这两种细胞可能都是由巨噬细胞转变而来的，但已经丧失了有效的吞噬活性，细胞中的菌体成分可能来自于前体巨噬细胞。

病灶中央可形成干酪样坏死物，病变组织处于超敏状态，或许可进一步发生钙化或液化。

病灶外围为未发生转变的巨噬细胞，其中混有淋巴细胞。纤维细胞出现后，可逐渐形成纤维层，最后将病变组织包裹起来，此包裹物称为结核结节（图 38.2）。

结核结节或许会进一步增大，并相互接合，最终在病变器官占有很大的比例，这样的结核结节含有大量的干酪样物。

以上描述的是由哺乳动物结核杆菌引起的人和反刍动物结核病的典型病理过程，它是一种慢性病，病变是增生性的。但有时会表现急性渗出性病理过程，主要的特征是嗜中性粒细胞的浸润和液体渗出，推测可能由以下一些因素引起：某一局部大剂量结核杆菌的感染；强毒力菌株的感染；宿主体质较差；松散的组织（如肺、浆膜或脑膜）发生感染；机体对结核杆菌具有高度的超敏反应性。肺结核就是这样一种急性病理过程，或许会引起组织的广泛性坏死（主要由过度的免疫/炎性反应应答造成）和动物/人的迅速致命（迅速恶化），也可完全消退或转为慢性过程。

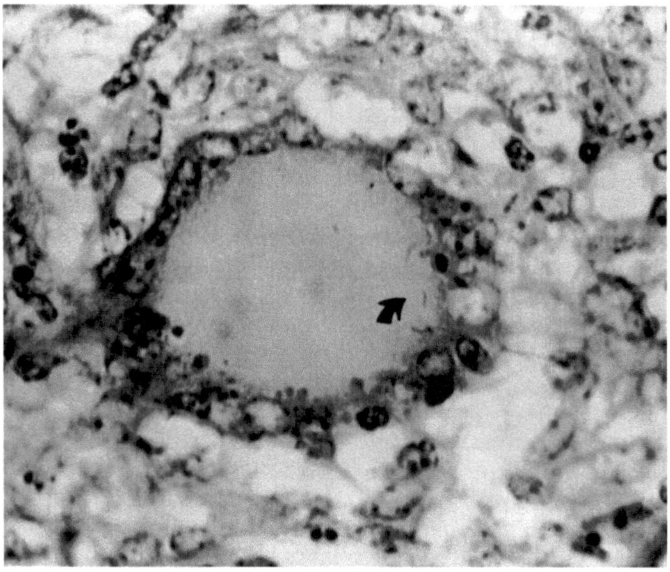

图 38.1　牛的结核性淋巴结切片，上皮细胞中间的郎罕氏巨细胞，细胞内存在结核杆菌（箭头）。姜-尼氏染色。(1000×)

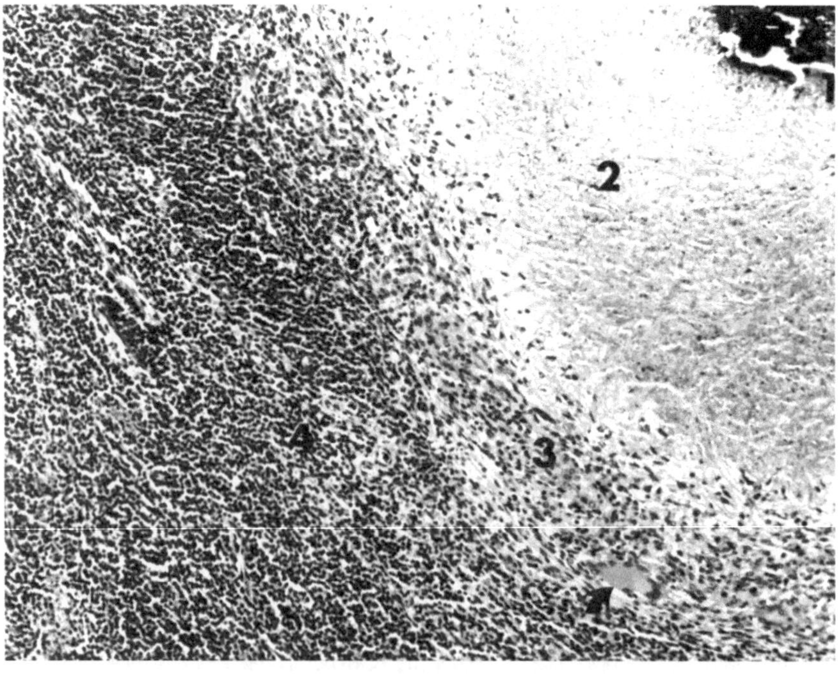

图 38.2　结核结节切片中显示了钙化中心区域（1），周围为干酪样坏死区（2），再往外邻接的区带为上皮样细胞（3）和巨细胞（箭头）带，最外层区带（4）包含一些单核细胞和淋巴细胞的成束的纤维组织。H&E 染色。(1000×)

细胞介导的免疫应答可通过几种方式影响疾病过程。原发感染经淋巴扩散到淋巴结，并可扩散到血流，进而定殖于网状内皮组织。如果没有进一步的扩散发展，细胞介导的免疫和巨噬细胞活化可消除这些部位的病症，即原发部位和邻近淋巴结的病症，但原发部位的病变（Ghon 或 Ghon-Ranke 复合物）会持续存在。有时病变是不完全的，特别是经消化道感染的情况下，也就是说，只有淋巴结的病变可以辨别出来。

一旦细胞介导的免疫应答建立以后，随后的再次感染会表现不同的病理过程：抗原特异性 T 淋巴细胞和活化的巨噬细胞会立即在感染位点聚集，并阻止感染进一步经淋巴扩散。

然而，抗原特异性 T 淋巴细胞应答也可介导细胞毒性反应，并可引起广泛的组织破坏，渐进性结核病即以此为特征。尽管免疫应答可限制感染进一步经淋巴扩散，但造成的组织损伤有利于结核杆菌向邻近组织扩散，或通过破坏支气管、血管或内脏将感染扩散到新的区域。无论结核杆菌达到什么部位，都会再次引起应答反应，病理损害进一步扩散加剧。扩散到造血系统，或许可引起粟粒性结核，即整个感染器官出现多灶性结核结节。

“再感染结核病”常常是内源性感染，即由以前存在的潜伏病灶再次活化扩散引起。

38.3.2.4 病型

在临床上，结核病是典型的衰弱型疾病，特征为进行性消瘦，食欲不定，不规律的低烧，有时会出现局部症状（如淋巴结肿大、咳嗽和腹泻）。许多症状是由白细胞介素释放引起的。

1. 牛

牛通常感染牛分枝杆菌，感染部位集中于呼吸道，邻近的淋巴结以及浆膜腔。经呼吸道感染，所致疾病通常为进行性的；造血系统感染可引起肝、肾的病变。子宫或许是胎内感染的入口。对于其他家畜，这是一种完全未知的病型。存活的小牛通常在肝、脾出现病变。乳房的病变罕见（病例数$<2\%$），但具有重要的公共卫生意义。

禽分枝杆菌一般为亚临床感染。但禽分枝杆菌在子宫壁定殖可引起流产，在某些情况下，会发生反复流产。

结核分枝杆菌可引起牛的轻微的非进行性的病理损伤。

2. 绵羊和山羊

绵羊和山羊对牛分枝杆菌易感，对禽分枝杆菌的易感性稍差一些，对结核分枝杆菌的进行性感染具有抵抗力。所致病型同前面描述的牛的病型相似。

3. 马

马的感染比较罕见，但感染禽分枝杆菌比感染牛分枝杆菌更为常见。通常经消化道发生感染，原发病症主要与咽和肠相关，继发病变或许可见于肺、肝、脾和浆膜。继发感染或许也会引起颈椎骨的病变，从而导致非特异性增生性骨膜炎。

肉眼病变类似于肿瘤性的病变，不出现干酪样坏死物和钙化灶，病灶中包含很少的淋巴细胞，出现成纤维细胞增生，但通常不形成牢固的被膜。

4. 猪

通常，猪可经消化道感染结核杆菌，但只有牛分枝杆菌能引起进行性疾病，并出现典型病变，但结核分枝杆菌感染不能突破局部的淋巴结。在许多国家，禽分枝杆菌的感染是最主要的，感染后或许可扩散到内脏、骨和脑膜。病变组织缺乏结核结节的结构，但具有肉芽肿病变。组织的干酪样坏死、钙化和液化不明显，但病灶中的结核杆菌数量较多。对猪源禽分枝杆菌分离株的流行病学研究和遗传性分析结果表明“禽源禽分枝杆菌分离株”不同于“猪源禽分枝杆菌分离株”和“人源禽分枝杆菌分离株”。因此，有学者建议将猪/人分离株命名为禽分枝杆菌人猪亚种。

5. 犬和猫

犬和猫容易感染牛分枝杆菌，但很少感染禽分枝杆菌。此外，犬也对结核分枝杆菌易感。同犬相比，猫的肠和腹部感染更为常见，表明可能经消化道发生感染。

增生性肺骨关节病（Marie 病，acropachia）是一种非特异性的骨膜炎，最显著的特征是长骨发生病变，有时可发生于患结核病的犬和马。病因似乎与肺的功能丧失有关，而与特异性病原无关。

同其他感染动物相比，猫的溃疡性皮肤损伤比较常见，也可发生于眼部，引起结核性脉络膜炎，并导致失明。

特别是犬，病变常常不形成结核结节，很像外物侵入引起的反应。病灶处缺乏典型的上皮样细胞和巨细胞，也不出现干酪样化、钙化和液化等病变。通常，病程发展是进行性的。

6. 灵长类动物

灵长类动物对两种哺乳动物结核杆菌敏感，对禽分枝杆菌有一定抵抗力。但如果发生严重的免疫缺陷［如感染了人免疫缺陷病毒（HIV）］或是以前患有支气管肺病，也可以感染禽分枝杆菌，但在这些情况下，灵长类动物也可感染非结核性分枝杆菌。

在人，通常因吸入开放性病例（呼吸排菌者）呼出的飞沫核而感染。在结核病比较普遍的情况下，大多数病例只局限于呼吸道原发病症，不会进一步发展，少数病例表现为进行性亚临床结核病，类似上面描述的牛结核病。

对于牛分枝杆菌的感染，比较典型的情况是食用了未经巴氏消毒的结核病牛的奶后，经咽和肠感染，造成附近淋巴结的炎症。如经造血器官扩散到椎骨，可引起驼背，但由于采用牛奶巴氏消毒法和牛结核病的根除，在工业化国家中，这种病症已经非常罕见。

捕获的非人类的灵长类动物可感染结核分枝杆菌和牛分枝杆菌。对禽分枝杆菌有抵抗力，但与禽胞内分枝杆菌复合群的成员相关的肠道感染，可产生类似于反刍动物 Johne 病（见下文）的症状。

发生免疫抑制的人，特别是那些发生获得性免疫缺陷综合征（AIDS）的人，对多种非结核性分枝杆菌敏感，如日内瓦分枝杆菌、禽胞内分枝杆菌复合群的成员（见上文提及的猪和人的禽分枝杆菌及禽分枝杆菌人猪亚种的命名）、猴分枝杆菌、海牛分枝杆菌和嗜血分枝杆菌。

7. 禽鸟

在自然情况下，禽鸟主要对禽分枝杆菌易感，多数禽类经消化道发生感染，并可扩散到肝和脾，骨髓、肺和腹膜也可受到侵害。尽管可从禽蛋中分到病原，但鸡经卵传递的现象比较罕见。日内瓦分枝杆菌可感染金丝雀和鹦鹉。

结节形成能促进病灶的钙化。

尽管禽分枝杆菌能感染多种禽鸟，但鹦鹉对禽分枝杆菌有抵抗力，对结核分枝杆菌易感。与禽分枝杆菌相比，金丝雀对哺乳动物分枝杆菌更为易感。

38.3.2.5 流行病学

随着工业化国家牛结核病的扑灭，作为病原贮存库的带菌家畜也随之消失。即使在技术相对发达的国家，游乐农场、动物公园及动物园仍然是牛分枝杆菌的重要来源。犬结核病的散发病例常由结核分枝杆菌的感染引起，并常可追踪到与人的接触感染（“反向的人畜共患病”），这种现象也见于实验室和动物园的非人类灵长动物。

在商品化养禽公司，采用可消除病原隔代传播的快速换代饲养方式（“全进全出”，<1年）已经根除了禽分枝杆菌对禽的感染。散养的禽群却仍然是重要的病原，特别是由于禽分枝杆菌能在土壤中存活数年。

结核病是一种典型的驯化和捕获圈养动物的疾病。在比较圈养和野生感染动物群时发现，临床上野生动物感染后，会逐步好转且不会进一步传播扩散，而捕获圈养动物感染后，病情往往是逐步恶化，并具有传染性。野生动物的结核病相对比较少见，但对于可能源于牛的牛分枝杆菌，在英国南部的獾群中和新西兰的毛尾负鼠群中呈地方流行性，目前认为，这两种动物的感染是来自家畜的传染。

与成年动物感染后的病变相比，未发育完全的个体感染更为严重。感染存在种属差异：瘤牛比欧洲牛的抵抗力强，狐狸犬和爱尔兰猎犬比达克斯猎狗和品思彻犬（Pinscher）更易感。奶牛中的流行程度高于肉牛，这或许与奶牛的舍饲封闭程度高，生活周期长及产奶应激较强有关。公牛的流行情况低于母牛，这可能与公牛不需生育和泌乳有关，但对于犬正好相反，即在公犬中的流行情况高于母犬。

38.3.3 免疫学

38.3.3.1 免疫机制

在结核病的发生中，细胞介导的免疫应答起关键作用，这在前面已经进行了讨论（见上文 38.2）。如不发生细胞免疫应答，或许只发展成为一种扩散性炎性反应（如在无胸腺的小鼠），而不会出现典型的病变。

38.3.3.2 康复与抵抗力

抵抗力的获得取决于细胞免疫应答。在自然条件下，抵抗力和超敏反应性一同获得，而且 Koch 现象已经证明了这一点：感染结核菌的豚鼠再次在同一位点接种结核杆菌时，会快速产生破坏性的限制性反应应答，但对于未感染的豚鼠，在相同位点接种结核杆菌后，会引起持续性、进行性、传染性，并最终导致死亡的疾病。免疫介导的超敏反应和保护性应答是可分离的，在试验敏感的动物体内，免疫应答可以持续存在，同样，超敏动物也可缺失免疫应答。

抗体不具有保护性，不能抵抗自然感染。

38.3.3.3 人工免疫

用 BCG 对人进行免疫接种，可产生暂时的免疫力和超敏反应。在与病原接触最为集中频繁的地方进行接种，益处最大；在流行率较低的地方，接种的作用甚至可以忽略。对于人，接种对象一般集中在婴儿和结核菌素试验为阴性的个体，以防止接触感染。

田鼠分枝杆菌是一种来自野鼠的分枝杆菌，接种牛和人之后，可刺激机体产生免疫力，但该菌的毒力不稳定，因此未被许可用作疫苗。

在目前尚处于实验室研究阶段的亚细胞免疫原中，一种核糖体的提取物备受关注，因为它能提供免疫保护，但不会引起结核菌素超敏反应。

38.3.4 实验室诊断

38.3.4.1 样品采集

样品包括气管、支气管及胃的灌洗液；淋巴结、胸腔、腹腔及其他脏器的吸出物；尿、粪及活组织样本。此外还包括尸体剖检时采集的病变组织样本。

38.3.4.2 直接检查

可将液体样品置于有密封盖的容器中，进行离心浓缩。只用来作显微观察的样品可以用次氯酸盐进行消化和灭活。沉淀物或组织涂片可采用抗酸染色法进行染色，如果有荧光显微条件，可采用奥黄-罗丹明进行染色。组织切片可采用苏木素-伊红染色（H&E 染色）和抗酸染色。

应该进一步通过分离培养鉴定方法对阳性结果进行确诊。

38.3.4.3 分离培养和鉴定

分离培养前，建议对样品进行消化和选择性去污染处理，特别是在样本中可能含有其他微生物的情况下。

可通过菌落的生长特征（快或慢）、色素形成（分别在有光和无光的情况下）及生化试验对分离物进行进一步的鉴定。

目前，已有针对结核杆菌主要群的商品化 DNA 特异性探针。采用 PCR 扩增分枝杆菌特异性 DNA 片段是对该属成员进行鉴定的重要手段。

有时，也采用动物接种试验对该菌进行鉴定。

38.3.5 免疫诊断

38.3.5.1 结核菌素试验

感染结核杆菌后，宿主会产生细胞介导的超敏反应，因此，分别经皮下、点眼或皮内接种结核菌素或纯蛋白衍生物（PPD）时，感染动物会表现全身发热、结膜炎或局部皮肤肿胀。结核菌素是该菌在培养基内增殖时，释放到培养基中的细菌肽，感染期间，动物会对其中一些肽或其母本蛋白产生迟发型超敏反应。

在牛，将相当于0.2～0.3mg/头份的牛PPD结核菌素经皮内接种至尾部、阴部或肛门部皮肤时（有时也在颈部皮肤接种），阳性牛接种部位的皮肤会在72h发生肿胀(5mm)。虽然结核菌素不引起牛的超敏状态，但在数周或数月内，使动物处于脱敏状态。

阳性结果表明，动物曾经发生过感染或正处于感染之中，需要将阳性动物宰杀或剖检。在结核病比较罕见的地区，对阳性动物剖检时，往往观察不到病变（即为无眼观病变的阳性反应动物，简写为NVL）。对于那些明显为假阳性的结果，可解释为非结核性的超敏反应，即由相关的微生物（如其他的分枝杆菌或奴卡菌）引起。同时采用禽结核菌素进行接种试验，可以检出几种非结核性分枝杆菌的超敏反应，这样，通过比较两种超敏反应的强弱程度，有助于判断超敏反应主要是针对哺乳动物结核菌素，还是针对异源结核菌素。对NVL另外的解释是，机体处于感染的早期阶段，病变部位较远或病灶很微小。

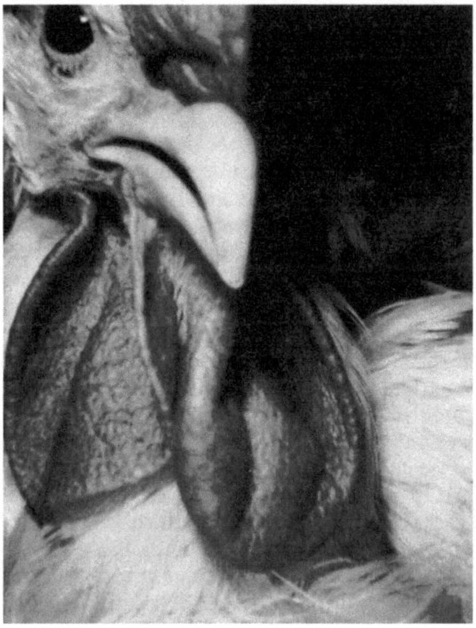

图38.3　用禽分枝杆菌试验感染鸡3周后，左侧肉髯的结核菌素试验呈阳性。

对于最近期感染病例或晚期感染病例，可由于抗原过剩或免疫抑制而不出现反应，因而导致假阴性的出现。非特异性因素（如营养不良、应激反应、临近分娩或刚分娩结束）都可导致不出现超敏反应。

在扑灭计划中，在不同国家，应用结核菌素的原则存在差异。

结核菌素试验也可用于猪和禽。对于猪，在耳部进行接种，禽在肉髯进行接种（图38.3）。马、绵羊、山羊、犬及猫的结核菌素试验还没有建立起来。

38.3.5.2　血清学试验

目前还没有用于哺乳动物结核病诊断的血清学试验。在扑灭禽结核病时，第一步可应用全血凝集试验，该方法敏感，但特异性差。

38.3.6　治疗和控制

用于结核病治疗的首选药物，包括链霉素、异烟肼（INH）、乙胺丁醇和利福平。次选药物包括吡嗪酰胺、对氨基水杨酸、卡那霉素、环丝氨酸、卷曲霉素和乙硫异烟胺。由于只服用单一药物会使结核杆菌产生抗药性，因此，通常要配合使用多种药物。对人，可配合使用INH-乙胺丁醇-利福平，治疗中应用利福平的时间是9个月，不应用利福平的时间是 18～24 个月。

由于保留患结核病的动物对公共卫生存在危害，因此，不鼓励对患结核病的动物进行化学药物治疗。对于近期与结核病动物接触过的宠物，可考虑应用 INH 进行预防性治疗。在实验室条件下，应用 INH 对小牛进行预防和治疗已经取得一些成功。在实施根除计划的国家，一般不鼓励对患病动物进行治疗，有些情况下，实施治疗甚至是违法的。

可通过检疫根除感染动物的方法控制牛结核病，而且通过采用这种方法，许多国家几乎已经根除了感染动物，为防止复发，还需要进行定期的监测。

在禽类，由于感染禽的存在并持续性污染土壤，散养禽群中的结核病持续存在。

消除了牛、人和禽的结核病，也就解除了结核病对其他物种的威胁。

38.4 Johne 病（副结核病）的病原

38.4.1 禽分枝杆菌副结核亚种

禽分枝杆菌包括三个亚种，即禽亚种、副结核亚种和斯氏亚种（*silvaticum*）。此外还有第 4 个亚种——人猪亚种，该亚种包含一些能感染猪和人的菌株。总的来说，副结核亚种不同于其他两个亚种，其生长增殖依赖于分枝杆菌生长素，而且其基因组具有 DNA 插入序列 IS900（但这两个特征都不是绝对的）。因此，将禽分枝杆菌副结核亚种称为副结核分枝杆菌，可引起反刍动物的慢性的、不可逆的消耗性疾病，称为 Johne 病。

38.4.1.1 特征描述

生长特征

同分枝杆菌属的其他成员一样，副结核分枝杆菌也是一种专性需氧菌。以前，依据其生长时对分枝杆菌生长素（一种铁结合脂质，见上文 38.1.3）的依赖性来区分副结核分枝杆菌及其他分枝杆菌，然而，禽分枝杆菌的其他一些菌株也具有此特征。培养时可选择 Herrold 蛋黄培养基。对于大多数菌株，丙酮酸盐可刺激其生长。

该菌生长缓慢，在 37℃条件下，需要培养 8～12 周才能形成肉眼可见的菌落。

在没有阳光直射和不很干燥的条件下，在土壤或有机物中，结核分枝杆菌可存活数月之久。

38.4.1.2 生态学

1. 病原贮存

感染动物的肠道是副结核分枝杆菌的贮存库，不仅有临床症状的感染动物，更为重要的是，那些无症状的感染动物均可成为病原的贮存宿主。对于已感染该菌的畜群，无症状的感染动物经粪便排出的菌数是具有临床症状感染动物的 20 多倍。感染动物可将副结核分枝杆菌排入到初乳和乳汁中，也可将该菌经子宫传染给胎儿。可从感染公牛的精液、输精管和前列腺中分离到副结核分枝杆菌。

2. 传播

通常，由于摄入或接触了被粪便污染的材料（食物，污染的媒介）而发生感染，其他可能的传播途径包括子宫内感染和摄入污染的初乳或乳汁。

3. 发病机制

致病机制似乎与细胞介导的免疫应答有关。临床病症中出现的肉芽肿病变与细胞免疫应答相关。摄入副结核分枝杆菌后，可在巨噬细胞、回盲区域的黏膜下层及邻近的淋巴结（回盲淋巴结）中发现该菌。该菌可在肠外组织定殖，感染后存在菌血症阶段，但可能是在肠道内发生局灶性感染后，出现菌血症，至于感染后很快还是很晚出现菌血症，目前还不清楚。感染后，动物起初不出现临床症状，在出现明显临床症状之前的潜伏期为 12 个月或更长。

宿主摄入副结核分枝杆菌后，首先进入回盲区淋巴结表面的 M 细胞，之后，淋巴结中的巨噬细胞很快被感染，此时，在吞噬体和吞噬溶酶体中都可发现该菌。摄入该菌后，能限制过氧化物的形成，还可阻碍溶酶体和吞噬体的融合。进入吞噬溶酶体中的副结核分枝杆菌，不仅可抵抗溶解破坏作用（可能与菌体细胞壁的化学结构有关），还可以抑制过氧化物酶（如 Aph）的合成（见上文 38.1.3）。因为铁外螯合素可移走巨噬细胞铁蛋白中的铁，通过分泌铁外螯合素，细胞内的副结核分枝杆菌获取生长增殖所需的铁。铁的运输是通过与铁外螯合素形成复合物后进行的，该复合物可穿过分枝杆菌的细胞壁，到达菌体胞浆膜，胞浆膜上的分枝杆菌生长素进一步将铁运输到菌体内。已经有证据表明，可利用铁的含量决定了副结核分枝杆菌在组织内的分布，而回盲区淋巴结巨噬细胞内可利用铁的含量最多。

活化的巨噬细胞可释放细胞因子，进而引起炎性和免疫应答。应答的启动是随着特异性 T_{h1} 淋巴细胞的出现及随后细胞因子的释放而发生的，释放的细胞因子可吸引巨噬细胞到达副结核分枝杆菌与巨噬细胞相互作用的位点。正常情况下，γ 干扰素（释放的细胞因子之一）能使巨噬细胞活化，从而可有效杀灭侵入的分枝杆菌。然而，由于 γ-δ T 淋巴细胞对特异性 T_{h1} 淋巴细胞具有毒性作用，因而可抑制巨噬细胞的活化，这种毒性作用受 CD8 T 淋巴细胞的调控。此外，T 淋巴细胞释放的 γ 干扰素对被副结核分枝杆菌感染的巨噬细胞的活化作用微弱。这些细胞的相互作用，可造成慢性进行性肉芽肿反应的形成，巨噬细胞在黏膜下层的聚集可表明这一点。分枝杆菌在巨噬细胞内的增殖可导致一些巨噬细胞的死亡，从而造成细菌的释放，并再次被其他巨噬细胞吞噬。肉芽肿应答反应和细胞浸润最终可导致黏膜上皮的脱落，并使得被感染的巨噬细胞和分枝杆菌落入肠腔内。一些描述该病发展进程的术语本来是用来描述麻风病的（见下文 38.5.1）：在疾病早期，局灶性肉芽肿病变被称为“结核结节样”阶段，而在疾病后期发生的扩散浸润过程则被称为“麻风结节样”阶段。

随着病程发展，一些感染动物可出现吸收不良，失蛋白性肠病等明显的临床症状。然而，感染动物群中，一般只有 3%～5%的动物可发展为临床疾病。经济损失主要因繁殖障碍（产犊间隔时间延长），乳房炎的发生率增加（不是由副结核分枝杆菌引起）而导致的产奶下降，以及普遍的饲料报酬降低造成的。

该菌可在肠外器官（如乳腺、胎儿、公畜的性器官）定殖，感染后存在菌血症阶段。粪便中副结核分枝杆菌的数量与该菌传播扩散的程度直接相关。已经证实，血液中单核细胞可被感染，而且肠道外组织的感染或许由被感染的血单核细胞引起。

4. 病型

1）牛　临床表现包括体重缓慢下降，腹泻，但体温和食欲正常。在发病阶段，病变可从回盲区延伸至整个肠道，黏膜下层浸润了巨噬细胞，上皮样细胞和一些含有大量副结核分枝杆菌的巨细胞。输出淋巴结肿胀增大，充斥着大量含分枝杆菌的巨噬细胞。由于固有层和黏膜下层的肉芽肿增生性炎症，牛的典型肉眼病变为肠黏膜形成永久性横向皱褶（图 38.4）。细胞浸润程度并不总是与临床症状的严重程度相关，随着病情的发展，通常，有临床症状的病例最终会发生死亡。

2）绵羊和山羊　临床上，对于绵羊和山羊的腹泻并不常见。如果所饲养羊群的饲料消耗增加，应立即检查是否存在副结核分枝杆菌的感染。绵羊和山羊的肠道病变没有牛的肠道病变明显。山羊感染后，通常会出现体重减轻。

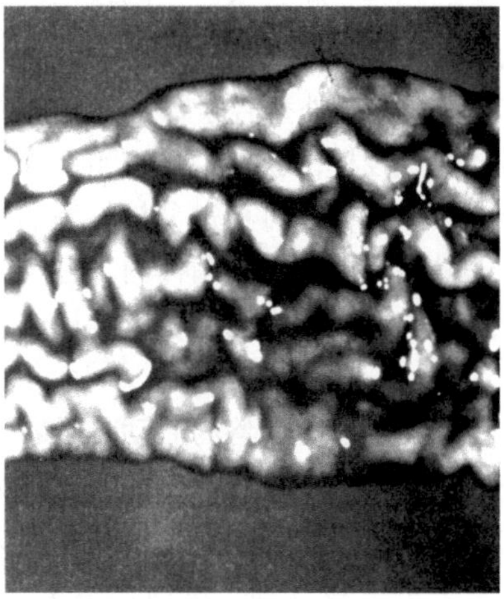

图 38.4　发生 Johne 病后，发病牛的肠道出现永久性皱褶。（Murray Fowler 博士惠赠）

5. 流行病学

年幼动物最为易感，成年动物只有在大剂量接触病原后才能发生感染。

多种反刍动物可以发生感染。通常，动物在驯养或捕获饲养的条件下，最常出现临床症状，而且临床疾病的发生与应激因素（如分娩、拥挤、运输或采用了不适的饲料配方）的存在密切相关。

遗传因素与疾病的发生有一定关系，一些特定品种的牛（格恩西奶牛、泽西种乳牛、短角牛）似乎优先发病。

临床症状不明显的排菌动物和慢性感染动物的广泛存在，以及环境中病原的持续存在，造成了病原的传播。在美国，牛群中总的感染率为 1%～3%（据估计，西欧和北美畜群的感染率高达50%）。在病原传播方面，牛奶和胎盘的意义尚未明确。

在 Crohn 病（局灶性回肠炎）患者体内，可以分离到一种同副结核分枝杆菌相似的细菌，该病同 Johne 病非常相似。

38.4.1.3　免疫学

细胞免疫导致了组织损伤和机体的应答反应。细胞介导的免疫也使得感染畜群中出现明显临床症状的动物比例很低。此外，感染动物普遍会出现免疫抑制，进而会间接地导致一些其他问题，如产奶量下降和产犊间隔时间延长。

一些地区采用主动免疫来控制该病，而且主动免疫似乎可以减少因该病造成的损失，但并不能从根本上消除该病。因为免疫接种本身可干扰诊断试验，实验室诊断时，免疫接种的动物将会呈阳性反应，而且有时为结核病阳性，在美国不采用免疫接种来控制该病。

感染后，机体除了出现细胞介导的免疫应答外，也可出现抗体应答反应，而且抗体应答反应主要出现于该病的“麻风结节样”阶段。

38.4.1.4 实验室诊断

1. 样品采集

对于牛，采集回盲区的样品（肠或淋巴结）最好，但对于活牛，直肠的黏膜刮取物相对容易获得。对于有价值的牛，可取回盲淋巴结进行活组织检查。对于绵羊和山羊，取回盲淋巴结进行检查最有诊断意义。对于牛、羊，采集肠内容物或肠壁刮取物也有一定意义。

2. 直接检查

对淋巴结压片、直肠或肠刮取物涂片进行萋-尼氏抗酸染色，副结核分枝杆菌为抗酸染色阳性，为短而细小的杆菌，呈束状排列（图 38.5），而样品中其他一些抗酸染色阳性的结构（腐生分枝杆菌或细菌的内生芽孢）是单独存在的，而且比较大。组织切片经苏木素-伊红（H & E）染色后，可观察到典型的肉芽肿病变，如采用抗酸染色，可看到大量的胞内和胞外的副结核分枝杆菌。

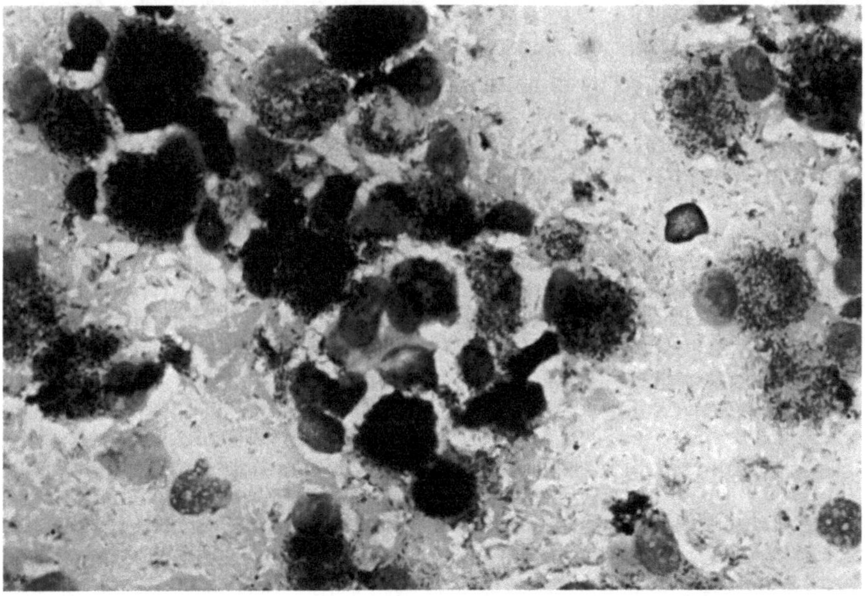

图 38.5　患 Johne 病山羊的肠系膜淋巴结压片，可看到大量微小的胞内和胞外抗酸染色阳性细菌。萋-尼氏抗酸染色。(约 2000×)

3. 分离培养

依据该菌的体外增殖方式，即可做出可靠的诊断。对于粪便样品或活组织检查时采集的淋巴结样品，首先要用氯化十六烷基吡啶进行去污染处理。然后，将经去污染处理的样品接种于含有分枝杆菌生长素（最好使用由副结核分枝杆菌产生的分枝杆菌生长素 J）的卵黄培养基上。由于丙酮酸钠可抑制一些菌株的生长，因此，接种时，要使用含有和不含有丙酮酸钠的卵黄培养基，同时也要使用含有和不含有分枝杆菌生长素的卵黄培养基。一般需要培养 8 周，才能形成肉眼可见的菌落。当前的技术能够检出每克含一个菌的病料。

有报道描述了一种采用 PCR 反应对 DNA 插入序列 IS900（一种副结核分枝杆菌特异的 DNA 序列）扩增后，应用^{14}C-棕榈酸进行放射测定（BACTEC-RCM）的技术，在 2～4 周内，该技术可完成对粪便样品的检测。

4. 分子技术

为了检测副结核分枝杆菌的存在，目前，已经建立了大量的 DNA 检测方法，所有这些检测方法，都是基于副结核分枝杆菌的特异性基因序列进行探针的制备或 PCR 扩增引物的设计。已经发现的特异性序列包括编码 16S rRNA 的基因序列，插入序列 IS900（合适引物的选择非常关键，因为该基因某些片段的序列也见于禽亚种分枝杆菌的插入序列 IS1626；此外，IS900 与一种腐生分枝杆菌，库氏分枝杆菌的一段 DNA 序列的同源性高达 94%），副结核分枝杆菌特异的热休克蛋白基因 *hspX* 以及 *F57* 基因，*F57* 基因 DNA 片段不能与其他任何细菌的 DNA 发生杂交。

目前，已经建立了用于检测粪便、组织和血液单核细胞中副结核分枝杆菌 DNA 的方法，但用于粪便、组织和牛奶中副结核分枝杆菌 DNA 检测方法的敏感性较低，这是由于这些样品中存在抑制物，增加能够移走这些样品中抑制物的步骤，会大大提高检测的敏感性。方法之一是使用包被了特异性抗体的顺磁珠来“捕捉”样品中的副结核分枝杆菌，随后，将吸附于磁珠上的副结核分枝杆菌洗脱下来，再用分子检测技术（或其他方法）进行检测和分析。

38.4.1.5　免疫学诊断

在进行分离培养和直接涂片镜检的同时，可应用免疫学检测方法。免疫学检测方法或者是基于机体抗体（该病在“麻风样”阶段可产生）的产生而建立，或者是基于机体会对该菌的提取物产生迟发型变态反应（整个疾病过程中都可产生）而建立。

1. 迟发型变态反应试验

有三种类型的方法：皮内试验、IV 副结核菌素试验（副结核菌素是副结核分枝杆菌在增殖时释放到培养基中的细菌肽）和淋巴细胞增殖试验。皮内试验将结核菌素接种于皮内，然后，在 48～72h 后，检查接种部位的肿胀情况，这种检测方法检出的假阳性动物可高达 75%。

IV 副结核菌素试验比皮内试验特异。感染过程中，机体会针对一些副结核菌素或其母本蛋白质，产生迟发型变态反应，注射 IV 副结核菌素后，反应动物会发热，体温升高 1.5 ℉或更高。这种检测方法能检出 80%具有临床症状的病例，但不能检出很多无症状的排菌动物。

淋巴细胞增殖试验是检测动物针对副结核分枝杆菌的细胞免疫状态，可通过体外淋巴细胞刺激试验测量细胞免疫状态。采集动物的外周血淋巴细胞，然后用副结核菌素（或者是提纯的蛋白质衍生物）进行刺激，如果动物能够对副结核分枝杆菌抗原产生细胞介导的免疫应答，那么这些淋巴细胞将会发生应答增殖，并产生和释放白细胞介素。可通过掺入放射性标记的核酸前体元素测量淋巴细胞的增殖，可通过免疫学方法测量（如可使用特异的商品化 ELISA 试剂盒测定 γ 干扰素）白细胞介素的产生和释放。

2. 血清学试验

目前，已经建立了用来检测抗体的血清学方法。在该病的“麻风样”阶段产生抗体，也就是说，在排菌开始后的较晚阶段产生。补体结合试验检出的假阳性反应动物可达75%。其他的血清学方法——琼脂凝集免疫扩散试验（AGID）和ELISA相对更为特异。与AGID相比，ELISA能更早地检出排菌动物；而对于AGID，只有在粪便中存在大量副结核杆菌时，检测结果才为阳性。

在诊断绵羊和山羊的副结核病时，ELISA和AGID都非常有用。

38.4.1.6 治疗、控制和预防

目前，在体内，还没有对副结核分枝杆菌有效而经济的抗生素可用。新型大环内酯类抗生素（如克拉霉素）及其他一些处于试验阶段的氟喹诺酮类抗生素，体外试验是有效的，但由于过于昂贵而无法用于临床。然而，尽管在环境保证的情况下，单独使用氯酚苯嗪，或者与乙胺丁醇或利福布丁共用，治疗效果也不理想。体外试验表明，副结核分枝杆菌对异烟肼有抗药性，在体内可能也有抗药性。

根除感染动物并防止其在畜群中发生传播，是控制该病的最好方法。此外，还需采取一些饲养管理措施，具体包括，将新生动物与母畜和其他成年动物隔离饲养；确保产房处于无污染的区域；饲喂新生动物时，要防范可能存在的潜在感染因素，不饲喂未经巴氏法消毒的初乳或乳汁。采取免疫学诊断方法和细菌分离培养方法鉴定可能的感染动物和排菌动物。分离培养方法可用于对血清学检测结果的进一步确证；不能采用血清学方法检测免疫接种过的畜群，可采用分离培养的方法进行检测。分子检测技术可快速对发病动物的非粪便样品（如外周血）进行鉴定，因此，具有广阔的应用前景。

在奶牛场，采用巴氏消毒法是控制该病的重要环节，这样不仅可保证用于饲喂小牛的初乳或乳汁不含感染性副结核分枝杆菌，而且也具有公共卫生意义，因为副结核分枝杆菌与人的Crohn病之间的关系目前还没弄清楚。如果牛奶中副结核分枝杆菌的数量比较大，高温、短时间巴氏消毒法就不能100%杀灭牛奶中的这些分枝杆菌。由于任何可能存在感染的牛奶都进行了稀释，这对于将几个奶牛场所产牛奶混合后进行处理的地区的公共卫生意义可能不大；但对于单独处理自产牛奶的奶牛场，就显得非常重要。

因为有关控制可能感染该菌动物的出售与运输的规定很少，所以该病的预防比较困难。如果不进行检疫，生产者无法知道所购买的动物是否曾经感染该菌。只有建立了统一的检疫与报告程序，才有可能确保动物不感染副结核分枝杆菌。

在一些国家，应用了注射用的活疫苗和灭活疫苗，但这些疫苗的使用不是很普遍。

38.5 其他的分枝杆菌感染

38.5.1 猫麻风病

对于家畜，不存在真正的麻风病。但有一种猫病，被称作猫麻风病，现将该病原型（人）的主要特征总结如下：

（1）麻风分枝杆菌是人麻风病的病原，抗酸染色阳性，不能在体外增殖。对于啮齿

动物，可发生限定性感染。在自然和实验条件下，九袋犰狳对该菌均易感。

(2) 麻风病可影响体表的组织，主要是皮肤和上呼吸道。对于晚期病例，内脏器官可发生感染。

(3) 外周神经是特定感染的靶组织。

(4) 该病的表现可在两个极端状态之间变化：

a. 对于结节性麻风病，在组织内，该菌可大量增殖，主要表现为难以限制的非破坏性病变，机体主要表现为单核细胞增生性应答，炎症反应不明显，细胞介导的免疫受到抑制，但循环系统中免疫球蛋白的量比较高。

b. 对于结核性麻风病，组织中的菌量较少，机体表现为肉芽肿增生性病变，可以产生细胞介导的免疫应答。神经系统可受到侵害，可表现肢体麻木、瘫痪、营养不良、畸形和伤残。

(5) 病程可长达数年到数十年。因免疫失调和神经破坏，发病个体最终会出现并发症并导致死亡。

猫的麻风病是一种皮肤的结节性、溃疡性、非结核性分枝杆菌感染。该病的病原为抗酸染色阳性。许多学者认为，该病原是鼠麻风分枝杆菌。鼠麻风分枝杆菌可引起啮齿动物的类麻风样疾病。在特定培养基上，病原可以增殖，该培养基也支持猫分离物的增殖。但已知的鼠麻风分枝杆菌不能感染猫，然而，将来源于患猫麻风病的猫组织的DNA序列与鼠麻风分枝杆菌的相应序列进行比较，二者具有明显的同源性。

该病的来源、传播模式和致病机制不明，怀疑可经啮齿动物或节肢动物咬伤或叮咬而发生传播。

试验感染的数据表明，猫麻风病的病变可在2～6个月内形成，可在皮肤和皮下多处形成结节性病变，病变可发生转移，无痛觉，常见溃疡性病变和淋巴结的病变，但机体的总体健康状态不受影响。显微病变为肉芽肿的形成，其中含有大量的单核细胞以及数量不定的嗜中性粒细胞、淋巴细胞、浆细胞和巨细胞。也可出现干酪样坏死和不规律的神经病变。在组织细胞中，可发现大量的抗酸菌。

有限的资料表明，猫麻风病存在结节性和结核性麻风病两种形式。

取病变位点的活组织切片染色（萋-尼氏染色），可观察到大量的抗酸菌。对于生长快速的分枝杆菌和引起结核病的分枝杆菌，常规的培养为阴性。采用DNA技术（PCR扩增特异序列；DNA探针）有助于做出确诊。

治疗措施包括感染部位的手术切除（如果可能）和使用抗生素（如氯酚苯嗪）进行治疗，但抗生素疗法效果有限。该病的手术后复发也很常见。

38.5.2 犬的麻风样肉芽肿综合征

犬的麻风样肉芽肿综合征由不能进行培养的腐生分枝杆菌引起（基于感染组织获取的DNA序列与编码该属其他成员16S rRNA基因序列的比较结果）。对感染组织或部位的涂片或切片进行染色（萋-尼氏染色），如发现大量的抗酸菌，可做出诊断。该病主要侵害外耳、面部和身体末梢部位的皮肤和皮下组织。该病通常是自限性的，外科手术切除或抗生素治疗，可促进疾病的消退。利福平和克拉霉素配合使用，可有效治疗该病。

38.5.3 由生长快速的分枝杆菌引起的犬和猫的溃疡性皮炎

犬猫病中，有一种常见的慢性（数月到数年）难以治愈的皮肤病，取感染的活组织进行组织病理学检查，可发现化脓性肉芽肿增生性炎症，采用革兰氏染色或瑞氏染色和吉姆萨染色，可发现不易着染的微生物（“微弱着染的”或“斑点状着染的”结构被分别认为是不着染的或微弱着染的分枝杆菌）。对样品进行抗酸染色（萋-尼氏染色）时，也常常看不到着染的微生物。

在标准血琼脂培养基上培养，可很快长出菌落（培养 48～72h），可根据生化试验和 DNA 检测进一步对分离物进行鉴定。在美国西部，最常分离到的是偶发分枝杆菌（偶然可分离到龟分枝杆菌脓肿亚种、微黄分枝杆菌、草分枝杆菌、包皮垢分枝杆菌、蟾分枝杆菌、溃疡分枝杆菌及抗热分枝杆菌）。

最可能的侵入门户是损伤的皮肤。治疗（外科手术，抗生素）的结果往往令人失望，体外试验结果表明，分枝杆菌对氨基羟丁基卡那霉素 A、头孢西丁、环丙沙星、克拉霉素、卡那霉素和二甲胺四环素敏感，但对强力霉素、红霉素、庆大霉素、托普霉素、三甲氧苄二氨嘧啶/磺胺类药物及万古霉素有抗性。

38.5.4 牛分枝杆菌性溃疡性淋巴管炎

牛可发生结节性溃疡性皮肤病，特别是在位置较低的末梢器官和躯干腹面易发。病变同结核结节相似，在典型病变组织中，含有不能分离培养的抗酸菌。主要是由于这类病牛在进行结核菌素试验时会出现假阳性反应，因而引起注意。

第39章 衣原体科

Dwight C. Hirsh　Ernst L. Biberstein

衣原体科的成员是专性细胞内寄生的革兰氏阴性细菌，该科成员不能通过自身代谢活动获取能量。生命周期由不具有传染性的增殖阶段和具有传染性的非增殖阶段组成，两个阶段交替进行。该科包括两个属——衣原体属和嗜性衣原体属。衣原体科的成员与多种动物的多种疾病有关（表39.1）。

表39.1　衣原体属和嗜性衣原体属的成员及所致疾病

种	所致疾病	以前的分类
沙眼衣原体	人的沙眼、性传播疾病，以及性病淋巴肉芽肿	
鼠衣原体	小鼠和仓鼠的呼吸道疾病	小鼠沙眼衣原体
猪衣原体	猪的结膜炎、肠炎和肺炎	猪沙眼衣原体
流产嗜性衣原体	反刍动物的流产	鹦鹉衣原体流产群
豚鼠嗜性衣原体	豚鼠的结膜炎	鹦鹉衣原体 包含体结膜炎因子
猫嗜性衣原体	猫的结膜炎和上呼吸道疾病	鹦鹉衣原体猫肺炎因子
牛羊嗜性衣原体	反刍动物的流产、结膜炎、肠炎、肺炎和关节炎	牛羊嗜性衣原体
肺炎嗜性衣原体	人、树袋熊和马的呼吸道疾病	肺炎嗜性衣原体
鹦鹉热嗜性衣原体	鸟和人的鸟疫/鹦鹉热	禽群鹦鹉衣原体

39.1 特征描述

39.1.1 形态和染色

衣原体呈球杆状，宽200nm，长可达1500nm。尽管革兰氏染色为阴性，但采用吉曼尼兹、马基维洛染色、卡斯特尼达（Castaneda）和吉姆萨染色着染最好。

39.1.2 生命周期

原体（elementary body，EB），大小为200～400nm，经受体介导的细胞内吞作用进入易感细胞。所形成内体的运输路径与内体和溶酶体的融合无关。至此，原体转变为非感染性的，具有代谢活性的网体（reticulate body，RB），大小为600～1500nm，网体可经二分裂法产生许多新的原体，在细胞裂解时，受溶酶体作用被释放。体外试验表明，一个生命周期的完成需要30～40h。

原体经马基维洛染色和吉曼尼兹染色后成为红色，经卡斯特尼达染色后为蓝色，经吉姆萨染色后为紫红色。在鉴别原体和网体时，采用吉姆萨染色最好，网体染成蓝色。

39.1.3 结构和组成

原体和网体的壁同革兰氏阴性菌的细胞壁相似，但不含有肽聚糖。三层的外膜由蛋白质和脂多糖组成，其中，蛋白质具有种特异性和型特异性，并可能作为黏附素发挥作用，此外，通过与宿主细胞表面的肝素结合受体相互作用，衣原体产生的肝素样衍生物也可发挥黏附素作用。具有内毒素特性的脂多糖（见第 7 章和第 8 章）是衣原体科成员的特异性脂多糖。

基因组大小为 6.6×10^{8} Da，是基因组最小的原核生物。网体中富含 RNA，但原体中含量很少。对于网体，电子密度高的物质散布于整个细胞内；对于生长中的原体，则主要集中于紧密的核体；而对于成熟的原体，则占据了细胞的大部分区域（图 39.1）。

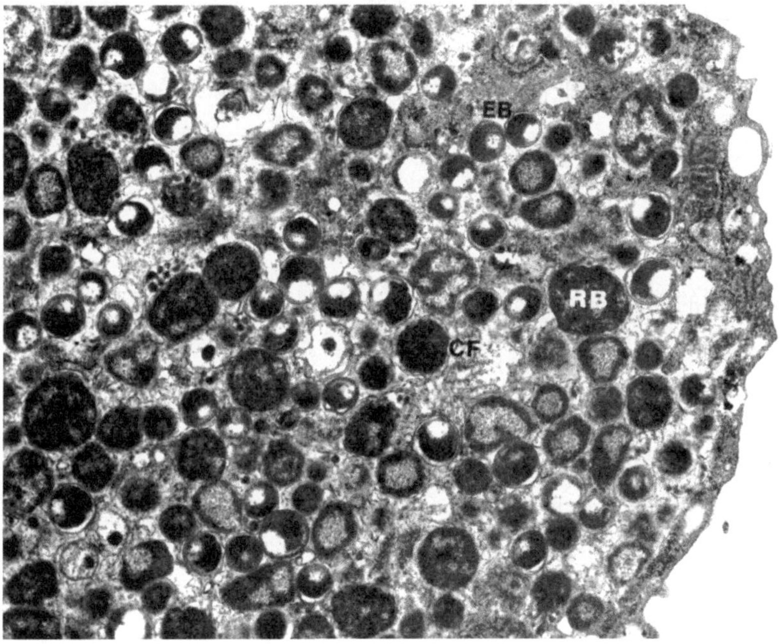

图 39.1　包含网体的鹦鹉热嗜性衣原体包含体（RB），电子密度高的形式（CF）和原体（EB）原体的核区位于电子密度高的中心区，占据了整个细胞的大部分区域。透射电镜照片。（15 000×）（经 Storz J 许可，引自 Chlamydiales：Properties，cycle of development and effect on eukaryotic host cells。Curr Topics Microbiol Immunol 1977；76：167）

39.1.4 具有医学意义的菌体产物

1. 黏附素

通过与宿主细胞表面的肝素受体结合，肝素样衍生物发挥黏附素作用。

2. 细胞壁

尽管衣原体的细胞壁中不含有肽聚糖，但其中含有脂多糖（LPS），对于其他的革兰氏阴性菌，LPS 是重要的毒力决定因素，LPS 同脂多糖结合蛋白（一种血清蛋白）结合后，可被转运至血液中，与 CD14 结合，CD14-LPS 复合物可与导致促炎性细胞因子释放的巨噬细胞表面的 Toll 样受体结合。

3. 其他菌体产物

在小鼠的巨噬细胞上，已证实存在一种可溶性血凝素及其细胞结合性热不稳定毒性效应，该血凝素的毒性效应可被型特异性的抗体所中和，这些特性与原体有关，但与网体无关。

39.1.5 生长特征

在无细胞的培养基中，衣原体不能生长，但可在鸡胚卵黄囊和组织细胞（如 FL 细胞和 McCoy 细胞）上增殖，并形成胞浆内菌落。

网体可将三磷酸腺苷（ATP）转运到胞内，并将二磷酸腺苷（ADP）运到胞外，存在 ATP 的情况下，可发生肽的合成。事实上，该病原为“能量”寄生物。但原体的生化活性很少。

39.1.6 抵抗力

衣原体对通常的消毒剂、热和日光的抵抗力较弱。在环境温度下，原体在水中可存活数天，在干燥的动物分泌物中，可存活很长时间。

39.1.7 变异

一些衣原体可发生很大程度的变异，包括所致疾病和感染宿主范围的变异（生物变种）以及表面结构抗原性的变异（血清变种）。以下是对衣原体变异特性的具体描述（血清变种、生物变种）。

39.1.7.1 沙眼衣原体（*C. trachomatis*）

沙眼衣原体有两个生物变种，即沙眼生物变种（ Biovar trachoma）和性病淋巴肉芽肿生物变种（Biovar lymphogranuloma venereum，LGV）。沙眼生物变种包含 14 个血清变种（A～K、Ba、Da、Ia），血清变种 A、B 和 C 同沙眼有关，血清变种 D～K 与性传播疾病有关。性病淋巴肉芽肿生物变种包含 4 个血清变种（L1、L2、L2a 和 L3），该生物变种与性传播疾病——性病淋巴肉芽肿有关。

39.1.7.2 肺炎嗜性衣原体（*C. pneumoniae*）

肺炎嗜性衣原体有三个生物变种，即 TWAR 生物变种（根据原始分离株 TW-183 和 Ar-39 的名称命名）、树袋熊生物变种和马生物变种，分别与人的呼吸道疾病，树袋熊的结膜、尿生殖道、呼吸道疾病以及马的呼吸道疾病有关。

39.1.7.3 鹦鹉热嗜性衣原体（*C. psittaci*）

鹦鹉热嗜性衣原体有8个血清变种，分别被命名为A～H，血清变种A可通过接触感染鹦鹉和人；血清变种B能感染鸽子和火鸡，并与牛的非常见性流产有关；血清变种C可通过接触感染人和多种禽类（主要在屠宰场发生感染）；血清变种D可通过接触感染火鸡、长尾鹦鹉和人（主要在屠宰场发生感染）；血清变种E主要感染人；血清变种F能感染长尾鹦鹉；血清变种G能感染野兔和麝鼠；血清变种H能感染牛。

39.2 生态学

39.2.1 病原贮存

哺乳动物和禽鸟的呼吸道、肠道和生殖道为该病原的贮存库。

39.2.2 传播

通过吸入或摄入感染性材料发生传播，对于某些禽鸟，可经卵发生传播。

39.2.3 发病机制

39.2.3.1 机制

原体黏附到上皮细胞后，经细胞内吞作用进入胞内，并在其中复制，吞噬体被运输到溶酶体后，能以某种方式避开与溶酶体的融合作用。被感染宿主细胞的DNA、RNA和蛋白质合成停止，并最终在宿主酶的作用下发生分解。该微生物的毒性作用（LPS）和组织损伤作用能引起宿主的炎性应答反应。

39.2.3.2 病理学

随着病原的感染定位不同，病理变化存在差异。发生肺衣原体病时，在大多数情况下，会发生肺前叶渗出性细支气管炎和支气管肺炎，表现为细支气管的灰红色实变，实变部位有脓性渗出物。显微镜下，在最细小的细支气管中，可以观察到含有大量的嗜中性粒细胞渗出；在肺泡泡囊内，出现大量的肺泡巨噬细胞；水肿明显，但细支气管上皮细胞的受损程度不一；单核细胞可逐渐替代嗜中性粒细胞，对于反刍动物，通常可观察到淋巴网状系统细胞内的“套袖”现象。

眼部感染主要表现为卡他性结膜炎。

衣原体性关节炎可引起关节周围所有软组织的病变。随着病程发展，化脓、水肿和出血性变化逐渐被肉芽肿和纤维化增生反应所取代。

反刍动物的衣原体性流产与胎盘炎的发生有关，病理表现为胎盘子叶的坏死和胎盘子叶间的水肿性或皮革样增厚。雄性反刍动物的生殖道（附睾、睾丸和输精管）病变为肉芽肿增生性病变。

衣原体性肠炎与固有层和黏膜下层的肉芽肿增生性炎症有关。

禽鸟衣原体病的病理表现为体腔、气囊和器官表面的纤维素性浆膜炎；肺、脾和肝脏肿胀、淤血。显微镜下，表现为纤维素性坏死性炎症，伴有单核细胞和异嗜白细胞的出现。

39.2.4 病型

39.2.4.1 反刍动物

1. 流产

衣原体性流产（几乎总是由流产嗜性衣原体引起）可发生于以前未接触传染源的绵羊（母羊的地方性流产）和山羊；牛为散发，而其他物种很罕见。典型的母羊流产发生于怀孕晚期，发生以前无征兆，或发生后除了阴道有流出物外，没有其他后效应（偶见胎盘滞留）。牛的流产同羊相似。

2. 多发性关节炎

衣原体性多发性关节炎（牛羊嗜性衣原体）主要发生于羔羊和小牛。发生“僵羔病”时，发病率或许可达 80%，但致死率为 1%。对于小牛，或许可出现全身性并发症，并导致较高的致死率。

3. 神经系统

散发型牛脑脊髓炎（SBE）是一种主要发生于幼龄牛的发热性疾病，由牛、羊嗜性衣原体引起。临床表现包括运动、站立和行为的失调和紊乱，或许还可出现轻微的咳嗽、流鼻涕和腹泻，病程持续数天到数周，发病率和致死率或许可达 50%。该病可暴发，并能持续数月，暴发时，新病例的出现不规律。

39.2.4.2 禽

禽的衣原体病（鸟疫，鹦鹉热）由鹦鹉热嗜性衣原体引起，对火鸡饲养业造成的经济损失最明显，发病缓慢，接触病原后数周或许才可发生。早期症状包括食欲不振，体重减轻，排出黄绿色胶冻状粪便。该病可导致产蛋量下降，严重程度随菌株毒力（毒性）不同而有差异。发病率为 5%～80%，致死率为 1%～30%。有时鹅和鸭也可发病，鸡发病罕见。鸽和鹦鹉可发生亚临床感染。

39.2.4.3 其他各种动物

1. 肺炎

多种衣原体引起的衣原体性肺炎（表 39.1）特别常见于猪、猫、绵羊、山羊和牛，常呈亚临床感染，或为混合感染病因之一（羊地方性肺炎，运输热）。无并发症感染（如猫的局限性肺炎）的临床意义，目前还不明确。

2. 结膜炎

据报道，尽管牛、犬、猪、豚鼠、树袋熊都可发生衣原体性结膜炎，但需要特别注意的是猫和羔羊的衣原体性结膜炎（表 39.1）。急性发作后，或许可转为慢性。对于羔羊，可伴发多发性关节炎，继发多种并发症，角膜炎和角膜溃疡。

39.2.5 流行病学

各种衣原体的自然贮存宿主似乎为各种自然发病的动物，而且无症状的带菌动物也普遍存在。

某些种衣原体引起的疾病为人兽共患病，其中最重要的是鹦鹉热嗜性衣原体，最重要的传染源为感染发病的禽鸟和无症状的感染禽鸟（屠宰房工人及宠物主人易由此发生感染）。来源于猫的猫嗜性衣原体和来源于发病绵羊的流产嗜性衣原体也可传播感染人。

39.3 免疫学

39.3.1 康复和抵抗力

流产后母羊的再次流产少见，发生 SBE 的小牛康复后能抵抗再次感染。其他的衣原体病，常常是慢性病，明显的特征是好转与复发反复交替，但感染动物会获得抵抗力的证据很少。

皮试、淋巴细胞刺激试验及血清学试验结果显示，机体感染后，会产生细胞介导的免疫应答和体液免疫应答，保护性应答反应似乎是细胞介导的。

39.3.2 人工免疫

采用免疫接种的方法来抵抗衣原体感染，只能起到短期的部分保护作用（母羊的地方性流产除外，见下文 39.5）。

39.4 实验室诊断

确诊需要进行实验室诊断。经适当的染色（包括免疫荧光染色），可在感染的上皮细胞和巨噬细胞内，观察到衣原体的包含体（见上文 39.1.2；图 39.2）。可采用 ELISA 检测阴道排出物中的衣原体抗原。

39.4.1 分离培养

可通过在细胞系上进行组织培养（对于衣原体属的成员，可使用 HeLa 和 McCoy 细胞系；对于嗜性衣原体属的成员，可使用 Hep-2、HL、BGM 和 McCoy 细胞系）的方法来分离衣原体，也可用鸡胚培养的方法进行。联合应用庆大霉素（50μg/ml）、万古霉素（75μg/ml）和制霉菌素（500U/ml），可成功去除可疑粪样、胎盘、尿、精液和结膜液中污染的杂菌。组织培养时，将接种物离心后，接种于生长在飞片（盖玻片）上的单层细胞，加入环已酰亚胺（2μg/ml）可有助于衣原体的增殖，培养 2～3 天，衣原体即可发生增殖。

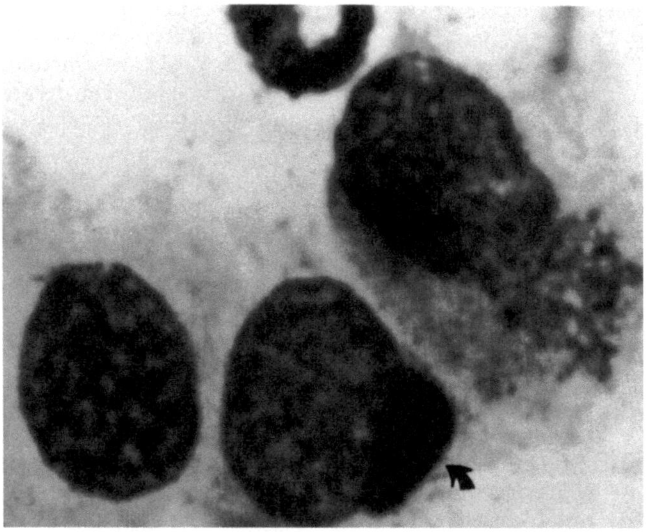

图 39.2　小猫结膜上皮细胞中的衣原体包含体（箭头）。瑞氏染色。（约 1000×）

鸡胚分离时，可采用卵黄囊接种，此后每天进行照蛋，接种 3 天或更长时间后，取死亡鸡胚的卵黄囊，进行衣原体的包含体检查。

无论采取哪一种培养方法，都需要对培养物进行连续传代检查，来排除衣原体病。

对于可疑的分离物，可采用血清学方法（免疫荧光试验和补体结合试验）或分子检测方法（见后面）进行鉴定。

39.4.2　血清学试验

尽管已有商品化的属特异性抗原出售，但对于兽医工作者，目前还没有建立补体结合反应和 ELISA 检测方法。检测抗体时，在发病过程中，只有抗体滴度相差 4 倍以上时，才能做出确诊。

39.4.3　分子检测方法

通过 PCR，应用特定的引物扩增编码 16S rRNA 和 23S rRNA，以及外膜蛋白 2（OMP2）基因的分子检测方法目前已经建立。这类方法不仅能检出感染组织及排出物中的衣原体，还可用于鉴定分离物。

39.5　治疗和控制

39.5.1　治疗

可选择四环素治疗衣原体感染。对于禽鸟，可将药物拌入饲料中进行群体治疗；对于火鸡，中等剂量的药物（200g/吨）就足以控制该病。彻底清除组织中的病原体则需要更高的剂量（2800g/吨）。为了防止母羊的流产，可肌肉注射长效剂型（20mg/kg），给药间隔时间为2周。给羔羊口服四环素，可预防关节炎（150～200mg/kg）。对于宠物鸟，可饲喂含四环素的谷粒（0.5mg/g）。

39.6 预防

通过免疫接种预防衣原体感染，效果不定。福尔马林灭活的疫苗可用于预防地方流行性母羊流产（流产嗜性衣原体）。猫的衣原体疫苗包括修饰活疫苗和灭活苗，但这两种疫苗不能治疗或预防感染（猫嗜性衣原体），只能减轻发病时的临床症状。目前，还没有可用的预防禽衣原体病的疫苗（鹦鹉热嗜性衣原体）。

及时处置感染性材料，并隔离感染动物有助于控制绵羊的流产。对于幼火鸡，可将其置于清净区域，使之不接触被感染的粪便和可能被污染的气流。

设计制定控制外来鸟进境的措施，可减小将鹦鹉热引入家养鸟和居住地鸟群的机会。

第40章　柔　膜　体

Richard L. Walker

柔膜体是柔膜体纲（胞膜柔软）支原体目的成员，它们是一类体积最小的非寄生/共生原核生物，无细胞壁。具有重要兽医学意义的是支原体属和脲原体属的成员，有时也会涉及无胆甾原体属的成员，但通常只是一种污染物。支原体目成员都称为柔膜体，俗名支原体。根据16S rRNA基因序列分析，可进一步将血巴通氏体属和附红细胞体属的嗜血立克次氏体归入支原体属，统称为“血浆体”。

非嗜血柔膜体（支原体）可感染大范围的动物种，感染严重程度从亚临床感染到重症衰弱性疾病，有时可导致致命性疾病。临床可发生呼吸道感染和尿生殖道感染、关节炎、乳房炎和败血病。大多数致病种具有高度的宿主特异性，通常人的感染表现为呼吸道疾病或泌尿生殖道疾病。

“嗜血”柔膜体（血浆体）也可感染大范围的动物种（特别是年幼动物或处于应激状态的动物），感染这类细菌后，最常见的临床表现为溶血性贫血。

40.1　特征描述

40.1.1　形态和染色

柔膜菌的菌体形态是多形态的（包括球形、环形、梨形、螺旋形和细丝形）。菌体有时呈珠链状，这是异步基因组复制和细胞分裂的结果。球形柔膜菌的直径范围为0.3～0.8μm。

革兰氏染色时，柔膜体着色不好，因此，最好使用吉姆萨、卡斯特尼达、达恩斯（Dienes）和新亚甲基蓝染色。

40.1.2　结构和组成

柔膜体不仅没有细胞壁，而且也缺乏产生细胞壁的遗传物质。胞浆膜为单一的由蛋白质、糖蛋白、脂蛋白、磷脂和固醇组成的三层膜结构，膜中的胆固醇能维持胞浆膜的渗透稳定性。某些种的柔膜菌具有极泡，该结构具有黏附到宿主细胞膜的作用，某些菌种还具有荚膜。

同其他细菌相比，柔膜体的基因组比较小（600～1400kb）。碱基组成中，鸟嘌呤和胞嘧啶的含量相对较少，DNA序列中的G+C摩尔百分比为24%～40%，同梭菌属-链球菌-乳酸菌群的G、C含量最为接近。针对16S rRNA的序列分析表明，柔膜菌同梭菌属的成员关系最近，而且已经测定了某些种柔膜体的全基因组序列。此外，柔膜体似乎具有基因组变小的特性，研究表明，某些菌种还有转座子、质粒和噬菌体。

40.2 非嗜血柔膜体

非嗜血柔膜菌包括脲原体属的成员和支原体属中与红细胞无关的成员。与嗜血柔膜体不同（见以下），它们可在体外无生命的人工培养基上生长增殖。所引起的疾病包括呼吸道和尿生殖道的感染、关节炎、乳房炎和败血症。大多数致病种具有高度的宿主特异性，通常，人的感染表现为呼吸道疾病或尿生殖道疾病（表 40.1）。

表 40.1 与非嗜血支原体及脲原体有关的动物种、病原因子和疾病

动物种	病原	通常所致的临床疾病
猫	猫支原体	结膜炎
	猫支原体	关节炎
牛	产碱支原体	关节炎、乳房炎
	牛生殖道支原体	不育、乳房炎、精囊炎
	牛支原体	脓肿、关节炎、乳房炎、耳炎、肺炎
	牛眼支原体	角膜结膜炎
	加州支原体	关节炎、乳房炎
	加拿大支原体	关节炎、乳房炎
	殊异支原体	齿槽炎、细支气管炎
	丝状支原体丝状亚种(小菌落突变体)	关节炎、胸膜肺炎(CBPP)[a]
	差异脲原体	不育、肺炎、外阴道炎
鸡	禽败血支原体	呼吸道疾病
	滑液支原体	气囊炎、胸骨滑囊炎、滑膜炎
犬	犬支原体	泌尿生殖道疾病
	狗支原体	肺炎
	泡沫支原体	关节炎
山羊	无乳支原体	无乳症、关节炎、结膜炎
	山羊支原体山羊亚种	关节炎、乳房炎、肺炎、败血症
	山羊支原体肺炎亚种	胸膜肺炎(CCPP)[b]
	结膜支原体	角膜结膜炎
	丝状支原体丝状亚种(大菌落突变体)	脓肿、关节炎、乳房炎、败血症
	丝状支原体山羊亚种	肺炎、关节炎
	腐败支原体	关节炎、乳房炎
马	猫支原体	胸膜炎
小鼠	溶神经支原体	结膜炎、神经性疾病
	肺支原体	呼吸道疾病
大鼠	关节炎支原体	关节炎
	肺支原体	呼吸道疾病、生殖道疾病
绵羊	无乳支原体	无乳症
	结膜支原体	角膜结膜炎
	绵羊肺炎支原体	肺炎
猪	猪肺炎支原体	地方性肺炎
	猪鼻支原体	关节炎、肺炎、多发性浆膜炎
	猪滑液支原体	关节炎

续表

动物种	病原	通常所致的临床疾病
火鸡	禽败血支原体	窦炎、呼吸道疾病
	衣阿华支原体	死胚、畸形腿
	火鸡支原体	气囊炎、蛋的孵化能力降低、锰缺乏症
	滑液支原体	胸骨滑囊炎、滑膜炎

a.传染性牛胸膜肺炎；b.传染性山羊胸膜肺炎。

40.2.1 特征描述

40.2.1.1 具有医学意义的细菌产物

1）过氧化物/超氧化物　在破坏宿主细胞完整性方面，菌体产生的过氧化物和超氧化物或许具有重要作用。

2）脲酶　由于尿素水解产生氨，脲原体属的成员产生的脲酶或许参与了宿主的组织损伤过程。

3）其他产物　将溶神经支原体培养上清中的200kDa蛋白质接种实验小鼠，可引起小鼠的神经症状，脑血管可出现明显的损伤，但作用机制尚不清楚。某些柔膜菌产生的一些难以纯化的产物（大多数为脂蛋白），可诱导活化的巨噬细胞产生IL-1、IL-6和TNF，这或许是由在某些感染过程中观察到的内毒素样活性引起的。牛脲原体可产生IgA蛋白酶，可水解IgA1，而且或许有助于该病原逃避宿主黏膜表面的免疫应答。此外，也可产生其他一些蛋白酶，如溶血素和核酸酶。

40.2.1.2 生长特征

非溶血柔膜体生长缓慢，需要培养3～7天才能长出明显的菌落，在不断补充CO_2的气体环境下，最适培养温度为37℃。对于脲原体和支原体，由于全部和部分失去了合成脂肪酸的能力，生长时需要添加外源性固醇，但不需要无胆甾原体。兽医学有关属的柔膜体均为兼性厌氧菌。对于脲原体，最适pH为6.0，对于其他柔膜菌，pH可达7.5。柔膜体菌落微小，难以用肉眼观察，菌落大小为0.01～1.0mm。用解剖镜观察时，许多柔膜体的形态呈“煎蛋”状（图40.1）。凸起的表面是由于菌落中心深入到琼脂培养基中的结果，并在表面形成一个圆形的区带。在某些种的柔膜体菌落表面，可形成一个由胆固醇和磷脂组成的薄膜，使得菌落从外观上正如培养基表面覆盖着一小点有皱褶的薄膜。

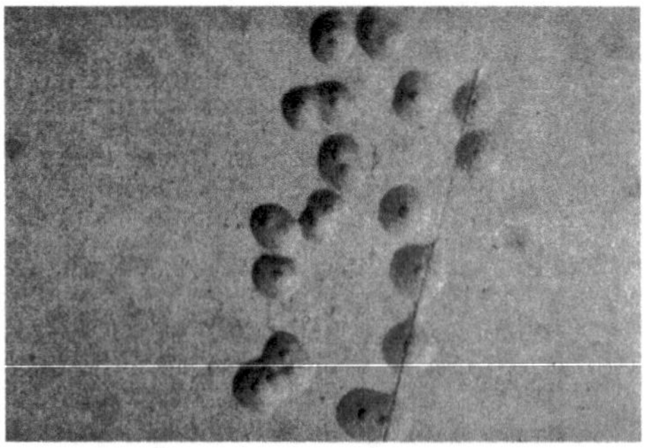

图40.1　许多种支原体的典型菌落形态为“煎蛋”样。

40.2.1.3 抵抗力

由于柔膜体缺乏细胞壁，使得柔膜体能抵抗那些作用于细菌细胞壁或影响细胞壁合成的抗微生物药物，但对那些干扰蛋白质和核酸合成的药物敏感。无胆甾原体能抵抗1.5%洋地黄皂苷的作用，而此浓度的洋地黄皂苷能抑制其他柔膜体的生长。一般来说，在潮湿寒冷的环境中，柔膜菌能存活一定时期，但对热和大多数的去污剂（吐温）和消毒剂（季铵、碘酊及基于苯酚的化合物）敏感。

40.2.1.4 变异

柔膜体不同属以及属内不同种成员对营养的需求和气体环境的需求存在差异。对于某些柔膜菌，可根据菌落形态和大小进行鉴别。通常，脲原体属成员产生的菌落比其他柔膜菌产生的菌落小，而且不形成“煎蛋”样菌落。通常，源自山羊的丝状支原体丝状亚种形成的菌落比源自牛的丝状支原体丝状亚种菌落大，可根据它们形成菌落的大小来区别这两个柔膜菌突变体。尽管不同柔膜菌之间存在一些共同抗原，但仍然可根据不同柔膜菌之间的抗原差异，进行种的鉴定。致病性柔膜菌具有高度的宿主特异性，这可能与某些动物宿主细胞表面存在的特异性受体有关，致病性柔膜菌或许必须通过与特异性受体结合，从而黏附到宿主细胞表面，也可能是与宿主结合后使宿主不能识别出此外源性病原菌。

40.2.2 生态学

40.2.2.1 病原贮存

非嗜血柔膜菌的主要病原贮存库为感染的动物，无临床症状感染动物的黏膜表面（包括鼻黏膜、结膜、口腔黏膜、肠黏膜及生殖道黏膜）可携带该病原。此外，山羊的耳道也可成为某些致病性山羊支原体的贮存库。

40.2.2.2 传播

动物之间的主要传播途径包括直接接触传播，通过呼吸道分泌物形成的气溶胶传播和交配传播。此外，机械传播也非常重要，特别是对于牛和山羊的支原体性乳房炎。对于禽类，通过孵化种蛋而发生垂直传播是许多致病性柔膜菌的重要传播途径之一。饲喂污染的乳汁是牛犊和山羊羔发生感染的原因之一。至于外寄生虫在该菌传播中所起的作用，还知之不多，但目前已经从山羊的耳螨中分离到一些致病性山羊柔膜菌。

40.2.2.3 发病机制

1. 机制

病原菌黏附到宿主细胞表面是发生感染的第一步，大多数支原体的感染是通过菌体表面带负电荷的表层结构介导发生的。对于某些种的细菌，通过对菌体特殊的黏附结构的研究表明，这些结构是由同源的黏附素基因编码的。黏附的宿主受体为葡萄糖结合物，结合后病菌即可在黏膜表面定殖。某些种的支原体具有致纤毛运动停滞活性，因此，可促进感染的发生。有证据表明，某些种的支原体可穿入非吞噬细胞内。已经证明，支原体可与真核细胞膜发生融合。

潜伏性感染很常见。引起持续性感染发生的因素包括病菌具有的免疫逃避机制（如细菌细胞膜上脂蛋白可发生抗原变异或生物拟态）。潜在的一些因素（如年龄、拥挤、协同感染及运输应激等）都可引发临床疾病。上皮层完整性的破坏是病菌破坏宿主防御系统的第一步。作为调理素的菌体膜脂蛋白，在诱导白细胞介素的产生中发挥主要作用。

急性、败血性病型可造成凝血病和广泛性血管内血栓形成，同革兰氏阴性菌引起的败血症相似，这些病症的部分原因是由诱导产生的白细胞介素介导。

慢性感染的发生直接与病菌引起的持续性炎性应答有关。过氧化反应可引起感染宿主的组织损伤，补体和细胞毒性 T 淋巴细胞的激活进一步加重了组织损伤。

该病临床表现上的一些差异与菌种间和种内菌株间的毒力变异有关。对于某些种的病菌，毒力与菌体表面是否存在外表面层有关。丝状支原体丝状亚种的半乳糖聚合物可以调节宿主的免疫应答，并促进该菌的扩散。经体外传代，毒力可迅速消失。牛支原体可诱导淋巴细胞发生凋亡，殊异支原体能抑制巨噬细胞的活化。

除了对宿主产生一些特异的作用外，支原体对免疫系统还有一些非特异性的影响，或许可增加宿主对其他细菌的易感性，从而引起继发感染。

2. 病理学

支原体引起的病理损伤从急性到慢性均有发生，这主要取决于病原感染和定殖的部位。在急性感染病例，主要表现为炎性应答反应，其中包括嗜中性粒细胞浸润和纤维素聚集。一般的感染可导致浆膜表面和滑膜的纤维素性及脓性渗出。局部的持续性感染，可发生大量的组织破坏。对于牛犊，或许可在机体的一些支撑部位形成脓肿，并且以出现伴有外周纤维变性的嗜曙红细胞性凝固性坏死为特征。对于支原体性乳房炎病例，在感染的乳腺组织，或许可出现含有脓性渗出物的小囊，最后，这些感染的乳腺组织可发生纤维化。关节发生支原体感染时，在急性期，关节发生肿胀，囊内液体中含有纤维素，进入慢性期后，滑液囊发生绒毛过度增生，从而形成增生性侵蚀性关节炎。

牛呼吸道发生丝状支原体丝状亚种感染及山羊发生山羊支原体肺炎亚种感染后，均可出现明显的胸膜渗出，胸膜下组织和小叶间隔增厚，并出现液体充盈，发生病变的肺组织可发生肝变，并造成坏死组织的隔离。

发生支原体感染，在感染组织内，常可观察到淋巴细胞和浆细胞浸润，特别是在脉管周围和黏膜下层。呼吸道感染时，其特征为支气管周围出现淋巴浆细胞“套袖”样浸润。在许多感染病例中，可观察到显著的淋巴浆细胞增殖，这是由非特异性促有丝分裂效应和特异性抗支原体的免疫应答反应引起的。

40.2.2.4 病型

感染该病菌后，宿主可出现多种临床表现，通常包括败血症，多位点的扩散感染或定殖感染。主要的几种动物感染不同种的致病菌后，所出现的临床表现见表 40.1。

1. 禽

禽类发生支原体病后，可造成重要的经济后果。禽败血支原体可引起鸡、火鸡和许多种其他家禽的慢性呼吸道病。临床表现包括咳嗽、流鼻液和气管啰音。火鸡可发生窦炎，产生大量的黏稠黏液，从而造成鼻侧窦的严重肿胀。有时，脑和关节也可表现临床症状，产蛋量下降。滑液支原体也可感染多种禽类，引起滑膜炎，出现跛行，关节和腱鞘肿胀，生长迟缓，也出现可观察到的胸骨滑囊炎。还可发生气囊炎，通常为亚临床表现。多数情况下，火鸡支原体和衣阿华支原体只感染火鸡。火鸡支原体引发呼吸道疾病，主要为气囊炎，临床表现比较温和，症状一般不明显，偶然还可引起骨骼畸形，包括跗跖骨和颈椎骨的弯曲或扭曲，火鸡支原体感染可造成的严重后果之一就是蛋的孵化率降低。试验证明，衣阿华支原体可引起幼禽的气囊炎，腿的畸形和生长迟缓，衣阿华支原体感染也可造成种蛋孵化率的显著降低。雀科鸟感染火鸡支原体，可造成结膜炎的自然暴发，并已经造成美国东海岸雀科鸟数量的大量减少。

2. 牛

丝状支原体丝状亚种（小菌落突变体）是毒力最强的牛支原体。可引起牛的传染性牛胸膜肺炎（CBPP），临床上可发生从持续性、亚临床感染到急性，甚至为致死性疾病。临床表现包括呼吸窘迫、咳嗽、流鼻液、不愿运动等。严重病例可表现伸颈张口呼吸。通常，亚临床感染动物作为传染源持续造成病原的传播扩散。尽管小牛可发生关节炎，但大多数感染仅局限于呼吸道。

该病原的许多个种可引起牛的乳房炎。牛支原体是最常见的病原，可引起严重的病症；通常，加州支原体和加拿大支原体也可引起牛的乳房炎。偶然情况下，产碱支原体和牛生殖道支原体也可成为牛乳房炎的病原。典型症状为产奶量下降，所产牛奶黏稠并混有水性分泌物，进一步发展，牛奶中可含有脓性渗出物（图 40.2）。通常，乳房发生肿胀，但颜色并非苍白，有时可波及所有 4 个乳房，而且是一种损害性的乳房炎，常常难以治疗。大多数的感染仅限于乳腺，但随着菌血症的出现，可引起关节炎。对于一些扩散感染病例，可发生关节周围的炎症和筋膜炎。从母牛到母牛的传播与管理不善和卫生措施直接有关。

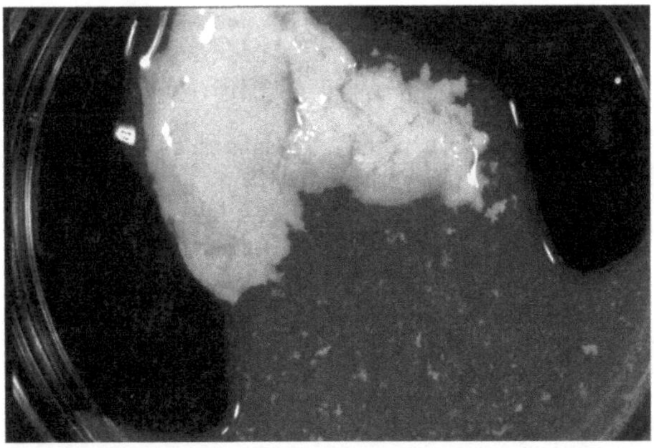

图 40.2　发生严重的支原体乳房炎的母牛所产的牛奶，黏稠并含有水样成分及小片样的物质，从中可分离到牛支原体。

小牛的支原体性呼吸道感染常常表现为肺炎，并与牛的其他一些呼吸道病原有关，从病灶中分离到的主要病原为牛支原体。殊异支原体可引起轻微的呼吸道疾病，临床特征为细支气管炎和齿槽炎，而且通常与对周围环境的应激和原发病毒感染有关。通常，牛支原体和殊异支原体作为常在菌，可从牛上呼吸道分离到。

牛生殖道支原体和差异脲原体引起尿生殖道感染。公牛的精囊炎及母牛的颗粒性外阴炎、子宫内膜炎和流产均与这两种微生物有关。这两种微生物通常作为常在菌存在于低位尿生殖道内。

该类病菌还可引起散发的犊牛关节炎，但最常从病灶中分离到的是牛支原体。其他不常见的病理表现包括中耳炎和褥疮脓肿（图 40.3）。通常，中耳炎的发生与呼吸道疾病的发生相关，而褥疮脓肿的发生与隔离饲养条件有关，其中，牛支原体仍然是很常见的病原体。

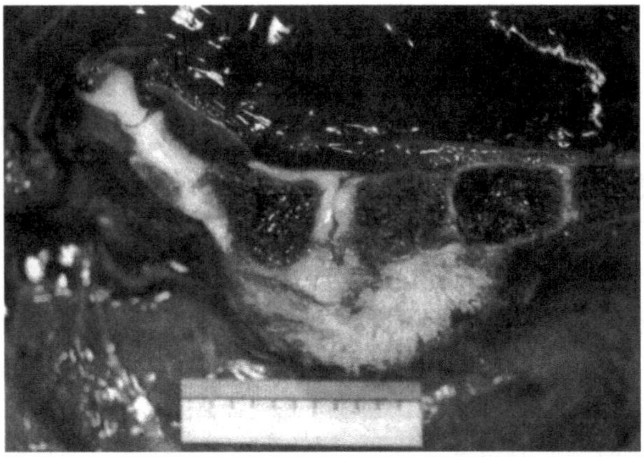

图 40.3　脓肿波及犊牛的胸骨区域，而且脓肿与挤压形成的外伤有关，从中可分离到牛支原体。（H. Kinde 博士提供）

3. 犬

从犬体内可分离到许多种支原体，但关于它们在疾病过程中所起的作用，却知之甚少。实验和临床证据表明，犬支原体能引起犬的泌尿生殖道疾病（包括前列腺炎、膀胱炎、子宫内膜炎、睾丸炎和附睾炎）。目前，还不能确定支原体在母犬繁殖紊乱性疾病中所起的作用。支原体与犬的肺炎有关，但常常是引起继发感染的病原。有报道表明，泡沫支原体可引起犬的关节炎。

4. 山羊

山羊的支原体感染对养殖业可造成重要的经济影响，并可引发一定程度的流行。感染丝状支原体丝状亚种（大菌落突变体）的成年动物，可发生乳房炎、肺炎和滑囊炎（或关节炎）。某些动物可发展为全身性中毒性疾病，导致死亡。通常，幼畜可发生快速的致死性的败血症。耐过动物可发生慢性、糜烂性关节炎和（或）滑囊炎（图 40.4）。丝状支原体山羊亚种和丝状支原体丝状亚种（大菌落突变体）引起的胸膜肺炎临床表现相似，由于这两种支原体的 DNA 序列具有高度同源性，因此，有学者建议将它们归入同一个亚种——山羊亚种。山羊支原体山羊亚种感染可引起感染宿主的败血症、关节炎和乳房炎；山羊支原体肺炎亚种（以前的名称为支原体 sp. F-38）引起山羊的传染性胸膜肺炎（CCPP），临床表现同牛的传染性胸膜肺炎相似。无乳支原体和腐败支原体均可引起感染山羊的乳房炎，自然感染腐败支原体后，引发的乳房炎是化脓性的，而感染无乳支原体后，可造成产奶量下降或产奶停止，这两种支原体都可引起感染动物的关节炎。结膜支原体可引起感染动物的角膜结膜炎，可表现为流泪、结膜充血和角膜炎，有时可观察到明显的角膜翳。

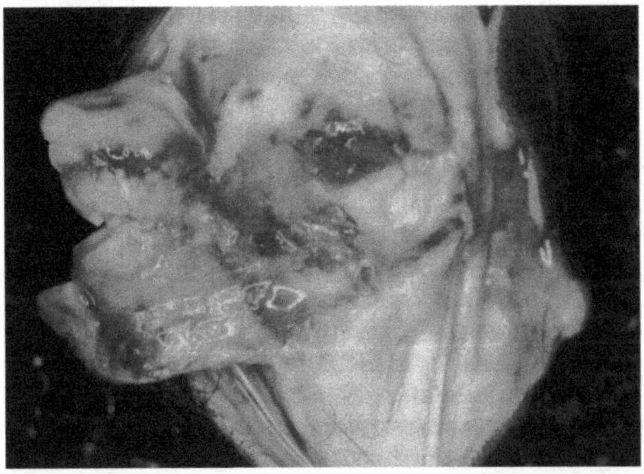

图 40.4　两月龄山羊羔的滑囊炎，滑囊内充盈着琥珀色的液体和白色的纤维素性物质，从中可分离到丝状支原体丝状亚种（大菌落突变体）。（M. Anderson 博士惠赠）

5. 马

猫支原体是唯一能稳定引起马发病的支原体，作为常在菌，可从马的上呼吸道中分离到，但能引起马的胸膜炎，通常，与进行某些费力运动有关。引起的胸膜炎是一种自限性疾病，通常可以自愈。

6. 猫

从猫的黏膜表面，可分离到多种常在支原体，其中与疾病有关的相对很少，但目前已经从一些患有关节炎的猫体内分离到了猫支原体。目前认为，猫支原体与一种从浆液性到黏液性的结膜炎有关。典型症状是结膜呈半透明色，但通常角膜无病理表现。有时，从猫的皮下脓肿病灶中，可分离到一种类似支原体的微生物，但目前，此种微生物及此种病症都未得到鉴定。还从猫的脓胸渗出物中分离到了支原体，但支原体只是引起这种病症的多种微生物之一。

7. 鼠科动物

肺支原体能引起大鼠的低度呼吸道疾病，感染部位包括鼻腔、中耳、喉、气管和肺。最常见的临床表现为发出轻的喘息或鼻音，这是由鼻腔内的脓性分泌液引起的。小鼠的临床表现通常不明显，小鼠眼和鼻发出咔哒声和持续摩擦音可能表明鼠群感染了支原体，致死率低，而且死亡通常与发生肺炎有关。肺支原体也可引起大鼠的泌尿生殖道感染。关节炎支原体可引起小鼠和大鼠的多发性关节炎，但多呈亚临床感染状态；试验感染可引起小鼠的关节肿胀，而且在某些情况下，可引起小鼠的后部躯体麻痹。自然感染溶神经支原体，不会引起小鼠发病，但有引起小鼠结膜炎的报道。用溶神经支原体或无细胞的培养物滤液试验感染小鼠，可引起一种神经综合征，称作“旋转病”。

8. 绵羊

同其他反刍动物相比，绵羊的支原体感染不常见，对绵羊养殖业的危害不是很大。绵羊肺炎支原体与绵羊的肺炎有关，通常，该病原与绵羊呼吸道中其他的致病细菌协同作用，引起肺炎。结膜支原体可引起绵羊的角膜结膜炎，同山羊相似，无乳支原体可引起绵羊的无乳性乳房炎，绵羊还能感染许多种侵害山羊的支原体。

9. 猪

猪的许多临床疾病与感染支原体有关。感染猪肺炎支原体，可引起猪的一种慢性呼吸道疾病，称为地方流行性肺炎（图 40.5），发病率较高，但死亡率低，主要临床表现为慢性无痰性咳嗽，发病猪饲料报酬降低，生长迟缓。猪鼻支原体可引起 3～10 周龄仔猪的全身感染，起初症状包括发热，食欲不振，精神倦怠。接下来通常表现为关节肿胀和跛行，还可引起特征性的多发性浆膜炎，波及范围包括胸膜、腹膜和心包膜的浆膜，滑液膜也可受到侵害，慢性感染可造成体重下降。猪滑液支原体可引起 12～24 周龄仔猪的关节炎，主要症状为跛行和行动困难。

图 40.5　由猪肺炎支原体引起的猪地方流行性肺炎。
（M. Anderson 博士惠赠）

40.2.2.5　流行病学

致病性柔膜菌的主要来源是感染的动物宿主。将感染动物引进到一个清净畜群，即可引起病原的传播扩散。无临床症状的带菌动物，通常在其黏膜表面有该菌寄生，一般为畜群中该病原的贮存宿主。年幼动物比成年动物更易感，一般更易发展为严重的疾病。通常，来自动物的病原不具有人兽共患的特性。

40.2.3　免疫学

40.2.3.1　疾病发生的免疫学机制

宿主的免疫应答与疾病的发生密切相关。主动体液免疫、细胞免疫应答以及病原本身具有的免疫抑制作用均与致病过程有关。

一些柔膜体具有非特异性的促有丝分裂特性，能针对多种抗原（包括宿主抗原）的刺激诱导多克隆 B 淋巴细胞的增殖。关节炎支原体具有的一个短肽，可作为超抗原，刺激大范围 T 淋巴细胞群的增殖，从而造成多种细胞因子的产生，引起对宿主有害的炎性反应。宿主和支原体具有共同抗原，可引起自身免疫性疾病，如在牛肺和丝状支原体丝状亚种菌体中，均可发现一种半乳糖抗原。支原体可通过经典途径激活补体系统，从而可促进炎性应答反应。尽管炎性应答反应有助于控制感染，但对宿主的支持细胞有害。抗原在一些位置的选择性持续存在（如关节），使得由免疫复合物介导的炎性应答反应对这些位置的组织造成进一步的损害。许多支原体可使巨噬细胞活化，从而引起 IL-1、IL-6 和 TNF 的产生，进而导致细胞毒性 T 淋巴细胞的产生，引起类似内毒素的效应。

宿主免疫应答的抑制和病原的持续性存在及对宿主识别的逃避非常重要。许多种支原体能够降低嗜中性粒细胞和巨噬细胞的吞噬功能，据推测，吞噬活性降低的机制包括细胞呼吸暴发能力降低（牛支原体），或由于病原产生荚膜而导致细胞的吞噬功能降低（殊异支原体）。由于支原体和其感染的宿主具有共同抗原，因而可导致生物拟态现象的产生，因此，宿主会将支原体识别为自身成分，从而导致持续性感染的发生。抗原变异是病原逃避宿主防御系统的另一种机制，占禽败血支原体完全基因组 16%的 *pMGA* 基因家族，可使该支原体的主要表面蛋白产生多种抗原突变体。支原体可将感染宿主的抗原成分带入自身，此过程称为“戴帽”，可进一步帮助某些柔膜菌逃避宿主的免疫监视。

40.2.3.2 宿主的抵抗和康复机制

年龄、环境、遗传因素，拥挤及病原的协同感染均与宿主抗感染能力的产生与否有关。预先尽量消除能引起应激的因素，可减少疾病的发生。宿主的某些先天性防御机制可以保护宿主抵抗感染，如呼吸道黏膜纤毛系统，对防止病原在呼吸道的定殖很重要。

慢性柔膜菌感染表明，在控制已经发生的感染时，宿主产生的免疫应答不是非常有效。支原体感染能刺激机体产生体液免疫，并可检测到产生的特异性抗体。研究表明：抗体有助于病原的清除。感染机体还可产生细胞免疫，但目前对细胞免疫的发生还知之甚少。对于宿主强烈的炎性应答反应，支原体似乎能够逃避宿主的病原清除作用。

40.2.3.3 人工免疫

免疫接种能够控制某些支原体病的发生。在发生地方性牛 CBPP 的地区，可使用减毒活疫苗，保护作用可持续约 18 个月。在控制山羊的感染方面，弱毒苗和加佐剂的灭活苗效果不定，特别是对于无乳支原体、丝状支原体山羊亚种和山羊支原体肺炎亚种引起的感染。在抵抗猪肺炎支原体和猪鼻支原体引起的猪的感染时，灭活苗有一定效果。对于禽类，常使用活苗和灭活苗来控制产蛋量下降以及由禽败血支原体引起的呼吸道疾病。

40.2.4 实验室诊断

40.2.4.1 样品采集

选择用于病原分离的最适样品，应根据疾病的临床表现来确定，具体可采集渗出液、病变部位的拭子、病变组织和乳汁。在检测临床症状不明显的带菌山羊时，可采集山羊的耳道样品。由于柔膜菌的生存对环境条件的要求较为苛刻，因此，采集的样品应尽快送往实验室。在运输过程中，样品应保持低温和潮湿。在运送拭子样品时，可采用多种商品化的培养基（不含有木炭的 Stuart 培养基和 Amies 培养基）。如果运输时间较长（超过 24h），可将样品冻结运输，运输时最好加干冰或置于液氮中。

40.2.4.2 直接检查

对于大多数柔膜菌来说，显微形态不确定，而且革兰氏染色不易着色，因此，不宜采用。有资料描述了采用直接荧光抗体染色和 DNA 荧光染料染色检查的方法，在诊断结膜炎和乳房炎时比较有意义，但尚未得到广泛应用。

40.2.4.3 分离

目前没有一种培养基适合于所有柔膜菌的增殖，因此，应根据所要分离的特定种的柔膜菌来选择培养基。一般来说，常使用配方相对复杂的复合培养基。血清含有多数柔膜菌所需的固醇，因此一般需要在培养基中添加。对于不同种的柔膜菌，添加不同来源的血清，生长情况也不同。但对于无胆甾原体属的成员，由于自身可以合成所需的脂肪酸，因此不需要在培养基中添加外源性固醇。因为酵母提取物可提供柔膜菌生长所需的一些生长因子，培养中一般还需加入酵母提取物。对于某些种的柔膜菌，培养时还需加入一些特定的成分以促进其生长［如有时需加入阴道分泌液（无乳支原体）和烟酰胺腺嘌呤二核苷酸（滑液支原体）］。某些山羊的支原体可在绵羊血琼脂上生长，形成小的菌落，并产生 α 溶血（“变绿”）（图 40.6）。通常，还在培养基中加入青霉素、醋酸铊和两性霉素 B 来抑制污染的细菌和真菌的生长。还可在培养基中加入特异性抗血清来抑制共生的其他支原体，从而选择性地分离特定的致病性菌种。在分离培养时，最佳的选择

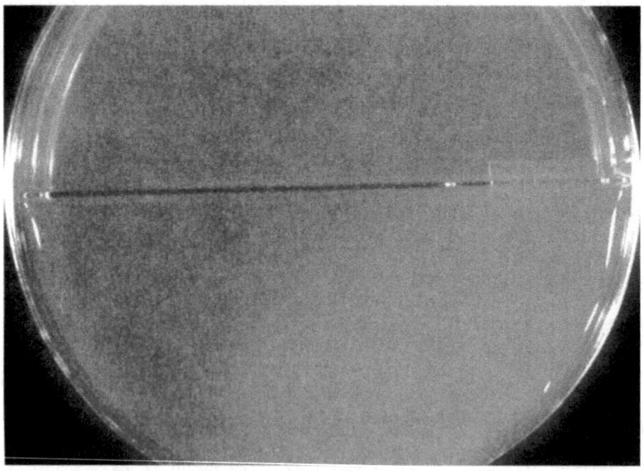

图 40.6 在含绵羊血琼脂/麦康凯琼脂双培养基的培养皿中，增殖的山羊丝状支原体丝状亚种（大菌落突变体），培养皿的下半部分为绵羊血琼脂培养基，可看到明显的支原体小菌落；培养皿的上半部分为麦康凯琼脂，无菌落生长，这是很少见的，可充分增殖于绵羊血琼脂培养基上，并产生菌落的支原体，尽管菌落较小，但肉眼可见。

是同时接种液体和固体培养基，在 37℃，5%～10%CO_2 条件下，至少培养 7 天，某些菌种则需要更长的培养时间。对于精液和关节液样品（其中含有一些抑制物），为提高分离的可能性，在接种培养基前要进行稀释。对于禽类的致病菌种，为提高分离的可能，要在肉汤培养基中至少盲传三代。由于脲原体可水解培养基中的尿素，使得它们对 pH 的变化比较敏感，因此，在分离脲原体时，需要频繁的进行传代培养来维持其存活。

40.2.4.4 鉴定

可借助解剖显微镜来观察培养基上是否有菌落形成。对于培养基上表面凸起的典型菌落，可直接采用达恩斯（Dienes）染色，以便与其他细菌形成的菌落进行鉴别（图 40.7），由于柔膜菌不能还原染料中的亚甲基蓝，因此，染色后菌落呈蓝色；对于其他细菌，采用达恩斯染色时，亚甲基蓝可作为麦芽糖氧化时的氢受体而被还原，因此，菌落是无色的。但对于 L 型细菌，存在例外的情况，L 型细菌与柔膜菌有相似的菌落形态和染色反应。由于 L 型细菌具有恢复为有细胞壁的细菌形式，因此，可以此来鉴别 L 型细菌与柔膜菌。

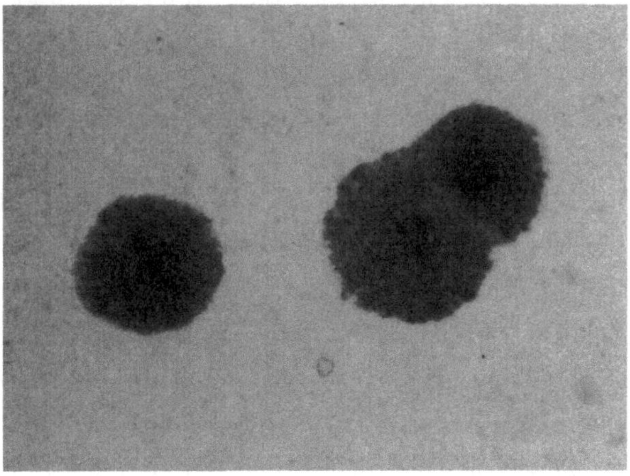

图 40.7 采用 Dienes 染色的支原体菌落，中央着色较深，而外周着色较浅。(75×)

可根据柔膜菌对洋地黄皂苷的敏感性，把支原体、脲原体与无胆甾原体区别开来。对于支原体和脲原体，可在浸有 1.5%洋地黄皂苷溶液的纸片周围形成大的抑菌圈；对于无胆甾原体，仅能观察到小的抑菌圈，甚至没有抑菌圈。通常，还可进一步应用生化试验（包括磷酸酶试验、葡萄糖发酵试验和精氨酸或尿素水解试验）来对分离物进行鉴定。

确切鉴定需要用特异性抗血清来进行试验。根据特异抗血清对细菌生长或代谢的抑制，以及基于特异性抗血清的免疫荧光或其他显色反应系统，已经建立了许多用于检测柔膜菌的方法。可将抗血清浸透纸片或将抗血清加入培养基上的孔中，进行生长抑制试验，观察抑菌圈的形成。在液体培养基中，进行生长抑制试验，并采用随 pH 变化而发生颜色改变的指示系统，称为代谢抑制试验。其他一些常用的特异的检测方法包括：菌落压片的直接或间接免疫荧光染色、落射菌落荧光显微染色和琼脂培养皿上的菌落过氧化物酶染色（图 40.8）。

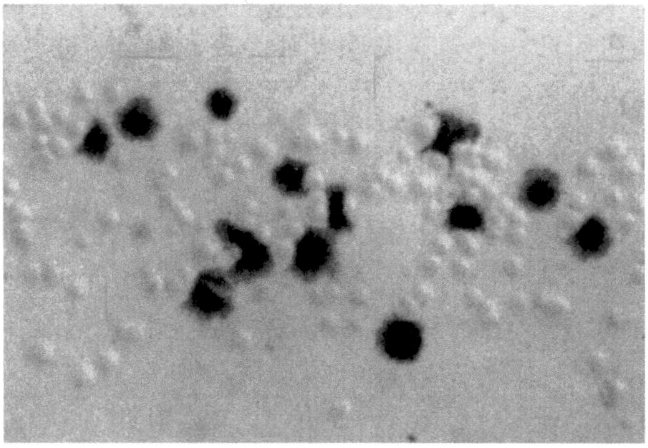

图 40.8　为了对支原体分离物进行定型，直接在琼脂培养基上进行免疫过氧化物酶试验。样品中存在两种不同型的支原体，其中之一——牛鼻支原体，用抗牛鼻支原体血清进行染色时可以显色（染成暗黑色的菌落）；而另一种支原体不与此抗血清发生反应。

非血清学鉴定方法是最近建立的 PCR 检测方法。通过采用 PCR 扩增特定的 DNA 片段，并对 PCR 产物进行限制性内切核酸酶分析，可用于对分离物的鉴定。采用随机扩增多态 DNA 分析，可用于菌株的鉴别。此外，限制性内切核酸酶分析、蛋白质电泳和核糖体分型方法也可用于对菌株的进一步鉴定。选择特定的基因进行序列测定分析，特别是对编码 16S rRNA 的基因进行序列分析，是确定各种支原体分类地位的重要手段。

一般不对临床分离物进行抗生素药敏试验，而且也没有建立标准化的方法，没有恰当的对照微生物。

40.2.4.5　非培养检测方法

组织切片的免疫过氧化物酶染色或免疫荧光染色的方法，已成功用于组织中柔膜菌种的鉴定，具体包括牛组织中牛支原体的鉴定、猪肺组织中猪肺炎支原体的鉴定以及某些禽类支原体的鉴定。

目前，已经报道了大量采用 PCR 直接对临床样品中的致病菌种进行鉴定的方法，而且采用 PCR 直接检测某些禽致病性支原体，已经有商品化的试剂盒出售。

40.2.4.6　免疫诊断方法

对于许多重要的支原体病，目前均已建立了很多的免疫诊断方法，但其中的许多方法尚未实现标准化，也没有得到广泛应用。这常常是由于方法的敏感性不够造成的，特别是在检测无症状的病原携带动物的时候，尤为常见。此外，由于常与其他抗体存在交叉反应，这些方法的特异性也较差。

采用 ELISA、平板凝集试验和血凝抑制试验对商业禽群进行监测，是消除禽败血支原体、火鸡支原体和滑液支原体感染的重要组成部分，而且目前已有商品化的试剂出售。

40.2.5 治疗、控制和预防

治疗效果取决于病原的种类、机体被侵害的部位和发病的时段。尽管体外试验结果表明，柔膜菌对许多抗生素敏感，但在实际治疗时，却常常治疗无效。常用的抗生素包括四环素、泰乐菌素、红霉素、林可霉素、壮观霉素及替米考星。柔膜菌对某些抗生素（特别是大环内酯类抗生素）可产生耐药性。治疗后好转的动物往往成为病原的携带者。

应根据本国柔膜菌病的发生状况、发生的特定疾病和发病动物的种类来制定控制措施。对于如 CBPP 和 CCPP 这样可侵害大群动物的疫病，可通过疫情监测并扑灭感染畜群的措施来消除病原。对于该病呈地方性流行的国家，可采取免疫接种、剔除阳性动物和改变管理措施来防止该病的扩散传播。一般来说，由于治疗感染动物的措施难以见效，因此，对于监测结合扑灭的措施行不通的畜群，常采取剔除发病动物的措施来控制该病。随着养殖业（特别是养禽业）的集约化发展，目前已经总结制定出消除和预防感染的具体方法和措施。为消除感染，生产无支原体的鸡群（特别是对于种鸡群），采取的措施包括血清学检测、扑灭阳性鸡群以及用抗生素处理孵化的鸡胚。处理鸡胚的措施为：将温热的鸡胚泡入已经预冷的抗生素溶液中，这样可促使抗生素渗入鸡胚之中。对集装奶罐进行常规培养的方法常用于监测母牛群和山羊群的乳房感染，通常要剔除可从乳汁中排菌的动物。

预防措施应执行严格的生物安全程序，防止将感染动物引入无支原体的畜群。引入新动物时，应在隔离和检测之后才可混群。对于带出去参加展览和展示的动物，在返群前，应考虑到它们可能将病原引入畜群。山羊群由此原因而暴发疫病的现象很常见。对于该类疫病呈地方流行的地区，良好的卫生和管理措施对预防该类疫病在畜群中的传播扩散很重要。由于乳汁可成为传染源（特别是在山羊中），因此对乳汁进行巴氏消毒，可预防畜群中幼龄动物的感染。

40.3 嗜血柔膜体

嗜血柔膜菌包括以前归入血巴通体属和附红细胞体属中的成员（表 40.2），它们均寄生于红细胞内，可引起幼龄动物或处于应激状态的动物发生溶血性贫血（图 40.9）。亚临床感染动物是血浆体的宿主，该群中的几种成员可经外寄生虫传播。与非嗜血柔膜体所不同的是，嗜血柔膜体不能在无生命的人工培养基上生长。

感染该群病原的宿主常常无临床症状，但是，在存在其他应激因素的情况下［如感染海莫非柔膜体（*M. haemofelis*）或海莫民柔膜体（*M. haemominutum*）的猫合并感染 FIV 或 FeLV 时］，有时在临床上可表现明显的溶血性贫血。

感染血浆体后，感染宿主或许可出现黄疸、脾肿大和骨髓增生。

诊断主要通过观察临床表现，对外周血进行染色镜检，或用 DNA 引物经 PCR 扩增属特异性和种特异性 DNA 片段的方法检查病原。

治疗措施主要对溶血性贫血进行纠正治疗，同时可应用四环素进行抗菌治疗。

表 40.2 与嗜血柔膜体有关的动物、病原因子和疾病

动物种	病原	通常所致的临床疾病
猫	海莫非柔膜体(*M. haemofelis*)	贫血(猫传染性贫血)
	海莫民柔膜体(*M. haemominutum*)	
牛	文氏柔膜体(*M. wenyonii*)	贫血
犬	海莫科柔膜体(*M. haemocanis*)	贫血
美洲驼	海莫来柔膜体(*M. haemolamae*)	贫血
小鼠	海莫瑞柔膜体(*M. haemuris*)	贫血
负鼠	海莫第柔膜体(*M. haemodidelhidis*)	贫血
绵羊	海莫微柔膜体(*M. haemovis*)	贫血
猪	海莫修柔膜体(*M. haemosuis*)	贫血

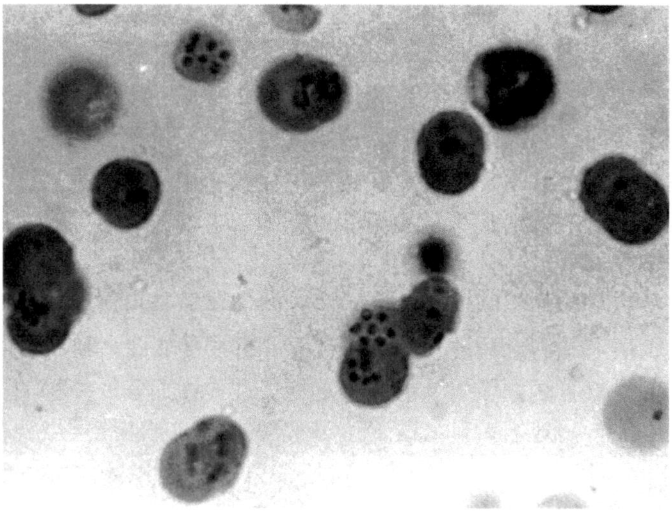

图 40.9 猫红细胞中的海莫非柔膜体。注意观察球形和环形的病原体。瑞氏染色。(1000×)

第41章 立克次氏体科：立克次氏体属、柯克斯体属和东方体属

Janet E. Foley Ernst L. Biberstein Dwight C. Hirsh

立克次氏体科的成员是微小的，严格细胞内寄生的革兰氏阴性菌，它们均寄生于节肢动物体内。此科中立克次氏体科与无浆体科的成员与兽医学有关。寄生于血管内皮的立克次氏体属、柯克斯体属和东方体属成员，通常被称为立克次氏体科；寄生于吞噬细胞内的埃利希氏体属和新立克次氏体属成员，通常被称为埃利希氏体科。无浆体科下设无浆体属，该属成员寄生于红细胞、吞噬细胞和血小板内。

将在第42章讨论埃利希氏体科（埃利希氏体属和新立克次氏体属），将在第43章讨论无浆体科的成员。本章讨论立克次氏体科，即立克次氏体属、柯克氏体属和东方体属，但只详细讨论与动物疾病有关的成员，即立氏立克次氏体（犬和绵羊落基山斑点热的病原）和贝氏柯克氏体（反刍动物Q热的病原）。

41.1 特征描述

立克次氏体科成员的大小为0.5μm×1.0μm，为革兰氏阴性细菌，但采用吉曼尼兹、马氏（Macchiavello）或吉姆萨染色效果较好，采用吉曼尼兹、马氏染色时，菌体染成红色，采用吉姆萨染色时，菌体染成紫色。从电镜形态和菌体化学组成来看，立克次氏体科成员与其他革兰氏阴性细菌相似。菌体可产生内毒素（见第7章和第8章），不能运动。贝氏柯克氏体的生命周期中，存在一个内芽孢样阶段。立克次氏体自身代谢时，可活化内皮细胞的内吞活性，从而使其进入内皮细胞，在细胞内可逃避吞噬小体的吞噬作用，得以在细胞质内繁殖，有些情况下，在细胞核内进行繁殖。

立克次氏体科可在鸡胚卵黄囊、培养细胞和试验动物体内增殖，特别是可以在豚鼠和小鼠体内增殖。培养时的最适生长温度为33～35℃，在此温度范围内，菌体繁殖一代约为9h。细胞培养时，一般需要培养几周，才能使该类细菌良好生长，具体培养时间取决于所培养的立克次氏体的种。

谷氨酸盐是立克次氏体生长的关键营养物质，菌体在转氨酶、脱氢酶和柠檬酸循环过程中各种酶的作用下，分解利用此营养物质。立克次氏体的糖分解作用非常弱。立克次氏体的二磷酸腺苷可与宿主的三磷酸腺苷发生跨膜交换，在被转移到细胞外时，这种“泄漏”可导致立克次氏体关键代谢物、感染性和存活能力的丧失，这与其说成是立克次氏体在胞内生存的原因，倒不如说可能是立克次氏体对胞内环境的一种适应，但目前还尚未明确。在宿主体内，贝氏柯克氏体为专性细胞内寄生菌，但可在胞外环境中存活数月，福尔马林，紫外线照射，经典的63℃，30min巴氏消毒法及瞬时巴氏消毒法（71.6℃，10～20s）均可使其灭活。

立克次氏体科的许多成员与无脊椎的媒介生物有关，一些成员可经卵在蜱和螨体内

传代。一些重要立克次氏体的致病性和生态关系见表 41.1。有三种立克次氏体与兽医学有关：立氏立克次氏体、猫立克次氏体和贝氏柯克氏体。立氏立克次氏体属于斑点热群；猫立克次氏体属于斑疹伤寒群，初步研究表明，猫立克次氏体是一种重要的，来源于小动物的人兽共患病病原，但它对猫没有致病性。

表 41.1 由立克次氏体引起的某些疫病：病原、贮存宿主、传播媒介和宿主

疫病	病原	脊椎动物贮存库	传播媒介	是否可经卵传播	临床发病宿主
流行性斑疹伤寒					
经典型	普氏立克次氏体	人(已分离到)	虱	−	人
森林型	普氏立克次氏体	东方飞鼠	跳蚤	−	人
流行性鼠斑疹伤寒	斑疹伤寒立克次氏体	大鼠、负鼠和猫	跳蚤	−	人
流行性类斑疹伤寒	猫立克次氏体(ELB 因子)	负鼠、猫	跳蚤	−	人
恙虫病	恙虫病东方体	小鼠、猫	螨	+	人
落基山斑点热	立氏立克次氏体	各种野生哺乳动物	蜱	+	人(犬、绵羊)[a]
Q 热	贝氏柯克氏体	哺乳动物、鸟类、鱼?	蜱、螨、昆虫[b]	?	人(反刍动物)

a.偶然可感染发病；b.在不存在媒介生物的情况下，通常可经空气传播。

41.2 立氏立克次氏体

41.2.1 生态学

41.2.1.1 病原贮存和传播

落基山斑点热（RMSF）的病原是立氏立克次氏体，在一些地区的犬（和人）中存在感染。约 20 种硬蜱［包括北美洲西部的安氏革蜱（木蜱）和变异革蜱（美洲犬蜱），及北美洲东部地区的变异革蜱］可自然携带该病原。该病原可经卵在蜱体内传播。血清学调查表明，绝大多数犬的 RMSF 感染未被注意。对于被蜱侵染的犬，其他经蜱传播的疾病（埃利希氏体病、巴贝斯虫病、疏螺旋体病），也应与 RMSF 一并被考虑。RMSF 局限于美洲，北美洲东部的病例最为常见（流行情况在逐渐增加）。该病的季节性发生与成虫蜱的活动性相一致：对于安氏革蜱，一般在春季和初夏时活动，而变异革蜱在春季中期到夏末活动。RMSF 的贮存宿主为小型哺乳动物，与未完全发育成熟的蜱一起，共同构成了主要的动物宿主循环圈。

41.2.1.2 发病机制

立氏立克次氏体在蜱的上皮细胞内进行复制，并可迁移至唾液腺和卵巢组织。蜱叮咬了适当的宿主之后，立氏立克次氏体即可进入宿主体内，经细胞内吞作用，进入脉管内皮细胞内，避开吞噬体的吞噬，在细胞浆和细胞核内复制。立克次氏体产生的磷脂酶和蛋白酶可损伤宿主的内皮细胞膜，导致组织坏死、脉管炎、出血、水肿、血灌流不足、血栓形成和呼吸困难。临床上，致死病例很罕见，发病犬可表现高热（40℃）、厌食、呕吐、腹泻、黏膜表面出现於点或於斑，全身淋巴结、关节和肌肉变软。发病晚期，可出现紫癜和中枢神经紊乱。发生的这些病变及心、肾功能受损，引起动物死亡。不幸的是，在恢复期，病犬可能发生肢端的严重坏死。

41.2.2 免疫学

根据 RMSF 后期脉管征象估计其病因与免疫复合物。感染机体产生体液和细胞免疫应答，通过活化的巨噬细胞，后者对清除病原尤其重要。目前，RMSF 尚无可用的疫苗。

41.2.3 实验室诊断

一些立克次氏体抗原（包括立氏立克次氏体）与某些变形杆菌（OX）菌株的菌体抗原存在交叉反应性，此现象（Weil-Felix 反应）被用于诊断立克次氏体感染，但此方法一般缺乏种特异性。间接免疫荧光抗体试验（FA）和 ELISA 最常用于立克次氏体特异性 IgG 的检测，但在发病早期，检测结果为阴性，或者抗体滴度低。直接免疫荧光染色可用于细胞中立克次氏体的检测和鉴定。PCR 适用于检测蜱和犬体内的立氏立克次氏体的 DNA。

41.2.4 治疗和控制

立氏立克次氏体对氯霉素、四环素和氟喹诺酮类药物敏感。对于发病犬，必须采用积极的支持疗法和适当使用一些类固醇药物。犬 RMSF 的预防措施要求对蜱进行控制。该病的传播取决于蜱的持续叮咬，及时消灭可能减少该病原的传播和扩散。

41.3 贝氏柯克氏体

41.3.1 生态学

41.3.1.1 病原贮存库和传播

Q 热的病原贝氏柯克氏体呈世界性分布。与其他立克次氏体所不同的是，它可以在环境中存活，并可经空气传播。该病原的存活能力或许与该病原存在“小细胞变异体”有关，“小细胞变异体”为该病原的内芽孢样生长阶段。该病原的天然宿主和媒介包括约 125 种哺乳动物和多种节肢动物（包括蜱、螨、跳蚤、虱和蝇），其中一些宿主和媒介维持贝氏柯克斯氏体动物宿主循环圈的存在。最近的研究表明，该病原可存在于变形虫和鳌虾之中，这或许是该病原能在环境中持续存在的一个重要原因，而且也可能是引起人和其他动物发生感染的传染源。

大多数人的 Q 热病例可追溯到与感染的绵羊、牛和山羊的接触，或是直接接触，或是食用了未经巴氏消毒的奶产品。带有来自感染奶牛场的感染性芽孢的风曾引起该病的暴发。牛和小反刍动物可经粪便、精液和生殖排出物排出病原。猫和犬是引起人发生感染的传染源。

贝氏柯克氏体可被用作生物武器，是一种可能用于生物恐怖主义的重要病原。

41.3.1.2 发病机制

贝氏柯克氏体可通过吸入、摄入或节肢动物叮咬而侵入脉管内皮，呼吸和肾脏上皮。贝氏柯克氏体可在吞噬体内繁殖，这是由于该病原的酶系统适合在低 pH5 的条件下发挥作用。经血原扩散后，50%的患者不出现临床症状，或仅表现轻微的自限性感染症状。低于 10%的患者可表现严重病症，出现脉管炎，局限性肺炎，脾肿大，发热和淋巴细胞增多症。在动物中的病相似，即使轻微的温血动物也可存在潜伏感染，尤其可在泌乳的乳腺和怀孕的子宫内持续存在。分娩期间，潜伏感染可被激活。可能因胎盘炎引起散发性流产，也可能分娩正常，产仔存活。在上述任何一种情况下，宿主都可排出大量的病原。病症轻微或自限性动物的病理变化是肉芽肿的形成；慢性活动性感染的人或动物的肉芽肿内不含有病原，但在有许多空泡的巨噬细胞内，具有大量的病原。人的致死主要是由于肺炎、肝脏感染或心内膜炎引起。

培养时，贝氏柯克氏体可由有毒力的 I 型（可抵抗巨噬细胞的杀灭作用，并可在其中缓慢繁殖）转变为无毒力的 II 型。II 型菌细胞壁表面脂多糖的表达已经发生了改变。不能自然产生巨噬细胞杀灭 II 型菌。

41.3.2 免疫学特征

有些国家用 II 型菌疫苗，但据报道，效果不好。目前，研究人员正在研制全菌灭活苗。I 型 Q 热疫苗的研制目前很受关注，试验已经证明，该疫苗在反刍动物和人身上有效。

41.3.3 实验室诊断

对可疑组织进行吉曼尼兹染色或其他染色，不能鉴别贝氏柯克氏体和鹦鹉热嗜性衣原体。可通过接种豚鼠和小鼠，鸡胚或细胞培养的方法，分离贝氏柯克氏体，但培养时菌体可变异为 II 型。另外，对实验室人员来说，该病原具有一定的危险性。不可思议的是，尽管只有 I 型菌可引起动物感染，但在人急性感染时，产生的针对 I 型菌抗原的抗体滴度很低，而针对 II 型菌抗原的抗体滴度却可升高 4 倍以上，针对 I 型菌的抗体为 IgM。如果感染转为慢性，则针对 I 型菌的抗体滴度升高。这种病型或许也发生于动物，但目前缺乏各种急性和慢性感染动物的长期观测数据。间接免疫荧光染色、补体结合试验和 ELISA 试验可用于抗体检测。可采用直接免疫荧光染色来对细胞培养物、鸡胚和试验动物组织中的分离物进行鉴定。此外，也可采用特异性 DNA 引物进行 PCR，来确证该病原的感染。

41.3.4 治疗和控制

治疗的主要难点是，由于贝氏柯克氏体所生存的吞噬体环境为高酸性，而大多数抗菌药物在此低 pH 条件下是无效的。应用氯喹使细胞的 pH 升高，可增强四环素的临床治疗效果。对贝氏柯克氏体感染有一定效果的药物包括四环素、氯霉素、克拉霉素、恩诺沙星和复方新诺明。曾尝试长期饲喂四环素来控制贝氏柯克氏体从乳房的排出，但结果不一。对于怀孕的绵羊和山羊使用四环素，可减少流产的可能性。

第 42 章　埃利希氏体科：埃利希氏体属和新立克次氏体属

Janet E. Foley　Ernst L. Biberstein　Dwight C. Hirsh

42.1　特征描述

立克次氏体目的成员为微小的，严格细胞内寄生的革兰氏阴性细菌，它们均是寄生于节肢动物体内的微生物。此目中有两个科（立克次氏体科与无浆体科）的成员与兽医学有关。立克次氏体科的成员又可分为寄生于血管内皮的微生物（立克次氏体属、柯克氏体属和东方体属）和寄生于吞噬细胞内的微生物（埃利希氏体属和新立克次氏体属，通称为埃利希氏体科）。无浆体科下设无浆体属，该属成员寄生在红细胞、吞噬细胞和血小板内。

已在第 41 章讨论了立克次氏体科，将在第 43 章讨论无浆体科的成员，本章讨论埃利希氏体科，即埃利希氏体属和新立克次氏体属。

埃利希氏体科寄生在白细胞，在胞浆内与胞膜相连的囊泡内繁殖。对血涂片进行吉姆萨染色或免疫荧光染色镜检时，可观察到直径小于 4μm 的菌群（桑椹体），由直径小于 1μm 的“原体”组成（图 42.1）。埃利希氏体具有细胞壁。

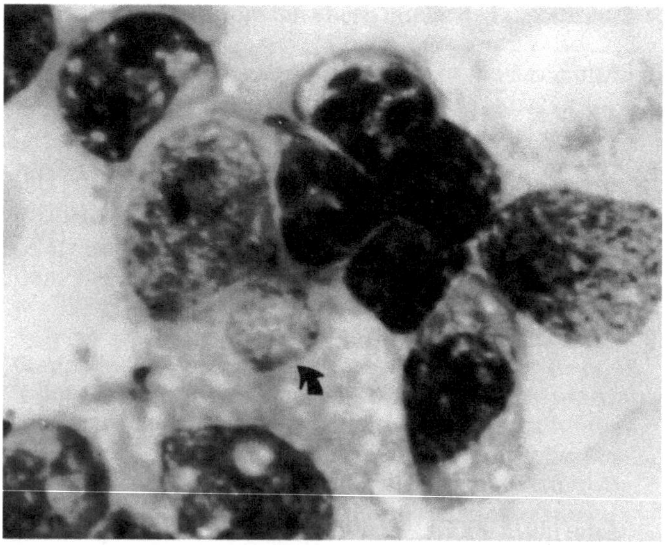

图 42.1　犬淋巴结压片中的蠕虫新立克次氏体菌群（箭头：桑椹体）。吉姆萨染色。(1000×)

埃利希氏体科包括犬埃利希氏体、查菲埃利希氏体、尤氏埃利希氏体、反刍兽埃利希氏体（以前曾称为反刍兽考德里氏体）、蠕虫新立克次氏体、里氏新立克次氏体（以前曾称为里氏埃利希氏体）和腺热新立克次氏体（以前曾称为腺热埃利希氏体）。马埃利希氏体已被重新划入嗜吞噬细胞无浆体（见第43章）。犬埃利希氏体、查菲埃利希氏体、里氏新立克次氏体、腺热新立克次氏体和反刍兽埃利希氏体经蜱传播，但不经蜱卵传播。在模拟宿主环境的细胞培养物中增殖。在室温下，宿主感染性血液保持感染性的时间可达10天，在冷藏温度下，可达14天，在冰冻条件下，可达1.5年。

42.2 犬埃利希氏体、查菲埃利希氏体和尤氏埃利希氏体

42.2.1 生态学

42.2.1.1 病原贮存和传播

犬埃利希氏体可引起犬的单核细胞性埃利希氏体病，棕色犬蜱——血红扇头蜱是传播媒介。犬和其他犬科动物的菌血症或许可持续数年，但在急性期的血液对蜱仅有两周或更短的感染性。幼犬和德国牧羊犬对该病最易感。尽管感染主要集中于热带和亚热带地区，但除澳大利亚外，全球各大陆都可发生。尤氏埃利希氏体可引起犬和人粒细胞埃利希氏体病的其中一种病型（不同于嗜吞噬细胞无浆体引起的粒细胞埃利希氏体病），其传播媒介是美洲钝眼蜱，美洲钝眼蜱是一种孤星蜱。尤氏埃利希氏体最常见于北美中部，但北美的沿海区域也有报道。尽管人单核细胞性埃利希氏体病的个别病例或许是由犬埃利希氏体引起的，但绝大多数病例是由查菲埃利希氏体引起的，在遗传学和血清学上，查菲埃利希氏体与犬埃利希氏体密切相关。查菲埃利希氏体的传播媒介是变异革蜱——一种美洲犬蜱，其哺乳动物贮存库或许是鹿。

42.2.1.2 发病机制

这些埃利希氏体科均可经蜱叮咬而感染宿主，潜伏1～3周后，急性发病，潜伏期内，经二分裂法，病原在单核细胞内增殖（但尤氏埃利希氏体，在粒细胞内增殖）。严重的急性病例，病程可持续数周，出现脉管炎和血小板减少症，血管内可出现凝集物，白细胞减少和贫血则很常见。临床症状为发热、不安、精神沉郁、食欲不振、体重减轻、黏膜苍白、淋巴结病和关节痛（后者特别多见于犬和人的尤氏埃利希氏体感染）。

尤氏埃利希氏体和查菲埃利希氏体偶然可引起人的慢性或严重疾病，表现为多发性关节炎、中枢神经系统紊乱和浸润性肺炎。犬的单核细胞性埃利希氏体病似乎比较独特，发病犬可转入潜伏感染阶段和最终的慢性期。慢性期可持续数月到数年，感染动物可出现各种血细胞减少，或许还伴有出血（通常为鼻出血）、水肿、浆膜性渗出、呼吸困难、间质性肺炎、贫血、继发感染以及脾、肝和淋巴结肿大。免疫病理反应可导致高球蛋白血症、血管球性肾炎和广泛的浆细胞浸润的出现。

42.2.2 免疫学

先天易感和细胞免疫受损的犬，更常发生潜伏性和慢性埃利希氏体病，潜伏性感染似乎存在于脾脏。尽管发生高γ球蛋白血症时，血中的球蛋白是多克隆的，但目前也有几例发生单克隆γ球蛋白病的报道，表明B淋巴细胞克隆很可能已经发生了恶变，或

者多数其他细胞克隆受到抑制。

根据推测，针对感染的单核细胞和血小板而产生的细胞和体液免疫应答可造成血细胞的破坏和骨髓的萎陷，并引起多发性关节炎和眼色素层炎。免疫复合物沉积可能引起脑膜炎。抗体和细胞介导的免疫可使机体获得抵抗再次感染的能力。

42.2.3 实验室诊断

对涂片进行吉姆萨染色后镜检，如在细胞内观察到具有淡黄色被膜的桑椹体，可以做出诊断。但桑椹体是很罕见的，主要见于急性发病阶段。

人和犬的单核细胞性埃利希氏体病的病原或许可在犬的细胞系上增殖。

间接免疫荧光抗体试验可用于检测血清中这些埃利希氏体的抗体。活动性感染时，推荐采用 PCR（应用特异性 DNA 引物）来检测血液中的病原。

42.2.4 治疗和控制

四环素对早期单核细胞性埃利希氏体病的治疗有效，但对晚期病例的治疗效果较差。也可使用咪多卡（imidocarb dipropionate）进行治疗。对于晚期单核细胞性埃利希氏体病，预后不良，可使用强力霉素和类固醇药物。

对于这些病的预防，蜱的控制很必要。对于近期被蜱叮咬过的人，连续 10 天给予强力霉素，可预防发病。

42.3 反刍兽埃利希氏体和绵羊埃利希氏体

42.3.1 生态学

42.3.1.1 病原贮存和传播

由反刍兽埃利希氏体引起的“非洲心水病”可发生于大多数的反刍动物。该病只经血液传播，传播媒介是花蜱。尽管反刍兽埃利希氏体只有一个血清型，但不同的分离株存在毒力差异。在非洲热带地区和加勒比海部分地区，该病呈地方性流行。

绵羊埃利希氏体寄生于牛和绵羊的单核细胞内，昂氏埃利希氏体（*E. ondiri*）也可侵入粒细胞内，后者可引起牛的斑点热（昂氏埃利希氏体病），主要见于东非的丘陵地带，临床特征性症状包括发热、产奶量降低、黏膜出血和发病早期数量不定的致死率，据推测，节肢动物为传播媒介。

42.3.1.2 发病机制

反刍兽埃利希氏体在淋巴结窦状隙的内层细胞内增殖，进而扩散到血液，定殖于内皮细胞，特别是脑皮层毛细血管的内皮细胞。反刍兽埃利希氏体引起的细胞性炎性应答很微弱，但可造成广泛的渗出性脉管炎以及上皮和内皮出血，心包渗出（心水病由此得名）。患病动物也常出现脑炎、脾、淋巴结和肝脏（常见）可明显肿大。

临床表现不定。最急性病例在出现持续若干小时的发热后，倒地，抽搐而亡。急性病例出现发热后，在数小时内可出现神经紊乱症状（包括过度兴奋、肌肉阵颤、共济失调、知觉性本体感受不足、抑郁、昏迷和惊厥）。绵羊发病后，2～10 天死亡，病牛则也可能在 2～10 天内死亡。亚临床性病例也有出现。对绵羊的致死率为 6%～80%。

有关昂氏埃利希氏体病的发病机制，目前知之甚少。

42.3.2 免疫学

新生动物和一些品种的牛对反刍类埃利希氏体有抵抗力。

对于发病后存活的牛，一般在康复后的两周内病原被清除，但细胞介导的免疫可持续存在 5 年之久。

42.3.3 实验室诊断

对于心水病的诊断，可取大脑皮层进行涂片，吉姆萨染色镜检检查病原。另外，可以将感染大脑皮层的提取物与特异性抗体进行凝集反应。还可采用特异性 DNA 引物进行 PCR，检测样品中的反刍兽埃利希氏体 DNA。

42.3.4 治疗和控制

发病早期，用四环素治疗有效果。控制蜱及进行免疫接种是重要的预防措施。对于犊牛、羔羊（小于 4 周龄）或山羊（小于 6 周龄），可使用有毒力的立克次氏体进行免疫接种。成年动物可先感染，然后用抗生素治疗，这样可获得免疫力。尽管心水病在加勒比海地区比较常见，但在北美地区属于外来病，北美地区在引进野生动物（包括有蹄类动物和爬行动物）时，多次将花蜱引入北美地区。1999 年，在检查经佛罗里达输入的美洲龟时，发现其体表寄生了 *A. sparsum*，而 *A. sparsum* 则感染了反刍兽埃利希氏体。

42.4 里氏新立克次氏体和腺热新立克次氏体

42.4.1 生态学

42.4.1.1 病原贮存和传播

波托马克马瘟（PHV）是一种最初发现于北美马里兰州蒙哥马利县的马的腹泻综合征，是由里氏新立克次氏体引起的一种单核细胞性埃利希氏体病。里氏新立克次氏体的感染经口发生，可能与水中具有肝蛭尾蚴有关。尽管与里氏立克次氏体有关的蜗牛种类至今还未得到全面阐述，但肝蛭的中间宿主是一种蜗牛。里氏新立克次氏体的地理分布包括北美的大部分地区，犬和猫可经试验感染里氏新立克次氏体。腺热是腺热新立克次氏体感染人单核细胞的疾病，发生于马来西亚和日本，关于该病的生态学，目前知之甚少。

42.4.1.2 发病机制

PHV 的病原可感染马的单核细胞、肠上皮细胞和结肠肥大细胞。在临床上，PHV 同埃利希氏体病的症状相似，包括发热、精神倦怠、厌食、程度不同的白细胞减少症和腹泻，至晚期发生蹄叶炎。该病可发生子宫内感染，腹泻病例的死亡率为 20%～30%。尸体剖检最明显的病变是溃疡性肠胃炎。

42.4.2 免疫学

目前，对其免疫学特征尚不完全清楚。里氏新立克次氏体的抗体与腺热新立克次氏体具有交叉反应，但与嗜吞噬细胞无浆体（以前名称为马埃利希氏体）则没有，康复马可产生免疫力。

42.4.3 实验室诊断

微生物诊断方法是对血涂片进行瑞氏染色，检查单核细胞中的病原。血清学诊断方法包括间接荧光抗体试验和 ELISA。对于里氏新立克次氏体，可采用 PCR 检测其 DNA。

42.4.4 治疗和控制

早期用四环素进行治疗，可将死亡率减少到 10%以下。支持疗法也很重要，目前，已有有效的商品化菌苗可用。

42.5 蠕虫新立克次氏体和吸虫热

42.5.1 特征描述

鲑鱼“中毒症”的病原是蠕虫新立克次氏体，可感染犬科动物的淋巴网状组织。蠕虫新立克次氏体在巨噬细胞的细胞浆内进行繁殖，通常形成多种桑椹体，填充整个细胞。单个的新立克次氏体可分散于细胞浆，呈球杆状，经测量，都小于 0.5μm，可经吉姆萨染色镜检验证。可通过细胞培养增殖蠕虫新立克次氏体。

42.5.2 生态学

42.5.2.1 病原贮存和传播

蠕虫新立克次氏体的贮存库是 *Nanophyetus salmincola* 吸虫，在该吸虫的生活史中，有一个阶段寄生于鱼和蜗牛体内。鲑鱼“中毒症”的地理分布受限于 *N. salmincola* 的中间宿主——蜗牛的活动范围，主要存在于北美的海岸区（加利福尼亚州的最北部，俄勒冈州，华盛顿和不列颠哥伦比亚）。在非地方性流行地区的感染，主要在渔场。

犬（熊、浣熊和其他动物）为吸虫的终末宿主，成体虫通常寄生于犬的肠道内，因食用感染吸虫的鱼可感染蠕虫新立克次氏体。吸虫卵可经犬的粪便排出，孵化发育为毛蚴后，侵入蜗牛体内。尾蚴可从蜗牛体内出来，再侵入鱼体内，进而发育为后囊蚴，局限于肾包囊内，终末宿主摄食了这样的鱼之后，在 6 天内后囊蚴发育为成虫。未感染蠕虫新立克次氏体的吸虫对犬的危害很小。

吸虫热是一种温和型的鲑鱼“中毒症”，可感染犬科动物、雪貂、浣熊和熊。

42.5.2.2 发病机制

犬摄食了鱼肾后，后囊蚴进入犬的肠道，发育为成虫，成虫吸附于肠壁，将蠕虫新立克次氏体释放到组织内。蠕虫新立克次氏体定殖于整个机体的淋巴网状组织内，致使网状内皮组织增生，淋巴器官增大。通常，可出现非化脓性脑膜脑炎。

接触病原后 5 天到数周内，犬可出现发热、厌食、精神沉郁、体重减轻、淋巴结肿大和出血性肠炎（常见）。典型症状是呕吐和持续性腹泻（最终为出血性腹泻）。如不经治疗，在两周内死亡率可达 90％。

42.5.3 免疫学

鲑鱼“中毒症”康复犬可获得免疫力。但该病原不能诱导感染动物产生针对与其密切相关、流行病学相同的吸虫热病原的免疫力。

42.5.4 实验室诊断

虽然病犬并不从粪便中排出吸虫卵，但如果在出现相关临床症状的犬粪便中发现 *N. salmincola*，即可初步诊断为鲑鱼“中毒症”，对病犬淋巴结提出物进行瑞氏染色镜检，如发现立克次氏体，即可确诊（图 42.1）。

42.5.5 治疗和控制

注射青霉素 G、四环素、氯霉素和磺胺药物通常有效，支持疗法也很必要。

最好的预防措施是去掉犬日粮中的感染鲑鱼，烹煮和冻结 24h 可杀死食物中的吸虫和蠕虫新立克次氏体。

第43章 无浆体科

Janet E. Foley Ernst L. Biberstein

立克次氏体目的成员为微小的，严格细胞内寄生的革兰氏阴性细菌，它们均是节肢动物体内的寄生菌。此目中有两个科（立克次氏体科与无浆体科）与兽医有关。无浆体科（Anaplasmataceae）下设无浆体属，该属成员寄生于红细胞、吞噬细胞和血小板内。立克次氏体科包括血管内皮的寄生菌（立克次氏体属、柯克氏体属和东方体属；通常称为立克次氏体科）和吞噬细胞内的寄生菌（埃利希氏体属和新立克次氏体属；通常称为埃利希氏体科）。

埃利希氏体科在42章已经讨论，立克次氏体科已在第41章讨论，本章讨论无浆体属的成员。

无浆体属包括边缘无浆体、中央无浆体、绵羊无浆体、尾无浆体、牛无浆体（以前称为牛埃利希氏体）、血小板无浆体（以前称为血小板埃利希氏体）及嗜吞噬细胞无浆体（以前称为嗜吞噬细胞埃利希氏体）。无浆体寄生于几种脊椎动物的红细胞、血小板和粒细胞内，可引起宿主贫血。经分子进化分析，埃氏小体属、血巴通氏体属和附红细胞体属目前已经被归入支原体科（见第40章）。

所有这类感染红细胞的微生物中，只有边缘无浆体是具有兽医学意义的病原。由绵羊无浆体引起的绵羊无浆体病很罕见，但可感染山羊和鹿。尾无浆体具有一个尾状的附属物，在发生牛的边缘无浆体感染时，检验时也常可发现尾无浆体，关于其临床意义目前还不明确。牛体中有时还可发现中央无浆体，用其作为免疫原来预防边缘无浆体的感染具有一定意义。

人粒细胞性埃利希氏体病的病原（以前没有被命名）、马埃利希氏体病的病原（以前称为马埃利希氏体）及反刍动物埃利希氏体病的病原（以前称为嗜吞噬细胞埃利希氏体）已经被合并为一个种——嗜吞噬细胞无浆体。

43.1 边缘无浆体

43.1.1 特征描述

在吉姆萨染色的血涂片上，边缘无浆体呈紫色（直径1μm），存在于红细胞的外周（图43.1）。边缘体（包含体）为具有膜结构的液泡，内含的始体数可达10个（每个始体的直径为400nm），始体外包有双层膜结构，始体内具有DNA和RNA，但缺乏细胞壁，始体可在蜱的细胞培养物上连续传代。该微生物在有氧环境下才能增殖，为触酶阳性，可利用外源性氨基酸。

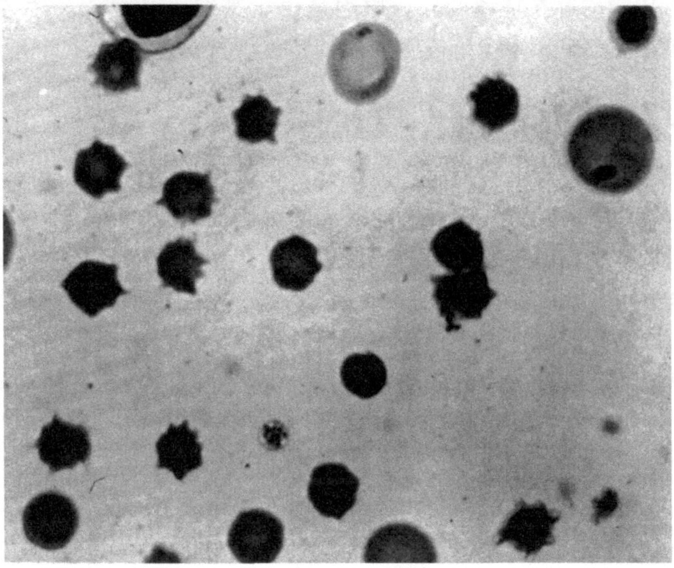

图 43.1 牛红细胞中的边缘无浆体，瑞氏染色。(1000×)

43.1.2 生态学

43.1.2.1 病原贮存和传播

边缘无浆体的病原贮存宿主为感染的反刍动物。尽管多种动物可感染边缘无浆体，但很少发病。某些动物（如鹿）可自然感染该病原，并可成为牛无浆体病的传染源。该病原引起的感染呈世界性分布，可经血源性途径发生传播，在自然条件下，最常经蜱和吸血飞行昆虫发生传播，但也可经污染的器具、胎盘和结膜进行传播。

43.1.2.2 发病机制

始体黏附到细胞表面之后，通过主要的膜表面蛋白（Msp-1），经内吞作用，进入红细胞，在内含体中经二分裂法增殖。新的始体可从红细胞表面被释放，进而可能感染邻近的细胞，但并不引起可见的细胞损伤。机体针对感染红细胞的免疫应答，可造成红细胞的破坏，并可导致巨噬细胞系统不加区别的清除红细胞，机体因而出现贫血、黄疸、胆汁郁积、脾肿大和肝肿大。但很少出现血管内溶血，也不出现血红蛋白尿。

发病前的潜伏期可长达 5 周，病型从亚临床感染到最急性致死型都可发生。临床症状包括贫血、发热、厌食、精神沉郁、虚弱无力、便秘和流产。发病的严重程度直接与动物的年龄和病程长短有关，一般病程为数小时到数周。对于成年牛（>3 年），致死率可达 50%，该病一般见于 1 岁以上的牛。蜱为该病的长久性传播媒介。

43.1.3 免疫学

感染边缘无浆体后，机体可产生细胞免疫和体液免疫，边缘无浆体至少可表达 5 种

Msp，所有这些 Msp 均存在抗原变异，原因是由于其编码基因 *msp* 存在多态性，这种抗原变异或许可以解释无浆体病呈慢性发作的特性。抗体应答可针对宿主抗原，在疾病的发生过程中起一定作用，机体康复后获得的免疫力是不持久的。

犊牛的自然感染是亚临床性的，而且对再次感染具有抵抗力。个别感染的犊牛，可能立即或迟发临床疾病，如果不控制传播媒介，疾病可传播到其他畜群。犊牛的抵抗力比母源抗体的持续时间还要持久，并可通过切除脾脏而终止。

感染中央无浆体后，动物发病温和，但机体可产生对边缘无浆体的抵抗力。对于边缘无浆体病（边虫病），目前有两种商品化疫苗，一种为灭活的边缘无浆体疫苗，接种后，机体可产生持续数周的抵抗力，从而免受自然感染，由于灭活疫苗中具有红细胞成分，在偶然情况下，免疫母畜哺乳的幼畜会发生免疫性溶血。另一种疫苗为修饰的活疫苗，接种后，可使机体获得终身免疫，但这种疫苗不能用于怀孕母牛和大于 24 月龄的成年牛。

43.1.4 实验室诊断

常规的血涂片染色、吖啶橙染色和免疫荧光染色可以检测样本中的边缘无浆体，而且后者最为特异、敏感。吖啶橙染色可产生非特异性核酸染色；除最初几周外，常规的血涂片染色不能检出感染。此外，如应用特异 DNA 引物建立的 PCR 等分子技术是非常敏感的。

血清学方法包括补体结合反应、毛细管凝集反应、放射免疫测定、酶联免疫吸附试验（ELISA）和用于野外现地使用的玻片凝集反应。所有这些方法都可用于亚临床病例的诊断。

43.1.5 治疗和控制

四环素治疗动物的边缘无浆体感染有效。临床病例可通过注射进行治疗，对于带菌动物，可采用拌药饲喂的方法进行两个月的治疗。免疫接种和控制媒介生物有助于该病的预防。

43.2 嗜吞噬细胞无浆体及血小板无浆体

43.2.1 特征描述

在吉姆萨染色的血涂片上，嗜吞噬细胞无浆体是由 1～10 个菌组成的具有膜的桑椹体，存在于反刍动物、马、犬和人的嗜中性粒细胞内，偶尔也可见于单核细胞内。血小板无浆体一般存在于犬血小板的表面，引起循环性血小板减少症。

嗜吞噬细胞无浆体可在蜱细胞培养物和人嗜中性白血病细胞上连续传代。该微生物为需氧菌，触酶阳性，可利用外源性氨基酸。

43.2.2 生态学

43.2.2.1 病原贮存和传播

嗜吞噬细胞无浆体的病原贮存宿主除啮齿动物外，可能还包括一些大型野生动物，如丛林狼和鹿，其生态学随不同的地理区域分布，最初在北美洲东部的白足鼠和鹿蜱体内循环存在，在欧洲，主要传播媒介为全沟硬蜱，而且多种啮齿动物是该微生物的贮存库；在北美洲西部，将该微生物传播给人（兽医可因接触而发病）的媒介为西部黑腿蜱；尽管 *I. spinipalpis* 是一种专门侵害啮齿动物的蜱，但或许是使该微生物在动物中循环存在的重要媒介。驴、绵羊、山羊、犬、猫和猴可通过试验感染该微生物。

血小板无浆体的贮存和传播媒介目前还是未知的。

43.2.2.2 发病机制

嗜吞噬细胞无浆体一般存在于粒细胞内，有时也存在于单核细胞内，但主要见于欧洲地区反刍动物（在当地被称为"蜱源热"，TBF）及北美地区马、犬和人的单核细胞内。感染动物可发生脉管炎，相关症状包括血栓形成，血小板减少，水肿和出血，特别见于末梢肢体。反刍动物的睾丸和卵巢的血管可出现病变，紧接着，白细胞减少症可导致淋巴细胞和嗜中性粒细胞的减少。病变包括脾肿大和整个肠道的出血。组织学病变为淋巴组织的明显缺乏。

临床表现包括发热、精神沉郁、呼吸加速、食欲不振、出血、水肿、贫血、黄疸和共济失调（特别见于马），母牛产奶量下降；母羊和母牛还可出现流产；年幼动物发病最为轻微。由于该病原在嗜中性粒细胞内的寄生及白细胞减少症和淋巴细胞减少症（B淋巴细胞也可减少）的出现，可导致机体对继发感染的易感性增高，脓毒血症（葡萄球菌感染引起）通常与 TBF 的发生相关。继发感染可导致并发症（如呼吸道感染和蹄叶炎）的出现，进而可导致死亡，但比较罕见。

犬感染血小板无浆体后，可因免疫介导的破坏作用导致循环系统中的血小板减少，发病过程中还可能出现轻微的发热和继发性免疫介导疾病（如眼色素层炎）。

43.2.3 免疫学

边缘无浆体不同菌株存在抗原变异，其变异主要存在于主要的表面蛋白，但嗜吞噬细胞无浆体还是未知的。从血清学交叉反应和抗体滴度看来，虽然感染嗜吞噬细胞无浆体的动物有较高的特异性抗体，但与埃利希氏体仍有一定的血清学交叉反应。康复动物对再次感染有抵抗力，连续几年来也没有再发病的报道。发病动物 γ 干扰素的产生达到峰值后康复。目前没有疫苗。

对动物实施脾切除术后，可再次激起或加剧血小板无浆体感染动物的血小板减少症。

43.2.4 实验室诊断

感染嗜吞噬细胞无浆体的动物，发病后48h内，在瑞氏染色的血液和淡黄衣膜涂片上，最容易观察到嗜中性粒细胞内的桑椹体（图43.2）。已应用感染的马嗜中性粒细胞、人白血病细胞建立了间接免疫荧光抗体检测方法（IFA），用重组抗原建立ELSA检测方法。在抗体产生前，可采用PCR（应用设计的特异性DNA引物）来检测该病原。

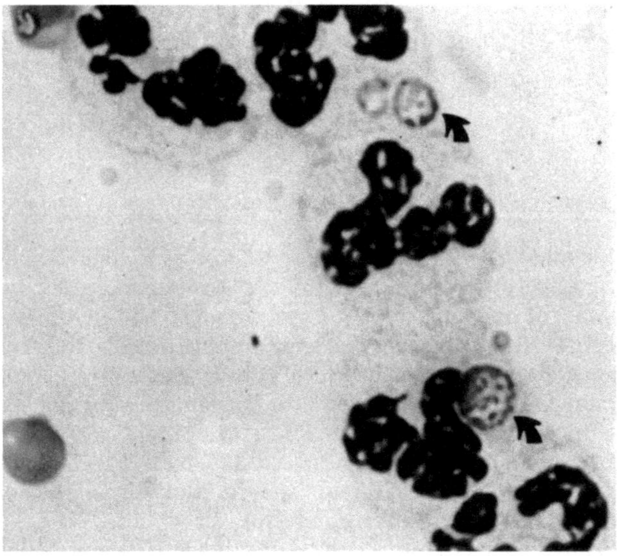

图43.2 马淡黄衣膜涂片上的嗜吞噬细胞无浆体（以前名称为马埃利希氏体；箭头）。瑞氏染色。(1000×)

对于感染血小板无浆体的犬，在瑞氏染色的血涂片上，可观察到血小板中的单个无浆体，早期感染可通过IFA来证实。

43.2.5 治疗

四环素是有效的。第一次经静脉注射给药，之后，每天经静脉或口服给药一次，连续一周。尽量避免动物与蜱的接触。

第44章 巴通体科

Bruno B. Chomel　Rickie W. Kasten

巴通体科（Bartonellaceae）的成员为革兰氏阴性小杆菌。不久前，巴通体属还只包含一个种——杆菌样巴通体，但目前巴通体属包括以前归入巴通体属、罗卡利马体属和格拉汉氏体属的所有种。巴通体属目前已被归入巴通体科（不再归入立克次氏体目）。巴通体属的成员属于 α 变形菌纲 α-2 亚群，其中绝大多数为黏附红细胞的杆菌。

本科包括二十多个种或亚种，其中 9 个是人的病原：

1）*与人疾病相关的病原*　杆菌样巴通体为奥罗亚热的病原，奥罗亚热是一种人的菌血症，患者可发生脓毒血症、溶血及秘鲁疣，但大多表现为皮肤的慢性结节性脉管丘疹。

五日热巴通体为战壕热的病原，目前认为它是细菌性血管瘤（BA）的病原，可使免疫缺陷的患者发生血管增生性病变，主要发生于患有获得性免疫缺陷综合征（AIDS）的患者。汉氏巴通体也可引起人的细菌性血管瘤。

汉氏巴通体可使免疫缺陷的患者发生“猫抓病”（CSD）。

伊氏巴通体与免疫缺陷病人的心内膜炎相关。

文氏巴通体伯氏亚种和武氏巴通体（*B. washoensis*）与人的心内膜炎和心肌炎相关。

格氏巴通体与人的神经性视网膜炎相关。

可从农场中患有轻微神经症状的发热患者的血液中分离到文氏巴通体文氏-埃瑞氏亚种（*B. vinsonii* subsp. *arupensis*）。

怀疑克氏巴通体为“猫抓热病”的次要病原。

2）*与动物疾病相关的病原*　最近的研究表明，某些对人有致病性的巴通体（巴通体文氏伯氏亚种、克氏巴通体、汉氏巴通体及武氏巴通体）与家养犬的各种肠炎及心内膜炎相关。

对于一些种的巴通体［如文氏巴通体文氏亚种、多氏巴通体、泰勒氏巴通体、跳鼠巴通体、博特氏巴通体（*B. birtlesii*）、特瑞氏巴通体（*B. tribocorum*）、埃勒氏巴通体（*B. alsatica*）、鼹鼠巴通体、科尔氏巴通体（*B. koehlerae*）、牛巴通体、斯固氏巴通体（*B. schoenbuchensis*）及凯普氏巴通体（*B. capreoli*）］，目前仅能从各种野生的啮齿动物、松鼠、兔、猫科动物、犬科动物、牛科动物和鹿科动物的血液中分离到。这些巴通体能否引起被感染动物的特定疾病，目前还不清楚。

44.1 特征描述

44.1.1 形态和染色

巴通体为短的（0.6μm×1.0μm）、多形态的、对营养需求苛刻的革兰氏阴性需氧球杆菌或杆菌，该菌高度嗜血，因此，在初次分离培养时，需要在营养丰富的血琼脂培养基上进行培养，而且需要5～15天（最长需要45天）才能形成肉眼可见的菌落。对于感染的组织，通过Warthin-Starry银染后镜检，可观察到许多小的杆菌紧密成团。此外，感染的红细胞经May-Grünwald吉姆萨染色后镜检，也可观察到这样的小杆菌。在进化关系上，巴通体与布鲁氏菌属、土壤杆菌属和根瘤菌属的成员密切相关。

44.1.2 菌体组成

杆菌样巴通体和克氏巴通体为巴通体属中仅有的可通过非两极生长的鞭毛运动的成员。五日热巴通体和汉氏巴通体可进行旋转运动，这种运动方式与其鞭毛相关。由于巴通体生长缓慢，常规的生化反应不适于该类微生物的鉴定。巴通体为氧化酶和触酶阴性。通过常规试验及对菌体生长中预先形成的酶进行检测的结果表明，不同种的巴通体存在差异，除肽酶产生活性外，大多数巴通体种的生化反应活性比较迟缓。但据报道，MicroScan Rapid Anaerobe Panel（Baxter Diagnostics，Deerfield，IL）试剂盒可对巴通体进行种的鉴定。由于巴通体菌体的脂肪酸组成有特异性，因此，对该属成员进行菌体脂肪酸分析（CFA）有利于种的鉴定。巴通体脂肪酸的气液色谱分析图谱的主要特征包括$C_{18:09}$、$C_{18:19}$和$C_{16:0}$。分子遗传分析方法，如对编码柠檬酸盐合酶、16S rRNA或16S～23S rRNA间隔基因进行限制性片段长度多态性分析，以及最近更多采用的基于PCR反应对基因外随机重复回文序列分析，可用于对巴通体的不同种和菌株进行鉴别。编码16S rRNA的DNA及柠檬酸盐合酶基因经PCR扩增后进行RFLP或序列分析的方法目前已大量用于组织样品和纯培养物的直接检测和鉴定。最近，对16S～23S rRNA基因间间隔区序列（ITS）或蛋白质编码基因进行扩增的方法已被成功用于巴通体的鉴定，但目前最广泛用于巴通体分子鉴定的基因包括编码柠檬酸盐合酶（*gltA*）、热休克蛋白（*groEL*）、核黄素（*ribC*）、细胞分裂蛋白（*ftsZ*）和17kDa抗原等基因。

44.1.3 生长特征

传统上，巴通体一般在含有新鲜兔血（或绵羊血、马血）的半固体营养琼脂上进行培养，培养条件为5%CO_2，35℃（但杆菌样巴通体在28℃条件下生长最好）。初次分离时，某些巴通体，如汉氏巴通体、克氏巴通体、文氏巴通体或伊氏巴通体，可形成白色、粗糙、干燥、表面凸起但使周围培养基凹陷的菌落，而且菌落难以打碎和移动；其他巴通体，如五日热巴通体，形成的菌落通常较小，呈灰白色，半透明，稍黏或带有少量黏液。

44.2 生态学

44.2.1 病原的贮存、传播和地理分布

大多数种的巴通体均存在生物媒介。贮存宿主、媒介及地理分布见表 44.1。

表 44.1 目前所知的巴通体各个种或亚种的流行病学

巴通体的种	贮存库	媒介或潜在媒介	当前地理分布
杆菌样巴通体	人	Pheblotomine（*Lutzomyia verrucarum*）（白蛉）	安第斯山脉(秘鲁、厄瓜多尔、哥伦比亚、玻利维亚、智利、危地马拉)
五日热巴通体	人	人体虱(*Pediculus humanis corporis*)	世界性分布
汉氏巴通体	猫	跳蚤(*Ctenocephalides felis*)蜱？	世界性分布
克氏巴通体	猫	跳蚤(*Ctenocephalides felis*)	世界性生物体
科尔氏巴通体	猫	跳蚤(*Ctenocephalides felis*)	加利福尼亚、法国
文氏巴通体文氏亚种	草地鼠	耳螨(*Trombicula microti*)	加拿大
文氏巴通体 *arupensis* 亚种	白脚鼠	跳蚤？蜱？	美国(中西部)
文氏巴通体伯氏亚种	丛林狼、犬	蜱？	世界性生物体
鼹鼠巴通体	鼹鼠	?	英国
跳鼠巴通体	田鼠	?	美国
博特氏巴通体	木鼠	?	法国、英国
格氏巴通体	堤鼠	?	英国
泰勒氏巴通体	木鼠	?	英国
多氏巴通体	草地鼠	?	英国
伊氏巴通体	大鼠	跳蚤	世界性分布
特瑞氏巴通体	大鼠	?	世界性生物体
埃勒氏巴通体	兔	跳蚤？蜱？	法国
武氏巴通体	加利福尼亚地面松鼠	跳蚤？蜱？	美国西部
牛巴通体	家养牛	叮咬蝇？蜱？	世界性生物体
凯普氏巴通体	狍	叮咬蝇？蜱？	欧洲
斯固氏巴通体	狍	叮咬蝇？蜱？	欧洲

44.2.2 发病机制

44.2.2.1 机制

五日热巴通体和汉氏巴通体在临床上与新血管增生性病变相关，由五日热巴通体和汉氏巴通体引起的细菌性血管瘤的发病机制包括血管内皮的损伤和增生，这两种病原可在体外引起内皮细胞的增殖和迁移，而且可从中鉴定出一种蛋白质片段，称为血管生长因子。巴通体感染（体外）可刺激内皮细胞增生，并发生明显的形态改变，这是由于细胞骨架受到影响所致。汉氏巴通体诱导细胞产生血管内皮生长因子，而血管内皮生长因子的产生反过来又会刺激内皮细胞的增生和汉氏巴通体的增殖。

汉氏巴通体似乎与杆菌样巴通体具有相同的致病机制。在杆菌样巴通体中发现的一种同噬菌体相似的类噬菌体粒子也可在汉氏巴通体的培养上清中发现，这种粒子至少包含三种相关蛋白，还包括14kb序列异源的线性DNA片段。据推测，汉氏巴通体与杆菌样巴通体的同一祖先获得了介导血管增生的能力，而且这一能力有助于病原扩散和从感染宿主获得营养物质，它们可能存在一种共同的转导噬菌体来交换二者的遗传物质，从而获得这一致病特性。

各种巴通体均可在红细胞内复制和持续存在。杆菌样巴通体的两端鞭毛可介导该病原黏附于红细胞。对于无鞭毛的巴通体，BFP（bundle-forming pili）菌毛和菌体表面蛋白起黏附红细胞的作用。直到目前，关于巴通体在哺乳动物体内持续存在的机制还不清楚。近来的报道已经阐明了巴通体在红细胞内的定殖机制，表明该病原采用一种独特的方式在红细胞内持续存在。该病原在红细胞内的非溶血性定殖有助于该病原通过媒介有效传播，逃避宿主的免疫应答，并降低抗生素的治疗效果。最近，以大鼠为模型，证实了特瑞氏巴通体的持续性感染特性，大鼠试验感染特瑞氏巴通体后，经5天的“沉默/潜伏”阶段后开始增殖，直到每个红细胞内的平均巴通体数量达到8个，此后，这些病原在整个红细胞生命周期内持续存在。该病原在红细胞内的非溶血性定殖可能是该病原持续存在的机制，由于巴通体的贮存宿主为吸血节肢动物的传染源，吸血节肢动物感染后才能感染新的宿主，由此使得该病原可通过节肢动物进行传播。

44.2.3 病型和流行病学

44.2.3.1 人

1. 猫抓病

“猫抓病”（CSD）由汉氏巴通体引起。对于CSD，一般在猫抓咬后1～3周出现临床症状，约有50%的病例在抓咬部位出现局部皮肤病变，类似昆虫叮咬造成，通常发生于手和前臂，可由丘疹逐渐发展为水疱，部分病例发展为可治愈的溃疡，这些病变可在数天到数周内消退。接触后约3周，患者可发生单侧性淋巴结炎，通常发生于肱骨内上踝、腋下或颈淋巴结，淋巴结肿胀引起的疼痛可持续数周到数月。有25%的病例可出现化脓性变化。大多数病例可出现全身性感染症状：发热、畏寒、精神萎靡、厌食、头痛。一般来说，该病呈良性经过，可自愈不留后遗症。5%～10%的CSD病例表现非典型症状，其中最为常见的临床表现称为Parinaud's oculograndular综合征（耳周淋巴结病和眼睑结膜炎），患者也可出现脑膜炎、脑炎、骨的溶解性病变和血小板减少性紫癜。表现最为严重的CSD并发症为脑病，通常在发生淋巴结病的2～6周后出现，但通常可完全消退康复，几乎没有任何后遗症。

据估计，美国在1992年有22 000人患CSD，其中约有2000人住院治疗，每年用于CSD治疗的花费超过12 000 000美元，20岁以下的CSD患者占55%～80%。本病具有季节性，最多见于秋季和冬季。

有报道表明，汉氏巴通体可引起免疫功能健全的人产生一些新的临床症状，包括神经视网膜炎或菌血症（慢性疲劳综合征的病因）和一例猫主人的侵染性汉氏巴通体心内膜炎。最近表明，汉氏巴通体也是小孩长期迁延性发热和不明原因发热的常见病因，包括一例肌炎和一例关节炎、皮肤结节患者，发生关节炎的病例数很有限。人的其他一些巴通体相关的风湿性病理表现包括结节性红斑、白细胞分裂性脉管炎、不明原因的发热性肌痛和关节痛。

2. 心内膜炎

研究表明，数种巴通体被归类为可引起血液培养为阴性的心内膜炎或心肌炎的人的病原，包括汉氏巴通体、五日热巴通体、伊氏巴通体、文氏巴通体伯氏亚种和武氏巴通体。约有3%的人心内膜炎病例与巴通体感染有关，同贝氏柯克氏体（Q热的病原，见第41章）引起的心内膜炎的比例大致相当。

3. 细菌性血管瘤

在免疫功能低下的人，引起的细菌性血管瘤，症状明显不同于CSD。细菌性血管瘤也称为上皮样血管瘤，是一种皮肤的血管增生性疾病，其特征为皮肤形成多样的充满血液的囊样肿瘤，通常为紫罗兰色或无色的丘疹样和结节样皮肤病变，临床上与Kzposi肉瘤相似，但经组织学检查为血管瘤。当内脏实质器官发生该病变时，该症候被称为细菌性紫癜性肝炎、脾紫癜或全身性细菌性血管瘤。对于发生扩散性细菌性血管瘤的患者，可表现发热、体重减轻、精神萎靡和相关器官的肿胀。有报道表明，发生细菌性血管瘤的患者也可发生心内膜炎。

44.2.3.2 猫

研究表明，在自然状况下，猫的CSD不出现明显的临床症状，但感染很普遍，特别是对于年幼的小猫。据估计，在一个特定的时间段，宠物猫的巴通体菌血症发生率约为10%，而流浪猫可达30%～50%。在北美西部（加利福尼亚）的旧金山-萨克拉曼多地区，猫的菌血症发生率为40%。研究表明，试验感染猫的临床症状轻微，包括发热、淋巴结肿大、眼色素层炎和轻微的神经症状。最近，在宠物猫，诊断出几例眼色素层炎和一例汉氏巴通体心内膜炎。此外，试验感染的雌猫也可发生繁殖障碍（不能怀孕或反复配种之后才可怀孕、死产）。菌血症通常可持续数周到数月。有报道表明，病原存在于红细胞内，而且鞭毛可能是该病原的决定性致病因子。发生菌血症的猫，每毫升血液中的病原数超过一百万个菌落形成单位（CFU）。在各种试验条件下，猫和猫不发生直接接触传播，雌猫也不能经垂直传播的方式将病原传给小猫。将从发生菌血症的猫上收集的感染跳蚤置于未感染的小猫身上，可发生病原的传播。在感染跳蚤的体内，可检测到汉氏巴通体DNA。早期流行病学研究表明，生活于温暖潮湿区域的流浪猫抗体和菌血症的流行率最高，在这些区域，跳蚤的活动也比较频繁。

44.2.3.3 犬

文氏巴通体伯氏亚种是引起犬心内膜炎的一种重要病原，特别是大型犬更易发生。在一次对犬心内膜炎连续两年的前瞻性研究中发现，被调查的18只犬中，约1/3的病例由巴通体引起。最近的研究表明，克氏巴通体和武氏巴通体也与犬的心内膜炎相关。目前，巴通体对犬的临床感染谱已经扩大，与犬的心律不齐、心内膜炎、心肌炎、肉芽肿增生性淋巴结炎及肉芽肿增生性鼻炎有关。对于某些犬，在诊断出心内膜炎之前，可连续数月发生间歇性跛行、骨痛或不明原因的发热。在患有淋巴细胞性肝炎的犬体内，可检到克氏巴通体的DNA。最初只是在患有肝紫癜的犬体内可检到汉氏巴通体的DNA，但就在最近，在一只患肝病的犬和3只发生各种临床肠炎的犬体内检到了该微生物，这3只汉氏巴通体DNA阳性犬可表现非特异性临床病症，如严重的体重减轻、精神懒散和厌食。此外，还有一只犬经PCR检测和测序，发现感染了伊氏巴通体，表明感染犬的巴通体种类又有增加。在北美和欧洲进行的血清学研究表明，家养犬感染巴通体的现象很罕见（低于5%），但据报道，在热带国家，犬的血清阳性率很高（在苏丹，检测的感染率达65%）。在北美，特别是在东南部，也有报道表明，犬血清阳性率较高，而且对于其他几种经蜱传播的病原，也为血清阳性（主要是埃利希氏体、巴贝斯虫和无浆体）。据报道，加利福尼亚的丛林狼也有较高的血清阳性率（35%），而且在加利福尼亚的某个县，经检测，28%的丛林狼为带菌者。

44.2.3.4 啮齿动物

用博特氏巴通体试验感染怀孕小鼠，结果表明，该病原可引起小鼠的繁殖障碍。未生育的雌性小鼠比雄性小鼠发生菌血症的概率更高。对于孕前感染的小鼠，胎儿死亡并被母体再次吸收的概率高于对照组，出生后存活小鼠的体重也明显低于未感染组出生的小鼠。该病原可经胎盘发生传播，而且对于发生了被母体再次吸收的胎儿中，76%经细菌培养为博特氏巴通体阳性。对感染小鼠的胎盘做组织病理学检验，可发现胎盘的血管病变，这或许是小鼠发生繁殖障碍的原因。最近报道了对特瑞氏巴通体完全的virB同源物（virB2-11）及其下游的 *virD4* 基因的分离鉴定。virB/virD4 T4SS在发生红细胞内感染过程中所起的必要作用目前已被证实。

44.3 免疫学

机体感染巴通体后，可产生细胞免疫应答和体液免疫应答。汉氏巴通体和五日热巴通体可引起内皮细胞的增殖和转移，主要是由一种胰酶敏感因子引起，此胰酶敏感因子与菌体细胞壁、细胞膜或细胞间的分子相关。汉氏巴通体可感染和活化宿主内皮细胞。汉氏巴通体的外膜蛋白（OMP）足以引起NFκβ的活化和黏附分子的表达，从而可增强白细胞的游动和黏附活性。

动物感染后，在几天到几周内，即可检测到特异性抗体。大多数CSD或BA的临床病例都会产生滴度较高的针对汉氏巴通体和五日热巴通体的抗体。对于CSD病例，通常会产生较为持久的免疫力。人的心内膜炎通常与很高的间接荧光抗体（IFA）滴度（>1∶800）相关。

在小鼠感染模型上，用热灭活的巴通体抗原刺激感染的C57BL/6小鼠后，脾细胞可发生特异性增殖，而且主要是CD4 T淋巴细胞介导的增殖应答，在感染期间，应答即开始增强，一般在感染后8周达到峰值。巴通体抗原刺激感染动物后，其脾细胞可在体外产生γ干扰素，但不产生白细胞介素-4。正如人、猫和犬，小鼠感染后第二周即可在血清中检到巴通体特异的IgG，而且抗体浓度在感染后12周到达峰值。在巴通体特异性IgG抗体中，IgG_{2b}为优势独特型。因此，对于免疫功能健全的C57BL/6小鼠，汉氏巴通体可诱导产生具有T_{h1}表型的细胞免疫。

对于猫，试验感染汉氏巴通体后 2～3 周，即可通过 IFA 或酶联免疫吸附试验（ELISA）检测到特异性抗体，通常产生的抗体可持续数月之久。尽管感染猫具有较高的抗体滴度，但菌血症仍会持续数周。此外，尽管感染猫产生了体液免疫应答，但在临床上，猫的慢性菌血症仍然比较常见，而且抗体滴度与菌血症的程度无直接相关性。然而，IFA 抗体滴度在 512 以上的猫比抗体滴度较低的猫更易发生菌血症。

患有心内膜炎的犬通常会产生较高的抗体滴度。在试验条件下，文氏巴通体伯氏亚种可导致犬的慢性感染，造成犬的免疫抑制，特征为单核细胞的噬菌作用缺陷，而且在淋巴结内，CD8 T 淋巴细胞亚群数量及抗原呈递功能降低。

44.4 实验室诊断

多年来，根据临床特征和与猫的接触史，分离不出其他细菌及淋巴结活组织检查结果来进行 CSD 的诊断。将 CSD 患者的淋巴结渗出液经巴氏消毒后制备抗原，可建立一种皮试检测方法，但这种方法目前尚未标准化，且引起了对该试剂安全性的关注。

自从 20 世纪 90 年代中期开始，一些血清学方法，如 IFA 和 ELISA，以及从人、犬和猫的样本中分离该类微生物的技术已建立。因为巴通体是寄生于红细胞内的微生物，因此，采用“裂解-离心”的细胞裂解技术，使得从血中分离病原大为便利。但从 CSD 患者和家养犬血样中难以分离到病原；相反，从 BA 患者血中容易分离到病原，这是因为患者的抗体常常是阴性的。从菌血症流行地区的自然贮存宿主血液中分离到细菌的现象很普遍，一般为 10%～20%（如野生猫科动物或丛林狼），最高可达 95%（菜牛、鹿）。

对猫的血液进行培养时，要将 1.5ml 血液吸入裂解-离心管中进行（Isostat Microbial System，Wampole 实验室）。就在最近，将收集于 EDTA 管中的猫血于−70℃冻存数天到数周的方法已成为一种首选的替代处理方法，因为这种方法操作简单，成本低廉。对于犬或牛，可采血 3～5ml，离心后取沉淀涂布于含 5%新鲜兔血的琼脂平板上，置于湿盒中，在 35℃、5%CO_2 下培养 3 或 4 周。从猫血中进行分离时，一般需要数天才能形成菌落，但对于有些菌株，需要数周才能形成菌落。

也可采用 Bactec 血液培养系统或 BacT/Alert 血液培养系统进行巴通体的分离，可采用基于酶学的鉴定系统来对巴通体分离物进行鉴定，但通常采用 PCR-RFLP 的 DNA 扩增分析方法进行鉴定。可使用几种限制性内切核酸酶（如柠檬酸合酶基因中的 *Taq*I 和 *Hha*I 位点）来消化特异性引物所扩增出的单一产物。也可以不培养而直接采用 PCR 来对组织中的巴通体进行鉴定，对具有高抗体滴度的人和犬的巴通体心内膜炎进行确诊时，主要依靠这种方法。

可通过 IFA 或 ELISA 检测特异性抗体的方法来证实人或动物的感染。IFA 滴度至少达到 1∶64 才能判为阳性。猫和人（有时）感染汉氏巴通体时，发生菌血症的同时，也可检测到针对汉氏巴通体的抗体。

44.5 治疗

对于人的细菌性血管瘤、细菌性紫癜或反复发作性菌血症，一般建议使用抗生素进行治疗。发生细菌性血管瘤的患者，使用大环内酯类抗生素效果明显，对于免疫损伤的人，推荐应用红霉素、利福平或强力霉素至少2～3个月，但还可能复发，对于这样的病例，患者应该终生使用上述其中一种抗生素。对于CSD，一般不建议采用抗生素进行治疗，因为大多数典型病例使用抗生素无效，但通过静脉给予庆大霉素和强力霉素以及口服红霉素的方法已成功用于扩散型CSD和神经视网膜炎的治疗。对于巴通体心内膜炎病例，对患者用氨基糖苷类药物进行治疗更可能康复，而且那些用氨基糖苷至少治疗14天的患者比经短期治疗的患者更可能幸存下来。

对于猫，用抗生素治疗（强力霉素，25～50mg，每天两次；林可霉素，100mg，每天两次，连续用3周）或许能控制菌血症。对于试验感染的猫，多种抗生素（强力霉素、红霉素、恩诺沙星）都能减轻菌血症的程度，但不能消除感染，而且在停药后数周，菌血症的程度或许会高于初始的水平。对于犬的巴通体感染，大环内酯类抗生素（红霉素、阿齐霉素）用于口服治疗，但到目前为止，还没有确立最适治疗方案。

44.6 预防

在北美洲，存在大量的汉氏巴通体贮存宿主，而且对于克氏巴通体，有6890万（1/3的家庭宠物）的宠物猫携带该病原，因此，会对猫主人，特别是对于免疫功能低下的人，具有一定的潜在危害。尽管血清抗体阴性的猫可能未发生菌血症，但对于幼猫，特别是那些收养的流浪幼猫和身上有跳蚤的幼猫，最可能发生菌血症。因此，对于想养猫的人，特别是那些免疫功能低下的人，应从正规的猫繁育中心获取，而且要尽可能收养在无跳蚤环境下成长的成年猫。令人遗憾的是，血清抗体阳性与菌血症无相关性，而且菌血症可能是暂时性的，还可能复发。也有人建议给猫实施去爪，但实际意义有限，因为跳蚤可在猫与猫之间传播病原，因此，控制跳蚤是主要的控制猫感染的措施之一，而且还可防止病原在猫与猫之间传播。预防汉氏巴通体感染的最有效措施通常包括卫生消毒措施和跳蚤控制措施。此外，可能还包括猫主人自身行为和习惯的更改。例如，接触宠物之后要洗手；出现任何伤口、被咬伤或抓伤后，应立即用肥皂和水进行清洗。

对于犬的巴通体病，蜱对犬侵害可能是犬发生巴通体感染的主要原因之一，因此，在蜱和跳蚤活跃的季节，应采取控制蜱和跳蚤的措施。对到过蜱出没地区的犬，要进行全身检查，以防止犬将蜱带到身上。

第45章　酵母菌——隐球菌属、马拉色菌属和念珠菌属

Dwight C. Hirsh　Ernst L. Biberstein

根据真菌在组织中或是常规培养基（无性繁殖阶段）中的显微形态，可将其划分为霉菌和酵母菌。一般将可观察到菌丝结构的真菌命名为霉菌；如果以单个细胞的形态存在，并具有芽殖结构的，则命名为酵母菌。在常规培养基上，霉菌具有“绒毛”样或羊毛样的外形，酵母菌具有类似细菌的菌落形态和菌落特性。根据其生长条件的不同，某些致病性真菌可产生类菌丝样结构或类酵母样结构。这样的真菌被称为双相性真菌（见第47章和第48章）。

本章将讨论三种酵母真菌，即隐球菌属、马拉色菌属和念珠菌属。

45.1　新型隐球菌

新型隐球菌与猫（家养猫最常见）和犬的上呼吸道黏膜（包括鼻窦）、中枢神经系统（脑膜）和眼部（脉络视网膜炎）的溃疡性病变相关，偶尔可引起牛的乳房炎。而且，该酵母菌对所有动物（包括人）都具有潜在危害，可侵害所有人和动物的中枢神经系统。

45.1.1　特征描述

45.1.1.1　形态学

新型隐球菌为酵母菌，球形（直径3.5～7.0μm），通常产生单个的、具有细长柄、并包有多糖荚膜的芽体（图45.1）。

新型隐球菌的菌株可通过试验转化为菌丝状有性生殖相——*Filobasidiella neoformans*（一种担子菌）。

45.1.1.2　具有医学意义的菌体产物

1）荚膜　多糖荚膜（主要由一种glucuronoxylomannan组成）可阻止有效的调理作用，活化抑制性淋巴细胞，对巨噬细胞有毒性，降低宿主的炎症反应。

2）黑色素和甘露醇　黑色素和甘露醇可使菌体免除宿主对其的清除作用（减少吞噬溶酶体中羟基、超氧化物和单氧基团对菌体的毒性）。经漆酶路径，黑色素由酚氧化酶催化酚生成。

3）磷脂酶　对于该菌在巨噬细胞内的存活，磷脂酶很重要，也为该菌从呼吸道向中枢神经系统扩散所必需。至于此酶如何发挥作用，目前尚不清楚。

4）唾液酸　发现于细胞壁内的唾液酸可使补体蛋白发生降解，从而使机体不能有

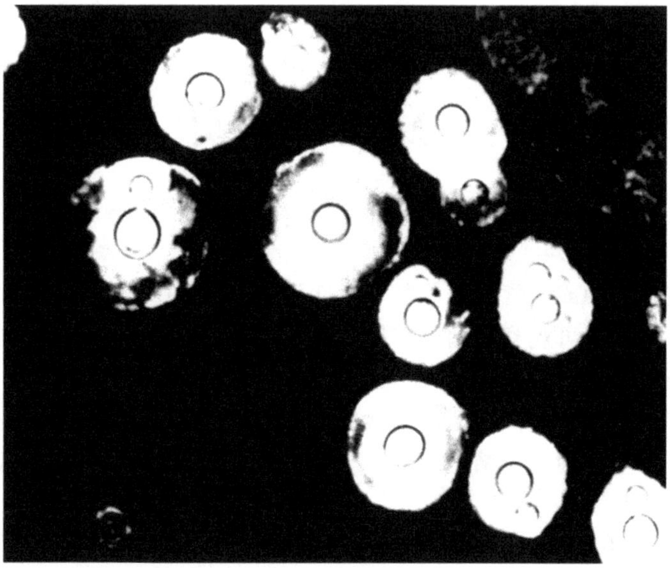

图 45.1 欧洲盘羊鼻腔肉芽肿中的新型隐球菌。经印度墨汁湿染，可看到具有荚膜的，正在出芽的球形酵母细胞。（400×）（Roy Henrickson 博士惠赠）

效产生调理片段和过敏毒素。

45.1.1.3 生长特征

在环境温度或宿主体内温度条件下，新型隐球菌均可在实验室普通培养基上增殖，但该属的其他成员不能在 37℃下稳定增殖。将该菌于 37℃、5%CO_2 条件下在巧克力琼脂上进行温育，适于荚膜的形成。在两天或数周的时间内形成明显的菌落，菌落为灰白色到白色，有黏性，菌落直径可达几厘米。

45.1.1.4 生化反应

隐球菌可降解尿素。在该菌的鉴定过程中，可利用其糖同化模式。新型隐球菌可利用肌氨酸酐，并可在含有二元酚和多酚化合物的培养基上产生染有黑色素的菌落，因此，可将这些物质加入到培养基中，来选择性分离新型隐球菌。

45.1.1.5 抵抗力

在某些真菌分离培养基中，常加入一定浓度的环己酰亚胺来抑制新型隐球菌的增殖。超过 40℃时，新型隐球菌停止生长，强碱性环境可杀灭该病原。

45.1.1.6 变异性

根据荚膜多糖的抗原性，可将该菌分为 A、B、C、D 4 个抗原型。不同抗原型，根据表型、基因型和流行病学的不同，新型隐球菌具有三个变种，即格鲁变种（grubii）

(血清 A 型)、格特变种（gattii）(血清 B 型和 C 型）和新变种（neoformans）(血清 D 型)，格鲁变种和格特变种主要存在于温带地区，但加利福尼亚南部的一个区域主要以格特变种为主。

该菌有两个匹配型（有性阶段），即 MATa 和 MATα。

45.1.2 生态学

45.1.2.1 病原贮存

新型隐球菌（格鲁变种和新变种）可在动物体表的灰尘和污垢中存活，但在土壤中难与常在的小型生物群——棘阿米巴属原虫竞争，棘阿米巴属原虫是一种变形虫，可吞噬和破坏隐球菌的某些菌株。有趣的是，一些菌株可在变形虫内存活，而且生存机制同其在感染宿主巨噬细胞内的生存机制相同，这样，一些菌株被破坏了，而另一些菌株可在变形虫内与其共生。在干燥的鸽子粪便中（其中富含肌氨酸酐，可抑制其他微生物的增殖)，该病原可达到很高的浓度，菌体荚膜较小的形态存活一年以上。新型隐球菌格特变种主要生存于红河桉树群的腐木中，但也可从其他一些树种、蝙蝠粪便及黄蜂巢中分离出来。偶尔也可从多种不同的中空腐烂的树木中分离到新型隐球菌新变种和格鲁变种。

45.1.2.2 传播

感染途径主要是呼吸道，经皮肤感染很罕见。隐球菌病是非传染性的。

45.1.2.3 发病机制

新型隐球菌在湿度和营养充分的环境里，及时形成荚膜样物质。在酸性环境下，荚膜消失以保护菌体，防止脱水。但在上述任何一种情况下，菌体都足够小（大约 3μm)，可以进入肺泡内。在存在生理浓度的碳酸氢盐、CO_2 和游离铁的情况下，新型隐球菌能够产生荚膜。隐球菌荚膜是补体旁路途径的有效激活因子，因此，补体系统激活后，菌体膜表面可集聚 C3b 因子。这样，在 C3b 因子的调理作用下，菌体可黏附到吞噬细胞表面，但难以被吞噬细胞吞噬，即便在存在抗荚膜抗体的情况下，也是如此。荚膜多糖可增强抑制性 T 淋巴细胞的活性，降低宿主的抗原呈递作用，从而导致机体只能产生微弱的抗体应答。荚膜多糖还能减弱补体旁路途径激活后产生的过敏毒素 C3a 和 C5a 的作用。荚膜在吞噬过程中，使呼吸暴发减弱，菌体产生的黑色素和甘露醇可通过使过氧化物、羟基和单氧自由基失活，来清除吞噬溶酶体中的自由基，从而减少吞噬溶酶体中对菌体不利的因素。此外，菌体产生的磷脂酶可进一步减弱吞噬细胞清除该真菌的能力。这样，宿主的炎性应答被降低到最低限度，隐球菌可生长繁殖，达到很大的体积，形成类似“黏液瘤”的团块，其中含有荚膜黏液、菌体细胞和很少量的炎性细胞，最终，还会含有组织细胞、上皮样细胞和一些巨细胞。

肺部产生的病变没有固定规律，病原从肺部扩散后，感染常常仅局限于中枢神经系统（可能是由于 CNS 中补体的含量较低，而儿茶酚的含量较高，儿茶酚为酚氧化酶的底物，酵母菌可利用此酶来产生黑色素)，因而，宿主可出现神经症状（图 71.3)。眼部感染也比较常见，动物可出现脉络视网膜炎和失明。

45.1.2.4 病型

1. 猫和犬

临床上，猫和犬的感染最为常见。临床症状包括鼻、口腔、咽、鼻窦黏膜的溃疡性病变或鼻黏液瘤样病变。中枢神经症状比较常见。上述症状和病变可由局部感染引起。大多数的皮肤病变可能是血源性的。

2. 牛

牛在治疗乳腺疾病时，可因接触污染的材料而发生隐球菌病。症状包括乳房肿胀、腺体硬化以及分泌物性状逐渐改变。输乳管上皮可发生广泛性破坏，乳腺的若干腺体可发生不可逆性病理损伤。该病因受乳腺局部淋巴结的限制而很少扩散。

45.1.2.5 流行病学

任何哺乳动物都可能感染隐球菌，一般为散发，呈世界性分布。鸟类，特别是鸽子，肠内容物中常带有该病原，因而可成为该病原的贮存宿主（见前面）。但鸟类感染后，很少表现临床症状，而且病原大多分布于黏膜表面。

人的隐球菌病常与免疫抑制（如进行了器官移植、发生霍奇金氏病、受孕或获得性免疫缺陷综合征），或与病原的大量接触有关。动物感染是否与免疫抑制有关还不确定。

牛的隐球菌性乳房炎通常是通过医源性途径导致病原侵入而引起感染的。

考拉熊的隐球菌病与接触被格特变种污染的树叶有关。

45.1.3 免疫学

免疫抑制是隐球菌病发生的诱因。菌体的荚膜多糖可导致机体免疫失调、补体降解和抗体产生受阻。

机体产生的体液免疫和细胞免疫（T_{h1}细胞亚群可导致巨噬细胞活化）应答均可显著抵抗隐球菌感染。巨噬细胞参与病原的清除作用。一些证据表明，T 淋巴细胞（CD4 和 CD8）及自然杀伤细胞可抑制或直接杀死新型隐球菌。

有关本病的免疫预防试验结果尚不明朗，目前也尚未有可用的疫苗。

虽然感染人免疫缺陷病毒（HIV）的患者可发生隐球菌病，但感染猫免疫缺陷病毒（FIV）的猫似乎对隐球菌病不易感。FIV 阳性猫感染隐球菌后，经适当的抗真菌治疗后可好转，但 HIV 阳性患者感染隐球菌后，进行抗真菌治疗几乎没有效果。

45.1.4 实验室诊断

45.1.4.1 直接检查

在滴加了感染宿主的渗出液、气管与支气管灌洗液及脑脊髓液的玻片上，滴加等量的印度墨汁后混匀，加盖玻片后镜检，可观察到少量的沉淀物，对于形成荚膜的病原，在暗视野下，可观察到明亮的环形空隙，空隙中央为酵母细胞（图 45.1）。

Romanovsky型染色（瑞氏染色、吉姆萨染色）也可用于菌体荚膜的染色检查（与荚膜相比，酵母菌体细胞染成更深的蓝色）。采用真菌染色法［如过碘酸希夫反应染色法（PAS）和GMS染色法］，可观察到菌体细胞壁的轮廓，但不能观察到荚膜，但用黏蛋白卡红（mucicarmine）可染出荚膜轮廓。采用革兰氏染色，隐球菌常呈革兰氏阳性。

对于组织切片，经通常的组织学方法处理染色后，荚膜呈不着色的圆环，可将酵母细胞与组织细胞成分及其他的酵母细胞区分开来。

45.1.4.2 培养

可使用血琼脂培养基和沙保氏琼脂培养基，在37℃和室温下分别进行培养（见第46章），对于可疑菌落，可使用印度墨汁湿染后镜检，如果发现具有荚膜的酵母菌，可通过脲酶试验、缺乳糖试验、蜜二糖和硝酸盐分解试验及小鼠脑内和腹腔接种致死试验来鉴定其是否为新型隐球菌。

常用含有抗菌和抗真菌药物及肌酸酐和联苯的选择性培养基来对环境样品进行培养检查。

某些正常犬、猫的鼻腔内或许存在少量的新型隐球菌，因此，对于从此部位取样进行培养而获取的结果，解释应谨慎。直接涂片检查（对于临床表现正常的动物，涂片中酵母菌的数量常因数量太少而难以观察到）和（或）血清中荚膜抗原分析结合分离培养方法有助于病原的检测。对于临床正常的犬，无论其鼻道中是否存在新型隐球菌，血清中均不能检测到荚膜抗原。

45.1.4.3 免疫诊断

血清和脑脊液中抗原的检测，可用于该病的诊断和疾病进程的评估。包被有抗荚膜抗体的乳胶颗粒悬液目前已商品化，可用于玻片凝集试验。

由于体液中循环荚膜抗原量的消长，体液中抗体的出现与否也是无规律的。抗体的存在（经间接荧光抗体试验检测或用荚膜多糖包被的乳胶颗粒检测）可有力说明抗原水平的下降。

45.1.5 治疗和控制

对于犬和猫，可选择氟康唑进行治疗。此外，也可用5-氟胞嘧啶代替，但应定期检测其疗效，因为某些菌株对其有抵抗性，或会逐步对其产生抵抗性。

药物治疗应持续进行，直至临床症状消除，而且血清和脑脊液中的抗原也消除为止。

对于污染的表面区域（鸽房、阁楼），可在清扫前用石灰溶液（1磅含水石灰：3加仑水）进行消毒。清扫出的污物和灰尘应集中置于一个容器中，然后用含水的石灰粉进行覆盖。含水石灰粉也可用于污染病原的地面和横梁的消毒。进行消毒和清扫工作时，应带防护面罩。

45.2 厚皮马拉色菌（*Malassezia pachydermatis*）

马拉色菌属的成员均为寄生性酵母，共有 7 个种：厚皮马拉色菌、限制马拉色菌、球形马拉色菌、蛎壳马拉色菌、糠秕马拉色菌、合轴马拉色菌和史洛邦马拉色菌。除厚皮马拉色菌外，其余种的马拉色菌的生长均需要脂质（尽管厚皮马拉色菌具有嗜脂质性）。只有厚皮马拉色菌通常与动物疾病有关，常引起犬的外耳炎和皮肤炎。然而，各种脂依赖性的马拉色菌均可从正常和病犬、猫、反刍动物与马的皮肤和外耳道分离出来，厚皮马拉色菌常被发现的原因可能是因为它容易被检出。

45.2.1 特征描述

45.2.1.1 形态与组成

厚皮马拉色菌是一种卵圆形的芽殖酵母（2μm×5μm）。直接涂片（及培养菌落涂片）可观察到单独的芽和宽大的基部（0.9～1.1μm）相连（图 45.2）。无论在何种培养条件下，都不能观察到菌丝。菌体细胞壁由糖蛋白（75%～80%）、脂质（15%～20%）和几丁质（1%～2%）组成。

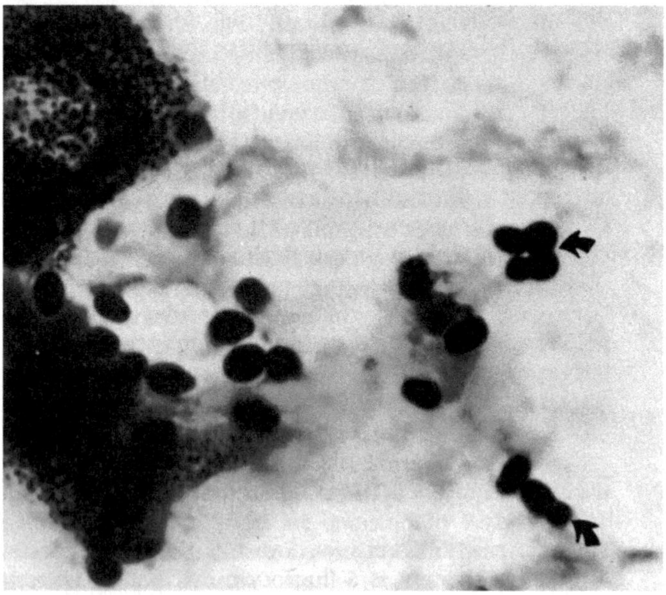

图 45.2　患外耳炎的犬的病灶渗出物中含有厚皮马拉色菌，可观察到特征性的“鞋印”形芽殖酵母（箭头）。革兰氏染色。(1000×)

45.2.1.2 生长特征

尽管厚皮马拉色菌生长增殖不依赖脂质，但它具有嗜脂质性，当在培养基中加入脂质时，生长更好。厚皮马拉色菌的绝大多数菌株可在血琼脂平板上生长，经数天培养

(可在25～41℃条件下生长，但最适培养温度为37℃)，可形成非常小的菌落（直径<1mm，有时仅能看到平板表面呈绿色)。该酵母菌可在有氧和微量氧环境下增殖，厌氧环境下生长不良。

45.2.1.3 生化反应

厚皮马拉色菌可分解葡萄糖和D-甘露醇作为碳源，但不能发酵其他碳水化合物，某些菌株可分解尿素。

45.2.1.4 抵抗力

厚皮马拉色菌对环己酰亚胺有抵抗力，但对低温敏感。

45.2.1.5 变异

厚皮马拉色菌有多种生物型，不同的生物型在分解D-甘露醇和山梨醇，水解尿素及细胞壁脂肪酸的含量上存在差异。

通过对编码核糖体大亚基DNA进行序列分析和比较，可将厚皮马拉色菌分为A～G 7个基因型。另外，一些学者运用随机扩增DNA多态性分析方法和针对编码几丁质合酶的基因序列分析，将厚皮马拉色菌分为A～D 4个基因型。

45.2.2 生态学

45.2.2.1 病原贮存

厚皮马拉色菌可生存于健康动物（包括犬、猫、雪貂、猪、犀牛）的皮肤和外耳道(由此而得名)。厚皮马拉色菌的菌体表面具有含甘露糖的糖蛋白，此糖蛋白可与角化细胞表面的甘露糖受体结合，由此而发生黏附，该病原很少分离自人的皮肤或外界环境。

45.2.2.2 传播

厚皮马拉色菌是动物皮肤上正常菌群成员，是一种机会性致病真菌，引起的疾病为一种进行性病理过程（如过敏性皮肤炎)。该病一般经内源性途径感染。有报道表明，该病也可经医源性途径感染人：病原从患外耳炎的犬，经接触过脂质丰富的静脉注射液(注射用营养液）的患犬主人的手传染给人。

45.2.2.3 发病机制

厚皮马拉色菌可引起多种动物的继发感染，尤其是在外耳炎和皮肤炎发病过程中发挥显著作用，这种感染最常见于犬，其次是猫（图69.4)。但厚皮马拉色菌在疾病发生过程中所起的具体作用目前尚不清楚，关于该病原如何从非致病性共生菌转化为致病菌，也是未知的。但如果在治疗方案中忽略本病原，疗效不显著。

45.2.2.4 流行病学

厚皮马拉色菌是一种寄生于动物（不包括人）皮肤（包括外耳道）的微生物。厚皮马拉色菌相关性皮肤病最常报道发生于澳大利亚的丝毛梗、巴吉度猎犬、可卡犬、腊肠犬、贵宾犬和西部高地白梗。该病原呈世界性分布。

45.2.3 免疫学

厚皮马拉色菌是一种机会性酵母菌，一般均预先存在于动物的皮肤和外耳道。关于厚皮马拉色菌如何导致动物发病，目前尚不清楚。

45.2.4 实验室诊断

45.2.4.1 直接检查

在正常动物的皮肤和外耳道，本酵母菌的数量通常很少，因此，难以从来自这些部位的样本中直接观察到酵母菌。对于发生外耳炎或皮肤病的动物，判定其是否由厚皮马拉色菌引起相对比较容易。如果由此病原引起，则可从发病部位采集的样本中检查到一定数量的酵母菌。然而，对于一些有遗传性过敏症的犬，在未发病和发病犬的相应部位，都可检查到相当数量的厚皮马拉色菌。

对于外耳炎病例，最早可用棉拭子采集样品，将拭子在玻片上旋转涂布，之后采用Romanovsky型染色法（瑞氏染色、吉姆萨染色）或革兰氏染色法进行染色，本酵母菌的特征性形态为“瓶状”或“鞋印形”（图45.2）。如果同时用拭子在血琼脂平板上划线接种，37℃培养24～48h，可见小的菌落或琼脂表面呈绿色。

尽管可在感染皮肤表面检查到厚皮马拉色菌，但皮肤学家仍然建议，对检查到的酵母菌进行计数，以评价治疗效果。可通过使用胶带黏取皮肤表面的酵母菌，然后对胶带上的酵母菌进行染色（瑞氏染色或吉姆萨染色）镜检，以估算酵母菌的数量。例如，将胶带黏有酵母菌的一面贴向滴加有瑞氏染液的玻片上，这样，将胶带作为盖玻片，在显微镜下检查，对于由正常犬皮肤制备的片子，1000倍观察时，每个视野的酵母菌数量应不超过两个。

45.2.4.2 分子检测技术

可采用PCR，扩增编码核糖体大或小亚基的DNA序列以及内部转录间隔区基因序列来检测马拉色菌。也可采用该技术对马拉色菌进行种的鉴定。

45.2.4.3 培养

在判定厚皮马拉色菌是否是外耳炎的病原时，进行病原分离培养的意义不大，这是因为，来自这些部位的绝大多数样品中都含有杂菌（如假单胞菌），在培养时，杂菌的生长速度远远快于酵母菌。因此，在判定样品中是否有厚皮马拉色菌时，应对样品进行快速镜检。

在确定皮肤病病灶中的微生物组成以及确定治疗方案时，可采用培养的方法进行。即可采用胶带法（用胶带在培养基表面黏取菌落的方法），也可采用平板接触法（平板中的培养基高出边缘）。可用的培养基包括Dixon培养基（改良后，添加脂质）、Leeming Notman 培养基或沙保氏培养基，然后将平板在 37℃的空气或含 CO_2 的气体环境中进行培养，每 0.5in^2 （1in^2 =6.451600×10^{-4} m^2 ）的面积中菌落数如果超过两个，则认为是异常的。

45.2.5 治疗和控制

对于厚皮马拉色菌相关性外耳炎或皮肤炎的治疗，最重要的措施是纠正基本病理反应。目前，几乎所有商品化的含抗真菌剂（制霉菌素、clortrimazole、双氯苯咪唑）的药物，治疗真菌相关性外耳炎都有效。用复合药物（如双氯苯咪唑＋双氯苯双胍己烷）及全身性抗真菌药物（酮康唑或依他康唑）治疗，可减轻厚皮马拉色菌在皮肤病中的致病作用，但灰黄霉素无效。

45.3 念珠菌属

通常，念珠菌病由寄生性酵母白色念珠菌（*Candida albicans*）引起，该病原寄生于多种哺乳动物和鸟类的黏膜表面。念珠菌属有 150 多个种，存在于自然界各处，但仅有少数几个种与动物疾病相关，念珠菌引起的疾病一般仅发生于免疫缺陷的宿主。

如果不特别说明，以下的讨论内容均只针对白色念珠菌。

45.3.1 特征描述

45.3.1.1 细胞形态、构造和组成

在实验室常规培养基和黏膜表面，白色念珠菌呈典型的卵圆形芽殖酵母形态（芽分生孢子），大小为（3.5～6）μm×（6～10）μm。在特定的温度、pH、营养和气体环境下，酵母细胞可产生萌发管（图 45.3），萌发管进一步发育成为有隔分枝菌丝体。芽分生孢子可进一步延长成为“伪菌丝”，但不能分裂。在宿主体内，病原呈菌丝体样（菌丝的聚集）或伪菌丝体样生长，与其活化增殖和入侵组织相关。

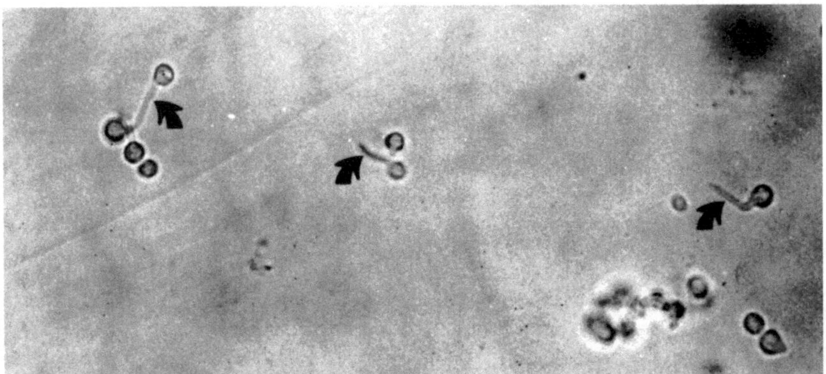

图 45.3　血清中白色念珠菌产生的萌发管（箭头）。未染色的湿片。（300×）

白色念珠菌具有通常所说的厚垣孢子（厚垣分生孢子）。厚垣孢子壁厚，呈球形，功能未知，通过囊柄细胞黏附于（伪）菌丝上。厚垣孢子仅在体外增殖时出现（图45.4)，其他念珠菌罕见厚垣孢子。

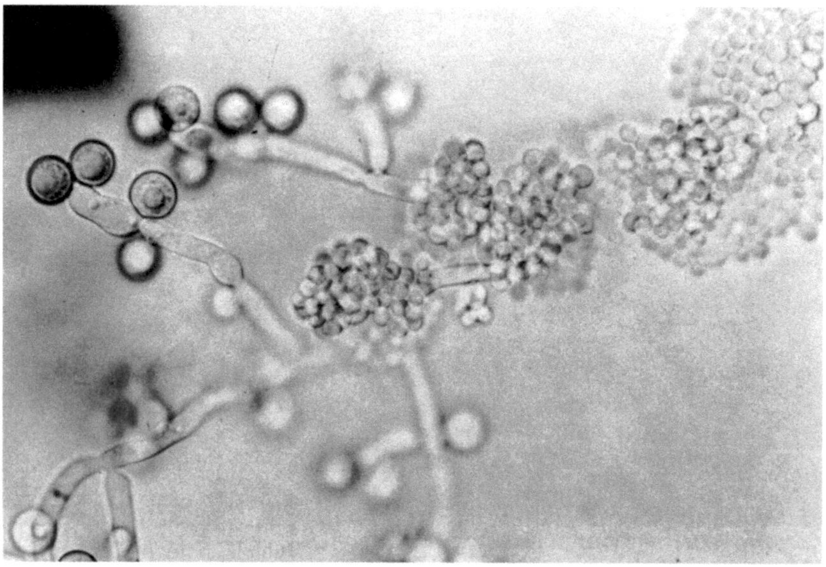

图 45.4　厚垣孢子琼脂培养的白色念珠菌，以台盼蓝进行染色，图片中显示了伪菌丝、酵母细胞（芽分生孢子）（右）和厚垣孢子（左）。(1200×)

该菌的细胞壁中含有糖蛋白，其多糖部分由葡聚糖和特有的甘露聚糖组成，此外还有脂质和几丁质。细胞表面具有甘露聚糖蛋白复合物。菌体细胞的产物包括解肽酶，解肽酶或许是该菌的毒力因子。该菌可鉴别出两种主要的具有交叉反应的血清群，分别命名为 A 群和 B 群，用吸附后的血清可鉴别出来。

念珠菌可采用过碘酸希夫反应染色法（PAS)、GMS 染色法及其他的真菌染色法进行染色，但在通常的培养研究中，不需要染色。彩染（瑞氏染色、吉姆萨染色）适合于组织或渗出液中念珠菌的检测。革兰氏染色时，念珠菌常呈革兰氏阳性。

45.3.1.2　具有医学意义的菌体产物

1. 黏附素

菌体与胞外基质蛋白的黏附同菌体细胞壁的各种成分（几丁质、甘露聚糖蛋白复合物和脂质）相关。

2. 其他各种产物

蛋白酶和神经氨酸酶在该菌的致病过程中发挥作用。细胞壁的糖蛋白具有内毒素样活性（见第 7 章和第 8 章）。

45.3.1.3　生长特征

白色念珠菌是专性需氧菌，在普通培养基上，可在较宽范围的 pH 和温度下生长增殖。在25℃培养时，24～48h，可形成奶油样到面糊状的白色菌落，菌落中以酵母样细胞为主。伪菌丝体的产生受环境因素影响，但决定菌丝体产生的因素目前尚存在争议。在超过35℃的条件下培养时，通常推荐使用微碱性的营养丰富的不含碳水化合物的液体培养基进行培养。

可根据念珠菌发酵或分解碳水化合物的能力进行种的鉴定。

50℃以上的加热、紫外线及含氯和季铵类消毒剂，均可杀灭念珠菌。念珠菌能抵抗冷冻，而且在无生命的环境中可存活良好。对多烯类抗真菌制剂敏感，通常对氟胞嘧啶和唑类药物敏感。

45.3.1.4 病原贮存

白色念珠菌存在于哺乳动物和鸟类的皮肤与黏膜中，尤其是消化道和低位生殖道的皮肤与黏膜中。环境中的来源也很重要，特别是对于其他种的念珠菌。

45.3.1.5 传播

大多数念珠菌病经内源性感染，也就是说，由与宿主共生的菌株引起。在药物治疗和挤奶时，牛的乳房可经乳头沟发生感染，这种感染可在牛与牛之间传播，也可从环境中带入病原而感染。

45.3.1.6 发病机制

1. 发病机制

几丁质、甘露聚糖蛋白复合物和脂质可能作为黏附素而引起人的念珠菌病。几种细胞外基质蛋白是该菌感染的受体。试验研究表明，该菌产生的萌发管与该菌的致病性相关，菌丝体形成与毒力的关系目前尚有争议。蛋白酶和神经氨酸酶或许是该菌的致病因子。细胞壁中的糖蛋白有内毒素样活性。

2. 病理学

念珠菌病最常侵害在正常情况下可能发现该菌的黏膜表面，如从口腔到胃前部的黏膜。特征性病变一般仅局限于鳞状上皮。生殖道、皮肤和爪也可发生病变。偶尔可引起呼吸道、肠道和败血性感染。

发生念珠菌病后，上皮表面可形成白色到黄色或灰色的色斑，这些色斑区域是具有不同炎性反应的溃疡灶。消化道或呼吸道可形成假膜，内脏可出现脓肿。一般肉芽肿性病变比较罕见。发生炎性反应的病灶内，以嗜中性粒细胞为主。

45.3.1.7 病型

1. 禽鸟

禽类的念珠菌病可发生于鸡、火鸡、鸽子和其他鸟类。病变类似于人的霉菌性口炎，病变可波及消化道的前部（图68.2）。可导致幼龄禽鸟生长受阻，并可引起大量死亡。

2. 猪

猪的念珠菌病表现为消化道溃疡性病变，溃疡面可发生破裂。

3. 马

幼驹的念珠菌病表现为消化道的溃疡性病变，溃疡面可发生破裂。马的生殖系统感染可引起不育、子宫炎和流产。

4. 牛

大量使用抗生素的小牛，可发生肺和肠的一般性念珠菌病。奶牛的念珠菌性乳房炎特征为发病温和，具有自限性，约在一周内可自然康复。也有报道表明，该菌可引起牛的流产。

5. 犬和猫

犬的念珠菌病可表现为消化道和生殖道的溃疡性病变。在极偶然的情况下，该菌可引起犬的败血症，并伴有肌肉、骨、皮肤和低位尿道的病变（特别见于那些有糖尿病的犬）；白色念珠菌可引起猫的脓胸，但很罕见。

6. 其他动物

低等灵长类动物和海洋哺乳动物的皮肤和黏膜或许可发生念珠菌病。

45.3.1.8 流行病学

通常，念珠菌病与大多数温血动物呈共生关系。发病或者与动物的免疫功能不全和激素分泌不足有关，从而导致机体对定殖微生物（适度增殖的正常菌群）的抵抗力下降，或者与体弱宿主及易感组织大量接触病原有关。因此，该病易发于幼龄动物、患糖尿病的人或动物、接受抗生素和类固醇激素治疗的人或动物、具有留置导管的患者和牛泌奶的乳腺。

45.3.2 免疫学

免疫功能不全的个体更易感染发病。

抵抗念珠菌病的主要防御系统由多形核嗜中性白细胞（PMN）和活化的巨噬细胞组成。调理素（抗体、补体）所起的调理作用有助于噬菌作用的发生。活化后参与噬菌作用的巨噬细胞可产生 IL-12，IL-12 可刺激 T_{h1} 细胞产生 γ 干扰素，γ 干扰素又可进一步活化巨噬细胞。

目前，念珠菌病尚不能用人工免疫的方法预防。

45.3.3 实验室诊断

在渗出物中，念珠菌呈酵母细胞形态（芽分生孢子）或（伪）菌丝形态。在不染色的湿片上，或对固定后的涂片进行革兰氏染色、Romanovsky 型染色（瑞氏染色、吉姆萨染色）或真菌染色［过碘酸希夫反应染色法（PAS）和 GMS 染色法］后，均可观察到上述形态的念珠菌（图 45.5）。

白色念珠菌在含有或不含有抑制剂（见第 46 章）的血琼脂或沙保氏培养基上，均生长良好。其他一些种的念珠菌的生长或许可被环已酰亚胺抑制。分离到的酵母菌如果能产生（伪）菌丝体，即可判定为念珠菌。只有在宿主出现相应病变，并且对来自病变

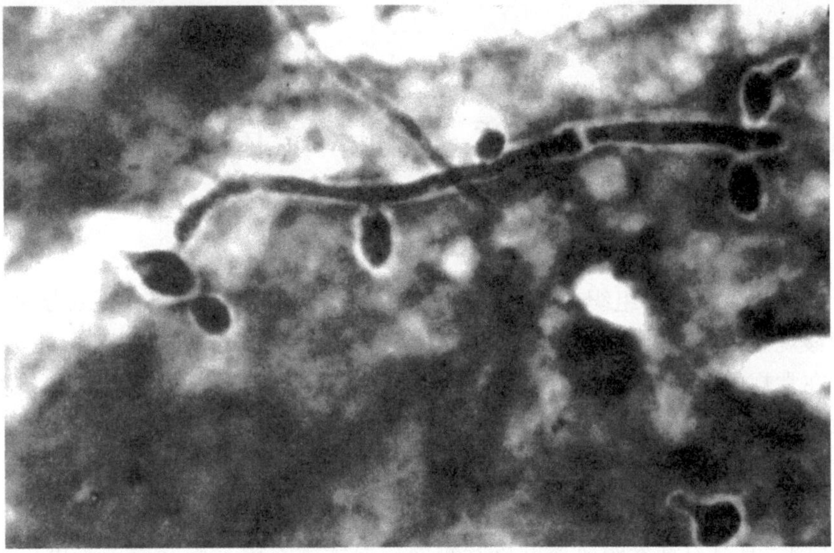

图 45.5　犬鼻腔渗出物中的白色念珠菌。注意观察酵母细胞的特征（可观察到芽分生孢子和伪菌丝）。革兰氏染色。(1000×)

部位的样品直接涂片镜检能观察到丰富的（伪）菌丝体时，从宿主皮肤和黏膜表面分离到念珠菌（甚至数量很大），才能诊断为念珠菌病。

如果分离物为白色念珠菌，将微量接种的血清管在 37℃培养 2h 后，菌体可产生萌发管（图 45.3），在玉米粉-吐温 80 琼脂培养基上培养时，可产生厚垣孢子（图 45.4）。目前已有商品化的酵母鉴定试剂盒。

在兽医领域，目前尚无经过充分验证的 DNA 探针检测方法和检测循环抗体、抗原及代谢物的方法。

45.3.4　治疗、控制和预防

临床上，对于念珠菌病，通过纠正基本病理反应或许可使感染宿主康复。

对于禽类，传统的治疗方法是在饮水中加入硫酸铜。也可在饲料和饮水中加入制霉菌素。对于哺乳动物局部皮肤和黏膜型的念珠菌病，也可使用两性霉素 B 和咪康唑。对于患低位尿道念珠菌病的犬和猫，可使用氟康唑（优先）或氟胞嘧啶。

对于扩散型病例，可选择氟康唑或氟胞嘧啶进行口服治疗。治疗时，建议进行药敏试验。对于人，有时合并使用氟胞嘧啶-两性霉素 B 进行治疗，这种方法偶尔也用于动物。

第46章　皮肤癣菌

Ernst L. Biberstein　Dwight C. Hirsh

对于真菌，根据其在组织或常规培养基中无性阶段的显微形态，可划分为霉菌和酵母菌。能够观察到菌丝结构的真菌，称为霉菌，单细胞形态，并具有芽殖结构的，则为酵母菌。在常规的培养基上，霉菌形态呈“绒毛状”或羊毛状，而酵母菌呈现类似细菌的固有菌落形态和特征。在不同的生长条件下，某些致病性真菌可产生菌丝样结构或酵母样结构，这样的真菌被称为双相真菌（见第47章和第48章）。

皮肤癣菌属于霉菌，仅能寄生于角质化的表皮结构（包括表皮、毛发、羽毛、角、蹄、爪和趾）。具有有性繁殖阶段的皮肤癣菌均属于子囊菌。皮肤癣菌感染也称为癣菌病或癣。

46.1　特征描述

46.1.1　形态

在非寄生状态时（包括培养时的状态），皮肤癣菌能产生具有隔膜和分支的丛生菌丝——称为菌丝体。在伸向空气的气生菌丝中，存在皮肤癣菌的无性繁殖单位（分生孢子），这些分生孢子或为大分生孢子：为多细胞的类豆荚结构，长可达100μm；或为小分生孢子：为单细胞的球状或杆状结构，任一方向的长度均小于10μm。菌体的形状、大小、结构、排列方式及产生的分生孢子数量可作为皮肤癣菌的形态学诊断依据。对于某些种的皮肤癣菌，其菌丝的某些形态特征［螺旋形、结节状、“球拍状”、“枝形吊灯样”，及产生厚垣分生孢子（厚垣孢子）］比其他种的皮肤癣菌更为常见，但这些特征很少用于诊断。在皮肤癣菌的鉴别诊断方面，染色特征是有用的。

皮肤癣菌在寄生状态时，仅能观察到菌丝和节分生孢子（节孢子），节分生孢子是另外一种无性繁殖单位。皮肤癣菌不同种的节分生孢子除了在大小范围上存在差异外（而且不同种皮肤癣菌的节分生孢子的大小范围存在交叉），无其他可鉴别的差异。

在寄生阶段，皮肤癣菌不产生有性孢子（子囊孢子）。

皮肤癣菌的三个属——小芽孢癣菌属、发癣菌属和表皮癣菌属的鉴别特征见表46.1。通常只有小芽孢癣菌和发癣菌可持续感染动物。

46.1.2　生长特性

用于培养皮肤癣菌（及其他致病性真菌）的培养基是沙保氏葡萄糖琼脂培养基，该培养基含2%的琼脂、1%的蛋白胨和4%的葡萄糖，其酸性环境（pH5.6）能轻微抑

表 46.1 皮肤癣菌各个属的特征

	小芽孢癣菌属	发癣菌属	表皮癣菌属
大分生孢子	一般有	不一定，常常没有	有
细胞壁	厚	薄	厚
表面	粗糙	光滑	光滑
形状	纺锤形、雪茄形	球棒形（细长）	球棒形（宽扁）
小的分生孢子	不一定，常常没有	通常有	没有
有性体	Nannizzia	Arthroderma	未知

制细菌生长，从而具有一定的选择培养性。加入可抑制其他真菌生长的环己酰亚胺（500μg/ml）、可抑制细菌生长的庆大霉素（100μg/ml）、四环素（100μg/ml）或氯霉素（50μg/ml），可提高该培养基的选择培养性。皮肤癣菌为需氧的非发酵菌，某些皮肤癣菌可分解蛋白质，并可使氨基酸脱氨基。皮肤癣菌的最适生长温度为 25～30℃，需要数天到数周的培养时间。

存在于皮肤和毛发中的某些皮肤癣菌（不包括培养基中的皮肤癣菌）可产生绿色荧光，这是由于一种色氨酸代谢物在紫外线下（λ＝366nm）可以发光，有时称这种绿色荧光为伍德氏光，在动物皮肤癣菌中，只有犬小芽孢癣菌可发生这种产光反应。

46.1.3 抵抗力

皮肤癣菌对常见的消毒剂敏感，特别是对那些含甲酚、碘或氯的消毒剂敏感。在无生命的环境中，皮肤癣菌可存活数年之久。

46.1.4 变异

小芽孢癣菌属和发癣菌属中的每个菌种都存在大量的不同菌株，因此，研制和构建有效的免疫制品非常困难。

46.2 生态学

46.2.1 病原贮存

皮肤癣菌具有亲土性、亲动物性和亲人性，也就是说，皮肤癣菌分别具有土壤、动物和人三个病原贮存库。表 46.2 列出了重要的侵害动物的皮肤癣菌及其贮存库和临床宿主。

由亲人性的、呈全球分布的奥杜盎小芽孢癣菌、红色毛癣菌、断发毛癣菌、絮状表皮癣菌以及亲动物性的迪氏小芽孢癣菌（*M. distortum*）引起的动物皮肤癣菌病非常少见，但目前已经从犬、猫、马、猴和人的损伤部位分离到的迪氏小芽孢癣菌、迪氏小芽孢癣菌似乎仅存在于澳大利亚、新西兰和美洲国家。

表 46.2 重要的动物皮肤癣菌及其贮存库

种	贮存库	侵害的动物宿主	人的感染情况	地理分布
犬小芽孢癣菌	猫	猫、犬、马[a](山羊、牛、猪、其他动物)[b]	++[c]	世界性分布
格氏小芽孢癣菌(*M. gallinae*)	鸡、火鸡	禽(猫、犬)	+[d]	世界性分布
石膏样小芽孢癣菌(*M. gypseum*)	土壤	犬、马(牛、猫、猪、其他动物)	+	世界性分布
猪小芽孢癣菌	土壤	猪	+	非洲、澳大利亚、北美洲
马类毛癣菌	马	马	+	世界性分布
须发毛癣菌	啮齿动物	犬、马、牛、猫、猪、其他动物	++	世界性分布
疣状毛癣菌	牛	牛	++	世界性分布
T. simii	猴	猴、禽	+	印度

a.马源分离株与最近确认的马类小芽孢癣菌(*M. equinum*)有明显的区别;b.括号内代表不常见的宿主;c.重要的病原;d.有过发生。

46.2.2 传播

由于皮肤癣菌可持续存在于污染物和房舍中，因此，可经直接和间接接触途径传播。

46.2.3 发病机制

46.2.3.1 机制

蛋白水解酶（弹性蛋白酶、胶原酶、角蛋白酶）似乎决定了病原体的毒力，特别是对于发生严重炎症反应的病例。病灶仅局限于角质化的表皮，是由于仅该部位具有足够的铁元素，这或许可以解释为何炎症反应（由于铁结合蛋白的流入）和酶抑制剂通常能抑制脚气病的发展。

感染单位——分生孢子经皮肤角质层缺损处进入表皮，然后在某种未知因素的刺激下萌发，萌发管在角质上皮中形成分枝菌丝，部分菌丝分化为节分生孢子，皮肤癣菌的这种生长模式见于无毛发的皮肤，以某些皮肤癣菌［猪小芽孢癣菌、奈氏小芽孢癣菌（*M. nanum*）；红色毛癣菌、罗氏发癣菌（*T. rubrum*）］的生长为主。大多数的动物毛发癣菌病始于毛囊孔附近孢子的萌发，菌丝伸入毛囊后，沿着根鞘外部生长，继而侵入活的根细胞附近的生长中的毛发，菌丝可在毛发皮层中生长，在毛发外，节分生孢子形成并聚集于毛发表面。这种生长模式（节孢子聚集于毛干外）称为 ectothrix，所有重要的动物皮肤癣菌都具有此特征（endothrix 是指节孢子聚集于毛干之间）。

46.2.3.2 病理学

皮肤癣菌病的发病过程始于病原在表皮的定殖，这种定殖发生于前面描述的病理过程中，在此过程中，宿主只产生轻微的应答反应。感染表皮可出现角质层肥厚，并伴有表皮的角质化和脱落加速，宿主表现皮屑增多和毛发缺损。犬感染犬小芽孢癣菌后，常出现上述病理表现，但成年猫感染后，或许不出现任何症状。

第二个阶段约于感染的第二周，即在寄生部位边缘出现炎性反应时开始，临床表现包括表皮出现红斑，进而出现脓疱。小牛的疣状毛癣菌感染仅表现轻微病变，犬的须毛癣菌感染和马的石膏样小芽孢癣菌感染表现严重典型的病理反应。局部表皮形成的色斑（“脓癣”）或许同某些特定的皮肤肿瘤相似，特别是对于犬。炎症反应或许会抑制真菌的进一步感染，但可能发生的继发性化脓性细菌感染或许成为感染的主要问题。

近似圆形的损伤部位及其发生炎症反应的边缘表明了术语“癣”和“tinea”（拉丁文，蠕虫的意思）的原意。足分枝菌病的一些偶发病例与皮肤癣菌感染有关，特别见于波斯猫（见第 47 章）。

46.2.3.3 病型

家畜的皮肤癣菌病病型见表 46.3。

表 46.3 重要的家畜皮肤癣菌感染

宿主	病原	病变特性
马	马类毛癣菌	发干，表面通常有非炎性的脱落物（如果没有发生继发感染）
	石膏样小芽孢癣菌	通常在发生脱毛增厚的部位下面出现化脓
	马类小芽孢癣菌	至多发生轻微的炎症，类似马类毛癣菌的病变
牛	疣状毛癣菌	无痛，增厚，变白，“石棉样”，色斑，局部脱毛
猪	猪小芽孢癣菌	浅褐色，有硬皮，在躯干部呈离心式扩散；无痛，边缘有轻微炎症。无毛发脱落受损
犬	犬小芽孢癣菌	典型的非炎性反应，有脱落物，有片状脱毛区域，偶尔可见脓癣
	须发毛癣菌	通常可发生扩散，在非炎性病变区出现鳞片状脱落，继发感染可出现化脓
	石膏样小芽孢癣菌	同须发毛癣菌
猫	犬小芽孢癣菌	在成年猫，通常呈亚临床感染。除小猫外，一般呈非炎性病变；对于虚弱的小猫，或许会出现全身病变，偶尔可发生足分枝菌病（波斯猫）
	须发毛癣菌	同犬
鸡	格氏小芽孢癣菌	一般侵害无羽毛的部位。鸡冠和肉髯可出现白垩样鳞片状脱落物，非炎性病变
	希氏毛癣菌（*T. simii*）	表面同格氏小芽孢癣菌引起的病变相似，但常常出现炎性甚至是坏死性病变。仅在印度引起家禽的疾病

如果不存在并发感染或宿主的体质因素影响，一般在数周到数月内，癣菌病可自发退行性变化。经临床治疗后，病原可持续存在。

绵羊的癣菌病比较罕见，病原为疣状毛癣菌、须发毛癣菌和犬小芽孢癣菌（*M. canis*）；这些种的皮肤癣菌也可侵害山羊。

46.2.4 流行病学

年幼动物常发生皮肤癣菌病。发病的范围和严重程度受环境因素影响。动物拥挤或大量动物的聚集常常与该病的流行率升高有关。小牛发病常见于在冬季将其由潮湿、黑暗、拥挤的住所放到户外之后。

同种动物个体的感染使得这些重要的动物皮肤癣菌病难以消除。犬和猫可能感染啮齿动物源性须发毛癣菌，呈散发型。猪经土壤而感染石膏样小芽孢癣菌，一般呈散发性；而感染亲土性的猪小芽孢癣菌，一般呈地方流行或流行，但病变很轻微。

主要的动物皮肤癣菌病病原呈全球性分布。

46.3 免疫学

46.3.1 免疫机制

与皮肤癣菌感染相关的主要抗原为角蛋白酶（可诱导产生细胞介导的免疫应答）和糖蛋白（糖基部分可刺激产生抗体应答；蛋白质部分可刺激细胞介导的免疫应答）。

在皮肤癣菌病的发生过程中，可产生抗体介导和细胞介导的超敏反应。其与炎性阶段的开始相一致，并可导致相应的临床表现。

人感染癣菌病后，皮肤可发生无菌性的炎性病变。患者可对循环的真菌抗原产生过敏反应。

46.3.2 康复和抵抗力的产生

在抵抗力的产生方面，抗体至多仅起一些有限的作用。有证据表明，细胞介导的免疫在产生保护和宿主康复方面起决定性作用。

康复的个体可抵抗再次感染，但比起初次接触病原来说，局部反应或许会更急更强烈。宿主产生的获得性抵抗力的强度和持久性，随宿主种类、所感染的皮肤癣菌的种类及感染部位的不同而不同。

46.3.3 人工免疫

欧洲地区使用的疣状毛癣菌的菌丝体疫苗（包括灭活疫苗和无毒活疫苗），可以减少感染动物群的数量和新发感染的数量。研究表明，使用混有小芽孢癣菌和发癣菌的疫苗（无论是活疫苗、减毒疫苗还是灭活疫苗）不能保护猫免除皮肤癣菌病的发生，但似乎能限制局部病变的扩散。尽管活疫苗能够产生较好的保护性免疫应答，但对于小芽孢癣菌和发癣菌的许多菌株，制备疫苗是相当困难的。

46.4 实验室诊断

46.4.1 直接检查

有50%～70%的病例，在感染犬小芽孢癣菌和奥杜盎小芽孢癣菌后，在紫外灯下，毛发和皮肤的鳞屑可发出一种明亮的黄绿色荧光，如伍德氏光（Wood's light，λ=366nm）。

46.4.2 显微检查

在显微镜下，可检查皮肤刮取物和毛发中的菌丝和节分生孢子。刮取物应包括来自病变部位边缘和整个角化表皮层的样品。应拔取毛发，以便获取毛囊内的样品。将采集的样品置于玻片上，滴 10%～20%的氢氧化钾淹没样品，再加盖玻片，然后轻微加热。这样处理之后，可使观察的样品透明清晰，而且可保留真菌的结构，也可保留足够的未损伤的毛发和表皮，以便于观察病原与所寄生结构的关系。

显微观察时，应先用低倍镜（100×）在暗视野下观察。感染的毛发可被包入不规则的节孢子鞘内，因而其厚度可加倍（图 46.1），对于这样的毛发，在较高的放大倍数下（400×），可观察到单个的、球形的节分生孢子（图 46.2）。对于无毛的皮肤，可观察到分枝菌丝和链状的节分生孢子（图 46.3）。

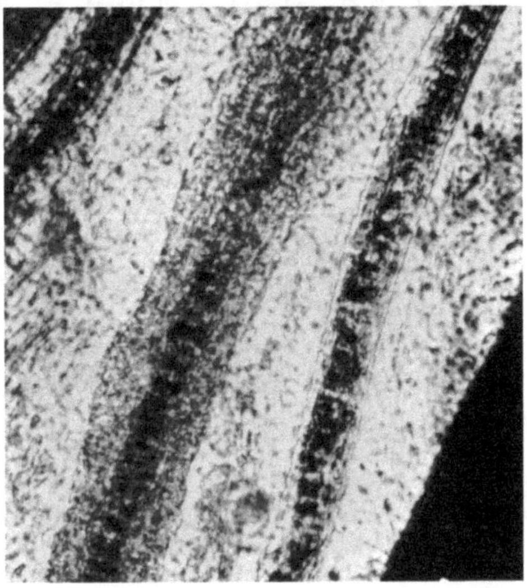

图 46.1　猫感染犬小芽孢癣菌的毛发(中央)和未感染的正常毛发(右)。滴加了 15% KOH。(100×)

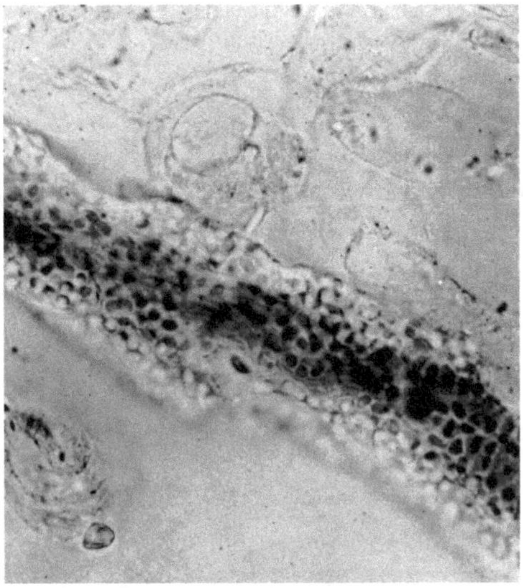

图 46.2　猫感染犬小芽孢癣菌的毛发,毛发周围围绕着节分生孢子。滴加了 15% KOH。(400×)

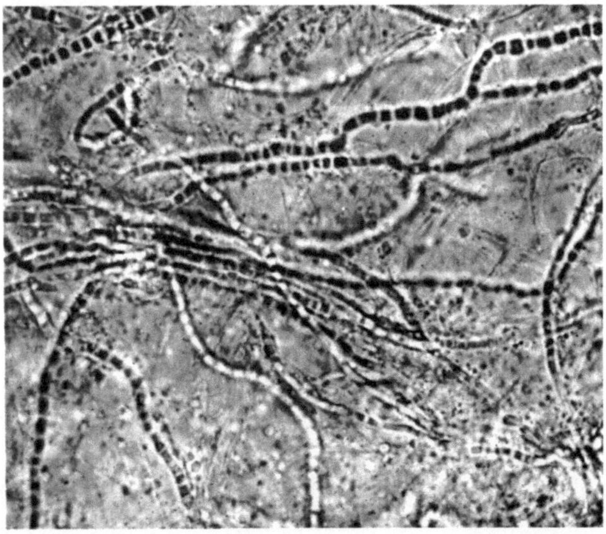

图 46.3　感染须发毛癣菌的、可观察到分枝菌丝和链状的节分生孢子。滴加了 15% KOH。(400×)

染色剂、渗透性及湿润性因素（永久性墨汁、乳酸石炭酸棉蓝、二甲基亚砜）可使样品在显微镜下的观察效果更清晰。使用卡尔科弗卢尔增白剂可使真菌结构产生荧光，处理后，在荧光显微镜下观察，有助于做出诊断。

46.4.3 培养

将刮取物接种到选择培养基的表面和内部［含氯霉素和环己酰亚胺的沙保氏琼脂培养基、皮肤癣菌检测培养基（DTM）、快速孢子形成培养基（RSM）］，然后，25℃培养3周。对于疑似含有疣状毛癣菌的样品，需要在37℃培养。在DTM和RSM上，如果呈碱性反应，表明样品中存在皮肤癣菌。（对于皮肤癣菌，如果同时加入葡萄糖和蛋白质，皮肤癣菌首先消化蛋白质，从而产生碱性产物；腐生性真菌通常优先利用葡萄糖，从而产生酸性产物。注意：优先利用的底物被消耗掉之后，此微生物还会利用其他的营养物质，这样会使pH向酸性方向发展。）

对于可疑的生长物，可在显微镜下进行检查。用洁净透明胶带的黏性一面在可疑菌落上轻压一下（从RSM或含氯霉素和环己酰亚胺的沙保氏琼脂培养基上取样——在DTM上，皮肤癣菌不能很好地形成孢子），然后抹于加有一滴乳酸石炭酸棉蓝的玻片上，然后在显微镜下检查（表46.1，图46.4～图46.6）。对于发癣菌属的各个种，在缺乏具有诊断意义的分生孢子时，可采用营养缺陷试验进行种的鉴定。

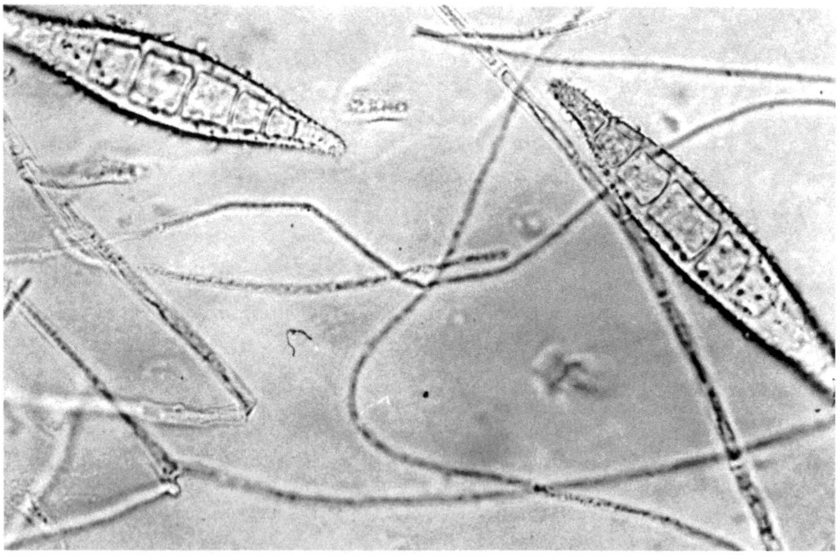

图46.4　犬小芽孢癣菌。乳酸石炭酸棉蓝中抹入了马铃薯片葡萄糖琼脂培养物。可观察到具有厚而粗糙的壁的纺锤形大分生孢子，没有小分生孢子。（400×）

很显然，分离物的背景资料（来源宿主、病变类型）有助于动物皮肤癣菌的初步鉴定。

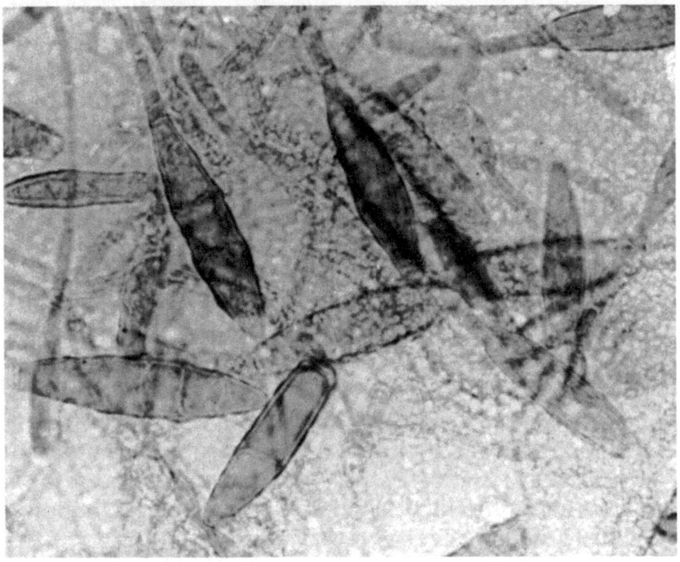

图 46.5　石膏样小芽孢癣菌。乳酸石炭酸棉蓝中抹入了沙保氏琼脂培养物。大分生孢子呈雪茄形，壁薄，没有小分生孢子。(400×)

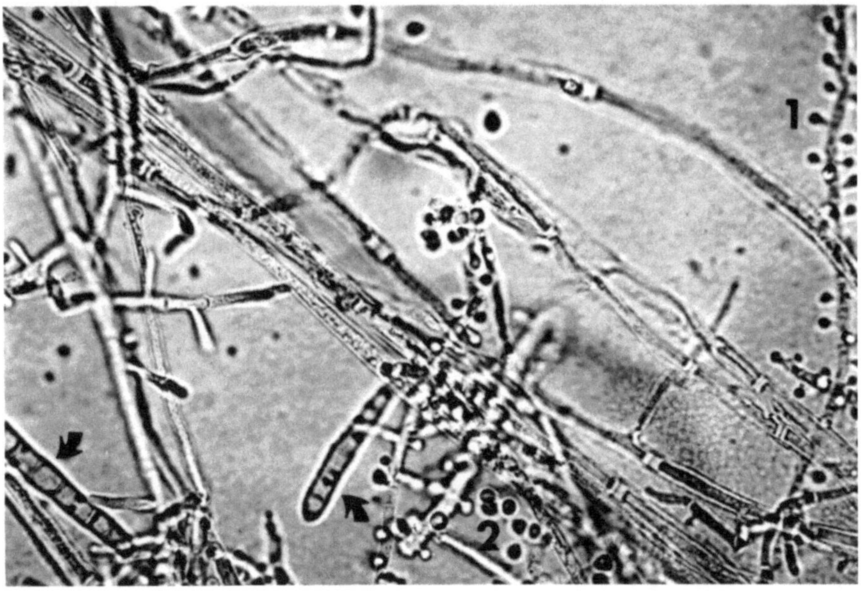

图 46.6　须发毛癣菌。乳酸石炭酸棉蓝中抹入了马铃薯片葡萄糖琼脂培养物。可观察到单排的（“en thyrse,” 1）和丛状的（“en grappe,” 2）小分生孢子，具有长的大分生孢子。(400×)

46.4.4　分子诊断技术

目前，已有许多基于 DNA 的检测技术，不仅适用于临床样品的直接检测，也可用于对所分离的皮肤癣菌进行鉴定。这些技术包括对编码特定产物的 DNA 序列测定（如几丁质合酶1基因)、对内部转录间隔区的序列测定、对编码核糖体大亚基(28S)的DNA序列测定,以及采用特异性或随机引物进行PCR扩增特定的DNA片段。

46.5 治疗和控制

通常,采用局部治疗和全身治疗相结合的方法效果较好。目前可用的两种全身性治疗药物为灰黄霉素和酮康唑,后者较昂贵而且其疗效未得到完全证实。这两种药物均可口服给药,给药后,动物的耐受性相对较好。对于小型食肉动物,应用灰黄霉素治疗时,至少需要给药一个月,或临床康复后继续给药两周;对于大动物的治疗,尚未有充分可依据的数据和资料;对于肉用动物,不允许进行药物治疗。对怀孕猫进行药物治疗,可导致畸胎的产生,因此可用特比萘芬(是一种能够抵抗真菌的丙烯胺,可抑制麦角固醇的生物合成,主要分布于皮肤和爪甲)代替。

应用果园用抗真菌剂对患有癣菌病的大、小动物进行喷雾治疗有效(克菌丹45%的粉剂,2大汤匙/加仑)。首先,对有病变部位的皮肤进行剪毛,对于大动物,推荐以两周为间隔,喷雾治疗两次;对于犬,每周治疗一次,直至有效。要避免人的皮肤接触药物。噻苯达唑(Tresaderm,Merck公司)也可用于大、小动物皮肤癣菌病的治疗。

聚维酮碘(Betadine,Purdue Frederick)和双氯苯双胍己烷(Nolvasan,Fort Dodge)可分别用作洗液和油膏,具有广谱的消毒和抗真菌作用。

对房舍进行彻底的清扫和用含碘、氯或酚的消毒剂进行消毒是很必要的。对舍内的器具和设施,可用克菌丹或波尔多果园用抗真菌剂进行喷雾消毒。

尝试对犬舍和猫舍内的筛拣样本进行培养,有助于媒介物的鉴定。伍德氏光的观测可用于对来源于猫或猫舍的菌落进行筛查,因为对于猫来说,只有犬小芽孢癣菌比较重要。对已感染的动物,应进行隔离治疗,对于可能接触病原的动物,应进行药物预防。

在欧洲,免疫接种已经广泛成功地用于牛皮肤癣菌病的预防,减毒活疫苗株的免疫原性似乎最好。但减毒活疫苗和灭活苗均不能有效用于猫皮肤癣菌病的预防。

第 47 章　皮下霉菌病病原

Dwight C. Hirsh　　Ernst L. Biberstein

根据在组织或常规培养基中无性阶段的显微形态，真菌可分为霉菌和酵母菌。显微镜下，如果能够观察到菌丝结构，则为霉菌，若为单细胞形态，并具有芽殖结构，则为酵母菌。在常规的培养基上，霉菌形态呈“绒毛状”或羊毛状，而酵母菌呈现类似细菌的固有菌落的形态和特征。在不同的生长条件下，某些致病性真菌可产生菌丝样结构或酵母样结构，这样的真菌被称为双相真菌，这将在本章和第 48 章进行讨论。

本章将讨论侵害皮肤和皮下组织的双相真菌和类真菌微生物。这包括：①申克氏孢子丝菌，是多种动物的孢子丝菌病的病原，但更常见于人、马、犬和猫；②荚膜组织胞浆菌假皮疽变种，是马属动物（马、驴、螺）地方性淋巴管炎的病原；③卵霉菌病（oomycosis）的病原丝囊霉、链壶菌、腐霉菌和水霉菌等，能引起鱼和哺乳动物多种疾病、皮肤和皮下组织的各种疾病（包括着色芽生菌病、phomycosis 和足分枝菌病）。对于全身性霉菌病，皮肤病变或许只是其中的一个症状，将在第 48 章进行讨论。

47.1　申克孢子丝菌

孢子丝菌病是由腐生双相真菌申克孢子丝菌引起的一种比较罕见的疾病，通常表现为皮肤和皮下组织的慢性、溃疡性淋巴管炎。对于发生免疫抑制的患者（如酒精中毒者、感染人免疫缺陷病毒的患者），偶尔会发生全身性疾病（扩散型）。动物的扩散型感染、病原扩散与潜在的免疫缺陷无关。

47.1.1　特征描述

47.1.1.1　形态和染色

申克氏孢子丝菌是双相真菌，能在不同的生长条件下表现出不同的形态。在 25℃、沙保氏琼脂培养基上，可呈霉菌样生长，称为真菌的腐生相，菌体可产生有隔膜的菌丝，沿着菌丝形成卵圆形或泪滴状的成串生长的分生孢子[(2～3)μm×(3～6)μm]（图 47.1）。在 35～37℃条件下，在组织中或营养丰富的培养基（如血琼脂培养基）中培养，则呈多形性（“雪茄形”）酵母样生长，具有芽殖结构，最长可达 10μm（图 47.2）。革兰氏染色法可用于酵母相菌体的染色；吉姆萨染色法和真菌染色法（过碘酸希夫反应染色法、GMS 染色法和 Gridley 染色法）可用于任何相菌体的染色。

47.1.1.2　菌体组成和产物

申克氏孢子丝菌具有典型的真菌细胞壁组成，含有几丁质和麦角固醇。菌体细胞壁上具有多种具有黏附特性的糖结合物（见下文47.1.1.3）。

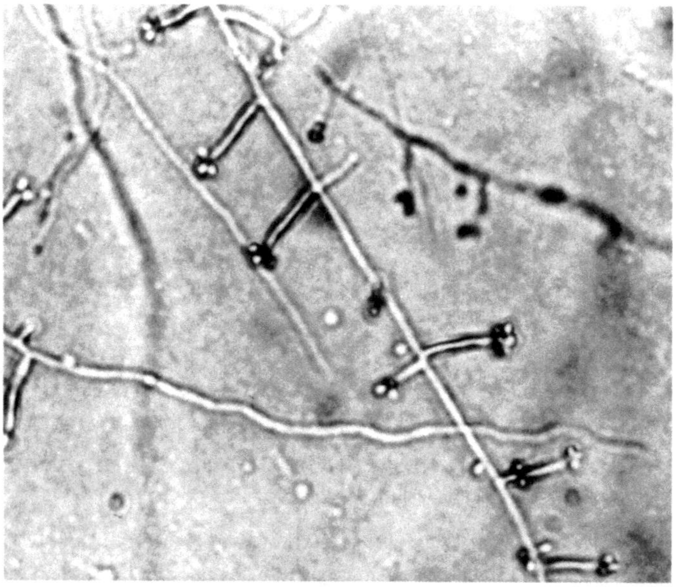

图47.1 25℃条件下，在沙保氏琼脂培养基上形成的申克氏孢子丝菌菌丝，菌丝上具有卵形的成串生长的分生孢子，湿片。(400×)

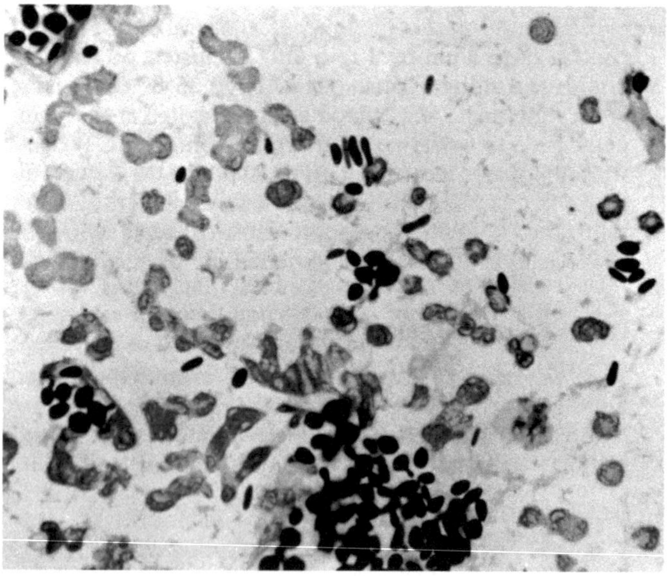

图47.2 猫孢子丝菌病病变部位的渗出物涂片，瑞氏-吉姆萨染色。请注意染成深色的多形性酵母样细胞，其中一些细胞正在出芽。(1000×)

47.1.1.3 具有医学意义的菌体产物

1. 黏附素

菌体细胞壁所包含的糖结合物与胞外的基质蛋白（纤连蛋白、层黏连蛋白和2型胶原质）具有亲和力。这种相互作用与“Arg-Gly-Asp”（RGD）序列无关。

2. 细胞壁

申克氏孢子丝菌的细胞壁含有的几种物质与其毒力有关。这些物质包括脂质、黑色素、peptiderhamnomannan以及唾液酸。

1）*脂质* 申克氏孢子丝菌细胞壁中的脂质成分可抑制单核细胞和巨噬细胞的吞噬作用。

2）*黑色素* 细胞壁中的黑色素可保护申克氏孢子丝菌免受吞噬细胞中吞噬溶酶体中反应性氧中间体的作用。黑色素可清除体内的自由基，能减少吞噬溶酶体中羟基自由基、过氧化物和单体氧自由基的毒性。

3）peptiderhamnomannan 细胞壁中的peptiderhamnomannan片段可通过抑制吞噬细胞释放促炎性细胞因子而发挥免疫抑制作用。

4）*唾液酸* 细胞壁中的唾液酸可抑制吞噬细胞对申克氏孢子丝菌的吞噬作用。唾液酸可使补体蛋白降解，但不能产生有效的调理片段和过敏毒素，而调理片段和过敏毒素为有效炎性应答的产生所必需。

3. 蛋白酶

申克氏孢子丝菌可产生蛋白酶I和蛋白酶II。这两种蛋白酶在孢子丝菌病发生过程中的作用尚不清楚。

47.1.1.4 生长特征

室温培养条件下，在沙保氏琼脂培养基上培养数天，起先为潮湿的灰白色到黑色菌落，逐渐发展成为发皱的、绒毛样菌落。35～37℃条件下，在血琼脂培养基上培养数天，可形成白色的、表面光滑的酵母样菌落。

47.1.1.5 变异

通过对线粒体DNA进行限制性片段长度多态性分析，表明申克氏孢子丝菌至少有20种不同的型或株。

47.1.2 生态学

47.1.2.1 病原贮存

申克氏孢子丝菌可存在于植物性材料和土壤中，呈世界性分布。偶尔也可从正常动物的黏膜和动物产品的表面分离到。

该病原引起的疾病在人、马、犬和猫身上比较罕见。有报道表明，该病原引起的疾病已见于小鼠、猪、大鼠、骆驼、海豚、狐、骡、山羊和鸡。

47.1.2.2 传播

通常，病原通过皮肤创伤感染动物。吸入或摄入病原而发生内部感染的病例罕见。开放性病变组织具有传染性，尤其是猫的申克氏孢子丝菌病，在病变部位的渗出物中，含有大量的病原。不仅可从发病猫的趾甲中分离到该病原，也可从与感染猫接触过的临床表现正常的猫体分离到。

47.1.2.3 发病机制

蛋白酶可能是该病原的毒力因子，研究表明，蛋白酶抑制剂可抑制结节的形成。菌体细胞壁的某些组分和黏附素可延搁机体对病原的清除作用。典型组织病变是形成皮肤溃疡性结节，感染沿着皮下淋巴管发展扩散，不时形成化脓性溃疡灶，愈合后常复发，淋巴管变粗。对于猫，病变可扩散到内脏、关节、骨和中枢神经系统。

病变呈化脓性肉芽肿，中央化脓，外周被上皮样细胞、巨细胞、淋巴细胞和浆细胞所包裹。

病程长，迁延不愈。患者可能自然康复。

47.1.2.4 流行病学

申克氏孢子丝菌病可因接触环境中无生命的物体而发生感染，传播可能因接触发病动物的化脓性病灶组织而发生，这种情况特别多见于猫。在人，扩散型病例见于发生免疫抑制的个体（如酒精中毒者和人免疫缺陷病毒的感染者）。但对于动物，扩散型感染与免疫抑制无关。

47.1.3 免疫学

细胞介导的免疫反应显然与抵抗力的产生有关。目前尚无用于人工免疫的疫苗。

47.1.4 实验室诊断

对于其他动物，直接检查渗出物样本是没有意义的，但猫的样本除外，发病猫的渗出液样本中，常包含许多酵母样细胞（图 47.2）。对于其他宿主，采用真菌染色方法（见前面）和免疫荧光染色，有助于检出酵母菌。

病原分离培养较为容易，进一步鉴定需要证明病原的双相性。

在动物中，血清学试验方法（酵母细胞乳胶凝集试验、琼脂扩散试验）已得到应用。

设计特异性引物，采用 PCR 扩增编码几丁质合酶 1 基因片段的分子检测技术，可用于临床样本中真菌的检测，也可用于对分离株的鉴定（对霉菌-酵母菌转化试验为阴性的分离株的鉴定有用）。

47.1.5 治疗和控制

对于皮肤型病例，口服无机碘化物有一定的作用。氮杂茂类药物（特别是伊曲康唑）是有效的药物。特比那芬（Tebinafine，一种丙烯胺抗真菌药剂，可抑制麦角固醇的生物合成）在治疗人的皮肤型申克氏孢子丝菌病方面取得了一定的进展。两性霉素 B 和氟胞嘧啶一般用于深部感染的扩散型病例的治疗。

47.2 荚膜组织胞浆菌假皮疽变种

荚膜组织胞浆菌为双相真菌，在 25～30℃培养时为霉菌样生长（腐生相），在 37℃培养时呈酵母样生长（寄生相）。荚膜组织胞浆菌存在三个变种：荚膜组织胞浆菌荚膜变种、迪氏变种和假皮疽变种。荚膜变种和迪氏变种可引起动物的组织胞浆菌病，是一种全身性真菌病，将在第 48 章讨论。假皮疽变种可引起马的地方流行性淋巴管炎（马伪鼻疽），这是一种马（驴和骡比较罕见）的皮肤慢性化脓性肉芽肿增生性疾病，邻近组织、局部淋巴结和内脏器官也可出现病变，但比较罕见。以下将讨论地方流行性淋巴管炎。

47.2.1 特征描述

47.2.1.1 形态和染色

荚膜组织胞浆菌假皮疽变种为双相真菌，在机体组织中，可产生芽殖酵母[(2～3)μm×(3～4)μm]；在 25℃或室温条件下培养时，以菌丝体形式存在，产生的菌丝为不孕菌丝。偶尔可见节分生孢子、厚垣分生孢子和球形厚壁的大分生孢子（为类球形细胞，直径 8～14μm，呈指状突出；图 48.4）。

对于该菌酵母相的鉴定，采用 Romanovsky 染色法（如瑞氏或吉姆萨染色）或真菌染色法（过碘酸希夫反应染色法、GMS 染色法和 Gridley 染色法）最好。

47.2.1.2 生长特征

荚膜组织胞浆菌假皮疽变种可在实验室常用的培养基（沙保氏葡萄糖培养基、浸液培养基、加或不加环己酰亚胺和抗菌剂的含血培养基）上生长，生长要求的温度范围较广。菌丝体生长的最适温度为 25～30℃，需要几周时间，才能形成棉花样白色到棕色的菌落，显色程度与大分生孢子的含量一致。酵母相生长需要营养丰富的培养基（如葡萄糖半胱氨酸血琼脂培养基、脑心浸液血琼脂培养基），培养温度要求在 34～37℃，数天时间，即可形成乳白色到棕褐色的酵母样菌落。霉菌相向酵母菌相的转化，需要在血琼脂培养基上进行，要求 37℃、15%～20%的 CO_2，连续培养几代才能实现。

47.2.1.3 抵抗力

荚膜组织胞浆菌假皮疽变种对理化因素有很强的抵抗力。在通常的环境温度下，可存活数月（在畜栏内存活数周），在冰箱温度条件下或在干燥脱水状态下，可存活数年。

47.2.2 生态学

47.2.2.1 病原贮存

该病原的病原贮存库未知，可能是感染的马属动物（马、驴、骡）。

47.2.2.2 传播

目前认为，动物经皮肤伤口感染病原，在病原的传播中，节肢动物也可能起一定作用。经呼吸道、眼结膜和胃肠道发生感染的情况也有报道。

47.2.2.3 发病机制

皮肤局部出现的结节，可进一步发展为脓肿和溃疡。溃疡可反复发生，每次发生时，溃疡面都会扩大，而且最终愈合后会出现结痂。对于典型病例，整个病程中，邻近的淋巴组织都会形成结节，并反复发作。邻近的淋巴结可发生脓肿，并形成瘘管排脓。还可能发生血源性扩散传播，导致内脏病变。组织学病变由化脓性病变向肉芽肿增生性病变发展（化脓性肉芽肿增生），特征为淋巴细胞、巨噬细胞和巨细胞的出现，最终病变部位发生纤维化。在细胞内外，特别是在巨噬细胞内，可观察到酵母样细胞。

突出症状临床表现为皮肤病变，并主要见于头部、颈部和四肢。如果上呼吸道没有感染或没有扩散感染，通常没有其他症状。某些温和型病例，病变也不会从局部扩散。

47.2.2.4 流行病学

呈地方流行的地区包括非洲部分地区、亚洲的大部分地区和部分地中海沿海区域。目前，荚膜组织胞浆菌假皮疽变种的流行病学还是未知的，临床表现随地理区域的不同而存在差异。该病存在季节性发病高峰，表明该病与节肢动物传播相关。

该病主要发生于马，但骡和驴也可发病。小于 6 岁的幼马最易感染。

47.2.3 免疫学

目前，免疫反应在抗病中的作用还是未知的，但细胞介导的免疫可能是宿主抵抗该病的关键因素。宿主接触病原后，即使没有发病，皮肤的敏感性也会增加。可通过间接免疫荧光抗体试验、琼脂凝胶扩散试验或血清凝集试验检测血清中的循环抗体，确证动物的感染。

47.2.4 实验室诊断

鉴别诊断包括孢子丝菌病（见前面的申克氏孢子丝菌）和由伪结核棒状杆菌引起的溃疡性淋巴管炎（见第 31 章）。实验室诊断必须进行病原的检测，可直接对渗出物（瑞氏或吉姆萨染色）或活组织切片进行染色（H&E 染色、过碘酸希夫反应染色、GMS

染色）镜检，或许可观察到细胞内（巨噬细胞）或细胞外的酵母样菌。

荚膜组织胞浆菌假皮疽变种可在含有抑制剂（环己酰亚胺和氯霉素）的沙保氏葡萄糖琼脂培养基上生长。该病原的菌丝体提取物含有属特异性抗原，可通过琼脂凝胶扩散试验和血清凝集试验来证实。可根据生长模式和显微形态来鉴别荚膜组织胞浆菌假皮疽变种和荚膜组织胞浆菌荚膜变种。

47.2.5 治疗和控制

对于发病动物，经静脉给予碘化物（加或不加灰黄霉素），可取得较好的疗效。给予两性霉素 B，也可取得一定疗效。在非地方性流行地区，建议对感染动物进行扑灭。

47.3 卵霉菌病

卵霉菌病是由属于 stramenopiles 界（也包括硅藻和褐藻）真核微生物群的成员引起的。它们均为生活于水和土壤中的腐生性微生物。尽管它们在形态上与真菌相似（在组织中可以产生菌丝，体外培养时，可在培养基上形成类似于霉菌的菌落），但它们不属于真菌界的成员。该群成员是几种植物和动物疾病的病原。在历史上，疫霉（*Phytophthora*）曾引起马铃薯危机，目前则是令北美太平洋沿岸橡树死亡的病原。下列属的成员与动物疾病有关：丝囊霉属（*Aphanomyces*，可引起鱼类和甲壳类动物的溃疡性疾病）、链壶菌属（可引起犬和猫的化脓性肉芽肿增生性疾病）、腐霉菌属（可引起多种动物的化脓性肉芽肿增生性疾病）和水霉菌属（可引起养殖鲑科鱼的全身性疾病）。以下集中讨论的枯萎腐霉菌（*P. insidiosum*），是犬（“沼泽癌”）、马（“佛罗里达马水蛭”）、牛、猫和人的化脓性肉芽肿增生性疾病的病原。

47.3.1 皮肤化脓性肉芽肿增生性疾病（“沼泽癌”-“佛罗里达马水蛭”）

腐霉菌属约包含 85 个种，但只有枯萎腐霉菌与动物疾病有关。枯萎腐霉菌可引起马、牛、犬和猫的皮肤感染，发生溃疡性化脓性肉芽肿或纤维性肉芽肿，该病主要发生于热带或亚热带地区（在北美，该病最常见于墨西哥湾海岸的沿岸地区）。犬和马最常发病。病原为一种水生的卵霉菌，具有宽（4μm）而稀疏的有隔菌丝。马的病变为体表出现约 45cm 大的开放性肿物，通常发生于四肢末梢、躯干腹侧或头部，鼻腔黏膜也可能出现病变。在由坏死的巨噬细胞、上皮样细胞、巨细胞以及嗜曙红细胞性混合物组成的肉芽肿性凝结物（称为马的“kunker”或“leech”）中，可检查到菌丝。

诊断方法包括血清学方法（ELISA）、分子检测技术（利用 PCR 扩增枯萎腐霉菌特异性 DNA）、渗出物的免疫组化检测方法和分离培养方法。该病原的分离培养比较缓慢费时，在 30℃条件下，在沙保氏右旋葡萄糖培养基琼脂或脑心浸液琼脂培养基上培养 24～48h，只能形成类似霉菌的培养物，该菌的鉴定要求检测到可移动的游走孢子，分离株提取物与参考抗血清的反应性。前面提到的基于 PCR 的检测方法可用于临床样品中枯萎腐霉菌的检测，也可用于分离株的鉴定。PCR 检测方法也已经成功用于链壶菌属成员的鉴定。该菌另一种卵霉菌，可引起犬和猫的感染，出现类似于枯萎腐霉菌感染的临床症状。

该病成功治疗的关键是早期诊断。治疗方法包括手术治疗和抗真菌药物治疗（两性霉素 B）。应用灭活的全菌或提取物进行免疫治疗具有前景。

47.4 着色芽生菌病和暗色丝孢霉病

着色芽生菌病（chromoblastomycosis）和暗色丝孢霉病（phaeohyphomycosis）由暗色真菌引起，在大约 70 多种暗色真菌中，大多数属于链格霉属、枝孢霉属、可勒氏霉属（*Cladophialophora*）、弯孢霉属、突脐蠕孢属、外瓶霉属、*Fonsecaea* 和瓶霉属。对于着色芽生菌病，组织中的真菌呈现大的（<12μm）、着色的“硬核体”（图 47.3）。如果感染的组织中存在菌丝，则称为暗色丝孢霉病。

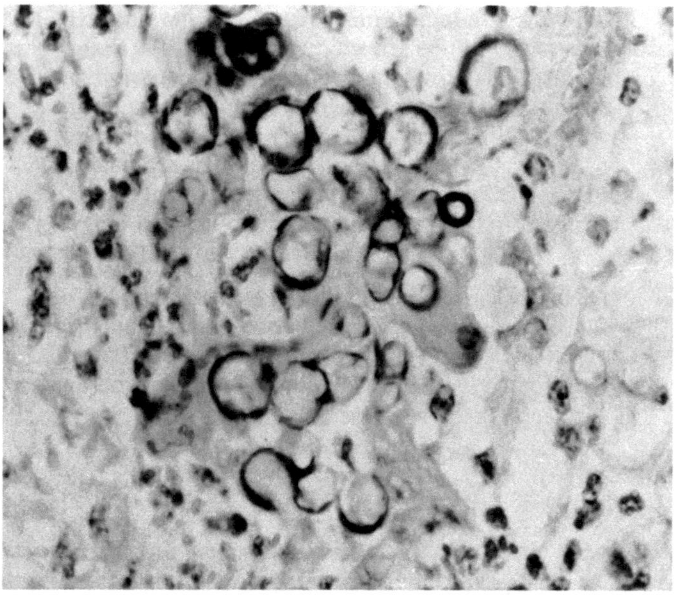

图 47.3　马发生着色芽生菌病的皮肤病灶，着色的小体为酵母细胞（芽分生孢子），被炎性反应带所包围。H&E 染色。(400×)

着色芽生菌病在人以外的哺乳动物中罕见，但可见于青蛙和蟾蜍。暗色丝孢霉病见于猫、犬、马、牛和山羊，呈散发型，但也可表现为全身性感染。班氏可勒氏霉属（*Cladophialophora bantiana*）是最常见于犬和猫的真菌感染，对于感染动物，通常可观察到该病原在中枢神经系统的定殖。

上述病原均为土壤和植物相关的腐生菌，通过皮肤感染宿主后，在皮下繁殖，引起化脓性肉芽肿，但无肉眼可见的菌团和颗粒。可形成结节或较大的肿物，排出脓汁。

诊断方法包括活组织切片检查和病原分离培养。经过染色（H&E 染色、过碘酸希夫反应染色、GMS 染色）的活组织切片，可观察到硬核体（着色芽生菌病）和菌丝（暗色丝孢霉病）。在不含抑制剂的沙保氏琼脂培养基上进行分离培养，需要较长的时间，形成的菌落呈橄榄色、褐色以至黑色。

对病变组织，可实施手术切除，但或许还会复发。药物（氟胞嘧啶、伊曲康唑、两性霉素 B 和酮康唑）治疗效果不定。

47.5 （真菌性）足分枝菌病

肿块、颗粒以及开放性瘘管的形成是足分枝菌病的特征。足分枝菌病可由细菌引起，而且最可能是由放线菌，如奴卡菌属或放线菌属（放线菌性足分枝菌病，见第 37 章）的成员引起，也可由真菌引起（真菌性足分枝菌病）。足分枝菌病的报道偶见于牛、马、犬和猫。皮肤性足分枝菌病常常是结节性的，而且鼻内也可出现类似的病变。

与真菌性足分枝菌病有关的真菌包括波氏足肿菌、*Cochliobolus spiciferus*（分别为 *Scedosporium apiospermum* 和 *Bipolaris spicifera* 的有性型）和膝屈弯孢。上述这些腐生菌均可经伤口感染，但其病理过程目前尚不清楚。上述病原也可引起其他类型的疾病。

在病变部位，真菌团块被化脓灶包围，最外层是肉芽肿增生反应带。瘘管可将脓汁和颗粒（由微生物和炎性成分组成）排到体表。病程缓慢，呈渐进性，病变可进一步波及邻近组织。

治疗时，如果可能，尽量切除病变组织。抗真菌药物（唑类、两性霉素 B）的治疗效果往往令人失望。

第 48 章　全身性霉菌病病原

Dwight C. Hirsh　Ernst L. Biberstein

对于真菌，根据其在组织或常规培养基中无性阶段的显微形态，可划分为霉菌和酵母菌。显微镜下，如果能够观察到菌丝结构，则称其为霉菌，若为单细胞形态，并具有芽殖结构，则称其为酵母菌。在常规的培养基上，霉菌形态呈现“绒毛状”或“羊毛状”，而酵母菌呈现类似细菌的固有菌落形态和特征。某些致病性真菌在不同的生长条件下可产生菌丝样结构或酵母样结构，这样的真菌被称为双相真菌，这在本章和第 47 章进行讨论。

大多数全身性或称深部霉菌病病原是腐生性真菌，其形态学和生态学特征具有多样性，但都具有一些与致病性相关的特征：

(1) 许多全身性霉菌病病原具有双相性，也就是说，其腐生相和寄生相的形态不同。在非生命的生活环境中，球孢子菌、组织胞浆菌、芽生菌和拟球孢子菌均呈霉菌形态生长；但在组织中，球孢子菌产生担孢子，而其余这些真菌呈芽殖酵母形态生长。

(2) 全身性霉菌病通常经吸入途径发生感染。

(3) 宿主方面的因素常常是疾病发生的决定因素。其中某些霉菌病（曲霉病、接合菌病）主要发生于免疫功能不全的动物。

(4) 病变倾向于呈化脓性肉芽肿增生，在原发部位——肺部发生感染之后，病程发展决定于宿主细胞免疫应答的反应效果，如果宿主的细胞免疫应答不充分，病变或许会进一步扩散至骨、皮肤、中枢神经系统或腹部的内脏器官。

(5) 全身性霉菌病是非传染性的，尽管已经证实感染宿主常可排出病原，但排出的病原不能通过接触感染其他动物个体。

本章将着重讨论属于双相真菌的厌酷球孢子菌、荚膜组织胞浆菌、皮炎芽生菌以及属于霉菌的曲霉菌，此外，也将简要提到肺孢子虫和 *alga* 无绿藻。

48.1　球孢子菌

球孢子菌属的成员均为双相真菌，在土壤中以霉菌形式存在（腐生相），在组织中呈球形结构（寄生相）。球孢子菌属包括两个种，即厌酷球孢子菌和伯氏球孢子菌（*C. posadasii*），这两个种的球孢子菌都可引起动物的球孢子菌病，但它们优先存在的地理环境存在差异。这两个种的球孢子菌均只存在于西半球的北美低生命带，这很明显是由于该区域具有独特的土质、温度和降雨模式。厌酷球孢子菌一般见于美国加利福尼亚州中部山谷地区（主要是圣华金山谷），而伯氏球孢子菌见于加利福尼亚州以外的地区（美国的得克萨斯州、新墨西哥州、亚利桑那州以及南美地区）。在家畜中，犬最常发病，马偶然发病，猫、猪、绵羊、牛、人、其他灵长类动物以及约 30 种的野生哺乳动物都可发生感染。

48.1.1 特征描述

48.1.1.1 形态、结构和组成

在土壤中，球孢子菌呈霉菌形态生长，可在较粗的二级分枝菌丝上长出细长的有隔菌丝，有隔菌丝上具有链状的感染性节分生孢子（节孢子，anthroaleuriospore，anthroaleurioconidia）。这些节孢子外形膨大，壁厚，具有细胞结构，大小为（2.5～4.0）μm×(3.0～6.0)μm，孢子之间被空洞细胞隔开（孢间连丝体），孢子散播时，由此空洞细胞处断开（图 48.1）。

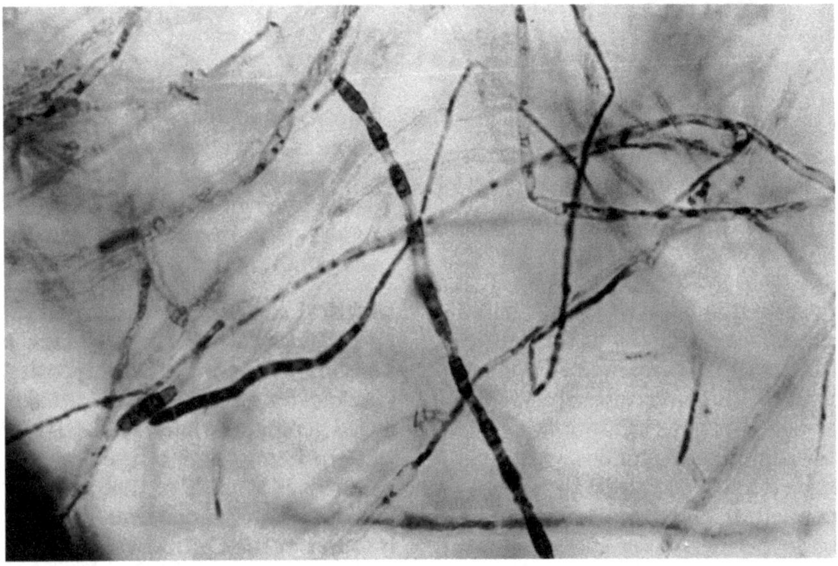

图 48.1 厌酷球孢子菌。以沙保氏琼脂培养基分离培养 5 天后制片，经乳酸石炭酸棉蓝湿染。可观察到桶形或砖形的厚壁节分生孢子，与空洞细胞相间隔。片子左下角可看到一个独立的与邻近间隔细胞碎片相连的节分生孢子（孢间连丝体，透明的柱状物）。(400×)

在组织中，节分生孢子可生长为球形的孢子囊，为外壁具有双折光性的“球状体”（直径 10～80μm），可在内部发生裂解，从而产生数百个“内孢子”（直径 2～5μm）（图 48.2），外壁崩解后，即可释放内孢子，每个内孢子又可再次重复上述过程。如果内孢子处于无生命的物质中，则呈菌丝体（菌丝丛）生长。试验研究表明，尽管只有节分生孢子具有自然感染性，内孢子也可使动物致病。关于该菌的有性孢子，目前还是未知的。

球孢子菌菌丝体肉汤培养物上清中的“球孢菌素”的主要成分为多糖，还包含一些氨基酸氮，可用于皮肤超敏反应和血清学试验。“球状体蛋白”为“球状体”培养物的裂解物，也可用于皮内试验。

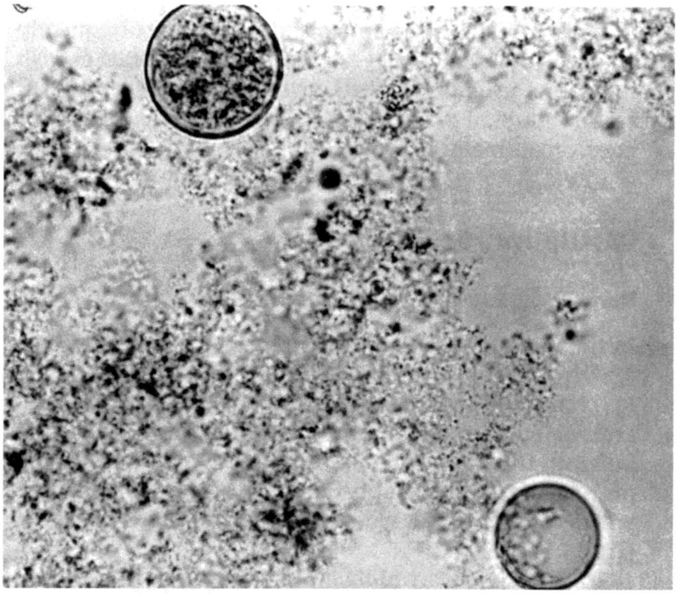

图 48.2　厌酷球孢子菌。来自犬的气管吸出物，未经染色。左上：具有内孢子的成熟球状体（孢子囊）；右下：未成熟的球状体。(400×)

48.1.1.2　具有医学意义的菌体产物

1. 黏附素

球状体外壁糖蛋白 SOWgp（spherule outer wall glycoprotein）是位于球状体表面的一种富含脯氨酸的糖蛋白黏附素。SOWgp 与胞外基质蛋白（昆布氨酸、纤连蛋白、胶原蛋白）具有亲和力。SOWgp 可有力刺激 T_{h2} 淋巴细胞应答反应，从而使机体产生较高的抗体水平，并抑制保护性细胞免疫应答。不产生 SOWgp 的变异菌株，其毒力显著降低。

2. 其他菌体产物

1) β-葡萄糖苷酶 2　Bgl2（β-glucosidase 2，β-葡萄糖苷酶的缩写）是由球孢子菌的内孢子所分泌的一种酶，最可能在维持内孢子的形态方面起作用。感染早期，机体可产生针对 Bgl2 的抗体（IgM），通过沉淀反应进行检测具有诊断意义，可作为近期感染的指标。
2) 几丁质酶 1　Cts1（chitinase 1，几丁质酶 1 的缩写）是参与球状体中内孢子的形成与释放的几种几丁质酶之一。"分离器"（球状体中的一种含几丁质的网状结构）是一种 Cts 酶作用的重要底物。感染晚期（扩散型疾病）机体可产生针对 Cts1 的抗体（IgG 构型），通过补体结合试验进行检测具有诊断意义。
3) β-1，3-葡聚糖基转移酶　Gel（glucanelongating glucanosyltransferase，葡聚糖延长及葡聚糖基转移酶的缩写）位于内孢子的表面，Gel 可刺激 T_{h1} 淋巴细胞发生强烈的应答反应，机体产生较高水平的 γ 干扰素，活化巨噬细胞，从而保护宿主，以免发生扩散型感染。

4）**丝氨酸蛋白酶** 丝氨酸蛋白酶在刺激由球孢子菌引起的炎性应答反应中发挥作用，它们可消化弹性蛋白、胶原蛋白和免疫球蛋白。

5）**脲酶** 目前还不清楚它在该菌毒力因素中所发挥的作用，但此酶（Ure）可通过激活 T_{h1} 淋巴细胞、活化巨噬细胞而使机体产生强烈的保护性免疫应答反应。

48.1.1.3 生长特征

球孢子菌可在简单的培养基上生长，要求的生长温度范围较宽。在沙保氏琼脂培养基上，呈菌丝体形态生长（霉菌）。经过数天的培养，可由起初的暗淡灰色菌落生长为稀疏的气生菌丝体，并且菌丝可逐渐变得丰富。节分生孢子可在 5～7 天内产生，在牛血琼脂培养基上可发生溶血。该菌存在许多种菌落变异。

在 40℃条件下，在含有酪蛋白水解产物、葡萄糖、生物素、谷胱甘肽及混合盐类的培养基（球状体培养基）上进行体外培养，可产生球状体，即孢子囊。

48.1.2 生态学

48.1.2.1 病原贮存

球孢子菌存在于北美低生命带的土壤中，包括北美加利福尼亚州的部分地区（厌酷球孢子菌）、美国的西南部地区、墨西哥、中美洲、南美洲的西部边陲地区、阿根廷及巴拉圭（*C. posadasii*）。该病呈较高流行率的地区，一般与该地区每年具有 5～20in 的降雨量，平均夏季和冬季温度超过 80 ℉和 45 ℉有关。

节分生孢子抵抗干燥、热和盐度的能力强于其他的土壤微生物。在炎热夏季，在近土壤表面层的球孢子菌存活能力强于其他的竞争微生物，降雨后，气候条件更为适宜，球孢子菌可在表层土壤进一步生长繁殖，从而可广泛散播。

48.1.2.2 传播

动物主要因吸入节分生孢子而发生感染。原发性皮肤感染较为罕见。

48.1.2.3 发病机制

机制和病理学

节分生孢子被吸入机体后，桶形的节分生孢子可发展为球形的内孢子，内孢子进一步增大并发生内部水解，分化为含有数百个内孢子的多核球状体，此过程需要数天才能完成。球状体发生破裂后，内孢子被释放，进而重复上述循环过程。节分生孢子、内孢子和球状体可启动宿主肺部的炎性应答反应（丝氨酸蛋白酶在此过程中起部分作用）。吞噬细胞将节分生孢子和内孢子吞噬后，不能将其杀灭，将其转运至门淋巴结，从而形成第二个炎性反应灶以及更多的球状体。炎性应答反应部分由丝氨酸蛋白酶刺激产生，而丝氨酸蛋白酶是由球孢子菌在增殖过程中所释放的。正常情况下，在此阶段产生的细胞介导的免疫应答可抑制该病的发展：在这个阶段，针对 Gel 的特异应答反应发生之后，T_{h1} 淋巴细胞刺激活化巨噬细胞，可破坏内孢子。此感染过程中，机体会产生针对 Bgl2 的抗体。由于不充分的细胞免疫应答（由 SOWgp 引起的免疫调节作用、遗传组成及感染量），病变可扩散至骨、皮肤、腹侧内脏器官、心脏、生殖道和眼，但在动物中，脑和脑膜的病变罕见。肉眼病变为从粟粒状小结节到不规则团块状白色肉芽肿的形成，腹膜、胸膜及心包可发生渗出性病变。感染过程中可产生针对 Cts1 的抗体。显微镜下，主要病变为化脓性肉芽肿。节分生孢子和内孢子所致的病理反应是化脓性的；球状体的病理反应为增生性反应，主要为上皮样细胞的增生，其中混有巨细胞、淋巴细胞及嗜中性粒细胞（图 48.3）。

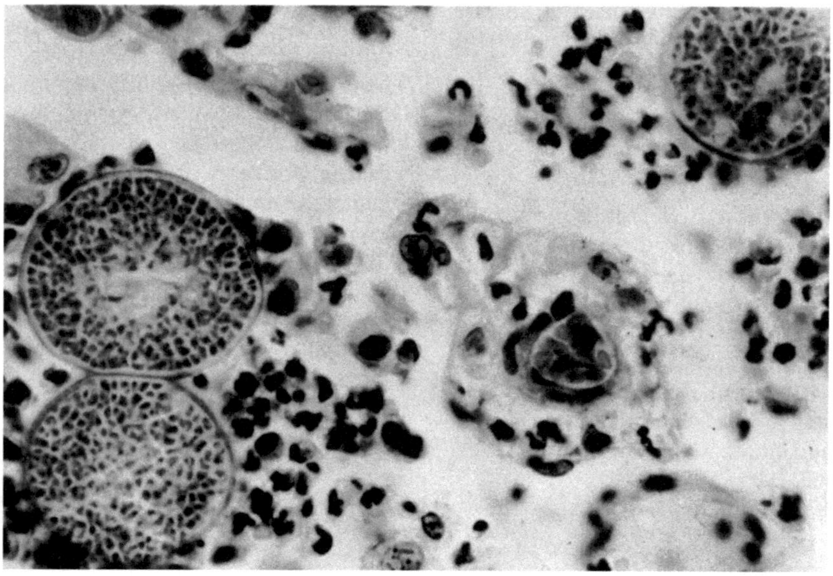

图 48.3　孟加拉虎肺部的厌酷球孢子菌。H&E 染色。可观察到渗出物中大量的嗜中性粒细胞。(400×)（Roy Henrickson 博士惠赠）

48.1.2.4　病型

1. 犬

通常最多见的犬的病型为扩散性疾病，临床表现包括精神不振、食欲减退和体重减轻，或许还可出现呼吸道症状（包括咳嗽）、发热、骨出现病变，发生关节炎时还可出现跛行，深部组织发生病变可形成开放性瘘管。

2. 猫

对于猫的扩散性病例，骨型病变少见，但内脏型病变多见。

3. 马

同猫相似，通常骨型病变少见，内脏型病变多见。

4. 牛、绵羊和猪

常不表现临床症状，病变也仅局限于肺部和局部淋巴结，而且往往直到屠宰时才能发现。

48.1.2.5　流行病学

对于所有种的动物，明显发病的情况很少见。4～7 岁的雄性犬，全身性球孢子菌病的发生率最高，发病高峰期是1～3月和5～7月，在此期间易发病或许是由于季节因素和病原增多所致。关于地理和气候因素，前面已经述及。年幼的拳师犬和杜宾犬对该病特别易感。

48.1.3 免疫学

细胞介导的超敏反应在宿主接触病原一周或数周之后产生，可通过皮内试验进行检测，可持续不确定地检出。如果呈阳性反应，表明宿主对该病的进一步扩散有抵抗力，阴性反应表明，该病为扩散性感染，阴性反应转变为阳性反应往往是好转的信号。

感染后，可暂时出现IgM抗体（Bgl2的特异性抗体），可采用试管沉淀试验或乳胶颗粒凝集试验进行检测，但通常再次感染后消失。IgG抗体（Cts1的特异性抗体）可采用补体结合试验和免疫扩散试验进行检测，此种抗体在扩散型病例中出现，并且滴度一直较高（1∶16），直到病情得到控制，才会下降。

该病目前尚无可用的疫苗。

48.1.4 实验室诊断

48.1.4.1 样本的直接检查

对于动物的液体病料和组织，可用10% KOH盐水制成液压片，通过显微镜检查其中的球状体。球状体的直径为10～80μm，壁厚（<2μm），成熟后可包含许多内孢子（图48.2）。游离的内孢子在液压片中不明显，但对涂片固定，按真菌染色法（如过碘酸希夫反应染色、Gridley染色或GMS染色）染色后，可识别出游离的内孢子。

对组织切片进行染色后（H&E染色、GMS染色、Gridley染色），可观察到病原和组织病变特征（图48.3）。

48.1.4.2 分离培养

可使用含有或不含有抗生素的血琼脂培养基或沙保氏琼脂培养基进行培养，培养平皿用胶带封口，分别置于37℃和25℃条件下进行培养。分离培养过程中，进行所有的操作均需使用生物安全面罩。培养一周后，菌丝体生长明显，可进一步采用乳酸石炭酸棉蓝湿染来检查节分生孢子；将分离物接种动物或用球状体培养基进行培养时，菌丝体增殖相可再次转化为孢子囊增殖相（见上文48.1.1.3）。

商品化的“外抗原”检测试剂盒分别提供了制备好的球孢子菌、荚膜组织胞浆菌和皮炎芽生菌的抗血清，应用这些抗血清，经免疫琼脂扩散试验对疑似培养物可做出鉴定，在培养物的提取物与其同源抗血清之间，可出现沉淀线。

48.1.4.3 免疫诊断

补体结合试验（CF）和免疫扩散试验可用于扩散型疾病的检测。由于补体结合试验可以定量，因此采用CF可更准确进行感染阶段的判定和治疗效果的评价。

可采用球孢子菌素皮内试验对动物感染情况进行调查。

48.1.4.4 分子检测方法

大多数用于鉴定和检测球孢子菌的分子检测方法均针对编码 rRNA 的序列进行特异性引物的设计，然后经 PCR 对相应的目的序列进行扩增。

48.1.5 治疗和控制

用于人抗球孢子菌的主要治疗药物是两性霉素 B，该药物的局限性在于它的毒性和给药途径（只能通过静脉途径给药），因此，一般在医院进行给药或给药后需要频繁的观察。两性霉素 B 的脂质体制剂具有前景，这是因为它的毒性较低，可使用较高的剂量。酮康唑和伊曲康唑有时应用于小动物，口服给药数月后，可永久性治愈，这些药物的毒性很低，但对于怀孕小动物，给药可能引起死亡。补体结合试验可用于监测治疗效果。

该病目前尚无可用的疫苗。

48.2 荚膜组织胞浆菌荚膜变种

荚膜组织胞浆菌为双相真菌，在 25～30℃培养时，为霉菌样生长（腐生相），在 37℃培养时，呈酵母样生长（寄生相）。荚膜组织胞浆菌存在三个变种：荚膜变种、迪氏变种和假皮疽变种。假皮疽变种可引起地方流行性淋巴管炎（伪鼻疽），这是一种马的慢性皮肤化脓性肉芽肿增生性疾病，在第 47 章已经讨论。荚膜变种和迪氏变种可引起动物的组织胞浆菌病，组织胞浆菌病是一种哺乳动物的全身性真菌病，迪氏变种仅发现于非洲，而荚膜变种呈世界性分布，是组织胞浆菌病最为常见的病因。在本部分讨论组织胞浆菌病，但不区分病原变种的差异，也就是说，将荚膜组织胞浆菌荚膜变种和迪氏变种均作为荚膜组织胞浆菌进行讨论。

48.2.1 特征描述

48.2.1.1 形态、结构和组成

荚膜组织胞浆菌的非寄生型由有隔菌丝组成，菌丝上具有球形到梨形的小分生孢子（直径 2～4μm）和结节状的厚壁大分生孢子（为类球形细胞，直径 8～14μm），呈指状突出（图 48.4）。在动物宿主体内和适当的培养基上，霉菌形态可转变为由卵形芽殖细胞组成的酵母样形态，大小为（2～3）μm×（3～4）μm。有报道描述了该菌的有性子囊菌阶段。

组织胞浆菌素可用于组织胞浆菌病的免疫诊断，由菌丝体培养物滤液制备，其中包含多糖以及不同比例的糖蛋白与细胞裂解产物的混合物。菌丝相和酵母相的细胞成分存在差异，其中一些细胞成分（如细胞壁的葡聚糖）与毒力有关。

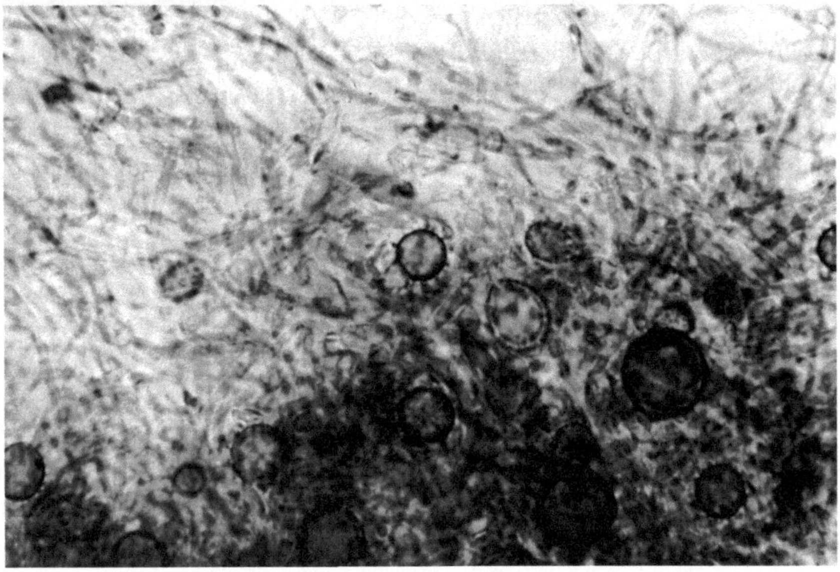

图 48.4　荚膜组织胞浆菌的菌丝相。以沙保氏琼脂培养基 25℃分离培养 7 天后制片，经乳酸石炭酸棉蓝湿染。可观察到“结节状”大分生孢子和菌丝。“结节”似乎是细胞厚壁表面的突出物，视野中央的分生孢子最为明显。（400×）

48.2.1.2　具有医学意义的菌体产物

1. 黏附素

吸入体内的小分生孢子和酵母相寄生细胞可被嗜中性粒细胞和巨噬细胞表面的 β-2 整联蛋白所识别和结合，具体是菌体的哪个结构与之结合，目前还是未知的。同样，菌体表面一种未知的黏附素可与树突状细胞表面的纤连蛋白受体发生黏附。菌体黏附到嗜中性粒细胞、巨噬细胞或树突状细胞表面之后，即可进入细胞，但不启动有效的呼吸暴发，不产生反应性氧和氮中间产物。

2. 其他各种产物

荚膜组织胞浆菌产生的多种产物在致病过程中发挥作用：

1）钙结合蛋白（Cbp）　荚膜组织胞浆菌在其酵母相（寄生相）阶段可产生一种钙结合蛋白（Cbp），Cbp 可有效螯合钙离子，并将其转运至酵母菌细胞内，从而有利于酵母菌在低钙环境中的吞噬溶酶体中增殖。此外，Cbp 可螯合吞噬溶酶体中的钙离子，使吞噬溶酶体中几种需钙溶菌酶的活性受到抑制，吞噬溶酶体中正常酸性环境的维持也是钙依赖性的。不能产生 Cbp 的荚膜组织胞浆菌是没有毒力的。

2）H 抗原　宿主针对 H 抗原的免疫应答反应最初被用于组织胞浆菌病的诊断。随后发现 H 抗原是一种 β-葡萄糖苷酶，可诱导宿主产生针对荚膜组织胞浆菌酵母相（寄生相）的细胞免疫应答反应（保护性免疫应答反应）。

3）铁摄取　铁元素为荚膜组织胞浆菌生长增殖所必需的（荚膜组织胞浆菌所有生

命形式都需要）。荚膜组织胞浆菌通过下列几种方式获取铁元素：通过产生异羟肟酸铁载体，移走宿主铁结合蛋白（铁传递蛋白、乳铁传递蛋白）中的铁元素；在酵母相（寄生相）细胞表面表达结合氯高铁血红素的受体；产生谷胱甘肽依赖型铁还原酶，将三价铁还原为二价铁，因此，可将宿主铁结合蛋白中的铁元素释放出来。此外，酵母相细胞表面还可产生若干种目前尚未明确定义的铁还原酶。

4）*M 抗原*　宿主针对 M 抗原的免疫应答反应最初被用于组织胞浆菌病的诊断。随后发现，M 抗原是一种过氧化氢酶，酵母相细胞在吞噬溶酶体中的存活与该酶的作用有关。

5）*黑色素*　荚膜组织胞浆菌可产生黑色素，黑色素是一种自由基清除剂，可减少吞噬溶酶体中羟基自由基、过氧化物及单体氧自由基的毒性。

6）*吞噬溶酶体的酸性环境*　在正常情况下，吞噬溶酶体中的 $pH<5$，在此酸性环境下，吞噬溶酶体中的多种消化酶活性最强。但荚膜组织胞浆菌可使吞噬溶酶体中的 pH 升高到 6～6.5，因而降低了这些溶菌酶的活性。至于该菌如何使吞噬溶酶体的 pH 升高，目前还不清楚。

48.2.1.3　生长特征

荚膜组织胞浆菌可在实验室常用的培养基上生长，生长要求的温度范围较宽。菌丝体生长的最适温度为 25～30℃，棉花样的气生菌丝体呈白色、棕色或介于中间，显色程度与大分生孢子的含量一致。酵母相生长需要营养丰富的培养基（如葡萄糖半胱氨酸血琼脂培养基），培养温度要求在 34～37℃，需要一周甚至更长时间，才能形成肉眼可见的特征性菌落。

荚膜组织胞浆菌在外界环境温度下可存活数月，在低温冷冻状态下可存活数年。可抵抗冻融和 45℃、1h 以上的加热。

48.2.1.4　变异

荚膜组织胞浆菌存在三个变种：荚膜变种、迪氏变种和假皮疽变种。荚膜变种（世界性分布）和迪氏变种（仅发现于非洲）可引起动物的组织胞浆菌病，假皮疽变种可引起马科动物的地方流行性淋巴管炎（伪鼻疽）（见第 47 章）。尽管荚膜组织胞浆菌荚膜变种可发现于全世界，但主要存在于美洲。在遗传学上，荚膜变种可进一步划分为 6 类：1 类和 2 类见于北美洲，3 类见于中、南美洲，4 类见于佛罗里达（北美洲），5 类和 6 类主要见于纽约（北美洲）和巴拿马（中美洲）发生获得性免疫缺陷综合征（AIDS）的患者。

48.2.2　生态学

48.2.2.1　病原贮存

尽管该病原主要集中于北美洲密西西比河和俄亥俄河流域，但荚膜组织胞浆菌呈世界性分布。该病原存在于土壤表层，特别见于鸟（主要是北美的星椋鸟和南美的鸡）和蝙蝠的粪便中，还可进一步富集和散播。禽鸟类主要是被动带菌者，而蝙蝠具有潜在的肠道感染过程。每年降雨量为 35～50in、平均温度为 68～90 ℉、土壤为中性到碱性的环境，适于荚膜组织胞浆菌的生存。

48.2.2.2 传播

多数病例因吸入小分生孢子或菌丝片段而发生感染。也可能经摄食而感染。经伤口感染比较罕见。

48.2.2.3 发病机制

1. 机制和病理学

小分生孢子、菌丝片段（来源于环境）或酵母细胞（来源于吞噬细胞）可通过 β-2 整联蛋白黏附于巨噬细胞表面，然后立即被吞噬细胞吞噬，吞噬细胞仅发生微小的呼吸暴发，与溶酶体融合后，形成吞噬溶酶体。在吞噬溶酶体中，小分生孢子和菌丝体分化为酵母样细胞。该病原在吞噬溶酶体中的存活与吞噬溶酶体中 pH 的上调（pH6～6.5）、M 抗原的分泌（一种过氧化氢酶）、Cbp 和黑色素的分泌，以及成功从胞内宿主获取铁元素有关。酵母细胞在吞噬溶酶体中生长增殖，最终可杀死细胞，细胞内的酵母细胞释放出来，从而开始下一个感染周期。宿主细胞内酵母菌的复制循环可一直持续到宿主产生有效的细胞介导的免疫应答，巨噬细胞被活化，酵母菌在宿主细胞内的复制增殖才被抑制。

早期症状和病变与结核病相似，胸部淋巴结增大，肺部可出现灰白色结节。组织学病变为化脓性到肉芽肿增生性炎症，通常还可发现干酪样坏死灶和钙化灶。

对于扩散型病例，淋巴结和实质器官发生肿大，并出现广泛的结节样病变。皮肤和黏膜可发生溃疡，腹膜和胸膜发生炎性渗出，可波及中枢神经系统（包括眼）、皮肤和骨髓。渗出物中包含定殖了酵母细胞的巨噬细胞（图 48.5）。

2. 病型

几乎任何一种动物都可发生组织胞浆菌病，但通常犬最易发病。犬发病后，原发性表现或许为肺型，可出现咳嗽、发热、局部淋巴结病及在 X 光下的一些异常变化。犬最为常见的病型为扩散型，特征性表现为精神不振、厌食、体重减轻、腹泻、脱水和贫血。肝脏肿大、肠系膜淋巴结炎及腹水的形成，可导致腹部膨胀。

对于猫，很少能看到与犬类似的病型。

人的病型与前面所述类似。

48.2.2.4 流行病学

在组织胞浆菌病呈地方流行的区域，犬、猫以及人的亚临床感染较为常见。初秋（9 月～11 月）及晚冬至早春（2 月～4 月），2～7 岁的犬感染后最常表现出临床症状。该病的发生与性别无关，但与动物品种相关，威玛犬和布列塔尼猎犬最易发病。人和犬的扩散型疾病通常与免疫抑制相关。

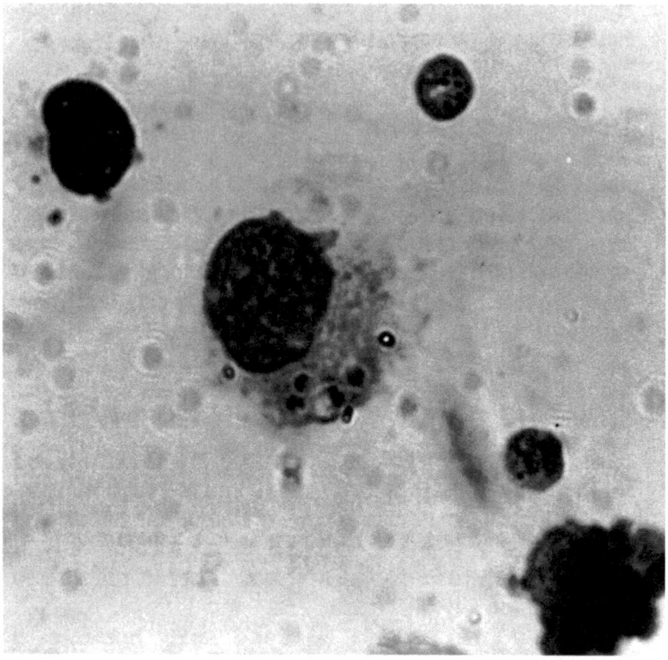

图 48.5 酵母相荚膜组织胞浆菌。来自犬腹膜渗出液的沉淀物。瑞氏-吉姆萨染色，可以看到一个巨噬细胞内有 4 个酵母细胞。(1000×)

48.2.3 免疫学

该病的康复及宿主抵抗力的产生取决于细胞介导的免疫应答，循环抗体不会产生明显的保护作用。康复动物可获得免疫力。

目前，尚无可用的疫苗。

48.2.4 实验室诊断

48.2.4.1 直接检查

对血液沉降后的淡黄色白细胞层涂片、气管吸出物涂片及组织压片进行 Romanovsky 染色（如瑞氏或吉姆萨染色）或真菌染色［过碘酸希夫反应染色法（PAS）、Gridley 染色法或 GMS 染色法］，镜检，可观察到吞噬细胞内的酵母细胞（图 48.5）。

对切片进行苏木素-伊红（H&E）染色，镜检，可见荚膜组织胞浆菌呈微小点状，被晕圈所包围。采用真菌染色法进行复染［如过碘酸希夫反应染色法（PAS）、Gridley 染色法或 GMS 染色法］有助于做出诊断。

免疫荧光抗体技术可用于组织和渗出液中酵母细胞的鉴定。

48.2.4.2 分离培养

将样本接种于血琼脂培养基和沙保氏琼脂培养基（添加抑制剂），置于培养罐或塑料袋中，在室温条件下培养 3 个月，在形成棉花样褐色到白色的菌丝体之前，可能形成略带红色的发皱菌落。

经乳酸石炭酸棉蓝染色的液压片上，可观察到小分生孢子和大分生孢子。该病原的双相性需进行酵母相转化试验来证实（在培养基上培养或经静脉接种小鼠）。病原接种小鼠后，可在数周内死亡，死亡小鼠的巨噬细胞内包含有酵母细胞。

商品化的“外抗原”检测试剂盒分别提供了制备好的球孢子菌、荚膜组织胞浆菌和皮炎芽生菌的抗血清，应用这些抗血清，经免疫琼脂扩散试验对疑似培养物可做出鉴定，在培养物的提取物与其同源抗血清之间可出现沉淀线。

48.2.4.3 免疫诊断

用于菌丝体和酵母细胞抗原检测的组织胞浆菌素皮内试验和补体结合试验（CF），对于感染动物的诊断并不可靠。用于人的琼脂免疫扩散试验，根据沉淀线的位置可对早期和康复病例（沉淀线靠近血清孔）及活动性和进行性病例（沉淀线靠近抗原孔）做出鉴别。这些检测方法用于动物具有局限性，检测结果的稳定性差。

有文献描述了采用放射免疫检测抗原的方法。

48.2.4.4 分子检测方法

荚膜组织胞浆菌的分子检测方法针对特异性 DNA，如编码核糖体 RNA 的基因或编码 M 蛋白的基因序列进行引物的设计，然后经 PCR 对相应的目的序列进行扩增。

48.2.5 治疗和控制

唑类药物（酮康唑、伊曲康唑、氟康唑）和两性霉素 B 已经成功用于某些犬组织胞浆菌病病例的治疗。

该病治愈后的复发很常见。对于扩散型病例，预后不良。

48.3 皮炎芽生菌

皮炎芽生菌为双相真菌，在土壤中以霉菌形式存在（腐生阶段），在组织中呈酵母样生长（寄生阶段）。该病原可引起人和动物的全身性真菌病，称为“芽生菌病”，该病最常发生于北美洲东部 1/3 地区，在非洲、亚洲和欧洲，可出现散发性病例，侵害的宿主主要为人和犬，马、猫和野生动物也可发生，但比较罕见。

48.3.1 特征描述

48.3.1.1 形态、结构和组成

对于皮炎芽生菌的腐生相（在土壤中和25～30℃条件下孵育的人工培养基上），菌丝可产生球形或卵圆形表面光滑的分生孢子，直径2～10μm。在组织中或37℃血琼脂培养基上，该病原呈厚壁的酵母菌形态，直径8～15μm，可由连接于宽大基部的单独的芽增殖（图48.6）。该真菌的有性形式为 *Ajellomyces dermatitidis*。

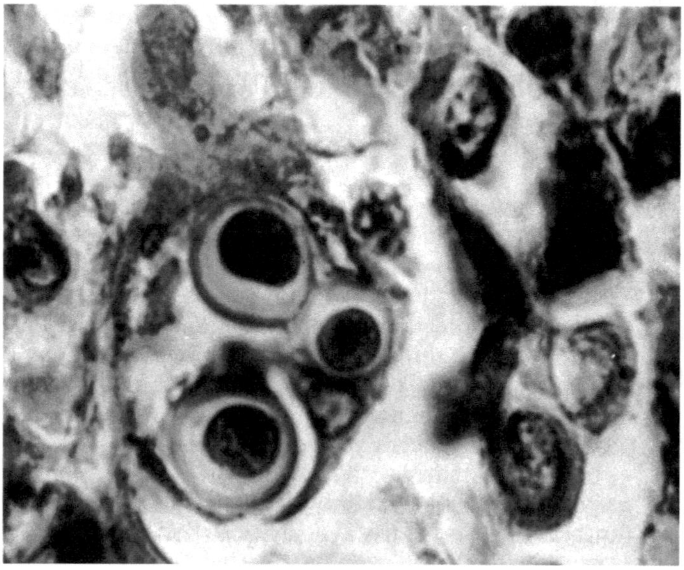

图48.6 皮炎芽生菌的酵母相，来源于犬的肺组织。H&E染色。注意观察经宽大基部连接于母体细胞的芽（上方酵母细胞的右下方）。(1000×)

皮炎芽生菌细胞壁提取物中多糖与蛋白质成分的比例为3∶1～10∶1，菌丝体相蛋白质含量最高，而酵母相几丁质的含量最高。皮炎芽生菌细胞壁脂质含量高于其他真菌，不同菌株的脂质、蛋白质及几丁质含量直接与菌株的毒力相关。

48.3.1.2 具有医学意义的菌体产物

1. 黏附素

酵母相皮炎芽生菌产生的黏附素蛋白称为Bad1（blastomyces adhesin 1，Bad1），正式名称为WI-1。Bad1的两种功能与该菌的毒力相关：①Bad1可与吞噬细胞表面的β-2整联蛋白结合，从而致使吞噬细胞将酵母相菌体细胞吞入胞内，吞噬细胞仅发生微弱的呼吸暴发，产生很少的反应性氧中间体和氮中间体；②对于感染的巨噬细胞，Bad1对其产生促炎性细胞因子［特别是肿瘤坏死因子（TNF）］的能力具有下调作用。Bad1的氨基酸序列与耶尔森氏菌（见第10章）产生的侵袭素蛋白具有同源性。不能产

生 Bad1 的皮炎芽生菌突变株也失去毒力。

2. 其他各种产物

皮炎芽生菌还可产生多种胞外酶及与致病性有关的菌体产物，包括蛋白酶、磷酸酶、酯酶和糖苷酶。菌体培养物的滤过液具有白细胞趋化作用，可吸引人的嗜中性粒细胞。这些产物在致病过程中的作用目前还不清楚。

48.3.1.3 生长特征

皮炎芽生菌在室温和 37℃条件下，可在多种培养基上生长，菌落可在两天内形成，也可能需要 7 天以上的时间才能形成。霉菌菌落一般在环境温度下形成（25～30℃），菌落呈棉花状，依据菌落产生的分生孢子的数量不同，菌落颜色可呈白色到棕褐色。37℃条件下，在血琼脂培养基上，可形成酵母菌落，菌落不透明，呈灰白色到棕褐色，表面粗糙，质地黏稠。

48.3.1.4 变异

可分为两个血清型，这两个血清型的菌株具有地域相关性；采用基于 PCR 的指纹图谱技术，也可识别出具有相似地域性的两个型的菌株。

48.3.2 生态学

48.3.2.1 病原贮存

有限的证据表明，该病具有自然贮存宿主，潮湿、低 pH、动物性垃圾及腐烂植物的存在有利于病原的生存增殖。潮湿可刺激病原释放分生孢子。

48.3.2.2 传播

芽生菌病最常经呼吸道发生感染。对于犬，也可经皮肤感染。

48.3.2.3 发病机制

小分生孢子和菌丝片段被人和动物吸入体内后，可在肺泡内转化为酵母相细胞，酵母细胞可表达 Bad1，酵母细胞由此被摄入到吞噬细胞内（仅引发轻微的呼吸暴发）。感染的巨噬细胞产生肿瘤坏死因子的能力在 Bad1 的下调作用下，延缓细胞介导的免疫应答的产生（细胞介导的免疫应答可杀灭酵母细胞）。在犬，末梢细支气管可出现含有巨噬细胞和嗜中性粒细胞的炎性反应，以及由此而造成的化脓性肉芽肿病变，之后，周围的淋巴结也会出现相似的反应。比起组织胞浆菌病和球孢子菌病，进行性芽生菌病更为常见。病变可扩散至浅表淋巴结、皮肤、骨、骨髓、眼、内脏、乳腺和尿生殖道。形成的结节性病变类似与结核结节，其中的单核细胞占多数，有的还出现明显的化脓性病变。病灶可发生液化和干酪样坏死，但病灶的钙化和病变组织被结缔组织包裹的现象比较少见。

芽生菌病的临床表现包括皮肤病变的出现和呼吸不畅，并伴有发热、精神不振、厌食和体重减轻。骨、关节或中枢神经系统的感染（比较罕见）可造成运动机能障碍。扩散型芽生菌病通常还可引起眼部疾患。多器官系统发生感染的犬大多数在数月内死亡。无明确证据表明，该病存在良性型。芽生菌可诱导巨噬细胞产生大量的骨化三醇，从而发生高钙血症。

猫的芽生菌病同犬相似。

48.3.2.4 流行病学

从春季到秋季，犬的流行率最高。小于 4 岁的雄性犬最常发病。目前尚未发现该病具有品种易感性。虽然通常该病不具有传染性，但人被犬咬后可感染。感染的风险因素包括动物邻近水沟和洞穴。

48.3.3 免疫学

犬的扩散型芽生菌病或许是由于宿主的细胞免疫应答被削弱而造成的。

动物感染后，可产生体液免疫应答和细胞免疫应答。在小鼠，细胞介导的免疫应答对动物抵抗力的产生具有决定性作用。目前尚无可用的人工免疫接种方法。

48.3.4 实验室诊断

48.3.4.1 直接检查

对于感染动物，在渗出液压片和组织涂片中，可检查到皮炎芽生菌，显微镜下，病原为厚壁的酵母菌，具有连接于宽大基部的单个芽。在切片上，或许可观察到胞内酵母菌（图 48.6）。对于气管吸出物涂片和组织压片，可采用 Romanovsky 染色法（如瑞氏或吉姆萨染色）或真菌染色法［过碘酸希夫反应染色法（PAS）、GMS 染色法和 Gridley 染色法］进行染色，检查其中的酵母细胞。

对于经苏木素-伊红（H&E）染色的切片，皮炎芽生菌似乎为厚壁的酵母菌，具有连接于宽大基部的单个芽，采用真菌染色法［如过碘酸希夫反应染色法（PAS）、GMS 染色法和 Gridley 染色法］进行复染，有助于做出诊断（图 48.6）。

48.3.4.2 培养

可用沙保氏琼脂培养基（添加或不添加抑制剂）进行分离培养，接种培养基后，在环境温度下（25～30℃）培养 3 周。初次分离培养时，很难获得酵母相菌落，将培养温度转变为 37℃时，霉菌形式转变为酵母相菌落相对比较容易。

商品化的“外抗原”检测试剂盒分别提供了制备好的球孢子菌、荚膜组织胞浆菌和皮炎芽生菌的抗血清，应用这些抗血清，经免疫琼脂扩散试验对疑似培养物可作出鉴定，在培养物的提取物与其同源抗血清之间，可出现沉淀线。

48.3.4.3 免疫诊断

芽生菌素皮内试验和补体结合试验（CF）的敏感性和特异性较差。商品化的琼脂凝胶双相扩散试剂（利用菌体细胞壁自溶产物作为抗原，这种抗原称为“抗原 A”）具有良好的特异性（96%）和敏感性（91%），但该病成功治愈后，仍能用该试剂检到抗体。在该病发展过程中，采用多种检测方法［如放射免疫测定方法（RIA）］均能检测到 Bad1 抗体滴度升高，但治愈后 Bad1 抗体滴度降低，因此，临床上更多采用特异性良好的检测 Bad1 抗体的方法。

48.3.4.4　分子检测方法

皮炎芽生菌的分子检测方法针对编码核糖体 RNA（如 28S rRNA 以及内部转录间隔区）的特异 DNA 序列进行引物的设计，然后经 PCR 对相应的目的序列进行扩增。

48.3.5　治疗和控制

两性霉素 B 和酮康唑（或者是两者的合剂）以及伊曲康唑治疗芽生菌病有效，此外，氟康唑对芽生菌病也有一定的治疗效果。

48.4　曲霉菌

曲霉菌属的成员是普遍存在于环境中的腐生性霉菌，为机会性致病菌，在宿主防御能力减弱、丧失或出现障碍时，可以引起宿主发病。在约 900 多种曲霉菌中，最常感染人和动物的是烟曲霉（*A. fumigatus*）。

48.4.1　特征描述

48.4.1.1　形态和组成

曲霉菌是由有隔菌丝和特征性的无性的子实结构组成的霉菌，子实结构长在分生孢子梗上。分生孢子梗为分支状菌丝，由无性菌丝体上的足细胞分化而来，末端为膨大的小囊。小囊被单层或多层的瓶状柄所覆盖，上面生有链状的有色素分生孢子（无性繁殖单位）（图 48.7）。分生孢子的颜色决定曲霉菌菌落的颜色。

在组织中，仅有菌丝可见。在与空气相通的腔隙，如鼻道、气囊、形成腔洞的病变组织内，或许可发现子实结构（图 73.8）。

曲霉菌的子实结构具有重要诊断意

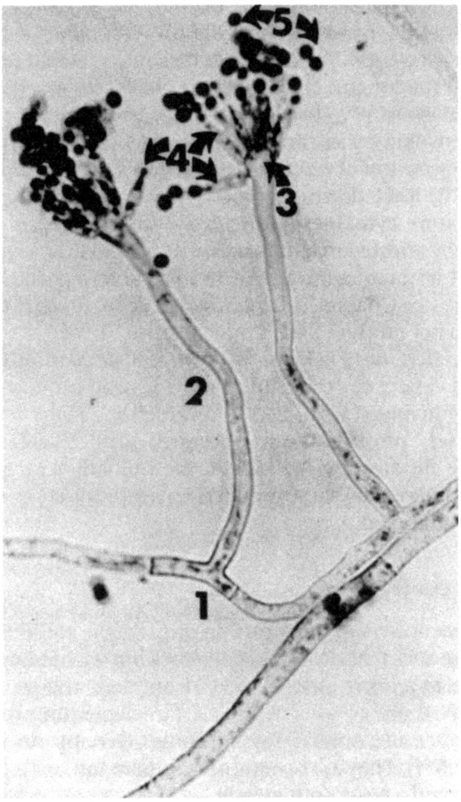

图 48.7　棒曲霉的解剖结构。沙保氏琼脂培养物制片，乳酸石炭酸棉蓝染色。1＝足细胞，2＝分生孢子梗，3＝小囊，4＝瓶状柄，5＝分生孢子。（400×）

义，可依据子实结构的特征对霉菌进行种的鉴定。

48.4.1.2 具有医学意义的菌体产物

1. 黏附素

曲霉菌属的成员可产生许多表面蛋白（分生孢子表面蛋白和菌丝蛋白），可与胞外的基质蛋白结合（胶原蛋白、纤连蛋白、纤维蛋白原以及层粘连蛋白）。

2. 细胞壁

曲霉菌细胞壁的“病原相关分子模式”（pathogen-associated molecular pattern，PAMP）可被宿主巨噬细胞表面的Toll样受体（见第2章）所识别，并与之相结合，结合后，可导致巨噬细胞分泌促炎性细胞因子。

3. 胞外酶

曲霉菌可产生大量的胞外酶，包括弹性蛋白酶、蛋白酶和磷脂酶，这些酶在宿主体内具有潜在破坏组织的作用。此外，还可产生过氧化氢酶，该酶可减轻吞噬细胞所产生的过氧化物对该病原的作用效力。

4. 铁摄取

曲霉菌可产生几种异羟肟酸铁载体（铁色素和fusarinine），从宿主铁结合蛋白（铁传递蛋白、乳铁传递蛋白）中获取铁元素，满足菌体自身对铁的需求。

5. 色素（黑色素）

曲霉菌的分生孢子可产生黑色素，是一种自由基清除剂。可减小吞噬溶酶体中的羟基自由基、过氧化物及单体氧自由基的毒性。

48.4.1.3 生长特征

曲霉菌可在几乎所有的实验室常用的培养基上生长，生长要求的温度范围较宽（可达50℃）。曲霉菌的生化特性与其毒力相关性及其生化特性的诊断意义目前不清楚。

曲霉菌可在外界环境中大量繁殖，某些曲霉菌对热和干燥具有抵抗力。多数曲霉菌不能在含有环己酰亚胺的真菌培养基上生长。

48.4.2 生态学

48.4.2.1 病原贮存

曲霉菌主要在土壤、植物和饲料中存在，其次还可存在于空气、水以及暴露于曲霉菌的各种物品中。在发酵后的植物性材料（如干草、青贮饲料和混合饲料）中，烟曲霉比其他的微生物群更具有优势，动物曲霉菌病常可追溯到这样的感染源。

48.4.2.2 传播

曲霉菌病一般因接触环境中的病原而感染，通常经吸入或摄食途径将病原摄入体内。多数曲霉菌性乳房炎是由于乳房之间通过挤奶交叉接种而感染的。牛的子宫内感染常因亚临床性肺部或肠道感染进一步扩散而引起。在禽类，有时病原可经种蛋发生传播（罕见）。

48.4.2.3　发病机制

1. 机制

曲霉菌定殖于组织中或机体细胞表面（菌体表面的黏附素可阻碍机体的清除作用），被吞噬细胞经“病原相关分子模式”识别结合后，启动炎性应答反应。炎症反应伴随曲霉菌弹性蛋白酶、蛋白酶和磷脂酶的释放，可导致机体组织受损。该病原产生的色素和过氧化氢酶可阻碍吞噬细胞对病原的破坏作用。

在人的曲霉菌病中，已经发现变应原在其中发挥作用；但对于动物的曲霉菌病，还未能充分证实变应原的作用。

2. 病理学

对于肺部感染，细支气管和其邻近的实质组织可出现化脓性渗出物的聚集，其中央为菌丝体菌落，可进一步延伸至血管，形成感染性血栓症和脉管炎，从而引起扩散型疾病。感染也可直接散播至邻近的气室。机体还可出现肉芽肿病变，肉眼可见，呈灰白色结节状，其中包含单核细胞和成纤维细胞。对于时间较久的病灶，菌落边缘可出现嗜酸性棒状结构（星状体），类似于放线菌病的病变组织（图 37.2）。

在禽类，肺部可出现干酪样结节。在浆膜面上，干酪样病灶被肉眼可见的霉菌菌落所覆盖，并伴有膜的增厚（如气囊）（图 48.8）。病灶的细胞应答反应表现为化脓性到慢性肉芽肿增生性反应。

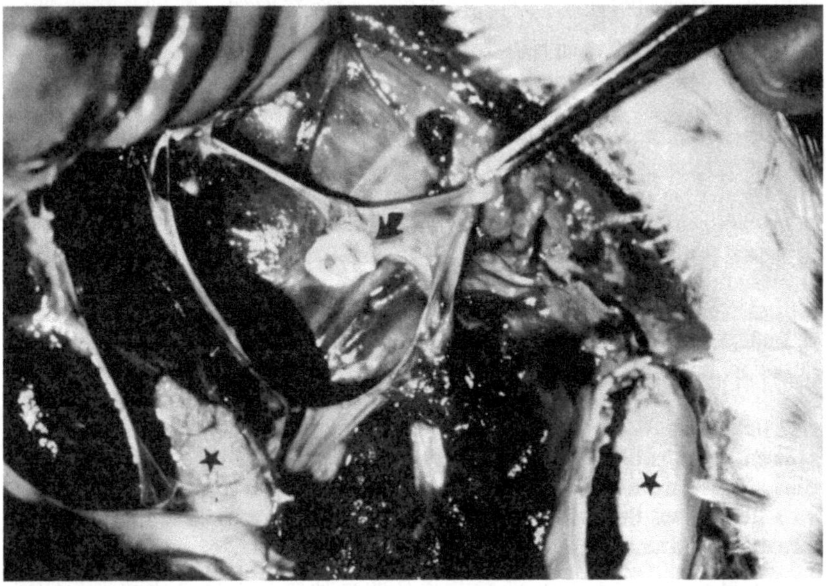

图 48.8　水禽的曲霉菌病。中央为暴露的气囊，左上包含一大的霉菌菌落（箭头）和一小的霉菌菌落。右下气囊（★）的一部分（★）已经被移开，可以观察到其中有大量的霉菌生长。（Murray Fowler 博士惠赠）

对于怀孕牛，胎盘及其附属物经血行性途径感染后，可引起流产，这可能是针对胎盘组织中的一种生长因子而发生的应答反应，菌丝侵入血管，可引起脉管炎和出血性胎盘炎。发生扩散型感染之后，胎儿表现为瘦弱和脱水，淋巴结、内脏和脑组织或许都可出现病变，胎儿皮肤表面常可出现癣样斑块。

在黏膜表面（如鼻道、气管），坏死组织的局部可形成霉菌菌落，菌落外围为出血带。

48.4.2.4 病型

多种动物可发生肺部感染和扩散型感染，通常，肾脏和中枢神经系统也可出现病理反应。

1. 禽

多种禽鸟可发生禽曲霉菌病，有时可呈流行性。该病的流行表明，家禽群或宠物鸟大量接触了病原，或产生了严重的应激反应，对于海鸟，也可能是由于受到海上溢油事件的影响。该病通常表现为呼吸道感染，有时可发生血行性扩散。临床症状包括食欲不振、精神倦怠、体重减轻、呼吸困难，有时可出现腹泻及行为和姿态反常。眼部也可发生病变。致死率可达50%，高死亡率特别见于幼鸟。对于轻微病例，一般仅表现气喘和呼吸困难。该病的病程从一天到数周不等。

2. 反刍动物

牛流产通常发生于怀孕后期，与其他原因引起的流产相似。其他霉菌引起的流产，胎儿皮肤也可出现癣斑。

据文献报道，由烟曲霉所引起的乳房炎的发病率在增加，特别是在欧洲。烟曲霉引起的乳房炎通常为进行性的，而且在乳房上可形成脓肿。

3. 犬和猫

黏膜性曲霉菌病主要见于犬的鼻道或副鼻窦，但罕见于猫。临床表现包括打喷嚏、单侧或双侧性的持续性鼻液排出，药物治疗不见效。土曲霉菌和德氏曲霉菌（*A. deflectus*）可引起犬的扩散型曲霉菌病，特别多见于德国牧羊犬。骨髓炎是扩散型曲霉菌病常见的病理特征。

4. 马

角膜感染曲霉菌，可致角膜真菌病。

马不明原因的上呼吸道症状，可能是由于咽喉囊的曲霉菌病。

5. 其他动物

肠道曲霉菌病可引起腹泻，主要见于小牛、驹和猫。

48.4.2.5 流行病学

曾经接触大量病原是动物发生曲霉菌病的明显特征。牛暴发流产常与饲喂霉变草料有关。鸡群的曲霉菌病通常与使用被大量霉菌污染的垫料有关。

曲霉菌病的暴发通常与应激因素相关，在饲养条件较差的情况下，禽类的曲霉菌病较为常见。海鸟受海上溢油事件的影响，其热调节功能会遭受严重损害。对于怀孕的牛，在怀孕后期，如果饲喂低品质饲料、遭遇恶劣气候以及牛舍状况较差时，更易发生曲霉菌病。

犬的鼻型曲霉菌病特别多见于长头品种的幼犬，这些犬或许缺失了某些T淋巴细胞。

对于发生角膜真菌病的马，通常具有局部使用抗生素和类固醇的用药史，这或许会导致机体发生免疫抑制，使得机体抵抗病原定殖的能力受损。

48.4.3 免疫学

对于发生鼻型曲霉菌病的犬，体内或许会产生循环抗体，但无证据表明抗体具有保护作用（见下文 48.4.5）。细胞介导的免疫应答与抵抗力的产生有关。

目前，尚无可用的人工免疫接种方法。

48.4.4 实验室诊断

48.4.4.1 直接检查

将样品用 10%的 KOH 或者用钙荧光白（calcofluor white）制成液压片镜检，通常可观察到菌丝、子实体以及分生孢子。对于固定后进行染色的涂片，采用真菌染色法[过碘酸希夫反应染色法（PAS）、Gridley 染色法或 GMS 染色法］进行染色效果最好，吉姆萨染色效果也可满意，但革兰氏染色法有一定的局限性。如果观察到有隔分枝菌丝，对于曲霉菌病的诊断具有重要意义，对于其他的真菌（青霉菌、假性霉样菌、拟青霉菌），有时也可观察到相似的结构，但这种情况非常罕见。在宿主气道或其他未感染的暴露位置，或许可检查到分生孢子。

在经过染色的组织切片上，仅能观察到呈锐角两分的叉状有隔菌丝。

48.4.4.2 分离培养

由于曲霉菌是一种普遍存在的污染菌，因此易于培养，但对于阳性培养结果的解释应谨慎。培养的阳性结果必须与动物的病理变化和临床表现相符，才能做出结果判定。对该病原的鉴定主要依据其形态特征和生长特征。

48.4.4.3 免疫诊断

血清学检测方法有助于曲霉菌病的诊断。由于血清学检测方法具有种特异性，因此，检测时应预先估计病原是哪一种曲霉菌。例如，烟曲霉最常见于犬的鼻型曲霉菌病，而扩散型曲霉菌病可能是由德氏曲霉菌和土曲霉引起的。目前，已有用于检测烟曲霉抗体的商品化免疫扩散试剂盒。

48.4.4.4 分子检测方法

针对编码核糖体 RNA（包括“内部转录间隔区”）的特异 DNA 序列进行引物设计，一般采用 PCR 对相应的目的序列进行扩增，可用于曲霉菌属成员的检测和鉴定。

48.4.5 治疗、控制和预防

禽鸟的曲霉菌病一般不进行治疗。

对于犬的鼻型曲霉菌病，一般采用局部疗法，即将克霉唑和恩康唑滴加入鼻道或鼻窦。当局部治疗不可行时，口服伊曲康唑可成功用于鼻型曲霉菌病的治疗。

伊曲康唑在治疗扩散型曲霉菌病时，也是有用的。

对于乳房的曲霉菌病，目前尚无有效的治疗方法。

对于猪、驹和小牛的肠道感染，推荐口服制霉菌素进行治疗。

对于角膜真菌病，可采用抗真菌的油膏和溶液进行局部治疗。

应避免动物接触大量的病原，这就要求杜绝给牛饲喂被霉菌污染的饲料，特别是明显霉烂的草料和青贮饲料。在排除了其他的微生物群之后，还要注意烟曲霉仅在产生“生物热”的条件下达到较高的浓度。对于禽类的垫料，只要注意适当保存和经常更换，就可防止病原的集聚。

48.5 其他的腐生性真菌病原

青霉菌偶尔可引起犬的鼻型霉菌病。

尖端足分支霉菌或称为尖端赛多孢子菌是足分枝菌病的重要病原（见第 47 章）。

波氏假性霉样菌可引起犬的内脏型足分枝菌病和肺炎、马的眼部疾病和流产、牛的乳房炎和流产。

拟青霉菌可引起犬和猫的扩散型拟青霉菌病，文献报道，被捕获的海龟也可发生该病，主要表现为骨的病变和流行性呼吸道症状。

根霉菌、犁头霉菌、毛霉菌以及孢霉菌均可引起牛的霉菌性流产以及反刍动物、猪和犬的胃肠道感染，特征性病变为溃疡性病灶和肠系膜淋巴结炎，也可发生呼吸系统感染和血源性感染，从而侵害到多个脏器及中枢神经系统。这些病症也可继发于一些应激反应，如饲料改变、营养不足、因抗生素使用造成的胃肠道菌群失调、协同感染以及近期发生分娩或创伤。

西伯鼻孢子菌可引起人、马、牛、骡、犬、山羊和某些野生水禽黏膜及皮肤的肉芽肿增生性感染。

耳霉菌及蛙粪霉菌或许可引起马的鼻腔肉芽肿。

暗色真菌（见第 47 章，暗色丝孢霉病）与牛的霉菌性鼻腔肉芽肿相关。

48.6 肺孢菌（Pneumocystis）

肺孢菌属的成员是可引起免疫抑制个体发生肺炎的一类真菌。仅能从发病宿主（如人、犬、猫、马、猪、山羊、雪貂、小鼠和大鼠）体内分离到肺孢菌。目前，肺孢菌属有两个种，即伊氏肺孢菌（引起人的发病）和卡氏肺孢菌（可引起所有的动物发病）。卡氏肺孢菌至少由 30 个变种或“特定的型”组成，每种“特定的型”可引起一种特定的宿主发病。例如，卡氏肺孢菌大鼠特定型只能使大鼠发病，而卡氏肺孢菌小鼠特定型只能使小鼠发病。因此可以说，肺孢菌为宿主特异性真菌（不是人兽共患病）。

该病经气溶胶发生传播。发病宿主几乎总是发生免疫抑制，但有报道表明，一些没有发生明显免疫抑制的动物（主要是驹）也可发生肺孢菌肺炎。

该病原不能在无细胞的培养基上生长。采用将含有肺泡巨噬细胞（在感染的细胞浆中，可观察到球形到新月形的囊泡，直径为 4～7μm）的样本以 Romanovsky 染色法（如瑞氏或吉姆萨染色）或银染法（如 GMS 染色法）进行染色后，镜检可做出诊断。也可针对该病原基因组特定片段设计 DNA 引物，采用 PCR 进行扩增，对该病原进行检测和鉴定。

治疗方法包括使用以下一种或多种药物：三甲氧苄氨嘧啶-磺胺类药物、氨苯砜、阿托伐醌、喷他脒、氯林可霉素、三甲氧蝶呤/亚叶酸。

48.7 原藻病（Protothecosis）

原壁菌（Prototheca）是一种缺乏叶绿素的藻类，可通过形成内生孢子的形式进行繁殖，进而可产生表面粗糙的球形细胞，直径为 8～25μm（图 48.9）。佐氏原壁菌和魏氏原壁菌（可能均属于 *Auxenochlorella* 属）偶尔可致病，它们均可在真菌培养基（不含环己酰亚胺）上生长。在 25℃和 37℃条件下，不到一周，分别可长成白色到淡褐色的灰暗菌落，可通过血清学方法或者碳水化合物分解试验进行鉴别。

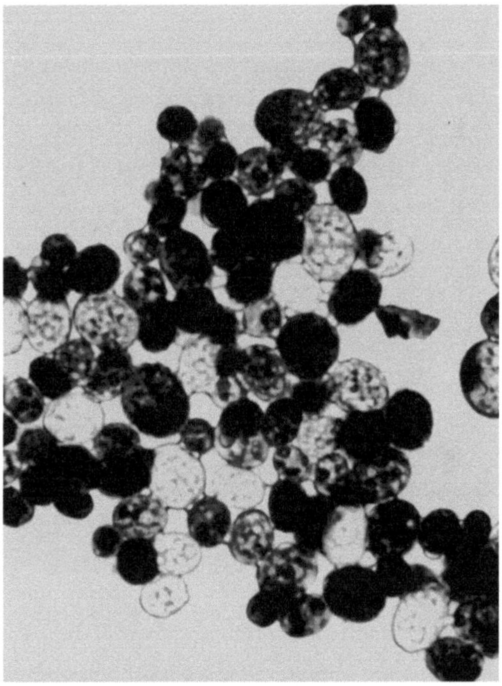

图 48.9　牛乳房炎病灶中的原壁菌。瑞氏染色，轻微着色的结构显示了所形成的内生孢子。(1000×)

原壁菌在自然界中广泛存在，可因摄食和皮肤接触而暴露于此病原，或者在奶牛场，可通过乳房间的交叉接种而传播。

该病可发生于犬、猫、牛、鹿、蝙蝠、蛇、鱼和人。在犬，通常为扩散病型，并伴有出血性腹泻，通常，中枢神经系统和眼也可发生病理损害；在猫和人，目前还未见有皮肤型病例的报道，但据猜测，免疫缺陷患者可能发生；在牛，可引起慢性进行性乳房炎。该病的组织学变化为化脓性肉芽肿增生性病变。

该病原易于培养。可将采集的样本制成液压片，不染色直接观察；也可将涂片固定后，以 Romanovsky 染色法（瑞氏或吉姆萨染色）或真菌染色法［过碘酸希夫反应染色法（PAS）、Gridley 染色法或 GMS 银染法］染色后进行观察（图 48.9 和图 69.7）。

两性霉素 B 和酮康唑可用于人的治疗。在体外，该病原对氨基糖苷类抗生素敏感。上述药物对动物进行治疗无效，但两性霉素 B 的脂质体剂型似乎有应用前景。

第 3 篇　病　　毒

第 49 章　病毒性疾病的致病性

Yuan Chung Zee　N. James MacLachlan

49.1　病毒-宿主关系

不同病毒与宿主间相互作用的结果差别很大，并与一些关键因素（如病毒-细胞相互作用、宿主动物的种类、暴露途径、病毒传播的模式及宿主的抵抗力等）密切相关。大多数病毒感染动物是由于感染而表现一定的临床症状，从而被兽医观察到。然而，也必须认识到一个重要的事实，动物的微生物感染并非总会出现临床症状。

事实上，绝大多数的病毒-动物间的相互作用导致无症状或亚临床感染，而且，就病毒而言，无论毒力多强，绝不会感染对其有抵抗力的动物。病毒-动物作用的潜在结果见表 49.1。

表 49.1　病毒-动物关系的潜在后果

1. 动物对病毒感染有抵抗力	不能建立相互关系
2. 无症状或亚临床感染	康复或持续性感染
3. 急性病毒性感染	死亡、康复或持续性感染
4. 慢性病毒性感染	临床复发或持续性感染
5. 肿瘤形成	

病毒侵入宿主有几种主要途径：呼吸道、消化道、泌尿生殖道及直接传播（如通过昆虫或动物的咬伤）。病毒感染的成功建立依赖于易感细胞受体的存在和病原因子的物理、化学特性。例如，通过消化道感染动物的病毒通常能抵抗低 pH 及消化道中的酶。

49.2　病毒在宿主扩散的模式

病毒引起两种基本的感染类型：局部的和全身性的（图 49.1）。对于局部感染，病毒的增殖和细胞的损伤局限在侵入部位的附近（如皮肤或呼吸道、胃肠道或生殖道黏膜），此时，正在发生感染的病毒仅扩展到靠近原始感染部位的邻近细胞。例如，动物的鼻病毒感染经常局限在鼻腔上皮，往往不会扩散到下呼吸道。其他呼吸道病毒，如副流感和呼吸性合胞体病毒在感染动物的肺中复制，但是由这些病毒导致的组织损伤常只限于呼吸道。全身性感染通过几个连续过程产生：①在侵入部位和局部淋巴结，病毒进行最初的复制；②通过血液（最初病毒血症）和淋巴液，子代病毒扩散到其他的实质器官；③在实质器官，进一步发生病毒复制；④经第二次病毒血症，病毒扩散到其他靶器官；⑤病毒在这些靶器官中进一步增殖，并引起细胞的变性、坏死、组织损伤和临床症状。

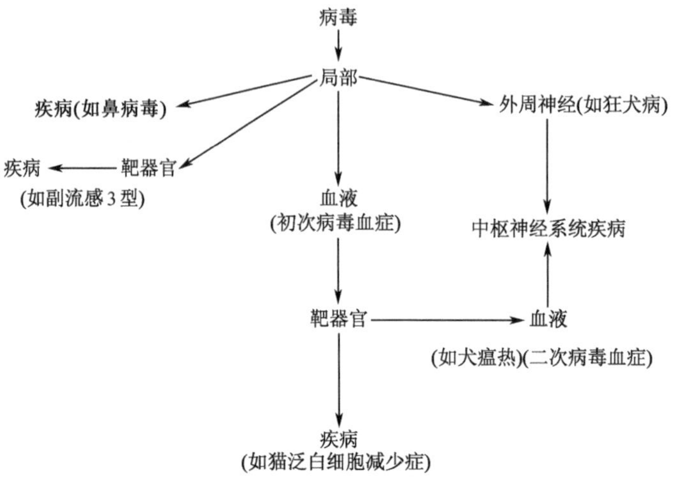

图 49.1　在宿主中病毒扩散的模式。

潜伏期是病毒感染后临床症状未出现之前的无症状期。对于全身性的病毒感染，在病毒广泛散布于全身，并保持最高滴度后，出现明显的病症。兽医首先发现处于这一阶段的感染。犬瘟热展现了动物的全身性病毒感染。在侵入部位，犬瘟热病毒启动感染过程，然后通过血液或淋巴系统散布，导致多种靶器官参与的全身性感染（图 49.2）。在潜伏期和发展期，实验性犬瘟热感染犬表现出一系列的变化，病毒感染不同的器官系统决定了不同动物所表现出的不同临床症状。在病毒血症期，病毒散布到这些器官，此时，在血液中有自由的病毒粒子或者存在犬瘟热病毒，血细胞也作为载体，将病毒散播到这些靶器官（即细胞相关的病毒血症）。血液白细胞通常会参与细胞相关的病毒血症，但是一些病毒，如蓝舌病病毒、猪瘟病毒或细小病毒，常与感染宿主体内的血液红细胞有关。通过病毒血症，病毒向中枢神经系统扩散，但是狂犬病却是通过外周神经传播到中枢的。

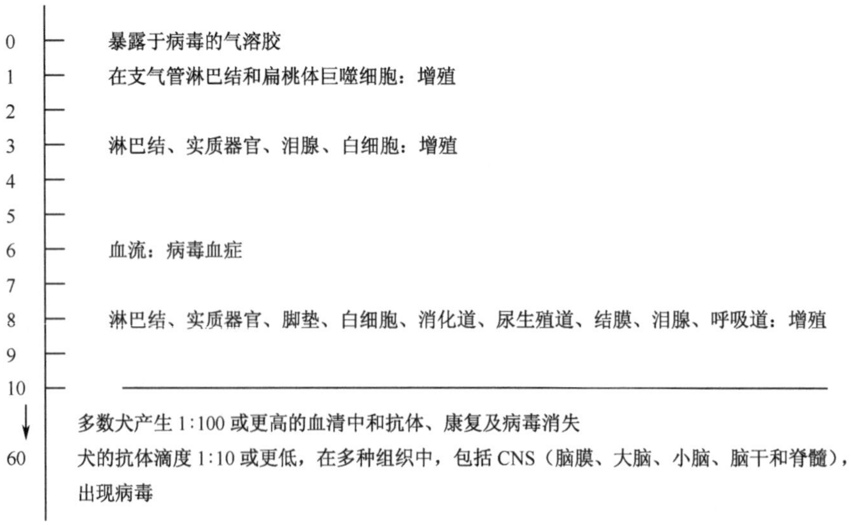

图 49.2　犬瘟热病毒感染犬致病机制的模式图（图 55.2 与此相同）。

未产生明显症状的病毒感染非常普遍，这对于病毒的传播具有潜在的重要性。无症状的感染能够对相同病毒株的随后攻击产生保护性免疫。在无明显症状的感染过程中，几种因素参与其中：①病毒的特性（如有毒株或致弱株）；②宿主的免疫状态；③病毒干扰的出现；④病毒不能到达靶器官（如由于血脑屏障）。

49.3 宿主对病毒感染的反应

动物对病毒感染的抵抗力部分依赖于对大多数病毒均起作用，被称为非特异性的或先天的抗性因素。这些因素包括各种激素、温度、非抗体类抑制因子和吞噬细胞。对细菌性感染来说，吞噬作用是一种重要的防御机制。然而，由于许多病毒能感染淋巴细胞或单核/巨噬细胞，这些细胞实际上成为了病毒在宿主中散布的载体。

49.4 干扰素

干扰素是一组能够调控免疫系统的细胞蛋白（细胞因子），可以调节某些细胞的分化，使敏感细胞产生抗病毒特性，并且发挥抗肿瘤效应。许多病毒可以诱导感染细胞中干扰素的合成，在受到适当的刺激后，多种类型的细胞具有合成干扰素的能力，在病毒感染过程中，至少可以产生三种干扰素（α、β、γ）。在干扰素处理的细胞中，已经发现了两种不同的抑制病毒机制（图 49.3）。第一种机制涉及干扰素处理细胞中产生的一种蛋白质激酶（P1/eIF2α 激酶）。这种蛋白质激酶存在于双链 RNA 中，通过使蛋白质合成起始因子 eIF2 的磷酸化来阻止蛋白质合成的起始。另一种机制涉及 2′-5′合成酶，在三磷酸腺苷（ATP）和 dsRNA 存在时，合成的一组寡聚腺苷统称 2-5A，2-5A 反过来

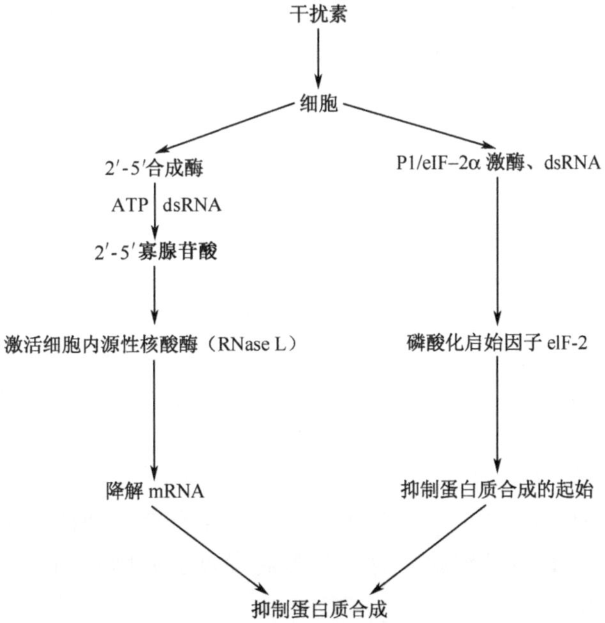

图 49.3 干扰素作用于蛋白质合成的机制。

激活一种特异的内切核酸酶，通过降解病毒 RNA 和细胞 RNA，抑制蛋白质合成。

除了抑制病毒复制，干扰素还可对细胞产生其他影响，这些影响包括细胞增殖和细胞功能调节，如吞噬功能、产生淋巴细胞的抗体和淋巴因子、表达细胞表面抗原、细胞免疫中的细胞毒作用。在宿主对病毒感染的抵抗中，干扰素发挥了重要作用。

49.5 体液免疫和细胞免疫

病毒具有抗原性，通常，感染后可以诱导强的免疫反应。体液免疫反应导致抗体的产生，通过常规的血清学方法（如补体结合、血凝、沉淀和胶扩散技术），可以对这些抗体进行检测。这些试验的基本原理与细菌学中的相同。像病毒中和这种病毒所独有的血清学反应，在终止病毒的最初感染、限制病毒血症、防止疾病和病毒再次感染中起重要作用。将制备的病毒与适宜的抗血清混合，并将这种混合物接种易感动物，如果抗血清含有病毒中和抗体，则不会发生感染。三类免疫球蛋白：IgG、IgM、IgA，都能作为中和抗体。病毒和抗体的相互作用，特别是抗体与负责和细胞特异性受体结合的病毒抗原的相互作用，导致病毒抗体复合物的形成，病毒抗体复合物阻止病毒吸附到细胞受体，将病毒穿入易感细胞的机会降低到更小程度。通过简单的稀释和离心，可以将感染性病毒从不活动的病毒-抗体复合物中分离出来，这意味着，在反应的起始阶段，病毒和抗体的连接是松散的。病毒和抗体间的相互作用并不是物理性地改变了病毒的结构，然而，补体系统和抗病毒抗体能引起有囊膜病毒的溶解，并破坏病毒感染的细胞。

在第 2 章中，已讨论过的病毒感染中的细胞免疫，是宿主抵抗相同病毒感染的另一个重要因素。免疫淋巴细胞对病毒感染细胞的破坏，能够限制病毒的扩散，特别是在病毒通过融合从感染细胞向未感染细胞传播的情况下。最近的事实还表明，在宿主抵抗病毒的感染中，巨噬细胞发挥重要作用。在炎症反应中，巨噬细胞是关键的参与者，通过与病毒间的相互作用或病毒与淋巴细胞作用产生的可溶性产物，可以被激活。激活的巨噬细胞广泛参与宿主抗病毒感染的反应，包括对病毒-抗体复合物的吞噬、干扰素的产生、对病毒感染细胞的细胞毒作用和免疫调节功能。

49.6 病毒性免疫抑制

在兽医临床上，有几种很重要的病毒能感染淋巴细胞，包括犬瘟热病毒、猫泛白细胞减少症病毒、猫白血病病毒、牛病毒性腹泻病毒、猪瘟病毒、新城疫病毒和雏鸡的传染性法氏囊炎病毒。由病毒引起的淋巴细胞破坏和淋巴组织萎缩能抑制或损伤免疫反应，使宿主对其他机会性致病菌或病毒感染更易感。

多种发生于家畜（马、牛、羊、猪、犬和猫）的原发性初级免疫损伤性疾病，能增强它们对传染病的易感性。一个很好的例子是伴有免疫缺陷性失调（不能产生功能性的 T 淋巴细胞和 B 淋巴细胞）时，马腺病毒可引起阿拉伯驹产生致死性的呼吸道感染。

49.7 持续性病毒感染

持续性和隐性的病毒感染以病毒不能从宿主消除为特征。这些慢性感染的动物可能或不可能发生疾病。病毒持续性感染的潜在机制包括：①宿主细胞的非致死性感染；②免疫效应细胞的破坏或病毒在这些细胞中的生长；③逃避包括细胞因子和抗体等保护性宿主反应；④病毒基因组整合到宿主细胞基因组中等。在持续性感染中，病毒持续存在，表现或不表现疾病。疾病出现于持续性感染的动物，常常是免疫病理机制的结果。隐性感染是那些只有在激活（复发）时才发生的疾病，这也是疱疹病毒感染的主要特征。

第 50 章　细小病毒科和圆环病毒科

Yuan Chung Zee　N. James MacLachlan

50.1　细小病毒科

细小病毒科是微小（18～26nm）、无囊膜、二十面体对称的病毒。病毒粒子含有单链、线状的基因组 DNA（分子质量约 6×10^6 Da）。细小病毒科的成员——细小病毒属，是许多特异性疾病的致病因子（表 50.1）。多种动物的细小病毒已被鉴定，包括鸡细小病毒、貂肠炎病毒、小鼠类细小病毒、小鼠细小病毒 1 型和浣熊细小病毒。

表 50.1　由细小病毒引起的疾病

俗名	疾病	自然宿主
猫泛白细胞减少症病毒	肠炎、共济失调	猫
貂肠炎病毒	肠炎	貂
犬细小病毒 II 型	肠炎、心肌炎	犬
猪细小病毒	不育、木乃伊胎、不孕	猪
牛细小病毒	不致病	牛
犬细小病毒(也叫犬细小病毒 I 型)	不致病；腹泻？	犬
鼠细小病毒	进行性异常	小鼠
貂阿留申病毒	阿留申病	貂
克氏大鼠病毒	进行性异常	大鼠
鹅细小病毒	肝炎	鹅

50.1.1　猫泛白细胞减少症

50.1.1.1　病症

猫泛白细胞减少症（同义名：猫传染性肠炎）是猫的一种高度传染性的急性病毒病。以高热、厌食、沉郁、呕吐并伴有脱水、腹泻和死亡为特征。白细胞减少是猫泛白细胞减少症的特征，临床症状的严重程度反映出白细胞减少的严重程度。各种年龄的猫均易感，但对小猫的致死率最高。猫可通过口或呼吸道感染，且潜伏期短。子宫内感染猫泛白细胞病毒，可导致新生猫死亡或以小脑运动失调为特征的中枢神经系统先天异常。2 周龄的新生猫对可引起畸形的猫泛白细胞减少症病毒仍然易感。

50.1.1.2　致病因子

1. 物理、化学及抗原特性

猫泛白细胞减少症病毒是典型的细小病毒，病毒粒子无囊膜（直径 18～26nm），呈二十面体对称。基因组为单链 DNA 分子，包含两个可读框，其中一个至少编码 4 种蛋白质，介导（病毒的）转录和 DNA 复制功能，另一个可读框编码病毒的衣壳蛋白。VP3 组成主要的衣壳蛋白，它似乎控制病毒的组织/细胞嗜性。在宿主细胞核内发生病毒的复制，由于病毒缺乏自身的 DNA 聚合酶，细小病毒的复制需要细胞处于细胞周期（晚 S 期或早 G_2 期），这样，病毒就能够利用细胞的酶系统完成自身的复制。

猫泛白细胞减少症病毒与犬细小病毒和貂肠炎病毒密切相关，可通过序列分析对三者进行区分。

2. 对物理、化学因子的抗性

猫泛白细胞减少症病毒对环境因子和许多商品化的消毒剂有很强的抗性。0.175% 的次氯酸钠是最有效的实用杀病毒剂。

3. 对其他种属和培养物的感染性

猫科的所有成员可能对猫泛白细胞减少症病毒均易感，一种与猫泛白细胞减少症病毒在抗原性上难以区分的相关病毒可引起大规模饲养貂发生肠炎，这一病毒对浣熊和长鼻浣熊也致病。新近出现的犬细小病毒 II 型，从起源上也与猫泛白细胞减少症病毒密切相关。

猫泛白细胞减少症病毒在猫肾原代或传代细胞上增殖，但不在犬细胞上增殖。

50.1.1.3 宿主-病毒关系

1. 分布、宿主和传播

猫泛白细胞减少症的发生遍及全球，感染猫是主要的宿主。急性和亚临床感染猫在尿液、粪便及其他分泌物中均排泄病毒。通过接触病猫污染的用具、笼具和床上用品，造成感染的快速传播，而且该病毒在自然环境中高度稳定。

2. 致病和病理

在小猫通过鼻或口实验性感染猫泛白细胞减少症病毒数天后，出现非细胞的病毒血症。这期间，病毒散布全身，并感染有相应受体的细胞。随后，病毒在这些处于细胞周期 S 期的细胞内复制，特别是骨髓和淋巴组织（胸腺、脾和淋巴结）中的造血细胞，导致严重且持续性的白细胞减少，造成所有类型的白细胞及淋巴组织的衰退。小肠隐窝中快速分裂的细胞对感染也高度敏感，引起因肠上皮的显著破坏导致的吸收不良性腹泻。组织学损伤以肠隐窝上皮的坏死、明显的结构破坏、淋巴结、胸腺和脾淋巴细胞的枯竭为特征。在疾病的晚期，呈现再生性淋巴组织增生。

对于胎儿和幼龄小猫，在疾病晚期，病毒感染并破坏小脑外颗粒层细胞，引起小脑萎缩和功能异常，结果为内颗粒细胞增殖障碍、浦肯野氏细胞退化和消失。类似的先天性损伤也发生在妊娠期，种属适宜的细小病毒通过尿生殖道感染大鼠、仓鼠、雪貂和小鼠。

3. 宿主对感染的反应

猫大约在感染后一周，出现中和抗体，10～12 天后，出现高滴度抗体。在感染后第四天，血凝抑制抗体上升，第七天达到高峰。这些抗体在猫体内可维持数年。中和滴度 30 或更高的抗猫泛白细胞减少症病毒的母源抗体，可保护小猫抵抗病毒的感染，但也干扰致弱或灭活的猫泛白细胞减少症病毒疫苗的免疫。

50.1.1.4 实验室诊断

对于猫泛白细胞减少症的假设诊断，临床症状、白细胞减少的出现及组织病理学检查是有价值的。诊断可通过下列实验方法之一加以确定：①在猫肾细胞上，从粪便或尿液中分离到猫泛白细胞减少症病毒；②用猫泛白细胞减少症病毒特异性的抗血清标记物，应用捕捉 ELISA，从感染组织中检测病毒抗原；③用 PCR 扩增病毒核酸；④用 ELISA 或间接免疫荧光进行血清学诊断，但此方法需双份血清确认。

50.1.1.5 治疗与控制

对于猫泛白细胞减少症，没有有效的治疗方法；因此，通过免疫、检疫感染后的存活猫、家养的受侵袭猫的有效消毒可得以控制。高效的灭活或致弱活疫苗已经商品化，然而，母源抗体能干扰疫苗对幼龄猫的免疫效果。

50.1.2 犬细小病毒病

50.1.2.1 病症

犬的细小病毒病以突发腹泻、呕吐、共济失调、发热、精神沉郁、淋巴细胞减少和脱水为特征。幼仔比成年犬的致死率高。很小的幼犬有时在未出现肠炎症状时，即发生了心肌炎。

该病遍及全球。1978 年首次在北美出现，但回溯性的血清学研究表明，该病毒在 20 世纪 70 年代早期已快速扩散到全球，并引起后来的全球性大流行。

犬细小病毒病由犬细小病毒 II 型引起，它是猫泛白细胞减少症病毒的一个变种。犬细小病毒 II 型在犬出现后，已持续演化，随着新变种的发现，分别被称作犬细小病毒 IIa 型和 IIb 型。不引起犬发病的犬细小病毒被命名为犬细小病毒 I 型。

50.1.2.2 病原因子

1. 物理、化学和抗原特性

犬细小病毒 II 型与猫泛白细胞减少症病毒极为相似。

2. 对物理、化学因子的抵抗性

细小病毒对极端温度、pH 和一些消毒剂等环境因子抵抗力极强。在有感染犬及通过污染物扩散到其他环境的情况下，病毒能存活很长时间。普通的漂白剂，如次氯酸钠，能够灭活该病毒。

3. 其他种属动物和培养物的感染性

犬细小病毒 II 型感染所有的饲养犬和犬科的其他成员，如狼、狐狸和郊狼。实验性感染没有抗体的家猫，也易感，但不表现症状。

犬细小病毒 II 型可在猫胎肺和犬的肾原代细胞上繁殖，同时也在犬传代细胞系 A22 和猫细胞系 NLFK 和 CRFK 上繁殖。该病毒在其他种属动物的一些细胞上也能增殖。

50.1.2.3 宿主-病毒关系

1. 分布、宿主和传播

II 型细小病毒感染的犬和犬科的其他成员分布于全球的许多地区。从开始感染到第 10 天，细小病毒感染犬持续地通过粪便分泌感染性的病毒。在犬之间，该病毒易通过粪-口途径传播。

2. 发病机制与病理变化

II 型细小病毒感染犬的致病性与猫泛白细胞减少症病毒感染猫相似，然而，在犬细小病毒通过泌尿生殖系统感染的犬中，还未发现小脑发育不全和功能异常。同样，心肌炎是该病毒感染幼犬的潜在后果，可是，在泛白细胞减少症病毒感染的小猫则不出现。非细胞性病毒血症优先感染幼犬的肠上皮和淋巴组织（包括胸腺、扁桃体、咽喉和肠系膜、淋巴结、脾），在实验性接种的第 6 天，发生肠黏膜的广泛感染。在感染后 3 天，粪便分泌物中出现病毒，随后，迅速达到高峰。在第 120 天，大多数感染犬停止分泌病毒。犬细小病毒性肠炎的最显著特征是小肠腔出血和肠系膜淋巴结肿大，幼犬心肌上斑白条纹是心脏病发作的标志。

犬细小病毒感染相伴的微观损伤，局限在有大量处于快速分裂期细胞的器官，如小肠、淋巴结和骨髓。在小肠，多数情况下，可以观察到隐窝上皮的坏死和上皮绒毛的萎缩。肠道急性感染存活犬，发生肠上皮增生。胸腺皮质和淋巴结生发中心经常有淋巴细胞溶解，导致细胞枯竭。细小病毒感染的心肌炎型，心室可见肌纤维退化和伴有单核细胞浸润的坏死。

3. 宿主对于感染的反应

细小病毒感染犬快速产生高滴度、持续时间长的病毒中和抗体。由自然感染产生的免疫似乎可伴犬终生。在感染过程中，也可产生细胞免疫，在急性感染过程中，可能抑制病毒的复制。

50.1.2.4 实验室诊断

在犬细小病毒感染的假设性诊断中，临床症状、病史、放射性反差成像及组织病理学检查极具价值，用于确诊的实验室过程包括：

(1) 在敏感细胞上，从粪便或感染动物的组织中分离犬细小病毒 II 型，或通过 PCR 从感染组织中检测细小病毒核酸；

(2) 用病毒特异性抗体，通过免疫荧光或免疫组化染色，检测肠组织切片中的细小病毒抗原；

(3) 用电镜或免疫电镜，观察粪便或感染组织中的细小病毒；

(4) 用猪或恒河猴的红细胞，通过血凝或由抗细小病毒血清介导的特异性血凝抑制来鉴定粪便中的细小病毒；

(5) 应用抗犬细小病毒 II 型血凝素蛋白的单克隆抗体，通过 ELISA 检测病粪便中的细小病毒；

(6) 通过血凝抑制、病毒中和或 ELISA 等血清学试验显示血清中的抗犬细小病毒抗体。IgM 捕捉 ELISA，常常被用来确定犬的早期感染。

50.1.2.5 治疗与控制

犬细小病毒病的严重病例以明显的脱水、代谢性酸中毒为特征，因此，保护性治疗依赖于恢复丧失的体液和纠正紊乱的电解质平衡和酸中毒。广谱抗生素常被用于防止继发的细菌感染。对易感犬群的免疫仍然是预防犬细小病毒感染的最佳方案。抗体水平与保护程度直接相关。已有高效的灭活和致弱活疫苗。然而，母源抗体的存在干扰了对幼犬的有效免疫。犬细小病毒对环境因素有很强的抵抗力，在恶劣条件下能存活很长时间，因此，对感染动物饲养场所的快速消毒及对进入这类环境的幼犬进行免疫，在防止这一疫病中具有重要意义。

50.1.3 猪细小病毒感染

50.1.3.1 病症

猪的细小病毒感染发生于全球，有时导致猪流产和小猪的皮肤损伤。通过胎盘感染的胎儿发生生长停滞、木乃伊化、胚胎死亡和不育，统称为 SMEDI 综合征。目前认为，在引起 SMEDI 的作用中，猪繁殖和呼吸道综合征病毒比猪细小病毒更为重要。

50.1.3.2 病原因子

1. 物理、化学和抗原特性

猪细小病毒类似于猫和犬细小病毒，只有一个血清型，在抗原性上，猪细小病毒与其他细小病毒不同。

2. 对物理、化学因子的抗性

猪细小病毒对热、酶和常见的商品化消毒剂有很强的抵抗力。在下列条件下，病毒被灭活，73℃、30min 或 70℃、1h，或暴露在 0.5%的次氯酸钠 5min，或 0.06%二氯异氰酸钾 5min 或 3%甲醛 1h。

3. 对其他种属动物和培养物的感染性

很明显，猪细小病毒只感染猪，该病毒可以在胎猪肾和猪睾丸细胞的原代或继代培养物上繁殖。

50.1.3.3 宿主-病毒关系

1. 分布、宿主和传染

在许多种群，细小病毒的感染呈地方流行性，已感染的猪作为传染宿主。感染猪产生病毒血症，在口腔分泌物和粪便中排出病毒。由于猪细小病毒在环境中可持续存在很长时间，已感染的动物充当将病毒传染给易感动物的主要贮存宿主。携带病毒的公猪也能将病毒散布到精液中。尽管猪细小病毒可以实验性感染大鼠，但其不大可能作为该病毒的自然宿主。

2. 发病机制和病理变化

猪细小病毒感染猪不表现临床症状或可见的损害，但产生抗体。在孕妊期，当血清阴性的母猪暴露于该病毒时，即可发生生殖性疾病。木乃伊化或非木乃伊化死胎、胚胎死亡或不孕是母猪在妊娠期病毒通过胎盘感染的结果。生长停滞胎儿的损伤常常是非特异性的，但是肝、心、肾和小脑等器官出现局灶性坏死和单核细胞浸润。

3. 宿主对于感染的反应

被猪细小病毒感染的仔猪和未怀孕的成年猪发生不伴有临床症状的病毒血症。这些动物产生强的体液免疫反应，可抵抗该病毒的随后感染。通过免疫母猪的初乳，仔猪获得高滴度的病毒特异性抗体。

50.1.3.4 实验室诊断

在感染胎儿的组织中，可通过免疫荧光、免疫组化染色或捕捉 ELISA 检测到猪细小病毒抗原，PCR 检验也可用于猪细小病毒的检测。

50.1.3.5 治疗和控制

对于猪细小病毒造成的繁殖障碍，没有治疗方法。在怀孕前，对待育母猪的免疫仍然是确保母猪产生有效免疫的最佳方法。灭活和弱毒疫苗均有售，但是免疫前必须确保在动物繁育之前动物被动抗体已消失。

50.1.4 貂阿留申病

50.1.4.1 病症

貂阿留申病（AD）是一种以厌食、烦渴、严重贫血和出血为特征的慢性进行性疾病。该病潜伏期长。成年貂的特征性病征是弥散性浆细胞增多（许多组织中有浆细胞聚集）、眼色素层炎、血管壁损伤、高 γ-球蛋白血症和由循环免疫复合物沉积所致的肾小球肾炎。对于新生貂，阿留申病毒引起致死性、急性间质性肺炎。阿留申貂存在遗传易感性，表现为退化的阿留申基因纯合子在清除循环免疫复合物方面存在着遗传缺陷。

50.1.4.2 病原因子

1. 物理、化学和抗原特征

貂阿留申病毒与前面所述的其他细小病毒相似，阿留申病毒在抗原性上与貂肠炎病毒不相关，而后者与猫泛白细胞减少症病毒相关。

2. 对物理、化学因子的抗性

次氯酸钠、碘伏、戊二醛、福尔马林和苯酚可以灭活貂阿留申病毒。

3. 对其他种属动物和培养物的感染性

阿留申病病毒感染所有种类的貂，但该病主要集中在阿留申貂。雪貂可被 ADV 感染，但它们不表现临床症状。该病毒可在猫肾细胞系或貂细胞系上增殖。

50.1.4.3 宿主-病毒关系

1. 分布、宿主和传播

貂阿留申病出现在全球的许多貂场。该病毒出现在血液、唾液、粪便和尿液中。有明显临床症状或隐性感染的貂是传染的贮毒宿主，该病通过粪-口或呼吸道途径传播。

2. 致病机制和病理变化

ADV 实验性感染貂，首先在肠道、肾检测到病毒抗原，然后出现在脾、肝、肾、淋巴结和骨髓。在感染貂血清中，γ-球蛋白和抗 DNA 抗体总量显著升高。血清中 γ-球蛋白不能中和 ADV，感染后两周，在循环中出现免疫复合物，免疫复合物在肾小球的沉积导致肾小球肾炎。

3. 宿主对感染的反应

高 γ-球蛋白血症（以 IgG 为主）是貂感染 ADV 的最突出特征，但是抗体的出现不能促进病毒的清除。

50.1.4.4 实验室诊断

固相放射免疫实验、直接免疫荧光和免疫酶染色技术，可用于检测组织中的 AD 病毒抗原。AD 病毒抗体的对流免疫电泳可以用来识别感染的貂。

50.1.4.5 治疗和控制

貂 AD 还未研制出有效的疫苗。通过对感染动物的分离和（或）排除可控制该病。

50.2 圆环病毒科

圆环病毒最近已被证实是动物的重要病原。类似于细小病毒，它们是微小、无囊膜、有单链 DNA 基因组的二十面体病毒（12～26nm）。该科中最重要的病毒，包括喙羽病病毒、鸡传染性贫血病毒和猪圆环病毒。已在鸽子分离到致病性的圆环病毒，类似的病毒还可感染人和其他鸟类。

50.2.1 喙羽病

50.2.1.1 疾病

喙羽病（BFD）是鹦鹉的一种疾病。BFD 的严重程度随感染鸟的年龄和种类而变化。与 BFD 相应的特征性变化是羽毛的坏死和异常。如羽毛弯曲、带有血迹或未成熟性脱落，严重程度随感染的年龄而异。一些慢性感染鸟出现喙和指的畸形。严重和急性病例以肺炎、肠炎和体重剧降为特征。新生白鹦鹉和非洲灰色鹦鹉死亡特别常见，而且死亡常发生在羽毛异常之前。

50.2.1.2 病原因子

1. 物理、化学和抗原特性

BFD 的病毒粒子为 19～26nm，无囊膜，环状单链 DNA 的基因组转录产生的多顺反子 mRNA，至少编码三种蛋白质。

2. 对物理和化学因子的抗性

尽管 BFD 病毒的特异性特征仍需继续确认，但其他圆环病毒可抵抗低 pH（pH3）、高温（>70℃）、氯仿、乙醚和乙醇等许多化学试剂。

3. 对其他种属动物和培养物的感染性

BFD病毒似乎只感染鹦鹉，至今还未能在其他细胞上传代。

50.2.1.3 宿主-病毒关系

1. 分布、宿主和传播

已在北美、欧洲、亚洲及澳洲的鹦鹉中发现鹦鹉BFD。该病毒可能是通过已感染的澳洲鹦鹉的迁徙而传播，因为BFD病毒在澳洲的几种自由群鹦鹉种，特别是白鹦鹉群中，呈地方性流行。种类繁多的白鹦鹉、鹦鹉（parrot)、情鸟（lovebird）和长尾小鹦鹉对BFD易感。该病毒通过空气和污染物，在感染鸟和易感鸟之间直接散播。感染鸟的羽毛、排泄物和分泌物均含有BFD病毒。该病毒很稳定，对环境因素具有抵抗力。从感染鸟到幼鸟的垂直传递也是该病毒传播的途径。

2. 致病机制和病理变化

暴露于BFD病毒的大多数自由和捕获鸟，仅发生亚临床感染，并对再感染有抗性。最初暴露鸟的年龄、母源抗体的存在及产生的保护水平、感染的途径和剂量均可能影响感染的结果。BFD病毒感染的潜伏期通常延长，症状（包括死亡）在最初感染后很长时间才能出现。急性或亚急性死亡发生在缺乏母源免疫的幼鸟，感染的幼鸟食欲不振、嗜睡、食物滞积、进行性飞行异常，甚至死亡。一些鸟的死亡很可能是由于第二次感染，并可能伴有免疫抑制。组织损伤与鸟的个体情况、持续时间和疾病的严重程度有关，但是，在紧靠羽干的上皮细胞、胸腺法氏囊和其他淋巴组织中的巨噬细胞，可以出现特征性的核内和胞浆内包含体。

3. 宿主对感染的反应

早先已暴露于BFD病毒的鸟对再次感染有抵抗力，对出生几周的小鸟，母源抗体可以为BFD病毒的感染提供被动保护。

50.2.1.4 实验室诊断

目前，BFD的诊断依赖于临床症状和感染鸟组织的眼观表现和组织学变化，核酸杂交和免疫学染色均可用于感染鸟组织中BFD病毒的检测。

50.2.1.5 治疗和控制

当前，控制BFD，主要依靠消除携带该病毒的鸟和检疫来阻止BFD病毒向易感群的传播，已经研究出防止BFD病毒感染的几种疫苗，但目前还未得到广泛应用。

50.2.2 鸡传染性贫血

鸡传染性贫血（CIA）是发生于2～4周龄雏鸡的一种疾病。该病以再生障碍性贫血、普遍的淋巴器官萎缩和极度免疫抑制为特征，后者可导致继发（机会性）病毒、细菌和真菌感染。大约3周龄后，鸡对CIA有抵抗力，但该病对全球养禽业造成了严重的经济损失。在基因水平，已确认了CIA病毒的不同株，但它们在抗原性上相似或相同、不同株的毒力间存在的差别很小。对大多数治疗，CIA病毒有高度抗性。该病毒只感染雏鸡，但相关病毒可感染其他鸟类。CIA 病毒能在鸡胚、一日龄雏鸡和禽 T、B 淋巴细胞系上增殖。可通过病毒分离、病毒 PCR 检测或用 CIA 病毒特异性抗体对感染鸡组织的免疫组化染色进行诊断。血清学试验（ELISA）、间接免疫荧光和病毒中和已被用于鸡 CIA 病毒感染的血清学检测。病毒通过水平和垂直途径散播，用弱毒疫苗免疫饲养禽可以阻止病毒的垂直传播。对 CIA 病毒感染雏鸡没有特效疗法。

50.2.3　断奶猪的多系统综合征

已在猪体上鉴定了猪圆环病毒的两种独立的型（I 型和 II 型）。I 型猪圆环病毒最初被确定为细胞培养中的污染物，对猪是否致病还不确定；II 型猪圆环病毒最近被归于刚断奶仔猪多系统综合征（PMWS）的病因。PMWS 是影响幼龄猪经济效益的重要疾病，该病以普遍的淋巴结增大、慢性肺炎和体重下降为特征。特征性的组织学损伤包括广泛的淋巴衰竭、肉芽肿样炎症、淋巴组织的巨噬细胞含有嗜碱性包含体等。由于 II 型圆环病毒的感染在猪群中很普遍，PMWS 只散发于易感猪，提示其他因素可促进 PWMS 在圆环病毒感染猪中的发作。在感染猪组织中，可通过免疫组化、原位杂交或 PCR 试验检测到 II 型猪圆环病毒。该病毒在培养系统中能增殖。ELISA 试验已被用于 II 型圆环病毒感染猪的血清学检测。

第51章　非洲猪瘟病毒科和虹彩病毒科

N. James MacLachlan　Jeffrey L. Stott

51.1　非洲猪瘟病毒科

非洲猪瘟病毒科仅含有一个属，即非洲猪瘟病毒属，代表种是非洲猪瘟病毒。

51.1.1　非洲猪瘟病毒

51.1.1.1　病症

非洲猪瘟（ASF）是家养和某些品种野猪的一种高度接触性疾病。

ASF感染猪病程有特急性、慢性和隐性，该病毒入侵自然家养猪群，可导致急性ASF的集中暴发，在该病毒已感染的猪群中出现亚急性和慢性型。急性、严重ASF致死率很高，常常达到100%，在出现临床症状前死亡。该病以高热和白细胞减少为特征，常伴有红斑、虚弱、呼吸心跳加速、呕吐、血便、鼻腔和结膜分泌物增多。亚急性型ASF缺乏明显的临床症状，3～4周后死亡或康复。感染猪常伴有高热，流产很常见，但仅是该病的唯一症状。慢性ASF猪生长停滞（发育迟缓、消瘦），出现关节肿胀、跛行、皮肤溃烂和肺炎。

51.1.1.2　病原因子

1. 物理、化学和抗原特性

非洲猪瘟病毒是有囊膜的DNA病毒。该病毒含有由双层脂质环绕的70～100nm的核蛋白核芯和直径170～190nm的二十面体对称衣壳。该病毒粒子由脂质囊膜包绕（图51.1)，基因组由巨大的（170～190kb)、含有大约150个可读框的双链DNA分子组成。

病毒粒子含有50多种不同的蛋白质，包括大量复制所需的酶和蛋白质，病毒基因组似乎也编码可调节保护性宿主反应的蛋白质。

在全球的不同地区，已分离到几种在基因水平上不同的ASF病毒，可通过限制性内切核酸酶分析区分这些ASF病毒。不同ASF病毒株对猪的毒力差异明显。

2. 对物理和化学因子的抗性

非洲猪瘟病毒在组织和排泄物中非常稳定。该病毒能耐受相当宽的pH（4～13)。ASF病毒在60℃、20min即可灭活，而且脂溶剂及部分消毒剂（对苯基苯酚消毒剂对该病毒很有效）也可使其灭活。

3. 对其他种属和培养物的感染性

非洲猪瘟病毒感染家养和野生猪（包括欧洲野公猪)、疣猪、森林猪和丛林猪。乳突钝缘软蜱充当该病毒传播的生物媒介，只有家养和野猪（未驯化猪和欧洲野公猪）表现临床症状，而非洲野猪不表现临床症状。

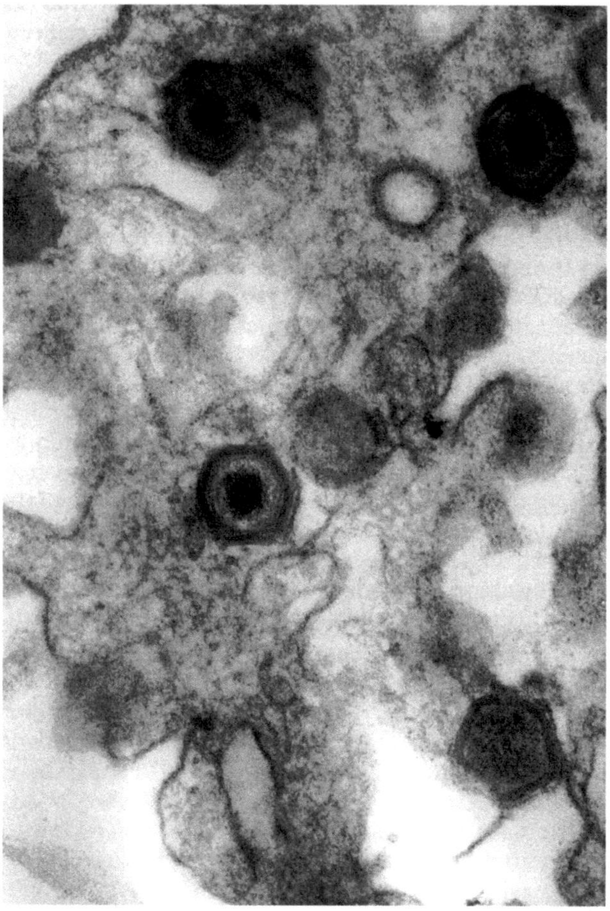

图 51.1　感染组织培养物超薄切片中的非洲猪瘟病毒。
（58 000×）（IC Pang 惠赠）

非洲猪瘟病毒在猪巨噬细胞复制，在体外，可在猪骨髓细胞、单核细胞和肺泡细胞培养物上增殖。该病毒也能适应各种已建立的细胞系（猪肾 vero 和 BHK）。

51.1.1.3　宿主-病毒关系

1. 分布、宿主和传播

早在 1900 年，在肯尼亚的欧洲家猪中，非洲猪瘟被首次发现。从那时起，该病已规律性地出现在全球的其他地区。1957 年，该病首次离开非洲，出现在伊比利亚半岛，后来发现在欧洲地中海（西班牙、法国、意大利、马耳他和撒丁岛）、北欧（比利时和荷兰）、加勒比（古巴、多米民加共和国和海地）和南美（巴西）都有发生。非洲猪瘟已遍及全球和非洲的大部分地区。

非洲猪瘟存在两种不同的感染循环：①在非洲蜱和野猪间的动物循环；②在家猪中

流行和地方性流行循环。在非洲，ASF病毒感染动物循环的宿主是持续或隐性感染的非洲野猪（特别是疣猪）和软蜱。病毒在软蜱内的垂直传播使其成为该病毒最为有效的宿主。通过感染蜱的叮咬或食入携带该病毒猪的组织，病毒传播至家猪。通过直接接触(包括空气和排泄物)，病毒很快传播给易感猪。由于该病毒稳定地存在于感染组织（包括未煮熟和腌制的猪肉)，因此，很容易造成病毒的长距离传播。重要的是，当软蜱吸食非洲猪瘟病毒血症的猪血液时，软蜱被该病毒感染，这样，当软蜱侵入以前未出现过该病毒感染的地区时，就成为该病毒的宿主。ASF病毒感染存活猪也成为该病毒的携带者。

2. 致病机制和病理变化

家养猪口腔或呼吸道ASF病毒暴露后，病毒首先在上呼吸道复制，然后扩散到邻近的淋巴结，随后通过白细胞、红细胞或淋巴、血液遍及全身。这一系列活动发生在感染后的3天内，并伴有发热。该病毒在巨噬细胞复制，因此，在巨噬细胞丰富的组织中，出现最高的病毒滴度。

急性、严重的ASF感染以内部器官的水肿和出血为特征。淋巴结和脾的大量严重出血，肺水肿和小肠充血、出血也较常见。ASF亚急性损伤与上述类似，但不显著。患慢性ASF的动物可见纤维性心包炎和胸膜炎、肺小叶突变、关节水肿和皮肤的斑点状坏死。流产仔猪的损伤相对不特异，但有散在的於血斑。

在淋巴组织，显微损伤极为明显，包括淋巴细胞和单核吞噬细胞的大量坏死。在急性ASF暴发病例中，内皮细胞坏死和肺血管栓塞常见。

51.1.1.4 宿主对感染的反应

ASF病毒感染存活猪产生强的体液（抗体）免疫反应，然而该反应对病毒的中和大多不起作用。为什么针对ASF猪的抗体反应大多不起作用还不确定，但它清楚地反映出ASF病毒本身的固有特性。然而，研制有效的、使功能低下的猪产生高滴度中和抗体疫苗的工作极为复杂。

51.1.1.5 实验室诊断

实验室诊断需对猪瘟和ASF加以鉴别，由于这两种病产生的症状及对易感猪的损伤很相似，包括发热、高致死率和内脏器官出血等。检测组织应包括脾、肝、淋巴结和血液。病毒分离也可用于鉴定ASF病毒，然后通过血球吸附进行确定。用ASF病毒特异性抗血清对感染猪的组织切片进行免疫荧光或免疫酶染色，是一个快速的诊断方法。PCR技术也可以用来快速鉴定ASF病毒的存在。

51.1.1.6 治疗和控制

对于ASF，尚无有效的疫苗和治疗方法。可通过对进入新环境的所有暴露猪的屠宰和处理消除该病。但这些有效的手段仍不能阻止病毒在大量软蜱和野猪间的扩散。消灭该病的前提必须是不仅要屠杀所有猪，还要用杀虫剂和含表面活性剂的对苯基苯酚消毒剂对环境进行处理，必须至少在一个月内不进行饲养。在重新饲养前，易感的警示动物应置于该环境中，以确认已消除该病毒。

51.2 虹彩病毒科

虹彩病毒科包括血清学特性完全不同的4个属（虹彩病毒属、绿虹彩病毒属、蛙病毒属和淋巴囊肿病毒属），蛙病毒属和淋巴囊肿病毒属的病毒可引起鱼的重要疾病。虹彩病毒是有囊膜的病毒，呈二十面体对称，病毒粒子直径为120～200nm，有时可达350nm，基因组中单一的双链DNA分子大小为140～300kb。虹彩病毒像非洲猪瘟病毒一样，结构复杂，含有由基因组编码的大量病毒特异性蛋白（至少36种），一种蛋白质构成外衣壳的绝大部分，双链DNA基因组呈环形，末端富含高度甲基化的内部胞嘧啶。最好通过病毒分离或应用分子生物学技术确定基因组的特性进行确诊。

淋巴囊肿病毒可感染多种鱼类，引起疣样皮肤损伤。这些损伤包括肥大性良性增生，在皮肤、腹膜和肠系膜病毒出现感染的细胞（成纤维细胞和成骨细胞）。损伤常造成很低的死亡率。病毒通过彼此间的摩擦式的直接接触扩散，特别是当鱼拥挤时。因此，由淋巴囊肿病毒引起的疾病对鱼池饲养和水产养殖非常重要。两种淋巴囊膜肿病毒（LCDV）已被鉴定，LCDV-1与鲽科的比目鱼有关，LCDV-2与孙鲽鱼有关。与此相对，蛙病毒属对饲养和自由的鱼类有很高的致死率。那些引发致死性全身感染的致病性虹彩病毒与蛙病毒3型密切相关，而后者作为蛙病毒的代表型，已报道该属的成员可引起鱼流行性造血系统坏死和全身性出血。

第52章 乳头瘤病毒科和多瘤病毒科

Yuan Chung Zee　N. James MacLachlan

52.1 乳头瘤病毒科

乳头瘤病毒广泛分布于哺乳动物，并已在牛、绵羊、山羊、鹿、麋、马、兔、犬、猴、猪、负鼠、鼠、大象和一些品种的鸟类中被分离到。棉尾兔乳头瘤病毒是代表种。病毒引起的乳头瘤（疣）呈良性。皮肤或黏膜上皮的生长性增生在某些条件下会发生恶变。一些乳头瘤病毒也引起皮肤间质增生，伴有或不伴有上皮增生。那些集中在上皮的增生为乳头瘤，而间质（纤维组织）和上皮组织均增生者为纤维乳头瘤。乳头瘤病毒具有高度的种属特异性，因此，主要通过接触传染到特定种的动物。在马和牛，病毒引起的皮肤乳头瘤（疣）较为常见，很少见于犬、绵羊和山羊。乳头瘤并非均由病毒引起。还未在猫分离到乳头瘤病毒。

52.1.1 病原因子

乳头瘤病毒具有直径大约55nm的二十面体衣壳（图52.1）。病毒的基因组为双链环状DNA分子，它们编码8～12种蛋白质，其中两种为结构蛋白（L1和L2)，其余的均为病毒复制所必需的非结构蛋白。

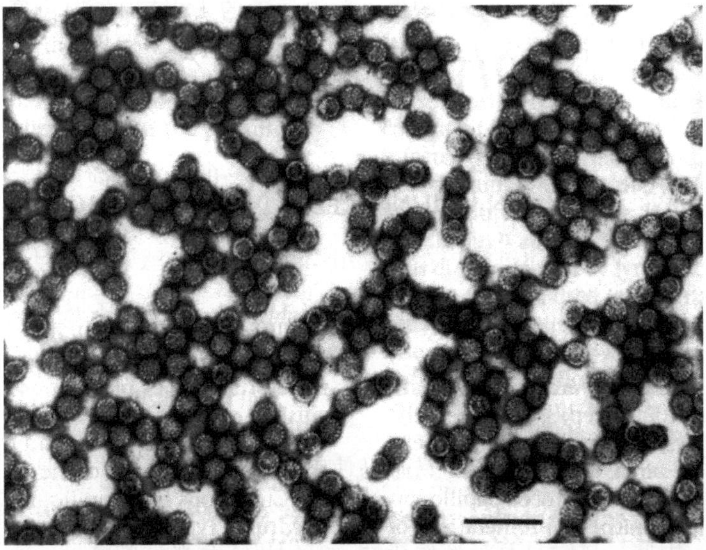

图52.1　马乳头瘤病毒的负染标本。（引自 Sundberg JP，O'Banion MK. Virology 1986；152：100）

52.1.2 乳头瘤病毒的分类

乳头瘤病毒具有高度的宿主特异性、组织和细胞嗜性及序列相关性。根据产生的损伤，可以将它们区别开来。这种损伤包括皮肤乳头瘤（疣）、无横纹肌的鳞状上皮增生（息肉）和伴有或不伴有皮肤乳头瘤（纤维乳头瘤）的皮下纤维瘤。

52.1.2.1 牛乳头瘤病毒

依据抗原性、核苷酸序列的同源性，牛乳头瘤病毒至少分 6 个型。根据它们对牛引起损伤的性质，可进一步区分。由 1 型、2 型和 5 型乳头瘤病毒引起的皮肤纤维乳头瘤（疣），犊牛较两岁内的小牛更为常见。它们似乎常出现在头部，特别是眼周围的皮肤。也出现在两侧颈部，但在身体的其他部位不常见。疣开始表现为小节状生长物，然后迅速成为干固、角状、苍白的菜花样团块，该团块甚至可以自行消退。组织学表现是真皮纤维组织的增生和其上皮的多变混合物。发生在皮肤和产奶牛乳头上的无纤维组织成分的传染性乳头瘤也与牛乳头瘤病毒的感染有关。发生在膀胱、胃肠道，特别是那些侵袭食管前胃和肠道的上皮增生（息肉）也是如此。

纤维乳头瘤是由乳头瘤病毒诱导、发生在青年公牛阴茎和小母牛阴道和阴门的肿瘤。它们由不同厚度的上皮覆盖，富含纤维组织，呈多肉、结节状增生。

宿主的免疫反应最终可控制乳头瘤病毒的感染，因为大多数疣持续一定时间后，通常能自行消退，而且宿主产生对于相同病毒再次感染的免疫力。这种免疫力对其他型的牛乳头瘤病毒无效。以 0.4%甲醛溶液悬浮研磨呈粒状的表面疣组织，并以之预防该病暴发的治疗方法，已使用了很多年。因为该病具有自控性，而且持续时间随个体而异，所以，很难评价该方法的效果。具有统计学差异的、用同源性瘤组织制备物免疫的动物。明显不能阻止疣的发生。用 4 型的牛乳头瘤病毒的 L2 结构蛋白免疫的牛，用该型病毒攻击时，不发生消化道乳头瘤。

52.1.2.2 马乳头瘤病毒和马肉瘤

马皮肤疣不像感染牛那样常见。最常发生在青年马的鼻和唇周围，呈小的突起的乳头（角状）团块，它们也出现在内耳(“听瘟”)。该致病性病毒经过伤口和皮肤摩擦直接接触传染物而传播，病毒可通过皮内接种疣组织悬液实验性感染马，但不感染其他种属动物。马乳头瘤通常具有自限性，在 4～8 周自行消失，然而，在很少的情况下，它们可发展为鳞肉细胞肉瘤。自然感染可产生坚强免疫。

肉瘤是常见的皮肤肿瘤，在外观和组织学上与牛的纤维肉瘤相似。有趣的是，牛乳头瘤病毒（I 型和 II 型）的基因组存在于一些肿瘤中，而马乳头瘤病毒的基因组无此特征。可通过用牛乳头瘤病毒直接接种易感马使肉瘤重现。肿瘤本质上是大面积上皮和集中的纤维增生。肉瘤常常在侵染马增殖，通常会发生溃烂。手术切除后，普遍复发，但还未发现转移，因此，尽管具有局部侵袭性，它们仍不是恶性肿瘤。

52.1.2.3 犬口腔乳头瘤病毒

犬乳头瘤病毒引起犬的口腔疣。该疣通常先产生在唇，然后扩散到颊黏膜、舌、扁桃体和喉。该疣通常呈良性，数月后自行消失。感染康复犬产生抵抗再次感染的免疫力。该传染具有高度接触性，常常扩散到整窝犬，已通过疣组织涂片对易感犬黏膜划痕而实验性传播疣。在这种条件下，潜伏期为4～6周。也有犬传染性生殖乳头状瘤（疣）的报道。

52.2 多瘤病毒科

多瘤病毒不引起家养动物发病，但在极其意外的情况下，禽多瘤病毒可引起刚会飞的相思鹦鹉发生急性全身性感染。多瘤病毒直径40nm，无囊膜，有一个二十面体对称的衣壳。基因组为单一的环状双链DNA分子。该基因组至少编码三种结构蛋白和5种非结构蛋白。

第53章 腺病毒科

Yuan Chung Zee N. James MacLachlan

已从多种动物中分离到腺病毒，但是很可能还存在至今尚未鉴定的其他动物腺病毒。一种腺病毒的宿主范围常具有高度特异性。尽管感染腺病毒的动物常表现无症状或亚临床状态，但一些具有致病性的腺病毒，可引起呼吸和全身性疾病。表 53.1 列出了由腺病毒引起的家畜（禽）疾病。

表 53.1 腺病毒引起的家畜(禽)疾病

病毒	病型
哺乳动物腺病毒	
牛腺病毒 1～10 型	结膜炎、肺炎、腹泻、多发性关节炎
犬腺病毒 1 型(CAV-1,犬传性肝炎)	出血性和肝细胞性
犬腺病毒 2 型	呼吸性
马腺病毒 1～2 型	呼吸性
绵羊腺病毒 1～6 型	呼吸和肠道性
猪腺病毒 1～4 型	腹泻或脑膜脑炎或二者兼有
鹿腺病毒	全身性脉管炎、伴有出血和肺水肿
禽腺病毒	
禽腺病毒 1～12 型	呼吸系统疾病、肠道病、减蛋综合征、再生障碍性贫血
火鸡腺病毒 1～4 型	呼吸系统疾病、肠道疾病、大理石样脾病

鹿腺病毒、减蛋综合征病毒、牛腺病毒 4 型和鸭腺病毒 1 型被建议作为新属 *Atadenovirus* 的成员，类似的火鸡出血性肠炎病毒和雉鸡大理石样脾病病毒建议作为新属 *Siadenovirus* 的成员。

腺病毒科分为两个属：感染哺乳动物的哺乳动物腺病毒属和感染鸟的禽腺病毒属。这两个属的成员不具有一个共同的群抗原。无囊膜，衣壳呈正二十面体，直径为 70～90nm，由 252 个壳粒组成（图 53.1）。纤维从病毒表面延伸出来。腺病毒的基因组是双链 DNA（26～45kb）大分子，编码近 40 种不同的蛋白质，病毒在感染细胞的核内复制。

53.1 犬传染性肝炎（犬腺病毒 1 型）

53.1.1 病症

犬传染性肝炎（ICH）是由犬腺病毒 1 型（CAV-1）引起的犬的一种疾病。尽管以前是犬的一种重要疾病，但目前在世界许多地区，可能是广泛使用疫苗的结果，ICH 日益稀少。绝大多数感染不表现临床症状，患病的易感犬以发热、肝细胞坏死和由血管损伤造成的广泛出血为特征。受侵害犬表现为进行性口渴、厌食、扁桃体炎、黏膜斑点状出血、腹泻、不愿走动等。在该病的急性期，表现为结膜炎和畏光。严重的 ICH 通常发生在对该病无免疫力的幼仔。

多数急性 ICH 存活犬平静地康复，但在急性症状消失后，一些逐渐康复动物可发生短暂性的角膜水肿。CAV-1 还被认为是慢性进行性肝炎和间质性肾炎的诱因，但其在犬自发性失调中的作用完全是猜测的（CAV-1 极不可能是这两种常见犬病的明显病因）。

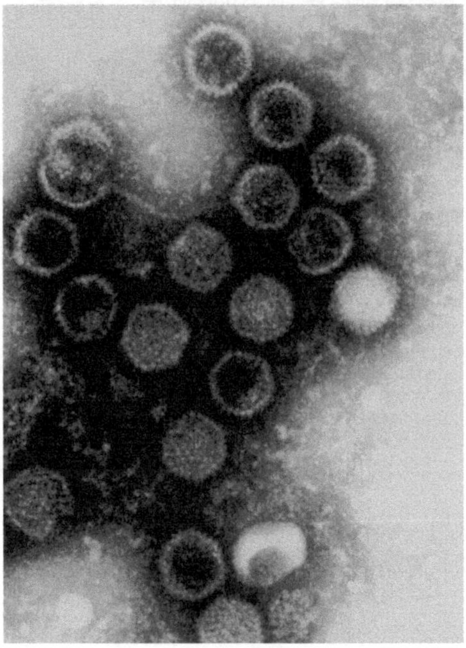

图 53.1　腺病毒引起的家养动物疾病。（204 000×）（R. Nordhausen 惠赠）

53.1.2　病原因子

53.1.2.1　物理、化学和抗原特性

在抗原性上，犬腺病毒 1 型（CAV-1）与犬腺病毒 2 型（CAV-2）相关，但明显不同。犬腺病毒 1 型形态上与其他腺病毒相似，但抗原性不同。

53.1.2.2　对物理、化学因子的抗性

CAV-1 对乙醚、乙醇和氯仿有抗性，在宽的 pH 范围（3～9），至少可稳定存活 30min，在室温条件下的土壤中，也可稳定存活数天。50～60℃加热 10min，病毒丧失感染性。蒸汽处理、碘、苯酚、氢氧化钠或煤酚皂均是有效的消毒方法。

53.1.2.3　对其他种属动物和培养物的感染性

犬腺病毒 1 型引起犬和其他犬科动物（狼、狐和郊狼）的临床症状，臭鼬和熊也易感。感染的狐狸明显表现为脑炎。犬腺病毒 1 型在犬肾细胞中复制良好。

尽管 CAV-1 和 CAV-2 的一些毒株接种仓鼠后具有致瘤性，但它们与犬的肿瘤性疾病无关。

53.1.3　宿主-病毒关系

53.1.3.1　分布、宿主和传播

犬传染性肝炎的分布遍及全球，尽管临床发病日益稀少。传染通过感染犬的尿液扩

散。在感染后数月，犬肾脏中含有病毒，并分泌在尿液中。

53.1.3.2 致病机制和病理变化

经空气感染后，该病毒局限在扁桃体，并扩散到邻近的淋巴结，然后进入全身循环。病毒血症导致该病毒迅速扩散到全身的组织和分泌物（包括唾液、尿液和粪便）。该病毒对肝细胞和内皮细胞具有特别的亲嗜性，并产生特征性的临床症状。由病毒引起的内皮细胞损伤导致消耗性血凝（散布性血管内凝血）和全身性出血倾向（出血性素质），这反映出凝血因子的异常。

通常，急性死亡犬有浅表淋巴结和宫颈皮下组织水肿和出血。腹腔通常积液，其颜色变化由透明到鲜红，浆膜表面出血，肝肿大并充血，表面覆有纤维蛋白渗出物。胆囊特征性水肿。在肝细胞、血管内皮和巨噬细胞中出现大量特征性核内包含体。

部分 ICH 康复犬发生的眼损伤是免疫复合物在睫状体沉积的结果。

53.1.3.3 宿主对感染的反应

ICH 康复犬，无论症状严重与否，均产生长期甚至终生的免疫反应，康复动物产生高滴度的抗 CAV-1 中和抗体。

53.1.4 实验室诊断

依据显示抗 CAV-1 抗体滴度升高的血清学检验［补体结合、血凝抑制和酶联免疫吸附试验（ELISA）］、病毒核酸的 PCR 检测、感染组织中分离病毒或用 CAV-1 特异性抗体的免疫组化染色，可以对 ICH 进行确诊。

53.1.5 治疗和控制

ICH 犬的治疗包括辅助治疗和对症治疗。通过暴露犬的免疫接种和严格的公共卫生措施进行控制。现有的疫苗包括多种灭活和致弱疫苗，还有可提供抗 CAV-1 病毒的异源性保护的 CAV-2 疫苗。与某些弱毒疫苗不同，CAV-2 疫苗不使免疫犬产生免疫复合物性色素层眼炎。在实施过程中还必须注意，由于成功的免疫与中和抗体的水平密切相关，要确保母源抗体不会干扰幼犬的主动免疫。

53.2 犬腺病毒 2 型

通过暴露犬的免疫接种和严格的公共卫生措施进行控制。

已从急性咳嗽犬分离到的犬腺病毒 2 型，是诱发传染性支气管炎（“窝咳”）的几种传染源之一。实验性感染产生轻微喉炎、扁桃体炎和支气管炎，病毒在呼吸道可持续 28 天。与 CAV-1 不同，CAV-2 不引起全身性疾病，不分泌到尿液，也不引起肾和眼的损伤。CAV-2 抗原性与 CAV-1 相关，由于不产生免疫后的眼损伤，CAV-2 疫苗已被作为 ICH 疫苗使用。

53.3 牛腺病毒

牛腺病毒（BAV）目前划分为10个血清型（BAV-1～BAV-10），其中BAV-3和BAV-5似乎比其他血清型致病性要强。该腺病毒通常引起肺炎或肠炎，但仅侵袭幼龄或免疫机能不全的牛。经常从外表健康的正常牛分离到这种腺病毒。血清学调查表明，无症状或亚临床BAV感染遍及全球。BAV-3导致易感牛发生温和性肺炎，伴有肺终末支气管上皮细胞的坏死，产生坏死性支气管炎，在感染的上皮细胞内出现特征性核内包含体。

用牛腺病毒接种免疫机能正常的牛，在10～14天产生中和抗体，而自然感染所产生的免疫可持续终生。需通过病毒分离或血清学检验进行诊断。可从直肠、鼻或结膜拭子中分离到牛腺病毒。许多型的病毒在盲传数代后，才产生特征性的细胞病变。

美国没有批准牛腺病毒疫苗的使用，而且欧洲也仅限于使用BAV-1、BAV-3和BAV-4型疫苗。

53.4 马腺病毒

腺病毒感染很少引起健康马的呼吸道感染，免疫机能不全的幼驹常发生亚临床或无症状感染。然而，患严重复合免疫缺陷症（SCID）的阿拉伯马驹对马腺病毒1型高度易感。这些马的病程长，以咳嗽、呼吸困难和发热为特征。该驹也可发生波及多种器官和组织的全身性病毒感染。

通过血清中和试验确认，马腺病毒有两个血清型。实验室诊断，在马胎肾或马胎真皮细胞上，可从感染组织、鼻和眼拭子中分离到该病毒。可通过电镜、免疫荧光的免疫组化染色等对感染组织中的该病毒进行鉴定。可应用PCR检测腺病毒核酸，病毒中和及血凝抑制试验也用于指示腺病毒感染抗体的存在及滴度的升高。

还没有针对马腺病毒的商品化疫苗。

53.5 绵羊腺病毒

从正常绵羊和患有呼吸疾病的小羊的粪便中，已经分离到了腺病毒。6种血清型得到鉴定。由于只产生呼吸或胃肠道温和或不明显的感染，大多数绵羊腺病毒的病原作用是不确定的。然而，已经出现腺病毒引起的肺炎和肠炎的明显暴发，以及非常小的羊羔全身感染的零星报道。

53.6 鹿腺病毒

最近鉴定了一种引起长耳鹿（包括黑尾鹿）的致死性全身感染的不同的腺病毒。该病毒起初被认为是美国北部（加利福尼亚）长耳鹿致死性疾病大量暴发的病因，但后来发现，其分布相当广泛。驼鹿也可发生相似的疾病。在基因水平，该致病性腺病毒与牛和羊的其他腺病毒不同，但血清学相关。有人建议将鹿腺病毒归于一个新属（*Atadenovirus*），该属还包括 BAV-4、鸭腺病毒 1 型和已确定的其他腺病毒。由于该病毒可感染上皮细胞和血小板，因此，可引起局部或全身性血管损伤，导致严重的肺水肿、口腔和胃肠道溃烂及广泛性出血。该病毒可在原代鹿的呼吸道上皮细胞上繁殖，但诊断要依据临床表现、组织学损伤、抗 BAV 抗血清的免疫组化染色及电子显微镜观察。

53.7 禽腺病毒

腺病毒可感染全球范围内的禽和其他鸟类。尽管常从外观正常的鸟分离到腺病毒，但某些特异性疾病也与腺病毒感染有关。这类疾病包括减蛋综合征，以野生和家养鸟类产生缺壳蛋、软壳蛋为特征。火鸡出血性肠炎和雉大理石样脾，这些都以感染鸟的肠道出血和脾肿大为特征。

第 54 章　疱疹病毒科

Alex A. Ardans

疱疹病毒科由广泛分离于动物种群、人、鱼和无脊椎动物（如牡蛎）的病毒组成。疱疹病毒基本上发现于所调查的每个物种。该病毒群的生物学特性（如病原性、形成隐性感染和潜在的致瘤性等方面）千差万别。疱疹病毒的形态相似，含有双链 DNA 核芯和由 162 个壳粒组成的呈二十面体的衣壳，衣壳外包绕着由球蛋白组成的颗粒区，外面覆盖着脂质囊膜（图 54.1）。疱疹病毒的基因组为 125～135kb，编码多种不同的蛋白质，病毒基因组所编码的蛋白质负责病毒复制、病毒结构形成、调节细胞生长和调控宿主的抗病毒反应等。

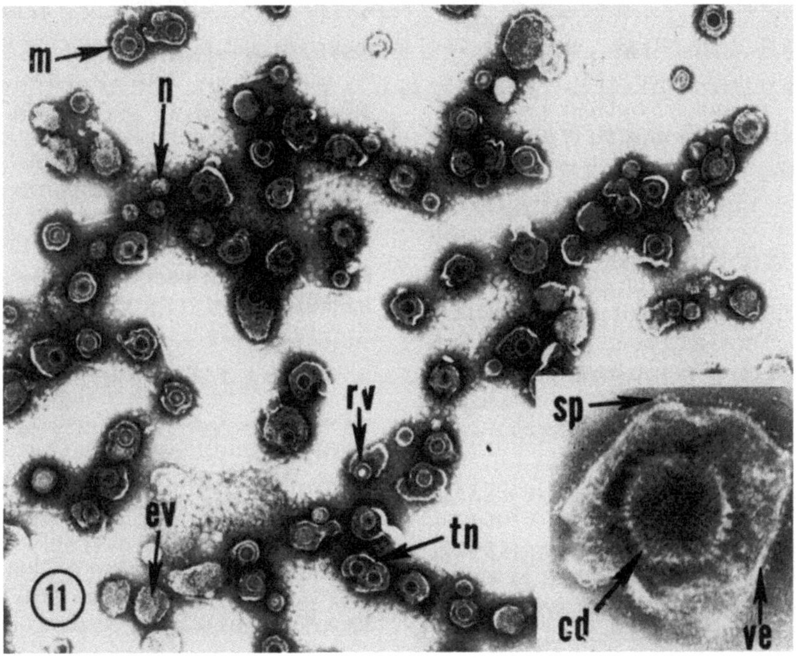

图 54.1　牛传染性鼻气管炎病毒的负染样品。n＝核衣壳，ev＝囊膜，rv＝有囊膜的病毒，tn＝双核衣壳（17 000×）。切片：成熟病毒囊膜上的微小突起。sp＝病毒纤突，cd＝病毒核芯，ve＝病毒囊膜。(10 000×)（经 Talent LT，Zee YC 允许复制）

最初，根据宿主范围、复制周期的持续时间、细胞病变和隐性感染特性，疱疹病毒科分为三个主要亚科，分别为 α、β 和 γ 亚科。α 疱疹病毒有相对严格的宿主范围，在细胞培养物上有高度的致病性，复制周期相对较短（24h），可引起感觉神经元隐性感染。β疱疹病毒宿主范围不定，复制周期长，所感染的细胞变大，因此也称为巨细胞病毒，在多种组织形成潜伏感染。除少数例外，α疱疹病毒均趋于嗜B淋巴细胞和T淋巴细胞（淋巴细胞嗜性），在成淋巴细胞内复制，在某些类型的上皮细胞和成纤维细胞中造成溶细胞性感染。感染常在未溶细胞阶段被捕捉到，细胞中伴有病毒基因的持续性低水平表达。在淋巴组织形成潜伏感染。宿主范围窄，实验性感染宿主常局限在自然宿主动物中。

54.1 马疱疹病毒

54.1.1 病症

据推断，有9种疱疹病毒，其中5种可感染马（EHV-1～EHV-5），3种感染驴（EHV-6～EHV-8，驴疱疹病毒），另一种可能来源于斑马（EHV-9）。EHV-1、EHV-3、EHV-4、EHV-8和EHV-9是典型的α疱疹病毒；EHV-2、EHV-5和EHV-7被归入γ疱疹病毒。

EHV-1与流产、上呼吸道感染和神经性疾病相关。已从慢性喉炎、轻微上呼吸道感染的年轻马，3～4月龄、患严重上呼吸道感染的驹和临床正常马中分离到EHV-2，其病原学意义尚未确定。性病（水疱性媾疹）是EHV-3最显著并充分认识到的特征。EHV-4与EHV-1有密切的抗原相关性，可引起呼吸道疾病和偶尔流产。EHV-5与EHV-2一样，也从上呼吸道感染的马中分离到，但其病原学意义还不确定。

54.1.2 病原因子

54.1.2.1 物理、化学和抗原特性

马疱疹病毒具有典型的形态特征，从形态上不能与其他疱疹病毒区分，但抗原性不同，并能够用血清学方法进行区别。

54.1.2.2 对物理、化学因子的抗性

马疱疹病毒可被乙醚、酸（pH3）和56℃、30min灭活。

54.1.2.3 对其他种属动物和细胞培养物的易感性

通常，马疱疹病毒1～5型只感染马。由EHV-1引起，以玻璃体炎、脉络膜炎和视神经炎等为特征的失明性眼病，已经发现于新世界驼类（羊驼、驼马）。在这些动物中，有限的血清学调查资料还不能确定是否存在普通感染。EHV-1能够在马胎肾细胞、兔肾和L细胞（鼠成纤维细胞）上增殖，形成细胞病变和核内包含体。

54.1.3 马疱疹病毒1型

54.1.3.1 病症

马疱疹病毒1型（EHV-1）引起母马流产、幼马上呼吸道感染及偶发性神经性疾

病。母马流产最早发生在怀孕4个月时，通常发生在怀孕第7到第8个月，常不显现任何预兆。宫内感染驹出生时还活着，但通常体质虚弱，2～3天后死亡，伴有的共济失调征兆的脑脊髓炎和后肢麻痹与EHV-1的某些毒株相关。

54.1.3.2 宿主-病毒关系

1. 分布、宿主和传播

在全球的马匹中，EHV-1广泛存在。该病毒似乎在马体内持续，通过流产胎儿碎片从一个场所到另一个场所，犬、狐和食腐肉的鸟携带感染也是可能的。另外，传播也发生在与带病毒的流产胎儿或胎盘的直接接触。幼马常年呼吸道疾病的发生提示存在有携带者和潜伏感染。

2. 致病机制和病理变化

EHV-1流产的致病机制还是一个谜，从实验性诱导的流产和从血浆棕黄层的病毒培养物，均可检测到中和抗体存在条件下的病毒血症，但在无细胞的血浆和洗涤过的红细胞悬浮物中，没有检到病毒。与细胞相连的病毒能逃避抗体的中和，但病毒侵入胎儿的机制尚不清楚。

临床表现上，胎儿的最突出损伤是黄疸、黏膜出血、皮下和胸膜水肿、显著的淋巴滤泡性脾肿大和局灶性肝坏死。组织学上，有支气管炎、肺炎、脾白髓严重坏死和局灶性肝坏死，并伴有核内包含体。早期胎儿（小于3月龄）对病毒感染反应轻或无反应。然而，妊娠持续到4个月的胎儿对病毒的存在，以特殊的方式显示了明显的反应能力。

小于7月龄胎儿的损伤与较大的胎儿不同，揭示损伤反映出对病毒的致死性反应。

3. 宿主对感染的反应

EHV-1实验暴露后24h内，24～48h，驹和母马表现持续的白细胞减少。在感染后9天内，在循环的白细胞中，病毒持续性出现。在感染后90～120天，母马可发生流产。在感染马血清中，出现补体结合和病毒中和抗体。通常，在感染后6个月内存在补体结合性抗体，而病毒中和抗体持续时间更长。针对病毒囊膜的IgG抗体可中和病毒，而针对核衣壳的抗体不能中和。带有EHV-1抗体的孕马，EHV-1的实验性攻击可导致流产。不能分离到病毒的个体损伤，揭示了抗原-抗体复合物的致病作用。

54.1.3.3 实验室诊断

对流产病例，依靠出现在胎肝、脾、肺和胸腺、带有核内包含体的特征性损伤进行诊断。在这些组织中，病毒含量丰富，可通过组织切片的免疫荧光或免疫组化染色或病毒分离加以证实。通常，病毒分离相对容易，母马血清不总是显示抗病毒抗体滴度的升高。因为在血清学上难以区分，而且很少分离到该病毒，EHV-1诱导的脑脊髓炎的诊断在死前较为困难。组织病理学显示有血管炎，也揭示了抗原-抗体复合物的致病机制。在少数偶然情况下，在北美（加州）暴露于骡的马出现脑脊髓炎，用特异性酶联免疫吸附试验能够在血清学上将EHV-1从EHV-4中区分出来。PCR也已被用于EHV-1流产的诊断。

54.1.3.4 防治

限制繁育区和断奶区的出入流通及降低孕马应激反应有助于预防流产。尽管疫苗的使用很广泛，但在消除流产造成的损失上，并不是完全有效。目前，已不再使用能使幼龄动物和孕马发病的仓鼠肾适应活病毒疫苗。细胞培养的弱毒活疫苗，尽管可刺激抗体反应，但效果还未证实。一种灭活的细胞培养疫苗，在怀孕的第 5、第 7 和第 9 个月接种，在野外试验中证明有效，但用该疫苗免疫的母马仍出现流产。最近，EHV-1/EHV-4 联合疫苗正被使用。

54.1.4 马疱疹病毒 2 型

54.1.4.1 病症

在全球马匹中流行的马疱疹病毒 2 型均已从临床上健康马和病马中分离到。也已从轻微和慢性喉淋巴滤泡增生、幼龄马轻微呼吸道感染、胎儿肺炎和胎儿角膜结膜炎等病例中分离到该病毒。有关它在疾病中的作用还值得怀疑。

54.1.4.2 宿主-病毒关系

1. 分布、宿主和传播

已从全球范围的马体内分离到 EHV-2，外表健康和临床发病马是该病毒的贮存宿主。对小马用 EHV-2 实验性接种，在接种后 118 天，仍能分离到病毒。EHV-2 与上呼吸道症状有关，此时病毒可持续到 418 天。

2. 致病机制和病理变化

对于 EHV-2 致病机制的了解很少。97%小于 1 岁的马存在 EHV-2 抗体。可从 88.7%正常马的白细胞中分离到该病毒。与此类似，采集自 69 匹 1～8 月龄驹的样品，68 份呈病毒阳性。已确认感染始于扁桃体，观察到病毒血症和细胞病变后，揭示已在其他部位复制该病毒。

54.1.4.3 实验室诊断

对 EHV-2 感染物，没有特异性的诊断方法。可从鼻、喉拭子和血液淡黄色凝块中分离到病毒，可通过 PCR 鉴定病毒。

54.1.4.4 治疗和控制

还没有确切的控制方法。也没有针对 EHV-2 的疫苗。

54.1.5 马疱疹病毒 3 型（马交媾疹）

54.1.5.1 病症

马交媾疹（ECE）是一种急性、性传播疾病，其特征是在公马的阴茎、包皮和母马外阴、会阴部皮肤形成丘疹、水疱、脓泡和溃疡。大约 14 天后损伤自愈，在母马阴门留下褪色斑，在公马阴茎和包皮上出现糜烂和溃疡。损伤也可能出现在口唇周围、外鼻孔、鼻黏膜和结膜。马疱疹病毒 3 型（EHV-3）的唯一特征是不能在细胞培养物上生长，而其他来源的疱疹病毒却能生长。

1. 分布、宿主和传播

1968 年，首次在北美和澳洲同时分离到 EHV-3。该病毒的唯一已知宿主是马，通常的传播模式是性传播，但不经过交配 EHV-3 也能传播。发生感染时，阴门和阴道并非一定要有破损。通过污染物或作为机械载体的昆虫，感染也能扩散。提示在非繁殖季节，那些已感染的公马和母马，EHV-3 呈潜伏感染，而在繁殖季节被激活了。

2. 致病机制和病理变化

对该病毒的致病机制所知甚少，但损伤发生时，通常能检测到病毒和抗体滴度的升高。血管周围和腺体周围淋巴细胞的聚集提示，在致病过程中，免疫介导的反应起一定作用。

阴门组织的微观检查发现，在生殖上皮或坏死区的残留细胞核，分散有浅表溃疡，并伴有零星的典型核内包含体。

3. 宿主对感染的反应

在该病的急性期，通常有抗体出现。

54.1.5.2　实验室诊断

临床症状、血清学试验、组织病理学检查和病毒分离均可用于 ECE 的诊断。

54.1.5.3　治疗和控制

没有针对 EHV-3 的疫苗，治疗包括使用可减轻疼痛的特效软膏和至少 3 周内停止性行为。

54.1.6　马疱疹病毒 4 型（马鼻肺炎）

马疱疹病毒 4 型（EHV-4）的临床症状主要见于马驹和幼龄马。秋、冬季是该病的发病高峰。症状包括萎靡不振和体温升高达 105 ℉，并可持续 2～5 天。水样鼻腔分泌物在晚期变为脓性，充血性结膜炎，偶尔发生颌下淋巴增大。

该病原似乎遍及全球；然而，很少分离到病原。灭活和弱毒疫苗均有使用，但效果褒贬不一。

54.1.7　马疱疹病毒 5 型

对数个马疱疹病毒 5 型（EHV-5）分离株的研究结果表明，有几株在基因组和蛋白质组成上与其他株显著不同。推断 EHV-5 是从马呼吸道分离的一组病毒。EHV-5 的病理学意义还未得到充分肯定。

54.2 反刍动物疱疹病毒

疱疹病毒以α和γ疱疹病毒为代表，引起反刍动物的多种疾病，包括神经性、生殖性、致死性和呼吸性疾病。感染从不表现症状到致死。几种感染牛的疱疹病毒——牛疱疹病毒（BHV）、传染性牛鼻气管炎病毒（BHV-1）、牛乳头瘤病毒（BHV-2）和牛脑炎病毒（BHV-5）为α亚科病毒。BHV-1引起牛呼吸（传染性牛鼻气管炎）和生殖（传染性脓疱性外阴阴道炎）疾病。BHV-4为γ疱疹病毒，但其致病作用还不确定。从前被称为BHV-3的两种γ疱疹病毒，现在被命名为狷羚疱疹病毒（ALHV）：ALHV-1是非洲恶性卡他热（MCF）的病原；ALHV-2引起麋羚非典型MCF。

两种绵羊的γ疱疹病毒［绵羊疱疹病毒（OHV）1，2］：OHV-1引起肺腺瘤，OHV-2是绵羊MCF相关型的病因。也从山羊（CpHV-1）和鹿（CerHV-1和CerHV-2）分离到α疱疹病毒，而且，CpHV-1是山羊生殖障碍病的病原。

54.3 牛疱疹病毒

54.3.1 牛疱疹病毒1型

54.3.1.1 病症

牛疱疹病毒1型（BHV-1）感染牛表现为眼、生殖、呼吸和偶发的神经性疾病。呼吸道疾病通常表现为鼻气管炎［传染性牛鼻气管炎（IBR)］。该病引起严重和常发生的致死性气管肺炎，结膜炎也较常见。偶尔发生角膜和全眼球炎。BHV-1能感染生殖器，导致流产、阴茎包皮炎和外阴阴道炎（传染性脓泡性外阴阴道炎）。青年牛的脑膜脑炎偶尔由BHV-1引起，但从患神经性疾病的牛分离的疱疹病毒常被称为BHV-5。已从母牛乳房和乳头上的水疱性损伤中分离到BHV-1。

54.3.1.2 病原因子

对其他种属动物和培养物的感染性

虽然牛似乎是BHV-1的主要感染动物，但该病毒也被认为是猪阴道炎和阴茎炎的罪魁，已从发育停滞和新生仔猪中分离到。在北美（艾奥瓦和得克萨斯）被检猪中，大约11%存在IBR抗体。已从患眼病的红鹿分离到该病毒，对马来西亚水牛注射类固醇，可激活该病毒。还不确定BHV-1病毒是否是山羊的一种重要病原。在美国动物园捕捉的反刍动物的1146份血清样品中，只有3%有抗IBR病毒的抗体。

BHV-1能够在多种动物细胞上生长，包括牛、犬、猫、马、绵羊、兔、猴和人，并可产生特征性细胞病变。

54.3.1.3 宿主-病毒关系

1. 分布、宿主和传播

该病发生于全球。在20世纪50年代晚期，从传染性脓泡外阴阴道炎（IPV）病例分离到一种与 IBR 显著相同的病毒。已经证实，野生动物在该病的传播中起一定作用，但从显现出的病毒再复发的线索看，牛被看作是主要宿主。该病毒通过感染牛的呼吸、生殖和结膜分泌物传播。

2. 致病机制和病理变化

病毒在上呼吸道复制，并经泪管扩散。感染后大约两周，能从鼻分泌物中分离到病毒。尽管难以监测病毒血症，但实验性感染可在各种器官出现病毒，这可能是白细胞相关的病毒血症的结果。

生殖感染是最主要的性传播方式。损伤包括脓疱和晚期纤维素性坏死斑，通常局限于母畜阴门和阴道后部。所侵害公牛的阴茎包皮上也见有类似损伤。实验性感染母牛生殖器官 14 天后，能观察到病毒分泌；而公牛，可在感染后 19 天观察到此现象。

对最初感染病毒的牛，分别在第 2 月和第 7 月注射皮质激素，可检测到病毒分泌。这些观察到的结果说明，在应激状态下，病毒以零星分泌的方式维持。虽然概率很低，但偶尔在公牛精液中可以见到 BHV 间断性分泌。用这样的精液对母畜进行人工授精，将导致子宫内膜炎，降低怀孕成功率，缩短发情周期。动物实验显示，该精液提取物能引起牛的严重鼻气管炎和外阴阴道炎。正常情况下，同时发生呼吸和生殖性疾病的情况极为少见。

对妊娠母牛，感染 IBR 或极少数情况下接种弱毒疫苗，流产较为常见。从母畜感染到仔畜死亡的潜伏期为 15～60 天。由于胎儿死亡发生在流产前数天，因此，胎儿常发生重度自溶。胎儿水肿，特别是胎膜水肿，常伴有肾周围组织的大量出血性水肿。可见肾皮质严重出血性坏死，并伴有肝及淋巴结的局灶性坏死。某些出现在胎盘，并可作为很好的病毒分离材料。在非生殖道途径实验性感染牛，卵巢发生坏死性损伤。

对于 BHV-1 感染，结膜炎较为常见。典型症状表现为大量流泪，有时波及角膜，引起角膜炎。在一些牛的眼睑角膜，出现多灶性淋巴样增生。

在自然和实验性感染病例中，出现脑膜脑炎。组织学损伤包括非化脓性脑炎、神经元坏死、局灶性软化，在星状细胞和受损伤的神经元细胞中，出现核内包含体。

隐性感染还见于临床正常牛的三叉神经节。在正常和用皮质激素注射的牛，可见到病毒的重新分泌。

3. 宿主对感染的反应

针对 BHV-1 的免疫反应，除产生中和抗体外，还有多种因子参与。这些因子多数针对表面糖蛋白，在暴露后 7 天，出现 IgG 和 IgM。初次反应的 IgG 主要局限为 IgG_1 亚型。二次反应见到的主要 IgG 亚型是由于 IgG_2 抗体的升高。第二次经鼻接种并不引起 IgM 的升高，而流产后出现 IgM 水平升高。对细胞外病毒的中和，阻击细胞外病毒的扩散，体现出黏膜表面抗体的重要性。在补体介导的对感染细胞的溶解和抗体依赖性的细胞毒作用中，抗体也起作用。细胞因子的诱导可激活效应细胞，直接或通过抗体的相互作用，破坏病毒感染的细胞。这些反应彼此协同作用，很难说哪个更为重要。对于疫苗生产，同时考虑到能诱导抗体和细胞介导的免疫能力较为重要。

54.3.1.4 实验室诊断

患传染性牛鼻气管炎的牛的口鼻外部和鼻夹上的纤维素性坏死灶是病毒分离的最佳

材料。根据眼睑、结膜上观察到的多灶性白色坏死灶，可初步诊断为结膜型。如果未见这类病灶，须经病毒分离进行确诊。很容易从结膜拭子中分离到病毒。由于胎儿经常发生自溶，很难诊断出流产。如果有胎盘并相对新鲜，应该从胎盘组织进行病毒分离。用免疫荧光染色技术对胎盘组织诊断，已取得不同程度的成功。对于 IFA 阴性组织，免疫酶染色阳性可以提高 BHV-1 感染性流产的确诊率。由于在流产时，动物常有高滴度的抗体，依据血清学进行确诊就显得极为困难，这种条件下，不考虑原因，很难说明是否有滴度的升高。难以用常规方法实现精液中 BHV-1 的检测。PCR 技术已被用于精液中 BHV-1 的检测。

54.3.1.5 治疗和控制

经肌肉接种弱毒疫苗可降低该病的发病率，但能造成妊娠牛的流产。一种经鼻接种的疫苗已显示出对牛的安全性。这种疫苗中含有见于牛上呼吸道、只在低温条件下复制的温度敏感株，对妊娠动物使用安全而有效。皮质激素注射动物接种弱毒疫苗可导致该病毒在体内的增殖。尽管有如此多的不确定因素，但是，因为出现感染可引起潜在的巨大经济损失，因此，BHV-1 弱毒活疫苗已被广泛使用。

灭活疫苗并非始终有效，亚单位疫苗和基因缺失弱毒活疫苗已被认为是弱毒疫苗的替代。

消灭

在那些牛群数量较小的国家，已使用血清学试验结果指导该病的消灭计划。然而，在牛群数量较大的国家，这一方法很难实施。伴随基因工程疫苗的适当血清学方法也许有益。

54.3.2 牛疱疹病毒 2 型（牛乳头瘤）

已从全身性皮肤病（伪多块皮肤病）、乳头炎和胃炎牛分离到牛疱疹病毒 2 型(BHV-2)。BHV-2 可在多种细胞内复制，但牛肾细胞被广泛采用。该病似乎主要感染牛，绵羊、山羊和猪只出现轻微的实验性感染。

在美国、非洲、欧洲和澳洲，已从病牛皮肤和黏膜分离到 BHV-2。该病毒最早分离于南非患全身性皮肤病的牛，后来命名为伪多块性皮肤病（pseudolumpy skin disease)。由 BHV-2 引起的乳头炎首先出现在非洲和英国，后来出现在美国。患乳头炎的哺育牛引起牛和水牛犊口膜炎。暗示感染模式包括泌乳、经昆虫或隐性感染病毒的激活。

静脉接种引起全身性皮肤损伤，该损伤以表皮细胞间严重水肿并伴有合胞型核内包含体。在表皮出现单核细胞和嗜中性粒细胞浸润，真皮血管周围有单核细胞和淋巴细胞浸润。

依据临床症状和细胞培养物上的病毒分离，可以对伪多块状皮肤病和乳头炎进行诊断。成对样品的血清学检测可观察到抗体的升高。

54.3.3 牛疱疹病毒 4 型

牛疱疹病毒 4 型由一组分离于不同临床发病和正常牛的病毒组成。它们作为病原的重要性还不明确。只报道过 DN-599 株可引起结膜炎和呼吸道症状。已多次从北美（加利福尼亚）一些患子宫炎的病牛中分离到与该组病毒相关的病毒，被怀疑可引起小母牛的子宫炎。美洲和欧洲株似乎密切相关。由于可在其他炎症过程中被激活，本组病毒存在潜伏感染。

54.3.4 牛疱疹病毒 5 型

牛疱疹病毒 5 型（BHV-5）感染牛可引起非化脓性脑炎。已从阿根廷、澳大利亚、匈牙利、日本及美国的脑炎散发病例中分离到该病毒。

BHV-5 与 BHV-1 有强烈的交叉反应，目前，无法从血清学上区分这两者，但可通过限制性内切核酸酶进行区别。BHV-5 在牛群中流行似乎至少已有 20 年的历史，并伴有零星发生。通常报道的死亡率达 100%。该病造成的损伤与患病的严重程度相关，但通常有全脑的血管浸润、神经元坏死、神经纤维破坏和神经胶质增生。实验性感染产生与自然感染有相似的症状和损伤，此时，可从脑内再次分离到 BHV-5。

54.3.5 Alcephaline 疱疹病毒 1 型和 2 型（恶性卡他热）

恶性卡他热（MCF），一种牛科和鹿科动物的许多种中常发的致死性感染，有两个显著的流行病学特征：羚羊相关和绵羊相关的恶性卡他。Alcephaline 疱疹病毒 1 型（ALHV-1）的引起源于羚羊的（或非洲）恶性卡他，发生在牛和羚羊共同放牧区。从美国北部（明尼苏达州）临床 MCF 牛中分离到的病毒与 ALHV-1 密切相关。尽管还未分离到与绵羊（或欧洲、北美）MCF 相关的病原因子，然而竞争-抑制 ELISA 和 PCR 实验结果强烈揭示，绵羊疱疹病毒 2 型（OHV-2）是绵羊相关的 MCF 的病因。与大羚羊有关的 ALHV-2，还不能被认为是家养牛自然发生亚性卡他热的罪魁。

ALHV-1 是典型的 γ 疱疹病毒。通过对感染细胞的冻融和超声波处理，感染性丧失。该病毒粒子的大小为 58～240nm。该病毒能在牛胸腺和睾丸细胞培养物上传代。

临床病例主要局限在黄牛、水牛和野生的外来有蹄动物的几个种［pere David 鹿、白臂野牛（爪哇野牛）和白肢野牛（印度野牛）］。该病毒发生在羚羊产仔期，与羚羊和牛的混饲相关。新生羚羊从鼻和眼球分泌物中排泄病毒可达 3 个月。注射皮质激素的成年羚羊也可出现病毒的分泌。没有证据表明，绵羊有 OHV-2 的先天性感染，然而，羔牛在一岁期似乎可被感染。尽管绵羊有关的 MCF 可引起牛的产犊病，但对该病的传播新生犊不能起到与新生野羚相同的作用。有迹象表明，美国的所有家养绵羊均携带 OHV-2。

依据组织病理学和 PCR 检验对 MCF 进行诊断。感染动物出现黏液性和脓性鼻腔、眼分泌物及角膜混浊。也可发生口腔损伤，由多处溃疡发展为弥漫充血和大量流涎。常出现中枢神经紊乱和腹泻。

组织学损伤为淋巴细胞增生性异常，其特征是血管周围单核细胞浸润、坏死性脉管炎和组织淋巴细胞浸润。免疫复合物和补体沉积引起感染牛的肾小球肾炎，提示出现免疫介导性疾病。尽管很少检测到病毒抗原，但不能发现病毒特异性抗体。

54.4 山羊疱疹病毒1型

从北美（加利福尼亚）的一只一周龄的濒死山羊中，分离到一种疱疹病毒（以前命名为BHV-6)。该山羊出现肠炎、瘤胃、盲肠和结肠的坏死和溃疡。在瑞士山羊羔，还观察到了结膜炎和鼻炎症状。虽然也常见到成年羊感染，生殖性疾病表现为阴门或阴茎包皮炎。从加州绵羊胎儿分离到的一株疱疹病毒，通过DNA分析，确定为山羊疱疹病毒（CpHV-1)。此CpHV-1能在犬、兔、猫、马、牛和羔羊细胞中复制。

CpHV-1病毒经在鼻、肌肉和静脉暴露，可从阴道分泌物中分离到。在怀孕期出现流产，但不能从胎儿分离到病毒。该病毒感染幼仔，可引起严重的结膜炎、鼻炎和腹泻。在鼻间膈上出现的纤维性坏死，与牛的IBR感染极为相似。

大量的损伤局限在胃肠道，表现为瘤胃、盲肠和结肠的坏死和溃疡，在坏死部位附近的上皮细胞中，出现核内包含体。

可通过从鼻分泌物和胎组织的病毒分离诊断该病。该病尚不普遍，也没有可用的疫苗。

54.5 绵羊疱疹病毒

54.5.1 绵羊疱疹病毒1型

从患肺腺瘤的绵羊肺，分离到了绵羊疱疹病毒1型。尽管实验性感染该病毒可引起羔羊肺炎，但肺腺瘤一般由一种反转录病毒引起，因此OHV-1的致病作用还不确定。

54.5.2 绵羊疱疹病毒2型

绵羊疱疹病毒-2（OHV-2）是牛恶性卡他热绵羊相关型的病原。该病毒从未分离到；然而已在MCF牛体内，用PCR检测到OHV-2 DNA。其与ALHV-1在基因组上非常相近。

54.6 伪狂犬病（Aujeszky氏病）

54.6.1 病症

猪伪狂犬病对幼龄动物造成相当严重的后果。该病毒通常侵袭神经系统，致死率为5%～100%。母猪在妊娠中后期感染可引起流产、死胎、木乃伊或僵猪。对成年猪，严重的神经功能失调较为少见，表现为原因不明的短暂性发热、呆滞、食欲不振、运动失调和共济失调。在各种年龄猪，均能见到呼吸道症状，但主要出现在生长期和生长晚期的猪群。大龄猪因症状不明显或轻微常被忽视或误诊。伪狂犬病也发生在其他种群中，如牛、绵羊、犬、猫和浣熊，其临床征兆为神经症状和强烈的瘙痒症。

54.6.2 病原因子

54.6.2.1 物理、化学和抗原特性

伪狂犬病毒（PRV）是一种 α 疱疹病毒，称为 Suid 疱疹病毒 1 型（SuHV-1)。PRV 只有一个血清型；然而，可通过限制性内切核酸酶消化显示不同地区分离株之间的差异。弱毒株已被证实，其基因部分缺失，表明基因组的特定区域与毒力相关。

54.6.2.2 对物理、化学因子的敏感性

PVR 对高温相当敏感，在较低温度、pH6～8 的细胞培养物中稳定。已观察到该病毒能在去氯的水中存活 7 天，在厌氧的湖水中存活两天，含氯的化学试剂是最有效的消毒剂。

54.6.2.3 对其他种属和细胞培养物的感染性

该病通常发生在牛、绵羊、狗、猫和大鼠。对所有非成年猪，该病几乎是致命的；因此，其他动物基本是终结宿主。尽管有一个关于人感染的报道，但 PRV 不能轻易感染人。

该病毒易于在多个物种和组织的细胞培养物中复制，这些动物包括猫、犬、牛、獾、效狼、鹿、秃鹰、鸡和鹅。

54.6.3 宿主-病毒关系

54.6.3.1 分布、宿主和传播

在欧洲和美国，伪狂犬病被认为是一种造成新生仔猪严重的高度致死性疾病，在世界其他地区也已有报道。PRV 的主要宿主似乎是猪，通常在猪和猪之间传播。通过消化和吸入散播病毒，经交配，病毒可从公猪传播到母猪，反之亦然。在密度拥挤条件下，在已污染的环境中，可发生该病毒的传染。

野猪能将病毒传播给家猪和其他动物，其中浣熊被集中研究。感染的浣熊通过与猪的紧密接触而传播病毒，猪可以通过吃食感染浣熊的尸体而感染。猪是该病毒散布到其他种属的主要传染源。狗感染病例与吃食病死野猪的组织有关。

猫似乎对该病更为敏感，在有猫存在的 51%的 PRV 感染农场中，观察到存在猫的感染。

54.6.3.2 致病机制和病理变化

该病毒在包括扁桃体组织的上呼吸道上皮中复制。在感染后 24h，可从脑中分离到

病毒，这一事实表明，感染的途径经过轴浆。很难检测到病毒血症，然而，在鼻腔分泌物中，持续性病毒分泌可达 14 天。下呼吸道感染也常出现，心脏和内脏神经节也参与其中。

该病毒产生非化脓性脑膜脑炎，伴有神经元的大量损伤、广泛的血管周围套和神经胶质增生。脑干是主要的侵袭部位，但损伤也广泛出现于大脑皮质和小脑。在多种类型的细胞中，出现核内包含体。该病的呼吸型表现，由于呼吸道上皮的缺损和肺泡细胞的坏死，引起坏死性气管炎和肺炎。

流产胎儿的微观损伤包括多器官的坏死，但主要为肝、脾、内脏淋巴结和肾上腺。核内包含体经常出现在退化的肝细胞、肾小腺细胞，偶见于脾和淋巴结的单核巨噬细胞。胎盘损伤以滋养层和绒毛膜间质细胞的退化和坏死为特征。

54.6.3.3 宿主对感染的反应

可在感染后第 5 天首次检到 IgM，大约第 7 天检出 IgG，在第 12～14 天达到最高水平。

54.6.4 实验室诊断

由于感染猪的症状随动物的年龄、感染病毒的剂量、毒株类型和暴露途径的变化而变化，因此，临床诊断较为困难。

在实验室，伪狂犬病的结论性诊断依赖病毒分离。对冷冻的扁桃体或脑组织，免疫荧光染色可做出快速诊断。PRV 抗体的血清学检验包括固相放免、免疫扩散、ELISA、补体结合试验、血清中和试验、反相神经元免疫电泳和间接血凝。ELISA 试验常被用于区分基因缺失疫苗和田间感染的抗体反应。对于急性暴发，由于抗体产生需要一定的时间，血清学（试验对该病的诊断）没有帮助。在美国，最常应用的检验是乳胶凝集（LAT）ELISA 和 SVN。对于该病的消灭，敏感的 LAT 由于其快速并易于操作，被广泛用于筛选。使用 SVN 和应用特异性 ELISA 检验进行确诊，基因缺失疫苗免疫动物的检测尤其有效。

54.6.5 治疗和控制

努力避免该病出现在饲养群中，作为一个农场主，应该：①从无 PRV 污染的地区购买动物；②在购买前进行检疫；③对新购动物进行隔离，最短在隔离 12 天后检测抗体；④限制猪群饲养人员的流动并实施有效的卫生措施；⑤尽力限制猪与其他动物的接触。饲喂是该病毒的潜在传播途径，应采取恰当的措施。

对已感染群，检疫是最为迫切的责任，推荐限制运输并待宰。如果对新生猪注射，已证实效价达到 1∶256 以上的猪源性抗血清可有效减少死亡。然而，还没有商品化的产品可用。

已有在地方性流行区使用的减毒活疫苗，并成功降低了死亡率。该疫苗不能阻止野外有毒株和有毒株分泌物不定期的再感染。隐藏性感染和免疫动物可不定期分泌排毒，但不表现临床症状。

灭活疫苗已商品化。它们主要用于疫区的易感母猪群，可对新生后几周内的仔猪提供同源抗体保护。在美国，基因工程（基因缺失）疫苗目前主要用于指定的州，因为利用血清学差异的控制计划已作为联邦政府消灭 PRV 计划的一部分。

54.7 犬疱疹病毒

54.7.1 病症

犬疱疹病毒（CHV）可造成新生犬初生死亡、流产、木乃伊和致死性的全身感染，而年龄较大的犬发生轻微感染。该病毒引起出生两周内的仔犬（发生）全身性感染，常表现为致死性感染。发病后短期内，仔犬生长停滞或死亡。

已从患呼吸性疾病的病犬分离到 CHV，同时还分离到其他可能参与引起犬的“窝咳”综合征的病毒和细菌。

CHV 能引起公犬和母犬的生殖性损伤。受侵袭犬虽然外表健康，但常表现不育不孕。

54.7.2 病原因子

54.7.2.1 物理、化学和抗原特性

犬疱疹病毒是典型的 α 疱疹病毒。CHV 和单纯疱疹病毒、PRV 或传染性牛鼻气管炎病毒间无交叉中和作用。然而，CHV 似乎与单纯疱疹病毒在抗原性上相关。

54.7.2.2 对其他种属动物和细胞培养物的感染性

已显现出与 CHV 抗原性相关的一种郊狼疱疹病毒，已从被认为是通过与犬的间接接触而感染的郊狼幼仔中分离到。尚未有其他动物对 CHV 敏感的报道。该病毒在人肺细胞、犊牛、猴、猪、兔和地鼠肾细胞上发生有限增殖。

54.7.3 宿主-病毒关系

54.7.3.1 分布、宿主和传播

已在欧洲、日本、澳大利亚、新西兰和美国分离到犬疱疹病毒。在所有地区，唯一的已知宿主是犬。在美国，郊狼可能是一个例外。

CHV 感染的模式可能包括胎盘、先天性、经口和经空气。也有一些证据表明，可通过动物管理者之间的间接接触传染。

54.7.3.2 致病机制和病理变化

犬疱疹病毒可引起成年犬呼吸性疾病，但严重的坏死和出血只发生在不足两周龄的仔犬。经鼻腔暴露后，可从幼犬的鼻和喉分离到病毒。该病毒可在呼吸道和年龄较大母

犬的生殖道增殖，母犬经阴道接种开始，直到第7天，可从阴道内分离到病毒。还从喉黏膜分离到该病毒。该病毒经血液扩散，在多种器官引起坏死性脉管炎。外观上，肾脏可能出现於斑、肺充血和水肿、脾肿大、淋巴腺炎和非化脓性脑膜脑炎。

受侵害的器官，如肾、肝和肺，特征性组织学损伤表现为广泛性的坏死和出血，在坏死邻近区域出现核内包含体。

54.7.3.3 宿主对感染的反应

CHV 接种犬可产生中和抗体，但免疫的持续性还不明确。CHV 感染仔犬可诱导血清中和抗体。对实验性感染仔犬和犬注射类皮质激素，可见到 CHV 的激活。

54.7.4 实验室诊断

临床症状和病理学对诊断很有益，依据对感染组织的病毒分离和快速的免疫荧光染色进行确诊。

54.7.5 治疗和控制

还没有商品化的 CHV 疫苗。由于该病毒免疫原性不佳，高免免疫球蛋白可能有效，但难以获得。对感染动物的清除和隔离值得考虑。

54.8 猫疱疹病毒1型（猫病毒性鼻气管炎）

54.8.1 病症

猫疱疹病毒1型（FHV-1）是引发猫病毒性鼻气管炎（FVR）的病原。除引起上呼吸道疾病外，该病毒也引起结膜炎、溃疡性角膜炎、溃疡性胃炎、流产和肺炎。

54.8.2 病原因子

54.8.2.1 物理、化学和抗原特性

猫疱疹病毒是典型的α疱疹病毒。血清学比较显示，全球范围内的 FHV 相似；然而，已观察到由不同分离株引起的不同临床症状。

54.8.2.2 对物理和化学因子的敏感性

该病毒的感染性可被乙醚、氯仿和次氯酸钠降低或消除。37℃、6h，25℃、6天或4℃、1个月，在培养物中的病毒活性丧失90%。该病毒在pH6条件下最稳定，在pH3和pH9时，3h活性完全丧失。在15℃的潮湿环境中，该病毒可存活18h，但在干燥环境中不足12h。

54.8.2.3 对其他种属动物和培养物的感染性

FHV 的自然感染仅见于猫科。FHV-1 的体外增殖主要限于猫源细胞系。在原代猫睾丸、肝和肾细胞，该病毒可增殖到很高滴度，并出现明显的细胞病变。

54.8.3 宿主-病毒关系

54.8.3.1 分布、宿主和传播

该病的自然病例遍及美国、加拿大、欧洲、澳大利亚和新西兰。猫充当贮藏宿主。当 FHV 潜伏感染的外表健康猫处于应激状态时，如注射类皮质激素，可分泌病毒。在潜伏感染猫的三叉神经节，已检测到该病毒的转录。

FHV-1 传播的主要途径是通过污染物和汽化微滴，经猫与猫之间的直接接触传播。在养猫场所，通过被污染的环境、人员或饲喂和卫生器皿的间接或污染物传播显得相当重要。

54.8.3.2 致病机制和病理变化

感染的发病机制随接种途径而变化。由于 FHV-1 感染常常在上呼吸道最明显，因此，可通过鼻和眼途径进行实验性研究。当经鼻腔接种时，该病毒很快在鼻腔的上皮细胞产生溶细胞性感染。病毒通常在上呼吸道持续达两周。尽管许多猫在初次发病时发生结膜炎，但很少发生角膜病变。实验上，局部免疫反应的抑制可使病毒侵入角膜。诱发的角膜炎似乎源于针对该病毒的免疫反应。

在呼吸道，变化发生在复层鳞状上皮和假复层柱状上皮细胞。肺的变化包括间质性肺炎，并伴随着支气管、细支气管的局灶坏死和肺泡间质炎性细胞的聚集和纤维性渗出。

伴随有结膜和角膜损伤的结膜复层鳞状上皮，出现大量的核内包含体。组织学上，角膜溃疡揭示上皮细胞的无序和退行性变化，部分细胞含有核包含体。

54.8.3.3 宿主对感染的反应

通过血清中和抗体测量鼻腔感染猫的最初免疫反应，不具有指示意义。

抗体通常可持续 1～3 个月，但在 12 个月内观察到猫的抗体在 1∶48 和 1∶256 之间波动。抗体的存在和对感染的抵抗的联系不是绝对的。

54.8.4 实验室诊断

免疫荧光染色可显示实验性感染猫组织中的病毒抗原。在 FVR 病程的早期，结膜和鼻黏膜含有可用于抗原检测的足量感染细胞。

可从组织样本和眼球、鼻或喉黏膜拭子中分离到猫疱疹病毒。能从感染后 14～21 天的鼻或喉拭子培养出病毒，但主要在第 1 周持续。

在康复猫的血清中能检测到病毒中和抗体。双份样品，一份取自急性期，另一份在

感染 2～3 周后采集，可用于 FVR 的血清学诊断。

54.8.5 治疗和控制

应该采取谨慎的措施，以避免将发展期、亚临床或潜伏感染猫引入另一个群体。已有致弱的猫病毒性鼻气管炎活疫苗。保护性免疫似乎相当短，而且推荐每 6 个月至 12 个月免疫一次。也有一种经鼻腔接种疫苗。实验性报道，重组疫苗可导致潜伏感染量的降低。

54.9 猿疱疹病毒 B 型（猕猴疱疹病毒 1 型）

疱疹病毒 B 型引起旧大陆猴（恒河猴和猕猴）的自然感染。感染猴的特征性口腔水疱类似人单纯疱疹病毒引起的感冒疮。该病对猴为非致死性，并在感染者体内长期潜伏。因为可从持续性感染动物的唾液和从无临床症状的中枢神经组织中分离到该病毒，所以，与猴的直接接触是该病毒最常见的传播方式。

该病毒可使人和实验动物（如兔和未断乳鼠）发生致死性中枢神经感染。虽然处理该病毒感染的原代猴肾细胞也能引起感染，但大多数人的感染是被分泌病毒的猴咬伤所致。

该病毒在人的潜伏期为 10～20 天。通常，在咬伤部位发生局部炎症并有水疱产生和局部性坏死。病毒通过外周神经侵入中枢，由于急性脑炎或脑脊髓炎可发生死亡。

在形态上，疱疹病毒 B 型与其他 α 疱疹病毒相似。很容易被去污剂灭活，该病毒可在鸡胚绒毛膜和兔、猴、人的细胞系上增殖，并产生核内包含体和合胞体细胞。人单纯疱疹病毒和疱疹病毒 B 型之间存在强交叉反应。

可通过从致死病人的中枢神经组织分离病毒，确定猴疱疹病毒的感染。一种以 PCR 为基础的试验也已用于该病毒的鉴定；然而，疱疹病毒 B 型特异性抗体的诊断性检测较为困难。对人疱疹病毒 B 型的感染，没有治疗方法，也没有开发出有效的疫苗。含有病毒特异性抗体的人 γ-球蛋白已用于猴咬伤的紧急处理。接触猴时，要小心并穿保护性用具，仍是避免感染的最好方法。

54.10 马立克氏病

54.10.1 病症

马立克氏病（MD）是鸡的一种多组织淋巴增生性疾病。外周神经最常受到侵袭。在疫苗发明之前，MD 引起体重减轻。对 MD 免疫鸡群，渐进性体重减轻揭示该病毒向高毒力演变。有两种马立克氏病毒：禽疱疹病毒 2 型（GaHV-2），也叫 MDV1 型，包括引起轻微到严重症状的分离株；禽疱疹病毒 3 型（GaHV-3），也叫 MDV2 型，包括非致瘤性毒株。第三种为火鸡疱疹病毒，包括分离的火鸡毒株。

一侧或双侧的进行性麻痹、运动失调、翅下垂、头偏于一侧是 MD 的常见症状。

致死率从温和马立克病的10%到未免疫禽的50%而异。

54.10.2 病原因子

54.10.2.1 物理、化学和抗原特性

GaHV1和GaHV2型及MEHV-1是α疱疹病毒。

54.10.2.2 对物理、化学因子的抗性

高于37℃时，细胞游离的病毒很容易被灭活，只在25℃（4天）和4℃（2周）时相对稳定。在27℃，MDV可长时间保存。该病毒在pH3和pH11时被灭活，干燥MDV对羽毛的感染性可被氯仿、有机碘、季氨化合物、甲酚、合成酚和氢氧化钠所抑制。

54.10.2.3 对其他种属动物和培养物的感染性

鸡是MDV的主要自然宿主。除鹌鹑外，该病很少出现在其他种类。尚未见到马立克氏病毒侵袭其他非禽类动物。也未发现MDV与人肿瘤之间的病原学联系。该病毒最常用鸡或鸭胚或纤维细胞增殖，鸡肾细胞也有使用。

54.10.3 宿主-病毒关系

54.10.3.1 分布、宿主和传播

马立克氏病是全球家禽的一个主要疾病。该病毒在排泄物、废弃物和禽舍灰尘中持续存在。经鸡的气溶胶水平感染是最主要的传播方式。是否经卵传播还不确定。马立克氏病毒只在羽毛囊中成熟为有囊膜的感染型颗粒，然后经脱落的细胞扩散到环境中，血液或肿瘤组织的完整活细胞或感染的完整细胞培养物具有实验感染性。无细胞的液体似乎没有感染性。某些鸡的细胞系对MDV具有遗传抗性，多数鸟的抗性与血清中和抗体的形成相关。

54.10.3.2 致病机制和病理变化

MD的发生随毒株和鸡的种类和年龄而变化。该病常发于2至5月龄的鸡，在大于22周龄的鸡中，该病还未见到。然而，已观察到该病出现在3～4周龄和60周龄的蛋鸡。尽管也可波及到内脏器官和其他组织，但该病毒主要侵袭神经系统。损伤出现在神经系统，波及外周神经和脊神经根。在波及的主要神经干，可以观察到大量由灰白色肿胀构成的损伤，其组织学特征为大量淋巴细胞浸润。可出现水肿和明显的神经鞘磷脂退化。

眼淋巴瘤增生是MDV感染的另一个可能结果，伴有虹膜引起的失明。组织学上，出现类似的淋巴细胞浸润，该浸润也发生于眼神经。

对于内脏型，淋巴瘤的严重程度随着浸润的性腺、肝和皮肤而变化。侵害的鸡内脏器官肿大，伴有白色结节或粟状病灶。在实验性感染中，已观察到眼动脉粥样硬化。

54.10.3.3 宿主对感染的反应

针对 MDV 的免疫反应较为复杂，在正常鸡，可产生体液介导和细胞介导的免疫应答。MDV 感染能引起免疫抑制。另外，免疫反应还参与肿瘤的形成。腔上囊切除鸡可在实验性感染过程中存活，表明 CMI 在疾病过程中的重要性。有人认为，鸡被动接种抗体，可限制感染的程度，而不会阻止感染或清除病毒。在感染后 1～3 周内，出现病毒特异性抗体，中和抗体可持续鸡的终生。感染后，常见短暂的 CMI 抑制。病毒在形成瘤的鸡体内持续存在。在肿瘤中，已鉴定出 B 淋巴细胞和 T 淋巴细胞，已显示胸腺切除可降低感染鸡淋巴瘤的程度。提示 MD 可能含有一种抗鞘磷脂和外周神经抗体的自身免疫成分。

54.10.4 实验室诊断

尸体解剖后，在外周神经、神经节根和脊髓根，常可观察到大量损伤。淋巴瘤特征性地含有小淋巴细胞、成淋巴细胞和网状细胞。粥样硬化性动脉损伤也常出现。依据病毒分离或应用免疫荧光、免疫过氧化物酶或应用 ELISA 检测羽毛囊细胞中的抗原，可以确诊该病。可通过琼脂扩散、间接免疫荧光、病毒中和及 ELISA 试验检测抗体。

54.10.5 治疗和控制

在实验条件下，可通过严格的隔离、定期监测、经常性病毒检测和抗体检测维持无 MDV 鸡群，但这些技术不利于商业化作用。已有商品化疫苗，对降低 MD 的发生也很有效。

已有三种血清型的活病毒用于疫苗生产，使更多种类的疫苗成为可能。HVT 疫苗（血清 3 型）是最主要的商品化疫苗，对非严重暴露很有效。免疫不能防止有毒力的 MDV 的感染或分泌，但可阻止肿瘤的形成。在单价疫苗无效的情况下，已成功使用二价和多价疫苗。胚胎免疫目前已用于 55%以上的孵化胚。已在实验室培养成功鸡的遗传抗性品系。

54.11 传染性喉气管炎病毒（禽疱疹病毒 1 型）

54.11.1 病症

传染性喉气管炎病毒（ILTV）常以急性形式发生于鸡，是集约化养禽区所需克服的一个重要问题。该病毒引起呼吸困难，并产生血样排泄物性咳嗽。ILTV 的温和流行型可引起产蛋下降、结膜炎和持续性鼻分泌物增多。

54.11.2 病原因子

54.11.2.1 物理、化学和抗原特性

ILTV是典型的α疱疹病毒，也称为禽疱疹病毒1型（GaHV-1）。

54.11.2.2 对物理、化学因子的敏感性

ILTV可被3%甲（苯）酚、1%氢氧化钠、1%碱液、乙醚于24h，55℃，10～15min灭活。在冻干和冻结条件下，该病毒可长期保存。

54.11.2.3 对其他种属动物和培养物的感染性

ILTV是鸡的一种主要疾病，该病在雉和孔雀中也有报道。可实验性感染幼火鸡。病毒在已形成胚的火鸡卵中复制。已发现欧椋鸟、麻雀、乌鸦、斑鸠、鸭、鸽和珍珠鸡对ILTV有抗性。

54.11.3 宿主-病毒关系

54.11.3.1 分布、宿主和传播

已在全球几乎所有国家分离到ILTV。该病主要发生在鸡的高密度养殖区，偶尔发生于雉。鸡是主要的宿主和传染方式。通过眼和呼吸道分泌物中的感染性颗粒，经直接接触传播。通过污染的器具和废弃物，可发生机械传播。还未见ILTV的卵传型的报道。带毒状态发生在亚致死性感染鸡，而且已从感染后两年的鸡分离到ILTV。未免疫鸟易于被免疫鸟感染，已免疫鸟可充当携带者。急性感染鸟比临床康复鸟携带更多的病毒。

54.11.3.2 致病机制和病理变化

在正常条件下，ILTV通过上呼吸道和眼泪管侵入。在自然病例，气管中发现高滴度的ILTV，这是由于该病毒只在鼻腔气管和下呼吸道复制。已在三叉神经节发现潜伏病毒。还未见病毒血症的报道。

对致死性ILTV的感染，可以观察到支气管黏膜增厚、出血、栓塞性心脏衰竭和所有内部器官的严重栓塞。组织学显示纤维性气管支气管炎，伴有气管上皮的脱落和脱落细胞中出现核内包含体，这些均是确诊的依据。

54.11.3.3 宿主对感染的反应

ILTV感染的最初症状通常出现在自然暴露后6～12天。感染或免疫后，对该病的抗性通常可持续近一年。感染鸟产生凝集性和血清中和抗体，然而，细胞介导的免疫反应看起来对抵抗更为重要。在缺乏体液免疫反应的腔上囊切除鸡，仍能观察到完全的免疫。

54.11.4 实验室诊断

应用已形成胚的鸡蛋和细胞培养物，可从病鸡的气管和肺组织中分离到病毒，可用 PCR 检测到 ILTV DNA。感染后 14 天，气管的免疫荧光能显示病毒抗原的存在。以 ELISA 为基础的血清学检验已得到广泛使用。

54.11.5 治疗和控制

使用活 ILTV 疫苗可导致出现带毒者，其分泌的病毒可感染未免疫的易感鸡。由于该病毒可在 13～23℃温度条件下存活 10 天，对已污染环境的清洁相当重要。完全屠宰和环境的彻底消毒已用于控制该病。

经泄殖腔、内眼角静脉窦、滴鼻、羽毛囊和饮水途径，已成功进行免疫。小于两周龄的幼鸟免疫反应不及大龄鸟。经水接种 ILTV 疫苗，在免疫的完全性或持久性上不及其他方法。饮水疫苗要产生效果，该病毒必须穿过鼻腔或气管。疫苗泄殖腔接种导致病毒很快进入法氏囊，激发免疫反应。因为 ILTV 损伤幼鸟的法氏囊，该路径并非必需。经气溶胶发生足够的 ILTV 免疫。致弱的活 ILTV 疫苗可引起发病，已证实鸡胚源性疫苗在体内传代后可引起毒力升高。基因工程疫苗的研制为控制措施的提高开辟了广阔的前景。

第55章 痘病毒科

N. James MacLachlan　Jeffrey L. Stott

痘病毒感染多种脊椎和无脊椎动物。由痘病毒引发的疾病常侵袭皮肤，而且一些痘病毒可引起表现或不表现临床症状的全身性感染。对于鸟类，痘病毒感染常引起增生性上皮损伤；然而，丘疹或脓性上皮损伤是痘病毒感染哺乳动物的特征，仅有某些感染出现增生。

痘病毒大而复杂，在胞浆内复制。痘病毒分两个亚科，脊索动物痘病毒亚科的成员感染脊椎动物，而昆虫痘病毒亚科的病毒感染昆虫。脊索痘病毒亚科有8个不同的属（表55.1），不同属间的病毒有一定的抗原交叉反应，脊索痘病毒亚科病毒呈多晶，是大体上呈砖形的病毒粒子[(220～450)nm长×(140～260)nm宽]，包括一个脂蛋白表膜和一个双凹呈圆柱形的核心。包裹在核芯内的病毒基因组，由单一的、很大的（达130kb）的双链DNA分子组成。该病毒基因组编码150～300种蛋白质，病毒粒子中大约含100种蛋白质，其中包括参与病毒复制的多种酶。

表55.1　脊索动物痘病毒亚科中具有兽医临床意义的属

属	成员
正痘病毒属	痘苗病毒(与水牛痘和兔痘病毒高度相关)
	牛痘病毒(啮齿类、猫、牛和人)
	骆驼痘病毒
	鼠痘病毒(脱脚病)
	猴痘病毒
	浣熊痘病毒
副痘病毒属	牛脓疮性口炎病毒
	绵羊接触性脓疱(口疮)
	假牛痘病毒(人挤奶者结节)
	松鼠副痘病毒
	海豹痘病毒
禽痘病毒属	鸡痘病毒
	火鸡痘病毒
	雪鸡痘病毒(孔雀)
	鹌鹑痘病毒
	麻雀痘病毒
	燕八哥痘病毒
	金丝雀痘病毒
	鸽痘病毒
山羊痘病毒属	绵羊痘病毒
	山羊痘病毒
	疙瘩皮肤病病毒(neethling病毒)
猪痘病毒属	猪痘病毒
兔痘病毒属	黏液瘤、兔和松鼠纤维瘤
软疣痘病毒属	人传染性软疣病毒
	马和猴命名的病毒
牙塔痘病毒属	牙巴猴肿瘤病毒

55.1 正痘病毒属

55.1.1 病症

正痘病毒感染引起人和动物的多种丘疹性疾病。上皮增生形成丘疹，并很快破溃。形成的损伤局限于皮肤的特定区域，或呈全身性感染。皮肤损伤首先表现为皮疹或丘疹，然后形成脓疮，很快形成硬壳和疤痕。

55.1.2 病原因子

正痘病毒包括痘苗（和相关性的水牛痘和兔痘）、牛痘（图 55.1）、骆驼痘、猴痘、脱脚病和天花（人天花）。它们形态各异，同属不同病毒种间存在相当的血清交叉反应。正痘病毒包括血凝素。可从基因组 DNA 序列和鸡胚绒毛尿囊膜（痘斑出现和形成的最适温度）上痘斑的形成，对不同正痘病毒加以区别。动物宿主特异性的根源有时预示着正痘病毒的类型，但并非一成不变。

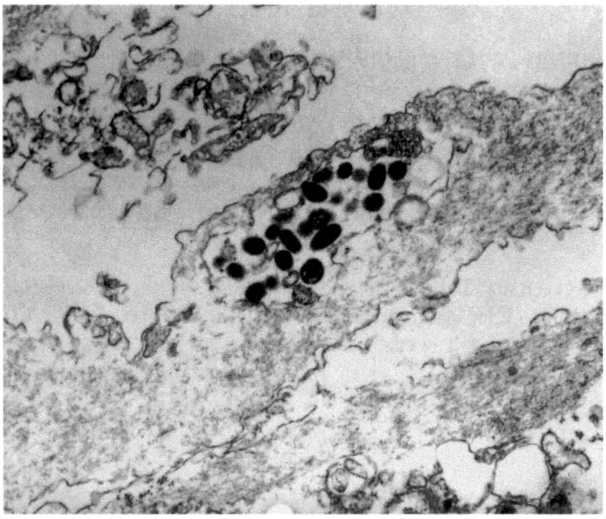

图 55.1 牛痘病毒引起的皮肤损伤的超薄切片。(8000×)（A. Casero 惠赠）

55.1.3 宿主-病毒关系

正痘病毒可通过直接接触、空气、节肢动物叮咬或暴露于排泄物传播。痘病病毒在环境中通常很稳定。

在抗痘病毒的免疫中，细胞免疫和体液免疫都很关键，细胞免疫促进病毒感染细胞的破坏，对限制病毒向周围的扩散很重要。细胞免疫缺陷使病毒广泛扩散，导致全身性感染。中和抗体对于从感染中的康复很重要。产生的免疫似乎可长期维持。

55.1.4 实验室诊断

可通过损伤部位提取物的电镜观察和病毒分离，对正痘病毒的感染进行诊断。可通过实验动物（主要为家兔）的划痕接种、细胞培养或鸡胚绒毛尿囊膜接种，分离病毒。其中，后者被广泛利用，并可区别不同型的病毒。

55.1.5 痘苗

痘苗病毒是正痘病毒属的代表型，并应用于人抗天花的免疫，在20世纪下半叶，在全球消灭天花前，天花是一种危害极大的疾病。早在1800年前，Edwar Jenner创立了用痘苗病毒对人免疫的方法，导致了天花的全球性消灭。起初，人们认为痘苗病毒是一种牛痘病毒，但由于它与牛痘病毒的差别很大，其起源尚未确定。水牛痘和兔痘（引起实验兔感染）由与痘苗病毒密切相关或相同的病毒引起。

通过已感染人员操作（挤奶），痘苗病毒感染牛；已感染的牛同样也可感染人。痘苗病毒感染的牛可产生损伤，该损伤不能与牛痘病毒感染所引起的损伤区别开来。发生在乳头和乳房上的损伤表现为小丘疹，发展为脓泡，最后为渗出性结痂。水牛痘是埃及、印度和南亚地区产奶水牛发生的类似于牛痘的一种疾病，像痘苗病毒一样，水牛痘病毒也能感染人。

55.1.6 牛痘

牛痘病毒与痘苗病毒紧密相关，但抗原特性不同。牛痘以乳房和邻近皮肤的丘疹、脓泡和结痂性渗出为特征。啮齿动物是该病毒的贮藏宿主，牛痘病毒对人、猫（家猫和大量野猫）及一些其他动物也有传染性。牛痘看似是一种局限在欧洲（包括英国诸岛）的疾病。

55.1.7 骆驼痘

骆驼痘是被感染骆驼皮肤的一种严重、全身化脓疱性疾病。在中东、非洲和亚洲的部分有大量骆驼的国家，骆驼痘对经济产生重要影响。该病主要发生于幼龄动物，以发热，四肢、颈部和头部出现的连续性全身皮疹、丘疹、脓疱和结痂为特征。

55.1.8 小鼠痘（脱脚病）

小鼠痘发生于实验小鼠，但在适宜的管理条件下，该病毒易于杜绝。小鼠痘是一种严重、快速致死性疾病，其特征为感染小鼠肝脏大量坏死。慢性型小鼠痘也有发生，其特征为被侵袭小鼠的远端（脚、尾和口鼻部）坏死。

55.2 副痘病毒属

副痘病毒感染多种动物，主要为有蹄类和家畜，而且少数可感染人（人畜共患病）。

副痘病毒常产生局部丘疹和增生性上皮损伤，如牛丘疹性口炎病毒、口疮病毒（传染性脓疱）和假牛痘病毒（挤奶者结节）。

副痘病毒外形独特，呈有组织的球形，病毒粒子表面形成如丝线缠绕的十字形结构。所有病毒具有抗原相关性，但囊膜上包含不同的抗原表位。在潮湿环境下，该病毒可长时间保持稳定。

55.2.1 丘疹性口膜炎

55.2.1.1 病症

牛丘疹性口膜炎以出现上皮细胞增生性丘疹为特征；这些丘疹出现在口鼻、鼻孔、唇、口腔、牙床、上腭和舌。特征性变化为充血性丘疹，伴有中央坏死和分层的色素沉积。该病通常不是临床上的一种重要疾病，虽然它有时可模拟口蹄疫和水疮性口膜炎等牛的重要水疱性疾病。

55.2.1.2 宿主-病毒关系

牛的丘疹性口膜炎感染遍及全球；人有时也可感染该病毒。普遍认为该病对牛呈潜伏感染。病毒出现在口、鼻分泌物中，通过直接接触传播。

55.2.1.3 实验室诊断和控制

牛的丘疹性口膜炎必须与重要的水疱病加以鉴别。可通过细胞培养分离该病毒，或直接见于痂皮或活体组织的电镜样品中。目前还未研制出疫苗。

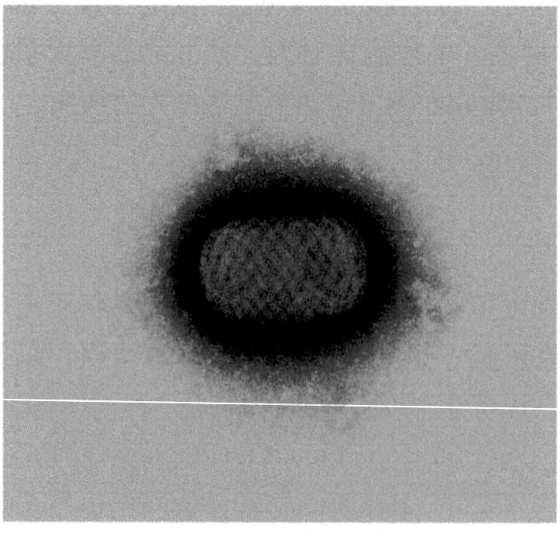

图 55.2 传染性脓疱病毒的负染样品。(40 000×)(R. Nordhausen 惠赠)

55.2.2 传染性脓疱

55.2.2.1 病症

传染性脓疱病毒（图 55.2）是绵羊和山羊传染性脓疱的病原（该病又叫结痂嘴、绵羊传染性化脓性皮炎、口痛症、传染性嘴唇皮炎和口疮）。口疮是一个用于描述人感染该病的术语。绵羊和山羊传染性脓疱的基本特征是唇、嘴、趾间、生殖器和乳房上出现丘疹和水疱。丘疹和水疱很快发展为脓疱，接着形成结痂。唇的损伤影响哺乳或食草，这样，感染动物出现条件性体重减轻。幼龄动物最容易被感染，然后，该病毒迅速扩散到其他易感动物。

一种相关的副痘病毒引起绵羊的溃疡性皮炎，该病特征性地在唇、脸、腿、脚和外生殖器出现溃疡性丘疹。通过性接触引起生殖性传染。

55.2.2.2 宿主-病毒关系

传染性脓疱病毒除感染绵羊和山羊外，也可感染人（人兽共患）、鹿和其他动物。相关的病毒可感染岩羚和海豹。该病毒分布于全球，在环境中通过绵羊的持续性感染维持，并可在干燥的痂皮中延长病毒的存活期。该病毒可通过感染绵羊口腔的糜烂和溃疡污染的粗饲料而轻易传播。

55.2.2.3 实验室诊断和控制

依据临床观察和病理学特征（如伴有细胞间水肿的上皮细胞增生、引起胞浆空泡化和出现胞浆包含体），进行推测性诊断。可通过电镜进行病毒鉴定，胎绵羊皮肤或睾丸细胞可用于病毒分离。

疫苗接种常用于控制该病的地方性流行，免疫力可长时间维持。有毒力的毒株常用于未感染动物的皮肤划痕免疫。这种方法的一个潜在不利因素是能使该病毒在自然环境中长期存在。

55.2.3 假牛痘

假牛痘是主要发生在哺乳牛的一种温和型疾病。乳头损伤首先表现为丘疹，接着，中央发生破溃，然后结痂。该后果造成特定痂皮外观呈环状或蹄铁状。致病性的副痘病毒与牛丘疹性口膜炎病毒密切相关。该病可通过直接接触感染人，形成所谓“挤奶者结节”。

假牛痘在多数国家均有发生，但对经济影响甚微。这是由于大多数感染不表现临床症状或很轻微。免疫持续期短，再次感染很普遍。牛偶尔产生慢性感染。

55.3 禽痘病毒属

禽痘病毒可感染多种禽类（表 55.1）。鸡痘病毒是该属的代表种。

55.3.1 病症

痘是商品鸡、火鸡和多种宠物和野生鸟类的一种常见病。鸡痘导致产蛋减少和受到侵袭的养殖场死亡率的逐步升高。感染鸟的损伤被称为皮炎或白喉。皮肤损伤以结节、上皮的疣状增生为特征。增生波及头部皮肤（鸡冠、肉髯、嘴角、鼻孔和眼）。白喉的产生源于黏膜的增生性损伤，并可扩展到血窦。喉和气管的损伤引发呼吸困难和罗音。损伤的特征为炎症、表皮增生和形成嗜酸性胞浆包含体。

受侵袭的商品鸡、火鸡、鸽和鹦鹉致死率特别低，然而，金丝雀感染几乎全部致死。

55.3.2 病原因子

众多禽痘病毒间抗原性相关，但可通过宿主范围、血清学检验、细胞空斑的形成和鸡胚绒毛尿囊膜上痘痕的产生等特性加以区别。病毒间也常通过基因组 DNA 分析进行鉴别。像其他痘病毒一样，禽痘病毒对干燥具有高度抗性。

55.3.3 宿主-病毒关系

禽痘病毒呈全球分布。病毒通过直接接触或机械运输发生传播。该病毒在痂皮中可存活较长时间，引起皮肤或呼吸道感染。该病毒也可通过昆虫（主要是蚊子和螨）的叮咬传播。在给定环境中，个体的慢性感染促进病毒的维持。

感染可激发体液免疫和细胞免疫反应，并可长时间保持。母源抗体对孵化出的仔鸡不能产生保护。

55.3.4 实验室诊断

依据临床症状、组织病理学（特征）和电镜（观察），对禽痘病毒的感染做出诊断。接种易感鸟、鸡胚绒毛尿囊膜、鸡和鸭胚成纤维细胞可分离到该病毒。

55.3.5 防治

禽痘病毒感染的控制依赖于提供充足的营养、饲养和鸡群中昆虫的控制。活的病毒疫苗已用于免疫鸟，以抵抗痘的发生；其他疫苗引起轻微感染，也可诱导保护性免疫。最近，已研制出重组疫苗，该疫苗提供可产生保护性免疫的整合外源基因的载体。

55.4 山羊痘病毒属

山羊痘病毒属包括绵羊痘病毒、山羊痘病毒和结节皮肤病病毒；绵羊痘病毒是该属的代表种。该病毒比其他痘病毒更长，大约 115nm×194nm；无血凝素。该属病毒密切相关，但抗原性不同。用任何一种病毒感染，均可产生针对异源病毒的交叉保护，其中只有山羊痘病毒的某些株例外。该属病毒具有高度宿主特异性，然而部分毒株引起绵羊、山羊和（或）人的损伤。

55.4.1 绵羊痘和山羊痘

55.4.1.1 病症

绵羊痘和山羊痘是家畜的重要痘病毒病，但感染引起临床症状的程度从不明显到严重的全身性感染。不同年龄的动物均易感，但在地方性流行区，幼年动物的症状相当严重。饲养和免疫水平也影响疾病的严重程度。绵羊和山羊痘病毒都可引起易感动物的全身性感染，并在感染后很快出现病毒血症。病毒扩散到皮肤、淋巴结和脾、肾和肺等多种器官。该病最初的临床症状为发热、鼻炎和结膜炎，接着在鼻腔外、唇、舌、齿、龈和皮肤（主要为毛发稀少部位）出现不同程度的损伤。皮肤损伤最初为丘疹和水疱，然后很快出现脓疮和坏死，并伴有痂皮。感染的上皮细胞可能含有嗜酸性胞浆包含体。损伤也扩展到呼吸道、消化道、肝、肾和其他器官。该病的特征性结节也被称为“石痘”。进行性死亡与继发的细菌感染和内部损伤的扩散相关。

55.4.1.2 宿主-病毒关系

感染主要发生在非洲、中东和印度。病毒通过空气、直接接触或节肢动物进行传播。在地方性流行区，病毒的持续可能是由于痂皮中的活病毒及其向易感动物的传播。

在形成损伤的一周内产生抗体，包括具有病毒中和活性的抗体，免疫可维持终生。

55.4.1.3 实验室诊断

组织病理学、荧光抗体染色、电镜和血清学检测有助于临床确诊。

在绵羊、牛和山羊的细胞培养物上，可进行病毒分离。与正痘和副痘病毒相比，绵羊痘和山羊痘病毒在鸡胚上生长不良。

55.4.1.4 防治

预防措施包括限制向无该病毒国家的进口，和在该病地方性流行区使用弱毒和灭活病毒疫苗。

55.4.2 结节皮肤病

55.4.2.1 病症

牛和水牛的结节皮肤病是由一种与绵羊痘和山羊痘病毒密切相关的病毒（Neethling 病毒）引起的。感染伴有病毒血症和发热，以及皮肤、呼吸道、消化道和生殖道上结节性损伤的形成。皮肤上的结节主要出现在颈、脸、口、鼻、胸、侧腹、腿、会阴和阴囊。皮肤损伤呈坚硬、隆起、与周围界线分明，常常紧接着发生中央坏死和溃烂。同样的损伤出现在呼吸道和消化道的上皮细胞。由于引起脉管炎、淋巴管炎和淋巴结炎，该病毒发生扩散性感染。

55.4.2.2 宿主-病毒关系

Neethling 病毒局限在非洲和马达加斯加。病毒可能通过直接接触、空气和昆虫媒介扩散。病毒在自然界的维持，可能类似于上面提及的绵羊痘和山羊痘，但在某些地区，水牛可能作为该病毒的宿主。

55.4.2.3 实验室诊断

需借助荧光抗体染色、组织的电镜观察、羔羊和犊牛肾细胞培养物上的病毒分离、鸡胚绒毛尿囊膜上的痘痕或血清学检测进行确诊。

55.4.2.4 治疗和控制

治疗仅限于辅助性治疗。疫苗接种可产生长期免疫力。无结节皮肤病的国家限制从有该病的国家进口牲畜。

55.5 猪痘病毒属

猪痘病毒是猪痘病毒属的唯一成员，是猪痘的病原。该病以散布性的皮肤痘状损伤为特征。

55.5.1 病症

猪痘发生在各种年龄的猪，但幼龄动物感染更多见。该病通常症状轻微，基本不引起死亡。损伤主要出现在腹部和大腿内侧，有时也见于皮肤其他部位。损伤的发展从丘疹过渡到脓疱和结痂。微观损伤类似其他痘病毒的损伤，包括伴有水肿性退化和嗜酸性胞浆包含体的形成等上皮细胞的增生。真皮中出现炎性细胞。痘苗病毒可引起猪的相同病症。

55.5.2 宿主-病毒关系

猪痘呈全球性分布。病毒通过直接接触或经白虱机械性扩散。胎盘传播也能发生。在干燥痂皮中，该病毒可长时间存活。

猪可产生免疫力，但检测不到中和抗体，表明局部体液免疫或细胞免疫在病毒的清除和抵抗再次感染中发挥作用。

55.5.3 实验室诊断

猪痘的皮肤损伤具有高度特异性，常伴有白虱的肆虐。实验室确诊需排除其他重要的水疱性疾病。依据荧光抗体染色、损伤部位痘病毒的电镜观察或在猪细胞系上的病毒分离进行结论性诊断。

55.5.4 控制

最现实的控制猪痘的手段是消除外寄生虫，没有普遍采用疫苗接种。

第 56 章　小 RNA 病毒科

N. James MacLachlan　Yuan Chung Zee　Jeffrey L. Stott

小 RNA 病毒科是一个含有大量小 RNA 病毒的大家族。最近，小 RNA 病毒科被建议分为 9 个属：口蹄疫病毒属、肠道病毒属、心病毒属、鼻病毒属、甲肝病毒属、副肠孤病毒属、*Erbovirus*、*Kobusvirus* 和捷申病毒属，其中多数成员是兽医临床的重要病原（表 56.1）。包括鸭肝炎病毒 1 型、3 型和火鸡肝炎病毒的多种禽小 RNA 病毒还未被划入特定属。

表 56.1　在兽医上有重要意义的小 RNA 病毒

属	成员	疾病
口蹄疫病毒属	口蹄疫病毒	偶蹄动物的口蹄疫
	马鼻炎病毒	伴有呼吸症状的全身性感染
肠道病毒属	猪肠道病毒 A 和 B （以前称肠道病毒 8～10）	生殖性（SMEDI）和皮炎（皮肤）
	猪水疱病毒	水疱病
	牛肠道病毒 1 和 2 型	不确定
	猿肠道病毒	不确定
心病毒属	脑心肌炎病毒	心肌病
	泰勒病毒	脑脊髓灰质炎 泰勒氏鼠脑脊髓炎 大鼠脑脊髓炎
鼻病毒属	牛鼻病毒 1、2 和 3 型	上呼吸道感染（轻微）
甲肝病毒属	禽脑脊髓炎病毒	神经性疾病
Erbovirus	马鼻炎病毒 B 型	呼吸道
捷申病毒	猪捷申病毒 1～7 型和 11～13 型 （以前称猪肠道病毒 1～7 型和 11～13 型）	
未分类	鸭肝炎病毒	肝坏死
	火鸡肝炎病毒	肝坏死

56.1　一般特性

包含在小 RNA 病毒科不同属的病毒具有相似的一般特性。该病毒无囊膜，呈立体对称，直径大约 30nm，在氯化铯中，密度为 1.33～1.45g/cm^2。衣壳呈二十面体对称，由 60 个亚单位组成。每一亚单位包括三种表面蛋白（VP1、VP2 和 VP3 或相应为 1D、1B 和 1C）和一种内部蛋白（VP4 或相应为 1A），该内部蛋白与基因组 RNA 紧密结合。每种蛋白质均源于一个前体蛋白的有序剪切，通过翻译后剪切，通常产生 11 种或 12 种病毒蛋白。

病毒基因组为7～8.5kb的单链单节段RNA，该基因组为正义RNA，因此，可作为信使RNA，并且具有感染性。一种小的病毒特异性蛋白Vpg，连接到该基因组的5′端，参与起始RNA的合成和病毒的成熟（RNA包裹）。

56.2 口蹄疫病毒属

口蹄疫病毒属包括口蹄疫病毒和马鼻炎病毒A。它们具有小RNA病毒的典型特征，唯一例外是在pH低于7时不稳定，并具有一种先于衣壳蛋白合成的编码前导蛋白。口蹄疫病毒是该属的代表种，口蹄疫病毒属的VP1蛋白负责病毒的细胞吸附和病毒的中和作用。

56.2.1 口蹄疫

尽管口蹄疫（FMD）不像从前那样广泛分布，特别是在发达国家，但该病仍是供人食用动物的一种极重要的疾病。口蹄疫对经济的影响不仅反映在感染动物的相关损失，而且还妨碍了国际和地区间动物的运输。该病毒能感染所有野生和家养偶蹄动物，但主要感染牛和猪；绵羊和山羊常常不作为严重的被感染对象。由FMD引起的经济损失巨大。例如，2001年，FMD在英国的暴发导致的生产收入损失约有数万亿，在暴发期间，由于检疫措施的实施，旅游收入减少造成的损失也达到一定水平。

56.2.1.1 病症

猪和牛FMD感染表现为发热、沉郁、大量流涎、跛行和水疱形成。水疱出现在口腔黏膜（舌、牙床和齿龈）、口鼻部、蹄冠表皮、趾间、乳房及乳头。水疱也发展到咽喉、气管、食管及瘤胃。某些幼龄动物出现心肌坏死。水疱很快破溃，形成溃疡，引起动物吃食减少，体重减轻和消瘦。某些感染动物的溃疡部位也可发生细菌继发感染。尽管致死率常低于3%，但发病率高，经济损失表现为生产性能下降和感染者康复期的延长。幼龄猪和犊牛的致死率显著升高。

56.2.1.2 病原因子

1. 物理、化学和抗原特性

FMD病毒是典型的小RNA病毒（图56.1）。有7个不同的血清型，分别称为O、A、C、SAT1、SAT2、SAT3和亚洲1型。不同血清型病毒的基因差异大，而且同一血清型也存在许多不同的病毒亚型。

VP1蛋白（1D）负责病毒的中和活性，其中含有的保守的RGD整联蛋白结合序列负责病毒结合到细胞的整联蛋白受体。

2. 对物理、化学因子的抗性

FMD病毒可在动物的分泌物和产品中长期存活。在高于50℃的条件下，该病毒被灭活，并对酸（pH<6.5）和碱（pH>10）敏感。FMD对脂溶剂有抗性。1%的氢氧

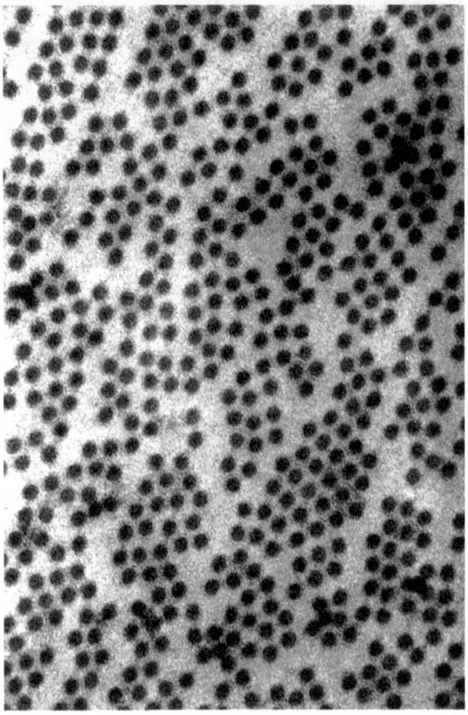

图 56.1　口蹄疫病毒（A12）的负染样品。（108 000×）（B. Baxt 惠赠）

化钠被推荐作为该病暴发后的环境消毒剂。

3. 对其他种属和细胞培养物的感染性

多种动物对 FMD 病毒易感，并引起发病。这些动物包括牛、家猪和野猪、绵羊、山羊、某些野生反刍动物、水牛、骆驼、南美羊驼和（极少数）人。在家畜中，牛和猪最常被感染。狗、猫、兔和南美栗鼠也已有被实验性感染的报道。易感的实验动物包括豚鼠、乳鼠、大鼠、家兔和仓鼠。一些毒株已在鸡胚、一日龄雏鸡和几种禽类体内增殖。FMD 病毒能在多种牛、绵羊、地鼠肾、兔和鼠细胞上复制。

56.2.1.3　宿主-病毒关系

1. 分布、宿主和传播

FMD 病毒的全球分布极大地反映出全球的经济形势，因此，该病主要发生在发展中国家，大多数发达国家已没有该病。在非洲、南美洲、欧洲部分地区和亚洲，FMD 呈地方流行性。北美和中美、英国、爱尔兰、日本、澳大利亚、新西兰、斯堪的纳维亚和加勒比地区目前已无 FMD，虽然该地区的许多国家以前曾严重暴发，最近还有一些发生。

FMD 的动物流行病学因一个国家/地区 FMD 病毒是否呈地方性流行而不同。在以前无 FMD 的地区暴发后扩散很快，这是由于该病毒具有高度传染性，而且潜伏期短，感染动物的呼吸道分泌大量病毒，该病毒在环境中相对稳定。病毒可通过直接接触、空气、排泄物及可能的节肢动物媒介传播。可从全身的分泌/废弃物（眼泪、鼻、唾液、尿、粪、乳汁、阴道、精液和流产胎儿的胎盘）中分离到病毒。在这类分泌物中，病毒的存活依赖于 pH 和温度。FMD 可通过感染动物或其产品远距离传播，在冷冻条件下，FMDV 可存活 3 个月，在火腿、熏肉和某些香肠中可达两个月。当作为垃圾废弃时，已被污染的猪肉类产品成为特定条件下猪 FMD 感染的来源。感染动物的皮可作为该病毒较长时间的感染源。在感染发展期，人可机械或被感染后生理性地散布病毒。病毒的长距离空气扩散是某些地区该病暴发的根源。必须强调的是，当该病毒的某些新血清型或毒株引入后，在地方性流行区也会出现 FMD 的流行。某些暴发的严重性反映出正在发生的感染毒株的固有生物学特性。

2. 致病机制和病理变化

FMD 病毒感染的最主要途径是呼吸，而且已污染食物的食入或在散布感染中的直接接触也极为高效。在损伤形成和出现明显症状之前出现病毒血症。此时，可从体液和分泌物中分离到病毒。在病毒血症时，病毒很快经血液感染口腔上皮和蹄，并在这些部位形成损伤。在稳定感染期，病毒可在已感染动物的口腔中持续很长时间。

FMD 的特征性上皮损伤是水疱，水疱形成是细胞间和细胞内水肿的结果。这些水疱很快破溃，在已感染的上皮留下腐烂和溃疡。对幼龄动物，FMD 病毒可感染心肌，并产生退化和坏死；心肌坏死产生的特征性黄-白色条纹，称为“虎斑心”。

3. 宿主对感染的反应

在感染后两周产生血清 IgG，并具有型的特异性（type-specific）。已报道，新生犊牛中存在的母源抗体可干扰疫苗免疫。局部分泌、全身和细胞介导的免疫的相对重要性还不确定。牛的免疫持续期比猪长，但大约只明显持续一年。无论主动产生或被动给予，血清中和抗体似乎对猪具有保护作用。

56.2.1.4 实验室诊断

由于 FMD 的经济和政治意义，并与其他水疱病——水疱性口膜炎（VS）、猪水疱病（SVD）和猪水疱疹（VES）相似，一种快速的确诊方法是必需的。聚合酶链反应（PCR）技术逐渐被用于 FMD 病毒的快速鉴定，PCR 阳性材料的序列分析可用于 FMD 病毒感染株的分型和进行分子流行病学研究。通过细胞培养或实验动物接种分离后，可用病毒中和、酶联免疫吸附试验（ELISA）、荧光抗体（FA）或琼脂免疫扩散（AGID）进行随后的理化和血清学特性鉴定 FMD 病毒。电镜（EM）和免疫电镜观察也已用于 FMD 的快速诊断。

可通过 ELISA、AGID 和病毒中和（细胞或乳鼠上）进行 FMD 病毒感染的血清学诊断。AGID 试验可用于群反应性抗原（病毒感染相关抗原）的鉴定；这类抗体常出现在已经历过主动病毒感染的动物而非灭活病毒免疫的动物。重组 FMD 病毒非结构蛋白（2C 和 3AB1）也已用于区分自然感染和疫苗免疫动物，这是由于疫苗免疫不产生针对这些蛋白质的抗体。

56.2.1.5 治疗和控制

FMD 无特效治疗方法。然而，正确的饲养管理和对继发细菌感染的治疗可降低损失。

FMD 的控制极为困难，这是由于该病具有高度的传染性，宿主多，病毒稳定，抗原型和亚型多且免疫期短，无 FMD 的国家强调对来自 FMD 发生国的动物、动物产品及潜在的污染材料实施严格的进口规定。以前未发生过感染的国家采取大量屠宰和检疫计划以控制暴发。例如，为防止最近在英国暴发的 FMD，400 多万反刍动物被屠宰。

检疫和免疫计划已用于控制该病的暴发并阻止传播。FMD 呈地方性流行的国家主要依靠疫苗去控制此病；然而，由于不同株间交叉保护性免疫不完全，为避免引入另外的毒株，还必须采取其他措施。在 FMD 地方性流行的国家，广泛使用含佐剂的、来源于组织培养的灭活疫苗。活的减毒疫苗的安全性还存在一定问题，因此，其使用还不普遍。由于免疫期短，一年内需进行 1～3 次接种。疫苗中必须含有适当的型/亚型。目前，研究方向是亚单位、合成肽和重组型疫苗。后两种方法都瞄准令人振奋的 VP1 的产生。

56.2.2 马鼻炎 A 型病毒

马鼻炎 A 型病毒是一种与 FMD 病毒密切相关，并对马产生经济影响的重要病原。对感染马，马鼻炎 A 型病毒引起全身性感染，并伴有呼吸道症状，已有该病暴发的记载。可通过序列分析鉴别马鼻炎 A 型病毒的不同株。血清学调查表明，马已发生广泛感染，但马鼻炎 A 型病毒的真正影响还不确定。在细胞培养物上，很难分离到该病毒，因此，最佳的检测是采用 PCR。可在感染马的粪便和呼吸道分泌物中，检测到该病毒。

56.3 肠道病毒和捷申病毒属

肠道病毒属含有常对宿主具有种属特异性的大量不同病毒，包括感染人（小儿麻痹病毒、柯萨奇病毒、肠道和肠孤病毒）、牛（牛肠道病毒 1 和 2 型）、猪［猪肠道病毒 A 和 B（以前称为猪肠道病毒 8，9 和 10）和猪水疱病毒］和猴（猿猴肠道病毒）的病毒。猪肠道病毒血清型 1～7 及 11～13 现在被建议分入一个属——捷申病毒属。肠道病毒不耐热（在 50℃感染性很快破坏），对去污剂不敏感，但在低 pH 稳定（可在 pH3 条件下存活）。

56.3.1 猪肠道病毒和捷申病毒

56.3.1.1 病症

猪可感染多种肠道病毒和捷申病毒，包括猪水疱病毒（与人柯萨奇病毒 B 密切相关）、猪捷申病毒的 10 个血清型及两个猪肠道病毒（A 和 B），这些病毒是猪的几种重要疾病的病因。捷申病毒（特别是血清 1 型）引起猪的脑脊髓炎，因此叫捷申-泰勒法病。猪肠道病毒感染常不表现临床症状，但与不育/不孕（故称 SMEDI，表现为生长停滞、木乃伊化、胚胎死亡和不育）、皮炎和肺炎有关。猪水疱病毒是猪水疱病的病因。由与人柯萨奇病毒 B 紧密相关，但有区别的一种肠道病毒引起。该病须与口蹄疫病相鉴别。

在后面将分别介绍由这些病毒引起猪的不同疾病。

56.3.1.2 宿主-病毒关系

猪肠道病毒发生于大多数养猪地区。这些病毒通常引起猪的无症状性肠道感染。该病毒的持续可能源于易感猪的连续引入和携带者的存在。通过直接接触和暴露于病毒污染的粪便可引起传播。

猪肠道病毒主要经消化、吸入或两者同时作用感染宿主。在感染后不久，可从呼吸系统、血液和肠内容物分离到病毒。该病毒对肠道具有亲嗜性，也可从肠系膜淋巴结、肝、脾、肾、扁桃体、鼻甲、肺、膈，少数情况下的中枢神经系统（脑和脊髓）和（或）妊娠动物的胎儿中分离出来。不同毒株的特性存在明显的差异。

SMEDI感染导致胎儿木乃伊化、生长停滞和产仔数量减少，然而，猪繁殖障碍和呼吸道综合征病毒和猪细小病毒是产生这种综合征的更重要病原。不孕或死胎/木乃伊化的结果反映了易感母猪感染时所处的妊娠期。母猪通常在性成熟前被猪肠道病毒感染，这样，在怀孕前常具有免疫力，然而，这种免疫具有血清型特异性。

56.3.1.3 实验室诊断

通过进行免疫荧光染色、病毒分离或PCR，对感染猪或胎儿组织可以进行确定性诊断。可在原代猪肾细胞上尝试病毒分离。通过使用双份血清样品进行血清学诊断，以确定血清阳转或抗体滴度升高。

56.3.1.4 控制

由于猪肠道病毒具有多种血清型，并普遍存在于生产猪群，因此，难以实现对感染的控制。

56.3.2 捷申和泰勒法病

56.3.2.1 病症

捷申和泰勒法病分别用于命名由捷申病毒感染引起的猪的严重或温和型脑脊髓灰质炎。在欧洲的一个城镇，该病首先被详细记载，并因此得名。温和型（泰勒法）也被称为良性传染性麻痹或脊髓灰质炎。哺乳和断奶猪最易感。急性型表现为发热、厌食、虚弱和中枢神经系统功能的不定性退化。随病程的发展，动物出现站立或行走困难和常发性震颤、痉挛、眼球震颤，最后出现麻痹、死亡。

56.3.2.2 宿主-病毒关系

捷申病，首次被发现于捷克的捷申地区，目前仍存在于中欧。由肠道病毒引起的年轻猪温和型脊髓灰质炎（类似泰勒法病）已遍及全球。发生脑脊髓灰质炎的猪不出现特征性的损伤。显微镜下，脊髓灰质炎在脊髓和小脑处最明显。损伤表现为神经元退化、增生和淋巴细胞炎性浸润，猪脊髓灰质炎的发病机制类似于人的小儿麻痹症（也由肠道病毒引起)，病毒在肠道首先复制后，接着在免疫功能不全的动物中扩散到中枢神经系统。

56.3.2.3 实验室诊断

临床症状和组织学观察到的神经元坏死和脑脊髓灰质炎的淋巴细胞聚集具有提示意义，但需通过免疫荧光染色在组织中检到病毒、病毒分离或 PCR 确诊。

56.3.2.4 治疗与控制

对肠道病毒引起的脑脊髓灰质炎的治疗通常没有意义，这是由于大多数感染猪发生死亡。灭活疫苗已在欧洲使用，其成效还不确定，但还未普及到其他地区。严格的检疫已用于防止高致病性的毒株侵入无该病毒的地区。

56.3.3 猪水疱病

56.3.3.1 病症

猪水疱病（SVD）与口蹄疫（FMD)、水疱性口膜炎（VS）和猪水疱疹（VES）在症状上相似。感染猪表现的症状也与 FMD 相似，伴有发热、跛行、蹄和周围（蹄冠、脚掌、趾间）出现水疱，以及不多见的口腔、鼻孔水疱。

56.3.3.2 宿主-病毒关系

SDV 首先在意大利发现，目前仍散发于欧洲和亚洲。该致病性病毒与人柯萨奇病毒 B5 密切相关，SVD 是一种人兽共患病。该病毒对猪具有高度传染性，通过直接接触和吃食污染的食物传播。该病毒在猪肉产品（如香肠）中很稳定。经口感染后，病毒首先在肠道复制，然后散布全身，并可从多种组织和粪便中分离到，在部分感染猪诱发脑炎。在无并发感染时，死亡率通常较低。

56.3.3.3 实验室诊断

因为 SVD 必须与 FMD 和类似 VS 及 VES 等水疱性疾病相区别，SVD 的快速诊断相当关键。最好使用 PCR 进行诊断，序列分析已用于 SVD 与其他肠道病毒的区分。可用水疱的免疫组化染色、电镜或猪原代细胞或乳鼠上分离病毒鉴定该病毒或病毒抗原。可用 ELISA 或病毒中和进行康复期动物的血清学诊断。

56.3.3.4 防治

对于 SVD，还没有特异性治疗，只有实验性疫苗的使用报道。SVD 对经济的重要性表现在易与 FMD 混淆，因此，无该病国家可通过严格的检疫和进口限制加以控制。严格的检疫和全部屠宰已用于控制该病毒侵入以前从未发生过感染的地区。

56.3.4 牛肠道病毒

已发现的牛肠道病毒（1 和 2 型）有两个血清型。由于该病毒已在健康牛和患病牛分离到，因此，其病原学意义还不确定。

56.4 甲肝病毒属

甲肝病毒属包括人甲型肝炎病毒和禽脑心肌炎病毒。

56.4.1 禽脑脊髓炎

56.4.1.1 病症

禽脑脊髓炎病毒（AEV）引起 1～2 周龄的幼鸡发生神经疾病和大量死亡。对易感鸟类，死亡率达 25%或更高，并随着感染株的毒力和禽类的免疫状况而变化。成年鸟感染通常不表现临床症状。

56.4.1.2 病原因子

尽管在病毒粒子结构上，AEV 具有典型的小 RNA 病毒特征，但其核苷酸序列与其他小 RNA 病毒不同。该病毒较稳定，可耐受酸性 pH 条件。

除感染鸡和火鸡外，日本鹌鹑和雉对 AEV 也易感。鸭、鸽和珍珠鸡也发生实验性感染。鸡胚也可感染（以卵黄囊途径最常见），但野外分离株的快速传代需在鸡胚出现临床表现（肌营养不良）之前。用于病毒增殖的细胞培养物包括鸡神经胶质细胞、鸡胚成纤维细胞、脑细胞和胰细胞等。

56.4.1.3 宿主-病毒关系

禽脑脊髓炎发生在商业化养禽地区，该病毒在易感鸟的肠道复制，然后侵入中枢神经系统。该病毒经粪便-口腔途径传播，而且也发生在母鸡到鸡蛋的垂直传播。

发生在感染鸟的脑和脊髓的组织学损伤表现为这些部位的病毒性脑脊髓炎，以神经元退化、血管套和胶质增生为特征。以淋巴滤泡增生为特征的损伤出现在肌胃、胰脏和心肌。

抗 AEV 的体液免疫可导致病毒的清除和免疫保护，在感染后两周内产生中和抗体。由于暴露禽很少再次感染，因此，免疫力似乎可长时间保持。由于在数周内，母源抗体可保护雏鸡，因此，免疫鸡群的死亡率较低。

56.4.1.4 实验室诊断

禽脑脊髓炎必须与其他神经性疾病相区分，特别是像新城疫等病毒性疾病。组织病理学可提供初步诊断，该结果结合感染鸟组织的病毒分离或免疫组化染色可确诊。

56.4.1.5 治疗和控制

对感染鸟类，没有有效的治疗方法。弱毒和灭活疫苗已成功地用于该病的控制。处于 AEV 高发区的鸟在进入生产年龄前，应使用活病毒疫苗免疫。由于该病毒可扩散到整个饲养群，因此，对部分禽免疫接种即可。如果生产鸡曾被免疫过，则可使用灭活疫苗免疫，用免疫母鸡所产蛋孵化的雏鸡可抵抗 AEV 诱发的疾病。

56.5 心病毒属

56.5.1 脑心肌炎病毒

56.5.1.1 病症

脑心肌炎（EMC）病毒自然感染啮齿动物。病毒可从大鼠传播到人和家畜，该病在幼龄猪中最常发生。该病引起猪的突然死亡，很少或几乎不表现临床症状，死亡率较高，特别是对幼龄猪。

56.5.1.2 病原因子

EMC 病毒有数个不同毒株，包括门戈病毒、毛瑟-埃尔德菲尔德病毒和哥伦比亚病毒。

56.5.1.3 宿主-病毒关系

脑心肌炎病毒主要感染啮齿动物，但也感染类人猿、人、大象、松鼠、犊牛、马和猪。实验性感染未见猪对猪的传播，提示感染通常来自啮齿动物。

感染猪心肌坏死灶表现为伴有淋巴细胞浸润性炎症和钙化的凝固坏死白色条带。

56.5.1.4 实验室诊断

因为免疫反应的诱导约需 5 天，可能在产生前即发生死亡，建议进行病毒分离。PCR 技术也已成功用于感染的诊断。

56.5.2 小鼠和大鼠脑脊髓炎

心病毒属的多种相关病毒株引起啮齿动物发生肠道感染。像人脊髓灰质炎病毒和猪捷申病毒一样，这些病毒可侵入中枢神经系统，引起免疫机能不全的动物发生脑脊髓灰质炎。可通过血清学检测到这些病毒，并通过检疫、检验和卫生加以控制。

56.6 鼻病毒和 *Erbovirus* 属

鼻病毒具有对酸（pH<5～6）敏感的特性。鼻病毒属包括人和牛鼻病毒，而目前马鼻病毒 2 型、3 型和马鼻 B 型病毒一起暂分入 *Erbovirus* 属。这些病毒对上呼吸道有嗜性，引起多数常见感冒的人鼻病毒即是最好的例证。

56.6.1 牛鼻病毒

牛鼻病毒感染易感牛的上呼吸道。大多数感染不表现临床症状或出现轻微症状，仅出现少量浆液性鼻分泌物、轻热和咳嗽。血清学研究发现其发病率高，但作为牛的一种病原的鼻病毒的致病意义还不确定。鼻病毒已被认为是牛运输热综合征的致病因子。

该病毒的传播可能通过直接接触、空气和污染的物品进行。

保护性免疫与血清和鼻分泌物中的中和抗体最为相关。随着牛的年龄逐步升高，针对鼻病毒的血清抗体滴度升高，这可能是源于相同或异源病毒株的再次感染。

由于多种病毒可引发呼吸性疾病，因此，鼻病毒感染的临床诊断较为困难。病毒分离常常难以实现，并需特异的牛细胞系；夹心 ELISA 也应用于牛鼻病毒的特异性诊断。应用双份血清样品，中和抗体滴度的升高有时具有确诊意义。

56.6.2 马鼻病毒和 Erboviruses

马鼻炎 A 病毒是一种引起马的全身性感染的口疮病毒，有时以呼吸性疾病为特点，然而马鼻炎 B 病毒引起易感马的不明显或温和的上呼吸道感染。虽然已从患急性呼吸性疾病的病马分离到鼻炎 B 病毒，但其真正的致病意义还不肯定。因为病毒分离很少成功，最好用 PCR 进行诊断。

56.7 未分类的小 RNA 病毒

56.7.1 鸭和火鸡肝炎病毒

56.7.1.1 病症

鸭肝炎是幼龄雏鸭的一种传染性和高度致死性疾病。感染雏鸭精神沉郁，接着很快死亡。发病率高，致死率高达 90%。相似的症状也发生在由相关病毒感染的幼龄火鸡。

56.7.1.2 病原因子

目前，至少有两个血清型的鸭肝炎病毒被列为小 RNA 科未分类的成员，其中有火鸡肝炎病毒。这些病毒能明显感染其他禽类，幼鸡、鸽、雏鹅、雉和珍珠鸡的实验性感染已有报道，有时还伴有高致死率。

该病毒可通过鸡胚尿囊膜接种增殖。在接种后 5～6 天，感染鸡胚死亡，并表现为矮小和水肿。小鸡、鸭和鹅胚细胞系支持该病毒的复制，但产生的细胞病变不稳定。

56.7.1.3 宿主-病毒关系

鸭肝炎病毒似乎呈全球化分布。可通过直接接触和与污染粪便的间接接触造成病毒的传播。该病毒在感染鸟的肠道集中复制。特征性的损伤是肝的增大和出血。其他损伤可能包括脾肿大和斑点状出血、肾充血、肿胀，微观变化包括肝细胞坏死、胆管增生和多种器官的炎症。

感染可激发免疫反应，在出生后数周内，母源抗体可对小鸭产生保护作用。

56.7.1.4 实验室诊断

根据该病的快速传播和特急性特征，可做出提示诊断。感染鸟的肝的出血性损伤具有明显特征性，但须与其他病原引发的肝坏死相区别。可通过对感染组织的免疫组化染色或在 ECE 或细胞培养中出现病毒抗原进行确诊。

56.7.1.5 治疗和控制

临床感染鸟没有有效的治疗方法。已有致弱和灭活的 DHV 疫苗。生产鸡免疫可实现母源抗体向子代的转化。也可直接免疫小鸭，但要实施成功免疫，需在其体内不存在母源抗体。

第 57 章 杯状病毒科

Yuan Chung Zee　N. James MacLachlan

杯状病毒是一类微小（直径 27～40nm）、无囊膜、呈二十面体对称的病毒。其基因组为单链正义 RNA。该病毒 RNA 可作为 mRNA，具有感染性。其名称——杯状病毒，源于负染的病毒粒子表面呈杯球状（图 57.1）。该科有 4 个不同的成员：兔病毒、诺沃克样病毒、札幌样病毒和 vesivirus。几个成员中，特定的猪水疱疹病毒、欧洲棕野兔综合征病毒和兔出血热病病毒，都是重要的动物病原。

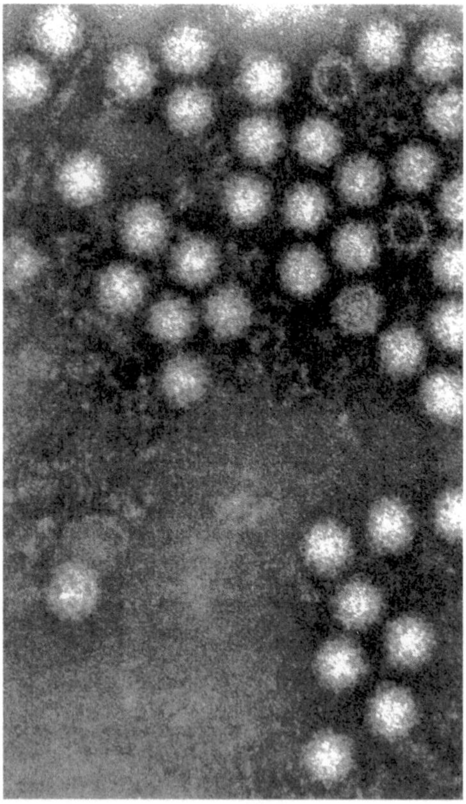

图 57.1　猫杯状病毒的负染标本。(240 000×)（A. Castro 惠赠）

一般特性：

杯状病毒的基因组只有两三个可读框。病毒粒子由单一的大衣壳蛋白组成。杯状病毒的非结构蛋白具有小 RNA 病毒的非结构蛋白的特征。杯状病毒的复制发生在胞浆，然而，在感染细胞中，会出现胞浆和核内包含体。

57.1　*Vesivirus* 属

水疱疹病毒和猫杯状病毒一起被分入 *Vesivirus* 属。与其他属的杯状病毒明显不同，该属的病毒可在细胞培养中迅速传代。

57.1.1　猪水疱疹

57.1.1.1　病症

猪水疱疹（VES）是一种急性病毒性疾病，以在口腔、趾间和蹄冠形成水疱为特征。在临床上，VES 与口蹄疫（FMD）、猪水疱病和水疱性口膜炎难以区别。该病的潜伏期为 27～72h，病程 1～2 周。该病发病率高，但致死率低，是一种对猪有一定经济影响的疾病；然而，其最主要的影响是它很像 FMD，因此，必须加以鉴别。在美国，该病最后一次发生于 1956 年。后来，美国农业部在 1959 年宣布 VES 为一种外来病；然而，该病毒可导致 VES 在海洋哺乳动物中呈地方性流行，并引起这些动物发生水疱和生殖障碍。该病毒可以感染多种海豹、海狮、海象和海豚，当这些海洋哺乳动物携带的杯状病毒扩散到猪时，可引起 VES 的暴发，这很可能是用病死的海洋哺乳动物喂猪的结果。

57.1.1.2 病原因子

1. 物理、化学和抗原特性

VES 病毒（VESV）是一种典型的杯状病毒，在感染猪的细胞中，病毒粒子与胞浆内质网结合（图 57.2），在胞浆呈晶格状排列（图 57.3）。VESV 在低 pH（pH5）稳定。已鉴定很多抗原性不同的 VESV 型（至少有 13 种）。许多最初分离于其他非猪动物的抗原性不同的病毒株，由于能引起猪 VES，因此也被归入 VES 病毒。这些病毒包括牛杯状病毒、鲸杯状病毒、猿杯状病毒和许多 San Miguel 海狮病毒（17 个型）。也从鱼、鸟、爬行类及其他哺乳类（包括臭鼬）中分离到类似的病毒。可通过血清学试验(通常用血清中和试验) 来区别这些病毒，它们对猪的毒力差异很大。

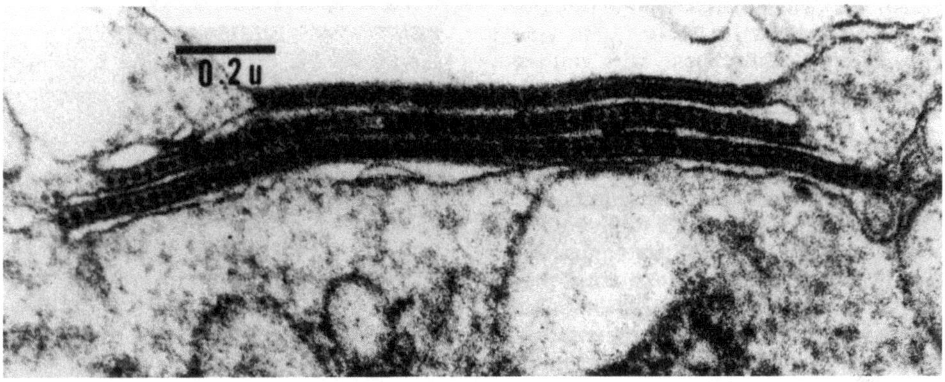

图 57.2　胞浆内质网中 VESV 颗粒的平行排列。(72 000×)（经 Zee YC，Hackett AJ 和 Talens LT 允许引用）

2. 对物理、化学因子的抵抗性

VES 病毒可在环境和污染的肉类产品中存活很长时间。2%氢氯化钠或 0.1%的次氯酸钠可以完全灭活该病毒。

3. 对其他种属或培养系统的感染性

自然发生的 VES 病仅限于不同年龄和品种的猪。在动物实验中，在接种部位，VESV 引起海豹产生水疱。水疱也出现在马和仓鼠的接种部位。在某些接种部位和输出淋巴结分离到的病毒滴度低。VES 病毒可在猪肾和绿猴肾细胞系上增殖。

57.1.1.3 宿主-病毒关系

1. 分布、宿主和传播

1932 年，VES 首次发现于北美（加利福尼亚），在 1932～1951 年间（除 1937～1958 年），在加利福尼亚，每年都有该病暴发的报道。该病在 1951 年首次出现在加州以外地区，1952～1953 年，已扩展到全美的 42 个州。除冰岛和海地外，全球均有该病的

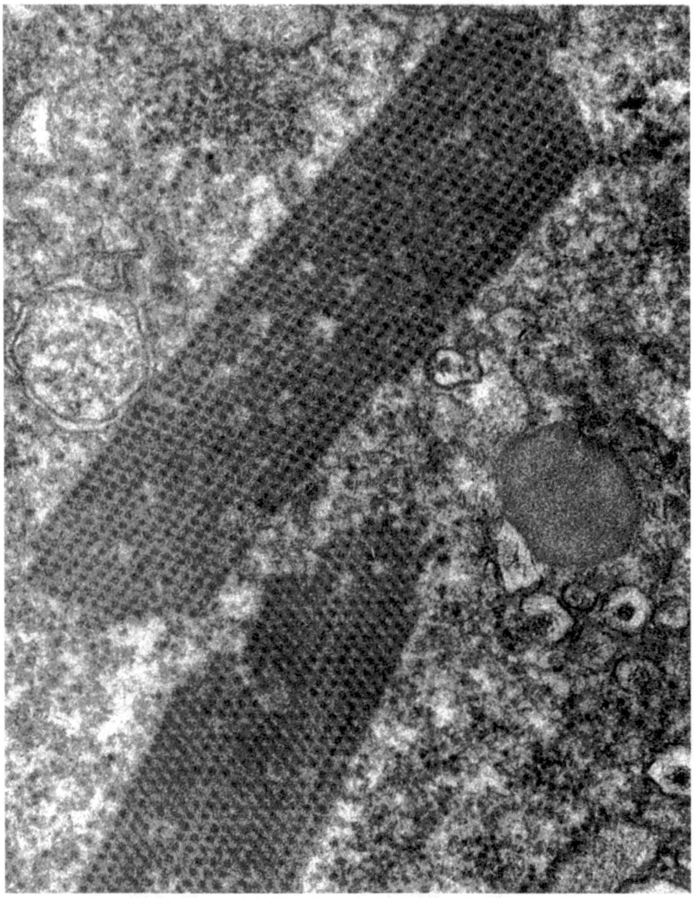

图 57.3 VESV 感染细胞的病毒呈结晶状切片。(640 000×)(经 Zee YC，Hackett AJ 和 Talens LT 允许引用)

发生，在冰岛和海地发生的两起是由从加州船运的污染猪肉引起的。

海洋哺乳动物是 VESV 感染的贮存宿主。1972 年，在远离南加州的圣米吉尔岛的海狮中，首次分离到一株杯状病毒。该杯状病毒命名为圣米吉尔海狮病毒（SMSV）。从形态学、生理和生化特性上，该病毒不能与 VESV 相区别。猪实验性 SMSV 感染引起的疾病也无法与 VES 区分。已从无临床症状的家猪分离到 SMSV。在海洋哺乳动物和加州的野生和家养猪中，已出现针对 SMSV 和 VESV 不同血清型的血清中和抗体。在 VES 暴发期间，最早的流行病学调查表明，该病的暴发与饲喂未加工的食物废料有关，并确定死亡海狮曾被用于喂猪。

虽然猪 VES 的暴发可能源于饲喂 SMSV 感染海洋哺乳动物的尸体，但随后在感染猪群中的快速扩散则是由直接接触引起的。

2. 致病机制和病理变化

VESV 感染猪，以口鼻部、蹄冠和舌上出现充满液体的水疱为特征。猪肌肉接种 VESV 或 SMSV，也形成相同的损伤。感染动物表现发热，在感染后几天，在血液和鼻分泌物中出现病毒。在感染后 3～4 天，蹄冠和趾间出现水疱。如没有继发细菌感染，水疱很快破溃并痊愈。水疱液中出现高滴度的病毒，并可污染周围环境。某些 VESV 感染猪可表现轻度脑炎，而且可从感染猪的脑组织中分离到该病毒。

3. 宿主对感染的反应

接种后，在感染猪的血清中很快出现特异性的 VESV 和 SMSV 的中和抗体，在 7～10 天，滴度达到高峰。

57.1.1.4 实验室诊断

VES 必须尽快与猪的其他水疱性疾病（如 FMD、猪水疱病和水疱性口炎）加以鉴别。借助在细胞培养物上的病毒分离，水疱液直接电镜或 PCR 检测，进行实验室诊断。虽然水疱性疾病对猪全都表现相似的症状，但也有很大区别。VES 和猪水疱病几乎只感染猪，水疱性口炎常感染马和反刍动物，FMD 也可感染反刍动物（表 57.1）。

表 57.1 引起猪水疱的 4 种病毒对家畜的易感性

动物种	SVD	VES	FMD	VSV
牛	—	—	++	++
猪	++	++	++	+
绵羊	—	—	+	—*
马	—	—*	—	++*
豚鼠	—	—*	+	+
乳鼠	+	—	+	+
人	+	—	—*	+

* 由特异性病毒株引起偶发性损伤。

SVD:猪水疱病；VES:猪水疱疹；FMD:口蹄疫；VS:水疱性口炎。

57.1.1.5 治疗和控制

对 VES 没有治疗方法，也没有防治用的疫苗。在美国，目前认为该病已消灭。用动物尸体残渣喂猪前，需经煮沸的强制实施是消除该病的最有效方法。

57.1.2 猫杯状病毒

57.1.2.1 病症

猫杯状病毒感染猫的口腔和上呼吸道，引起发热、打喷嚏及鼻和眼分泌物增多。临床症状包括鼻炎、结膜炎和口腔溃疡，严重病例出现肺炎。关节或肌肉疼痛、感觉性过敏及慢性口腔溃疡也源于 FCV 的感染。一株与 FCV 特定毒株有关，呈广泛性分布和高毒力、并可引起致死性全身感染的毒株最近已被报道。该病的潜伏期为 2～3 天，在无继发细菌感染时，通常在 7～10 天后，感染猫康复。病毒性全身 FCV 感染以秃毛、皮肤溃疡、皮下水肿和高致死率为特征。

57.1.2.2 病原因子

1. 物理、化学和抗原特性

FCV 有多种不同株，彼此间毒力差异较大。

2. 对物理、化学因子的抵抗性

猫杯状病毒对多种常用消毒剂具有抵抗性。0.75%次氯酸钠可很快将其灭活，因此，该消毒剂是最佳的选择。该病毒在 pH4～5 条件下稳定，50℃、30min 可将其灭活。

3. 对其他种属动物和培养系统的感染性

FCV 是一种分布广泛的病毒，已从全球各地的猫分离到。还没有 FCV 对实验动物致病的证据。该病毒在猫细胞系上易于增殖，某些株已在绿猴肾和海豚肾细胞上增殖。

57.1.2.3 宿主-病毒关系

1. 分布、宿主和传播

该病发生于全球，所有品种的猫可能都易感。感染和发病在幼龄猫中最常见，而年龄较大的猫通常具有免疫力。该病康复猫的咽喉部可长时间携带病毒，并作为该病毒的贮存宿主。该病毒通过空气水平传播或通过污染的废弃物传播。

2. 致病机制和病理变化

猫通过空气或污染物经呼吸道感染 FCV。病毒的最初复制部位是口腔、呼吸道和扁桃体上皮细胞。在急性感染期产生病毒血症。在猫仔和年轻猫，FCV 感染的典型病例表现的特征性损伤为口腔（舌、硬腭）和鼻出现水疱。这些水疱很快破溃，留下糜烂和溃疡，高毒力株可引起小猫发生肺炎。在未混合感染病例，很快发生口腔黏膜的再生。

FCV 的强毒株在易感猫中流行时，常引起全身性感染，并造成致死性感染。感染动物可表现严重的口腔溃疡，大面积皮下水肿和耳廓、爪垫、鼻孔和皮肤的多样性溃疡。某些感染猫也可出现肺炎和肝、肾坏死，在表皮和内皮细胞中，用免疫组化染色可检测到 FCV 抗原。

3. 宿主对感染的反应

猫 FCV 感染用灭活或致弱的 FCV 疫苗免疫，可产生血清中和抗体。对 FCV 有免疫力的母猫所生仔猫可以通过初乳获得抗 FCV 的母源血清中和抗体。

57.1.2.4 实验室诊断

实验室诊断须将猫 FCV 感染与产生相似呼吸道症状的其他病原，特别是猫病毒性鼻气管炎（疱疹病毒）鉴别开来。该病的诊断包括用鼻分泌物、咽拭子或结膜擦片接种猫细胞分离 FCV；应用免疫组化染色，在结膜擦片或扁桃体活体组织中鉴定 FCV 抗原。该病毒特征性外观的电镜观察也用于快速诊断。

57.1.2.5 治疗和控制

猫 FCV 感染主要采用辅助治疗和对症治疗。广谱抗生素有利于防止细菌的继发感染，补液可防止脱水。FCV 的所有毒株被认为是一个血清型的不同变种，因为它们之间存在很强的血清交叉反应。而且，用 FCV 的一个变异株免疫猫，可以产生对其他株的保护。灭活和致弱的 FCV 疫苗已商品化，并可对 FCV 的感染产生适度的免疫保护。FCV 疫苗通常联合猫鼻气管炎病毒（一种疱疹病毒）和猫泛白细胞减少症病毒（一种细小病毒），通过鼻腔或肌肉接种。

主要通过隔离出现呼吸症状的病猫、猫舍消毒及在引入易感动物前对环境用次氯酸钠消毒，来控制 FCV 的感染。

57.2 兔病毒属

57.2.1 兔出血症和欧洲棕色野兔综合征

57.2.1.1 病症

兔出血症病（RHD）和欧洲棕色野兔综合征（EBHS）是由相关但抗原性不同的杯状病毒引起的相似疾病。RHD 是欧洲兔（*Oryctolagus cuniculus*）的一种急性传染病。对易感兔群常有很高的致死率。RHD 的一种新特征是该病只对两月龄左右的兔具有致死性。该病的特征性表现为潜伏期短，然后发热，全身各组织弥散性出血和快速死亡。1984 年，该病在中国首次发现，然后很快扩散到世界各地。EBHS 发生于欧洲野兔（*Lepus europaeus*）。

57.2.1.2 病原因子

1. 物理、化学和抗原特性

可通过血清学方法鉴别 RHD 的不同株及 EBHS 病毒。

2. 对其他种属动物和细胞培养物的感染性

无论 RHD，还是 EBHS，均不能在细胞培养物上增殖，这意味只能通过感染动物肝脏的匀浆提取物鉴定该病毒。该病毒看似具有高度的种属特异性。

57.2.1.3 宿主-病毒关系

1. 分布、宿主和传播

虽然 RHD 在中国首次报道，但 EBHS 很早即出现于欧洲。可能是 EBHS 杯状病毒的一个变异株导致 RHDV 的发生和在兔群中致死性大流行。该病通常经口-粪便途径传播。

2. 发病机制和病理变化变化

患 RHD 的兔表现为脾肿大、肝肿大及弥散性出血。大面积肝坏死是该病的典型特征，对此，可能的解释是感染动物发生弥散性血管内凝血（DIC）。由 RHDV 引起的 DIC 不是其他杯状病毒感染的特征，但该 DIC 出现在一些黄病毒引发的疾病，如黄热病和人的登革热。

57.2.1.4 实验室诊断

免疫荧光和 ELISA 已用于 RHD 的快速诊断。RHD 的基因组已完全测序，因此，易于建立 PCR 方法。并用于该病感染的快速诊断。

57.2.1.5 治疗和控制

对于急性感染，没有治疗方法。来源于感染兔的组织，经福尔马林灭活的疫苗可产生针对该病的有效免疫。通过严格检疫和隔离并阻止 RHDV 污染材料运入商品兔生产地区，可实现对该病的有效控制。有意思的是，尽管许多国家集中精力进行 RHD 的控制和传播，而在另一些国家，RHDV 已被作为控制兔数量的生物武器。

57.3 未分类的杯状病毒

已在牛、犬、鸡、猪及其他动物中发现了肠道杯状病毒。其中至少有几种似乎可引起类似人诺沃克样病毒感染的肠道疾病的临床症状。

第 58 章　披膜病毒科和黄病毒科

N. James MacLachlan　Jeffrey L. Stott

58.1　披膜病毒科

披膜病毒科的命名源于“toga”，拉丁语为长袍或斗篷，是指该病毒科的所有成员均具有囊膜。该科包括两个属：甲病毒属和风疹病毒属（人风疹的病原）。甲病毒属病毒是通过蚊子传播的虫媒病毒；因此，它们可连续地在昆虫和脊椎动物体内复制。

58.1.1　甲病毒属

辛德毕斯病毒是甲病毒属的代表型。在兽医上有临床意义的甲病毒包括东方马脑炎（EEE）病毒、西方马脑炎（WEE）病毒和委内瑞拉马脑炎病（VEE，美国佛罗里达州南部大沼泽地 II 亚型）病毒，同时还有其他几种病毒（盖他病毒、高地 J 病毒和 Semliki 森林病毒）。上述三种马脑炎病毒为人兽共患，分别叙述如下。

58.1.1.1　病症

EEE、WEE 和 VEE 均可引起马的脑炎，但其症状变化从不明显到致死。轻微和（或）不明显感染最常见于 WEE，而 EEE 和 VEE 通常具有较强的毒力。VEE 造成的死亡甚至不出现神经症状。脑炎病毒感染波及马的中枢神经系统，其特征为盲目走动，随后严重沉郁、行为异常（嘶哑）、中枢性失明、麻痹，出现这类临床症状后，很快死亡。特别是对于 VEE 和 EEE，致死率高达 90%。青年马更易发生严重感染。

EEE 和 VEE 也可使家禽明显发病；EEE 更多见，致死率很高。临床症状最常见于雉和平胸鸟（鸸鹋等）。EEE 也发生于猪和牛。被马脑炎病毒感染的鸟表现为脑炎，伴有肢体麻痹、斜颈和震颤。也可能感染野生鸟类，但很少出现临床症状，并充当该病毒的脊椎动物贮毒宿主。

58.1.1.2　病原因子

1. 物理、化学和抗原特性

甲病毒粒子呈球形，有囊膜，直径大约 70nm。其囊膜来自感染宿主细胞的胞浆膜，在此病毒粒子出芽并成熟。囊膜包裹着一个呈二十面体对称的核衣壳，其直径大约 40nm，由单一的衣壳蛋白和线性单链正义 RNA 的基因组组成。囊膜含有由两种病毒糖蛋白（E1 和 E2）组成的异二聚体，一些甲病毒（Semliki 森林病毒）还含有第三种糖蛋白（E3）。感染细胞至少可产生 4 种非结构蛋白。经血清学试验确定，所有的甲病毒在抗原性上相关，并可分为不同的抗原复合体，其中又含有多种不同的亚型或毒株。

每种抗原复合体中所含的不同亚型和变异株，在基因和抗原性上的变异反映出它们在毒力、生物特性（如蛋白质的电泳迁移率、RNA降解、理化特性、宿主范围、地理分布和载体/宿主嗜性）上的不同。

2. 对物理、化学因子的抗性

甲病毒对脂溶剂、氯仿、苯酚、酸性 pH 和 60℃、30min 等环境条件敏感。

3. 对其他种属动物和细胞培养物的感染性

马脑炎病毒可感染多种动物，包括人、马、啮齿类、爬行类、两栖类、猴、犬、猫、狐狸、臭鼬、牛、猪、鸟和蚊。甲病毒能在多种细胞上增殖，包括雏鸡和鸭成纤维细胞、绿猴肾细胞、L细胞和蚊细胞，在蚊细胞上常不出现细胞病变。马脑炎病毒可以实验性感染多种实验动物，其中乳鼠最易感，鸡胚和幼龄雏鸡也易感。

58.1.1.3 宿主-病毒关系

1. 分布、宿主和传播

马脑炎病毒发生在西半球，而相关病毒出现在世界各地。EEE 发生在北美东部（主要在密西西比河以东，特别是大西洋海岸）、加勒比盆地、中美和南美。WEE 出现在北美大部分地区，特别是密西西比河以西地区和南美。VEE 局限于南美和中美，但偶尔发生对南美的侵入。在美国，VEE 被认为是一种外来病，然而，一种无毒力的 VEE 病毒（美国佛罗里达州南部大沼泽地II亚型）在佛罗里达部分地区呈地方性流行。

马脑炎病毒经蚊子传播，虽然其名为马脑炎，但马和人是 EEE 和 WEE 病毒感染的生活史中并不重要的终末宿主。所有病毒株都发生相似的持续性感染，但每种病毒，对于包括蚊、鸟或啮齿类等作为每种病毒感染脊椎动物的贮存宿主，具有不同的自然感染循环。该病除了在热带地区可常年出现外，最高的发病率通常出现在夏季后期，当气候条件不适于蚊子时，发病率下降。蚊子作为这些病毒的生物媒介，需要被病毒感染，而不是仅仅机械性地传递。作为待感染的生物媒介，它必须从呈病毒血症的脊椎动物吸食血液。感染媒介所需的病毒血症的水平由病毒株、媒介蚊子种类或二者共同决定。在消化过程中，该病毒先感染胃，然后扩散到蚊子的唾液腺，在此复制并产生完整的病毒，在其吸血时感染其他的脊椎动物。这一过程所需的时间为固有潜伏期。一旦发生感染，该媒介仍呈感染状态，并继续存活。

EEE 病毒感染引起人、马、鸟、特别是环颈雉、鸵鸟和一些商品化禽（北京鸭等）出现临床症状。EEE 也发生在牛和猪，有时还造成高致死率。EEE 病毒存在两种不同的生态系统；北美株（美国东部和加拿大）和加勒比毒株均由黑尾赛蚊（*Culiseta melanura*）传播。该病毒被维持在地方性感染的循环中，该循环包括存在于礁石、内陆沼泽环境中嗜鸟蚊（ornithophilic mosquitoes）、雀形目和涉水鸟，并作为脊椎动物感染的宿主。由于该病毒主要存在于上述动物群中，该病毒的偶尔溢出发生于邻近的马、人、鸟和其他动物。在流行期间，多种蚊子可携带该病毒，当鸟啄食病毒血症病鸟时，可出现该病毒的直接水平传播。另一种蚊子（*Culex melanoconion*）负责在中美和南美的 EEE 传播，而小型哺乳动物和鸟类发挥该病毒感染脊椎动物的贮存宿主作用。

WEE 的病毒宿主相互关系与 EEE 的相似，其中该病毒维持在蚊子、家畜和雀形鸟的传播循环中，并偶尔可感染人、马和家养鸟。其他种的蚊子在暴发期也能传播病毒。

VEE 的生活史更为复杂。VEE 病毒（1～6 型）有几种不同的科，大多数对马不致病（1 型、变异株 D～F 和 2～6 型）。这些病毒存在于美洲的热带和亚热带地区（包括佛罗里达，此地有 VEE 湿地 II 型发生）。这些地方性流行的 VEE 被维持在热带沼泽的库蚊和小啮齿动物之间的自然感染循环中。只有 VEE 的 1AB 和 1C 型对马致病，它们只在南美北部 VEE 呈规律地流行期间分离到。发生 E2 糖蛋白突变的 VEE 1D 株在地方性流行区稳定地循环，并对马不致病。一旦出现对马和人有致病性的 VEE 株，感染马就是该病毒的重要传染源。这是因为与 EEE 和 WEE 不同，VEE 可在马复制到很高的滴度，因此，呈地方性流行和动物性流行的 VEE 病毒有极其不同的感染循环。

2. 致病机制和病理变化特征

可发生甲病毒感染，从不明显、严重到致死性疾病。感染从已感染蚊子的叮咬开始。最初的病毒复制出现在叮咬部位附近的局部淋巴结，然后发生全身性感染和病毒血症，此时，病毒在全身的淋巴组织、骨髓和特定组织复制。在脑血管内皮细胞复制后，脑炎病毒进入中枢神经系统。脑内病毒侵入出现在急性感染期和病毒血症期，病变遍及大脑灰质，包括由炎性细胞形成的血管套、灰质嗜中性粒细胞浸润并伴有神经元和间质的坏死、血管炎、血栓形成和出血。嗜中性粒细胞是 EEE 和 VEE 的早期脑损伤中最特征性的变化。

3. 宿主对感染的反应

脑炎病毒的特异性中和抗体的形成在限制病毒复制、扩散中似乎很重要，在防止再感染中，显然也很重要。对于所有病毒蛋白，都有抗体产生，在感染后两个月的存活动物中，中和抗体达到最高滴度。在中和病毒，增强病毒清除，通过补体或自然杀伤细胞裂解感染细胞的过程中，这种抗体可能发挥作用。细胞介导的免疫应答似乎也在病毒的消除和保护性免疫反应中发挥作用。细胞毒性 T 细胞最早出现在感染后 3～4 天。

58.1.1.4 实验室诊断

在该病地方性流行区，有神经症状出现的易感动物可被怀疑为甲病毒感染，因此，以往的病史和季节性具有重要意义。确诊须有实验室证据，常通过 IgM 捕捉 ELISA 技术来检测急性感染动物血清中的病毒特异性中和抗体。从血液或神经组织中分离到病毒是最为切实的确诊手段。由于在感染动物中脑炎症状最明显的时刻出现不定的病毒血症，因此，病毒分离被优先提出。可用包括细胞培养鸡胚和乳鼠等多种方法进行病毒分离。

58.1.1.5 治疗和控制

对于临床发病动物，尚没有好的治疗方法。可通过免疫和害虫治理计划实现甲病毒感染的控制。可通过控制水或喷洒计划消除蚊子栖息地进行媒介控制。

对家养禽舍，使用密实的饲养笼（昆虫不能进入）和将这些饲养笼放在远离淡水沼泽的地方也能达到目的。已研制出马脑炎病毒致弱（VEE）和灭活疫苗，如果使用灭活疫苗，对易感动物的计划免疫是产生保护性免疫所必需的。

58.1.1.6 其他披膜病毒

许多其他披膜病毒也能感染动物，其中包括辛德毕斯病毒、Semliki 森林病毒、高地J病毒和盖他病毒等。像EEE病毒，高地J病毒在北美也有类似的分布，但只在极少情况下引起马脑炎。然而，该病毒是火鸡、雉、山鹌、鸭、鹧鸪和鸣鹤的一种重要病原。盖他病毒感染马与亚洲和东南亚的猪。感染马有时表现发热、皮疹和肢体水肿（但不是脑炎），盖他病毒也能引起孕猪流产。盖他病毒被划分在Semliki森林病毒的甲病毒复合体中。Semliki森林病毒能引起非洲马发生一种热病。

58.2 黄病毒科

黄病毒科包含分为三个抗原性不同属的大量病毒（表58.1）——黄病毒属、瘟病毒属和丙型肝炎病毒属（人丙型肝炎病毒）。虽然在此未被论及，但黄病毒科包括许多非常重要的对人致病的病原。

表58.1 兽医临床上有重要意义的黄病毒

属	血清型/因子	媒介	感染种类型	分布
黄病毒属				
	蜱传播性脑炎群	蜱	人	欧洲、亚洲
	跳跃病病毒	蜱	绵羊	
	玻瓦桑病毒	蜱	马	北美
	日本脑炎组	蚊子		
	日本脑炎病毒		猪、人、鸟	亚洲
	墨累河谷脑炎病毒		人、鸟类	澳大利亚
	西尼罗病毒(昆津)		人、马、鸟	美洲、欧洲、亚洲、澳大利亚和非洲
	圣路易斯脑炎病毒		人、鸟	美洲
	黄热组	蚊子		
	韦塞尔斯布朗病毒		绵羊	非洲
瘟病毒属				
	边界病病毒		绵羊	全球
	牛病毒性腹泻病毒		牛	全球
	古典猪瘟病毒		猪	全球*

*已在相当多国家消灭。

58.2.1 黄病毒属

黄病毒属的成员包括通过蜱或蚊子传播的虫媒病毒。蜱传播性黄病毒包括蜱传播性脑炎病毒（欧洲、远东和西伯利亚）、玻瓦桑病毒和跳跃病病毒。通过蚊传播的黄病毒包括登革热组（人登革出血热的病原）、日本脑炎病毒组（包括日本脑炎病毒、墨累山谷脑炎病毒、圣路易斯脑炎病毒和及西尼罗和昆津病毒）和黄病毒组（包括黄热和韦塞尔斯布朗病毒）。这些病毒引起动物和（或）人的脑炎或全身性出血——败血症。

58.2.1.1 病原因子

1. 物理、化学和抗原特性

黄病毒一词来源于拉丁语“flavus”，意为黄，而且黄热病病毒是该科的代表型。该属的成员为带有小的表面突起（膜粒）的球形（直径 50nm）囊膜颗粒。基因组由单一的核衣壳蛋白包绕，囊膜中含有两种膜蛋白（E 和 M），在感染细胞，也可产生几种非结构蛋白（NS1～NS5）。病毒基因组为线性单链正义 RNA。基因组 RNA 具有感染性，编码唯一的大的多聚蛋白，该蛋白质同时（和翻译后）剪切成不同的病毒结构蛋白和非结构蛋白。

通过特异性试验（如 ELISA 和血凝抑制实验）证实，所有的黄病毒都具有抗原相关性。尽管在同一血清组（血清复合体）中的病毒间存在广泛的交叉反应，但它们仍可通过中和试验区别。囊膜 E 蛋白含有负责病毒中和作用的最主要决定簇。

2. 对物理、化学因子的抗性

病毒粒子在 pH7～9 稳定，但可在酸性 pH、温度高于 40℃、脂溶剂、紫外线离子和非离子去污剂及胰蛋白酶中被灭活。

58.2.1.2 宿主-病毒关系

1. 分布、宿主和传播

在兽医上有重要意义的黄病毒是通过蜱或蚊传播的虫媒病毒；因此，它们具有在脊椎和无脊椎宿主中连续复制的能力。它们可感染多种脊椎动物，包括哺乳动物和鸟类。

2. 致病机制和病理变化特征

黄病毒感染可引起不明显到发生致死性疾病。根据病毒的特异性，黄病毒引起的疾病具有脑炎和出血热特征。

3. 宿主对感染的反应

黄病毒感染后，动物可产生体液介导和细胞介导的免疫反应。在感染后几天内产生抗体（HI 和病毒中和抗体）。中和抗体主要针对囊膜 E 蛋白，而细胞毒性 T 淋巴细胞反应则针对病毒非结构蛋白。体液免疫反应似乎在康复和抵抗再次感染中发挥重要作用。细胞介导的免疫反应可能决定病毒清除。自然感染后，免疫力可持续终生，但仅针对相同的病毒。

58.3 疾病

58.3.1 日本脑炎病毒

日本脑炎病毒（JEV）是黄病毒属 JE 抗原复合体中的代表型。该 JE 复合体包括圣路易斯脑炎病毒、墨累山谷脑炎病毒、西尼罗病毒（和相关的昆津病毒）和 JEV 自身。它们对人均可致病，但 JEV 和西尼罗病毒还是重要的兽医学病原。

JEV 感染通常不明显，但能引起人、马和猪出现临床症状。犬和家禽也可感染。未免疫母猪感染后，出现流产和新生仔猪死亡是 JEV 感染猪主要的不利影响。尽管死亡率低，但仍可感染马，产生类似东方马脑炎（EEE）的严重神经症状。目前，JEV感染局限于亚洲温带和热带地区，在该地区血清学调查表明，马、牛和猪的感染相当普遍。在亚洲许多地区均有该病毒的发现，从印度次大陆以西到东部的太平洋岛屿。多数感染为不明显或轻度感染。由于在马和人体内发生病毒血症时，病毒滴度低，不足以作为易感蚊媒介的病毒来源，因此，马和人在 JEV 感染的流行病学中并不重要。相反，感染猪和鸟可作为该病毒的放大宿主，因为其体内出现高滴度的病毒血症。库蚊是JEV 的主要媒介。对猪，病毒可从感染的母猪传播到胎儿和经病毒污染的精液通过人工授精从公猪传播到母猪。在热带地区，该病毒通过蚊子、鸟和猪之间的连续传播得以维持。

可通过细胞培养（脊椎动物或昆虫细胞）或乳鼠接种，从感染动物的血液或组织中分离到病毒，实现 JEV 的诊断。通过免疫组化染色，可在脑组织切片中直接观察到病毒抗原。有多种血清学试验可供使用，但通常检查病毒特异性 IgM（指示最近感染），这是由于 IgG 试验常检测针对相关黄病毒的抗体，可使结果复杂化。

疫苗接种已用于地方性流行区 JEV 感染的控制，已有弱毒和灭活疫苗。媒介控制措施是另一种可行的办法。

58.3.2 西尼罗和昆津病毒

西尼罗病毒（WNV）是 JEV 抗原复合体中的一个成员，发生遍及非洲和欧洲、中东、亚洲和澳大利亚（在此称昆津病毒）的部分地区。该病毒最近出现在西半球，参与了该病在人、马、鸟和大量其他动物（鳄鱼、松鼠、野生白山羊等）动物中的一次大流行。该病毒在蚊-鸟构成的感染循环中维持，因为当易感蚊在吸食人和马感染者时，人和马体内的病毒血症不足以感染蚊子，因此，人和马是终末宿主。WNV 存在两种不同的遗传谱系，称为“谱系 1”和“谱系 2”。谱系 2 病毒在非洲赤道以南呈地方流行，在此只有马感染其他疾病时，该病毒才引起轻微症状。与此相对，WNV 谱系 1 的毒株与该病在地中海、东欧、北非、亚洲和北美的暴发有关。

由于许多种类鸟经历亚临床或无症状感染，并有高滴度的病毒血症，因此可作为该病毒扩大化的贮存宿主，另一些鸟的品种遭受与马相似的高致死率。某些 WNV 感染马表现的神经症状为共济失调、衰弱、躺卧、肌跃症和高致死率。对于鸟，在北美，WNV 的流行很难殃及食肉猛禽猛龙和乌鸦。

在呈地方性流行地区，只有特异品种的蚊子传播 WNV，然而在北美，许多种蚊科被认为是 WNV 感染传播的罪魁祸首。

因为 PCR 快速并敏感，已成功用于 WNV 的诊断。在适当的细胞培养物上进行病毒分离已成为可能。对 WNV 的急性感染动物的血清学检测，WNV 特异性 IgM 捕捉ELISA 相当有效。目前已有一种对马可产生免疫保护的灭活疫苗。

58.3.3 韦塞尔斯布朗病

韦塞尔斯布朗病毒是黄热病毒抗原组中的一个成员，可引起非洲亚撒哈拉绵羊发病。牛、马和猪的亚临床感染也被发现，该病毒为人兽共患性病原。该病毒导致感染绵羊发生大面积的肝坏死、黄疸、皮下水肿、胃肠出血和发热，对羔羊的致死率高，怀孕母羊通常流产。韦塞尔斯布朗病毒通过伊蚊传播。

可通过在不同细胞系（BHK和羔羊肾细胞）、鸡胚或乳鼠上分离病毒进行诊断。疫苗接种和暴露于其他黄病毒导致血清学试验复杂化。在地方性流行区，减毒疫苗已用于阻止该病。

58.3.4 跳跃病

跳跃病病毒是一种可自然感染多种动物（包括人、绵羊、马、鹿和鸟）的蜱传播性黄病毒。该病毒引起绵羊的脑脊髓炎，易感绵羊被引入到该病的地方性流行地区，可造成很高的死亡率。跳跃病的特征性神经症状为高度兴奋、小脑共济失调和进行性麻痹。该病是因观察到共济失调动物有时表现的跳跃步态而得名。跳跃病是一种人兽共患病，该病有时发生在牛、马和山羊。

跳跃病局限于不列颠群岛和部分欧洲大陆。硬蜱是主要媒介。通过病毒分离、感染动物CNS组织切片的免疫组化染色或血清学检测对跳跃病进行诊断。用脊椎动物或昆虫细胞培养和乳鼠脑内接种可分离到病毒。可通过病毒中和确定已增殖的病毒。

可通过对绵羊药浴和喷药等控制蜱的手段控制跳跃病。福尔马林灭活的细胞培养疫苗充分而有效。通过母源抗体，免疫母羊所产羔羊可在大约4个月内得到保护。

58.3.5 玻瓦桑和相关的蜱传播性脑炎

玻瓦桑病毒是北美人和马的蜱传播性脑炎的病因。该病毒感染多种动物，包括野生和家养动物和数个品种的蜱。该病毒引起马的脑炎，该脑炎与其他黄病毒（如WNN）引起的症状相似，因此，必须通过PCR或病毒分离加以鉴别。在欧洲和亚洲，类似人的蜱传播性脑炎可由相关病毒引起，包括鄂木斯克出血热病毒、蜱传播性脑炎病毒（欧洲、远东和西伯利亚）和科萨努尔森林病病毒。这些病毒保持在感染循环中，该循环中包括蜱（垂直传递该病毒）和作为该病毒扩大化宿主的脊椎动物（家畜和犬）。在这些病毒呈地方性流行的地区，脑炎零星地发生在动物中。

58.4 瘟病毒属

瘟病毒属包括牛病毒性腹泻病毒（BVDV；1型和2型）、边界病病毒（BDV）和猪瘟病毒（也称为古典猪瘟病毒［CSFV］）等致病因子，所有这些均是家畜的重要病原。与黄病毒属相比，瘟病毒属的各个成员不通过节肢动物传播。这些病毒可被低pH、热、有机溶剂和去污剂所灭活。病毒粒子呈球形至多球型，直径40～60nm，囊膜上含有从病毒囊膜发出的小的表面突起（纤突）。病毒粒子由囊膜、核衣壳和4种结构蛋白组成。这4种蛋白质为核衣壳蛋白和三种囊膜蛋白（E^{rns}、E1和E2）。在感染细胞中可产生七八种非结构蛋白。基因组为单链正义RNA的单分子，其中包含编码一个大的多蛋白体的唯一可读框，该大蛋白在翻译的同时和翻译后，剪切成不同的结构和非结构病毒蛋白。

瘟病毒均具有抗原相关性，并拥有交叉反应性表位。已分离到几株在遗传性上与BVDV（1型和2型）、BDV及CSFV不同的瘟病毒。例如，有人建议将从长颈鹿和从驯鹿分离的瘟病病毒确定为新种。中和性抗体直接针对 E^{rns} 和E2囊膜糖蛋白。感染动物还产生针对NS3蛋白的强免疫反应，而针对其他病毒蛋白的抗体反应通常较弱。

这三种病毒都是重要的人食源性动物的病原，并将分别叙述。它们之间密切相关，只能通过单克隆抗体或分子生物学技术加以鉴别；然而，它们趋于具有宿主特异性。

58.4.1 牛病毒性腹泻病毒

58.4.1.1 病症

牛病毒性腹泻病毒（BVDV）引起牛的病毒性腹泻-黏膜病（BVD-MD）。该病的复杂性实质在于其包括三种不同的疾病综合征。

（1）1型病毒性腹泻通常是青年犊牛的一种温和型疾病，其特征为白细胞减少、发热和胃肠道前部的糜烂和溃疡，常常伴有腹泻。感染具有高发病率、低死亡率的特点。

（2）2型病毒性腹泻是遗传特性不同的DVDV（也称BVDV 2型）株感染犊牛的结果。这些病毒首先引起犊牛严重、致死性黏膜病样症状，一旦有该症状出现，经常伴随着由血小板减少引起的广泛出血。然而，目前，BVDV 2型毒株越来越趋于引起犊牛的温和感染，造成与大多数1型株类似的症状。

（3）黏膜病对数月到几岁的牛具有低发病率、高致死性的特征。其特征为引起严重、致死性疾病，伴有胃肠道上部的大面积溃疡、腹泻和淋巴细胞减少，黏膜病只出现在BVDV最初经子宫感染的持续性感染动物，因此，这是一个极特殊的病原。

58.4.1.2 病原因子

1. 物理、化学和抗原特性

BVDV是瘟病毒属的代表种（图58.1），血清学上与猪瘟、边界病病毒相关。可通过基因学和抗原水平（主要使用单克隆抗体）区分两种不同型的BVDV（1型和2型）。两种型的BVDV的野外分离株存在明显的基因变异，这些变异很可能影响其生物特性。

也有两种不同的BVDV生物型：一种在细胞培养中能产生细胞病变，另一种不能。细胞病变株产生于非细胞病变株的突变或重组。这种变化包括病毒基因组的缺失或重复或在非致病株的基因组中插入宿主序列。

2. 对物理、化学因子的抗性

BVDV对乙醚、氯仿等脂溶剂敏感，用胰蛋白酶处理也可将其灭活。该病毒在pH5.9～9.3范围内相当稳定，在pH7.4最稳定。在冻干或冻结条件下，该病毒可保存多年。

3. 对其他种属动物和细胞培养物的感染性

瘟病毒感染牛、绵羊、山羊、猪和野生反刍动物，但从根本上讲，BVDV是牛的一种传染性病原，有时见于绵羊。BVDV的分离，无论是否为细胞病变型，均可在包括各种牛胚胎细胞的细胞培养物上进行。在众多常用的细胞系中，用免疫荧光或其他免疫组化染色，可检测到非细胞病变型 BVDV 的污染。细胞病变株在培养系统上产生的蚀斑，可用于准确的病毒定量。

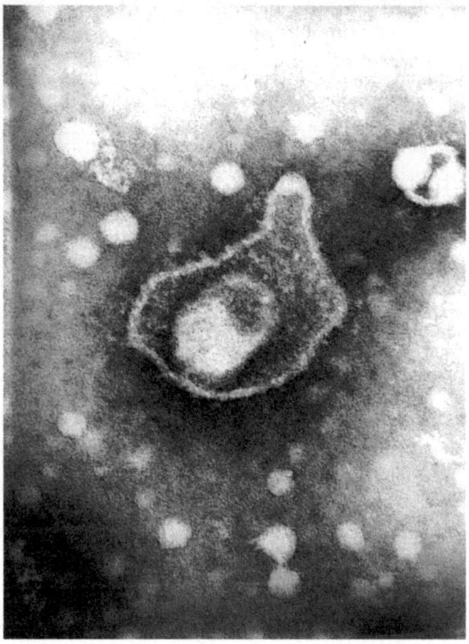

图 58.1　牛病毒性腹泻病毒的负染样本。(250 000×)(经 Chu HJ，Zee YC 允许复制)

58.4.1.3　宿主-病毒关系

1. 分布、宿主和传播

BVDV 呈全球性分布，可以通过血清学调查确定，在牛群中，该病毒的感染相当普遍。该病毒通过直接接触和水平转移传播，特别是来自该病毒呈持续性感染的携带者，在其所有的分泌物和排泄物中分泌高滴度的病毒，并可将其垂直传递到后代。

2. 致病机制和病理变化

BVDV 感染牛的症状在不明显感染到发生严重致死性疾病之间变化。牛 BVDV 感染的后果和发病机制依赖于被感染牛的年龄、免疫状态及该感染株的生物学特性。牛 BVDV 1 型和 2 型感染引起严重性不确定的全身性感染。感染牛的病变包括胃肠道上部的轻度溃烂、溃疡和整个胃肠道的严重溃疡及弥散性出血（BVDV 2 型的特征）。高毒力的 BVDV 株引起易感犊牛同黏膜病基本相同的严重损伤。

在牛 BVDV 感染的流行病学和黏膜病的发生机制上，胎儿感染具有重要作用。妊娠前，BVDV 无细胞病变株感染牛胚胎，常导致 BVDV 新生犊牛（如果能存活）的持续性感染。这些动物今后将成为牧群中该病毒的贮存宿主，并可将病毒水平和垂直传播到其他动物；而且，持续性感染动物产生针对该病毒的弱或不明显的体液免疫反应。一旦细胞病变型 BVDV 株出现在易感动物中，就可引起明显的黏膜病。有趣的是，从患黏膜病病例中分离到的有细胞病变株和非细胞病变株，基因上特别相似。最近的研究清楚地表明，致细胞病变病毒来源于最初呈持续性感染的无细胞病变株的基因组中基因的缺失、重复或有宿主细胞基因的插入。黏膜病具有以下特征：在口鼻部、整个口腔、食道和小肠（溃疡特征地出现在 peyer 结）出现糜烂和溃疡。淋巴细胞也呈广泛性坏死。目前，这种暴发性疾病的组织学损伤机制还不特征化，但可能涉及细胞的凋亡。

BVDV 能够穿透免疫机制不全妊娠牛的胎盘，发育胎儿感染 BVDV，产生死胎和进行性畸形，或胎儿的持续性感染（妊娠中前期）。眼的损伤（视网膜退化和发育不全、视神经炎）和小脑萎缩/发育不全也是胎儿 BVDV 感染的特征。

3. 宿主对感染的反应

牛 BVDV 的感染导致在血清中的高滴度的中和抗体产生，感染康复牛可维持长期免疫。动物子宫感染 BVDV 可产生持续性的母体-后代感染。这些动物几乎没有或有极低滴度的病毒特异性抗体。

58.4.1.4 实验室诊断

临床诊断可能存在困难。黏膜病必须与其他可引起胃肠道溃疡，包括恶性卡他热和牛瘟等疾病相区分。最好通过用 BVDV 特异性抗体对感染动物组织的免疫组化染色或通过 PCR 检测病毒的核酸进行快速诊断。病毒分离也被使用，并可进一步进行血清学鉴定。然而，疫苗的广泛使用使 BVDV 感染的血清学诊断复杂化，这是因为持续性感染牛产生很微量或不明显的抗 BVDV 抗体。

58.4.1.5 治疗与控制

牛 BVDV 感染的控制通常通过用弱毒（活）或灭活 BVDV 疫苗接种、鉴别并剔除该病毒持续性感染的携带者。由于存在潜在的毒力返强、病毒在牛群的扩散、引起潜在的免疫抑制和胎儿感染，活弱毒 BVDV 疫苗的使用受到关注。在以前，也曾发现不产生细胞病变的 BVDV 毒株污染用于 BVDV 疫苗生产的牛细胞系培养苗。用弱毒疫苗接种持续性感染牛，可引发黏膜病。

由于母源抗体在犊牛体内至少可持续 6 个月，因此，在此之前，疫苗接种不能产生有效的免疫反应，很有必要进行再次疫苗接种。

58.4.2 边界病

58.4.2.1 病症

边界病是绵羊的一种先天性瘟病毒感染性疾病，其特征为初生羔羊伴有毛发异常和在中枢神经系统中表现异常髓鞘形成性震颤（因此称“毛发摇摆羔”）。疾病的表现随感染时羔羊的妊娠时间和发生感染的毒株而变化。发育期胎儿的感染可出现死胎、木乃伊化、流产、生长停滞或产出畸形羔，而成年绵羊感染不表现临床症状。

58.4.2.2 病原因子

1. 物理、化学和抗原特性

边界病病毒（BDV）是一种瘟病毒，其在基因和抗原上与牛病毒性腹泻（BVDV）和猪瘟病毒不同。已分到多株 BDV，其中多数在细胞培养过程中不出现细胞病变，实际上，在 BD 暴发期间分离到的部分病毒是 BVDV。

2. 对物理、化学因子的抗性

边界病病毒表现出与 BVDV 相似的理化特性。该病毒可被氯仿、乙醚、胰蛋白酶和 56℃作用 20min 灭活。

3. 对不同种属动物和细胞培养物的感染性

尽管传统认为 BDV 与绵羊的感染有关，它也可感染牛和山羊，BDV 实验性感染怀孕母猪所生仔猪表现小脑发育不全。该病毒可在原代牛和绵羊源性的原代和继代细胞及已建立的细胞系上增殖，包括猪肾、胎羊肌肉和牛鼻甲骨细胞。

58.4.2.3 宿主-病毒关系

1. 分布、宿主和传播

在20世纪40年代晚期，在英格兰和威尔士，BDV最初被认为是绵羊的一种先天性疾病。从那时起，该病已见于欧洲的许多国家、澳大利亚、新西兰、加拿大和美国。该病毒持续存在于绵羊，类似于牛的BVDV，BDV的大面积暴发见于该病毒侵入免疫机能低下的种群。BDV最常经感染动物或感染胎儿的口腔和鼻腔途径传播。

2. 致病机制和病理变化

免疫机能不完善的绵羊BDV感染导致病毒血症，随后，病毒扩散到怀孕动物体内的胎儿。胎儿的全身性感染可引起死胎，伴有流产或畸形。胎儿感染的后果与胎儿的年龄呈负相关，因此，最初3个月内的感染比妊娠晚期的感染相对更为严重。妊娠80天后，感染常导致病毒清除并且不发病，BDV感染的致畸效应也决定于胎儿年龄。发育中的中枢神经系统感染导致降低或改变髓鞘形成和脱髓鞘作用，导致已感染的新生羔羊特征性的先天性震颤。发育中脑的坏死可造成严重的进行性损伤，表现脑室积水、通路阻滞和小脑发育不良。

3. 宿主对感染的反应

成年绵羊BDV感染，常引起以血清中长期持续的中和抗体的出现为特征的快速体液免疫反应。胎儿的免疫反应反映出感染时的妊娠胎儿的年龄。妊娠前半期的感染常导致持续性后天感染和轻度、不完全的免疫反应。这些动物可能呈持续性感染，并且其终生呈BDV抗体阴性。在妊娠后半期感染，此时胎儿正形成免疫能力，常刺激可清除病毒的免疫反应。

58.4.2.4 实验室诊断

BDV感染羔羊的临床症状常多变，但详细的尸检和组织学检查常具有诊断意义，特别是在感染羔羊的组织中，用免疫组化染色鉴定病毒抗原。

58.4.2.5 治疗和控制

BDV的控制很困难，免疫机能低下动物的最初感染损失较重，但当该病在饲养区呈地方流行时，损失则相对较轻。

58.4.3 猪瘟病毒

58.4.3.1 病症

猪瘟（HC，也称古典猪瘟）是全球范围内猪的一种重要疾病；尽管该病在许多养猪数量较多的国家被消灭，但常重新出现，并引起严重的、经济上呈毁灭性的暴发。HC以高热（104 ℉或更高）、白细胞减少、食欲废绝为特征。感染动物表现目光呆滞、昏睡和怕冷性簇拥。呕吐和腹泻较为多见，并有结膜炎，皮肤出现红斑以及麻痹和运动障碍等神经症状。怀孕母猪感染出现产仔减少、死胎、早产、生长停滞、新生仔猪伴有小脑性共济失调或先天性震颤。在全部由易感猪组成的群体中，由强毒株引起的该病流行时，发病率和死亡率都很高，而且当该病呈地方性流行时，病状不明显，造成对该病的检测和消灭更加困难。

58.4.3.2 病原因子

1. 物理、化学和抗原特性

猪瘟病毒（HCV）是瘟病毒属的一个成员，不同毒株间存在一定的基因和抗原差异。

2. 对物理、化学因子的抗性

HCV对氯仿和乙醚敏感，并在一定的pH范围内稳定。在干燥条件下，该病毒被很快灭活，但在未煮的猪肉及其废料中可长时间持续存活，在罐装火腿中，当内部温度达65℃，并持续90min时，HCV被完全灭活。该病毒可在50℃的脱纤血中存活3天。

3. 对其他种属动物和细胞培养物的感染性

家猪和野猪是该病毒唯一的自然感染状态下的易感种属。

HCV可在猪细胞培养物（如脾、肾、睾丸和外周血白细胞）中复制。该病毒的许多毒株不产生细胞病变，在多次传代的细胞培养物中持续存在。可通过免疫荧光或免疫组化染色技术方便地显现感染细胞培养物中HCV的存在。部分致细胞病变株已被报道。

58.4.3.3 宿主-病毒关系

1. 分布、宿主和传播

HCV发生于世界各地，但在北美、英国和爱尔兰、斯堪的纳维亚、澳大利亚、新西兰和欧洲部分地区，该病已被消灭。在亚洲大部、非洲、欧洲、中南和中美洲，该病呈地方性流行。

家猪和野猪是贮存宿主，常常表现为隐性携带者。子宫内感染猪可成为该病毒的持续性感染携带者，作用类似于BVDV和BDV等瘟病毒的贮存宿主。通过飞沫、排泄物和已污染食料的摄入，特别是未煮熟的废料传播。

2. 致病机制和病理变化

猪瘟是一种急性、高度传染性疾病，其特征是由弥散性血管内凝血引起的多组织出血和栓塞。潜伏期短（3～8天），该病毒首先在上呼吸道淋巴组织或扁桃体内复制，然后广泛扩散，并在内皮细胞和全身的单核炎性细胞内复制。特征性病变为所有浆膜表面、淋巴结（且出血性淋巴结炎）、肾和出现栓塞的脾的淤点状出血。

大多数HC的慢性型出现在某些地方性流行区。感染猪表现生长迟缓（阻滞）、慢性腹泻和继发细菌性肺炎。

3. 宿主对感染的反应

猪瘟康复动物产生长久的免疫力。中和抗体的滴度与抗HCV感染的抵抗力相关。哺乳仔猪可从免疫母猪获得母源抗体。母源抗体的半衰期为13天。母源抗体大于或等于1∶1000的猪在4个月时仍有部分抗体。

经子宫感染该病毒的猪，无论出生时健康与否，常成为持续性感染携带者。

58.4.3.4 实验室诊断

在无猪瘟地区，当猪暴发严重的传染性感染时，可怀疑为猪瘟，但常需要在实验室与其他败血症区分。可通过对感染猪组织的免疫组化染色或从脾、扁桃体、淋巴结和血液中分离鉴定病毒。由于许多毒株在细胞培养物上不产生细胞病变，因此，需借助荧光抗体方法检测 HCV。现也使用聚合酶链反应进行检测。

HC 慢性型的诊断更为困难，需借助系统的实验室检测。

58.4.3.5 治疗和控制

在特定国家和地区，HC 的控制依赖于该病毒是否呈地方性流行。在无该病地区，可通过限制从地方性流行区进口生猪和禁止饲喂废弃的动物尸体和用猪肉制品的残渣喂猪，以排除该病毒。在该病呈地方性流行区，可采用疫苗接种和屠宰的方式。HCV 疫苗是被致弱的，尽管对阻止该病有效，但却使一个地区或国家消灭 HCV 的努力复杂化。

第 59 章　正粘病毒科和布尼病毒科

Alex A. Ardans　N. James MacLachlan

59.1　正粘病毒科

流感病毒属于正粘病毒科，依据核蛋白（NP）和基质蛋白（M）抗原特性的不同，该病毒分为三个型（甲、乙和丙型）。正常情况下，甲型流感病毒发生在人、马、猪和鸟。乙型和丙型感染人，而且丙型还可感染猪。甲型流感病毒进一步分为不同亚型。命名系统包括宿主来源、地理分布、毒株编号和分离年代。两种主要的表面抗原（血凝素和神经氨酸酶）的描述，在括号内给出，如甲/牛/新泽西/8/76（H1N1）。为方便起见，对于宿主为人的毒株，常省略宿主来源。

59.1.1　形态学

流感病毒粒子呈不规则球形，直径 80～120nm（图 59.1 和图 59.2）。

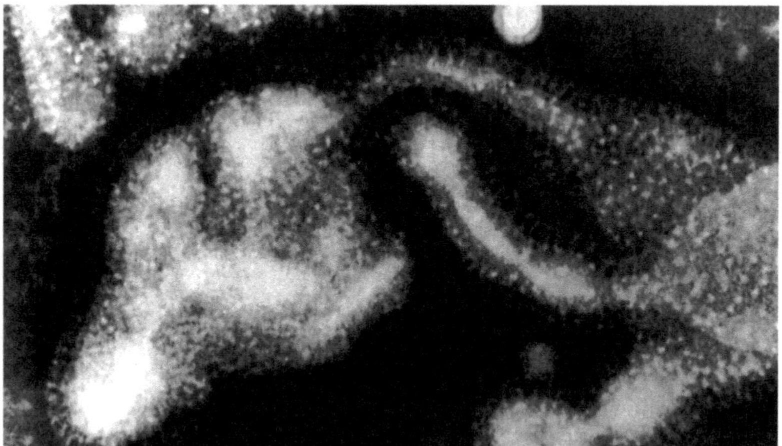

图 59.1　流感病毒 A 的负染样本。(150 000×)（经 Air GU，Laver WG 允许复制）

病毒粒子的囊膜来自宿主细胞膜。囊膜上有两种不同类型的表面纤突（膜粒）：一种呈杆形，相当于血凝素（HA）；另一种呈蘑菇状，具有神经氨酸酶（NA）活性。HA 和 NA 是通过疏水性氨基酸短链连接到病毒囊膜的病毒糖蛋白。病毒囊膜包绕着基质蛋白壳，该壳围绕着由 8 个（丙型流感病毒 7 个）单链 RNA 单个分子组成的基因

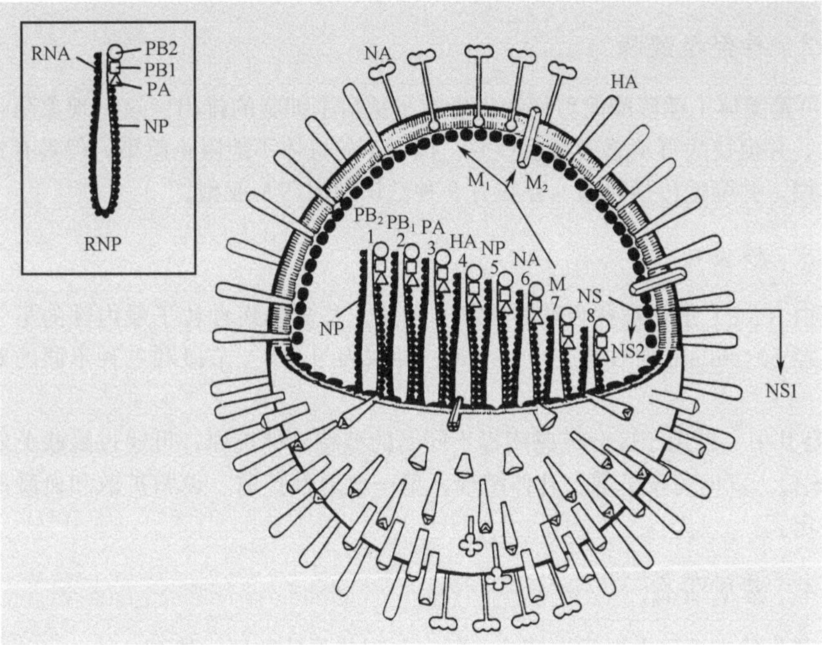

图 59.2　流感病毒的模式图。该模式图阐述病毒粒子的主要结构特征。颗粒表面包括三种纤突蛋白——血凝素（HA）、神经氨酸酶（NA）和基质蛋白（M_2），镶嵌在来源于宿主细胞的脂质双层，覆盖着包绕病毒核芯的基质蛋白（M_1）。构成核芯的核糖核蛋白复合物至少包含一种由 8 条单链 RNA 片段、核蛋白（NP）和三种聚合酶蛋白（PB_2、PB_1 和 PA）相连的复合物，RNA 片段的 3′端和 5′端通过碱基配对形成长柄。它们的组织机制及 NS2 在病毒粒子中的作用仍不明确。（经 Murphy B，Weneter RG 允许复制）

组、核蛋白（NP）和负责 RNA 复制及转录的三种大蛋白质（PB_1、PB_2 和 PA）。8 个基因组 RNA 每种编码一种，有时为两种多肽。单个病毒基因片段的独特性导致混合感染过程中高频率的重组现象（来自两个父代病毒基因片段的再分配产生带有新基因型的子代），解释了流感病毒某些新型大流行株的起源。

59.1.2　病毒蛋白

59.1.2.1　血凝素

所有流感毒株都具有凝集人、豚鼠、鸡和众多其他种属红细胞的能力。针对 HA 的抗体可阻止宿主细胞的感染。HA 和 NA 是两种主要的株特异性表面抗原，在宿主免疫力产生上相当重要。事实上，正是这些主要负责病毒新毒株出现的分子变异导致了流感的新暴发，并且不能通过疫苗接种控制其流行。HA 在最初病毒黏附到细胞受体时发挥作用，随后，HA 剪切允许细胞间膜与病毒囊膜的融合，并将核衣壳转运到胞浆。现有 15 种已确认的流感病毒 HA 蛋白。

59.1.2.2 神经氨酸酶

NA 负责受体中唾液酸的剪切和病毒粒子从宿主细胞的排出。这一现象阻止病毒的自身聚集，并促使病毒从感染细胞释放。抗 NA 的抗体不能阻止感染，但具有针对该病的保护作用，并降低传播能力。存在有 9 种已识别的 NA 亚型。

59.1.2.3 核蛋白

核蛋白（NP）最初被称为可溶性或 S 抗原，是流感病毒粒子最内部的组分。它被缠绕在直径 50～60nm 的双螺旋中，与每一种基因组 RNA 节段和三种不同的聚合酶密切相关。

NP 是其中一种用于区分流感病毒不同属的型特异性抗原，可通过酶联免疫吸附试验（ELISA）、双向免疫扩散、补体结合、单一放射性扩散、琼脂扩散和血凝抑制试验等进行鉴定。

59.1.2.4 基质蛋白

未糖基化的基质蛋白也是流感病毒的一种型特异性抗原，然而，抗 M 蛋白的抗体，即使存在，也几乎不产生抗感染保护。这种结构蛋白围绕核蛋白，构成病毒囊膜的内部成分。

59.1.2.5 非结构蛋白

至少有两种非结构蛋白——NS1 和 NS2。目前它们的功能尚不清楚。

59.1.2.6 聚合酶蛋白

聚合酶蛋白（PB_1、PB_2 和 PA）与 NP 和病毒 RNA 集合在一起。它们是最大的病毒蛋白，负责病毒基因组 RNA 的聚合。PB_1 和 PB_2 为合成互补 RNA 所必需，而 PA 和 NP 为病毒 RNA 合成所必需。

59.1.2.7 病毒基因组

在甲型流感病毒基因组 8 个节段的负义 RNA 中，至少包括 10 种不同的可读框（g 基因）。流感病毒分节段化基因组进行再分配，导致新毒株的产生。流感病毒变异频繁，并以漂移和转换两种形式出现。抗原漂移主要在 HA 蛋白点突变引起氨基酸的替代。在单个 RNA 节段再分配时发生抗原转换。当细胞被两种不同的流感病毒感染时，可产生导致人流感大流行的新毒株。

59.1.3 马流感

59.1.3.1 病症

流感是马的一种急性呼吸性疾病。尽管各种年龄的马都可感染，那些年龄在 2～6 月龄间的马受到最大的威胁。马流感的致死率低，但发病率几乎达到 100%。潜伏期持续1～3天。疾病表现为高热，可达106 ℉，并大约持续3天。其他临床症状包括持续1～3周的频繁而剧烈的干咳，有鼻分泌物，最初表现为浆液性，但后来变为黏液性，厌食、沉郁、羞明、流泪并伴有黏液脓性眼分泌物、角膜浑浊（有时失明）。也可出现肢体水肿和肌肉疼痛，由于某些严重暴发可以导致肺炎，会引起急性死亡。1989年，在中国北方，源自一个新的马流感病毒（甲/马/2/吉林）的暴发，引起肠炎。该病毒被认为来源于鸟，并感染马（所致）。

马流感病毒是甲型流感病毒。根据其HA上抗原性的不同，已被分为两个亚型，甲/马/1（H7N7）和甲/马/2（H3N8）。甲/马/1有一种表型——甲/马/布拉格。已发现在甲/马/1病毒和随后命名的在免疫学上未表现明显差异的两个亚组之间的抗原漂移。显著的抗原漂移已在1963年佛罗里达马严重暴发时首次分离到的来源于原始型甲/马/迈阿密/63的甲/马/2型病毒中出现。其他代表型——甲/马/2/蓝色喷泉、甲/马/2/肯塔基和包括1989年中国株等其他变异株已充分显示，在甲/马/2型病毒中出现了相当严重的抗原漂移，这一结论提示了疫苗的有效性。流感发生于全球范围内的马，只有新西兰和澳大利亚例外，当马匹在观展、销售、圈养和竞赛时被集中时，流感的传播更是一个常见而令人伤神的问题。

59.1.3.2 病原因子

1. 对物理、化学因子的抗性

马流感病毒通常在56℃、30min被灭活。类似于甲型流感病毒，该病毒可被酚、脂溶剂、去污剂、福尔马林和臭氧等氧化剂灭活。

2. 对其他种属动物和细胞培养物的感染性

马流感病毒感染马、驴和骡。当经鼻腔接种时，该病毒可经实验性适应感染鼠，所有正粘病毒（包括马流感病毒）能在鸡胚羊膜腔内增殖。马流感病毒也可在鸡胚肾、牛肾、恒河猴肾及人胚肾细胞上增殖。

59.1.3.3 宿主-病毒关系

致病机制和病理变化

流感病毒对上呼吸道和下呼吸道均能感染。早期淋巴细胞减少，伴有头部淋巴结的肿大。起初表现为浆液性鼻分泌物，然后变成黏液性。在幼驹，可发生致死性肺炎，偶见于大龄动物。偶尔出现于躯干侧腹面和下肢水肿。甲/马/2型已被证明可引起驹感染性脑病。也可出现卡他性甚至出血性肠炎，坏死性支气管炎并伴有细支气管的进行性堵塞是马流感的特征。在甲2型（流感病毒）感染，已观察到由严重坏死性肌炎引发的血清酶水平的升高。多数动物在2～3周内康复，不会形成慢性阻塞性肺病（COPD）。延长康复和疾病的严重性似乎与感染马所遭受的应激水平相关，因此，足够的休息对于康复相当重要。

马流感病毒最常经飞沫传播，由于感染马频繁而剧烈的咳嗽造成快速扩散。感染马大约在出现症状5天内持续性分泌病毒。该病毒也可经污染物扩散。

59.1.3.4 实验室诊断

依据该病的快速传播特性（特别是厩圈养马）和感染马的频繁干咳，对马流感进行假设性临床诊断。借助病毒分离、病毒抗原的显现或通过补体结合（CF）和血凝抑制试验显示急性期和康复期血清间抗体滴度的升高，可以进行确定性诊断。一旦暴发流感，致病性流感病毒株的分离和定型对于下一步免疫计划的成功实施具有重要的意义。

59.1.3.5 治疗和控制

疫苗接种对马流感的防治有一定效果。然而，免疫保护依赖免疫方式及疫苗质量，同时特别强调，应选择适宜的疫苗株。现有疫苗含有灭活的甲/马/1 和甲/马/2 亚型病毒，习惯上，甲/马/布拉格/56（H7N7）和甲/马/迈阿密/63（H3N8）分别被作为甲/马/1 和甲/马/2 的代表株。越来越多的证据表明，在当前自然条件下流行的马流感病毒已发生了抗原演化，提示可提供免疫保护的常规疫苗的有效性随着时间而缩短。由于这一原因，现行疫苗包括了甲/马/2 病毒的某些新出现的变异株。在已有的各种疫苗中加入了被证实可加强免疫力的免疫佐剂。首次免疫需两个剂量的疫苗，以 2～4 周间隔接种。当马一岁龄时，接着加强免疫一次，然后在马大约 3 岁龄前，每 6 个月接种一次，这一阶段加强免疫的间隔不宜超过一年。

对于马，在抗马流感病毒鼻腔抗体和抗感染性之间已显示出其联系。抗攻击水平血清抗体的存在，已显示可以缩短病毒分泌和发热反应的持续时间。

除疫苗接种外，在暴发期间，为减轻该病的扩散，建议采取病毒分离和检疫措施，对感染环境、器具和布匹消毒可减少该病毒的机械传播。

59.1.4 猪流感

59.1.4.1 病症

猪流感是猪的一种急性上呼吸道疾病。自然发病时，几乎同时感染畜群中的大量动物。在较冷的季节，猪流感最常发，但仅由猪流感病毒引起的疾病常常温和，然而当有继发感染时，病症可能相当严重。

猪流感潜伏期短，大约需数天，症状包括发热、厌食、白细胞减少、严重虚弱和虚脱。出现的呼吸道症状包括喘、呼吸困难、打喷嚏、痛咳和鼻腔分泌物增多。部分动物发生结膜炎、肺水肿或细支气管肺炎。多数动物通常在 2～6 天康复，但体重严重减轻。

在 1918 年人流感大流行时，猪流感被首次鉴别，随后的研究确认，相似的 H1N1 能引起人和猪发病。猪流感病毒可从猪扩展到人，并使人发病。有人认为，猪可能作为流感病毒的宿主，在猪中形成新流感病毒，参与在人群中的流行。

猪流感发生在世界许多地区，包括欧洲、亚洲和北美。H1N1 病毒常引起该病在全球猪群中的暴发，而且 H3N2 病毒也流行于部分地区。

猪流感病毒株间的抗原差异还不足以命名为新的亚型。

59.1.4.2 宿主-病毒关系

致病机制和病理变化

流感病猪死后检查，可以观察到，上呼吸道充满黏液，颈部和纵隔淋巴结半透明。感染猪的肺叶表现为萎陷和膨胀不全。有时出现实变性肺炎。脾常中度增大，胃黏膜常充血。

该病由感染的飞沫传播。以往认为，病毒的维持和猪的感染是由含有病毒感染的猪肺蠕虫（*Metastrongylus* spp.）幼虫的蚯蚓引起。猪吃食蚯蚓，同时暴露于嗜血杆菌，常引发典型的猪肺炎。一种更不确切的解释认为，康复动物成为病毒携带者。通过最近的研究，以前经胎盘感染的证据已引起质疑。从病火鸡分离的 H1N1 株在抗原性和基因上与从猪分离到的相同，流感病毒可在猪和鸟之间传播。

59.1.4.3 实验室诊断

当许多猪突然出现上呼吸道症状时，即怀疑有猪流感病毒的感染，特别是在秋冬季节更是如此。需从鼻或肺分泌物中分离到病毒，或证实急性期和康复期血清滴度的上升，以进行确诊。猪流感病毒可在 10～12 日龄鸡胚和来源于多种组织的原代或稳定细胞系的单层培养物上增殖。

59.1.4.4 治疗和控制

流感康复猪产生 H1、血清中和（SN）、补体结合（CF）、沉淀和神经氨酸酶活性抑制性抗体。关于康复猪是否具有免疫力还存在争议，一些研究者确信结论是肯定的，以后在特定季节猪群中暴发的呼吸性疾病由另外的病原因子引起。另一些研究证实，具有中和抗体的猪仍不能抵抗猪流感病毒和流感嗜血杆菌的联合攻击。通过母源抗体的被动转移，免疫母猪所产仔猪可在 13～18 周内得到保护。

已尝试用不同病毒混合物进行免疫，但效果不佳，在美国，还没有商品化的猪流感疫苗。

防范限于辅助性措施，包括一个通风良好的环境，并有干净、干燥、无尘土的垫草、新鲜干净的饮水和营养全面的饲料。全群饲喂抗生素的依据在于有助于阻止继发的细菌感染。康复常常如疾病的发作一样迅速。

59.1.5 禽流感

59.1.5.1 病症

禽流感侵袭多种禽类的呼吸道、肠道或神经系统。毒力相对较弱的病毒几乎不引起临床症状，然而高毒力株产生很高的致死率。多数暴发引起呼吸系统症状，如喷嚏、咳嗽、罗音、窦炎和流泪。其他症状包括沉郁、腹泻及产蛋量或受精能力的下降。由高致病性病毒引起的禽流感以前称为鸡瘟。引发高致命性疾病的病毒被归类为高致性禽流感（HPAI）病毒。特别是家养火鸡常被禽流感感染，多年来已造成巨大的损失。禽流感病毒存在明显的基因变异，在禽流感病毒中至少鉴定出 15 种 HA 蛋白和 9 种 NA 蛋白。

这样，禽流感病毒可能存在大量的亚型，鸟充当流感的自然贮存宿主。已有证据表明，所有 HA 亚型保持在水禽群中，包括鸭、鸥和海鸟（shorebird）。水禽感染多数不表现临床症状。对野鸭，流感病毒在肠道黏膜细胞复制，排泄物中有很高的病毒浓度。已从湖水和池塘水中分离到该病毒。调查表明，在迁移之前，当鸟类聚集时，多于 60%的幼鸟可被感染。

59.1.5.2 宿主-病毒关系

1. 地理分布、宿主和传播方式

高毒力禽流感是养禽业的一个巨大威胁。到目前为止，该病已出现在亚洲、南美和北美。有证据表明，涉及 HA 亚型的 H5 和 H7。在 1983～1984 年宾夕法尼亚暴发和最近在墨西哥暴发的禽流感均为 H5N2，其早期分离株为低致病性的病毒。HA 基因似乎在致病性上相当重要，其中高致病性病毒拥有容易被剪切的 HA。早期宾夕法尼亚分离株在剪切区存在一个糖基化位点，可阻断剪切。看似单一突变消除了糖基化位点，导致高致病性病毒的产生。与此类似，在墨西哥暴发时，观察到低和高致病性 H5N2 病毒的判别也涉及剪切位点。作为一种结果，推断 HA 剪切位点序列也可作为评价分离毒致病性的依据。

在禽群中，该病主要通过病毒的摄入传播，但也可通过吸入和经人员在禽群中的移动或环境因素等机械方式传播。此外，有人认为，对于水禽，除粪便-水-口途径外，粪便-水-泄殖腔途径传播可能也很重要。高致病性禽流感的暴发可使自身受到制约，这是因为几乎没有鸟存活下来，继续充当携带者。

水禽被认为是流感主要的自然宿主。感染鸭能长时间分泌病毒，不表现临床症状或产生可检测水平的抗体反应。已有证据表明，感染后流感病毒可在某些鸟持续长达数月。在以前，常从进口的外来鸟类分离到禽流感病毒，因此，对于新引进的鸟，需采取快速而严格的检疫手段。目前尚没有证据说明，禽流感病毒以类似新城疫病毒的方式扩散。此外，当与感染的鸟或环境接触时，禽流感病毒附着在鞋、衣服和笼子上，也造成了该病的传播。尽管存在禽流感病毒通过感染的鸡蛋垂直传播的可能性，但还没有发现以这种方式传播的证据。

已经发现，禽流感病毒可以感染除鸟外的多种哺乳动物。事实上，已怀疑在瑞典流行期貂的死亡、海豹发病和中国北方感染马的新毒株的出现等，均与禽流感有关。禽流感病毒可在人、牛、犬、鸡和兔源性细胞上增殖。

2. 致病机制和病理变化

禽流感的致病性随病毒株、感染动物的种属和年龄、并发感染及饲养管理而变化。尸体解剖时，损伤表现为不同位点的灶性坏死，包括皮肤、鸡冠、肉髯、脾、肝、肺、肾、小肠和胰。在气囊、输卵管、心包膜和腹膜上有纤维性渗出物。其他损伤包括心肌、腹脂、肌胃黏膜上出现於血斑、非化脓性脑炎和浆液性心包炎。

59.1.5.3 实验室诊断

需通过病毒分离和鉴定或通过 HI、病毒中和试验、可溶性抗原荧光抗体试验、琼脂扩散或 ELISA 显示抗体滴度的升高进行确诊。禽流感病毒可在鸡胚、小鸭、犊牛和猴肾细胞系上增殖。从支气管、肺、气囊、窦腔渗出物或泄殖腔拭子中可分离到病毒。抗原捕捉 ELISA 试验已用于病毒的快速诊断。

59.1.5.4 治疗和控制

康复禽在数月内对随后同源株的攻击具有免疫力。用灭活疫苗经非肠道途径免疫鸟，可对具有相同 HA 的异源毒株攻击产生完全保护，对具有相同神经氨酸酶的异源株部分保护。免疫之后，鸡至少在 84 天内具有免疫力，这一时间大约是火鸡维持时间的 2 倍。已证实抗 HA 的抗体在抗感染的保护中很重要，而抗神经氨酸酶的抗体可抵抗疾病的发生，并减少病毒的分泌，但不能阻断感染。

然而，在实际应用中，由于禽流感病毒株之间存在很大的基因和抗原差异，对养禽业几乎没有适宜的疫苗可供选择。在美国北部几个州（如明尼苏达州和加利福尼亚州），暴发期间快速分离的毒株准许用于灭活疫苗的生产，该灭活疫苗在制约暴发的严重性上有效。人们期望研发具有广谱保护作用的多价疫苗。

大多数地区通过防止暴露来控制禽流感。防止该病毒被引入到禽群的细致的管理措施相当重要。新的禽群不应被引到已开始饲养的禽群，为防止与野生、迁移或外来鸟类的直接或间接接触，可采取的措施必须细致而谨慎。已发现火鸡对一株与猪有关的流感病毒易感，因此，一个好的管理规划不应将猪与火鸡置于同一饲养环境。拟孵化蛋应来源于已证实无该病毒的禽类。在离开禽体后，该病毒已被证实可在粪便中存活 105 天。因此必须采用严格的管理措施、杜绝可能被粪便污染人员、器具在禽类和环境之间的转移。在暴发期间，将发病禽和出售禽进行隔离也值得考虑。

药物如金刚烷胺，以前曾用于人流感的防治，还不清楚是否可用于食用禽类。到目前为止，对禽流感尚无满意的治疗方案，在已感染禽群，用广谱抗生素治疗有助于控制继发的细菌感染，而且正确的营养和管理对降低死亡率也有帮助。

59.1.5.5 动物流感的人兽共患意义

大量事实提示，人流感的大流行毒株是人和动物的流感毒株之间重组的结果。水禽似乎在人新分离毒株的来源上特别重要。鸭看似作为各种流感株聚集，经过基因重排，产生新的流感毒株的“熔炉”。猪也被看作是禽源和人源流感病毒的中间宿主。由于内部基因决定宿主范围，HA 和 NA 在激发免疫中相当重要，重组事件可产生含有相同或相似的内部基因，但 HA 和 NA 蛋白基因不同的新毒株。以这种方式产生的新毒株对人仍具有感染性，但其所具有的表面蛋白与人群中以前暴露过（和免疫）的存在很大差异。由于新毒株很快在易感群扩散开，其后果是引发连续的流感大流行。

以往，在人流感病毒之间发生的主要抗原漂移发生在人群中的大流行的流感病毒之间。最近三次漂移明显源自中国。在这些大流行株的产生方面，中国的作用还不清楚，然而，已知中国拥有大量不同甲型流感毒株的宿主，包括野生和家养动物，特别是鸭。另外，大量鸭产品、人居住环境与饲养场的接近以及与猪的紧密联系，均被认为可以产生新的抗原毒株，并使该病毒侵入人群。

59.2 布尼病毒科

布尼病毒科包括布尼病毒属、汉坦病毒属、内罗病毒属、白蛉热病毒属和 *Tospovirus*。布尼病毒有数百种，有兽医学意义的病毒被分在布尼病毒属——加利福尼亚脑炎血清组病毒和阿卡斑病毒（以及阿诺病毒和柯西山谷病毒），白蛉热病毒属——裂谷物热病毒和内罗病毒属——内罗毕绵羊病病毒。大多数布尼病毒是虫媒病毒，通过节肢动物如蚊子、蜱和吸血蝇等传播，而且，它们可在脊椎动物和昆虫中交替复制。

几种布尼病毒是重要的人兽共患性病原，包括汉坦病毒（引起汉坦病毒性肺综合征和人的肾综合征性出血热）。这些病毒由啮齿动物携带，通过吸入啮齿动物污染的排泄物和废物而感染人，包括裂谷热病毒、裂谷热病毒、内罗毕绵羊病病毒等。

59.2.1 科的共同特性

布尼病毒为有囊膜、多态性病毒，直径 80～120nm，成熟病毒粒子囊膜表面有表面突起（纤突），病毒粒子由 4 种结构蛋白组成，包括两种囊膜外糖蛋白，围绕基因组的核衣壳蛋白和转录酶蛋白（L）。囊膜糖蛋白负责病毒中和与血凝作用。多种非结构蛋白也由病毒基因组编码。

核酸呈螺旋形，包括在三个不同的节段（大［L］、中［M］和小［S］）中，每节段由单链负义 RNA 组成。

在布尼病毒科不同属中，病毒间存在一定程度的基因差异和血清学交叉反应。

59.2.2 布尼病毒属——阿卡斑病毒、阿诺病毒和柯西山谷病毒

阿卡斑病毒是造成反刍动物（主要是牛）中散发性胎儿畸形的病原，该病出现在亚洲、澳大利亚、中东和非洲。病毒经蚊子、三带喙库蚊传播，怀孕期母畜感染所产胎儿出现显著的骨骼肌和神经系统畸形缺陷（关节弯曲-脑水肿）。感染时胎儿的妊娠日龄决定了出生时表现的损伤类型。妊娠中前期感染胎儿出生时肢体严重弯曲（关节弯曲症），并伴有脊柱不同程度的变形。在妊娠期，感染胎儿可能缺乏脑半球或在其相应位置出现充满液体的包囊（脑积水或无脑症）。这是在大脑形成过程中，由病毒参与损伤的结果。一种灭活疫苗已用于妊娠前反刍动物的保护性免疫。

虾夷病毒也引起与阿卡斑病毒相似的症状及大体相同的全球性分布。柯西山谷病毒已被证实是美国西部和西南部绵羊关节弯曲-脑积水病暴发的病原。

59.2.3 加利福尼亚脑炎血清组病毒

加利福尼亚脑炎血清组病毒与布尼病毒属蚊传播性病毒相关（血清学交叉反应），包括 La cross、雪脚野兔、Jametown 峡谷病毒。在美国北部的不同地区，该病毒呈地方性感染，虽然感染见于多种哺乳动物，但很少引起人的脑炎。

布尼病毒属的其他成员偶尔也被认为引起动物脑炎，如马的 Main Drain 病毒。

59.2.4 白蛉热病毒属

裂谷热病毒（RVFV）是一种蚊传播的人兽共患病毒，引起反刍动物（主要是绵羊和山羊）严重的、频发的致死性全身感染。幼龄动物死亡率最高，而怀孕反刍动物常在感染后流产。RVFV 引起感染绵羊和山羊的严重肝坏死，广泛的出血也非常普遍，在部分感染动物中，出现伴有神经元坏死的脑炎。

在非洲撒哈拉，裂谷热（RVF）呈地方性流行，偶尔发生在邻近的北部地区，如埃及。气候因素影响流行的发生，特别是在多雨季节，导致携带该病毒伊蚊种群的快速扩大。RVF 是一种人兽共患病，在流行期，人的致死率也很高。

RVFV 可引起高度恐惧，这是因为其对人和动物具有高毒力，并在流行期可通过多种蚊子迅速扩散，因此，快速诊断具有重要意义，并常通过病毒分离或血清学方法进行。已有一种灭活疫苗，未免疫的兽医和实验室工作人员在处理 RVFV 感染的材料时，也存在被感染的风险。

59.2.5 内罗病毒属——内罗毕绵羊病

内罗病毒属——内罗毕绵羊病（NSD）和相关病毒能引起反刍动物（主要是非洲和亚洲的绵羊和山羊）发生严重的疾病。该病毒通过褐色耳蜱传播。NSD 以高热、肠出血和易感反刍动物的死亡为特征，妊娠动物常发生流产。NSD 是具有高毒力的人兽共患病原。

具有兽医临床意义的内罗病毒属的其他成员引起的疾病，包括克里米亚-刚果出血热，这是一种发生在非洲、东欧、中东和亚洲的人兽共患病。该病毒通过蜱传播，野生和家养动物可作为该病毒的宿主，但该病在其他非人动物中很少见。

第 60 章　副粘病毒科、丝状病毒科和波那病毒科

Yuan Chung Zee　N. James　MacLachlan

单链负义目包括副粘病毒科、丝状病毒科、波那病毒科和弹状病毒科的病毒。这些病毒在祖先上相关，具有共同的特征，包括单链负义 RNA 基因组、相似的复制机制和基因序列、具有囊膜的病毒粒子。

60.1　副粘病毒科

副粘病毒科进一步分为两个亚科：副粘病毒亚科和肺炎病毒亚科，这两个亚科进而分别分为三个属（呼吸病毒属、风疹病毒属、麻疹病毒属）和两个属（肺炎病毒属和人间质肺炎病毒属）（表 60.1）。该科病毒可引起人、动物和鸟类的多种严重的呼吸道或全身性疾病。

表 60.1　副粘病毒科的主要亚组

亚科	属	俗名	自然宿主
副粘病毒亚科			
	呼吸病毒属	牛副流感病毒 3 型	牛
	人副流感病毒 1、3		人
	仙台病毒		鼠
	风疹病毒属	禽副粘病毒 2～9 型	鸟
	人副流感病毒 2、4		人
	腮腺炎病毒		人
	新城疫病毒		鸟
	猪风疹病毒		猪
	猴病毒 5(类似于犬副流感病毒 2 型)		
	麻疹病毒属	麻疹病毒	人
	犬瘟热病毒		犬
	海豹瘟热病毒		
	鲸麻疹病毒		
	牛瘟病毒		反刍动物
	小反刍动物病病毒		山羊和绵羊
	马(亨得拉)麻疹病毒		食果蝙蝠
肺炎病毒亚科			
	肺炎病毒属	牛呼吸性合胞体病毒	牛
	人呼吸性合胞体病毒		人
	鼠肺炎病毒		鼠
	人间质肺炎病毒	火鸡鼻气管炎病毒	鸟

副粘病毒的特征表现为病毒粒子有囊膜，呈多形样（丝状或球形，直径大约150nm或更大），包括一个线性、负义单链RNA基因组。病毒核衣壳呈螺旋对称，直径为13～18nm（图60.1）。核衣壳中至少有三种蛋白质，包括RNA结合蛋白（N或NP）、磷酸化蛋白（P）和病毒多聚酶（L）。核衣壳由来源于宿主细胞膜的脂蛋白囊膜包绕，其中包括两三种由跨膜病毒糖蛋白形成的纤突（8～12nm），并突出于囊膜表面。纤突的形成借助于连接蛋白［在副粘病毒亚科为血凝素（H）或血凝素神经氨酸酶（HN），在肺炎病毒亚科为G蛋白］和对病毒感染及细胞与细胞之间扩散相当关键的融合蛋白（F）。另一种蛋白质——基质蛋白，排列在囊膜的内表面。在感染细胞中，还形成各种非结构病毒蛋白。

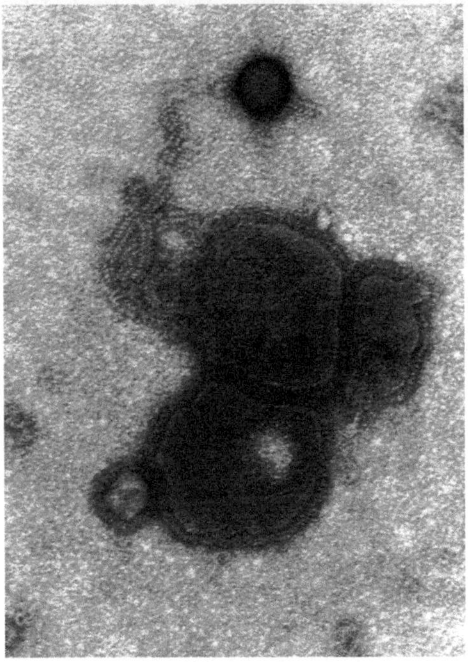

图60.1　牛副流感病毒3型的负染样本。（120 000×）（A. Castro 惠赠）

60.1.1　副粘病毒亚科

60.1.1.1　麻疹病毒属

虽然麻疹病毒之间存在严重的血清交叉反应，但依据其宿主嗜性、基因组序列及抗原差异，仍可对其进行区别。所有病毒均具有一种称为血凝素（H）的表面蛋白，但只有牛瘟病毒具有神经氨酸酶（HN）。

1. 犬瘟热病毒

A. 病症

犬瘟热（CD）是犬的一种重要病毒性疾病。急性CD特征性地表现复合型双相热，眼和鼻分泌物增多、厌食，沉郁、呕吐、腹泻、白细胞减少、肺炎和神经症状。不同动物表现的临床症状严重性差异很大，该病潜伏期为3～5天。致死率在很大程度上依赖于犬的免疫状态，幼犬的致死率最高。从急性病中存活下来的动物还可表现其他症状，包括爪垫的高度增生（硬垫病）和神经症状，如惊厥、震颤、阵发性肌肉痉挛、运动障碍、麻痹和失明。直到急性CD的全身症状明显后，才出现神经症状。

B. 病原因子

1）物理、化学和抗原特性　犬瘟热病毒（CDV）具有上述副粘病毒的特性，病毒粒子表面的H蛋白缺乏神经氨酸酶活性，负责CDV对细胞的黏附。虽然常常出现具有不同生物学特性的CDV不同分离株，但CDV只有一种抗原型。

2）对物理、化学因子的抗性　犬瘟热病毒不能耐受极端的温度、pH和数种消毒剂。在可见光和紫外灯下，60℃，30min病毒被灭活。在组织中，该病毒在25℃可存活

48h，5℃存活 14 天。pH 高于 10.4 或低于 4.4 时，该病毒丧失感染性，但在 pH 7.0 最稳定。犬瘟热病毒很容易被消毒剂、季铵化合物（如 0.2% Roccal）和 0.75%苯酚溶液灭活。不稳定病毒（如 CDV）在阴冷、潮湿环境或血清或组织碎片中可使存活期延长。

3）*对其他种属动物和细胞培养物的感染性* 犬瘟热病毒感染多种动物，除犬外，犬科其他动物（狐、郊狼、狼和野狗）、小熊猫科（大灵猫）、髭科（髭狗）、Mustelidae（雪貂、貂、臭鼬、比格犬）、野猪科（野猪）、小熊科（豹熊）、灵猫科（果子狸、猫鼬）和大灵猫科（浣熊、熊猫）等均易感。猫科动物的部分成员（狮、虎和豹）也易感。最近，在非洲狮中，出现了极具破坏性的犬瘟热的暴发。

犬瘟热病毒可在原代犬肾和雪貂肾细胞上分离和增殖。

该病毒已成功适应于鸡胚和多种细胞系（包括牛肾、绿猴肾、人羊膜或成纤维继代细胞），该病毒也已适应于新生 swiss 鼠和断乳仓鼠。

C. 宿主-病毒关系

1）*分布、宿主和传播* 犬瘟热广泛发生，尽管已广泛使用对防止该病很有效的疫苗，在许多地区，该病仍呈地方性流行。犬是 CDV 的最主要宿主，感染犬在其鼻和眼分泌物中排泄病毒，在实验性感染犬感染后 6～12 天的尿液中出现 CDV。感染犬的粪便中也含有 CDV。感染常经空气或直接接触传播，并导致易感动物的呼吸道感染。

2）*致病机制和病理变化* CDV 具有广泛的嗜性，对上皮和淋巴组织具有特别强的嗜性。肺也是 CDV 感染并致病的中心，CDV 最初在支气管淋巴结和扁桃体中的巨噬细胞中复制，紧接着出现呼吸道感染。然后该病毒扩散到其他淋巴组织（淋巴结、脾、胸腺和骨髓），在这里进一步复制，然后发生病毒血症，将 CDV 散播到全身各器官［包括中枢神经系统（CNS）和眼球］。这种向食道、呼吸道和泌尿生殖道上皮、皮肤和黏膜、内分泌腺和 CNS 的全身性 CDV 扩散大约发生在感染后的第 8 或第 9 天，只有犬在此时不能产生足够滴度的抗 CDV 中和抗体。

CDV 的损伤发生在病毒复制的呼吸道和消化道等主要受到侵袭的器官。急性 CD 犬肺出现弥散的间质性肺炎，其特征为支气管坏死并伴有肺泡间质增厚的肺泡炎。对原发性 CDV 诱导的间质性肺炎的病犬，继发性细菌感染很普遍。在呼吸道上皮、胃、膀胱和肾盂的内上皮中，常出现特征性嗜酸性核内和胞浆内包含体。淋巴细胞的大量坏死是急性 CD 的特征，并导致淋巴枯竭和免疫耐受。免疫抑制使感染犬继发细菌性肺炎，并协助该病毒侵入神经系统。

急性 CD 的存活犬随后产生由病毒诱导的由脱髓鞘引发的神经症状，在这些犬中，中枢神经系统的损伤开始是局限性脱髓鞘，很快出现淋巴细胞的炎性浸润和巨噬细胞的集聚。病变发生在小脑、脑干和大脑，CDV 包含体可出现在星状细胞、脑室细胞和神经元。虽然 CDV 在星状细胞和小胶质细胞中大量复制，对于数突细胞，病毒直接介导的损伤可能多数由表现在脱髓鞘型 CD 中最初由病毒介导的脱髓鞘作用引起。

老犬脑炎是成熟犬的一种少见的疾病，该病的发生由中枢神经系统长时间的持续性 CDV 感染所致，导致痴呆。该病特征性的表现为：伴有神经元退化的淋巴细胞性脑炎和经常出现的 CDV 包含体。在典型的神经型 CD 中，脱髓鞘作用相当突出。有人认为，老龄犬脑炎是由 CDV 的复制缺陷型引起的，类似于麻疹病毒在人亚急性硬化性全脑炎

（Dawson 氏病）中所起的作用。

3）*宿主对感染的反应* 犬瘟热病毒自然感染康复犬产生长久的免疫。在感染后8～9 天的感染犬血清中首先出现中和抗体。CDV 感染犬也产生细胞介导的免疫反应，可能对该病的康复很重要。病毒介导的免疫抑制加强了 CDV 感染时的致病作用，有利于继发细菌感染并促进该病毒向 CNS 的扩散。

D. 实验室诊断

由于 CD 临床症状的多样性，有时不表现特征性症状，需通过病毒分离，或用 CDV 特异性抗体及免疫荧光和免疫组化技术对感染犬的组织或细胞 CDV 抗原染色鉴定进行确诊。作为替代，可通过 ELISA，显示在双份血清中有 IgG 滴度升高，进行血清学诊断。

E. 治疗和控制

对 CD 的治疗是辅助性的，如使用抗生素防止继发细菌感染和用电解质溶液纠正体液和电解质平衡。针对 CD 的免疫接种是防止该病发生的最好方法。已有致弱的和灭活的 CD 病毒疫苗，免疫可极大地降低该病在犬中的发生率。新一代的重组犬瘟热疫苗正在研制中，包括以金丝雀痘病毒为基础的活载体疫苗。

抗 CDV 的母源化抗体可能干扰仔犬针对 CDV 的成功免疫接种，对于 CD，仔犬应在母源抗体水平降低到不干扰免疫时进行疫苗接种。虽然灭活和致弱 CDV 疫苗安全地用于多种野生动物的免疫（包括狐狸、雪貂、貂、南非狗和松毛狼等）。当它们用致弱活 CDV 疫苗免疫后，在一些动物（包括貂、蜜熊和小熊猫）中，已有疫苗引发 CD 的报道，与此类似，由疫苗诱导犬 CD 的事件也有记载。

2. 海豹瘟热

海豹瘟热是海豹的一种类似于犬瘟热的传染性疾病。该病在 20 世纪 80 年代晚期首次被认识，当时在波罗的海和北海，大量海豹相继死亡。感染海豹的损伤和症状与犬的 CD 显著地相似，后来证实，海豹的这种疾病是由一种与 CD 病毒密切相关的麻疹病毒——海豹瘟热病毒引起。由海豚瘟热病毒引起的相同疾病，在 90 年代早期，引起北美的大西洋海湾的海豚大量死亡。海豚和海豹瘟热病毒紧密相关，其他基因上明显不同的麻疹病毒已证实可引起鳍足类和鲸发生相似的疾病，与 CD 相似，在海洋哺乳动物中，临床和病理学上的肺炎在由麻疹病毒引起的瘟热中占主导地位。

3. 马麻疹病毒（亨得拉）病

马麻疹病毒病仅见于澳大利亚。在 1994 年，该病首次被认识，当时严重的呼吸性疾病的暴发使大量马匹和驯马师死亡。该病也被称为亨得拉（其病原为亨得拉病毒），因首次发现于这个城镇而得名。感染马发生严重的间质性肺炎和肺水肿，并迅速死亡。该病由一种独特的副粘病毒引起，并暂列在麻疹病毒属，该病毒被多种食果蝙蝠（飞狐）无症状地携带。尽管食果蝙蝠是马麻疹病毒的宿主，在马和人之间，该病通过与含有病毒的鼻分泌物或污染物直接接触传播。在马来西亚和南亚的邻近地区，相似的病毒（尼帕）呈地方性流行，人和猪偶尔出现致死性感染。

4. 牛瘟

A. 病症

长期以来，牛瘟（也称为牛瘟疫）被认为是家养牛、水牛和部分野生反刍动物的一种毁灭性大流行的病毒病。牛瘟的特征为：发热、淋巴细胞减少、流涕和流泪、腹泻及遍及口腔的糜烂和溃疡（溃疡性口炎）。该病潜伏期为3～8天，该病毒具有高度传染性，因此发病率相当高。对没有免疫力的牛，致死率也高（最高达100%），但随着感染株的毒力而变化。在全球许多地区，已消灭该病，但其持续存在于亚洲部分地区、中东和非洲，从而继续对全球养牛业形成一种严重威胁。国际联合会已着手一个雄心勃勃的计划，到2010年完全消灭牛瘟。

B. 病原因子

1）物理、化学和抗原特性　牛瘟病毒只有一种抗原型，但目前至少有三种不同的基因系存在。一个系出现在亚洲，另两种不同家系出现在非洲东部。牛瘟的不同毒株对牛致病力也不同。

2）对物理、化学因子的抗性　牛瘟病毒可被阳光在两小时内灭活，被紫外线快速灭活。该病毒也可被快速变化的热所灭活，但少量病毒可在56℃存活50～60min或60℃存活30min，牛瘟病毒在pH4.0～10.2相对稳定。该病毒可被脂溶剂、消毒剂（如苯酚或强碱化合物）灭活。

3）对其他种属动物和细胞培养物的感染性　牛瘟病毒感染偶蹄目的所有动物（包括牛、水牛、猪、豪猪、绵羊和多种非洲羚羊）。该病毒能适应在实验动物（如兔、鼠、豚鼠和鸡胚）上生长。牛瘟病毒能在牛、绵羊和猪源性的原代或继代细胞系上增殖。

C. 宿主-病毒关系

1）分布、宿主和传播　在历史上，牛瘟出现于整个欧洲、非洲和亚洲。但从未在美洲和澳洲建立感染。目前，在亚洲某些地区、中东和非洲，该病毒呈动物性流行。

感染牛瘟病毒的家养和野生动物可作为该病的宿主，特别是那些对该病具有天然高抵抗力的品种。这些品种，包括本地牛的某些品系、汤普森氏瞪羚及其他品种，虽不显示临床症状，但可长时间分泌病毒。与此相似，猪、山羊和绵羊能充当散播病毒到易感牛的重要宿主。在鼻流出物、唾液、眼分泌物和感染动物排泄物中，牛瘟病毒有很高滴度，需通过易感动物与感染动物的分泌物和排泄物直接接触传播。

2）致病机制和病理变化　牛瘟病毒感染通常出现在上呼吸道，虽然牛也可经其他非肠道途径接种而发生实验性感染。该病毒首先在扁桃体和附近淋巴结复制，然后经起主导作用的淋巴细胞相关病毒血症将病毒散布到全身。病毒在淋巴组织（脾、骨髓和淋巴结）、消化道和上呼吸道黏膜复制。此时，鼻和眼分泌物中含有高滴度病毒，发热高达107 ℉，白细胞减少，然后出现口腔溃疡和带血的腹泻（痢疾）。出现血清中和抗体后，感染牛分泌物和组织中的病毒滴度下降。康复期始于口腔溃疡的逐渐愈合，可能需4～5周从该病中完全康复。

牛瘟病毒的损伤出现在病毒复制的组织。口腔溃疡是牛瘟严重病牛的特征性表现，始于上皮基底层的区域性坏死。在皱胃和小肠黏膜也出现坏死。感染上皮中合胞体细胞的出现是牛瘟的极特征性变化，而其他溃疡性疾病（如恶性卡他热或牛病毒性腹泻）不具备这一特征。病毒介导的淋巴细胞破坏的后果导致胃相关淋巴组织的大面积坏死，类似的淋巴细胞溶解现象还出现在其他淋巴组织（淋巴结、脾和骨髓）。

3）宿主对感染的反应　血清中和抗体的出现极有可能决定了牛瘟康复牛产生的长久免疫力。用致弱的活牛瘟病毒疫苗接种牛，免疫后两周出现 IgM 和 IgG_2 血清抗体。

D. 实验室诊断

依据临床症状和该病在正常牛群中暴发所产生的特征性损伤，及最近从牛瘟感染区引入动物的历史，可以对牛瘟进行早期诊断。目前已进行了大量努力，以消灭该病并防止牛瘟侵入无该病地区并造成严重后果，还需通过实验诊断去确诊并鉴别牛瘟和其他传染性疾病（如牛病毒性腹泻、牛传染性鼻气管炎、恶性卡他热及口蹄疫病）。可在适宜的细胞培养物上分离牛瘟病毒，可分别应用 PCR 或琼脂免疫扩散确认感染动物眼分泌物或组织中的病毒核酸及病毒抗原。竞争 ELISA 和病毒中和试验已用于牛瘟病毒感染动物的血清学诊断。

E. 治疗和控制

对牛瘟没有有效的治疗方法。可通过在地方性流行区的免疫接种和严格检疫来自感染区引入的反刍动物进行控制。这是因为，在无牛瘟地区，该病的暴发常与已感染动物的引进有关。灭活疫苗在以前用于免疫牛，但已被可激发长久免疫力的弱毒活疫苗所取代。可激发强的保护性免疫的重组牛瘟疫苗也已被研制出来。

5. 小反刍动物病

小反刍动物（PPR）病毒是一种引起绵羊和山羊发生牛瘟样疾病的麻疹病毒。该病毒与牛瘟病毒紧密相关，因此，区分这两种疾病，对于全球性消灭牛瘟计划的成功实施相当重要。特别重要的是，PPR 病毒感染的小反刍动物常不表现临床症状，因此，小型反刍动物是该病毒的主要宿主。

60.1.1.2　风疹病毒属

风疹病毒属被包括在副粘病毒科、副粘病毒亚科中，该属的所有病毒均含有血凝素和神经氨酸酶（HN）蛋白。有 9 种不同的禽副粘病毒（禽副病毒 1～9 型）包括在风疹病毒属中，以缺乏明显的交叉中和和交叉保护为基础，可将其彼此区别开。禽副粘病毒 1 型是新城疫（ND）的病原。

1. 新城疫

A. 病症

新城疫（ND）是鸡的一种以呼吸障碍、腹泻和神经症状为特征的高度传染性疾病。该病的严重程度依赖于鸟的年龄、免疫状态及引发感染的 ND 病毒株的毒力。毒力最强的毒株称为速发型，对感染鸡的致死率高达 90%。由中发型病毒引起的疾病不很严重，致死率常低于 25%，缓发型毒株相对无毒力，常被用作疫苗使用。

B. 病原因子

1）物理、化学和抗原特性　ND 病毒的特性与该亚科和属中的其他成员类似。

2）对物理、化学因子的抗性　新城疫病毒（NDV）可被热、紫外线、pH、氧化剂、化学物质（来苏尔、苯酚、去污剂和丁醇化甲基苯酚）等灭活。病毒灭活的速率随毒株、最初使用的病毒量、暴露时间、环境中有机溶剂的存在方式等而变化。可在 ND 暴发感染后数周的环境和蛋壳中分离到具有感染性的病毒，并可在蛋和冻结的尸体中存活很长时间。

3）*对其他种属动物和细胞培养物的感染性* 新城疫病毒感染鸡、珍珠鸡、火鸡及大量家养和野生鸟类，海鸟极不易感，但可作为该病毒的携带者。当暴露于感染鸟或活的病毒疫苗时，人也可被意外感染，并产生自约性（self-limiting）结膜炎。

新城疫病毒可在10～12日龄鸡胚的绒毛尿囊腔增殖，最常用的NDV培养细胞系是鸡胚肾细胞、原代雏鸡成纤维细胞和地鼠肾细胞（BHK）。

C. 病毒-宿主关系

1）*分布、宿主和传播* 新城疫出现在世界各地，家养鸟是该病毒主要的宿主。虽然已从大量野生鸟类、麻雀、乌鸦、鸭和鹅分离到NDV，但它们对该病的传播似乎只发挥微弱的作用，1971年在北美（加利福尼亚），外来的速发型NDV在动物中的暴发是由笼养鸟引入的。

呼吸性感染是NDV传播的最主要途径。经呼吸道暴露后2～3天，感染鸟开始排出病毒，并持续分泌病毒达数周。由于该病毒的稳定性，可通过污染物被轻易传播。

2）*致病机制和病理变化* NDV的初始复制出现在经空气感染后的上呼吸道黏膜，然后经病毒血症将病毒散播到全身，在实质器官细胞中复制的大量病毒的广泛扩散引发第二次病毒血症，在某些情况下，会导致CNS细胞的感染。依据感染株的毒力，该病对鸡表现有几种模式。高毒力速发型株引起内脏器官或CNS的快速致死性感染。中发型NDV引起呼吸性疾病，偶尔被感染鸡出现神经系统症状和低死亡率。然而，缓发型毒株引起轻微或不明显的症状。NDV不同株的毒力鉴别与HN蛋白的剪切及其活性的不同有关，因此，可通过HN编码基因的序列分析对这些毒株进行快速鉴别。

ND的损伤变化很大。不明显感染几乎不出现损伤，而被侵袭肠道、呼吸道、内脏器官的出血性坏死是大多数严重型的特征。CNS感染鸡常见有神经胶质细胞坏死、神经元退化、血管套和内皮细胞水肿。

3）*宿主对感染的反应* 在NDV感染后6～10天，鸡产生抗体，抗体针对囊膜糖蛋白-HN表现出病毒中和及血凝抑制活性，负责宿主抵抗该病的免疫。体液抗体（IgM和IgG）、分泌性抗体（IgA）和细胞介导的免疫应答似乎均在抗ND的免疫中发挥作用。

D. 实验室诊断

由于ND的临床症状和病理损伤具有不确定性和非特异性，必须依靠实验室方法确诊该病。目前最成功使用的有PCR、序列分析和核酸杂交分析等，可用于区分该病毒株是速发型株还是活的疫苗株。作为替代，可用呼吸道渗出物或组织悬液（脾、肺或脑）经鸡胚接种或细胞培养分离NDV。在感染组织或细胞培养物中的抗原，可通过免疫组化染色或免疫荧光显现出来。需通过血凝抑制、中和试验和ELISA进行血清学诊断，以显示NDV抗体滴度的上升。

E. 治疗和控制

防止易感鸡NDV暴露的卫生管理是控制该病的一种重要因素。由于NDV只有一种血清型，免疫接种灭活疫苗或活病毒疫苗也已用于阻止ND。在大多数活疫苗中加入NDV缓发株，可以通过饮水或喷雾接种。

60.1.1.3 呼吸病毒属

呼吸病毒属包含在副粘病毒科、副粘病毒亚科中。该属的所有病毒都具有血凝素和神经氨酸酶（HN）蛋白。包括在呼吸病毒属的副流感病毒来自牛、猪和鼠（仙台病毒）。可通过宿主范围和血清学反应区别副粘病毒。它们常引起人和动物的上呼吸道感染。

1. 犬副流感2型

犬副流感病毒2型已被认为是犬传染性气管支气管炎（“窝咳”）的病原，与此病有关的还有犬腺病毒和博德特氏支气管败血杆菌。在抗原性上，该病的特征为突然发作、轻度发热、轻度到大量流鼻涕及尖厉的干咳。副流感病毒2型与猴的SV-5病毒相关。看似相同或极相似的病毒感染多种动物。已有活的致弱的副流感2型病毒疫苗，常联合犬的其他病毒疫苗（如犬瘟热、犬肝炎或博德特氏支气管败血症疫苗）。

2. 牛副流感3型

副流感3型病毒（PI-3）已被认为是称作牛“运输热”的病原，“运输热”是牛的一种呼吸性疾病综合征。该病表现为高热（107 ℉或更高）、结膜炎、呼吸困难、黏液及脓性鼻炎及肺炎。在美国，该病分布广泛，仍是引起养牛业经济损失的重要病原。几种病毒（包括PI-3）和细菌（特别是曼氏溶血杆菌），已被当作是“运输热”致病的罪魁。但PI-3病毒的准确作用，即使有也很难确定。已从人、绵羊、马和水牛的上呼吸道感染病中分离到类似的病毒。

已有灭活和致弱的活PI-3病毒疫苗，通常与其他病毒疫苗或细菌联合使用。

60.1.2 肺炎病毒亚科

60.1.2.1 肺炎病毒属

肺炎病毒属包括在副粘病毒科、肺炎病毒亚科中（表60.1）。该属的病毒包括感染人、马、鼠的呼吸性合胞体病毒和感染绵羊和山羊及牛呼吸性合胞体病毒密切相关的病毒。可通过宿主范围及交叉中和作用区别该属的病毒。该组成员缺乏神经氨酸酶，核衣壳直径13～14nm，小于副粘病毒属病毒的核衣壳（18nm）。肺炎病毒属病毒在抗原性相关，但在抗原性上与其他副粘病毒不同。其血凝素蛋白称为G，对应于副粘病毒亚科其他成员中的H或HN。

牛呼吸性合胞体病毒

牛呼吸性合胞体病毒（BRSV）引起犊牛肺炎，表现的临床症状为咳嗽、发热、厌食、流涕及呼吸困难。肺炎的特征表现为伴有多核合胞体和肺泡上皮增生性支气管炎和肺泡炎。在北美、日本、欧洲和澳大利亚，该病已有报道。并非所有的BRSV感染牛均表现该病的特征性临床症状。感染动物作为该病的贮存宿主，在鼻腔分泌物中，出现病毒。可通过用抗BRSV的荧光抗体对咽喉涂片直接染色，确诊BRSV感染。

在BRSV感染后3天，牛产生血清中和抗体，3～4周后，达到高峰。在牛BRSV感染中，也可产生细胞免疫反应。已有一种致弱活牛呼吸性合胞体病毒疫苗。

60.1.2.2 人肺间质病毒属

依据基因序列和病毒粒子蛋白的组成，人肺间质病毒可与肺炎病毒区别开。火鸡鼻气管炎病毒（禽肺炎病毒）被分入该组，该病毒引起年轻火鸡和鸡的上呼吸道疾病。

60.2 丝状病毒科

该科的病毒特征为有囊膜、多形（丝状）病毒粒子，基因组为单链负义 RNA，丝状病毒有两个主要的属：埃博拉和相关病毒、马尔堡和相关病毒。这些属的病毒引起人的严重致死性疾病，特征为“出血热”。这种神奇的疾病就是由这些病毒感染人所致。这些病毒可感染猿类，能适应于实验动物。

60.3 波那病毒科

该科病毒特征为球形、有囊膜的病毒粒子，直径大约 90nm 及单链负义 RNA 基因组。波那病毒（BDV）是该科的代表型病毒。绵羊和马是 BDV 的自然贮存宿主，但感染也出现在包括人、牛、兔、山羊、犬、猫和某些驯化的鸟等多种动物。BDV 具有嗜神经性，已被认为是人的行为异常和动物脑炎的病原。波那病毒引起马的一种严重神经异常性疾病，主要局限在中欧地区，而且人的无症状性 BDV 感染和马的有症状感染出现在全球各地。作为一种兽医病原，BDV 的确切意义还需进行深入确认。

第 61 章　弹状病毒科

Yuan Chung Zee　N. James MacLachlan

弹状病毒（希腊词“*rhabdo*”意思是杆状）呈子弹形、有囊膜，单链 RNA，是拥有广泛宿主的病毒。弹状病毒科的成员被包括在 4 个属（狂犬病毒属、水疱性口炎病毒属、牛暂时热病毒属和粒外弹状病毒属），能感染脊椎动物、无脊椎动物（节肢动物）和植物。弹状病毒引起多种重要疾病：狂犬病（和狂犬病相关疾病）、水疱性口炎、牛暂时热及鱼的疾病［包括鲤鱼春季病毒性出血症、传染性造血性坏死和鲑鱼病毒性出血败血症（表 61.1）］。弹状病毒具有相同的形态，复制需依赖于 RNA 的聚合酶，已成熟的病毒粒子从胞浆膜出芽或进入胞浆空泡中（图 61.1 和图 61.2）。

表 61.1　弹状病毒的主要属

属	病毒	自然宿主	疾病
水疱性口炎病毒属	水疱性口炎病毒	马、牛、猪	水疱和溃疡
	Alagoas 病毒		
	印第安纳病毒		
	新泽西病毒		
	鲤鱼春季病毒性出血症病毒	鲤鱼	腹部膨胀
狂犬病毒属	狂犬病毒	所有温血动物	狂犬病
	澳大利亚蝙蝠狂犬病毒	蝙蝠	狂犬病样病
	欧洲蝙蝠狂犬病毒	蝙蝠	狂犬病样病
	Lagosbat 病毒	蝙蝠	狂犬病样病
	Mokola 病毒	鼩鼱	狂犬病样病
暂时热病毒属	牛暂时热病毒	牛	全身性感染、发热
粒外弹状病毒属	传染性造血性坏死病毒	鲑鱼类	全身，神经系统
未分组	病毒性出血性败血症病毒	鲑鱼类	组织坏死和出血

61.1　狂犬病

61.1.1　病症

狂犬病毒感染所有的温血动物（包括人），引起严重、不可逆的致死性中枢神经系统（CNS）疾病。潜伏期延长，在 2 周到 6 个月之间变化，在例外情况下更长。临床症状涉及 CNS，但随感染动物的不同种属而变化。人狂犬病的早期表征和症状为头痛、烦渴、呕吐和食欲不振。更进一步的现象和症状包括饮水时咽部肌肉疼痛性痉挛（“恐水症”）、感觉神经元高度兴奋和进行性麻痹。一旦出现临床迹象，死亡是不可避免的结

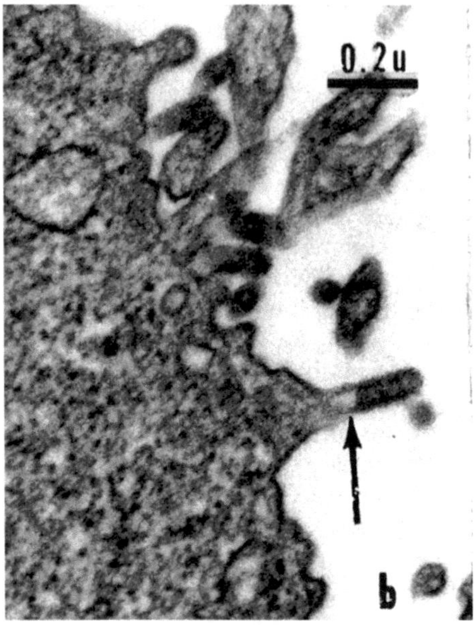

图 61.1　水疱性口炎口膜炎病毒从感染的 L 细胞的胞浆膜出芽。(40 000×)(经 Zee YC，Hackett AJ 和 Talen L 允许复制)

果。犬狂犬病病程常持续 3～8 周。在疾病的早期，行为改变较为普遍，有时出现发热、瞳孔扩张和惧光。狂躁型狂犬病出现较晚，此时，感染犬变得神经紧张和渐进性狂躁。感染犬常在没有招惹的情况下咬人。临床症状包括大量流涎、口吐泡沫、吞咽和饮水困难、痉挛和肌肉不协调。某些感染犬不经过狂躁期，只表现麻痹或声哑，这种类型狂犬病的特征性临床症状为咽喉和下颌肌肉麻痹、运动失调，进而昏迷和死亡。猫狂犬病的临床征兆类似犬的狂犬病，但患狂犬病的猫更倾向于藏在隐蔽的地方，而且比感染犬更为可怕。马狂犬病的临床征兆常包括进行性共济失调，最终麻痹和吞咽困难。牛感染狂犬病常常兴奋和坐立不安，典型征兆包括流涎、窒息、不反刍、直肠变形及后肢和臀部麻痹。

几种与狂犬病毒密切相关的病毒也能使被感染动物和人发生狂犬病样疾病（表 61.1），蝙蝠是这几种病毒的重要贮存宿主。

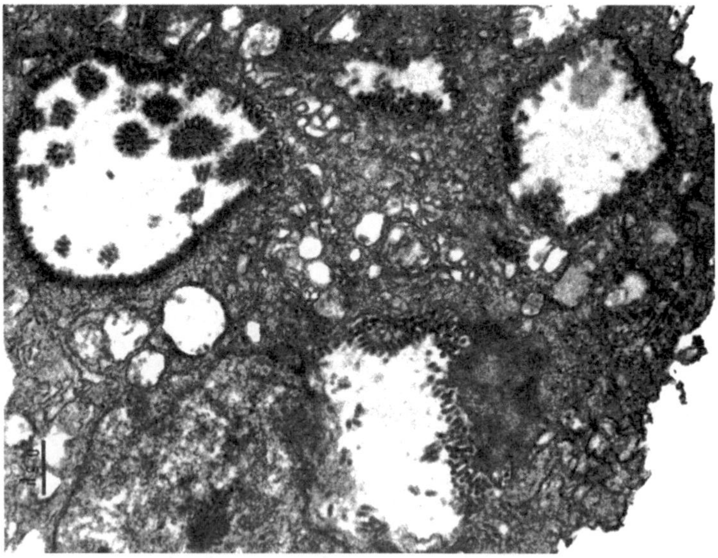

图 61.2　水疱性口炎口膜炎病毒在感染的鸡胚成纤维细胞中出芽，进入胞浆空泡腔隙。(17 000×)

61.1.2 病原因子

61.1.2.1 物理、化学和抗原特性

狂犬病毒粒子呈锥形或子弹状，大约长 180nm，宽 80nm，包含带有短纤突（膜粒长 6～7nm）的囊膜。中央圆柱形的核糖核蛋白核芯沿纵轴环绕。该病毒在氯化铯中的浮密度为 1.20g/cm^3。病毒 RNA 为单链负义，所编码的 5 种亚基因组 mRNA 翻译成 5 种主要蛋白，分别为 L（依赖于 RNA 的 RNA 聚合酶）、G（形成囊膜纤突的糖蛋白）、N（核蛋白）、P（NS，病毒聚合的一部分）和 M（或狂犬病毒的 M2）。主要的表面糖蛋白 G 上包含该病毒的中和表位。核衣壳由病毒 RNA、N、NS 和 L 蛋白组成，M 蛋白将核衣壳连接到含有 G 糖蛋白的脂质囊膜。

从自然发生病例分离的狂犬病毒株被称为“街毒”，而实验室致弱的毒株称为“固定毒”。这些毒株对实验动物的生物学特性存在差别，如毒力、潜伏期的长短、分布和在靶组织对组织损伤的特性。可通过与单克隆抗体的反应区分狂犬病毒“街毒”和“固定毒”的抗原性差异。已经证实，疫苗免疫鼠可抵抗“街毒”株的攻击表明，与其他抗原性不同的毒株相比，该“街毒”株与疫苗的关系更为紧密。因此，选择适当的病毒株进行疫苗生产极为关键。

狂犬病毒包含在狂犬病毒属，同时还有狂犬病相关病毒（如澳大利亚蝙蝠、欧洲蝙蝠狂犬病毒 1 型和 2 型、Lagos 蝙蝠病毒和 Mokola 病毒），所有这些病毒都能引起人发生狂犬病样疾病。

61.1.2.2 对物理、化学因子的抗性

狂犬病毒可在 56℃、30min、化学因子［如福尔马林（1%）、甲酚（3%）和 β-丙内酯（0.1%）］条件下被灭活。该病毒在感染脑组织中，室温条件下存活 10 天，4℃条件下存活数周，但对消毒剂相对敏感。

61.1.2.3 对其他种属动物和细胞培养物的感染性

在所有温血动物中，狂犬病毒均可感染和复制。该病毒易于在鸡胚、鸭胚和多种细胞系上增殖，特别是地鼠肾细胞（BHK_{21}）和人二倍体细胞（WI-26）。

61.1.3 宿主-病毒关系

61.1.3.1 分布、宿主和传播

狂犬病分布于世界各地，只有澳大利亚［尽管澳大利亚蝙蝠莉莎病毒（Lyssavirus）与狂犬病毒密切相关，并引起人完全相同的疾病］、英国、爱尔兰、塞浦路斯、日本、新西兰和斯堪的那维亚是明显的例外。在非洲、亚洲、北美、南美洲和西欧的许多国家，该病呈地方性流行。狂犬病的动物流行主要出现在亚洲和非洲。最近，通过对该病野生贮存宿主（特别是狐）进行疫苗接种，已从欧洲的大部分地区消灭了狂犬病。

对狂犬病易感的许多动物中，犬、狐、臭鼬、狼、浣熊、黄鼬、郊狼和蝙蝠可作为

狂犬病毒的贮存宿主。单种贮存宿主的（流行病学）意义随地理分布变化。如在西欧，狐狸是狂犬病毒重要的贮存宿主。与此相似，在加拿大大部、阿拉斯加和美国西南部的沙漠，狐狸也是相当重要的贮存宿主。而在北美的其他地区，臭鼬和浣熊是狂犬病毒关键的宿主。在非洲和亚洲，黄鼬是狂犬病毒一种重要的宿主。然而，家犬仍是人狂犬病最重要的传染源，特别是在非洲、亚洲和拉丁美洲的发展中国家。

大多数狂犬病病例源自患狂犬病动物的咬伤——大多数感染动物的唾液含有传染性的病毒。然而，由蝙蝠传播是一种日益严重的问题。没有咬伤史，狂犬病毒可从蝙蝠传播给人。在感染的蝙蝠洞，通过吸入含有狂犬病毒的空气或病毒穿过完整的黏膜，可以感染狂犬病。

61.1.3.2　致病机制和病理变化

狂犬病感染的主要途径是通过唾液中含有狂犬病毒的患病动物咬伤引发。在受体动物中能否建立的重要因素包括正在发生感染毒株的毒力、唾液中具有感染性病毒的数量和该动物种属的易感性。狐、牛、地鼠和郊狼对狂犬病特别敏感，而犬和猫比人或啮齿类动物更易感。病毒暴露后，潜伏期的长度变化很大，并依赖于咬伤部位和到 CNS 间的解剖距离、咬伤的严重程度和唾液中感染性病毒的数量而改变。

狂犬病毒暴露后，该病毒在局部肌肉组织存在数小时或数天，而且在接种部位附近的横纹肌细胞中发生病毒复制。还没有证据说明，病毒血症为狂犬病毒散播到 CNS 所必需；更确切地说，在感觉和运动神经末端，狂犬病毒被摄取，然后，病毒上行进入神经细胞轴突，以每天 12～24mm 的速度到达脊髓的腹角细胞。一旦病毒出现在轴突，抗体不能抑制病毒的传送。病毒在脊髓细胞中复制，接着扩散到脑。然后该病毒在脑内散布，导致狂犬病的临床征兆和症状。然而，还应指出，该病毒能在感染的臭鼬、大鼠、浣熊、蝙蝠和狐狸的脑中存在数月，却不产生明显的临床征兆。啮齿动物实验证实，外周接种狂犬病毒后 24～72h，在脊髓中出现病毒，接种后 96～192h，在脑出现病毒。最后，狂犬病毒从 CNS 经外周神经扩散到其他器官（如唾液腺、角膜和扁桃体），在唾液腺，该病毒快速复制，因此，感染性的唾液是传染的主要来源。

伴有血管周围套的淋巴细胞性脑脊髓灰质炎是狂犬病动物脑中最突出的组织学损伤，尽管这种变化的严重性高度不定。在感染动物海马或小脑神经元中出现嗜酸性胞浆包含体（内基氏小体）是狂犬病的特征。

61.1.3.3　宿主对感染的反应

应用狂犬病毒疫苗免疫接种动物和人，在免疫后 2～3 周，产生抗病毒的循环中和抗体。在狂犬病动物中，也可出现高滴度的中和抗体；因此，如果其具有保护作用的话，很可能在狂犬病暴露之际，必须有抗体存在。在疫苗免疫动物中，在阻止狂犬病发生时，细胞免疫和体液免疫反应都很重要，然而，对于原态（naive）动物，任何一种机制对于阻止该病都是无效的。

61.1.4 实验室诊断

人狂犬病的诊断重点在于动物咬伤史。从道理上讲，对于可疑动物的定位和检疫，任何努力都是合理的。动物狂犬病的临床诊断需与 CNS 的其他传染性或非传染性疾病相区分。在地方流行区或动物流行地域，当有动物表现行为异常或麻痹时，可怀疑是狂犬病。通过脑组织切片的直接免疫荧光染色实现确定性的实验室诊断。该方法是一种相当快速而准确的诊断方法，皮肤的直接荧光染色也可用于临死前的诊断试验。高度敏感的 PCR 试验已用于实验室确诊。可通过感染动物脑悬液接种幼龄小鼠脑内进行确定诊断。在接种后 17 天内，被接种动物常出现临床征兆，死亡之际，在神经元中出现内基氏小体，直接抗狂犬病毒糖蛋白的单克隆抗体能用于区分狂犬病毒和狂犬病相关病毒，以及犬、猫和狐中由疫苗诱发的狂犬病病例。

61.1.5 治疗和控制

通过消灭或免疫野生动物贮存宿主或者免疫易感家养动物来控制动物的狂犬病。从狂犬病地方性流行地区进口的野生和家养动物长达 6 个月的严格检疫，已使岛屿国家（如新西兰、澳大利亚、英国和夏威夷）保持无狂犬病。野生动物贮存宿主的消灭很困难，而且在许多国家也渐渐难以被接受，因此，对这些宿主的疫苗免疫接种是更易接受和成功的策略。

不同类型的灭活和致弱的活狂犬病疫苗已商品化，方便用于犬和猫的免疫，其中还有不含传染性狂犬病毒的新一代重组疫苗。新一代疫苗不出现疫苗诱发的狂犬病（从前用致弱的低卵传疫苗偶尔引发被接种动物的狂犬病）的情况。当使用活疫苗时，必须小心，尤其对于不同种动物更应如此。

61.2 水疱性口炎

61.2.1 病症

水疱性口炎（VS）病毒可引起马、牛和西半球猪的急性热病。该病在牛表现为口腔和舌黏膜表面形成特征性的水疱。损伤从齿槽上轻微的点状糜烂到舌上严重的溃疡。在乳头、蹄冠部皮肤和脚趾间，也观察到水疱的形成，VS 对牛和猪的损伤模拟猪水疱病和水疱疹，因此，VS 的主要影响是由于对动物流动的强制性限制，而对贸易和商业产生的不良影响。然而，很重要的差别是，只有 VS 出现在马，在 VS 暴发期间，马常常作为已感染种属的预警动物。事实上，战争期间在美国，马匹的集中曾引发了 VS 的急剧流行。

水疱性口炎是一种良性和自愈性疾病，感染动物通常平静地康复。然而，对于乳牛，乳产量受到显著影响，而且被感染动物因口腔损伤疼痛剧烈，因此，被感染动物停止吃食，体重下降。当病毒侵入眼球时，VS 病毒引起人急性流感样疾病和严重的结膜炎。小鼠可发生 VS 病毒实验性感染，并能导致致死性脑炎。小鼠对 VS 病毒的敏感性因年龄而异。

61.2.2 病原因子

61.2.2.1 物理、化学和抗原特性

VS 病毒在形态、基因组和蛋白结构上与狂犬病毒极为相似。三种不同的 VS 病毒出现于美国，分别为新泽西 VS 病毒、印第安纳 VS 病毒和 Alagoas 病毒。

61.2.2.2 对物理、化学因子的抵抗力

水疱性口炎病毒可被高热（50～60℃，30mm）、可见光、紫外光和脂溶剂灭活。对常用的消毒剂，如次氯酸钠和季铵化合物（Clorox 和 Roccal）、苯酚和福尔马林很敏感。该病毒对碱液（NaOH）有相当的抗性，在 2%～3%的碱液，2h 内不能灭活 VS 病毒。在－70℃和冻干真空条件下，该病毒可保存数年。

61.2.2.3 对其他种属动物和细胞培养物的感染性

马、骡、牛、猪、鹿和人可感染水疱性口炎病毒并发病。大多数哺乳动物能被 VS 病毒感染，该病毒可在实验动物（如小鼠、豚鼠）和鸡胚中增殖。水疱性口炎病毒易于在多种细胞培养物上增殖，产生细胞病变和可见的空斑。该病毒也能在蚊和某些其他昆虫中复制。

61.2.3 宿主-病毒关系

61.2.3.1 分布、宿主和传播

水疱性口炎是一种发生在北、中和南美的疾病。在距赤道最近的地区，水疱性口炎病毒呈地方性流行，对附近地区（如美国）的流行性入侵以 3～10 年的间隔规律性发生。新泽西和印第安纳病毒均引起北美 VS 的流行，但新泽西株现在更为常见。分子生物学的研究显示，每次北美 VS 的流行均由 VS 病毒单一基因型的突变株引起，提示该病毒从地方性流行区向南扩散。在美国热带地区出现 VS 病毒的多基因家族。

VS 病毒的确切宿主还不确定，昆虫已被认做生物媒介。由于在口腔水疱中出现大量病毒，直接接触是 VS 病毒传播的一种重要模式。因此，用感染的唾液能使感染扩散到健康动物。通过空气途径，牛也能发生实验性感染。几种昆虫（厩蝇、虻、蛟）已被证实机械性地携带 VS 病毒，并可能传播该病。在美国热带和亚热带地区（包括远离美国乔治亚洲海岸的 Ossabaw 岛），白蛉使该病毒长期存活。

在北美温带地区，第一次致死性霜冻之后，通常结束 VS 的动物性流行，而在温暖月份，VS 暴发的季节性发生意味着昆虫参与该病毒的散播。

61.2.3.2 致病机制和病理变化

水疱病在动物通过擦伤感染后，潜伏期短，此后，该病毒很快散布到多种组织，牛

VS 表现热病（103～104℉），然后形成口腔损伤，最初表现为丘疹，进而成为快速破溃的水疱，在齿龈的点状损伤和舌及口腔黏膜形成大量溃疡。严重病例，表面黏膜的脱落引起大量流涎和厌食。在感染马口腔，溃疡性水疱大量出现，在水疱液和唾液中（而不是血液中），出现高滴度的病毒。尽管复发和慢性溃疡也能形成，但这些损伤通常很快愈合。发生在感染牛和猪的蹄和乳头上的快速破溃性的水疱性损伤，可继发细菌感染。

在口腔黏膜和邻近蹄的皮肤的受侵害区域的组织学变化，包括带有显著细胞间和细胞内水肿的上皮增生。嗜中性粒细胞浸润已感染区域，很快引起上皮溃疡的坏死。

61.2.3.3 宿主对感染的反应

在感染或免疫后 10 天，动物可产生高滴度的中和抗体（>32 000，空斑减少试验 80%）。也能通过补体结合试验和酶联免疫吸附试验测定血清学反应。免疫虽然短暂，有高效价中和抗体的动物仍对同源病毒的再感染易感。在印第安纳和新泽西病毒之间，几乎没有交叉保护。

61.2.4 实验室诊断

VS 病毒的诊断极为重要，这是因为其损伤类似于由口蹄疫引起的损伤；马不感染口蹄疫，而在 VS 暴发时，通常可被感染。对于 VS 病毒感染的确切鉴定，实验室诊断是必需的。动物接种试验以前曾是水疱病鉴别诊断的唯一可行方法，但现在实验室检验常用以下方法检测 VS 病毒：①水疱液的电镜或免疫电镜观察；②水疱组织的免疫荧光抗体染色；③用敏感细胞培养物分离 VS 病毒；④用 ELISA 方法显示抗体滴度的升高。

61.2.5 治疗和控制

各种 VS 病毒疫苗已用于防止因奶牛产乳中断而造成的经济损失。除提供好的饲养管理外，对该病没有有效的治疗方法。患病动物应与临床健康动物隔离。

61.3 牛暂时热

牛暂时热，也称为 3 日病，是一种牛和水牛的非传染性疾病，其特征为发热、跛行、流涕。该病发病率高，但致死率很低。经济损失与感染牛产奶减少相关。牛暂时热（BEF）病毒能感染其他反刍动物。该病毒能在乳鼠、哺乳动物细胞系、vero 细胞和昆虫细胞培养物（如白纹伊蚊细胞）上增殖。

像狂犬病毒和 VS 病毒一样，BEF 病毒也是弹状或椎形粒子，长 140～200nm，直径 60～80nm，其基因组和病毒粒子组成也与上述两者相似，该病毒可被热（56℃，10min）和高 pH（12.0）或低 pH（2.5）灭活。

在非洲、澳大利亚、中东和亚洲的热带和亚热带地区，牛暂时热呈地方性流行。在美国，该病从未被报道。该病不经直接接触传播，已从作为媒介的蚊和吸血蠓（库蠓）

分离到 BEF 病毒。

在致死性 BEF 中，已提及的损伤包括浆液性、纤维素性多发性浆膜炎，伴有关节、心包、腹腔和胸膜腔的液体积聚和淋巴结充血。组织损伤包括肌肉坏死，全身性充血及血管的嗜中性粒细胞浸润。

通过用感染动物的血液进行乳鼠脑内接种和细胞分离可以见到 BEF 病毒，或在成对血清样本中检出有中和抗体升高，进行诊断。动物感染 BEF 病毒，在数年内仍有免疫力。实验性致弱的活疫苗、重组疫苗和灭活疫苗已被研制出来。

61.4　弹状病毒引起的鱼的疾病

传染性造血坏死、鲤鱼春季病毒血症和马哈鱼病毒性出血性败血症是由弹状病毒引起的鱼疾病，还有另外几种病也由弹状病毒引起。传染性造血坏死是大马哈鱼和鲑鱼的一种疾病，该病引起北美、亚洲和欧洲孵化场的大量损失，其特征为贫血和出血。病毒性出血性败血症是大马哈鱼的一种类似疾病的病原。鲤鱼春季病毒血症是一种引起鲤鱼致死的疾病，具有出血和腹部内脏水肿，并导致腹部膨大的特征。

第62章　冠状病毒科和嵌沙样病毒科

Udeni B. R. Balasuriya　Jeffrey L. Stott

冠状病毒科和嵌沙样病毒科的病毒被包括在诺达病毒目中（表62.1），该目中同时还包括新鉴定的*Roniviridae*科。诺达病毒目的所有成员均为有囊膜的病毒，具有线性的正义单链RNA（ssRNA）基因组。它们具有极其相似的基因组结构和复制机制，但在基因复杂性和病毒粒子结构上有一定的差异。"Nido"源于拉丁词"*nidus*"，含义为网，指在病毒复制时，能产生3′互补端的巢式亚病毒基因组mRNA。

表62.1　包括在诺达目三个科中的重要动物病毒

科	属	种	主要宿主	疾病/感染组织
冠状病毒科	冠状病毒属	可传播的胃肠炎病毒(TGEV)[a]	猪	肠道感染
		猪呼吸冠状病毒(PRCoV)[a]	猪	呼吸道感染
		猫冠状病毒(FECoV)[a]	猫	肠道感染
		猫传染性腹膜炎病毒(FIPV)[a]	猫	腹膜炎、呼吸道、肠道和神经感染
		犬冠状病毒(CCoV)[a]	犬	肠道感染
		兔冠状病毒（RBCoV)[a]	兔	肠道感染
		人冠状病毒（HCoV 229E)[a]	人	呼吸道感染
		猪上皮腹泻病毒（PEDV)[a]	猪	肠道感染
		猪血凝性脑炎病毒(HEV)[b]	猪	呼吸道、肠道和神经感染
		犬呼吸冠状病毒(CRCoV)[b]	犬	呼吸道感染
		牛冠状病毒(BCoV)[b]	牛	呼吸道、肠道感染
		肠道性牛冠状病毒(EBCoV)		
		呼吸性牛冠状病毒(RBCoV)		
		小鼠肝炎病毒(MHV)[b]	小鼠	肝炎、肠道和神经感染
		大鼠冠状病毒-唾液腺病毒(SADV)[b]	大鼠	唾液、泪腺炎
		人冠状病毒(HcoV-OC43E)[a]	人	呼吸道感染
		严重性急性呼吸综合征病毒(MHV)[b]	人	呼吸道感染
		马冠状病毒（ECoV)[b]	马	肠道感染
		传染性支气管炎病毒（IBV)[c]	禽(鸡)	呼吸道、生殖和肾感染
		火鸡冠状病毒（TCoV)[c]	禽(火鸡)	呼吸道、肠道感染
	隆病毒属	马隆病毒（ETV)	马	肠道感染
		牛隆病毒（BoTV)	牛	肠道感染
		猪隆病毒(PoTV)	猪	肠道感染
		人隆病毒（HuTV）	人	肠道感染
嵌沙样病毒科	嵌沙样病毒属	马动脉炎病毒(EAV)	马	呼吸和生殖感染
		猪繁殖和呼吸综合征病毒(PRRS)	猪	呼吸和生殖感染
		猴出血热病毒(SHFV)	猴	出血热
		乳酸脱氢酶增高症病毒(LDV)	鼠	神经感染
Roniviridae	*Ronivirus*	鳃相关病毒(GAV)	虾	淋巴器官
		淋巴器官病毒（LOV)	虾	淋巴器官
		黄头病毒（YHV)	虾	淋巴器官

a. 抗原组I；b. 抗原组II；c. 抗原组III。

冠状病毒科进一步分为两个属：冠状病毒属和隆病毒属。冠状病毒属包括多个具有兽医临床意义的病原，冠状病毒通常引起多种动物的呼吸道和肠道感染。隆病毒感染人和动物（马、牛和猪），主要引起肠道疾病。嵌沙样病毒科（嵌沙病毒属）含有 4 个种，分别可以特异性地感染马和驴（马动脉炎病毒）、猪（猪繁殖障碍呼吸综合征病毒）、猴（猴出血热病毒）和小鼠（小鼠乳酸脱氢酶增高病毒）。嵌沙样病毒感染的结果高度不定，包括持续性无症状感染、呼吸性疾病、生殖障碍（流产）和致死性出血热。*Roniviridae*（*Ronivirus* 属）包括许多密切相关、感染澳大利亚和亚洲工厂化养殖虾的病毒，鉴于这些病毒还没有充分鉴定，在本章不做进一步的讨论。

62.1 冠状病毒属

冠状病毒具有独特的外形特征。它们是球形、有囊膜的病毒粒子，并带有从囊膜发出的球形表面突起（膜粒）。囊膜包绕着一个呈二十面体对称的内部核心结构，即螺旋形核衣壳（图 62.1）。病毒粒子直径为 80～220nm。冠状病毒基因组单链 RNA（线性、正义）是最大的 RNA 病毒基因组，其大小为 27.6～31kb。

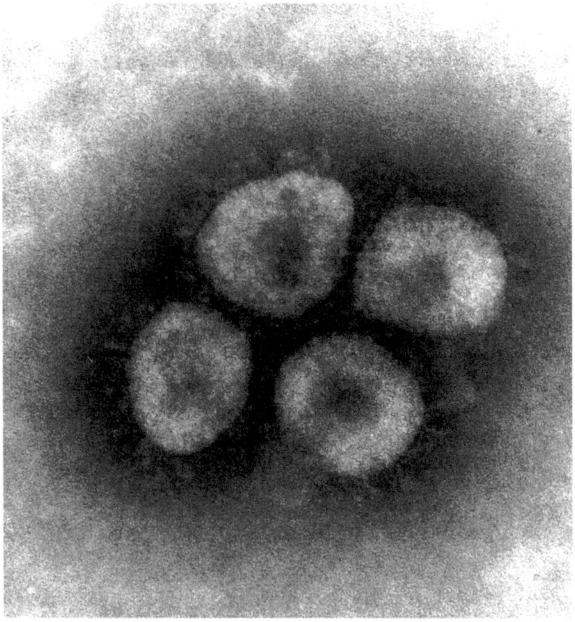

图 62.1 牛冠状病毒的负染照片。(24 000×)
(R. Nordhausen 惠赠)

囊膜上存在两种病毒特异性的结构糖蛋白（纤突 S 和 M）。糖蛋白 S 主要包绕膜的外周，形成从病毒粒子伸出的球形突起（大约长 20nm）。中和抗体和细胞介导的细胞毒作用均针对存在于 S 糖蛋白上的表位，并负责病毒粒子与细胞膜的结合。糖蛋白 M 是深嵌入囊膜的穿膜蛋白，在补体存在时，抗 M 的抗体可中和病毒。最小的囊膜蛋白（E）联合 M 蛋白，在冠状病毒粒子的组装过程中发挥关键作用。部分冠状病毒含有血凝素——酯酶（HE）蛋白构成的短的表面突起。核衣壳蛋白（N）是主要的磷酸化蛋白，形成长而易折叠的包绕基因组 RNA 的核衣壳。至少在两种冠状病毒（传染性胃肠炎和鼠肝炎病毒）中，M 和 N 蛋白形成内部核心结构。

冠状病毒感染广泛的哺乳动物（包括人）和鸟，它们对呼吸道和肠道上皮细胞表现出明显的亲嗜性，某些病毒还表现出巨噬细胞嗜性。对于不同的宿主，冠状病毒引起明显不同的病症。它们常具有严格的宿主范围，感染仅针对自然宿主和与其密切相关的动物种类。依据血清交叉反应，冠状病毒被分为三个抗原组，包括两组哺乳动物冠状病毒和一组禽冠状病毒。

62.1.1 传染性胃肠炎病毒和猪呼吸道冠状病毒

62.1.1.1 病症

传染性胃肠炎（TGE）是猪的一种由 TGE 病毒（TGEV）引起的高度传染性肠道疾病。该病特征性的表现为严重腹泻、呕吐、脱水和幼龄仔猪高致死率（小于两周龄）。对于大龄（大于 5 周龄）猪，致死率通常较低。

猪呼吸道冠状病毒（PRCoV）是 TGEV 的缺失突变株（缺失 S 基因上 621～681 位核苷酸），并对呼吸道上皮和肺泡巨噬细胞具有嗜性。PRCoV 是一种非肠道性病原，通过空气和直接接触传播，可感染各种年龄的猪。PRCoV 感染呈亚临床状态，但不同株产生严重性不同的临床症状。临床症状为伴有间质性肺炎的中度到重度呼吸道疾病。PRCoV 可与其他呼吸道病毒（如猪繁殖障碍呼吸道综合征病毒）合并感染，使疾病的严重性和相关的临床症状发生相应的改变。

62.1.1.2 病原因子

1. 物理、化学和抗原特性

在抗原性上，TGEV 与人、犬、猫的冠状病毒相关。TGEV 只发现有一种血清型，尽管由于 S 蛋白氨基端的缺失，在 PRCoV 中已不存在 TGEV 的某些抗原位点，TGEV 和 PRCoV 在抗原性上仍具有交叉反应。

2. 对物理、化学因子的抗性

TGEV 和 PRCoV 可被脂溶剂（乙醚和氯仿）、次氯酸钠、季铵盐化合物、碘酊、56℃加热 45min 和暴露于阳光下所灭活。在冷冻条件下，这两种病毒均稳定，但在室温条件下，极不稳定。TGEV 可抵抗胰蛋白酶和酸性 pH（pH3）的灭活，在猪胆汁中相对稳定。

3. 对其他动物和细胞培养物的感染力

TGE 只发现于猪，然而，已从实验性感染长达 20 天的猫、犬、狐和八哥的粪便中分离到 TGEV。血清学研究揭示，臭鼬、负鼠、麝鼠和人可发生自然感染。在实验室和自然感染家蝇，已分离到病毒。

TGEV 已在多种细胞系统上增殖，包括猪肾、睾丸、唾液腺、胸腺；食道、小肠和鼻腔上皮的器官培养，犬肾细胞、鸡胚（羊膜腔）、猪肾和猪睾丸细胞系已被作为从感染猪粪便或胃内容物分离病毒的选择细胞。细胞病变的产生需经细胞培养物多次传代才能产生。

PRCoV 在猪肾、ST 细胞和猫胎细胞系上增殖。

62.1.1.3 宿主-病毒关系

1. 分布、宿主和传播

猪 TGEV 感染遍及全球，在北美洲、中美洲、南美洲、欧洲和亚洲已有记载。在美国，TGE 的动物性流行具有季节性，通常发生在冬季。TGEV 传播的模式主要是摄入被感染动物粪便污染的食物（粪-口途径）。

在自然条件下，TGEV 可能经康复猪粪便携带/分泌而持续存在，因此，该病毒保持在地方流行性感染群，通过粪-口途径发生对易感猪的感染。在呈地方性流行性感染群中，猪的感染常表现为亚临床或温和型，由于该病毒在非免疫群快速扩散，能造成毁灭性的暴发。除通过感染猪的迁移外，在种群之间，通过污染物和其他动物，TGEV 被隐蔽地传播。

在北美和欧洲，已分离到 PRCoV 病毒。该病毒不分泌到粪便中，因此，没有经粪-口传播的证据。感染猪从呼吸道分泌物中排出病毒，在畜群中，PRCoV 可通过对新生断奶仔猪的连续感染持续存在。

2. 致病机制和病理变化

由于可抵抗低 pH 和胰蛋白酶，在被摄入后，TGEV 可在胃肠道存活，在通过胃时也不被灭活。在胃内潜伏 6～12h 后，在小肠上皮绒毛中出现病毒的复制，并在空肠中出现高滴度的病毒。TGEV 感染并破坏排列在小肠绒毛上的柱状上皮细胞，造成肠绒毛的萎缩。在感染后 24～40h，绒毛萎钝和进行性隐窝变深（这是在隐窝中的祖先细胞复制以修补脱落绒毛的结果）出现，并协同发生严重的腹泻。排列在绒毛上的肠上皮细胞的丢失引起吸收不良和消化不良，进而出现腹泻和脱水。在小肠内容物中未消化的乳酸进到大肠，产生的渗透效应使腹泻进一步加剧。

感染仔猪脱水，并伴有阴门周围的粪便黏着。典型病变包括小肠壁变薄、绒毛萎缩和胃肠扩张，其中含有未消化乳凝块的黄色液体。PRCoV 特征性的微观损伤是弥散性间质肺炎，而不出现肠绒毛萎缩。

3. 宿主对感染的反应

猪约在 TGEV 感染 7 天内产生中和抗体。分泌型 IgA 的出现对保护性免疫和病毒消除具有主要作用。用 TGEV 肌肉免疫猪，导致体液 IgG 反应的产生，但不具有保护性免疫力。相反，用 TGEV 经口免疫猪，在小肠黏膜分泌物中产生保护性的病毒特异性 IgA。TGEV 感染母猪后，在初乳（称为乳源性免疫）中产生分泌型 IgA，对吮乳仔猪产生保护作用。在针对 TGEV 感染的免疫反应中，细胞介导的免疫可能也很重要，因为免疫猪的单核白细胞被动转移给易感组织机能不全的仔猪，导致发病症状减轻。由感染的小肠细胞产生的高水平 I 型干扰素，对抑制病毒的复制可能也有作用。

PRCoV 感染猪产生抗该病毒的中和抗体。抗 PRCoV 抗体对 TGEV 可提供部分保护，因此，在 PRCoV 感染呈地方性流行猪群，TGE 的发生率和严重程度可能下降。

62.1.1.4 实验室诊断

常通过黏膜残渣或空肠、回肠的冷冻切片中出现病毒抗原，确诊幼龄仔猪的TGEV感染。可通过用特异性抗体的免疫组化或免疫荧光染色显示这些抗原。还可通过动物（2～7日龄猪）接种分离病毒或细胞培养（猪肾、睾丸或胸腺）进行确诊。电镜（EM）或免疫电镜也可用于粪便或肠内容物的病毒检查。

当急性期和康复期血清均有时，也可使用血清学诊断。然而，当查找PRCoV和TGEV彼此间交叉反应中和抗体时，血清学诊断被复杂化，因此，通过病毒中和试验，不能区别TGEV株与非致肠道病变的变异株PRCoV，可通过阻断ELISA试验鉴别这两者。

62.1.1.5 治疗和控制

TGEV感染猪的治疗往往得不偿失，补液和降低肠道致病性大肠杆菌并发症的抗菌药物可能有益。

灭活和致弱的活减毒疫苗已经能够用于免疫猪阻止TGE，它们可用于新生仔猪和（或）母猪的免疫。怀孕母猪产生的乳源性免疫可通过初乳被动转移给仔猪。在阻断TGE时，疫苗具有不确切的成功率。口服免疫产生适当的小肠局部免疫刺激（分泌型IgA）。产仔前至少3周，用有毒力的TGEV感染母猪产生通过母源抗体转移到仔猪的免疫尝试使问题复杂化。这是因为导致了有毒的TGEV污染了环境，随后，造成该毒株扩散到易感猪。

62.1.2 血凝性脑脊髓炎病毒

62.1.2.1 病症

血凝性脑脊髓炎病毒（HEV）是一种导致幼龄猪呕吐和消耗病（VWD）的病原。该病的特征是脑脊髓炎、呕吐、消瘦。VWD发生于小于3周龄的仔猪，而大龄猪可表现更为温和的症状。VWD仔猪特征性表现为厌食、精神不振、呕吐、便秘、中枢神经系统障碍（感觉过敏、肌肉震颤、四肢划动）。致死率高达100%，猪也可发生慢性感染，最终死于饥饿或继发感染。

62.1.2.2 病原因子

1. 物理、化学和抗原特性

在抗原性上，HEV与牛冠状病毒相关。该病毒凝集鸡、大鼠、小鼠、仓鼠和火鸡的红细胞。

2. 对物理、化学因子的抗性

HEV对脂溶剂敏感，包括去氧胆酸钠，不耐热，在冻结条件下相对稳定。

3. 对其他种属动物和细胞培养物的感染性

HEV可在猪肾原代细胞（PK）或猪甲状腺（PT）细胞上形成特征性合胞体。

62.1.2.3 宿主-病毒关系

1. 分布、宿主和传播

1958年，从加拿大患VWD猪中首次分离到HEV。随后，该病毒已在世界许多地区的猪中被鉴定。猪是HEV的唯一已知宿主，也可能存在亚临床感染或不明显的携带者。鼻分泌物中含有病毒，经空气水平和直接动物接触是该病毒的传播机制。

2. 致病机制和病理变化

已通过一日龄剥离初乳仔猪的实验性接种证实了HEV感染的发病机制。口鼻接种后，病毒复制最初发生在鼻黏膜上皮细胞、扁桃体、肺和小肠。然后，病毒沿着外周神经进入中枢神经系统（CNS）。在出现临床征兆前，在三叉神经、下行迷走神经和上位颈神经节、下位胸段的背根和腹根神经节及肠道神经丛出现病毒抗原。脑干的感染起始于三叉神经和迷走感觉核，然后扩散到其他核和脑干喙部。随后，大脑、小脑和脊髓出现特征性病毒复制。在感染晚期，病毒常出现于胃神经丛。

在HEV自然感染时，很少出现大量特征性损伤；在脑脊髓病例中，有时明显出现温和性卡他性鼻炎。在VWD中，有时会见到胃肠炎。

在CNS中的损伤为非化脓性脑脊髓炎，表现为单核细胞性血管套、形成胶质细胞结节、神经元退化和脑膜炎。呼吸气管损伤包括局灶性或弥散性间质性肺炎，伴有由单核细胞、淋巴细胞和嗜中性粒细胞构成的细胞浸润。

3. 宿主对感染的反应

可通过病毒中和、血凝抑制（HI）和琼脂扩散（AGID）测定体液免疫反应。在猪群中，临床病例具有自限性，这是由于母源抗体的快速产生及其通过初乳被动转移的结果。

62.1.2.4 实验室诊断

需通过对感染猪组织中病毒抗原的免疫组化染色、原代PK或PT细胞上的病毒分离或通过中和或血凝抑制试验监测到抗体滴度的升高，对仔猪HEV脑炎或VWD进行诊断。

62.1.2.5 治疗和控制

对HEV诱导的脑脊髓炎或VWD，还没有有效的治疗方法。临床暴发具有自约性。还没有可使用的疫苗，好的饲养管理规范对于该病的预防和控制是极为关键的。

62.1.3 猪流行性腹泻病毒

已从腹泻病猪分离到的冠状病毒样病毒，后来被称为猪流行性腹泻病毒（PEDV）。在抗原性上，这些病毒与TGEV和HEV明显不同，引起感染猪腹泻、呕吐和脱水。发病机制研究表明，PEDV在小肠和大肠均能复制，但损伤局限于小肠。病猪小肠内充满黄色液体，其损伤与TGE相似。

在感染猪的粪便中，可通过EM观察到PEDV，在某些非洲绿猴肾（vero）细胞系

(非其他细胞系)，该病毒能够增殖。病毒增殖依赖于细胞培养基中胰蛋白酶的存在。通常，在PEDV野外分离株被用于常规诊断试验前，需首先适用于细胞系增殖。直接荧光和免疫组化检查小肠切片是PEDV诊断的最敏感、快速和可靠的方法。应用IF和ELISA的血清学诊断能够检测是否存在PEDV抗体。

对感染猪，目前还没有用于PEDV防治的疫苗。因此，该病的控制依靠管理和饲养规范。

62.1.4 牛冠状病毒

62.1.4.1 病症

牛冠状病毒(BCoV)是一种肠道病原，引起新生犊牛(1～3周龄新生性)腹泻和成年牛的冬季疾病。对于新生犊牛，其临床特征为厌食和持续4～5天的液状黄色腹泻。冬季腹泻是成年牛的一种散发性急性疾病，其特征为剧烈的血样腹泻并伴有产奶量减少、沉郁和厌食。从腹泻稀便或小肠液中分离到的BCoV株，目前已被鉴定是肠道致病性的牛冠状病毒(EBCoV)。

最近，牛冠状病毒的其他毒株已被确定为牛呼吸道的病原，那些从患严重运输热肺炎牛的肺和鼻分泌物中分离到的冠状病毒株，被称为牛呼吸道冠状病毒(RBCoV)。由RBCoV引起的呼吸性疾病常出现在8～9月龄的犊牛，特征性表现为发热、流涕和呼吸困难。

62.1.4.2 病原因子

1. 物理、化学与抗原特性

BCoV颗粒凝集仓鼠、小鼠和大鼠的红细胞。在抗原性方面，BCoV与其他种冠状病毒相关。虽然均为有临床意义的表型，但EBCoV和RBCoV在抗原性和基因上存在差别，肠道和呼吸道BCoV株间的确切关系还不清楚。

2. 对物理、化学因子的抗性

BCoV在酸性环境下稳定(pH3.0)，但可被脂溶剂、去污剂和高温所灭活。

3. 对其他种属动物和细胞培养物的感染性

BCoV感染只限于牛(牛科)，但该病毒可在乳鼠上增殖。经乳鼠传代后，该病毒通过脑内和皮下途径接种，可感染哺乳大鼠和仓鼠。EBCoV已在牛肾(MDBK)、非洲绿猴肾(vero)、胎牛甲状腺(BFTY)细胞和胎牛脑(BFB)细胞上增殖。用胰蛋白酶处理最后两种胎牛细胞，可加强空斑形成和细胞融合。某些分离株很难在体外增殖，可能需要在自然宿主上传代。相反，只有人源直肠癌细胞系(HRT-18)可用于RBCoV的最初分离。

62.1.4.3 宿主-病毒关系

1. 分布、宿主和传播

BCoV分布遍及全球，EBCoV的传播很可能经粪便-口腔途径，通过摄入污染的食物、乳头和废物引起。RBCoV被分泌在感染动物呼吸道分泌物中，因此，可通过空气水平扩散。

2. 致病机制和病理变化

用 EBCoV 经口感染犊牛后，在 24～30h 内产生腹泻。腹泻发生后 4h，在小肠和结肠隐窝的上皮中可检测到病毒抗原。感染的起始可被小肠中的蛋白酶加强，因为在细胞培养物中，冠状病毒经胰蛋白酶处理可增强病毒的增殖。该病毒也可感染邻近的肠系膜淋巴结。病毒造成排列于肠绒毛的成熟肠道细胞的破坏、已感染绒毛的萎缩和融合，引起随后的小肠消化和吸收不良及体液和电解质的快速丢失。在严重病例，还出现脱水、酸中毒、休克和死亡。

犊牛 RBCoV 感染引起间质性肺炎，伴有肺小叶的充血、出血和水肿。组织学表现为伴有单核炎性细胞浸润和肺泡间隔增厚的间质性肺炎。

3. 宿主对感染的反应

犊牛 EBCoV 和 RBCoV 感染均可激发体液免疫反应，容易通过病毒中和、血凝抑制（HI）、血球吸附抑制（HAI）和 ELISA 试验进行检测。由于循环抗体不能保护犊牛抵抗感染，局部免疫反应发挥重要作用。在一定时间内，新生牛母源 IgA 的摄入可保护小肠抵抗 EBCoV 的感染。

62.1.4.4 实验室诊断

EBCoV 诱发的新生牛腹泻的诊断需在粪便标本或小肠切片中检测到病毒的存在。可通过病毒分离、电镜、荧光抗体或免疫组化染色实现这一目的。在呼吸道疾病的急性期收集的鼻拭子可作为 RBCoV 诊断的标本。用带有呼吸道上皮细胞的鼻拭子点涂到玻片上，可通过直接荧光抗体试验检测。

62.1.4.5 治疗和控制

按疾病的严重程度和典型性分别进行治疗。电解质溶液用于由 EBCoV 感染引起腹泻的犊牛脱水，抗生素治疗常用于防止继发感染。所以，BCoV 感染最好通过减少暴露于该病毒的好的管理规范加以控制，如避免在大量犊牛饲养群引进新的（感染）动物。由于幼龄犊牛极为易感，在其有机会对免疫接种产生反应之前，通过疫苗接种很难控制这种肠道性疾病。通过免疫母畜而提高初乳中的抗体水平是一种良好的替代方法。

62.1.5 犬冠状病毒

62.1.5.1 病症

犬的犬冠状病毒感染具有高度传染性，通常引起不明显的或轻微的胃肠炎。该病毒有时引起更严重的肠道疾病，仔犬对 CCoV 诱发性肠炎相当易感。症状包括厌食、嗜睡、呕吐和腹泻。最近，CCoV 同时还被认为是犬气管支气管炎（“窝咳”）的一个重要病原。

62.1.5.2 病原因子

1. 物理、化学和抗原特性

犬冠状病毒与其他冠状病毒在抗原性上相关，其中包括猪传染性胃肠炎病毒、猫肠道冠状病毒和猪传染性腹膜炎病毒。多个抗原和基因不同的 CCoV 株也已被鉴定出来，其中还包括一种新型的呼吸道冠状病毒。

2. 对物理、化学因子的抗性

犬冠状病毒可被脂溶剂和热灭活。该病毒对酸稳定（pH 3.0），在阴冷条件下，保留感染性。

3. 对其他种属动物和细胞培养系统的感染性

犬冠状病毒感染家养和野生犬类。几种原代和传代的犬细胞系［包括原代肾和胸腺细胞；传代胸腺、胚、滑膜和肾细胞系（A-72）等］均可用于犬冠状病毒的增殖。该病毒也可感染猫肾和鸡胚成纤维细胞系。

62.1.5.3 宿主-病毒关系

1. 分布、宿主和传播

1971 年，首次从德国流行性腹泻犬分离到犬冠状病毒，从那时起，该病毒的分离基本上已遍及全球（包括北美、欧洲、澳大利亚和亚洲）。

在感染犬粪便中分泌病毒可达两周或更长，被粪便污染的环境是经粪-口感染传播的主要来源。

2. 致病机制和病理变化

经 1～4 天的潜伏期之后，该病毒引起小肠黏膜上皮细胞的感染，感染逐步波及整个胃肠道。在感染后 1～7 天，出现腹泻。出现临床征兆后 1～2 天内，在粪便中出现病毒。病毒在小肠上皮中复制，导致肠绒毛脱落和缩短。由 CCoV 感染引起的腹泻是小肠消化和吸收不良的结果。

虽然 CCoV 感染相当普遍，但致死率通常很低，因此，很少进行 CCoV 感染犬的尸检。

3. 宿主对感染的反应

由于犬被 CCoV 感染可产生免疫，因此，黏膜免疫似乎具有保护作用，而非肠道途径免疫不能产生有效的保护性免疫。

62.1.5.4 实验室诊断

可通过电镜或粪便、尸体组织的免疫荧光染色显现病毒或病毒抗原，针对特异性 CCoV 的抗血清（可以使病毒凝聚）常用于免疫电镜诊断。可用细胞培养方法从粪便或小肠组织分离病毒。RT-PCR 试验也已用于检测粪便中的 CCoV。已经开发出检测 CCoV 抗体的血清病毒中和试验及 ELISA 方法。

62.1.5.5 治疗和控制

CCoV 引起的胃肠炎的治疗仅限于缓解严重病例中的脱水和电解质丧失。经非肠道途径接种、保护犬抵抗 CCoV 感染的灭活和致弱活毒疫苗已经上市。然而，由于小肠黏膜的局部免疫的显著重要性，上述疫苗的应用还存在一定的问题。

62.1.6 猫传染性腹膜炎病毒和猫肠道冠状病毒

62.1.6.1 病症

猫传染性腹膜炎（FIP）是家养和野生猫的一种传染性、进行性和高度致死性疾病。因所侵袭的组织不同，临床症状极为多变，但常见持续性发热、体重减轻、嗜睡、呼吸困难和腹部胀大等临床症状。该病发生于各种年龄的猫，但在幼龄和很老龄的猫特别常见。

已观察到 FIP 的两种不同类型：①渗出（湿）型；②非渗出（干）型。渗出型病例数是干型的 2～3 倍，特征表现为富含蛋白质的体液（渗出）在腹腔中聚集。非渗出型在内部器官、CNS 和眼形成肉芽肿。该病的致死率很高。

FIP 具有高度复杂的发病机制，其中涉及相对无毒力的肠道冠状病毒（FECoV）进入有 FIP 病毒复制的巨噬细胞中，而发生突变，并使受侵袭猫发生免疫介导性疾病。

62.1.6.2 病原因子

1. 物理、化学和抗原特性

FIPV 在抗原性上与其他冠状病毒相关，与不引起 FIP 的猫肠道冠状病毒(FECoV)十分密切。现在已有证据表明，FIPV 毒力的上升源于 FECoV 的突变。FIPV 株在猫巨噬细胞中生长的能力与其对猫的毒力直接相关。该病毒对酸和胰蛋白酶具有抗性，但易于被多数去污剂（包括脂溶剂等）所灭活。

2. 对其他种属动物和细胞培养物的感染性

除感染家猫外，FIPV 也引起野生猫科动物（如狮、森林狸狮、美洲豹、美洲虎、猞猁、狞獾、Sand cat 和雅典娜猫）的感染。幼年猪也能实验性地被 FIPV 感染，导致的损伤类似于 TGEV 所诱导的损伤。哺乳猫易感，并伴有脑中病毒的复制，FIPV 主要在巨噬细胞上复制，但也能在体外培养的器官、细胞系和单核巨噬细胞上增殖。

62.1.6.3 宿主-病毒关系

FECoV 和 FIPV 发生遍及全球。持续性感染猫作为该病毒的贮存宿主。该病毒很容易发生猫之间的水平传播。

1. 致病机制和病理变化

FIP 的发病机制复杂，很多仍需阐明。FECoV 感染起初很少表现明显症状，但引起多组织的持续性、低水平的巨噬细胞感染。FIP 临床症状的产生与逐渐加快的病毒复制有关，并通常继发一定程度抑制细胞免疫发生的免疫抑制现象。病毒复制的加强导致病毒变异株（FIPV）的产生，这些变异株在巨噬细胞中复制的效率越来越高，可抵抗免疫消除并能安全而持久地存在。抗体使疾病加剧，至少在一定程度上表明，FIP 是一种免疫介导性疾病。病毒特异性抗体实际上促进了 FIPV 被吞噬细胞摄取，在吞噬细胞中，该病毒的致病性毒株复制。

FIP的“湿”型和“干”型均表现为出现围绕血管的肉芽肿（或化脓性肉芽肿）。被认为是FIPV和特异性抗体复合物（免疫复合物）在血管壁沉积而引起特征性的血管周围损伤。这些血管周围损伤出现于感染猫的肠、肾、肝、肺、CNS、眼和淋巴结，在伴有湿型FIP猫内脏的浆膜上特别常见。

2. 宿主对感染的反应

对于FIPV的免疫原理了解很少。猫在感染后很快产生体液免疫和细胞免疫反应，这些反应使感染得以控制，直到某些应激或继发感染导致免疫抑制。针对FECoV的抗体与FIPV交叉反应，造成疾病加剧，而不是得到控制。这些抗体促进能使该病毒有效复制的吞噬细胞对病毒的摄取，而且，抗原与特异性抗体产生的复合物（和补体）可诱发免疫介导的血管炎。

62.1.6.4 实验室诊断

FIP是猫的一种常见疾病，依据特征性临床症状、血清学诊断和血液学诊断进行确诊。可通过穿刺确定腹膜或胸腔中体液的聚集，同时结合血清阳性或抗体水平等渗出型FIP的指示剂，即可确诊。非渗出型FIP诊断困难，必须与其他感染、颗粒性肉芽肿及肿瘤相区别。组织学检查为化脓性肉芽肿或纤维素性坏死性炎症和血管炎，然后结合血清学检测，可以确诊。RT-PCR技术已用于临床材料中FIPV序列的检测，同时，FIPV免疫组化染色也已用于病料中抗原的检测。

可通过病毒中和、ELISA或间接荧光抗体染色进行血清学诊断。尽管猫带有低滴度的病毒特异性抗体，血清学效价高于1∶3200，即可诊断为FEP感染，但携带FIP的猫具有低水平的病毒特异性抗体，相反，未感染猫也能有高效价的抗病毒抗体。

62.1.6.5 治疗和控制

鉴于治疗可使该病病程逆转，因此，对于FIV还没有治疗的记载。

温度敏感型FIPV突变株可用于猫的免疫接种，但对于血清阳性猫，不提倡使用。最好通过对感染环境的消毒（用季铵化合物）、血清阳性猫与其他无血清效价猫分开饲养及对新引进猫的血清抗体筛查实现FIP的控制。

62.1.7 小鼠肝炎病毒

小鼠肝炎病毒（MHV）是一种具有高度传染性、可造成小鼠肝炎在小鼠群中剧烈暴发并遍及全球的疾病。临床症状的严重程度受多种因素影响。这些因素分别为病毒因素（毒株、剂量和感染途径）和宿主因素（鼠种、年龄和免疫状态）。存在多种不同的MHV株，每种具有特定的组织嗜性和相关的临床表现。用不同毒株感染小鼠，可分别产生肠炎、肝炎、肾炎和脱髓鞘性脑炎。例如，MHV的A59株引起中度到重度肝炎，而MHV-4株则不能。

肠道致病性MHV株引起乳鼠严重腹泻，死亡率接近100%，小肠扩张，充满黄色液体。年龄较大鼠发生黄疸、体重减轻和生长停滞。特征性组织损伤包括小肠绒毛的钝化，并伴有大量合胞体的形成。发生急性肝炎的小鼠出现局灶性肝细胞坏死和炎性细胞浸润。其他 MHV 株引起鼠群发生呼吸和中枢神经系统性疾病。用嗜神经型 MHV 株感染 CNS，由于脱髓鞘作用（可作为人慢性脱髓鞘病的模型，如多系统硬化症）导致麻痹。

小鼠群 MHV 感染的诊断依据是在小肠、肝出现大量特征性组织损伤，而部分 MHV 株高度致弱，几乎不引起病理学变化或疾病。通过免疫酶试验中的免疫组化和血清学方法进行确诊。病毒可在数种小鼠细胞系中的任一种上增殖。

该病流行后，病毒在持续性感染鼠中维持，并经持续感染引入到该群的易感鼠。通过严格的检疫措施中断传播循环，该病可得以控制。

62.1.8 唾液、泪腺炎病毒（大鼠冠状病毒）

唾液、泪腺炎病毒是实验大鼠唾液、泪腺炎的致病因子，该病是大鼠的一种严重自约性唾液腺和鼻泪腺的炎性疾病。该病毒具有高度传染性，对感染群发病率高，但致死率低。感染的临床症状包括脸和颈部肿胀，大量的流泪和眨眼，斜视和眼球突出。泪管的损伤导致角膜干燥，损伤常在两周内自愈。该病毒通过空气直接接触和废弃物传播。

62.1.9 马冠状病毒

已从性成熟马和患肠炎驹中分离到冠状样病毒粒子。在马体上被发现的病毒与第 1 组（TGEV 和 HCV229E）和第 3 组（IBV 和 TCoV）冠状病毒在抗原性上有明显区别，但与第 2 组冠状病毒（BCoV）在抗原和基因上密切相关。然而，这些马冠状病毒的致病性及其在肠道疾病中的作用还不明确。

62.1.10 禽传染性支气管炎病毒

62.1.10.1 病症

禽传染性支气管炎病毒（IBV）引起 10 日龄至 4 周龄小鸡发生呼吸道疾病。尽管对年龄大于 6 周龄禽的致死率低，但各种年龄、性别和品系的禽均易感。该病毒还可引起生殖道和肾脏疾病。呼吸道疾病特征性表现为呼吸困难、罗音、咳嗽、流鼻涕和精神沉郁，临床病程持续 6～18 天。发病率达 100%，死亡率可超过 25%。无母源抗体雏鸡可产生永久性输卵管损伤，致使性成熟时不能产蛋。产蛋禽被感染，导致蛋产量和孵化率下降。处于良好条件下的小母鸡可在数周内恢复正常产蛋量。

IBV 相关性肾病与毒株相关。许多对肾具有亲和性的毒株只引起轻微或不明显的呼吸症状，但可导致易感禽发生连续死亡。

62.1.10.2 病原因子

1. 物理、化学和抗原特性

在抗原性上，IBV 与其他冠状病毒不同，通过血清学技术、PAGE 多肽图、寡核苷酸足印法及序列分析，已鉴定多个不同毒株并分型。应用单克隆抗体，已在 S 蛋白上鉴定出病毒中和及血凝活性的株特异性表位。

2. 对物理、化学因子抗性

多数 IBV 毒株可在 56℃、15min 内灭活。该病毒在阴冷条件下相当稳定，在酸性 pH 中的稳定性依毒株而异，某些毒株可在 pH3、4℃条件下存活 3h，该病毒可被脂溶剂灭活。

3. 对其他种属动物和细胞培养系统的感染性

鸡是 IBV 唯一已知的自然宿主。然而鹌鹑和鸥也可实验性感染，乳鼠经脑内接种也可被感染。该病毒可在生长的鸡胚、细胞系和器官培养物上增殖，应用火鸡胚已实现 IBV 的成功分离，但效率很低。

IBV 可在鸡胚细胞（肾、肺和肝）、火鸡胚肾细胞和猴肾（vero）细胞上生长。支气管和输卵管等器官培养物已用于 IBV 的增殖。

62.1.10.3 宿主-病毒关系

1. 分布、宿主和传播

IBV 呈全球性分布。在感染禽和连续的传播循环中，该病毒很可能持续存在。已从独立存在长达 49 天的感染鸡中分离到病毒，在自然条件下，存活期可能更长。

IBV 通过吸入发生病毒传播。呼吸道是最初的感染部位。病毒分泌于呼吸道和粪便中，然后通过污染的废弃物和空气扩散。

2. 致病机制和病理变化

IBV 感染的潜伏期为 18～36h，病毒经呼吸道侵入，IBV 的呼吸型引起气管炎和支气管炎，对幼鸡致死率高达 25%。该毒株对肾脏表现亲和性，并破坏肾小球，导致肾衰竭。

在气管、鼻道和鼻窦感染，最初产生浆液、卡他或干酪样渗出物，气囊可能含有干酪性渗出，小的局灶性支气管肺炎也可能明显。幼鸡可遭受更为严重的感染，伴有输卵管的进行性损伤。嗜肾性毒株感染鸡发生肾小球坏死，表现为肾肿胀、苍白、伴有肾小球和输尿管的尿酸盐结晶的聚集。

呼吸道的微观损伤包括细胞浸润，黏膜水肿，血管充血、出血。

3. 宿主对感染的反应

IBV 可激发体液免疫和细胞免疫反应，可通过病毒中和及血凝抑制（HI）试验测定体液免疫反应，在孵化的 4 周内，被动转移的母源抗体降到可忽视的水平。

从自然感染中康复的鸡对同源病毒攻击具有抵抗作用。免疫的持续由于 IBV 毒株的多样性而变化无常并难以确定。母源抗体的被动转移不能对雏鸡产生完全保护，但可降低疾病的严重性和致死率。

局部气管的免疫似乎对抵抗 IBV 起主要作用。体液免疫与细胞免疫的相对重要性尚不清楚。观察到缺乏明显抗体的鸡对 IBV 的感染具有保护作用，揭示细胞介导的免疫应答发挥重要作用。

62.1.10.4 实验室诊断

可应用免疫组化、荧光抗体染色、病毒分离、在气管涂片中直接见到病毒抗原或血清学方法对传染性支气管炎进行诊断。传染性支气管炎必须与禽的其他急性呼吸性疾病（如新城疫、喉气管炎和传染性鼻炎）相区分。

可通过气管或呼吸道分泌物接种 10～11 日龄鸡胚的绒毛尿囊腔（ECE）进行病毒分离。在 ECES 中连续传代需在胚缩小或死亡前收取病毒。

需使用双份血清、IBV 特异性病毒中和、血凝抑制（HI）、琼脂扩散（AGID）或 ELISA 试验等进行 IBV 感染的血清学诊断。

62.1.10.5 治疗和控制

传染性支气管炎还没有特异性的治疗方法。可降低环境应激的正确饲养管理较为合理。可通过管理条例和免疫接种实现传染性支气管炎的控制。通过对感染禽的严格隔离和相同日龄鸡的重新单独饲养，可降低病毒的扩散。已研制出控制 IB 的弱毒和灭活疫苗，灭活疫苗可产生中和抗体，但其效果还不清楚。通过鸡胚连续传代致弱的病毒制备的活疫苗虽降低了致病性，但免疫原性也相应降低。疫苗可经鼻腔或饮水给予。高传代疫苗株明显降低了侵染性，通常需经鼻腔接种。

IBV 毒株和血清型的多样性使得难以研制出有效的疫苗。没有一个单一毒株可产生对异源病毒的完全保护，已有多价疫苗，但在某些情况下延迟了针对疫苗的免疫反应，而且已有疫苗株之间的干扰报道。

62.1.11 火鸡冠状病毒

62.1.11.1 病症

火鸡冠状病毒（TCoV）是火鸡冠状病毒肠炎（CE）的致病因子，是各种年龄火鸡的一种急性高度传染性疾病。该病的同义名包括蓝冠病、泥淖病、传播性肠炎和传染性肠炎，该病严重影响火鸡饲养业，侵袭各种年龄的火鸡。该病主要侵害食管，其特征为沉郁、体温低于正常值、厌食、食欲不振、体重下降和排水样便。头部和皮肤变黑及嗉囊皮肤扩张是已被感染的生长火鸡的特征。生产母火鸡产蛋量下降并伴有白垩蛋壳的形成。发病率基本为 100%，死亡率随年龄和环境条件变化。

62.1.11.2 病原因子

1. 物理、化学和抗原特性

TCoV 可被脂溶剂、去污剂灭活，但对酸性 pH（pH3，20℃ 、30min）有抗性。该病毒在 50℃可耐受 1h。TCoV 与其他冠状病毒在抗原性上明显不相关。TCoV 凝集兔、豚鼠红细胞，但不能凝集牛、马、绵羊、小鼠、鹅、猴或成年鸡的红细胞。

2. 对其他种属动物和细胞培养物的感染性

TCoV 感染局限于火鸡，该病毒的实验室增殖局限于火鸡和鸡胚，在其他细胞系上试图增殖 TCoV 的努力没有成功。

62.1.11.3 宿主-病毒关系

1. 分布、宿主和传播

在北美和澳大利亚，CE已有记载，该病毒可在该病康复火鸡中终生持续存在。在冻结的粪便中稳定，在感染的粪便中可存活整个冬季。因此，TCoV传播主要由带毒火鸡的感染粪便经粪便-口途径传播。通过感染的火鸡，粪便污染的人员和用具及自由飞禽的机械传递，可导致病毒进入一个新的环境。

2. 致病机制和病理变化

CT的潜伏期在1～5天间变化，绝大多数损伤限于小肠管，并伴有淤血、出血。有时在浆膜表面出现出血，空肠损伤最为显著，但也出现在十二指肠、空肠和盲肠。肠道中的气体和液体常使小肠和盲肠膨胀。胸肌显著脱水，尸体常表现瘦弱。

微观损伤包括排列在小肠绒毛上的肠细胞坏死，导致微绒毛的缩短和丧失，被感染肠的固有层单核细胞浸润。

3. 宿主对感染的反应

针对TCoV感染，火鸡产生体液和细胞免疫反应。感染后产生血清抗体（IgM、IgA和IgG），但是第21天时只存在IgG，出现在小肠分泌物和胆汁中的局部IgA抗体至少可持续6个月。还未观察到母源免疫的被动转移。对幼年火鸡注射免疫血清，不能产生保护。

62.1.11.4 实验室诊断

可通过免疫组化染色、病毒分离，以及在肠组织切片中出现病毒抗原，或出现血清抗体，进行CE的确诊。通过火鸡卵胚或幼禽接种分离病毒，通过感染组织的荧光抗体染色确定其存在。可通过病毒中和或间接FA试验检测双份血清并观察到抗体滴度的升高进行血清学诊断。

62.1.11.5 治疗和控制

虽然各种治疗已用于阻止肠道的其他细菌感染，还没有特异性治疗方法有效降低CE的发生。没有阻止TCoV的疫苗，防止感染是可能的。在某些地区，已通过全群屠宰和感染环境的消毒来消灭该病。病毒消除的一种替代是在理想的环境条件下，将幼禽（5～6周龄）暴露于康复的带毒火鸡，以诱导保护性免疫。这种方案只推荐用于问题连连的农场，并且在其他控制方法均告失败的情况下采用。

62.1.12 隆病毒属

在基因组组织结构和复制机制上，隆病毒与冠状病毒相似，但病毒粒子形态与冠状病毒不同。隆病毒形态多样，直径为120～140nm，已观察到球形、长卵形和肾形的颗粒。隆病毒具有囊膜，内部为呈球形的螺旋对称核衣壳。核衣壳形成环状结构，囊膜含有大量类似于冠状病毒膜粒的纤突。隆病毒粒子至少由4种结构蛋白组成：核蛋白（N）、非糖基化膜蛋白（M）、纤突糖蛋白（S）和血凝素糖蛋白（HE）。隆病毒基因组由一种聚腺苷化的线性、正义单链 RNA 分子组成，大小约为 30kb。隆病毒属的成员包括马隆病毒（ETV，正式命名为伯尔尼病毒）、牛隆病毒（BoTV，以前称布里达病毒）、猪隆病毒（PoTV）和人隆病毒（HuTV）。通过电镜观察，已在犬和猫的粪便中检测到隆病毒。

隆病毒感染小肠和从空肠中部到结肠的大肠上皮细胞，最初从腹泻马的直肠拭子中分离到 ETV，已确认 BoTV 可引起犊牛胃肠炎和腹泻及年龄较大牛的肺炎。在全球范围内的几个国家，已检测到抗 BoTV 抗体。最初，从不出现肠炎或腹泻征兆的仔猪的粪便中分离到 PoTV。现在，已从断奶腹泻猪分离到 PoTV。关于动物隆病毒感染病原学的重要性，在很多方面，还需加以确定。

62.2 嵌沙病毒

嵌沙病毒科的成员——嵌沙病毒属，包括马动脉炎病毒（EAV）、猪繁殖障碍呼吸综合征病毒（PRRSV）、乳酸脱氢酶增高症病毒（LDV）和猿出血热病毒（SHFV）。在很久以前，有三种病毒被首先发现并鉴定（EAV-1953、LDV-1980 和 SHFV-1964）。1987 年，在北美，PRRSV 被首次分离到，1990 年，在欧洲被首次分离到。每种嵌沙病毒的抗原性不同，但 LDV 和 PRRSV 彼此间最为相关。PRRSV 具有两个基因不同的亚型（欧洲型 I 型和美洲型 II 型）。嵌沙病毒具有高度种特异性，但拥有许多生物和分子特性，包括病毒粒子的形态、结构蛋白的独特性和建立持续性感染的能力等。EAV 和 PRRSV 具有的兽医临床意义将被详述如下。

62.2.1 病原因子（EAV、PRRSV、LDV 和 SHFV）

1. 物理、化学和抗原特性

嵌沙样病毒呈球形，直径 45～60nm，包括一种立体对称（可能二十面体对称）、直径 25～30nm 的核衣壳，由脂质囊膜包绕。囊膜包括直径 12～15nm 的环状结构。冠状病毒中典型的大纤突在嵌沙样病毒中缺失，嵌沙病毒的基因组是 12.7～15.7kb 的线性、正义单链 RNA 分子。蔗糖中嵌沙样病毒的浮密度为 1.13～1.179g/cm^3，沉降系数为 214S～230S。

嵌沙样病毒颗粒由核衣壳蛋白（N）和 6 种囊膜蛋白（E、GP2、GP3、GP4、GP5 和 M）组成。然而，有研究表明，三种另外的囊膜蛋白（GP2、GP4 和 GP7）还出现在 SHFV 中。GP5（糖基化）和 M（非糖基化）是嵌沙样病毒主要的囊膜蛋白，它们在成熟病毒粒子中通过二硫键形成异二聚体。另外，嵌沙样病毒囊膜包括三种次要膜蛋白（GP2、GP3 和 GP4）的异三聚体和未糖基化的囊膜蛋白（E），GP5 蛋白含有 EAV、PRRSV 和 LDV 中已知的中和决定簇。针对 PRRSV 的特异性 GP4 的单克隆抗体也能中和该病毒，表明某些中和表位也位于这个蛋白质上。

2. 对物理、化学因子的抗性

EAV 和 PRRSV 易被脂溶剂（乙醚、氯仿）及常用消毒剂和去污剂灭活。EAV 在 4℃存活 75 天；37℃，2～3 天；56℃，20～30min。含有 EAV 的细胞培养物或器官样品在－70℃可存放数年而不降低其感染性。PRRSV 感染性在 4℃，一周内丧失，但在－70℃或－20℃冻结时，可稳定数月到数年，在低 pH 和高 pH（低于 6.0 和高于 7.5），PRRSV 很快被灭活。LDV 在－20℃不稳定，其感染性很快丧失。

3. 对其他种属动物和细胞培养物的感染性

EAV 能感染马、驴、骡和斑马，可在原代培养的马动脉内皮、马肾、兔肾和仓鼠肾细胞上复制。它也可在如 BHK_{21}、RK_{13}、非洲绿猴肾、恒河猴肾（LLC-MK_2）、仓鼠肺（Hmlu）、SV-40 转化的马卵巢和犬肝炎病毒转化的仓鼠肿瘤细胞（HS 和 HT-7）上复制。PRRSV 主要感染猪，但最近，通过饮水暴露于 PRRS 的鸡和鸭的粪便可分泌该病毒，提示它们也对该病毒易感。北美洲 PRRSV（II 型）分离株在猪肺泡巨噬细胞（PAM）、CRL-11171、非洲绿猴肾细胞（MA-104）和衍生株（CL2621 或 MAR145）上复制。大多数情况下，如果不是全部，欧洲 PRRSV（I）型分离株在 PAM 上最佳或大量复制。然而，欧洲 PRRSV 分离株已适应于在 CL2621 细胞系上生长。PRRSV 疫苗株在猴肾细胞衍生株上比在 PAM 上更有效（100～1000 倍）复制。LDV 主要在 1～2 周龄小鼠的原代巨噬细胞上和其他小鼠巨噬细胞系上复制，但不能在其他细胞系上复制。SHFV 在恒河猴和赤猴的腹腔巨噬细胞原代培养中感染并复制，也可在 MA-104 细胞系复制。

62.2.2 马动脉炎病毒（EAV）

62.2.2.1 病症

EAV 是马病毒性动脉炎（EVA）的病原因子。目前，这种呼吸和生殖性疾病已发生于全球。虽然 EAV 只有一种血清型，然而，野外分离株在毒力和中和表现上存在差别。EAV 感染马展现的临床征兆受多种因素影响，包括年龄和马的身体条件、攻毒剂量、感染途径、毒株和环境因素等。大多数 EAV 感染不明显（或亚临床），但急性感染动物产生多种临床征兆，包括发热、沉郁、厌食、下垂性水肿（阴囊、躯干腹部和四肢）、步态僵硬、结膜炎、眼球周围肿胀（眶周围和上眶水肿）、呼吸困难、风疹和白细胞减少。经 3～14 天的潜伏期之后（通常在性交暴露后 6～8 天），接着是高达 41℃、持续 3～9 天的高热。该病毒可导致怀孕母马流产，在自然 EAV 暴发时，感染母马的流产率为 10%～60%。EAV 所致流产发生在妊娠 3～10 月的任何时间。新生驹 EAV 感染引起严重的暴发性间质肺炎，年龄稍大的驹为进行性肺炎综合征。很高比例(30%～60%）的急性感染公马变为持续性感染，在精液中含有分泌的病毒。然而，还没有证据表明，母马、阉马或驹呈现类似的持续感染。该病毒存在于母马生殖道壶腹部，公马携带状态的建立和保持具有睾丸激素依赖性。

62.2.2.2 宿主-病毒相互关系

1. 分布、宿主和传播

EAV 分布于全球，但在国家之间和同一国家不同种系年龄马匹之间，EAV 感染的血清流行病学均有变化。在美国，70%～90%的成年标准竞赛用马呈 EAV 血清阳性，而全部饲养马群中仅为 1%～3%。与此类似，高比例的欧洲温血马 EAV 血清阳性。

EAV 血清感染率随着年龄的增长而增长，表明马匹可能随着年龄的增大反复暴露于该病毒。呈持续性感染的带毒公马起到 EAV 自然宿主的作用，并将该病毒散播到繁殖的易感母马。EAV 传播的两种主要模式是急性感染马呼吸道分泌物通过空气的水平传播和持续性感染公马的感染性精液在自然或人工授精时的性传播。EAV 也可通过废弃物或人员的间接接触传播。当怀孕母马在妊娠晚期感染时，会导致病毒经胎盘传递（垂直传播）。

2. 致病机制和病理变化

关于 EAV 感染发病机制的多数信息，来自用高毒力 EAV 株经鼻腔接种马的实验研究。病毒的起始复制发生在肺泡巨噬细胞，在附近淋巴结，特别是支气管淋巴结，很快出现病毒，3 天内，病毒基本出现在所有器官和组织（病毒血症），并在这些器官的巨噬细胞和内皮细胞中复制。

EAV 感染的成年马几乎不发生死亡，孕马 EAV 感染引起胎儿流产，在排出体外时，胎儿常部分自溶。流产胎儿表现肺泡内水肿、胸腔和心包积液、小肠黏膜和浆膜淤血、淤血性出血，新生驹偶尔发生相当严重的急性间质性肺炎。

EVA 的特征性微观损伤是小血管严重坏死性泛血管炎。感染的肌动脉表现近端、超近端的局灶性坏死、伴有水肿和淋巴细胞及中性粒细胞浸润，也可以观察到流产胎儿的胎盘、脑和脾的明显血管损伤。感染的新生驹肺表现严重的间质性肺炎。

3. 宿主对感染的反应

EAV 感染康复动物或用 EAV 灭活或弱毒株免疫动物，可产生中和抗体，并对随后 EAV 的攻击具有抵抗性。在病毒暴露后 1～2 周内，可检测到中和抗体，2～4 月内，滴度达到最高，可持续 3 年或更长。持续性感染公马是一个例外，在暴露后 28 天，EAV 被从感染马组织中清除。通过初乳被动转移的母源抗体免疫马，对所产驹的临床 EAV 感染具有保护作用。在喂食母乳后的数小时后，会出现中和抗体，一周龄达到峰值，在2～6 月龄间快速消失。

62.2.2.3 实验室诊断

与其他临床上类似 EVA 的多种重要呼吸道疾病不同，EVA 在马体并不普遍。目前，依据病毒分离和以 21～28 天间隔采集的双份血清样品中显现出的中和抗体滴度上升（4 倍或更高），可确诊 EVA。可从带有 EVA 症状的成年马的鼻拭子或抗凝血或流产马胎儿组织（或胎盘）中分离到 EAV。由于常常呈抗体阳性，通过血清学检测首先确定带毒公马，通过用细胞从精液中分离病毒，鉴别持续性感染。此外，通过实验饲养监测血清阴性马针对 EAV 的血清阳转或通过 RT-PCR 检测精液中的病毒核酸可能进行确诊。与 RT-PCR 试验一样，组织病理学检查结合免疫组化染色，对于流产的诊断也特别有效。

62.2.2.4 治疗和控制

对于 EAV 感染马，没有特异的治疗方法。目前除阉割外，还没有可行的办法以消除公马 EAV 持续性感染的带毒状况。弱毒疫苗和灭活疫苗已可用于防止马 EAV 的感染，但在青春期之前，母源抗体消失后，应该用弱毒疫苗免疫接种小马。

通过对持续性感染马的鉴定和制定防止引入 EAV 感染马的严格的管理制度，可以阻断 EVA 的暴发。对带毒公马应采取物理隔离，只与以前自然暴露或免疫过的血清阳性母马一起饲养，与带毒公马一起饲养的母马也应与其他血清阴性马分开。

62.2.3 猪生殖障碍和呼吸道综合征病毒（PRRSV）

62.2.3.1 病症

PRRSV 的欧洲（I 型，原型为 Leylystad 病毒）和美洲（II 型，原型为 VS-2332）分离株代表了在基因和抗原上同一病毒的不同组。尽管存在两个型的基因有 55%～70%核苷酸相同的事实，但两种病毒引起猪暴发相似的生殖障碍和呼吸道综合征。猪生殖障碍和呼吸道综合征（PRRS）的临床症状变化很大，并受到毒株、猪群免疫水平和饲养管理的影响。

PRRSV 低毒力株引起猪的广泛感染，但很少发病，而高毒力株可引起易感猪群严重的临床症状。对于未免疫猪群，各种年龄猪均易感。发生急性 PRRSV 感染的易感猪表现为厌食、发热（39～41℃）、呼吸困难和嗜睡。感染猪淋巴细胞减少，出现短暂的皮下充血或末梢发绀，常见于耳、口鼻部、乳腺和阴门。PRRSV 的胎盘传播最常出现在怀孕第三个月（通常是妊娠 100 天之后），感染母猪的流产率为 10%～50%，而死亡率相当低。成窝感染仔猪可见到正常猪、弱猪、僵猪及部分或全部木乃伊化胎儿（也称 SMEDI；表现为生长停滞、木乃伊化、胎儿死亡和不孕）。感染母猪也表现有神经症状，如共济失调和转圈。PRRSV 感染公猪在其精液中长期分泌病毒。

62.2.3.2 宿主-病毒关系

1. 分布、宿主和传播

尽管认识较晚，PRRSV 似乎基本上在全球养猪国家呈地方性流行。该病毒的最初来源及其如何引入家养猪群的情况尚不清楚。PRRSV 的传播通常发生在已感染和未感染动物间的紧密接触。猪对 PRRSV 的几种途径（包括口、鼻、阴道、肌肉和腹腔）的暴露均易感。PRRSV 被分泌到感染动物的呼吸道分泌物、唾液、精液、乳汁、尿液和粪便中。通过吸入污染的空气或食入 PRRSV 污染的食物，易感猪自然感染。先天性感染为病毒经胎盘传播（垂直传播）。已经证实，在饲养期间，PRRSV 经持续性感染公猪的精液传播给母猪。PRRSV 也可通过与污物或人员的间接接触引起，某些猪体内组织中病毒被消除之后，还可在扁桃体长时间带毒。

2. 致病机制和病理变化

PRRSV 在巨噬细胞和树突状细胞中复制，主要是肺和淋巴组织。感染后很快出现病毒血症，在性成熟猪，可持续 1～2 周，而幼龄猪约为 8 周。大量损伤出现在少数器官（如呼吸和淋巴器官）。PRRS 的微观损伤包括间质性肺炎、心肌炎、血管炎和脑炎。淋巴组织损伤表现为淋巴充血、滤泡坏死，并伴有混合炎性细胞浸润。PRRSV 的临床暴发并发细菌性肺炎、败血症或肠炎。

3. 宿主对感染的反应

PRRSV 感染猪激发免疫反应，用多种方法均可检测到病毒特异性抗体。感染后，可在第 7 天检测到病毒特异性的 IgM，第 14 天时检测出特异性 IgG，在感染后 5～6 周，抗体达到峰值，并持续至商品猪的终生。然而，中和抗体的产生很慢，常在感染后 4～5 周产生，大约 10 周达到最高。通过初乳，免疫母猪所产仔猪获得抗 PRRSV 抗体。针对 PRRSV 的细胞介导的免疫反应还没有被深入研究，已在感染后 4～12 周观察到 PRRSV 感染猪的 T 淋巴细胞转化试验。

62.2.3.3 实验室诊断

由于多数感染不明显，PRRSV 的诊断被复杂化，但在畜群中有呼吸道症状并伴发生殖障碍时，应考虑为 PRRS。可通过多种血清学试验检测 PRRSV 抗体，包括 ELISA、免疫荧光试验（IFA）、免疫酶单层试验（IPMG）和血清中和试验（SVN）。急性和恢复期猪血清的检查可提供血清转化的证据。尽管不同 PRRSV 株或分离株在不同细胞系上的复制能力存在差异，但可从临床标本（如支气管肺泡渗出液、肺、淋巴结、血浆和血清），在 PAM、MA104 及其衍生细胞系和 CRL-11171 上分离到病毒。现已研制出不同的 PCR 试验，并用于检测存在于血液、精液和其他临床标本中的病毒核酸。

62.2.3.4 治疗和控制

对于猪 PRRSV 感染，尚没有有效的治疗方法。弱毒（MLV）和灭活疫苗已用于防治 PRRSV 感染。这些疫苗已被用于免疫母猪或哺乳仔猪。然而，MLV 疫苗的相对安全性和效果还不确定。与灭活疫苗相比，MLV 疫苗诱导更长久的保护，但仍不能完全阻止野生毒株的再感染及随后的病毒扩散。而且，有研究表明，MLV 疫苗还未完全致弱，MLV 疫苗病毒可返祖到更强的毒力株，进而从免疫猪扩散到未免疫猪。控制计划已用于消灭来自感染猪群的病毒。

62.2.4 乳酸脱氢酶增高症病毒（LDV）

乳酸脱氢酶增高症病毒（LDV）可引起近交系实验鼠发生终生持续性感染，但目前实验鼠的感染还不普遍。已从几个国家的家鼠中分离到该病毒，但其全球性发生率还不清楚。尝试用 LDV 感染长毛鼠、大鼠、豚鼠和兔还未成功。LDV 可在感染鼠的脾、淋巴结、胸腺和肝中游离的巨噬细胞中复制。能被 LDV 病毒感染的巨噬细胞亚群也负责循环中乳酸脱氢酶的正常清除。由 LDV 引起巨噬细胞的连续破坏导致血液中 LDH 水平的增高，该病毒因此而得名。通过从明显不适应的前体细胞中连续增殖出新的适应 LDV，巨噬细胞维持小鼠体内特征性的 LDV 持续性感染。小鼠持续性 LDV 感染常不产生临床症状，只提高 LDH 水平和宿主免疫的微小改变。然而，由 LDV 的神经毒病毒株对某些品种（C58、AKR、PL/J 和 C3H/FgBoy）的感染可引起年龄依赖性致死性脊髓灰质炎。

在感染后 4～5 天开始出现抗 LDV 抗体，3～4 周达到最高。在小鼠感染后 4 周，出现 LDV 的中和抗体，抗体直接针对该病毒的 GP5 蛋白。巨噬细胞中 LDV 的复制允许其逃避宿主防御机制，但免疫逃避和持续性感染的确切机制尚不清楚。

尽管感染小鼠出现终生病毒血症，但小鼠之间 LDV 传播效率不高。该病毒被分泌在尿、粪便和唾液中。如果母鼠对 LDV 无免疫力，经胎盘或乳汁，LDV 从母鼠传播到子代的效率极高。然而，在持续性感染母鼠，经这种途径的传播很少，这是因为抗 LDV 抗体阻止该病毒的胎盘传播及其在乳汁的释放。通常，黏膜屏障限制了 LDV 在小鼠之间的水平传播，但实验鼠通过打架和彼此间的撕咬，也会发生 LDV 的水平传播。LDV 的性传播还未得到证实。

LDV 只能通过终点稀释法在小鼠进行滴定。这一方法的依据是随着小鼠 LDV 的感染，血浆 LDH 活性上升。小鼠或其他材料中 LDV 的存在很容易通过血浆注射、组织匀浆或其他材料（移植鼠肿瘤）扩散到 2～3 组鼠中，4～5 天后，检查其血浆 LDH 活性。移植性鼠肿瘤很容易在体外经 3 周或在其他非鼠动物宿主传代而游离出 LDV。

62.2.5 猴出血热病毒（SHFV）

在前苏联和美国的猿类研究中心，首次从患出血热的短尾猕猴中分离到猴出血热（SHF）病毒（SHFV）。在野生状态下，非洲猴的三个属——非洲绿猴（*Cercopithecus aethiops*）、赤猴（*Erythrocebus patas*）和狒狒呈 SHFV 持续性感染，但不表现任何临床症状。SHVF 偶尔从非洲猴传播到亚洲短尾猴的三个属（*Macaca mulatta*、*Macaca arctoides* 和 *Macaca fascicularis*），并引起致死性出血热。猴的临床症状包括厌食、发热、发绀、皮肤淤血和出血、鼻出血、脸部水肿、血样腹泻、脱水、无渴感和蛋白尿。死亡通常发生在临床症状出现后 5～25 天，致死率接近 100%。在短尾猴中观察到的高致死率可能是由于其巨噬细胞对于溶细胞性的 SHFV 感染特别敏感。从呈持续性感染赤猴中分离到的 SHFV 对捕捉的赤猴产生无临床症状的持续性感染，而从发病猴分离的 SHFV 感染捕捉的赤猴，会引起短暂的轻微症状，从而表明在短尾猴中筛选出了更强毒力的变异株。对 SHFV 的免疫反应随着猴的种属和所感染的毒株变化，实验感染 7 天后，SHFV 可在赤猴中诱导中和抗体。然而，在许多呈持续性感染的赤猴，只发现有低水平的抗 SHFV 抗体。

在非洲，该病呈地方性流行，绿猴 SHFV 感染的流行和发病率还不清楚，但在野生赤猴中，呈持续性亚临床感染的发生率似乎很高，野生绿猴间 SHFV 传播的方式也不清楚。很可能通过伤口和咬伤发生感染，但还不能排除性传播。SHFV 不能从持续性感染母猴经胎盘传递给子代。在捕捉到的短尾猴中，几次 SHF 的流行起源于无症状 SHFV 持续性感染非洲绿猴，造成意外地机械传播。在短尾猴群中，一旦出现明显病症，SHFV 极可能通过直接接触和空气传播，快速扩散到整个猴群。

持续性感染猴可通过恒河猴和赤猴腹腔巨噬细胞原代培养物中的 SHFV 复制而得到鉴定。检测持续性感染的最敏感方法是短尾猴的接种实验，但目前还没有检测 SHFV 的分子生物学方法。间接免疫荧光（IFA）、ELISA 和中和试验已用于 SHFV 感染的血清学诊断，但由于持续性感染猴仅存在低水平的抗 SHFV 抗体，这些试验还不可靠。在猿类研究中心，可通过遵守适宜的卫生、动物看护条例降低 SHFV 从持续性感染非洲绿猴向短尾猴意外传播的风险。

第 63 章　呼肠孤病毒科

N. James MacLachlan　Jeffrey L. Stott

呼肠孤病毒科的病毒可感染多种动物，其中包括哺乳动物、鱼、甲鱼、昆虫和植物，该科的所有病毒均具有分节段的双链 RNA（dsRNA）基因组，不同属病毒基因组的节段数不同。该科分为 9 个属：正呼肠孤病毒属、环状病毒属、轮状病毒属、水生呼肠孤病毒属、*Coltivirus* 属、米曲病毒属、*Cypovirus* 属、植物呼肠孤病毒属和斐济病毒属。后 4 个属仅感染昆虫、植物或二者均有。*Coltivirus* 属包括科罗拉多蜱传热病毒，这是一种经昆虫传播到人的病原。正呼肠孤病毒属（图 63.1）和轮状病毒（图 63.2）感染多种脊椎动物。环状病毒的宿主包括脊椎和无脊椎动物，蓝舌病是其代表型。水生呼肠孤病毒的宿主范围包括鱼和甲鱼，金体美鳊鱼是其代表型。表 63.1 列出了兽医上重要的属和种。

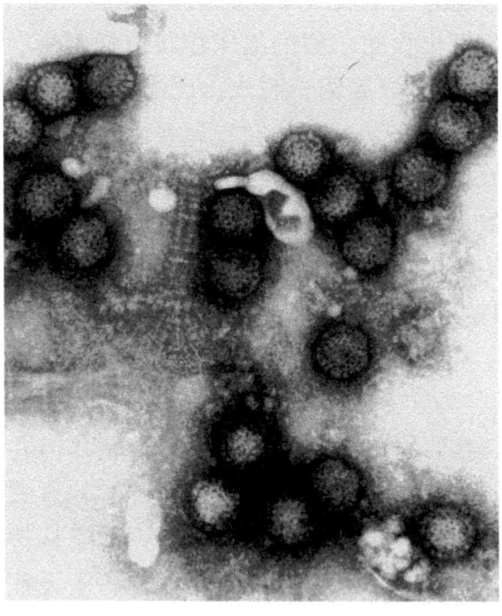

图 63.1　禽正呼肠孤病毒的负染样品。(204 000×)（R. Nordhausen 惠赠）

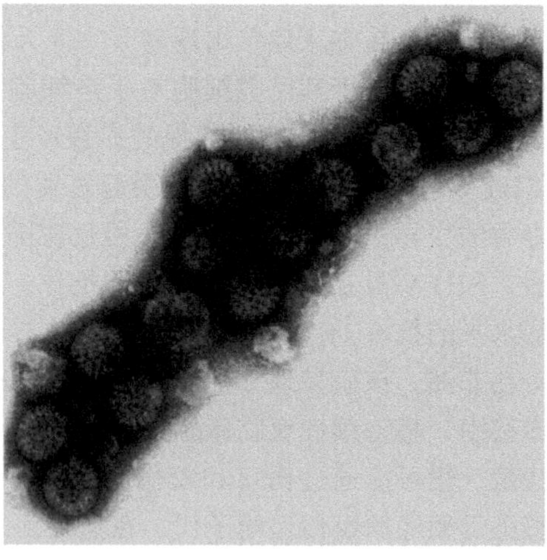

图 63.2　牛轮状病毒的负染样品。(204 000×)（R. Nordhausen 惠赠）

表 63.1　与兽医学有关的呼肠孤病毒科的病毒

属	血清组	血清型的最小数目
正呼肠孤病毒属	哺乳动物	3
	禽	11
环状病毒属	蓝舌病	24
	流行性出血症	8(可能为 9)

续表

属	血清组	血清型的最小数目
	非洲马瘟	9
	马器质性脑病	7
	Palyam	11
轮状病毒属	5 个主要组	不定
水生呼肠孤病毒属	未分类	不定

63.1 正呼肠孤病毒属

63.1.1 哺乳动物正呼肠孤病毒

63.1.1.1 病症

已从多种动物的呼吸道和胃肠道中分离到呼肠孤病毒（正呼肠孤病毒属），这些动物包括非人猿类、啮齿类、马、牛、绵羊、猪、猫和犬。常常从健康动物中分离到呼肠孤病毒，由于其不引起疾病，因此被称为“呼吸肠道孤儿”病毒。然而，有时可从轻微呼吸道或肠道疾病动物中分离到呼肠孤病毒。新生小鼠呼肠孤病毒感染引起严重的全身性疾病。呼肠孤病毒血清 3 型实验性感染小猫，引起结膜炎、怕光、齿龈炎、浆液性流泪和流涕。已从绵羊分离到所有三个血清型的呼肠孤病毒。有报道表明，用血清 1 型实验性感染可引起肠炎和肺炎。

63.1.1.2 病原因子

1. 物理、化学和抗原特性

哺乳动物呼肠孤病毒有三种血清型（1、2 和 3），其中包括许多毒株。可通过单个病毒蛋白基因的序列分析确定呼肠孤病毒不同毒株的毒力。所有哺乳动物呼肠孤病毒都拥有 10 个不同 dsRNA 节段的基因组。基因组各节段有不同的大小（分为大、中和小）。除 S1 基因外，每一节段编码一种蛋白质，而 S1 包含两个不同的可读框。完整的呼肠孤病毒粒子没有囊膜，外观为二十面体对称，直径大约为 85nm。呼肠孤病毒粒子由 8 种排列在内部和外部蛋白衣壳（包膜）的结构蛋白组成。内部蛋白核心包含病毒的依赖于 RNA 的 RNA 聚合酶（转录酶），以及介导 RNA 合成和加帽以及螺旋酶和病毒复制所必需的其他功能蛋白。占主导的外包膜蛋白 Sigma 1 含有病毒血清型和血凝作用的主要决定簇，也是负责细胞黏附的蛋白质。来源于完整呼肠孤病毒颗粒的外衣壳蛋白 Sigma 3 被酶消化，能产生具有感染性的亚病毒颗粒，去除外壳蛋白 Sigma 1、Sigma 3 和 mul，产生核心颗粒。在病毒复制的生活周期中，所有这三种颗粒都很重要。可通过单个病毒基因突变的积累（基因漂移）和由多种呼肠孤毒株或血清型混合感染时完整基因的交换产生呼肠孤病毒毒株的基因分化。

2. 对物理、化学因子的抗性

呼肠孤病毒在低温（4℃到室温）稳定，短时间可耐受 55℃高温。呼肠孤病毒可抵抗去污剂和多种消毒剂，在 pH 2～9 稳定，95％乙醇和次氯酸钠可将其灭活。

3. 对其他种属动物和细胞培养物的感染性

呼肠孤病毒可感染多种哺乳动物，并可在许多培养物中复制。

63.1.1.3 宿主-病毒关系

1. 分布、宿主和传播

哺乳动物呼肠孤病毒有广泛的地理分布，常出现在河水、未处理的下水和死水中，间接反映出被感染动物和人的粪便污染。主要通过直接接触或暴露于病毒污染的粪便（口-粪）和（或）呼吸道分泌物传播。

2. 致病机制和病理变化

对小鼠的研究显示，分别经口或吸入空气侵入后，呼肠孤病毒可感染肠道或呼吸道上皮细胞。在呼肠孤病毒感染胃肠（派伊氏结）或呼吸道（支气管相关淋巴组织）后，病毒最初在区域性淋巴组织复制。在感染的新生小鼠中，病毒有时可进入全身循环，引起胰腺炎、心肌炎、肌炎、脑脊髓炎或肝炎。特异性病程和致病机制反映了呼肠孤病毒感染株的特性和感染小鼠的年龄及抵抗力。呼肠孤病毒可引起猿类的脑炎和肝炎。

3. 宿主对感染的反应

用哺乳动物呼肠孤病毒感染小鼠呼吸道和肠道，可诱导产生细胞和体液免疫、自然杀伤细胞、干扰素和其他细胞因子，所有这些对于终止感染都具有潜在的重要性。

63.1.1.4 实验室诊断

可通过病毒分离或检测及血清学方法确诊呼肠孤病毒感染。可通过细胞培养从组织、直肠、鼻和咽拭子中分离到病毒。在出现可见细胞病变前，盲传是必需的。可通过血凝抑制（HI）或病毒中和试验，用血清型特异性抗血清对病毒分离株进行血清学分型。可通过荧光抗体染色（FA）或免疫组化鉴别组织或细胞培养物中的呼肠孤病毒。使用双份血清、VN 或 ELISA 进行血清学检测。

63.1.1.5 治疗和控制

由于动物呼肠孤病毒感染常表现轻微，因此，不需要进行治疗。目前还没有关于疫苗或控制的记载，很可能在将来也不会被开发，除非呼肠孤病毒被认为是重要的动物病原。

63.1.2 禽正呼肠孤病毒

63.1.2.1 病症

禽呼肠孤病毒（正呼肠孤病毒属）对养禽业具有显著的经济影响。禽呼肠孤病毒全身感染能产生多种临床综合征（包括胃肠炎、肝炎、心肌炎、心包炎、肺炎和吸收不良）。急性呼肠孤病毒感染导致感染禽死亡率逐渐升高和胴体报废，生长不良和食物转化率低（矮小综合征）。急性感染存活禽患关节炎和腱鞘炎也较常见。呼肠孤病毒是禽关节炎的主要病原，该病主要发生于适合烧烤的小鸡，不常见于蛋鸡和火鸡。

63.1.2.2 病原因子

1. 物理、化学和抗原特性

禽呼肠孤病毒与哺乳动物呼肠孤病毒极为相似，区别在于它们在细胞培养物上产生的细胞融合（合胞体）缺乏血凝活性，并且不能在哺乳动物细胞系上生长。禽和哺乳动物呼肠孤病毒表现一定程度的抗原相关性。已记载的禽呼肠孤病毒至少有 11 个血清型，禽呼肠孤病毒不同株的差异显著。通过琼脂扩散（AGID）和补体结合（CF）试验进行确认，所有毒株具有共同的抗原。

2. 对其他种属动物和细胞培养物的感染性

禽呼肠孤病毒在鸡胚、原代禽细胞培养物及某些已建立的哺乳动物细胞系上复制。

63.1.2.3 宿主-病毒关系

1. 分布、宿主和传播

禽呼肠孤病毒在全球范围的鸡、火鸡及其他禽类中流行。在自然条件下，通过污染的环境和来自感染禽的病毒的连续传播，禽呼肠孤病毒持续存在，包括那些持续性感染动物和对易感禽的传播。传播通过水平和垂直发生。以粪-口途径的水平传播占主导地位，通过直接和间接接触可发生传播。垂直传播也见于经口、气管和鼻接种的种鸡。

2. 致病机制和病理变化

禽呼肠孤病毒感染常不明显，发病率反映出感染时鸡的年龄（幼龄鸡更易感）、发生感染株的毒力和暴露途径。呼肠孤病毒诱发关节炎的最初特征为感染关节的急性炎症，进而有关节翳的形成，并伴有软骨的损伤。因此，在某种程度上，呼肠孤病毒诱发的小鸡关节炎与人类风湿性关节炎相似。感染小鸡的大量损伤常包括指屈肌和趾伸肌腱的严重水肿，并引起慢性关节硬化和腱鞘的融合。

3. 宿主对感染的反应

已通过 AGID、CF 和 VN 试验检测到禽呼肠孤病毒的抗体反应。对于引起保护性免疫的机制所知很少，已有毒株间交叉保护程度不定的报道。

63.1.2.4 实验室诊断

呼肠孤病毒诱发的禽关节炎必须与其他病毒和细菌引起的关节炎和滑膜炎区分。可通过组织（腱鞘）直接 FA 染色、病毒分离或血清学等显示呼肠孤病毒的方法进行确诊。

63.1.2.5 治疗和控制

对禽病毒性关节炎没有治疗方法。最好通过适宜的饲养管理或弱毒/灭活疫苗的接种控制感染。

63.2 环状病毒属

环状病毒是家畜的重要病原，在已有记载的 14 种血清型中，5 种具有真正或潜在的兽医学意义：①蓝舌病病毒（BTV）；②流行性出血病病毒（EHDV）；③Palyam病毒；④非洲马瘟病毒（AHSV）；⑤马器官性脑病病毒（EEV）。类似于哺乳动物呼肠孤病毒（正呼肠孤病毒），环状病毒具有双衣壳结构，拥有分节段的dsRNA基因组（10个节段），在感染细胞的胞浆中复制。因为环状病毒在昆虫和哺乳动物中均可复制，因此，已经与正呼肠孤病毒和轮状病毒区别开，且不是脊椎动物的肠道病原。环状病毒在以血液为食（吸血）昆虫的消化道内复制，在易感动物之间传播。

63.2.1 蓝舌病病毒

63.2.1.1 病症

蓝舌病（BT）是由蓝舌病病毒（BTV）引起的家养和野生反刍动物的一种节肢动物传播性病毒病。BT常发生于绵羊（口痛、卡他热）和特定种类的野生动物，特别是白尾鹿。绵羊和鹿的BT特征为口腔、鼻、胃肠道上部黏膜充血、出血及溃疡。其他特征性损伤包括蹄冠部充血和心肌、骨骼肌的坏死。BT感染的绵羊和鹿有时会发生死亡，伴有末梢弥散性血管内凝血的发生。从严重BT抵抗中存活下来的绵羊常表现消瘦、衰弱、跛行、康复期延长，期间易发生继发感染，康复绵羊的被毛纤维发生断裂。在地方性流行区，牛常被BT感染，但通常不表现临床症状。BTV疫苗株及那些可在细胞培养物上增殖的毒株能够穿过怀孕绵羊和牛的胎盘，感染胎儿，引起胎儿死亡、流产、生长停滞和子代畸形。

BT口蹄疫以及其他14种被认为引起严重经济和社会后果的疾病，已被国际兽疫局列为A类传染病。结果，从BTV地方性流行国家来源的反刍动物及其种质的国际间移动，已通过包含有BT的非关税贸易壁垒而被严格限制。这些贸易壁垒的效果主要通过推测发生在全球不同地区的不同BTV毒株和血清型、特定种属的昆虫媒介种属，揭示BTV的全球性扩散不是最近的事件，肯定与动物及其种质的最近贸易不相关。

近年来，BTV也被认为是食肉动物的一种潜在病原。怀孕犬被一种BTV污染的疫苗意外的无意感染造成流产和死亡。非洲BTV感染的血清学证据，已在食肉动物中得以证实。

63.2.1.2 病原因子

1. 物理、化学和抗原特性

BTV和其他环状病毒的基因组中包含10个节段dsRNA，每个种至少编码一种蛋白质（表63.2）。BTV病毒粒子含有7种结构蛋白，其中两种构成外膜，其余5种形成内部核心。外衣壳蛋白VP2中包括可被中和血凝抑制（HI）抗体识别的血清型特异性表位。其他外膜蛋白、VP5参与VP2上共同的中和表位的形成。4种非结构蛋白（NS）也出现在BTV感染细胞中，与NS1形成环状病毒感染细胞特征性的胞浆大球形结构。核心蛋白VP7包含所有BTV血清型和毒株的共同表位，为组织特异性血清学试验，如琼脂扩散（AGID）和竞争酶联免疫吸附试验（cELISA）打下了基础。

表 63.2 环状病毒的基因组成

基因	编码蛋白	作用
1	VP1	RNA 聚合酶；病毒核心颗粒的少数成分
2	VP2	受体结合；血清型决定；外衣壳成分
3	VP3	与基因组 RNA 相互作用；病毒核心颗粒的结构组分
4	VP4	RNA 加帽酶；病毒核心颗粒的少数组分
5	VP5	与 VP2 结构相关；外衣壳成分
6	NS1	病毒球；非病毒粒子组分、非结构
7	VP7	组抗原；病毒核心颗粒结构组分
8	NS2	结合 RNA；病毒包含体；非结构
9	VP6	螺旋酶；结合 RNA；病毒核心颗粒的少数组分
10	NS3/3A	感染细胞上的病毒出口；非结构

在 BTV 血清组（含 24 种不同血清型和多个毒株）中，存在一定的异源性，每个种具有显著不同的生物学特性。这些基因差异是昆虫或反刍动物被不止一种 BTV 血清型或毒株混合感染时单个基因片段的基因漂移和基因片段间重排的结果。有趣的是，最近的序列和系统树分析显示，发生在世界不同地区的 BTV 和不同昆虫媒介的长期共演化，导致不同地区的 BTV 具有不同的特性，也称为病毒的“地理标本”。

2. 对其他种属动物和细胞培养物的感染性

BTV 通常感染家养（绵羊、牛和山羊）和野生（鹿、羚羊、野绵羊种等）反刍动物。该病毒适应在乳鼠、鸡胚（ECES）等多种哺乳动物和昆虫细胞培养物生长。在 ECES 中，33.5℃孵育，BTV 易于进行复制。

63.2.1.3 宿主-病毒关系

1. 分布、宿主和传播

已在除南极洲外的所有大陆的反刍动物中分离到蓝舌病病毒，感染遍及全球的热带、亚热带和温带地区，并与易感反刍动物和适宜昆虫媒介（*Culicoides* spp.）的分布相一致。在反刍动物间，该病毒不具传染性，在被 BTV 感染的库蠓叮咬后发生感染。反刍动物 BTV 的亚临床或无症状感染遍及全球。BT 的暴发仅零星出现，多数出现在该病毒地理分布的最南和最北区域之间，并伴有 BTV 对无免疫力的反刍动物的入侵。

库蠓科昆虫媒介在吸食呈病毒血症的反刍动物后，呈持续性感染。这些食血昆虫是 BTV 真正的生物媒介，这是因为，在经过大约 10 天的固有潜伏期后，它们将病毒传递给反刍动物。这期间病毒从被感染昆虫的肠扩散到唾液腺。在昆虫媒介中，BTV 的复制依赖于室温，因此，在昆虫媒介中，BTV 的大量复制出现在较高温度的季节，但这些昆虫的寿命与温度呈反比。BTV 的传播出现在全年内允许昆虫（库蠓）活动的所有季节，其间病毒持续性存在于永久的媒介（反刍动物）中感染循环。相应地，BTV 在地球上病毒活动的北端和南端地区（大约南纬 35°和北纬 45°）传播，并具有高度的季节性。在这些地区，病毒传播常出现在晚夏和秋季，此时媒介昆虫数目最多，室温最高

（很可能反映出温度依赖性对病毒产生的影响）。在适宜媒介向北扩散后，BTV 的传播呈全球分布，最近扩展到欧洲地中海地区，可能是全球变暖的结果。

2. 致病机制和病理变化

绵羊和某些品种的鹿对 BT 最易感，然而，牛对该病毒具有抵抗性。在所有反刍动物中，BTV 感染的发病机制似乎均相同。该病毒首先在感染部位的输出淋巴结增殖，病毒血症最早出现在 3 天后，随后伴有发热，在分布遍及全身后，病毒在单核吞噬细胞和小血管内皮细胞中复制，导致血管损伤、血栓形成和血管栓塞，这些变化出现在胃肠和呼吸道上部、蹄冠、心脏和骨骼肌。弥散性血管内凝血很可能造成血管损伤、出血和组织损伤等。以上均为绵羊和鹿 BT 严重病例的特征性变化。

在 BTV 感染反刍动物中，病毒血症与细胞高度相关。病毒最初波及所有类型的血细胞。在每种细胞中，病毒的滴度反映出血液中每种细胞的比例。BTV 最初主要感染血小板和红细胞，很少感染白细胞。然而，在随后的感染过程中，病毒似乎相对集中地感染红细胞。也正是 BTV 与红细胞的这种紧密联系，促进对反刍动物感染的延长和对食血媒介昆虫（库蠓）的感染。必须强调，虽然反刍动物 BTV 感染可延长（大约 60 天），但反刍动物不会出现持续性的 BTV 感染。

BT 的主要损伤包括面部小肿、充血，在口、鼻黏膜皮肤和蹄冠部出现或不出现出血（淤血和皮下出血）。溃疡的形成和糜烂也出现在口腔和口周围，特别是硬腭。肺动脉基部的出血是严重 BT 病例的特征性表现，淤斑性出血还见于心肌、心包、骨骼肌和胃肠道上部组织。

3. 宿主对感染的反应

BT 感染的反刍动物产生体液和细胞免疫反应。在感染后 7～14 天，产生病毒中和（血清型特异性）和非中和（组特异性）抗体。然而，由于 BTV 与感染红细胞膜紧密相连，在数周内，血液中的病毒与高滴度的中和抗体共存。当动物被单种血清型的 BTV 感染时，也可出现一定程度的交叉血清型病毒中和抗体，随后又暴露于另一血清型的 BTV，可产生广泛交叉反应性中和抗体，包括中和并非是感染动物所用的 BTV。

63.2.1.4 实验室诊断

依据在已知的 BTV 流行区感染动物表现的特征性临床症状，对绵羊和鹿 BTV 进行早期诊断。BT 常发生在晚夏和秋季。确诊需借助病毒学方法，常用聚合酶链反应（PCR）或通过易感绵羊、ECES、乳鼠或细胞培养接种进行病毒分离。常用的细胞培养物包括 Vero 和 BHK，出现细胞病变前需经多次盲传。在已适应的细胞上，可通过荧光抗体染色或病毒中和试验鉴定病毒。常在流行区健康反刍动物的血液中检测到 BTV，特别是应用敏感的巢式 PCR 方法，这是因为，该方法能检测达 200bp 的 BTV 核酸或在感染后多天未能检到。因此，仅显示反刍动物血液中 BTV 或 BTV 核酸，还不足以作为该病起因的证据。

可用组特异性（AGID、CF、ELISA、IFA）或型特异性（病毒中和，HI）试验进行血清学诊断。血清转化或滴度升高需依据双份血清样品的检测结果。由于在 BTV 地方性流行区，高比例的反刍动物血清呈阳性，因此，单一血清学检测常没有意义，在这些动物中，多数 BTV 感染后，从未出现明显的临床症状。

63.2.1.5 治疗和控制

对 BT 没有特异疗法，但应激似乎能加剧该病的出现。而且，在无媒介昆虫存在的地区，动物的室内转移（如果可行）可阻止 BTV 对未感染反刍动物的传播。应用致弱的 BTV 疫苗株接种绵羊，在南非和北美已实施多年；南美的疫苗联合有许多不同血清型的 BTV，并需在三个不同时机接种。弱毒疫苗的潜在不利包括毒力返强和病毒向自然环境的扩散，而且能潜在地与 BTV 野外株进行基因片段重排而构建新的变异株。最后，多次发现 BTV 能穿过胎盘，造成死胎或损伤，而野外毒株却明显不能。重组杆状病毒表达的病毒样颗粒最近已作为 BTV 疫苗使用，并避免了固有问题。

63.2.2 流行性出血热病和茨城病病毒

流行性出血热（EHD）是一种由 EHD 病毒（EHDV）引起的野生反刍动物的节肢动物传播性病毒病。EHDV 是该病的重要病原，对北美的白尾鹿具有致死性，对叉角羚和大盘角绵羊致死率降到很低程度。虽然家养反刍动物 EHDV 的感染在地方性流行区很普遍，但 EHDV 还不被看作是家畜的一种病原，在家畜中还缺乏 EHD 的真正病例。一个有名的例外是日本和朝鲜牛的茨城病病原因子——茨城病病毒与 EHDV 血清 2 型密切相关。EHDV 拥有 BTV 的许多特性，白尾鹿的 EHD 极类似于暴发性蓝舌病，有胃肠道上部的充血、出血和溃疡，心肌和骨骼肌坏死，伴有末端广泛性弥散性血管内凝血和出血。牛茨城病的另外一个特征是明显的吞咽困难，这是咽喉、食道和舌肌坏死的结果。

与 BTV 相似，EHDV 感染也出现在全球热带和温带地区。在非洲、亚洲和美洲，已有反刍动物 EHDV 感染的记载。在流行病学上，EHDV 与 BTV 极为相似，均包括通过昆虫媒介库蠓传播、反刍动物感染的发病机制、复制方式、分子结构和诊断方法。目前，EHDV 有 8 个已知的血清型，如果茨城病病毒被分为 EHDV 血清型 7，则 EHDV 有 9 个血清型。除茨城病病毒外，还没有可以广泛使用的 EHDV 疫苗。

63.2.3 Palyam 病毒

Palyam 病毒是一种由昆虫传播的环状病毒。在非洲、亚洲和澳大利亚，可引起牛流产和胎儿畸形。妊娠中期前 Palyam 病毒感染存活胎儿，可产生脑畸形［包括脑室（水脑）畸形和（或）通路错误］。与兽医上重要的其他环状病毒类似，Palyam 病毒也通过库蠓传播。Palyam 病毒有 11 个血清型，胎牛中山（Kasaba）病毒感染的发病机制和对胎儿的致畸作用，已得到充分研究。

63.2.4 非洲马瘟病病毒

63.2.4.1 病症

非洲马瘟（AHS）是一种由节肢动物传播的马科动物的环状病毒病，感染动物包括马、骡和驴。病原因子——AHS 病毒（AHSV），具有人兽共患性，但很少发生人的致死性感染。犬的致死性 ASHV 感染也有记载。AHS 对马的感染性差异很大，随正在发生感染的病毒株和感染马的易感性而变化。已有几种不同型 AHS 的描述包括：①外周型：以头部水肿为特征；②中枢型：特征为肺水肿、高热、严重沉郁、咳嗽、流涕和许多感染马的快速死亡；③中间型：表现为发热、头部和皮下水肿（眶上水肿是其典型的特征），被侵袭马明显发生致死；④马瘟热型：多数为良性病程的一种热病。

63.2.4.2 病原因子

1. 物理、化学和抗原特性

AHS 的致病因子属于环状病毒属中的不同血清组。通过小鼠交叉中和试验，9 种血清型的 AHSV 已被鉴定，所有型均具有共同的组特异性抗原。

2. 对其他种属动物和细胞培养物的感染性

已有文献记载，AHS 感染马、驴、骡、斑马、山羊、犬和非洲大型食肉动物（如狮）。对马和犬，已有发病记述。该病毒可在乳鼠、适应生长的 ECES 和细胞培养物（Vero 和 BHK）上传代。

63.2.4.3 宿主-病毒关系

1. 分布、宿主和传播

非洲马瘟的发生遍及南部非洲，在北美、中东、亚洲（印度亚大陆）呈零星出现，过去偶然出现在欧洲地中海地区（伊比利亚半岛）。AHS 不具有传染性，除非通过真正的生物媒介——库蠓，该病毒可被传播。与蓝舌病类似，AHS 在流行区最常出现在晚夏和秋季。AHSV 病毒的分布依赖于适宜昆虫媒介的存在和在此类媒介中能促进病毒生长的温度。因为斑马 AHSV 感染不表现临床症状，AHSV 病毒血症比在马体内持续更长的时间，南非斑马是 AHSV 潜在的哺乳动物宿主。犬通过吃食感染马匹的肉而被感染。血清流行病学调查显示，在南部非洲，在大型食肉动物中，AHSV 抗体普遍存在。

2. 致病机制和病理变化

被一种 AHSV 感染的库蠓叮咬后，AHS 的潜伏期常少于 7 天。马被 AHSV 有毒株感染后，潜伏期更短，被高毒力 AHSV 感染的易感马的死亡率可达 95%。AHSV 在淋巴结、脾、胸腺和咽喉黏膜的单核细胞及血管内皮细胞中复制。AHS 的损伤出现在静脉的小脉管，但尚不确定。特征性 AHS 的血管损伤是仅由病毒介导的内皮损伤的直接结果，AHSV 感染的单核巨噬细胞释放的血管激活介导因子也起一定作用。严重中枢型 AHS 特征性的表现为肺水肿、脑积水、心包积液，并伴有心外膜和心内膜出血。被感染的马病程延长，皮下水肿相当严重。

3. 宿主对感染的反应

所有血清型 AHSV 具有共同的组抗原，并诱导可被 CF、AGID 和间接 FA 识别的抗体的形成。感染后也可产生病毒中和抗体。其中，血清型特异性中和抗体占优势，但也已观察到一定的交叉中和活性。

63.2.4.4 实验室诊断

AHS的田间诊断，尤其是在非地方性流行区，应有病毒分离或通过血清学方法区分产生相似临床征兆的其他感染。也可使用聚合酶链反应，如果应用恰当，可得到快速而准确的结果。可通过AHSV特异性捕捉ELISA快速鉴定组织样品中存在的病毒。虽然病毒分离较为费时，却是病毒检测的准确方法。用血液或组织悬液对乳鼠脑内接种是AHSV分离的一种敏感方法，但病毒适应需经多次传代。在分离病毒时，细胞培养不及小鼠或马接种高效。可通过病毒中和、HI或FA鉴定病毒。

需借助双份血清以显示血清转化或抗体滴度的上升，进行血清学诊断。用于这一目的的常规试验包括竞争ELISA和CF，二者为组特异性试验，检测到的AHSV抗体没有考虑感染病毒的血清型，而病毒中和试验很敏感，并具有型特异性。

63.2.4.5 治疗和控制

没有针对AHS的特异性治疗方法。高免马血清仅提供短暂保护。具有防昆虫设施的厩养马可减少对库蠓媒介的暴露。在南部非洲，用包括有9种已知血清型的AHSV每年接种马已被广泛采用，以控制AHSV侵入欧洲。多价致弱活AHSV疫苗存在几个潜在的问题，包括不能保护该病毒的所有血清型、疫苗株毒力返强、疫苗病毒被媒介昆虫获取和散播，在混合感染时，不同毒株/血清型的基因片段重排（产生新的变异株）。

63.2.5 马器质性脑病病毒

已从患脂肪肝和神经呆滞症的病马中分离到马器质性脑病病毒（EEV），但其作为主要病原的重要性还不确定。还从马流产胎儿分离到该病毒。血清学研究显示，在南部非洲，EEV感染非常普遍，并常存在于马群中。7种已识别的EEV血清型具有共同的组抗原，并与非洲马瘟病毒（AHSV）极为相似。EEV感染的流行病学也与AHSV相似，经库蠓传播。

63.3 轮状病毒

63.3.1 病症

轮状病毒引起多种哺乳动物（包括人）和鸟的肠炎和腹泻。在幼龄的饲养动物（包括犊牛、羔羊、马驹和仔猪），轮状病毒感染是这些农场幼龄饲养动物腹泻的重要原因。该病毒感染小肠绒毛末端成熟的吸收细胞，引起吸收不良、消化不良和腹泻。感染的临床严重性受多种因素（如年龄、感染动物的易感性、正在感染的轮状病毒株的毒力及其他肠道病原的存在等）影响。

63.3.2 病原因子

63.3.2.1 物理、化学和抗原特性

在轮状病毒科中，轮状病毒代表一个独特的属。这些病毒无囊膜，含有分节段（11个节段）的RNA基因组，外观形态为双层壳衣壳，成熟病毒粒子总直径约100nm（图63.2）。至少有13种已被鉴定的轮状病毒蛋白，11个基因节段中有两个编码两种独特的蛋白质。13种病毒蛋白中，7种为病毒粒子结构蛋白（包括酶），6种为产生于轮状病毒感染的细胞中，但不组装到病毒粒子中的非结构蛋白。

目前，轮状病毒被分为5个组（A～E）和两个可能的附加种（F、G）。轮状病毒的许多不同株和（或）血清型出现在每组中。同组中的轮状病毒具有共同抗原，在混合感染时，其基因组可重排，保守的病毒基因具有相当的序列同源，趋向于感染相同的动物种类。外衣壳蛋白VP7和VP4诱导中和抗体，而VP6是每种轮状病毒组和亚组共同的决定簇。

63.3.2.2 对其他种属动物和细胞培养物的感染性

尽管从一种动物获得的轮状病毒有时能感染其他动物，在很大程度上，轮状病毒株的嗜性具有种特异性。轮状病毒很难在细胞培养物中增殖。研究轮状病毒增殖时，一个重要的发现是，在细胞培养物上的低浓度胰蛋白酶为病毒起始感染和复制所必需。经胰蛋白酶剪切的病毒外壳蛋白VP3，可促进对细胞培养物的感染，而且一旦适应，轮状病毒在细胞培养物上生长良好。最常使用的细胞系是肾上皮细胞，特别是恒河猴肾细胞系MA104。

63.3.3 宿主-病毒关系

63.3.3.1 分布、宿主和传播

轮状病毒呈全球分布，并出现在许多不同的动物种群中。在感染动物的粪便中，分泌有高滴度的病毒。该病毒在粪便中很稳定。对其他动物的传播发生于食入病毒的污染物，并通过直接或间接粪-口途径传播。

63.3.3.2 致病机制和病理变化

无论感染动物种属如何，轮状病毒感染的发病机制相似。经口感染后，病毒感染排列在小肠绒毛顶部表面的成熟的吸收上皮细胞上，感染从小肠上部发展到下部，某些毒种感染结肠。成熟绒毛上皮细胞的破坏导致绒毛萎缩，排列在绒毛上成熟的吸收细胞被来自肠隐窝的更多未成熟细胞代替，导致消化不良、小肠吸收不良和腹泻。有趣的是，单独轮状病毒NSP4蛋白可诱导小肠隐窝细胞的大量分泌，提示吸收不良和体液及电解质的大量分泌导致轮状病毒肠炎性腹泻。该病在幼龄动物更为严重，迅速引起酸中毒、脱水和血容量减少性休克。

死于轮状病毒肠炎的动物表现脱水和小肠内容物中积有很多液体，液体腹泻物呈

黄/白色（又称白痢），常玷污感染动物的会阴。组织学损伤包括绒毛萎缩，伴有覆盖绒毛的成熟吸收细胞的丢失和小肠隐窝中未成熟细胞的增生。

63.3.3.3 宿主对感染的反应

轮状病毒感染的动物产生能被各种血清学方法鉴别的局部和全身体液免疫反应。病毒中和抗体具有血清型特异性，直接针对 VP4 和 VP7。ELISA 检测轮状病毒组和亚组决定簇。肠道局部免疫对于防止幼龄动物严重的轮状病毒性肠炎相当重要，因此，食入初乳中高滴度的轮状病毒中和抗体，可对新生动物提供抵抗该病的短暂免疫。

63.3.4 实验室诊断

轮状病毒诱导性腹泻的诊断需在粪便或尸体解剖获得的组织中检测到病毒。应用电子显微镜（EM）、免疫电镜及免疫荧光抗体（IFA）染色，可直接观察粪便或小肠组织切片中病毒或病毒抗原，很容易通过抗原捕捉 ELISA 检测到粪便中的轮状病毒。ELISA 相当灵敏，根据使用的捕捉抗体可区分病毒的不同型。可通过聚丙烯酰胺凝胶电泳直接检测动物粪便中的轮状病毒基因组 dsRNA，并能用于鉴别组特异性轮状病毒。聚合酶链反应也已使用。

通常，在含低浓度胰蛋白酶的 MA104 细胞上进行病毒分离。可在原代鸡胚肝和肾细胞上分离到禽轮状病毒。

通过 ELISA 或病毒中和试验进行血清学诊断；然而，所得到数据的利用价值还不确定，这是因为轮状病毒感染广泛。这意味着，无论患病与否，很大一部分动物呈血清阳性。

63.3.5 治疗和控制

临床患病动物的治疗以疾病严重性为依据，严重病例的治疗涉及补液以纠正脱水和酸中毒，降低环境应激和继发感染。

控制常常极为困难，这是由于该病毒稳定存在于粪便中，导致对环境的长期污染。虽然用具常被怀疑，严格的卫生管理可减少暴露。最好直接对哺育新生动物的母畜进行疫苗接种，以确保高滴度的抗体出现在这些动物的初乳和乳汁中。

63.4 水生呼肠孤病毒

水生呼肠孤病毒具有多形性，理化特性与正呼肠孤病毒相似，但拥有 11 个节段的 dsRNA。12 种蛋白质（基因组片段 11 编码两种蛋白质）中的 7 种为结构蛋白，其中 VP7 代表主要衣壳蛋白。已建议将水生呼肠孤病毒分为 6 个基因型（A～F）。该属病毒感染鱼和甲鱼，导致感染鱼实质器官的坏死，孵化场的鱼具有很高的致死率。水生呼肠孤病毒在 16℃的鱼或甲鱼细胞系复制，并能诱导合胞体的形成。

第 64 章　双 RNA 病毒科

N. James MacLachlan　Jeffrey L. Stott

双 RNA 病毒科包括三个属：禽双 RNA 病毒属（感染禽）、水生双 RNA 病毒属（感染鱼）和昆虫双 RNA 病毒属（感染昆虫）。传染性法氏囊炎病毒（禽双 RNA 病毒属）已被充分研究。传染性胰坏死病毒（水生双 RNA 病毒属）是鲑鱼的一种重要病原。

64.1　传染性法氏囊炎

64.1.1　病症

传染性法氏囊炎（IBD）也称为甘波罗病，是雏鸡的一种可造成严重经济损失的重要病毒病。甘波罗是特拉华州（美国北部）的一个小镇，IBDV 最先在此被分离到。IBD 病毒在法氏囊中未成熟的 B 淋巴细胞复制，导致免疫能力降低。该病毒可造成 3～6 周龄的雏鸡很高的致死率，早期感染禽产生深度免疫抑制。大于 3 周龄鸡的临床症状表现为肛门羽毛（鸡常常吸食肛门羽毛）污染、腹泻、沉郁、厌食、颤抖、严重虚弱、脱水甚至死亡。在美国，经济损失常不是因为大量禽的死亡，而是因为体重增长速度的降低和骨骼肌出血造成的尸体废弃。因此，在欧洲和世界其他地区，引起感染鸡群高度致死率的强毒力 IBD 病毒株越来越重要。小于 3 周龄鸟的感染可在后期对经济产生毁灭性的不明显感染。这样的禽表现出广泛的免疫低下，对其他多种传染病易感性增加，而且，感染禽对疫苗接种反应不良。

64.1.2　病原因子

64.1.2.1　物理、化学和抗原特性

传染性法氏囊炎病毒（IBDV）粒子无囊膜，呈二十面体对称，直径 60nm（图 64.1）。基因组包括两节段的双链 RNA，称为 A 和 B，编码 5 种蛋白质。节段 A 有两个可读框，编码一种非结构蛋白（VP5）和一种可剪切成两种结构蛋白（VP2 和 VP3）及病毒蛋白酶（VP4）的多聚蛋白。节段 B 编码病毒依赖于 RNA 的 RNA 聚合酶（VP1）。IBDV 有两种血清型，每型具有明显的抗原和基因差异。IBDV 株血清型 I 引起的雏鸡疾病遍及全球。

64.1.2.2　对物理、化学因子的抗性

传染性法氏囊炎病毒相当稳定，能抵抗酸处理（pH 3 稳定）、脂溶剂、各种消毒剂

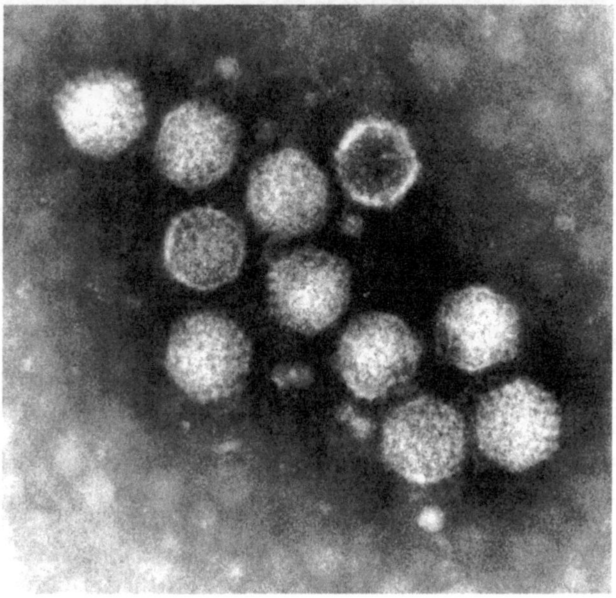

图 64.1　传染性法氏囊炎病毒的负染样本。（250 000×）
（R. Nordhausen 惠赠）

和热（60℃存活 30min）的灭活。

64.1.2.3　对其他种属动物和细胞培养物的感染性

传染性法氏囊炎病毒主要感染雏鸡，而且火鸡、鸭、某些家养和野生鸟类也可被此病毒感染。该病毒可在鸡胚和多种禽细胞培养物上增殖。

64.1.3　宿主-病毒关系

64.1.3.1　分布、宿主和传播

传染性法氏囊炎发生于全球禽养殖集中的地区。由于稳定性高，该病毒可在自然界持续存在。已有报道，在全部禽处理后 100 天，该病毒仍持续存在于禽舍中。尚没有禽处于真正带毒状态的证据。

IBDV 主要通过粪便或被粪便污染的废物、食物和水传播。

64.1.3.2　致病机制和病理变化

在病毒被摄入后的数小时内，IBDV 的最初复制发生在小肠管，病毒由此处散布到多种组织，包括法氏囊（BF）。其他淋巴器官（如胸腺、脾和扁桃体）也可被感染。弥散性淋巴器官萎缩是强毒力 IBDV 株感染禽的主要特征。

IBDV 感染雏鸡显著的年龄依赖性很可能反映出感染时 BF 的成熟性。特别是禽在 3～6 周龄时对 IBD 最易感，而同龄的法氏囊切除禽不发病，大于 6 周龄和小于 3 周龄的禽均不发病。在雏鸡生命早期感染出现的缺损型免疫反应被归结为法氏囊的损伤，并

导致 B 淋巴细胞不能向外周散播和体液免疫的降低。IBDV 感染的幼龄雏鸡，细胞免疫也被降低。

外观损伤包括脱水，胸肌颜色变深，胸和腿部肌肉出血。BF 的变化决定于该病的状态。由于水肿和充血，BF 起初增大，但紧跟着很快出现进行性萎缩，在感染后大约 8 周最为明显。法氏囊坏死和出血是该病发展的特征。

组织学上，BF 上皮细胞的表面有多处糜烂，淋巴滤泡中的淋巴细胞大量坏死，造成淋巴细胞枯竭。水肿和异嗜性细胞的浸润出现在 BF 感染的初期，接着形成与柱状上皮细胞结合的泡状空洞和淋巴细胞枯竭。其他组织的病理学变化不严重，并很快恢复，只有被很强毒力 IBDV 株感染的禽例外。

64.1.3.3 宿主对感染的反应

感染后，禽产生体液免疫反应，可通过病毒中和、琼脂扩散和 ELISA 试验检测这些反应。成年禽可转移母源抗体到形成中的胚胎，如果滴度足够高，该抗体对已孵化的小鸡可产生不定期的保护。

64.1.4 实验室诊断

常依据特征性临床症状，高发病率和大多数感染禽很快康复而作出野外诊断。泄殖腔法氏囊的萎缩是雏鸡 IBDV 不明显感染的特征。主要通过组织切片的免疫荧光抗体染色或从法氏囊和脾分离病毒进行 IBDV 确诊。可通过鸡胚或细胞培养物接种进行病毒分离，血清学方法对于诊断也有作用。

64.1.5 治疗和控制

还没有对感染禽进行治疗的记录，可通过适当的卫生措施控制该病。疫苗接种计划已广泛用于 IBD 的控制，生产鸡的免疫可促进免疫力向雏鸡的被动转移。对雏鸡免疫也已实践，但要想有效，母源抗体必须很低，弱毒和灭活的病毒疫苗均已上市。

64.2 传染性胰坏死病

传染性胰坏死病病毒（IPNV）是鲑鱼（鳟鱼和大马哈鱼）的一种高度传染性和致死性疾病的病因，对全球的水生养殖业影响越来越大。对小于 6 月龄的鱼，该病特别严重，但也会在从淡水到盐水的转移等的应激状态下发生。被感染的一指长大小的鱼，颜色变深，旋转游泳（旋转）。感染鱼的腹部内脏出现淤血性出血和胰脏坏死。该病毒也可感染商品化养殖的鲱鱼，引起很高的死亡率，由于腹腔液体的集聚（腹水），典型地被称为病毒性腹水，而且还造成腹部扩张，鳝鱼感染也出现临床症状。IPNV 感染存活下来的鱼成为病毒携带者，作为感染其他鱼的传染源，在孵化条件下更是如此。在环境中，该病毒很稳定。可通过在鱼细胞培养物上的分离病毒或反转录-聚合酶链反应

(RT-PCR)技术鉴定感染组织或携带者中的病毒。IPNV 已被确认的血清型有 10 个以上，中和表位位于 VP2 上。由于 IPNV 血清型多且对该病毒特别敏感的幼小鱼免疫困难，使开发有效疫苗复杂化。可通过饲养管理控制该病，包括加强卫生和环境管理、降低饲养密度、减少应激和不引进已感染的替代种群或卵。强有力的鉴定和带毒鱼的淘汰是值得提倡的控制办法。

第 65 章　反转录病毒科

Richard M. Donovan　Frederick J. Fuller

反转录病毒（反转录病毒科）为有囊膜的单链 RNA 病毒。其复制经过应用依赖于 RNA 的 DNA 聚合酶（反转录酶）的 DNA 中间体。这个大而多样的科包括具有致瘤性的、与各种免疫系统失调相关的成员和引起退化和神经综合征的成员。

65.1 分类

依据基因组结构和核酸序列以及基于形态、血清学、生化特性及分离到反转录病毒的动物种属等旧的分类原则，反转录病毒科被分为 7 个属（表 65.1）。

表 65.1　反转录病毒的属和代表种

属	种
α 型反转录病毒属	禽白细胞增生病病毒
	禽骨髓成红细胞增生病毒
	禽骨髓细胞增生病病毒
	禽骨髓细胞瘤病病毒
	劳斯肉瘤病毒
β 型反转录病毒属	小鼠乳腺瘤病毒
	猿猴 D 型反转录病毒[a]
	绵羊肺腺瘤病毒
	松鼠猴反转录病毒
γ 型反转录病毒属	小鼠白血病病毒
	猪白血病病毒
	猪 C 型肿瘤病毒
	猫肉瘤病毒
	小鼠肉瘤病毒
	毛猴肉瘤病毒
	禽网状内皮增生病病毒
δ 型反转录病毒属	牛白血病病毒
	人 I 型嗜 T 淋巴细胞病毒
	人 II 型嗜 T 淋巴细胞病毒
	猴嗜 T 淋巴细胞病毒

续表

属	种
ε型反转录病毒属慢病毒属	角膜白斑表皮肉瘤病毒
	维斯纳/梅迪病毒[b]
ε型反转录病毒属慢病毒属	山羊关节炎脑炎病毒
	马传染性贫血病毒
	牛免疫缺陷病毒
	猫免疫缺陷病毒
	灵长类慢病毒（HIV-1、HIV-2、SIV）
泡沫病病毒属	人泡沫病毒
	猴泡沫病毒
	牛合胞体病毒
	猫合胞体病毒

a. 猴 AID-相关病毒（SRV）；b. 绵羊进行性肺炎病毒，同义名为梅迪病毒。

慢病毒属（拉丁语 *lenti*，含义是慢）包括人免疫缺陷病毒和许多重要的动物反转录病毒。慢病毒最常引起慢性免疫功能不全和神经性疾病。泡沫病毒属（拉丁语 *spuma*，含义为泡沫）是见于细胞培养的自主退化性非致瘤性病毒，导致多核化空泡样（泡沫）巨大细胞的形成。还没有发现由泡沫病毒引起的人或动物疾病。其余的反转录病毒属被称为肿瘤病毒（希腊语 *onkos*，含义是肿瘤）或 RNA 肿瘤病毒，这是因为它们具有诱导肿瘤形成的能力，但现在已知还可引起其他类型的疾病。这些属为 α 型反转录病毒（如禽的细胞增生病病毒）、β 型反转录病毒（如小鼠乳腺瘤病毒）、γ 型反转录病毒（如小鼠白血病病毒）、δ 型反转录病毒（如牛白血病病毒）和 ε 型反转录病毒（如角膜白斑表皮肉瘤病毒）。

在反转录病毒的分类和描述中，另外几种特性也需予以考虑。与其他类型病毒的传播机制类似，在动物之间，外源性反转录病毒以水平方式（或垂直，但非遗传方式）传播。相反，内源性反转录病毒以遗传方式传播。这些反转录病毒以可整合的前病毒 DNA 型整合在宿主动物的配子中，通过宿主 DNA 代代相传。因此，内源性前病毒基因组出现在动物的每个细胞中。许多脊椎动物拥有这种内源性反转录病毒 DNA 序列。这些内源性反转录病毒对其动物宿主通常不致病，也常不表达。当内源性病毒的复制确实出现在起源的宿主细胞时，它通常被抑制。然而，当其出现在某些非宿主来源的动物细胞时，有时是非限制性的，支持该反转录病毒以内源性方式复制。内源性传播的模式出现在许多肿瘤病毒中，但还不知道是否也发生在慢病毒或泡沫病毒中。

也通过与不同种属细胞的相互作用，对致瘤病毒的某些成员进行分类。生态嗜性毒株只在最初来源的动物细胞中复制，异嗜性毒株只在其他种的细胞中复制，双嗜毒株在两者中均可复制。大多数内源性反转录病毒具有异嗜性。

在透射电镜照片中，反转录病毒的形态也可用于分类（图 65.1）。反转录病毒粒子的大小范围为 80～130nm。A 型粒子出现在细胞中，由被膜包绕的环形病毒核心组成。B 型病毒粒子具有偏心的病毒核心，C 型病毒粒子为中心病毒核心。D 型病毒粒子的形态介于 B 型和 C 型之间，具有伸长的致密核心。慢病毒的病毒核心与冰糕圆锥类似。

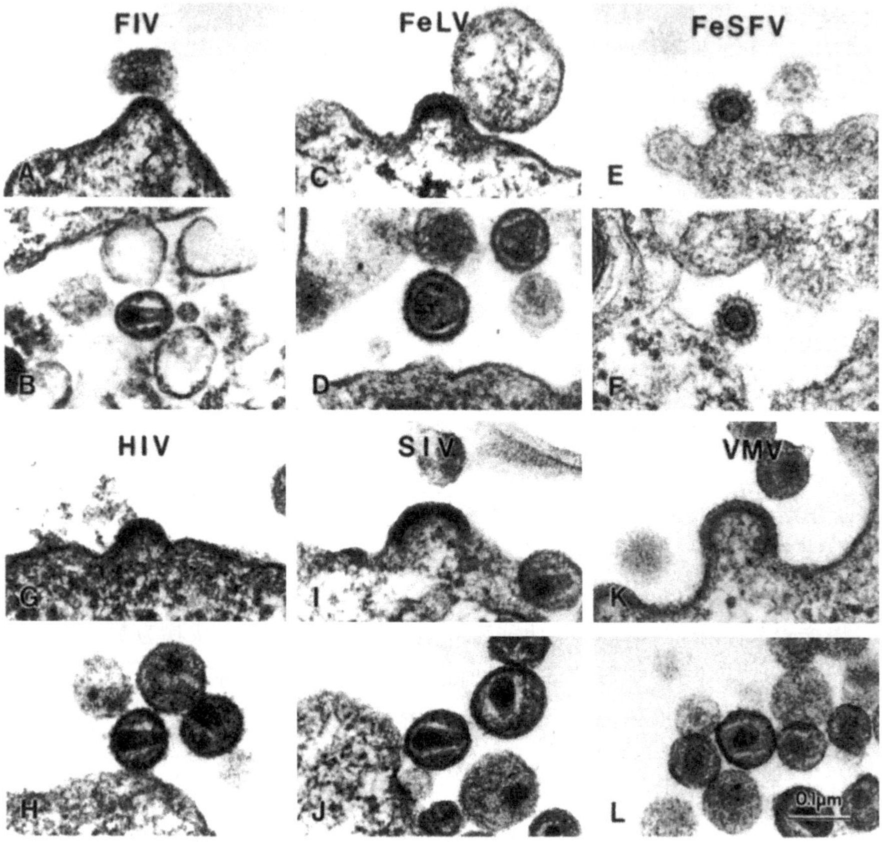

图 65.1　病毒粒子的出芽和成熟病毒粒子的透射电镜照片：猫免疫缺陷病毒（A、B）；猫白血病病毒（C、D）；猫合胞形成病毒（E、F）；人免疫缺陷病毒（G、H）；猴免疫缺陷病毒（I、J）；维斯纳/梅迪病毒（K、L）。乙酸双氧钠和柠檬酸铅染色。（经 Yamamoto JK，Sparger E，Ho EW 等允许复制）

65.2　反转录病毒属的特征

通过对肿瘤病毒和获得性免疫缺陷综合征（AIDS）的慢病毒进行的大量研究，已了解有关反转录病毒的许多特征。在组成、组织结构、生活周期上，反转录病毒科的成员具有共同特征，但个别反转录病毒在细节上有一定变化。

65.2.1　反转录病毒的组成

典型的反转录病毒粒子包含 2%核酸（RNA）、60%蛋白质、35%脂类和 3%（或更多）碳水化合物。其浮密度为 1.16～1.18g/ml。

65.2.1.1 反转录病毒的脂类

反转录病毒的脂类主要是磷脂，并出现在病毒囊膜中。它们形成双层结构，类似于来源于细胞外膜的反转录病毒囊膜。

65.2.1.2 反转录病毒核酸

1. 反转录病毒 RNA

反转录病毒粒子包含有作为其基因的 RNA。出现在每个病毒粒子中的基因组 RNA 以双链、单链、正义拷贝形式非共价相连在其近 5′端，形成二聚体（图 65.2A），因此，病毒粒子是二倍体。在中性蔗糖密度梯度中，基因组 RNA 的沉降值为 60S～70S。变性条件下，每个 RNA 拷贝的沉降系数为 38S。通过聚丙烯酰胺凝胶电泳确定的单分子 RNA 的分子质量为 2×10^6～5×10^6 Da，或为 7×10^3～11×10^3 bp。宿主细胞转运 RNA（tRNA）与基因组 RNA 近 3′端连接，作为由反转录酶介导的 DNA 合成的引物。包裹在病毒粒子中的 tRNA 种类对反转录病毒的分类有意义。每种 RNA 单体的 3′端有 polyA 尾。5′端有甲基化的核酸帽。

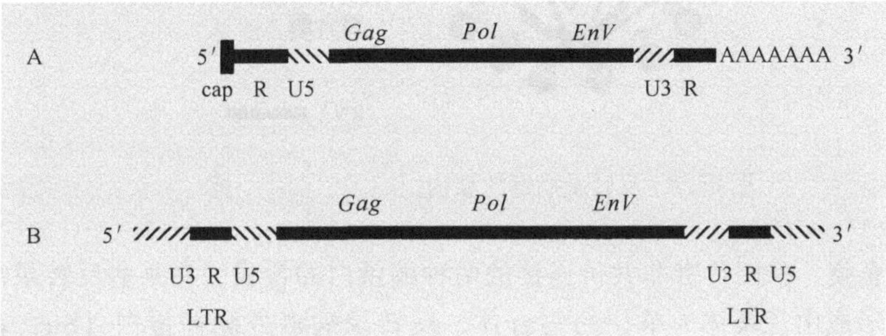

图 65.2　反转录病毒的核酸。A. 反转录病毒的 RNA；B. 反转录病毒的 DNA。

2. 前病毒 DNA

在细胞内，反转录病毒基因组被反向转录为一种 DNA 拷贝，正是这种前病毒形成 DNA 作为细胞内反转录病毒基因组。在反向转录过程中，由于出现在 RNA 基因组中重复的和单一的末端序列的复制，反转录病毒 DNA 比基因组 RNA 长数百个碱基。在反转录病毒 DNA 中，这些序列形成基因组外侧的长末端重复（LTR）（图 65.2B）。前病毒 DNA 共价整合到感染宿主细胞的 DNA 中，这种整合被称为整合酶的病毒酶介导，由聚合酶可读框编码。

3. 反转录病毒核酸结构和序列

反转录病毒结构基因序列，从基因组 RNA 5′端到 3′端为 *Gag-Pol-EnV*。某些反转录病毒（如慢病毒、泡沫病毒和 δ 反转录病毒）还有另外的基因（*tax* 和 *rex*），可调节反转录病毒基因组和其他辅助功能基因的表达。高致瘤性的反转录病毒常有一个肿瘤基因，部分替代 *Pol* 和（或）*EnV* 基因。

65.2.1.3 反转录病毒的蛋白质

1. 反转录病毒结构蛋白

反转录病毒结构蛋白由 *Gag* 和 *EnV* 基因编码（图 65.3）。Gag（组特异性抗原）蛋白构成病毒的核心，由三种主要蛋白质组成。核衣壳（NC）是一种小蛋白（5～10kDa），与反转录病毒 RNA 结合。衣壳蛋白（CA）（大约 25kDa）是形成反转录病毒核心的主要结构成分。基质蛋白（MA）（大约 15 kDa）将反转录病毒核心与反转录病毒囊膜连接起来。某些反转录病毒还存在其他小的核心蛋白。

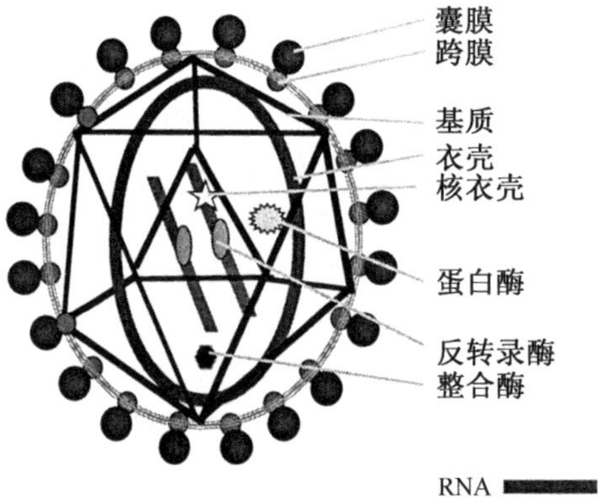

图 65.3 反转录病毒的结构。

EnV（囊膜）基因负责非共价连接的两种糖蛋白的合成。在某些反转录病毒中，这两种糖蛋白形成由三聚体为单位的复合体。反转录病毒外侧糖蛋白（Su，表面）为球状糖蛋白（大约 100kDa），在感染过程中，负责反转录病毒与细胞受体的结合。其他糖蛋白（TM，穿膜）为纤突样结构（大约 50kDa），将 Su 连接到反转录病毒囊膜。

2. 反转录病毒酶

Pol 基因编码几种对反转录病毒的复制很重要的具有酶活性的蛋白质。这些酶蛋白出现在反转录病毒颗粒中，但分子浓度比反转录病毒结构蛋白要低得多。

反转录酶（RT）负责从反转录病毒 RNA 基因组产生反转录病毒 DNA。为完成这一功能，反转录酶拥有几种催化功能，包括依赖于 RNA 的 DNA，聚合酶和 RNase H 活性。RT 发挥作用需有二价离子的存在，特定反转录病毒所需的二价离子（镁或锰）的类型对反转录病毒的分类有益。反转录酶活性的测量是反转录病毒检测和试验的主要实验方法中的一种。

Pol 基因也编码其他酶。反转录病毒蛋白酶（PR）在反转录病毒装配和成熟时介导 Gag 和 Pol 多聚蛋白的剪切。反转录病毒整合酶（IN）功能性地共价连接反转录病毒进入宿主细胞 DNA，作为整合的前病毒 DNA。某些反转录病毒还编码一种在非分裂型细胞中病毒复制所需的脱氧尿苷三磷酸酶（dUTP）。

3. 其他反转录病毒蛋白

反转录病毒的多数成员，只存在由 *Gag*、*Pol* 和 *EnV* 基因编码的蛋白质。其他反转录病毒包含另外的基因，其产物可调节前病毒转录水平，促进反转录病毒 mRNA 的转运和加强特定细胞中反转录病毒的复制。

65.2.2 反转录病毒的复制

反转录病毒复制的常规模式见图 65.4，反转录病毒粒子通过 Su 蛋白结合靶细胞表面的特异性受体。该反转录病毒穿入细胞，病毒核心经过特异性结构变化。在已修饰核心中的反转录病毒 RNA，通过 RT，用结合的 tRNA 引物进行反转录，首先产生 RNA/DNA 杂合型，然后产生带有长末端重复的线性双链 DNA。新产生的反转录病毒 DNA 仍与某些病毒核心蛋白和酶组成一种结构，称为整合复合物。对某些反转录病毒，感染必须出现在正在分裂的细胞，这样，整合复合物能够进入宿主 DNA。然而，在另一些反转录病毒中，整合复合物被活跃地运送到细胞核，允许这些反转录病毒在非分裂细胞或终止分化的细胞中复制。

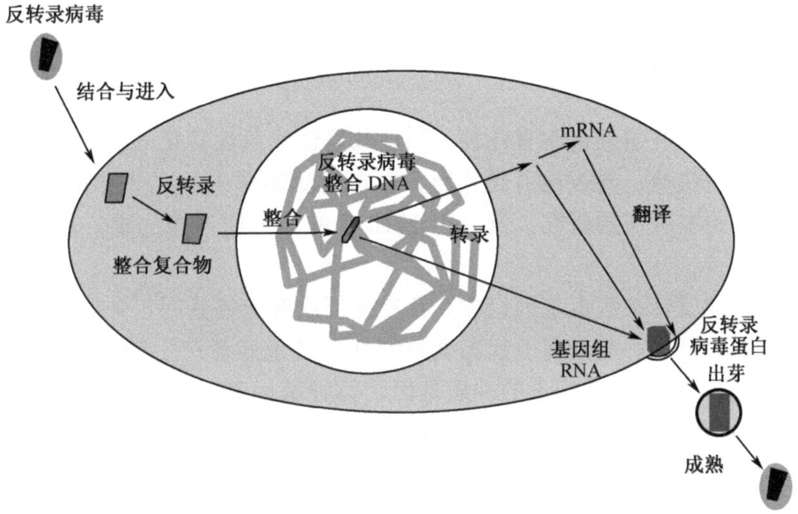

图 65.4 反转录病毒的生活周期。

前病毒 DNA 通过 IN 酶活性整合到宿主细胞 DNA。反转录病毒的整合并不针对细胞 DNA 的特异性位点，而是在许多位点均能整合，整合的 DNA 前病毒的表现很像真核基因。借助宿主细胞酶，它可转录成 mRNA 和基因组 RNA，产生更多病毒或长期潜伏，随细胞 DNA 的复制而被复制。

新的反转录病毒颗粒通过从细胞膜出芽产生。未成熟反转录病毒 Gag 多聚蛋白和基因组 RNA，在其通过出芽离开感染细胞时，获得已经插有反转录病毒 Su 和 TM 囊膜蛋白的囊膜。

在最后阶段，反转录蛋白酶（PR）将 Gag 多聚蛋白剪切为基质、衣壳和核衣壳的成熟结构蛋白。

65.3 反转录病毒的免疫特性

反转录病毒蛋白具有各种类型的抗原位点。决定血清亚组的型特异性抗原与囊膜糖蛋白有关。组特异性抗原为相关病毒所共有，通常由病毒粒子核心蛋白决定。种内抗原为来源于不同宿主的非相关病毒所具有。反转录酶（RT）也具有抗原性，包含型、组和种内特异性决定簇。

65.3.1 致瘤病毒和肿瘤基因

致瘤病毒能造成易感宿主的非正常细胞生长。癌为恶性肿瘤，其特征为正常细胞调控的丧失，导致无规律生长、侵袭邻近组织和对身体其他部位的转移。按组织来源，肿瘤分为肉瘤和癌，肉瘤是结缔组织（间质）的恶性肿瘤，癌是上皮来源的恶性肿瘤。

在自然或实验条件下，致瘤病毒引起肿瘤的潜力是近一个世纪以来的集中研究目标，该项工作在病毒、成瘤性和细胞生物学的理解方面，已取得显著进展。该领域基本的发现是致瘤病毒通过其携带或激活基因引发肿瘤。这些基因称为癌基因。

65.3.2 反转录病毒介导的肿瘤形成

反转录病毒引起肿瘤的机制有几种。高度致瘤性或急性转化的反转录病毒，常在感染的数天或数周内快速、高效地引起肿瘤。在自然动物群中，这些反转录病毒很少见，但已集中用于实验室肿瘤的研究。发现于 1910 年的鸡劳斯肉瘤病毒，是高度致瘤性反转录病毒的代表。

在高度致瘤性反转录病毒基因组中，存在全部或部分癌基因，并通常会替换病毒基因。这些反转录病毒的肿瘤基因引起高度致瘤性反转录病毒产生肿瘤转化细胞的能力。有 20 多种已知的不同反转录病毒的肿瘤基因，每种基因都相应出现在正常细胞的基因组中。相对于病毒肿瘤基因的正常基因，这些基因被称为细胞癌基因或原癌基因，病毒中的副本称为病毒基因。在正常细胞环境下，原癌基因的产物在生长调节途径中发挥某些功能，如蛋白激酶、生长因子及其受体、GTP 结合蛋白或转录激活因子。当它们是反转录病毒基因的一部分时，这些原癌基因受控于反转录病毒的 LTR，而不受正常细胞机制调节，并常常高水平表达。病毒癌基因也可以被截短、含有点突变或与其他反转录病毒基因融合。这类突变蛋白的异常表达引起感染细胞的异常生长和癌转变的起始。

例如，RSV 的 *src* 癌基因造成肉瘤的形成。*V-src* 基因最初来自正常 *C-src* 细胞原癌基因，由反转录病毒和细胞基因组 *C-src* 序列非法重组产生。*C-src* 基因产物为具有蛋白激酶活性的 60kDa 蛋白，位于靠近胞浆膜的内表面。蛋白激酶活性是介导细胞生长的细胞固有信号转导途径的组成部分，在正常细胞中，病毒癌基因和正常细胞原癌基因重组的例子出现在其他快速转化的反转录病毒，如 *myb*（禽成髓细胞增生病病毒）、*erb*（禽骨髓红细胞增生病病毒）、*myc*（禽骨髓细胞瘤病病毒）和 *ras*（小鼠肉瘤病毒）。

高度致瘤性反转录病毒常常是缺陷性的。其缺陷的原因在于缺乏完整的 *Gag-Pol-EnV* 基因，这是因为病毒瘤基因替换了部分反转录病毒基因。为了复制，这些缺陷的反转录病毒需要一种有复制能力的辅助病毒以提供缺失基因。辅助反转录病毒通常与非缺陷型的反转录病毒密切相关，含有正常的 *Gag-Pol-EnV* 基因的补充成分。由于缺陷，高度致瘤性病毒被包裹成含有辅助病毒囊膜蛋白的病毒粒子，该高致瘤性病毒的宿主范围由辅助病毒决定。一种反转录病毒基因组与另一种病毒的蛋白质组分同时存在时，称为伪型。

弱致瘤性（非快速转化）反转录病毒致瘤的能力较高，致瘤性反转录病毒更慢且效率更低。这些病毒存在于家畜中。弱致瘤性反转录病毒不携带病毒瘤基因，也不需辅助病毒。然而，对由弱致瘤性病毒产生的肿瘤检查表明，在细胞瘤基附近，常出现含有反转录病毒基因的克隆细胞生长。例如，禽细胞增生病病毒常结合到 *C-myc* 基因或其附近。认为由弱致瘤性反转录病毒引发肿瘤的机制是通过插入或顺式激活产生致瘤性。在反转录病毒复制期间，前病毒 DNA 随机插入到宿主基因的多个位点。偶然条件下，前病毒的整合发生在细胞原癌基因附近。有时可产生瘤基因的不适当转录，引起肿瘤启动子的通读或反转录病毒 LTR 的活性增强。前病毒整合到原癌基因附近的事件很少发生，因此，相对于反转录病毒自身的癌基因，出现的频率更低，效率更差。虽然多种细胞可被感染，但肿瘤在起源上具有克隆性，只有极少数细胞发生插入性肿瘤形成，并发展为肿瘤。另外，原癌基因的不恰当激活仅是导致肿瘤的多种因素之一。

第三种反转录病毒致瘤原性的机制出现在反转录病毒科牛白血病病毒——人嗜 T 淋巴细胞病毒属。这些病毒除 *Gag*、*Pol* 和 *EnV* 外，还有被称为 *Tax* 的调节基因。Tax 蛋白产物的功能是结合在反转录病毒 LTR 特定 DNA 序列，作为上调反转录病毒转录的激活子。在某些情况下，有时 Tax 蛋白结合到细胞基因的转录激活序列，并可破坏感染细胞的调节途径。与插入式成瘤机制不同，整合的前病毒不必邻近于原癌基因，这是由于 Tax 蛋白以反式作用方式导致癌基因激活，而不是反转录病毒 DNA 自身。与插入式致瘤作用类似，原癌基因的转化激活仅仅是产生肿瘤的多个因素过程中的一个环节。

65.3.3 DNA 病毒的肿瘤原性

许多 DNA 病毒，包括腺病毒、乳多空病毒（多瘤病毒、乳头瘤病毒）、疱疹病毒、嗜肝 DNA 病毒和痘病毒，均具有致瘤潜能。相对于高致瘤性反转录病毒，DNA 病毒的 V-癌基因非来源于细胞，而是真正的病毒基因。这些病毒基因的正常功能是激活 DNA 复制的细胞途径。这种激活需 DNA 病毒在缺乏该病毒复制所需的酶和原料的静息细胞中增殖。由致瘤性 DNA 病毒介导的癌形成机制通过激活细胞 DNA 复制的病毒基因发挥作用，负责病毒产生的基因的原因还不清楚。这导致感染细胞获得不适当的激活信号，并伴有可破坏细胞的病毒产生。不适当的病毒激活和分化的结果是导致肿瘤形成步骤中最初的一个。类似于弱致瘤性反转录病毒，插入和转化激活机制在 DNA 病毒中也已显现。

65.4 猫白血病/肉瘤病毒

65.4.1 病症

猫白血病病毒（FeLV）引起猫发生多种重要疾病，持续性 FeLV 感染的最显著后果是导致产生机会性继发感染的严重免疫抑制。猫 FeLV 感染产生的临床症状包括造血淋巴系统肿瘤（淋巴瘤和白血病）、难愈性贫血、口腔溃疡、猫白细胞减少样综合征、FeLV 诱导性神经综合征和免疫复合物性肾小球肾炎。

淋巴瘤（淋巴肉瘤）是猫最常见的癌，但在猫发生的所有淋巴瘤中，只有大约 70%由 FeLV 感染所致。可感染多种组织（包括肝、胃肠道、肾、脾、骨髓和中枢神经系统）的多发性淋巴肉瘤是猫 FeLV 感染中最常见的肿瘤。胸腺和胃肠道型瘤在未感染猫占主导。患淋巴瘤的幼龄猫易于被 FeLV 感染，而患淋巴瘤病的老龄猫则不会。患淋巴瘤病猫通常表现为体重减轻，常伴有呼吸困难、腹泻、呕吐和便秘。FeLV 也能引起成纤维细胞和髓样细胞异常增殖，导致包括白血病在内的多种骨髓细胞生长异常。

猫的转移性纤维肉瘤与猫肉瘤病毒感染有关，并常发生于幼猫。发生于大龄猫的常见纤维肉瘤与 FeSV 诱导性纤维肉瘤源于分化不良，比非 FeSV 诱生性肿瘤更具侵染力。

65.4.2 病原因子

65.4.2.1 分类

通过病毒干扰试验和抗体中和试验，已区分出外源性 FeLV（A、B 和 C）的三个血清亚组。这两种试验均与囊膜糖蛋白有关。

猫肉瘤病毒（FeSV）是复制缺陷型、高度致瘤（快速转化）病毒，其通过 FeLV 基因与几种细胞肿瘤基因中的一种重组，获得肿瘤基因。FeSV 是 FeLV 感染猫的再次感染，但不能在猫之间自然传播。

猫也有经遗传传递（如 RD-114 等）的内源性反转录病毒的存在。在所有猫细胞中，已发现有多拷贝的 RD-114 前病毒。这些内源性反转录病毒与所有猫的已知疾病无关。

65.4.2.2 物理、化学和抗原特性

形态上，猫反转录病毒是典型的 γ 病毒属、哺乳动物 C 型反转录病毒。FeLV 由两种囊膜蛋白［gp70（su）和 p15E（TM）］和三种 Gag 蛋白［p10（NC）、p15（MA）和 p27（CA）］组成。在感染细胞中大量产生 Gag 蛋白，可用于猫 FeLV 感染的实验室诊断。

65.4.2.3 对物理、化学因子的抗性

类似大多数有囊膜病毒，FeLV 对脂溶剂和去污剂的灭活敏感。FeLV 在 56℃被很快灭活，但在培养基中，37℃放置 48h，只有少量病毒被灭活。通过干燥，该病毒可被快速灭活。

65.4.2.4 对其他种属动物和细胞培养物的感染性

FeLV-A 主要在猫细胞中复制，而 FeLV-B 和 FeLV-C 可在多种细胞复制，包括人细胞。FeLV 的宿主特异性与囊膜糖蛋白 gp70 有关。还未显示 FeLV 与人的疾病有关，也没有证据表明，FeLV 可传播给人。

更为罕见的肉瘤病毒 FeSV 是缺陷型的，该病毒的宿主范围依赖为其提供囊膜的辅助性白血病病毒。大多数实验研究使用 FeSV（FeLV-B）伪型。FeSV 能使非感染动物的成纤维细胞发生转化，这些动物包括犬、鼠、豚鼠、大鼠、貂、绵羊、猴、兔和人。多种动物实验已证实，FeSV 具有致瘤性，然而，为显示 FeSV 的致瘤性，需对动物的胎儿或新生动物进行接种，这些动物中不包括猫。

65.4.3 宿主-病毒关系

65.4.3.1 分布、宿主和传播

猫的 FeLV 感染遍及全球，猫是该病毒已知的唯一宿主。在美国，大约 2%的猫呈血清阳性，揭示存在以前或当前的感染。通过外周血白细胞的免疫荧光检测（IFA），这些血清阳性猫约有 50%呈抗原阳性。FeLV-A 可单独（50%）或与 FeLV-B 和 FeLV-C联合出现在感染猫。

FeLV 在唾液和泪中分泌，也可能出现在尿液中。传播似乎通过紧密接触时咬或舔（梳妆）发生。通过污染的食皿也可能发生感染。在猫与猫之间，长时间频繁接触，发生有效传播。在有大量猫的环境中，一旦有感染猫存在，其他猫被感染的风险大大提高。FeLV 也可经生殖道传播，大多数子宫内或 8 周龄前暴露的小猫，表现为持续性病毒血症。

65.4.3.2 致病机制和病理变化

穿入口腔、眼或鼻黏膜，FeLV 在头和颈部的局部淋巴结的淋巴细胞中复制。急性 FeLV 感染、明显发热、淋巴结发炎和疲乏，可持续到感染后 2～4 周，然而，这些征兆很少被发现。大约半数的被感染猫很快康复，并呈 FeLV 抗体阳性，这些猫中，部分可能发生病毒清除，而在另一些猫体内，该病毒潜伏下来。对长期潜伏感染的意义，尚没有定论，在某些潜伏感染猫中，在应激或皮质激素治疗条件下，FeLV 病毒血症可重新被激活。

对于不能产生足够免疫反应的猫，FeLV 在快速分裂的骨髓细胞中复制。对这些被 FeLV 持续性感染的猫，进行外周血白细胞 IFA 检测，呈 FeLV 抗原阳性。在唾液腺上皮细胞中的病毒完成复制之后，感染周期结束，此时，具有感染性的 FeLV 分泌在唾液中。

从发生病毒血症到后来 FeLV 感染症状出现的这段时间，称为诱导期。这段时间的跨度从数月到数年，通常大约两年。多数持续性病毒血症猫感染在 3.5 年内死亡。持续性感染猫常产生白细胞减少、免疫缺陷和继发的机会性感染。FeLV 诱导的免疫缺陷必须与另一种不同的反转录病毒——猫免疫缺陷病毒（FIV）区别开来。

65.4.3.3 宿主对感染的反应

尽管 FeLV 局限在局部淋巴结的细胞中，但大约半数 FeLV 感染猫产生针对主要囊膜糖蛋白的保护水平的中和抗体，此时该病毒被清除或仍潜伏。那些不转变为 FeLV 持续性感染的猫，通常可活到自然死亡。FeLV 感染的反应，依赖年龄、感染时病毒的剂

量和其他可能的遗传和病毒因素。小猫趋于反应不良，因此，易于产生持续性 FeLV 感染。

65.4.4 实验室诊断

由于某些猫能够消除 FeLV 的感染，许多猫已被实施抗 FeLV 免疫。针对 FeLV 抗体的检验有局限性。FeLV 论断的最有效方法是检测 FeLV 抗原。酶联免疫吸附试验（ELISA）已被用于血清或唾液中 FeLV 抗原的检测，其在快速筛查时特别有效。免疫荧光染色常用于检测感染细胞中的 FeLV 抗原，这是由于猫呈持续性病毒血症时，病毒可在骨髓细胞内复制。

65.4.5 治疗和控制

已有抗 FeLV 的疫苗，但在野外条件下其效果还有争议。现行的 FeLV 疫苗包括灭活疫苗和亚单位疫苗。小猫从 9～10 周龄起应被免疫两次，两次间隔 3～4 周，以后每年加强免疫一次。12 周龄以下的暴露猫，85％呈持续性感染，但大于 6 月龄的猫如果暴露，只有 10％～15％的概率成为持续性感染。因此，FeLV 疫苗的使用对幼龄猫具有潜在的巨大效益。

在猫的居住环境中，因为免疫接种并不干扰感染猫 FeLV 抗原的实验室检测，可通过检验和剔除程序，并结合使用 FeLV 疫苗控制 FeLV 感染。

因为 FeLV 阳性健康猫能存活数年，对实施安乐死的猫，FeLV 感染的诊断并非必需，因为该猫可能分泌病毒并感染其他猫，而且也应该制定降低该病毒扩散和与机会性病原接触的措施。

65.5 猴 D 型反转录病毒

65.5.1 病症

猴 D 型反转录病毒是 β 型反转录病毒科的一个成员，引起猴致死性免疫抑制性疾病。感染动物表现为原发全身性淋巴结炎、脾肿大，并伴有发热、体重减轻、腹泻、贫血、淋巴细胞减少、粒细胞减少或血小板减少。严重免疫抑制动物发生由机会性致病病原引起的疾病，其中最常见的是散布性巨细胞病毒（CMV）感染。

65.5.2 病原因子

65.5.2.1 分类

灵长类反转录病毒分为 4 个不同的属：①β 反转录病毒属，包括猴 D 型反转录病毒（SRV）；②δ 反转录病毒属，包括猴嗜 T 淋巴细胞病毒（STLV）和人嗜 T 淋巴细胞病毒（HTLV）；③灵长类慢病毒属，包括人免疫缺陷病毒 I 型和 II 型（HIV-1 和 HIV-

2）及猴免疫缺陷病毒（SIV）；④猴和人泡沫病病毒属。尽管SRV作为一个独立的属，已从引起人和猴获得性免疫缺陷病（AIDS和SAIDS）的灵长类慢病毒中分离出来，但在免疫缺陷病和相关的机会性感染的诸多方面相似。

本森-法依扎猴病毒（MPMV）是最早被分离到的SRV。

65.5.2.2 物理、化学和抗原特性

SRV是一种D型反转录病毒。该D型病毒特征为胞浆A型前体核心颗粒的形成。成熟的D型病毒形态多变，呈球形、有囊膜，直径80～100nm。

核衣壳呈二十面体球形对称，并有一个不对称的球形核。

SRV的反转录优先选择Mg^{2+}，使用$tRNA^{lys}$作为负义DNA反转录的引物。

依据囊膜的中和特性，SRV至少可分为5种血清型。

65.5.2.3 对其他种属动物和组织培养物的感染性

SRV感染几个品系的猴，血清学调查显示，猴饲养人员没有被SRV感染的确切证据。

SRV分离株可在T、B淋巴细胞和巨噬细胞中复制，多种人和猴的T、B淋巴细胞、巨噬细胞和成纤维细胞支持SRV的生长。SRV在Raji细胞上形成合胞体这一特性可用于对该病毒的定量。

已有关于SRV相对于人的类似物——人D型反转录病毒的报道。该病毒的分布、临床意义及与SRV的关系还需进一步加以研究。

65.5.3 宿主-病毒关系

65.5.3.1 分布、宿主和传播

SRV具有地域性，并广泛分布于亚洲短尾猴，但不能自然感染非洲猴。有研究显示，在美国灵长动物中心，约25%的被捕捉短尾猴呈血清阳性，但在分布和种属间，流行情况变化较大。

SRV存在于唾液中，通过撕咬传播。据统计，致死率达到30%～50%，并常发生于生命的早期。呈病毒血症的抗体阴性隐性带毒者，可能是SRV的最重要宿主。

65.5.3.2 致病机制和病理变化

SRV感染体内的T淋巴细胞和B淋巴细胞，造成因这些种类的淋巴细胞极度枯竭而导致的致死性免疫抑制性疾病。绝对淋巴细胞计数减少，但CD4/CD8比值仍相对恒定。在淋巴结中，表现为淋巴细胞枯竭和浆细胞的缺乏，SRV也可感染巨噬细胞，但不感染粒细胞。

65.5.3.3 宿主对感染的反应

部分经实验性接种的感染猴在7～20周急性死亡，一些呈持续性感染，而另一些可产生中和抗体，不出现病毒血症，并仍保持健康状态。

65.5.4 实验室诊断

血清学筛查方法包括 ELISA 和蛋白质印迹。因为感染猴可能是血清阴性，因此，病毒分离也需作为筛查过程的一部分。以抗原捕捉和聚合酶链反应为基础的技术也已被开发出来。

65.5.5 治疗和控制

建立并维持特定的无反转录病毒的饲养群很重要，这有利于动物健康、提高用于生物实验的非人灵长类的质量以及今后潜在的器官移植。一系列检验和剔除计划可消除群养猴中 SRV 的感染。

在实验条件下，抗 SRV 的疫苗已显示出其效果。

65.6 禽白细胞增生病/肉瘤复合物

65.6.1 病症

禽白细胞增生病/肉瘤复合物病毒（ALSV）引起禽的多种疾病，对养禽业产生重要的经济影响，同时也是肿瘤研究的重要模型。这些疾病包括淋巴样白细胞增生、骨髓成红细胞增生、成髓细胞增生、骨髓细胞组织增生、肉瘤、骨钙化症、血管瘤和肾胶质细胞瘤等。由 ALSVs引起的疾病的症状常不具有特异性，鉴别诊断需进行细致的组织病理检查和实验室检验。

淋巴样白细胞增生是由 ALSV 引起的最常见的，并对经济产生严重影响的疾病。感染鸡鸡冠苍白、皱缩，偶尔发绀、食欲不振，虚弱和消瘦也常出现，肝、法氏囊和肾肿大。有时，通过触诊，可检测到肿瘤的球状硬节。

ALSV 也可引起非淋巴样肿瘤的零星病例，如髓成红细胞增生、成髓细胞增生和髓细胞组织增生症等。这些疾病的临床症状包括嗜睡、全身性衰弱、鸡冠苍白或发绀。也可观察到更严重的病例，如虚弱、衰弱、腹泻和偶发的羽毛滤泡大量出血。

骨钙化症也由 ALSV 引起，四肢的长骨常被侵害。通过检查或触诊，也可检测到骨干或骨骺区的增厚。感染鸡常表现为矮小、苍白、跳跃状行走或跛行。

网状内皮增生病病毒（REV）是发现于鸡和火鸡中的一种与甲型反转录病毒属病毒不相关的一种反转录病毒。依据核酸同源性和生物学特性，REV 被实际分在丙型反转录病毒属中。在某些禽种中，REV 引起肿瘤性和非肿瘤性矮小。

65.6.2 病原因子

65.6.2.1 分类

依据通过病毒血清中和特性、相同或不同亚组毒株间的病毒干扰模式所确定的病毒囊膜糖蛋白抗原的差异，ALSV 被分为 A～E 5 个亚组。其他亚组（F、G、H 和 I）包括从雉鸡、鹌鹑和鹧鸪分离的反转录病毒及抗原特性和宿主范围为与 A～E 亚组不同的反转录病毒。

必须注意的是，许多高度致瘤性的、用于研究的禽甲型反转录病毒（C 型）是缺陷型的，其复制需要一种辅助病毒。这些病毒应用辅助病毒的囊膜蛋白，被包裹成伪型，并执行辅助病毒的干扰和中和特性。

65.6.2.2 物理、化学和抗原特性

从大小、形态和超微结构来看，禽白细胞增生症/肉瘤复合物病毒与甲型反转录病毒（C 型）差异很大。一个亚组中的 ALSV 的交叉中和性也有一定程度差异。除亚组 B 和 D 存在部分交叉中和外，不同亚组的病毒没有交叉中和活性。

65.6.2.3 对物理、化学因子的抗性

乙醚或去污剂处理可消除 ALSV 的感染性。这些病毒在高温下被迅速灭活，在低于 26℃时可长时间存活。该组病毒在 pH5～9 稳定。然而，超出这一范围，失活率明显增加。

65.6.2.4 对其他种属动物和细胞培养物的感染性

ALSV 出现于鸡，也已从雉鸡、鹌鹑和鹧鸪分离到，更远的相关反转录病毒出现在火鸡中。实验条件下，某些 ALSV 有广泛的宿主范围，特别是 RSV。对其他种类的禽，甚至哺乳动物，某些 RSV 毒株引起肿瘤，但通常仅针对年龄很小或免疫抑制的易感动物。

禽肿瘤病毒，像很多反转录病毒一样，对其所在的复制细胞不产生杀伤作用。在鸡胚成纤维细胞培养时，RSV 和其他高致瘤性的 ALSV 组成员诱导所感染细胞，细胞发生以生长特性和细胞形态改变为特征的快速转化。在数天内，这些细胞增殖，产生孤立的克隆或转化细胞灶。转化细胞灶的数目与病毒的稀释度呈反比，可作为病毒浓度滴定的依据。各种肉瘤病毒株能诱导小鼠、大鼠、仓鼠和鸡的成纤维细胞的转化。

尽管弱致瘤性 ALSV 组成员诱导肿瘤性疾病，它们在鸡成纤维细胞培养物上产生不明显的细胞病变或可检查水平的转化。通过型特异性鸡抗血清或对 RSV 转化的抑制能力，可以确定其存在。当用相同或相关的糖蛋白封闭超感染性病毒的细胞受体时，这种抗性表现出来。最初，通过 RSV 干扰检测白细胞增生症病毒的群落，称为抗性诱导因子（RIF）株。

65.6.3 宿主-病毒关系

65.6.3.1 分布、宿主和传播

ALSV 自然发生于雏鸡，在全球范围内，多数雏鸡群中存在不同的 ALSV 株，只有那些源自无特定病原禽群例外。即使是已感染禽，淋巴样肿瘤的发生频率通常较低，致死率常小于或等于 2%，但有时死亡率可能较高。ALSV 的宿主是已感染的雏鸡。

ALSV 经垂直（从母鸡到鸡蛋）或水平方式传播。垂直感染雏鸡产生针对该病毒的免疫耐受，不能产生中和抗体，并保持终生病毒血症。通过感染的唾液和粪便发生水平感染，表现为短时间的病毒血症。随后，抗体产生，垂直感染比水平感染更常诱发肿瘤。

内源性白细胞增生症病毒，如 E 亚组的那些病毒，常以 DNA 前病毒的形式出现在种子细胞中，通过遗传传播。许多这样的内源性 ALSV 是缺陷的，但某些（RAV-O）是以感染型释放，可呈水平传播，但大多数雏鸡对感染具有先天抗性。

65.6.3.2 致病机制和病理变化

ALSV 可诱导多种肿瘤的形成。ALSV 感染的禽发病机制依赖于正发生感染的 ALSV 是否携带肿瘤基因。含有 v-肿瘤基因的 ALSV 是高度致瘤性的反转录病毒，在培养物中可转化细胞，常为缺陷型，用于实验研究，在自然条件下只偶尔出现。包括特定 v-肿瘤基因的 ALSV 株可引起高比例的感染鸡快速和相应可增殖的肿瘤性疾病。

相应地，自然发生的 ALSV 具有弱致瘤性，以插入方式致瘤，在培养物中不能转化可达到检测水平的细胞，通常为非缺陷型，并能自然传播。不含致瘤基因的 ALSV 株致癌谱常重叠，因此，一种给定的 ALSV 株在结合其他因素（如病毒量、年龄和雏鸡的遗传类型及感染途径）时，能诱导多种肿瘤。这些因素与这些病毒的插入性致瘤机制相一致，这类 ALSV 可在多种类型细胞中感染和复制，但要产生癌变，必须整合到适宜细胞原癌基因附近。

在自然条件下，ALSV 引起的最常见病变为淋巴样细胞增生。通常在感染后数月内，在法氏囊出现淋巴细胞转化。这些早期 ALSV 诱导性损伤有些消退，而其他损伤扩大，甚至扩散到其他内脏器官。外观可见的肿瘤大小和器官分布不定，几乎均涉及肝(淋巴样白细胞增生症的同义名为大肝病)、脾和法氏囊。单个瘤柔软、平滑、发光，通常为粟粒或弥散状，但也有球形或以上各形的混合。这些瘤块由表面表达免疫球蛋白的 B 淋巴细胞组成。循环血中常不出现一致或显著的血液学变化。明显淋巴细胞增生性白血病也较罕见。完全发育的淋巴样淋巴细胞增生性白血病出现在大约 4 月龄或更大的鸡。

骨髓成红细胞增生偶尔发生于 ALSV 感染的鸡群。弥散性成红细胞增生性浸润造成肝和脾的肿大，骨髓由同一种细胞填充。感染鸡贫血和血小板减少。血液涂片显示为成红细胞增生性白血病。自然发生的成红细胞增生症和缓慢转化由 ALSV 参与的细胞癌基因 *C-erbB* 的激活引起。高致瘤实验性 ALSV 毒株携带 v-肿瘤基因，被称为禽成红细胞增生症病毒（AEV）。某些 AEV 毒株，在实验性感染一周内，出现成红细胞增生，使雏鸡致死。

在自然条件下，成髓细胞增生相对不常见，趋向于出现在成年鸡。该病的靶器官为骨髓，最初的肿瘤性变化为成髓细胞的多灶性增生，然后出现白血病和对其他器官的侵害，特别是肝、肾和脾。微观检查显示了伴有一定比例前成髓细胞的成髓细胞在血管内和血管外积聚。*v-myb* 基因由高度致瘤性禽成髓细胞增生病病毒（AMV）株携带。在实验性感染数周后，这些实验室毒株引起被感染动物死亡。

骨髓细胞增生病是雏鸡发生的另一种白细胞增生病。在该病发生过程中，肿瘤特征性地出现在与骨膜和软骨附近相连的骨骼表面、软骨连接、后胸骨、下颌和鼻软骨，这些肿瘤由统一的骨髓细胞的挤压团块构成。最早的变化出现在骨髓，在此出现骨髓细胞充满窦状腺，窦壁破坏，甚至骨髓的过度增生。肿瘤充塞在骨中，并延伸到骨膜。*v-myc*癌基因由高度致瘤性的禽骨髓细胞增生症病毒所携带。

多种良性和恶性结缔组织肿瘤偶尔也出现在 ALSV 感染鸡。有许多实验室禽肉瘤病毒毒株（ASV），最知名的是劳斯肉瘤病毒（RSV）。ASV 诱导的肿瘤（结缔组织肿瘤）包括纤维肉瘤和纤维瘤；黏液瘤和黏液肉瘤；组织细胞肉瘤、骨瘤及骨肉瘤；软骨瘤。这些高度致瘤性 ASV 携带 *src*（RSV 中）、*fps*、*ros* 或 *yes* 等肿瘤基因。

ALSV 感染可对经济产生重要影响。与无特异性病原鸡相比，ALSV 感染鸡即使不出现肿瘤，也引起生长和产蛋不良。目前，对禽类 ASLV 亚临床感染的致病机制了解还很少。

65.6.3.3 宿主对感染的反应

禽暴露于 ALSV 病毒可分为 4 类：①无病毒血症、无抗体型；②无病毒血症、有抗体型；③有病毒血症、有抗体型；④有病毒血症、无抗体型。第一类禽对 ALSV 有遗传抗性。大多数暴露鸡出现在第二类，抗体在其体内持续终生，并可经卵黄传到下一代。通常，这些被动转移的抗体持续达 3～4 周。除针对囊膜蛋白的中和抗体外，也可产生针对内部组特异性蛋白（Gag 蛋白）的抗体，该抗体无中和及保持性，虽然中和抗体可限制病毒的数量，但对病毒诱导肿瘤的生长没有作用。几乎没有鸡出现在第三类中，该类只出现在 ALSV 急性感染的清除过程中。第四类中，大多数鸡经卵垂直传播获得 ALSV，对该病毒产生免疫耐受，第四类中母鸡通过卵将病毒高比例地传给子代。

由于鸡群中出现多个亚组（A～D）ALSV，并且不存在抗体的交叉中和，ALSV 的一个亚组的鸡的免疫状态与其他亚组无关。

65.6.4 实验室诊断

常从血浆、血清、肿瘤组织、卵白蛋白或感染鸡蛋的胚中分离到 ALSV。由于 ALSV 常不表现细胞病变，补体结合、荧光抗体或放射免疫试验已用于细胞培养物中该病毒的检测和鉴定。ELISA 试验可直接检测存在于卵白或阴道拭子中的病毒。用于检查的实验材料可以是直接的（卵白）或间接的分离病毒所用的细胞培养物。所有实验都需一定数量的无内源性 ALSV 感染的鸡胚。

另一种鉴定的方法依赖于病毒的表型混合。鸡成纤维细胞首先被不能形成感染性 RSV（NP）的囊膜缺陷型 RSV 株转化，另一种超量感染的 NP 培养物作为 ALSV 感染的辅助病毒，导致可在易感的鸡胚成纤维细胞上产生出现转化灶的感染性 RSV。

65.6.5 治疗和控制

生产高效疫苗的尝试极不成功，而且，病毒的主要来源，并且最可能产生肿瘤的先天性感染鸡，对 ALSV 具有免疫耐受，不能产生免疫反应。

建立无内源性 ALSV 的饲养群是消灭 ALSV 的可行办法。筛选其卵呈 ALSV 阴性的母鸡，单独孵育这些母鸡所产的受精卵，单独喂养所孵化的雏鸡。那些无白细胞增生病病毒抗原或抗体的禽作为无该病毒的饲养群。该群必须与未检测雏鸡分开饲养。

65.7 牛白血病病毒

65.7.1 病症

牛白血病病毒（BLV）是大龄牛淋巴瘤（淋巴肉瘤、淋巴网状瘤形成）的病原，牛白血病也称为地方性牛白细胞增生病（EBL），该病仅偶尔出现于 BLV 感染牛中。

患 EBL 牛常大于 3 岁，5～8 岁间为肿瘤发生的高峰。感染牛常不发热，但伴有外周淋巴结的无痛性肿大（淋巴腺病）。根据所波及器官的不同，感染牛表现胃肠功能异常、麻痹、眼球突出和心功能异常。成瘤性的淋巴细胞侵害血液，造成感染牛的淋巴样白血病。出现在小于 6 月龄的犊牛和 6～18 月龄的青年牛的肿瘤与 BLV 感染无关。

65.7.2 病原因子

65.7.2.1 分类

根据其基因组结构、核酸序列、病毒大小、结构和非结构蛋白的氨基酸序列，BLV 最近与人嗜 T 淋巴细胞病毒（HTLV-I 和 HTLV-II）及密切相关的猴嗜 T 淋巴细胞病毒（STLV）被分在 δ 型反转录病毒属。这些病毒能诱发病理学特征类似的疾病，表现为低剂量病毒血症、潜伏期长、肿瘤中不存在前病毒整合的首选位点（前病毒不必在肿瘤基因附近）。

65.7.2.2 物理、化学和抗原特性

形态上，BLV 与其他 C 型反转录病毒相似，针对 gp51 的抗体具有中和性。

65.7.2.3 对物理、化学因子的抗性

BLV 的感染性可被脂溶剂、高碘酸钠、苯酚、胰蛋白酶和福尔马林所终止。在 56℃，感染性迅速丧失，但在低于 50℃时可长时间维持。巴氏灭菌法可破坏该病毒的感染性。但有趣的是，在感染奶牛的乳汁中，出现具有感染性的淋巴细胞。

65.7.2.4 对其他种属动物和细胞培养物的感染性

除牛外，BLV 对数种动物有感染性，包括绵羊、山羊和猪。在自然条件下，BLV 的致瘤潜力只针对牛和绵羊。由于牛和绵羊分离株之间没有显著的抗原或基因差异，这种称作绵羊白血病病毒的病原因子是 BLV 感染的一个异源性宿主。

在牛、人、猴、犬、山羊和马等多种细胞培养物中，BLV 可以复制。虽然 BLV 也在人细胞系中复制，但还未确定人是否可被感染。高危人群（兽医、农场主、动物饲养者、屠宰人员）的血清流行病学研究结果表明，没有发生该病毒的感染，BLV 对人也不具有致瘤性。

65.7.3 宿主-病毒关系

65.7.3.1 分布、宿主和传播

BLV 的地理分布遍及全球，宿主是已感染的牛。该病可直接导致 BLV 的流行，虽然流行程度不同，但在集约化产奶地区，感染率最高（达 50%或更高）。牛 BLV 感染除导致产奶量下降外，额外的损失还来自于 BLV 阳性牛或感染公牛精液向境外出口的限制。

在自然条件下，BLV 通过紧密接触水平传播，最常发生在刚引入到产奶群的小母牛。该病毒具有高度细胞结合性，通过血液传播，还可通过含淋巴细胞的组织、外伤、污染的兽医器具或其他很少被限制的途径传播。BLV 也可通过皮肤、消化道和生殖道传播。感染动物的 2500 个淋巴细胞即可将病毒轻易传播给易感牛、犊牛或绵羊。经乳汁和初乳实现实验室传播，这二者中均含有淋巴细胞，但该途径在 BLV 的传播中并不重要。BLV 经子宫内的传播也有记载，但概率很低；通过食血蝇和蜱的实验室 BLV 传播也已得到证实，但野外观察并不支持上述媒介起主要作用的观点。病毒诱导的持续性淋巴细胞增生的 BLV 感染牛是该病毒的主要宿主，是控制感染的最大威胁。

65.7.3.2 致病机制和病理变化

大多数 BLV 感染不出现症状。易感牛感染后，很快出现明显的病毒血症，接着出现一段较长的潜伏期，此时病毒以前病毒的形式保持静止状态，并随机整合到感染细胞的基因组中，只有极低比例的感染动物曾产生淋巴瘤，提示肿瘤诱导的潜伏期比大多数动物的寿命都长。某些牛只经历短暂的病毒血症，但并不发生血清阳转。3～4 月后，病毒不再被分离到，而其他动物在感染数月或数年后，形成持续性淋巴细胞增生。

地方性牛白细胞增生症的产生涉及内部和浅表淋巴结、心脏、皱胃、小肠、肾脏、子宫、肝、脾、腰椎脊髓硬膜外腔和眼球后部脂肪。肿瘤的分布具有不确定性，但血液常不被波及。T 淋巴细胞和 B 淋巴细胞均可被 BLV 感染，但肿瘤只由增生的 B 淋巴细胞构成。

65.7.3.3 宿主对感染的反应

大多数 BLV 感染牛产生针对 BLV 结构蛋白的抗体。被检测到的最主要反应针对糖基化蛋白 gp51 和 gp30，而不是内部蛋白 p24、p15、p12、p10 和反转录酶。大多数感染牛产生高滴度的病毒特异性抗体，但部分牛仍保持血清阴性。

在乳汁和初乳以及部分对抗感染具有保护作用的犊牛中，可以检测到抗 BLV 的抗体。抗体并不能阻止感染动物肿瘤的形成，也不能阻止由携带者造成的传染性 BLV 的扩散。

65.7.4 实验室诊断

多种检测 BLV 特异性抗体的血清学试验［琼脂扩散（AGID）、免疫荧光和

ELISA］可用于诊断。在病毒暴露后4～12周，动物常变为血清阳性。

牛白血病病毒能在靶细胞中诱生合胞体细胞。

65.7.5 治疗和控制

感染一旦建立，似乎可终生存在于感染的牛体。对于淋巴瘤或BLV感染牛，还没有治疗方法。可通过重复的血清学检验和对阳性动物的立即剔除从感染群中消除BLV。

65.8 维斯纳/梅迪/进行性肺炎病毒和山羊关节炎脑炎病毒

65.8.1 病症

这些病毒引起感染绵羊和山羊的多种不同的（包括肺、关节、乳腺和神经系统）疾病。维斯纳的最初征兆轻微，并难以觉察，包括步态的轻微异常，特别是后肢、嘴唇颤抖、头不自然倾斜；极少情况下出现失明。症状发展为局部麻痹，甚至全身麻痹，不发热，动物多因营养不良而死亡，“Visna”一词在冰岛语中是“虚弱”。维斯纳的征兆常出现在两岁龄绵羊，临床病程漫长。

梅迪和进行性肺炎病毒引起感染绵羊的病症类似慢性肺炎。早期明显症状包括伴有呼吸困难的进行性体重减轻，甚至呼吸都需借助辅助肌肉来完成，并伴有头部的节律性痉挛。有时出现干咳，但无鼻分泌物。临床过程拖长，感染动物常死于继发的细菌感染。

山羊关节脑炎病毒（CAEV）引起家养山羊的多种疾病综合征，包括慢性进行性关节炎、乳房炎和老龄山羊的间质性肺炎、羔羊的急性麻痹综合征，其特征为共济失调、虚弱和麻痹。

65.8.2 病原因子

65.8.2.1 分类

维斯纳/梅迪/进行性肺炎病毒和密切相关的CAEV病原体均为慢病毒。该称谓具有很长的历史渊源，涉及病毒分离的地点和单个动物中主要的病理学变化。绵羊进行性肺炎病毒是梅迪病毒的同义名。

65.8.2.2 物理、化学和抗原特性

病毒粒子由称为gp135、p30、p16和p14的4种结构蛋白组成。微小的结构蛋白包括反转录酶、整合酶和dUTP酶。中和试验显示，毒株的变异发生在单个动物感染时，如果用空斑纯化的病毒接种一个动物，多个月后，能够分离到不能被最原始接种物的抗血清中和的毒株。能同时分离到接种株和变异株，表明新毒株没有代替原始株。同时，产生的中和抗体是针对新毒株的。

这些病毒的反转录首选Mg^{2+}，并使用$tRNA^{Lys}$作为负链DNA反转录的引物。

维斯纳/梅迪/进行性肺炎病毒和 CAEV，在涉及主要结构蛋白的免疫扩散试验中，显示出强烈的交叉反应。

65.8.2.3 对物理、化学因子的抗性

慢病毒对紫外线照射具有抗性。感染性可被脂溶剂、高碘酸钠、苯酚、胰蛋白酶、核酸酶、福尔马林和低 pH（低于 4.2）消除。在 0～4℃的血清中，感染性相对稳定，但 56℃时很快消失。

65.8.2.4 对其他种属动物和细胞培养物的感染性

维斯纳和绵羊进行性肺炎只出现于绵羊和山羊。某些品系的绵羊似乎更易感，特别是冰岛绵羊，该品系高度近交。维斯纳病毒可感染多种脊椎动物来源的细胞，但只在绵羊细胞中高效复制。在巨噬细胞培养物中，未被适应的病毒分离株复制良好。

65.8.3 宿主-病毒关系

65.8.3.1 分布、宿主和传播

这些病毒对绵羊和山羊所引起的疾病遍及全球。依据控制计划，感染的概率大幅变动，但在美国的某些畜群中，可达 75%以上，感染绵羊可作为贮存宿主。

该病毒通过呼吸道分泌物和空气传播。病毒分泌在乳汁中，感染母羊所喂养的羔羊在幼龄时即被感染。感染率随哺乳而增加。宫内传播不常见。

65.8.3.2 致病机制和病理变化

绵羊慢病毒可感染单核巨噬细胞。维斯纳是一种慢性、进行性脑脊髓炎。特征为伴有脱髓鞘的多灶性慢性炎症。病程始于脑室边缘的下方脑室膜，并扩展到全脑和脊髓。

患进行性肺炎绵羊的肺明显扩大，达到正常肺的 2～3 倍。病理变化包括由淋巴细胞、单核细胞和巨噬细胞浸润引起的肺泡间隔增厚。这种增厚非常明显，可见肺泡消失。伴有滤泡和生发中心形成的淋巴性聚集，分散在整个肺实质中。

某些被慢病毒感染的成年绵羊会发生慢性关节炎和（或）乳房炎。

山羊关节炎脑炎病毒（CAEV）引起 2～4 月龄山羊羔的一种奇特的脊髓运动神经元功能异常。损伤类似于维斯纳感染。感染后，存活山羊羔产生进行性慢性关节炎、乳房炎和类似于绵羊进行性肺炎的间质性肺炎。

65.8.3.3 宿主对感染的反应

大多数反刍动物慢病毒感染表现为亚临床感染，很可能是由于病毒所诱发疾病的潜伏期长。这些疾病的损伤包括慢性进行性炎症，这些损伤很可能部分是由宿主免疫反应引起的。

在实验性感染过程中，接种后数周，出现补体结合性抗体，在两个月内达到高峰，并在整个病程中保持恒定。中和性抗体出现较晚，大约一年后达到最高，然后保持不变。然而，尽管存在较强的体液免疫反应，病毒仍持续存在，这可能是由于大多数感染

细胞不产生病毒抗原，因此，不能被免疫监测机制所发现。

65.8.4 实验室诊断

在疾病早期，维斯纳很难与其他中枢神经系统疾病相区分，但病程的持续性延长、不发热和脑脊液（CSF）中淋巴细胞异常增多是维斯纳病的特征。头部痉挛、磨牙、剧烈发痒是痒病而非维斯纳的特征。

可从CNS、肺、脾、外周血淋巴细胞和CSF中分离到病毒，但由于病毒在体内复制受限，常需要组织外繁殖和盲传。早期检测并维持整个病程的组特异性抗体是血清学诊断中血清中和的首选。因为其在疾病后期呈阳性，且具有株特异性。在诊断中，中和试验的价值不大。因此，血清学试验（如琼脂扩散）现在已被用于鉴定慢病毒感染的绵羊和山羊。

65.8.5 治疗和控制

目前，没有有效的疫苗存在，也没有有益的治疗药物，主要通过血清学检验和剔除感染动物控制该病毒和疾病。这种消灭计划的结果是，已在冰岛消灭了维斯纳和梅迪。

65.9 马传染性贫血病毒

65.9.1 病症

马传染性贫血病毒（EIAV）能引起马的严重贫血，但EIA的临床表现高度易变。在感染后7～21天，突然出现急性型病症。症状包括发热、厌食、血小板减少和严重贫血，也可表现为大量出汗和浆液性流涕。这些症状持续3～5天，随后，动物外观康复。在该病的急性期，马EIA抗体阴性。

亚急性型常伴随在急性感染后，在逐渐康复期的2～4周出现。仍可出现急性症状，并伴有虚弱、水肿、淤血、嗜睡、沉郁、贫血和共济失调。该动物再次外观康复，而且该过程可再次复发。

慢性EIA，典型表现称为“沼泽热”，类似亚急性型，但更轻微，并很少引起死亡。周期性发热、体重下降、厌食等临床征兆可复发6天或更多。

每一周期持续3～5天，循环之间的间隔不规律（几周到数月）。在6～8次循环后，其频率和严重性通常降低，并常出现在一年内。大多数马此时不显现临床症状，但终生带毒。可通过应激或免疫抑制性药物诱发EIA。

EIAV感染马引起的临床症状通常为不明显、亚临床或温和。这些马虽无症状，但具有针对该病毒的抗体，并终生带毒。已观察到无症状但呈慢性病毒血症的动物存活时间超过18年。

65.9.2 病原因子

65.9.2.1 分类

EIAV 是一种慢病毒，是被鉴定为由滤过性病毒引起的第一个动物疾病（1904年）。

65.9.2.2 物理、化学和抗原特性

EIAV 由两种囊膜编码糖蛋白（gp90＝Su 和 gp45＝TM）和 4 种主要的非糖基化蛋白（p26＝CA、p15＝MA、p11＝NC 和 p9）组成。p26 是主要的核心蛋白，表现组特异性，而囊膜糖蛋白显示出血凝活性，具有型特异性。

EIAV 基因组高度易变。当该病毒置于宿主免疫系统的选择压力之下时，在 gp45 和 gp90 囊膜糖蛋白基因上，单个核苷酸的替换产生新的抗原性变异。有人认为，这些抗原变异引起特征性 EIA 的周期性复发。在细胞培养（此处无免疫选择）中，抗原型保持稳定，马的血清抗体可以中和从该毒株分离到的抗原。当进入一个新的马中，这些相同毒株产生的抗原性变异株不能再被原始抗体所中和。

65.9.2.3 对物理、化学因子的抗性

常用的消毒剂和去污剂可以灭活 EIAV。该病毒也可被氢氧化钠、次氯酸钠、大多数有机溶剂和洗必太灭活。在马血清中，58℃、30min，EIAV 对马不再有感染性。然而，在 25℃的条件下，皮下注射 96h 后，EIAV 仍有感染性。

65.9.2.4 对其他种属动物和细胞培养物的感染性

马、小型马、驴和骡对 EIAV 易感。只有一例人感染的报道，但还没有观察到发生 EIA 样疾病的人病例。在羔羊、小鼠、仓鼠、豚鼠和兔中尝试增殖该病毒，但均告失败。原代 EIAV 分离株只在马白细胞培养物上增殖，其中该病毒在单核/巨噬细胞系上生长。实验室 EIAV 株可在几个种来源的细胞系（包括人胎肺或纤维细胞）上增殖。这些实验室分离株与原始分离株表现出明显的序列差异，特别是在 LTR 的 U3 区。

65.9.3 宿主-病毒关系

65.9.3.1 分布、宿主和传播

EIAV 的分布遍及全球，但主要在温暖气候条件下流行。感染率变化很大，但该病在美国等国家逐步减少。马、驴和骡是该病毒的已知贮存宿主和自然宿主。

机械性血液接种被认为是 EIAV 传播的主要方式。EIAV 通过食血昆虫自然传播，特别是鹿蝇和厩蝇。EIAV 不在昆虫细胞中复制，但这些蝇通过感染血液简单地机械性传播病毒。EIAV 可通过污染的针头经血液传播。因此，在兽医实践中不共用针头或使用已消毒的针头相当重要。病毒从一匹携带病毒的母马传播到哺育马驹已得到充分证实，病毒也可在宫内传播，但极为少见。

65.9.3.2 致病机制和病理变化

急性 EIA 有大量病毒被复制。贫血反映出红细胞（RBC）寿命的缩短，这是溶血和激活的巨噬细胞吞噬红细胞的结果。在被 EIAV 感染马中，已观察到补体水平的降低和被补体包被红细胞的出现。红细胞生成水平的降低和铁离子代谢紊乱促进了慢性病例的贫血。

EIA 的损伤反映出感染和疾病的持续和严重性，包括淋巴组织的广泛出血和坏死、贫血、水肿和消瘦。普遍存在微观损伤，包括淋巴组织单核巨噬细胞介导的肾小球肾炎和肝中央小叶的坏死，其中后者是严重、急性发作贫血的结果。肉芽肿性脑室炎、脑膜炎、脉络膜炎、下脑室膜脑炎和脑积水均可引起共济失调。

65.9.3.3 宿主对感染的反应

EIAV 感染马在 45 天内产生持续性抗体。在感染后第 12 天，大多数动物抗体呈 ELISA 阳性；在第 24 天，抗体 AGID 阳性。

65.9.4 实验室诊断

实验室诊断依赖用琼脂免疫扩散（Coggin 试验）的特异性抗体检测。目前也可使用更敏感的 ELISA 试验。

65.9.5 治疗和控制

没有特异的治疗方法。辅助性治疗是康复中最重要的因素。

感染动物被施行安乐死（由于该病毒具有传染性）或物理隔离。通过对厩蝇和蚊子的控制，可以减少 EIAV 的扩散。必须避免注射针头的重复使用和从未检验供体的输血。

感染公马不能与阴性母马交配，如果感染母马被剥离哺乳，也可从阳性母马和阳性公马中获得未感染驹。

一种抗 EIAV 的疫苗已在某些国家（古巴和中国）使用，但可能不能提供针对 EIAV所有变异株的广泛保护。

65.10 牛免疫缺陷病毒

65.10.1 病症

虽然具有一个挑衅性的名称，但作为牛免疫调节功能异常和慢性炎症病因的牛免疫缺陷病毒（BIV）的意义还不确定。内容不充分的报道暗指 BIV 引起嗜睡、乳房炎、肺炎、淋巴结炎和慢性皮炎，但这些报道越来越值得怀疑。

65.10.2 病原因子

65.10.2.1 分类

BIV 是一种与其他任何已知慢病毒不相关的慢病毒。

65.10.2.2 物理、化学和抗原特性

BIV 的形态学和物理特性与其他慢病毒极为相似。BIV 具有一种 100kDa 的 SU 糖蛋白、一种 45kDa 的 TM 糖蛋白和 Gag 蛋白（分子质量分别为 16kDa、26kDa 和 7kDa 的 MA、CA 和 NC）。BIV 也编码几种非结构蛋白。BIV 的 RT 优选 Mg^{2+}。

65.10.2.3 对其他种属和细胞培养物的感染性

用 BIV 也能实验室感染兔和绵羊，但这些动物不发病。BIV 能在多种细胞（包括牛、兔和犬细胞）中增殖，但不能在非灵长类或人的细胞上生长。

65.10.3 宿主-病毒关系

65.10.3.1 分布、宿主和传播

BIV 分布可能遍及全球。在美国，BIV 感染的流行率低，但在个别群中可能很高。感染 BIV 的畜群也常被 BLV 感染。

65.10.3.2 致病机制和病理变化

感染牛的单核细胞和巨噬细胞支持 BIV 的复制。

65.10.3.3 宿主对感染的反应

牛 BIV 感染可引起较强的宿主抗体反应。然而，与其他慢病毒感染一样，BIV 可引起慢性、终生性感染。绝大多感染表现为亚临床状态。

65.10.4 实验室诊断

可通过针对 BIV 抗体的血清学方法检测感染牛，血液中 BIV 的分离也可用于检测被感染动物。

65.10.5 治疗和控制

还没有针对 BIV 感染的疫苗或治疗方法。作为一种牛的病原，BIV 感染的重要性还极不肯定。

65.11 猫免疫缺陷病毒

65.11.1 病症

猫的免疫缺陷病毒（FIV）感染产生急性发热和淋巴结病，接着进入无症状的携带者阶段。对某些猫，FIV 感染造成严重的免疫缺陷，并导致继发的慢性感染。FIV 感染猫拥有 AIDS 感染人的相同特征，FIV 感染猫已成为 AIDS 研究的一个重要动物模型。

65.11.2 病原因子

65.11.2.1 分类

FIV 是一种与其他已知慢病毒不紧密相关的慢病毒。

65.11.2.2 物理、化学和抗原特性

FIV 的形态学和物理特性与其他慢病毒相似。FIV 具有一种 95kDa 的 SU 糖蛋白、一种 41kDa 的 TM 糖蛋白和 Gag 蛋白（分子质量分别为 16kDa、27kDa 和 11kDa 的 MA、CA 和 NC)。FIV 也编码几种非结构蛋白。FIV 的 RT 优选 Mg^{2+} 。

65.11.2.3 对物理、化学因子的抗性

FIV 可被适宜浓度的消毒剂，如氯、季铵化合物、酚类化合物和乙醇灭活，在 65℃只存活几分钟。

65.11.2.4 对其他种属动物和细胞培养物的感染性

FIV 感染家猫，但血清学检测表明，FIV 样病毒也可感染野生猫科动物，如非洲的狮和印度豹，美洲的美洲豹、美洲野猫和美洲虎。FIV 分离株可在丝裂原和补充白细胞介素 II（IL-2，T 细胞生长因子）刺激分裂的猫单核细胞的原代培养物上复制。某些 FIV 分离株也可在已建立的猫细胞系上复制。FIV 不能在非猫源细胞系上复制。FIV 与人的疾病（包括 AIDS）没有联系。

65.11.3 宿主-病毒关系

65.11.3.1 分布、宿主和传播

FIV 在全球呈地方性流行，但该病毒具有与 FeLV 一样的传染性。FIV 在唾液中分泌，最重要的传播途径可能是通过咬伤。自由活动的公猫最喜欢打架，也最易被 FIV 感染。该病毒通过猫之间意外的、非攻击性接触造成的传播效率很低。性接触可能不是 FIV 扩散的一种主要方式。垂直传播也能发生。

猫 FIV 的感染持续终生，但绝大多数 FIV 感染无临床表现。

FIV 和 FeLV 的双重感染并不普遍，FIV 和 FeLV 感染猫似乎表现一个更为严重的病程。

65.11.3.2 致病机制和病理变化

在 FIV 感染猫中，没有特征性症状或组织学变化，即使在该病的相对后期，也是如此。最初感染后，病毒在局部淋巴结复制，然后扩展到全身淋巴结，有时出现短暂的全身性淋巴结炎，大多数感染无症状。而某些猫发生淋巴细胞枯竭和免疫抑制，随后，这些猫对继发的机会性感染的易感性增强。FIV 似乎可感染体内的 CD4 和 CD8 淋巴细胞和巨噬细胞。许多猫表现 CD4 淋巴细胞数量的绝对减少，出现 CD4/CD8 比率的逆转。

65.11.3.3 宿主对感染的反应

感染猫常可激发强有力的体液（抗体）免疫和细胞免疫。这些反应似乎足以制约该病的最初急性期。然而，类似于大多数慢病毒，FIV 从不被清除。感染猫在大多数情况下可能产生不同程度的亚临床免疫功能低下。少数情况下，发生临床显著的免疫缺陷和相关的继发感染。

65.11.4 实验室诊断

很容易通过血液中抗体的检测诊断 FIV 感染。可应用 ELISA 试验、蛋白质印迹、间接免疫荧光抗体（IFA）检测针对 FIV 的抗体。ELISA 常被用于快速筛检，接着用蛋白质印迹确诊。也可通过病毒分离和检测 FIV 核酸的聚合酶链反应确定 FIV 感染。

幼猫仔即使没有被 FIV 实际感染，其抗体也呈阳性（因此出现阳性试验结果），这是由来源于母体的 FIV 抗体的被动转移引起的。

65.11.5 治疗和控制

对 FIV 相关疾病的治疗大多是辅助性的。可用适宜的抗生素治疗继发和机会性感染。可通过避免与散养猫接触和避免猫之间的打斗控制 FIV 的感染。实验性疫苗似乎也有望被研制出来。

65.12 猴免疫缺陷病毒

65.12.1 病症

猴免疫缺陷病毒（SIV）包括许多生活在非洲的多种野生本地猴的多种慢病毒。

对其本地的非洲猴，这些病毒很少引起或根本不引起疾病。与此相对，在没有被 SIV 野生感染的条件下，亚洲短尾猴被某些 SIV 毒株感染时，可产生致死性免疫抑制综合征，称为猴 AIDS（SAIDS）。

亚洲短尾猴在感染后产生短暂的皮疹。最初发生淋巴结和脾肿大，淋巴结的结构破坏甚至萎缩。发生 SAIDS 的亚洲短尾猴的主要特征是消瘦和持续性腹泻，免疫缺陷猴出现机会性和持续性感染。基本上，所有亚洲短尾猴被致病性 SIV 毒株感染后，在 2 个月到3 年内均产生致死性 SAIDS。

由 SIV 引起的亚洲短尾猴免疫缺陷病可作为人 AIDS 的主要动物模型，而且，对于 SIV 生物学特性的研究，在动物看护人员、技术人员、看护猴类的兽医以及生物学研究和医学中应用的灵长类相当重要。已经构建了人工制备的猴/人免疫缺陷病毒（SHIV）病毒株，该毒株含有 HIV 的囊膜蛋白基因和 SIV 的基因组，并被集中应用在针对 HIV 囊膜蛋白的免疫和致病机制的非灵长类模型实验室研究中。

65.12.2 病原因子

65.12.2.1 分类

灵长类慢病毒被认为以广泛的族群存在。例如，从亚洲短尾猴分离的代表型 SIV（称为 SIVmac）在核酸序列上与 HIV-1 大约只有 50%相关，与 HIV-2 有 75%相关；从黑猩猩来源（SIVcpz）的其他 SIV 分离株，与 HIV-1 比，和 HIV-2 更相关。然而，某些其他非洲灵长类的 SIV 分离株与 HIV-2 比，与 SIVmac 更相近。已获得许多 SIV 和 HIV 分离株，它们的核酸序列已被测定，相关序列的系统树分析试图阐明 AIDS 的起源和灵长类慢病毒的演化和流行病学潜能。

65.12.2.2 物理、化学和抗原特性

SIV 的形态和物理特性与其他慢病毒密切相关。SIV 具有一种 120kDa 的 SU 糖蛋白、一种 32kDa 的 TM 糖蛋白和 Gag 蛋白（分子质量分别为 16kDa、28kDa 和 8kDa 的 MA、CA 和 NC）。SIV 也编码几种调节病毒表达和辅助功能的非结构蛋白。

SIV 的 RT 首选 Mg^{2+}，并使用 $tRNA^{Lys}$ 作为负链 DNA 反转录的引物。

依据血清流行病学数据，多于 30 种不同的 SIV 毒株隐藏在非洲猴群中。与 HIV-2 比，原型 SIVmac 株在抗原性上和 HIV-1 更相近，并在总体上与序列的同源性一致。然而，与 HIV-1 比，分离于黑猩猩的 SIV、SIVcpz 和其他 SIV 型更相近。

65.12.2.3 对其他种属动物和细胞培养物的感染性

SIV 分离株在灵长类（包括人）含有 CD4 受体的已激活淋巴细胞培养物上复制。SIV 分离株不能在非灵长类细胞上复制。SIV 对人的交叉种间转移也可能发生，SIV 已在实验室事故中感染人。HIV 能感染黑猩猩，但不产生高度致病性。

65.12.3 宿主-病毒关系

65.12.3.1 分布、宿主和传播

在其自然宿主中，SIV 作为一种明显无害性感染的病原被携带，这些宿主有非洲的非人灵长类（*Cercopithecus*，包括非洲绿猴、*Cercocebus* 和乌黑白眉猴）。在动物园和野生

条件感染的流行有一定程度的变化，但均超过50%。对亚洲短尾猴，SIV在自然条件下没有被发现，SIV导致许多与AIDS特征相同的致死性免疫缺陷病。

可通过咬伤和不适当的兽医操作或有目的的实验过程传播SIV。在自然条件下发生母婴和性传播的效率相当低。

65.12.3.2 致病机制和病理变化

在疾病的最初阶段，亚洲短尾猴趋向于淋巴组织增生，而淋巴组织枯竭是该病的后期特征。损伤的类型随继发感染和所处的发病阶段变化很大。尽管可产生强的体液免疫和细胞免疫反应，SIV在亚洲短尾猴和其自然宿主中仍持续存在，而且，已感染的短尾猴很快出现致死性免疫抑制。中和逃避突变株一旦出现，立刻成为主导型。病毒感染的动力学和CD4淋巴细胞的变化与在HIV-1感染中观察到的一致，并可对该病的发展提供可靠的指示。

65.12.3.3 宿主对感染的反应

感染猴常常产生强有力的抗体反应和细胞介导的免疫反应。这些反应似乎足以制约最初SIV感染的急性期。像大多数慢病毒一样，SIV从未从自然宿主或亚洲短尾猴中被消除。

65.12.4 实验室诊断

很容易通过血液中抗体的检测诊断SIV感染。可应用间接荧光抗体、蛋白质印迹和ELISA试验检测针对SIV的抗体，还可通过病毒分离、病毒抗原检测和PCR检测SIV核酸，以确定SIV感染。

65.12.5 治疗和控制

作为当前AIDS研究进展的大量努力中的一部分，正在对实验性疫苗和治疗方法进行评价。

第66章　传染性海绵状脑病

Bradd C. Barr　Yuan Chung Zee

传染性海绵状脑病（TSE）在人和动物具有相似的临床、神经病理和病原学表现，是对以进行性、普遍致死性、退化性中枢神经系统疾病为特征的一组独特疾病的统称。虽然某些人的TSE呈遗传或偶尔发生，但大多数TSE是可传播到易感宿主的传染病。多年来，对该传染因子的鉴定一直难以实施，直到1982年，Stanley Prusiner推测：一种称为朊（prion；类似蛋白质的传染性颗粒，缩写为PrP^{Res}）的异常宿主蛋白为该病的传染因子。这种蛋白质的传播是一种翻译后行为，不需要核酸或遗传物质。Prusiner的朊假说解释了TSE的可遗传性和传染性表现。从他的最初建议开始，Prusiner和同事及其他研究者（工作主要针对痒病）进行了支持他的原始假设的大量精细研究工作，为此，Prusiner获得了1997年的诺贝尔奖。目前，朊作为传染因子的概念已被普遍接受，已经很少有人相信，还将发现别的遗传物质。相反的假设包括：①病毒粒子假设。该假设指出，传染性有机体有一个微小的、受保护的或由蛋白质包围的核酸核芯。②某些非传统概念的病毒。已有的大量研究工作支持朊假设，明显缺乏支持其他假设的数据，随后的讨论均建立在朊是这组疾病的传染因子的前提下。

TSE通常具有限定的宿主范围。一个明显的例外是，人的TSE只局限于人（不包括实验研究）。它们包括克-雅氏病（CJD）、GSS综合征、致死性失眠症（FI）、库鲁病（Kuru），以及作为例外的、与牛海绵状脑病（BSE）相关的新变异型克-雅氏病（vCJD）两种类型。在这些人的TSE中，某些（家族性CJD、GSS和致死性家族性失眠症）是可以遗传的，而散发性CJD常自发于小比例的人群。动物的TSE（BSE明显例外）全部被认为具有传染性，其宿主范围窄。动物的TSE包括绵羊和山羊的痒病，牛和其他动物的BSE（外来有蹄动物，猫科动物中的猫海绵状脑病，越来越多的证据表明，它也可以引起vCJD），貂的传染性脑病（TME），麋鹿的慢性消耗病（CWD）。虽然所有的TSE具有众多相似性，但各种不同的TSE在行为上显著不同，主要与宿主中的组织分布和检测部位、传播方式及相当重要的BSE的人兽共患性的潜在性有关。具有代表性的TSE-痒病，已被集中研究。

66.1　痒病

66.1.1　病症

痒病是一种在自然条件下只发生于绵羊和山羊的慢性、进行性、普遍致死和退化性CNS疾病。还没有证据表明，痒病是一种人兽共患病。痒病发生遍及全球，只有少数几个国家（如澳大利亚和新西兰）例外。依据现有的检测方法，在呈地方性流行的国家，该病发生率较低。痒病由一种被称为 PrP^{Sc}（朊蛋白，痒病）的异常朊蛋白引起。全球的绵羊群，当暴露于 PrP^{Sc} 后，对痒病的易感性和抵抗性存在一定程度的差别。该病易感性差异的原因复杂，且对其了解很少，但绵羊的种系、基因型及不同的 PrP^{Sc} 等均有可能起某种作用。对于痒病，在朊蛋白序列中，编码氨基酸的三个特异性 DNA 位点的绵羊的个体基因型，是决定对该病易感或抗性程度的主要因素。类似所有 TSE，痒病从感染到出现临床症状之间有较长的潜伏期，波动范围大概在 24～60 个月。临床症状的发展与 PrP^{Sc} 通过 CNS 的积聚和扩散直接相关，并伴随有所有 TSE 所共有的、特异性的 CNS 退化和空泡化损伤。

痒病通过与感染绵羊的直接接触而传播，可能经口发生 PrP^{Sc} 的感染（如食入）。也可能通过直接接种（如通过具有搔痕的黏膜）发生罕见的自然感染。痒病可通过接种发生实验性传播（包括用已感染绵羊的血液大量输血）。这提示在痒病绵羊的血液中存在着用其他方法不能检测到的低水平 PrP^{Sc}。当易感绵羊或山羊暴露于分泌 PrP^{Sc} 或产羔后不久的母羊时，最常发生自然接触性传播，这种传播可能源于 PrP^{Sc} 感染的胎盘或污染的胎盘/尿液的排出。然而，还没有真正垂直传播（真正的遗传传播或宫内传播）的确切证据。羔羊似乎较成年羊更为易感。“母源性传播”这一术语已被用于定义从感染母羊到产后不久的子代的传播，以区别于垂直传播。流行病学研究提示，通过暴露于以前饲养痒病感染绵羊所污染的环境，痒病的间接传播也可发生。这可能常发生于以前痒病感染绵羊高密度隔离和产羔的环境。一个研究提示，痒病可通过已污染环境中的草螨传播。

痒病的临床症状呈进行性，包括一种或多种以下 CNS 症状：行为改变，运动障碍(不协调、局部麻痹、本体感受性缺陷和伸展过度)，轻微的头或颈痉挛，感觉过敏和瘙痒症，常导致摩擦或啃咬性局部缺毛。行为改变包括离群、神经过敏或具有攻击性。痒病感染绵羊也可发生进行性体重减轻。这些典型的行为常被用于痒病的临床诊断，其中包括头和颈的向上伸展，伴有与绵羊尾部摩擦相对应的舔、啃运动或磨牙。然而，必须强调，见于任何感染动物个体的特异性临床症状高度易变。

66.1.2 病原因子

普遍认为，痒病的病原是一种朊，一种绵羊正常宿主蛋白（PrP^{Sc}）的异构型。在大小、氨基酸序列、生物化学和物理、化学特性方面，PrP^{Sc} 与引起其他 TSE 的异常朊蛋白具有许多相似性。以下进一步讨论到的大多数 PrP^{Sc}（和痒病），与其他异常朊和它们各自所引起疾病相比，也是如此。在下面的讨论中缩写 PrP^{Res}（对应于“抵抗性”PrP）将被作为该组所有异常朊蛋白的代表，PrP^{Sc} 则代表引起痒病的特异性异常朊。

朊的来源、结构和生化特性

PrP^{Res} 源于被发现于所有哺乳动物的多种组织的正常细胞蛋白（“细胞朊蛋白”，PrP^{C}）。它们是细胞膜相关蛋白，已作为一种大的表面唾液酸糖蛋白的组成部分被发现。PrP^{C} 是一种 35～36kDa 的蛋白质，在 CNS 的神经元和胶质细胞中特别丰富（大约比其他组织中多 50 倍）。该蛋白质也出现在单核巨噬细胞系的细胞（巨噬细胞、树突状细胞和滤泡树突状细胞）中。PrP^{C}的确切功能还不确定，可能的功能包括铜代谢、细胞外基质的相互作用、凋亡和信号转导等方面。PrP^{C}并不致病。PrP^{Res}在氨基酸序列和长度上与宿主复制产生的PrP^{C}完全相同，与PrP^{C}的区别只在于二级和三级空间结构上。PrP^{Res}在三级结构的变化是其转变为可在宿主传播和扩散并致病的传染源的前提。PrP^{Res}具有称为$PrP^{27\sim30}$的蛋白酶抵抗性核心（27～30kDa，142个氨基酸），该蛋白质已被发现于患朊病的人和动物的脑中。更小的PrP^{Res}仍保留其感染性，一种更小的、由106个氨基酸组成的PrP^{Res}仍足以进行复制。这些较小的PrP^{Res}片段称为微小朊。PrP^{C}的$PrP^{27\sim30}$片段分别源自人和动物单拷贝的哺乳动物基因（PRNP和Prnp）。尽管PrP^{Res}间结构变化的精确机制还难以确定，但核心特征被认为是决定物理、化学和传染性的PrP^{Res}转化，即PrP^{C}的部分α螺旋和卷曲结构变化到PrP^{Res}中更大比例的再折叠和严格的β片层结构（β片层的比例从3%上升到PrP^{Res}中的43%）。一旦在易感宿主出现，新的PrP^{Res}通过翻译后活动（没有DNA或RNA的参与）而传播，因此，宿主已有的PrP^{C}转化为PrP^{Res}。实验提示，当PrP^{C}接近PrP^{Res}的模板时，PrP^{Res}充当PrP^{C}重新折叠的物理模板。该过程也似乎需要结合到PrP^{C}、并负责转化到新PrP^{Res}的第二种种属特异性的宿主蛋白（"X"）的存在。一旦完成，新的PrP^{Res}从模板释放出来，然后作为PrP^{Res}进一步传播的新模板。在人的遗传性TSE，人PRNP基因的突变或插入，被推测为是导致PrP^{C}自主转变到新PrP^{Res}的结果。

在生化特性上，PrP^{C}易变，并可相对容易地被各种损伤破坏，如酶的破坏和热。相比之下，PrP^{Res}对类似酶的消化、热、紫外线、离子照射、酸、碱、某些灭菌过程、福尔马林固定和消毒剂的损伤具有很强的抗性。由于PrP^{Res}对破坏或灭活具有抗性，对灭活PrP^{Res}的有效过程特别限于几种在自然情况下非常严格的过程，包括134～138℃、18min的多孔加载和重力位移灭菌，132℃、灭菌1h，暴露于1mol/L的NaOH 1h，或两者的结合。一个权威人士提示，只用一种方法高效地实现完全消毒涉及PrP^{Res}暴露于强的次氯酸盐溶液或热的NaOH。这种对破坏的抗性解释了PrP^{Res}在环境中的长效性。这也使经过蒸煮或加工的污染食物，以及通过不正确的灭菌和污染的外科设备或经过源于感染动物/人的组织或体液的人/兽医生物制品，仍进行TSE的传播。

证据提示，并非所有引起痒病的PrP^{SC}均相同；而且存在多个PrP^{SC}株。起初，通过实验动物的接种发现PrP^{SC}株，被观察到的区别在于动物的易感性、疾病的潜伏期和实验动物的CNS损伤模式。随后，在绵羊的实验传播研究中，也观察到类似的区别。

66.1.3 宿主-朊关系

痒病和其他TSE的宿主-朊关系复杂，正如所料，传染性因子所致的疾病实际上代表着对宿主蛋白的修饰。

66.1.3.1 宿主的遗传多样性

PrP^{Sc}暴露后，绵羊对痒病的易感性似乎被所知甚少的因素，包括绵羊的基因型（称为遗传多样性）、所暴露的痒病PrP^{Sc}株和另一个很少被了解的因素（如绵羊的品系）所控制。一种影响绵羊对痒病的潜伏期和易感性的主要因素是绵羊PrP基因136、154

和171位密码子的组成。这些位点上每一种可能的基因型被称为基因多样性。在密码子136位的缬氨酸与易感性相关，而丙氨酸代表抗性。154位的组氨酸指向易感性，而丙氨酸代表抗性。171位的谷氨酸和组氨酸与易感性相关，而丙氨酸与抗性有关。在这三个位点上可能的多态性组合，只有5种在自然条件上以一定频率出现，包括：$A_{136}R_{154}R_{171}$、$A_{136}R_{154}Q_{171}$、$A_{136}H_{154}Q_{171}$、$A_{136}R_{154}H_{171}$和$V_{136}R_{154}Q_{171}$。密码子171似乎在决定绵羊的易感性或抗性上最有意义，至少在北美如此；而密码子136列第二重要位置，密码子154似乎相对不太重要。特别是，171位密码子的Q/Q多样性与对痒病的高度易感性相关，而171位的Q/R和R/R多样性与对痒病的抗性相关。在171位的Q/R多样性的萨福克绵羊，只在很少情况下被诊断出患痒病，只诊断到一例171位Q/R多样性的痒病阳性萨福克绵羊。进一步的数据表明，伴有171位Q/R多样性的痒病绵羊很可能在136位具有A/V多样性。在北美，“美国农业部痒病群体净化计划”已应用这些遗传易感性模式来建立痒病暴露绵羊的剔除或运动限制标准。该标准首先依据诊断为阳性的痒病感染绵羊的多样性，建立痒病潜在株存在的信息。一旦痒病感染者的基因型为已知，种群中有易感基因多样性的剩余动物的限制或剔除标准即可建立，并作为一种消灭该病的方法。这些标准冗长而复杂，但显著的特征包括：如果痒病阳性绵羊在171位为Q/Q，种群中所有剩余Q/Q绵羊将被清除或被严格限制流动。在少数情况下被诊断为痒病的Q/R绵羊，几乎全部被发现具有$A/V_{136}Q/R_{171}$多样性。因此，如果$A/V_{136}Q/R_{171}$绵羊被检测出痒病感染，则所有$A/V_{136}Q/R_{171}$和Q/Q_{171}绵羊，均是被作为清除或限制流动的目标。

在山羊，也有PrP遗传多样性的文献记载，但极少的数据认为，对痒病易感/抵抗受到特异的多样性影响。

66.1.3.2 朊病毒株

多种动物研究的数据表明，朊病毒株存在于个别的朊病中。然而，对于众多朊病，只有一个毒株被鉴定。被报道的痒病的不同毒株，支持不同PrP^{Res}毒株的数据最初来自两个观察资料。在实验室，不同的PrP^{Sc}株侵入易感宿主，导致不同的疾病，这些分离株所引起疾病的潜伏期和脑损伤在分布和性质上存在区别。后来的研究显示，这些分离株构成不同的PrP^{Res}同种型，但造成株间差异的特异性因素还不清楚。该朊病毒似乎含有PrP^{Sc}的密码，与PrP序列（具接受者特异性）结合起来，以决定天然PrP^{Sc}的三级结构。由此推断，每个毒株具有唯一的三级结构，但也提示，在某种程度上，其对宿主的影响依赖于宿主PrP^{C}的氨基酸序列，该序列由宿主的基因组决定，并参与决定PrP^{Res}的最终空间结构。

66.1.3.3 痒病的致病机制

痒病推测性的致病机制包括：遗传上易感绵羊经口服暴露后，首先在扁桃体和胃相关淋巴组织（GALT，特别是回肠派尔氏结）的滤泡树突状细胞和巨噬细胞中检测到PrP^{Sc}。PrP^{Sc}在此处增殖，然后，通过淋巴脉管系统扩散到外周淋巴组织，包括脾和随后被检测的大量淋巴结。此时，可在绵羊咽后淋巴结和第三眼睑的淋巴滤泡中检测到PrP^{Sc}。也可在自主神经系统的脊神经节、邻近的胸脊索和脑干尾部的迷走神经背迷走

核中见到 PrP^{Sc}。这种早期 CNS 的侵入，可能是在回肠或其他处的胃肠道的淋巴滤泡中的神经末梢的入侵后，穿过自主神经和迷走神经，分别抵达胸索和脑干的迷走神经。一旦进入 CNS，PrP^{Sc}复制并扩散。在 CNS 中增加的 PrP^{Sc}产物与 CNS 的退化性损伤和临床症状的发生直接相关。

由于该蛋白质的氨基酸序列与宿主的 PrP^{C} 相同，因此，不产生针对 PrP^{Sc}的体液和细胞免疫反应。这样，没有可用于暴露的死前检测的血清抗体试验，此时，在感染绵羊的 CNS 中，不出现细胞浸润。与痒病或其他 TSE 有关的损伤只发现于 CNS（还有继发性损伤，如毛发丢失）。这些损伤呈两侧分布并局限于灰质区。它们由三种基本变化组成：①海绵状变化，指灰质中神经纤维网中的空泡，代表神经过程的胞浆内空泡；②神经元的退化/丧失，包括神经元胞浆内空泡、缩小、变暗、多角化神经元、少数坏死神经元、神经元丧失；③灰质中的星状细胞吞噬或星状细胞肥大和增生（图 71.4）。损伤首先出现在脑干尾部，进而由此发展到脑干的其他区域、小脑和大脑皮质。在观察到 CNS 的损伤之前，就可通过免疫组化将 PrP^{Sc}显现出来。在神经纤维网中，PrP^{Sc}沉着在神经元和胶质细胞的周围和内部。

最近，对怀孕的痒病感染绵羊的研究表明，在考虑胎儿的母源性感染传播和痒病在畜群中潜在的扩散时，胎儿的遗传易感性起主要作用。该结果显示宫内胎儿感染并不出现在感染母羊。然而，在妊娠期，胎膜可被 PrP^{Sc}感染，并作为妊娠期和产羔后某时期分泌到环境的传染来源。胎盘感染是否由胎儿的遗传多样性控制，还不确定。在一个例子中，当胎儿基因型在 171 位密码子为 QQ 时，在感染母羊的胎盘中，可检测到 PrP^{Sc}，而如果胎儿在 171 位为 QR 抵抗性基因型时，没有检测到 PrP^{Sc}。产羔时，胎盘 PrP^{Sc}是高危险的传染源，易感基因多样性的幼龄羔羊处于高度感染的威胁中。这种对幼龄动物易感性越来越高的原因还不清楚，但已有的理论认为，幼龄动物更发达的 GALT（在大龄动物衰退）可能起作用。

66.1.3.4　穿越种间屏障

对于大多数 TSE，易感宿主的范围有限而特异。制约跨种属传播的屏障称为跨种屏障。在实验室内，这种跨种屏障可被穿越，但还有某些困难。用于促进穿越这些屏障的因素为筛选的 PrP^{Res}直接脑内接种到具有抗性的宿主中，感染的 CNS 组织通过该抵抗种增殖数代。对这些种间屏障的确切原理所知甚少，并可能相当复杂，但影响种间屏障的促进因素包括：

（1）PrP 供体和受体氨基酸序列的同源程度。因为其被认为对 PrP^{C} 以模仿宿主 PrP^{Res}折叠的能力有直接的影响，这种从遗传学上决定宿主 PrP^{C} 氨基酸的机制相当重要。

（2）朊病毒株。如上面所提及的含有 PrP^{Res}折叠的密码。

（3）辅助“X”蛋白的种特异性。其对种间屏障也起决定作用。

综上所述，现有的证据提示，实验室适应的 PrP^{Res}候选株穿越以往种间屏障的过程实际上是对原始 PrP^{Res}修饰的结果。因此，PrP^{Res}分离株现在不仅根据其原始分离株命名，也可结合其实验室适应过程。

66.1.3.5 感染的亚临床携带者

已有一些实验数据提示，在某些情况下，来源于某些 TSE 的 PrP^{Res} 可造成不发病的亚临床携带。另外，在这些携带者中，除生物试验外，很难检测到 PrP^{Res}。例如，对啮齿类的跨种间屏障的实验感染，需通过在啮齿动物中的多次传代。此时，通过对具有抵抗性宿主的最初接种之后，不能检测到 PrP^{Res}。宿主可终生不发生 TSE。然而，当这些宿主的脑组织在同种动物中连续传代后，作为一种跨种适应的结果，TSE 疾病可能被显现出来。

66.1.4 实验室诊断

已研究出几种对组织中 PrP^{Res} 特异性检测的朊病的诊断方法。这些实验依赖于抗 PrP 蛋白的单克隆或多克隆抗体的使用。由于抗体不能区分 PrP^{C} 和 PrP^{Res}，应用生物化学区分 PrP^{C} 和 PrP^{Res} 的实验方法，首先用消化或变性过程破坏 PrP^{C} 的表位［蛋白酶 K 或甲酸消化和（或）高压变性］，只留下具有完整表位的 PrP^{Res}。这些实验包括免疫组化（IHC）和酶联免疫吸附试验（ELISA），并已成功用于多种 TSE 疾病中 PrP^{Res} 的检测。

临死前，可通过第三眼睑活组织 PrP^{Sc} 的免疫组化检测进行痒病的诊断。活组织由第三眼睑内表面可见和可切除的微小淋巴泡的聚集物组成。阴性检验结果不能完全确认该动物未患痒病，原因如下：动物处于感染的潜伏早期，或代表小比例的在 CNS 感染前 PrP^{Sc} 在淋巴组织中并不出现或可被检测的临床感染绵羊，或在淋巴组织中的存在量不足（这似乎多数出现在老龄动物，而且在某些品系的绵羊中更是如此）。

常通过脑的组织病理学评价进行临床感染动物的死后诊断（图 71.4）。损伤程度以及通过常规组织学的准确诊断，与死亡时临床发病动物的严重性直接相关。

66.1.5 治疗和控制

对于痒病，还没有可用的治疗方法，因此，通过阻断、控制或消灭防治该病。在北美，有一个消灭该病的联邦程序性计划，包括：

（1）在相当长的时间内，监测群发病状态的“痒病群合格证计划”，其目的在于在指定群中没有明显的痒病。该计划需要针对单个动物的合格证、饲养记录、报告及种群限制，以确保痒病不被引入到无该病的种群中。

（2）痒病的消灭，通过对该病的监测、诊断、已感染或暴露群的鉴别、阳性或易感/暴露动物的清除、控制可造成痒病潜在扩散的绵羊活动和阻断造成该病从诊断阳性动物返回到其原始种群等措施进行。

在单一的种群，确定群体状态和严格限制新动物的引进，是预防和控制的最佳手段。首先，最好通过痒病群合格证计划监测种群状态。可通过对封闭群的维持实现无该病群的保持，对封闭的母羊群更是如此。如果有新动物引入，必须确保新动物来源于以前所确定的无该病的种群（常常相当困难）。超过 14 月龄动物第三眼睑的检查，被认为可用于该病的确认，但并不是十分安全。筛选具有抗性基因新物种的基因型检测也是有益的，但研究还不能排除具有抗性基因的携带动物的可能。在许多国家，已严格禁止用反刍动物的肉和肉骨饲喂其他反刍动物。

66.2 牛海绵状脑病

66.2.1 病症

牛海绵状脑病（BSE 或“疯牛病”）是一种慢性、进行性及通常致死性退化的 CNS 疾病。该病通常发生于牛、外来有蹄动物、家养和外来猫科动物，很可能引起 vCJD——一种被新认识的人 TSE。作为一种新近认识的 TSE，在 1986 年，BSE 首先出现于英国。第二年，牛 BSE 的发生率迅速加剧，几乎遍及全英国的奶牛。此后不久，在英国，在捕捉的外来有蹄动物和猫科动物中，分离到了其他新的 TSE，还包括家养猫。通过对后者的实验研究和特性鉴定，确立 PrP^{Res} 是致病因子。同时表明，BSE，不同于其他 TSE，具有与众不同的广泛宿主。有意义的是，在同一时期，vCJD 也出现于英国的少数年轻患者。与散发的 CJD 不同，vCJD 发生在更年轻的人，具有不同的时间周期、EEG 图形和临床症状。绵羊、猪、灵长类（短尾猴）、绒、狐猴和鼠，对 BSE 实验性易感，但没有该病在这些动物中的自然发生的记载。绵羊对 BSE 的实验性口服接种易感，但进一步引起的关注是如何与痒病区分。因为结合 vCJD，BSE 被认为是公共健康的主要威胁，是所有存在该病国家清除计划和该病没有发生国家集中监测和阻止的首选目标。

随着 BSE 在英国的广泛检测，通过感染肉和肉骨、被感染的存活动物及可能存在其他感染的动物产品，BSE 病例出现于其他国家。到 2003 年 8 月，共有 23 个国家报告有 BSE 病例，其中包括欧洲的几个国家，以及日本、以色列和加拿大。

流行病学分析强烈提示，自然条件下，BSE 传播的主要模式是通过食入含有已感染动物废弃物的肉和肉骨。从动物到动物的水平传播不具有临床意义。年轻牛较成年牛更易感，而且在患 BSE 母牛所产犊牛中，危险越来越大，提示具有低水平的母源相关性传播。然而，对于这种犊牛高危险的机制还不清楚（例如何种作用主导母-犊的母源性传播、遗传易感性及食源性暴露所起的作用）。还没有强有力的证据表明，通过已感染环境造成的传播，但在 1996 年 8 月 1 日禁止对此后出生动物饲喂动物蛋白后，英国仍发生少数新 BSE 病例，这一现象令人不安。

在英国，造成 BSE 出现的感染材料的最初来源可能永远不得而知。已有两种用于解释 BSE 出现的理论：①BSE 发自被痒病污染的、含绵羊废弃物的肉和肉骨饲喂牛；②BSE 源自牛单个自发的 BSE 病例，经处理后，以污染的肉和肉骨饲喂其他动物。有人提出第三种理论 BSE 源自其他被感染动物的废弃物。流行病学数据提示，不考虑来源（已感染绵羊、牛或其他动物），暴露于 PrP^{Res} 的牛越来越多。另外的流行病学数据表明，痒病是 BSE 的最初来源，包括 20 世纪 80 年代，痒病在绵羊群中的流行持续性升高，当时 BSE 可能出现，可能造成痒病在英国的持续流行；肉和肉骨是列入乳用犊牛饲料的最廉价食物来源。然而，这几点有关来源的理论还难以解释（是否 BSE 源自最初的痒病感染绵羊或BSE感染母牛）BSE是如何同时出现在英国的多个地方，除非这种单一的传染源有广泛分布。一旦BSE感染在牛群中被建立，传播很容易通过用含BSE感染牛组织的肉和肉骨饲喂牛而扩散。在英国，BSE很快达到大面积流行。在1992～1993年达到流行高峰，1992年，诊断病例达到37 280例。已建立的疾病消除和防止计划已成功地减少了病例数。已发生的BSE向猫科和外来有蹄动物的传播被认为是通过饲喂感染的动物蛋白而造成的，但vCJD的来源还没有被证实，食入污染的动物产品被认为是最可能的来源。

BSE具有长的潜伏期，平均达4～5年。临床症状包括体质变差或体重减轻，并伴有不只一种CNS症状，包括行为改变（忧虑、恐惧、易惊和沉郁）、感觉过敏、反射亢进、肌束颤动、痉挛、肌阵挛、共济失调、伸展过度、瘙痒症和自身功能障碍（反刍减少、心搏徐缓）等。

66.2.2 致病因子

BSE由与所有异常朊具有相同物理和化学特性的PrP^{Res}朊引起。只有一株BSE（PrP^{Res}）已被鉴定。与痒病不同，对BSE的易感性还未发现与任何牛的PrP基因多态性有关，不同品系牛的易感性、已报道的潜伏期，在年龄方面还未检测到差别。痒病自然感染的绵羊中也未发现PrP^{BSE}，但人们已认识到BSE感染绵羊的潜在威胁。未发现PrP^{Res}株与PrP^{BSE}株相似，但可供比较的毒株有限。

66.2.3 宿主-朊关系

在牛PrP基因多态性被鉴别的同时，没有证据表明，这种多态性对该病的易感性有影响。与痒病不同，CNS感染和临床症状出现之前，在淋巴组织中能轻易检测到PrP^{BSE}。但只能在自然感染牛的CNS（脑和脊索）和视网膜中检测到PrP^{BSE}。实验室研究表明，其确实可通过淋巴组织穿行，但与痒病相比，其不能被平行检测到，且数量相对较少。以下是牛实验研究的简要概述。

牛口服接种之后，在接种后（PI）6个月，首先在回肠远端的淋巴泡中检测到PrP^{BSE}。在PI的更后期，PrP^{BSE}偶尔在回肠被发现。在一个研究中，在PI的6～14个月，还从扁桃体中检测到。在PI后的32个月，在CNS和背根神经节首先检测到。随后在PI的36个月，出现在三叉神经节。还没有在自然感染牛的咽后、肠系膜或腿弯部的淋巴结检测到PrP^{BSE}。在CNS中，其持续性聚集与通常情况下类似其他TSE的退化性CNS损伤有关。与其他TSE类似，宿主不产生针对PrP^{BSE}的免疫反应。

66.2.4 实验室诊断

目前还没有可供使用的BSE死前诊断。脑的死后诊断类似痒病（免疫组化、ELISA和针对CNS而非淋巴组织的蛋白质印迹试验）。这些试验应用于BSE感染国家，并作为国内消灭计划的一部分。临床感染动物脑的常规组织学检查，可见到与BSE一致的损伤，但需要验证试验进行确诊。在美国，由美国农业部的动植物健康检测服务机构执行全国性的监测计划。监测的样品包括表现有神经症状牛的野外病例、因神经原因被屠宰的牛、被委托到公共卫生实验室的狂犬病阴性牛、被委托到兽医诊断实验室和医疗机构的有神经症状的病例、不走动的牛（“倒地者”）及农场中的垂死牛等。

66.2.5 治疗和控制

对于 BSE，没有治疗方法。已确认存在 BSE 病例的国家试图消灭这种病，没有出现该病的国家制定了预防/监测计划以阻止其发生。在英国，政府已采取了一系列关键措施以阻止 BSE 的食源性传播。这些措施，结合检测、诊断和消灭计划，在阻止流行和急剧减少牛病例数上已被证明相当成功。这些措施的关键是 1988 年 6 月禁止在反刍动物的饲料中使用肉和肉骨材料。接着，在 1990 年 9 月，进一步禁止了特定的牛废弃物在任何动物的食物原料中的使用；牛的组织被认为隐匿着最高浓度的感染性材料。尽管这些措施导致新病例的大量减少，在 1996 年 3 月，有证据表明，新的食源性病例继续存在于动物中，食物禁令被扩大到对在任何农场生产的食物中全面禁止使用哺乳动物蛋白。

66.3 慢性消瘦病

66.3.1 病症

慢性消瘦病（CWD）是最初发现于北美黑尾鹿、白尾鹿和麋鹿的一种致死性、慢性、进行性退化性 CNS 疾病。尚没有报道人的 TSE 病例与 CWD 有关。在 1967 年，CWD 在科罗拉多被首次诊断。该病随后被认为是科罗拉多、怀俄明州、内布拉斯加周围地区鹿和麋鹿的一种地方性流行病。该病的范围和发生率在 1990 年后加速。这种突然扩大的原因还不清楚，但该病的唯一特征和捕捉鹿的饲养很可能起作用。与 BSE 不能通过接触传播形成明显对照，CWD 可通过直接接触侧向扩散。CWD 的侧向传播似乎比痒病更有效。感染动物 PrP^{CWD} 的分泌源和未感染动物的被接种模式还不清楚，但口服被认为是发生自然感染最可能的途径。传播模式研究提示，通过分泌的侧向传播，可能始于或先于感染鹿和麋鹿的临床症状出现。当处于一个特定的封闭环境中时，CWD 从已感染向未感染鹿或麋鹿扩散。除直接接触传播外，间接传染发生于污染的牧场或围场，这种间接传播似乎比报道的痒病更为有效。这种相对容易的直接和间接传播，可能解释了在某些感染的捕捉群中 CWD 的高发生率（在一个群中大于两年的黑尾鹿超过 90%）。在地方性流行区的自由活动鹿群中，CWD 的发生率也较高（<1%～15%）。

除相对容易的传播外，通过鹿场间的运输也促进了该病的地理性扩散。2002 年，在北美，已在科罗拉多、怀俄明州、内布拉斯加、威斯康星、南达科塔、伊利诺伊、萨斯喀彻温、加拿大的自由放牧的鹿和南达科塔、内布拉斯加、科罗拉多、俄克拉荷马、堪萨斯、明尼苏达、蒙大纳、威斯康星和加拿大的阿尔伯达和萨斯喀彻温省的圈养鹿中检测到该病。在朝鲜共和国出口的圈养麋中诊断出该病。该病也可能发生母源性传播(母源传播是否发生，还没有明显的直接证据)，但模式研究揭示，CWD 的传播不能仅仅用母源性传播解释。在野外，CWD 感染尸体的腐败物也可能发生传播，通过捕食、蛆和暴露于捕食的鹿将 PrP^{CWD} 释放到环境中。

在牛、绵羊和山羊中，实验性 CWD 的感染已被证实，但只能通过脑内接种。似乎在这些宿主和 PrP^{CWD} 感染者之间存在种间屏障。从鹿或麋鹿向这些动物的自然传播还未被证实。在直接或口服接种暴露后 5 年多，也没有观察到对牛实验性传播的数据。

基于对自然病例的检查，CWD 的最小潜伏期被认为有 16～17 个月，与痒病或 BSE 相比，这是一个可评估的较短的潜伏期。患临床症状的鹿或麋鹿表现为体重减少并伴有一或多种 CNS 异常：行为改变（与管理者间相互关系的改变、行走方式、沉郁和头低耳耷)、烦渴、多尿、持续性流涎或流口水、不协调、共济失调、头部痉挛、两腿间距变宽和高度兴奋。然而，在自由活动鹿，不易观察到临床症状，显著的尸检特征可能包括消瘦，致死原因包括吸入性肺炎和可能的吞咽困难或流涎。

66.3.2 病原学

CWD 由物理、化学特性与其他异常朊相似的 PrP^{CWD} 引起。可能永远不会知道 PrP^{CWD} 的最初来源，但可能包括随着鹿或麋鹿最初暴露于痒病后，在鹿科或交叉种间的自主突变。在鼠体上进行的毒株分型研究表明，PrP^{CWD} 与痒病、BSE 和传染性貂脑病（TME）几个株的病原不同。目前还没有对 PrP^{CWD} 株进行分析的有关信息。

66.3.3 宿主-朊关系

已有多种 PrP 基因多态性的描述，但这些多态性对该病的易感性的影响是未知的。在关于捕捉鹿研究中所记载的相当普遍的 CWD 的易感性，可能提示抗性基因型即使存在，也不普遍。

类似于痒病，在遍及感染鹿和麋鹿的全身淋巴组织中，可容易地检测到 PrP^{CWD}，而且组织分布的致病机制与痒病具有许多相似性。在口服暴露后，PrP^{CWD} 在脑中被检测到之前，首先在淋巴组织中被检测到。实验研究发现，在感染后 42h，在回肠的派伊氏小结、回盲淋巴结、扁桃体和咽后淋巴结发现有 PrP^{CWD}；类似于痒病，首先在位于脑干根部（obex）的迷走神经背核中检测到 PrP^{CWD}。在一个研究中，在 GALT 中检测到 PrP^{CWD} 的 3 个月后，PrP^{CWD} 在 obex 中被首次检测到。CWD 特异性损伤限于 CNS，其总体特征上与其他 TSE 相似。

66.3.4 实验室诊断

对于 CWD，没有死前诊断。已有的死后诊断类似于应用于痒病的试验，在美国，某些用于检测痒病的单克隆抗体也应用于 PrP^{CWD} 的检测。如果有足够的 CNS 损伤形成，则临床感染动物的假设性诊断可建立在常规组织学的基础上。还需通过另外的试验进行确诊。

66.3.5 治疗和控制

没有对于CWD的治疗方法。长潜伏期、具有抗性的病原因子、缺乏可靠的死前诊断试验及对传播模式的不完全了解，所有这些，均使控制或消灭CWD的努力复杂化。对感染群的检疫和全群处理是农场化控制该病的主要方法。即使对已感染的农场化饲养动物进行全群处理，由于环境污染的存在，放入新的未感染动物后的重新感染仍值得关注。穿出围栏或进入围栏、从已感染群向连续的自主运动群的扩散以及从地方性流行的自主活动群向圈养群的扩散，均是需要关注的问题。因此，在圈养条件下，推荐采用一种有力、充分的监测计划。不仅鉴定和剔除已感染动物，也控制感染动物向其他牧场的运动。自由活动群的管理较为困难。现在的管理涉及对流行的有效监测，在重点流行区，结合围堵和通过筛选降低发生率。在地方性流行区，禁止人员搬迁和饲养自由活动鹿。在地方性流行区，筛选没有明显感染流行的动物。在科罗拉多，一种局域性的减群计划已被执行，但该计划的效果还未被确定。有人认为，在地方性流行种群建立之前，自由活动的新感染病例被早期诊断的情况下，具有积极进取意义的筛选和减群计划在这样的地区可能有效。被屠宰的感染尸体向未感染区的运输及随后通过丢弃感染废弃物，存在污染新环境的潜在性，CWD向新地区的潜在扩散也是值得关注的问题。目前，美国正在执行一种从圈养的麋鹿中清除CWD的USDA计划。

第 4 篇　临 床 应 用

第 67 章　循环系统和淋巴组织

Richard L. Walker

循环系统包括血液-血管系统和淋巴系统。血液-血管系统由心脏、动脉、毛细血管、静脉和血液本身的成分组成。本章也包括了有关围绕心脏的心包囊感染的内容。淋巴系统由毛细淋巴管、传入淋巴管、淋巴洁和传出淋巴管组成，传入淋巴管的作用是从组织中排出组织间液和细胞，传出淋巴管的作用是使淋巴和细胞（主要是淋巴细胞）从淋巴洁再循环至心血管系统。因为功能相关性及通过循环系统的细胞流通，本章还包括了其他淋巴组织（脾、骨髓和胸腺）的感染。尽管副黏膜淋巴组织的组织性较差，但在其他淋巴组织中还是包括了副黏膜淋巴组织。在有关系统或涉及参与的特定因子的章节，还特别讨论了副黏膜淋巴组织免疫监控功能以及作为一些病原体进入宿主潜在位点方面的作用。

尽管功能相似，动物和鸟类的淋巴组织仍存在着解剖学上的不同，鸟类的主要淋巴器官是法氏囊，是一个位于背部的淋巴上皮器官，与泄殖腔相通，是 B 淋巴细胞分化的主要部位。大部分禽类没有淋巴结，而是依赖于盲肠扁桃腺、Peyer 结和肠内的梅克尔憩室，以及不同器官的淋巴滤泡、脾、淋巴组织（副泪腺）特定的鼻旁浓度发挥次级免疫功能。

67.1　抗微生物特性

通过从循环中清除潜在病原，脾和肝的吞噬细胞为血管系统提供了主要的防御。基于在血管系统的定位和由传染性微生物或者其毒素引起的直接损伤，或者作为随后炎症反应引起间接损伤的严重性，损伤修复的能力是不同的。心肌的再生能力很差。导致心肌细胞死亡的感染过程引起瘢痕的形成。摧毁内皮细胞的小血管损伤能够在这些血管内形成血栓。未受损伤的外围内皮细胞增生，替代了损伤细胞区域并影响供血血管。

在抵抗感染方面，起主要作用的淋巴组织是动物免疫系统（主要是淋巴组织）的主要因素，也是免疫监控和防御的主要力量。有关淋巴组织免疫防御机制的细节，请参考第 2 章。淋巴组织的监控作用使其暴露于多种潜在的病原微生物，如果没有这种机制，会导致淋巴组织疾病，或引起全身感染。

67.2　短暂和持续的微生物

通常认为，循环系统和淋巴组织不具有正常的微生物菌群，但由于外伤、侵入事件（如拔牙、消化系统内窥镜检查和尿道导管插入术等）或损伤黏膜屏障的治疗并发症，会导致暂时性菌血症的发生，从而使正常的黏膜寄生物进入血流。慢性疾病，如严重的牙龈疾病，会损伤宿主的屏障，从而导致自发的菌血症。在一些情况下，菌血症的发生是不能预知的，发病情况也不确定。继发性菌血症往往是暂时的，只能在脾和肝内的噬菌细胞消灭之前持续一小段时间（小于 30min）。并不是所有的微生物都能很快被消灭，它们会在血管系统中持续较长一段时间，例如，巴通氏体会引起猫的持续但临床症状不明显的菌血症。菌血症可以作为引起循环系统严重感染的病原微生物的来源（如传染性心内膜炎、细菌性败血症）。

显微和分子水平的研究表明，特定的微生物可以在血液定居，而不是通过短暂的菌血症方式存在，并且这些“抗性”在血液中以一种良性的方式持续。然而，仍然需要更确切的证据证明血液中存在真正的正常菌群。

一些病毒，尤其是反转录病毒，会使动物的淋巴组织和血液细胞终生带毒。

67.3 感染

病原微生物通过多种机制进入循环系统，包括直接接种到血液（如被昆虫叮咬、污染的针头、输血等），或经由血管系统和淋巴从初始病灶扩散。

经淋巴系统进入的微生物可能被消除，或者至少会被广泛分布的淋巴结捕获。如果能从淋巴结侥幸逃生，它们会分散在血液中，从而分布到身体的其他部位。因此，循环系统为病原体从所在部位向最终靶器官的运输提供了通路。很多病毒性感染是靠病毒血症将病原体分散于宿主的，但往往临床症状并不明显，因此，在这一过程中，循环系统是否受影响是不确定的。与之相类似，某些细菌和真菌也是经由循环系统到达第一或第二靶器官的，却不引起明显或主要的临床症状。

本章重点介绍了循环系统和淋巴组织的感染，另外还介绍了与循环系统和淋巴组织直接相关的特定损伤或临床症状，许多病原体也会引起全身性的、非特异性的症状，如发烧、食欲减退、消沉、卧床和体重减轻。某些心血管系统感染表现出很少或者没有先期症状的急性致命性感染（如炭疽热、气肿疽）。在表 67.1 至表 67.7 中，列出了引起家畜和家禽循环系统和淋巴组织感染的常见且重要的传染性病原体。在关于每一种病原的特定章节，应该提到致病机制、临床症状谱和相关的病理特征。

表 67.1　犬循环系统和淋巴组织常见的重要传染性病原

病原	疾病名称	循环系统/淋巴组织症状
病毒		
犬 1 型腺病毒	犬传染性肝炎	弥漫性血管内凝血、口腔於斑性出血、淋巴结病
犬瘟热病毒	犬瘟热	白细胞减少症、新生儿心肌炎
犬 1 型疱疹病毒	犬疱疹	新生巴吉度猎犬出现无显著特征的出血斑、淋巴坏疽
犬细小病毒	犬细小病毒病	白细胞减少症、淋巴坏疽、心肌炎
细菌		
巴通体[a]	感染性瓣膜性心内膜炎（猫抓病）	心脏杂音、瓣状心内膜炎
博氏疏螺旋体	犬莱姆疏螺旋体病	心律失常、心肌炎
埃利希氏体[b]	埃利希氏体病	贫血症、出血、下肢水肿、淋巴结病、脾肿大

续表

病原	疾病名称	循环系统/淋巴组织症状
丹毒丝菌属	感染性瓣状心内膜炎	心脏杂音、栓子形成、瓣状心内膜炎
钩端螺旋体属	钩端螺旋体	无显著特征的出血斑、黄疸、败血病
蠕虫新立克次氏体	鲑鱼中毒	淋巴结病、脾肿大
立氏立克次氏体	落基山斑疹热	水肿、出血斑、淋巴结病、心肌炎、瓣裂

a. 包括文氏巴通氏体 berkhoffi 亚型（五日热巴尔通氏体）和克氏巴通氏体；b. 其他埃利希氏体种类引起贫血症、白细胞减少症和血小板减少的临床表现。

表 67.2　猫循环系统和淋巴组织常见的重要传染性病原

病原	疾病名称	循环系统/淋巴组织症状
病毒		
猫泛白细胞减少症病毒	猫泛白细胞减少症	贫血症、白细胞减少症、淋巴结病、继发感染
猫传染性腹膜炎病毒	猫传染性腹膜炎	免疫复合物血管炎/血管周围炎、淋巴结病、心包积液
猫白血病病毒	猫白血病	贫血症、淋巴衰竭、淋巴肉瘤、骨髓增生性疾病、继发感染
猫瘟病毒	猫瘟	白细胞减少症、肠系膜淋巴结病
猫肉瘤病毒	猫肉瘤	纤维肉瘤
细菌		
血支原体	猫传染性贫血症	贫血症、黄疸、脾肿大
土拉热弗朗西斯杆菌	土拉热	白细胞减少症、淋巴结病、淋巴结溃疡、脾肿大
犬链球菌	猫腺疫	宫颈淋巴结炎、淋巴结溃疡
鼠疫杆菌	瘟疫	宫颈/颌下淋巴结炎、淋巴结溃疡、败血病

表 67.3　马循环系统和淋巴组织常见的重要传染性病原

病原	疾病名称	循环系统/淋巴组织症状
病毒		
非洲马瘟病毒[a]	非洲马瘟	肺血管炎、皮下和眼睑浮肿
马传染性贫血病毒	马传染性贫血	贫血症、出血斑、黄疸、脾肿大
马传染性动脉炎病毒	马传染性动脉炎	水肿、出血斑、白细胞减少症、血管栓塞
委内瑞拉马脑炎病毒[a]	委内瑞拉马脑炎	胸腺、脾脏、骨髓细胞损耗
细菌		
纽氏放线菌属	放线菌病	下颌胸腺脓肿
吞噬细胞无浆体	马艾利稀氏体病	贫血症、下肢水肿、出血斑
新生败血病病原体[b]	新生儿败血症	败血症、低血压、脏器衰竭
鼻疽伯克霍尔德氏菌[a]	马鼻疽	淋巴管炎、淋巴结炎、脾脓肿
假结核棒状杆菌	马媾疫	淋巴管炎
新立克次氏体	波特麦克马热病	白细胞减少症、肠系膜淋巴结病
马链球菌兽疫亚种	马鼻腔肺炎	咽/下颌淋巴结炎/脓肿
	出血性紫癜	免疫复合物血管炎、水肿
真菌		
皮疽组织胞浆菌	流行性淋巴管炎	淋巴管炎、局限性淋巴管炎
申克孢子丝菌	孢子丝菌病	淋巴管炎

a. 在美国，被划分为一种外国动物病原体疾病；b. 包括李氏放线杆菌、大肠杆菌、沙门氏菌、马链球菌兽疫亚种。

表 67.4　牛循环系统和淋巴组织常见的重要传染性病原

病原	疾病名称	循环系统/淋巴组织症状
病毒		
狷羚疱疹病毒 1 型[a]	恶性卡他热	出血斑、白细胞减少症、淋巴增生、淋巴结病
牛白血病病毒	牛白血病	犬猫淋巴肉瘤
绵羊 2 型疱疹病毒	恶性卡他热	出血斑、白细胞减少症、淋巴增生、淋巴结病
裂谷热病毒[a]	裂谷热	脾肿大、大面积出血斑
牛瘟病毒	牛瘟	白细胞减少症、淋巴器官破坏
细菌		
边缘无浆体	无浆体病	贫血症、黄疸、脾肿大
化脓隐秘杆菌	创伤性 reticulopericarditis 感染性瓣状心内膜炎（猫抓病）	心包炎（常为微生物引发） 心脏杂音、心衰竭、瓣状心内膜炎
炭疽芽孢杆菌	炭疽	水肿、败血症、脾肿大、孔穴出血
气肿疽梭菌	气肿疽（黑腿病）	心肌炎、心包炎
溶血梭状芽孢杆菌	微粒孢子虫病	黄疸、血管内溶血、出血斑
粒细胞埃立克体[a]	非洲心水病	水肿、出血斑、心包腔积水、脾肿大
钩端螺旋体属	钩端螺旋体病	贫血症、黄疸、血管内溶血
类结核分枝杆菌	约尼氏病	肠系膜淋巴导管肉芽肿性淋巴管炎
牛分枝杆菌	牛结核菌病	支气管的肉芽肿性/纵隔淋巴管炎
多杀巴氏杆菌浆液类型 B：2 或 E：2[a]	出血性败血症	水肿、出血斑、出血淋巴结病
沙门氏菌[b]	沙门氏菌病	败血症、脾肿大

a. 在美国，被划分为一种外国动物病原体疾病；b. 常见种类包括都柏林和鼠伤寒。

表 67.5　绵羊和山羊循环系统和淋巴组织常见的重要传染性病原

病原	疾病名称	循环系统/淋巴组织症状
病毒		
蓝舌病病毒	蓝舌病	头脖水肿、出血斑、充血
动物瘟疫病毒[a]	瘟疫	常见淋巴结病、白细胞减少症、脾肿大
裂谷热病毒[a]	裂谷热	脾肿大、大面积出血斑
牛瘟病毒[a]	牛瘟	白细胞减少症、淋巴器官破坏
细菌		
ovis 无形体	无浆体病	贫血症
炭疽杆菌	炭疽病	水肿、败血症、脾肿大、孔穴出血
假结核棒状杆菌	干酪样淋巴结炎（假结核病）	淋巴结炎、胸腺脓肿
血红素支原体	附红细胞体病	贫血症
曼氏溶血杆菌（绵羊）	败血性巴氏杆菌病	羔羊出血性败血症
蕈状支原体（山羊）(大群体类型)	败血性霉浆菌体	败血症、心包炎
海藻巴氏杆菌（山羊）	败血性巴氏杆菌病	羔羊出血性败血症
金黄色葡萄球菌	羔羊扁虱脓毒血症	淋巴结病、败血症

a. 在美国，被划分为一种外国动物病原体疾病。

表 67.6 猪循环系统和淋巴组织常见的重要传染性病原

病原	疾病名称	循环系统/淋巴组织症状
病毒		
非洲猪瘟病毒[a]	非洲猪瘟	常见水肿/出血斑/血梗、胸腺出血、心包炎、皮肤发绀、脾肿大
脑心肌炎病毒	脑心肌炎	心包腔积水、心肌炎、心包炎
猪霍乱病毒[a]	猪霍乱、典型猪瘟	常见出血斑/血梗、胸腺出血、类淋巴组织消耗、皮肤发绀、动脉梗死
Lelystad 病毒（猪生殖和呼吸系统综合征病毒）	猪生殖和呼吸系统综合征	淋巴结病、心肌炎、生长缓慢
猪圆环病毒	仔猪断乳衰竭综合征	淋巴结病、心肌炎、生长延缓
细菌		
炭疽芽孢杆菌	炭疽	咽淋巴结病和水肿、败血症
假鼻疽伯克霍尔德菌[a]	类鼻疽	胸腺和脾脓肿
猪红斑丹毒丝菌	丹毒	出血斑、脾肿大、皮肤发绀、瓣状血梗感染性心内膜炎
大肠杆菌	败血症	未断奶小猪败血症、皮肤发绀、器官堵塞、淋巴结病
大肠杆菌（产志贺样毒素）	水肿病	皮下组织/胃黏膜水肿导致血管炎
副猪嗜血杆菌	格拉泽病	心包炎、败血症
鸟分枝杆菌[b]	猪分枝杆菌症	肉芽肿性子宫颈、咽和肠系膜淋巴结病
支原体属[c]	支原体多浆膜炎	心包炎伴随其他浆膜炎
血红素支原体	猪附红细胞体征	贫血症、黄疸、脾肿大
沙氏杆菌[d]	沙氏杆菌病	淋巴结病、皮肤发绀、败血症、脾肿大
豕链球菌	面颊脓肿	子宫颈淋巴结炎
猪链球菌	链球菌败血症	心包炎、败血症

a. 在美国，被划分为一种外国动物病原体疾病；b. 建议鸟分枝杆菌的猪类变种包括在其亚种。其他分枝杆菌类型包括堪萨斯分枝杆菌、蟾分枝杆菌和偶发分枝杆菌；c. 包括猪肺炎支原体、猪鼻支原体和猪滑液支原体；d. 多数常见种类是 Kunzendorf 霍乱型和伤寒型。

表 67.7 家禽循环系统和淋巴组织常见的重要传染性病原

病原	疾病名称	循环系统/淋巴组织症状
病毒		
禽流感 H5 或 H7 型病毒（高致病性）[a]	禽流感、鸡瘟	常见出血斑、头、垂肉和鸡冠水肿、淋巴组织坏死、心肌炎
鸡白细胞增生病毒（鸡）	鸡白细胞增生	贫血症、肝血管瘤、淋巴肿瘤、子宫肉瘤
鸡贫血病毒（鸡）	鸡贫血	贫血症、出血斑、心包腔积水、淋巴和造血组织发育不全
鸡新城疫病毒[a]	鸡新城疫	常见出血斑（特别是肠内的）、水肿
传染性法氏囊炎病毒（鸡）	传染性法氏囊炎、传染性法氏囊炎	扩大/出血性黏液囊、淋巴坏疽、缺乏 B 淋巴细胞、抑制生物体的免疫反应

续表

病原	疾病名称	循环系统/淋巴组织症状
马立克氏病毒（鸡）	马立克氏病	心脏、囊、胸腺和脾的淋巴瘤
网状内皮组织增生病毒（火鸡）	网状内皮组织增生病	淋巴肉瘤形成、淋巴瘤
火鸡腺病毒（火鸡）	火鸡出血性肠炎	抑制生物体的免抑反应、肠内出血、脾肿大
细菌		
鹅疏螺旋体病	禽螺旋体病	贫血病、出血斑、脾肿大
鹦鹉热衣原体（火鸡）[b]	饲鸟病、禽衣原体病	心包炎、脾肿大、纤维分泌液
猪红斑丹毒丝菌	丹毒	常见出血斑、脾肿大梗死、瓣状心内膜炎
大肠杆菌	蜂窝织炎	心包炎、脐炎、败血症、脾肿大
鸟分枝杆菌	禽伤寒	脾肉芽瘤
多杀巴氏杆菌	禽霍乱	常见出血斑、心包炎、败血症
沙门氏菌[b]	沙门氏菌病[c]	心肌炎、脐炎、心包炎、脾炎

a. 在美国，被划分为一种外国动物病原体疾病；b. 包括种类有雏鸡白痢沙门氏菌、鸡沙门氏菌和伤寒沙门氏菌；c. 包括雏鸡白痢、传染性法氏囊炎和禽伤寒。

67.3.1 细菌脓毒症

细菌性败血症表现为血管崩溃和多器官功能衰竭，以及特异性地改变器官灌注的症状、发热、呼吸急促和体温降低等。最常见的败血症病原体是属于肠杆菌的革兰氏阴性细菌，其他革兰氏阴性菌（如铜绿假单胞菌、巴氏杆菌科的成员）和革兰氏阳性球菌（如葡萄球菌、链球菌等）也会引起败血症。败血症多发于新生幼仔，生产动物、马和家禽尤其重要。在兽医临床，状态衰弱动物的密集饲养已经增加了获得医院感染的风险和发生脓毒症的可能性。

决定败血症发生的重要因素是革兰氏阴性菌的脂多糖和革兰氏阳性菌细胞壁的主要成分（如肽聚糖、磷脂壁酸等）。这些病原相关分子结合到单核细胞和巨噬细胞的受体信号复合物上。跨膜信号转导受体——Toll 样受体，在这一过程中发挥重要作用。细胞暴露于这些微生物，导致免疫反应的失调和主要负责在脓毒症中观察到的全身效应的过高水平的前炎症细胞因子（TNF-α、IL-1 和 IL-6）的产生。Toll 样受体也被发现排列在血管的内皮细胞上。

一些革兰氏阳性菌产生大量的超抗原，非特异激活产生超量的前炎症细胞因子的 T 淋巴细胞。凝结物异常，尤其是散布于血管内的凝结物异常，也是败血症的一个结果。在细菌性败血症期间，通过直接显微检查的方式，很少能发现高数量的微生物。在疾病晚期，某些细菌会在血液中大量出现，从而可以直接进行涂片观察。炭疽的病原体——炭疽芽孢杆菌会引起反刍动物严重的败血症，而且在其死亡之前的血液中，会发现大量的微生物（图 67.1）。禽霍乱的病原体——巴氏杆菌和禽螺旋体病的病原体——包柔氏螺旋体也能在被感染的鸟类血液中大量发现。

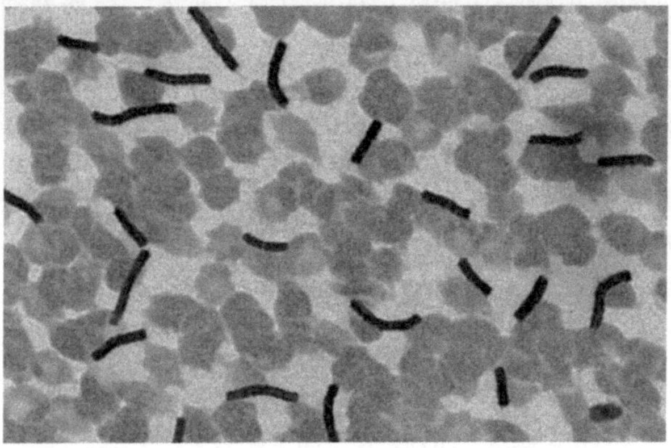

图 67.1 患炭疽的牛血液涂片。在牛死前 1h 收集血液，在涂片上出现大量巨大方形末端的杆状炭疽杆菌。瑞氏染色法。

67.3.2 心脏和心包膜感染

心脏的感染主要为传染性瓣膜性心内膜炎（通常为细菌性）和心肌炎（细菌性或病毒性）。心包膜感染由全身感染的心脏病灶（如心内膜炎）或邻近组织感染的扩散（如胸膜、肺的感染）引起。

67.3.2.1 传染性瓣膜性心内膜炎

身体其他部位的细菌侵入心脏瓣膜，会引起瓣膜性心内膜炎。心脏先前的损伤或功能异常会引起血小板和纤维蛋白的沉积，为循环中出现的细菌提供附着点，这些细菌通常由前面描述的短暂性菌血症的一个机制产生。细菌表面附着因子包括表面葡聚糖和纤维结合素结合蛋白，通过附着点附着到心脏瓣膜上。瓣膜上暴露的细胞外基质也会有利于表达纤维蛋白原或者昆布氨酸的结合蛋白的受体。以前存在的心脏瓣膜损伤不是传染性瓣膜心内膜炎发生的绝对条件，其他心脏异常（如犬的主动脉狭窄）或心脏介入操作（如导管插入术）也会使心脏瓣膜感染的可能性增加。瓣膜性心内膜炎的后遗症有血栓、多器官梗塞和猝死。

引起传染性心内膜炎的大部分（非全部）细菌是革兰氏阳性菌，包括链球菌、肠道球菌、棒状杆菌和阿卡诺菌。丹毒丝菌属病原体多伴生于某些动物（如猪、犬、家禽）的瓣膜性心内膜炎，感染的革兰氏阴性菌通常是肠杆菌科或伯克霍尔德菌科的成员，另外一种革兰氏阴性菌巴通氏体属菌被越来越多的人认为是造成犬瓣膜性心内膜炎的原因。

67.3.2.2 心肌炎

心肌炎就是心肌发炎，由具有感染病灶的心脏系统感染引起，会直接损伤心肌细胞或供给心肌的血管内皮组织。心肌损伤的机制有几种：①病原体对心肌细胞的直接毒性作用；②循环中毒性产物的作用；③免疫介导的机制。多种不同的传染性病原都可能引发心肌炎。一些常见的微生物病原体特异性地引起心肌炎，包括犬细小病毒、猪脑心肌炎病毒、牛气肿梭菌、反刍动物和家禽的单核李氏杆菌。

67.3.2.3 心包膜的感染

心包积液（即心包腔中有浆液积聚）及其他的全身症状，是某些传染病（如牛水心胸病、非洲马瘟和鸡贫血病毒感染等）的特征，也是血管损伤的结果。由于在血管中免疫复合物的沉积作用（猿的感染性腹膜炎），损伤会导致外周囊的液体积流。

心包炎表示一种心包膜的炎症，像心肌炎一样，也是由多种病毒和细菌性病原体引起的，通常是全身性感染的一部分，这些全身性感染包括其他浆膜表面和腔体（如猪Glasser氏病、山羊支原体败血症）的感染（图67.2）。

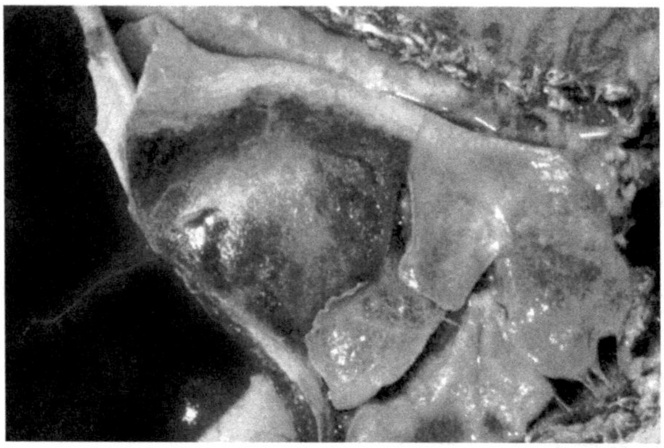

图67.2 由蕈状支原体蕈状亚种（大菌落变种）败血病引起的山羊心包炎和胸膜炎。

牛外伤性网状心包炎（金属器皿病）是最常见的动物外伤性心包感染，通常由线形金属物（如电线、钉子）通过网状组织和隔膜刺入心包囊，使细菌得以进入心包引起感染。这种感染涉及多种病原体，包括化脓隐秘杆菌、金黄色酿脓葡萄球菌和坏死梭杆菌。

67.3.3 影响血管的感染

通常，通过内皮细胞-白细胞的相互作用，促凝结活性和释放介质（细胞因子或趋化因子）、血管内皮在大多数炎症反应中发挥着交互式的作用。感染小血管和毛细血管内皮细胞的病原体可引起坏疽，使血管通透性增加，这直接源于病原体或它产生的毒素对血管内皮的损伤，或源于免疫复合物沉积及其炎症反应。内皮屏障的破坏导致了感染器官的水肿和（或）出血，临床症状取决于病原体和血管被感染的主要部位（如非洲马瘟和患有明确肺水肿的肺脉管系统）。作为脑出血结果的犬的中枢神经系统症状归因于立克次氏体、落基山斑疹热病原体及其引起的血管损伤。与之相类似，在猫科动物的感染性腹膜炎，由于免疫复合物沉积损伤了血管壁的完整性，从而导致液体在浆膜的积聚。除了严重的肝坏死，里夫特峡谷热病毒导致广泛出血的普遍性内皮损伤。内皮抗凝结活性的丧失和血小板的激活引起血管的血栓，并且在感染位点（猪丹毒的皮肤损伤）形成一些全身性感染的梗塞，最终导致组织坏死。上述血管系统传染病和其他血管系统传染病的病原和病理学的有关细节，请参考与病原和系统有关的章节。

脐炎，一种新生幼畜的脐的炎症，值得引起特别的注意。脐动脉和静脉都会被感染。农场动物和马尤其重要。细菌来源于肠、黏膜寄生物或环境污染物（如放线杆菌、化脓隐秘杆菌、E 型大肠杆菌和链球菌等）。脐感染能导致局部脓肿，或某些时候为破伤风梭菌提供环境，引发破伤风。脐感染还会引起败血症，导致身体其他部位感染，包括多发性关节炎和脑膜炎。失败的被动运输是这些病例的一个普遍的诱病因素。对家禽来说，卵黄感染和脐炎是一个严重的问题，与多种微生物有关，如 E 型大肠杆菌、沙门氏菌和假单胞菌是明显的病原。

67.3.4 涉及红细胞的感染

贫血是许多感染过程的常见症状，多种机制都可以导致贫血，包括红细胞生成抑制、红细胞的螯合作用（RBC）、间接抗体溶血、抗体介导的溶血、噬红细胞作用、红细胞直接溶血、红细胞的直接裂解和降低全面寿命的红细胞膜的改变。

边缘无浆体容易感染牛的红细胞（图 67.3）。感染引起免疫反应，导致受感染和未受感染的红细胞迁移，使细胞体积缩小 6%。在鸡贫血病毒病和猫的 FeLV 感染时观察到的贫血，至少有一部分，是由于红细胞生成减少引起的贫血的例子。通过红细胞螯合作用和抗体介导的溶血等机制，细菌性血寄生虫 haemofelis 支原体引起猫的贫血。在 FeLV 感染和犬埃利希氏体病中，间接免疫溶血也很重要，引起间接免疫溶血的原因有：①红细胞上微生物抗原的存在；②正常红细胞蛋白抗原和传染性病原之间的交叉反应；③在感染过程中，使未暴露的红细胞抗原暴露。细菌毒素（如磷脂肪酶 C）的作用引起血管内溶血导致的贫血，通过这种机制，螺旋体和溶血梭菌损伤红细胞。这些贫血病例往往伴随着血红素尿。

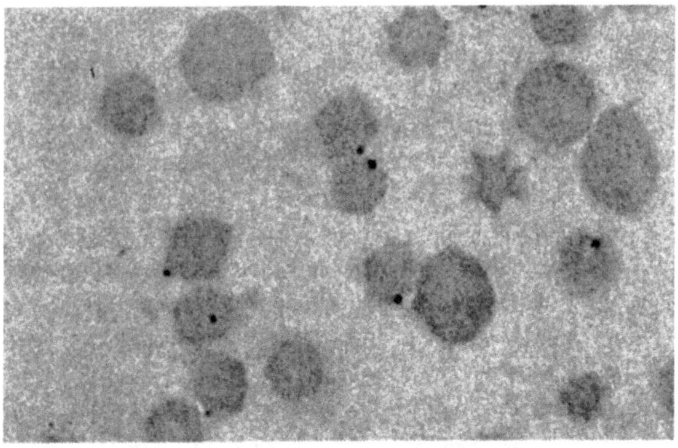

图 67.3　患有无浆体病的牛的血液涂片。能明显观察到大小不均和多染性的红细胞。在红细胞边缘，能观察到大量的无形体微生物。瑞氏染色法。

67.3.5 白细胞感染

某些病毒会影响骨髓来源的细胞和淋巴系列的细胞。委内瑞拉马脑炎病毒是病毒摧毁造血细胞和淋巴网状细胞，导致骨髓、淋巴结和脾细胞损耗的突出例子。许多病毒感染的发生是由于它们的靶细胞使动物在免疫抑制后容易发生二次感染。鸡法氏囊病毒的主要靶器官为法氏囊，最初体积变大水肿，最后萎缩（图 67.4），而 B 淋巴细胞的减少导致二次感染。猫白血病病毒、猫的免疫缺陷病毒和猪环状病毒，相似地使动物由于免疫抑制的缘故而更容易造成二次感染。这些效应会是长期的，然而，其他病毒感染（如犬瘟热病毒、猪霍乱病毒和细小病毒）引起暂时的白细胞减少症，并且免疫抑制作用是短期的。

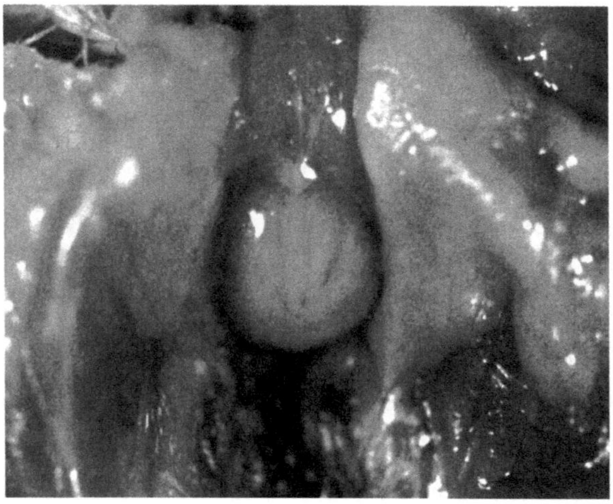

图 67.4　患有传染性法氏囊炎的鸡法氏囊水肿增大。（H. Shivaprasad 博士惠赠）

细菌微生物也可能感染白细胞。无形体属、埃立克属和新立克次氏体属的某些病毒属于骨髓或巨核细胞病原体，真菌通常不感染骨髓或淋巴细胞。然而，全身性的真菌病原体——结节型组织胞浆菌病病毒尤其容易感染巨噬细胞，因此，组织胞浆菌病被认为是单核巨噬细胞系统疾病。

67.3.6 淋巴结、淋巴腺和其他淋巴组织的感染

淋巴结在过滤经由淋巴管引起感染的主要部位中发挥重要作用，因此，充当了潜在病原污染的主要部位，许多病毒感染通过这一途径分散到机体（靶器官）的其他部分。

淋巴腺炎，即淋巴结炎症，可以发生于单个淋巴结，也可以发生于一个共同区域的多个淋巴结（区域淋巴腺炎），或者在全身感染中以普遍的淋巴腺炎表现。根据相关病原体的不同，炎症反应可能是非化脓性的、化脓性的、引起组织坏死的或肉芽肿性的。在某些病例中，基于病原体和宿主反应，会产生淋巴结肿大。引起淋巴结肿大的病原体

通常但不总是细菌或真菌，某些微生物也会引起淋巴结脓肿，包括绵羊和山羊的棒状杆菌假结核病（干酪样淋巴腺炎）和马链球菌亚种（腺疫）。尽管现在比较少见，但猪链球菌是猪颈部淋巴结肿大（颌部肿大）的主要致病因素。当瘟疫流行地域的猫发生颚部淋巴结脓肿（经常为双侧）肿大时，通常要考虑耶尔森氏菌属鼠疫。土拉热弗朗西斯杆菌也会引起猫头部和颈部淋巴结脓性炎症（图 67.5）。主要经口腔传播的白细胞介素-1已经在群养的猫中被报道。

图 67.5　患有土拉热弗朗西斯杆菌淋巴结炎的猫下颌淋巴结肿大。（P. Blanchard 博士惠赠）

大面积或局域性的淋巴腺炎往往伴随着全身性的真菌感染（芽生菌病、球孢子菌病、隐球菌病和网状内皮细胞真菌病），并且一般会引发感染淋巴结的干酪样坏死。

淋巴管炎是急性或慢性淋巴通道炎症，在局部感染不能得到控制时发生。大部分感染皮下淋巴。淋巴管炎不常见于动物，但是如果发生，则病原体大多是细菌或真菌。寄生病原体应该作为动物淋巴管炎的一个致病因素予以考虑，但不包括在本书范围内。淋巴细胞壁的感染会导致感染淋巴的排出部位淋巴阻塞和永久性淋巴水肿。淋巴管可能会肿胀，沿淋巴通路伴有零星的流出性脓肿。淋巴管炎最常见于马。申克孢子丝菌、二形真菌和棒状杆菌是马淋巴管炎的典型致病因素。在美国，尽管鼻疽伯克霍尔德菌（鼻疽的病原体）和皮疽组织胞浆菌（流行性淋巴管炎的病原体）被看作国外动物疾病，但是在发现这些病原体的国家，则应该被看作是马淋巴管炎的潜在致病因素。副结核杆菌是反刍动物 Johnes 病的病原，引起与肉芽肿性肠炎关联的肠隔膜肉芽肿的淋巴腺炎。

在抗原捕获以及清除缺陷性红细胞中，脾发挥作用。脾炎通常由急性充血和（或）反应性增生引起的隐性感染引起。沙门氏菌败血病通常是动物脾肿大的致病因素（图 67.6）。对于牛，还要考虑炭疽热和无浆体病。如果检查到猪的脾肿大，非洲猪瘟和丹毒以及沙门氏菌也可能是潜在的病原体。

对动物来说，胸腺是不常被感染的部位，感染 T 淋巴细胞的病毒（如猫白血病病毒和猫免疫缺陷病毒）会导致胸腺萎缩。伴有内皮胸腺细胞损伤的淋巴组织细胞胸腺炎是牛流行性流产的主要病理特征，这种疾病只发生于美国西部，由传染性病原引起，但是病原学尚不清楚。

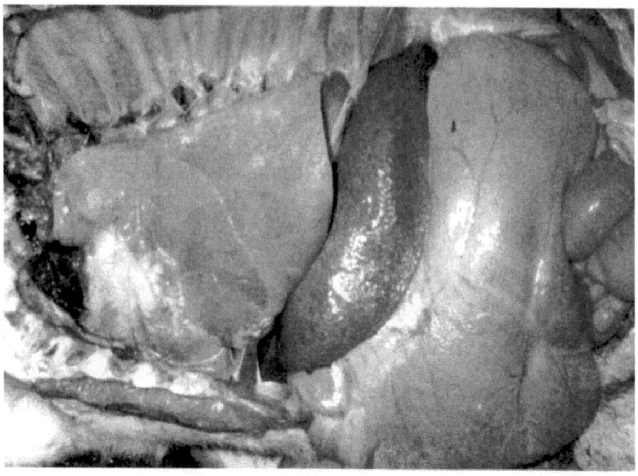

图 67.6 死于都柏林沙门氏菌败血病的大脾。(M. Anderson 博士惠赠)

67.3.6.1 感染性病原引起的造血和淋巴组织的瘤形成

在动物体内会出现由各种病毒引起的包括造血和淋巴组织的瘤形成。马立克氏病毒、疱疹病毒和淋巴组织增生病毒主要影响神经组织，也会引起其他组织，包括心脏、黏液囊、胸腺和脾的淋巴瘤。大量动物反转录病毒存在，并且能够将前病毒 *v-onc* 基因整合到宿主细胞 DNA。猫白血病病毒感染不同造血细胞的能力，解释了为什么感染猫的造血系统失调存在多样性，以及形成包括淋巴肉瘤的固体瘤（胸腺胸腺）。牛白血病病毒也是一种反转录病毒，引起心脏、肾、脾、淋巴结和脑等大量器官的淋巴肉瘤。白细胞组织增生/肉瘤群的禽反转录病毒引起造血起源的各种瘤形成（骨髓成红血细胞增多症和成髓细胞过多症和髓细胞组织增生），以及淋巴的白细胞组织增生和内皮肿瘤（血管瘤）。白血病性网状内皮组织增殖病毒引起火鸡淋巴性白细胞组织增生和白血病性网状内皮组织增殖。

第68章 消化系统及其附属器官

Richard L. Walker

消化系统的主要功能是消化食物，为身体提供营养，这要通过一系列复杂的物理性的分泌和吸收过程来完成。所有对消化系统的不同且相互作用的功能的深度描述超出了本章的范围。由于消化系统最简单的定义是一个对于环境的开放管道，所以，消化系统暴露于潜在病原体的机会大大增加。

不同动物消化系统的解剖学特征明显不同，对肉食动物来说，消化系统包括口腔、食道、胃、小肠和大肠。不论从解剖学角度还是功能角度来说，草食动物和肉食动物的消化系统都明显不同。由于依赖着不同的消化机制（如反刍、盲肠消化），草食动物消化系统的构造也有着很大的不同。对家禽来说，食用的农作物决定了（食道憩室用来存储食物）消化系统的进一步特化，胃被分成腺胃（前胃）和肌胃（砂囊）。这些解剖学上的不同之处选择性地倾向于不同的感染过程。本章也包括了消化系统的附属器官肝、胆囊和胰腺的常见传染病。

68.1 消化系统的抗微生物特性

消化系统的大量解剖、生理和免疫机制，使其免受潜在的病原微生物的感染。下面是主要的消化系统保护特性。

68.1.1 胃酸度

胃酸的产生为使病原体不能到达消化系统末端部位提供了一个主要的保护屏障。胃内正常的酸性环境使一些病毒有效失活并杀死大部分肠道细菌。在胃酸缺乏或胃酸抑制的人，可以观察到肠道感染风险的增加，它的重要性在人身上是明显的。

68.1.2 蠕动

蠕动是消化系统将未黏附的微生物清理到末端的一个机制。在小肠，蠕动活性在宿主的抵御方面起着主要作用。患病的可能性与小肠中细菌病原体的数量直接相关，因为不像大肠那样还存在其他的调节器（Eh、脂肪酸和 pH），小肠对病原体数量的最重要调节就是蠕动活性。通过维持正常菌群的分布和数量，蠕动也具有间接的保护作用。

68.1.3 黏液和黏膜的完整性

黏膜层和黏膜表面的完整性是提供抵抗消化系统感染，以及消化系统起源的全身感染屏障的重要因素。黏膜屏障由杯状细胞分泌的黏液素糖蛋白构成，与微生物结合后，抑制其与下层上皮细胞的相互作用，伴随着蠕动，促进微生物清除。排列在消化系统的单层上皮细胞为内腔微生物的进入提供了另外的屏障。肠上皮细胞由细胞间的复合连接体连在一起。肠上皮细胞的损伤会造成细胞间潜在的病原微生物的迁移。一些微生物能够以细胞内方式穿过肠黏膜进行迁移。

68.1.4 细菌性干扰

一旦正常菌群建立起来，就会使动物对致病性病原体产生非常有效的防御。“集群抗性”有效性的一个例子就是通过含有正常的微生物菌群的“鸡尾”，从家禽肠道排除沙门氏菌。“集群抗性”的破坏使动物潜在靶细胞受体暴露的危险性增加，并且破坏调控包括具有病原潜力菌株的兼性寄生性病原体数量的机制。构成口腔和结肠主体的正常菌群的产物，尤其是厌氧菌，对控制病原体的建立具有重要的控制作用（参考下文68.2）。

68.1.5 免疫防御

初乳使新生儿获得被动保护。初乳中的免疫球蛋白对于病原体的黏附素上的抗原决定簇是特异的，并与这些结构联合，阻止病原体附着到靶细胞上。被动运输的失败和由此引起的这些保护性免疫球蛋白的缺失，是导致新生儿肠道感染易感性升高的主要原因。

消化系统激活的免疫防御机制依赖于巡逻噬菌细胞和体液与细胞间接免疫。在固有层，可以发现中性粒细胞、巨噬细胞、浆细胞和淋巴细胞，表明存在连续的监督活性。受到潜在病原的刺激后，产生炎症介质和趋化因子，并且导致额外的炎症细胞汇集。作为机体黏膜免疫系统的一部分，肠道相关淋巴样组织（GALT）由 Peyer 结里的淋巴组织和固有层的淋巴细胞组成。覆盖 Peyer 结滤泡的微皱褶细胞（M 细胞）在免疫系统的抗原摄取中发挥作用，但是也可能为某些病原体提供入口。GALT 和消化系统摄取抗原的作用不仅仅是局部的，而且是通过黏膜免疫系统使整个宿主受益。提供针对层降解抗性的分泌型 IgA 和相关的分泌部分，在调理和中和作用中发挥作用。特异的 IgM 也参与其间。

通过促进淋巴滤泡的发育，共生病原体在胃肠道黏膜免疫系统发展中发挥重要作用，然而，与针对共生病原体的反应相比，免疫系统对病原微生物的反应更强。这可能是由于病原体更紧密地黏附到黏膜细胞或共生病原体上，由于共生时间更长，通过阻止前炎症反应调节免疫反应。对正常共生菌的不合适的炎症反应被认为是人炎症性肠病的潜在因素。

在消化道的某些部分，正常菌群是维持宿主先天监控系统所必需的。例如，对口腔来说，牙周微生物刺激促进中性粒细胞向细菌/上皮界面迁移的白细胞介素-8（IL-8）梯度的形成。因此，这些口腔牙龈缝隙中的共生微生物群落为抵抗潜在口腔病原体提供了有效监控。

作为消化系统的附属器官，在将病原体从血液中排除的过程中，肝发挥了主要的作用。宿主这种先天防御由中性粒细胞-柯弗氏细胞复合物（肝常住巨噬细胞）的相互作用完成。

68.1.6 其他抗微生物产物

除了提供重要的冲刷作用，唾液还含有一些潜在的抗微生物物质，包括抗体、补体、溶菌酶、乳铁传递蛋白、过氧化物酶和防御素。在肠内，胆盐和抗菌肽限制并影响微生物的组成。肠道细胞（如 Paneth 细胞）产生 α-防御素和 β-防御素。来自胰腺的乳铁传递蛋白和过氧化物酶可能也会影响肠道内细菌的生长。除了初乳里的抗体，乳铁传递蛋白和溶菌酶等其他因素，对新生儿的消化系统提供另外的保护。

68.2 消化系统的微生物菌群

微生物群落是消化系统综合生态环境的一部分。除了抵御病原体，正常菌群在宿主生理健康方面起着重要作用，包括促进肠功能性茸毛的形成、营养的合成（如维生素K），以及通过降解分泌型糖蛋白，影响功能性肠黏液的浓度。

68.2.1 建立

宿主和细菌相互作用的结果是形成了由成千上万个小生境组成的生态系统，每个小生境生存着适合此处而不适合他处的菌种。通过为预期的小生境居住者的表面受体提供黏附素，宿主建立正常菌群。小生境居住者是竞争此特定部位的胜利者。

在从产道分娩之前，胎儿是不携带微生物的。胎儿从产道获得微生物，出生后，从外界环境中获得微生物。幼畜的直接环境充满了母畜和其他动物排出的微生物，这些微生物被摄取，竞争小生境，并逐渐成为正常菌群的一部分。在出生后几天到几个月之间，由于不同菌群间的相互作用、宿主小生境和饮食的变化，菌群是不断变化的。在小生境水平，饮食影响营养环境，从而影响能成功竞争这些营养的微生物的种类。在整个生命中，其他多种因素（如宿主的成熟、老化和相应的变化）影响了宿主的正常菌群。

在特定的小生境中，利用各种各样的细菌和宿主特性，正常菌群的成员得以建立。细菌分泌抗生素样的物质，保护某一小生境免受其他种类细菌的侵犯，如细菌素（能在靶细胞上形成小孔的阳离子膜活化复合物）和微生物素（和细菌素相似，但小于10kDa，并且对革兰氏阴性菌有效）。这两种物质都很重要，尤其是对存在于口腔中的菌群。在消化系统的肠胃部分，微生物素可能具有调节菌群组成的作用，而细菌素的作用还不太清楚。

数量调节和保证小生境安全的一个重要机制，是在牙龈缝隙、牙斑和大肠中，专性厌氧微生物通过分泌脂肪酸的方式，调节数量和正常兼性菌群的组成，正常兼性菌群的一些成员可能包括潜在的病原。在肠环境下［低 Eh（$<$500mv），并且 pH 为 5 或 6］，丁酸、醋酸和乳酸对专性厌氧微生物，尤其是肠杆菌科来说，都是非常有毒的。对细菌

来说，与竞争者相比，竞争胜利的另一种方式就是成功地摄取更多的营养。

68.2.2 破坏

抗微生物药物是降低定居抗性的唯一有效的制剂。通过消灭存在于面颊和舌头表面的链球菌，大多数微生物药物影响口腔菌群。结果，在24～48h内，这些部位通常会被有抵抗力（对使用的抗生素）的肠杆菌占据。也已经发现了环境菌群中有抵抗力的成员。假单孢菌属就是一个著名的例子。

抗生素也会影响存在于牙龈缝隙、牙斑和大肠中的专性厌氧微生物。脂肪酸水平的降低，使肠杆菌科细菌过度生长。通过影响存在于大肠中抗生素的作用，潜在病原体（如沙门氏菌）的定居能力增强。

68.2.3 组成

细菌与某些原生生物、真菌构成了动物食道微生物群落的主体。在正常菌群中，绝大多数为专性厌氧菌（达到99.9%）。病毒是典型的食物管道中的唯一暂住者。

家畜口腔的菌群大致是一样的，家禽的信息尚不确定。下面的描述适用于肉食动物和草食动物的常见情况。兼性寄生专性需氧菌存在于口腔表面、舌头和牙齿（牙斑）上，包括链球菌（α链球菌和非溶血性链球菌）、巴氏杆菌、放线菌、肠杆菌（埃希氏大肠杆菌最为常见）、奈瑟菌属、CDC 群 EF-4（“生长旺盛的发酵罐”）和沙门氏菌（唯一形成有特点的 monoseriate 丝的口腔共生菌）（图 68.1）。牙龈缝隙菌群基本全部由专性厌氧菌构成，杆菌属、梭菌属、消化链球菌属、紫菜霉菌属和普氏菌属最为常见。唾液中含有需氧菌和厌氧菌的兼性和专性混合物。食道中没有正常菌群，但是会被唾液中的某些微生物所污染。

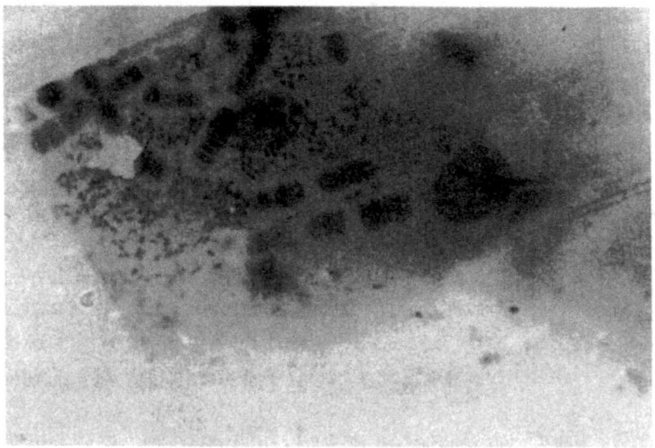

图 68.1　犬咽部拭样。沙门氏菌，表现特征性的 monoseriate 细丝，附着于上皮细胞。还能观察到其他的杆菌。瑞氏染色法。

对反刍动物来说，瘤胃菌群由复合微生物群体组成，包括细菌（真细菌和古核菌）、真菌和原生生物。瘤胃菌群与宿主的关系是一种微妙的平衡共生关系，这对于保持瘤胃健康、发挥其发酵功能是必需的。菌群中的绝大多数为专性厌氧菌，其中的普氏菌属和丁酸弧菌是所发现的最常见菌种。包含的细菌（瘤胃球菌、纤维杆菌）为消化富含纤维素的饲料所必需。瘤胃正常菌群的破坏会导致严重的新陈代谢和生理问题（参考下文68.3.3）。不同动物之间，消化道的其他部分的菌群有着很大的差异，如表68.1至表68.5。

表 68.1　鸡的微生物食物链

	能养活的微生物数量/每克容量[a]					
	胃		小肠		盲肠	粪便
	粮食	砂囊	上部	下部		
总数	6	6	8～9	8～9	8～9	8～9
厌氧微生物	3	5～6	<2	<2	8～9	7～8
肠杆菌科[b]	6	<2	1～2	1～3	5～6	6～7
葡萄球菌/肠球菌	2	<2	4	3～5	6～7	6～7
乳酸菌	5～6	2～3	8～9	8～9	8～9	8～9

a. 以生物体数量的 $\log_{10}$表示；b. 主要是大肠杆菌。

表 68.2　牛的微生物食物链

	能养活的微生物数量/每克容量[a]				
	皱胃	小肠		盲肠	粪便
		上部	下部		
总数	6～8	>7	6～7	8～9	9
厌氧微生物	7～8	NA[c]	5～6	8～9	6～9
肠杆菌科[b]	3～4	>7	5～6	4～5	5～6
葡萄球菌/肠球菌	6～7	2～3	3～4	4～5	4～5
酵母菌	2～3	—	<3	2	—

a. 以生物体数量的 $\log_{10}$表示；b. 主要是大肠杆菌；c. 无可利用的。

表 68.3　马的微生物食物链

	能养活的微生物数量/每克容量[a]				
	胃	小肠		盲肠	粪便
		上部	下部		
总数	6～8	NA[c]	6～7	8～9	8～9
厌氧微生物	3～5	3～4	4～6	3～4	3～5
肠杆菌科[b]	6～7	5～6	5～6	6～7	5～6
葡萄球菌/肠球菌	—	—	—	—	<3
酵母菌	6～7	NA[c]	6～7	8～9	8～9

a. 以生物体数量的 $\log_{10}$表示；b. 主要是大肠杆菌；c. 无可利用的。

表 68.4　猪的微生物食物链

	能养活的微生物数量/每克容量[a]				
	胃	小肠		盲肠	粪便
		上部	下部		
总数	3～8	3～7	4～8	4～11	10～11
厌氧微生物	7～8	6～7	7～8	7～11	10～11
肠杆菌科[b]	3～5	3～4	4～5	6～9	6～9
葡萄球菌/肠球菌	4～6	4～5	6～7	7～10	7～10
酵母菌	4～5	4	4	4	4
螺旋微生物	NA[c]	NA[c]	NA[c]	NA[c]	8

a. 以生物体数量的 log_{10}表示；b. 主要是大肠杆菌；c. 无可利用的。

表 68.5　犬的微生物食物链

	能养活的微生物数量/每克容量[a]				
	胃	小肠		盲肠	粪便
		上部	下部		
总数	>6	>6	>7	>8	10～11
厌氧微生物	1～2	>5	4～6	>8	10～11
肠杆菌科[b]	1～5	2～4	4～6	7～8	7～8
葡萄球菌/肠球菌	1～6	5～6	5～7	8～9	9～10
螺旋微生物（相对数量）	1+	1+	1+	4+	0

a. 以生物体数量的 log_{10}表示；b. 主要是大肠杆菌。

通常认为，消化系统附属器官（肝、胆囊和胰腺）不含正常菌群，但是无症状菌血症会导致细菌占据。在很多动物的肝脏中，很容易发现处于休眠状态的梭菌孢子，但是，除非组织氧含量变得足够低，使孢子发酵，生长细胞扩散增生。

68.3　消化系统和附属器官的感染

对所有家畜来说，消化系统和附属器官的感染都非常重要。某些消化系统病原体（如产肠毒素 E 大肠杆菌、轮状病毒）对特定动物科特异，而其他病原体会侵袭多种动物（如鼠伤寒沙门氏菌肠道型）。除了动物易感性的不同（年龄、免疫状态和遗传易感性），某些动物种类中的个体可能也易感某类病原体。在表 68.6 至表 68.12 中，列出了家畜和家禽消化系统常见和（或）重要的传染性病原体。

表 68.6 犬消化系统的常见的和（或）重要的传染性病原

病原	主要临床表现（常见疾病名称）	普遍影响年龄组
病毒		
犬 1 型腺病毒	痢疾、黄疸、呕吐	代表性的是小于 6 个月
犬冠状病毒	痢疾、呕吐	任何时期，代表性的是未满一岁的小狗
犬瘟热病毒	痢疾、呕吐、牙齿珐琅质病变（犬瘟热）	任何时期，易患病种群是 4～6 个月
犬口腔乳头状瘤病毒	口腔疣（口腔多发性乳头瘤病）	代表性的是小于一岁的种群
犬细小病毒	痢疾、呕吐	任何时期，易患病种群是 2～4 个月
细菌		
大肠弯曲杆菌	出血或不出血痢疾	任何时期，代表性的是小于 6 个月
钩端螺旋体属[a]	肝炎、呕吐（细螺旋体病）	任何时期
蠕虫新立克次氏体	痢疾、呕吐（鲑鱼中毒）	任何时期
沙门氏菌属	痢疾、呕吐	任何时期，年幼和年老的是易患病种群
真菌		
荚膜组织胞浆菌	出血或不出血痢疾、口腔溃疡、体重下降（组织胞浆菌病）	任何时期，代表性的是小于 4 岁的
藻类		
原壁菌属	带血痢疾（无绿藻病）	任何时期

a. 包括犬钩端螺旋体型、流感伤寒、黄疸出血。

表 68.7 猫消化系统的常见的和（或）重要的传染性病原

病原	主要临床表现（常见疾病名称）	普遍影响年龄组
病毒		
猫杯状病毒	溃疡性口腔炎	代表性的是小于一岁的种群
猫泛白细胞减少症病毒	继发性齿龈炎/口腔炎、痢疾	任何时期
猫传染性腹膜炎病毒	伴随呕吐或便秘的肠阻塞或结肠肉芽肿病	任何时期，代表性的是小于两岁的种群
猫白血病病毒	继发性齿龈炎/口腔炎、痢疾、呕吐/痢疾导致食物淋巴瘤	任何时期
猫瘟病毒	痢疾、呕吐	任何时期，代表性的是 2～12 个月的小猫
猫轮状病毒	痢疾	1～8 周
细菌		
大肠弯曲杆菌	痢疾	任何时期，代表性的是小于 6 个月的
沙门氏菌	痢疾	任何时期，年幼和年老的是易患病种群

表 68.8　马消化系统的常见的和（或）重要的传染性病原

病原	主要临床表现（常见疾病名称）	普遍影响年龄组
病毒		
马轮状病毒	痢疾	1～8 周
水疱性口炎病毒	口腔溃疡/小泡	任何时期
产气荚膜梭菌（A/B/C 类型）	出血性痢疾（出血斑小肠结肠炎）	小于一周
细菌		
艰难梭菌	痢疾	成年马和小于两周的马驹
piliforme 梭菌（泰瑞氏病）	痢疾、肝炎、猝死（泰瑞氏病）	1～8 周
新立克次氏体	痢疾（波特麦克马热病）	代表性的是成年动物
马红球菌	痢疾、肠系膜淋巴结炎	2～6 个月
沙门氏菌属[a]	出血或不出血痢疾	任何时期

a. 常见类型包括鼠伤寒沙门氏菌、鸭沙门氏菌和阿戈纳沙门氏菌。

表 68.9　牛消化系统的常见的和（或）重要的传染性病原

病原	主要临床表现（常见疾病名称）	普遍影响年龄组
病毒		
狷羚疱疹病毒 1 型[a]	口腔溃疡、痢疾（恶性卡他热）	任何时期
牛冠状病毒	痢疾	1～4 周
牛丘疹性口炎病毒	口腔溃疡	小于 6 个月
牛轮状病毒	痢疾（伴随腹泻）	1～3 周
牛病毒性腹泻病毒	口腔/食道溃疡、痢疾	代表性的是 6 个月到两岁
绵羊 2 型疱疹病毒	口腔溃疡、痢疾（恶性卡他热）	任何时期
牛瘟病毒[a]	口腔溃疡、痢疾（牛瘟）	任何时期
水疱病毒[b]	舌部或口腔黏膜水疱/溃疡	任何时期
细菌		
李氏放线杆菌	口腔脓囊肉芽肿（麻木舌头）	成年动物
衣氏放线菌	下颚或上颌肉芽肿（多块状颚）	成年动物
化脓隐秘杆菌	肝脓肿、体重下降	成年动物
溶血梭状芽孢杆菌（诺氏梭菌 D 型）	肝坏死、猝死（杆状细菌血红素尿、红尿病）	任何时期
产气荚膜梭菌 B/C 类型	出血性痢疾（出血性肠炎）	小于两周
肠毒素大肠杆菌[c]	痢疾（肠毒性大肠杆菌腹泻）	小于一周
黏附和脱落大肠杆菌（AE 大肠杆菌）	痢疾（AE 大肠杆菌腹泻）	刚生下的小牛
具核梭杆菌	肝脓肿、体重下降	成年动物
	口腔局部坏死斑（坏死性口腔炎）	刚生下的小牛

续表

病原	主要临床表现（常见疾病名称）	普遍影响年龄组
类结核分枝杆菌	痢疾、体重下降（约尼氏病）	大于两岁
沙门氏菌属[d]	胆囊炎、出血或不出血性痢疾（沙门氏杆菌症）	影响所有年龄段，大部分易感时期是生下小牛两周到两个月
假结核耶尔森氏菌	痢疾、体重下降	刚出生的小牛，成年动物
真菌		
真菌性瘤胃炎病原体[e]	食欲和体重下降（真菌性瘤胃炎）	反刍动物

a. 在美国，被划分为一种外国动物病原体疾病。b. 包括口蹄疫[a]和水疱口腔炎病毒。c. 包含菌毛类型 K99（也称作 F5）和 F41。d. 常见类型包括都柏林沙门氏菌、蒙德维的亚沙门氏菌、牛波特沙门氏菌和鼠伤寒沙门氏菌。e. 包括犁头霉、霉菌、毛霉属和根霉属。

表 68.10　山羊和绵羊消化系统的常见的和（或）重要的传染性病原

病原	主要临床表现（常见疾病名称）	普遍影响年龄组
病毒		
蓝舌病病毒（绵羊）	隔膜黏液黄萎病、口腔溃疡	任何时期
内罗毕绵羊病病毒[a]（绵羊）	出血性痢疾	任何时期
动物瘟疫病毒[a]	痢疾、坏死性口腔炎	任何时期
轮状病毒	痢疾	代表性的是在 1～8 周
裂谷热病毒[a]	肝坏死、痢疾	任何时期
牛瘟病毒[a]	口腔溃疡、痢疾（牛瘟）	任何时期
水疱病毒[b]	舌部、口腔黏膜水疱/溃疡	任何时期
细菌		
溶血梭状芽孢杆菌（绵羊）	肝坏死、猝死（杆状细菌血红素尿、红尿病）	任何时期，通常是成年动物
诺氏梭菌 B 型	肝坏死、猝死（传染性坏死性肝炎、黑病）	任何时期，通常是成年动物
产气荚膜梭菌 B 型	出血性痢疾（羔羊痢疾）	小于两周
产气荚膜梭菌 C 型	出血性痢疾（坏死性肠炎）	小于一周
产气荚膜梭菌 D 型	痢疾、猝死（肠毒血病）	快速生长的动物
败毒梭菌	出血性皱胃炎（羊炭疽）	通常是幼年动物
肠毒素大肠杆菌[c]	痢疾	小于一周
类结核分枝杆菌	血液蛋白不足、体重下降（约尼氏病）	大于两岁
沙门氏菌属	痢疾	所有年龄段易受影响

a. 在美国，被划分为一种外国动物病原体疾病；b. 包括口蹄疫[a]和水疱口腔炎病毒；c. 包含菌毛类型 K99（也称作 F5）和 F41。

表 68.11 猪消化系统的常见的和（或）重要的传染性病原

病原	主要临床表现（常见疾病名称）	普遍影响年龄组
病毒		
非洲猪瘟病毒[a]	痢疾、呕吐（非洲猪瘟）	任何时期
血凝性脑脊髓炎病毒	呕吐（呕吐和衰竭）	3 周以上
猪霍乱病毒[a]	痢疾、呕吐（经典猪瘟）	任何时期
猪圆环病毒	痢疾、黄疸	幼猪和发育期的猪
猪流行性腹泻病毒	痢疾、呕吐	代表性的是刚断奶的小猪
猪轮状病毒	痢疾	1～8 周
传染性肠胃炎病毒	痢疾和呕吐（传染性肠胃炎）	任何时期，小猪更严重
水疱病毒[b]	口腔水疱、溃疡	任何时期
细菌		
赤痢螺旋体	出血性痢疾（猪痢疾）	发育期和终止发育的
多毛结肠短螺旋体	痢疾（结肠螺旋体病）	断奶的、发育期和终止发育的
产气荚膜梭菌 A 型	痢疾	生病的、断奶的和发育期的
产气荚膜梭菌 C 型	出血性痢疾（坏死性肠炎）	代表性的是小于一周的
黏附和脱落大肠杆菌（AE 大肠杆菌）	痢疾	1～8 周
肠毒素大肠杆菌[c]	痢疾（大肠杆菌病）	1 天～8 周
产志贺样毒素大肠杆菌	痢疾、胃壁水肿（水肿病）	代表性的是新近断奶的
具核梭杆菌	口腔坏死性溃疡（口腔坏死菌病）	1～3 周
细胞内劳索尼亚菌	痢疾（腺瘤病）	6～20 周
	出血性痢疾（类风湿性出血性肠病）	终止发育的，繁殖期
沙门氏菌种类[d]	出血性或非出血性痢疾，直肠狭窄	代表性的是刚断奶的

a. 在美国，被划分为一种外国动物病原体疾病。b. 包括口蹄疫、水疱性口炎、猪水疱疾病和猪疱疹病毒。c. 包含菌毛类型 K88、K99、987P（也分别称作 F4、F5 和 F6）和 F41。F18 与刚断奶时的腹泻和水肿有关。d. 常见类型是鼠伤寒沙门氏菌哥本哈根变型或猪霍乱沙门氏菌变种 Kunzendorf 菌。

表 68.12 家禽消化系统的常见的和（或）重要的传染性病原

病原	主要临床表现（常见疾病名称）	普遍影响年龄组
病毒		
出血性肠炎病毒（火鸡）	带血粪便	4～9 周
禽轮状病毒	稀粪便	5 周以上年龄
火鸡冠状病毒（火鸡）	稀粪便、体重下降（腹膜炎）	任何时期，代表性的是 1～6 周
鸡新城疫病毒[a]	口腔炎、食道炎、坏死性出血性肠炎	任何时期
细菌		
鹅疏螺旋体	呈绿色痢疾（禽螺旋体病）	任何时期
鹦鹉热衣原体（火鸡）	绿色凝胶状粪便、肝炎（饲鸟病）	任何时期
大肠梭状芽孢杆菌	稀粪便、肝坏死（溃疡性肠炎）	3～12 周

续表

病原	主要临床表现（常见疾病名称）	普遍影响年龄组
产气荚膜梭菌 A/C 类型（鸡）	痢疾、猝死（坏死性肠炎）	2～16 周
雏白痢沙门氏菌[b]	痢疾、肝坏死	代表性的是小于 3 周
鸡沙门氏菌[b]	痢疾、肝坏死	在成年鸟中更普遍
白假丝酵母	在食物、食道和口腔有患白喉的隔膜（鹅口疮、酸腐食物）	幼鸟更易感染

a. 在美国，被划分为一种外国动物病原体疾病；b. 其他沙门氏菌类型（禽副伤寒）除了在小鸟（小于两个周）中是无症状的。

68.3.1 口腔感染

动物口腔容易感染各种各样的内源性（通常是细菌性或真菌性）和外源性（通常是病毒性）微生物。病毒性病原通常具有传染性，并且可能同时影响大批动物。内源性微生物的感染趋向于感染一只或数量有限的动物。

大量病毒可以引起口腔疾病。导致水疱性口腔炎的病毒以不同的方式侵袭反刍动物、马和猪，属于这种病毒的有口蹄疫病毒、水疱性口炎病毒（棒状病毒）、猪水疱病毒（肠道病毒）和猪水疱病毒（杯状病毒现在认为已灭绝），这些传染性病毒开始时表现为水疱损伤，最后破裂，并在口腔黏膜上留下溃疡。它们也会感染蹄冠和脚趾关节，造成中度到重度的跛行。外来种的水疱病毒对未见此类疾病的国家的经济尤为重要。其他病毒也很重要，会导致侵蚀性口腔炎，这包括牛痢疾病毒、猫杯状病毒、绵羊和牛的牛瘟病毒、绵羊蓝舌病病毒和牛恶性卡他热病毒。在与这些病毒有关的专门章节中，对感染的临床症状和病理学特征的细节进行了描述。其他常见的口腔病毒性感染有牛丘疹口腔炎，引起整个口腔不同结构的丘疹和犬口腔多发性乳头瘤病，产生花椰菜样生长物(多发性乳头瘤)，并能在整个口腔中广泛传播。

细菌性口腔感染一般都是源于正常口腔菌群的内源性感染。例如，放线杆菌病（木舌症）和牛放线菌病（牛颚放线菌病），最初由于某些先前的损伤破坏了正常的黏膜屏障，并由林氏放线杆菌和灰球放线菌的进入引起。

与其他动物相比，牙龈和牙周疾病在犬和猫身上更为常见。多种细菌，主要是革兰氏阴性厌氧菌与此相关。在牙龈和牙周疾病中，螺旋菌占了很大的百分比，但是它们的发病机制还不清楚。免疫抑制性病毒（FeLV、FIV）的感染引起猫的继发性细菌性牙龈疾病。

对大多数动物而言，真菌性口腔感染（口疮）并不常见。由假丝酵母种（通常是白色 C 型）引起的口腔念珠菌病是遇到的最常见的真菌性口腔感染。以前抗菌治疗的破坏、应激环境或使身体虚弱的疾病等对正常口腔菌群的破坏都会导致感染，这发生于所有动物，但是会不断发生变化。在家禽口腔中，念珠菌病尤为常见，也会感染消化系统的其他部分。口腔损伤会出现溃疡样色斑。对犬来说，传播的荚膜组织孢浆菌感染（一种全身念珠菌病）引起口腔肉芽肿病，经常发生但是并不严重。其他口腔真菌感染比较罕见。

68.3.2 食道感染

可能是物质很快通过食道，而且食道有很坚硬的鳞状上皮，食道感染相对并不常见。作为全身感染的一部分，一些病毒性感染会导致食道侵蚀或溃疡。其中最值得注意的是牛病毒性腹泻病毒和鸡新城疫病毒。大多数患有黏膜与皮肤念珠菌病的鸟会涉及谷物（酸性谷物和霉菌谷物），但是也会涉及食道和前胃。典型症状是由黏膜表面坏死组织构成的口腔假膜（图 68.2）。

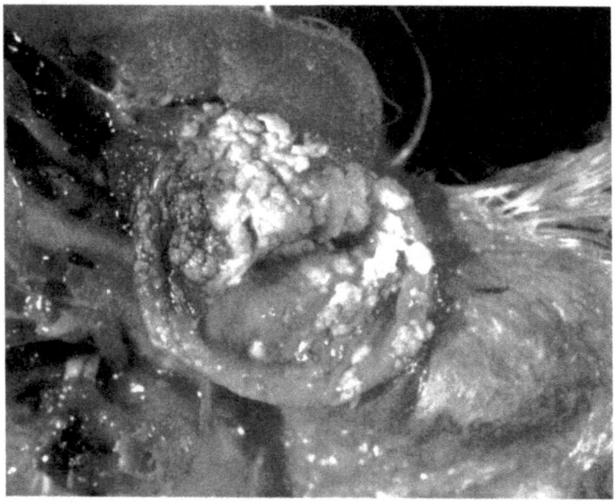

图 68.2 由白假丝酵母引起的火鸡谷物霉菌病。可以在黏膜表明观察到假膜碎片和坏死组织。（H. Shivaprasad 博士惠赠）

68.3.3 胃、反刍动物前胃和皱胃感染

胃的伸缩性使摄取的食物很快转移，再加上黏膜层和酸性环境，使得胃不能为病原体提供一个非常适合的环境。最近，作为人胃炎和胃溃疡的起因，一种通过变异已经可以在胃中生存的病原体——胆型螺旋杆菌，吸引了很多的注意力。在动物中，已经鉴别出了许多螺旋杆菌种属，但是它们在发病中的作用还需要更清楚地加以确定，部分原因是由于它们在临床正常的动物身上频繁地定殖。对绵羊来说，由败毒梭菌引起的严重出血性皱胃炎（羊炭疽）的发生与特定的饲料种类有关。八联球菌样有机物引起羔羊和山羊的皱胃鼓胀。

对反刍动物来说，前胃黏膜表面的损伤或瘤胃菌群的破坏会导致潜在的致命性后果。对奶牛来说，如果外来的线状物体穿透蜂窝胃，如吃入铁丝（金属器皿病），会引发腹膜炎和心包炎。这些感染往往是由多种病原体引起的，包括化脓性伯纳德隐秘杆菌和坏死梭杆菌。

饮食突然改变为容易发酵的高碳水化合物食物，会降低瘤胃的 pH。低 pH 会杀死

酸敏感的瘤胃菌群，破坏瘤胃黏膜，发生细菌性瘤胃炎，为栓塞性肝炎病原体提供了机会，最终导致肝脓肿。从肝脓肿分离的常见病原体有比较熟悉的反刍动物脓肿制造者，化脓隐秘杆菌和坏死梭杆菌。在反刍动物酸毒症之后，真菌性瘤胃炎或以前的抗菌治疗已经破坏了瘤胃菌群的发生。真菌性瘤胃炎的病原体通常是侵入血管性的，引起严重的脉管炎，从而进一步引起组织坏死。接合菌（毛霉菌、根霉属菌和犁头霉）和曲霉菌是最常见的真菌。真菌性瘤胃炎也会作为真菌血行性转移的源头，导致真菌性流产。

68.3.4 小肠和大肠的感染

小肠和大肠的感染会影响所有的家畜。通过给犬和猫有效接种许多主要病毒性肠病原的疫苗，可以降低伴侣动物肠传染性疾病的发生频率。当猫和犬被限制在封闭的环境中，如窝里、展览和动物收容所，它们接触传染性肠疾病的概率会增加。

由于密集的饲养环境、管理因素（如不能保障合适的被动运输、不当的粪肥管理）、一些主要病原体有效疫苗的缺乏，对马、生产动物和家禽来说，细菌性和病毒性肠感染具有重大的临床和经济价值。对某些肠病原体（如 C 型产气荚膜梭菌、产肠毒素大肠杆菌和轮状病毒）而言，宿主存在年龄易感性。通常新生儿最易感。

肠道细菌感染的主要临床症状是腹泻和呕吐。作为肠防御反应的一部分，会发生由大脑的呕吐中枢控制的呕吐。腹泻的定义是大便频率，流质的量或体积由于水分含量增加而增加。肠炎导致分泌物的增多或消化减弱，引起腹泻。腹泻的严重程度、持续时间和性质（如水性的、血性的）由于感染的病原体而有所不同。腹泻对宿主、病原体或者二者是否真正有利，尚不清楚。腹泻不仅有利于病原体的排出，而且为病原体的传播提供了条件，因此，为病原体感染其他动物提供了最大的可能性。

小肠和大肠的病毒感染可能被限制于消化道（如轮状病毒、冠状病毒）或多系统感染过程的一部分（如非洲猪瘟病毒、犬瘟热病毒和细小病毒）。肠病毒性感染可能直接经由口获得或由定位于肠上皮细胞的病毒血症引起。由口获得的病毒是抗酸性的，可以直接通过胃，另外一些对酸敏感，但是牛奶或饲料的缓冲作用和脂肪可以保护这些病毒，而且快速通过胃。通过口腔黏附蛋白黏附到肠上皮细胞，是感染的初始步骤。然后，病毒通过间接受体的内吞作用进入细胞，并在细胞中复制。随后，肠上皮细胞的破坏导致吸收和再吸收能力的损失，以及由于腹泻引起的渗透平衡的破坏。轮状病毒和冠状病毒是导致许多动物病毒性肠炎的常见原因（图 68.3），并且会影响主要的绒毛上皮细胞。临床症状从显露到显著的时间过程通常很短。其他病毒感染腺腔上皮细胞（如绵羊牛瘟病毒、犬细小病毒），引起更严重的组织损伤。家畜肠道感染的临床症状和特定病毒的发病机制的细节，请参考有关这些病原体的特定章节。

细菌也是小肠和大肠的主要病原体。为了使肠道致病，潜在的病原性细菌必须首先黏附到靶细胞上。如果靶细胞是小生境的一部分，并且被正常菌群占据，微生物将会遭遇在黏附前必须克服的“定居抗性”。黏附是由细菌表面结构（黏附素）和靶细胞受体的相互作用（选择适应性）引起的。由于大多数病原体如果不首先黏附到靶细胞上就不能致病，黏附素被认为是毒力因子。从本质上来讲，菌毛黏附素是蛋白质，并且突出于细菌细胞表面。它们有利于某些细菌细胞黏附到宿主细胞表面糖蛋白的一部分。最常见

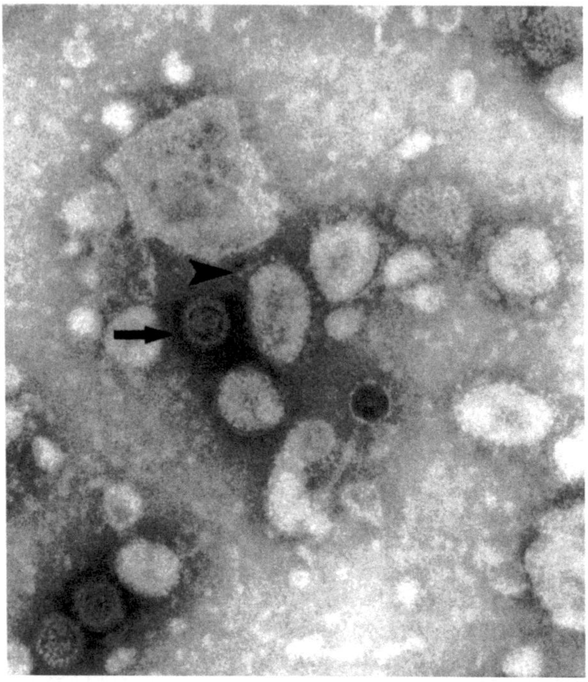

图 68.3　患有腹泻的 10 日龄的霍斯坦种乳牛粪便的透射电镜照片。可以观察到轮状病毒（箭头方向）和冠状病毒（箭头方向）粒子。还能观察到抗生素微粒。（R. Nordhausen 博士惠赠）

的革兰氏阴性菌表面的菌毛（1 型菌毛）与细胞表面的含甘露糖的糖蛋白有密切关系。细菌表达 1 型菌毛，当与红细胞混合时，会黏附这些细胞，这种黏附是甘露糖抑制的（甘露糖敏感）。肠上皮细胞展示了充当引起细菌的肠病原株表达菌毛的受体结构。

细菌细胞表面的糖类会影响细菌与宿主细胞的相互作用。并且通过使细菌细胞表面相对亲水，可以影响它们之间的相互关系。因为细胞表面是疏水的，亲水性为宿主细胞表面提供了排斥力。另一方面，某些宿主细胞表面的蛋白受体与这些表面糖类密切相关。相互作用的结果是黏附。

附着后，病原体通过多种方式引发疾病。①分泌外毒素，破坏靶细胞液体和电解液的调节；②入侵靶细胞，通过毒素（细胞毒素）作用导致其死亡；③入侵靶细胞和淋巴，导致全身感染。不同的肠细菌性病原体导致宿主感染的机制是不同的、复杂的。在某些病例中，像产肠毒素大肠杆菌病例，腹泻完全是由肠毒素的产物引起的，很少或几乎不能发现病原体（图 68.4）。其他病原体（如沙门氏菌）使用复杂的通信系统，将效应器蛋白质运到宿主细胞内（如 III 型分泌系统），同时产生肠毒素和细胞毒素效应。然而其他病原体，如鸟分枝杆菌属类结核亚属通过转移到黏膜上皮细胞，并存在于固有层的巨噬细胞和区域性淋巴结，对肠道产生影响，并发生肉芽肿性肠炎，但是其损伤的严重程度和其临床症状的严重程度并不一定相关。家畜与肠有关的细菌性病原体的病理学和发病机制的细节内容，请参考关于每个病原体的相关章节。

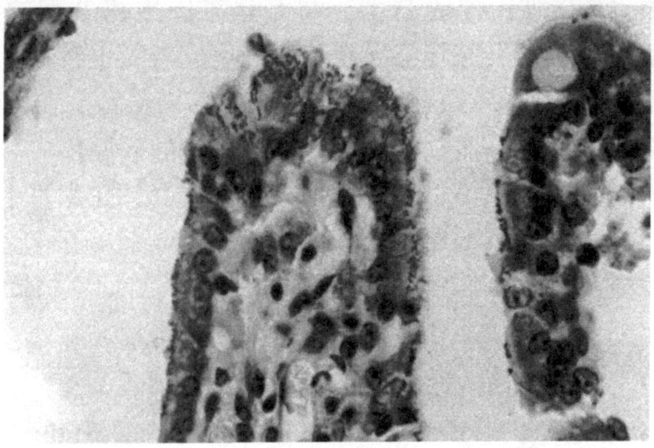

图 68.4　刚出生一天的小牛感染了埃希氏产肠毒素（K99）大肠杆菌。大量革兰氏阴性菌黏附于肠绒毛上。Brown & Brenn 染色法。

在某些动物肠道内被认为是病原体的微生物，在其他动物体内可能是正常菌群。它们对某些动物的致病作用还需要进一步确定。例如，弧菌亚种空肠弯曲杆菌是导致人腹泻的最常见病原体，并且在家畜和伴侣动物的肠道内也经常发现，但是其致病能力尚不清楚。对禽来说，C 型空肠弯曲杆菌的发病率很高，但是对超过两周的鸟却没有明显的不利影响。

多种因素使肠病原体建立并且致病。有关抗生素破坏正常菌群，以及使病原体得以建立起来的重要性已经做了讨论。使宿主产生应激的其他因素也会导致肠内菌群的变化，主要是导致厌氧菌数量的减少。厌氧菌群产生的脂肪酸浓度增高后，大肠杆菌的水平也会升高。专性厌氧菌数量降低的真正原因尚不清楚。除了这些变化，覆盖口腔上皮细胞的纤维结合素（一种糖蛋白）的量也会增加。在口腔内，这种糖蛋白拥有革兰氏阴性菌的受体，随着革兰氏阴性菌的增加，它的数量相应增长，尤其是肠细菌。

肠的真菌性感染并不普遍。由荚膜组织孢浆菌引起的犬肉芽肿性肠炎最为常见。腐霉属枯萎菌是一种卵菌，引起犬小肠（某些时候也有胃）黏膜下层或黏膜肌层肉芽肿，出现呕吐、腹泻和体重减轻等症状。原藻引起的海藻感染很少引起作为犬的更普遍的疾病过程的一部分的腹泻（通常伴随着眼睛疾病），这种腹泻是难以处理的。

68.3.5　消化系统附属器官感染

肝脏通过几个途径发生感染，包括①门静脉；②肝动脉；③通过输送胆汁的系统上升；④从感染区域向邻近区域扩散（如蜂窝胃炎）。

通常，作为全身感染的一部分，肝脏可能成为多种病毒的靶器官。感染内皮细胞会引起肝脏损伤（如犬 1 型腺病毒）、血管阻塞和组织缺氧，以及由于肝细胞感染导致的肝细胞坏疽。

多种细菌能感染肝脏，其中梭菌属最为重要。血红素尿、传染性坏疽性肝炎的病原体、C型溶血隐秘菌（C诺维氏梭菌D型）和C诺维氏梭菌B型的梭菌孢子，分别发现于牛和绵羊的肝脏。当局部肝脏坏疽导致随后的不成熟吸虫转移，或当某些其他事件损伤肝脏时（如肝活检），会导致这些病原体孢子的生长发育。在厌氧环境下生长发育产生的一些细胞溶解毒素会进一步损伤肝脏。泰瑞氏症的病原体——绒毛杆菌引起某些动物罕见而急性、高致命性的感染，对实验动物最为重要。在家畜中，马驹最易感。在肝坏疽区域边缘，可以发现典型的纺锤形杆菌（图68.5）。大肠梭状芽孢杆菌引起鸡和火鸡伴随溃疡性损伤的肠坏疽（溃疡性肠炎）（图68.6）。

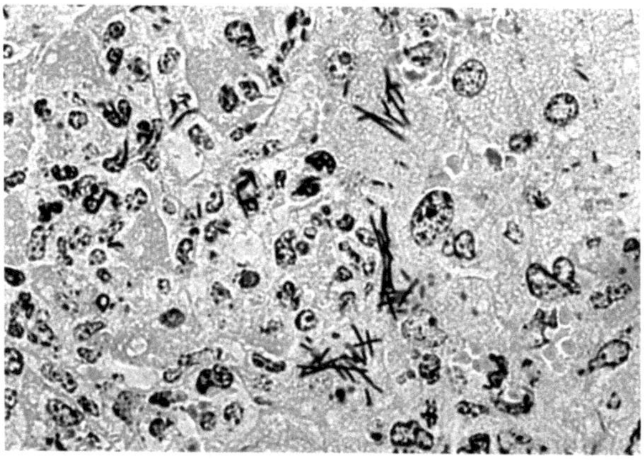

图68.5 死于泰瑞氏症的小马肝损伤的改进的斯坦那银染。银染阳性的绒毛杆菌病原体呈典型的“抽火柴式”排列。

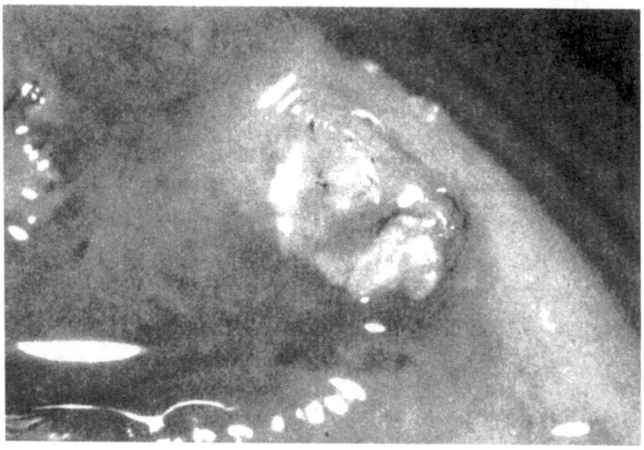

图68.6 由大肠梭状芽孢杆菌引起的鸡溃疡性肠炎的肠溃疡。也出现了肝脏坏疽。从肝脏中分离到大肠梭状芽孢杆菌。

某些螺旋体的血清变型会引发没有明显反应的肝炎。损伤的严重程度从严重的慢性肝炎到轻微的发散性肝细胞空泡各异。通常，肾脏也会受到影响。

正如已经提到的，通过门脉系统，瘤胃炎为细菌提供了条件，可引起肝脓肿。最常见于反刍动物的粟粒状肝脓肿，由一些不同的细菌在造血系统传播引起，常见病原体包括假结核病耶尔森氏菌属和马红球菌。对家禽来说，每隔一段时间，就会有革兰氏阳性厌氧杆菌 *Eubacterium tortuosum* 引起肝肉芽肿的报道，并且被认为起源于肠。

从病因学角度来讲，胆囊感染可能是病毒性（如犬传染性肝炎病毒、绵羊裂谷热病毒）和细菌性（如小牛肠道沙门氏菌都柏林血清型）的。对于家养动物，很少有胰腺感染的报道。

68.3.6 未知但怀疑是传染性病原的消化系统疾病

对于未确诊的家畜，腹泻病因并不是常见的。有几种重要情况被认为是家畜消化道的传染源；然而，没有特异的病原体最终被证明是致病原因。在某些病例中，可能存在着多种病原体，对于临床症状的呈现、宿主和环境之间的相互作用是必需的。一些主要疾病被认为是由传染引起，但是特异性病原体还没有最终被结论性的鉴别出来，包括火鸡幼禽肠炎死亡综合征、马的 X 大肠炎、犬出血性肠胃炎、牛冬季痢疾（可能由牛冠状病毒引起）。

第69章 被皮系统

Richard L. Walker

皮肤是机体最大的器官。它在温度调节、感官知觉和防止水分流失等方面发挥主要作用，并且对包括潜在微生物在内的外界损伤提供屏障。皮肤由表皮、真皮、皮下组织、毛囊和腺结构构成。腺结构包括汗腺、脂肪腺和特殊结构（如肛囊）。根据感觉、体温调节和保护等功能的需要，机体的毛发类型和密度有所不同。鸟类进化的羽毛也许来源于鳞，代替了毛发。脚垫、角、蹄、指甲和喙都是皮肤系统的特殊角化结构。

表皮与外界环境紧密联系，为寄居菌群提供了场所。表皮的外层、角质层由脂质连接，一起构成了皮肤的主要物理屏障。根据不同的动物、不同种属和同一个体的不同部位，表皮层厚度存在差异。通过胶原质和弹性纤维，真皮为皮肤系统提供张力和弹性，它在全身各部位的厚度差异也很大。通过脂肪组织，真皮提供了另外的弹性和绝缘性。

由于其外表面覆盖皮肤或上皮细胞和腺结构（外耳道），本章将外耳道包括进来。总之，已发现的外耳炎损伤和皮肤感染引起的损伤相似，而且引起外耳炎的某些重要病原体和导致皮肤其他部分感染的病原体是相同的。

尽管从技术上讲，乳腺不属于皮肤系统的一部分，但是由于与皮肤的直接联系，也被包括在这一章。乳腺病原体，其中的一些是皮肤的常住菌群或暂时菌群，主要通过乳头的管道进入。乳头括约肌和乳头管道的上皮细胞产生的角蛋白栓为乳腺提供了主要的物理屏障。

69.1 皮肤的抗微生物特性

根据在下面各节中所叙述的特性，皮肤与营养、呼吸和泌尿生殖系统黏膜相比，提供的环境是不利于微生物生长的。

69.1.1 干燥

皮肤表面正常的干燥，限制了许多微生物的生存。影响正常蒸发过程的条件、通过增加湿气保持度和温度、pH 和 CO_2 压力的改变，导致皮肤常住菌群和暂时菌群的增殖。某些动物种属和肥胖个体的皮肤过度折叠可以增加角质层水合作用，并升高温度，从而为细菌增殖提供一个更合适的环境。

69.1.2 脱皮

表面皮肤层不断脱落，可以除去暂住微生物。常住菌群的数量也会减少，但是会被剩余的菌群迅速补充。

69.1.3 分泌和排泄

全泌性皮脂腺分泌包括长链脂肪酸的脂质，其中许多可以抑制细菌。它们和顶（浆）分泌的汗腺导致表皮层细胞的密封。顶（浆）分泌的汗腺和外泌汗腺排出乳酸盐、丙酸盐、醋酸盐、辛酸盐和高浓度的氯化钠，也会排出干扰素、溶解酶、铁传递蛋白和各种类型的免疫球蛋白。角化细胞合成抗菌肽-组织蛋白酶和β-防御素。这些物质对皮肤的自洁功能（即对短暂微生物的定居抗性）很有用。

69.1.4 微生物的相互感染

通过排出抑制性代谢物（如不稳定脂肪酸）和细菌素，并且占据可利用的小生境的方式，常住菌排斥入侵者。

69.1.5 免疫系统

皮肤免疫系统对局部抗原（包括微生物）刺激做出反应，并且由黏膜表面上的对这些作用发挥相应功能的细胞组成。朗罕氏细胞，一种抗原呈递细胞，和上皮 T 淋巴细胞是这一系统的重要成分。通过产生免疫调节物质，角化细胞参与免疫防御。这些细胞之间的相互作用，形成了皮肤相关的淋巴样组织。补体、细胞因子和免疫球蛋白发现于皮肤乳剂层里，并且对全面的皮肤免疫活性非常重要。

69.2 皮肤菌群

在防御中，皮肤菌群充当了一个重要角色，并且可能在出生时从母畜获得。这些微生物被局限在上皮表面层及腺管和毛囊的远侧部，在上皮表面层，脱皮之前，胞间结合松弛。微生物菌群主要存在于小菌落中，而不是平均地分布在皮肤上。革兰氏阳性球菌的脂磷壁酸细菌黏附，对常居菌的建立和持续极其关键。如在脂溢性皮炎中发现的角质化缺陷，可以提供额外的附着位点，允许常居菌群的数量增加，以及全部菌群组成的改变。

在动物皮肤上，细菌和酵母的定居位点是变化的。在被保护的潮湿区域中发现极多，如腋窝、腹股沟、指（趾）间隙和耳道。它们的浓度低于移植黏膜上的浓度，很少超过 10^5 个/cm^2，甚至在一些区域不超过 10^2 个/cm^2。

在常居菌群中，革兰氏阳性微生物占有优势。在革兰氏阳性菌中，凝固酶阴性葡萄球菌占大部分。在一些动物，某些凝固酶阴性葡萄球菌菌株也被认为是常居菌群。兼性厌氧假白喉菌（棒状杆菌和丙酸菌属）一贯存在，被认为是细球菌属和变绿链球菌。革兰氏阴性菌中，只有不动杆菌属被认为是常居菌群中的大部分。主要的常居真菌是一种存在于皮肤上和外耳道里的脂类酵母——马拉色菌属。普遍认为，病毒不是正常皮肤菌群的一部分。在动物种群里直接感染动物皮肤的病毒通过持久感染动物个体的方式得以保持，但是也能够在这种环境长期生存，这能为传染其他动物提供一个交互的来源。

可以遇见各种各样的暂住菌群。在猫或犬皮肤上的β-溶血性链球菌（一般的兰斯斐尔德氏链球菌群）通常与不正常的条件相关。肠杆菌科成员，尤其是大肠杆菌，奇异变形菌和肠球菌通常都是短暂的。农场动物的脚携带粪便菌，其中一些细菌参与足部的感染，最显著地是坏死梭杆菌和产黑素杆菌。绵羊腐蹄病的病原——节瘤偶蹄形菌仅局限于表皮组织。

暂住的皮肤真菌群代表了空气传播或土壤传播的污染物。从皮肤中，可以分离到许多种。通常在皮肤上发现的暂住的真菌属包括曲霉、金孢子菌属、分支孢子菌属、青霉菌和帚霉菌。

由于难以接触到许多皮肤菌群，皮肤的杀菌消毒是不可能的。用肥皂和水彻底净化被修剪的皮肤，接下来用70％乙醇浸泡，能除去95％的细菌。要除去超过99％的皮肤菌群，要求重复敷用聚维酮碘（消毒防腐药）以及用含0.5％洗必泰（消毒防腐药）的乙醇冲洗。这样治疗之后，通常会被相同的微生物迅速重新定居。

69.3 皮肤感染

皮肤对感染的易感性与角质层的厚度和紧凑性反向相关。因为解剖构象、生理或遗传因素，与其他动物相比，特定的动物种系皮肤更易感。

皮肤的感染经常是次要的，需要破坏宿主先天防御机制。创伤、过度潮湿、刺激物、昆虫或动物咬伤、灼伤等因素都是引起发生皮肤感染的起因。潜在的疾病，包括先前的皮肤条件、免疫失调也会造成二次皮肤感染。深部真皮和皮下的感染，明显地需要一些条件，这些条件允许不能在外部表皮层上存留的微生物病原体以外伤移植的形式传入。

全身感染有时会牵涉被皮系统。血管内皮或上皮细胞的营养性因素能引起局部或全身性的皮肤损伤。

69.3.1 皮肤病毒的感染

大量的病毒经由皮肤进入宿主，或通过擦破、昆虫或动物咬伤以及暴露于污染的装置（如针、马具）。其中的某些病毒只是以外皮系统作为进入宿主的途径，引起全身感染，并以皮肤之外的器官或系统作为主要目标。对于特定的病毒经由皮肤系统进入、复制和传播的机制细节，见于那些有关个别病毒的章节。

对于一些病毒来说，皮肤是主要的感染部位，或是表现明显临床症状的主要部位之一。对于动物来说，乳头瘤病毒和痘病毒是被皮系统重要的病毒病原。乳头瘤病毒是通过皮肤擦伤和上皮细胞感染传入的。感染的上皮细胞变成增生性，结果为过度角化症。损伤（乳头瘤）呈丝状隆起，而且可能有肉茎。尽管牛的乳头瘤病毒1和2与马的结节病有关，但是乳头瘤病毒具有一定的宿主特异性。

痘病毒科的成员也侵袭一些动物和鸟类。尽管这个科中的一些病毒具有传染性，其中许多具有一个有限的宿主范围。通过接触损伤的皮肤、来自感染动物的结疤或昆虫的叮咬而发生转移。引起羊口疮的羊副痘病毒和家禽的禽痘病毒能通过呼出的飞沫以及通过直接接触损伤物质或者污染设备传播。依赖相关的病毒，临床症状可能由轻变重。全身症状包括发热和厌食。皮肤损伤是典型的丘疹结节，并且变成小脓包或增生，最终结果是产生留下疤痕的痂皮。

表皮表现是一些全身感染或多系统病毒感染的全部临床症状的一部分。引起水疱病的病毒（口蹄疫、猪水疱病、猪疱疹和水疱性口炎）产生水疱，变换地侵袭皮肤的乳头、冠状带和指（趾）间这些区域。水疱容易破裂，留下可以被细菌二次感染的溃疡损伤。除了产生淋巴网状内皮细胞和神经损伤之外，在羽毛小囊中，鸡的马立克氏病毒引起结节的发育，并且利用羽毛小囊皮屑作为传播病毒的主要方式。作为晚期临床症状，犬瘟热病毒引起犬的鼻子和脚掌的过度角质化。

69.3.2 皮肤的细菌感染

和皮肤有关的细菌性感染主要来自环境，直接或间接由与携带细菌的动物接触引起，或者是已感染动物的皮肤、口腔、生殖道或消化道的常居菌。皮肤的细菌感染分为特殊的脓皮病（如脓疱病、特殊细菌性毛囊炎）或深度脓皮病（如毛囊炎、疖疮、蜂窝组织炎和皮下脓肿）。凝固酶阳性葡萄球菌（中间葡萄球菌、金黄色葡萄球菌和猪葡萄球菌）是特殊脓皮病的主要病原。它们产生很多有助于疾病发展的酶类和毒素。连同细胞壁成分一起，其中一些微生物的产物具有有力的趋化效应，解释了在葡萄球菌感染中所观察到的化脓炎性反应。猪葡萄球菌是猪多脂病的起因，产生一种使表皮脱落的毒素，在表皮里，此毒素特异性地引起表皮内层的分离，并最终发展为局部糜烂。在新生猪中，广泛的表皮炎与实际上的死亡率有关。

刚果嗜皮菌是一种放线菌，常引起马和反刍动物的特殊性的皮炎。感染刺激一种强烈的炎性反应，以随着新生表皮炎性细胞的交替波为特征（图 69.1）。与凝固酶阳性葡萄球菌产生的大量产物相反，在嗜皮菌中，只能辨认出少数毒性因子。它产生一种可以有助于疾病全部过程的细胞外丝氨酸蛋白酶，然而，环境因素是疾病发展的关键。嗜皮菌开始侵入表皮需要持久潮湿的皮肤和昆虫叮咬。一旦发生侵入，最终诱发产生以大量细胞渗出液为特征的炎性反应。如果条件继续侵犯新生表皮，传染/炎性周期性地重复，引起组织病理学特征；否则，感染消退。

深层的细菌性脓皮病涉及真皮，有时涉及皮下组织。损伤或创伤几乎总是先于深层脓皮病的发生。在一些病例中，深层皮肤感染作为一个外表脓皮病延伸的结果发生。此外，尽管可以再次涉及其他细菌，但是经常涉及的是凝固酶阳性葡萄球菌。疖病（真皮和皮下组织的炎症）和毛囊炎（毛囊的炎症）大多数在犬中被诊断出来，而且也经常出现在马、山羊和绵羊。

皮下脓肿是咬伤或尖锐异物刺伤的典型结果。传入的细菌通常是口腔菌群的成员，并且引起真皮和皮下组织脓性渗出物的积聚。皮下脓肿多数发生在猫，并且常由多杀巴氏杆菌和专性厌氧菌引起。在时常获得隐秘杆菌的反刍动物，皮下脓肿也是普遍的。假结核棒状杆菌引起绵羊和马的皮下脓肿。在牛，表现为一种溃疡性的皮炎，而不形成脓肿。

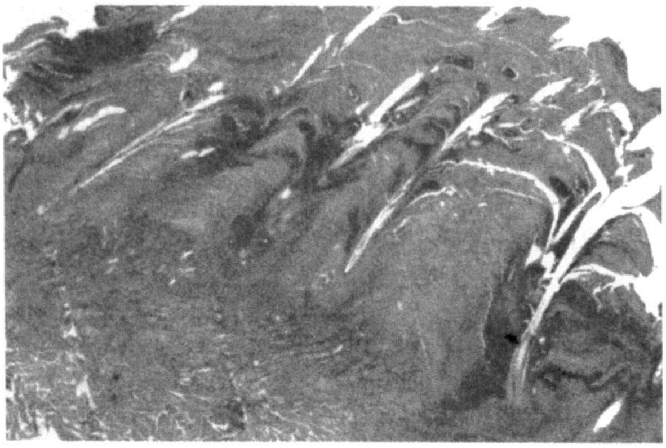

图 69.1　奶牛嗜皮菌病再生真皮炎性渗出物的波。H&E 染色。

组织性蜂窝炎是一种松散的皮下组织化脓性炎症。通常很少被包含，并且沿着起始部位的组织平面迅速延伸。多种细菌引起蜂窝组织炎症。其中最严重的蜂窝组织炎形式是由多种梭状芽孢杆菌的种类之一引起的厌氧菌性蜂窝织炎。在厌氧的环境里，这些细菌产生烈性、高破坏性的毒素。梭菌性的蜂窝组织炎经常侵袭马、反刍动物、猪和家禽。即使在面对高效治疗的情况下，感染仍有很高的死亡率。对于养禽业来说，在孵化器里的雏鸡发生的大肠杆菌并发蜂窝组织炎是经济意义特别重要的疾病，这解释了为何屠宰厂的真实百分比受到指责。金黄色葡萄球菌引起马的急性组织性蜂窝炎，迅速传播，并且引起皮肤的大面积坏死。

皮肤的其他细菌感染包括分枝杆菌肉芽肿。尽管感染也发生于猪、牛和狗中，这些微生物会最普遍地侵袭猫。通过一些外伤，引进作为根源的腐生的寄生性分枝杆菌。如果这些微生物得以建立，感染以慢性、具有排泄瘘管的非治愈性伤为特征。幼龄猫一个特别的例子指由分枝杆菌引起的猫的麻风病，而且呈现有时为溃疡的头部和末端的皮肤节结，时常出现局域性淋巴结病。其次，在老猫，较多由未经确认的分枝杆菌引起的无显著特点的疾病形式已经被描述。由放线菌引起的化脓性皮炎发生在犬和牛。在导液物中发现由导液束和出现的黄色颗粒组成，有时有同科的嗜酸性物质包围的细菌菌落（图 69.2）。

一些皮肤的细菌感染涉及两个或更多的细菌。在传染性的绵羊根腐病中，坏死梭杆菌引起浸软的皮肤指（趾）间的皮肤炎，允许节瘤拟杆菌通过菌毛附着和增生，得以确立。节瘤拟杆菌产生大量的丝氨酸和碱性蛋白酶，因此，允许额外的条件致病菌的侵入，更进一步加剧了这种情况。

实质的外皮成分是某些全身性细菌感染的一部分。源于皮肤梗塞的猪皮肤荨麻疹的斑块和弥散性的红斑病变是丹毒的特征。对细菌性抗原的过敏性反应或血管内皮上的细菌毒素的影响也可能在皮肤得到表现。大肠杆菌菌株产生的志贺样毒素引起猪水肿病，眼睑、嘴唇和前额上的皮下发生水肿。发生在马的出血性紫癜症中，起因于血管炎的坠积性水肿是一种马链球菌亚群感染的后遗症。

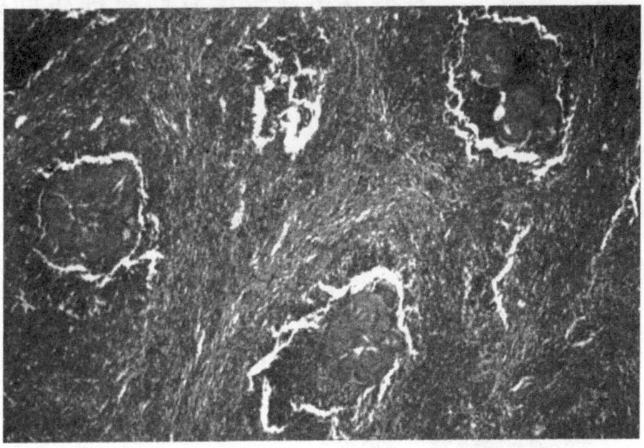

图 69.2　奶牛的放线菌病变众多的小粒。H&E 染色。

69.3.3　皮肤的真菌感染

皮肤的真菌感染是特殊的皮下真菌病或皮下组织真菌病。另外，引起全身真菌病的真菌感染（皮炎芽生菌、粗球孢子菌、新型隐球菌和夹膜组织胞浆菌）可引起皮肤系统的化脓性肉芽肿病变，随后散播感染。

最重要的霉菌感染是皮肤真菌病或癣。这意味着通过侵袭角质化结构，真菌引起一种特定的皮肤真菌病。这些真菌（小孢子菌属、发癣菌属）产生消化角蛋白的酶类（角蛋白酶），并且感染正在生长的毛发和角质层（图 69.3）。病变是炎症、有鳞，由于损伤的向心性发展，呈圆形或椭圆形。被感染的头发是脆的，剩余脱毛的区域。皮肤真菌不总是病原体，能够代表皮肤的暂时性菌群（通常是亲土的皮肤真菌）或不明显地被携带（嗜动物的皮肤真菌）。

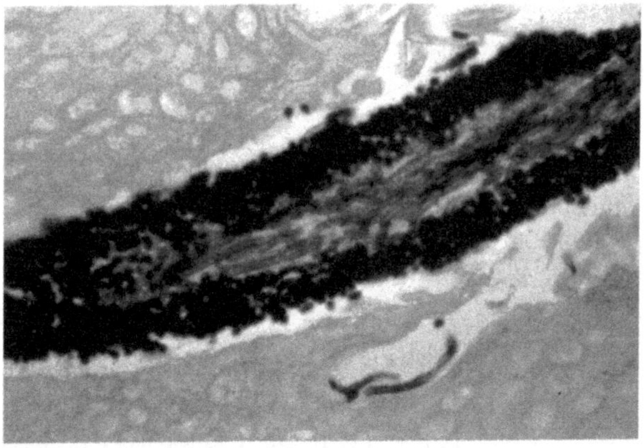

图 69.3　有疣的发癣菌引起皮肤真菌病的山羊毛发上的真菌菌丝和分节孢子。哥氏亚甲胺银染色。

马拉色菌属，一种脂类酵母，是涉及皮肤表面真菌感染的另外的主要真菌（图 69.4）。它引起红斑、鳞状病变。由于在正常皮肤上只发现少量的此种菌，其分离的临床相关性必须基于临床症状的确定。

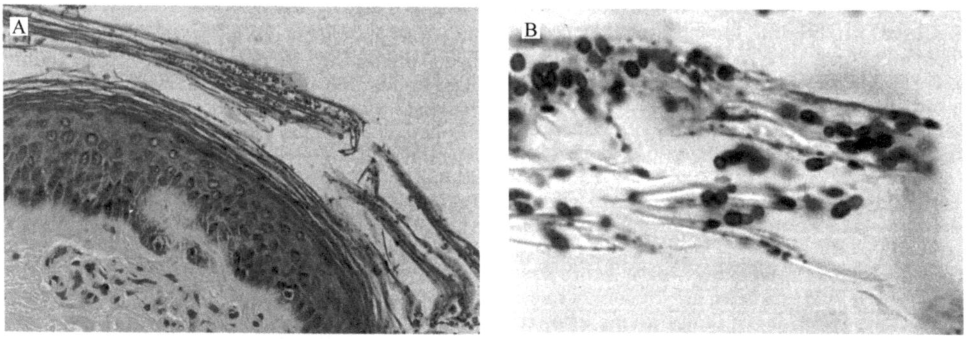

图 69.4　A. 患马拉色菌皮炎的猪的皮肤。H&E 染色。B. 许多广基的芽殖酵母，在角质层里发现马拉色菌属的特性。过碘酸希夫反应。

皮下组织真菌病涉及真皮和皮下组织，可能是局部的病变，或者可以经淋巴系统传播。有关的大多数真菌因子源于外界（如土壤、植物材料），并且通过外伤的介导获得入口。可以通过总数和组织病理学特性识别许多不同的皮下真菌感染，并进行分类。这些不同的状况包括着色芽生菌病、暗色丝孢霉病和真菌性足分支菌病。在皮下组织真菌病因子的章节里，它们被更详细地描述。多个真菌因子可能引起这些条件中的每一个。例如，真菌性足分支菌病，具有下列特征：①感染位点的局部肿胀（肿胀部分）；②引流窦道；③存在洋地黄毒素或由腐蚀性物质组成的颗粒，由超过 14 种的暗色菌（色素）真菌和超过 9 种的透明菌（无色）真菌引起（图 69.5）。这些真菌分别产生黑色或白色有木纹的足菌肿。

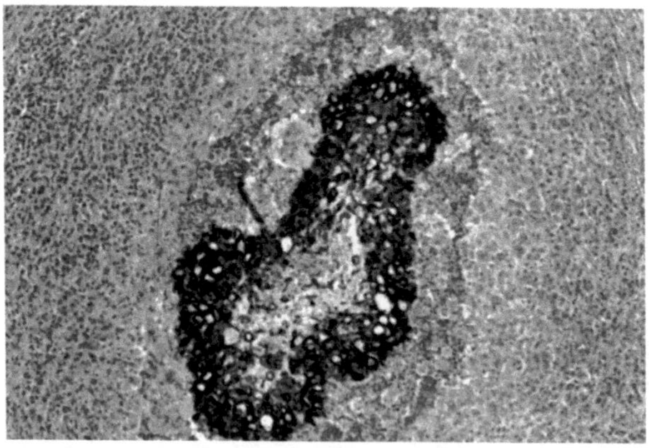

图 69.5　在马皮肤中来自真菌性足分支菌病的颗粒。颗粒组成了真菌菌丝的异常形状，被一种多形核白细胞、巨噬细胞、血浆细胞和巨细胞的混合物包围。哥氏亚甲胺银染色-苏木精复染。

孢子丝菌病是一种由二态的真菌——申克孢子丝菌引起的皮下组织真菌病。在皮肤中，孢子丝菌病的病变是溃疡性的小瘤，或是再发生的皮肤引流通路。除皮肤损伤之外，感染也可能与引起淋巴管炎的淋巴系统有关。猫、马、犬都经常被侵袭。

卵菌、腐霉菌引起皮肤的脓肿，不是真正的真菌感染。疾病与暴露的环境有关，发现于沼泽和池塘。皮肤感染以常有引流瘘道的坚固的海绵状溃疡性损伤为特点。病变初期的损伤，可能发现坏死的组织团块。虽然并不普遍，但是马和犬频繁地被侵袭。一种另外的菌属——链壶菌，也被报道参与了这样的损伤。

当全身的霉菌因子之一侵袭皮肤系统时，损伤会发展成有瘘管的典型的溃疡小结。即使微生物对起因于呼吸道感染传播的皮肤损伤负有责任，这些化脓性肉芽肿的皮肤病变（图 69.6）或许是感染的最初临床表现。

表 69.1～表 69.7 列出了家畜和家禽被皮系统普通和（或）重要的传染性病原。

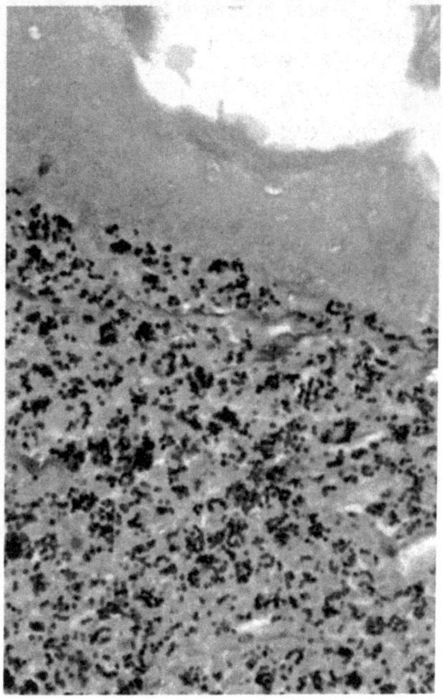

图 69.6　夹膜组织胞浆菌的许多酵母形式存在于来自传散性组织胞浆菌病狗的皮肤。哥氏亚甲胺银染色-苏木精复染。

表 69.1　犬被皮系统普通和（或）重要的传染性病原

病原	主要的临床表现（共同的疾病名称）
病毒	
犬瘟热病毒	鼻和脚垫角化过度（犬瘟热）
犬乳突淋瘤病毒	皮肤的乳头状囊瘤（犬多发性乳头瘤病）
细菌	
放线菌，*A. hordeovulneris*	排泄系统、皮下脓肿
犬布鲁氏菌	阴囊皮炎
中间葡萄球菌[a]	蜂窝织炎、毛囊炎、疖病、脓疱病
真菌	
马拉色厚皮菌属	剥脱性皮炎
犬小孢子菌，*M. gypseum* 须毛癣菌	环状的、有鳞的、有硬壳的、胶质样的皮肤损伤（脚癣、癣菌病）
隐匿的腐霉属	溃烂和肉芽肿的皮肤损伤（皮肤的脓肿）
身体的霉菌因子[b]	丘疹、节结、脓肿、排泄系统

a. 其他涉及脓皮病范围的凝固酶阳性葡萄球菌包括金黄亚种和施氏葡萄球菌凝血亚种；b. 包括子囊酵母菌皮炎、粗球孢子菌、隐球酵母赘生物和囊膜包裹的结节型组织胞浆菌病。

表 69.2 猫被皮系统普通和（或）重要的传染性病原

病原	主要的临床表现（共同的疾病名称）
病毒	
牛痘病毒[a]	斑丘、丘疹、节结（牛痘病毒传染）
猫尿氨酸肉瘤病毒	排泄系统和皮下节结
细菌	
分枝杆菌[b]	慢性节结性皮炎、排泄系统、脂膜炎（非典型分枝杆菌病）
麻风杆菌	有淋巴结样的皮肤性损伤（猫尿氨酸麻风病）
有条件的厌氧性菌[c]	皮下脓肿
多杀巴氏杆菌	皮下脓肿
真菌	
隐球酵母赘生物	排泄系统、节结、溃疡（隐球酵母菌病）
犬小孢子菌	Alopectic 环状的皮肤损伤（脚癣、癣菌病）
申克孢子丝菌	排泄系统、溃烂的节结（孢子丝菌病）

a. 在美国没有发现；b. 包括偶发分枝杆菌、龟分枝杆菌、蟾分枝杆菌和草分枝杆菌；c. 包括消化链球菌属、梭菌属和卟啉单胞菌属和梭菌属。

表 69.3 马被皮系统普通和（或）重要的传染性病原

病原	主要的临床表现（共同的疾病名称）
病毒	
牛乳头瘤病毒	疣的、纤维原细胞或变平和变厚的皮肤损伤（肉状的马）
马乳头瘤病毒	唇缘和鼻皮肤的乳头状囊瘤（马巴氏杆菌病）
马病毒性动脉炎病毒	前肢、阴囊和腹侧水肿
水疱性口炎病毒	泡/溃疡在冠状边上
细菌	
炭疽杆菌	散播皮下和皮肤的水肿（炭疽热）
鼻疽-伯克氏菌[a]	皮下的结节溃烂、淋巴管炎（皮疽病）
产气荚膜梭菌[b]	蜂窝织炎
假结核棒状杆菌	胸（鸡胸）或腹股沟的脓肿、淋巴管炎（溃疡性淋巴管炎）
刚果嗜皮菌	渗出性皮肤炎（皮肤病、雨斑病）
马红球菌	皮肤的囊肿、蜂窝织炎
金黄色葡萄球菌[c]	蜂窝织炎、毛囊炎、疖病
真菌	
马鼻疽结节型组织胞浆菌	头部、脖子、腿有节结；淋巴管炎（马鼻疽结节型组织胞浆菌病）
隐匿的腐霉属	溃烂的脓性肉芽肿损伤（皮肤化脓、沼泽癌）
申克孢子丝菌	在脚上溃烂的结节、淋巴管炎（孢子丝菌病）
马发癣菌、须癣毛癣菌、*M. equinum*	有硬壳的皮肤损伤；包括头部的、肩部的和背部的毛发掉落（皮肤病、雨斑病）

a. 在美国，被认为是一种外来的动物疾病因子；b. 其他梭菌属的种类包括败血梭菌、索氏芽孢梭菌和生孢梭菌；c. 其他凝固酶阳性宿主疾病的种类包括中间葡萄球菌和猪葡萄球菌猪亚种。

表 69.4　牛被皮系统普通和（或）重要的传染性病原

病原	主要的临床表现（共同的疾病名称）
病毒	
牛疱疹病毒 2 型	乳腺的水肿和溃疡（牛乳房炎）
牛乳头瘤病毒	皮肤的乳头状囊瘤（皮肤的乳头状囊瘤、疣）
结节性皮肤病病毒[a]	普遍的或当地的丘疹和结节溃烂（块状皮肤病）
伪牛痘病毒	乳腺的囊肿、丘疹和结痂（伪牛痘病）
伪狂犬病毒	难以控制的瘙痒（伪狂犬病）
疱疹病毒[b]	囊肿/溃疡在冠状边上和趾间垫
细菌	
林氏放线杆菌	头和脖子上的脓肿、排泄瘘管
牛放线菌	排泄系统、皮下脓肿（牛放线菌病、家畜放线菌病）
生脓放线杆菌	皮下脓肿
败毒梭菌	蜂窝织炎（恶性水肿）
假结核棒状杆菌	溃烂的皮炎
刚果嗜皮菌	渗出性表皮（噬皮菌病）
坏死梭杆菌属产黑色素普氏菌[c]	趾间垫的渗出性、蜂窝织炎（趾间垫坏死菌病、脚腐烂）
都柏林沙门氏菌	脚末端、耳和尾由于终端的动脉内膜炎发生坏疽
真菌	
疣状的发癣菌	由于秃头症出现卵形的、有硬壳的皮肤损伤

a. 在美国，被认为是一种外来的动物疾病病原；b. 包括口蹄疫病毒[a] 和水疱性口炎病毒；c. 病原的协同作用。

表 69.5　绵羊/山羊被皮系统普通和（或）重要的传染性病原

病原	主要的临床表现（普通疾病名）
朊病毒	
羊痒病朊病毒	酚酞、表皮脱落、自身致残（绵羊瘙痒病）
病毒	
蓝舌病病毒	红斑、耳和口鼻部的水肿、冠状垫炎
山羊痘、绵羊痘病毒[a]	丘疹、小囊泡、脓泡（山羊痘、绵羊痘）
类痘病毒	黏膜与皮肤病变的增生的痂、乳头病变（羊痘疮、口疮）
水疱病毒[b]	乳头上的小囊泡和溃疡、冠状带和趾间区
细菌	
水肿梭菌	头、颈和胸部的水肿（公羊的大头病）
假结核棒状杆菌	长脓疮的皮肤（干酪性淋巴结炎）
刚果嗜皮菌	渗出性皮炎（脚癣、块毛病、草莓根腐病）
节瘤拟杆菌/坏死梭杆菌[c]	趾间皮炎、足底（羊痘疮根腐病）
金黄色葡萄球菌[d]	面部、乳房、乳头、腹部的脓疱皮炎（葡萄球菌性皮炎）
真菌	
疣状毛癣菌、须癣毛癣菌	脱毛症皮肤病变圆形的痂（皮癣、金钱癣和棒状羔羊菌）

a. 在美国，被认为是外来动物疾病因素；b. 包括口蹄疫病毒和水疱性口炎病毒；c. 协同作用；d. 金黄色葡萄球菌厌氧亚种与羊的皮下脓肿有关。

表 69.6 猪被皮系统普通和（或）重要的传染性病原

病原	主要的临床表现（普通疾病名）
病毒	
非洲猪瘟病毒[a]	淡紫红色皮肤褪色（非洲猪瘟）
猪瘟病毒[a]	红斑、紫红皮肤褪色、耳和尾的坏死（猪瘟）
猪痘病毒	斑疹、丘疹、脓疱（猪痘）
水疱病毒[b]	冠状带和指间区域上的小囊泡和溃疡
细菌	
炭疽杆菌	颈和胸部的皮下和真皮的弥散性水肿（炭疽）
丹毒丝菌	皮肤病变充血隆起、皮肤病变的菱形坏死（丹毒）
大肠杆菌（阳性志贺样毒素）	嘴唇和眼睑的浮肿（水肿病）
沙门氏菌	淡紫红色的皮肤褪色
马链球菌亚种、停乳链球菌	脓疱病、皮下脓肿
猪葡萄球菌	全身性渗出性皮炎（渗出性表皮炎、猪多脂病）
真菌	
矮小孢子菌、发癣菌	在皮肤病变周围有淡红色圆形的痂（皮肤真菌、癣菌病）

a. 在美国，被认为是外来动物疾病因素；b. 包括口蹄疫病毒和水疱性口炎病毒。

表 69.7 家禽被皮系统普通和（或）重要的传染性病原

病原	主要的临床表现（普通疾病名）
病毒	
禽痘病毒	喙、鸡冠和垂肉的丘疹和小瘤（禽痘）
马立克氏病毒（C）	羽毛滤泡的结节状病变（马立克氏病）
细菌	
金黄色葡萄球菌	跖肌脓肿、坏疽性皮炎
败血梭菌、产气荚膜杆菌	坏疽性皮炎
猪丹毒丝菌	浮肿的/紫红色发网、红斑（丹毒）
大肠杆菌（C）	蜂窝组织炎
真菌	
鸡小孢子菌	鸡冠、垂肉和腿的白色粉末状病变（皮肤真菌病、黄癣）

（C）＝chicken（雏鸡）。

69.3.4 外耳炎

犬的外耳炎是所遇到的最普通的皮肤病学问题之一。耳朵的构造与外耳炎的发生存在着直接的关系，下垂耳的犬易感。因为限制了通气和导流，外部通道的 L 形构型是更复杂的因素。许多富含类脂的耳垢和浓密的耳管毛有助于外耳炎的发生。外耳炎发生的品种嗜好（如一种英国的小猎犬）也很明显。

在起源上，导致犬外耳炎的微生物是内源性的，并且被认为在疾病过程中充当启动的角色，一旦存在其他的微生物，便充当条件致病菌。感染经常是多种微生物性的。表69.8列出了从犬外耳炎获得的微生物。

表 69.8 犬外耳炎的普通病原和关键的微生物特征

病原	典型菌群		辅助试验		
	血琼脂培养基（24～48h）	麦康基琼脂	革兰氏染色	氧化酶	过氧化氢酶
中间葡萄球菌	白色或米黄色、常有双层溶血	不生长	阳性球菌	NA	阳性
施氏葡萄球菌凝血亚种	白色、溶血	不生长	阳性球菌	NA	阳性
奇异变形杆菌	大群，无个别菌落	无色	阴性杆菌	阴性	NA
绿脓假单胞菌	灰色到浅绿色、水果味、溶血	无色、有时发现色素	阴性杆菌	阳性	NA
犬链球菌	小、白色、β-溶血	不生长	阳性球菌	NA	阴性
大肠杆菌	平滑、灰色、一些菌株溶血	桃红到有红雾的红色	阴性杆菌	阴性	NA
克雷伯氏肺炎杆菌	类黏蛋白、带白色	类黏蛋白、桃红无红雾	阴性杆菌	阴性	NA
厚皮马拉色菌	不生长或很小的菌落[a]	不生长	变色、芽酵母	NA	NA

a. 也许需要延长很长时间。最好在37℃葡萄糖琼脂微氧条件下恢复。

NA＝不能用。

69.3.5 乳腺炎

乳腺炎是发生于全部动物种类的一种乳腺炎症。它在奶牛里非常普遍，而且对乳品工业具有最大的经济意义。乳腺炎的发生必须突破先天的物理障碍。一旦发生，先天免疫（乳铁蛋白、补体和定居的免疫细胞）和特异性免疫都在抵抗微生物病原体的过程中发挥作用。如果一个病原体在乳腺得以确立，由炎性的细胞活素类和化学增活素形成的趋化性梯度，导致努力控制的感染的炎症细胞的迅速补充。多数乳腺炎的临床症状是炎症应答的结果。

对于很多动物来说，病毒是重要的乳房病原体，细菌是乳腺炎的主要感染因素。真菌（如念珠菌属、曲霉和霉样真菌属）、非氯化藻类和原壁菌属（图69.7），在牛中都很少引起乳腺炎，但是偶尔能引起群发。

依靠所涉及的动物，作为乳房炎的病原体，不同的微生物占有优势。大肠杆菌类（犬、猪）、金黄色葡萄球菌（山羊、绵羊）、β-溶血性链球菌（马）、巴氏杆菌（绵羊）和支原体类（绵羊、山羊）都是较普遍遇到的细菌。

与牛的乳腺炎相关的因素是多方面的，并且当它们起源于暂时的皮肤菌群或者环境贮库时，被归类为乳腺来源的“感染性”病原，或者作为“环境性”病原。在大多数乳腺炎病例，奶牛年龄、产次、哺乳阶段、挤奶操作的管理方法和环境卫生的控制等都是从属因素。表69.9列出了牛乳腺炎的普通致病因素。

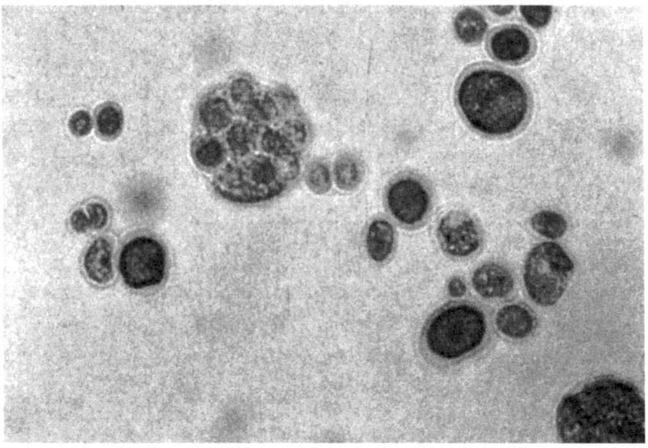

图 69.7 来自一头患乳腺炎奶牛的单独的原壁菌属的乳酚苯胺蓝湿涂片标本。可以观察到含有许多易变的，像囊一样的结构（膜鞘）的子细胞（似亲群体）。

表 69.9 牛乳腺炎的病原

病原[a]	频率	特殊特征
隐秘杆菌属	偶然	伴随乳头损伤，治疗响应弱
产气荚膜梭菌	稀少	引起坏疽性乳腺炎
凝固酶阴性葡萄球菌	频繁	来源是皮肤，很多病变迅速消失
大肠杆菌	频繁	来源于环境、急性感染，或许引起系统大疾病
克雷伯氏肺炎杆菌	偶然	严重的乳腺炎
支原体[b,c]	频繁	来源是奶牛，通过奶、有害的乳腺炎传播，奶牛通常不是全身发病，能被根除
分枝杆菌	稀少	通过受污染的设备或材料传播
诺卡氏菌属	稀少	通过受污染的设备或材料传播
多杀巴氏杆菌	稀少	散发感染，暗示治疗期间的交叉感染
原壁菌属	稀少	非氯化物藻类，伴随弱环境卫生学，不可治疗
金黄色葡萄球菌[b]	频繁	来源是受感染的乳房，通过奶传播，很少引起坏疽性乳腺炎，能被根除
无乳链球菌[b]	偶然	引起高容量体细胞计数，能被根除
停乳链球菌	频繁	起源于牛，在环境里幸存
乳房链球菌	频繁	在牛的皮肤和环境中发现

a. 也认为是牛棒状杆菌、灵杆菌、芽孢杆菌和假单胞菌、多种多样的其他的肠杆菌；b. 传染性病菌；c. 大多数普通种类的恢复是牛结核分枝杆菌、加氏结核分枝杆菌和克氏结核分枝杆菌。

第 70 章　肌肉骨骼系统

Richard L. Walker

肌肉骨骼系统为机体提供一种结构上的框架，保护至关重要的器官，并且提供运动的能力。它由中轴、四肢骨骼、相关韧带、肌肉和腱组成。关节腔、黏液囊和它们的滑液隔膜都被归入这个系统。

虽然通过短促的菌血症传播或者可能通过假定的无菌场所传播，但肌肉骨骼系统本身是没有正常菌群的。经由消化道进入并且呈生血性分布，发现在肌肉里的细菌芽孢（梭状芽孢杆菌）可能是静止的，特别是在反刍动物。

70.1　肌肉骨骼系统的抗微生物防御

肌肉骨骼系统主要依靠循环的免疫防御抵抗微生物的侵袭。

正常健康的骨骼能在一定程度上抵抗感染。除非存在诱病因素，即使用病原菌直接接种骨，通常也不会导致感染。骨头遭受不断的改型，并且受伤/感染的骨头可能被再吸收，并且被新骨头所替代。

肌肉有丰富的血液支持，因此，它直接受益于循环的先天性免疫防御。骨骼肌也有起因于炎症或感染过程的坏死部分肌肉的再生能力。

在滑液的具线纹隔膜的位点（滑液关节、黏液囊和腱鞘），滑膜套筒由一种薄的、主要是巨噬细胞合成纤维细胞样-滑膜细胞的表面层和一个潜在的丰富的血管层组成。在这些部位，细胞（软骨细胞、滑膜细胞、滑液巨噬细胞）产生的前炎性细胞因子，面对感染，促进一个强烈的炎症应答产生。滑液膜丰富的血液供给使微生物因子倾向于局部化，而且允许血管免疫防御的迅速复原。尽管炎症反应对于控制感染是重要的，通过合成刺激分解代谢的金属蛋白酶和抑制骨胶原和蛋白聚糖，它也能导致滑膜关节软骨的降解。当炎症消退时，纤维变性可能导致功能减弱。

70.2　肌肉骨骼系统的感染

微生物通过以下途径感染肌肉骨骼系统：①来自外伤性或医源性事件的直接接种；②邻近疫源地传染过程的扩展；③来自远离感染场所或由败血病期间血源性传播的介导引进。在肌肉骨骼系统外伤性的损伤部位，血管分布增加的活性生长区域，或有特殊血管特征的部位（如在椎骨的终板和干骺端的毛细管里的不连续上皮）更容易被感染。可能涉及病毒、细菌或者真菌。肌肉的寄生虫传染也是重要的，但是不在本书的范围内。按照惯例，细菌是在这里讨论的三组因素中最普遍的微生物因素。特殊的细菌因素对于感染的发生是重要的。黏附因子（如纤维蛋白素原或纤维连接蛋白质）、促进炎症应答的毒素、组织损伤（如超抗原、细胞毒素）和有助于逃逸免疫系统（如荚膜、蛋白质A）的因素都提供一个感染得以建立和持续的有利条件。

在肌肉骨骼系统里，大多数感染过程是：①包括椎体和伴随的椎间盘感染的骨感染；②与关节面或包括滑液隔膜的滑液囊有关的感染；③骨骼肌、腱和环绕的筋膜的感染。这些感染过程不一定作为清楚的实体（如干骺端骨头的感染和在一些动物新生的败血病里相关的感染）发生。由于神经递质释放（破伤风和肉毒毒素中毒）的抑制影响肌肉活动性的神经系统起因的疾病将在第 71 章中被提及。引起蜂窝组织炎的微生物因素可能与骨骼肌感染相重叠，包含在第 69 章中。在表 70.1～表 70.6 中列出了有关家畜和家禽肌肉骨骼感染的普通和（或）重要的感染因素。

表 70.1　犬和猫的肌肉骨骼系统普通和（或）重要的感染因素

病原	主要的临床表现（普通疾病名）
病毒	
多核体形成病毒（C）	关节炎
细菌	
放线菌属[a]	椎间盘脊椎炎、骨髓炎
β-溶血性链球菌属（D）	关节炎、椎间盘脊椎炎、肌炎、坏死性筋膜炎
博氏疏螺旋体（D）	关节炎（莱姆病）
犬布氏杆菌（D）	椎间盘脊椎炎、骨髓炎
钩端螺旋体属	多发性肌炎
专性厌氧菌[b]	肌炎
出血败血性巴氏杆菌（C）	肌炎
中间葡萄球菌	关节炎、椎间盘脊椎炎、肌炎、骨髓炎
真菌	
曲霉（D）	椎间盘脊椎炎、骨髓炎
皮炎芽生菌（D）	骨髓炎
粗球孢子菌（D）	骨髓炎

（C）＝cat（猫）；（D）＝dog（狗）。

a. 包括粘放线菌和受损大麦放线菌；b. 包括梭菌属、类杆菌属、卟啉菌属和消化链球菌属。

表 70.2　马的肌肉骨骼系统普通和（或）重要的感染因素

病原	主要的临床表现（普通疾病名）
细菌	
马驹放线杆菌	关节炎、骨髓炎
布氏杆菌	寰椎的或棘突上的滑囊炎、骨髓炎
大肠杆菌	关节炎、骨髓炎
梭状芽孢杆菌[a]	肌炎
沙门氏菌	关节炎、骨髓炎
梭状芽孢杆菌	关节炎、寰椎的或棘突上的滑囊炎、肌炎、骨髓炎、腱鞘炎
马链球菌马亚种	肌肉梗塞——免疫复合物
马链球菌兽疫亚种	关节炎、椎间盘脊椎炎、肌炎、骨髓炎

a. 包括产气荚膜杆菌、索氏梭菌和败毒梭菌。

表 70.3　牛的肌肉骨骼系统普通和（或）重要的感染因素

病原	主要的临床表现（普通疾病名）
细菌	
李氏放线杆菌	肌炎
牛放线菌	骨髓炎、肌炎
生脓隐秘杆菌属	关节炎、椎间盘脊椎炎、筋膜炎、肌炎、骨髓炎
鸣疽梭状芽孢杆菌	肌炎
大肠杆菌	关节炎、骨髓炎
坏死厌氧丝梭杆菌	关节炎、椎间盘脊椎炎、骨髓炎
梭状芽孢杆菌[a]	肌炎
支原体[b]	关节炎、滑囊炎、腱鞘炎
沙门氏菌属	关节炎、骨髓炎

a. 包括产气荚膜杆菌、索氏梭菌和败毒梭菌；b. 包括马勃支原体、加氏支原体、弱碱性支原体、精氨酸支原体。

表 70.4　山羊和绵羊的肌肉骨骼系统普通和（或）重要的感染因素

病原	主要的临床表现（普通疾病名）
病毒	
蓝舌病病毒（S）	肌肉梗塞
山羊的关节炎-脑炎病毒（G）	关节炎
细菌	
生脓隐秘杆菌属（S）	椎间盘脊椎炎、肌炎
热衣原体	关节炎
假结核棒状杆菌	肌炎
猪红斑丹毒丝菌（S）	关节炎
梭状芽孢杆菌属[a]	肌炎
支原体（G）[b]	关节炎、腱鞘炎

（G）＝goat（山羊）；（S）＝sheep（绵羊）。

a. 包括产气荚膜杆菌、索氏梭菌和败毒梭菌；b. 包括抗霉菌素亚种支原体、抗霉菌素支原体、支原体亚种、支原体和腐烂支原体。

表 70.5　猪的肌肉骨骼系统普通和（或）重要的感染因素

病原	主要的临床表现（普通疾病名）
细菌	
生脓隐秘杆菌属	关节炎、骨髓炎
β-溶血性链球菌属	关节炎
猪流产布氏杆菌	关节炎、椎间盘脊椎炎（布氏菌病）
败血梭状芽孢杆菌	肌炎（恶性水肿）
猪红斑丹毒丝菌	关节炎、椎间盘脊椎炎（丹毒）
副猪嗜血杆菌	关节炎（成玻璃状疾病）
猪肺炎支原体	关节炎
猪滑液支原体	关节炎
多杀巴氏杆菌	鼻甲骨萎缩（萎缩性鼻炎）
猪链球菌（2型）	关节炎

表 70.6 家禽的肌肉骨骼系统普通和（或）重要的感染因素

病原	主要的临床表现（普通疾病名）
病毒	
呼肠孤病毒	关节炎、滑囊炎、腱鞘炎
细菌	
生脓隐秘杆菌属（T）	骨髓炎
猪红斑丹毒丝菌（T）	关节炎
大肠杆菌	关节炎、滑囊炎、骨髓炎、腱鞘炎
火鸡支原体（T）	胫骨突出、颈椎变形
滑液支原体	关节炎、滑囊炎、腱鞘炎（传染性滑膜炎）
金黄色葡萄球菌、猪葡萄球菌	关节炎、滑囊炎、骨髓炎、腱鞘炎

（T）＝turkey（火鸡）。

70.2.1 骨感染（包括椎体和椎间盘感染）

骨炎是骨头的一种炎症。骨髓炎和骨膜炎分别涉及髓腔和骨膜。骨髓炎可能被更进一步分成生血的或者创伤后的骨髓炎。在自然界中，大多数骨感染是细菌性的。尽管有多种细菌能引起骨的感染，但其中只有一部分在动物群内占主要地位。在伴侣动物和家禽，常涉及凝固酶阳性葡萄球菌类（中间葡萄球菌、金黄色葡萄球菌和猪葡萄球菌）。其他微生物包括肠细菌（大肠杆菌、变形菌）和专性厌氧菌。在马的新生驹骨髓炎里分离到的多数普通的因素是马驹放线杆菌属亚种、大肠杆菌、链球菌亚种和沙门氏菌，而在成年马中，凝固酶阳性葡萄球菌显著。对于反刍动物和猪，生脓的隐秘杆菌属和沙门氏菌是引起骨髓炎的主要原因。对于生产动物，应注意的其他细菌是大肠杆菌和坏死梭杆菌。

微脉管系统（不连续的上皮细胞以及基底膜的缺乏）和在活性生长区域的毛细血管的缓慢血流（血原性骨髓炎），有利于感染的建立。与血管内皮相关的巨噬细胞是在这些区域的主要防御。感染也发生在虚弱的锥管联结的外伤，或在当邻近的组织感染导致局部缺血损伤（创伤的骨髓炎）的骨。在传染的过程中，如果骨的骨髓和骨膜的维管联结缺乏免疫力，可以产生坏死骨头的死骨。在一些病例中，出现来自窦道的持久的导液。在这些条件下，因为免疫防御难以接近，并且抗生素治疗难以控制，所以细菌能够更好地建立并更难消除。宿主细胞的产物以及一些细菌的产物，刺激单核细胞和成纤维细胞产生溶骨细胞因子，并且促进破骨细胞活性，引起更多的活细胞从死骨头中分离出来。

重建或利用替换外科手术（如臀部替换）里的合成材料，也可能通过提供一个无血管的表面和免疫防御的保护破坏骨对感染的先天抵抗力。在一些替换外科手术里，使用的骨接合剂自身可以抑制吞噬作用和补体活性。宿主纤连蛋白在植入材料上的沉积允许细菌的黏附，伴随着细菌表面多糖（多糖包被）的产生。多糖包被格式与宿主产物一起，为细菌提供了抵抗宿主防御和抗生素杀灭的生物薄膜。

咬伤、尖锐的异物、整形外科的手术操作和跌打损伤可能是伴侣动物骨髓炎发展的触发事件。长骨多数是被侵袭的对象。

对于生产动物，血原性骨髓炎是一种多发的事件。对于新生反刍动物，血原性骨髓炎与被动转移失效有关。感染开始于干骺端，或者在关节软骨下面的骺，并且经常与传染性的滑膜炎连接，或者存在于继后的新生动物的感染中，穿过生长板的脉管向关节干骺端感染的扩展是重要的。通常，沙门氏菌都柏林血清型在腓引起与关节炎连接的骺的骨髓炎。在较大的小牛和成年牛，生脓隐秘杆菌骨髓炎更常开始于干骺端上生长板的旁边。在尾咬伤或足病变的猪中，生脓隐秘杆菌也引起血原性脊椎骨髓炎，金黄色葡萄球菌和大肠杆菌引起的商品化火鸡发生局部区域的骨髓炎，最经常感染近端的胫跗骨和近端的股骨，感染与青年期的公火鸡肝绿色的脱色有关（火鸡绿肝骨髓炎络合物）（图70.1）。在犬和猫中，血原性骨髓炎不常见。

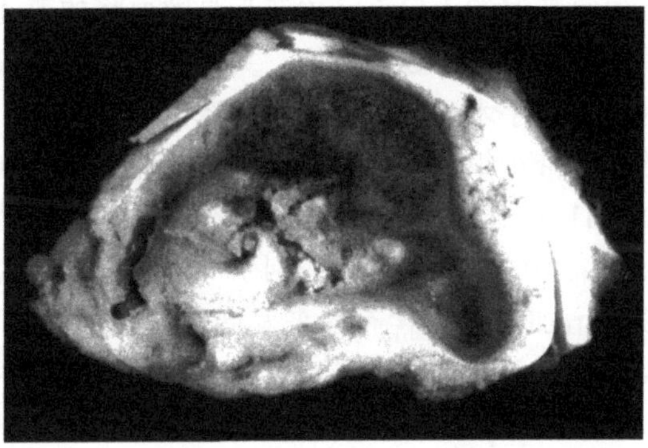

图 70.1　17 周龄带有绿肝骨髓炎络合物的火鸡股骨骨髓炎。猪葡萄球菌从骨头病变中被分离出来。

在生产动物中，也普遍出现创伤后的骨髓炎，通常发生于成年动物。对于牛，牛放线菌引起与下颌骨（大颌病）或上颌骨有关的一种慢性化脓性肉芽肿炎症。

病毒很少引起炎性的骨病。犬瘟热病毒可以破坏造骨，并且引起生长迟缓。犬肝炎病毒能引起干骺端的出血和坏死。

骨的真菌感染很少发生。通常，真菌性骨髓炎来自另一个部位的传播，肺最常见。多数全身性的真菌因素具有引起真菌性骨髓炎的能力。粗球孢子菌因在犬里传播到四肢骨骼而引起注意。在 30%的脊椎病例中，犬传播的皮炎芽生菌感染包含骨头，最常感染长骨。

椎间盘脊椎炎，一个椎间盘和邻近椎骨（是发生骨感染的一个特别普遍的部位）的炎性过程。它通常开始于椎骨终板。不连续的毛细管上皮和缓慢流动的静脉血对细菌的传播使这个区域易于感染。在犬和反刍动物中，经造血传播引起的椎间盘脊椎炎是最常见的。L7-S1 区域是犬的一个常被侵袭的部位，但是能感染一些椎体。中间葡萄球菌是最常被鉴定的因子。

犬的 T13-L3 的脊椎感染与异物（如植物的芒）的迁移有关。通常，放线菌属是相关的因子。与布氏杆菌相关的椎间盘脊椎炎类应当受到特别的注意。伴随一些布氏杆菌类的持久性菌血症，倾向于发生在外生殖器的微生物感染，并且布鲁氏菌总被认为是犬和猪的椎间盘脊椎炎的病原。坏死梭杆菌的血原性散布引起的小牛椎间盘脊椎炎表现为局部麻痹或者瘫痪。

德国牧羊犬特别容易发生椎间盘脊椎炎和由曲霉、土曲霉引起的真菌起源的骨髓炎。曲霉菌、土曲霉和 *A. deflectus* 是所获得的最普通的种类。

70.2.2 涉及关节面、黏液囊和滑膜的感染

关节炎表示一个关节腔的炎性过程。大多数的关节感染是细菌性的，但是病毒和真菌的感染也确实发生。单关节的感染通常起因于直接接种或者从一个邻近场所的传播[随着足底脓肿形成的牛的远端指（趾）间关节感染]。血行感染经常导致多关节病。对于新生动物，脐或胃肠道是普遍的入口点。关节炎是败血病的普通后遗症，特别是幼小的动物和被动转移失效的动物。对于成年动物，关节异常、免疫抑制的疾病、在机体其他部位的感染、关节内注射、手术和人工关节都可诱发关节感染。

关节感染通常开始于滑液组织，部分是因为丰富的血管供应和基底膜的缺乏。感染导致的炎症介质（TNF、IL-1、IL-6 和 NO）级联的表达导致了局部血流量增加、毛细管渗透性增加和一个炎症细胞的流入。参与的因子决定了炎症反应的类型和强度。未加抑制的滑膜炎导致滑液的增加，滑液含有后来发展为覆盖关节表面的相关的细胞渗出液。细菌产物，源于炎症应答的产物，和已经存在或在关节损伤的关节软骨内由细胞产生的蛋白酶单一一种或几种组合在一起，损伤关节软骨。一旦受损，关节软骨恢复的能力非常有限。

当前的证据提示，在败血性关节炎的情况下，当不能发现有活力的细菌时，炎症应答持续，并且接着发生更进一步的关节软骨损伤。这可能是由于存在残余的细菌产物，如持续促进炎症应答的肽聚糖-多糖络合物。细菌的 DNA，特别是非甲基化 CpG 基序，似乎刺激产生进一步破坏组织的致炎（炎症前）细胞因子的多种细胞类型的产生。在炎性过程的消退期，纤维化更进一步影响了关节的功能性。在一些病例中，发生关节僵硬。

感染后的关节炎，与在败血病期间局限在关节里的有关微生物碎片相关，关节自身没有微生物的复制，比人医相比，在兽医学里，炎症很少地被辨认出来。当它出现时，单独的免疫机制导致关节的损伤。

细菌的形态学变化也与关节感染有关。细菌的 L 形是无壁细菌，“关闭”了负责细胞壁合成的基因表达，而且，可能源于呼吸新陈代谢缺陷的生长率降低的细菌的小菌落变种，与持续性关节感染有关。

在血管提供一个干骺端和骺的软骨直接连接的动物（如反刍动物，马）中，急性骨髓炎和关节感染都是普遍的。当干骺端的骨头被包括在关节囊内时，这也是真实的。有时，滑膜炎只占全身感染过程的许多临床表现之一（如由猪支原体和副猪嗜血杆菌引起的猪多浆膜炎）。

在伴侣动物中，细菌性关节炎是罕见的。当它发生时，凝固酶阳性葡萄球菌类和链球菌类是所涉及的最普遍的病原菌。感染是源于损伤或手术的直接接种。犬僵直的关节更容易发生在严重的术后感染。再发的跛，有时包括多个关节，与慢性和逐渐严重的归因于疏螺旋体的莱姆病因子的关节炎有关。

生产动物和马的关节炎是普遍的，并且可能涉及多种微生物。在新生动物，沙门氏菌和大肠杆菌是主要的病原。反刍动物的支原体性关节炎也是在畜舍的牛和牛奶场小牛的一个重要实体（图 70.2）。除常涉及腕和跗关节的关节炎之外，也会发生腱鞘炎和黏液囊炎。牛支原体是通常分离到的种类。对于山羊，支原体关节炎侵袭小山羊和成年羊。蕈状支原体蕈状亚种（大菌落型）和山羊亚种是分离到的主要种类。对于猪，支原体性关节炎也是重要的。在山羊和绵羊（羔羊僵硬症）中，衣原体关节感染通常可以被鉴定出来。感染也能与结膜炎相关出现。有关的衣原体种类不同于与山羊和绵羊流产相关的种。与新生动物骨髓炎有关的微生物引起新生马的关节感染，包括大肠杆菌属、沙门氏菌属、放线杆菌属和葡萄球菌属。对于成年马，常涉及葡萄球菌和链菌属。

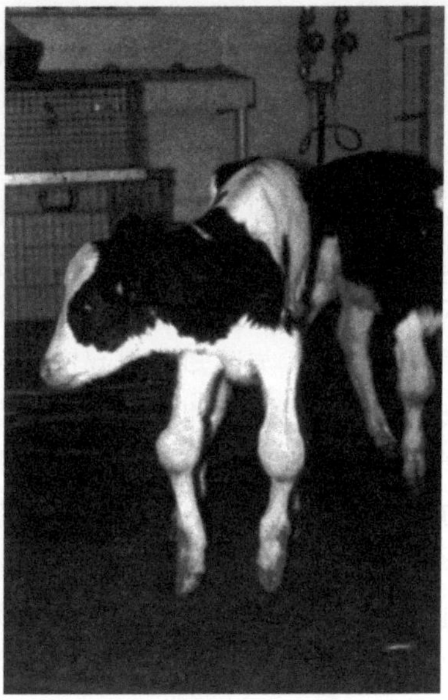

图 70.2　多关节炎包括牛奶场好斯坦种小牛的腕关节。从关节液中分离到牛支原体。

黏液囊炎是一种滑液具线纹的黏液囊的炎症，并且能被一种在关节里类似于滑液膜的方式所影响。在马的寰椎和棘突上的黏液囊，流产布氏杆菌和金黄色葡萄球菌感染尤其重要（图 70.3）。这些传染病可能扩散到邻近椎骨的棘状突。

尽管多数关节炎病例是细菌性的，但是有时也涉及病毒。猫的多核体形成病毒引起猫的关节增生和糜烂。山羊的关节炎-脑脊髓炎病毒对于山羊具有重要的实际意义，通常，大于 12 个月的山羊，可以引起增生性多滑膜炎，禽呼肠孤病毒引起火鸡和鸡的关节炎和腱鞘炎，最常感染指状屈肌和跖骨的伸肌腱和跗关节。病毒的稳定性、水平和垂直传播的潜力，以及目前高密度的饲养习惯使其成为一个潜在的严重群体问题。

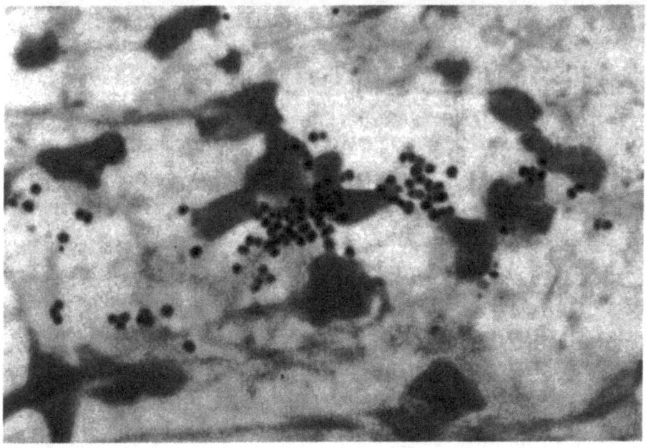

图 70.3　马的马肩隆瘘病变渗出物的革兰氏染色。出现革兰氏阳性球菌群。金黄色葡萄球菌被分离出来。

70.2.3 骨骼肌、腱和筋膜的感染

骨骼肌的感染是不普遍的。当病毒和真菌偶然感染肌肉时，细菌是最频繁的。肌炎可能以局部脓肿、肉芽肿或者沿筋膜的位面散布的弥漫性低分化淋巴瘤的炎性过程的形式存在。之前的事件包括创伤、注射、咬伤或一个连续的传染过程（如蜂窝组织炎、皮下脓肿和骨髓炎）。化脓菌引起局部脓肿（如猫的多杀性巴氏菌）。肉芽肿和绿脓杆菌肉芽肿的肌炎，与已知的引起肉芽肿的绿脓杆菌肉芽肿炎症应答的细菌种类有关（如牛分枝杆菌、放线菌属和李氏放线杆菌）。梭菌性肌炎通常是更多的扩散传染过程，并且沿着筋膜位面迅速传播。由于产生有力的组织毒素，这是感染肌炎的最严重和最有破坏性的形式。肌炎可能并发，或在关节里发生梭状芽孢杆菌性蜂窝织炎。侵袭大多数动物种类，然而，对于反刍动物和马，梭状芽孢杆菌性肌炎是最普遍的。通常，梭状芽孢杆菌通过直接渗透到达感染位点（如深的创伤、注射剂）。在梭状芽孢杆菌性气肿疽的病例中，作为休眠的孢子，黑腿病的因子已经存在于肌肉内。当组织失去活力时，产生了一个缺氧的环境，孢子开始发育，并且营养细胞增殖（图 70.4）。这些梭状芽孢杆菌类产生的许多细胞毒素的外毒素有助于坏死肌肉的凝固。

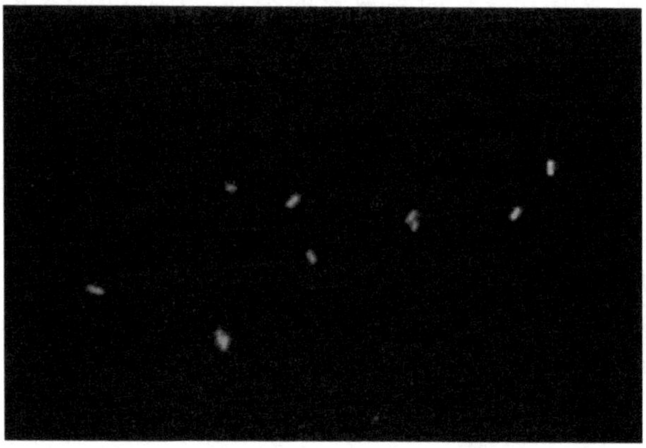

图 70.4　利用荧光素标记的，在引起坏死肌炎的一头母牛肌肉的涂片上的抗梭状芽孢杆菌性气肿疽的抗血清的直接荧光抗体试验。荧光的梭状芽孢杆菌性气肿疽生物体很明显。

对于犬，溶血链球菌属与严重的坏死性筋膜炎有关。对于马，免疫复合物性血管炎是通过由于脉管梗塞和出血致使链球菌属亚种感染的肌肉损伤的假定机制。

腱鞘有一内部大滑液隔膜，并且可能作为血源性传播、创伤、治疗或邻近点蔓延而被感染。对于马，腱鞘炎特别重要，最通常与指状的腱有关。感染典型起因于带有许多种细菌的创伤或并发鞘充血，通常，病因是金黄色葡萄球菌。

第71章 神经系统

Richard L. Walker

神经系统分为中枢神经系统和外周神经系统。中枢神经系统包括脑、脊髓、脑脊液、脑膜。外周神经系统由源自中枢神经系统的神经（脑神经或脊神经）、支配肌肉或效应器官的神经组成。外周神经系统进一步分为躯体感觉和自主神经。

神经系统感染普遍发生于中枢神经系统。在一些情况下，外周神经系统是感染、免疫或者微生物毒素作用的靶器官，或者充当感染因子或是作用于中枢神经系统有毒产物进入的门户。神经系统本身并没有正常的微生物菌群。许多病毒（疱疹病毒、大瘟热病毒）可引起潜在的感染，许多情况下，病毒基因以前病毒的形式整合到宿主的基因组中。

71.1 抗微生物防御

神经系统对受伤的敏感性排除了微生物病原体及其重要毒素的作用。解剖结构和免疫防御是可以利用的主要防御机制。下面简单介绍这两种防御机制。

71.1.1 解剖学防御

头骨和椎骨为大脑和脊髓提供了防止可能引入病原微生物的外伤或刺伤的保护。脑膜层（软脑膜、蛛网膜和硬脑膜）进一步提供了解剖学屏障，来阻止感染过程侵害神经系统实质。

血脑屏障把神经系统实质和血管系统的成分分开。它能保证主要神经系统不受通过血流传播的、来自身体其他部位病原体的侵害。血脑屏障的中心是毛细血管内皮细胞，毛细血管内皮细胞形成了阻止血液成分流入中枢神经系统的紧密的细胞间连接（脑）。特殊的载体运输系统进一步控制物质通过内皮细胞的移动。星形细胞病变，包在毛细血管外面的外皮细胞（微神经胶质细胞的一种），以及细胞外基质有助于血脑屏障的形成。并不是所有的部分都被血脑屏障保护（垂体、脉络丛）。脉络膜丛上皮细胞和室管膜细胞的内分泌选择性，在血液和脑脊髓液间的屏障形成中发挥作用。尽管它不像血脑屏障那样具有限制性，但血液神经屏障的炎症和免疫应答保护了外周神经系统的神经。

71.1.2 免疫防御

我们关于神经系统免疫防御的大部分知识，是基于对于啮齿类动物和人类的研究。很久以来，因为缺少将抗原运送到淋巴结的淋巴系统，以及在通常情况下组织相容性复合体决定簇表达的降低，中枢神经系统一直被认为是特殊免疫部位。现在有证据表明，神经系统具有比以前想像得更为发达的免疫防御系统。来自脑脊髓液的抗原能够沿脑神经，通过含有淋巴的排出物进入淋巴结（颈）。在合适的情况下，主要组织相容性抗原通过中枢神经系统实质细胞表达。在随后的过程中，通过排除血液中大分子物质和限制免疫细胞的进入，血脑屏障在健康的中枢神经系统中相对的免疫优先发挥了很大的作用。虽然发现很少的免疫细胞，但该限制过程不是绝对的，未出现炎症反应时，被激活的和未被激活的 T 淋巴细胞能够透过血脑屏障出现，提示一种“巡逻”功能。当免疫系统活跃时，就能给机体提供一定程度的保护，并且把一些未知的损伤降到最低。这意味着避免能导致进一步的或者无法恢复的神经细胞损伤的炎症应答的发生。免疫抑制机制能够调控局部炎症反应。神经胶质细胞亚类表达细胞因子（IL-6、TGFβ2）有助于炎症反应的抑制。也存在一种 T 淋巴细胞凋亡的能力。

中枢神经系统具有一定的先天免疫能力。在这种先天免疫防御中，补体扮演着十分关键的角色。神经元细胞和星状细胞都能产生补体成分。大量的神经系统病原会诱导补体成分的合成（如外来的新城疫病毒、李氏单核杆菌），它既能通过膜攻击复合物的形成直接杀死病原体，又能在白细胞恢复中起重要作用。当宿主膜抑制剂不能产生作用时，感染过程导致的不可控制的补体活化对病原有一定的作用。

不同的细胞类型对中枢神经系统的防御也是很重要的。小神经胶质细胞由骨髓产生。当被激活时，它们会像巨噬细胞一样产生各种趋化因子和细胞因子，同时具有潜在的抗原呈递作用。树突细胞是一种有效的抗原呈递细胞，在也存在于大脑中。星形胶质细胞参与抗原呈递，产生趋化因子/细胞因子。当发生炎症时，星形胶质细胞被激活，形成神经胶质瘢痕来隔离大脑实质的损伤区域，神经细胞本身也会产生某些细胞因子（γ 干扰素）。

在感染过程中，来自血管的炎性细胞转移到被感染部位的过程对于感染过程的控制是非常重要的。和在身体的其他部位一样，趋化因子的产生和黏附配体的表达调控炎性细胞的转移。

71.2 神经系统感染

对于侵袭神经系统的微生物病原而言，病原体或者其产物必须到达神经系统（感染途径），必须能够透过或破坏解剖学保护屏障，通过逃避或彻底地破坏免疫防御得以建立和持续。源于感染的临床症状决定于某一部位是否被感染，在哪个部位被感染，感染侵害了哪些器官，诱导产生的炎性反应的类型和程度。大多数神经感染进程很快。大多数感染涉及大脑和脑膜，其他部位可以是次要的感染部位，或者是主要的感染靶器官。可能是由于流到脊髓的血流量低，而不是脊髓天生就比脑的抵抗感染能力强，脊髓感染的概率相对要低。在有些情况下，脊髓感染的主要原因或者唯一的原因是因为脊髓损伤。例如，马疱疹病毒 1 型感染可以导致免疫复合物相关的脉管炎，引起同时会侵害大脑和脊髓的坏疽。脊髓损伤有时是主要的临床症状。外周神经系统被感染的概率要比中枢神经系统低，却是一些重要神经系统疾病的靶器官（如鸡的马立克氏病）。

微生物病原体在神经系统的存在和生长对症状的发展不是必要的。摄入或在宿主的其他部位产生的微生物毒素［如产气荚膜梭菌 ε 毒素、肉毒（杆）菌毒素和破伤风毒素］和免疫介导的事件侵袭了供给中枢神经系统的血管（如猫传染性腹膜炎病毒、马疱疹病毒），会引起一些严重的神经系统疾病。

感染性因子在自体免疫疾病中的作用现在还不是很清楚。对于人，交叉反应的病原和宿主抗原会导致分子模仿，并且与一定的神经系统疾病联系在一起。显著的例子就是空肠弯曲杆菌选择血清型脂多糖结构与运动神经神经元的神经节苷脂（如 GM1、GD1a）的模仿。一般认为，这种模仿导致以前的弯曲杆菌属感染与一些 GuillainBarre 综合征之间的相似。GuillainBarre 综合征是一种人的急性（神经）脱髓鞘神经性疾病。许多急性脊髓多神经根神经炎可能相似地与机体对病毒或细菌感染的免疫反应有关。

表 71.1～表 71.7 列出了一些普通的和（或）重要的与家畜和禽类的神经系统感染相关的微生物病原。

表 71.1　犬的神经系统的普通和（或）重要的传染性病原

病原	疾病	神经症状
病毒		
犬 1 型腺病毒	犬的传染性肝炎	癫痫发作
犬瘟热病毒	犬瘟热	共济失调、癫痫发作
犬疱疹病毒	犬疱疹病	抑郁、角弓反张、癫痫发作
伪狂犬病毒	伪狂犬病	强烈的瘙痒、癫痫发作
狂犬病毒	狂犬病	性情改变、攻击性行为、瘫痪
细菌		
外耳炎病原[a]	中层内部耳炎	前庭功能障碍
犬埃利希氏体	埃里希氏体病	共济失调、小脑和前庭功能障碍、癫痫发作
肉毒梭菌	肉毒毒素中毒	弛缓性麻痹、轻瘫
破伤风梭菌	破伤风	角弓反张、癫痫发作、震颤
立克次氏体	落基山斑疹热	共济失调、压抑、癫痫发作、前庭功能障碍
真菌		
新型隐球菌	隐球菌病	共济失调、头部倾斜、癫痫发作

a. 包括大肠杆菌、变形菌属、假单胞菌属、葡萄球菌属和链球菌属。

表 71.2　猫的神经系统的普通和（或）重要的传染性病原

病原	疾病	神经症状
朊病毒		
牛海绵状脑病朊病毒[a]	猫海绵状脑病	共济失调、性情改变、肌肉震颤
病毒		
猫传染性粒细胞缺乏症病毒[b]	小脑发育不全	共济失调
猫免疫缺陷病毒	猫获得性免疫缺陷综合征	攻击性或精神病行为、癫痫发作
猫传染性腹膜炎病毒	猫传染性腹膜炎	共济失调、轻瘫、癫痫发作
猫白细胞过多症病毒	硬膜外淋巴瘤猫 白细胞过多症	臀部轻瘫 不正常的发音、感觉过敏、轻瘫
伪狂犬病毒	伪狂犬病	兴奋性过度、瘫痪、轻瘫
狂犬病毒	狂犬病	攻击性行为、瘫痪
真菌		
新型隐球菌	隐球菌病	共济失调、轻瘫、脑神经缺陷、癫痫发作

a. 在美国，被作为外来疾病分类；b. 先天性感染。

表 71.3　马的神经系统的普通和（或）重要的传染性病原

病原	疾病	神经症状
病毒		
马脑脊髓炎病毒（WEE、EEE、VEE[a]）	马脑脊髓炎	共济失调、困倦、压头、瘫痪
马疱疹病毒	脑脊髓炎	共济失调、截瘫
狂犬病毒	狂犬病	上行麻痹、共济失调、压抑、发声
西尼罗河病毒	西尼罗河脑炎	共济失调、肌肉震颤、轻瘫、癫痫发作
细菌		
肉毒梭菌[b]	肉毒毒素中毒	弛缓性麻痹、肌束震颤、轻瘫
破伤风梭菌	破伤风	肌肉痉挛、第三眼睑脱垂、癫痫发作、坚硬的锯木架姿态
链球菌属	脑脓肿、髓膜炎、咽喉囊感染	失明、转圈、昏迷、压头、癫痫发作
真菌		
曲菌菌	咽喉囊霉菌病	吞咽困难、摇头

a. 在美国，被作为外来疾病分类；b. 多数为 B 型和 C 型。

表 71.4　牛的神经系统的普通和（或）重要的传染性病原

病原	疾病	神经症状
朊病毒		
牛海绵状脑病朊病毒[a]	牛海绵状脑病	攻击性或敏捷的行为、共济失调、耳颤搐
病毒		
阿卡斑病毒[a,b]	积水性无脑畸形、神经性的关节挛缩	出生时感觉和运动缺陷
猥羚属疱疹病毒 1 型 a	恶性卡他热	共济失调、压头、轻瘫、震颤、癫痫发作
牛病毒性腹泻病毒 b	小脑发育不全	头部震颤、共济失调
传染性牛鼻气管炎	IBR 大脑炎	共济失调、兴奋性过度、震颤
羊疱疹病毒 2 型病毒	恶性卡他热	共济失调、压头、轻瘫、震颤、癫痫发作
伪狂犬病毒	伪狂犬病	激烈的瘙痒
狂犬病毒	狂犬病	共济失调、震颤
细菌		
隐秘杆菌属	脑/脑垂体脓肿	共济失调、失明、压抑、筋膜瘫痪
嗜组织菌[c]	血栓脑膜脑炎中内耳炎	共济失调、失明、角弓反张、昏迷
肉毒梭菌[d]	肉毒杆菌毒素中毒	弛缓性麻痹、舌头收回和回应的丧失、肌束震颤、轻瘫
破伤风梭菌	破伤风	角弓反张、癫痫发作、震颤
大肠杆菌	脑膜炎	失明、压头、癫痫发作、嗜眠
坏死厌氧丝梭杆菌	脑/脑垂体脓肿	共济失调、失明、压抑、筋膜瘫痪
单核细胞增多性李氏杆菌	李氏杆菌病	共济失调、转圈、面瘫、头部倾斜
牛支原体	中内耳炎	共济失调、下垂的耳、头部倾斜
多杀巴氏杆菌	中内耳炎	共济失调、下垂的耳、头部倾斜

a. 在美国，被作为外来疾病分类；b. 先天性感染；c. 睡眠嗜血菌是过时的名字；d. 多数为 B、C 和 D 型。

表 71.5 山羊和绵羊的神经系统的普通和（或）重要的传染性病原

病原	疾病	神经症状
朊病毒		
羊痒病朊病毒	绵羊痒病	共济失调、夸张的啮咬反射、激烈的瘙痒、肌肉震颤
病毒		
阿卡斑病毒[a,b]	积水性无脑畸形、神经性关节挛缩	出生时感觉和运动缺陷
蓝舌病病毒[a]	小脑发育不全、积水性无脑畸形	出生时失明、不能行走
绵羊瘟病毒[a]	低髓鞘形成	共济失调、震颤
羊的关节炎-脑炎病毒（G）	羊的关节炎-脑炎	瘫痪、轻瘫、震颤
羊跳跃病病毒[b]	羊跳跃病	共济失调、肌肉震颤
狂犬病毒	狂犬病	共济失调、便秘、瘫痪
绵羊脱髓鞘性脑白质炎病毒（S）	绵羊脱髓鞘性脑白质炎	异常步态、共济失调、瘫痪、轻瘫
细菌		
隐秘杆菌属	大脑脓肿、脑垂体脓肿	共济失调、压头、头部倾斜、失明
肉毒梭菌	肉毒梭菌中毒	共济失调、弛缓瘫痪
D 型产气荚膜梭菌	局部对称脑软化症	昏迷、压抑、压头、角弓反张
破伤风杆菌	破伤风	角弓反张、癫痫发作、震颤
大肠杆菌	脑膜炎	失明、压头、癫痫发作、嗜睡
单核细胞增多性李氏杆菌	李氏杆病	共济失调、转圈、面瘫、头部倾斜

（G）＝goat（山羊）；（S）＝sheep（绵羊）。

a. 先天性感染；b. 在美国，被作为外来疾病分类。

表 71.6 猪的神经系统的普通和（或）重要的传染性病原

病原	疾病	神经症状
病毒		
血凝性脑脊髓炎病毒	呕吐和消瘦病	压抑、急跳运动、瘫痪、癫痫发作
脑心肌炎病毒	脑心肌炎病	共济失调、压抑、震颤
猪肠道病毒 1 型	猪的脑脊髓灰质炎	共济失调、轻瘫、昏迷、瘫痪、癫痫发作
猪霍乱病毒[a,b]	小脑发育不全	共济失调、癫痫发作
尼帕病毒[a]	非化脓性的脑（脊）膜炎	轻瘫、肌肉强直性痉挛、癫痫发作
伪狂犬病毒	伪狂犬病	共济失调、震颤、癫痫发作
狂犬病毒	狂犬病	攻击性行为、共济失调、瘫痪、癫痫发作
细菌		
破伤风梭菌	破伤风	角弓反张、肌肉强直、癫痫发作、步态僵硬、震颤
大肠杆菌（阳性志贺毒素）	水肿病	共济失调、面部水肿、瘫痪、僵硬
副猪嗜血杆菌	脑（脊）膜炎	共济失调、搅拌、震颤
单核细胞增多性李氏杆菌	李氏杆菌病	共济失调、兴奋性过度、震颤
猪链球菌 2 型	脑（脊）膜炎	共济失调、压抑、瘫痪、癫痫发作、震颤

a. 在美国，被作为外来疾病分类；b. 先天性感染引起小猪先天性震颤。

表 71.7　家禽的神经系统的普通和（或）重要的传染性病原

病原	疾病	神经症状
病毒		
禽脑脊髓炎病毒	禽脑脊髓炎	共济失调、瘫痪、震颤
禽流感病毒[a]	禽流感	共济失调、压抑
东方马脑炎病毒（T）	东方马脑炎	共济失调、压抑、震颤
外来的新城疫病毒[a]	外来新城疫	压抑、轻瘫、斜颈、震颤
马立克氏病毒（C）	马立克氏病	共济失调、腿或翅膀轻瘫/瘫痪
细菌		
肉毒杆菌[b]	肉毒中毒	松弛性瘫痪、无力支持头部
单核细胞增多性李氏杆菌	李氏杆菌病	共济失调、角弓反张、斜颈
肠炎沙氏杆菌亚属、亚利桑那沙门氏菌（T）	脑（脊）膜炎	共济失调、瘫痪、癫痫发作
真菌		
曲菌菌	霉菌病脑炎	丧失平衡、斜颈
线虫捕捉真菌[c]	霉菌病脑炎	丧失平衡、斜颈

（C）＝chichen（雏鸡）；（T）＝turkey（火鸡）。

a. 在美国，被作为外来疾病分类；b. 数为 C 型；c. 奔马性指状菌是用过的名字。

71.2.1　感染途径

血液途径感染是大部分微生物病原体进入机体的途径。其他重要的感染途径包括在神经细胞内的逆行或者相邻部位感染过程的延伸。许多病原体（如李氏杆菌）好像能够应用多种感染途径。

71.2.1.1　血原途径

全身感染或包含多个器官的感染过程，由血液途径可以到达神经系统。当病原体通过脉络丛、髓膜、实质的血管或来自留在血管并且对血管内皮细胞产生直接损害的脓毒性栓子进入时，出现感染。许多病毒或自身通过血脑屏障，或被携带穿越感染的免疫细胞，而其他的病毒直接侵害毛细血管内皮细胞、脉络丛或室管膜细胞。

对大肠杆菌的研究表明：①高度的菌血症；②对大脑微血管内皮细胞的侵害；③宿主细胞肌动蛋白细胞支架重排；④特异的信号机制，可以加速大肠杆菌通过血脑屏障时的移位。不同的细菌使用不同的信号机制。星形胶质细胞、小神经胶质细胞产生的细胞因子、炎性细胞应答创伤产生的 NO，导致血管壁破裂，并且进一步丧失排除病原体进入的能力。

71.2.1.2　神经细胞内的逆行

当病原体侵害外周神经并且以逆行的方式到达中枢神经系统时，会发生一些感染（如狂犬病毒，伪狂犬病毒）。结合到特殊的细胞受体是侵入的必要条件。例如，狂犬病毒利用烟碱乙酰胆碱和低亲和性神经生长因子受体来吸附和进入细胞。有些情况下，细胞与细胞连接，包括突触连接，是相互交叉的。许多疱疹病毒能潜在地感染感觉神经结，随后被激活，并且可能扩散到中枢神经系统。在外周神经系统中，破伤风毒素以逆行的方式到达中枢神经系统。

71.2.1.3 来自相邻部位感染的扩散

实质和脑膜感染可能源于包括鼻旁窦、牙龈、中耳在内的感染过程的扩散。硬脑膜和硬膜下感染通常是由于创伤或手术后病原体的直接侵入引起的。通过直接扩散或由于硬膜外脓肿的压力的结果，使得脊椎或椎间盘的细菌性侵染与脊髓有关。

71.3 中枢神经系统的感染

病原体一旦进入机体，不管是由于病原体产生的细胞毒素作用，还是由于针对病原体而产生的炎性作用，还是两者的结合，机体都会因此受到损伤。感染相关的临床症状是不同的，并且是在变化的。当感染发生在脑膜（颈强直）、大脑（脑的抑郁状态）、脑干（绕圈、行为改变、眩晕）、小脑（共济失调、震颤）或脊髓（截瘫）时，才有特殊的临床症状。

71.3.1 中枢神经系统损伤的机制

71.3.1.1 血管损伤

血管损伤可能是疾病的起始原因。通过对血脑屏障的作用和随后的蛋白质渗透到细胞外间隙，微生物毒素可能引起大脑水肿。这被认为是产气荚膜梭菌 D 型 ε 毒素作用的机制，产生局部对称的脑软化，特别是发生在绵羊丘脑、海马和中脑（图 71.1），产毒埃希氏大肠杆菌产生的志贺样毒素会导致猪水肿病。对循环系统的病毒作用包括免疫介导的血管炎和血管周围的炎症（如猫的感染性腹膜炎、马的 1 型疱疹病毒）。立克次（氏）

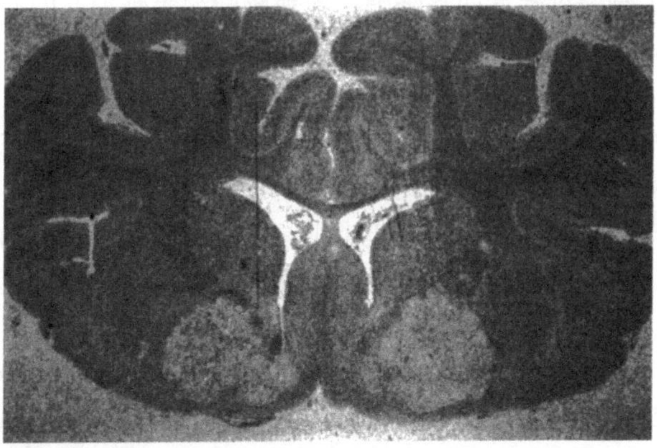

图 71.1 在绵羊大脑里局部对称的脑软化症。病变与羊传染性肠毒病有关，归因于 D 型产气荚膜梭菌。

体诱导内皮损伤，并且能引起脑部出血的血管炎。血管内形成血栓可引起脑实质软化（如牛的睡眠嗜血杆菌、火鸡的肠炎沙门氏菌亚利桑那亚种）。脓毒性栓子可以导致脑部脓肿。

71.3.1.2 脑实质和脑膜的损伤

通过病原体的直接作用或随后的炎性应答，中枢神经系统的细胞发生损伤。炎性反应可以是化脓性的或非化脓性的肉芽肿，或是这几种的混合。脑实质（脑炎）、脑膜（脑膜炎）或脊髓（脊髓炎）的炎性反应过程，可以单独发生，也可以一起发生。髓磷脂形成的紊乱会导致很多疾病（如犬瘟热、维斯纳病）。感染可以发生在脑脊髓液或间质内，或发生于不同的细胞类型内。

71.3.1.3 病毒感染

具有嗜神经特性的病毒影响所有的动物（表 71.1～表 71.7）。有些病毒特异性地侵害神经系统（如所有动物的狂犬病毒、大多数动物的伪狂犬病毒），而有些病毒能够侵害包括神经系统在内的多种系统（牛的恶性卡他热病毒、家禽的外来的新城疫病毒、犬的犬瘟热病毒）。病毒通常经血流到达中枢神经系统，此时会成为毒血症。病毒常通过前面讲过的某一种方式进入机体。对神经系统的特异细胞型的作用，是由于病毒对细胞的杀伤，或是由于随后炎性反应导致的损伤。神经胶质增生、血管周围白细胞聚集、神经元退化是病毒性脑炎的典型特征。中枢神经系统的病毒性感染很少在宿主间传染。典型的传播依赖于机体其他部位的感染。

母畜的一些病毒感染能够侵害胎儿的神经系统，并且导致继发症，包括小脑发育不全（牛病毒性腹泻病毒、猫传染性粒细胞缺乏症病毒）、积水性无脑畸形（蓝舌病病毒）和 hypomyelinogenisis（边界病病毒）。

71.3.1.4 细菌感染

犬、猫的细菌性脑膜炎相对不常见，并且一般与最初其他部位的感染相关。涉及的神经系统也可能源于感染过程（如耳感染、牙根脓肿和窦感染）的局部扩散。涉及的菌群一般是内源性的，包括需氧菌（葡萄球菌、链球菌、巴氏杆菌和放线菌）和厌氧菌（类杆细菌、卟啉单孢菌、梭杆菌和消化链球菌）。

细菌性脑膜炎在新生动物中最普遍，以马、生产母畜更多见。在这些动物中，病原体一般是肠道微生物（大肠杆菌），不能被动转移母源免疫球蛋白。嗜血杆菌、巴氏杆菌、沙门氏菌和链球菌属是在细菌性脑膜炎中常碰见的菌属。延长的菌血症周期和细菌数增多似乎直接与将被穿越的血脑屏障的可能性有关。在细菌性脑膜炎中会产生典型的脓性纤维蛋白反应。

与伴侣动物相比，马和反刍动物的脑部脓肿更为常见，并发展为菌血症、创伤或者向邻近部位扩散。马链球菌是引起马脑部脓肿的最常见原因，即“bastard 腺疫”，与随着咽喉炎和淋巴结脓肿发生的菌血症相关。牛脑部脓肿也由起初的神经外感染引起。可能由于解剖结构和 rete mirabilis 与垂体的紧密相关，反刍动物垂体尤其是普遍的部位。普通的反刍动物化脓性病原体（化脓隐秘杆菌、坏死梭杆菌）被怀疑引起这些疾病。涉及脊椎和椎间盘的感染，特别是在犬、反刍动物、猪中，可能会包括脊髓，能够导致后肢瘫痪/局部麻痹。有些细菌表现出比其他细菌更强的嗜神经性。典型的李氏杆菌大脑炎就是在脑干（脑桥、髓质、延髓）出现微脓肿，这也是李氏杆菌大脑炎的特征性症状（图 71.2）。

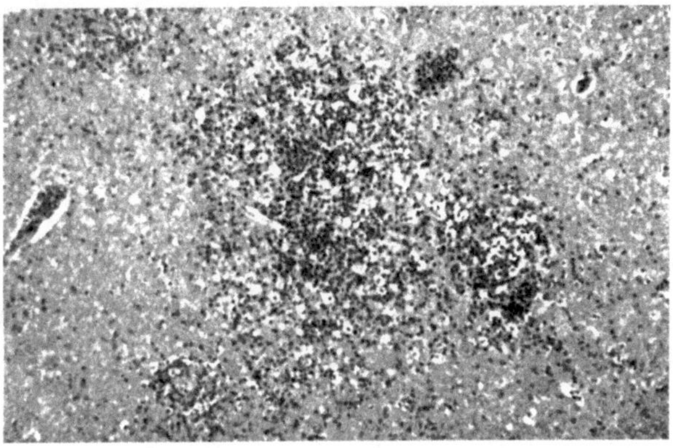

图 71.2　因李氏杆菌大脑炎而死的一头母牛脑干里的微脓肿。分离到单核细胞增多性李氏杆菌。H&E 染色。

如前所述，细菌毒素而非细菌本身会引起临床症状和病理变化。有些细菌毒素直接侵害中枢神经系统的脉管系统（肠原性毒血症的产气荚膜梭菌的 ε 毒素和猪水肿病的大肠杆菌 shiga 样毒素）。另一方面，由破伤风梭菌产生的破伤风痉挛毒素与外周神经结合，并且被运送到中枢神经系统。在中枢神经系统，通过前突触抑制运动神经末端阻断抑制性神经递质的释放。

71.3.1.5　霉菌/真菌感染

中枢神经系统的真菌感染也是不常见的。当发生真菌感染时，典型的炎性反应也是

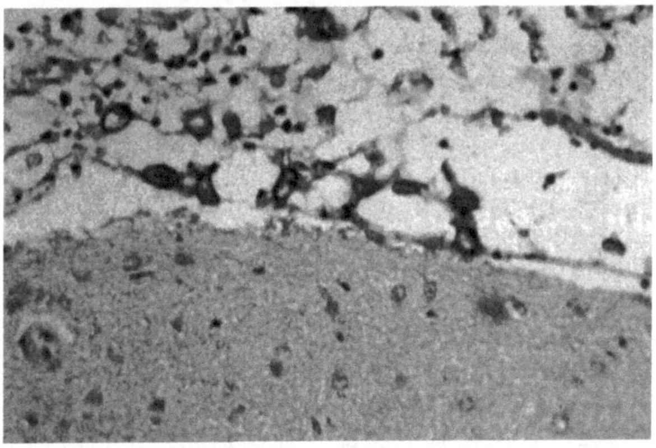

图 71.3　猫的新型隐球菌脑膜炎。存在很多酵母细胞。在染色过程中，着色的酵母体周围的空间是由于在染色过程中多糖荚膜的皱缩而产生的。迈尔黏蛋白胭脂红染色。

发生肉芽肿。绝大部分全身性霉菌都能够引起神经系统疾病，这通常发生在霉菌侵染机体后。绝大部分霉菌感染都是由血源性散布引起的。新型隐球菌是神经系统疾病最常见的霉菌，通常侵害犬和猫（图 71.3）。它能够产生大量的、含有大的多糖荚膜的毒力因子，荚膜能使其存活时间更长（图 45.1）。有证据表明，它是利用单核细胞和内皮细胞通过血脑屏障。由曲霉引起的、伴有局部损伤的肉芽肿脑炎已经在家禽中有报道。也已经有关于由嗜热真菌引起的真菌性脑炎在家禽中发生的报道。

71.3.2 朊病毒病

可传播的海绵状脑病或朊病毒病［如牛的海绵状脑病（BSE）、绵羊痒病、猫的海绵状脑病］是罕见的，基本上无法治疗。它们是重要的神经系统疾病，可以穿过种类障碍，并且因为和公共卫生有关而产生实际的经济影响。现在相信，通常呈现朊病毒蛋白（PrP^{c}）、命名为 PrP^{Res}（抵抗 PrP）的异常构象异构体引起正常的 PrP^{c} 转变为病理状态的异构体。主要是通过摄取 PrP^{Res}-污染物（如 BSE 的肉和骨肉粉及可能受到痒病感染的胎盘和粪便）而获得，朊病毒能够通过消化道传播，在从外周神经移动到大脑之前，在淋巴网状系统潜在地增殖。PrP^{Res} 的积聚与海绵状脑病病理变化（神经元细胞海绵层水肿）有关（图 71.4）。

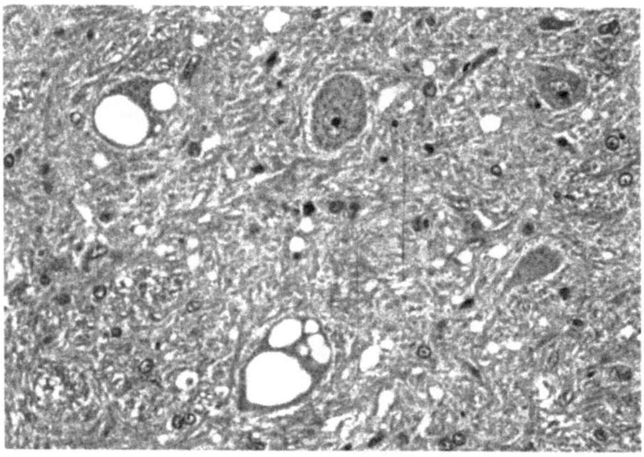

图 71.4　在患绵羊痒病的一只绵羊的大脑里，海绵状脑病以形成神经元和神经毡空泡为特征。H&E 染色。

71.4 外周神经系统感染

就像前面所说的那样，与中枢神经相比，外周神经很少与感染过程有关。然而，某些重要疾病的确或主要与外周神经系统有关。肉毒杆菌毒素侵袭外周神经，特别是外周运动神经终端的停泊突触小泡和融合复合物的成分。这阻断了乙酰胆碱的释放，从而导致疾病的软麻痹特征（图 71.5）。进入外周神经（常常是腹部和臂部的神经丛）是马立克氏病毒的典型特征。伴随有可以观察到的炎症、赘生组织的神经增殖和髓磷脂降解。

马咽鼓管囊的细菌和真菌感染可能与舌咽神经和迷走神经有关，可以引起吞咽困难和喉部麻痹。

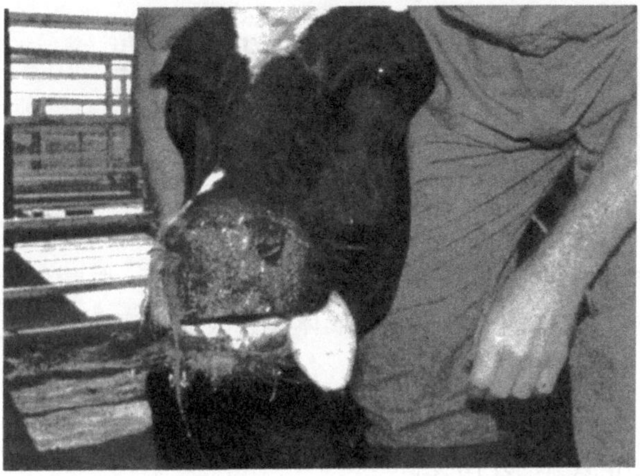

图 71.5　一头母牛的肉毒中毒。舌头的松弛性瘫痪已导致母牛不能缩回它的舌头。在这个病例里，C 型肉毒梭菌是肉毒中毒的原因。

第72章 眼部感染

Richard L. Walker

眼睛的首要功能是看东西。影响视觉的因素影响全面的动物福利。在本章中，眼部系统包括眼睑、泪腺、眼结膜、眼睛本身以及周围的筋膜。眼睛包括角膜、巩膜、晶状体、葡萄膜、视网膜、视神经、房水和玻璃体膜。眼部疾病主要发生在眼结膜、角膜和葡萄膜。

72.1 眼睛的抗微生物特点

鉴于频繁的暴露于外界环境，眼睛对于感染也具有显著的抵抗力。在保护眼睛免受感染的过程中，机械因素、解剖因素、抗微生物因素和免疫因素发挥着重要的作用。接下来的部分将会详细叙述这些具体的因素。

72.1.1 机械因素和解剖学因素

针对眼睛的外界伤害以及容易发生的内源或外源微生物的感染，睫毛的眼睑、眨眼（恐吓）和角膜反应提供了保护屏障；完整无缺的结膜和角膜上皮提供了对于感染的额外屏障。角膜前泪膜是一个复合的多层液体，全面地覆盖在眼睛暴露的外表面，而不损伤视力。泪膜有多种功能：润滑、减缓蒸发和营养运输。睑板腺和泪腺、结膜和角膜都有助于泪膜的形成。通过均衡地覆盖作用和机械地清洗眼内的有毒物质和微生物，眼泪为眼睛表面提供全面的保护。

眼睛内部结构的保护来自于形成血-房水屏障和血-视网膜屏障的内皮细胞和上皮细胞的紧密连接。血-房水屏障由眼睛前室睫毛基质和液状流体之间的毛细管睫毛上皮细胞形成。血-视网膜屏障由视网膜毛细管内皮细胞和有颜色的上皮细胞的紧密连接组成。对于有血源性微生物的眼内结构来说，这些屏障提供了防护。当来自全身的微生物进入眼内时，这些区域首先被感染。血眼屏障的破坏主要是炎性过程破坏了紧密连接的结果。

72.1.2 抗微生物因素

除了作为界面物质改善外界刺激物的影响以外，眼泪还包括下面一些非特异性的抗微生物物质：

1）乳铁传递蛋白　乳铁传递蛋白是眼泪成分中的一种实质性蛋白（达到25%）。通过结合游离的金属离子，乳铁传递蛋白使得这种潜在的酶成分不能被细菌利用，因此限制了细菌的生长。另外，乳铁传递蛋白在促进自然杀伤细胞功能和抑制 C3 转化酶的形成中，也发挥一定作用。

2）溶菌酶　眼泪富含溶菌酶（占到眼泪蛋白的 40%）。在细菌细胞壁上肽聚糖多糖链的溶菌酶活性对外源和内源的微生物提供了非特异性的防护。在不同的动物之间，会发生溶菌酶浓度的变异，或许在一定程度上，解释了不同动物对于外部的眼部感染易感性的变异。眼泪里溶菌酶浓度的降低与眼部感染增强有关。

3）抗菌肽　广谱的阳离子抗菌肽由眼部表面组织自然产生。通过与细菌细胞表面相互作用，这些肽类充当天然的抗生素。抗菌肽在激活参与有关的免疫防御的宿主细胞信号转导方面发挥重要的作用。在眼结膜、角膜和眼泪中，能检测到抗菌肽。

72.1.3　免疫因素

眼结膜是普通黏膜免疫的一部分，黏膜免疫包括了胃肠道、呼吸道、泌尿生殖道和乳房黏膜的免疫。眼结膜或泪腺组织是否存在抗原呈递能力还不清楚。抗原通过鼻泪道进入 GALT 或 BALT 部位，发生眼部免疫似乎是有道理的。存在于泪腺的 IgA 定型 B 淋巴细胞克隆增殖分化为浆细胞。产生的 IgA 依次与分泌部分结合。分泌型 IgA 对眼泪中的蛋白水解酶具有抗性，并且是眼泪中主要的免疫球蛋白。它在微生物防御方面的作用包括阻止细菌吸附并且中和病毒。眼泪中也存在一个功能性补体系统。

由于血管供应丰富，严重的炎症反应主要由出现在结膜的中性粒细胞完成。由于无血管特性，角膜炎症反应被抑制或延迟。

眼内免疫反应是为了阻止对眼内结构以至视力造成不可修复伤害的过度反应。能引起实质性旁路损伤的 T 淋巴细胞群受到抑制，并且免疫反应更加局域化。

72.1.4　微生物菌群的竞争性抑制作用

在身体的其他部位，通过抑制更多的病原菌群的建立，正常菌群可能对眼部系统起到保护作用。

72.2　眼睛里的微生物菌群

眼结膜的正常微生物菌群因动物、品种、地理条件、饲养条件和时间的不同而不同。最常见的正常菌群是革兰氏阳性菌，包括葡萄球菌、微球菌、链球菌、类白喉菌和芽孢杆菌。也可以分离到很少见的革兰氏阴性菌，主要包括摩拉菌、奈瑟菌和假单胞菌属。对于反刍动物，摩拉菌属是正常眼睛的主要细菌类型。对于有些动物，在眼结膜，也发现了支原体。几乎没有构成正常菌群的每种细菌的相对数量。不是所有来自正常动物的眼结膜样本都发生微生物的生长，表明眼结膜并非受正常微生物的喜好。正常情况下，眼睛的内部组织是无菌的。

72.3 眼部感染

眼部感染可能是首要的感染，或是多系统感染过程的一部分（如上呼吸道感染）。涉及的微生物经常具有传染性，并且可能引起群体发病，而不是个体发病。在另外一些情况下，对于组成眼睛的整体结构和自然防御的损伤来说，眼部感染是次要的。在这些情况下，损害因素包括眼泪产量的降低、过度的紫外线照射、免疫抑制性疾病、外伤或穿透伤害、解剖缺陷（如睑内翻）或手术意外。在这些情况下，一旦有害菌群进入无防护部位，正常良性的眼睛或其他内源菌群能够引起严重的感染。大量的全身性感染疾病也包括眼部表现，眼部表现是来自最初感染部位传播的结果。

依靠参与的相关微生物、微生物的组织营养、暴露的途径以及宿主抵御感染的能力，眼部感染可能或不可能限定在眼睛的特定部位。炎性过程能够或经常包括与最初的感染部位相邻的眼睛，特别是没有控制的感染，或将会扩散到眼内腔和周围结构（眼内炎、全眼球炎）（图 72.1）。眼睛感染部位的暴露途径是通过与外源微生物、内源微生物的接触，或经血流、淋巴系统的接触，也许是神经组织的扩散。

图 72.1　由大肠杆菌引起的小鸡眼内炎。（H. Shivaprasad 博士惠赠）

表 72.1～表 72.7 列出了家畜和家禽的常见和（或）重要的眼部系统的病原。

眼睛的感染过程经常包括下面几部分。

表 72.1　犬眼部系统常见和（或）重要的传染性病原

病原	主要的临床症状（常见疾病的名称）
病毒	
犬腺病毒 1 型	角膜水肿、免疫复合体葡萄膜炎、角膜炎（蓝眼睛）
犬瘟热病毒	脉络膜视网膜炎、结膜炎、视神经炎（犬瘟热）
乳头瘤病毒	眼睑乳头瘤和结膜

续表

病原	主要的临床症状（常见疾病的名称）
细菌	
溶血性链球菌	结膜炎、泪囊炎
犬布鲁氏菌	前葡萄膜炎、眼内炎
金黄色葡萄球菌	睑炎、结膜炎、泪囊炎
埃利希氏体	前葡萄膜炎、结膜充血、脉络膜视网膜炎
钩端螺旋体	前葡萄膜炎
立氏立克次氏体	前葡萄膜炎、脉络膜视网膜炎、结膜充血、视网膜出血
真菌	
皮炎芽生菌	前葡萄膜炎、脉络膜视网膜炎、眼内炎
新型隐球菌	脉络膜视网膜炎、视神经炎
藻类	
原藻	前葡萄膜炎、脉络膜视网膜炎

表 72.2　猫眼部系统常见的和（或）重要的传染性病原

病原	主要的临床症状（常见疾病的名称）
病毒	
猫肝炎病毒 1 型	结膜炎、角膜充血、基质性角膜炎、猫病毒鼻气管炎
猫免疫缺陷病毒	前葡萄膜炎、脉络膜视网膜炎
猫传染性腹膜炎病毒	前葡萄膜炎、脉络膜视网膜炎、角膜后沉降物、角膜炎（猫传染性腹膜炎）
猫白血病病毒	前葡萄膜炎、葡萄膜淋巴肉瘤、视网膜出血
猫瘟病毒	视网膜脱落、视网膜发育异常
细菌	
Chlamydophila feils 支原体	结膜炎（猫局限性肺炎）
狸猫支原体[a]	结膜炎
真菌	
新型隐球菌	结膜炎、视神经炎（隐球菌病）

a. 是不是眼部病原的还没有确定。

表 72.3　马眼部系统常见的和（或）重要的传染性病原

病原	主要的临床症状（常见疾病的名称）
病毒	
非洲马瘟病毒[a]	结膜炎、眼睑和眶周水肿
马动脉炎病毒	结膜炎、眶周水肿
马肝炎病毒 2 型	结膜炎、角膜炎
马流感病毒	结膜炎
细菌	
钩端螺旋体	全葡萄膜炎（马继发葡萄膜炎）
绿脓杆菌	角膜炎、角膜溃疡
真菌	
曲霉菌	角膜炎、角膜溃疡
镰刀菌	角膜炎、角膜溃疡

a. 美国的国外动物疾病机构分类。

表 72.4 奶牛眼部系统常见的和（或）重要的传染性病原

病原	主要的临床症状（常见疾病的名称）
病毒	
狷羚疱疹病毒 1 型[a]	前葡萄膜炎、结膜炎、角膜水肿、眼睑水肿、角膜炎（恶性卡他热）
牛眼肝炎病毒 1 型	结膜炎、角膜水肿/混浊（牛传染性鼻气管炎）
牛眼乳头瘤病毒	眼睑和结膜多发性乳头瘤病
牛眼病毒性腹泻病毒	白内障、视网膜萎缩、视神经炎
牛眼肝炎病毒 2 型	前葡萄膜炎、结膜炎、角膜水肿、眼睑水肿、角膜炎（恶性卡他热）
细菌	
化脓隐秘杆菌	眼眶蜂窝织炎
睡眠嗜血杆菌[b]	视网膜出血、视网膜炎（血栓性脑膜炎）
单核细胞增多性李斯特氏菌	结膜炎、角膜炎、葡萄膜炎
牛眼摩拉氏菌	结膜炎、角膜炎、角膜溃疡、全眼球炎（牛传染性角膜结膜炎或传染性极性结膜炎）
牛眼支原体	结膜炎

a. 美国的国外动物疾病机构分类；b. 睡眠嗜血杆菌是这种微生物不再使用的名称。

表 72.5 绵羊和山羊眼部系统常见的和（或）重要的传染性病原

病原	主要的临床症状（常见疾病的名称）
朊病毒	
痒病朊病毒	视网膜脱落
细菌	
兽类支原体[a]	结膜炎、角膜炎
单核细胞增多性李氏杆菌	结膜炎、角膜炎、葡萄膜炎
摩拉氏菌、羊布兰汉氏球菌[a]	结膜炎、角膜炎
结膜衣原体	结膜炎、角膜炎（传染性角膜结膜炎）

a. 是否是眼部病原还没有确定。

表 72.6 猪眼部系统常见的和（或）重要的传染性病原

病原	主要的临床症状（常见疾病的名称）
病毒	
非洲猪瘟病毒[a]	结膜炎（非洲猪瘟）
古典猪瘟病毒[a]	结膜炎（古典猪瘟、猪瘟）
猪风疹病毒	角膜炎（蓝眼病）
猪伪狂犬病毒	结膜炎、角膜炎
猪流感病毒	结膜炎
细菌	
衣原体	结膜炎
出血性巴氏杆菌	眼睑水肿（水肿病）
多杀巴氏杆菌	结膜炎

a. 美国的国外动物疾病机构分类。

表 72.7 家禽眼部系统常见的和（或）重要的传染性病原

病原	主要的临床症状（常见疾病的名称）
病毒	
禽脑脊髓炎病毒（C）	白内障、葡萄膜炎
传染性喉气管炎病毒	结膜炎、角膜炎
马立克氏病毒（C）	虹膜色素沉着、全葡萄膜炎
新城疫病毒[a]	结膜水肿、出血
细菌	
禽博德特氏菌（T）	结膜炎
鹦鹉热衣原体	结膜炎
大肠杆菌	结膜炎、眼内炎
副鸡嗜血杆菌	结膜炎、眶周水肿
鸡毒支原体	结膜炎
出血性巴氏杆菌	结膜、眼睑水肿、眼眶蜂窝织炎
沙门氏菌[b]	眼内炎
真菌	
曲霉菌	眼内炎、角膜炎

（C）＝chicken（雏鸡）；（T）＝turkey（火鸡）。

a. 美国的国外动物疾病机构分类；b. 包括亚利桑那沙门氏菌。

72.3.1 眼睑和泪腺感染

细菌引起的眼睑边缘（睑炎）和泪腺感染最为常见。这些细菌是内源性的，以金黄色葡萄球菌、链球菌最常见。对于犬，在眼睑交接处，会发生化脓性眼睑炎，并伴有幼年脓皮病。表皮寄生菌感染可能会延伸到眼睑。

72.3.2 结膜感染

由结膜水肿、充血症、细胞渗出导致的结膜感染引起炎症特征应答。结膜炎可能是局部感染（如猫的衣原体感染），也可能是全身疾病的一部分（如犬瘟热）。

当病毒特异性地吸附到上皮细胞并复制时，病毒引起的结膜炎（如疱疹病毒引起的结膜炎）经常与上呼吸道或上消化道感染一起出现。由病毒导致的细胞病理效应和诱导的炎症反应解释了观测到的临床症状。结膜感染可能扩散到或同时进入角膜（如角膜结膜炎）。

结膜的细菌感染可能起始于结膜，或许是眼睑或泪腺感染的扩散。多种动物都会发生支原体/衣原体结膜炎，并且可能是一种主要的结膜炎，可能涉及其他部位。对于主要的病毒感染来说，细菌结膜炎可能是次要的。伴随有病毒性结膜炎，同时可能也会发生角膜炎症。结膜真菌感染的概率很小。

72.3.3 角膜感染

对于大多数动物来说，上皮细胞和部分基质脱落角膜炎症（角膜炎）发生与否，都是正常的。角膜炎可能在上皮表面的外部或内皮部分发生。因为角膜没有血管，所以最初的角膜炎症反应是由来自于结膜或巩膜边缘的中性粒细胞迁移引起的。在慢性病中，角膜血管化并直接参与炎症反应。

引起病毒性角膜炎最常见的病原是疱疹病毒科的成员。猫和牛最容易被感染。视觉神经中枢（如三叉神经中枢）潜在感染的再激活导致了一些疱疹病毒的感染。

原发的细菌性角膜炎非常罕见。然而，一旦角膜损伤，大量的细菌迅速繁殖并散布到角基质。这些机会致病菌包括葡萄球菌、链球菌和假单胞菌。细菌毒素和酶造成的角膜损伤因来自中性粒细胞的酶（如胶原酶、弹性蛋白酶）而加剧。一旦假单胞菌生长并和所谓的“软溃疡”结合，假单胞菌铜绿菌素将是角膜的有毒病原，但为了得以建立，仍需要角膜上皮屏障的损伤。牛摩拉菌是兽医上引起主要的角膜细菌感染的少数几种细菌之一。牛摩拉菌产生包括黏附到上皮细胞的黏附素（纤毛）的特异毒性因子和导致上皮细胞坏死的毒素（图 72.2）。

图 72.2　由牛摩拉菌引起的伴随有粉红眼的牛角膜溃疡。（J. Angelos 博士惠赠）

真菌角膜炎（角膜真菌病）是马最严重的疾病之一。尽管研究发现，结膜的多种真菌来自于正常马眼睛，但眼睛暴露于植物类物质经常会引入真菌。这些最可能的暂时寄生菌是环境暴露的偶然结果。对于真菌感染，完整无缺的角膜内皮细胞提供了非常好的屏障，因此，需要角膜上皮损伤作为真菌角膜病发生之前的事件。胆固醇的使用增加了马角膜真菌感染的可能性，而且一旦发生，还能使情况恶化。典型情况下，角膜的真菌感染不会和结膜炎同时出现。

72.3.4 眼内感染

眼内感染经常是占据葡萄膜（虹膜、睫状体、脉络膜）的外源微生物引起的全身感染的结果。感染可能引起和（或）控制葡萄膜的特定部位。然而，涉及这一区域的其他部位也是正常的。某些情况下，至少在组织学上，大多数感染都会在葡萄膜广泛传播。以最常发生炎症的解剖部位（前葡萄膜炎）的相邻部位是否发生炎症（如脉络视网膜炎）为基础，葡萄膜被分开。由于与其他组织（如视网膜）相邻，眼睛里的流体特性和眼内室之间的开放连接等原因，眼内感染经常扩散到眼睛的其他部位。基于介质、炎症反应的阶段，以及涉及的动物，葡萄膜的炎症反应可能会出现化脓、淋巴细胞增生、肉芽肿，或这些反应的几种结合。

病毒诱导的葡萄膜炎的发病机制是通过葡萄膜的直接感染以及后来的炎症反应，或者通过导致免疫介导的对于细菌的Ⅲ型过敏反应的免疫复合物的沉积。同样，细菌（如布鲁氏杆菌）定位到葡萄膜，或在一些情况下免疫复合物沉积（如钩端螺旋体），发生细菌性葡萄膜炎。非特异性细菌葡萄膜炎能引起由先前存在的其他细菌引起的状况（如齿龈炎、前列腺炎）。所有的全身真菌（如芽生菌、组织孢浆菌、球孢子菌和隐球菌）都有能力引起全葡萄膜炎。大多数表现症状为脉络视网膜炎，猫和犬是主要的感染对象。原壁菌是一种无叶绿素藻类，能引起伴随全身症状（如血痢、局部麻痹）的犬眼结膜肉芽肿性脉络膜网膜炎。

某些动物的子宫感染使得眼部结构出现先天缺陷，经常由病毒引起。怀孕母牛的病毒性腹泻病毒感染与小牛视网膜脱落和白内障有关。猫瘟与小猫眼部发育异常有关。

72.3.5 眼眶感染

异源物体从口腔穿透伤害或血源扩散可引起眼窝感染。最常见的结果是眼眶蜂窝织炎和后眼球脓肿形式的化脓感染。虽然猫和犬多发，但所有的动物都会发生眼眶感染。病因通常是细菌的混合感染，一般包括巴氏杆菌。

第73章 呼吸系统

Richard L. Walker

呼吸系统的主要功能是进行气体交换。呼吸道的结构是阻止有毒物质、微粒、微生物病原的进入，在呼吸道末梢发生气体交换。呼吸系统天生的保护特性存在于呼吸道的各个层面。

对于大多数脊椎动物而言，呼吸系统由鼻腔、鼻窦、咽、喉、气管、支气管和细支气管、肺组成。然而，鸟类的呼吸系统更为复杂，明显的不同于其他的脊椎动物。更为显著的是，鸟类拥有大量的皮下的、与鼻腔相连的眶下窦，并且特别容易受到感染，部分原因是因为排出功能较弱。与其他脊椎动物相比，鸟类的肺质地更坚硬。气囊以同肺进行气体交换的形式存在，它们位于体腔和某些骨髓腔里。

73.1 呼吸系统的抗菌特性

呼吸过程包括使呼吸道暴露于空气携带的微生物，这些微生物包括潜在的病原微生物。常住微生物存在于呼吸道的上部，一旦空气传播的微生物进入，各种保护机制将排出或清除这些微生物。

呼吸道的鼻、咽、气管、支气管和肺部存在着各种不同的保护机制。空气动力学的过滤是通过存在于这些部位的不同的力使经过呼吸道的各种大小的气体微粒沉积下来。通过积压，惯性使大微粒（直径大于 5μm）在鼻咽和气管支气管上部沉积下来。在小的支气管（气体流速在此下降），重力作用将 1～5μm 的颗粒沉积下来。在最小的细支气管和肺泡处，通过布朗运动，直径小于 1μm 的微粒与细胞膜接触。

覆盖于气管上皮细胞的内层黏液含有大量的有抗菌特性或提供保护作用的物质。整个呼吸道存在着不同数量的溶菌酶，通过对于肽聚糖的作用，溶菌酶可以选择性杀菌。纤毛上皮细胞产生的广谱抗菌肽、β-防御素具有抵抗病毒、细菌和真菌的活性。微生物成分的暴露使得它们的表达量增加（如脂多糖）。纤毛上皮细胞也能产生抗菌活性氮类——NO，主要是通过由纤毛上皮细胞产生可诱导的 NO 合成酶（iNOS）。细菌产物调节 iNOS 的表达。作为生物调节剂，NO 在宿主防御机制和炎症方面发挥重要的作用，产生前炎症和抗炎症效应。同时，通过结合铁，黏液中存在的免疫球蛋白、干扰素和乳铁传递蛋白使其对大多数的细菌无效。α-1 抗胰岛素是一种降低炎症反应损伤的酶抑制剂，会发挥保护作用。

73.1.1 鼻咽室

鼻咽室保护机制包括一些动物鼻孔周围的鼻毛（保护性毛）和鼻的贝壳状结构，鼻毛可捕获直径达 15μm 的大微粒。鼻的外部结构创造了一个紊气流，增加了微粒作用于黏膜表面的机会。微粒一旦撞击在鼻甲内层黏液或鼻甲骨壁，将遭遇黏液纤毛的作用（见下文 73.2.1），通过消化道运送到咽喉末端被吞没并且清除。

在湿润、温暖的鼻道，微粒通过水合作用膨胀，变得更容易吸附到黏膜上。在鼻道下部，鼻道内的气体变暖也有利于底端的冷敏感微生物的清除机制。咽部淋巴组织在微生物的过滤中发挥作用，并启动作为黏膜相关淋巴组织的一个成分的免疫反应。

常住菌群提供定居抗性，并产生抗菌物质。打喷嚏有助于从这一区域排除有传染性的微粒。

73.1.2 气管支气管室

气管支气管室包括喉、气管、支气管和细支气管。吞咽过程中关闭声门是为了保护这一区域免受污染。咳嗽排除大量的液体积聚。气管支气管室是通过黏膜纤毛上皮细胞相连接的，黏膜纤毛的上皮细胞捕获微粒并运送到咽喉（见下文 73.2.1）。由于直接的空气流动变化，支气管分支可促进微粒在气道细胞膜上的沉积。

支气管相关的淋巴组织（BALT）沿气道分布，并且集中在支气管分支，与捕获吸入微粒最多的部位相对应。BALT 包括细胞免疫和体液免疫。上皮细胞介导 IgA 从疏松结缔组织层到气道腔的活性运输。

73.1.3 肺室

肺室的清除机制（肺泡）由肺泡巨噬细胞（PAM）、中性粒细胞和血液中聚集的单核细胞组成。微粒物质是通过吞噬作用处理的。易感微生物被杀死或消化。吞噬细胞迁移到发生黏液纤毛运输的部位或通过淋巴系统清除被吞噬的微粒。气管支气管部位也分泌同样的保护性物质，并达到了肺部的水平，通过源自于肺泡巨噬细胞的分泌予以补充。

73.2 机制

总之，呼吸道主要的清除机制由黏膜纤毛结构和肺泡巨噬细胞（PAM）组成。下面将详细介绍黏膜纤毛结构和肺泡巨噬细胞。

73.2.1 黏膜纤毛结构

黏膜纤毛结构由纤毛细胞和分泌细胞组成。纤毛细胞在呼吸道内鼻和颅的气管支气管部分形成黏膜层，在更小的气管里作为单一的柱状细胞，而在最小的支气管里作为简单的立方形细胞。每个细胞大约含有 250 个大小为 5.0μm×0.3μm 的纤毛，纤毛与真核生物的鞭毛相似，每分钟可游动 1000 次。在支气管内，纤毛细胞由近端到远端逐渐减少。纤毛活性的改变或内层上皮细胞的 deciliation 使清除活性减弱，并促进机会性病原微生物的侵入。另外，纤毛上皮细胞的功能也将丧失，导致抗菌物质和介导炎症反应的细胞因子的减少。

黏膜纤毛装置的分泌成分是杯状细胞，在鼻、气管和大的支气管，黏膜下层的血浆和黏液似的腺体中点缀分布着纤毛细胞。当黏性的黏液层占据纤毛末梢时，浆液（状）液体将浸润纤毛。纤毛以每分钟高达 20mm 的速度不停地摆动，在鼻咽末梢和气管支气管的末梢部位，推进携带有捕获的颗粒的黏液向咽部移动。在气管，微粒的清除速度最快，在最小的气道，微粒的清除速度最慢，这里杯状细胞缺乏，黏液稀薄，纤毛摆动速度相对的变得更慢，这是一种预防杂物进入大的气道的重组。在 1h 内，气管（如猫）能完全被清除干净，并且在一天内可以把所有的气道清除干净。

极端温度、呼吸道病毒、一些细菌（如博德特氏菌属）、干燥、普通的麻醉剂、灰尘、有毒气体（SO_2、CO_2、氨气、烟草的烟）和组织缺氧，都抑制黏膜纤毛的清除。对接触刺激物的反应，通过破坏杯状细胞的完整性，产生的黏液增加。

73.2.2 肺泡巨噬细胞

肺泡巨噬细胞（PAM）是适应肺部环境并位于肺泡内的单核细胞。当需要它时，即从血液中聚集。肺泡巨噬细胞是多形态的细胞，直径为 20～40μm，里面含有大量具有生物活性的溶酶体小颗粒。也由 PAM 产生的溶酶体小颗粒的介体物质——补体成分，产生白细胞介素 1 和肿瘤坏死因子，使另外的细胞和体液防御得到动员。肺泡巨噬细胞上的补体和 IgG 受体能加强肺泡巨噬细胞的吞噬能力。肺泡巨噬细胞是运动的，通常，在肺泡中存在的时间不到一周。主要是通过氧化磷酸化作用获得能量。纤毛上皮细胞和产黏液细胞的缺乏要求肺泡巨噬细胞将微粒转移到肺泡。

PAM 摄取的微粒，除了摄入后被杀死的易感细菌，由黏液纤毛的运动或间隙性的传入运动或淋巴系统传出运动移除。传入的途径直接导致微粒传入肺门淋巴结，可能需要两周，而经由胸膜传出的过程可能需要数月的时间。不能被移动的物质通过炎症反应（如脓肿、肉芽肿）来分离消除。

SO_2、臭氧、NO 和呼吸道病毒会抑制 PAM 的活性。细菌性白细胞毒素和溶血素破坏 PAM，并且是一些重要的细菌性呼吸道病原（如牛的曼氏溶血杆菌、猪传染性胸膜肺炎放线杆菌）产生的主要毒力因子。

73.3 微生物菌落

对于不同的动物和呼吸道内的不同部位而言，呼吸道菌群的密度和组成也不同。常住菌群局限于可以发现许多不同菌群的鼻腔和咽。例如，在断奶和未断奶小猪的鼻甲和扁桃体中，可以分离到超过 30 种不同的革兰氏阳性菌。总之，鼻腔内的菌群包括草绿色链球菌，以及因动物宿主而异，和潜在病原一起的凝固酶阴性葡萄球菌。尽管凝固酶阳性葡萄球菌通常不被考虑为呼吸道的病原微生物，但是能在鼻内增殖，并且携带含量很高，并作为身体其他部位感染的来源（如皮肤感染）。如果能在呼吸道的下部生长，某些上呼吸道和口咽的一些常住菌群表现为呼吸道的主要病原菌（如巴氏杆菌、链球菌和支原体）。许多潜在的致病性支原体是宿主上呼吸道的常住菌群，它们通过侵袭或持续感染个体携带。通过作为在呼吸道各个水平的潜在病原，形成“呼吸道疾病复合物”，或在适当的环境中自身变为感染性更强的病原体，这些致病性支原体发挥了显著的作用。

对于消化道，呼吸系统的常住菌群提供了定居抗性，通过抗生素治疗和改变其组成的环境改变，可以降低其定居抗性。

非常住的微生物包括潜在的病原体和无害的暂住菌群。暂住菌群由呼吸过程吸入的微生物组成，因此，它反映了动物得以维持的环境。环境因素如干燥、灰尘和通风不良都将增加动物接触微生物的量和动物暴露于暂住菌群的类型。通常，很难从上呼吸道分离到作为暂住菌群的大肠杆菌和其他的肠细菌。没有相应的临床和病理信息，很难对存在于鼻咽的暂住菌群的意义进行评价。

喉、气管、支气管和肺缺乏常住菌群。然而，呼吸道下部通常持续暴露于存在于上部的微生物。在被损伤的呼吸道中，宿主的自然保护机制快速地清除这些细菌。在健康动物（如猫）的呼吸道远端的液体中，每毫升大约含有 10^3 个细菌。

73.4 呼吸系统传染病

对于所有动物而言，呼吸道感染都是非常重要的疾病。在表 73.1～表 73.7 列出了主要的家畜和家禽的呼吸道疾病的一些常见和（或）重要的传染性病原。病原特征、感染途径、宿主易感性和宿主的免疫应答决定了细菌侵袭呼吸道的位置、感染的严重性和相应的病理症状。本章中呼吸道的病原体有病毒、细菌和真菌，同时也包含一种水生的原生动物寄生虫——鼻孢子虫属。

表 73.1 犬呼吸系统的常见的和（或）重要的传染性病原

病原	主要的临床表现（常见疾病名称）
病毒	
腺病毒 2 型	流鼻涕、气管支气管炎（犬窝咳综合征）、支气管介质性肺炎
犬瘟热病毒	鼻咽炎、喉炎、支气管炎、支气管间质性肺炎（犬瘟热）
犬副流感病毒 2 型	流鼻涕、气管支气管炎（犬窝咳综合征）
细菌	
放线菌	肉芽肿肺炎、胸膜炎
博德特氏菌属的百日咳杆菌（细支气管的急性炎症）	气管支气管炎（传染性气管支气管炎、犬窝咳）、支气管肺炎
大肠杆菌	支气管肺炎（细支气管的急性炎症）
G^+需氧菌	化脓肉芽肿性胸膜炎
专性厌氧菌[a]	支气管肺炎（细支气管的急性炎症）
多杀巴氏杆菌	支气管肺炎（细支气管的急性炎症）
真菌	
全身性真菌[b]	肉芽肿肺炎
烟曲霉	鼻黏膜发炎、鼻的曲霉菌属的真菌感染
新型隐球菌	鼻肉芽肿块（隐球菌病）
原生生物（寄生虫）	
西伯（氏）鼻孢子虫	鼻的肉芽肿/瘤（稀少）

a. 包括类杆菌、消化链球菌、梭形杆菌和卟啉菌；b. 包括皮炎芽生菌、粗球孢子菌、新型隐球菌和夹膜组织胞浆菌。

表 73.2　猫呼吸系统的常见的和（或）重要的传染性病原

病原	主要的临床表现（常见疾病名称）
病毒	
猫流感病毒	鼻黏膜发炎、间质性肺炎、气管炎（猫流感）
猫 1 型疱疹病毒	鼻气管炎（猫的病毒性鼻气管炎）
猫的传染性腹膜炎病毒	胸腔积液、化脓肉芽肿性胸膜炎
细菌	
气管败血性博德特氏菌	气管支气管炎、支气管肺炎（猫的博代菌病）
猫的足衣虫	肺炎（猫的肺炎）、鼻黏膜发炎
专性厌氧菌	胸膜脓肿（脓胸）
多杀巴氏杆菌	胸膜脓肿（脓胸）
真菌	
新型隐球菌	鼻黏膜炎、鼻的肉芽肿、鼻窦炎（鼻的曲霉菌属的真菌感染）、肺炎

表 73.3　马呼吸系统的常见的和（或）重要的传染性病原

病原	主要的临床表现（常见疾病名称）
病毒	
非洲马瘟病毒[a]	肺水肿（非洲马瘟）
马腺病毒 1 型	细支气管炎、介质性肺炎（腺病毒病）
马疱疹病毒 1 型	鼻黏膜炎、肺炎（马鼻肺炎）
马疱疹病毒 4 型	鼻黏膜炎、肺炎
马流行性感冒病毒	鼻黏膜炎、气管支气管炎、介质性肺炎（马流感）
马动脉炎病毒	鼻黏膜炎、介质性肺炎
亨得拉病毒	肺水肿并伴有呼吸性窘迫
细菌	
马溶血放线杆菌	支气管肺炎、胸膜炎
鼻疽伯克霍尔德氏菌	鼻黏膜炎、马鼻疽
类鼻疽假胞单菌	鼻黏膜溃疡、栓塞性肺炎、肺的水肿
埃希氏大肠杆菌	支气管肺炎、胸膜炎
猫支原体	胸膜炎
专性厌氧菌[b]	支气管肺炎、胸膜炎
马红球菌	化脓肉芽肿性肺炎
马链球菌亚种	咽喉脓肿、鼻咽炎、咽后的淋巴结肿胀（传染性卡他）、鼻窦炎
马链球菌兽疫亚种	支气管肺炎、胸膜炎、鼻窦炎
真菌	
曲霉菌	咽喉的真菌病
原生生物（寄生虫）	
西伯（氏）鼻孢子虫	鼻的肉芽肿/瘤（稀少）

a. 在美国，认为是一种外来动物疾病；b. 包括梭形杆菌属、消化链球菌属和普氏菌。

表 73.4　牛呼吸系统的常见的和（或）重要的传染性病原

病原	主要的临床表现（常见疾病名称）
病毒	
牛疱疹病毒 1 型	鼻气管炎（牛传染性鼻气管炎）
新生牛呼吸腹泻冠状病毒	介质性肺炎
牛的呼吸道病毒	介质性肺炎（牛的呼吸道病）
3 型副流感病毒	鼻黏膜炎、介质性肺炎（3 型副流感病）
细菌	
化脓隐秘杆菌	栓塞性肺炎、肺水肿
坏死梭杆菌	坏死性喉炎（牛白喉）
睡眠嗜血杆菌[a]	支气管肺炎、中耳炎
溶血曼氏杆菌	支气管肺炎、猪地方流行性肺炎、牛败血病
牛分枝杆菌	肉芽肿肺炎、胸膜炎（牛型结核）
牛支原体	支气管肺炎、中耳炎
不等支原体	肺炎肺泡炎
蕈状支原体蕈状亚种（小菌落型）[b]	支气管肺炎、胸膜炎（牛传染性胸膜肺炎）
多杀巴氏杆菌	支气管肺炎（猪地方流行性肺炎、运输热）、牛败血病、中耳炎
都柏林沙门氏菌	介质性肺炎
真菌	
沃尔夫被孢霉	栓塞性肺炎

a. 睡眠嗜血菌是这种微生物过去的名称；b. 在美国，认为是一种外来动物疾病。

表 73.5　绵羊呼吸系统的常见的和（或）重要的传染性病原

病原	主要的临床症状（常见疾病的名称）
病毒	
公山羊动脉炎/脑炎病毒（G）	间质性肺炎
绵羊反转录病毒（S）	间质性肺炎、肺癌（绵羊肺腺癌）
梅迪/维斯纳病毒（S）	间质性肺炎（绵羊进行性肺炎、梅迪病）
副流行性感冒病毒 3 型	间质性肺炎
细菌	
化脓隐秘杆菌	肺脓肿、外伤性咽炎
具核梭杆菌	坏死性喉炎、外伤性咽炎
曼氏溶血杆菌	支气管肺炎、胸膜炎（巴斯德杆菌性肺炎）
山羊支原体山羊肺炎亚种（G）[a]	支气管肺炎、胸膜炎（传染性山羊胸膜肺炎）
蕈状支原体蕈状 G 型	肺炎、胸膜炎
绵羊肺炎支原体（S）	间质性肺炎（羊非进行性肺炎）
海藻巴氏杆菌	支气管肺炎

（S）＝sheep（绵羊）；（G）＝goat（山羊）。

a. 在美国，认为是一种外来动物疾病病原。

表 73.6 猪呼吸系统的常见的和（或）重要的传染性病原

病原	主要的临床症状（常见疾病的名称）
病毒	
莱利斯塔猪病毒	间质性肺炎（猪繁殖与呼吸综合征）
尼帕病毒[a]	齿槽炎、猪支气管性肺炎
猪疱疹病毒 1 型	鼻咽炎、气管炎（伪狂犬病、奥耶斯基氏病）
猪疱疹病毒 2 型	鼻炎（包含体鼻炎）
猪流感病毒	鼻炎、气管支气管炎、支气管间质性肺炎（猪流感）
细菌	
胸膜肺炎放线杆菌	支气管肺炎、胸膜炎（猪胸膜肺炎）
支气管腐败杆菌[b]	鼻炎（萎缩性鼻炎）
坏死梭杆菌	坏疽鼻蜂窝织炎（坏疽鼻炎、bull nose）
副猪嗜血杆菌	支气管肺炎、多发性浆膜炎（格雷萨病）
猪肺炎支原体	支气管肺炎（地方性肺炎）
猪鼻支原体	多发性浆膜炎
多杀巴氏杆菌	鼻炎（萎缩性鼻炎）、支气管肺炎
沙门氏菌	猪支气管性肺炎、肺炎
猪链球菌	支气管肺炎、胸膜炎、插塞性肺炎

a. 在美国，认为是一种外来动物疾病病原；b. 支气管腐败杆菌和多杀巴氏杆菌有时协同发病。

表 73.7 家禽呼吸系统的常见的和（或）重要的传染性病原

病原	主要的临床症状（常见疾病的名称）
病毒	
禽传染性支气管炎病毒（C）	气囊炎、气管支气管炎（禽传染性支气管炎）
禽流感病毒	气囊炎、窦炎、气管炎（禽流感）
禽副粘病毒 1 型[a]	出血气管炎（国外新城疫）
禽肺炎病毒	鼻气管炎、窦炎（火鸡鼻气管炎）、雏鸡眶周眶下窦水肿（肿头症候群）
鸡痘病毒	鼻孔、咽、喉、气管白喉损伤
禽疱疹病毒 1 型（C）	喉气管炎（传染性喉气管炎）
细菌	
禽博德特氏菌	鼻气管炎、窦炎（波氏杆菌病、火鸡鼻炎）
埃希氏大肠杆菌	大肠杆菌性败血症、继发性肺炎
副鸡嗜血杆菌（C）	鼻炎、窦炎（禽鼻炎）
鸡毒支原体	气囊炎（慢性呼吸道疾病）、鼻炎、窦炎
滑液支原体	气囊炎、窦炎
鼻气管炎鸟疫杆菌	气囊炎、支气管肺炎
多杀巴氏杆菌	气囊炎、肺炎
真菌	
烟曲霉	气管炎、气囊炎、肺炎（雏鸡肺炎）

（C）＝chicken（雏鸡）。

a. 在美国，认为是一种外来动物疾病病原。

潜在的呼吸道病原属于不同科的范围（如腺病毒科、杯状病毒科、冠状病毒科、疱疹病毒科、副粘病毒科、正粘病毒科）。呼吸道的病原菌大多数属于巴氏杆菌科或博德特氏菌属、支原体和链球菌。一些重要的呼吸道病原都伴有特殊的、明显的临床症状，如马驹的马红球菌和肺炎化脓性肉芽肿病变。在适当的条件下，大量的机会致病菌（如放线菌属、肠杆菌科的成员、专性厌氧菌）在口腔和消化道下端引起或激发呼吸道疾病（如过敏性肺炎）。呼吸道的真菌是全身霉菌病（如皮炎芽生菌、粗球孢子菌、新型隐球菌、夹膜组织胞浆菌）和曲霉菌病的主要病原菌。关于呼吸道特殊的病原菌，应该在单独的一章中详细的介绍它特殊的发病机制和病理变化。

大多数传染性呼吸疾病的病因是复杂的，它需要环境因素、宿主抵抗力和致病因子的综合作用。通常，呼吸道感染与不同病原引起的继发感染有关（如病毒性肺炎将导致继发细菌性肺炎）。通过气体途径，或通过血源途径，引发呼吸道感染。在猫、猪和反刍动物中，一个诱发血源性感染的因素是肺部血管内的巨噬细胞在清除血液携带的病原中所发挥的作用。

73.4.1 鼻咽室的感染

鼻咽部主要的传染病是鼻黏膜炎和鼻窦炎，它们能单独发病或者并发。鼻黏膜炎是鼻黏膜的炎症，鼻黏膜炎的常见症状是打喷嚏和鼻内的排除物成分的不断改变。在鼻黏膜炎阶段，渗出物的特征是浆液或黏液的分泌物、血管通透性的改变（纤维蛋白原沉积）和炎症细胞的流入和类型。

大量的病毒（如疱疹病毒、腺病毒、流感病毒）能够引起病毒性鼻黏膜炎，并发生于大多数动物。通常，纤毛上皮细胞被感染、脱落，随后被取代。临床表现反映了相应的炎症反应。继发的细菌感染可能是病毒性鼻炎（如猫的鼻气管炎病毒和卡里西病毒感染趋向于并发细菌鼻炎和窦炎）的并发症。周期性散布病毒的稍迟感染的动物（如牛传染性鼻气管炎病毒）成为幼龄动物的感染源。

虽然鼻咽室细菌感染没有病毒感染那么频繁，但也非常重要。其中值得注意的是，猪的萎缩性鼻炎、马的流行性鼻咽炎（腺疫）和家禽的鸡窦感染（见下文）。猪的萎缩性鼻炎多杀巴氏杆菌（D 型）皮肤坏死毒素引起鼻甲骨的溶解和鼻腔变形（图 73.1）。范围更小一点，多杀巴氏杆菌（D 型）的皮肤坏死毒素也与萎缩性鼻炎有关。猪表现为打喷嚏，并排泄浑浊的鼻分泌物。此病可以是温和的、非进行性的，或是活跃的和进行性的。体重减轻、饲料转化率低和对其他呼吸道疾病易感是猪萎缩性鼻炎的主要结果。

马链球菌马亚种引起马的流行性鼻咽炎（腺疫），主要涉及下颌下淋巴结和（或）咽后壁淋巴结。强烈的炎症反应产生了浓稠、双侧、带脓的鼻分泌物。腺疫有高度的传染性。腺疫引起的严重结果包括咽喉囊积脓症（见下文）、“bastard 腺疫”和化脓性出血。

窦炎是鼻窦之一的一种炎症。它可由鼻腔感染延伸到窦，或与口-鼻腔的其他问题（如从牙齿感染的延伸）有关。大多数动物都是偶然发病。涉及的病原是鼻腔的典型常驻菌群，或者是那些在鼻炎中涉及的。

对于家禽来说，由于其中一些病原的流行特性以及鸟类大量被感染的潜在性（图

73.2)，致使窦炎是非常常见的问题。大量的病原微生物（如鸡疱疹病毒1型、禽流感病毒）都能感染鸟类的鼻窦，在呼吸道的其他区域，会发现典型的窦炎与临床症状。火鸡败血支原体（禽鼻炎）是引起家禽经济损失的最重要原因。生长缓慢和产蛋量降低是经济损失的主要原因。

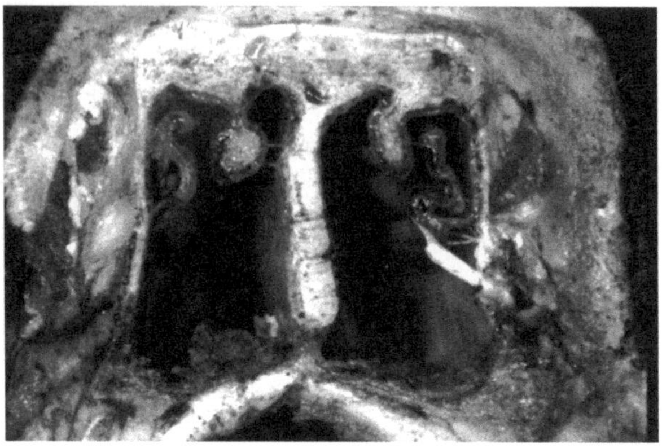

图73.1　猪萎缩性鼻炎。猪嘴交叉部分鼻的严重萎缩。（M. Anderson博士惠赠）

图73.2　5周龄火鸡的鼻炎。鼻窦被扩得非常大。（H. Shivaprasad博士惠赠）

鼻咽部的真菌感染很频繁，当其发生时，常常引起肉芽肿性炎症反应。犬的曲霉菌鼻炎、窦炎和猫鼻隐球菌病是鼻腔最重要的真菌感染。

西伯鼻孢子菌是一种罕见的mesomycetozoea类原生生物，引起鼻的含有大量的小球体和鼻孢子菌内生孢子的肉芽肿块（图73.3）。全面来讲，损伤类似于多叶的颗粒息肉。虽然包括家禽在内的任何动物都可能被感染，但报道的病例多见于犬和马。感染与暴露于淡水塘、湖泊和河流有关。

与上呼吸道连接的部位可能被鼻咽部感染的直接延伸而侵染，或者由独立于其他鼻咽部疾病的鼻咽部病原所感染。马链球菌类马亚种引起马咽鼓管囊积脓，发展的结果为

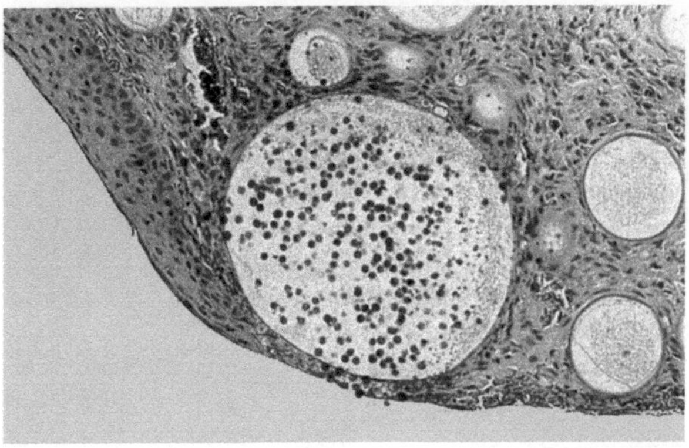

图 73.3　犬鼻孢子虫病。鼻息肉部分出现了不同大小的小肉球。成熟的小肉球（直径达到 300μm）里面有大量的内生孢子。一个大的小肉球出现在损伤的表面附近。H&E 染色。

鼻咽炎或淋巴结咽后脓肿破裂（腺疫）。咽鼓管囊感染后，常常出现单个鼻孔分泌物，尤其是在低头时。由于咽部开口的刺激，咽鼓管囊排出不完全，于是咽鼓管囊的底层凝固影响了感染的消退。真菌感染也发生于马（咽鼓管囊霉菌病）的咽鼓管囊，主要与中室上壁有关。曲霉菌（特别是构巢曲霉）是最常见的病原。咽鼓管囊霉菌病的起始因素还没有被清晰地阐明。当咽鼓管囊感染涉及神经系统或脉管组织时，可能导致很严重或是致命的结果（由于神经损伤引起的咽部麻痹和 Horner 氏综合征）。

上呼吸道正常菌群隐藏的呼吸道病原，常常引起小牛中耳炎（牛支原体、多杀巴氏杆菌、睡眠嗜血杆菌）。可能的感染途径是经听管进入中耳。典型的鼓膜水疱部分完全充满干酪似的碎块和血样流体。有些进行性病例会导致内耳炎和脑膜炎，小牛可能会表现严重的神经症状。其他动物表现相似，但很少被侵袭。

73.4.2　气管支气管室感染

气管支气管室的主要疾病是喉炎、气管炎和支气管炎。病毒性和细菌性病原是气管支气管室感染的主要原因。然而，家禽的曲霉菌感染也与气管和支气管有关。

气管和支气管的病毒性感染（如马流感、牛的传染性鼻气管炎、鸡的传染性喉气管炎）损害了呼吸上皮细胞并影响纤毛装置。许多不同病毒引起的气管损伤可能没有特别明显的特征；然而，某些感染可以帮助确定特异的病毒（如鸡的传染性喉气管炎病毒、禽痘病毒）。病毒性气管炎常常有效地阻止继发细菌性感染的趋势。

饲养场青年牛的坏疽喉炎是最常见的细菌性咽部疾病之一（图 73.4）。在咽部黏膜发现的存在于先前溃疡里面的病原——坏死梭形杆菌，被怀疑来自于先前的损伤（如反射性咳嗽）。坏死梭形杆菌一旦开始增殖，将会产生严重的坏疽喉炎，如果得不到治疗的话，结果将是致命的。其他反刍动物也会受到感染，但不常见。

对于犬，犬窝咳综合征是犬的一种传染性气管支气管炎，与多种潜在的病原有关，有时几个病原一起作用。犬窝咳被认为是有传染性的，与犬被长期限制在封闭的环境

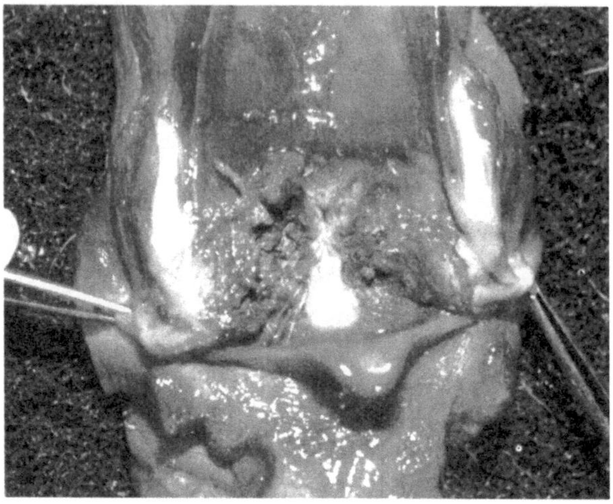

图 73.4　牛的坏疽喉炎。杓状软骨布满了纤维素坏死样物质。(M. Anderson 博士惠赠)

(如狗窝、动物舍) 有关。病毒包括犬腺病毒 2 型、副流感病毒 2 型。支原体也与其有关，但尚未发现其侵入机制。支气管炎博德特氏菌也与犬窝咳综合征有关。因为它能黏附到纤毛上皮细胞并影响上皮细胞的功能，它被认为是主要的呼吸道病原。与那些病毒引起的感染相比，支气管炎博德特氏菌参与的感染更有效。有证据表明，支气管炎博德特氏菌也是猫的重要呼吸道病原。

家禽当中，禽博德特氏菌是引起火鸡、雏鸡上呼吸道感染的常见原因。打喷嚏是最常见的信号，伴随有眼鼻分泌物。病原定殖后，损伤纤毛呼吸上皮细胞，并出现纤毛运动停滞活性效应。可能也会发生由于气管环软化导致的气管塌陷。禽博德特氏菌感染的鸟类趋向于其他感染，如大肠杆菌病。

某些微生物在侵袭气管支气管室的同时，也感染呼吸系统的其他部位 (如猫病毒性鼻气管炎、传染性牛鼻气管炎和火鸡禽博德特氏菌病)。另外，全身感染可能与气管支

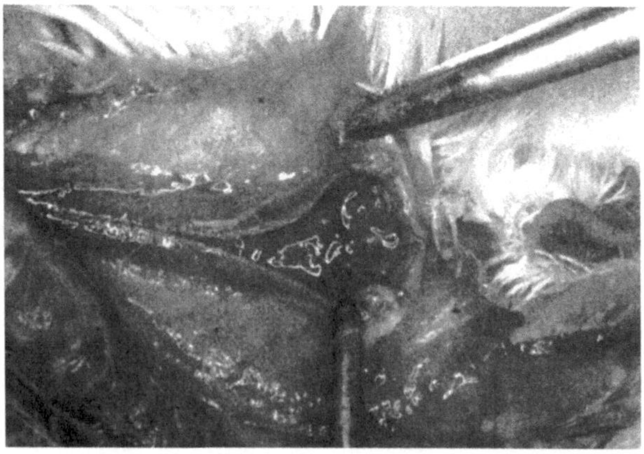

图 73.5　国外雏鸡新城疫。咽和气管内腔充满了纤维素出血性分泌物。(H. Kinde 博士惠赠)

气管室（如国外家禽新城疫纤维性出血性气管炎）（图 73.5）连同宿主呼吸系统外面部位的上皮细胞有关。

73.4.3 肺部感染

肺炎是主要的肺部感染疾病。根据形态学，肺炎可分为支气管肺炎、间质性肺炎、肉芽肿性肺炎和插栓性肺炎，或这几种肺炎的混合型。病原的感染途径和免疫应答决定了肺炎的类型和发展。病毒、细菌和真菌都是肺部潜在的重要病原。讲述特定病原的章节应当参考一下病原学和病理学的相关细节。

肺部感染常常要求先天性抗微生物因素的进行性事件的破坏。限制圈舍环境、氨的产生（有毒气体）和运输压力都是这些因素的代表，它们充分地破坏了机体防御，并允许本来可以很容易地被宿主防御机制清除的病原在下呼吸道繁殖。

在上呼吸道发现的某些相同的病毒引起下呼吸道的温和疾病（如副流感病毒、腺病毒）。血清学证据表明，大量感染这些微生物的动物症状不明显或呈亚临床表现。其他病毒是有自身特点的肺部病原，有时引起致命的感染（如非洲马瘟病毒、亨德拉病毒）。能从动物传给人的潜在动物病毒性病原（如流感病毒、亨德拉病毒、尼帕病毒）是公共卫生所关心的。

当认为某些细菌性病原是肺部的主要病原时（如马的马红球菌、猪的胸膜肺炎放线杆菌），病毒感染常常先于细菌感染，并产生一个适合细菌生长的环境，让细菌来破坏黏膜纤毛的摆动系统，或通过削弱吞噬细胞功能改变免疫应答。一旦诱病因素起作用，在下呼吸道感染中，发现多种细菌性病原是很常见的。

牛呼吸道疾病综合征是综合症状的一个例子，然而，还没有完全弄清环境因素同具体病原和宿主应答的相互作用。它是牛经济意义最大的综合症状疾病之一。环境或管理相关压力（天气、运输）和（或）病毒感染（如腺病毒、牛呼吸性合胞体病毒、牛传染性鼻气管炎病毒和副流感病毒 3 型）被确信改变了呼吸道上皮细胞和先天防御。与病毒性腹泻病毒相关的可能的免疫抑制效应，也可能增加细菌的易感性。这些因素允许牛呼吸道综合征的主要病原——曼氏溶血杆菌在肺部生长。由于具有许多毒力因子，曼氏溶血杆菌能够逃避宿主防御。内毒素激活了肺血管内的巨噬细胞、中性粒细胞和淋巴细胞，并参与了最终决定肺部损伤程度和是否包括病原的炎症应答。另外，从曼氏溶血杆菌破坏的噬菌细胞释放出来的白细胞毒素浓度更低，更进一步地增强了炎症反应（图 73.6）。如果肺部防御受到足够的损害，更多的机会致病菌将会生长繁殖，使情况进一步恶化。从牛慢性呼吸道疾病综合征获得化脓隐秘杆菌是很常见的，它是反刍动物的脓肿形成者（图 73.7）。

全身浅部真菌病（球孢子菌病、隐球菌感染、芽生菌病和网状内皮细胞真菌病）的大部分起始于下呼吸道，引起肉芽肿性肺炎和相关的淋巴结病。基于动物个体特征、饲养和种类的差异，呼吸道感染的严重程度不同。对于犬、马和猫，最常见的是发展为有临床症状的疾病。动物没有能力抑制这些呼吸道感染，导致感染散布到身体的其他部位。与霉菌病不同，动物的真菌肺炎并不常见，家禽的曲霉病是个例外。肺炎是主要的呼吸道疾病，常常同时发生气管炎和气囊炎。对于家禽来说，特别是火鸡养殖，这是一

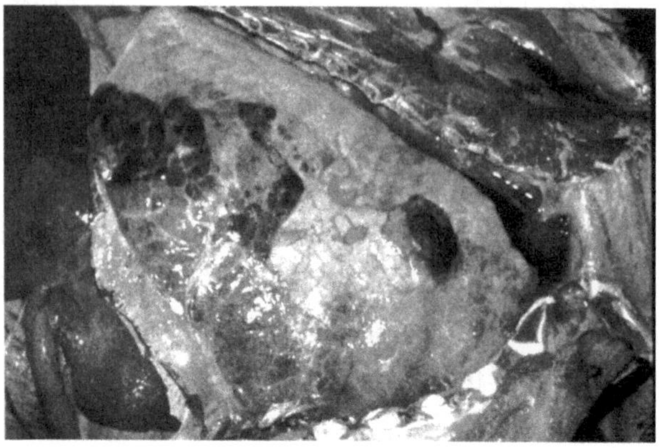

图 73.6　曼氏溶血杆菌引起的牛支气管肺炎。主要与前庭肺叶有关。(M. Anderson 博士惠赠)

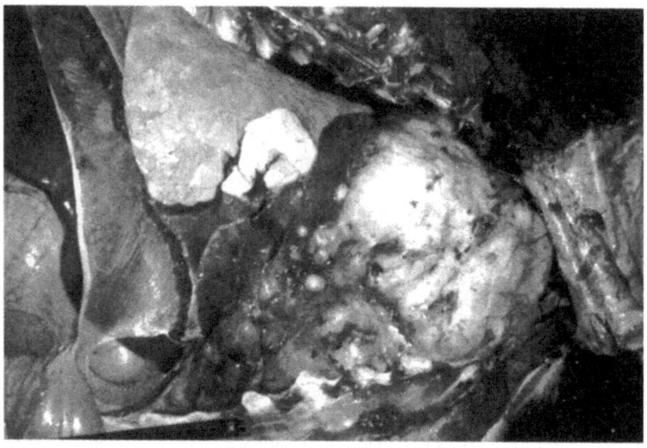

图 73.7　牛慢性支气管肺炎。出现了脓肿多样区。(M. Anderson 博士惠赠)

种具有实际经济意义的疾病。封闭的环境使得无性繁殖生物(无性孢子)和(或)发霉饲料浮尘浓度升高,并成为常见的诱病因素。生长于台风的环境里,气囊、支气管和气管允许大量的无性孢子繁殖,这在固定的组织(图 73.8)里面是不常见的。

在自然界中,大多数病例的吸入性肺炎都是由多种微生物引起的,细菌常常是有关的病原微生物。当气管损伤时,流体或固体物质得以进入下呼吸道内,导致吸入性肺炎,引起化学性肺炎的发生。引起吸入性肺炎的常见事件有不正确的治疗程序(如灌药、不适合的胃管)、饲养年幼动物的瓶子或篮子、吸食反射不够、鼻咽管饲喂、哽住、可能发生在麻醉恢复期的胃部或瘤胃流体吸入。对于新生动物,胎尿的吸入也可能导致吸入性肺炎。细菌是与吸入性肺炎有关的最常见病原,主要的微生物发现在上呼吸道或消化道内,包括大肠埃希氏杆菌、博德特氏菌、克雷伯氏杆菌、巴氏杆菌、假单胞菌、链球菌和专性厌氧菌(梭菌、消化链球菌、消化链球菌和卟啉菌)。

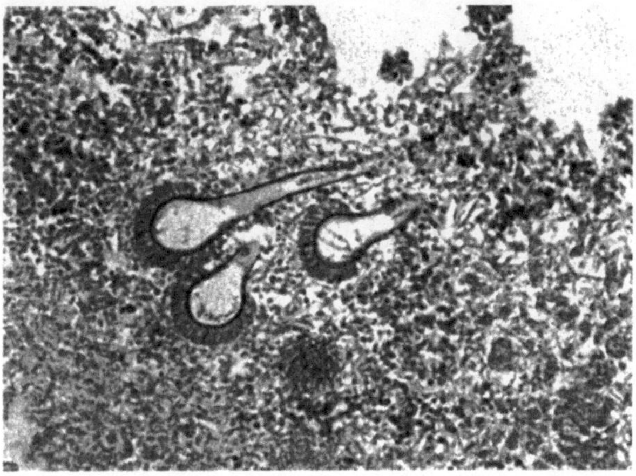

图 73.8　火鸡曲霉病。在气管内腔的物质里面，形成明显的分生孢子梗、囊、颈。大量的分生孢子布满了整个区域。H&E 染色。

第74章　泌尿生殖系统

Richard L. Walker

由于尿道和生殖道在解剖学上相近，使用相同的管道并且并发一些相同的疾病过程，所以，尿道和生殖道被一起包括在本章内容中。表74.1～表74.7列出了家畜和家禽的常见和（或）重要的传染性病原。

表74.1　犬泌尿系统常见和（或）重要的传染性病原

病原	主要的临床症状（常见疾病的名称）
病毒	
犬腺病毒1型	免疫复合血管球性肾炎（犬传染性肝炎）
犬肝炎病毒	流产、阴茎头包皮炎、雌性动物不育
细菌	
犬布氏杆菌	流产、附睾炎（布鲁氏杆菌病）
埃希氏大肠杆菌	膀胱炎、附睾炎、睾丸炎、前列腺炎、子宫积脓、阴道炎
钩端螺旋体	间质性肾炎、肾衰竭
其他UTI病原（见表74.8）	附睾炎

表74.2　猫泌尿系统常见和（或）要的传染性病原

病原	主要的临床症状（常见疾病的名称）
病毒	
猫腹膜炎病毒	肾脏免疫介导的脓性肉芽肿
猫白血病病毒	肾脏免疫介导的脓性肉芽肿、胎儿吸收、流产、肾脏淋巴瘤
猫瘟病毒	流产、先天畸形（猫瘟）
猫鼻气管炎病毒	流产

表74.3　马泌尿系统常见和（或）要的传染性病原

病原	主要的临床症状（常见疾病的名称）
病毒	
马疱疹病毒1型	流产（马病毒性流产）
马疱疹病毒3型	外生殖器小泡/糜烂（水疱性媾疹）、阴茎头包皮炎
马传染性贫血病毒	免疫复合血管球性肾炎
马动脉炎病毒	流产（马动脉炎）
细菌	
马放线杆菌马亚种	阴茎头包皮炎
埃希氏大肠杆菌	流产

续表

病原	主要的临床症状（常见疾病的名称）
细菌	
钩端螺旋体	流产
绿脓杆菌	子宫积脓
金黄色葡萄球菌	阉割后精索感染（精索瘤变）
马链球菌兽疫亚种	流产、子宫内膜炎
马生殖道泰勒氏菌[a]	子宫颈炎、子宫内膜炎
真菌	
曲霉菌	流产
假丝酵母	子宫内膜炎

a. 在美国，被认为是外来病原。

表 74.4 牛泌尿系统常见和（或）重要的传染性病原

病原	主要的临床症状（常见疾病的名称）
病毒	
牛乳头瘤病毒	阴茎和阴道纤维乳头瘤
牛病毒性腹泻病毒	流产、先天畸形
传染性牛鼻气管炎	流产、传染性脓疱
里夫特峡谷热病毒[a]	流产（里夫特峡谷热）
细菌	
化脓隐秘杆菌	流产、子宫炎、子宫积脓、精囊炎
流产布鲁氏菌	流产、附睾炎、睾丸炎精囊炎
胎儿弯曲杆菌性病亚种	早期胚胎死亡（牛性传播弯曲菌病、弧菌病）
肾棒杆菌群	肾盂肾炎
牛流行性流产病原（未鉴定）	流产
埃希氏大肠杆菌	间质肾炎（牛白斑肾）、肾盂肾炎
坏死梭杆菌	产后子宫炎
其他厌氧菌	
钩端螺旋体	流产
单核细胞增多性李氏杆菌	流产
解脲酶支原体	颗粒外阴炎
真菌	
曲霉菌	流产
沃尔夫被孢霉	流产

a. 在美国，被认为是外来病原。

表 74.5　绵羊和山羊泌尿系统常见和（或）重要的传染性病原

病原	主要的临床症状（常见疾病的名称）
病毒	
赤羽病病毒[a]	流产、胎儿关节弯曲流产
蓝舌病病毒（S）	流产、先天畸形（蓝舌）
羊边界病病毒和牛病毒性腹泻病毒	先天畸形、死胎（边界病、粗毛摇摆病）
卡奇谷病毒	流产、先天畸形
里夫特峡谷热病毒[a]	流产
细菌	
“羊放射杆菌”(S)	附睾炎
羊流产布氏杆菌[a]	流产、睾丸炎
猪布氏杆菌（S）	附睾炎、极少流产
胎儿弯曲杆菌胚胎亚种	流产
空肠弯曲杆菌空肠亚种	流产
流产披衣菌	流产
棒状杆菌肾群	肾盂肾炎
浦耐氏科克斯立克次氏体	流产（Q 热）
睡眠嗜组织菌[b]（S）	附睾炎
钩端螺旋体	流产
单核细胞增多性李氏杆菌	流产
伤寒沙门氏菌	流产、子宫炎

（G）＝goat（山羊）；（S）＝sheep（绵羊）。

a. 在美国，被认为是外来病原；b. 睡眠嗜组织菌是个曾用名。

表 74.6　猪泌尿系统常见和（或）重要的传染性病原

病原	主要的临床症状（常见疾病的名称）
病毒	
非洲猪瘟病毒[a]	流产、免疫复合血管球性肾炎（非洲猪瘟）
古典猪瘟病毒[a]	流产、死胎、免疫复合血管球性肾炎（非洲猪瘟、猪霍乱）
莱利斯塔猪病毒	流产（猪丹毒）
伪狂犬病毒	流产（伪狂犬病）
猪细小病毒	死胎、木乃伊胎
细菌	
猪真杆菌	膀胱炎、肾盂肾炎、输尿管炎
猪布氏杆菌	流产、睾丸炎
埃希氏大肠杆菌	阴道炎（discharging sow）
钩端螺旋体	流产

a. 在美国，被认为是外来病原。

表 74.7 家禽泌尿系统常见和（或）重要的传染性病原

病原	主要的临床症状（常见疾病的名称）
病毒	
禽腺病毒（C）	软壳蛋或无壳蛋（减蛋综合征）
禽脑脊髓炎病毒	产蛋量减少
禽流感病毒	产蛋量减少、卵巢炎
禽白血病（C）	肾母细胞瘤、肾癌
肺炎病毒	产蛋量减少
传染性支气管炎病毒（C）	产蛋量减少
新城疫病毒[a]	产蛋量减少，孵化率降低（传染性支气管炎）
细菌	
埃希氏大肠杆菌（C）	输卵管炎
Gallibacterium anatis（C）[b]	卵巢炎、输卵管炎
副鸡嗜血杆菌（C）	产蛋量减少（传染性鼻炎）
败血支原体	产蛋量减少、输卵管炎
衣阿华支原体（T）	孵化率降低
鸡白痢沙门氏菌	卵巢炎、输卵管炎（鸡白痢）
鸡沙门氏菌	卵巢炎、输卵管炎（家禽伤寒）
肠炎沙门氏菌（噬菌体 4 型）	卵巢炎、输卵管炎

（C）＝chicken（雏鸡）；（T）＝turkey（火鸡）。

a. 在美国，被认为是外来病原；b. 包括先前被鉴定的微生物：salpingitidis 放线杆菌、类似溶血巴斯德菌或溶血巴斯德菌和 salpingitidis 放线杆菌混合。

74.1 尿道

尿道有很多重要的功能，包括清除代谢废物、调节酸碱、维持胞外钾离子浓度和分泌功能（维生素 D 转化，并产生促红细胞生成素和肾素）。哺乳动物的尿路系统包括肾脏、输尿管、膀胱和尿道。肾脏的过滤单位是肾单位，肾单位包括肾小球、近端小管、远端小管、髓旁肾单位和收集管。鸟类的尿道与哺乳动物的不同。肾脏被分成许多肾叶。禽类没有膀胱，公禽尿道从输尿管中部走出，母禽则在输卵管的上部。尿被浓缩成浓浆液，随粪便一起排出。

74.1.1 抗微生物防御

由于主要是一种排泄系统，尿道不是大面积地接触微生物，但却存在有特异的抗微生物防御系统，抵御偶尔对于潜在病原的暴露。保护性的特征包括：

1）*尿液的冲洗* 尿液的流出，其方向，稀释效应，或经常性的清除作用，不利于在尿道的正常无菌部位（肾脏、尿道、膀胱和近端雄性尿道附近）的微生物的建立。尿液滞留与增加的尿路感染有关。

2）*细菌干扰* 输尿管附近的正常菌群的定居，可能阻断潜在病原在远端尿道的吸附部位。

3）*糖蛋白黏液层* 覆盖于上皮细胞的黏液素可能会抑制细菌的黏附。

4）*上皮脱落* 上皮细胞的鳞片状脱落促进了尿路病原的排出。

5）*局部和全身免疫防御* 丰富的半胱氨酸抗菌肽对抑制细菌生长具有重要作用。尿路感染的免疫应答大部分在人和实验动物得到研究。结果表明，患有膀胱炎和无症状感染时，免疫血清抗体的浓度很低，而在肾盂肾炎时却很高。尿道中，分泌型 IgA（sIgA）最主要，但 IgG 和 IgM 也有规律地分泌。肾脏感染时，产生血清 IgA、IgG、IgM 和 sIgA 抗体。这些抗体的保护功能尚不清楚。它们很容易地动员白细胞，以加速清除尿路系统的尿道病原。

6）*尿液的抗微生物特征* 在限制微生物生长方面，尿液可能有自己的特点，包括：

(1) 高渗透性。渗透度（1000mOsm/kg）能减少细菌的生长，特别是杆状细菌。然而，尿液可能抑制白细胞的活性，并且保护细胞壁免受免疫反应和抗生素治疗对细菌的损伤。与抗补体的高浓度的氨相结合，尿液渗透度可能使得肾髓质对感染敏感。

(2) 尿液 pH。pH 极限阻碍了某些细菌的增殖，不可能达到对于正常尿道病原杀菌的范围。

(3) 尿液的组成。尿素给予尿液无法解释的抑菌作用，抑菌作用因尿液里尿素的排出而降低，补充营养而增强。甲硫氨酸、马尿酸和抗坏血酸维生素 C 使尿液变酸，产生很强的抗菌作用。尿氨氮也有抗菌特性。

74.1.2 正常菌群

大多数尿道管都没有常住菌群。输尿管远端有常住菌群，并被通常与尿道感染无关的细菌定居。这些菌群主要是革兰氏阴性菌，包括凝固酶阴性葡萄球菌、链球菌、棒状杆菌和肠球菌，但因动物、饲养和卫生条件的不同而不同。少量的细菌可由尿道进入膀胱，特别是雌性动物，一般在排尿过程中排出。无症状菌尿症的意义尚不清楚，然而，对潜在疾病的探索性研究是允许的。

特定的能持续感染管道上皮细胞的病毒，由于不是正常微生物，可能引起长期的病毒尿症（如马鼻炎 A 型病毒和沙粒病毒）。

74.1.3 疾病

74.1.3.1 宿主因素

许多宿主因素可使动物容易发生尿路感染（UTI）。

1）*动物易感性* 犬的尿路感染最常见，影响最大。猫的先天性尿路失调也很常见。病毒、营养和代谢因素在病因学中已提到，特别是以阻碍物的形式。然而，与细菌有关的猫尿路疾病并不常见。奶牛和猪的尿路感染是很重要的，特别是膀胱炎和肾盂肾炎。山羊、绵羊、家禽和猫的尿路感染不常见。

2）解剖学和生理特征　尿液自由流动的干扰和膀胱的全空使尿路感染容易发生。这可能是由肿瘤、息肉、结石、解剖结构畸形（如输尿管异位、脐尿管未闭）和神经缺陷造成的。膀胱输尿管返流和排尿过程中尿液重新进入尿道，使膀胱里的尿液进入肾盏，可能会携带一些细菌到达敏感区域。感染使返流加剧（也许是引起），肾脏介入的可能性增加使已出现的感染变得更为复杂。

3）其他宿主因素　其他宿主因素包括内分泌紊乱，如糖尿病和肾上腺机能亢进（库欣氏疾病）。犬长期使用类固醇，使尿路感染容易发生。

74.1.3.2　感染途径

尿道病原进入尿道的主要路径有上行通道和造血通道。经过尿道的上行通道是最常见的。潜在病原存在于尿道口附近，通常，膀胱感染的地方就是尿道的入口。肾盂肾炎是来自于膀胱感染逆行延伸的结果。

对于菌血症/尿毒血症，经由血源通道的感染是次要的，主要感染肾脏，引起血管球性肾炎和间质肾炎，可能是由于在感染开始部位对于肾皮质的高抗性。因为在这个年龄段发生败血症的可能性很大，年幼的动物特别危险。

74.1.3.3　血管球性肾炎和间质肾炎

由于感染性微生物定居在肾小球并继发炎症反应，或是由于免疫复合物沉积，血管球性肾炎是肾小球的炎症。病毒性血管球性肾炎是选择性病毒（如犬传染性肝炎病毒、马动脉炎病毒、小鸡的肾脏毒性传染性支气管炎病毒）在肾小球毛细管上皮细胞复制的结果，通常是病毒的全身感染。细菌性血管球性肾炎的病原来自于肾小球（如马驹放线杆菌、禽李氏放线杆菌）败血症/菌血症。接着发生的炎症反应是典型的化脓。最后发展为栓塞性肾炎（图 74.1）。

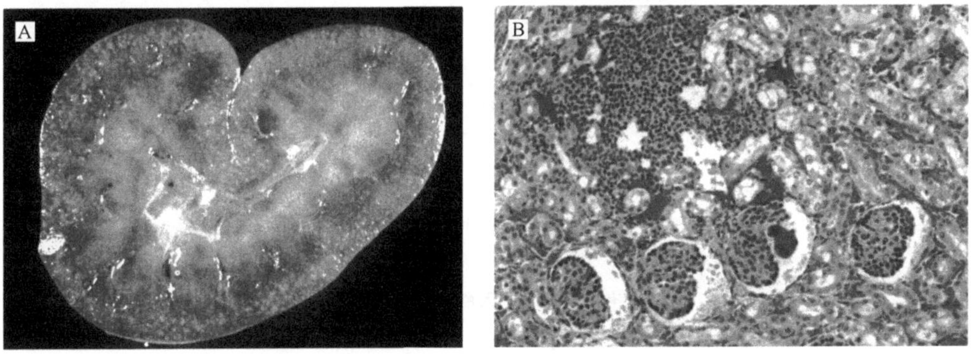

图 74.1　A. 马放线杆菌马亚种引起的插栓性肾炎。脓点散布整个肾皮质。B. 马放线杆菌马亚种引起的插栓性肾炎。出现了细菌小菌落和脓性炎症应答。

肾小管（而不是肾小球）是某些血源感染的主要靶点。间质肾炎大肠杆菌败血症常见于新生反刍动物（白斑肾），也常见于许多其他的动物。

在病毒持续感染（如犬传染性肝炎、马传贫、猫传染性腹膜炎）的情况下，会发生肾小球免疫复合物沉积，其他部位的特定细菌（如螺旋体）感染或慢性细菌感染，可能会导致免疫复合物血管球性肾炎。

74.1.3.4 膀胱炎

犬细菌性膀胱炎（膀胱炎症）是兽医最常遇到的尿路感染。细菌黏附上皮细胞的能力是产生膀胱炎的先决条件。感染可能起始于尿道口病原微生物的定殖，然后经过繁殖进入膀胱，扩散到上皮细胞表面，或者通过主动迁移或随机移动。病原大量繁殖以后，感染结果以菌血症为特征（图 74.2）。可能出现脓尿和低蛋白尿。炎症反应由脂多糖（革兰氏阴性）或 muramyl 肽（革兰氏阳性）同膀胱过渡细胞相互作用引起，膀胱过渡细胞分泌吸引了分叶核嗜中性粒白细胞前炎症介导因子。出现的症状为脓尿、尿频或尿急，可能有血尿和失禁。表 74.8 总结了犬尿路感染的常见病原和典型特征。

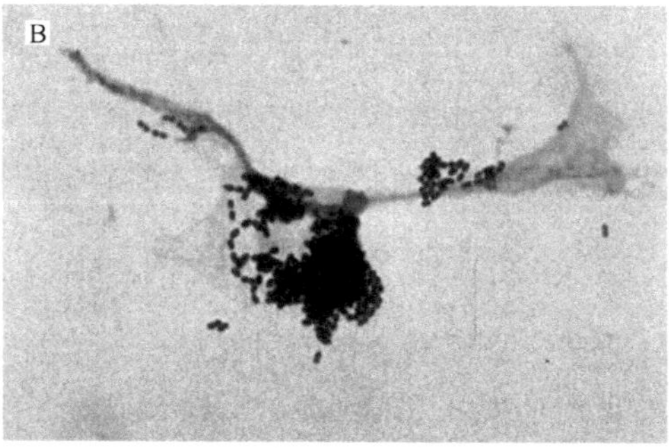

图 74.2 A. 患有膀胱炎犬尿沉积物的革兰氏染色。来自于犬埃希氏大肠杆菌膀胱炎。B. 患有膀胱炎犬尿沉积物的革兰氏染色。来自于犬肠球菌膀胱炎。

表 74.8 犬主要细菌引起的尿路感染

种	疾病的流行程度/%	典型菌落		确定试验		
		血液琼脂	麦康凯琼脂	革兰氏染色	氧化酶	过氧化氢酶
埃希氏大肠杆菌	42～46	光滑的灰白色，常常溶血	红色菌落，周围有红色薄雾	阴性杆菌	阴性	NA
肠球菌	11～14	非常小（<1mm）	不生长	阳性球菌	NA	阴性
凝固酶阳性链球菌	12	白色或无色（常常溶血）	不生长	阳性球菌	NA	阳性
变形杆菌	6～12	密集；没有单个菌落	无色	阴性杆菌	阴性	NA
克雷伯氏杆菌	8～12	大，黏液，灰白	粉红色，黏液结合，周围有红色薄雾	阴性杆菌	阴性	NA
假单胞菌	<5	灰色到灰绿色之间	无色，周围有蓝绿色	阴性杆菌	阳性	NA

NA= 不可用。

74.1.3.5 肾盂肾炎

最严重的低端尿路感染是肾盂肾炎，肾盂肾炎由输尿管上行感染引起。肾盂肾炎实际上是肾盂和肾实质的炎症。因为肾盂缺少血管，以及先前提到的尿液和尿氨渗透的免疫防御抑制作用，一旦细菌到达肾盂，就很难清除。肾盂肾炎的症状不明显。急性期发热时间短。除非直接触诊肾脏，胸腰部的疼痛不明显。尿检显示，尿液比重降低并有管型。先前的病例中，血尿中氮升高。大肠杆菌引起的动物肾盂肾炎最为常见。如果病原到达肾盂，其他细菌引起的膀胱炎可能发展为潜在的肾盂肾炎。

类白喉杆菌属于棒状杆菌肾属，它与奶牛肾盂肾炎有很大的关系。它们在下生殖道定居，动物之间间接和直接接触传播。许多临床病例都是危险的。上端尿路感染起始于膀胱炎，继而发展为输尿管炎、肾盂肾炎。厌氧类白喉杆菌、猪真杆菌引起猪的尿路感染（图 74.3）。就像牛肾盂肾炎一样，此病是由解脲类白喉杆菌引起的明显上行感染，仅限于雌性动物，经常与饲养条件、怀孕、分娩有关。

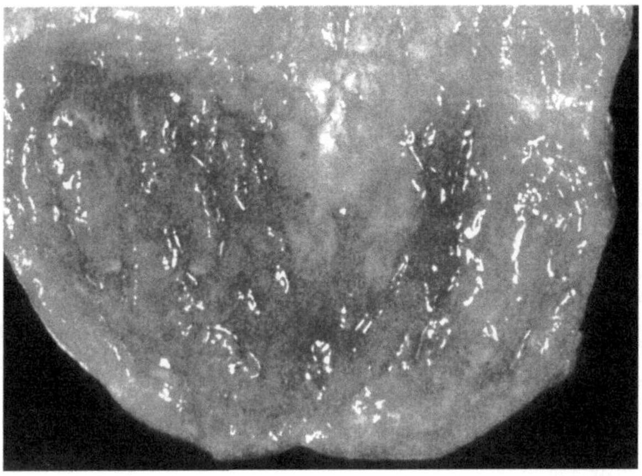

图 74.3 猪真杆菌膀胱炎的白色黏膜物质伴随有膀胱黏膜表面充血。

74.1.3.6 尿结石和尿路感染

犬的尿结石主要是感染的结果（70%），尿结石由鸟粪石或硫酸石组成，或者是几种的混合，一般都是三磷酸盐结石。细菌脲酶（犬）的产生主要包括凝固酶阳性葡萄球菌、较小范围的莫根变形杆菌、尿素类似物（乙酰氧肟酸）对于脲酶活性的抑制减少了感染性结石的形成。反刍动物尿结石与营养因素有关，而不是感染因素。

74.1.4 尿道病原菌的毒力因子

能够引起 UTI 的细菌需要毒力因子，最稳定的毒力因子是黏附素（肾盂肾炎相关菌毛，Pap）。与由几种甘露糖抗性的黏附素介导的相比（其中之一是 Pap，Pap 吸附到细胞膜糖脂），通过 1 型（甘露糖-敏感）菌毛，大肠杆菌吸附到黏液糖蛋白表面的意义更小一些。从不同动物分离到的大肠杆菌有相同的 Pap 等位基因。抗甘露糖黏附素在尿道病原菌很常见，但其他菌株则不常见。与尿道病原大肠杆菌相关的其他特点包括血清杀菌活性、溶血活性、有一定的 O 抗原、铁清除蛋白、细菌素。这些属性在任意的大肠杆菌是很罕见的，这提示尿路感染病原代表了这些菌的一个亚群。

菌毛介导的向尿道上皮细胞的吸附和尿素水解被认为是肾棒状杆菌群感染发病机制的主要毒力因素。伴随产生氨的尿素降解引起炎症、尿液高碱性（pH9.0），于是可能通过氨的失活来完成抗菌防御的抑制。

74.1.5 混合尿路感染过程

尿道真菌感染很少见。在感染曲霉菌犬的尿液中检测到了真菌菌丝。几乎没有已确定的真菌膀胱炎。有时候，能够从患有糖尿病犬的尿液中分离到白假丝酵母。

肾肿瘤与禽感染性白血性增生/肉瘤复合病毒感染有关。猫肾淋巴瘤与猫白血病感染有关。

74.2 生殖道

生殖道的主要功能是繁殖。雌性哺乳动物的生殖道主要包括卵巢、输卵管、子宫、子宫颈、阴道和外生殖器，雄性动物主要包括睾丸、精索、附性器官、阴茎和包皮。对于禽类来说，生殖道实质上不同于哺乳动物。雄禽的睾丸位于体内，缺少附性腺和明显的性器官，精索平行于泄殖腔里的输尿管。雌禽仅有一个单一功能的卵巢（左）和有子宫的输卵管，使得泄殖腔很空。

74.2.1 抗微生物防御

1. 生理防御

阴道和阴户的复层扁平上皮细胞能阻止感染。子宫颈对于上生殖道感染是一种物理屏障，尤其是在怀孕时。雄性长的尿道对于逆行感染也是一种屏障。

2. 激素防御

激素在防止生殖道疾病方面也起一定的作用。雌激素增加阴道和子宫的血液供应，增加阴道和子宫里嗜中性多核白细胞的数量，增加尿道噬菌细胞髓过氧化物酶活性，这些活性非常重要，因为在交媾时阴道或子宫可能被有害的潜在病原污染。

3. 免疫防御

生殖道的免疫系统与其他黏膜表面的结构和功能相似。子宫颈缝核黏膜下层有淋巴滤泡。这些滤泡细胞主要分泌 IgA。IgG 和 IgM 也能在这些区域发现，但可能是通过转导而来。子宫里也发现了 IgG、IgM 和 sIgA。阴茎包皮里主要发现了 sIgA，可能是附性腺分泌的，也可能是来自这个区域的淋巴滤泡的细胞。这些抗体的防御潜力主要依靠其相同种型。IgA 抗体相同种型使得粒子更加亲水，因此，消除了微生物可能对疏水的宿主细胞表面具有的表面吸引以及（空间）位阻吸附。另一方面，IgG 和 IgM 调理并激活补体级联作用以及（空间）位阻吸附。所有免疫球蛋白，如果对于鞭毛组成的表位特异，固定住利用自身的移动性从更远的尾部区域上行到尿道的细菌。

74.2.2 正常菌群

所有动物生殖道的低端都带有正常菌群。动物的正常菌群存在差异，个体内正常菌群会随时变动。影响其组成的因素包括年龄、产后状况和激素。因为在过去正常菌群的分布研究中，对于生长要求非常苛刻的微生物的优化培养方式并非都得到使用，生殖道内的实际菌群比我们目前所认识的可能复杂得多，单个正常菌群的数量密度不为人知，然而，它可能与全部生态环境内的特定菌落组成和生殖道内的正常菌群数量的稳定同样重要或更重要。

一般来说，雌性动物生殖道从子宫末端到子宫颈口都有常住菌群。子宫是无菌的，或是被小量微生物暂时污染。阴道正常菌群主要由专性厌氧菌组成，包括革兰氏阴性菌和革兰氏阳性菌。厌氧菌和兼性需氧菌在数量上大约是专性厌氧菌的 10%，包括革兰氏阴性菌和革兰氏阳性菌，也包括支原体和解脲支原体。

同其他黏膜的情况一样，这些菌落应当被认为具有同样的保护作用，也许通过定居抗性可以排除更具病原性的菌株。排除微生物的机制包括阻断吸附、可利用底物的有效利用和抗菌物质的产生。更实际地说，正常菌群和暂住菌群的确包括一些会污染子宫并造成危害的微生物。一些例子包括引起骡子宫内膜炎的兽疫链球菌、引起母牛子宫积脓的梭杆菌属溶血隐秘杆菌和引起母犬子宫积脓的大肠杆菌。上面提到的微生物是侵袭动物的正常菌群和暂住菌群的一部分。这些微生物引起疾病的潜力不仅仅源于其存在，而且需要在发病之前，高于其他菌落复制的关键水平。如果正常菌落受到干扰，如母马细菌性子宫内膜炎的抗生素治疗期间，其他的菌落将重新进入阴道，这些菌株耐药性更强，如果潜在的状况处理不好，它们最终将感染子宫。

外生殖器常住菌群包括共生厌氧菌，大部分都是革兰氏阴性菌（不形成芽孢）、支原体、α-或 β-溶血链球菌、乳酸杆菌、嗜血杆菌（主要是犬的嗜血红蛋白嗜血菌）、棒状杆菌、丙酸杆菌和凝固酶阴性葡萄球菌。母马生殖道泰勒氏杆菌是通过性交传播的病原，可能隐藏于阴蒂沟。

雄性生殖道的包皮和长的尿道包含了与阴道正常菌群发挥类似作用的定居菌群。在这些区域引起细菌性疾病微生物的起源几乎都是内源性的。有些性传播微生物（如通过性传播的胚胎弯曲杆菌胚胎亚种、马圈里的马生殖道泰勒氏杆菌）寄生于包皮，但不在这些部位引起副作用。包皮腔包括猪包皮憩室，是奶牛（棒状杆菌肾属）和猪（猪真杆菌）的肾盂肾炎病原的定居场所。

74.2.3 疾病

74.2.3.1 宿主和环境因素

对于生殖道疾病，经常发生的环境和宿主诱病因素概括如下：

1. 解剖学因素

母马的阴门结构对于阴道和子宫感染是众所周知的诱病因素。阴门越平，排泄物污染阴道的可能性越大。阴道未排出的尿液易诱发子宫颈炎和子宫内膜炎。雄性动物的包皮过长能导致包皮和阴茎的非特异性炎症和感染。

2. 激素因素

激素使生殖道更易感。通常，在孕酮的作用下，子宫更易感。在孕酮的作用下，中性粒细胞在生殖道的活性（包括迁移能力和吞噬能力）受到抑制。至少在母犬的黄体期，大肠杆菌的受体被表达。表达合适黏附素的大肠杆菌的定居以便于其建立，并最终引起子宫积脓。其他动物是否也发生同样的情况尚不清楚。

3. 其他因素

可能在分娩期间造成的损伤能损害上皮细胞屏障的完整性，并引起感染。难产和胎衣不下增加了分娩后感染的概率。有时，营养因素也能影响尿路疾病的发展。例如，绵羊的包皮炎典型地发生在富含高蛋白豆科牧草的牧场的动物，症状有尿素和雌激素排泄增加。引起包皮肿大和鞘内尿液滞留。

74.2.3.2 感染过程

对于大多数尿道病原而言，暴露途径包括性交或摄食。经上行通道或血源通道发生生殖道的局部感染。某些疾病，虽然是通过性传播，但病原却是通过造血途径定居在生殖道。有些生殖道病原生活在消化道，经血液传播引起生殖道疾病（如羊弯曲杆菌胚胎亚种）。

74.2.3.3 雌性生殖道

最常见的雌性生殖道感染包括阴户、阴道、子宫颈和子宫。奶牛外阴炎与解脲支原体和支原体有关，但病因学关系需进一步阐明。牛传染性鼻气管炎病毒能引起奶牛外阴阴道炎。各种各样的大肠杆菌，特别是埃希氏大肠杆菌，引起阴道-阴门分泌物增多。这样的感染经常与卫生条件和管理有关。最常见的犬阴道炎是由葡萄球菌、链球菌或埃希氏大肠杆菌引起的感染。青春期前，犬阴道炎在其成熟时自愈。年龄稍大的母犬常与下面的因素有关。

子宫感染典型的与繁殖、怀孕或分娩有关，没有受孕的子宫能很好地阻止感染。繁殖或分娩期间，子宫颈是开口的，子宫感染最容易上行。子宫感染与子宫内膜（子宫内膜炎）或全部的子宫膜（子宫炎）有关。子宫内膜炎发生于所有的动物，但马最为常见，也最为严重。某些患有子宫内膜炎的马没有清除感染的能力，部分是由于嗜中性白细胞向感染部位移动的缺陷，以及嗜中性白细胞吞噬活性的降低。链球菌兽疫亚种是最常见的与母马子宫内膜炎有关的病原，尽管其他微生物（肠的、其他链球菌、假单胞菌）也会参与。

如果在机体处理子宫感染之前，子宫颈关闭，脓液积累，会发生子宫积脓。所有动物都会发生子宫积脓，但犬、猫、奶牛最常见。总的来说，埃希氏大肠杆菌是子宫积脓最常见的病原微生物。其他大量的微生物（如链球菌和假单胞杆菌）也可能有关。也常常发现化脓隐秘杆菌和专性厌氧菌。

74.2.3.4 胎儿

流产是最常见、经济损失最严重的生殖道疾病，特别是对于农场动物和马。流产实质上就是胎儿还没有发育完全就被排出。大量的病毒、细菌和真菌都能引起流产。怀孕期间，胎儿和（或）胎盘主要是通过血源途径被感染的。母马是个例外，细菌和真菌的胎盘感染常常通过子宫颈口引起。

许多病毒都能引起动物流产。在与许多动物流产有关的病毒中，疱疹病毒排在首位，最主要的是马（马疱疹病毒 1 型）。病毒性的流产会引起并发的胎盘伴随有坏疽、缺氧或子宫内膜损伤的炎症损伤。

细菌对于流产的反应常常导致胎盘炎或胎盘水肿。如果胎儿被感染，在胎儿胃液（图 74.4）里，常常发现大量的细菌。对于某些细菌性流产，胎儿的损伤会提示了可能的病原。例如，胎儿肝坏疽的病灶提示（然而不是唯一的）绵羊的流产是由胚胎弯曲杆菌胚胎亚种引起的（图 74.5）。当细菌性流产发生于最后的 3 个月时，早期的胎儿死亡，出现一些细菌的再吸收。在这些例子中，感染表现出的症状为不育（如奶牛的胎儿弯曲杆菌性病亚种）。

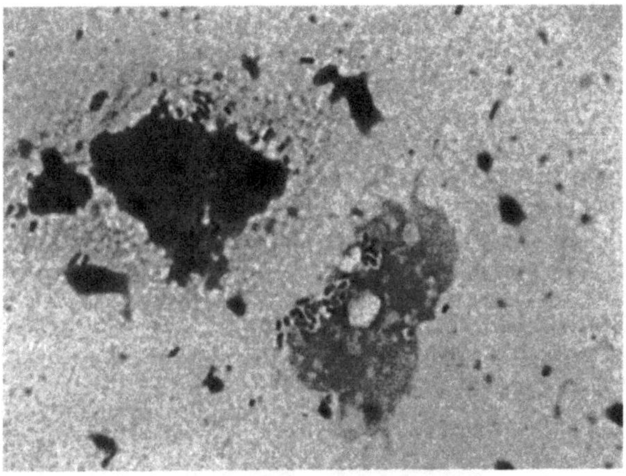

图 74.4　布氏杆菌引起的牛流产胎儿皱胃流体石炭酸复红染色革兰氏株。出现了多种革兰氏阴性杆菌和球菌。

最常见于马和奶牛的真菌性流产是胎盘炎的典型结果。奶牛的微生物途径为呼吸道和胃肠道，随后经血液传播到胎盘。引起马的上行感染的最常见途径是子宫颈通道。如果存在奶牛胎儿损伤，大多数情况下，仅限于局部皮肤的角质化损伤。马的胎儿损伤不常见。

沃尔夫被孢霉是一种接合菌，它引起牛急性肺炎感染，死亡率高达 25%，并形成肺-子宫-肺之间的感染循环。子宫里的真菌环境引起的牛急性栓塞性肺炎具有典型的流产特征。

有些病毒感染可以导致先天畸形。影响是否导致畸形的因素基于胎儿发育的阶段、胎儿的免疫竞争和有关的特定病毒株（如猫瘟病毒、牛病毒性腹泻病毒和羊赤羽病病

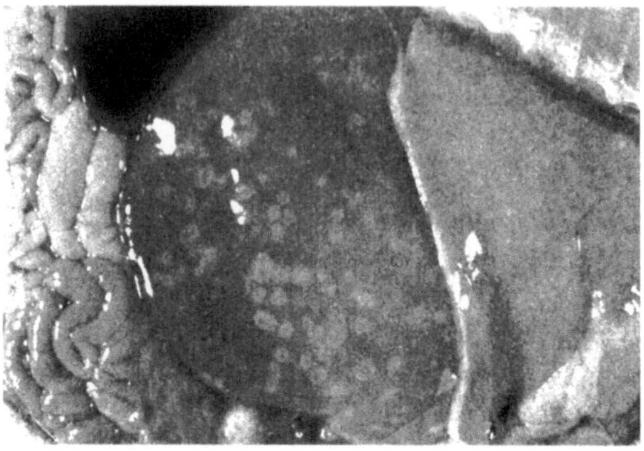

图 74.5　牛流产胎儿肝脏的肝坏疽区。分离到胚胎弯曲杆菌胚胎亚种。

毒、卡奇谷病毒、羊边界病病毒和蓝舌病病毒）。

在特定的章节中，将会提到相关各种病原的详细分析和病原学。

74.2.3.5　雄性生殖道

雄性动物生殖道感染主要有睾丸炎、附睾炎和附性腺（前列腺炎、精囊炎）感染。睾丸炎可由上行途径和血源途径传播。偶然性睾丸鞘膜炎由腹膜炎发展而来，它可能危及睾丸。附睾炎发生于所有动物，但公羊（图 74.6）最为常见。青年公羊年龄相关的包皮正常菌群（羊放射杆菌，睡眠嗜组织菌是曾用名）的上行感染已成定论。对于成年

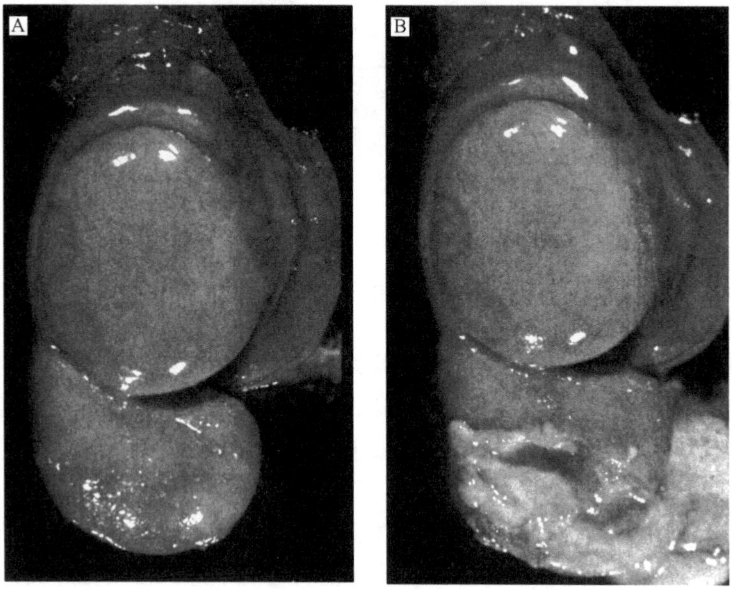

图 74.6　A. 嗜组织菌引起的一岁公羊的附睾炎（绵羊嗜组织菌是个曾用名）。副睾的尾部被扩得非常大（A）并有绿色的脓性物质（B）。

公羊来说，布鲁氏杆菌是主要的病原。它经血源途径定居于副睾小管。炎症和精液溢出导致了肉芽肿的形成。

犬最常发生细菌性前列腺炎，实际上是犬前列腺疾病最常见的病因。感染大多上行并可能为急性和慢性感染。后果包括前列腺脓肿、脓肿破裂后引起腹膜炎。精囊炎常发生于公牛，并且在精液检查时常常发现炎症细胞。许多潜在的病原牵涉其中，最常发现的是化脓隐秘杆菌。

阴茎和包皮的感染为内源或者外源。许多疱疹病毒引起动物的阴茎头包皮炎。牛肾盂肾炎棒状杆菌群的成员引起阉过的公羊和公羊包皮及其附近组织的炎性坏死。在包皮某些受尿液长期冲洗的区域，解脲病原引起了这种疾病。氨启动了炎症过程。同样的情况偶尔发生于公羊和公牛。

74.2.3.6 家禽生殖道

家禽输卵管感染（输卵管炎）是泄殖腔感染上行的结果，或者在与左腹气囊相关时，结膜的大肠杆菌病同时出现。埃希氏大肠杆菌是最常见的重复病原。在发达国家，鸡白痢和禽伤寒已经很少见，个别的卵巢炎、输卵管炎和睾丸炎有可能是与鸡白痢沙门氏杆菌有关感染的结果（图 74.7）。

图 74.7 伴随有鸡白痢小鸡的卵巢炎（鸡白痢沙门氏杆菌）。（H. Shivaprasad 博士惠赠）

一系列的全身感染造成了家禽产蛋和孵化能力的降低。大量的病毒（如腺病毒、传染性支气管炎病毒和禽流感病毒）和细菌（如支原体、副鸡嗜血杆菌和伤寒沙门氏菌）都能影响产蛋和孵化能力。有些家禽病原（如支原体、伤寒沙门氏菌）经蛋垂直传播。

索　引

A

B

C

D

E

F

G

H

J

K

L

M

N

O

P

Q

R

S

T

W

X

Y

Z